Meßtechnik im Chemiebetrieb

Einführung in das Messen
verfahrenstechnischer Größen

von
Dr. Günther Strohrmann

7., überarbeitete und erweiterte Auflage

Mit 544 Bildern

R. Oldenbourg Verlag München Wien 1995

Die Deutsche Bibliothek - CIP-Einheitsaufnahme

Strohrmann, Günther:
Meßtechnik im Chemiebetrieb : Einführung in das Messen
verfahrenstechnischer Größen / von Günther Strohrmann. - 7.,
überarb. und erw. Aufl. - München ; Wien : Oldenbourg, 1995:
  ISBN 3-486-22999-0

© 1995 R. Oldenbourg Verlag GmbH, München

Das Werk einschließlich aller Abbildungen ist urheberrechtlich geschützt. Jede Verwertung außerhalb der Grenzen des Urheberrechtsgesetzes ist ohne Zustimmung des Verlages unzulässig und strafbar. Das gilt insbesondere für Vervielfältigungen, Übersetzungen, Mikroverfilmungen und die Einspeicherung und Bearbeitung in elektronischen Systemen.

Gesamtherstellung: R. Oldenbourg Graphische Betriebe GmbH, München

ISBN 3-486-22999-0

Inhalt

Vorwort zur 7. Auflage..	1	
Einleitung - Formulieren und Lösen von MSR-Aufgaben................	3	
I.	**Druck- und Differenzdruckmessung**..................................	**9**
	1. Allgemeines	9
	2. Druckmeßgeräte	15
	3. Differenzdruckmeßgeräte	40
	4. Anforderungen an Druck- und Differenzdruckmeßgeräte ...	86
	5. Anpassen, Montage und Betrieb der Druck- und Differenzdruckmeßgeräte	112
II.	**Füllstandmessung**...	**129**
	1. Allgemeines	129
	2. Füllstandmeßgeräte	131
	3. Behälterinhaltsbestimmung	211
	4. Anforderungen an Füllstandmeßgeräte	215
	5. Anpassen, Montage und Betrieb der Füllstandmeßgeräte....	226
III.	**Temperaturmessung**...	**230**
	1. Allgemeines	230
	2. Temperaturmeßgeräte	232
	3. Anforderungen an Temperaturmeßgeräte..............	278
	4. Anpassen, Montage und Betrieb der Temperaturmeßgeräte	290
IV.	**Durchflußmessung**	**301**
	1. Allgemeines	301
	2. Wirkdruckverfahren...	304
	2.1. Durchflußmessung mit Drosselgeräten.............	305
	2.2 Durchflußmessungen mit Staugeräten...............	347
	2.3 Wirkdruckmessung	354
	3. Durchflußmessung aus der Kraft auf angeströmte Körper.	355
	4. Magnetisch-induktive Durchflußmessung.............	376

	5.	Wirbel- und Drallzähler	395
	6.	Massendurchflußmesser	402
	7.	Ultraschall (US)-Durchflußmessungen	416
	8.	Andere Durchflußmeßverfahren	426
	9.	Anforderungen an Durchflußmeßeinrichtungen	428
	10.	Anpassen, Montage und Betrieb der Durchflußmeßeinrichtungen	450
V.	**Mengenmessung**		**467**
	1.	Allgemeines	467
	2.	Mengenmeßgeräte	469
	3.	Anforderungen an Mengenmeßgeräte	530
	4.	Anpassen, Montage und Betrieb von Mengenmeßgeräten	546
VI.	**Drehzahlmessung**		**567**
	1.	Allgemeines	567
	2.	Drehzahlmesser	569
VII.	**Stellungsmessung**		**577**
	1.	Allgemeines	577
	2.	Stellungsmeßgeräte	578
	3.	Anforderungen an Stellungsmessungen	585
VIII.	**Wägung**		**586**
	1.	Allgemeines	586
	2.	Prinzipien der Wägung	588
	3.	Waagen	614
	4.	Anforderungen an Waagen	622
IX.	**Messung anderer Größen**		**627**
Literaturhinweise			**629**
Sachregister			**631**

Vorwort zur 7. Auflage

Mit vorliegendem Buch will der Verfasser in die Meßtechnik verfahrenstechnischer Anlagen einführen und dabei wichtige Probleme des Betriebsalltages gründlich erörtern und praktische Kniffe und Erfahrungen vermitteln. Allgemeinverständlich wird dargestellt, wie sich die Meßeinrichtungen den Bedingungen am Einsatzort – das können z.B. Erschütterungen, extreme Betriebsverhältnisse oder Verschmutzungen sein – anpassen lassen und welche Grundprinzipien – wie druckdichte mechanische, magnetische oder elektrische Durchführungen – es möglich machen, mittels der Meßeinrichtungen die Vorgänge in den geschlossenen Apparaturen und Rohrleitungen verfahrenstechnischer Anlagen von außen erkennen zu können.

Durch systematischen Aufbau und ein ausführliches Stichwortverzeichnis soll das Buch auch als Nachschlagewerk dienen. Die Gerätebeschreibungen wurden so ausgewählt, daß das Grundsätzliche der verschiedenen Meßprinzipien verständlich wird, und für jede der Meßgrößen Druck, Differenzdruck, Füllstand, Temperatur, Durchfluß und Menge geben Entscheidungstabellen einen Überblick, welche Meßeinrichtung die an sie gestellten Anforderungen wie mögliche Meßbereiche, Eignung für Betriebsdruck und -temperatur, Genauigkeit oder Beständigkeit gegen Korrosion am besten erfüllen kann.

Anliegen des Verfassers war es, die Zusammenhänge so einfach wie möglich darzustellen – selbst wenn er dadurch Allgemeingültigkeit und letzte wissenschaftliche Exaktheit einmal etwas einschränken muß. Dem Leser soll damit eine gewisse Schwellenangst genommen werden, sich mit dem sehr interessanten Gebiet der Automatisierungstechnik zu beschäftigen: Wenn er die Grundlagen erst einmal verstanden hat, kann er leicht seine Kenntnisse in Teilgebieten mit exakteren Darstellungen vertiefen.

Angesprochen sind daher weniger die Experten der MSR-, der Meß-, Steuerungs- und Regelungstechnik oder – wie es heute meist heißt – der PLT, der Prozeßleittechnik, sondern mehr die PLT-*Techniker* und -*Mechaniker*, die mit der Aufgabenlösung der Meßtechnik vertraut zu machen sind. Als weitere Zielgruppen sieht der Verfasser Chemiker, Betriebsleiter und Verfahrensingenieure, bei denen das Buch um Verständnis für die Meßtechnik werben soll. Dieses Verständnis für die PLT, die immer mehr integraler Bestandteil der Produktionsanlagen wird und immer mehr die Dynamik des Prozesses entscheidend bestimmt, ist unerläßlich für engagierte Mitarbeit dieser Gruppen bei der Festlegung und dem verfahrensgerechten Anpassen der Meßeinrichtungen.

Die Auswahl der Gerätebeschreibung und Bilder geschah aus dem subjektiven Blickwinkel des Verfassers, bevorzugt nach didaktischen Gesichtspunkten. Die Geräteauswahl kann deshalb nicht als objektiver Maßstab für die Marktpositionen von Gerätelieferanten gewertet werden.

Dem Buch liegt die Überarbeitung des Seminars "Lösungen von MSR-Aufgaben – Meßtechnik" zugrunde, das in der Zeitschrift "Automatisierungstechnische Praxis" erschienen ist. Die weiteren Folgen "Anlagensicherung mit Mitteln der MSR Technik" und "Prozeßleittechnik" sind ebenfalls in Buchform erschienen[1], [2] und [3].

In der Meßtechnik verfahrenstechnischer Anlagen sind in den letzten Jahren durch den Einzug der Mikroprozessortechnik, durch die Anwendung moderner numerischer Berechnungsverfahren und durch neue Erkenntnisse der Werkstofforschung Entwicklungen zu sehr leistungsfähigen Systemen zu beobachten, die gründliche und umfassende Überarbeitungen jeder Neuauflage erforderlich machten.

Die hier vorliegende 7. Auflage wurde mit Erkenntnissen aus den Marktanalysen des Verfassers *Füllstandmeßtechnik* ([4], 1992), *Druckmeßtechnik* ([5], 1993) sowie *Durchfluß- und Mengenmeßtechnik* ([6], 1994) stark erweitert und dem neuesten Stand der Technik angepaßt. Im Abschnitt Temperaturmeßtechnik wurde schließlich der Präsenz der Prozeßleitsysteme Rechnung getragen, so daß alle wichtigen Abschnitte größere Änderungen erfuhren. Neue Aufnahme fand die Darstellung wichtiger Grundzüge der Entwicklung der Digitalverarbeitung, der digitalen Kommunikation mit dem Meßumformer (z.B. nach dem HART-Protokoll) und der Feldinstallation, dabei besonders der zu erwartenden Feldbustechnik.

Bei der raschen Entwicklung der Meßtechnik ist es für einen einzelnen kaum mehr möglich, das Gesamtgebiet kompetent zu überschauen: Er wird vielmehr auf die Hilfe von Fachkollegen angewiesen sein. So hat sich auch der Verfasser solcher Hilfe bedient, und hier sei ausdrücklich allen gedankt, die mit Rat und Tat dazu beigetragen haben, das Buch dem letzten Stand der Technik anzupassen.

Günther Strohrmann

Einleitung - Formulieren und Lösen von MSR-Aufgaben

Mit diesem Werk will der Verfasser Techniker und Mechaniker in die MSR-Technik der Verfahrensindustrie einführen. Es sollen wichtige Probleme des Betriebsalltages gründlich erörtert sowie praktische Kniffe und Erfahrungen vermittelt werden. Die Ausführungen sind so gehalten, daß sie auch ohne eingehende MSR- bzw. PLT-Kenntnisse verstanden werden können.

Die *Meßtechnik*, mit der sich dieses Buch befassen soll, ist ein integraler Bestandteil der heute häufig mit digitaler Technik arbeitenden Systeme zur Automatisierung verfahrenstechnischer Prozesse. Die damit verbundene Technik hieß früher MSR-(Meß-, Steuer- und Regelungs)Technik, heute spricht man von Prozeßleittechnik (PLT) oder Automatisierungstechnik und statt von Meßtechnik auch von *Sensorik*.

Den Zugang zu diesem komplexen Gebiet sucht der Verfasser – auch mit seinen anderen Büchern – über die *Aufgabenstellung zur Errichtung verfahrenstechnischer Anlagen.*

Die Integration von PLT-Anlagen in die verfahrenstechnischen Anlagen geschieht in mehreren Schritten, die zwischen dem ersten Entwurf und der endgültigen Inbetriebnahme liegen.

- *Erarbeitung und Darstellung der PLT-Aufgaben*

In der Entwurfsphase wird in enger Zusammenarbeit zwischen dem Verfahrenstechniker und dem Automatisierungsfachmann die Aufgabenstellung für die PLT-Einrichtungen erarbeitet: Es wird festgelegt, welche Größen zu bearbeiten, z.B. zu messen oder zu regeln sind. Unter einer Größe ist dabei zu verstehen: der Druck in einer Rohrleitung, die Temperatur in einer Destillationskolonne oder der Flüssigkeitsstand in einem Behälter; auch Durchflüsse und Qualitäten wie Dichte, pH-Wert, Zähigkeit und Konzentration sind wichtige Größen. Es wird weiter festgelegt, wie die Größen zu verarbeiten sind, also ob der Wert der Größe angezeigt, registriert oder gemeldet werden soll, ob die Größe zur Regelung oder zur Sicherung heranzuziehen ist. Auch über Ausgabe- und Bedienungsort müssen Absprachen getroffen werden: Ob der Wert der Meßgröße in einem zentralen Leitstand oder örtlich auszugeben ist und von welcher Stelle aus die Stellglieder, das sind Regelventile, Stellklappen oder andere Antriebe, zu betätigen sind. Schließlich muß die Aufgabenstellung auch den *verfahrensgerechten Meß- und Stellort* angeben. Beispielsweise ist festzulegen, auf welchem Boden einer Destillationskolonne die Temperatur

4 Einleitung

oder an welcher Stelle der Rohrleitung der Druck zu messen ist und wo die Regelventile einzubauen sind.

Es ist nun von außerordentlichem Vorteil, daß alle mit der PLT Befaßten – Verfahrens- und PLT-Ingenieure, Planer und Betreiber – eine international gebräuchliche Zeichensprache verstehen: Die Sinnbilder für die Verfahrenstechnik nach DIN 19 227 (Bild 1).

Die Sinnbilder kennzeichnen die PLT-Aufgabenstellung in RI-Fließbildern nach DIN 28004, Teil 3.

Kennbuchstabe	Gruppe 1: Meßgröße oder andere Eingangsgröße		Gruppe 2: Verarbeitung
	als Erstbuchstabe	als Ergänzungsbuchstabe (1)	als Folgebuchstabe
A			Grenzwertmeldung, Alarm
C			selbsttätige Regelung, selbsttätige fortlaufende Steuerung (10)
D	Dichte	Differenz	
E	elektrische Größen		Aufnehmerfunktion
F	Durchfluß	Verhältnis	
G	Abstand, Stellung		
H	Handeingriff (4)		
I			Anzeige
K	Zeit		
L	Stand, Trennschicht		
O			Sichtzeichen, Ja/Nein-Aussage
P	Druck		
Q	Qualitätsgrößen	Integral, Summe	
R	Strahlungsgrößen		Registrierung (12)
S	Geschwindigkeit, Drehzahl, Frequenz		Schaltung, nicht fortlaufende Steuerung
T	Temperatur		Meßumformerfunktion
U	zusammengesetzte Größen		
V	Viskosität		Stellgerätefunktion
X	sonstige Größen		sonstige (Vereinbarungs-)Funktionen
Y	frei verfügbar		Rechenfunktion
Z			Noteingriff, Sicherung durch Auslösung
+			oberer Grenzwert
–			unterer Grenzwert

Bild 1. Wichtige Kennbuchstaben für die MSR-Technik: Aufgabenstellung nach DIN 19227, Teil 3, September 1978, und einige Erläuterungen zu der Tabelle:
(1): Buchstaben, denen bereits eine Bedeutung als "Ergänzungsbuchstabe" zugeordnet ist, dürfen nicht als Folgebuchstaben angewendet werden.
(4): Der Buchstabe H wurde aus praktischen Gründen in Übereinstimmung mit ISO in die Gruppe 1 der Tabelle aufgenommen. Er steht für vom Menschen vorgenomme (nicht selbsttätige) Einwirkungen.
(10): Die Unterscheidung, ob es sich hierbei um eine Steuerung oder um eine Regelung handelt, ist aus dem Fließbild oder einem entsprechenden Schema zu ersehen.
(12): Registrierung ist der Sammelbegriff für Ausgabe mit Speicherfunktion. Die Art der Speicherung wird dabei nicht unterschieden.

Einleitung 5

Diese RI(Rohrleitungs- und Instrumente)-Fließbilder sind die ebenfalls international verständliche zeichnerische Darstellung der Rohrleitungen, Apparate und Instrumente verfahrenstechnischer Anlagen (Bild 2).

Beide Darstellungsarten haben *fundamentale Bedeutung für die Prozeßleittechnik*, und gehören zum "täglichen Brot" für alle, die mit dem Erstellen und Betreiben verfahrenstechnischer Anlagen befaßt sind.

DIN 19 227 legt die Darstellung der PLT-Aufgaben mit Buchstabenkombinationen nach Bild 1 in PLT-Stellen-Kreisen fest, die auch zu einem Langrund gestreckt werden können.

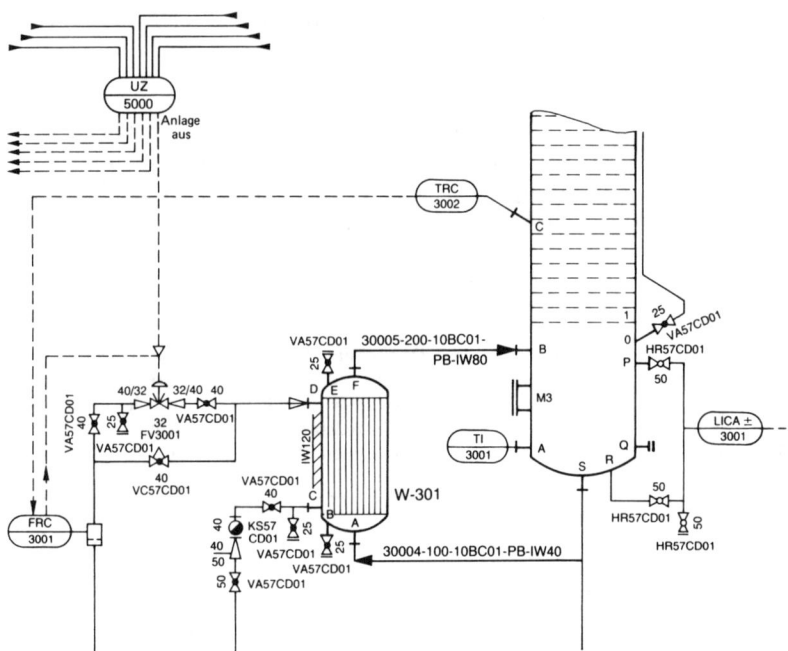

Bild 2. RI-Fließbild nach DIN 28 004.
Im RI-Fließbild werden die PLT-Aufgaben so detailliert dargestellt, daß darauf die weitere Bearbeitung basieren kann. So ist z.B. zu ersehen, daß für die Durchflußmessung FRC 3001, Dampf zum Wärmetauscher W-301, eine Meßblende in einer senkrechten Leitung vor der Ventilgruppe eingesetzt wird oder daß der untere Stutzen einer (nicht vollständig dargestellten) Differenzdruckmessung an der Destillationskolonne schräg nach unten zeigen und daß Absperrarmatur ein Hahn sein sollen. Auch die vollständige Verschaltung der PLT-Stellen kann der Bearbeiter dem RI-Fließbild entnehmen.

An erster Stelle muß grundsätzlich entweder der Buchstabe für die *Meßgröße* oder ein H für Handeingabe, Handeingriff stehen. Die Meßgröße kann ggf. mit *einem Ergänzungsbuchstaben modifiziert* werden, z.B. P für Druck zu PD für

6 Einleitung

Druckdifferenz. Die *Weiterverarbeitung* der Meßgröße symbolisieren die in der letzten Spalte von Bild 1 aufgeführten Buchstaben.

In der Regel sind sehr viele PLT-Stellen zu unterscheiden und in die PLT-Stellen-Kreise deshalb auch *PLT-Stellen-Nummern* einzutragen. Das geschieht dann unterhalb der Kennbuchstaben. Ein einfaches Unterstreichen der Kennbuchstaben gibt an, daß die Bedienoberfläche im zentralen Leitstand, ein doppeltes, daß sie in einem Unterleitstand oder einer örtlichen Tafel liegt. Sind die Kennbuchstaben nicht unterstrichen, so soll die Bedienung am Meß- oder Stellort geschehen.

Der PLT-Stellen-Kreis ist mit einer durchgezogenen Linie mit dem durch einen Kreis mit 2 mm Durchmesser gekennzeichneten *Meßort* zu verbinden. Wenn Mißverständnisse auszuschließen sind, kann der Kreis für den Meßort auch entfallen.

Enthält der PLT-Stellen-Kreis auch Stellgrößen, so ist die Verbindung des PLT-Stellen-Kreises mit dem *Stellort* durch eine gestrichelte Signalflußlinie und der Stellort durch ein gleichseitiges Dreieck oder durch ein Sinnbild für das Stellgerät darzustellen, das sich aus dem Sinnbild für den Stellantrieb – ein Kreis von 5 mm Durchmesser – und dem für ein Ventil, eine Klappe, einen Hahn oder einen Schieber zusammensetzt (Bild 3).

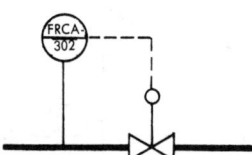

Bild 3. Darstellung der MSR-Aufgabe "Durchflußregelung".
Es sind die Aufgaben zu lösen: Registrieren der Regelgröße (R), Regelung (C), Meldung bei Erreichen des unteren Fehlbereichs (A–) und Einstellen der Führungsgröße von der Prozeßleitwarte (Strich zwischen PLT-Aufgabe und PLT-Stellen Nr.).

Auf der Basis der hier angeführten Normen geschieht die Erarbeitung der Aufgabenstellung in einem Team, in dem Verfahrensingenieure, Konstrukteure, Elektro- und Bautechniker, Chemiker und PLT-Techniker vertreten sind. Da sie nicht ausschließliche Aufgabe der PLT ist, soll hier nicht weiter darauf eingegangen werden[1]

● *Lösung von PLT-Aufgaben*

Die *Lösung dieser PLT-Aufgaben* ist dagegen weitgehend den Dienststellen der Prozeßleittechnik vorbehalten, sowohl Meß- und Regeltechniker als auch Meß- und Regelmechaniker werden an der Lösung beteiligt sein. Lösen der PLT-Aufgaben heißt:

---

[1] Modalitäten zur Erarbeitung der Aufgabenstellung behandelt [3], Abschnitt: 6. Projektabwicklung

- Auswählen der geeigneten Geräte,
- Anpassen und Berechnen der Geräte,
- Zusammenschalten der Geräte zu PLT-Einrichtungen,
- Montage und Inbetriebnahme der Geräte.

In den Büchern des Verfassers wird dargestellt, was bei der *Lösung von PLT-Aufgaben* zu beachten ist.

Für die *Auswahl* der Geräte sollen in diesem Buch die Meßprinzipien dargestellt und die Forderungen, die die Auswahl beeinflussen, genannt werden. Solche Forderungen sind Genauigkeit und Zuverlässigkeit. Genauigkeit und Zuverlässigkeit lassen sich oft aus dem Prinzip und der Art des Gerätes ersehen. So kann z.B. ein Manometer mit 63 mm Durchmesser im allgemeinen nicht so genau sein wie ein Gerät mit 160 mm Durchmesser, ein Plattenfedermanometer wird eine kurzzeitige Überlastung besser überstehen als ein Rohrfedermanometer.

Auch für Forderungen sicherheitstechnischer oder wirtschaftlicher Art sollen einige Beispiele genannt werden: Bei der Auswahl von Betriebsmanometern sind Unfallverhütungsvorschriften zu beachten, wenn es sich um Druckmessungen von Sauerstoff oder an Verdichtern handelt. Es sind geeignete Ausführungen einzusetzen, wenn die Gefahr des Berstens von Meßfedern nicht ausgeschlossen werden kann. Für Druckmessungen an hochverdichteten Gasen sind geeignete Anschlüsse vorzusehen, und für stark pulsierende Drücke sind besondere Manometer auszuwählen oder die Pulsationen zu dämpfen, um einen zu schnellen Verschleiß der Geräte zu vermeiden.

Die Probleme des *Anpassens und Berechnens* von PLT-Einrichtungen sollen behandelt werden, soweit sie für Meß- und Regeltechniker und -mechaniker Bedeutung haben. Sie sollten wissen, wie etwa Flüssigkeit in senkrechten Meßleitungen die Anzeige von Manometern verfälschen kann. Es wird wichtig sein, die erforderlichen geraden Rohrstücke im Ein- und Auslauf von Durchflußmessern zu kennen, um bei Änderungen der Rohrleitungsführung, z.B. beim Ersetzen eines ebenen Krümmers durch einen Raumkrümmer, feststellen zu können, ob die Meßeinrichtung noch die geforderte Genauigkeit gewährleistet.

Die Verarbeitung der Meßgrößen, also das Zusammenschalten der Geräte zu PLT-Einrichtungen wird in diesem Buch nicht behandelt. Vielmehr befassen sich damit die Bücher Automatisierungstechnik und Anlagensicherung [1], [2] und [3].

Die *Montage und Inbetriebnahme* sind die letzten Schritte der Lösung von PLT-Aufgaben, sie sind der eigentliche Beitrag des Meß- und Regel*mechanikers*. Für alle wichtigen Meßgrößen sollen die Bedingungen für eine fach- und verfahrensgerechte Montage und Inbetriebnahme genannt werden. Wo und wie z.B. bei Druckmessungen Abscheider, Abgleichgefäße oder Wassersackrohre eingesetzt werden, wie Absperrventile einzubauen sind und was bei der Inbetriebnahme nicht überlastsicherer Zähler zu beachten ist.

Für die Meßgrößen der Verfahrenstechnik werden die oben angeschnittenen Fragen nacheinander behandelt. Als Verarbeitung soll hier nur die örtliche Anzeige, das Erzeugen von analogen oder digitalen Einheitssignalen sowie die Feldinstallation betrachtet werden.

In den jeweiligen Abschnitten wird die Darstellung der PLT Aufgabe nach DIN 19227 angegeben sowie auf wichtige Normen und Richtlinien hingewiesen.

● *Gliederung der Bücher über Prozeßleittechnik*

Anhand der die Aufgabenstellung symbolisierenden Buchstabenkombinationen hat der Verfasser das Gesamtgebiet gegliedert in:

Meßtechnik – behandelt Erstbuchstaben und Ergänzungsbuchstaben,

Automatisierungstechnik – behandelt Folgebuchstaben außer A, O und Z und

Anlagensicherung – behandelt Folgebuchstaben A, O und Z.

Auch der hier vorliegenden *Meßtechnik* sollen die Erst- und Ergänzungsbuchstaben die Gliederung vorgeben in:

P – Druckmeßtechnik und PD – Differenzdruckmeßtechnik, L – Füllstandmeßtechnik, T – Temperaturmeßtechnik, F – Durchflußmeßtechnik, FQ – Mengenmeßtechnik, S – Drehzahlmeßtechnik, G – Stellungsmeßtechnik, W – Wägetechnik sowie D, M, Q, R und V – Technik der Messung anderer Größen.

Im Abschnitt I, Druck- und Differenzdruckmessung, findet der Leser eine Darstellung der Techniken und Eigenschaften, die für alle Meßgrößen mehr oder weniger zutreffen – wie Meßumformertechnik, Feldinstallation, Kennlinieneigenschaften, Digitalverarbeitung, digitale Kommunikation mit dem Meßumformer oder Elektromagnetische Verträglichkeit, aber auch Maßnahmen zur Trennung der Sensoren vom oft aggressiven Meßstoff.

I. Druck- und Differenzdruckmessung

Wir wollen die Meßgrößen Druck und Druckdifferenz gemeinsam behandeln, obwohl sie sich in der Aufgabenstellung und zum Teil auch in der Gerätetechnik unterscheiden. Einerseits sind zwar für *Druckmessungen* robuste, recht genaue und auch preiswerte *Manometer* einsetzbar, die in der gesamten Technik in Stückzahlen von Millionen zu finden sind, während vergleichbare Manometer für *Differenzdruckmessungen* nach anderen Konzepten konstruiert sein müssen, relativ selten zu finden und mindestens fünfzigmal teurer sind. Zum anderen *unterscheiden sich* aber die für die Automatisierung verfahrenstechnischer Anlagen ungleich wichtigeren *Meßumformer* für Druck und Differenzdruck in ihren Konzepten *nur wenig*, so daß eine gemeinsame Behandlung angebracht ist.

1. Allgemeines

Bevor wir auf die Gerätetechnik, die Anforderungen an die Druck- und Differenzdruckmesser sowie auf das Anpassen, die Montage und den Betrieb dieser Geräte eingehen, wollen wir uns mit einigen grundsätzlichen Dingen der Druck- und Differenzdruckmessung befassen.

● *Druckmessung*

Der Meßgröße Druck begegnen wir häufig in unserem Alltag: In den Wetterberichten werden die täglich und örtlich verschiedenen Luftdrücke gemeldet. Wir hören von Hochdruck- und Tiefdruckzonen, und es werden uns in diesem Zusammenhang Drücke angegeben, die um 1000 mbar liegen und um etwa ± 30 mbar[2] schwanken. Mit Druckluft sind die Reifen unserer Straßenfahrzeuge gefüllt, und jeder Autofahrer weiß, wie hoch der Druck in seinen Vorder- oder Hinterreifen sein muß und wird dem Tankwart diese Angaben in bar – der Einheit des Drucks – machen. Von Expeditionen in den Weltraum hören wir von dort herrschenden extrem *niedrigen* Luftdrücken und Sporttaucher müssen sich durch langsames Anpassen auf *hohe* Drücke einstellen, die mit der Tauchtiefe zunehmen.

In der Verfahrenstechnik ist in erster Linie der Druck in Gasen und Flüssigkeiten von Bedeutung [7], [8]. Unter Druck wird die Kraftwirkung (der Moleküle) des Fluids (das ist der Sammelname für Gase, Dämpfe und Flüssigkeiten) senkrecht auf eine das Fluid abgrenzende Flächeneinheit verstanden.

---

2   Die Meteorologie gebraucht statt mbar die gleich große Einheit hPa (Hektopascal).

Häufig hängt die Wirkung nur von dem *Unterschied* des Drucks im Gas oder in der Flüssigkeit gegenüber einem *Bezugsdruck* ab, der oft der jeweilige Atmosphärendruck ist. Der Überdruck p_e ist gleich Druck vermindert um den Atmosphärendruck. Er ist positiv, wenn der Druck größer ist als der Atmosphärendruck, negativ, wenn der Druck kleiner als der Atmosphärendruck ist[3]. Das ist für Manometer wichtig, deren Meßbereich sowohl im Unter- als auch im Überdruckbereich liegt.

Die Apparaturen der chemischen Verfahrenstechnik – es sind Destillationskolonnen, Behälter, Reaktoren, Rohrleitungen und andere Apparate – sind im allgemeinen gegen die Umgebung abgeschlossen. Für die meisten *Reaktionen*, für die chemischen und physikalischen Vorgänge, ist der *absolute* Druck im Innern der Apparate maßgebend. Eine Änderung des Atmosphärendruckes beeinflußt die Reaktion nicht. Für die *Sicherheit* gegen Überdrückung ist dagegen der *Überdruck* gegen den Atmosphärendruck maßgebend. Es muß also unterschieden werden, ob der absolute Druck, dessen Wert unabhängig vom Atmosphärendruck ist, oder ob ein Über- oder Unterdruck gegenüber dem Atmosphärendruck zu messen ist. Bei höheren Überdrücken etwa über einigen bar können die Schwankungen des barometrischen Druckes meist vernachlässigt werden. Es lassen sich dann Geräte einsetzen, die den Überdruck messen und einfacher aufgebaut sind, genauer arbeiten und leichter geprüft werden können. Für Abrechnungsmessungen wird zum Überdruck der jeweilige Barometerdruck addiert und der Absolutdruck der Berechnung zugrunde gelegt. Anders ist es im Bereich um und unter 1 bar. Dort muß genau überlegt werden, ob der absolute Druck oder ein Über- oder ein Unterdruck gegenüber dem Atmosphärendruck zu messen ist.

An einer Eigenart moderner Sensoren liegt es, daß noch ein *weiterer Bezugsdruck* eine Rolle spielen kann: Die korrosive, staub- und feuchtigkeitshaltige Atmosphäre der Chemieanlagen paßt so gar nicht zu dem sensiblen Innern dieser Sensoren mit Schichtdicken im µm-Bereich. Druckmessungen p_e relativ zum Atmosphärendruck – beim Manometer selbstverständlich und bei pneumatischen Transmittern wegen der Meßluftspülung des Gehäuses ganz unproblematisch – werden deshalb nach Möglichkeit ersetzt durch Absolutdruckmessungen oder Differenzdruckmessungen relativ zu einem *Referenzdruck*, den ein in der Minuskammer eingeschlossenes Gaspolster repräsentiert. Diese Druckart bezeichnen die Hersteller auch als Überdruck SG (sealed (geschlossen) Gage) oder unidirektionalen Differenzdruck – im Gegensatz zu VG (vented (geöffnet) Gage) bzw. bidirektionalem Differenzdruck[4].

---

3   Der früher benutzte Begriff *Unterdruck* darf nicht mehr als Bezeichnung einer Größe benutzt werden, um Mißverständnissen vorzubeugen.

4   Für die Druckarten Absolutdruck und SG müssen die Referenzkammern auch auf längere Zeit hermetisch dicht sein, damit das Vakuum bzw. der Referenzdruck erhalten bleiben. Die Dichtigkeit läßt sich durch Zugabe geringer Mengen Helium überprüfen, das für Lecktests gut geeignet ist.

1. Allgemeines   11

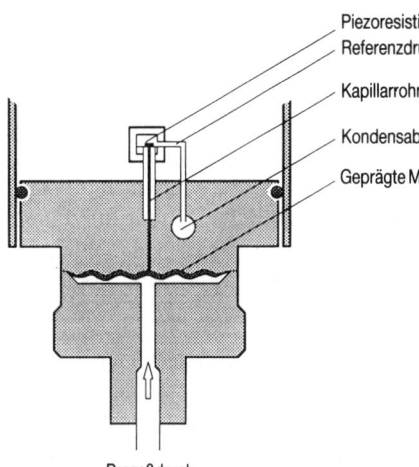

Bild 4. Piezoresistiver Sensor für Überdruck (SattControl). Die Zuführung des atmosphärischen Referenzdrucks geschieht so, daß die Umgebungsluft an den "kalten Flächen" des Sensors vorbeigeführt wird und Feuchtigkeit an diesen Flächen kondensiert: Die geringfügig wärmere Sensorrückseite bleibt trocken. (Das Gesamtvolumen der die Druckverbindung zwischen der Trennmembran und dem Sensor herstellenden Silikonfüllung ist nur 0,25 ml.)

Für p_e-*Messungen* mit diesen sensiblen Geräten sind besondere Maßnahmen vorgesehen wie PTFE-Filter oder „Kühlfallen" (Bild 4).

● *Differenzdruckmessung*

Druckdifferenzen, Druckabfälle und *Druckunterschiede* zu messen, ist eine der wichtigsten Meßaufgaben in der chemischen Verfahrenstechnik. Die Bedeutung dieser Messungen liegt darin, daß Druckunterschiede zwischen räumlich verschiedenen Stellen in Gasen oder Flüssigkeiten Motor für ein *Strömen* dieser Fluide sein können.

Das ist jedem vom Wetter her bekannt: Luftdruckunterschiede zwischen Hoch- und Tiefdruckgebieten versuchen sich auszugleichen, es kommen je nach Lage der Gebiete und der Größe der Druckunterschiede mehr oder weniger starke Winde oder sogar Stürme auf.

In der Verfahrenstechnik werden Druckunterschiede in Fluiden erzeugt, um Strömungen zu bewirken, die für das Zustandekommen von Reaktionen oder für den Transport von Gasen oder Flüssigkeiten erforderlich sind. Die Stärke der Strömung hängt unter anderem vom Widerstand der Rohrleitungen, Filter, Destillationskolonnen, Waschtürmen oder Stellventile ab.

Durch Messung der Druckdifferenzen oder – wie es meist heißt – der Differenzdrücke lassen sich bei bekanntem Widerstand Rückschlüsse auf die Stärke der Strömung oder bei bekannter Strömung auf den Zustand des Widerstandes ziehen.

Das erstere ist z.B. bei Durchflußmessungen mit Blenden oder Düsen, das zweite bei Druckabfallmessungen an Filtern oder Gaszählern der Fall. Auch Differenzdruckmessungen an Destillationskolonnen oder Waschtürmen sollen

Rückschlüsse auf den inneren Zustand sowie auf die Gas- oder die Flüssigkeitsbelastung ermöglichen. Der Druckabfall an einer Blende oder Düse wird übrigens auch als *Wirkdruck* bezeichnet.

Für den Verfahrensablauf haben nicht nur die durch Strömungen bedingten, auch als *dynamisch* bezeichneten, sondern auch *statische* Druckunterschiede Bedeutung. Statische Druckunterschiede sind beispielsweise zwischen Gasnetzen aufrechtzuerhalten, um bei Störungen oder Undichten das Einströmen des einen Gases in das andere auszuschließen. Aus Messungen von statischen Druckunterschieden lassen sich auch Füllhöhen in geschlossenen Behältern bestimmen.

Grundsätzlich lassen sich Druckunterschiede aus der Differenz zweier gemessener Drücke *errechnen,* und in der Meteorologie wird auch so verfahren. Daß für die Verfahrenstechnik die *Meßgröße* Druckdifferenz Bedeutung hat, liegt daran, daß Druckdifferenzen häufig bei hohen statischen Drücken genau ermittelt werden müssen. Ein Beispiel soll zeigen, daß dies mit zwei Druckmessungen schwierig ist: Ein Druckabfall von 250 mbar soll bei statischen Drücken von 20 bar gemessen werden. Mit zwei Druckmeßgeräten mit Meßbereichen 0 - 25 bar, Klasse 0,6 ergeben sich für jeden Druckmesser Fehler bis 150 mbar, die sich im ungünstigsten Fall addieren und dann mit 300 mbar größer als der zu messende Druckabfall und damit vollkommen indiskutabel sind. Mit genau arbeitenden Differenzdruckmessern ist es dagegen möglich, Differenzdrücke von 250 mbar auf 0,6 oder gar 0,2 % genau zu bestimmen, was Meßfehlern von 1,5 oder 0,5 mbar entspricht.

Der Meßgröße Druckdifferenz wird allgemein das Formelzeichen Δp zugeordnet.

● *Einheiten*

Im Gesetz über Einheiten im Meßwesen vom 2. Juli 1969 und in der dazugehörigen Ausführungsverordnung vom 26. Juni 1970 werden die anzuwendenden Einheiten festgelegt. Für den Druck gibt es neben der SI-Einheit[5] Pa (Pascal)[6] verschiedene gesetzlich zugelassene Einheiten.

In der Verfahrenstechnik haben sich die Einheiten Bar und Millibar mit den Einheitenzeichen bar und mbar durchgesetzt. Sie unterscheiden sich in übersichtlicher Weise von den früher gebräuchlichen Einheiten at, kp / cm², mm WS (Wassersäule) wie folgt:

---

5 vom französischem Système International d´Unités

6 1 Pascal ist gleich dem auf eine Fläche gleichmäßig wirkenden Druck, bei dem senkrecht auf die Fläche 1 m² eine Kraft von 1 N (Newton) ausgeübt wird.

- 1 bar ist 1,02 kp/cm², also ungefähr 1 kp/cm²,
- 1 bar ist 1,02 at, also ungefähr 1 at,
- 1 mbar ist 10,2 mm WS, also ungefähr 10 mm WS.

Die Einheiten kp/cm², at und Torr (für mm Quecksilbersäule) sind nicht mehr für den geschäftlichen und amtlichen Verkehr zulässig.

Die früher übliche bequeme und auch unmißverständliche Unterscheidung zwischen Absolutdruck, Unterdruck und Überdruck durch Anfügen der Buchstaben a, u und ü an das Einheitenzeichen at zu ata, atu und atü ist nach dem neuen Gesetz nicht mehr zulässig. Statt der Ausdrucksweise: „in dem Behälter ist ein Druck von etwa 2 atü", muß es jetzt heißen: „in dem Behälter ist ein *Über*druck von etwa 2 bar". Beim Übergang haben sich aber keine zu großen Schwierigkeiten ergeben, denn auch bei der früher gebräuchlichen Einheit kp/cm² konnte mit dem Einheitenzeichen nicht ausgedrückt werden, ob es sich um Absolut-, Unter- oder Überdruck handelt. Meist geht im betrieblichen Alltag aus den Zusammenhängen eindeutig hervor, um welchen Druck es sich handelt.

Die Einheiten der Differenzdruckmessung sind gleich den Einheiten der Druckmessung.

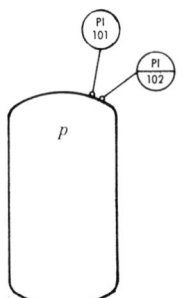

Bild 5. Darstellung der MSR-Aufgabe " Druckmessung".
PI 101, Druckanzeige örtlich,
PI 102, Druckanzeige in Prozeßleitwarte.

● *Darstellung der Meßgröße Druck*

Die Aufgabe, die Meßgröße Druck zu verarbeiten, wird nach DIN 19227 mit dem Kennbuchstaben P[7] und den entsprechenden Folgebuchstaben dargestellt. Bild 5 zeigt eine Druckanzeige örtlich und eine Druckanzeige in einer zentralen Prozeßleitwarte. Der Folgebuchstabe I steht für „Anzeigen" und der Aus-

---

[7] Der Buchstabe *p* wird in der technischen Literatur allgemein benutzt, um die Größe "Druck" zu symbolisieren. Im englischen heißt Druck pressure, im Französischen pression, im deutschen Sprachgebrauch sind pressen und Pressung Ausdrücke, die Druckwirkungen beschreiben.

gabeort zentrale Warte" wird durch Unterstreichen der Kennbuchstaben dargestellt, der kleine Kreis (Durchmesser 2 mm) gibt den Meßort an.

● *Darstellung der Meßgröße Differenzdruck*

Für die Darstellung der Aufgabe, die Meßgröße Druckdifferenz zu verarbeiten, wird dem die Druckmessung darstellenden Erstbuchstaben P der eine Differenz symbolisierende Ergänzungsbuchstabe D nachgestellt. Die Buchstabenkombination PD steht somit für die Aufgabe, die Meßgröße Druckdifferenz zu verarbeiten. Der Ergänzungsbuchstabe D kann natürlich auch zu anderen Erstbuchstaben gestellt werden, um eine Differenz von Meßgrößen darzustellen. Neben Druckdifferenzen sind in der Verfahrenstechnik auch Temperaturdifferenzen häufig zu verarbeiten. Aus verschiedenen Gründen hat sich in DIN 19227 hier das Zeichen Δ für Differenz nicht durchsetzen können.

Bild 6 stellt an einer Destillationskolonne die Aufgaben Differenzdruckmessung örtlich und Differenzdruckmessung mit Anzeige in einer zentralen Prozeßleitwarte dar. Außerdem ist mit PDT die Aufgabe Differenzdruckmessung mit Fernübertragen (T für Transmitting) angegeben.

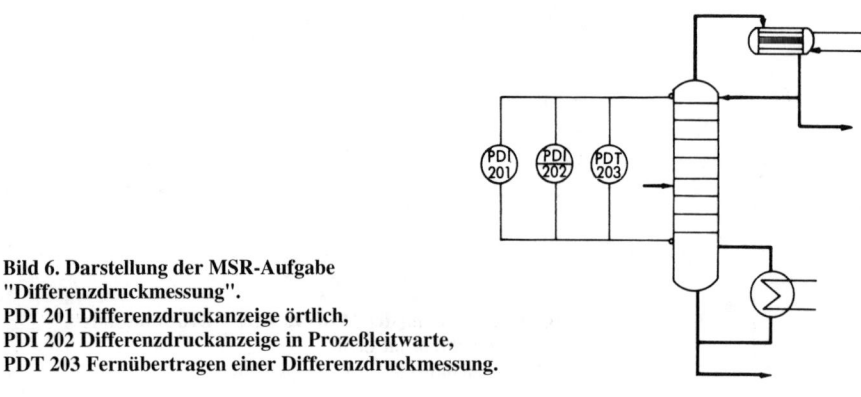

Bild 6. Darstellung der MSR-Aufgabe
"Differenzdruckmessung".
PDI 201 Differenzdruckanzeige örtlich,
PDI 202 Differenzdruckanzeige in Prozeßleitwarte,
PDT 203 Fernübertragen einer Differenzdruckmessung.

Wie in der zeichnerischen Darstellung der Aufgabenstellung die Differenzdruckmessung als Ergänzung, als Modifikation der Druckmessung dargestellt wird, sollen auch bei der folgenden Beschreibung der Differenzdruckmeßgeräte besonders die Änderungen und Ergänzungen gegenüber den Druckmeßaufgaben herausgestellt werden. Ausführlich wird jedoch auf die Meßumformer für Druck- und Differenzdruck eingegangen.

2. Druckmeßgeräte

Das aus DIN 16086[8] stammende Bild 7 zeigt den Aufbau eines modernen Druckmeßgeräts, und auch die Definitionen sind auf die elektronischen Meßgeräte, speziell auf Meßumformer, zugeschnitten. Da sich aber fast alle hier zu beschreibenden Meßgeräte mit elektrischen Analog-, Digital- oder Binärausgängen ausrüsten lassen, läßt sich die Norm sinngemäß auf fast alle Geräte anwenden.

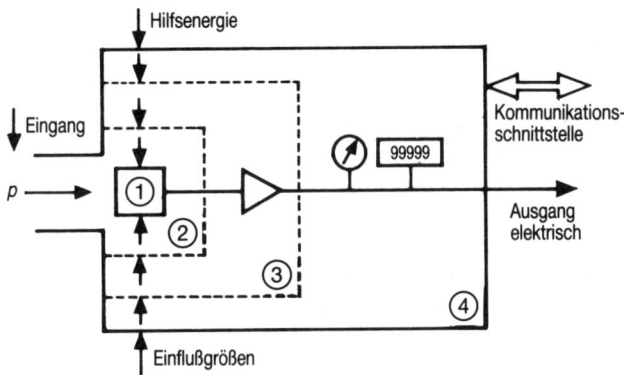

Bild 7. Blockschaltbild eines elektrischen Druckmeßgeräts.
Das Bild zeigt, wie sich ein Druckmeßgerät (4) gliedern läßt in die Untergruppen: Druckmeßumformer (3), Druckaufnehmer (2) und Drucksensorelement (1).

Die DIN-Norm gebraucht die Begriffe *Aufnehmer* und *Sensor* synonym, da sich aber beim Betrachten der heute oft nur fingergliedgroßen Aufnehmer der Begriff Sensor aufdrängt, soll bei der Beschreibung der Meßumformer bevorzugt vom Sensor die Rede sein. Dabei ist das kleine Gebilde eigentlich das Sensorelement, nämlich die kleinstmögliche vom Meßprinzip bestimmte Baueinheit, welche die Meßgröße Druck in eine elektrisch (oder sinngemäß in eine andere) weiterverarbeitbare Größe umwandelt. Der Sensor selbst ist demgegenüber das Element, auf das die Meßgröße unmittelbar einwirkt.

Es ist zu unterscheiden bezüglich der *Meßaufgabe* zwischen Meßgeräten für Überdruck- und Vakuummetern für Unterdruckmessungen. Es sollen hier im wesentlichen Überdruckmessungen behandelt und nur, wo sich die Beschreibungen nicht sinngemäß auf Unterdruckmessungen übertragen lassen, Eigenarten von Unterdruckmessungen besonders erwähnt werden. Bezüglich des *Wirkungsprinzips* sind für die PLT folgende Gerätegruppen wichtig:

---

8 DIN 19 086 "Elektrische Druckmeßgeräte": Druckaufnehmer, Druckmeßumformer, Druckmeßgeräte – Begriffe, Angaben in Datenblättern. Ausgabe Mai 1992

- Druckmeßgeräte mit Sperrflüssigkeit,
- Federelastische Druckmeßgeräte und
- Druckmeßumformer.

Im modernen Chemiebetrieb sind davon besonders einmal – in immer noch großen Stückzahlen – Manometer als federelastische Druckmeßgeräte für die örtliche Ablesung an untergeordneten PLT-Stellen und *Meßumformer* für die Weiterverarbeitung der Meßwerte durch Prozeßleitsysteme von Bedeutung.

Wegen des mit ihrem Einsatz verbundenen hohen Montage- und Instandhaltungsaufwandes haben dagegen *Druckmeßgeräte mit Sperrflüssigkeit* im Betrieb an Bedeutung verloren. Aus didaktischen Gründen soll jedoch auch auf diese Geräteart eingegangen werden.

Wenn auch die Aufgaben *Druckmessung* und *Differenzdruckmessung* im Chemiebetrieb *recht unterschiedlich zu lösen* sind, unterscheiden sich die *Meßumformer* für Druck im Prinzip *wenig* von den Meßumformern für Differenzdruck, so daß die wesentlichen Gesichtspunkte von Druck- und Differenzdruckmeßumformern gemeinsam im Abschnitt 3., Differenzdruckmeßgeräte, dargestellt werden können. Bei Differenzdruckmessungen haben Meßumformer gegenüber den nur anzeigenden Geräten eine wesentlich größere Bedeutung als bei Druckmessungen: Der Aufwand für ein genau anzeigendes Meßgerät unterscheidet sich kaum von dem für einen Differenzdruckmeßumformer.

Für hochgenaue Messungen in Laboratorien gibt es eine Reihe anderer Verfahren, die in [8] unter Druckmessung ausführlich erläutert werden. Dort sind auch Fixpunkte für hohe Drücke angegeben, bei denen die anderen Meßsysteme weniger genaue Ergebnisse liefern. So geht Quecksilber bei einer Temperatur von 0 °C in einen festen Zustand über, wenn es mit einem Druck von 7569 bar beaufschlagt wird. Dieser Schmelzdruck von Quecksilber läßt sich recht genau, nämlich auf 2 bar oder 0,03 % genau, bestimmen.

Für Werkstätten zum Kalibrieren der Druckmeßgeräte bieten sich an:

- Pneumatische Druckwaagen, die durch Auflagegewichte vorgegebene Druckwerte selbsttätig einstellen und angeschlossene Prüflinge damit beaufschlagen. Sie haben Anzeigegenauigkeiten der Klasse 0,015 % und Reproduzierbarkeiten von 0,005 % sowie Meßbereiche (mit Instrumentenluft) von 0,01 bis 2 bar mit Abstufungen von 5 mbar (Bild 33).
- Druckwaagen mit elektromagnetischer Kraftkompensation (Bild 34) mit Fehlergrenzen von 0,03 % des Meßbereichendwerts und einer Reproduzierbarkeit von 0,005 % des Meßbereichs sowie einer Einschwingzeit von 2,5 Sekunden. Die Meßbereichsendwerte liegen zwischen 10 mbar und 600 bar.

- Metallische DMS-Sensoren (Bild 44) mit hochgenauen Meßverstärkern, die die analoge Eingangsspannung bis auf 24 bit digitalisieren und Linearitätskorrekturen nach einem DKD[9]-Protokoll bis auf 0,03 % vom *Meßwert* durchführen. Das geschieht mit sehr hohen Datenraten bis zu fast 10 000 Messungen in der Sekunde. Die Meßbereichsendwerte liegen zwischen 1 und 500 bar.
- Piezoelektrische Schwingquarze (DIGIQUARTZ) ähnlich Bild 69 mit Reproduzierbarkeit und Hysterese jeweils unter 0,005 % des Meßbereichendwerts und Einstellzeiten von 0,25 Sekunden, Die Meßbereichsendwerte liegen zwischen 1 und 1500 bar.

Sehr gute Meßergebnisse lassen sich auch "von Hand" erzielen mit hochgenauen Manometern mit Bourdon- oder Kapselfedern, deren Meßfehler zwischen 0,06 und 0,1 % vom Endwert liegen oder mit Präzisionsgeräten, die mit Sperrflüssigkeiten arbeiten.

Während die meisten Verfahren zum Nachkalibrieren ein Primärnormal höherer Genauigkeit benötigen, lassen sich die Druckwaagen mit Gewichten bei Berücksichtigung von Einflußgrößen – wie Erdbeschleunigung und Dichte der Umgebungsluft – *absolut* kalibrieren.

a) Druckmeßgeräte mit Sperrflüssigkeit

Druckmeßgeräte, die mit Sperrflüssigkeit arbeiten, werden zur Messung kleiner Drücke oder kleiner Differenzdrücke eingesetzt. Bevorzugte Sperrflüssigkeiten sind:

- Wasser, auch mit Fluoreszein gefärbt ($\rho = 1,0$ kg/dm³),
- Quecksilber ($\rho = 13,55$ kg/dm³)[10],
- aber auch Äthylalkohol, Äther, Silikonöl, Öl oder Frostschutzmischungen

und für höhere Drücke

- Tetrachlorkohlenstoff ($\rho \sim 1,6$ kg/dm³) oder
- Tetrabromethan ($\rho \sim 2,96$ kg/dm³).

Bei einem Teil der Geräte, z.B. beim U-Rohr-Meßgerät, ist eine Säule der Sperrflüssigkeit das Meßelement, und aus der Höhendifferenz von Flüssigkeitssäulen läßt sich der zu messende Druck errechnen. In das Meßergebnis geht die Dichte der Sperrflüssigkeit ein. Anderen Geräten dient die Sperrflüssigkeit nur als richtkraftloses Mittel zur Trennung von Druck- und Bezugsdruckraum. Zur ersten Art von Geräten gehören zwei- und einschenkelige U-Rohr- und Schrägrohrmanometer. Das Meßprinzip sei am einfachen U-

---

9 DKD Deutscher Kalibrierdienst

10 Das giftige Quecksilber sollte aus Gründen der Arbeitshygiene nach Möglichkeit nicht mehr eingesetzt werden.

18 I. Druck- und Differenzdruckmessung

Rohrmanometer erklärt (Bild 8): Auf die Sperrflüssigkeit wirkt von einer Seite der (absolute) Gasdruck im Behälter, von der anderen Seite der barometrische Luftdruck. Ist der Behälterdruck höher, so steigt die Sperrflüssigkeit so lange an, bis die Kraftwirkungen von Differenzdruck und Schwere der Flüssigkeitssäule gleich sind. Nach physikalischen Gesetzmäßigkeiten ist die Wirkung einer Flüssigkeitssäule auf den Druck in der Flüssigkeit – wenn einmal von Kapillarkräften abgesehen wird – nur von der Höhe h der Flüssigkeitssäule und von der Dichte ρ der Flüssigkeit im Betriebszustand abhängig, also nicht von Querschnittsunterschieden und schon gar nicht vom Querschnitt. Aus diesem Grunde lassen sich auch Drücke in mm Wasser- oder mm Quecksilbersäule angeben. Aus der Höhe h der Flüssigkeitssäule läßt sich der Überdruck p_e im Behälter errechnen, zu

$$p_e = 0{,}0981 \cdot h \cdot \rho \;[\text{mbar}] .$$

p_e hat die Einheit mbar, wenn h in mm und ρ in kg/dm³ eingesetzt werden.

Der (absolute) Druck p im Behälter ist

$$p_{\text{abs}} = p_e + p_{\text{amb}}{}^{11}.$$

Dabei ist die Dichte des Gases gegenüber der Dichte der Sperrflüssigkeit vernachlässigt.

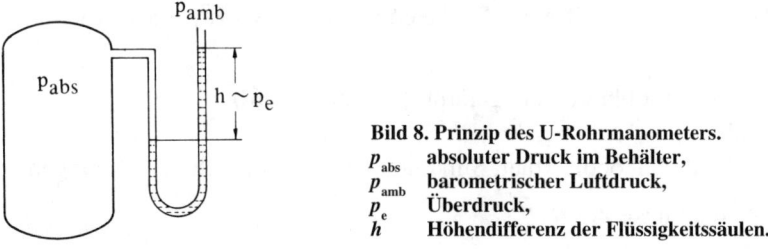

Bild 8. Prinzip des U-Rohrmanometers.
p_{abs} absoluter Druck im Behälter,
p_{amb} barometrischer Luftdruck,
p_e Überdruck,
h Höhendifferenz der Flüssigkeitssäulen.

Werden die Drücke von *Flüssigkeiten* der Dichte ρ_1 mit *zweischenkeligen U-Rohrmanometern* gemessen, muß der Höhenunterschied (h_1) zwischen Meßort und Meßgerät berücksichtigt werden, wie aus Bild 9 zu ersehen ist: Die Verschiebung der Quecksilbersäule um die Höhe h hängt nicht nur vom am Boden des Behälters zu messenden Überdruck p_e ab, sondern auch von der Höhe h_1 und der Dichte ρ_1 der Flüssigkeitssäule im linken Schenkel. Für die Verschiebung der Quecksilbersäule ist der an der Trennfläche zwischen Flüssigkeit und Quecksilber herrschende Druck $p_e{}'$ maßgebend. Dort ist Gleichgewicht der Kraftwirkungen beider Flüssigkeitssäulen, wenn die der Quecksilbersäule

---

11 Die Indizes der Formelzeichen leiten sich von lateinischen Wörtern ab:
abs absolutus (losgelöst, unabhängig), amb ambiens (umgebend), e excedens (überschreitend).

$$0{,}0981 \cdot h \cdot \rho$$

gleich der der Flüssigkeit

$$p_e + 0{,}0981\, h_1 \rho_1$$

ist. Werden beide Glieder gleichgesetzt, so ergibt sich

$$p_e = 0{,}0981\,(h\,\rho - h_1 \rho_1).$$

Zu beachten ist, daß h_1 von h abhängt.

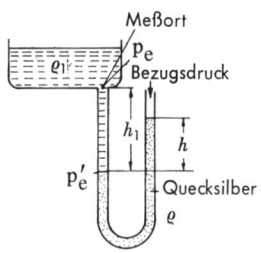

Bild 9. Druckmessungen in Flüssigkeiten.
Bei Höhenunterschieden zwischen Meßort und Meßgerät beeinflussen Höhe und Dichte der Flüssigkeitssäule das Meßergebnis.

Beim Gefäßmanometer oder *einschenkeligen* Manometer (Bild 10) ist *ein* Schenkel so weit, daß sich das Niveau in diesem Gefäß bei der Messung nur unwesentlich verändert. Die Oberflächenverschiebung im Gefäß verhält sich zu der im Meßschenkel etwa wie 1:100.

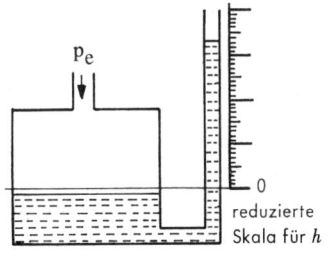

Bild 10. Einschenkeliges Manometer.
Durch den Druck p_e ändert sich der Flüssigkeitsspiegel im linken Gefäß nur wenig: Der Druck kann am rechten Meßschenkel mit einer Ablesung an einer reduzierten Höhenskala abgelesen werden.

Es würde also, wenn nur im Meßschenkel abgelesen wird, ein Fehler von etwa 1 % gemacht, der aber durch Verzerrung der Ableseskala (reduzierte oder verkürzte Skala) von vornherein berücksichtigt wird. Die Verkürzung der Skala hängt vom Verhältnis der Querschnitte von Gefäß und Meßschenkel ab. Bei Reparaturen ist unbedingt zu beachten, daß Skala und Innendurchmesser des Meßschenkels aufeinander abgestimmt sein müssen. Bei Messung von Drücken in Flüssigkeiten muß die Höhe h_1 wie bei zweischenkeligen U-Rohrmanometern berücksichtigt werden. h_1 hängt hier allerdings praktisch nicht von h ab.

Beim *Schrägrohrmanometer* (Bild 11) ist ein Schenkel schwach steigend angeordnet; eine kleine Höhendifferenz ändert die Länge der Flüssigkeitssäule stark. Es können so sehr kleine Drücke abgelesen werden. Wichtig ist, daß die Neigung des Meßschenkels bei Kalibrierung und Messung gleich ist. Um dieses zu erreichen, sind die Geräte mit Justierschrauben und Libellen ausgerüstet. Schrägrohrmanometer mit kapazitivem Abgriff der Lage der Flüssigkeitssäule sind auch als Meßumformer lieferbar.

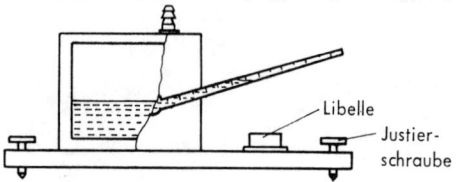

Bild 11. Schrägrohrmanometer.
Kleine Druckänderungen bewirken größere Verschiebungen der Flüssigkeitssäule im schrägen Meßschenkel.

Die *Manometer mit Sperrflüssigkeit* sind wegen ihres übersichtlichen Meßprinzips *sehr zuverlässige* Meßgeräte. Liegen die Drücke so, daß sich gut meßbare Höhenunterschiede (etwa 1 m) ergeben, sind die Rohre so weit, daß die Kapillarkräfte vernachlässigt werden können (bei Wasser als Sperrflüssigkeit können für hohe Genauigkeitsansprüche Glasrohre bis 40 mm Innendurchmesser erforderlich sein) und ist die Dichte der Sperrflüssigkeit genau bekannt, so können mit U-Rohrmanometern Drücke *sehr genau* gemessen werden. *Nachteilig* ist, daß diese Geräte *nicht überdrucksicher* sind: Bei Druckstößen wird die Flüssigkeit aus dem Rohrsystem gedrückt. Die Anzeige dieser Geräte ist lageabhängig, und die Geräte müssen lotrecht montiert werden.

Beim Einsatz ist zu beachten, daß sich Sperrflüssigkeit und die zu messenden Produkte nicht miteinander mischen, nicht ineinander lösen, nicht miteinander reagieren und die Produkte nicht in den Meßrohren kondensieren. Aus diesen Gründen werden die Manometer mit Sperrflüssigkeit betriebsmäßig bevorzugt für Gasdruckmessungen eingesetzt. Für Flüssigkeitsdruckmessungen kommt Quecksilber als Sperrflüssigkeit in Frage. Quecksilber ist aber sehr giftig, so daß aus Gründen der Arbeitshygiene mehr und mehr davon abgegangen wird, Quecksilber als Sperrflüssigkeit einzusetzen.

Manometer mit Flüssigkeitsfüllung sind auch – wie aus Bild 12 zu ersehen – als Meßgeräte für absoluten Druck geeignet: Ein Schenkel des Manometers wird oben verschlossen (Glasrohre zugeschmolzen) und die Gase evakuiert; oberhalb des Flüssigkeitsspiegels im abgeschlossenen Schenkel befindet sich nur noch Dampf der Flüssigkeit. Bei Quecksilber ist bei Raumtemperatur der Dampfdruck außerordentlich gering, er beträgt etwa ein Tausendstel von einem mbar. Eine organische Flüssigkeit, Butylphthalat, hat einen noch um den Faktor 10 geringeren Dampfdruck. Es läßt sich also erreichen, daß im verschlossenen Schenkel praktisch Vakuum herrscht, und der im offenen Schenkel herrschende Druck kann aus der Höhe der Flüssigkeitssäule absolut errechnet werden:

$p_{abs} = 0{,}0981 \cdot h \cdot \rho$ [mbar].

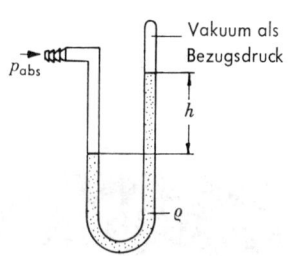

Bild 12. Absolutdruckmessung mit U-Rohr.
U-Rohre können für Absolutdruckmessungen eingesetzt werden, wenn ein Schenkel zugeschmolzen und evakuiert wird. Als Flüssigkeiten kommen Quecksilber oder Öle mit sehr niedrigem Dampfdruck in Frage.

Anderen Geräten, die mit Sperrflüssigkeit arbeiten, dient die *Sperrflüssigkeit als richtkraftloses Mittel zur Trennung von Druck- und Bezugsdrucksystem.* Bei diesen Geräten – als Beispiel seien Ringwaage (Bild 13) und Tauchsichelgerät genannt – beeinträchtigen Dichte oder Dichteänderungen die Meßgenauigkeit nicht: Die Pioniere der Betriebsmeßtechnik prägten in den "goldenen zwanziger Jahren" den Slogan: Eine Ringwaage kann statt mit Quecksilber auch mit Bier gefüllt werden, ohne damit das Meßergebnis zu verändern. Durch die Dichte der Sperrflüssigkeit wird lediglich die Überlastbarkeit der Geräte bestimmt.

Das Wirkungsprinzip dieser Geräte sei an einem *Tauchsichelgerät* erklärt (Bild 14): An einem Hebelsystem, das im Prinzip einer Neigungswaage ähnelt, befindet sich eine Glocke, die in die Sperrflüssigkeit taucht. Die Glocke wird bei *Überdruckmessungen außen* mit dem Druck beaufschlagt, von innen wirkt der atmosphärische Druck. Die Glocke wird mit wachsendem Überdruck in die Sperrflüssigkeit gedrückt. Die Kraft, die gleich dem Produkt aus Differenzdruck und Fläche in Höhe des Flüssigkeitsspiegels ist, wird durch das Waagensystem ausgewogen, und der Ausschlag des Zeigers der Neigungswaage kann in Einheiten des zu messenden Druckes kalibriert werden.

Für *Unterdruckmessungen* wird der *Innenraum* der Glocke mit dem Druck beaufschlagt und das Gehäuse zur Atmosphäre hin entlüftet.

Die Dichte der Sperrflüssigkeit wirkt auf die Anzeige der Tauchsichelgeräte nicht ein. Bei Überlastung schlägt Gas durch die Sperrflüssigkeit. Wenn dies nicht zu heftig geschieht, wird keine Sperrflüssigkeit aus dem Gerät gedrückt und es kann nach der Überlastung ohne Überholung wieder eingesetzt werden.

Tauchsichelgeräte werden z.B. zu Druck- und Zugmessungen an Öfen eingesetzt. Die Einschränkungen bezüglich Verträglichkeit zwischen Sperrflüssigkeit und zu messendem Produkt haben ähnliche Bedeutung wie bei den U-Rohrmanometern.

Das ähnliche *Tauchglockensystem* wird auch für Druck- und Differenzdruckumformer zur Messung kleiner Drücke angewandt. Dabei wird entweder der Ausschlag der Glocke oder die auf sie wirkende Kraft in ein elektrisches oder pneumatisches Signal umgeformt (Bild 15).

Wie stark die Anzeige von Tauchsichel- oder Tauchglockengeräten *lageabhängig* ist; hängt davon ab, mit welchen Prinzipien die Kraft auf die Tauchglocke in einen Meßeffekt umgeformt wird.

Bild 13. Ringwaage.
Die Ringwaage hat sich jahrzehntelang als genaues, zuverlässig arbeitendes Meßgerät erwiesen. Sie ist für Differenzdrücke bis 1000 mbar und für statische Drucke bis 300 bar verfügbar (Bild Foxboro-Eckardt).

b) Federelastische Druckmeßgeräte

Federelastische Druckmeßgeräte haben elastische Meßglieder, die sich unter der Wirkung des Druckes verformen. Die Verformung wird in die Bewegung eines Zeigers umgewandelt und der Druck auf diese Weise angezeigt.

Zur Gruppe der federelastischen Druckmeßgeräte gehören die für die Betriebspraxis wichtigen Rohr- und Plattenfedermanometer. Diese Geräte sind preiswert, genügend genau, robust und handlich. Sie werden für Meßbereiche von wenigen mbar bis zu einigen tausend bar in der Verfahrenstechnik in sehr großen Stückzahlen eingesetzt.

2. Druckmeßgeräte 23

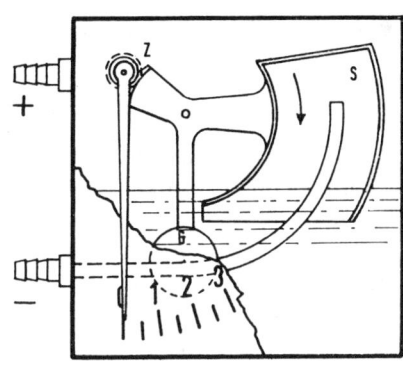

S Tauchsichel,
G Neigungsgewicht,
Z Zahnräder.

Bild 14. Tauchsichelgerät.
Wird der obere Anschluß mit einem Überdruck oder der untere mit einem Unterdruck beaufschlagt, bewegt sich die sichelartige Glocke nach unten, bis Druck- und Gewichtskraft gleich sind. Auf der Skala kann der Druckunterschied abgelesen werden.

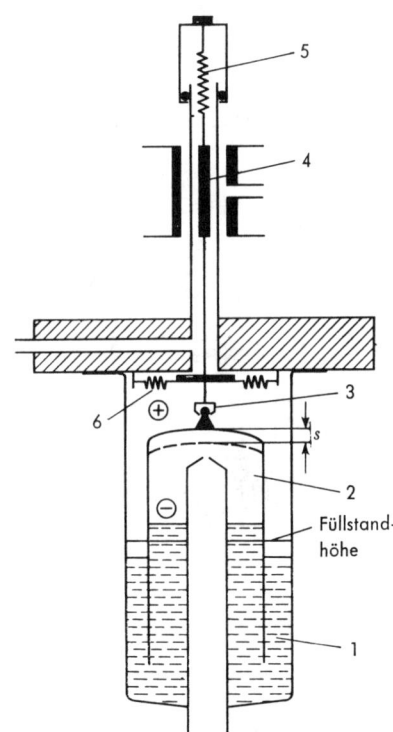

Bild 15. Meßsystem eines Meßumformers mit Tauchglockenmeßwerk.
1 Flüssigkeit,
2 Glocke.
3 Kugelgelenk,
4 Kernstange des Differentialtransformators,
5 Meßfedern,
6 Stabilisierungsfedern.

24 I. Druck- und Differenzdruckmessung

● *Druckmeßgeräte mit Rohrfedern*

Diese Geräte bestimmen den Druckunterschied zwischen zu messendem Druck und dem Bezugsdruck, der im allgemeinen der Atmosphärendruck ist.

Die Rohr- oder Bourdonfeder ist ein federelastisches Meßglied, das sich unter einem inneren Überdruck streckt. Dieser Bourdoneffekt ist auch von Kinderspielzeug bekannt: Ein flacher, aufgerollter, geschlossener Papierschlauch streckt sich, wenn in den Schlauch geblasen wird. Den Aufbau eines Rohrfedermanometers zeigt Bild 16. Die Rohrfeder ist mit einem Federträger, der meist zugleich Anschlußzapfen ist, verlötet oder verschweißt. Die Bewegung des verschlossenen Federendes – sie beträgt etwa 4 bis 6 mm – ist ein Maß für den zu messenden Druck. Die Bewegung wird über eine Zugstange auf ein Zeigerwerk übertragen. Auf einer Skala kann der Überdruck abgelesen werden. Bei Vakuummetern ist die Bewegung der Feder umgekehrt: Der Zeiger bewegt sich bei Beaufschlagung mit einem Unterdruck in entgegengesetzter Richtung.

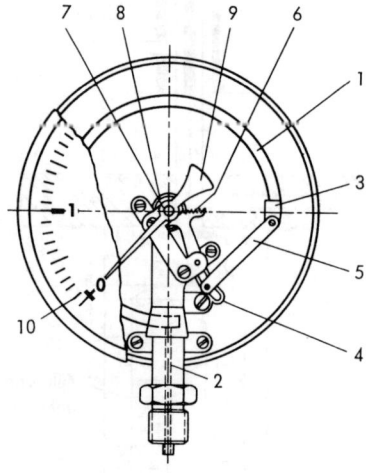

Bild 16. Prinzipbild eines Rohrfedermanometers (Wiegand).
1 Rohrfeder,
2 Federträger,
3 Federendstück,
4 Zahnsegment,
5 Zugstange,
6 Verzahnung,
7 Zeigerwelle,
8 Spiralfeder,
9 Zeiger,
10 Zifferblatt mit Skala.

Das Zeigerwerk hat die Aufgabe, die geringe Auslenkung des Federendes in eine drehende Bewegung der Zeigerachse umzuwandeln und die Bewegung zu vergrößern. Für Manometer mit zentrischer Zeigeranordnung werden dafür Segmentübertragungen eingesetzt: Die Feder bewegt über eine Zugstange ein Zahnsegment und verdreht damit ein mit der Zeigerachse fest verbundenes Zahnrad, wie es im Bild 17 dargestellt ist.

2. Druckmeßgeräte 25

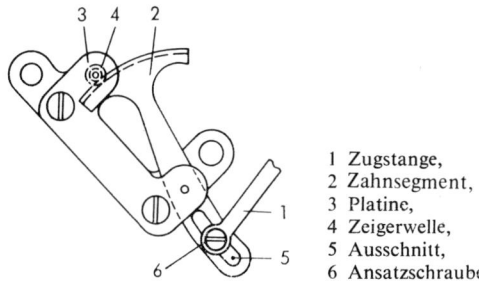

1 Zugstange,
2 Zahnsegment,
3 Platine,
4 Zeigerwelle,
5 Ausschnitt,
6 Ansatzschraube.

Bild 17. Segmentübertragung als Zeigerwerk.
Das Zeigerwerk formt die Auslenkung des Federendes in eine Drehbewegung um und vergrößert die Bewegung. Durch Verdrehen des Zeigers auf der Zeigerwelle läßt sich der Meßanfang, durch Verschieben der Ansatzschraube im Ausschnitt der Meßbereich justieren.

Die Rohrfedern sind kreisförmig gebogene Rohre von unrundem Querschnitt. Sie haben je nach Verwendungszweck verschiedene Größen, Profile, Querschnitte und Wandstärken (Bild 18). Für Druckbereiche bis 40 oder 60 bar werden meist Kreisformfedern aus gezogenem Profilrohr, für höhere Bereiche Schnecken- oder Schraubenfedern (Bild 19) aus gezogenem Stahlrohr eingesetzt. Schraubenfedern haben konstante Windungsradien und damit gleichmäßige Beanspruchung des Werkstoffes. Es ergeben sich für Schraubenfedern günstige Federeigenschaften und große Dauerstandsfestigkeit.

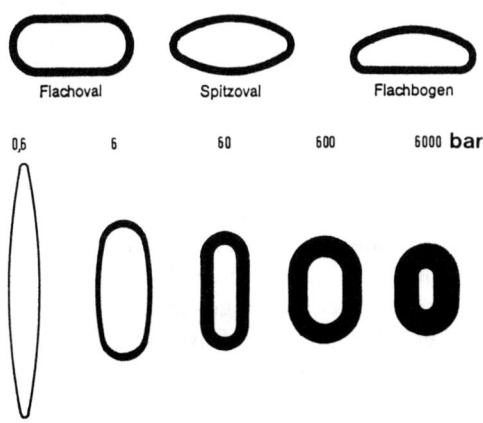

Bild 18. Querschnitte von Rohrfedern verschiedener Nenndrücke (Wiegand).
Das Bild zeigt oben gebräuchliche Querschnitte von Rohrfedern und unten ihre Abhängigkeit vom Nenndruck.

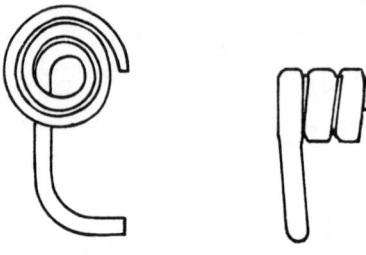

Bild 19. Schnecken- und Schraubenfedern.

Als Werkstoffe kommen in Frage: Kupferlegierungen (z.B. Berylliumbronze), rostfreier Stahl in VA-Qualität oder für hochgenaue Geräte Ni-Span C, eine Legierung aus Nickel, Eisen, Chrom und Titan. Ni-Span C hat sehr gute elastische Eigenschaften, die vor allem unabhängig von der Temperatur sind, und ist auch sehr korrosionsbeständig. Berylliumbronze hat gute elastische Eigenschaften, hohe Festigkeit bis 200 °C, hohe Wechselfestigkeit und befriedigende Korrosionsbeständigkeit. VA-Stahl hat weniger gute Federeigenschaften, ist aber korrosionsbeständiger. Wegen seiner Zähigkeit ist die Gefahr des Berstens der Rohrfeder geringer. VA-Stahlfedern werden deshalb für Sicherheitsmanometer eingesetzt.

Es wurden Güteeigenschaften von Manometerfederwerkstoffen untersucht. Danach verhält sich die Summe der Güteeigenschaften von Phosphorbronze, Chrommolybdän, V4A-Stahl, Berylliumkupfer und Ni-Span C wie 9:10:11:14:21. Das heißt, daß Berylliumkupfer etwa um den Faktor 1,5 und Ni-Span C etwa um den Faktor 2 besser sind als die anderen Federwerkstoffe, besser im Sinne der bei der Untersuchung aufgestellten Beurteilungsmerkmale. Das gilt nicht für jeden Einzelfall, es kann dort z.B. aus Korrosionsgründen V4A-Stahl deutlich besser geeignet sein als die anderen Werkstoffe.

Rohrfedermanometer sind empfindlich gegen Überlastung: Um reproduzierbar messen zu können, ist es erforderlich, daß die Rohrfeder durch den zu messenden Druck nur elastisch und nicht bleibend verformt wird. Dieses ist um so leichter zu erreichen, je geringer die Bewegung des freien Federendes ist. Andererseits kann die Messung um so genauer sein, je größer der Meßeffekt, also der Weg des freien Federendes ist. Um gleichzeitig Meßgenauigkeit und Reproduzierbarkeit zu gewährleisten, ist ein Kompromiß erforderlich. Weil außerdem die Werkstoffe durch Dauerbeanspruchung Ermüdungserscheinungen zeigt und die Anzeigegenauigkeit durch elastische Nachwirkungen hystereseartig beeinflußt wird, sollten früher Rohrfedermanometer gleichmäßig höchstens mit etwa 3/4 und wechselnd höchstens mit etwa 2/3 des Anzeigebereiches belastet werden. Für neu konstruierte Manometer, z.B. Chemiemanometer oder solche für das pneumatische Einheitssignal gelten diese Einschränkungen bezüglich der Belastbarkeit nicht mehr, sie können dauernd voll belastet werden, wenn sich der Druck weniger als 1 % des Skalenendwerts in der

Sekunde ändert. Für Änderungen zwischen 1 und 10 % in der Sekunde gilt eine Grenze des 0,9-fachen des Skalenendwerts.

In letzter Zeit hat sich eine besonders robuste Ausführung von Rohrfedermanometern, das Chemiemanometer (Bilder 20 und 21) durchgesetzt. Es ist geschützt gegen Korrosion sowohl durch den Meßstoff als auch durch die Außenatmosphäre, erfüllt weitgehend Sicherheitsforderungen und ist reparatur- und wartungsfreundlich. Es hat folgende Eigenschaften:

- Anzeigegenauigkeit bei 100 und 160 mm Gehäusedurchmesser ist besser als 1 % vom Skalenendwert,
- Anschlußzapfen, Federträger und Rohrfeder sind aus V4A-Stahl (Werkstoff Nr. 4571),
- Gehäuse und Bajonettring sind aus Chrom-Nickel-Stahl,
- Gehäuse ist wasserdicht,
- Gehäuse hat Druckentlastungsöffnung,
- Sichtscheibe ist aus Sicherheitsverbundglas.

Bild 20. Chemiemanometer mit besonderer Sicherheit (Wiegand).
Aus dem Zifferblatt ist zu ersehen: Anzeigebereich 0 bis 25 bar, Klasse 1,0, Rohrfeder aus Werkstoff 4571. Das DIN-Zeichen weist auf die Sicherheitsausführung nach DIN 16006 hin.

Für Sicherheitsmanometer sind zusätzlich vorgesehen (siehe auch [9]):

- Bruchsichere, starre Trennwand zwischen Anzeige- und Meßsystem,
- Nachgebende Rückwand, die bei gefährlichem Druckaufbau im Gehäuseinnern nahezu den gesamten Gehäusequerschnitt freigibt.

Für die Sicherheitsmanometer gibt es wahlweise Silikonöl oder Glyzerinfüllungen für hohe Wechselbelastung. Die Füllflüssigkeit dämpft auftretende Schwingungen und schmiert die beweglichen Bauteile. Es kann so der Meßwert sicher abgelesen werden, und die Lebensdauer von durch Wechsellast beanspruchten Geräten erhöht sich um ein Vielfaches.

28   I. Druck- und Differenzdruckmessung

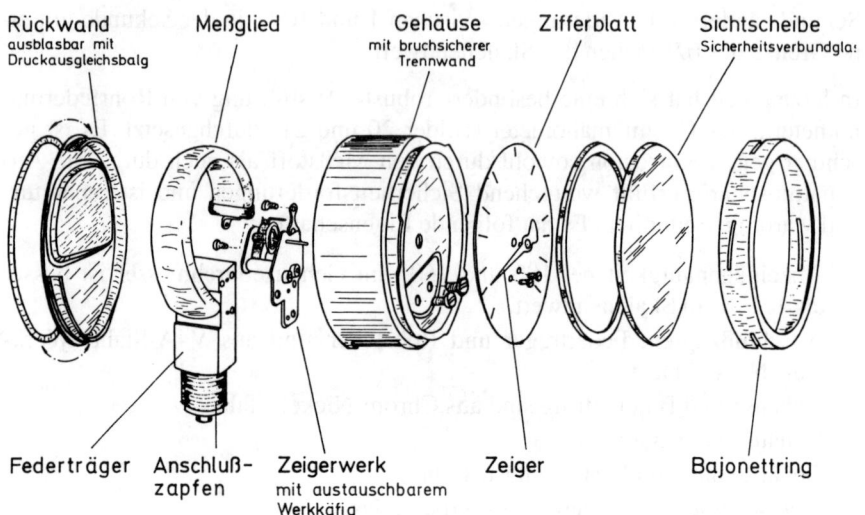

Bild 21. Explosionszeichnung eines Sicherheitsmanometers (Wiegand).

● *Druckmeßgeräte mit Plattenfedern*

Federelastische Meßglieder dieser Geräte sind Plattenfedern, das sind dünne, runde, in ihrem Querschnitt gewellte und am Rand befestigte Metallplatten. Den Aufbau eines Plattenfedermanometers zeigt Bild 22. Die konzentrisch gewellte Plattenfeder ist zwischen zwei Flanschen eingespannt. Wird die Plattenfeder von unten mit einem Druck beaufschlagt, so biegt sich die Plattenfeder nach oben durch. Diese Bewegung wird über eine Schubstange auf das Zeigerwerk übertragen. Der Zeiger zeigt auf einer Skala den Überdruck an. Plattenfedern gibt es auch als Vakuummeter und als Manovakuummeter.

Druckbereich, Linearität und Hysterese werden durch die Anzahl der Wellungen, deren Form und Tiefe und durch die Materialstärke der Plattenfeder bestimmt. Die Wellungen haben den Zweck, die Linearität der elastischen Verformung zu vergrößern. Als Werkstoffe kommen Kupferlegierungen, vergütete Stähle und VA-Stähle in Frage. Durch Auskleidung des unteren Meßflansches mit Porzellan oder PTFE und durch Schutz der Plattenfeder mit Folien aus PTFE, Tantal oder anderen teuren, aber beständigen Werkstoffen können diese Manometer gegen den Angriff fast aller Meßstoffe geschützt werden.

Plattenfedermanometer sind unempfindlicher gegen Erschütterungen als Rohrfedermanometer. Sie lassen sich durch entsprechende Formgebung der Plattenfeder und des oberen Meßflansches *gegen Überlastung schützen*: Bei Überlastung legt sich das Meßglied an den oberen Flansch an, der Federweg ist begrenzt und eine unzulässige bleibende Verformung tritt nicht auf.

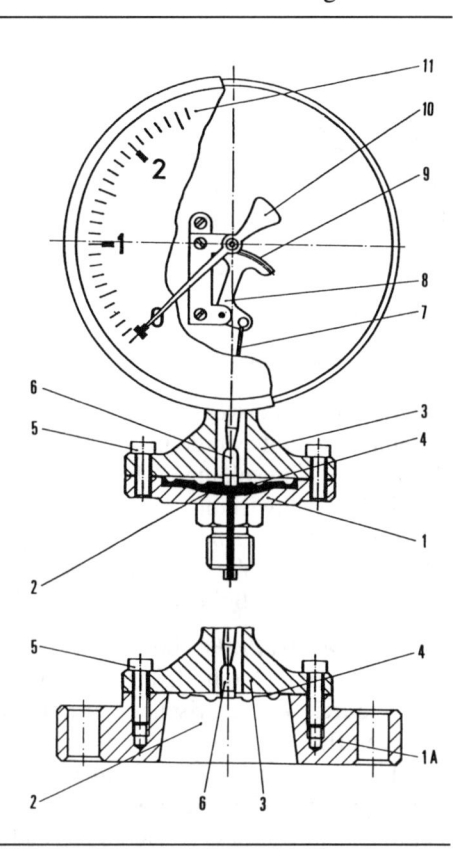

Bild 22. Prinzipbild eines Plattenfedermanometers (Wiegand).
1 Plattenfederunterteil,
1A offener Anschlußflansch,
2 Druckraum,
3 Oberflansch,
4 Plattenfeder,
5 Schrauben,
6 Gelenk,
7 Schubstange,
8 Zahnsegment,
9 Verzahnung,
10 Zeiger,
11 Zifferblatt.

Plattenfedermanometer sind besonders zum Messen niederer Drücke zwischen 0,01 und 40 bar geeignet. Wenn die Druckzuführung als offener Anschlußflansch (siehe 1 A in Bild 22) ausgebildet ist, können auch zähflüssige und mit Feststoffen versetzte Produkte gemessen werden. Bedingt durch die Randeinspannung haben Plattenfedern größere Temperaturfehler und zeigen größere elastische Nachwirkungen. Die Anzeigegenauigkeit von Plattenfedermanometern ist geringer als die von Rohrfedermanometern.

Diese Aussagen lassen sich nicht auf mit Plattenfedern arbeitende Meßumformer übertragen: Sie benötigen zum Durchlauf durch den Meßbereich nur geringste Federwege von z.B. 0,05 mm. Die Linearitätsfehler bleiben so im Promillebereich.

● *Andere federelastische Meßglieder*

Für Sonderfälle kommen als federelastische Meßglieder auch *Kapselfedern* und *Wellrohrfedern* in Frage. *Kapselfedern* (Bild 23) sind zwei konzentrisch gewellte Metallmembranen, die am Rand druckdicht miteinander verbunden sind. Unter dem Einfluß des Druckes wölbt sich die Kapsel beidseitig auf, bei Unterdruckmessungen wird die Kapsel vom Außendruck zusammengedrückt.

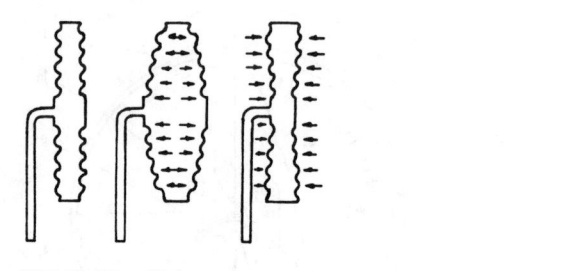

I. Druck- und Differenzdruckmessung

Bild 23. Kapselfeder. 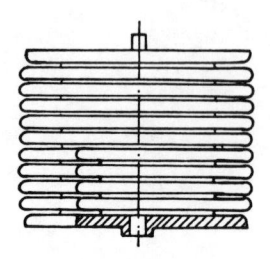 **Bild 24. Wellrohrfeder.**

Reichen die Federwege nicht aus, so können mehrere Federn zu einem Block zusammengefügt werden. Kapselfedern sind relativ unempfindlich gegen Temperaturschwankungen, haben hohe Ansprechempfindlichkeit und geringe elastische Nachwirkung, bei großen Federwegen ist die Auslenkung nichtlinear. Kapselfedern sind empfindlich gegen Überlastungen, lassen sich aber durch besondere Vorkehrungen dagegen schützen. Evakuierte Kapselfedersysteme sind die Meßglieder von Aneroidbarometern.

Zylindrische Wellrohr- oder *Balgenfedern* (Bild 24) unterscheiden sich von Kapselfedern dadurch, daß sich nicht die Stirnflächen ausbeulen, sondern sich die – durch konzentrische Vertiefungen flexiblen – Zylindermäntel unter Druckeinfluß längen. Diese Federn werden aus dünnen Metallschläuchen durch Einpressen in eine Form hergestellt. Die Wellrohrfeder zeichnet sich durch großes Arbeitsvermögen aus. Der kalt bearbeitete Werkstoff hat aber keine besonders guten Federeigenschaften. Beim Messen wird der Balg deshalb meist nur zur Abdichtung verwendet. Er arbeitet entweder gegen eine Meßfeder, deren Länge sich um einen dem Druck proportionalen Betrag verändert. Der Federweg ist das Maß für den zu messenden Druck.

Diese Systeme werden z.B. für Meßwerke pneumatischer Schreiber benutzt. Bei Meßumformern wird dagegen bevorzugt die Kraft kompensiert, die durch Druckbeaufschlagung auf den Balg wirkt. Die für die Kompensation erforderliche Gegenkraft wird mit der Hilfsenergie erzeugt und der Wert des Hilfsenergiesignals ist ein Maß für den zu messenden Druck.

Der Druck wirkt entweder von außen oder von innen auf den Balg. Balgfedern sind wesentlich weniger gegen Überlastung durch *Außendruck* empfindlich als gegen Überlastung durch *Innendruck*.

c) Meßumformer

Meßumformer für Druck und Differenzdruck (aber auch für Füllstand oder für andere Verfahrensgrößen) sind Geräte, die die – in der Regel schwachen – Meßsignale dieser Größen unter Zuhilfenahme von Hilfsenergie verstärken und in standardisierte Ausgangssignale umformen (Bild 25). Das sind heute nicht mehr ausschließlich analoge Einheitssignale von 4 bis 20 mA (oder –

wie im Bild bei pneumatischer Hilfsenergie – 0,2 bis 1 bar). Den Einheitssignalen können vielmehr digitale Signale zur Kommunikation zwischen Meßumformer und Leitsysteme aufmoduliert werden (HART-Protokoll), die Meßumformer können auch *zusätzlich binäre Grenzsignale*, oder sie können – ausgerüstet mit integrierten Mikrocomputern – *ausschließlich digitale Signale* für Feldbusse oder Feldmultiplexer ausgeben.

Wegen der grundsätzlich gleichen Konzeption der Druck- und Differenzdruckmeßumformer sollen die Meßumformer ausführlich im Abschnitt 3c beschrieben werden.

Bild 25. Pneumatischer Druckmeßumformer (Foxboro-Eckardt).
Durch auswechselbare Meßaufnehmer (Platten-, Balg- und Rohrfedern) und eine Verstellbarkeit von 1:15 läßt sich der kraftkompensierende Meßumformer einem weiten Einsatzbereich anpassen. Das Bild zeigt eine Ausführung mit Hochdruck-Sicherheits-Rohrfeder, die bis zu 2500 bar belastbar ist.

d) Druckmittler

Druckmittler sind *Trennvorlagen* für Druckmeßgeräte, die verhindern, daß Meßstoff in das Meßsystem gelangt. Damit wird die Möglichkeit geschaffen, Druckmeßgeräte unterschiedlichster Konstruktion auch an schwierigste Aufgabenstellungen anzupassen. Das Ausrüsten speziell der Druck- und Differenzdruck-Meßumformer mit Druckmittlern hat steigende Bedeutung, manche Hersteller liefern 5 bis 8 % ihrer Geräte mit Druckmittlern aus.

Für folgende Einsatzfälle können Druckmittler erforderlich sein:

- Schutz der empfindlichen Meßgeräte vor aggressiven, hochviskosen, erstarrenden, kristallisierenden, polymerisierenden oder heterogenen Meßstoffen sowie vor hohen Temperaturen,
- Schutz vor Vibrationen,

- Dämpfung von Meßdruckschwankungen und Druckspitzen,
- Totraumfreie Meßstellenanordnung für besondere hygienische Bedingungen, z.B. in der Lebensmittelherstellung sowie aus
- Sicherheitsgründen wie Flammendurchschlagsperren für den Einsatz in Zone 0 oder Verhinderung des Austritts toxischer Meßstoffe.

Fast alle Meßumformer lassen sich mit Membran-, Rohr- oder Zungendruckmittlern (Bilder 26, 27 und 28) ausrüsten – soweit für Sensoren mit vornliegender Membran Druckmittler überhaupt erforderlich sind. Für das Fertigen und Anpassen von Druckmittlern ist ein hohes Know-how erforderlich, und manche Hersteller beziehen die Druckmittler bei einigen Spezialisten.

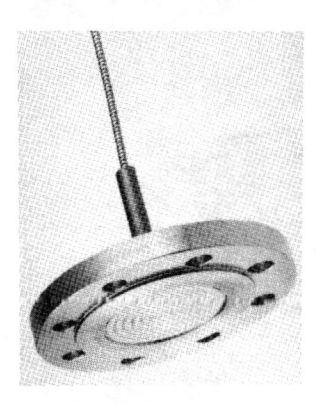

Bild 26. Membrandruckmittler (WIKA).
Im Membrandruckmittler trennt eine ebene, richtkraftarme und flanschbündige Membran den Druckraum ab und überträgt den zu messenden Druck über eine Druckmittlerflüssigkeit auf den eigentlichen Drucksensor. Druckbereich 0,6 bis 600 bar.

Bild 27. Rohrdruckmittler (Labom).
Die zylindrischen Trennflächen der Rohrdruckmittler gewährleisten eine totraumfreie Druckentnahme ohne Querschnittsverengung. Der molchbare Druckmittler eignet sich besonders für hygienische Aufgabenstellungen. Druckbereich: 1 bis 400 bar.

Der Einsatz von Druckmittlern ist mit *zusätzlichen Fehlern* behaftet: Sie sind durch die zwar nicht erforderliche, aber unvermeidbare Eigensteifigkeit der Trennelemente bedingt, die in Verbindung mit Steuer- und Totvolumen des Druckmittler-Meßgerät-Systems beim Meßvorgang und bei Temperaturänderungen zu den Fehlern führt (Bild 29). *Beim Meßvorgang* variiert der Meßumformer sein Steuervolumen, ein dazu proportionaler Anteil des zu messenden Drucks wird *an der Trennmembran abgebaut* und die *Meßspanne etwas ein-*

2. Druckmeßgeräte 33

geschränkt. Dieser Einfluß läßt sich bei linearer Charakteristik der Trennmembranen aber durch *Nachjustieren* wieder rückgängig machen, zudem wirken die sehr geringen Steuervolumen mancher Meßumformer dieser Fehlerursache entgegen.

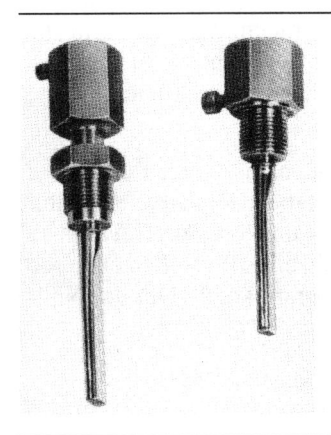

Bild 28. Zungendruckmittler (WIKA).
Den Zungendruckmittler umgibt der Meßstoff allseitig. Er eignet sich für strömende heterogene Meßstoffe und wird vorzugsweise bei hohen Drücken eingesetzt. Druckbereich: 2,5 bis 1600 bar.

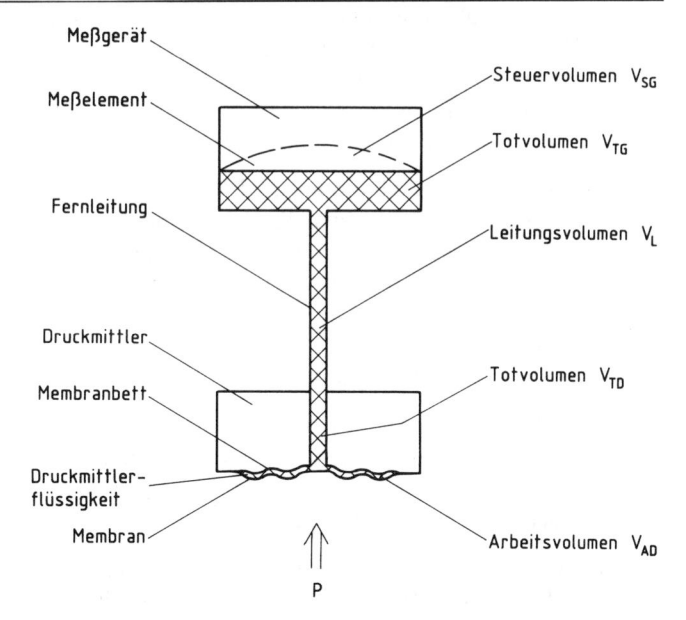

Bild 29. Arbeitsweise und Charakteristika eines Druckmittlers (Labom).
Ein Prozeßdruck wirkt über eine weitgehend richtkraftlose Membran auf ein flüssigkeitsgefülltes System, das den Druck über eine Leitung auf den Sensor des eigentlichen Meßgerätes überträgt. Für Übertragungsfehler sind maßgebende Größen: die Eigensteifigkeit der Trennmembran, das Arbeitsvolumen, das Steuervolumen, das Totvolumen sowie die thermischen Eigenschaften der Druckmittlerflüssigkeit. Bei Überdruck legt sich die Trennmembran formschlüssig an den Grundkörper des Druckmittlers an. Voraussetzung ist, daß das Arbeitsvolumen des Druckmittlers auf das Steuervolumen des Meßgeräts abgestimmt ist.

Bei *Temperaturerhöhungen dehnt sich die Druckmittlerflüssigkeit aus.* Diese Volumenzunahme ist dem Totvolumen des Systems proportional, sie muß von der Trennmembran durch eine Auslenkung abgefangen werden, und es entsteht ein Anstieg des Systeminnendrucks wegen der Steifigkeit der Membran. Dieser wirkt sich als ein Anstieg des Nullsignals aus, der nicht kompensierbar ist (es sei denn das Gesamtsystem einschließlich Druckmittler würde in die Kalibrierung einbezogen). Dem Störeinfluß wirken aber entgegen: geringes Totvolumen, Füllflüssigkeit mit geringem Wärmedehnungskoeffizienten und Druckmittler mit geringer Steifigkeit[12].

Um ein Gefühl für die durch Druckmittler verursachten zusätzlichen Fehler zu bekommen, sei ein Berechnungsergebnis wiedergegeben: Für einen Meßumformer mit 0 bis 1 bar Meßbereich, 0,01 cm³ Steuer- und 1,5 cm³ Totvolumen und mit Silikonöl als Füllflüssigkeit ergeben sich eine Einschränkung der Meßspanne auf 99,88 % und ein zusätzlicher Temperaturkoeffizient des Nullsignals von 0,15 %/10K.

Druckmittler sind für Drücke von 10 mbar (absolut) bis 1600 bar und für Temperaturen zwischen 90 bis 400°C einsetzbar.

Als Druckmittlerübertragungsflüssigkeiten kommen Silikonöle, Hochtemperaturöle, Vakuumöle, Glyzerin-Wasser-Gemische sowie – für Messungen im Lebensmittelbereich – Pflanzenöle zum Einsatz. Für die Auswahl sind Viskositäten, Einsatztemperaturbereiche sowie die Ausdehnungskoeffizienten, die auch kleiner als Eins sein können, von Belang.

Die Trennelemente für Membran- und Rohrdruckmittler werden in der Regel für jedes Gerät individuell angepaßt: Die vormontierten Membranen preßt eine hydraulische Einrichtung gegen das Stützbett. Das ist möglich, weil die Membranen geringe Eigensteifigkeit haben und keine Meßfunktionen ausüben müssen.

e) Grenzsignalgeber für Druck

Grenzsignalgeber für Druck, Druckwächter oder Druckschalter haben ein *ungleich größeres* Einsatzgebiet als die Druck-Meßumformer: In Stückzahlen von Millionen finden wir sie z.B. auch zur Steuerung der Füllstände unserer Waschmaschinen und Geschirrspüler.

Die preiswerten Druckschalter – es gibt sie schon für knapp 50,- DM – haben nicht nur den Vorteil der *geringen Gestehkosten*; durch die sehr hohen Stückzahlen sind auch weitgehend *alle Kinderkrankheiten ausgemerzt*, und der Anwender kann – vergleichbare Einsatzfälle vorausgesetzt – damit auch sehr zuverlässige Geräte erwerben. Sie haben z.T. auch Zulassungen für Brenngase nach DIN/DVGW.

---

12 Aus den angeführten Gründen haben Druckmittler für Meßgeräte mit großem Tot- und Steuervolumen – wie z.B. Manometer mit Rohrfedern – nur eingeschränkte Bedeutung.

2. Druckmeßgeräte

In verfahrenstechnischen Anlagen universell eingesetzt werden nach wie vor *Kontaktmanometer* mit Magnetspring- oder Reed-Kontakten sowie mit Mikroschaltern oder mit bauteilfehlersicheren induktiven Abgriffen nach DIN 19234 (NAMUR-Abgriffen). Bei Sicherheitsanalysen [1] ergibt sich zwischen der beobachtbaren Anzeige des Manometers und dem bauteilfehlersicheren Abgriff eine gewisse Zuverlässigkeitslücke durch die *nur kraftschlüssige* (und nicht *formschlüssige*) Kopplung zwischen Abdeckfahne und Istwertzeiger (Bild 30), was aber offensichtlich nicht so relevant ist, daß sich andere, durchaus naheliegende Konzepte eingeführt haben.

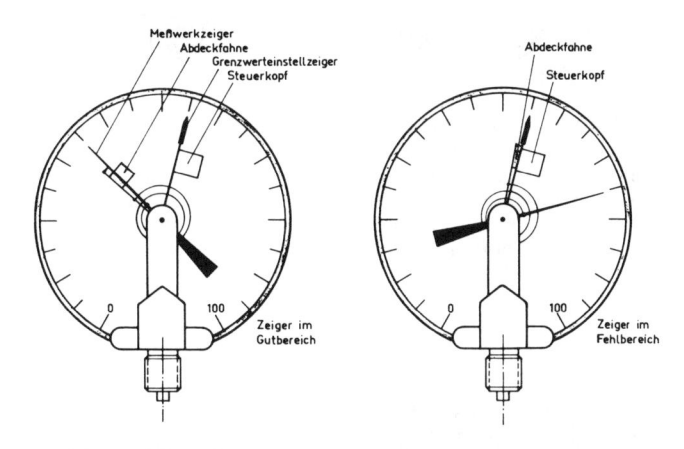

Bild 30. Kontaktmanometer mit Induktivkontakt.
Bei der bewährten Konstruktion führt ein von einer Spiralfeder angedrückter Mitnehmer die Kontaktschwinge dem Istwertzeiger kraftschlüssig nach. Der Steuerkopf (Schlitzinitiator nach DIN 19234) ist mit dem Sollwertzeiger konzentrisch zum Meßwerkzeiger schwenkbar.

Die *Mikrotechnologie* ist auch in das Gebiet der Druckschalter eingezogen: Besonders auf *Dehnungsmeßstreifen-Sensoren* bauen sowohl einfachere (Bild 31) als auch komfortablere Druckschalter auf. Sie haben für das gesamte verfahrenstechnische Anforderungsprofil geeignete Meßbereiche und sind auch bei Berücksichtigung des Preis-Leistung-Verhältnisses bezüglich der Gesteh- und Betriebskosten mit den mechanischen Geräten vergleichbar. Die Signalverarbeitung geschieht auch digital, was zu besonders *instruktiven* Anzeige- und Bedienelementen führt (Bild 32). Leider hapert es manchmal noch mit dem Ex-Schutz.

36   I. Druck- und Differenzdruckmessung

Bild 31. Elektronischer Druckschalter (Althen).
Der sehr preiswerte Druckschalter arbeitet mit einer metallischen DMS-Vollbrücke, deren Ausgangssignal in einer hochintegrierten Elektronik verarbeitet wird. Der Schaltpunkt läßt sich mit einem Potentiometer auch während des Betriebs verstellen. Ausgangsschaltglied ist ein Reed-Relais. Das Gerät hat Meßbereiche zwischen 0 bis 10 und 0 bis 1400 bar, meßstoffbenetzte Werkstoffe sind rostfreie Stähle, sein Durchmesser beträgt 30 mm

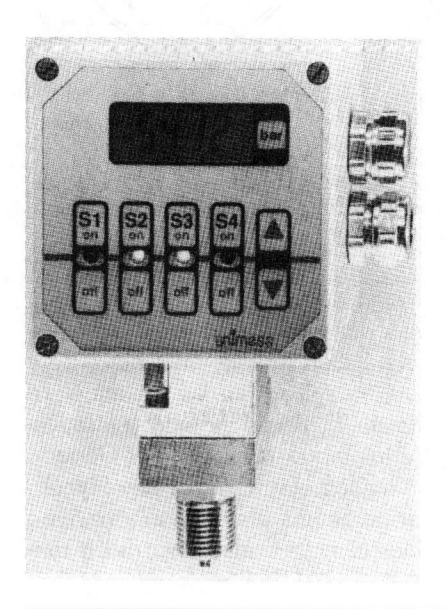

Bild 32. Anzeigender elektronischer Druckwächter (Unimess).
Das Display zeigt den Istwert in physikalischen Einheiten und mit einem Pfeil den Trend der Istwertänderung an. Die Anzeige dient auch zur genauen Einstellung von vier Grenzwerten. Eine integrierte Watchdog-Schaltung sorgt für fortlaufende Funktionskontrolle von Sensor und Elektronik. Zur Fernparametrierung läßt sich eine RS-232- oder RS-485-Schnittstelle einrüsten. Die Meßbereichsendwerte liegen zwischen 50 mbar und 800 bar.

Da diese Geräte vor der Grenzsignalbildung den Druckwert erst in eine dazu proportionale Spannung umformen müssen, haben manche Geräte ein zusätzliches Analogsignal, und es drängt sich die Frage auf, *warum* allgemein das

Grenzsignal noch im Feld generiert werden muß und nicht im Schaltraum oder in der Prozeßleitwarte. Neben OEM[13]-Anwendungen, wo ein kleiner, preiswerter Schalter in eine Maschine, einen Apparat oder ein Gerät integriert wird, kann eigentlich nur die Notwendigkeit der örtlichen Anzeige für den elektronischen Druckschalter im Feld sprechen. Die Verkabelung ist nämlich aufwendiger als beim Kontaktmanometer (zwei Leitungen pro Binärsignal) oder beim 2-Leiter-Meßumformer, weil die elektronischen Druckschalter mit Speisespannung versorgt werden müssen und damit zusätzliche Leitungen erforderlich werden.

Von einer *lückenlosen Überwachung der Gerätefunktionen* – zweifellos ein möglicher Vorteil des elektronischen Druckwächters – wird heute leider noch *nicht allgemein Gebrauch gemacht*. Es gibt aber Druckschalter mit integrierten Watchdog-Schaltungen: Ein Mikroprozessor überwacht alle elektronischen Baugruppen und den Halbleitersensor und setzt bei erkannten Fehlern das Binärsignal auf einen vorher programmierten Wert. Außerdem erscheint am Bedienfeld ein Blinksignal.

Es soll auch nicht unerwähnt bleiben, daß die elektronischen Geräte auch noch *wesentlich weitergehende Möglichkeiten der Signalanalyse und der Informationsausgabe* haben: Z.B. können Druckspitzenwerte – auch sehr schnelle, die zur Zerstörung der Meßzelle geführt haben – gespeichert und später ausgelesen werden, es lassen sich die Schalthysteresen über den gesamten Meßbereich beliebig einstellen oder die Signalgebung verzögern – und das optional auch noch über Standardschnittstellen vom Leitstand aus. Und schließlich ergeben sich höhere Meßgenauigkeiten und besser reproduzierbare Schaltpunkteinstellungen.

f) Kalibriereinrichtungen für Druckmeßgeräte

Um besonders die Möglichkeiten der hochgenauen Meßumformer mit digitaler Signalverarbeitung zur Korrektur der Kennlinien sowie der Temperaturgänge von Nullpunkt und Spanne bei Nachkalibrierungen durch den Anwender auch effektiv nutzen zu können, muß dieser die Korrekturparameter experimentell bestimmen. Zusätzliche Kalibrierungen erfordern sicher auch die Qualitätsüberprüfungen der Fertigungsschritte nach DIN/ISO 9000.

Bei den hohen Lohnkosten müssen die Kalibrierungen rationell geschehen und wegen der hohen Geräteleistungen auch sehr genau sein (die Fehlergrenzen dürfen höchstens ein Drittel der des Prüflings betragen). Computergesteuerte Kalibriersysteme ermöglichen es, diesen Forderungen gerecht werden zu können.

---

13 OEM Abkürzung von Original equipment manufacturer, in diesem Zusammenhang bedeutet das die Herstellung von Sensoren und Meßumformern für Maschinen- und Apparatehersteller, die große Stückzahlen für ganz bestimmte Einsatzfälle beziehen.

38   I. Druck- und Differenzdruckmessung

● *Druck-Normale*

Als Druck-Normale kommen – wie schon erwähnt – zum Einsatz: Pneumatische Druckwaagen (Bild 33), Metallische DMS-Sensoren mit hochgenauen Meßverstärkern, Piezoelektrische Schwingquarze (DIGIQUARTZ, Bild 69) sowie Druckwaagen mit elektromagnetischer Kraftkompensation (Bild 34).

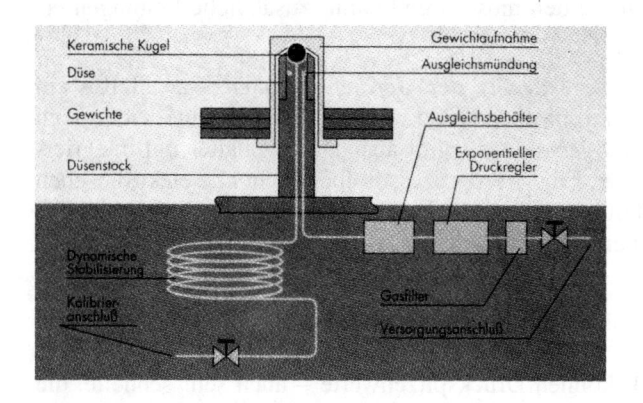

Bild 33. Pneumatische Druckwaage (Debro),
Steuerorgane dieser selbstregulierenden Druckwaage sind eine Keramikkugel (mit genau definierter Querschnittsfläche) und eine konische Düse aus rostfreiem Stahl. Die Versorgungsluft staut sich zunächst unter der Kugel so lange, bis diese im Gleichgewichtszustand in der konischen Düsenspitze schwebt. Dann ist der Druck am zentrischen Testanschluß sehr genau proportional den aufgelegten Gewichten. Die Keramikkugel wird beim Meßvorgang durch die zugeführte Luft in der Schwebe gehalten und automatisch zentriert, so daß ein Drehen und Schmieren der Gewichte (wie bei anderen Druckwaagen) nicht erforderlich ist.

● *Kalibriersysteme*

Mit Hilfe der Druck-Normalen lassen sich – soweit diese mit elektrisch verwertbaren Ausgangssignalen ausgerüstet sind – computerunterstützte oder computergesteuerte Kalibriersysteme aufbauen, und es gibt dafür auch schon die griffigen Abkürzungen CAC Computer Aided Calibration – sowie CCC – Computer Controlled Calibration. Es lassen sich sowohl gleichartige Sensoren (Bild 35) als auch Meßumformer unterschiedlicher Provenienz mit geringem manuellen Aufwand sehr genau und vor allem auch recht schnell prüfen (Bild 36).

2. Druckmeßgeräte

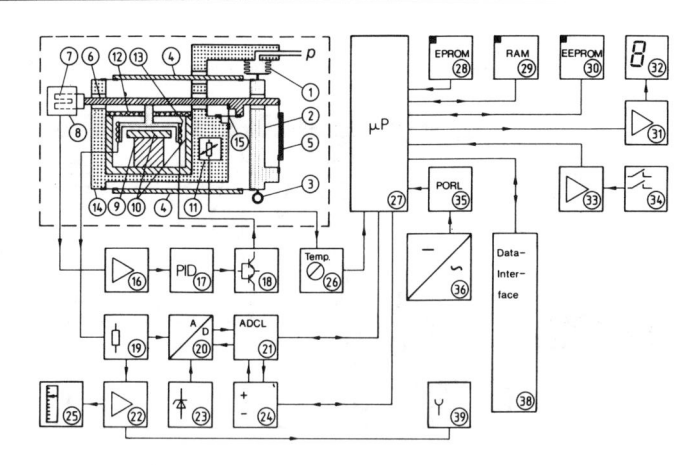

Druckmesszelle	Regel- und Anzeigemodul	
1 Federelement	16 Eingangsverstärker	29 Datenspeicher (RAM)
2 Träger	17 PID-Regler	30 Nichtflüchtiger Datenspeicher (EEPROM)
3 Aufhängeöse	18 Endverstärker	31 Anzeigeansteuerung
4 Obere und untere Lenker	19 Messwiderstand	32 Digitalanzeige
5 Koppel	20 Analog-Digital-Wandler	33 Tastenansteuerung
6 Waagbalken	21 Steuerlogik für AD-Wandler	34 Tasten ON/OFF, MODE und T
7 Fahne	22 Verstärker	35 «Power-on-Reset» Logik
8 Lichtschranke	23 Referenzspannungsquelle	36 Netzteil
9 Magnet	24 Zähler	38 Datenausgänge
10 Pol	25 Analoganzeige	39 Analog-Ausgang
11 Temperaturfühler (NTC-Widerstand)	26 Temperaturmessschaltung	
12 Magn. Abschirmung	27 Mikroprozessor	
13 Spule	28 Programmspeicher (EPROM)	
14 Chassis		
15 Lager für Waagbalken		

Bild 34. Druck-Transfer-Standards (Huber).
Die Druck-Normalen der Typen PRF/PHF 3000 arbeiten mit einer elektromagnetischen Waage. Das Bild zeigt die Waage und die zugehörigen elektronischen Funktionseinheiten. Es demonstriert, wie viel Aufwand eine hochgenaue Druckmessung erfordert. Zum Abgleich der Waage kann an der Aufhängeöse (3) ein Gewicht von 1 kg eingehängt werden. Unter Berücksichtigung der Erdbeschleunigung und der mittleren Luftdichte am Aufstellungsort kalibriert sich dann das System automatisch.

Besonders schnell und rationell geht das bei den Normalen mit *geringen Meßzeiten*. Abgestimmt auf die Dynamik des Prüflings werden Normal und Prüflinge von Null bis in die Nähe des Meßbereichendwerts *kontinuierlich belastet* und anschließend *entlastet* und während dieses Prüfzyklus beliebig viele – z.B. 100 – Referenzdruckpunkte erfaßt.

I. Druck- und Differenzdruckmessung

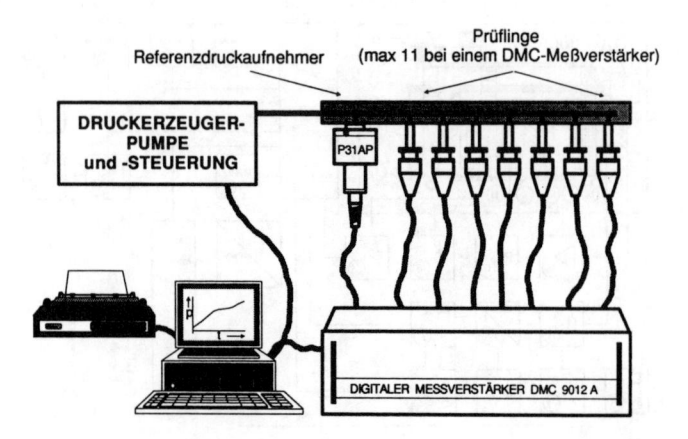

Bild 35. Kalibrierstand zur schnellen Kalibrierung von Sensoren (Hottinger).
Computergesteuert werden die Ausgangswerte von bis zu 11 Prüflingen mit denen des Referenzdruckaufnehmers beim Durchfahren des Meßbereichs erfaßt, verglichen und verarbeitet.

Das Computersystem korrigiert ggf. dabei das Normal und vergleicht dessen Ausgangswerte mit denen der Prüflinge, zeigt die Abweichungen an, druckt sie aus oder speichert sie ab. Vorteilhaft ist bei diesem Verfahren neben dem Zeitgewinn, daß die Drücke weder genau noch statisch sehr stabil eingestellt werden müssen, und daß sich mit den vielen Meßpunkten die *Meßunsicherheiten* der Prüflinge durch *statistische Auswertungen* genauer erfassen lassen.

Das schnelle Durchfahren einer Kalibrierkurve ist natürlich nur ein bedingter Zeitgewinn, wenn die Rüstzeiten zum Anschluß der Meßumformer und vor allem – beim Kompensieren derer Temperaturgänge – die Zeiten zum Ausgleich der Temperaturunterschiede in den Klimaschränken (Größenordnung Stunden!) berücksichtigt werden. So steuern andere Verfahren die Referenzpunkte schrittweise an (was z.B. auch bei der Korrektur der anzeigenden Druckmeßgeräte unerläßlich ist).

Die die Referenzpunkte schrittweise ansteuernden Systeme sind bei automatisch gesteuerten Kalibrierungen mit großen Zeitkonstanten sehr effektiv, sie ermöglichen vor allem, die sehr zeitraubende Kalibrierung der Temperaturgänge auch *außerhalb der Regelarbeitszeiten* durchzuführen.

3. Differenzdruckmeßgeräte

Meßgeräte für Differenzdrücke arbeiten nach verschiedenen Wirkungsprinzipien. Es wird unterschieden zwischen

> Geräten mit Sperrflüssigkeit,
> Geräten mit federelastischem Meßwerk,
> Differenzdruckanzeigern und
> Differenzdruckmeßumformern.

3. Differenzdruckmeßgeräte 41

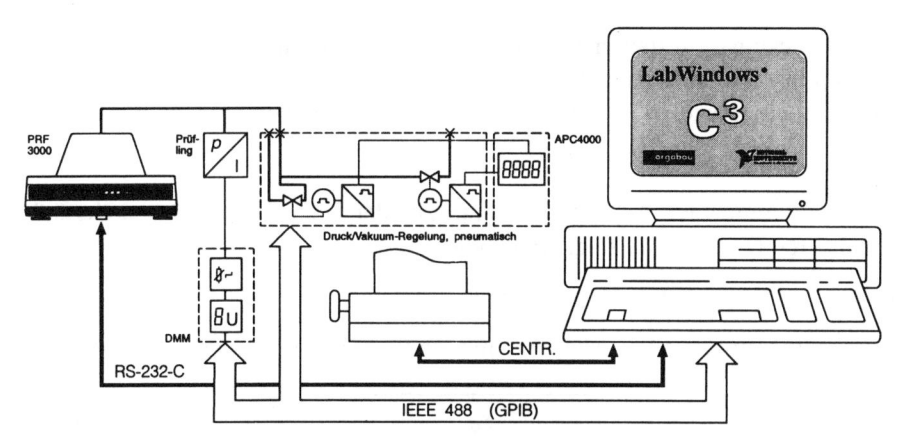

Bild 36. Rechnergesteuerte Kalibrierung von Druckmeßgeräten (Huber)
Das Bild zeigt, wie das Computersystem mit den Komponenten Druck-Normal PRF 3000, dem Prüfling und der Druckregelung kommunizieren kann. Das Interface DMM ermöglicht die Kommunikation zwischen Prüfling und CCC-(=C3-)System. Da die Werte von Normal und Prüfling verglichen werden, ist ein sehr genaues Einstellen der Referenzpunkte nicht unbedingt erforderlich, wegen der Meßzeit von 2,5 Sekunden müssen sie aber statisch entsprechend stabil sein. Das Einstellen der Drücke (Druckteilung) geschieht mit Schrittmotoren.

Die Meßgeräte unterscheiden sich zum Teil nicht wesentlich von den Druckmeßgeräten, wie zum Beispiel die U-Rohrmanometer. Andere Geräte – wie Ringwaagen oder Differenzdruckmeßumformer – mußten erst für die Verfahrenstechnik entwickelt werden. Die Ringwaage ist als genau arbeitendes schreibendes Meßgerät mit der Entwicklung der chemischen Verfahrenstechnik in den ersten Jahrzehnten dieses Jahrhunderts verbunden. Der pneumatische Differenzdruckmeßumformer, der Transmitter, war dann die Voraussetzung für die konsequente Fernbedienung und Automation der Verfahrensanlagen, die in den 50-iger Jahren einsetzte.

a) Differenzdruckmeßgeräte mit Sperrflüssigkeit

Sperrflüssigkeit dient auch bei Meßgeräten für Differenzdrücke zum Teil als Meßelement, zum Teil als richtkraftloses Mittel für die Trennung der beiden Druckräume[14].

Mit U-Rohren lassen sich Differenzdrücke messen, wenn der bei Druckmessungen offene Schenkel mit dem zweiten Druckstutzen verbunden wird. Wie aus Bild 37 zu ersehen ist, steigt die Säule der Sperrflüssigkeit so lange an, bis deren Kraftwirkung, die proportional dem Produkt aus Höhe mal Dichte der Sperrflüssigkeit ist, gleich der Kraftwirkung der beiden gegensinnig wirken-

---

14 Differenzdruckmeßgeräte mit Sperrflüssigkeit verlieren zunehmend an Bedeutung, sie sollen aber aus didaktischen Gründen hier behandelt werden.

den Drücke ist. Im stationären Zustand – wenn die Flüssigkeitssäule zur Ruhe gekommen ist – heben sich die Kräfte gegenseitig auf, auch die, die auf den Flüssigkeitsspiegel im linken Schenkel des U-Rohres wirken. Dort gilt dann:

$$p_1 = p_2 + 0{,}0981 \cdot h \cdot \rho\ .$$

Der Differenzdruck Δp läßt sich somit aus der Höhe h der Flüssigkeitssäule und deren Dichte ρ wie folgt errechnen.

$$\Delta p = 0{,}0981 \cdot h \cdot \rho\ [\text{mbar}].$$

Δp hat die Einheit mbar, wenn h in mm und ρ in kg/dm^3 eingesetzt werden.

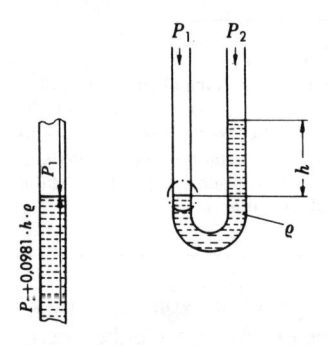

Bild 37. U-Rohr für die Differenzdruckmessung von Gasen.
Die Kräfte auf den linken Flüssigkeitsspiegel im stationären Zustand lassen aus dem vergrößerten Teilbild erkennen, daß Δp proportional der Höhe h und der Dichte ρ der Sperrflüssigkeit ist.

Ist die Höhe der Flüssigkeitssäule z.B. 100 mm und hat die Trennflüssigkeit Quecksilber eine Dichte von 13,55 kg/dm^3, so ergibt sich ein Differenzdruck von

$$0{,}0981 \cdot 100 \cdot 13{,}55 = 133\ \text{millibar}.$$

Die Dichte des zu messenden Produktes ist dabei nicht berücksichtigt. Dies ist auch bei Messungen an Gasen meist nicht erforderlich, wenn vorausgesetzt werden kann, daß in beiden Schenkeln gleiche Dichten vorhanden sind. Werden Differenzdrücke in Flüssigkeiten gemessen – beispielsweise mit Quecksilber als Sperrflüssigkeit –, so müssen deren Dichten Berücksichtigung finden (Bild 38): Die Säulen der Meßflüssigkeit sind in beiden Schenkeln verschieden hoch und die Kraftwirkung dieser Höhendifferenz wirkt der der Sperrflüssigkeit entgegen, sie muß von der der Sperrflüssigkeit abgezogen werden. Für das Ansteigen der Sperrflüssigkeit ist deshalb die *Differenz* der Dichten von Sperrflüssigkeit (ρ) und Meßflüssigkeit (ρ_1) maßgebend. Der Differenzdruck errechnet sich für Flüssigkeiten jetzt zu

$$\Delta p = 0{,}0981 \cdot h\ (\rho - \rho 1\ ).$$

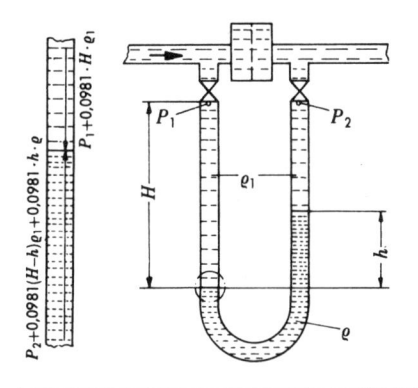

Bild 38. U-Rohr für die Differenzdruckmessung von Flüssigkeiten. Die Kräfte auf den linken Flüssigkeitsspiegel im stationären Zustand lassen aus dem vergrößerten Teilbild erkennen, daß Δp bei Messungen an Flüssigkeiten proportional der Differenz der Dichten von Sperr- und Meßflüssigkeit ist.

Auch hier ist vorausgesetzt, daß ρ_1 in beiden Meßschenkeln gleich ist. Es sollte dies in der Betriebspraxis auch unbedingt angestrebt werden. Bei der Besprechung der Montagefragen wird angegeben, wie Meßfehler vermieden werden können, wenn in Ausnahmefällen nicht sichergestellt werden kann, daß ρ_1 in beiden Schenkeln gleich ist.

Der Höhenunterschied zwischen Meßort (Druckentnahmestellen) und Meßgerät beeinflußt bei Differenzdruckmessungen das Meßergebnis nicht, wenn die Entnahmestellen in gleicher Höhe liegen und die Dichten des Produktes in beiden Schenkeln gleich sind. Dies ist wohl ohne weiteres einzusehen, denn wenn das Meßgerät beispielsweise um einen Meter tiefer gesetzt wird, kommen auf beide Quecksilberspiegel zusätzliche gleich große Kräfte, die sich aufheben und zu keinem Meßeffekt führen. Es ist also festzuhalten, daß unter den gemachten Voraussetzungen bei Differenzdruckmessungen mit U-Rohrmanometern – im Gegensatz zu den Druckmessungen – das Meßergebnis

von der *Differenz* der Dichten von Sperr- und Meßflüssigkeit *abhängt* und vom *Höhenunterschied* zwischen Meßort und Meßgerät *nicht abhängt*.

Im übrigen gilt aber das, was für Druckmessungen dargestellt wurde, auch für Differenzdruckmessungen. Geräte mit Sperrflüssigkeit sind nicht sicher gegen Überlastungen, die Anzeigen sind lageabhängig, das heißt, die Geräte müssen lotrecht montiert werden und Meß- und Sperrflüssigkeiten dürfen sich nicht miteinander mischen. Es gilt aber auch, daß die Geräte bei sachgemäßem Einsatz sehr genaue Meßergebnisse erbringen können. Für Differenzdruckmessungen an Gasen können Tauchsichel- und Tauchglockenmeßwerke eingesetzt werden, wenn die mit + und – bezeichneten Stutzen im Bild 14 (Tauchsichelgerät) oder die mit + und – bezeichneten Druckräume im Bild 15 (Tauchglockenmeßgerät) mit den beiden Druckstutzen verbunden werden. Dabei steht das Zeichen "+" für den Stutzen, der betriebsmäßig den höheren, das Zeichen "–" für den, der betriebsmäßig den niedrigeren Druck hat. Diese Geräte kommen zur Messung kleiner Differenzdrucke bei niedrigen statischen

Drücken zum Einsatz; so wird z.B. beim Tauchsichelgerät das Gehäuse mit dem Betriebsdruck beaufschlagt.

Ein wichtiges Gerät zur Messung und Registrierung von Differenzdrücken war die Ringwaage (Bild 13). Vor Einführung der Meßtechnik mit pneumatischer oder elektrischer Hilfsenergie, der "Transmittertechnik", war die Ringwaage das bevorzugte Gerät zur Differenzdruckmessung, vor allem an Blenden, Düsen und Venturirohren zur Ermittlung des Durchflusses.

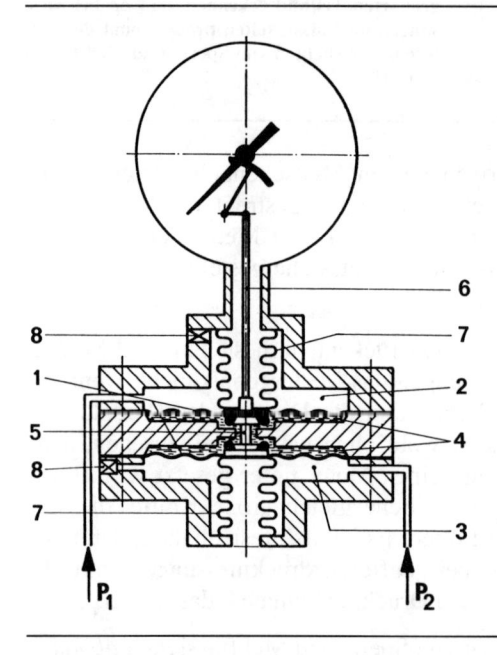

Bild 39. Druckmeßgerät mit Plattenfedern für Differenzdruck (Wiegand).
1 Plattenfedern,
2 Minusdruckkammer,
3 Plusdruckkammer,
4 Übertragungsflüssigkeit,
5 Dichtelement,
6 Schubstange,
7 Faltenbälge,
8 Öffnung zum Entlüften (bei Inbetriebnahme).

b) Federelastische Meßgeräte für Differenzdrücke

Für Messungen von Differenzdrücken haben federelastische Meßgeräte nicht die überragende Bedeutung wie für Druckmessungen. Eine gewisse[15] Bedeutung haben Plattenfedermanometer, die mit zwei Meßkammern ausgerüstet sind. Die Plattenfeder ist gleichzeitig Meßelement und Mittel zur Trennung der beiden Druckräume (Bild 39). Sie ist für den gewählten Differenzdruck-Meßbereich ausgelegt. Die Bewegung der Plattenfeder wird über Faltenbälge aus dem Druckraum herausgeführt.

Diese Geräte sind für Differenzdruckbereiche etwa zwischen 0,6 und 25 bar erhältlich, der maximale statische Druck darf 100 bar nicht überschreiten, sie

---

15 Der Aufwand, ein universell einsetzbares Plattenfedermanometer für Differenzdruck zu entwickeln und zu fertigen, entspricht etwa dem für einen Differenzdruckmeßumformer, so daß wegen der erforderlichen geringen Stückzahlen wenige derartige Geräteausführungen auf dem Markt sind.

sind gegen einseitige Überlastung geschützt. Die Genauigkeit liegt bei 1,6 % vom Skalenendwert, entsprechend Klasse 1,6 der Eichordnung.

Relativ breite Einsatzmöglichkeiten bieten auch speziell für Differenzdrücke entwickelte Meßgeräte, bei denen die beiden Druckräume durch Membranen, Wellrohre oder Kapselfedersysteme getrennt sind (Bild 40). Die von der Meßgröße Differenzdruck auf die Trennelemente wirkenden Kräfte werden für Differenzdruckanzeiger mit Meßfedern in einen der Kraftwirkung proportionalen Weg umgeformt.

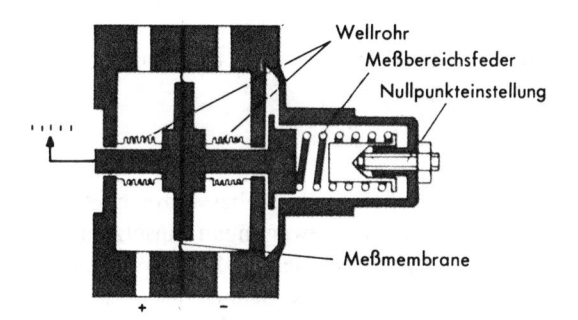

Bild 40. Differenzdruckmesser mit richtkraftloser Membran.
Die Meßgröße Differenzdruck wirkt auf die Trennmembran. Eine Feder formt diese Kraftwirkungen in einen der Differenzdruck proportionalen Weg um.

c) Meßumformer für Druck und Differenzdruck

Bevor wir uns mit Ausführungen von Geräten befassen, soll ein für Differenzdruckmeßgeräte (aber auch für andere Betriebsmeßgeräte) zu lösendes Problem dargestellt werden: Das Herausführen der unter statischen Drucken anfallenden, vom Differenzdruck erzeugten Bewegungen oder Kräfte aus dem Druckraum heraus, um die Signale erkennen oder weiterverarbeiten können. Bei den modernen Geräten werden die vom Differenzdruck erzeugten, zunächst mechanischen Signale zwar meist schon im Druckraum in elektrische umgeformt, so daß dann eine elektrische Größe aus dem Druckraum heraus zu übertragen ist, aber andere Durchführungen haben durchaus noch ihre Berechtigung. Von Bedeutung sind weiter *Abgriffsysteme,* die den Meßweg oder die Meßkraft in pneumatische oder elektrische Signale umformen und sind schließlich *Überlastsicherungen,* das sind Vorkehrungen, welche die meist nicht vermeidbaren Überlastungen auffangen und so die empfindlichen Meßsysteme schützen. Die technischen Realisierungen der beiden letzteren Aufgaben sind allerdings so sensorspezifisch, daß wir sie in die Beschreibung der Sensoren integrieren wollen.

46 I. Druck- und Differenzdruckmessung

● *Durchführungen*

Das Herausführen von Bewegungen oder das Herausführen von Kraftwirkungen aus produktbeaufschlagten Druckräumen ist eines der Hauptprobleme, die für die Konzeption und Konstruktion genauer Meßgeräte für Differenzdrücke gelöst werden müssen. Bewegungen oder Kraftwirkungen werden über Membranen, Well- oder Torsionsrohre oder über elektrische Energien nach außen geführt. Die Problematik besteht nun darin, nur die Wirkung des Differenzdrucks nach außen zu übertragen und andere Kräfte, besonders die von statischen Drücken und die, die durch Temperaturänderungen entstehen, auszuschalten.

Das Herausführen von Bewegungen und Kräften hat auch für Meßumformer für Flüssigkeitsstände Bedeutung.

- Torsionsrohrdurchführung

Als Torsion wird die Verdrillung eines Rohres oder Stabes bezeichnet. Die Torsionsrohrdurchführung (Bild 41) ist für Drehbewegungen einsetzbar. Sie wirkt so: Ein Rohr von beispielsweise 6 mm Durchmesser, 1 mm Wandstärke und 300 mm Länge wird von außen mit dem Produkt beaufschlagt. Es ist an dem einen Ende (im Bild links) mit dem Gehäuse druckdicht verbunden. Am anderen Ende greift die Drehbewegung an. Dieses Ende ist druckdicht verschlossen. Die Drehung wird über eine mit dem Torsionsrohr konzentrische Welle (Meßwertwelle) nach außen geführt. Dort kann die Drehung angezeigt, in einen Einheitssignalbereich – wie z.B. 0,2 bis 1,0 bar oder 4 bis 20 mA – umgeformt oder mit einer Gegenkraft kompensiert werden. Auch die Gegenkraft ist meist einem Einheitssignal proportional.

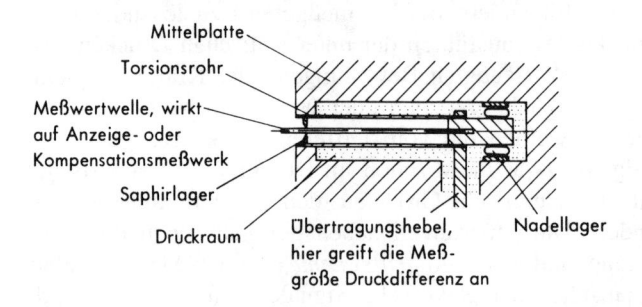

Bild 41. Torsionsrohrdurchführung.
Der im Druckraum erzeugte Meßweg verdreht ein dünnwandiges federelastisches Rohr, dessen eines Ende dicht und dessen anderes mit dem Gehäuse verschweißt sind. Aus dem Grad der Verdrehung läßt sich der Wert des Differenzdrucks bestimmen. Torsionsrohrdurchführungen lassen sich auch mit federweichen Torsionsrohren konzipieren. Die Kraftwirkungen vom Meßweg nehmen dann außenliegende Federn oder Kompensationssysteme auf.

Die Federwirkung des Torsionsrohres wird bei manchen Konstruktionen als Meßfeder benutzt, z.b. bei manchen Flüssigkeitsstand-Meßumformern, andere bauen das Torsionsrohr relativ weich und sehen zusätzliche Meßfedern vor. Bei kraftkompensierenden Systemen spielt die Federwirkung praktisch keine Rolle.

Die Torsionsrohre müssen sehr dünnwandig sein, und es ist deshalb besonders genau deren Verhalten gegenüber korrosiven Produkten zu beachten. Torsionsrohre gibt es in allen korrosionsbeständigen Edelstählen wie Hastelloy, V4A oder Monel. Torsionsrohre werden meist in Gehäusen geführt, die als Rohr konzentrisch um diese angeordnet sind. Konstruktionsbedingte schmale Spalte können bei verkrustenden Produkten die Bewegung hemmen.

- *Wellrohrdurchführung*

Wie aus Bild 39 zu ersehen ist, wird der Druckraum durch zwei symmetrisch angeordnete, genau gleiche Wellrohre abgeschlossen, deren Kraftwirkungen sich möglichst gut kompensieren müssen. Da nicht nur durch statische Drücke, sondern auch durch Temperaturänderungen Kraftwirkungen entstehen, ist diese Aufgabe nicht einfach zu lösen. Die Wellrohre sind in Tombak oder VA-Stählen erhältlich. Wellrohrdurchführungen haben nicht so grundlegende Bedeutung wie Torsionsrohrdurchführungen.

- *Membran- oder Biegeplattendurchführung*

Membran- oder Biegeplattendurchführungen (Bild 42) sind die heute meist angewandten Durchführungen für kraftkompensierende Meßumformer für Differenzdrücke.

Eine außen fest eingespannte Metallplatte aus hoch korrosionsbeständigem Stahl von etwa 30 mm Außendurchmesser und 0,2 mm Stärke ist innen mit einem stabilen Stab, der auch als Waagebalken bezeichnet wird, fest verbunden. Die von der Meßgröße Differenzdruck kommenden Kraftwirkungen greifen am Waagebalken an, lenken diesen aus und biegen dabei die Metallplatte. Von außen wirkt die einem Einheitssignal proportionale Gegenkraft entgegen und führt die Bewegung zurück: die Biegeplatte nimmt wieder die neutrale Lage ein.

Durch statischen Druck erfährt die Biegeplatte Kraftwirkungen senkrecht zu ihrer Fläche, die zum Durchdrücken der Platte und damit zu Meßfehlern führen würden. Außenliegende Federbänder verhindern dies. Sie müssen mit dem Waagebalken genau in einer Ebene liegen, um die Kraftwirkungen voll ausgleichen zu können. Für genau messende Geräte ist es außerdem erforderlich, daß die Einspannungen der Biegeplatte am Waagebalken und am Gehäuse genau konzentrisch sind. Andernfalls wird zum Differenzdruck auch noch der statische Druck gemessen.

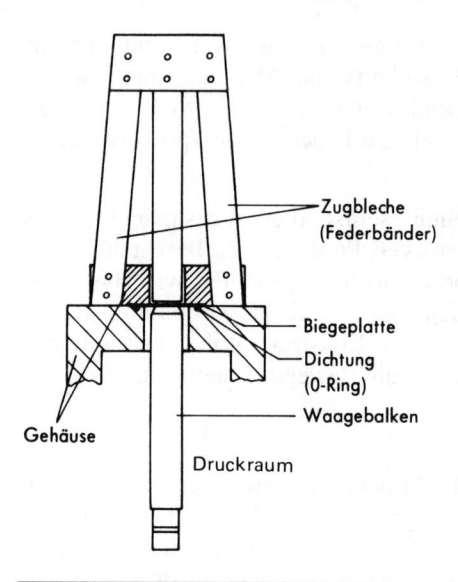

Bild 42. Biegeplattendurchführung.
Die Biegeplatte ist der der Drehung des Waagebalkens nachgebende Abschluß des Druckraums. Die von statischen Drücken auf die Platte wirkenden Kräfte nehmen mit dem Waagebalken in einer Ebene liegenden Zugbleche auf.

● *Komponenten der Differenzdruckmeßumformer*

Die wesentlichen Elemente eines elektrischen Meßumformers sind nach DIN 16086 (Bild 7) sinngemäß:

- Das Aufnehmer- oder Sensorelement, die kleinstmögliche vom Meßprinzip bestimmte Baueinheit, welche innerhalb eines Aufnehmers die Aufgabe hat, die Meßgröße Druck in eine elektrisch verarbeitbare Größe umzuwandeln.
- Der Aufnehmer, bestehend aus einem Aufnehmerelement, das in ein drucktragendes Gehäuse mit einem Prozeßanschluß integriert ist und eine definierte elektrische Schnittstelle ohne aktive Signalaufbereitung besitzt.
- Der Meßumformer ist schließlich ein Aufnehmer mit definiertem oder genormten Ausgangssignal.

Wir wollen von diesen subsumierenden Definitionen abweichen und die Beschreibung der Meßumformer gliedern nach den Aufgaben im Rahmen einer Meßeinrichtung ähnlich VDI/VDE 2600 nach: *Sensoren* und *Signalverarbeitung*. Außerdem wollen wir uns, mit dem Übertragen der Signale zum zentralen Prozeßleitsystem – *der Feldtechnik* – befassen.

c 1. Sensoren

Der Sensor ist die für die Funktion eines Druck- und Differenzdruckumformers wesentlichste Komponente, er bestimmt primär die Meß- und Betriebseigenschaften. Druck- und Differenzdruckumformer arbeiten im wesentlichen mit *Dehnungsmeßstreifen* (DMS)-, *kapazitiven* oder *induktiven* Sensoren. Dabei ist kein eindeutiger Trend zu einem physikalischen Prinzip festzustellen, es

3. Differenzdruckmeßgeräte 49

hat vielmehr jedes neben ausgezeichneten Meßeigenschaften auch gewisse Vor- und Nachteile – und seien es günstige Herstellungskosten. Daneben gibt es Spezialgeräte, die mit hochgenauen Schwingquarzaufnehmern arbeiten, und pneumatische Druck- und Differenzdruckumformer nutzen die Kraftkompensation.

Ganz allgemein läßt sich feststellen, daß bei der Signalverarbeitung von *Differenzmessungen* Gebrauch gemacht wird, z.b. durch Aufbau *Wheatstonescher Brücken*, durch Wahl von *Differentialkondensatoren* oder *Differentialtransformatoren*. Das hat den Vorteil, daß der Sensor *beim Meßanfang den Wert Null* ausgibt und für die *Spanne* die *gesamte Signalamplitude* zur Verfügung steht.

Bei den Meßumformern für Differenzdruck ist eine Entwicklung zu "schwimmend" angeordnete Sensoren zu erkennen. Das kommt einmal der geringen Größe zugute, hat aber besonders ein verspannungsfreies Arbeiten des Sensors zur Folge.

Fast alle Sensoren arbeiten mit *druckmittlerähnlichen Vorlagen*, und zum richtigen Verstehen der den inneren Aufbau zeigenden Bilder sollte der Leser den zugehörigen Beschreibungen entnehmen, ob es sich bei den den Druck übertragenden oder den den Druck erfassenden Elementen – sehr häufig Membranen – um *richtkraftlose* oder um *federelastische* handelt – eine zeichnerische Unterscheidung ist leider nicht möglich.

c 1.1 DMS-Sensoren

In großer Zahl haben sich DMS-Sensoren durchgesetzt. Das Prinzip ist einfach: Bei der Dehnung eines elastischen Druckmeßglieds, z.B. einer Plattenfeder, wird ein damit kraftschlüssig, aber isoliert verbundener Leiter der Länge l um den Betrag Δl gestreckt. Weil das Volumen erhalten bleibt, verringert sich gleichzeitig der Querschnitt des Leiters und dessen ohmscher Widerstand R erhöht sich um den Betrag ΔR:

$$\Delta R/R = k \cdot \Delta l / l = k \cdot \varepsilon.$$

k ist der k-Faktor (gauge factor) und ε die Oberflächendehnung.

Bei *metallischen* Leitern ändert sich beim Dehnen der Leitungsmechanismus nicht wesentlich, und rein geometrisch folgt einer Dehnung ε eine doppelt so große Widerstandsänderung: Der k-Faktor ist ungefähr 2.

Bei *Halbleitern*, z.B. bei mit Bohr-Atomen dotiertem Silizium, ist der k-Faktor zwar wesentlich größer (etwa 100), aber nicht konstant, sondern von der Dehnung abhängig.

Nach den Technologien unterscheiden sich DMS-Sensoren so: Folien-DMS, metallische und Halbleiter-Dünnfilm-DMS sowie piezoresistive und Dickfilm-

DMS. Das Wesentliche dieser Technologien und deren unterschiedlichen Meß- und Betriebseigenschaften sollen im Folgenden erläutert werden.

c 1.1a Sensoren mit metallischen DMS

Die *Meßeffekte* metallischer DMS liegen in *gleicher Größenordnung* wie die *Störeffekte*, und die Applikation eines einzelnen Widerstands auf dem Federkörper würde keine befriedigenden Meßergebnisse bringen. Die Dehnungsmeßstreifen werden deshalb in einer *Wheatstoneschen Brücke*, einer *Vollbrücke* wie es in den Druckschriften heißt, angeordnet (Bild 43). Sind alle vier Widerstände genau gleich, liegt an der Brückendiagonalen keine Spannung an, und auch gleiche Widerstandsänderungen, z.b. durch die Temperatur, verändern das Brückengleichgewicht nicht. Da die Meßeffekte bei $2 \cdot 10^{-3}$ liegen, müßte die Übereinstimmung der Widerstände bis auf 10^{-6} gehen, was fertigungstechnisch nicht zu realisieren ist. Die Übereinstimmung muß vielmehr *nachträglich* durch Zuschalten von Reihenwiderständen oder Lasertrimmen eingestellt werden.

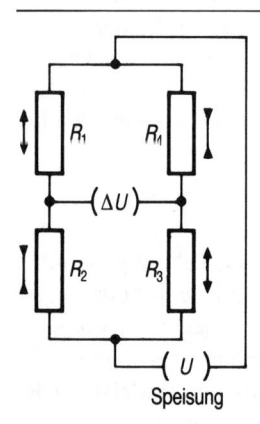

Bild 43. Wheatstonesche Brücke für Dehnmeßstreifen.
Auf einem Federkörper (Plattenfeder oder Biegebalken) sind vier Dehnungsmeßstreifen so plaziert, daß zwei (im Bild R_1 und R_3) beim Meßvorgang eine Widerstandserhöhung und zwei (im Bild R_2 und R_4) eine möglichst gleich große Widerstandsverminderung erfahren – im allgemeinen werden zwei DMS gedehnt und zwei gestaucht. Die Brückenspannung der im drucklosen Zustand abgeglichenen Brücke erhöht sich dadurch – mehr oder weniger streng – proportional zum zu messenden Druck.

Zur *Druckmessung* werden die DMS auf den Federkörper so aufgebracht, daß beim Meßvorgang zwei diagonal gegenüberliegende DMS gedehnt und die beiden anderen gestaucht werden, die Brücke verstimmt sich, und die Brückenspannung ist ein Maß für den zu messenden Druck.

Bei metallischen DMS ist zu unterscheiden zwischen

- Dehn- oder Freidrahtmeßelementen,
- DMS, die aus gewalzten Metallfolien herausgeätzt werden (Folien-DMS) und
- DMS, die mit Methoden der Dünnschichttechnik aufgebaut werden (Dünnfilm-DMS).

● *Folien-DMS*

Zum Herstellen von Folien-DMS werden Widerstandslegierungen, z.B. Konstantan, in Folien von wenigen µm Dicke gewalzt und anschließend mit einem organischen Isolator beschichtet. Die gewünschte Widerstandsgeometrie erhält man durch Abätzen der nicht benötigten Folienflächen nach einem Fotolithographieprozeß. Die Widerstandsanordnung – zu den vier DMS gehören noch Abgleichnetzwerke – wird mit einem heiß aushärtenden Kleber auf den Federkörper, z.B. eine Plattenfeder (Bild 44) aufgebracht. Alle Elemente des DMS-Netzwerks werden in *einem* Arbeitsgang aus demselben Werkstoff aufgebracht, was für geringe Temperaturfehler wichtig ist. Die fertigungstechnisch bedingte Grundverstimmung wird mit Hilfe von Zusatzwiderständen ausgeglichen, die nach Auftrennen von Brücken mit einem Miniaturfräser zugeschaltet werden. Es lassen sich Brückenwiderstände zwischen 120 und 2000 Ohm realisieren, die Nenntemperaturen sind auf etwa 80°C eingeschränkt.

DMS-Rosette

Bild 44. DMS-Anordnung auf einer Plattenfeder (Hottinger).
Bei Druckbeaufschlagung wird die Oberfläche einer Plattenfeder in den Randzonen gestaucht und in der Mitte gedehnt. Die DMS sind an diesen Stellen so plaziert, daß sich möglichst gleich große positive und negative Widerstandsänderungen ergeben.

● *Dünnfilm-DMS*

Dünnfilm-DMS werden in Vakuumprozessen in Form von dünnen, anorganischen Filmen abgeschieden. Diese Vakuumprozesse sind Aufdampfen, Kathodenzerstäuben (Sputtern) und CVD (Chemical Vapor Deposition)-Verfahren. Alle Verfahren haben unterschiedliche Eigenschaften, z.B. haften aufgesputterte DMS besser auf dem Träger als im CVD-Verfahren aufgebrachte, beim Sputtern stellen sich aber höhere Temperaturen ein, was die Meßeigenschaften der aufgebrachten Schichten beeinträchtigen kann. Das CVD-Verfahren eignet sich besonders zum Aufbringen von Halbleitern.

Auf die mechanisch geglättete Oberfläche des Federkörpers werden zunächst eine anorganische Isolierschicht und danach Verbindungsleitungen, eine Widerstandsschicht und schließlich eine Passivierungsschicht aufgebracht. Die Strukturierung geschieht entweder beim Abscheiden durch Masken oder nach ganzflächigem Abscheiden durch fotolithografische Ätzprozesse. Für das Auftrennen der Abgleichbrücken zur Korrektur des Nullsignals werden Laser eingesetzt. Die Brückenwiderstände liegen hier zwischen 350 und 10000

Ohm, die Nenntemperaturen gehen bis 170°C. Die Widerstandsschichten sind etwa 0,05 µm und die Leiterbahnen etwa 2 µm dick.

● *Verbindung der DMS mit dem Druckmeßkörper*

Bild 45 zeigt eine mit dem Druck p beaufschlagte einfache Plattenfeder. Die DMS sind an den Stellen mit der größten Dehnung im Innern und der größten Stauchung am Rand der Plattenfeder angeordnet. Nachteilig bei diesen glatten Membranen ist, daß Dehnung und Stauchung sich nicht genau entsprechen, was zu geringfügigen Nichtlinearitäten führen kann. Es sind deshalb auch noch andere Membranausführungen zu finden (Bild 46).

Häufig arbeiten Sensoren auch mit auf Biegebalken gebrachten DMS, die mechanisch mit einer relativ federweichen Membran verbunden sind (Bild 47).

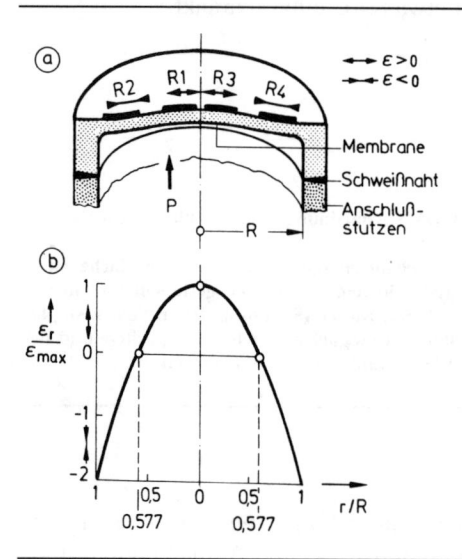

Bild 45. Deformation einer Plattenfeder bei Druckbeaufschlagung (Hottinger).
Bei Druckbeaufschlagung wird die Oberfläche einer Plattenfeder in den Randzonen gestaucht im Zentrum gedehnt. Dort sind je zwei DMS angeordnet (a). Im Teilbild b ist der normierte Verlauf der Radialdehnung ε_r dargestellt.

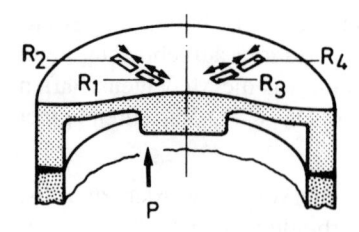

Bild 46. Modifizierte Plattenfeder (Hottinger).
Die Druckaufnehmermembran ist im Mittelteil so verstärkt, daß die Linearitätsfehler dünner, empfindlicher Membranen bis auf 0,1 % reduziert werden.

3. Differenzdruckmeßgeräte 53

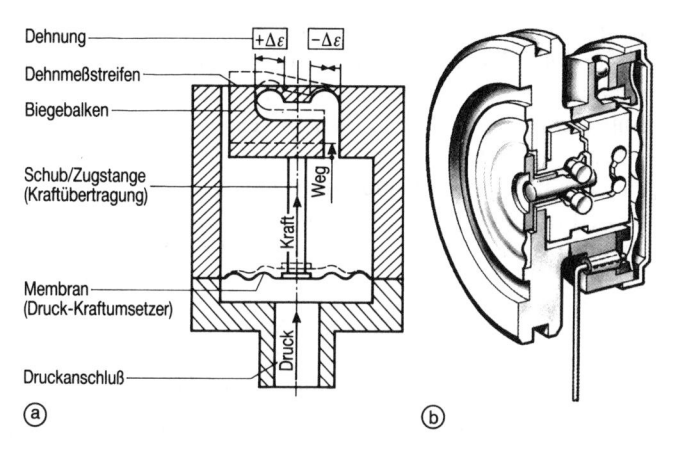

Bild 47. Membran-Biegebalken-Anordnung (Foxboro-Eckardt).
Der zu messende Druck übt auf eine federweiche Membran eine Kraft aus, die über eine Stange auf den Biegebalken einwirkt. Teilbild a zeigt das Prinzip der für Biegebalken typischen Hebelform, die bei der Auslenkung Stauch- und Dehnzonen schafft, ohne seitliche Kräfte auf die Schubstange auszuüben, Teilbild b das Schnittbild einer Zelle für Absolutdruck, bei der der Referenzdruckraum evakuiert ist. Für Relativdruckmessungen ist dieser Raum mit Silikonöl gefüllt, und mit einer richtkraftlosen Membran gegen die Atmosphäre abgeschlossen.

● *Vor- und Nachteile von Sensoren mit metallischen DMS*

Folien-DMS haben ihre ausgezeichneten Meßeigenschaften besonders bei den Wägezellen (siehe VIII. Wägetechnik) bewiesen. So sind Auflösungen in 1 Million Teile bei einer Reproduzierbarkeit von 0,001 % zu erreichen. Leider läßt sich diese hohe Präzision nicht so ohne weiteres auf die Drucksensoren übertragen, was an der Einschränkung der konstruktiven Gestaltung des Sensorelements durch die *beengten Abmessungen* liegt. Besonders für niedrige Meßbereiche unter etwa 6 bar kommen diese Schwierigkeiten zum Ausdruck. Die Betriebseigenschaften der Folien-DMS, wie Überlastbarkeit, Rüttelfestigkeit oder Korrosionsbeständigkeit sind dagegen sehr gut. Nachteilig sind der eingeschränkte Temperaturbereich und ein relativ hoher Prüfaufwand.

Dünnfilm-DMS haben ähnlich gute Meßeigenschaften. Es sind durch die Miniaturisierung aber auch sehr niedrige Meßbereiche möglich, wegen hoher Widerstände geringe elektrische Energien erforderlich, und es lassen sich Sensoren mit extrem kleinen Abmessungen realisieren. Außerdem sind Betriebstemperaturen bis 170 °C zulässig. Nachteilig ist offensichtlich der Herstellungsaufwand, der hohes Know How erfordert und erst bei großen Loszahlen rentabel wird.

c 1.1b Piezoresistive Sensoren

Bestimmte Halbleiter, wie für Druckmessungen bevorzugt eingesetztes, geeignet dotiertes Silizium (Si), zeigen vom Druck abhängige elektrische Eigenschaften wie *Piezoelektrizität* oder *Piezoresistivität*. Für *statische* Druckmessungen läßt sich der *piezoresistive* Effekt nutzen, der nicht nur von der Dehnung abhängig ist, sondern auch von der Art und Stärke der *Dotierung* (dem Einbringen von Fremdatomen in das Kristallgitter): Bei einer p-Dotierung (Überschuß von positiven Ladungsträgern) erhöht sich der Widerstand bei einer Dehnung, bei n-Dotierung (negative Ladungsträger im Überschuß) vermindert er sich. Bei *einkristallinem* Silizium (die Si-Kristalle des Substrats haben alle die gleiche Richtung) sind die Effekte außerdem von der Richtung der Dehnung zur Ausrichtung der Kristallachsen abhängig.

Für Drucksensoren werden meist Widerstände aus p-dotiertem Silizium eingesetzt, die entweder in *monokristallines* Silizium eindiffundiert oder in *Dünnschichttechnik* auf ein isolierendes Trägermaterial aufgebracht sind.

Beide Technologien nutzen bevorzugt Membranen oder Biegebalken aus reinem Silizium als Federkörper. Silizium hat ein sehr gutes elastisches Verhalten mit geringer Hysterese und hoher Langzeitstabilität, ist allerdings gegenüber dynamischer Überlastung empfindlich.

● *Piezo-Dünnfilm-DMS*

Den Aufbau eines Piezo-Dünnfilm-Dehnungsmeßstreifen zeigt Bild 48. Dehnungsmeßstreifen aus Silizium werden wie metallische DMS mittels der Vakuumprozesse – Aufdampfen, Sputtern oder CVD – in der gewünschten Mäanderform auf eine isolierende Schicht aufgebracht und durch Dotierung leitfähig gemacht. Die Widerstände verhalten sich *isotrop*, weil sich die Kristallachsen beim Aufbringprozeß willkürlich orientieren. Die Hersteller bezeichnen solche Sensoren als *Polysilizium-Sensoren*. Polysilizium-Sensoren lassen größere Temperaturbereiche als einkristalline Sensoren zu, nämlich von – 30 bis + 200°C, außerdem haben sie eine bessere Langzeitstabilität.

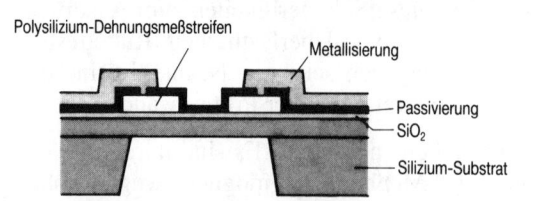

Bild 48. Aufbau eines Piezo-Dünnfilm-DMS (Envec).
Auf eine Silizium-Meßmembran werden in einem LPCVD-(Low Pressure Chemical Vapor Deposition-)Prozeß zunächst eine SiO_2-Schicht von 200 nm Stärke als Isolierung und darauf eine Polysilizium-Schicht von 400 nm Stärke in der gewünschten Form abgeschieden und durch eine Bohrimplantation dotiert. Eine Passivierungsschicht isoliert die Dehnmeßstreifen nach außen. Sie ist nur an den Kontaktstellen unterbrochen, um die Verbindung mit den Leiterbahnen herstellen zu können. Die Silizium-Membrane ist einem Meßweg von 1μm ausgesetzt und läßt vierfache statische und zehnfache dynamische Drucküberlast zu. Bei dieser Ausführung des piezoresistiven DMS ist der Sensor elektrisch von dem federelastischen Druckmeßelement getrennt.

3. Differenzdruckmeßgeräte

Polysilizium-DMS werden, ähnlich wie metallische DMS, in den Dehn- und Stauchzonen von Federkörpern (Membran oder Biegebalken, Bilder 49 und 50) angeordnet und einschließlich der erforderlichen Trimmwiderstände zu einer Vollbrücke verschaltet.

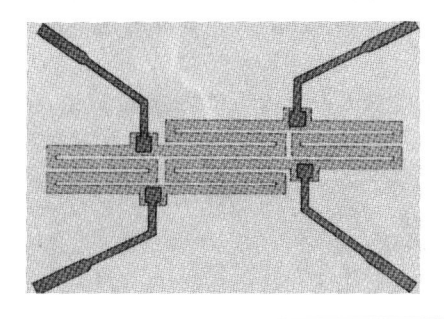

Bild 49. Piezoresistiver Aufnehmer (Envec).
Vier in Dünnfilmtechnik (Bild 48) auf eine Meßmembran applizierte DMS bilden eine Wheatstonesche Brücke.

Polysilizium-Sensor (hermetisch dicht)
Meßmembran
Trennmembran
Prozeßanschluß

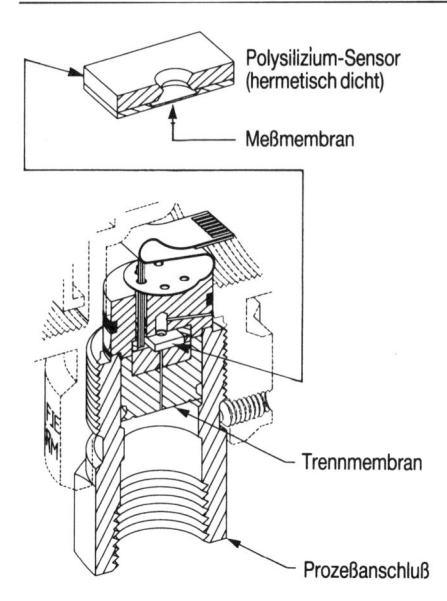

Bild 50. Piezoresistiver Absolutdruck-Meßumformer (Fisher-Rosemount).
Der zu messende Druck wirkt über eine richtkraftlose Trennmembran und Füllflüssigkeit auf einen piezoresistiven Sensor, der als Wheatstonesche Brücke aus Polysilizium auf einem Polysilizium-Träger aufgebaut ist. Der Drucksensor mißt gleichzeitig die Temperatur zur Kompensation des Temperaturgangs.

● *Piezo-Einkristall-DMS*

In *einkristalline Federkörper* – Membranen oder Biegebalken – aus reinem Silizium sind mit fotolithographischen Methoden *leitfähige* Zonen an genau definierten Stellen *eindotiert* und metallisch kontaktiert (Bild 51). Bei höheren Temperaturen können Ladungsträger infolge ihrer thermischen Energie die Sperrschichten zwischen dotiertem und nicht dotiertem Silizium überwinden und Meßfehler verursachen. Die einkristallinen DMS haben deshalb gegenüber den polykristallinen einen eingeschränkten Temperaturbereich zwischen −30 und +120°C.

Piezo-Einkristall-DMS müssen nicht unbedingt in den Stauch- und Dehnzonen des Federkörpers angeordnet werden, um eine meßtechnisch günstige Brückenschaltung aufzubauen. Die Brücke läßt sich auch durch zwei *unterschiedlich ausgerichtete* DMS oder durch jeweils einen *n*- und einen *p-dotierten* Widerstand in der Dehnzone realisieren.

Wie wichtig eine genau definierte Kraftübertragung zwischen den sehr kleinen Sensorelementen ist, zeigt Bild 52.

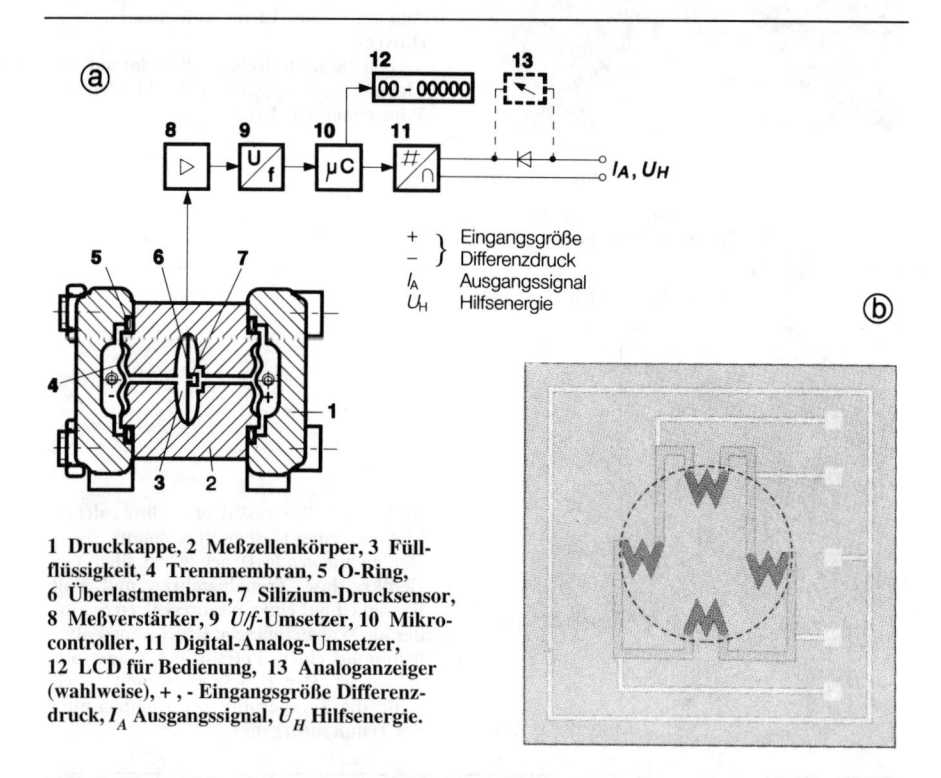

1 Druckkappe, 2 Meßzellenkörper, 3 Füllflüssigkeit, 4 Trennmembran, 5 O-Ring, 6 Überlastmembran, 7 Silizium-Drucksensor, 8 Meßverstärker, 9 *U/f*-Umsetzer, 10 Mikrocontroller, 11 Digital-Analog-Umsetzer, 12 LCD für Bedienung, 13 Analoganzeiger (wahlweise), +, - Eingangsgröße Differenzdruck, I_A Ausgangssignal, U_H Hilfsenergie.

Bild 51. Piezoresistiver Meßumformer SITRANS P (Siemens).
Durch geeignete Wahl der Abmessungen und der Werkstoffkombinationen ist ein monokristalliner Silizium-Sensor frei von mechanischen und thermischen Verspannungen mit einer Überlastmembran verbunden und in eine Zweikammer-Meßzelle integriert (Teilbild a). Teilbild b zeigt die Dotierung der Sensormembran der Hochdruckausführung: Alle vier hier schematisch dargestellten Widerstandsmäander sind beim Meßvorgang gleichen mechanischen Spannungen ausgesetzt. Durch gleiche Ausrichtung zur Kristallachse unterliegen jedoch zwei gegenüberliegende Widerstände einem longitudinalen und die beiden anderen einem − im Betrag etwa gleich großen − transversalen piezoresistiven Effekt, so daß sich bei Druckbeaufschlagung die Brücke symmetrisch verstimmt.

3. Differenzdruckmeßgeräte 57

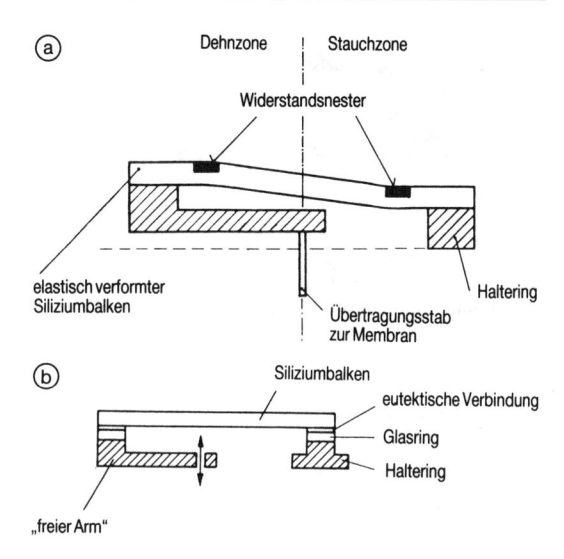

Bild 52. Biegebalken mit piezoresistiven DMS (IMO).
Unter einer, von einer Membran ausgeübten Kraft verformt sich ein aus reinem, einkristallinem Silizium gefertigter Biegebalken S-förmig. Es entstehen Dehn- und Stauchzonen, in die mit einer bestimmten Menge Bohr Widerstandsnester eindiffundiert sind (Teilbild a).
Um bei den sehr geringen Hüben und Abmessungen reproduzierbare Meßbedingungen zu schaffen, ist großer Aufwand für die Verbindungselemente zu erbringen (Teilbild b).

● *Vor- und Nachteile der piezoresistiven Technologien*

Neben dem schon erwähnten größeren Temperaturbereich der Dünnfilm-Version hat diese wohl auch eine bessere Langzeitstabilität, und sie kann – da sich Piezo-Dünnfilme auch auf metallische Federkörper aufbringen lassen – besser dynamischen Belastungen standhalten.

Mit beiden Technologien lassen sich auch kleine Meßbereiche, extrem kleine Abmessungen (Bild 53) und geringer Energiebedarf realisieren – bei Membrandurchmessern von nur 0,7 mm sind zugleich auch kleine Meßbereiche von nur 350 mbar möglich. Wegen des hohen k-Faktors sind die *Anforderungen an die Spannungsverstärkung geringer* als bei metallischen DMS, allerdings ist der *Aufwand an Linearisierung und Temperaturkorrektur größer* (Bild 90).

Von wenigen Ausnahmen abgesehen, kommt der Meßstoff mit den Silizium-Membranen nicht direkt in Verbindung, sondern es ist eine flüssigkeitsgefüllte Vorlage mit einer richtkraftlosen Trennmembran oder – bei Biegebalken – eine Membran mit einem Gestänge vorgesehen (Bilder 4, 49 und 50).

Bild 53. Piezoresistiver Sensor in Minigröße (Kistler).
Der in eine Meßzündkerze integrierte 3-mm-Sensor mißt den Zylinderdruck von Verbrennungsmotoren bei Drehzahlen bis 5000/min. Durch die fast brennraumbündige Membrane hat die gesamte Meßanordnung sehr hohe Eigenfrequenzen von etwa 120 kHz.

c 1.1c Dickfilm-DMS

Dickfilm-DMS werden in *Siebdrucktechnik* hergestellt, es sind also keine aufwendigen Vakuum-Herstellungsverfahren wie bei der Dünnfilmtechnik erforderlich. Die für den Aufbau des Sensors erforderlichen Schichten werden einzeln auf ein isolierendes keramisches Grundmaterial in Pastenform aufgedruckt, getrocknet und eingebrannt.

Bild 54. Druckmeßumformer mit Sensor in Dickschicht-Technik (Fischer & Porter).
Das kompakte Gerät (Durchmesser 79 mm) ist in Zweileitertechnik konzipiert. Meßanfang und Meßspanne lassen sich stufenlos einstellen, die Spanne im Verhältnis 1:5, der Meßanfang innerhalb der Meßbereichsgrenzen. Die Fehlergrenzen (Kennlinienabweichung, Hysterese und Reproduzierbarkeit) liegen unter 0,5 % der eingestellten Meßspanne. Das chemisch hochwertige Keramik-Meßelement läßt eine 50 %-ige Überlastung zu.

Die Schichtdicken für die Widerstände betragen etwa 20 µm, sind also fast tausendmal dicker als die der Dünnfilm-DMS. Die Schichten für die Leiterbahnen sind dagegen nur etwas dicker. Es lassen sich mit der Siebdrucktechnik nicht so feine Strukturen herstellen wie mit der Dünnfilmtechnik, also wohl auch keine Mäander.

Die aufgebrachten Widerstände aus nichtmetallischen Werkstoffen haben *höhere spezifische Widerstände* als Metalle und können eine *gewisse piezoresistive* Wirkung haben (k-Faktor um 10). Auch mit Dickfilm-DMS lassen sich kompakte Meßumformer mit guter Genauigkeit für Drücke zwischen 0,4 und 200 bar fertigen (Bild 54).

c 1.1d Auswerten der Widerstandsänderungen

Das Auswerten der Widerstandsänderungen der DMS-Sensoren geschieht fast ausschließlich durch Vollbrücken (Bild 43), da diese das Signal des Grundwiderstands unterdrücken. Die Brücke wird in der einen Diagonale mit der Spannung U versorgt, an der anderen Diagonale wird das Meßsignal ΔU abgegriffen. Um auf alle Widerstände in gleicher Weise einwirkende Störeinflüsse – besonders Temperaturänderungen – auszugleichen, müssen – wie schon dargelegt – alle Widerstände möglichst gleich sein. Um nun *Proportionalität* zwischen Druckbeaufschlagung und Ausgangssignal ΔU zu erreichen, müssen sich *Dehnungen und Stauchungen genau entsprechen*:

$$\Delta U/U = 1/4 \, (\Delta R_1/R_1 - \Delta R_2/R_2 + \Delta R_3/R_3 - \Delta R_4/R_4)$$

Wegen $\Delta R/R = k \cdot \varepsilon$ wird daraus:

$$DU/U = k/4 \, (e_1 - e_2 + e_3 - e_4)$$

Wenn sich Dehnungen und Stauchungen entsprechen, wird daraus:

$$DU/U = k \cdot \varepsilon$$

Mit $\varepsilon = 10^{-3}$ und – für metallische DMS – $k = 2$ wird $\Delta U / U = 2 \cdot 10^{-3}$ oder 2 mV / V. Bei 10 Volt Speisespannung ergibt sich ein Meßsignal von 0 bis 20 mV, was für moderne Verstärker problemlos bis zu Auflösungen von 0,1 bis 0,001 % weiterverarbeitet werden kann.

● *Temperaturgang von Nullsignal und Kennwert*

Den Temperaturgang des *Nullsignals* metallischer DMS bestimmen die Qualität des Brückenabgleichs und mögliche Temperaturunterschiede zwischen den auf Membranen oder Biegebalken angeordneten einzelnen Dehnmeßstreifen. Diese Störeinflüsse lassen sich durch konstruktive Maßnahmen auf 1µV / V pro 10 K reduzieren. Diese Fehler sind allerdings *absolut* und können bei einem z.B. auf 1/10 eingeschränktem Meßbereich (0,2 mV/V) schon 0,5 % pro 10 K betragen – trotz bester Abstimmung.

Den Temperaturgang des *Kennwerts* metallischer DMS beeinflussen die Temperaturkoeffizienten des k-Faktors und des E-Moduls sowie der Wärmeausdehnungskoeffizient des Federwerkstoffs. Die beiden ersten Werte liegen in

60 I. Druck- und Differenzdruckmessung

der Größenordnung von einigen Promille pro 10 K, der letztere noch um eine Größenordnung niedriger.

Es gibt zwei Möglichkeiten der Kompensation: Durch Einfügen *temperaturabhängiger Widerstände* in die Brückenspeisung (Bild 55) läßt sich das mit der Temperatur *zunehmende* Ausgangssignal reduzieren. Eine andere Möglichkeit ist, die *Folienwerkstoffe* so zu wählen, daß sich die *Temperaturkoeffizienten* von *k*-Faktor und *E*-Modul *gegenseitig kompensieren*.

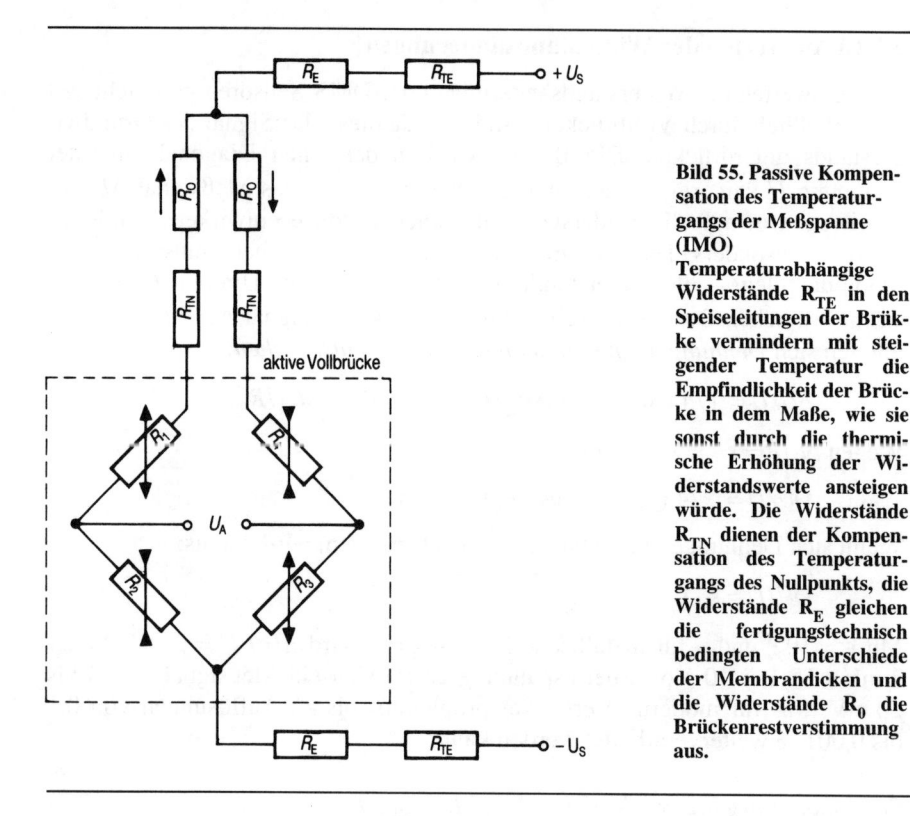

Bild 55. Passive Kompensation des Temperaturgangs der Meßspanne (IMO) Temperaturabhängige Widerstände R_{TE} in den Speiseleitungen der Brücke vermindern mit steigender Temperatur die Empfindlichkeit der Brücke in dem Maße, wie sie sonst durch die thermische Erhöhung der Widerstandswerte ansteigen würde. Die Widerstände R_{TN} dienen der Kompensation des Temperaturgangs des Nullpunkts, die Widerstände R_E gleichen die fertigungstechnisch bedingten Unterschiede der Membrandicken und die Widerstände R_0 die Brückenrestverstimmung aus.

Halbleiter aus Mono- oder Polysilizium haben *vor* einer Kompensation etwa folgende, auf 10 K bezogene Werte: 0,4 bzw. 0,15 % für den Temperaturgang des Nullsignals und 1,4 bzw. 0,2 % für den Temperaturgang des Kennwerts.

Für metallische und Halbleiter DMS gilt ganz generell, daß der Temperaturgang des *Nullsignals* eine *absolute*, der des *Kennwerts* eine *relative* Größe ist: Bei Einschränkung des Meßbereichs erhöht sich wohl der Temperaturgang des Nullsignals, während der des Kennwerts unverändert bleibt.

c 1.2 Kapazitive Sensoren

Besonders für *Differenzdruckmessungen* haben kapazitive Sensoren Vorteile. Federelastische Meßmembranen und gegenüberliegende leitfähige Flächen des Gehäuses sowie die Füllflüssigkeiten bilden *Differentialkondensatoren*. Bei Auslenkungen der Meßmembranen durch Differenzdrücke ändern sich beide Kapazitäten, und analoge oder digitale Signalverarbeitungen wandeln diese Kapazitätsänderungen in normierte Ausgangssignale um. Angeboten werden sowohl Zweikammer-Versionen mit einer innenliegenden Membran als auch Einkammer-Versionen mit zwei außenliegenden Meßmembranen (Bilder 56 und 57).

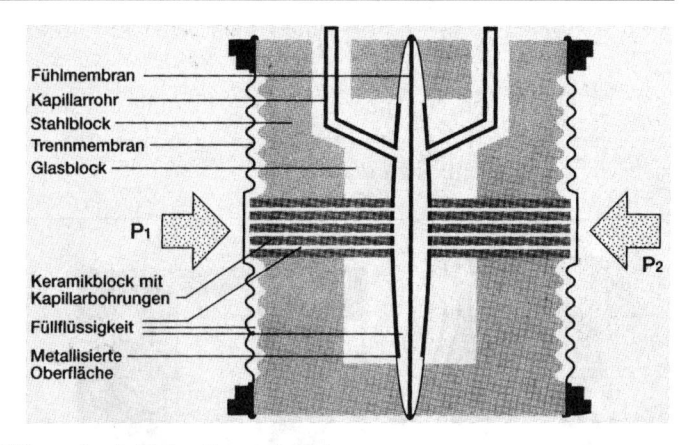

Bild 56. Kapazitiver Differenzdruck-Meßumformer (smar).
Eine mittige federelastische Membran und die metallisierten Oberflächen des Glasblocks bilden einen Differentialkondensator. Zwei federweiche Trennmembranen schließen die mit Druckmittlerflüssigkeit gefüllten Kammern zu den Produktseiten ab. Bei einseitiger Überlastung legen sich die Trennmembranen an das angepaßte Profil des Blocks an und verhindern eine weitere Auslenkung der Meßmembrane. Kapillarbohrungen im Keramikblock schützen das System vor Druckstößen. Zur Kompensation des Temperatureinflusses ist eine Temperaturmessung integriert, die Signalverarbeitung geschieht digital.

Die Kapazität eines *Plattenkondensators* ist zum Plattenabstand l umgekehrt proportional:

$$C \sim 1/l.$$

Bei kleinen Änderungen Δl verändert sich die Kapazität

$$C + \Delta C \sim 1/(l - \Delta l),$$

so daß sich bei einer *Invertierung* der Kennlinie, z.B. durch einen Operationsverstärker, eine Meßsignaländerung *proportional* zu Δl und – wenn Δp proportional zu Δl ist – auch zu Δp ergibt.

Bei *Differentialkondensatoren* ist die Auslenkung der Meßmembran proportional $1/C_1 - 1/C_2$.

Werden die Kapazitäten über *Spannungsmessungen* bestimmt, wird der Quotient

$$\frac{C_1 - C_2}{C_1 + C_2} \approx \frac{\Delta l}{l}$$

ausgewertet, und das Meßsignal ist proportional zu Δl und damit auch zu Δp.

Strommessungen werten die Differenz

$$C_1 - C_2 \approx \frac{\Delta l}{l} - \left(\frac{\Delta l}{l}\right)^3 - \left(\frac{\Delta l}{l}\right)^5 - usw$$

aus. Es ergibt sich also nur in erster Näherung ein linearer Zusammenhang zwischen ΔC und Δp, und *Linearisierungen* sind erforderlich – heute analog oder digital problemlos zu realisieren.

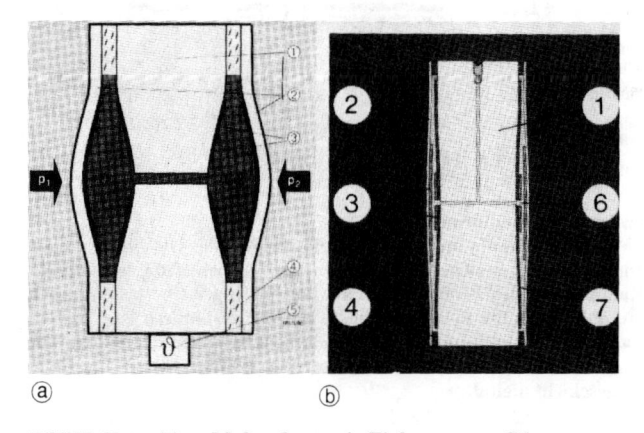

Bild 57. Kapazitiver Meßumformer in Einkammerausführung.
Das Einkammerprinzip mit relativ dickwandigen Keramikmembranen bietet hohe Resistenz gegen korrosives Füllgut, unterliegt keinem Alterungsprozeß, und der Temperatureinfluß läßt sich leicht durch Messung der Summe beider Einzelkapazitäten $C_1 + C_2$ kompensieren. Mit einem zusätzlichen Temperatursensor läßt sich eine Selbstüberwachung der Zelle aufbauen (Teilbild a, Endress + Hauser).
Das Schnittbild b (Envec) zeigt die wirklichen Relationen. Bei einseitigem Überdruck legen sich die Membranen an ein Anlageprofil an, und einseitige Überlastungen bis zum vollen Nenndruck sind möglich, ohne das Meßverhalten zu beeinträchtigen.
1 Grundkörper, 2 Keramikmembran, 3 Elektroden, 4 Glasfritte (fixiert Membran auf den Grundkörper), 5 Temperaturfühler, 6 Füllflüssigkeit und 7 Anlageprofil.

3. Differenzdruckmeßgeräte

Bild 57 zeigt eine *keramische Einkammerzelle* mit außenliegenden keramischen Meßmembranen, die auf einen Keramikträger mit einem Lotring im Hochvakuum bei 900°C mechanisch hochfest und hermetisch dicht verbunden werden.

Die Membranen und der Keramikträger sind metallisiert und bilden mit der Füllflüssigkeit zwei Kondensatoren. Die Meßwege liegen bei 30 µm, und bei Überlast legen sich die Membranen nach etwa 100 µm Weg an den Grundkörper an. Eine besondere Eigenart dieser Anordnung ist, daß sich bei *Temperaturerhöhung* die Zelle *etwas aufbläht* und sich die Kapazitäten damit verringern. Die Zellenentwickler konnten hier das Angenehme mit dem Nützlichen verbinden: Mit der für die Differenzdruckmessung relevanten *Differenz* der Kehrwerte beider Kapazitäten $1/C_1 - 1/C_2$ wird gleichzeitig die *Summe* beider Kapazitäten $C_1 + C_2$ bestimmt, die durch die temperaturproportionale Ausdehnung des Ölvolumens der Zellentemperatur proportional ist. Damit läßt sich der *Temperaturgang der Zelle kompensieren*. Eine zusätzliche konventionelle Temperaturmessung ermöglicht eine *on-line Überwachung* des Meßumformers.

Mit Flanschen aus PVDF(Polyvinylidenfluorid) lassen sich auch *metallfreie* Meßzellen ausbilden und mit Membranen aus *Saphir* steht ein porenfreier, chemisch hochbeständiger Werkstoff mit sehr guten elastischen Eigenschaften und gutem Langzeitverhalten zur Verfügung. (Wobei die keramischen Werkstoffe ähnliche Eigenschaften haben.)

Auch die Meßwege anderer kapazitiver Sensoren liegen bei einigen µm, und *geringe Verspannungen* der Zelle durch Temperaturänderungen, durch Temperaturunterschiede innerhalb der Zelle oder durch Verspannungen bei der Montage können *erhebliche Meßfehler* zur Folge haben.

Diesen Störgrößen widersteht ein Meßumformer mit "schwimmend" gelagertem Sensor: Ein würfelförmiger kapazitiver Sensor von nur 9 mm Kantenlänge arbeitet mit einer Silizium-Meßmembran, deren Meßweg nur einige µm beträgt. Der Sensor ist über Kapillaren mit einer Aufnehmerzelle verbunden und erfährt den zu messenden Differenzdruck über die Füllflüssigkeiten der beiden Kammern der Aufnehmerzelle. Plus- und Minusdruck trennt eine vorgespannte Überlastmembran, die bei Überschreiten der zulässigen Spanne nachgibt, die Trennmembranen können sich an den profilierten Grundkörper anlegen und ein weiterer Druckanstieg unterbleibt. Der Sensor ist *relativ frei beweglich* und *keinen mechanischen Verspannungen* ausgesetzt (Bild 58). In der Druckschrift eines Herstellers sind die Verbesserungen des Meßverhaltens durch Übergang zur "schwimmenden" Zelle grafisch dargestellt (Bild 59).

Ebenfalls mit "schwimmender" Meßzelle, aber mit unkonventioneller Anordnung der Trennmembranen arbeitet der Differenzdruck-Meßumformer nach Bild 60: Die Trennmembranen liegen *nebeneinander* in einer Ebene, was eine Reduzierung von Größe und Gewicht des Meßumformers zur Folge hat und auch meßtechnisch sicher nicht nachteilig ist, weil beide Membranen in gleicher Höhe liegen. Das kann besonders bei Durchflußmessungen von Flüssiggasen vorteilhaft sein, wo oft Meßblende und Trennmembranen in einer Ebene liegen sollen. Auch hier ist der kapazitive Sensor vom Meßstoff *mechanisch isoliert* durch Trennmembranen und Kapillarleitungen, *elektrisch* durch Glasisolation der Kapillaren und eine potentialfreie Anordnung in der Meßzelle sowie *thermisch isoliert* durch die Druckmittlerflüssigkeit. Das Blockschaltbild des in ASIC/SMD-Technik realisierten Elektronikteils zeigt Bild 75.

Einen anderen Weg einer schwimmenden Lagerung wurde beim Gerät nach Bild 61 beschritten: Eine vorgespannte metallische Überlastmembran nimmt zugleich den keramischen Sensor verspannungsfrei auf und schützt auch dessen dünnwandige Meßmembran vor einseitiger Überlastung.

Den Aufwand zur Vermeidung von Verspannungen dokumentiert Bild 62: Die konventionell aufgebaute kapazitive Zelle – Zweikammersystem mit innenliegender Meßmembran, die mit den Gehäusewänden einen Differentialkondensator bildet – ist vollkommen symmetrisch aufgebaut, so daß Störgrößen auf beide Seiten in gleicher Quantität einwirken und sich weitgehend kompensieren. Um Verspannungen zu vermeiden, hat der Hersteller eine gekapselte Bauweise mit nur wenigen Schweißpunkten gewählt und die Kapsel nach der Finite-Element-Methode bemessen. Diese Maßnahmen ersetzen eine Temperaturkompensation mit zusätzlicher Temperaturmessung.

Andere konventionelle kapazitive Meßzellen arbeiten mit *integrierten Temperaturmessungen*, die dann zur Korrektur herangezogen werden, z.B. auch mit digitaler Signalverarbeitung (Bild 75).

Auch für Messungen des *Über-* oder des *Absolutdrucks* kommen *Sensoren mit kapazitiven Abgriffen* zum Einsatz. Zunächst ist ein einseitig angeschlossener Differenzdruck-Meßumformer grundsätzlich für die Überdruckmessung geeignet, der Aufwand lohnt sich besonders dort, wo bei kleinen Meßbereichen hohe Überlastungen zu bewältigen sind (diese Geräte lassen Überdrücke bis zum Tausendfachen zu). Von den schon beschriebenen Geräten sind die nach Bild 58 mit Meßbereichen bis 500 bar und die nach Bild 56 bis 250 bar lieferbar, während die anderen sich nur für die gängigen Differenzdruck-Meßbereiche bis etwa 3 bar eignen.

Eine für Überdruck- und Absolutdruckmessungen bis 400 bar einsetzbarer Sensor baut auf einer Keramik-Meßzelle auf (Bild 63). Herstellungsverfahren, Werkstoffauswahl und elastische Eigenschaften entsprechen der Einkammer-Meßzelle nach Bild 57. Allerdings entfällt die Flüssigkeitsfüllung, und bei Überlast legt sich die Keramikmembran an den Keramikträger an. Auch dieses Gerät arbeitet mit einem *Differentialkondensator*, den auf der Seite des Keramikträgers eine kreisförmige und eine dazu konzentrische ringförmige Belegung sowie auf der gegenüberliegenden Meßmembran eine beide überdeckende kreisförmige Belegung bilden. Die Belegungen sind in Bild 63 schwarz dargestellt.

3. Differenzdruckmeßgeräte 65

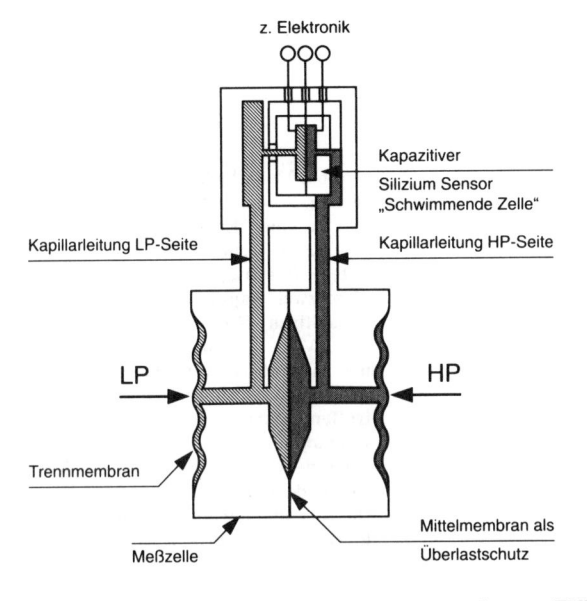

Bild 58. Kapazitiver Meßumformer in Zweikammerausführung (PMV).
Der Differenzdruck überträgt sich über Trennmembranen, Füllflüssigkeiten und Kapillarleitungen auf die "schwimmend" gelagerte Meßzelle aus Silizium. Bei einseitigem Überdruck lenkt die vorgespannte Überlastmembran aus, Flüssigkeit strömt nach und die betroffene Trennmembran kann sich an den profilierten Grundkörper anlegen. Die Meßsignale des kapazitiven Sensors und eines zusätzlichen Temperaturfühlers werden digitalisiert und einem Mikroprozessor zur Weiterverarbeitung zugeführt.

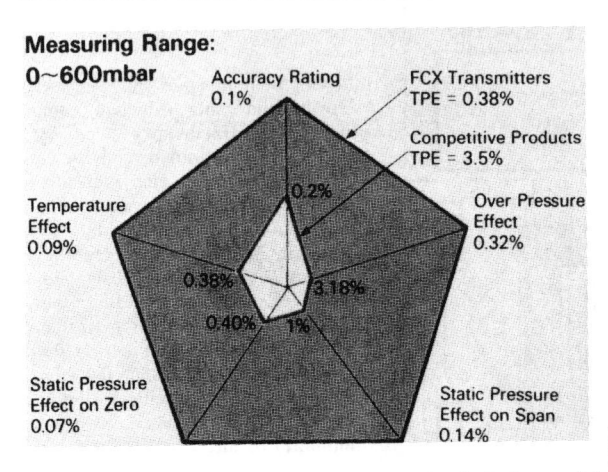

Bild 59. Einfluß der Meßzellenanordnung (PMV).
Grafisch ist dargestellt, welche Verbesserung eine "schwimmende" Lagerung der Meßzelle bringen kann. Die fünf Vektoren stellen die Störeinflüsse: Nichtlinearität, Temperaturänderung, Einfluß des statischen Drucks auf Nullpunkt und Spanne sowie einseitige Überlastung dar. Es ist zu beachten, daß sie reziproke Skalen haben: Je geringer der Störeinfluß, um so länger ist der Vektor.

66   I. Druck- und Differenzdruckmessung

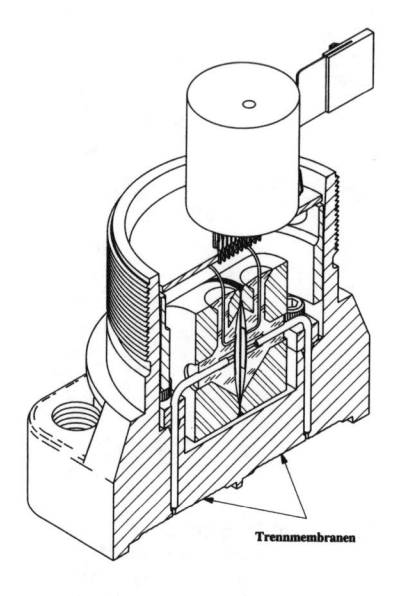

Bild 60. Meßzelle in Coplanar-Technik (Fisher-Rosemount).
Die in einer Ebene liegenden richtkraftlosen Trennmembranen (im Bild unten) übertragen den Prozeßdruck über zwei Kapillarleitungen auf den kapazitiven Sensor mit federelastischer Metall-Meßmembran, die nur einen Meßhub von 0,1 mm hat. Bei einseitiger Überlastung legt sich die betroffene, genau angepaßte Trennmembran an.
Über dem Sensor ist die Meßzellenelektronik mit ADU und Meßzellenspeicher und darüber die aufgewickelte Leitung für den Verbindungs-Bus angedeutet.

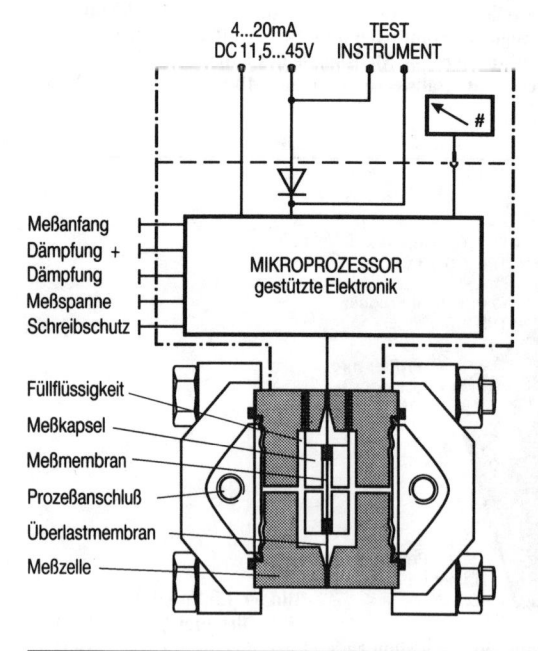

Bild 61. Meßumformer mit zentrisch "schwimmend" angeordnetem kapazitiven Sensor (Hartmann & Braun).
Auf einer vorgespannten metallischen Überlastmembran ist eine kapazitive Meßkapsel aus keramischem Werkstoff verspannungsfrei befestigt. Die keramische Membran des Sensors hat Auslenkungen von maximal 0,003 mm. Bei Überlastungen gibt die Überlastmembran nach, und die betroffene Trennmembran legt sich an, so daß das Meßwerk (einschließlich des empfindlichen Sensors) einseitigen Überlastungen bis zum vollen Nenndruck standhält, z.B. auch bis 420 bar.

3. Differenzdruckmeßgeräte

Beim Meßvorgang – der Meßhub liegt bei 0,025 mm – ändert sich der Abstand zwischen Meßmembran und dem *äußeren* ringförmigen Belag praktisch nicht, so daß dieser Teil des Differentialkondensators als *Referenzkondensator* dient. Störgrößen wirken auf ihn in der gleichen Weise wie auf den *inneren Meßkondensator* ein, so daß Temperatureinfluß und Linearitätsabweichung durch die Meßmethode – es wird der Quotient $C_1 - C_2 / C_1 + C_2$ gemessen – und eine individuelle Lasertrimmung der auswertenden Hybridschaltung weitgehend kompensiert werden. Bei Überdruckmessungen (oberes Teilbild) schützt ein PTFE-Filter den Innenraum des Kondensators vor dem Eindringen von Fremdstoffen, bei Absolutdruckmessungen ist dieser Raum evakuiert.

Bild 62. Symmetrisch aufgebaute Meßzelle (Yokogawa).
Die kapazitiv wirkende Meßkapsel ist vollkommen symmetrisch aufgebaut und hat nur wenige, definierte Schweißverbindungen. Mit einer auf die Finite-Element-Methode abgestützten Konstruktion kann der Hersteller ausschließen, daß weder das Anziehen der Deckelflansche, noch statische Druck und auch nicht thermische Einflüsse Rückwirkungen auf das Meßverhalten haben. Bei einseitigem Überdruck legt sich bei diesem Gerät die Meßmembran an das Kapselgehäuse an.

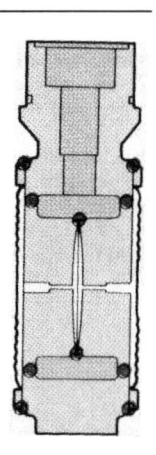

Mit einer federelastischen Metallmembran und einem Tauchkondensator arbeitet der Meßumformer nach Bild 64. Der Meßweg liegt bei 0,3 mm, bei Überdruck läßt die Konstruktion jedoch einen größeren Weg zu, so daß sich die Meßmembran an ein Profilbett anlegen kann. Die Profilbetten paßt der Hersteller individuell an jede Charge von Meßmembranen an. In die analoge Signalverarbeitung ist ein Temperaturfühler integriert, mit dessen Hilfe ein Netzwerk die Temperaturgänge nach individueller Kalibrierung kompensiert.

c 1.3 Induktive Sensoren

Die Auslenkungen federelastischer Meßelemente für Druck- und besonders für Differenzdruckmessungen lassen sich auch induktiv abgreifen. Für Differenzdruckmessungen sind die federelastischen Elemente bevorzugt Metallmembranen, die in Zweikammeranordnung durch richtkraftlose Trennmembranen vom Meßstoff ferngehalten werden. Sich mit dem Meßelement *bewegende Ferritscheiben* und *fest angeordnete Magnetspulen* bilden einen *Differentialtransformator*, dessen Nullsignal die Abstandsänderung der Ferritscheiben beim Meßvorgang durch Vergrößern bzw. Verkleinern der Teilinduktivitäten verstimmt.

68   I. Druck- und Differenzdruckmessung

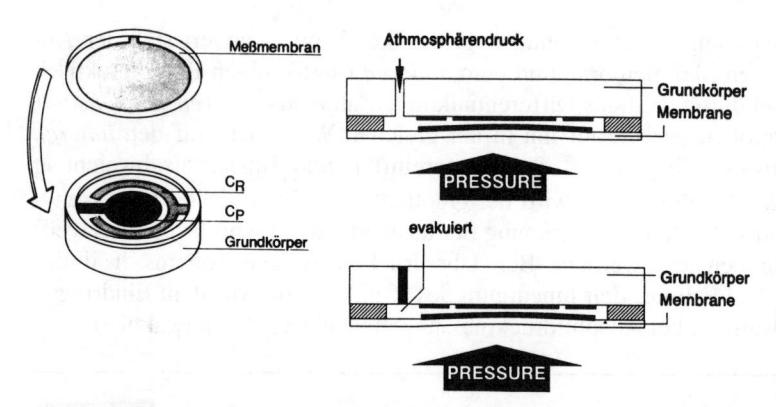

Bild 63. Kapazitiver Sensor für Druck (Endress + Hauser).
Ein metallischer Aktivlotring gibt einen Abstand von 0,03 mm zwischen keramischem Grundkörper und der Meßmembran aus Keramik oder Saphir definiert vor. Kreis- und ringförmige Elektroden des Grundkörpers und die ganzflächige Metallisierung der Membrane bilden eine druckabhängige Meß- und eine druckunabhängige Referenzkapazität (C_p bzw. C_R). Bei einseitigem Überdruck legt sich die betroffene Membran an den Grundkörper an: Trotz des geringen Meßweges von 0,025 mm ist dank der sehr präzisen Zellenfertigung ein mechanischer Anschlag möglich. Die Einzelteile werden im Hochvakuum bei 900 °C mechanisch hochfest und hermetisch dicht miteinander verbunden.

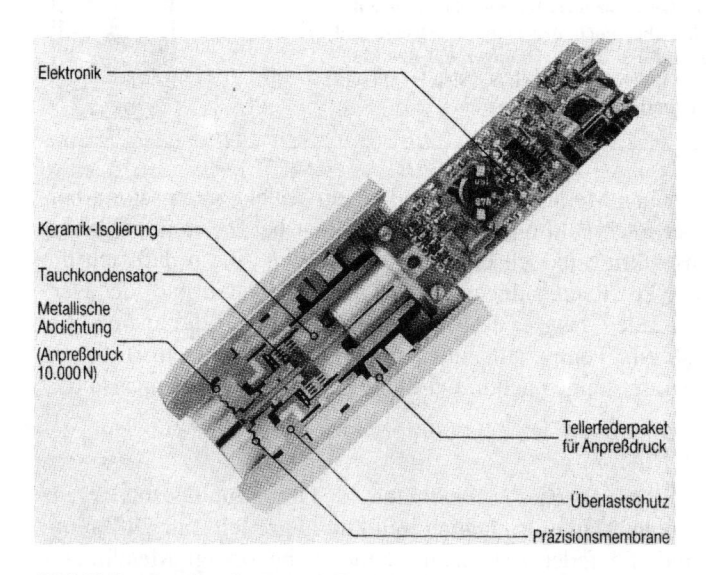

Bild 64. Druckmeßumformer mit Tauchkondensator (VEGA).
Aus dem Bild sind die profilierte federelastische Meßmembran, das Profilbett, der den Meßdruck abbildende Tauchkondensator und die Auswerteelektronik zu erkennen. Interessant ist, daß im Meßstoffbereich Schweißverbindungen entfallen, um Korrosion auszuschließen: Für die Verbindungen sorgt vielmehr ein Tellerfederpaket, das mit einer Anpreßkraft von 10 000 N (früher: etwa 1 Tonne) auf die Dichtflächen wirkt.

Bild 65. Differenzdruck-Meßumformer mit induktivem Abgriff (ABB).
Beim Auslenken der federelastischen Meßmembran verändern sich die magnetischen Koppelungen zwischen den Ferritscheiben und den zugehörigen Magnetspulen gegensinnig. Bei einseitiger Überlast legt sich die entsprechende Trennmembran an das angepaßte Profilbett des Grundkörpers an. Die Meßzelle ist mit Temperatur- und Drucksensoren zur Korrektur ausgerüstet.

- Temperaturfühler
- Druckmeßfühler
- magnetische Sensoren
- Druckmittlerflüssigkeit
- Prozeßtrennmembran
- Meßmembran mit 2 Ferritscheiben
- Schweißnaht

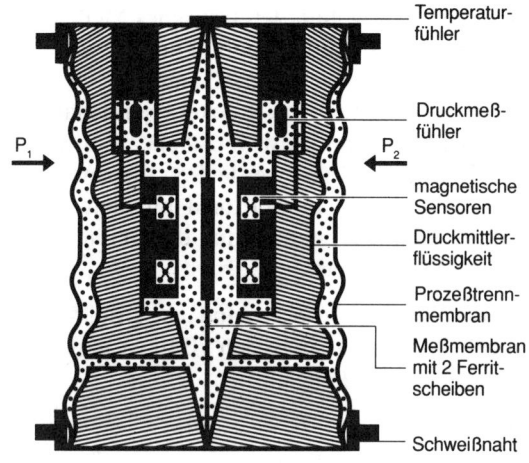

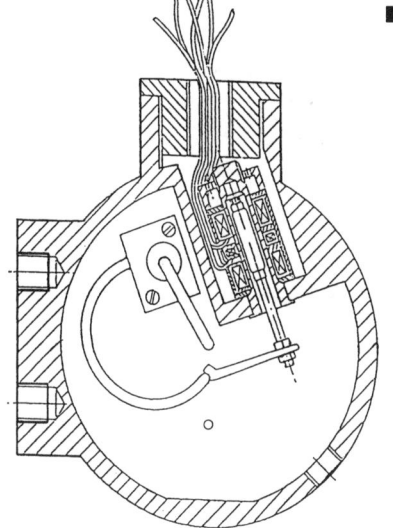

Bild 66. Druckmeßumformer mit induktivem Abgriff (Mobrey).
Ein mit der Rohrfeder verbundener Anker verstimmt beim Meßvorgang einen Differentialtransformator. Das Gerät nutzt nur einen kleinen Teil des möglichen Meßwegs der Rohrfeder (etwa 1 mm), so daß ein zur Auslenkung streng proportionales Meßsignal erzeugt wird.

Die weitere Signalverarbeitung geschieht sowohl analog als auch digital. Zusätzliche Temperatur- und sogar Druckmessungen ermöglichen die Kompensation der von diesen Meßgrößen verursachten Störeinflüsse (Bild 65).

Für Druckmessungen kommen auch *Rohrfedern* (Bourdonrohre) zum Einsatz, deren Hub mittels *induktiver Abgriffe* in ein Meßsignal abgebildet wird (Bild 66).

c 1.4 Resonanzdraht-Sensor

Resonanzdraht-Sensoren haben sehr hohe Auflösungen und *digital erfaßbare* Signale durch Nutzen des physikalischen Zusammenhangs zwischen der mechanischen Spannung eines Drahts und seiner *Resonanzfrequenz*. Der von ei-

70 I. Druck- und Differenzdruckmessung

nem Wechselstrom mit Frequenzen zwischen 1500 und 3000 Hz durchflossene Draht ist sowohl federelastisches Meßelement (das Membransystem hat nur Übertragungs- und Schutzfunktionen) als auch Teil des Abgriffsystems, das als wesentliche Funktionselemente noch zwei Permanentmagnete und eine Oszillatorschaltung hat. Letztere sorgt dafür, daß der Draht immer in seiner Resonanzfrequenz schwingt. Außerdem muß der Frequenzwert in der Elektronik noch quadriert werden, da die Spannung des Drahts (und damit der zu messende Druck) proportional mit dem *Quadrat* der Resonanzfrequenz zusammenhängt. Weiterhin sind die Geräte mit Temperaturkompensationsschaltungen ausgerüstet.

Resonanzdraht-Sensoren sind als Druck- und Differenzdruck-Meßumformer mit Meßbereichen zwischen 70 mbar und 420 bar lieferbar. Bild 67 zeigt vereinfacht das Wirkungsprinzip.

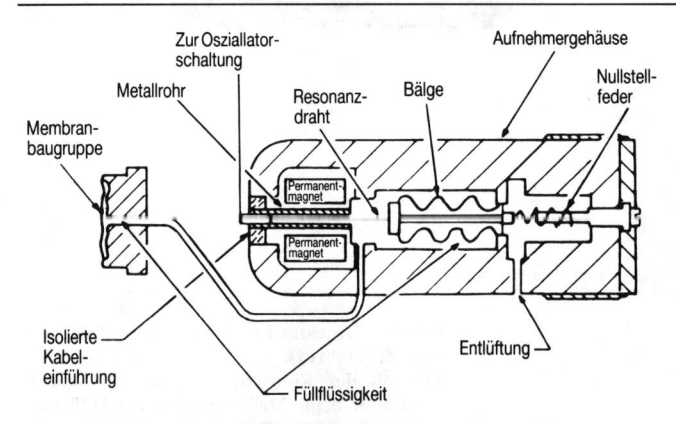

Bild 67. Resonanzdraht-Druckaufnehmer (Foxboro-Eckardt).
Der über eine Druckmittlerflüssigkeit übertragene Druck wirkt auf einen Balg und spannt damit den Resonanzdraht. Die Oszillatorschaltung beeinflußt die Frequenz des durch den Draht fließenden Wechselstroms so, daß der Draht im Feld des Permanentmagneten in seiner von der Drahtspannung und damit vom Druck abhängigen Eigenfrequenz schwingt. Durch Aufzählen der im kHz-Bereich liegenden Schwingungen wird das analoge Frequenzsignal digitalisiert. Der Sensor liefert mit einer Meßunsicherheit von 0,02 % des Meßbereichsendwertes ein sehr genaues und mit Frequenzen zwischen 1500 und 3000 Hz auch ein hochauflösbares Ausgangssignal.

c 1.5 Schwingsensoren aus monokristallinem Silizium

Das ausgezeichnete hysteresefreie und alterungsbeständige mechanische Verhalten von Silizium und die Möglichkeiten der Mikrotechnologie zur Halbleiterfertigung nutzt ein Sensor aus einkristallinem Silizium, dessen H-förmiger *Resonator im Feld eines Permanentmagneten* elektromagnetisch in *Resonanzschwingungen* versetzt wird. Ähnlich wie beim Resonanzdraht-Sensor (Bild 67) wird der dotierte Silizium-Resonator vom zu messenden Druck gespannt und die dadurch verursachte Erhöhung der Resonanzfrequenz gemessen. Die

3. Differenzdruckmeßgeräte

eigentliche Resonator-"Saite", ein bandförmiges 0,5 mm langes und 0,005 mm dickes Element, ist in eine evakuierte Kapsel eingebettet und hat an den Enden Verbindung mit der federelastischen Silizium-Membran (Bild 68). Der Sensor ist "schwimmend" in eine Zweikammer-Meßzelle mit Trenn- und Überlastmembranen integriert, ein ASIC dient zur analogen und nachfolgend digitalen Signalverarbeitung.

Bild 68. Silizium-Schwingsensor (Yokogawa).
Der H-förmige, in eine evakuierte Kapsel eingebettete Resonator hat nur an seinen Enden Verbindung mit der Meßmembran. Die Resonanzfrequenz seiner elektromagnetisch erregten Schwingungen ist von den auf die Membran ausgeübten Druckkräften abhängig – Dehnungen führen zu ihrer Erhöhung, Stauchungen zu ihrer Verringerung. Der gesamte Sensor ist aus einkristallinem Silizium hergestellt.

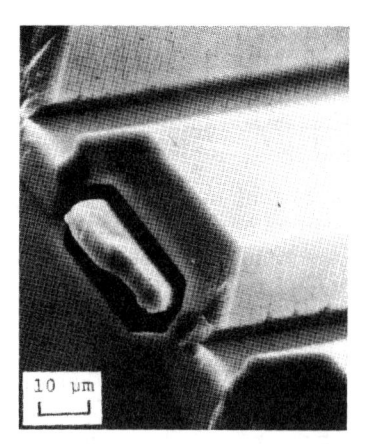

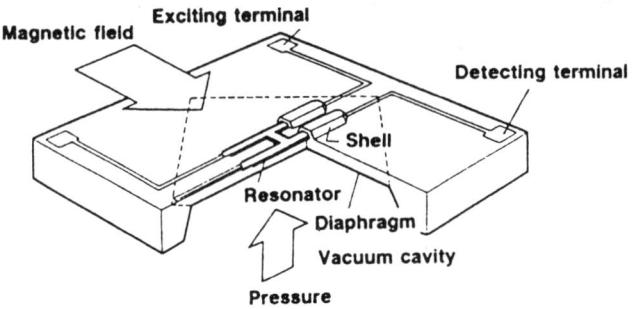

c 1.6 Schwingquarz-Sensoren

Hochgenau lassen sich Absolutdrücke in einem weiten Bereich von 0,1 bis 1400 bar mit Sensoren messen, die auf der Basis von Quarzkristallen arbeiten: Die *Resonanzfrequenzen* piezoelektrisch erregter *Quarzresonatoren* sind u.a. auch von den auf sie wirkenden Kräften abhängig. Dieses Phänomen wird zur Druckmessung genutzt: Der zu messende Druck wirkt über einen Faltenbalg oder eine Rohrfeder auf den Resonator und verschiebt damit dessen Resonanzfrequenz (Bild 69). Die sehr gut bekannten *Temperatureffekte* werden über einen *zweiten Schwingquarz*, dessen Resonanzfrequenz von der Temperatur abhängt, im Frequenzsignal-Bereich korrigiert. Der Sensor ist in einem *evakuierten* Gehäuse untergebracht. Das verhindert Dämpfungseffekte der atmosphärischen Luft und schließt die Absorption von Molekülen durch die Oberfläche des Quarzes aus, die schon in Molekülstärke den Meßeffekt merkbar beeinflussen kann.

Das Gerät hat Genauigkeiten, die denen von Druckstandards entsprechen. In vielen Einsätzen konnte eine Langzeitstabilität von besser als 0,01 % pro Jahr nachgewiesen werden.

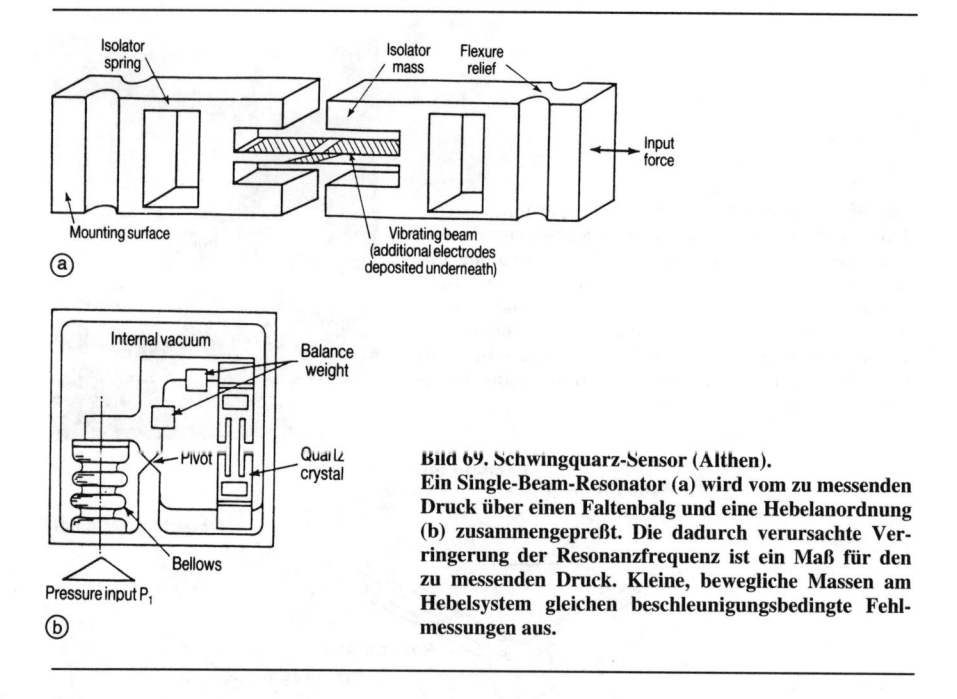

Bild 69. Schwingquarz-Sensor (Althen).
Ein Single-Beam-Resonator (a) wird vom zu messenden Druck über einen Faltenbalg und eine Hebelanordnung (b) zusammengepreßt. Die dadurch verursachte Verringerung der Resonanzfrequenz ist ein Maß für den zu messenden Druck. Kleine, bewegliche Massen am Hebelsystem gleichen beschleunigungsbedingte Fehlmessungen aus.

c 1.7 Optische Sensoren

Sehr gute Meßeigenschaften haben auch Sensoren, die den Meßweg eines elastischen Meßglieds – Plattenfeder oder Bourdonrohr – mit *photooptischen Meßelementen* erfassen: Werkstoff und Formgebung der Aufnehmer sind so ausgewählt und gestaltet, daß Temperatureinflüsse möglichst schon primär kompensiert werden und sich maximale Linearität und Reproduzierbarkeit einstellen. Die Meßwege von etwa 0,5 mm nutzen nur einen Teil des möglichen *Hooke*schen Bereichs aus.

Der Fotosensor hat eine Meß- und eine Referenzdiode, die von einer Leuchtdiode bestrahlt werden. Eine mit dem Druckaufnehmer verbundene Abdeckfahne schwächt die auf die Meßdiode fallende Lichtmenge proportional zum Ausschlag des Druckaufnehmers, und aus der *Strahlungsdifferenz* wird das Meßsignal gebildet. Die Strahlung der Referenzdiode steuert gleichzeitig die Intensität der im nahen Infrarot arbeitenden Leuchtdiode. In die Schaltung sind Potentiometer zur Nullpunkt- und Bereichseinstellung sowie Elemente

3. Differenzdruckmeßgeräte 73

zur Temperaturkompensation integriert (Bild 70). Das Gerät arbeitet mit einem Mikroprozessor, der die bei der Gerätekalibrierung gewonnenen Korrekturwerte aus einem PROM lesen kann, er überwacht gleichzeitig verschiedene Funktionen des Geräts.

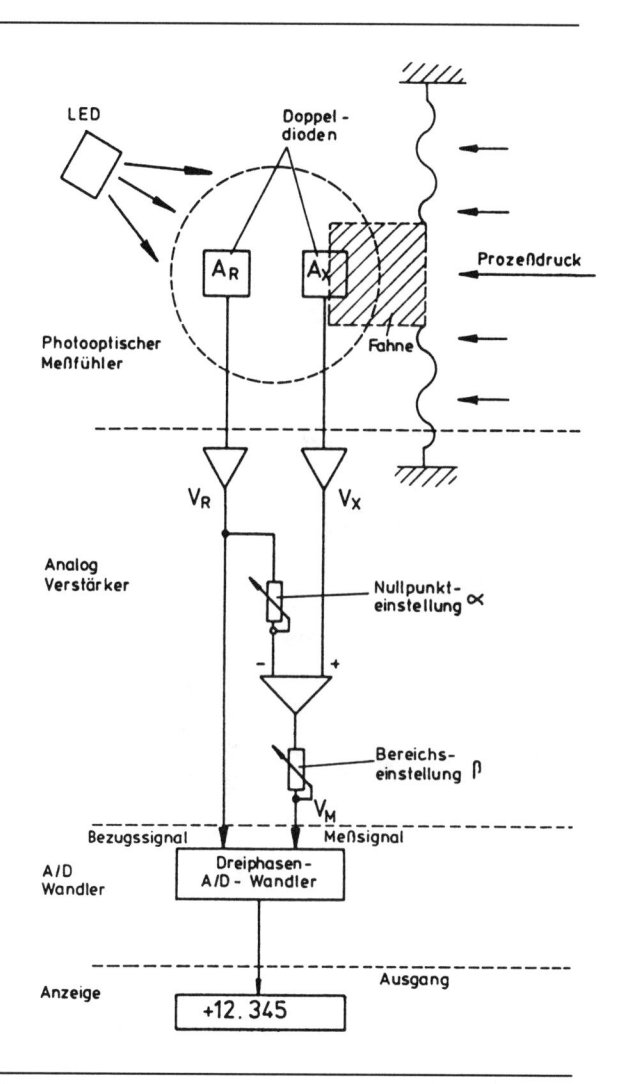

Bild 70. Optischer Sensor (Dresser).
Der Prozeßdruck verstellt über ein federelastisches Meßelement (Rohr- oder Plattenfeder) eine metallische Abdeckfahne, deren Hub ein doppeltes Photodiodensystem erfaßt. Es besteht aus einer Referenzdiode A_R, einer Diode zur Messung der Metallfahnenauslenkung A_X und einer Leuchtdiode LED als Lichtquelle. Die Photoströme werden verstärkt, temperaturstabilisiert, in Relation gesetzt und zu einem Ausgangssignal verarbeitet.

c 1.8 Pneumatische Meßumformer für Druck und Differenzdruck

Pneumatische Druck- und Differenzdrucktransmitter haben fast einer ganzen Generation nicht ganz so anspruchsvoller MSR-Techniker die Drücke von im Umgang oft nicht angenehmen Meßstoffen in saubere Luftdrucksignale überführt, und das recht betriebssicher und für die Meßaufgaben auch hinreichend

74 I. Druck- und Differenzdruckmessung

genau. Ihre Bedeutung ist relativ schnell auf Ersatz in und auf Nachrüstung von pneumatisch instrumentierten Anlagen geschwunden.

Ein Vorteil der Pneumatik war die *Kompensation der Meßkraft* mit den damit verbundenen minimalen Meßwegen und geringen Problemen bei linearer Abbildung. (Die moderne Elektronik arbeitet mit Meßwegen von wenigen µ-Metern, so daß sich ein früher oft heftig geführter Streit zwischen Kraft- und Wegvergleich heute technisch erübrigt hat.) Unzweifelhaft von Vorteil ist auch, daß die *Gerätegehäuse* systemimmanent mit *trockener Meßluft* gespült werden, und auch *Über*druckmessungen kein Problem sind (was für manche modernen Geräte – wie schon erwähnt – heute oft gar nicht so unproblematisch ist).

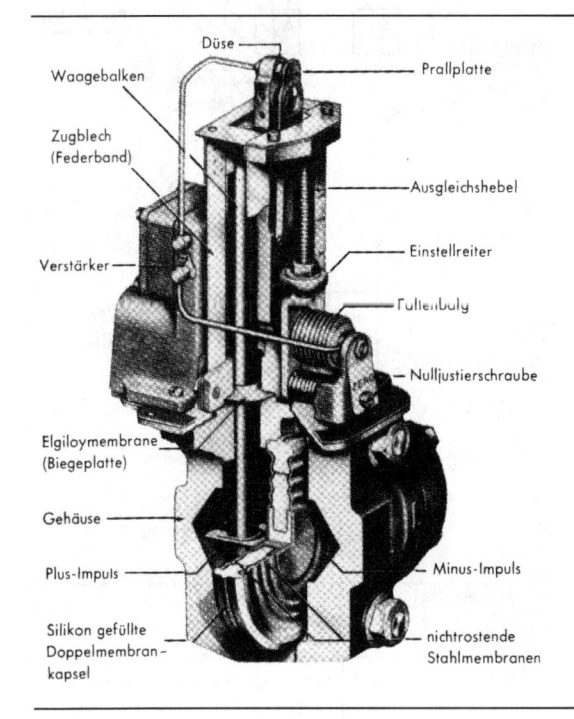

Bild 71. Pneumatischer Differenzdruck-Meßumformer 13 A (Foxboro-Eckardt).
Das Gerät arbeitet mit ölgefüllter Doppelmembrankapsel, Biegeplattendurchführung des Waagebalkens und pneumatischer Kraftkompensation. Es wurde Vorbild vieler ähnlicher Geräteausführungen.

Bild 71 zeigt das Innenleben der *Foxboro 13 A-Zelle*, eines außerordentlich bewährten Geräts, das über 40 Jahre ohne wesentliche Änderungen seinen Dienst getan hat und noch tut und Bild 72 das *Prinzip* der Kompensation der von einem federweichen Aufnehmer erzeugten Meßkraft durch einen mit dem pneumatischen Ausgangsdruck beaufschlagten Kompensationsbalg. Die Variation des Meßbereiches geschieht über ein Hebelgestänge mit verschiebbaren Unterstützungspunkten.

3. Differenzdruckmeßgeräte 75

c 2. Signalverarbeitung

Die von den DMS-, kapazitiven oder induktiven Sensoren – aber auch die von den Sensoren anderer Meßgrößen – erzeugten Signale müssen zu – in der Regel noch – *analogen Ausgangssignalen* von 4 bis 20 mA, 0 bis 10 Volt oder auch zu anderen Spannungssignalen verarbeitet und zu den Prozeßleitsystemen übertragen werden. Häufig sind den Analogsignalen noch *digitale Smartsignale* zur Kommunikation mit dem Meßumformer überlagert. Rein *digitale Ausgänge*, z.B. für Busanschlüsse, sind heute eher noch die Ausnahme – wohl weniger eine Frage mangelnder Potenz, als vielmehr eine noch fehlender normierter, von den Anwendern akzeptierter Feldbusse. Strukturen der Signalübertragung im Feld – das ist die eigentliche verfahrenstechnische Anlage ohne Leitstand – zeigt Abschnitt 2.3, Feldinstallation, auf.

Bild 72. Prinzip der pneumatischen Kraftkompensation (Foxboro-Eckardt).
Der Differenzdruck wirkt auf eine Membrankapsel. Die daraus resultierende Kraft wird von einem pneumatisch beaufschlagten Faltenbalg über ein Waagebalkensystem kompensiert. Indikator für das Gleichgewicht am Waagebalken ist eine Düse-Prallplatte-Paarung, die den Druck im Kompensationsbalg steuert, z.B. erhöht, wenn der Differenzdruck ansteigt und damit den Waagebalken im Gegenuhrzeigersinn verdreht, bis wieder Gleichgewicht herrscht. Mit einer Feder läßt sich der Meßanfang und mit einem Einstellreiter die Meßspanne verstellen.

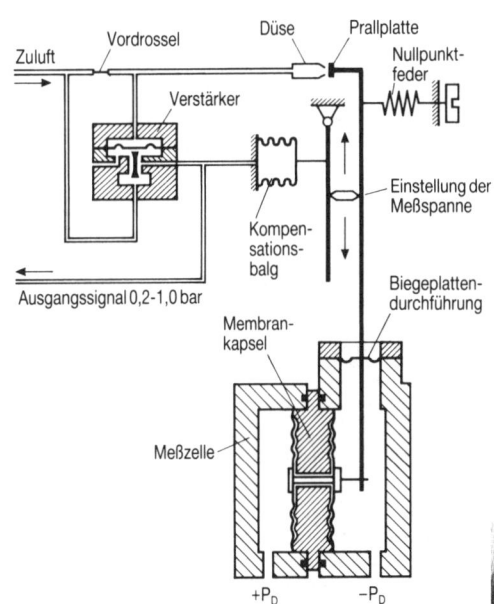

Bild 73. Meßverstärker für DMS-Aufnehmer (Hottinger). Das Bild zeigt einen Meßverstärker mit Digitalisierung und RS-232-C-Rechnerinterface in Keramik-Hybrid-Ausführung. Links oben ist der Komplette Verstärker, darunter der Innenaufbau von Analog- sowie Digitalteil abgebildet.

I. Druck- und Differenzdruckmessung

Die *innere Verarbeitung* wie Verstärkung, Filterung, Dämpfung, Einstellen des Meßanfangs und Meßendes, Korrektur von Störeinflüssen sowie die Kennlinienanpassung geschieht sowohl in *analoger* als auch zunehmend in *digitaler* Signalverarbeitung. Beide Arten koppeln in der Regel die für die Signalverarbeitung erforderliche Energie aus dem 4 bis 20 mA-Signal aus: Die Meßumformer sind dann für die *Zweileitertechnik* (siehe 2.3) konzipiert und bedienen sich modernster Technik wie ASICs oder SMD – anwenderspezifisch gefertigter Chips bzw. oberflächenmontierter Bausteine (Bild 73).

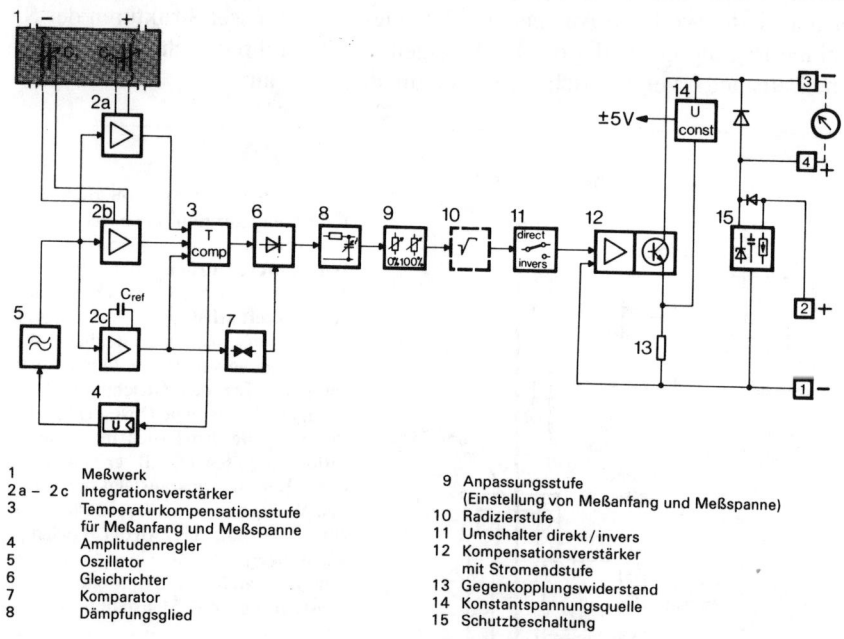

1	Meßwerk
2a – 2c	Integrationsverstärker
3	Temperaturkompensationsstufe für Meßanfang und Meßspanne
4	Amplitudenregler
5	Oszillator
6	Gleichrichter
7	Komparator
8	Dämpfungsglied
9	Anpassungsstufe (Einstellung von Meßanfang und Meßspanne)
10	Radizierstufe
11	Umschalter direkt / invers
12	Kompensationsverstärker mit Stromendstufe
13	Gegenkopplungswiderstand
14	Konstantspannungsquelle
15	Schutzbeschaltung

Bild 74. Funktionsbausteine analoger Signalverarbeitung (Envec).
Das Bild zeigt die Funktionsbausteine analoger Signalverarbeitung, die aus den Kapazitätswerten C_1 und C_2 des keramischen Sensors nach Bild 57 ein korrigiertes lineares oder – für Durchflußmessungen – auch ein radiziertes 4 bis 20 mA-Signal erzeugen. Der Block 3 korrigiert das Meßsignal $C_1 - C_2$ mit dem temperaturproportionalen Wert $C_1 + C_2$.

c 2.1 Analogverarbeitung

Die Meßgrößen dieses Buches – Druck, Füllstand, Temperatur, Durchfluß, Menge, Frequenz, Abstand und Masse – sind zunächst ausschließlich *analoge* Größen, und im allgemeinen werden aus den durch die Meßgrößen veränderten mechanischen Spannungen, Auslenkungen oder Ausdehnungen elektrische oder pneumatische Signale erzeugt und weiterverarbeitet. Wie die *Vorverarbeitung* für Drucksensoren geschieht – z.B. das Umformen von Widerstandsin Spannungsänderungen durch Vollbrücken, das Auswerten von Kapazitäts-

3. Differenzdruckmeßgeräte 77

änderungen mit Strom- oder Spannungsmessungen oder die Verarbeitung optischer Signale – wurde in den vorhergehenden Abschnitten zum Teil bereits aufgezeigt.

Darüber hinaus sind in den Meßumformern die Hilfsenergie für die Verarbeitung beizustellen, die schwachen Meßsignale zu verstärken und so zu verarbeiten, daß sie analoge Signale ausgegeben können – wie das Bild 74 zeigt.

c 2.2 Digitalverarbeitung

Mit bestimmten Meßverfahren lassen sich die analogen Meßgrößen der Verfahrenstechnik bereits im mechanischen Teil der Signalverarbreitung digitalisieren, z.b. Drücke mit Resonanzdraht- oder Schwingsensoren, Füllstände mit Segmentsonden, Temperaturen mit Quarzsensoren und Durchflüsse mit Wirbel- oder Turbinenradzählern.

Mit der Entwicklung der Mikroprozessortechnik bot sich darüber hinaus an eine sehr leistungsfähige Verarbeitung der Meßsignale durch Digitalisierung und Verarbeitung durch Mikrocomputer bereits im Meßumformer (Bilder 75 und 76).

Die zunehmende Digitalverarbeitung wirft (zunächst noch) Fragen nach den Vorteilen und auch nach den damit verbundenen Problemen auf:

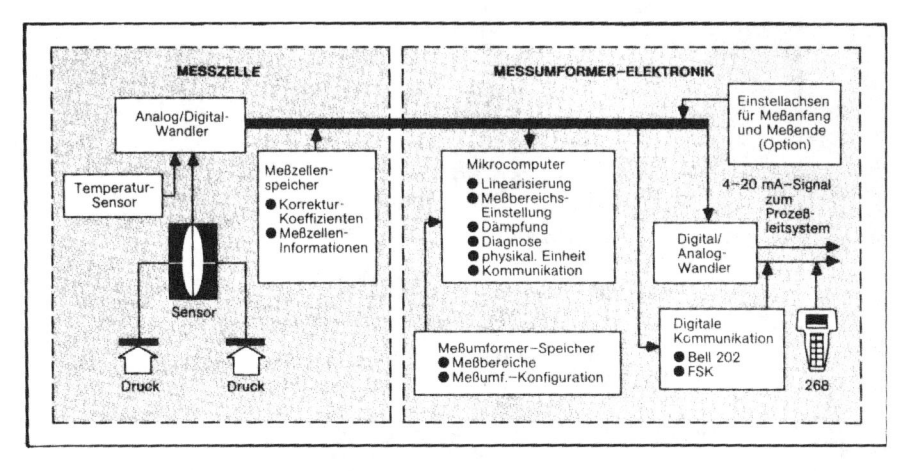

Bild 75. Hardwarestruktur für digitale Signalverarbeitung (Fisher-Rosemount).
In der Meßzelle werden die analogen Eingangssignale digitalisiert und meßzellenspezifische Daten in einem nichtflüchtigen Speicher bereitgehalten. Die aus einer einzigen Platine in ASIC / SMD-Technik bestehende Meßumformer-Elektronik kommuniziert mit ihren Komponenten und denen der Meßzelle über einen Parallelbus und verarbeitet die Daten zu einem 4 bis 20 mA-Ausgangssignal. Außerdem ist bidirektionale Kommunikation nach dem HART-Protokoll möglich.

78   I. Druck- und Differenzdruckmessung

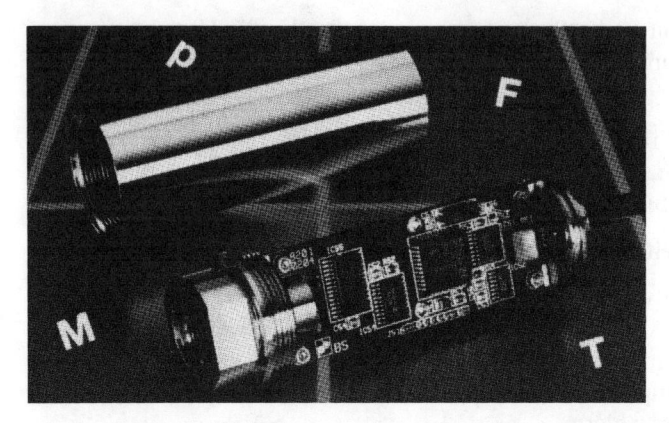

Bild 76. Druckmeßumformer mit digitaler Signalverarbeitung (burster).
Der mit einem Folien-DMS arbeitende Sensor ist ausschließlich für digitale Signalverarbeitung ausgerüstet: Die aufbereiteten Meßwerte – Meßfehler < 0,1 % – werden über eine optoisolierte RS 485-Schnittstelle auf den – allerdings nicht Ex-geschützten – DIN-Meßbus mit kurzen Reaktionszeiten bei hohen Übertragungsgeschwindigkeiten übertragen. Einige Charakteristiken des DIN-Meßbusses: 9600 Baud, Auflösung 10 000 Punkte, Wandlungszeit für 100 Meßwerte und Mittelbildung 20 ms, Checksummenprüfung, Paritätskontrolle und Antwortzeitüberwachung.

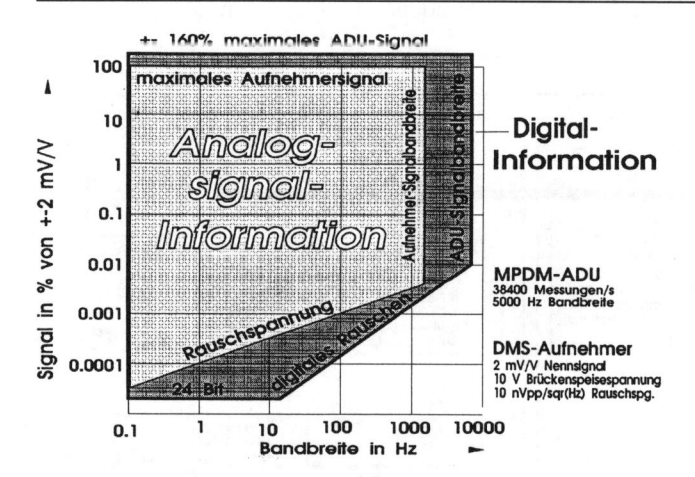

Bild 77. Signalbereiche von DMS-Aufnehmer und ADU (Hottinger).
Der Signalbereich von DMS-Aufnehmern ist nach oben durch die maximal zulässige Aufnehmer-Nennlast (Brückenspeisespannung) und zu kleinen Amplituden hin durch die thermische Rauschspannung begrenzt. Bei hohen Frequenzen endet er bei der mechanischen Grenzfrequenz des Aufnehmers und der mit ihm verbundenen Konstruktion.
Wie das Bild zeigt, geht der Signalbereich des MPDM/ADU über alle drei Grenzen hinaus.

Offensichtlich ist es so, daß eine richtig ausgelegte Digitalverarbeitung keine Nachteile hat und auch die Einstelldauer nicht lang sein muß. Bild 77 zeigt recht eindrucksvoll, wie ein Analog-Digital-Umsetzer (ADU) den *gesamten*

3. Differenzdruckmeßgeräte 79

Signalbereich eines DMS-Aufnehmers ohne Informationsverlust *digitalisieren* kann: Die Meßwerte können bis zu 24 Bit oder etwa 10^{-6} aufgelöst werden und erfassen damit auch den Rauschspannungspegel. Durch ein besonderes Verfahren geschieht die Digitalisierung hier auch *sehr schnell*, nämlich mit einer Rate von 38 400 Messungen in der Sekunde (im allgemeinen arbeiten dagegen sehr genaue Digitalisierungen sehr langsam).

Die Digitalisierung mit voller Bandbreite und vollem Informationsgehalt des Meßsignals nach Bild 77 ermöglicht ein ADU, der in *Gate-Array Technik* (eine der Möglichkeiten, ASICs zu realisieren) aufgebaut ist und nach einem Kompensationsprinzip mit mehreren puls-dauer-modulierten Spannungen (MPDM-ADU) arbeitet.

Ein Vorteil digitaler Meßumformer ist, daß die hohe Auflösung eine rein digitale Anpassung von Meßspanne und Meßanfang ohne Informationsverlust ermöglicht und damit ein Festlegen von Meßbereichen bei der Planung entfallen kann. Auch die weiteren Funktionen der Signalverarbeitung, wie Filterung oder der Kompensation von Störeinflüssen, können per Software realisiert werden.

Eine meßtechnische Bedeutung digitaler Meßumformer hat die *Abtastfrequenz*: Nach dem Abtasttheorem von *Shannon* muß die Abtastfrequenz doppelt so hoch sein wie die höchste Frequenz der *Fourier*-Entwicklung des Meßsignals. Wird mit geringeren Frequenzen abgetastet, so geht nicht nur die den hohen Frequenzen zugeordnete Information verloren, sondern der abgetastete Wert wird durch den *Aliasing-Effekt* auch noch verfälscht. Eingangsseitige RC-Glieder (Antialiasing-Filter) müssen dann die höheren Frequenzen herausfiltern.

Mit einer schnellen Abtastung ist zwar das Meßsignal ohne Informationsverlust digitalisiert, der *Meßumformer* ist aber damit *noch nicht schnell*: Geschieht die weitere Signalverarbeitung mit einem normalen Mikroprozessor, so bestimmt dessen Rechengeschwindigkeit das Zeitverhalten des Druck-Meßumformers. Es ist natürlich zu fragen, ob in der "langsamen" Verfahrenstechnik sich ein höherer Aufwand lohnt, um zu kurzen Einstellzeiten zu kommen. Möglichkeiten gibt es dazu: Einmal kann statt des Mikroprozessors ein schneller, aber auch teurer *Signalprozessor* eingesetzt werden, zum andern lassen sich aber auch *wichtige on-line-Funktionen* in das *Gate-Array integrieren* und damit der Signalweg so gestalten, daß der Mikroprozessor seine Berechnungen *im Nebenschluß* durchführen kann, ohne in die on-line-Verarbeitung direkt eingebunden zu sein.

Einige Meßumformer mit digitaler Signalverarbeitung können auch Analogsignale mit PID-Funktion ausgeben – eine leicht zu realisierende Möglichkeit, die auch in Sonderfällen Bedeutung haben kann.

c 2.2a Smart-Technik

Zunächst wohl weniger, weil die Anwender es – besonders für die relativ unproblematischen Druck-Meßumformer – forderten, als vielmehr, weil die moderne Mikroprozessortechnik es anbot, haben die Hersteller Anfang der ´80er Jahre Meßumformer auf den Markt gebracht, bei denen den 4 bis 20 mA-Analogsignalen dialogfähige *Digitalsignale* zur Konfiguration, Parametrierung und Abfrage der gespeicherten Daten sowie zur Überprüfung der Funktion *überlagert* werden konnten. Diese Geräte nannten sie: Smart-Ausführungen (Bild 78).

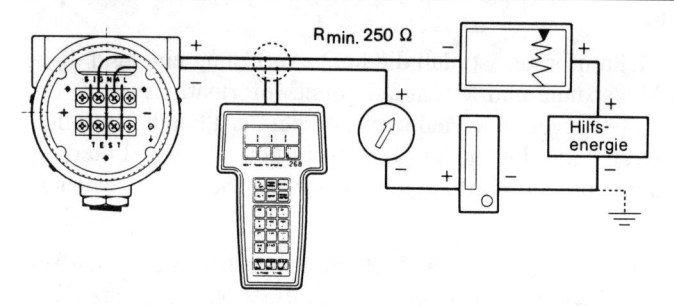

Bild 78. Smart-Technik (Fisher-Rosemount).

In den Ausgangskreis des Smart-Meßumformers läßt sich ein Anzeige-Bediengerät – hier ein Handterminal – schalten, über das mit dem Meßumformer kommuniziert werden kann. Dem Analogsignal wird dazu ein Wechselstromsignal überlagert.

Da jeder Hersteller eigene Dialogvorschriften – Protokolle – entwickelte, war es für die Anwender sehr schwierig, sich auf die unterschiedlichen Bedienmodalitäten einzustellen, und die Begeisterung für die Smart-Technik hielt sich zunächst in Grenzen [10].

● *HART-Protokoll*

Heute sieht die Sache anders aus: Etwa 50 Hersteller haben sich zu einer *HART-Nutzergruppe* zusammengeschlossen, die eine gemeinsame Überlagerungstechnik und gemeinsame Dialogvorschriften benutzt, das HART-Protokoll (HART Highway Addressable Remote Transducer, Protokoll für busadressierte Feldgeräte).

Das HART-Protokoll arbeitet mit der Technik der *Frequenzumtastung* (FSK), basierend auf dem Kommunikationsstandard Bell 202 (Bild 79).

Die Reaktionszeit ist – für den Bediendialog ausreichend schnell – 500 ms pro Feldgerät. Neben einer Punkt-zu-Punkt Kommunikation läßt das HART-

3. Differenzdruckmeßgeräte 81

Protokoll auch eine Busbetriebsart (Multidrop) zu, in der über ein einziges Adernpaar mit bis zu 15 Feldgeräten exgeschützt kommuniziert werden kann. Die Energieversorgung der Geräte geschieht auch über diesen Bus, er hat dann besondere Bedeutung, wenn weit entfernte Anlagen, wie Pipelines oder Tanklager, zu überwachen sind – für einen *echten Feldbus ist die Reaktionszeit viel zu lang*.

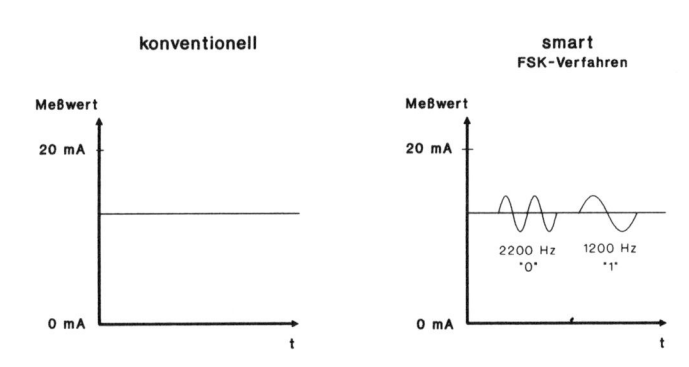

Bild 79. FSK-Verfahren.
Bei dem Verfahren der Frequenzumtastung (FSK) wird dem analogen Einheitssignal ein Digitalsignal überlagert, dessen Frequenzen 1200 Hz und 2200 Hz nach dem Kommunikationsstandard Bell 202 die Bitinformation 1 bzw. 0 repräsentieren. Die Amplitude des Digitalsignals beträgt etwa ± 0,5 mA. Da dessen Signalmittelwert Null ist, beeinträchtigt die digitale Kommunikation das Analogsignal nicht.

Auch die *Telegrammstruktur* ist im HART-Protokoll *einheitlich* festgelegt, so daß Anzeige-Bedien-Komponenten – Handterminals, PLS-Konsolen oder Ingenieurkonsolen – einheitlich mit allen HART-kompatiblen Feldgeräten kommunizieren können. Da auch die GMA eine Richtlinie VDI / VDE 2187, Einheitliche Anzeige-Bedienoberfläche auf Personalcomputern für digitale Feldgeräte, im Entwurf herausgebracht hat, könnte man meinen, der Anwender könnte mit jedem HART-Feldgerät auf identische Art kommunizieren (und auf der INTERKAMA '92 klang es oft auch so): Trotz aller Standards ist es noch nicht ganz der Fall.

Die Feldgeräte haben von der von den Herstellern unterschiedlich gewählten Signalverarbeitung her unterschiedliches Innenleben. Um das an die anderen Geräte anzupassen, sind im HART-Protokoll *Manufactor Commands* vorgesehen, die in einer Beschreibungssprache *herstellerspezifisch* zu definieren sind. Diese DD (Device Descriptions) werden in das Bediengerät eingeschrieben, und bei der Anwahl, z.B. der Meßstelle P1001, weiß das Bediengerät, daß diese Meßstelle mit einem Meßumformer des Herstellers A bestückt ist, sucht sich die zugehörige DD, und der Anwender kann mit dem Gerät kommunizieren.

82 I. Druck- und Differenzdruckmessung

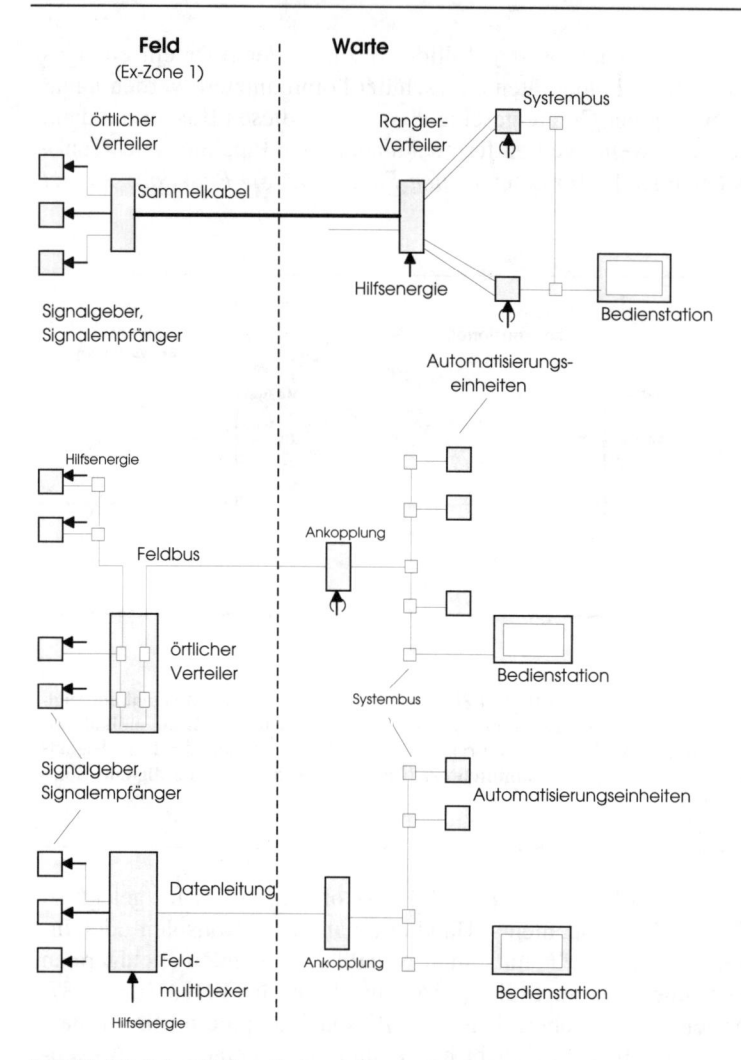

Bild 80. Mögliche Feldinstallationen dezentraler Prozeßleitsysteme.
Teilbild a zeigt die konventionelle sternförmige Verbindung zwischen den Feldgeräten und dem dezentralen Prozeßleitsystem. In den Teilbildern b und c sind die Leitungsführungen bei Einsatz eines Feldbusses bzw. eines Feldmultiplexers angegeben. Die Pfeile kennzeichnen die Stellen, an denen Hilfsenergie an die Feldgeräte herangeführt wird. Alternativ zu der Darstellung (Pfeile in Klammern) ist es auch möglich, die Hilfsenergie im Teilbild a über die Prozeßstationen (Automatisierungseinheiten) einzuspeisen und im Teilbild b über den Feldbus – dort möglicherweise unter einschränkenden Bedingungen.

Die Einschränkung besteht nun darin, daß der Anwender, um z.B. den Meßanfang eines Druck-Meßumformers zu verstellen, *herstellerspezifisch unterschiedliche Manipulationen* auf den *Tastaturen* praktizieren muß, was allerdings bei einem Bedien-Dialogverfahren wohl praktikabel ist. Wahrscheinlich ließe sich dieses Problem auch noch durch umfangreiche Software lösen, es sind nach Expertenauskunft aber keine derartige Aktivitäten zu erwarten.

● *Andere Möglichkeiten digitaler Kommunikation*

Neben der Kommunikation nach dem HART-Protokoll gibt es Kommunikationsmöglichkeiten nach herstellereigenen Protokollen oder Möglichkeiten der Kommunikation über Standard-Schnittstellen, z.B. über RS 232, RS 422, RS 485 oder IEEE 488.

c 2.3 Feldinstallation

Die Daten zwischen den Aufnehmern, Meßumformern und Stellern im Feld und den Prozeßstationen der digitalen Leitsysteme werden heute noch überwiegend in Form von statischen analogen und binären Standardsignalen über sternförmige Verbindungen übertragen. Als Alternativen bieten sich digitale *Feldbusse* an, welche die Daten sequentiell (also in Form von Telegrammen) zwischen den peripheren Geräten und den Prozeßstationen übertragen und *Feldmultiplexer* (Bild 80). Eingehend beschäftigt sich [3] mit der Feldinstallation und dem Ex-Schutz.

● *Sternverdrahtung*

Ausgehend von einem zentralen Leitstand und verstreut im Feld der Chemieanlage montierten Meßeinrichtungen haben die kürzesten Verbindungen zwischen Leitstand und Feldgeräten die Form eines Sternes, wenn jedes Feldgerät direkt mit dem Leitstand verbunden wird.

Bei pneumatischer Installation verbinden *Einzelleitungen* von 6 mm Durchmesser und 1 mm Wandstärke die Feldgeräte mit dem Leitstand. Die Druckluftversorgung geschieht von einem redundant ausgelegtem Luftversorgungsnetz im Feld (Bild 81).

Bei elektrischer Installation ist die *Zweileitertechnik* eine installationsfreundliche Anschlußart von Meßumformern mit Stromsignal und lebendem Nullpunkt – z.B. mit einem Einheitsstromsignal von 4 bis 20 mA –, bei der die Hilfsenergie für den Verstärker aus dem Stromsignal ausgekoppelt wird (Bild 82). Die Zweileitertechnik ist allgemein in der Zündschutzart „Eigensicherheit" ausgelegt.

Alternativ zur Zweileitertechnik gibt es die – in der Chemischen Verfahrenstechnik weniger genutzte – *Vierleitertechnik*, bei der die Meßumformer mit getrennter Energiezuführung ausgerüstet sind. Für die Vierleitertechnik wird im allgemeinen die Zündschutzart „Erhöhte Sicherheit" gewählt.

84   I. Druck- und Differenzdruckmessung

● *Feldbus*

Ein Feldbus, der die konventionelle Sternverdrahtung verfahrenstechnischer Anlagen – möglichst noch mit Kosteneinsparungen – ersetzen kann, muß auf jeden Fall

- es ermöglichen, eine größere Zahl von Geräten unterschiedlicher Hersteller anzuschließen, ohne den Ex-Schutz in Frage zu stellen,
- hinreichend schnell sein und
- bezüglich Zuverlässigkeit, Verfügbarkeit und Sicherheit der konventionellen Verdrahtungstechnik gleichwertig sein.

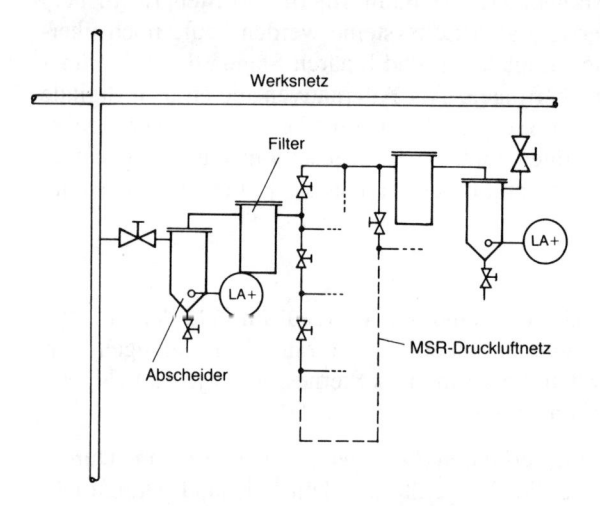

Bild 81. Anlagenbezogenes PLT-Druckluftnetz.
Über Absperrarmaturen, Abscheider und Filter wird das anlagenbezogene PLT-Druckluftnetz vom Werksnetz versorgt. Zweckmäßig sind Ringstruktur des Netzes und zwei getrennte Einspeisungen. Mit Hilfe dieser Redundanz kann jederzeit am Druckluftnetz gearbeitet werden, ohne größere Stränge außer Betrieb nehmen zu müssen.

Der digitale Feldbus hat Vorteile besonders für den Datenverkehr mit Feldgeräten mit "peripherer Intelligenz": Dort sind z.B. neben einem analogen Durchflußmeßwert noch mengenwertige Impulse, Summenwerte sowie Grenz- und Statussignale zu übertragen. Vorteilhaft ist auch, daß die Übertragung digital codierter Signale *geringe Störempfindlichkeit* und praktisch *unbegrenzte Übertragungsgenauigkeit* hat und sich wegen der Übertragung in beiden Richtungen (bidirektionale Übertragung) und der Mehrfachnutzung der Kabel der Verdrahtungsaufwand verringert. Nachteilig ist dagegen, daß wegen der noch fehlenden Standardisierung sich Geräte verschiedener Hersteller nicht problemlos verbinden lassen, daß sich *geringere Reaktionszeiten* und wahrscheinlich auch *geringere Verfügbarkeiten* als beim Sternverbund statischer

Signale einstellen und damit Forderungen nach redundanter Auslegung auftreten werden. Problematischer ist sicher auch der Ex-Schutz zu realisieren. Der Umsetzungsaufwand ist beim Feldbus an den Feldgeräten höher, den der geringere Umsetzungsaufwand in den Prozeßstationen auf die Dauer wohl kompensieren wird. Ein Nachteil ist zunächst noch, daß *die Hilfsenergie* nur unter einschränkenden Bedingungen über den Feldbus an die Feldgeräte *übertragen* werden kann: Je "intelligenter" das Feldgerät, desto schwieriger ist die Energieversorgung über den Feldbus.

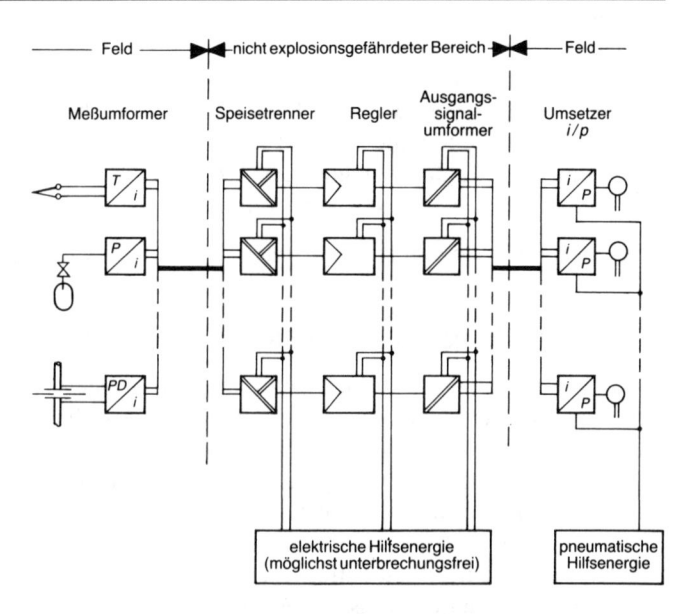

Bild 82. Installation bei Meßumformern und Stellern in Zweileitertechnik.
Die eingangsseitigen Feldgeräte werden über Speisetrenner, die ausgangsseitigen über Ausgangssignalumformer eigensicher vom Schaltraum aus gespeist, so daß eine Energieversorgung im Feld nicht erforderlich ist. Da die einzelnen Geräte keine hohen Anforderungen an die Qualität der Hilfsenergie stellen, müssen nur Maßnahmen für unterbrechungsfreie Versorgung getroffen werden. (Für die Leitungsführung in Sammelkabeln erforderliche Verteiler sind nicht eingezeichnet.)

● *Feldmultiplexer*

Im Feldmultiplexer werden die Eingangssignale vor Ort aufbereitet, seriell verstärkt, digitalisiert, zwischengespeichert und zu Telegrammen zusammengestellt. Deren Übertragung geschieht dann zyklisch über eine Schnittstelle und ein z.B. vieradriges Kabel an eine Feldmultiplexeranschaltbaugruppe im Automatisierungssystem (AS). Mit entsprechenden Schritten formt der Feldmultiplexer die vom AS kommenden Ausgangssignale um. Feldmultiplexer haben dazu unter anderem eigene Mikroprozessoren, RAM- und ROM-Speicher sowie Baugruppen zur Überwachung der Funktion. Der Zentralteil, die Stromversorgung und der Übertragungsweg des Feldmultiplexers lassen sich auch redundant aufbauen.

Damit ist einmal eine wesentliche Einsparung des Verkabelungsaufwands verbunden und zum anderen auch ein Einsatz in explosionsgefährdeten Anlagen ohne Zwischenschaltung von gesonderten Sicherheitsbarrieren oder Trennverstärkern möglich. Dazu kommt noch eine Reduzierung des Aufwandes für Engineering und Montage. Der Multiplexer ist damit auch für nicht räumlich ausgedehnte Anlagen geeignet, in denen Ex-Schutz zu beachten ist.

An den Feldmultiplexer lassen sich Widerstandsthermometer, Thermoelemente, Sensoren, pneumatische Einheitssignale, elektrische Einheitssignale mit eigensicherer Speisung des Meßumformers und Binärsignale *eingangsseitig* anschließen. Die *Ausgangssignale* liefern die entsprechenden Baugruppen: analoge pneumatische Signale 0,2 bis 1 bar und stromsparende elektrische Signale 1 bis 5 mA für Analogausgänge und 0/2 mA für binäre Ausgänge. Entsprechende Stellungsregler und Magnetventile sind bereits auf dem Markt.

Feldmultiplexer werden auch *periphere* Bestanteile künftiger *Bussysteme* sein.

4. Anforderungen an Druck- und Differenzdruckmeßgeräte

Viele Anforderungen an Druckmeßgeräte sind in internationalen und nationalen Empfehlungen, Normen, Vorschriften und Verordnungen festgelegt. Diese Anforderungen gehen besonders für Manometer, die ja in der gesamten Technik in großen Stückzahlen eingesetzt werden, sehr ins einzelne. Zum Beispiel wird für die Zeiger der Manometer festgelegt, wie weit sie die Teilstriche der Skala bedecken müssen, wie die Form der Zeigerspitze sein muß und wie weit der Zeiger vom Zifferblatt entfernt sein darf. Es würde zu weit führen, sich mit all diesen Einzelheiten befassen, es soll aber das für die Betriebspraxis Wichtigste besprochen werden.

Meßgeräte und Meßumformer für Differenzdrücke haben – trotz ihrer großen Bedeutung für die Verfahrenstechnik – in der allgemeinen Technik nicht die Bedeutung und Verbreitung der Druckmeßgeräte, und sie erreichen auch bei weitem nicht deren Stückzahlen. Es sind deshalb Anforderungen an Differenzdruckmeßgeräte nicht so weitgehend wie für Manometer festgelegt.

Für die Prüfung von Meßumformern für Druck und Differenzdruck gibt es die VDE/VDI-Richtlinien 2184 [11] bzw. 2183 [12] und in internationalem Rahmen wurden ähnliche Empfehlungen von IEC TC 65[16] erarbeitet [13]. In diesen Richtlinien werden Anforderungen an die Geräte genannt und festgelegt, wie das Verhalten gegenüber diesen Anforderungen zu beschreiben ist. Außerdem lassen sich viele für Druckmeßgeräte aufgestellte Normen, Vorschrif-

---

16 Internationale Elektrotechnische Kommission, Technisches Komitee 65, Meß- und Regelungstechnik industrieller Prozesse

4. Anforderungen an Druck- und Differenzdruckmeßgeräte

ten und Verordnungen direkt oder sinngemäß auch für Meßgeräte für Differenzdrücke anwenden wie im folgenden ausgeführt wird.

a) Normierungen

In DIN-Normen, in der Eichordnung und in Empfehlungen der O.I.M.L. (Internationale Organisation für das gesetzliche Meßwesen) werden für Druckmeßgeräte[17] Begriffe, Maßeinheiten, Meßbereiche, Genauigkeitsklassen, die Konstanz der Anzeigen, Prüfmethoden, Aufschriften und Schutzvorrichtungen für den allgemeinen Gebrauch festgelegt. Eine Übersicht über diese Normen findet der Leser z.B. in [7] oder [8].

Für Differenzdruckmeßgeräte können in den Regelwerken für Druckmeßgeräte festgelegte Begriffe, Maßeinheiten, Meßbereiche, Genauigkeitsklassen und Prüfmethoden direkt übernommen oder sinngemäß angewandt werden, ggf. sind sie zu ergänzen.

- *Begriffe*

Nur einige häufig vorkommende und für die Betriebspraxis wichtige Begriffe sollen angeschnitten werden. Es gibt Normalbedingungen und Nennbedingungen. In den *Normalbedingungen* werden Bedingungen für die Justierung festgelegt. Die wesentlichen sind: Zifferblatt vertikal, Druckänderungen langsam, Temperatur 20 °C, Abwesenheit von Schwingungen oder Stößen, kein Einfluß des statischen Druckes von Flüssigkeitssäulen, Justierung der Geräte mit Meßbereichen bis 2,5 bar mit neutralem Gas (z.B. Luft), mit Meßbereichen über 2,5 bar mit Flüssigkeiten.

In den *Nennbedingungen* werden ein Teil dieser Vorschriften ersetzt oder ergänzt, die Abweichungen können auf dem Gerät angegeben werden. Es handelt sich dabei um Betriebsstellungen der Geräte, bei denen das Zifferblatt keine vertikale Lage hat, um Abweichungen der Temperatur von 20 °C, um den Einfluß des statischen Druckes von Flüssigkeitssäulen, der bei der Justierung des Gerätes berücksichtigt wird und um andere als in den Normalbedingungen festgelegte Druckmedien.

Im Zusammenhang mit eichfähigen Geräten gibt es die Begriffe Eichfehlergrenze und Verkehrsfehlergrenze. Die *Eichfehlergrenze* ist der größte bei Nennbedingungen zulässige Fehler für die Prüfung neuer oder wieder justierter Geräte. Die *Verkehrsfehlergrenze* ist der größte zulässige Anzeigefehler von in Betrieb befindlichen Geräten bei Nennbedingungen. Die *Klassenbezeichnung* ist die Verkehrsfehlergrenze ausgedrückt in Prozenten der Meßspanne. Ein Gerät der Klasse 1 mit dem Meßbereich – 1,0 bis + 1,6 bar hat ei-

---

17 Diese Empfehlungen gelten für Manometer und ähnliche Geräte. Sie sind für Druckmeßumformer nicht verbindlich, können aber in vielen Punkten sinngemäß angewandt werden.

nen Verkehrsfehler von ± 1% der Meßspanne 2,6 bar, also von 0,026 bar oder 26 mbar. Es ist bei diesem Gerät also jede Ablesung um ± 26 mbar unsicher.

Auch für *Differenzdruckmeßgeräte* gibt *es Nenn-* und *Normalbedingungen* für die Eichung, Kalibrierung oder Prüfung. Neben den für die Manometer wichtigen Bedingungen wie Gebrauchslage, Umgebungstemperatur, erschütterungsfreie Aufstellung kommen noch zusätzliche Bedingungen für Geräte mit verstellbaren Meßbereichen, z.b. auf welche Meßbereiche sich die Untersuchungen beziehen sollen, und zusätzliche Bedingungen für Meßumformer, denn da sind auch an die Hilfsenergie Forderungen zu stellen.

Eichfehlergrenze, Verkehrsfehlergrenze und Klassenbezeichnung haben geringere Bedeutung, weil für die Meßgeräte für Differenzdruck im allgemeinen die Eichordnung nicht anwendbar ist. Es wird vielmehr in Richtlinien beschrieben, wie die Meßeigenschaften der Geräte zu ermitteln und wie sie vom Hersteller anzugeben sind. Zwischen Eich- und Verkehrsfehler wird nicht unterschieden, und in Klassen wird nicht eingeteilt.

Zusätzlich ist für Differenzdruckmeßgeräte die Festlegung weiterer Begriffe erforderlich. Es sind die des *Nenndruckes* und des *statischen* Druckes. Der Nenndruck PN ist der maximal zulässige Druck, dem beide Kammern des Meßwerkes gleichzeitig ausgesetzt werden dürfen, ohne daß das Gerät zerstört wird. Statischer Druck ist der Druck, der bei der Messung, Kalibrierung oder Prüfung in der Pluskammer tatsächlich anliegt. (Der Druck in der Minuskammer unterscheidet sich von diesem nur um den zu messenden Differenzdruck.) Der statische Druck hat für die Geräte Bedeutung. weil sein Einfluß die Anzeige verfälschen kann, wie auch bei der Beschreibung der Durchführungen durch den Druckraum schon dargestellt wurde.

● *Meßbereiche*

In den Normen und Empfehlungen werden die Skalenendwerte festgelegt. Für die im Überdruckbereich messenden Manometer sind es die oberen Skalenendwerte 0,6 - 1 - 1,6 - 2,5 - 4 - 6 - 10 - 16 - 25 - 40 - 60 - 100 bar und so weiter. Es unterscheidet sich jeder Wert etwa um den Faktor 1,6 vom niedrigeren. Außerdem ist auch das Zehnfache eines Skalenendwertes wieder ein Skalenendwert. Damit ist die Reihe (es sind Potenzen von = 1,585) nicht so willkürlich festgelegt wie es nach dem ersten Anschein sein mag.

Die Meßbereiche der Differenzdruckmeßgeräte entsprechen denen der Druckmeßgeräte, allerdings haben bevorzugt die kleinen Meßbereiche Bedeutung. Es sind die Meßbereichsendwerte:

6 - 10 - 16 - 25 - 40 - 60 - 100 - 160 - 250 - 400 - -600 mbar und

1 - 1,6 - 2,5 - 4 - 6 - 10 bar.

4. Anforderungen an Druck- und Differenzdruckmeßgeräte

● *Genauigkeitsklassen und Kennlinienabweichung*

Für *Druckmeßgeräte* sind folgende Genauigkeitsklassen vorgesehen: 0,1 - 0,2 - 0,3 - 0,6 - 1 - 1,6 - 2,5 - 4. Daraus ergeben sich die Eich- und Verkehrsfehlergrenzen gemäß Bild 83.

Klasse abgekürzt: Kl.	Geräte im Verkehr (Verkehrsfehlergrenze)	Neue oder wieder justierte Geräte (Eichfehlergrenze)
0,1	± 0,1	± 0,08
0,2	± 0,2	± 0,16
0,3	± 0,3	± 0,25
0,6	± 0,6	± 0,5
1,0	± 1,0	± 0,8
1,6	± 1,6	± 1,3
2,5	± 2,5	± 2,0
4,0	± 4,0	± 3,0

Bild 83. Zusammenhang zwischen Genauigkeitsklassen, Verkehrs- und Eichfehlergrenze in % der Meßspanne

Werden Manometer durch die behördlichen Instanzen geeicht, so verliert diese Eichung ihre Gültigkeit zwei Jahre nach Ablauf des Kalenderjahres, in dem die letzte Eichung vorgenommen worden ist.

Manometer für *Differenzdruckmessungen* haben meist die Genauigkeitsklassen 1,6 oder 2,5. *Meßumformer* sind für den eichpflichtigen Verkehr allgemein nicht zugelassen, und eine Einteilung in Genauigkeitsklassen ist nicht üblich. Es ist vielmehr die Abweichung der realen von der idealen Kennlinie ein Maß für die *Genauigkeit* eines Meßgerätes. Sie wird als Kennlinienabweichung ausgedrückt: Die *Kennlinienabweichung* bei *Grenzpunkteinstellung* (früher Festpunkteinstellung) ist die größte Abweichung der Kennlinie von einer festgelegten Kurve (bei Druck- und Differenzdruckmeßumformern ist sie im allgemeinen eine Gerade), die mit der Kennlinie am Anfangs- und am Endwert übereinstimmt. Neben dieser Grenzpunkteinstellung definiert DIN 16086 auch noch die *Anfangspunkt*-(früher Nullpunkt-) und die *Kleinstwerteinstellung* (früher Toleranzbandeinstellung, Bilder 84, 85 und 86).

Die Bilder zeigen, daß mit der Kleinstwerteinstellung die günstigsten mit der Grenzpunkteinstellung die ungünstigsten Werte ermittelt werden; die Ergebnisse bei Anfangspunkteinstellung liegen dazwischen. Wenn es auch das hehre Ziel eines jeden Meßtechnikers sein wird, möglichst genau zu messen, so ist doch die diesem Ziel am nächsten kommende Kleinstwerteinstellung im Alltagsbetrieb einer verfahrenstechnischen Anlage absolut unrealistisch. Es müßte beim Nachstellen vor Ort für jedes Gerät beim Meßwert Null ein spezieller, sich von 4 mA unterscheidender Wert eingestellt werden, z.B. 4,025 mA. Diese Problematik könnte allerdings eine softwareunterstützte Wartung, z.B. mit dem HART-Ptrotokoll entschärfen.

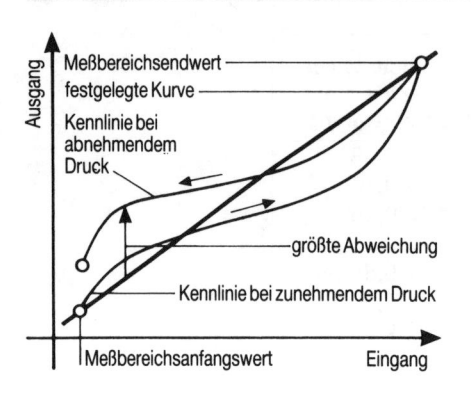

Bild 84. Kennlinienverlauf bei Grenzpunkteinstellung.
Die Grenzpunkteinstellung hat den Vorteil, Meßspanne und besonders Meßanfang leicht nachkalibrieren zu können. Sie führt aber, besonders bei einseitig gekrümmten Kennlinien, zu ungünstigen Werten für die Kennlinienabweichung.

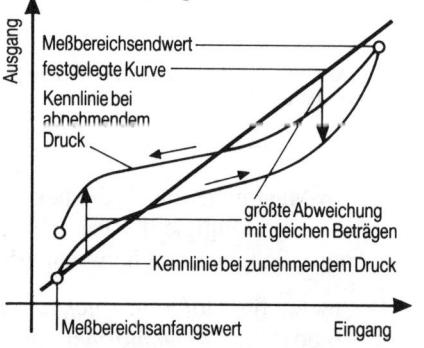

Bild 85. Kennlinienverlauf bei Anfangspunkteinstellung.
Die Anfangspunkteinstellung bringt geringere Abweichungen von der Kennlinie als die Grenzpunkteinstellung und erschwert die Anfangspunkteinstellung vor Ort nicht. Individuell ist lediglich die Meßspanne einzustellen.

Die Anfangswerteinstellung, die diesen Nachteil nicht hat und bessere Ergebnisse als die Grenzpunkteinstellung liefert, wird erstaunlicherweise wenig angewandt, obwohl bei der Kalibrierung in der Werkstatt eine von 20 mA abweichende Einstellung des Meßendes leicht durchführbar ist.

Moderne Geräte haben auch bei *Grenzpunkteinstellung* durchweg geringe Abweichungen meist zwischen 0,1 und 0,5 %, die für verfahrenstechnische Anwendungen wohl in den allermeisten Fällen hinreichend genau sind. Bei einigen Geräten ergeben sich auch höhere Abweichungen, z.B. um 1 %, dabei ist aber zu bedenken, daß auch Bedarf an preiswerten Geräten besteht: Die Preisunterschiede für Druckmeßumformer können recht beträchtlich sein. Es ist also nicht nur die Leistung allein maßgebend, sondern vielmehr das *Preis-Leistungs-Verhältnis*.

Die *Umkehrspanne* (Hysterese) ist die bei gleichem Druck auftretende größte Differenz zwischen Messungen zunehmenden Drucks und daran anschließen-

4. Anforderungen an Druck- und Differenzdruckmeßgeräte   91

den Messungen abnehmenden Drucks (Bild 87). Hysteresefehler sind oft in den Angaben der Kennlinienabweichung enthalten. Da sie sich auf den gesamten Meßzyklus zwischen Anfangs- und Endwert des Meßbereichs bezieht, hat die Hystereseangabe für die Beurteilung einer Eignung für Regelaufgaben keine Bedeutung. (Für die dafür relevante Umkehrspanne bei kleinen gegenläufigen Druckänderungen hat DIN 16 086 übrigens keinen Begriff definiert.)

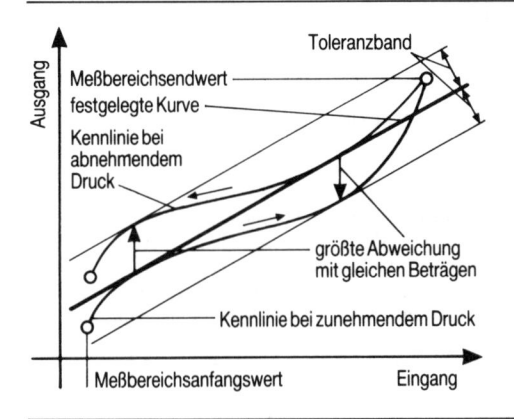

Bild 86. Kennlinienverlauf bei Kleinstwerteinstellung
Die Kleinstwerteinstellung bringt die geringsten Abweichungen von der Kennlinie, erschwert allerdings die Nachstellung des Anfangswertes vor Ort (soweit noch keine Smart-Technik verfügbar ist).

Die *Wiederholbarkeit* ist die Fähigkeit eines Meßgeräts, bei gleicher Eingangsgröße eng benachbarte Werte der Ausgangsgröße zu liefern. Die Wiederholungen sollen innerhalb einer kurzen Zeitspanne am selben Ort unter gleichen Bedingungen geschehen.

Die Zahlenwerte der Wiederholbarkeit liegen allgemein weit unter denen der Kennlinienabweichung, also zwischen 0,1 und 0,01 %. Bei manchen Geräten sind auch die Angaben für Kennlinienabweichung, Umkehrspanne und Wiederholbarkeit zu einem gemeinsamen Zahlenwert zusammengefaßt.

Die Kennlinienabweichungen oder der gemeinsame Zahlenwert für Kennlinienabweichung, Hysterese und Wiederholbarkeit beziehen sich im allgemeinen auf die *eingestellte* Meßspanne, und allenfalls bei sehr kleinen Meßspannen so unter 10 % der maximalen Meßspanne kommt ein von der Einstellung unabhängiger zusätzlicher Wert hinzu, z.B.:

Meßabweichung

< 0,1 % der Meßspanne bei Meßspannen > 10 % der NMS
(NMS = Nennmeßspanne) und

für kleinere Meßspannen

$\pm 0,05\ \%\cdot(1+(0,1\cdot NMS/Spanne))$

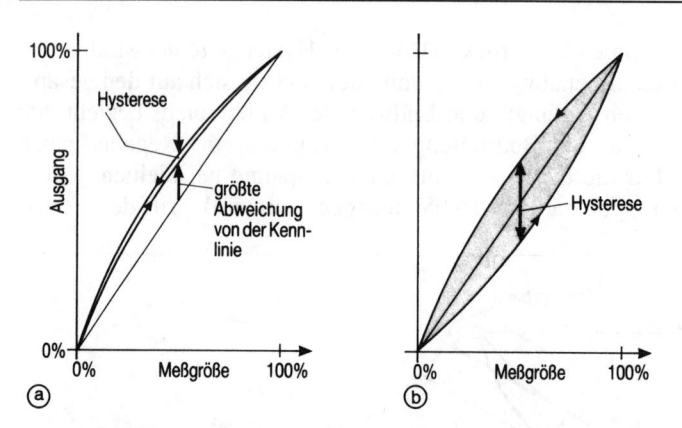

Bild 87. Umkehrspanne.

Aus den Bildern ist zu ersehen, daß die Abweichung von der Kennlinie und die Umkehrspanne (oder Hysterese) zwei verschiedene Qualitäten sein können: Auch bei gleichen Abweichungen von der Kennlinie können sich sehr unterschiedlich große Hysteresen ergeben.
Es ist leicht einzusehen, daß sich ein Kennlinienverlauf nach (a) sehr gut korrigieren läßt, einer nach (b) nur sehr bedingt: Es ist jede Relation innerhalb der grau angelegten Fläche möglich.

Es gibt aber auch Gerätefamilien, bei denen sich die Angaben auf die *maximale* Meßspanne beziehen. Dann ist bei eingeschränkter Meßspanne mit größeren Fehlern zu rechnen.

Beim Durchsehen von Gerätedruckschriften wird man statt der Abweichung von der Kennlinie andere synonyme Angaben wie *Meßunsicherheit, Genauigkeit, Accuracy* (auch in deutschsprachigen Unterlagen) finden. Bei diesen Angaben bleibt es offen, in welchem *Vertrauensbereich* diese Werte gelten (meist wird ein 95 %-iger vorausgesetzt). Einige quantifizieren aber auch *höherwertig* mit Fehlergrenze (kein Wert darf darüber liegen) oder *Klasse* (in die Fehlermöglichkeiten sind in beschränktem Maße auch Störeinflüsse, z.B. von der Temperatur, einbezogen). Auch *eichfähige* Druck-Meßumformer sind marktgängig.

Eine geringe Kennlinienabweichung ist heute *kein* Charakteristikum mehr für eine *bestimmte* Sensorart: Wenn man nicht gerade unterhalb einer Abweichung von 0,1 % differenzieren will (was für die meisten Druckmeßaufgaben keinen großen Sinn hat), sind für jede Sensorart mit Ausnahme der pneumatischen und der Dickfilm-Geräte entsprechend genaue Geräte auf dem Markt – es ist wohl nicht nur eine Frage des Gerätekonzepts, sondern auch eine des Korrektur- und – damit verbunden – vor allem auch des Kalibrieraufwands.

● *Meßbeständigkeit und Drift*

Um die Meßbeständigkeit zu gewährleisten, werden Vorschriften für die Prüfung auf Belastbarkeit, Überlastbarkeit und Dauerbelastbarkeit angegeben. Außerdem werden Prüfungen auf Transport- und Lagerfähigkeit empfohlen.

4. Anforderungen an Druck- und Differenzdruckmeßgeräte 93

Es wird weiter verlangt, daß die Geräte unter normalen Gebrauchsbedingungen ihre Eigenschaften bewahren. Die normalen Gebrauchsbedingungen, für die die Manometer ausgelegt sind, entsprechen oft nicht dem rauhen Betriebsalltag, es sollte deshalb beim Einsatz bedacht werden, wofür die normalen Manometer ausgelegt wurden:

Aufstellung der Geräte in geschlossenen, beheizten, staubfreien Räumen,
Messung des Drucks von nichtaggressiven Medien,
Temperatur von Umgebung und Fluid zwischen – 20 °C und + 50 °C,
keine größeren Schwingungen und Stöße.

Wenn zähflüssige oder aggressive Produkte gemessen werden sollen, Erschütterungen vorhanden sind, die Temperaturen unter -20 oder über + 50 °C liegen oder in unsauberer Atmosphäre gemessen werden muß, sind Manometer für besondere Zwecke zu wählen, die nach Anweisungen des Herstellers zu benutzen sind.

Auch für *Differenzdruckmessungen* hat die Gewährleistung der Meßbeständigkeit große Bedeutung, und es wird in den Richtlinien beschrieben, wie diese überprüft werden kann. Meßumformer haben jedoch weniger einschränkende Einsatzbedingungen als Manometer: Meßumformer sind für Außentemperaturen von – 20 bis mindestens + 60 °C und die Meßkammer oft für noch höhere Temperaturen – bis etwa 200 °C – einsetzbar. Staubfreiheit wird nicht verlangt, und geeignete Werkstoffkombinationen widerstehen vielen aggressiven Meßstoffen. Die Unempfindlichkeit gegen größere Schwingungen und Erschütterungen ist allerdings nicht bei allen Geräten gegeben: Besondere Aufmerksamkeit sollte hier kraftkompensierenden Systemen gelten.

Drift ist die maximale Änderung *eines* meßtechnischen Merkmals, z.B. der Ausgangsspanne oder des Nullsignals, unter Referenzbedingungen innerhalb eines definierten Zeitintervalls – z.B. von 6 Monaten.

Die durch diese Angaben ausgedrückte Meßbeständigkeit ist bei stark gestiegenen und wohl auch noch weiter steigenden Wartungskosten eine wichtige Angabe – was nützt schließlich eine hohe Genauigkeit, die schon nach kurzer Zeit nicht mehr vorhanden ist.

Es ist natürlich sehr aufwendig, Daten langzeitiger Meßbeständigkeit mit der erforderlichen Relevanz zu ermitteln, und die Hersteller geben – obwohl die grundlegende Norm 16 086 Angaben *getrennt* nach Driftwerten für das *Nullsignal* und für die *Ausgangsspanne* fordert – meist nur einen Wert an, der dann wohl auf das Nullsignal zu beziehen ist. So wird sich ein gut beratener Anwender sich neben den Zahlen, die oft – durchaus akzeptabel – bei 0,1 % pro Halbjahr liegen, auch noch das Gerätekonzept gründlich erklären lassen.

● *Aufschriften*

Auf dem Zifferblatt der *Druck*meßgeräte müssen angegeben

- die Einheit des Druckes (z.B. bar),
- das Klassenzeichen (z.B. Kl. 0,6),
- Abweichungen der Lage und der Temperatur von den Normalbedingungen,
- die Art und das Material des Meßgliedes (Bild 88),
- und andere, die Lieferfirma und die Zulassungsbehörde betreffende Einzelheiten.
- Sicherheitsmanometer können mit einem besonderen Symbol gekennzeichnet werden.
- Die in den Empfehlungen angegebenen Schutzvorrichtungen sollen unter 5 b besprochen werden.

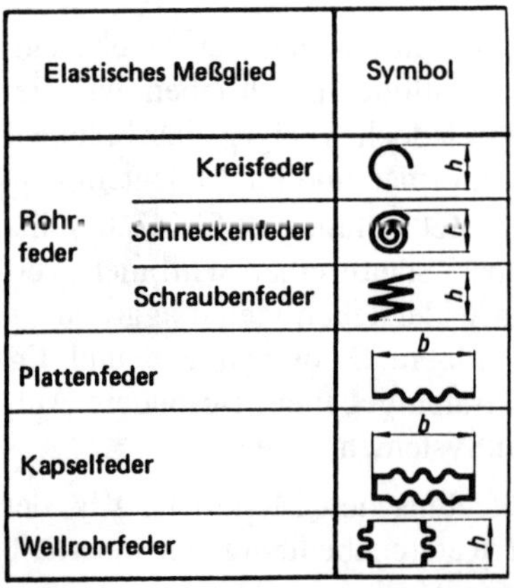

Elastisches Meßglied		Symbol
Rohr-feder	Kreisfeder	
	Schneckenfeder	
	Schraubenfeder	
Plattenfeder		
Kapselfeder		
Wellrohrfeder		

Bild 88. Bildzeichen für elastische Meßglieder (nach DIN 16 254).

b) Sicherheitsforderungen

Druckmeßgeräte mit elastischem Meßglied können bei nicht sachgemäßem Einsatz die Umwelt und besonders den Ablesenden gefährden: Der Meßeffekt beruht ja auf einer Verformung des Meßglieds. Je größer die elastische Verformung ist, desto genauer kann mit dem Gerät gemessen werden. Die größtmögliche elastische Verformung im Betriebszustand bedingt aber die Gefahr, daß bei Überlastungen die Meßfeder zerstört und damit die Umgebung gefährdet wird. Dabei ist zu beachten, daß die Überlastbarkeit von Rohrfedern mit niedrigem Meßbereich größer ist als die von Rohrfedern mit höherem Meßbereich. Bei Berstversuchen ergab sich, daß z.B. VA-Rohrfedern für 6 bar mit bis zum 60-fachen Druck beaufschlagt werden mußten, ehe die Feder barst. Das klingt einerseits beruhigend, denn es ist eine bedeutende Sicherheitsreserve vorhanden, andererseits wird beim 60-fachen Druck – es sind 360 bar – eine sehr hohe Energie beim Bersten frei, die stark schädigend wirken kann. Außerdem können Rohrfedern durch Materialfehler oder Materialermüdungserscheinungen bei wesentlich niedrigeren Drücken bersten.

Diese Gefahren sollen die unter 2 b, Bilder 20 und 21, beschriebenen Sicherheitsmanometer – in DIN 16 006 werden sie Überdruckmeßgeräte für besondere Sicherheit genannt – durch geeignete Gehäusekonstruktionen und durch Einsatz bestimmter zäher Werkstoffe für die Rohrfedern verhindern.

Die Unfallverhütungsvorschriften für Sauerstoff der Berufsgenossenschaft der chemischen Industrie fordern für Anlagen zum Gewinnen, Verdichten, Vergasen, Fortleiten, Umfüllen und Verwenden sowie für das Aufbewahren und Lagern von Sauerstoff in ortsfesten Behältern, daß

1. Manometer so beschaffen oder angeordnet sein müssen, daß im Falle des Undichtwerdens des Manometers Beschäftigte, die sich vor der Sichtscheibe des Manometers befinden, nicht durch den Sauerstoff oder durch Splitter verletzt werden können und daß

2. Sauerstoffmanometer die Aufschrift: "Sauerstoff! Öl- und fettfrei halten!" tragen müssen.

Sicherheitsmanometer erfüllen die Forderung nach Absatz 1. Die Manometer müssen aber für Sauerstoff bestellt werden, denn Rohrfedern können in der Werkstatt des Anwenders nicht vorschriftsmäßig entfettet werden. Sauerstoffmanometer dürfen nur für Sauerstoff verwendet werden. Für die Dichtung am Anschlußzapfen ist ein von der Berufsgenossenschaft zugelassener Werkstoff einzusetzen.

Forderungen ähnlich Absatz 1. werden an Manometer für verdichtete, verflüssigte oder unter Druck gelöste Gase bei Betriebsdrücken über 30 bar und für Verdichter (Kompressoren) gestellt. Bestimmte Werkstoffe werden ausgeschlossen für Sauerstoff, dort dürfen für Rohrfedern keine korrodierenden Werkstoffe verwendet werden. Für Acetylen gibt es Einschränkungen für Werkstoffe, die Kupfer enthalten, um die Bildung des explosiblen Kupferacetylids zu verhindern.

Bei Druckmeßgeräten konnte das elastische Meßglied unter Umständen die Umwelt gefährden. Bei *Differenzdruckmeßgeräten* wird das eigentliche Meßglied – eine Membran oder ein ähnliches System – von beiden Seiten mit Produkt beaufschlagt. Eine Zerstörung des Meßgliedes macht zwar das Gerät unbrauchbar und schafft eine Verbindung der beiden Druckräume, läßt aber kein Produkt nach außen treten. Bei Geräten, bei denen die Bewegung oder die Kraftwirkung mechanisch nach außen geführt wird, sind vielmehr die dünnwandigen Durchführungsabdichtungen (Biegeplatten, Well- oder Torsionsrohre) die kritischen Bauelemente; sie werden deshalb aus besonders hochwertigen Metallegierungen gefertigt.

Es gibt allerdings Anwendungsfälle, bei denen die Zerstörung des Membransystems eine Gefährdung der Anlage und der darin Beschäftigten verursachen könnte. Das ist dann der Fall, wenn der Differenzdruck zwischen verschiedenen Produkten zu messen ist, die miteinander unter Wärmeabgabe reagieren.

Werden Differenzdruckmesser in Anlagen eingesetzt, die besonderen Unfallverhütungsvorschriften unterliegen (Sauerstoff, Druckgase, Verdichter), so müssen die Vorschriften für Manometer auf die Differenzdruckmesser sinngemäß angewandt werden. Die in der chemischen Verfahrenstechnik eingesetzten Standardmeßumformer erfüllen im allgemeinen die Sicherheitsforderungen für Druckgase und Verdichter. Bei neuen Konstruktionen sind die Durchführungselemente kritisch zu prüfen.

Für Einsätze, auf die die UVV Sauerstoff zutrifft, sind die Geräte gesondert zu bestellen. Diese Geräte werden vom Hersteller entfettet, mit für Sauerstoff zugelassenen Dichtungen ausgerüstet, und flüssigkeitsgefüllte Meßsysteme erhalten eine für Sauerstoff zugelassene Flüssigkeitsfüllung, denn die übliche Silikonfüllung ist für Sauerstoff nicht zulässig. Für die Füllung werden oft fluorierte flüssige Kohlenwasserstoffe eingesetzt, wie Fluorolube oder Halocarbon, die eine ähnliche chemische Zusammensetzung wie PTFE haben. Außerdem sind die Geräte deutlich als für den Sauerstoffeinsatz geeignet zu kennzeichnen.

Auch andere Vorschriften lassen sich mit Meßumformern einhalten. Zunächst erfüllen die mit elektrischer Hilfsenergie arbeitenden Meßumformer im allgemeinen die Forderungen des Explosionsschutzes, meist in der Zündschutzart: „Eigensicherheit" (siehe auch III. 3 b, Temperaturmessungen, Sicherheitsforderungen) [14][18]. Darüber hinaus gibt es Geräte, die für bestimmte *Produkte* wie NH_3, Cl_2, H_2 oder für Sauergas sowie für besondere *Einsätze* wie Wasserstandsregelungen an Dampfkesseln, Überfüllsicherungen für Behälter zum Lagern brennbarer Flüssigkeiten und für Behälter zum Lagern nicht brennbarer, wassergefährdender Flüssigkeiten zugelassen sind.

c) Anforderungen durch besondere Betriebsverhältnisse

Durch besondere Betriebsbedingungen werden an Druckmeßgeräte häufig Anforderungen gestellt, die nicht von allen Geräten gleich gut oder nur durch Einsatz von Zusatzeinrichtungen erfüllt werden können. Diese Betriebsbedingungen können die Anzeigen verfälschen (z.B. durch Änderungen der Umgebungstemperatur), die Geräte zerstören oder frühzeitig verschleißen (z.B. durch Überlasten oder durch Schwingungen) oder die Messung mit normalen Geräten überhaupt unmöglich machen (z.B. bei Druckmessungen von Produkten, die bei Raumtemperatur fest sind).

---

18 Diese Aufsatz gibt eine Übersicht über die Vielfalt der nationalen und übernationalen Normen, Vorschriften und Bestimmungen des Explosionsschutzes.

Mit den erschwerenden Betriebsbedingungen und mit den dafür gängigen Gegenmaßnahmen wollen wir uns im Folgenden beschäftigen. Besondere Betriebsbedingungen stellen an *Differenzdruckmesser* oft Anforderungen, die sich nur durch Zusatzeinrichtungen oder durch besondere Maßnahmen erfüllen lassen. Die Probleme sind vielfältiger und schwieriger als bei Druckmessern, denn bei Differenzdruckmessungen haben wir es mit zwei Stutzen zu tun, die oft räumlich weit entfernt sind und längere Meßleitungen erforderlich machen. Die Länge der Meßleitungen verursacht besondere Schwierigkeiten, wenn verkrustende, stockende oder bei Umgebungstemperatur fest werdende Produkte gemessen werden müssen. Auch gehen, wenn bei hohen statischen Drücken kleine Differenzdrücke zu messen sind, Fehler von Druckmittlersystemen viel stärker ein als bei Druckmessungen. Im einzelnen sind folgende Betriebsbedingungen erschwerend, zu denen entsprechende Gegenmaßnahmen aufgezeigt werden.

● *Temperatureinfluß*

Temperaturänderungen beeinflussen nicht nur durch *Wärmedehnung* die Geometrie der Sensoren, sondern auch die *Elastizitätsmodule*, den *elektrischen Widerstand* sowie die *Piezoeffekte* von DMS oder von Schwingquarzen, *und Temperaturänderungen haben einen viel größeren Einfluß auf die Meßgenauigkeit als Nichtlinearität oder Hysterese.*

Druck- und Differenzdruckmeßgeräte werden beim Hersteller oder in der Werkstatt des Anwenders bei Raumtemperaturen kalibriert. Im Betrieb sind die Geräte bei konventioneller Montage mit Meßleitungen von einigen Metern Länge auf jeden Fall den *Änderungen der Umgebungstemperatur* ausgesetzt, die bei Freiluftmontage täglich um 15 und jährlich um etwa 50 °C schwanken kann. In den verfahrenstechnischen Produktionsanlagen strahlen heiße Rohrleitungen oder Behälter oft zusätzlich erhebliche Wärmeenergien auf die Geräte ab und auch die Sonneneinstrahlung kann schwarze Flächen bei 20 °C Lufttemperatur bis auf 70 °C aufheizen.

Aus den angeführten Gründen sollte deshalb versucht werden, durch geeignete Maßnahmen, wie etwa Schutz vor Strahlung oder Montage in Schutzschränken, die Temperaturschwankungen an Differenzdruckmessern in Grenzen zu halten. Für Messungen, an die sehr hohe Genauigkeitsforderungen gestellt werden, kann sich auch einmal der Einbau in Schränke rechtfertigen, deren Innentemperatur auf einen konstanten Wert von etwa 20 °C geregelt wird, denn bei dieser Temperatur wird auch das Gerät in der Werkstatt kalibriert. Problematisch ist dabei allerdings die Kühlung, die an Sommertagen erforderlich wird. Das kann mit Trinkwasser oder Sole geschehen.

Manometer und die kleinen elektrischen Meßumformer fordern zudem zur Montage *direkt auf dem Druckstutzen* heraus, so daß dann auch die *Meßstofftemperatur*, ihre Änderungen und mögliche Temperatur*unterschiede* relevant werden können

Der Einfluß der Temperatur hängt auch von der Art des Druckmeßgeräts ab. Bild 89 gibt einen Anhaltspunkt dafür. Es ist daraus zu ersehen, daß die an ihrem gesamten Umfang eingespannten Plattenfedern die größte Temperaturempfindlichkeit besitzen.

Gerät	Temperatureinfluß in % der Meßspanne je 10 K
Manometer mit Rohrfedern	0,3 bis 0,4
Rohrfedern aus Ni Span C	0,04
Plattenfedern	0,6
Kapselfedern	0,3 bis 0,4
Meßumformer, wenn Nullpunkt nachgestellt wird	0,1 bis 0,3

Bild 89. Einfluß der Betriebstemperatur auf die Anzeigegenauigkeit von Druckmeßgeräten.

Viele elektrische Sensoren müssen wegen der Temperaturabhängigkeit ihrer Meßsignale allgemein Mittel zur Verminderung des Temperatureinflusses haben:

Die beste Lösung ist, den Temperaturgang ganz oder weitgehend *primär* auszugleichen. Das kann z.B. durch Kombination von Werkstoffen geschehen, deren Temperatureffekte sich gegenseitig kompensieren, durch symmetrischen Aufbau (Bild 62) oder – bei kapazitiven Sensoren – durch zusätzliches Messen der Summe beider Teilkapazitäten (Bild 57).

In anderen Fällen müssen *(sekundär) zusätzliche* Temperatursensoren auf die Drucksensorplatinen oder wenigstens in die Platinen für die elektrischen Schaltkreise aufgebracht und deren Parameter bei der aufwendigen Kalibrierung in Klimaschränken gerätespezifisch angepaßt werden. Dazu nutzen die Hersteller in großem Maße Computersteuerungen. Durch nichtlineare Abhängigkeiten ist das aber – wie Bild 90 zeigt – gar nicht so einfach.

Allgemein werden die Temperaturkoeffizienten des *Nullsignals* auf die *maximale* Meßspanne, die der *Ausgangsspanne* auf die *eingestellte Spanne* bezogen. Manche Hersteller unterscheiden zwischen dem Bereich für die *Betriebstemperatur* und dem *kompensierten Temperaturbereich*, der mehr oder weniger eingeschränkt ist und – wohl besonders für OEM-Anwendungen – vom Käufer festgelegt oder doch ausgewählt werden kann.

Zum Beispiel kann sich folgender Zusammenhang zwischen kompensiertem Temperaturbereich und Meßfehler (Nichtlinearität, Hysterese, Temperaturabhängigkeit und Nullpunktdrift) in % der Meßspanne ergeben: – 20 bis + 80°C

4. Anforderungen an Druck- und Differenzdruckmeßgeräte 99

= 0,5 %; 0 bis + 50°C = 0,3 %; + 10 bis + 40°C = 0,1 % und 5-Grad-Spanne, z.B. 20 bis 25°C = 0,05 %, was z.B. für die Montage in einem thermostatisierten Schutzschrank in Frage kommt. Für derartige Einsatzfälle digitalisiert ein Hersteller die Brückenspannungen bis zur Rauschgrenze und benutzt zur Temperaturkompensation ein mathematisches Modell. Wie Bild 90 zeigt, lassen sich damit die unterschiedlichen Temperaturkurven so korrigieren, daß nur noch ein schmales Fehlerband bleibt.

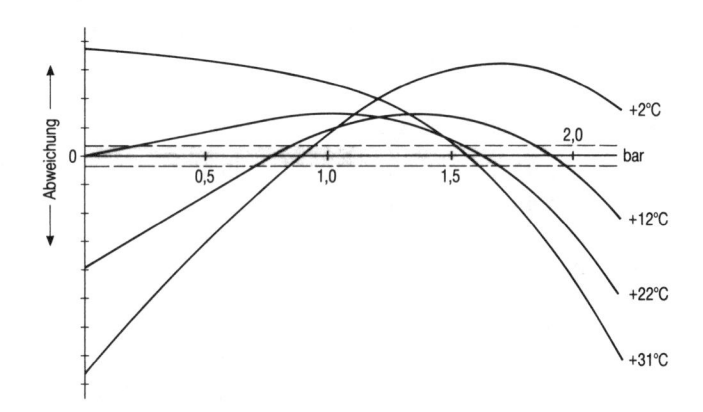

Bild 90. Korrektur der Temperaturabhängigkeit eines Piezo-Sensors mit einem mathematischen Modell (STW).
Die nichtlinearen Abhängigkeiten der Meßwerte von der Temperatur lassen sich durch Anwendung einer mathematischen Modellrechnung so korrigieren, daß nur Restfehler von etwa einem Zwanzigstel der ursprünglichen Abweichung bleiben.
Der Verlauf der vom Hersteller angegebenen Kalibrierkurven wurde vereinfacht wiedergegeben, die Kennlinienabweichungen nach der Korrektur liegen in dem grau angelegten Band.

Nach DIN 16086 können mit den *mittleren* Temperaturkoeffizienten von Nullsignal und Meßspanne die Werte für Nullsignal und Spanne korrigiert werden. Diese Aussage hat allerdings manchmal nur einen bedingten Wert, denn trotz geringem mittleren Temperaturkoeffizienten kann der Temperaturgang *Abschnitte mit viel größerem Gradienten* haben.

● *Einfluß des statischen Druckes*

Der statische oder Systemdruck ist der Druck, der auf den Sensor einwirkt. Bei *Differenzdruckmessungen ist er eine Einflußgröße*, die zwar nicht die Meßgröße darstellt, aber die Meßergebnisse doch beeinflussen kann. Bei den Meßumformern für Differenzdruck sind die Einflüsse des statischen Drucks bedingt durch nicht voll kompensierte Kraftwirkungen oder Wegeinflüsse bei der Herausführung aus dem Druckraum, zum anderen haben aber auch ungleiche wirksame Membrandurchmesser von Mehrmembransystemen Meßfehler bei schwankenden statischen Drücken zur Folge. Des weiteren kann nicht sachgemäßer Zusammenbau reparierter Geräte zu solchen Fehlern führen. Die Einflüsse haben besonders dann Bedeutung, wenn der statische Druck schwankt, denn bei konstantem statischen Druck kann ein einmaliges Anpassen bei der Inbetriebnahme geschehen.

Die heutigen Geräte sind meist sehr gut kompensiert und die Zahlenwerte liegen zwischen 1 und 0,01 % der maximalen Meßspanne pro 10 bar, typisch bei etwa 0,1 %, sind also durchaus akzeptabel.

Bei dem Meßumformer nach Bild 65 sind in die Differenzdruck-Meßzellen Drucksensoren integriert, mit deren Signalen die Störeinflüsse durch den Systemdruck korrigiert werden

● *Betriebsmäßig bedingte Überlastungen*

Druck- und Differenzdruck-Meßumformer müssen für den Einsatz in chemischen Verfahrensanlagen aus mehreren Gründen überlastbar sein: Für die Chemieanlagen werden meist *keine niedrigeren Nenndruckstufen* als PN10 gewählt und auch so abgesichert, auch wenn der Druck verfahrensbedingt eigentlich nie über z.B. 2 bar ansteigen kann. Will man nun genau messen, wird man hier einen Meßbereich von 2 bar wählen, muß aber sicher sein, daß bis zum abgesicherten Druck das Gerät nicht so zerstört wird, daß Produkt austreten kann. Nach Möglichkeit sollten auch die Meßeigenschaften erhalten bleiben.

Zum anderen ist es bei der Inbetriebnahme, bei der Abstellung sowie bei Störungen der *Anlage* leicht möglich, den Meßbereichsendwert zu überschreiten. So stellt sich der Druck im Schmierölsystem eines Verdichters bei kaltem Schmieröl viel höher ein als bei betriebsmäßig warmem Schmieröl, oder ein mit Ammoniak gefülltes System nimmt im abgestellten Zustand den der Umgebungstemperatur entsprechenden Dampfdruck an (bei 20 °C sind dies 8,7 bar), obwohl betriebsmäßig an der Meßstelle Absolutdrücke von 0,3 bar herrschen können.

Schließlich ist auch bei der *Inbetriebnahme* von *Differenzdruck-Meßumformern* sowie bei *Bedienungsfehlern* im Umgang mit diesen Geräten, ein kurzzeitiges Überlasten gar nicht zu vermeiden.

Neben diesen chemietypischen *statischen* Überlastungen können schließlich durch *starke Beschleunigungen* – zum Beispiel durch schlagartiges Schließen von Ventilen – bedingte Druckspitzen und -senken störend oder gar zerstörend auf die Sensoren einwirken. Das ist besonders bei Hydraulikanlagen mit den für sie typischen schnellen Schaltvorgängen der Fall. Die dynamischen Belastungen können bis zu *zehnfacher Überhöhung* führen.

Für diese Anwendungsfälle müssen Geräte zum Einsatz kommen, die bei Überlastung durch Überdruck nicht zerstört und nicht in der Anzeige verfälscht werden. Es können Plattenfedermanometer vorgesehen werden, die aufgrund ihrer Bauart unempfindlich gegen Überlastungen sind. Für extreme

4. Anforderungen an Druck- und Differenzdruckmeßgeräte

Bedingungen bieten sich Meßumformer an, die in der Ausführung für Differenzdruckmessungen bei Meßbereichen ab 50 mbar Überlastungen bis 100 bar zulassen. Rohrfedermanometer lassen sich durch Formstücke, die den Federhub begrenzen, bis zum doppelten Skalenendwert überlastbar machen.

Betriebsmäßig bedingte Überlastungen von *Differenzdruckmessern* haben von der Geräteart abhängige Bedeutung: U-Rohre und Ringwaagen sind nicht überlastsicher, während Tauchglocken- und Tauchsichelsysteme gegen sich langsam aufbauende Überlastungen geschützt sind.

Moderne Meßumformer lassen sich konstruktionsbedingt allgemein so gut gegen einseitige Überlastungen schützen, daß sie einseitig mit dem vollen statischen Druck (meist 100 bar) zu beaufschlagen sind, ohne daß das Gerät zerstört wird[19]. Die wichtigsten Möglichkeiten des Überlastschutzes sollen kurz erläutert werden:

Wenn der Sensor den zu erwartenden Überlastungen nicht standhalten kann, so wird meist von den Möglichkeiten des *Anlegens* des Aufnehmers an einen *festen Anschlag* Gebrauch gemacht.

Relativ unproblematisch ist das, wenn das Druckaufnahmeelement einen *gewissen Meßweg* zurücklegt: Mit mechanischen Anschlägen läßt sich der Weg begrenzen (Bilder 47, 56, 57, 62 oder 65). Da es sich in der Regel um kleine Meßwege handelt, muß das Anpassen des federelastischen Meßglieds an die Stützmittel sehr sorgfältig geschehen.

Ist der Meßweg *zu gering*, z.B. im μm-Bereich, so kann eine *vorgespannte Einrichtung* den Druck vor dem Sensor begrenzen. Mit *mechanischer Vorspannung* arbeitet die Vorlage nach Bild 91. Der zu messende Druck wirkt dort über einen richtkraftlosen Faltenbalg oder – für andere Meßbereiche – eine Membranvorlage und eine Kraftübertragungs-Schubstange mechanisch auf einen Dünnfilm-DMS-Sensor. Diesen drückt eine vorgespannte Feder in einen Sitz. Bei Überlastungen gibt die Vorspannfeder nach, der Sensor hebt sich vom Sitz ab, bis sich die Schubstange am Führungsrohr anlegt. Bei Unterdrücken hebt die Stange von der Meßmembran ab. Mit mechanischer Vorspannung sind auch weitere andere Systeme ausgerüstet, z.B. nach den Bildern 58 oder 61.

Mit einem *vorgespannten Inertgaspolster* arbeitet die Überdrucksicherung nach Bild 92. Im Normalbetrieb wirkt der Prozeßdruck über Trennmembran und Druckmittlerflüssigkeit auf einen Drucksensor beliebiger Provenienz.

---

[19] Es soll allerdings nicht übersehen werden, daß eine Belastung mit z.B. dem 200-fachen der maximalen Meßspanne einen Einfluß auf die Meßgenauigkeit hat, und nicht betriebsbedingte Überlastungen durch sachgerechte Inbetriebnahme vermieden werden sollten. Der Überlasteinfluß beträgt etwa 0,25 bis 3% für gute Geräte.

I. Druck- und Differenzdruckmessung

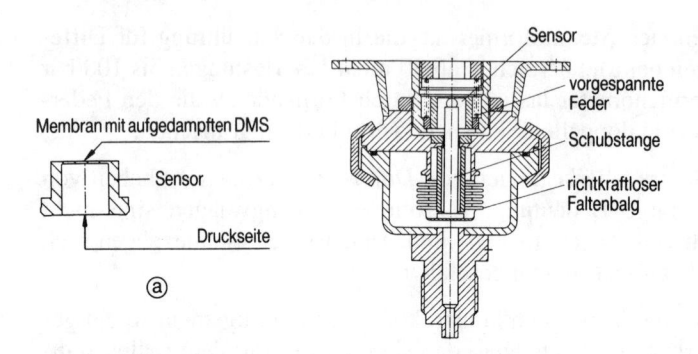

Bild 91. Mechanische Überdrucksicherung (Samson).
Eine mechanische Vorlage schützt den Sensor – eine federelastische Membran mit Dünnfilm-DMS (a) – vor unzulässigen Über- oder Unterdrücken: Bei Überdrücken gibt die Vorspannfeder nach, der Sensor kann dieser Bewegung folgen, ohne zerstört zu werden, bis sich der Bund der Schubstange anlegt und eine weitere Bewegung verhindert. Diese Vorlage läßt Überdrücke bei kleinen Meßspannen (8 bis 400 mbar) bis 10 bar, bei großen (3,2 bis 40 bar) bis 150 bar zu.

Die Überlastmembran wird dabei durch ein auf den maximal zulässigen Druck des Meßumformers vorgespanntes Inertgaspolster auf das zugehörige Membranbett gepreßt. Bei Überschreiten des Maximaldrucks gibt die Überlastmembran unter Kompression des Inertgaspolsters nach, und Druckmittlerflüssigkeit kann so lange nachströmen, bis sich die Trennmembran an ihr Membranbett anlegt.

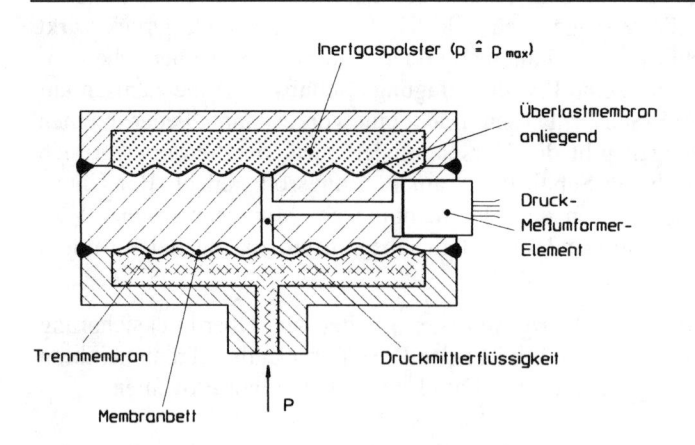

Bild 92. Hydraulische Überdrucksicherung (Labom).
Bei Erreichen des maximal zulässigen Drucks komprimiert die auslenkende Überlastmembran das Inertgaspolster bis sich die Trennmembran an das zugehörige Membranbett anlegen kann, und eine weitere Druckerhöhung wird verhindert.

4. Anforderungen an Druck- und Differenzdruckmeßgeräte 103

Bei diesem Vorgang kann sich der Druck nur geringfügig im Verhältnis Druckmittler-Arbeitsvolumen zum Volumen der Inertgaskammer erhöhen. Das System hat keine beweglichen Teile und ist durch Vorgabe des Inertgasdrucks und Inertgasvolumens leicht an verschiedene Einsatzbedingungen anzupassen. Wegen der geringen Trägheit von Überdruckmembran und Gaspolster kann es auch Druckstöße mit steilen Flanken abfangen.

Für *dynamische* Überlastungen können aus Drossel und Volumen bestehende RC-Glieder mit Tiefpasswirkung die Spitzen abflachen. Aber auch dafür ist – zumindest in flüssigen Meßstoffen – eine Volumenänderung in Form eines Meßwegs erforderlich (Bild 93).

Bild 93. Sensor mit Hydraulik-Koppler (Parker).
Der piezoresistive Sensor wird über eine Trennmembran und Füllflüssigkeit vom Meßdruck beaufschlagt. Zum Schutz vor extremen dynamischen Druckspitzen läßt sich ein Hydraulik-Koppler mit einem luftgefüllten Dämpfungsraum vorschalten.

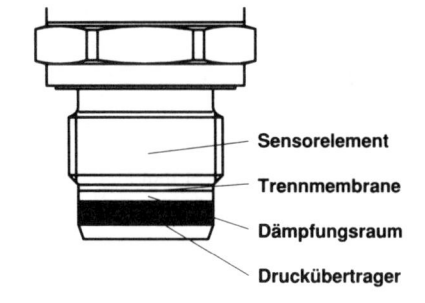

Sensorelement
Trennmembrane
Dämpfungsraum
Druckübertrager

● *Berstsicherheit*

Neben der Überlastbarkeit, in derem Bereich die Meßeigenschaften nicht oder doch nur geringfügig beeinträchtigt werden, lassen sich noch manche Meßumformer berstsicher auslegen, die Meßeigenschaften sind dann zwar nicht mehr vorhanden, der Meßumformer hält aber dem Prozeßdruck stand, ohne zerstört zu werden. Z.B. lassen sich zylindrische Meßumformer durch massive Stahlplatten so kapseln, daß eine Zerstörung des Meßelements keinen Druckverlust im Leitungssystem zur Folge hat. Diese Sicherheitseigenschaft heißt: *Secondary Containment*.

● *Druckschwankungen*

Die Druckmessung an Fluiden, deren Druck periodisch schwankt, kann eine undankbare Aufgabe sein. Jeder, der Messungen an Kolbenverdichtern durchführen mußte, wird das bestätigen. Durch Drosselung des Absperrventils wird versucht, die Einwirkung der Verdichterstöße vom Gerät fernzuhalten, und wenn man dem Gerät den Rücken kehrt, stellt sich die Frage, ob des Guten zuviel getan wurde und das Gerät Druckänderungen zu langsam oder gar nicht mehr folgt, und ob womöglich eine erforderliche Abschaltung der Maschine unterbleibt. Erschwerend kommt oft hinzu, daß der einmal eingestellte Drosselquerschnitt durch Verunreinigungen verlegt wird.

104 I. Druck- und Differenzdruckmessung

Es gibt grundsätzlich folgende Möglichkeiten, Drücke von Fluiden mit periodisch schwankenden Drücken zu messen:

- Eingangsseitige Drosselung,
- Einsatz von Geräten mit eingebauter Dämpfung und
- Einsatz von Geräten, die unempfindlich gegen eingangsseitige Schwankungen sind, mit ausgangsseitiger Drosselung.

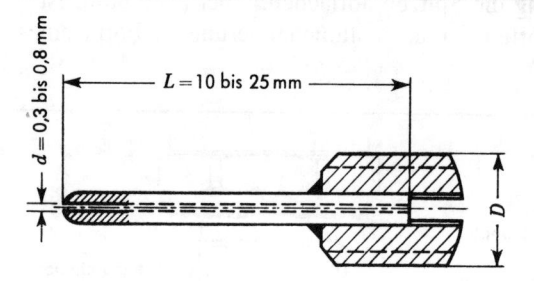

Bild 94. Kapillardrossel zum Einschrauben in den Meßstutzen.

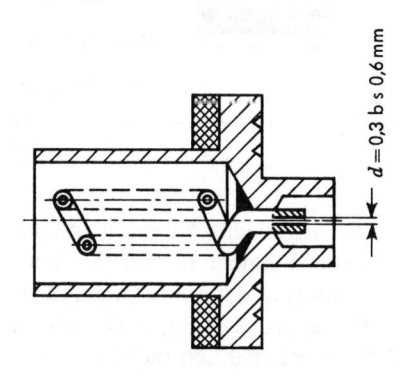

Bild 95. Kapillardrossel zum Einbau zwischen Meßstutzen und Anschlußstutzen des Manometers.

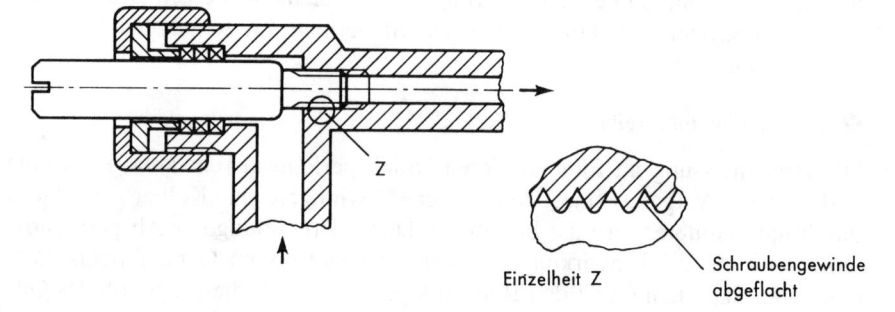

Bild 96. Verstellbare Kapillardrossel. Die Drosselung geschieht im Gewindegang. Durch Anziehen oder Lösen der Schraube kann die Drosselstrecke verlängert oder verkürzt werden.

4. Anforderungen an Druck- und Differenzdruckmeßgeräte

Werden die Druckschwankungen durch eingangsseitige Drosselung gedämpft, so ist zu beachten, daß die Dämpfungswirkung bei Gasen abhängig ist von der Enge der Drossel und von der Größe des nachgeschalteten Volumens: Bei sehr kleinen Volumina, z.b. bei Rohrfedermanometern, muß stark gedrosselt werden, und die sehr engen Querschnitte können sich schon durch kleinste Verunreinigungen verlegen. Dadurch wird die Anzeige unter Umständen verfälscht oder unerwünscht stark gedämpft.

Besser ist es, eine Drossel-Volumen-Kombination einzusetzen, derart, daß zwischen Drosselorgan – dies kann eine Festdrossel, eine einstellbare Drossel oder ein Ventil sein – und Druckmeßgerät ein kleiner, das Volumen repräsentierender Behälter geschaltet wird. Für den Behälter sind die Vorschriften für Druckbehälter zu beachten.

Bei inkompressiblen Fluiden – Flüssigkeiten sind meist nicht oder nur wenig durch Druck zu verdichten – hängt die Dämpfungswirkung von der Enge der Drossel und von der Größe der durch den Druck bedingten Volumenänderung ab.

Ausführungsformen von Drosseln zeigen die Bilder 94, 95 und 96. Grundsätzlich ist einer Kapillardrossel der Vorzug gegenüber einer Drosselung durch Ventile oder Blenden zu geben, weil nur Drosseln mit linearer Widerstandskennlinie sicherstellen, daß der gedämpfte Druck dem Mittelwert des zu messenden Druckes entspricht.

In Rohrfedermanometern mit einer Glyzerinfüllung (Bild 97) wird das elastische Meßglied, die Rohrfeder, durch die Zähigkeit des Glyzerins gehindert, schnellen Druckschwankungen zu folgen. Es wird so vermieden, daß die beweglichen Teile schnellen Schwingungen ausgesetzt sind. Lager, Zahnstange und Zahnrad werden durch das Glyzerin geschmiert. Beides trägt zur Erhöhung der Lebensdauer[20] der Geräte bei. Außerdem läßt sich der Meßwert gut ablesen, weil die Zeigerbewegung gedämpft ist. Diese Geräte bringen auch dort Vorteile, wo mechanische Schwingungen aus der Anlage die Anzeige verfälschen und zum Verschleiß führen; eine Beeinträchtigung übrigens, die sich durch Drosselung nicht verhindern läßt.

Eine andere Möglichkeit, Druckschwankungen zu dämpfen, bieten Meßgeräte mit flüssigkeitsgefüllten Meßgliedern. Zu diesen Meßgeräten gehören die Bartonzellen (Bild 98): Bei Druckänderungen führen Kraftwirkungen auf ein flüssigkeitsgefülltes Faltenbalgsystem nur verzögert zur Bewegung des Systems, weil durch eine Drosselschraube die Flüssigkeit gehindert wird, schnell aus dem einen Systemteil in den anderen zu strömen.

---

20 ln Versuchen wurden unter Betriebsbedingungen etwa fünffache Verlängerungen der Lebensdauer gegenüber gleichen Geräten ohne Glyzerinfüllung festgestellt. Es ergeben sich damit Ausfallraten von ungefähr 5% pro Jahr, die etwa denen von Manometern mit ruhender Belastung entsprechen.

106   I. Druck- und Differenzdruckmessung

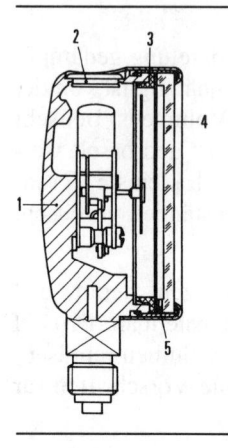

Bild 97. Flüssigkeitsgefülltes Druckmeßgerät mit Druckausgleichsfolie und Entlastungsöffnung (Wiegand).
1 Warmgepreßtes Gehäuse,
2 Entlastungsöffnung als Anwenderschutz,
3 Bördelring,
4 Druckausgleichsfolie,
5 Atembohrung zur Atmosphäre.

Schließlich wird bei Meßumformern oft das *Ausgangssignal gedämpft*. Das läßt sich, es handelt sich hier um elektrische Energie oder um trockene Luft, leicht durchführen. Es sollte aber bedacht werden, daß trotz ruhiger Anzeige das Meß- und das Kompensationssystem den Druckschwankungen ausgesetzt bleiben – was manchen Meßumformern nicht schaden mag – und daß der Mittelwert des ausgangsseitigen Druckes nicht gleich sein muß dem Mittelwert des eingangsseitigen Druckes. So ist es z.b. möglich, daß ein pneumatischer Druckmeßumformer – bedingt durch die Bauart des Verstärkers – einem Druckanstieg schneller folgen kann als einem Druckabfall. Der Mittelwert des Ausgangssignales wird dann nicht dem Mittelwert des Eingangssignals entsprechen, sondern höher sein: Es wird ein zu hoher Druck abgelesen, registriert oder geregelt. Dies kann besonders bei Abrechnungsmessungen nachteilig sein.

Druckschwankungen erschweren *Differenzdruckmessungen* genauso wie Druckmessungen. Die Ausführungen über eingangsseitige Drosselung gelten deshalb sinngemäß auch für Differenzdruckmessungen. Wenn in beiden Meßkammern Druckschwankungen auftreten, müssen – vor allem bei Gasen – auch in beiden Meßleitungen mit Drosseln linearer Widerstandskennlinie die Schwankungen gedämpft werden. Geräte mit Trennflüssigkeit wie U-Rohre, Tauchsichel- und Tauchglockenmeßwerke oder flüssigkeitsgefüllte Systeme dämpfen Druckschwankungen mehr oder weniger, wenn zähe Flüssigkeiten eingefüllt werden. Andere Geräte – wie die Bartonzelle – haben Drosseln mit verstellbarem Querschnitt im System angeordnet, mit denen sich Schwankungen dämpfen lassen.

Bei elektrischen Meßumformern, die das Differenzdrucksignal über Abgriffe sehr kleiner Membranwege erzeugen, lassen sich Druckschwankungen zweckmäßig ausgangsseitig dämpfen: Das Meßsystem dieser Geräte hat so wenige Hebel und Gestänge und macht nur so geringe Bewegungen, daß es in Maßen Druckschwankungen auf Dauer standhalten kann, und durch die schnellen elektrischen Abgriffsysteme sind Abbildungsfehler schneller Druckänderungen nicht zu befürchten.

4. Anforderungen an Druck- und Differenzdruckmeßgeräte

● *Korrosion durch aggressive Flüssigkeiten oder Gase*

Schwierig sind Druckmessungen von Flüssigkeiten oder feuchten Gasen, wenn diese alle Metalle und Metallegierungen angreifen, die für die Geräte verwendet werden können. Für die Druckmessung ist das Verhalten bei Umgebungstemperaturen maßgebend. Letzteres ist oft weniger kritisch als das Verhalten bei Betriebstemperatur, denn die Angriffswirkung nimmt im allgemeinen mit der Temperatur stark zu. Eine Faustformel besagt, daß sich die Reaktionsgeschwindigkeit bei 10 °C Temperaturerhöhung verdoppelt.

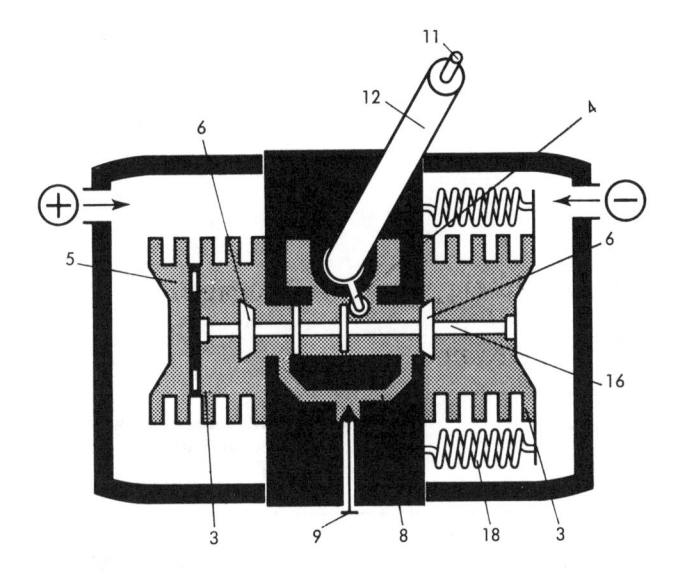

Bild 98. Schnittbild einer Bartonzelle.
Mit der Drosselschraube 9 können schnelle Druckschwankungen vom nachgeschalteten Meßumformer- und Übertragungssystem ferngehalten werden. Bei einseitiger Überlastung legen sich die Ventile 6 an, sperren die Flüssigkeit ein, und eine weitere Bewegung des Membrankörpers wird unterbunden. 3 Membrankörper, 4 Übertragungshebel, 5 Kammer, 6 Ventil, 8 Nebenschlußkanal, 9 Drosselschraube, 11 Meßwertwelle, 12 Torsionsrohr, 16 Ventilstange, 18 Meßbereichfederplatte.

Müssen Druckmessungen in sehr aggressiven Meßstoffen – z.B. in Salzsäure – durchgeführt werden, so können, wenn sich Plattenfedermanometer einsetzen lassen, die Plattenfedern durch Schutzfolien aus PTFE, Gummi, Tantal oder anderen geeigneten Werkstoffen und die Meßflansche durch Auskleidung mit Blei, Porzellan oder PTFE geschützt werden.

Sind Druckmeßumformer, oder wegen Meßbereichen über 40 bar, Rohrfedermanometer einzusetzen, so werden die in Abschnitt 2d beschriebenen Druckmittler eingesetzt.

108 I. Druck- und Differenzdruckmessung

Eine weitere Möglichkeit, Druckmeßeinrichtungen vor aggressiven Produkten oder Feststoffabsetzungen zu schützen, ist die Spülung der Meßleitungen mit neutralen Gasen oder Flüssigkeiten. Die Spülung geschieht vom Meßgerät zum Produktanschluß, wie im Bild 99 dargestellt. Voraussetzung ist, daß das Spülmedium – häufig ist es Stickstoff – mit genügendem Druck zur Verfügung steht und den Prozeßablauf nicht stört.

Der Druckabfall des Spülstoffstroms beeinträchtigt als Meßfehler die Messung, es wird im allgemeinen erforderlich sein, diesen genau zu dosieren. Dafür können Schwebekörpermesser, falls notwendig mit selbsttätigen Regelungseinrichtungen, eingesetzt werden.

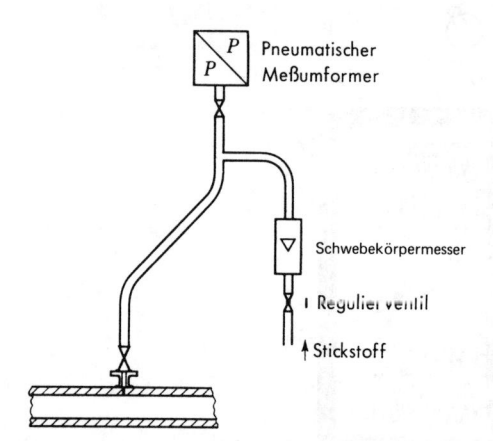

Bild 99. Spülung der Meßleitungen.
Mit einer Stickstoffspülung werden die Messung beeinträchtigende Produkte ferngehalten.

Schwierig sind *Differenzdruckmessungen*, wenn das Meßfluid alle Metalle oder Metallegierungen angreift, die für die Meßgeräte eingesetzt werden. Meßumformer sind meist in folgenden Werkstoffkombinationen erhältlich:

- Meßkammern aus Stahl, V4A-Edelstahl, Monel oder Hastelloy C,
- Dünnwandige Innenteile aus V4A-Edelstahl, Monel oder Hastelloy C, neuerdings aus Al_2O_3-Keramik,
- Dichtungen aus PTFE oder Viton.

Ist keine der möglichen Kombinationen gegen den korrosiven Angriff des Produktes beständig, so hilft – wie bei den Druckmessungen dargestellt – nur der Einsatz von Druckmittlersystemen oder das Spülen der Meßleitungen und Kammern mit neutralen (inerten) Gasen oder Flüssigkeiten.

Bei *Differenzdruckmessungen* sind beide Methoden insofern problematischer als bei Druckmessungen, weil meist sehr kleine Meßspannen bei höheren statischen Drucken zu messen sind. Um nun genau messen zu können, müssen sich die Wirkungen der Trennmembranen und der Flüssigkeitsfüllungen in Druckmittlersystemen und im anderen Fall die Druckabfälle der Spülfluide in

4. Anforderungen an Druck- und Differenzdruckmeßgeräte

beiden Meßleitungen genau gegeneinander aufwiegen. Das ist besonders dann schwierig, wenn die Meßstutzen auf verschiedener Höhe liegen, wenn sich die Temperaturen an den Druckentnahmestellen unterscheiden oder wenn die Meßleitungen unterschiedliche Längen haben. In diesen Fällen beeinflussen die statischen und dynamischen Druckabfälle des Druckmittlers und des Spülfluids und die elastischen Eigenschaften der Trennmembrane die Messungen in unkontrollierbarer Weise. Es sei denn, ihre Wirkung ist von der Temperatur unabhängig und zeitlich konstant.

● *Beeinträchtigung der Messungen durch Meßstoffe, die bei Umgebungstemperaturen fest sind*

Problematisch sind auch Messungen von Meßstoffen, die bei Temperaturen über etwa 60 °C einen festen oder zähflüssigen Zustand annehmen oder an der Rohrleitungswand verkrusten. Bis auf 60 °C etwa – in Sonderfällen auch höher – lassen sich die Manometer heizen. Liegen die Stock- oder Schmelzpunkte höher, so müssen wie bei aggressiven Produkten Systeme mit neutralen Flüssigkeiten als Druckmittler eingesetzt werden. Durch Wellrohre oder Trennmembranen abgeschlossen, halten sie das feste oder zähflüssige Produkt vom Meßgerät fern, übertragen aber den Druck. In diesen Fällen muß die Trenneinrichtung im Produktstrom liegen. Längere Stutzen müssen vermieden werden. Oft ist es erforderlich, daß die Trennmembran bündig mit der Rohr- oder Behälterwand abschließt.

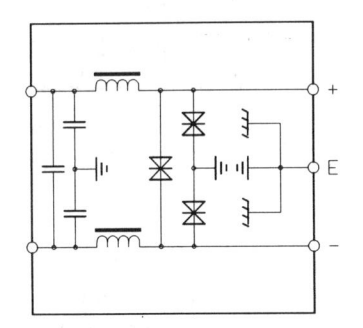

Bild 100. EMV-Modul (Labom).
Durch Einfügen dieses EMV-Moduls erfüllt der Druckmeßumformer in 2-Leiterschaltung die NAMUR-EMV-Empfehlungen, Teil 1: Induktivitäten, Kondensatoren, Überspannungsableiter, symmetrischer Aufbau und symmetrische Erdung unterdrücken den Einfluß hochfrequenter Störspannungen.

Müssen *Differenzdrücke* von Produkten gemessen werden, die bei Umgebungstemperaturen einen festen oder zähflüssigen Zustand einnehmen, so bietet es sich zunächst an, Meßleitungen und Meßumformer zu beheizen. Das ist mit Strom- oder Dampfbeheizung bis zu Temperaturen von etwa 120 °C, in Sonderfällen auch bis fast 200 °C, möglich. Bei pneumatischen Meßumformern muß bei hohen Temperaturen der Verstärker vom Meßumformer getrennt angeordnet werden.

I. Druck- und Differenzdruckmessung

GERÄTE / ANFORDERUNG	Meßumformer, elektrisch	Meßumformer, pneumatisch	Rohrfedermanometer, Chemieausführung	Plattenfedermanometer
Eignung für Druck (P)	ja	ja	ja	ja
Eignung für Differenzdruck (PD)	ja	ja	nein	ja
Eignung für Weiterverarbeitung als	PDIRCA	PDIRCA	PIA	PDIA
Mögliche ME für P von/bis [bar]	0,0001/2500	0,003/1500	0,6/40^2	0,01/40
Mögliche ME für PD von/bis [mbar]	0,1/30000	3/5000	entf	600/25000
Verstellbare MS von/bis [%]	1/100	10/100	entf	entf
Kennlinienabweichung*,**/***	0,5/0,1	0,5	1,0	1,6
Temperaturgang/ 10 K *,**/***	0,2/0,01	0,3/0,1	0,3/0,4	0,6
Einfl. des statischen Drucks (PD) auf MA*	0,03/10 bar	0,3/10 bar	entf	-
Überlastbarkeit bis [bar]	PN/PN	PN/PN	ME	5 ME
Maximaler Betriebsdruck (PD) in bar,**/***	100/420	100/400	entf	PN
Meßstofftemperatur in °C, min/max	-40/125	-40/250	-20/100	-20/100
Verhalten gegen Druckschwankungen	unempfindlich	unempfindlich	empfindl.^{3}	unempfindl.^{3}
Mögliche Meßstoffe	Flüssigkeiten und Gase			
Mögliche Werkstoffe	CrNi,Hastelloy,Ta,Monel, Ti,Inconel,PTFE,CrMo		CrNi,Bz, NiSpan C	CrNi,Folie: PTFE,Ta,Ag
zähe oder bei T(U) feste Stoffe zu messen	< 100 °C	< 200 °C	nein	nein
Ex-Schutz	ja	entfällt	ja	ja
digitale Signalverarbeitung	H,RS,Feldbus	nein	nein	nein

Bild 101. Entscheidungstabelle.

Die Wartung und Reparatur solcher hoch beheizter Einrichtungen ist keinesfalls einfach und ohne Probleme, wird aber den im vorigen Abschnitt beschriebenen Druckmittlersystemen vorgezogen, wenn höhere Meßgenauigkeit gefordert wird und wenn serienmäßige Geräte eingesetzt werden sollen.

Die andere Möglichkeit ist auch hier, Druckmittlersysteme einzusetzen. Sie ist besonders bei höheren Temperaturen – für Druckmittler aus Alkalimetall bis 700 °C – vorteilhaft und sie ist unabdingbar, wenn das Produkt in den Meßleitungen polymerisieren oder verkrusten würde, also Veränderungen erfährt, die sich durch Beheizung nicht verhindern lassen.

4. Anforderungen an Druck- und Differenzdruckmeßgeräte

Bartonzelle	Differenzdruckanzeiger	Kapselfedermanometer	Meßumformer mit Tauchglockenmeßwerk	U-Rohrmanometer	Tauchsichelgerät	Ringwaage
ja	ja	ja	ja	ja	ja	nein
ja	ja	nein	ja	ja	ja	ja
PDIRCA	PDIA	PIA	PDIRCA	PDI	PDI	PDIR
0,005/2,5	0,04/2,5	0,2/600 mbar	0,3/6 mbar	0,005/1	0,5/10 mbar	entf
5/28000	40/2500	entf	0,3/6	5/1000	0,5/10	2,5/400
entf	60/100	entf	5/100	entf	entf	30:60:100
0,5	1,6	1,6	0,5	~1	~1	0,5
0,12	-	0,3	0,1	-	0,3	-
-	-	entf	-	-	-	gering
640	25	5 ME	PN/PN	nein	PN/PN	nein
640	25	entf	3	10/60	0,05	325
-40/120	-20/100	-20/100	-20/100	-20/60	-20/60	-20/100
sehr unemp.	unempfindl.	empfindl.	z.T.unempfindlich, Flüssigkeit kann dämpfen			
Flüssigkeiten und Gase				Gase		
CrNi	CrNi,PTFE Bz,Perbunan	Bz,CrNi Cu-Legierung	CrNi,Viton, Clophen	Glas,Stahl, Flüssigkeiten	Cu-Legierung Flüssigkeiten	CrNi,Stahl, Hg,Öl
nein	nein	nein	nein	nein	nein	nein
ja	ja	ja	ja	entf	entf	ja
nein	nein	nein	nein	nein	nein	nein

● *Elektromagnetische Verträglichkeit*

Die Einführung der leistungsarmen elektronischen Komponenten in die Gerätetechnik hat den MSR-Mitarbeitern das Problem der *elektromagnetischen Verträglichkeit* (EMV) beschert. In den letzten Jahren wurden Vorschriften erarbeitet, die EMV-Tauglichkeit zu überprüfen, z.B. nach NAMUR, dem Germanischen Loyd oder jetzt auch nach IEC. Es geht u.a. darum, die Einflüsse von über die Leitungen laufenden *Einzelimpulsen* und *Impulsgruppen* oder von schmalbandigen hoch- und niederfrequenten *Störungen* sowie die Einwirkungen *statischer Elektrizität* und *elektromagnetischer Einstrahlung* zu messen [3].

Künftig müssen alle Meßumformer EMV-tauglich sein, was durch das CE-Zeichen zu dokumentieren ist. Für die EMV-Tauglichkeit sind im allgemeinen besondere Maßnahmen erforderlich, z.b. das Zwischenschalten besonderer EMV-Platinen (Bild 100).

d) Entscheidungstabelle

Für die Auswahl von Druck- und Differenzdruckmessern wichtige Forderungen sind den zuvor beschriebenen Geräteausführungen im Bild 101 gegenübergestellt. Die Meßeigenschaften der beschriebenen *Meßumformer* unterscheiden sich nicht sehr wesentlich, sie bilden einen heute akzeptierten, für die Verfahrenstechnik ausreichenden Kompromiß zwischen Genauigkeit, Robustheit und Preis. Auswahlkriterien für Meßumformer gibt [5] an.

5. Anpassen, Montage und Betrieb der Druck- und Differenzdruckmeßgeräte

Sachgerechtes Anpassen, Montieren und Betreiben von Druckmeßeinrichtungen sind nach einer geeigneten Auswahl der Geräte wichtige Voraussetzungen für genaue Meßergebnisse. Wie mögliche Fehler bei der Druckentnahme, bei der Anbringung der Geräte, bei der Verlegung und Beheizung der Meßleitungen und bei der Inbetriebnahme und Bedienung vermieden werden können, soll im folgenden dargestellt werden. Die aufgezeigten Gesichtspunkte haben für Differenzdruckmesser zum Teil noch einschneidendere Bedeutung als für Druckmesser.

a) Druckentnahme

Der zu messende Druck wird aus Behältern oder Rohrleitungen über Wandbohrungen herausgeführt. Um den die Messung verfälschenden Einfluß von Strömungen zu vermeiden, sollen Wandbohrungen senkrecht zur Wand ausgeführt werden, innen bündig ohne Grat und nur mit einer kleinen Kantenabrundung mit der Wand abschließen. Bei sauberen, dünnflüssigen Produkten soll der Durchmesser der Bohrung zwischen 2 und 6 mm liegen. Größere Durchmesser können bei starken Strömungen durch deren Stau- oder Saugwirkungen zu Verfälschungen des Meßwertes führen. Für sehr zähe oder zu Ablagerungen neigende Produkte sind größere Durchmesser zu wählen. Die Bohrung soll zylindrisch sein und sich erst nach einer Länge von mindestens dem Zweifachen des Bohrungsdurchmessers auf den üblichen Meßleitungsquerschnitt erweitern (Bild 102).

In Rohrleitungen muß der Meßstutzen möglichst auf ein gradliniges Stück, in dem eine geordnete Strömung herrscht, gebracht werden. Für genaue Messungen soll die Druckanbohrung mindestens 10 D – D ist der Rohrleitungsdurchmesser – von einem davor liegenden Krümmer entfernt sein. Auf gar keinen Fall darf der Stutzen am inneren oder äußeren Umfang eines Krümmers lie-

5. Anpassen, Montage und Betrieb der Druck- und Differenzdruckmeßgeräte   113

gen, denn dann würden die Wirkungen des strömenden Fluids die Messung stark verfälschen.

Die Lage der Druckanbohrung soll bei *Flüssigkeiten* etwa horizontal oder leicht nach unten geneigt sein. Am höchsten Punkt des Rohrleitungsumfanges können Gasblasen, am tiefsten Schmutzabscheidungen die Messung verfälschen.

Bild 102. Druckentnahme.
Für saubere Produkte soll die Bohrung höchstens 6 mm Durchmesser haben, um den Einfluß von Stau- oder Sogwirkungen zu reduzieren.

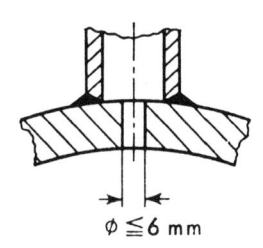

$\phi \leq 6$ mm

Für *Dämpfe*, die bei Umgebungstemperaturen kondensieren, ist eine horizontale Anbohrung vorteilhaft: Mit Abgleichgefäßen kann das Kondensatniveau definiert festgelegt und der Einfluß der Kondensatsäule auf die Messung genau bestimmt werden. Stutzen für *Gasdruckmessungen* sind an der obersten Stelle des Leitungsumfanges vorzusehen, damit bei Abkühlung anfallendes Kondensat in die Produktleitung zurückfließen kann.

Die Druckentnahmestutzen werden durch Absperrventile oder -hähne abgeschlossen. Hähne haben den Vorteil des geraden Durchganges: Sie lassen sich – mit entsprechenden Vorrichtungen sogar bei Betriebsdruck – durchstoßen, und bei Gasmessungen fließen Flüssigkeitstropfen leicht zurück.

In ungünstig eingebauten Ventilen (Spindel senkrecht!) können sich Flüssigkeitspfropfen ansammeln und durch eine Siphonwirkung Meßfehler verursachen. In Meßleitungen von Gasen sollen Ventile immer so eingebaut werden, daß die Spindel waagerecht liegt.

Die für Druckmessungen aufgestellten Forderungen gelten für *Differenzdruckmessungen* in verstärktem Maße: Differenzdrücke müssen meist bei höherem statischen Druck gemessen werden. Obwohl ihr Betrag nur einen Bruchteil des statischen Druckes ausmacht, ist der durch verfälschende Einflüsse entstehende Fehler in absoluter Höhe gleich dem für Druckmessungen. Das Beispiel einer Druck- und Differenzdruckmessung beim statischen Druck von 10 bar soll dieses verdeutlichen: Ein Wasserpfropfen in einer senkrechten Meßleitung von 102 mm Höhe verfälscht die Druckmessung von 10 bar um 10 mbar, also nur um 0,1 %. Eine Differenzdruckmessung von 100 mbar wird auch um 10 mbar verfälscht, diese 10 mbar sind aber hier 10 %.

Wie wichtig eine sachgerechte Ausführung der Druckentnahmen ist, zeigen auch die Anforderungen an Druckentnahmen von Drosselgeräten zur Durchflußmessung, z.B. nach DIN 1952. Auch dort kommt es darauf an, den Differenzdruck am Drosselgerät genau zu messen, um eine zuverlässige Angabe zur Ermittlung des Durchflusses zu gewinnen.

b) Übertragung des Drucks oder der Druckdifferenz zum Meßgerät

● *Anbringung*

Druckmeßgeräte sollen erschütterungsfrei montiert werden, sie sind aus den schon angeführten Gründen vor Kälte und Wärme zu schützen. Für wichtige Meßaufgaben empfiehlt es sich, Prüfmöglichkeiten vorzusehen.

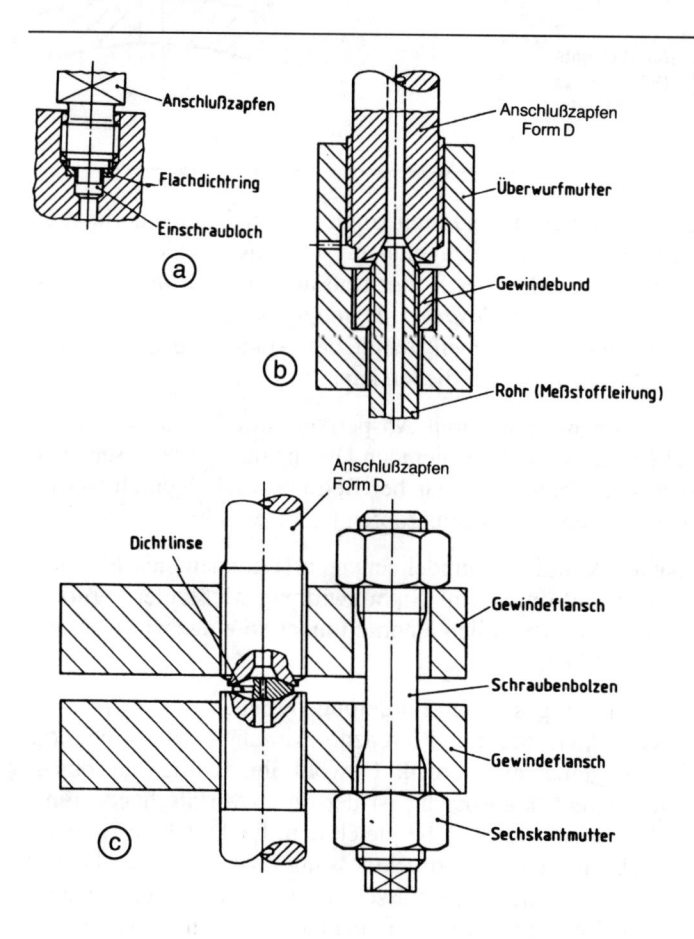

Bild 103. Anschlußmöglichkeiten für Manometer und Druckmeßumformer (nach DIN 16 288). Zum Abdichten der Verbindung zwischen Gerät und Meßstoffleitung kommen Flachdichtungen (Teilbild a), Kegeldichtungen (Teilbild b) und Linsendichtungen (Teilbild c) zum Einsatz. Der Anschlußzapfen Form D kann sowohl eine Kegel- als auch eine Linsendichtung aufnehmen.

5. Anpassen, Montage und Betrieb der Druck- und Differenzdruckmeßgeräte 115

Manometer werden meist unter Zwischenschaltung eines Manometerhahns oder -ventiles direkt auf dem Meßstutzen montiert. Es ist auf gute Ablesbarkeit zu achten. Die Manometer müssen in der Lage angebracht werden, in der sie kalibriert wurden. Die Anschlüsse werden durch Dichtscheiben, Kegel oder Linsen gedichtet (Bild 103). Für Druckmessungen bis 250 bar wird die Flachdichtung, für höhere Meßbereiche werden Linsen- oder Kegeldichtungen empfohlen. Flachdichtungen sollten von geeigneten Herstellern bezogen werden, von einer Eigenfertigung ist abzuraten. Für höhere Drücke von Gasen können statt Weichdichtungen massive Kupferscheiben, die nicht flach, sondern leicht ballig ausgearbeitet sind, eingesetzt werden. Zwischen den parallelen Flächen von Zapfen und Anschlußstutzen und der balligen Kupferscheibe bildet sich – ähnlich wie bei Linsendichtungen – eine definierte Liniendichtung aus.

Druckmeßumformer für Gase werden oberhalb, Druckmeßumformer für Flüssigkeiten unterhalb der Entnahmestelle angebracht. Es soll damit gewährleistet werden, daß Flüssigkeitstropfen in die Produktleitungen nach unten abfließen und Gasblasen nach oben aufsteigen können.

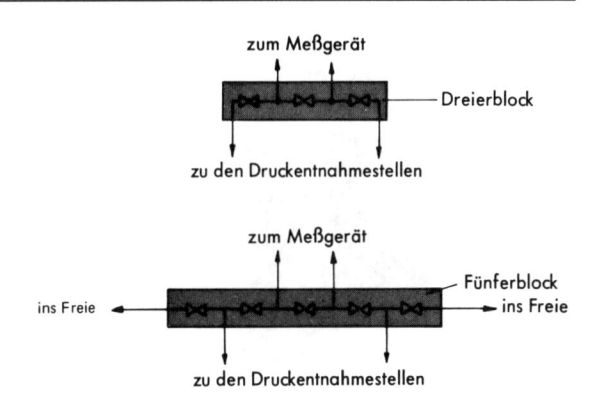

Bild 104. Anordnung von Absperrarmaturen in einem Block.
Drei Ventile oder Hähne sind für ordnungsgemäße Inbetriebnahme und Prüfung von Differenzdruckmeßgeräten unersetzlich. Mit fünf Ventilen oder Hähnen können zusätzlich die Meßleitungen entspannt werden, um Verunreinigungen oder Kondensat auszublasen.

Es gibt Flüssigkeiten, in denen sich bei Abkühlung und Beruhigung Bestandteile verschiedener Dichte entmischen und eine Trennschicht bilden. In solchen Fällen ist es nicht möglich, von vornherein Aussagen über die Dichte der Flüssigkeit zu machen. Durch eine einmalige Nullpunkteinstellung kann dann der Einfluß der statischen Höhe nicht berücksichtigt werden. Es sind bei solchen Flüssigkeiten die Meßumformer in Höhe des Entnahmestutzens anzubringen und die Meßleitungen waagerecht zu führen: Dann haben Dichteänderungen der Flüssigkeit keinen Einfluß auf das Meßergebnis.

116 I. Druck- und Differenzdruckmessung

Wie Druckmesser sind *Differenzdruckmesser* erschütterungsfrei zu montieren und, falls erforderlich, aus den schon aufgezeigten Gründen vor Kälte und Wärme zu schützen. Eine Prüfmöglichkeit wird für die Geräte im allgemeinen unerläßlich sein.

Für die Inbetriebnahme und Prüfung der Differenzdruckmeßgeräte, die unter 5.c beschrieben werden, sind Anordnungen aus drei oder fünf Ventilen oder Hähnen erforderlich, die zu Dreier- oder Fünferblöcken zusammengefaßt werden können (Bild 104). Von der Möglichkeit, diese Blöcke direkt an den Meßumformer anzuflanschen, wird immer mehr Gebrauch gemacht.

Das Anflanschen hat den Vorteil, daß Verschraubungen eingespart und damit Kosten gemindert und vor allem mögliche Leckagen vermieden werden. Vorteilhaft ist auch, daß sich viele Hersteller von Meßumformern geeinigt haben bezüglich der Abstände, der Innendurchmesser und Abdichtung der Produktanschlüsse und auch bezüglich der Befestigungsmöglichkeiten. Es ist so möglich, für die verschiedensten Geräte den gleichen Anflanschblock (Bild 105) einsetzen zu können. In DIN 19213, Teil 1 und Teil 2, ist dies festgelegt.

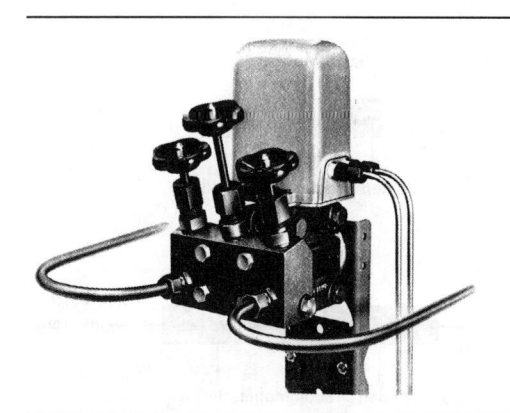

Bild 105. Dreierblock zum unmittelbaren Anflanschen an Differenzdruckmeßgeräte (Bild Kablau-Armaturen). Das unmittelbare Anflanschen mindert Kosten, Platzbedarf und Störmöglichkeiten.

Die Differenzdruckmeßgeräte für Gase werden oberhalb, die für Flüssigkeiten unterhalb der Entnahmestelle angebracht. Es soll damit sichergestellt sein, daß Meßleitungen für Gas frei von Flüssigkeitspfropfen und Meßleitungen für Flüssigkeiten frei von Gasblasen bleiben. Sind bei Differenzdruckmessungen an feuchten Gasen mit kleinem Meßbereich Kondensationen nicht sicher zu vermeiden, so ist zu beachten, daß auch in den Meßkammern der Meßumformer kein Kondensat anfallen darf. Verschiedene Kondensathöhen in den Meßkammern führen bei Montage in Normallage – senkrecht stehende Membran, waagrecht liegende Produktanschlüsse – zu Meßfehlern. Der Meßumformer muß beheizt, gespült oder so angeordnet werden, daß Kondensat abfließen kann, z.B. dadurch, daß die Produktanschlüsse unten liegen.

5. Anpassen, Montage und Betrieb der Druck- und Differenzdruckmeßgeräte 117

Müssen Messungen an bei Außentemperaturen siedenden oder bei Außentemperaturen sich entmischenden Flüssigkeiten durchgeführt werden, so können sich, wenn nicht andere Maßnahmen wie Beheizung, Kühlung oder Spülung getroffen werden, in den Meßleitungen Gemische unbestimmter und wechselnder Dichte bilden. Es kommt zu Meßfehlern, die sich durch eine einmalige Nullpunkteinstellung nicht korrigieren lassen. Wenn es möglich ist, die Stutzen in gleicher Höhe anzubringen, hat es sich bewährt, auch das Meßgerät in dieser Höhe zu montieren und die Meßleitungen in der durch Stutzen und Gerät gebildeten waagrechten Ebene zu verlegen: Die Dichte oder Dichteänderungen des Produktes in den Meßleitungen beeinflussen dann das Meßergebnis nicht.

● *Meßleitungen*

Meßleitungen verbinden das Meßgerät mit dem Druckentnahmestutzen. Dazwischen wird im allgemeinen eine Absperreinrichtung geschaltet sein. Die Meßleitungen sind mit dem zu messenden Produkt gefüllt. In der chemischen Verfahrenstechnik werden bevorzugt Leitungen mit den Abmessungen 12 mm Außen- und 9 oder 8 mm Innendurchmesser eingesetzt, für die in Freiluftanlagen V4A-Stähle vorgesehen werden. Als Verbindungen kommen bis zu etwa hundert bar Schneidringdichtungen, für höhere Drücke Klemmring-Rohrverschraubungen (Bild 106), die sich auch beliebig oft trennen und wieder schließen lassen und dort, wo es auf Dichtheit besonders ankommt, auch an die Meßleitungen anzuschweißende Konusverschraubungen oder auf die Meßleitungen aufzuschraubende Flansche mit Linsendichtungen zum Einsatz.

Bild 106. Klemmring-Rohrverschraubung (Swagelok).
Die Klemmring-Rohrverschraubung vermindert den inneren Rohrdurchmesser nur geringfügig, läßt sich häufig lösen und verbinden ohne an Dichtwirkung zu verlieren und kerbt beim Klemmvorgang das Rohr nicht ein. Die Einsatzgrenzen liegen bei Drücken von 1000 bar und Temperaturen von 800°C.

118 I. Druck- und Differenzdruckmessung

Die Meßleitungen müssen dicht sein. Die Dichtheit läßt sich überprüfen wenn bei Betriebsdruck das Absperrventil am Entnahmestutzen geschlossen wird: Sind die Meßleitungen dicht, dann darf sich der Anzeigewert der Druckmeßeinrichtung nicht ändern. Überdruckleitungen können auch durch Benetzen mit einem Schaummittel auf Dichtheit geprüft werden.

Ganz besondere Sorgfalt ist zu verwenden, wenn Verbindungsleitungen bei *Vakuummessungen* abzudichten sind: Schon geringe Undichten, die bei Überdruckmessungen praktisch nicht ins Gewicht fallen, können hier zu unannehmbaren Meßfehlern führen. Ein Beispiel soll das verdeutlichen: Ein Loch von 0,1 mm Durchmesser in der Nähe der Druckmeßeinrichtung verursacht bei einer Meßleitung von 10 m Länge folgende, vom Meßbereich abhängige Meßfehler:

Meßbereich	Meßfehler	relativer Meßfehler
0 bis 10 Torr Absolutdruck	1 Torr	10 %
0 bis 1 bar Überdruck	0,01 mbar	0,001 %
0 bis 10 bar Überdruck	0,01 mbar	0,0001 %

Während das kleine Loch in der Meßleitung bei Überdruckmessungen gar keine Rolle spielt, hat es bei der Vakuummessung nicht akzeptable Fehler von 10 % zur Folge. Ähnlich bedeutsam ist die Dichtheit von Meßleitungen für *Differenzdruckmeßumformer* bei Messungen im Vakuumbereich, wie später noch ausgeführt werden wird.

Die Meßleitungen sind mit Gefälle und weiten Krümmungen zu verlegen, damit bei Flüssigkeiten Gasblasen aufsteigen und bei Gasen Flüssigkeitstropfen in die Produktleitung zurückfließen können. Müssen Druckmeßgeräte *in Ausnahmefällen* für nicht ganz trockene Gase unterhalb oder für Flüssigkeiten oberhalb der Entnahmestelle angebracht werden, so sind an der höchsten bzw. tiefsten Stelle der Meßleitung Abscheider zu setzen (Bild 107).

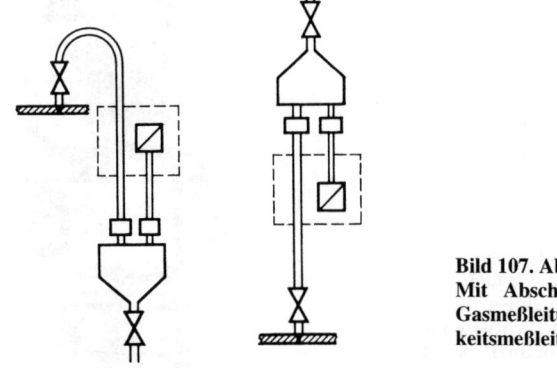

Bild 107. Abscheider.
Mit Abscheidern werden Flüssigkeiten aus Gasmeßleitungen (links) und Gase aus Flüssigkeitsmeßleitungen (rechts) entfernt.

5. Anpassen, Montage und Betrieb der Druck- und Differenzdruckmeßgeräte

Es sollte immer daran gedacht werden, daß das Produkt in den Meßleitungen die Umgebungstemperatur annimmt. Denn in den Meßleitungen strömt das Produkt nicht, und die Wärmeleitung nach außen ist viel größer als die der Meßleitung zum heißen oder kalten Produkt. In Freiluftanlagen sind deshalb alle die Meßleitungen und Meßeinrichtungen zu beheizen und zu isolieren, die Produkte führen, die bei Außentemperaturen fest oder sehr zähflüssig werden, also auch Leitungen für Heißdampf oder für feuchte Gase, deren Wasserbestandteile bei Außentemperaturen kondensieren und bei Frost gefrieren würden.

Neben der Beheizung aus Gründen des Frostschutzes, die nur im Winter in Betrieb zu halten ist, gibt es noch einen anderen Grund, Meßleitungen zu beheizen: Die Dichte des Produktes in nicht waagerechten Meßleitungen beeinflußt, wie noch im übernächsten Abschnitt „Einfluß der Höhenlage" ausgeführt werden wird, das Meßergebnis von Druckmessungen. Ändert sich die Dichte in den Meßleitungen nicht, so kann der Einfluß der Dichte auf das Meßergebnis durch eine Nullpunktkorrektur aufgehoben werden. Schwierig ist es bei Produkten, die bei hohen Außentemperaturen gasförmig, bei niedrigen Außentemperaturen aber flüssig sind. Bei diesen Produkten muß durch Beheizung dafür gesorgt werden, daß das Produkt in der Meßleitung auch nachts und auch im Winter gasförmig bleibt und daß nicht bei niedrigen Außentemperaturen in den Meßleitungen kondensierende Produkte zu falschen Meßergebnissen führen. Ursprünglich wurden Meßleitungen mit Dampf beheizt. In den letzten Jahren setzt sich zunehmend die Beheizung mit elektrischer Energie durch: Diese läßt sich leicht steuern oder regeln und Nachteile von Dampfbeheizungen wie Undichtigkeiten oder die Notwendigkeit von Kondensatableitern entfallen.

Wegen der schon angeführten, für *Differenzdruckmessungen* gegenüber Druckmessungen ungünstigeren Voraussetzungen, können auch unsachgemäße Anordnung und unsachgemäße Montage der Meßleitungen dort größere Meßfehler verursachen. Die Meßleitungen sind deshalb so zu verlegen, daß keine unnötigen Bögen entstehen. Nicht notwendige Verschraubungen sollen weggelassen werden. Auch für Differenzdruckmessungen werden in der chemischen Verfahrenstechnik bevorzugt Leitungen mit 12 mm Außen- und 8 oder 9 mm Innendurchmesser eingesetzt, in Freiluftanlagen aus V4A-Stählen. Als Verbindungen kommen wie bei Druckmessungen Schneidring- oder Klemmringverschraubungen und für sehr hohe Drücke oder besondere Dichtheitsforderungen Flansche mit Linsendichtungen oder Konusverschraubungen in Frage.

Nicht dichte Meßleitungen führen im allgemeinen zu größeren Meßfehlern als bei Druckmessungen: Im vorhergehenden Beispiel verfälschte ein Loch von 0,1 mm Durchmesser in der Nähe der Druckmeßeinrichtung bei einer 10 m langen Meßleitung eine Druckmessung von 0 bis 1 bar Überdruck um 0,01 mbar oder 0,001 %. Das gleiche Loch in *einer* der beiden Meßleitungen einer Differenzdruckmessung verfälscht diese bei einem Meßbereich von 10 mbar

Differenzdruck um 0,01 mbar oder 0,1 %. Zwar spielt unter den gegebenen Voraussetzungen dieses kleine Loch noch keine Rolle, die Wirkung auf die Meßgenauigkeit hat sich aber um das Einhundertfache erhöht.

Besonders kritisch sind Undichten von Meßleitungen bei Differenzdruckmessungen im Vakuumbereich, z.B. an Drosselgeräten zur Durchflußermittlung. Dort ist es durchaus möglich, daß die im Beispiel angenommenen Verhältnisse zu Fehlern von 10 % führen.

Besondere Aufmerksamkeit ist auch der Dichtheit der NPT-Gewindeverschraubungen am Meßumformer zu widmen. Bei metallischer Abdichtung ohne zusätzliche Dichtmittel ist absolute Dichtheit oft nicht gegeben.

Meßleitungen sind mit Gefälle und weiten Krümmungen zu verlegen. Bei Differenzdruckmessungen kommt gegenüber Druckmessungen die Erschwerung, daß die Druckentnahmestellen oft 20 oder 30 m Höhenunterschied haben. Das ist dann unvermeidlich, wenn Differenzdrücke von Destillationskolonnen oder Waschtürmen zu messen sind. Wenn ein Spülgas ausreichend hohen Druckes zur Verfügung steht und das Spülgas die Produktqualität in der Kolonne oder dem Turm nicht beeinträchtigt, werden zweckmäßigerweise – wie in Bild 108 dargestellt – die Meßumformer oberhalb des obersten Stutzens angeordnet, alle Meßleitungsstücke mit Gefälle verlegt, die Stutzen von oben oder schräg von oben in die Entnahmestellen geführt und die Absperrventile so eingebaut, daß deren Spindeln waagerecht liegen. Ein gleichmäßiger und durch Dosiereinrichtungen wie Schwebekörpermesser einstell- und überprüfbarer Spülgasstrom hält die Meßleitungen produktfrei: Es stellt sich in den Meßleitungen eine definierte Dichte ein und – wenn der Spülgasstrom keine hohen dynamischen Druckabfälle verursacht – können mit derartigen Einrichtungen Druckabfälle an Destillationskolonnen oder Waschtürmen zuverlässig und genau gemessen werden.

Schwieriger sind derartige Differenzdruckmessungen, wenn kein Spülgas eingesetzt werden kann. Es ist dann die Aufgabe zu lösen, die senkrechten Teile der Meßleitungen frei von Flüssigkeiten zu halten, denn die Flüssigkeitssäulen beeinflussen das Meßergebnis stark. Sind alle Bestandteile des zu messenden Produktes bei durch Beheizung erreichbaren Temperaturen dampf- oder gasförmig, so läßt sich durch Beheizung der Stutzen, Meßleitungen und Meßumformer sicherstellen, daß sich keine Flüssigkeitspfropfen bilden, die das Meßergebnis verfälschen würden. Liegen diese Temperaturen z.B. bei 50 °C, so ist es relativ leicht, liegen sie über 100 °C, so ist es schon relativ schwer zu verwirklichen. In diesen Problemkreis fallen auch feuchte Gase, deren Wasseranteil bei Abkühlung in den Meßleitungen kondensiert. Diese Gase müssen so stark aufgeheizt werden, daß ihr Wasseranteil gasförmig bleibt: Das Gas wird in den Meßleitungen gewissermaßen getrocknet. Es ist durchaus nicht immer erforderlich, das Wasser zum Sieden zu bringen, also auf über 100 °C aufzuheizen.

5. Anpassen, Montage und Betrieb der Druck- und Differenzdruckmeßgeräte

Eine andere Möglichkeit, deren Realisierung sich aber viele Optimisten zu leicht vorstellen, ist es, zu erwarten, daß verflüssigte Produktpfropfen aufgrund des Gefälles aus den Meßleitungen in die Apparate zurücklaufen. Der Verfasser hat immer wieder feststellen müssen, wie wenig es sich aus den allgemeinen Erfahrungen mit Flüssigkeiten herleiten läßt, wie sich Flüssigkeiten in senkrechten Meßleitungen verhalten. Es soll deshalb auf diese Problematik näher eingegangen werden.

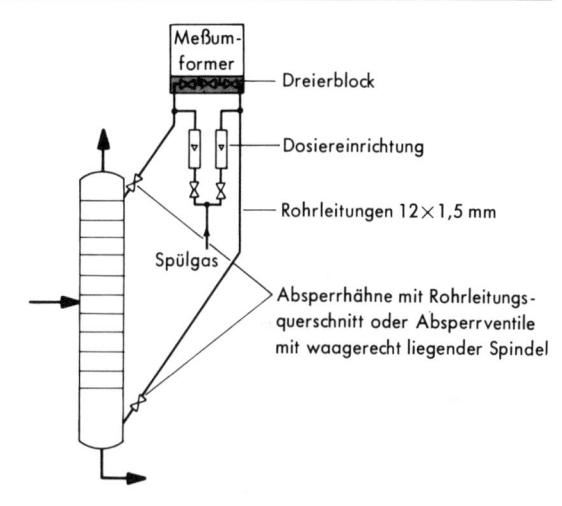

Bild 108. Differenzdruckmessung an einer Destillationskolonne.
Mit vorsichtig dosiertem Spülgas ausreichend hohen Druckes werden die Meßleitungen produktfrei gehalten. Die Dichte des Spülgases kann meist vernachlässigt oder durch Nullpunkteinstellung berücksichtigt und damit eine genaue und reproduzierbare Messung gewährleistet werden.

Als Beispiel soll eine Differenzdruckmessung an einer 5 m hohen Destillationskolonne dienen. Die Kolonne soll bei atmosphärischem Druck betrieben werden, und das Sumpfprodukt sei Wasser, es hat also eine Temperatur von etwa 100 °C. Der Differenzdruckmeßumformer ist in Höhe der oberen Druckentnahmestelle montiert und die Plusleitung – bei Destillationskolonnen ist der Sumpfdruck höher als der Kopfdruck – mit Innendurchmesser von 8 mm sachgerecht nach unten geführt (Bild 109).

Was geschieht nun im Innern der Meßleitung? Zunächst wird von der Montage her Luft in der Leitung vorhanden sein, wenn die Meßeinrichtung erstmalig in Betrieb genommen wird. Es war vorausgesetzt, daß die Kolonne bei Atmosphärendruck betrieben wird, es ist also kein Druckunterschied zwischen Kolonnensumpf und Meßleitung vorhanden, der die Luftfüllung zusammendrücken oder entspannen könnte. Die Messung ist zunächst richtig.

I. Druck- und Differenzdruckmessung

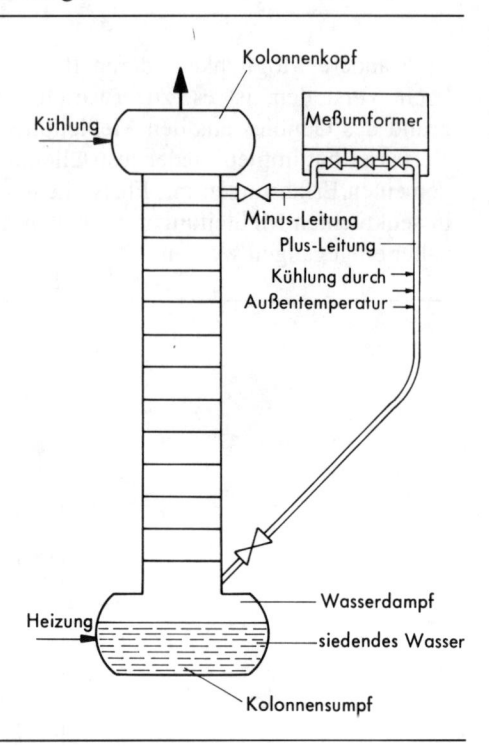

Bild 109. Differenzdruckmessung ohne Spülglas.
In den Meßleitungen kondensierende Dämpfe können nur dann als Flüssigkeitstropfen zurücklaufen, wenn die Leitungen weit genug sind.

Die Luftfüllung wird aber bald durch physikalische Vorgänge wie Lösung und Diffusion aus der Meßleitung in das Produkt entweichen, und es strömt Dampf in die Leitung. An den kalten Leitungswänden kondensiert dieser zu Wasser. Durch die Oberflächenspannung des Wassers bilden sich – wie im Bild 110 dargestellt – in der dünnen Leitung Wasserpfropfen, und die Meßleitung füllt sich allmählich mit Wasser. Das Wasser läuft nicht aus der Leitung heraus, denn es müßte ja durch Dampfblasen ersetzt werden, die sich aber abkühlen und dabei kondensieren.

Ist der Höhenunterschied zwischen Meßumformer und Plusstutzen 5 m, so entsteht bei voller Leitungsfüllung ein Meßfehler von etwa 500 mbar, der bei einem Differenzdruckmeßbereich von 50 mbar zehnmal so groß wie der Meßbereich ist und das Ausgangssignal auf Null gehen läßt.

Bei sehr weiten Meßleitungen, z.B. mit 30 mm Innendurchmesser, ist – wie im Bild 111 dargestellt – der Vorgang anders: Es wird in der Leitung Dampf nach oben strömen, an den Wänden kondensieren und als Wasser an den Wänden nach unten laufen, da eine Pfropfenbildung in weiten Leitungen nicht stattfindet. Für das herunterlaufende Wasser strömen gleiche Raumteile Dampf in die Leitung, der wieder an den Wänden kondensiert und als Wasser nach unten läuft. Auch dieser Vorgang führt zu Meßfehlern, denn strömendes Produkt erzeugt in Leitungen Druckabfälle. Allerdings ist die Beeinflussung nicht so stark wie im Beispiel der engen Leitungen.

5. Anpassen, Montage und Betrieb der Druck- und Differenzdruckmeßgeräte 123

Die Beeinflussung hängt unter anderem davon ab, wieviel Dampf in die Leitung strömte, das davon, wieviel Wasser kondensiert und dies schließlich davon, wie stark die Leitung gekühlt wird. Eine wärmeisolierte Leitung wird sich durch kondensierenden Dampf allmählich auf 100 °C aufheizen und dann kann kein Dampf mehr kondensieren: Die Leitung ist mit nahezu ruhendem Dampf gefüllt, und die Messung kann den Differenzdruck richtig anzeigen.

Luftblasen

Wasserpfropfen

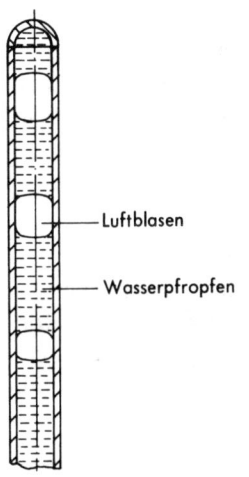

Bild 110. Verhalten kondensierender Dämpfe in oben geschlossenen, engen Meßleitungen.
In den Leitungen kondensierende Dämpfe bilden Wasserpfropfen, die nicht zurücklaufen können. Von der Inbetriebnahme her vorhandene Luft ist in Blasen eingeschlossen. Sie entweicht allmählich in das Produkt.

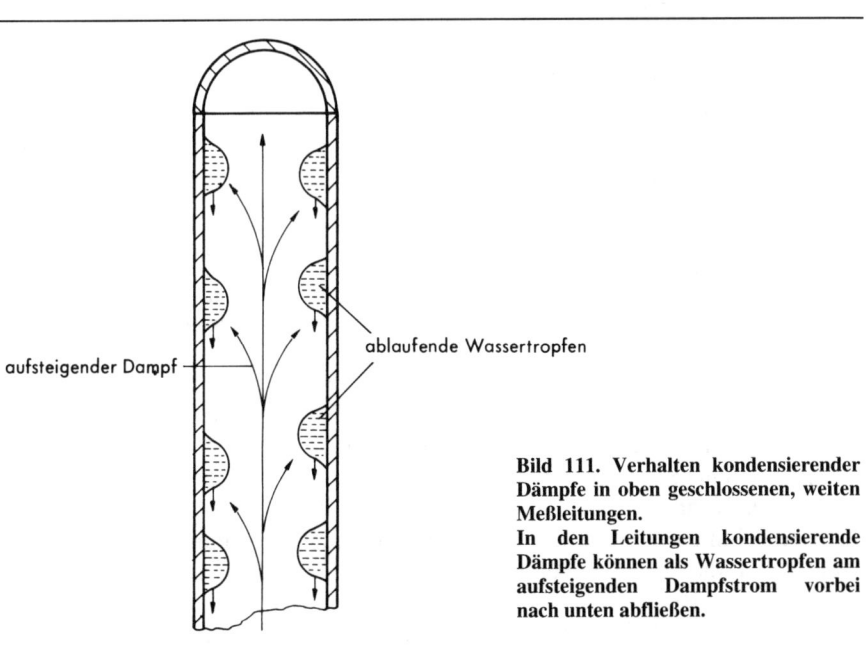

aufsteigender Dampf

ablaufende Wassertropfen

Bild 111. Verhalten kondensierender Dämpfe in oben geschlossenen, weiten Meßleitungen.
In den Leitungen kondensierende Dämpfe können als Wassertropfen am aufsteigenden Dampfstrom vorbei nach unten abfließen.

124   I. Druck- und Differenzdruckmessung

Das Beispiel zeigt: Wenn eine Beheizung oder Spülung der Meßleitung nicht möglich ist, können weite Meßleitungen mit entsprechender Wärmeisolation und zweckmäßigerweise einem Abscheider richtige Meßergebnisse gewährleisten. Der geeignete Durchmesser der Leitung hängt dabei von vielen Faktoren wie Oberflächenspannung, Zähigkeit, Druck und Temperatur des Produktes ab.

Das Beispiel wurde so ausführlich dargestellt, weil es für eine sachgerechte Lösung von Differenzdruckmessungen – die sachgerechte Planung, sachgerechte Montage und sachgerechten Betrieb in sich einschließt – unbedingte Voraussetzung ist, daß sich Techniker und Mechaniker Gedanken machen, welchen Zustand das Produkt in der Meßleitung während des Betriebes annehmen wird.

● *Schutzvorrichtungen*

Manometer werden gegen Erwärmung durch heiße Dämpfe mit Hilfe von Wassersackrohren (Bild 112) geschützt: In diesen Rohren kühlt sich der Dampf ab und kondensiert zu Wasser, das durch die besondere Form der Rohre am Zurücklaufen gehindert wird. Die Absperreinrichtung am Manometer darf erst geöffnet werden, wenn die Wassersackrohre mit Kondensat gefüllt sind und sich auf Umgebungstemperatur abgekühlt haben.

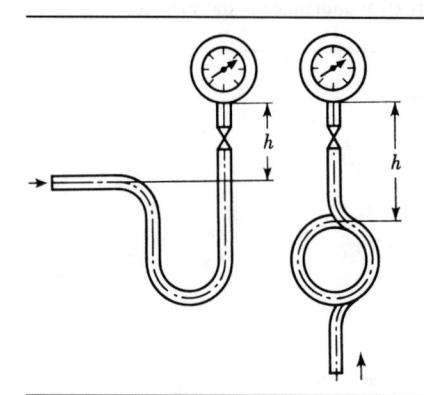

Bild 112. Wassersackrohre.
Wassersackrohre schützen Druckmeßgeräte für Dampf vor zu hohen Temperaturen. Der Kondensatstand hat die wirksame Höhe h.

Meßumformer für Druckmessungen an heißen Dämpfen werden meist von der Entnahmestelle entfernt angebracht. Wenn der Meßumformer tiefer als der – nach Möglichkeit waagrechte – Stutzen montiert wird, können Wassersackrohre oder Kondensgefäße entfallen, weil sich bei Meßumformern das Meßkammervolumen mit Druckänderungen meist nur sehr wenig ändert. Günstig ist es dabei, die Meßleitungen vom Stutzen ein Stück waagerecht weiterzuführen: In dem waagerechten Stück stellt sich die Grenze zwischen Dampf und Kondensat ein und die waagerechte Verschiebung dieser Grenze bedingt dann keine Beeinflussung des Meßergebnisses.

5. Anpassen, Montage und Betrieb der Druck- und Differenzdruckmeßgeräte 125

Meßgeräte für Druckmessungen an heißen Dämpfen, bei denen der Meßvorgang mit einer größeren Volumenänderung verbunden ist (z.b. bei U-Rohren mit Schenkeln großen Innendurchmessers), müssen durch Abgleichgefäße (Bild 113) geschützt werden. Die Abgleichgefäße gewährleisten, daß der statische Einfluß der Kondensatsäule auf die Messung unabhängig ist von der Änderung des Volumens des Meßsystems. Die Abgleichgefäße sind unmittelbar an der Druckentnahmestelle anzubringen mit Druckzuführung in einer mittleren Höhe, wobei der Wasservorrat im oberen Teil für Verschiebungen zur Verfügung steht. Die Höhe des Wasservorrates *über* dem Stutzen hat dabei keinen Einfluß auf die Messung. Der Vorgang in dem Abgleichgefäß sei genauer erklärt: Wird angenommen, daß das Meßsystem frei von Luft oder anderen inerten Gasen ist, dann ist das Vorratsgefäß voll mit Kondensat gefüllt, denn Wasserdampf kondensiert, wenn er sich abkühlt. Erweitert sich bei Druckanstieg das Volumen des Meßsystems, so strömt Dampf durch den Stutzen nach. Die Dampfblasen steigen nach oben in das Gefäß, und Kondensat kann in das erweiterte Meßsystem fließen. Dieser Zustand ist im Bild 113 (links) dargestellt. Der in den oberen Raum gelangte Dampf kühlt sich wieder ab und kondensiert, es wird neuer Dampf eingesogen, bis das Abgleichgefäß voll mit Kondensat gefüllt ist (Bild 113 rechts). Bei Verringerung des Meßsystemvolumens wird Kondensat in die Produktleitung gedrückt.

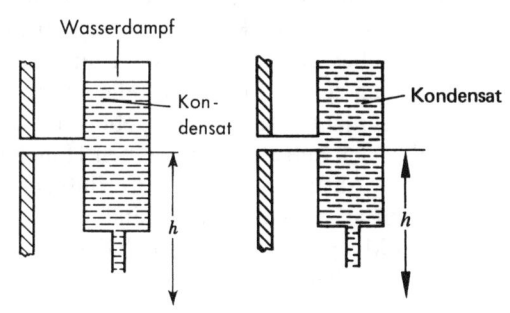

Bild 113. Abgleichgefäß.
Die obere Begrenzung der wirksamen Kondensatsäule liegt in Höhe des Stutzens.

Wie Druckmeßgeräte, so werden auch *Differenzdruckmeßgeräte* durch Abgleichgefäße oder geeignete Montage gegen unerwünschte Erwärmung durch das Meßprodukt geschützt. Wassersackrohre haben geringere Bedeutung. U-Rohr-Manometer, Bartonzellen oder andere Geräte mit größerer Änderung des Meßkammervolumens bei Differenzdruckänderungen müssen unterhalb der Entnahmestelle montiert werden. Abgleichgefäße sorgen dafür, daß sich bei Änderungen des Meßwertes die Höhe der Flüssigkeitssäule über dem Meßgerät nur geringfügig ändert.

Moderne Meßumformer haben sehr kleine Änderungen des Meßkammervolumens (0,005 bis 0,5 cm^3), deshalb können Abgleichgefäße entfallen. Es ist

126 I. Druck- und Differenzdruckmessung

dann zweckmäßig, die Meßleitungen vom Stutzen weg ein Stück waagerecht zu verlegen. Der Übergang zwischen Dampf und Flüssigkeit geschieht dann in einem waagerechten Rohrstück, und eine Verschiebung dieser Grenze beeinflußt die Messung nicht.

Abgleichgefäße erleichtern allerdings auch bei diesen Geräten die Handhabung: Durch den größeren Kondensatvorrat läßt sich das System entlüften, ohne daß anschließend umständliche Maßnahmen zur Wiederinbetriebnahme erforderlich werden.

● *Einfluß der Höhenlage*

Die Höhendifferenz zwischen Entnahmestelle und Meßgerät beeinflußt das Meßergebnis, wenn das zu messende Fluid bei Umgebungstemperatur eine von der Umgebungsluft abweichende Dichte hat. Das hat besonders bei Flüssigkeiten Bedeutung, es kann aber auch – daran wird meist nicht gedacht – bei der Messung von Niederdruckgasen mit von der Umgebungsluft verschiedener Dichte, z.B. Wasserstoff, eine Rolle spielen.

Das Meßergebnis in bar ist zu korrigieren mit dem Betrag

$$\pm 0{,}0981\, h\, (\rho - \rho_L),$$

wenn h in m und die Dichte ρ des Meßfluids und ρ_L der Luft in kg/dm^3 eingesetzt werden. Für den Korrekturbetrag gilt das positive Vorzeichen, wenn das Meßgerät über der Entnahmestelle und das negative Vorzeichen, wenn das Meßgerät unter der Entnahmestelle montiert wurde. So ist z.B. bei Wasser oder Wasserdampf vom Meßergebnis 1 bar abzuziehen, wenn das Meßgerät gegenüber der Entnahmestelle einen Höhenunterschied von 10,20 m hat. Der horizontale Abstand hat keinen Einfluß auf das Meßergebnis. Bei Überdruckmessungen an Wasserstoffgas sind vom Meßergebnis 1,1 mbar abzuziehen, wenn das Meßgerät 10 m oberhalb der Entnahmestelle angebracht wurde[21]. 1,1 mbar entsprechen 11 mm Wassersäule, das bedeutet für einen durchaus realistischen Meßbereich von 5 mbar oder 50 mm WS einen Fehler von 22 %.

Der Einfluß der Höhenlage kann bei Meßumformern, deren Nullpunkt unter betriebsmäßig gefüllten Meßleitungen nachstellbar ist, leicht kompensiert werden. Es ist aber das Problem der betriebsmäßigen Prüfung zu lösen: Es muß die Meßleitung an der Entnahmestelle entspannt werden können, ohne daß sich an der Dichte des Produktes in der Meßleitung etwas ändert.

Wie schon ausgeführt, beeinflußt die Höhenlage von Entnahmestellen und Meßumformern das Meßergebnis. Allerdings heben sich bei *Differenzdruckmessungen* die Wirkungen dann auf, wenn beide Entnahmestellen in gleicher Höhe liegen und in beiden Meßleitungen gleiches Produkt ist. Ist eine dieser Voraussetzungen nicht gegeben, so muß die Beeinflussung des Meßergebnis-

---

21 Hier hat der Ausdruck $(\rho - \rho_L)$ wegen $\rho = 0{,}1 \cdot 10^{-3}$ und $\rho_L = 1{,}2 \cdot 10^{-3}$ negatives Vorzeichen.

5. Anpassen, Montage und Betrieb der Druck- und Differenzdruckmeßgeräte

ses für beide Meßleitungen berechnet werden, wie es für Druckmessungen beschrieben wurde. Beide Beeinflussungen sind voneinander abzuziehen und das Meßergebnis mit dieser Differenz zu korrigieren.

Am Beispiel der 5 m hohen Destillationskolonne mit der wärmeisolierten, weiten Meßleitung beeinflußt die 5 m hohe Wasserdampfsäule in der Plusleitung das Meßergebnis nur wenig: Es wird ein um den Betrag

$$0{,}0981\, h \cdot \rho_{Dampf}$$

geringerer Wert angezeigt oder vom Meßumformer ausgegeben. Die Dichte der Umgebungsluft, die bei der Berechnung des Einflusses der Höhenlage bei Druckmessungen berücksichtigt werden mußte, hat bei Differenzdruckmessungen keine Bedeutung, denn die "ideale" Dichte in der Meßleitung ist nicht wie bei Druckmessungen die Dichte der Umgebungsluft, sondern die Dichte Null.

Für die angenommenen Daten der Destillationskolonne wird das Meßergebnis um etwa 0,3 mbar, oder, bei einem Meßbereich von 30 mbar, um etwa 1 % verfälscht, denn h ist 5000 mm und die Dichte des Dampfes 0,0006 kg/dm³.

c) Inbetriebnahme und Bedienung

Sind Druckmeßgeräte sorgfältig ausgewählt und angepaßt und sind sie fachgerecht montiert worden, so ist bei der Inbetriebnahme und beim Überprüfen zu beachten, daß die Geräte durch plötzliche Be- und Entlastung nicht beschädigt werden und daß die Geräte durch heiße Dämpfe keine unzulässig hohen Temperaturen annehmen. Es sind also die Absperr- und Entlüftungsventile vorsichtig zu öffnen und wenn der Druck heißer Dämpfe gemessen werden soll, ist das Meßsystem durch mehrmaliges langsames Auffüllen und Abkühlenlassen vorsichtig mit kaltem Kondensat zu füllen, ehe das Absperrventil am Gerät geöffnet wird.

Stellen sich bei Abstell- oder Reparaturarbeiten der Chemieanlage höher als die betriebsmäßig vorgesehenen Drücke ein, so sind nicht überdrucksichere Meßgeräte durch Schließen der Absperrventile und Öffnen der nachgeschalteten Meßleitungen vor Überlastung zu schützen. Das Schließen der Absperrventile allein genügt meist nicht, denn schon kleinste Undichten haben besonders bei Flüssigkeitsmessungen zur Folge, daß sich der Druck auch im abgeschlossenen Meßsystem aufbaut.

Differenzdrücke sind häufig bei höheren statischen Drucken zu messen, und wir erfuhren, daß sich für Differenzdruckmessungen deshalb – gegenüber den Druckmessungen – oft zusätzliche Schwierigkeiten oder Probleme bei der Auswahl, dem Anpassen und bei der Montage der Geräte ergaben.

Auch bei der Inbetriebnahme und Bedienung soll auf die Besonderheiten näher eingegangen werden: Für die Inbetriebnahme sind Umgangsblöcke (Bilder 104 und 105) unerläßlich, denn es ist unmöglich, die Absperrventile an den

Druckentnahmestellen so zu öffnen, daß sich der statische Druck mit gleicher Geschwindigkeit in beiden Meßkammern aufbaut und das Gerät nicht überlastet wird. Eine sachgerechte Inbetriebnahme mit Umgangsblock geht so vor sich: Es wird zunächst der Umgang geöffnet, anschließend langsam der Plusanschluß, bis der Meßumformer unter statischem Druck steht. Dann wird der Umgang geschlossen und der Minusanschluß geöffnet. Zweckmäßig ist es, wenn die Anzeige des Gerätes oder das Ausgangssignal des Meßumformers dabei beobachtet werden: Der Meß- und Regelmechaniker kann dann aus dem Reagieren des Gerätes bei der Inbetriebnahme Schlüsse auf die Dichtigkeit der Meßleitungen und auf den Zustand des Gerätes ziehen.

Die Außerbetriebnahme geht in umgekehrter Reihenfolge vor sich. Auf jeden Fall gehört zum Absperren der Verbindung zu den Druckentnahmestellen auch das Öffnen des Umgangsventils.

Differenzdruckmeßeinrichtungen für heiße Dämpfe müssen durch mehrmaliges langsames Auffüllen und Abkühlenlassen vorsichtig mit Kondensat gefüllt werden, ehe das Meßgerät in Betrieb genommen wird

Meßgeräte für Flüssigkeiten sind an den dafür vorgesehenen Entlüftungsverschraubungen von in den Meßleitungen und Meßkammern vorhandenen Gasblasen zu entlüften und Meßgeräte für Gase entsprechend zu entwässern.

Für die Meßumformer ist eine regelmäßige Nullpunktkontrolle und gegebenenfalls -nachstellung erforderlich. Es wird dazu der Minusanschluß geschlossen und der Umgang geöffnet: Der Nullpunkt kann unter Druck eingestellt werden.

II. Füllstandmessung

1. Allgemeines

● *Begriffe*

Füllstandmessungen sind Messungen der Standhöhen von Füllgütern in Behältern. Es handelt sich dabei meist um flüssiges, aber auch um festes und – in Gasbehältern – sogar um gasförmiges Füllgut.

Die Standhöhe des Füllgutes hat als Meßgröße deshalb Bedeutung, weil sich daraus und aus den geometrischen Abmessungen des Behälters die im Behälter enthaltene Menge errechnen läßt. Das ist uns auch aus dem Alltag bekannt: Die Standhöhe des Heizöls im Vorratstank der Zentralheizungsanlage zeigt die noch vorhandene Menge an Brennstoff an, wir können mit genauen Meßgeräten den täglichen oder wöchentlichen Verbrauch berechnen und wissen, wann wieder nachgefüllt werden muß. Auch die "Benzinuhr" im Auto ist eine Standmeßeinrichtung, und mit einem Peilstab wird überprüft, ob der Motorölvorrat noch ausreichend ist.

Auch in der Verfahrenstechnik werden Standmessungen meist eingesetzt, um die *Menge* des Füllgutes in Behältern zu ermitteln. Wie bei den Beispielen aus dem Alltag variieren die erforderlichen Genauigkeiten. Für die Lagerung von Zollgut darf die Eichfehlergrenze bei Tankhöhen von 10 m nur 3 mm betragen. Das ist ein relativer Fehler von 0,03 %! Andere Aufgaben bestehen darin, eine Überfüllung oder zu starke Entleerung von Behältern zu verhindern oder in Pumpenvorlagen den Flüssigkeitsstand in einem mittleren Bereich zu halten, um Störungen im Zu- oder Ablauf jederzeit ausregeln zu können. Bei diesen Aufgaben kommt es mehr auf sichere Funktion an als auf hohe Genauigkeit der Meßeinrichtung.

In der Verfahrenstechnik ist darüber hinaus *das genaue Einhalten* eines *Flüssigkeitsstandes* oft Voraussetzung für den richtigen Ablauf eines Verfahrensschrittes, beispielsweise für die Funktion eines Umlaufverdampfers einer Destillationskolonne. Weitere Beispiele sind *Trennschichtregelungen* in Behältern, wo Flüssigkeiten verschiedener Dichte zu trennen sind oder Füllstandregelungen, um auf der Oberfläche von Flüssigkeiten schwimmende Verunreinigungen abzugießen.

● *Einheiten*

Die Messung der Füllstandhöhe ist eine Längenmessung. Die gesetzliche – und bei uns auch gebräuchliche – Einheit ist das Meter mit dem Einheitenzeichen m. Abgeleitet sind cm und mm. Die Meßspannen gehen von einigen cm

130 II. Füllstandmessung

für spezielle Regelaufgaben bis zu über 50 m für die Ermittlung des Füllungsgrades von Gasbehältern.

● *Darstellung der Meßgröße Füllstand*

Die Aufgabe, die Meßgröße Füllstand zu verarbeiten, wird nach DIN 19227 mit dem Kennbuchstaben L und den entsprechenden Folgebuchstaben dargestellt. L ist eine Abkürzung des englischen Wortes "level" und bedeutet: ebene Fläche, Niveau.

Bild 114 stellt dar die Aufgabe Standmessung mit Anzeige in einer zentralen Warte und die Aufgabe, den Behälter gegen Überfüllung durch Meldung zu sichern. Für die zweite Aufgabe wird der Folgebuchstabe A (Grenzwertmeldung, Alarm) mit dem Zeichen + (oberer Grenzwert) eingesetzt.

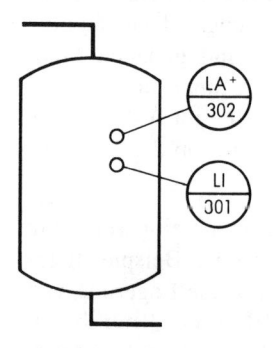

Bild 114. Darstellung der MSR-Aufgabe "Füllstandmessung".
LI 301 Füllstandanzeige in Prozeßleitwarte,
LA+ 302 Füllstandsicherung mit Meldung beim Überschreiten des oberen Grenzwertes.

Sicherungseinrichtungen für Behälterstände, die das Grenzsignal nicht vom Ausgangssignal eines Standmeßumformers generieren, sollen im Zusammenhang mit den Meßgeräten bzw. im Abschnitt j) behandelt werden, wenn sie sich bevorzugt für *binäre* Signalgabe eignen.

● *Gliederung*

Die Füllstandmessung gliedert sich so: Im folgenden Abschnitt *Füllstandmeßgeräte* werden unter a) bis j) die verschiedenen, zur Füllstandmessung genutzten physikalischen Prinzipien erläutert und dafür typische Geräte vorgestellt. Abschnitt 3. befaßt sich mit der *Inhaltsbestimmung von Lagerbehältern*. In Abschnitt 4. werden *Anforderungen an Füllstandmessungen* aufgezeigt und Möglichkeiten zu deren Erfüllung genannt. Eine *Entscheidungstabelle* soll helfen, für den Einsatzfall geeignete Geräte herauszufinden. Mit dem *Anpassen*, der *Montage* und dem *Betrieb* von Füllstandmeßgeräten befaßt sich der letzte Abschnitt 5.

2. Füllstandmeßgeräte

Die Aufgabenstellung für Füllstandmessungen ist vielfältiger als die für Druck- oder Differenzdruckmessungen. Es müssen deshalb die verschiedenartigsten Meßgeräte eingesetzt werden, deren Prinzipien hier aufgezeigt werden sollen.

● *Meßprinzipien*

Füllstandmessungen sind *Längenmessungen*. Die einfachsten und auch die genauesten Meßeinrichtungen wenden dieses Prinzip direkt an, z.b. Standmessungen mit Peilstäben oder Peilbändern, in Schau- und Standgläsern, aber auch mit Schwimmern oder Tastplatten, deren Bewegung über Seile auf Meßtrommeln übertragen wird.

Andere Meßeinrichtungen bestimmen aus *längenabhängigen* Effekten die Standhöhe, z.b. kapazitive, radiometrische und Leitfähigkeitsmeßgeräte. Auch Standmessungen über die Laufzeiten von Ultraschall-, Radar- oder Lasersignalen, die an den Flüssigkeitsoberflächen reflektiert werden – Echolote – gehören zu dieser Gruppe.

Über die Messung *der Auftriebskraft,* die ein zylindrischer Verdränger in der Flüssigkeit erfährt, erzeugen viele Meßumformer ein der Standhöhe entsprechendes Ausgangssignal. Einfach, robust und betriebssicher arbeiten Einrichtungen, die Standhöhen ausgeben oder anzeigen über Messungen des *hydrostatischen* Druckes. Auftriebs- und hydrostatische Meßeinrichtungen messen nicht die Füllhöhe, sondern das Produkt aus Füllhöhe mal *Dichte*. Bei wechselnder Dichte der Flüssigkeit wird eine für m oder cm ausgelegte Anzeige verfälscht.

In den letzten Jahren ist die Digitaltechnik rasch auch in die Geräte zur Füllstandmessung eingezogen. So finden wir neben den bewährten konservativen Geräten – z.b. den Verdrängermeßumformern – sehr interessante Neuentwicklungen, die sich bisher in der Fülstandmeßtechnik nicht bekannter physikalischer Prinzipien bedienen.

So ist es erstaunlich, daß neben eichfähigen Schwimmermeßeinrichtungen auch kapazitive, US-, Radar- und Bodendruckmeßeinrichtungen angeboten wurden, die für den eichpflichtigen Verkehr zugelassen sind oder doch Aussicht haben, zugelassen zu werden. Da Füllstandmessungen den Anforderungen an Längenmessungen genügen müssen, liegen die dafür maßgebenden Fehlergrenzen nur im Zehntel-Promille-Bereich, und die Füllstandmeßeinrichtungen müssen diese – sonst in der Verfahrensmeßtechnik nur von den Wägeeinrichtungen erreichten – Genauigkeiten einhalten.

Aber auch nicht eichfähige Geräte nutzen die Digitaltechnik, um hohe Meßgenauigkeiten, Kommunikation mit den eingebauten Geräten und kontinuierliche Selbstüberwachung bieten zu können. Neben analogen bieten sie z.T. auch digitale Ausgangssignale, Anpassen des Meßbereichs und Anheben des Meßanfangs geschehen, statt wie bisher mechanisch, jetzt softwaremäßig. Zur Standardisierung halten in die Meßzellen integrierte EPROMs die zellenspezifischen Daten fest.

Trotz aller technischer Perfektion: Das alle Aufgaben lösende Gerät gibt es nicht. Neben Einschränkungen durch die besonders für Füllstandmessungen weiten Grenzen der Druck- und Temperaturbereiche, sind es auch die physikalischen Eigenschaften der Füllgüter, die Verfahren bevorzugen oder ausschließen: Sehr oft stören Schäume auf den Flüssigkeitsoberflächen oder Verkrustungen auf den meßsensitiven Trennflächen, geringe Dieelektrizitätskonstanten schränken nicht nur kapazitive, sondern auch Radar-Verfahren ein, und auch Leitfähigkeitsgrenzen von 1 µS / cm oder 1 mS / cm haben Bedeutung auf die Gruppen- bzw. die Gerätewahl.

a) Mechanische Füllstandmeßgeräte

Sehr genau und sehr zuverlässig läßt sich der Füllstand mit mechanischen Längenmeßgeräten ermitteln. Trotz dieser positiven Eigenschaften haben diese Geräte für die Ausrüstung von Anlagen mit MSR-Einrichtungen geringere Bedeutung als die nach dem hydrostatischen oder nach dem Auftriebsprinzip arbeitenden Geräte. Das liegt daran, daß entweder ihre Einsatzbereiche – wie bei Peilbändern – auf drucklose Tanks und saubere Flüssigkeiten eingeschränkt oder die Geräte sehr aufwendig sind. Auch eine Fernübertragung des Meßwertes ist bei dieser Geräteart nicht immer möglich.

● *Peilbänder, Peilstäbe*

Peilbänder und Peilstäbe sind für die laufende Überwachung von Behältern ohne Bedeutung, wohl aber für die Behältereichung – für die Ermittlung des von der Füllhöhe abhängigen Inhalts von Behältern: Bei gleichzeitiger Messung des Höhenstandes werden die Behälter über Eichgefäße oder Zähler mit Wasser gefüllt. In Eichtafeln wird dann der Füllstand dem zugehörigen Füllvolumen gegenübergestellt. Für jede Messung muß das Peilband aus dem Behälter herausgezogen und die Lage der Benetzungsgrenze durch das Wasser, die der Höhe der Wasseroberfläche entspricht, abgelesen werden. Um eine einwandfreie Messung zu erzielen, wird das Peilband oft mit Peilpaste, Kreide oder einer geeigneten Farbe präpariert. Wichtig ist, daß das Peilband für jede Messung die *gleiche relative Höhe* zum Behälter hat.

Das läßt sich auf zwei Arten verwirklichen (Bild 115): Durch einen Anschlag des Peilbandes an einer Anlegekante z.B. dem Flansch eines Peilstutzens, der in die *Oberseite* des Behälters eingeschweißt ist – nach diesem Prinzip arbeiten auch die Peilstäbe für den Stand des Motoröls im Auto – oder durch Aufsetzen des Spanngewichts des Peilbandes auf einen Peiltisch, der *unten* im Behälter angebracht ist. Die letztgenannte Methode hat den Nachteil, daß auch

2. Füllstandmeßgeräte 133

bei vorsichtiger Einführung das Peilband beim Aufsetzen des Gewichtes etwas entlastet wird, nicht ganz straff gespannt bleibt und damit zu Fehlmessungen führen kann. Außerdem kann sich der Peiltisch im Laufe der Zeit mit festen Produktresten belegen, was natürlich auch zu Meßfehlern führt, wenn später einmal die Messung wiederholt oder mit der eines anderen Meßgerätes verglichen werden muß.

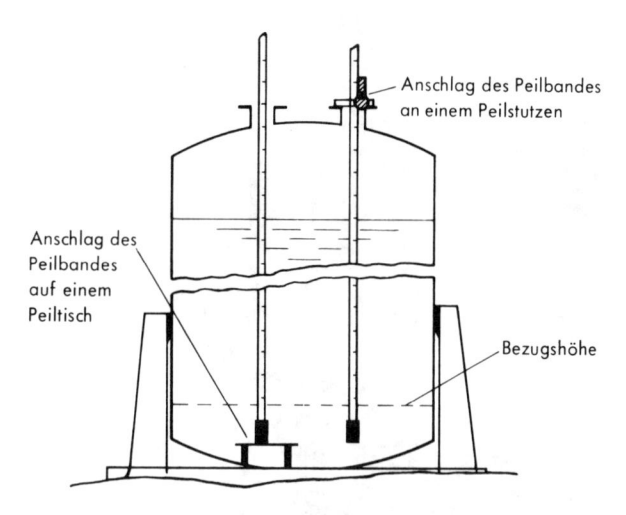

Bild 115. Füllstandmessung mit Peilbändern.
Die Peilbänder können entweder auf einem Peiltisch oder an einem Peilstutzen angeschlagen werden, um für jede Messung die gleiche relative Höhe zum Behälter zu gewährleisten. Die Füllung des Behälters wird häufig von einer Bezugshöhe an gerechnet.

Deshalb ist der obere Peilstutzen vorzuziehen. Der Stutzen sollte geeignet gekennzeichnet und nicht für andere Zwecke freigestellt werden. Anschlag kann ein Feilkloben sein, in den höhengerecht das Peilband eingespannt wird. Die Füllhöhe h wird im allgemeinen von einer Bezugshöhe aus gerechnet, die einer geringen Füllung des Behälters, z.B. 5 % (Sumpf), zugeordnet ist.

● *Schaugläser*

Die Möglichkeit zur örtlichen Beobachtung von Flüssigkeitsständen bieten seitlich an den Behältern in Parallelgefäßen angebrachte, für Reinigungs- und Reparaturarbeiten absperrbare Schaugläser (Bild 116). Für drucklose Behälter sind dies Glasrohre von 15 bis 20 mm Weite, für höhere Drücke Metallrohre mit Hochdruckschaugläsern, die innen gerillte Oberflächen haben, um den Flüssigkeitsstand besser erkennen zu können. Obwohl diese Geräte für Dampfkesselanlagen zwingend vorgeschrieben sind, ist ihr Einsatz für viele chemische Produkte, die zäh oder verunreinigt sind oder sich an den Glasflächen ablagern, recht problematisch. Hinzu kommt, daß die Oberfläche im Schauglas nur dann mit der im Behälter auf gleicher Höhe liegt, wenn die Dichten des Meßstoffes im Behälter und im Parallelgefäß gleich sind. Bei heißen Produkten, die sich im Parallelgefäß abkühlen, ist das meist nicht der Fall.

Bild 116. Füllstandmessung mit einem Schauglas.
Das Bild zeigt den Glashalter mit Ex-geschützter Beleuchtungseinrichtung, das untere Schnellschlußventil (rechts), das Ablaßventil (unten) und einen Flanschanschluß für den Heizmantel.

● *Füllstandmeßgeräte mit Schwimmern oder Tastplatten*

Schwimmer oder Tastplatten übertragen die vertikalen Bewegungen der Flüssigkeitsoberfläche über elektrische, magnetische oder mechanische Einrichtungen wie Reedketten, Magnetklappen (Bild 117), Seile oder Gestänge auf außerhalb des Tankraumes liegende Anzeige- oder Fernübertragungseinrichtungen. *Schwimmer* sind vorwiegend kugel- oder linsenförmige Hohlkörper, deren spezifisches Gewicht geringer als das der Flüssigkeit ist, die also auf der Oberfläche schwimmen. Sie erhalten – wenn sie entsprechend bemessen sind – aus dem Auftrieb die Energie zur Betätigung der Anzeigeeinrichtungen. Änderungen in der Dichte der Flüssigkeit oder Änderungen im Reibungsverhalten der Übertragungseinrichtungen führen zu Verfälschungen des Meßwertes. Der Effekt ist um so geringer, je flacher der Schwimmer ist, denn ein durch Dichteänderung bedingtes, z.B. zehn Prozent tieferes Eintauchen eines Schwimmers von 100 mm Höhe führt zu einem Meßfehler von 5 mm, ein ebenfalls zehn Prozent tieferes Eintauchen eines flachen Schwimmers von 50 mm Höhe nur zu einem Meßfehler von 2,5 mm. Es wurde dabei vorausgesetzt,

2. Füllstandmeßgeräte 135

daß es sich um zylindrische Schwimmer handelt, die bei Auslegungsdichte zur Hälfte eintauchen.

Noch geringere Fehler durch Dichteänderungen haben Systeme mit *Tastplatten*[22]. Dies sind flache Platten, die an sich spezifisch schwerer als die Flüssigkeit sind, jedoch über Seile durch Gegengewichte oder durch mit Hilfsenergie betriebenen Einrichtungen so ausgewogen werden, daß sie etwa zur Hälfte eintauchen. Eine zehnprozentige Dichteänderung hat bei einer 7 mm hohen Tastplatte nur einen Meßfehler von 0,35 mm zur Folge. Für Präzisionsmeßgeräte sind deshalb Tastplatten einzusetzen.

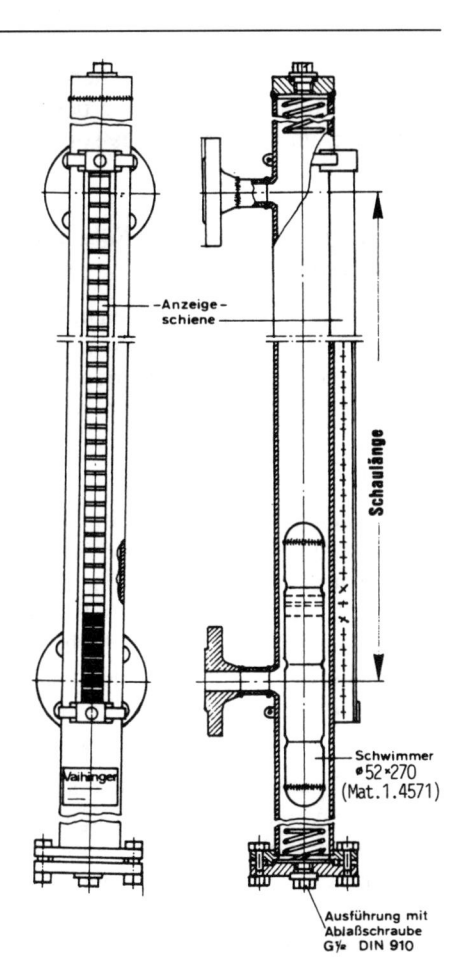

Bild 117. Magnetklappen-Anzeiger (Vaihinger).
Der in einem Parallelgefäß geführte Schwimmer stellt über einen eingebauten Magneten eine Reihe beweglicher Magnetklappen, die sich bei Schwimmerdurchgang um 180° drehen und dem Betrachter mit deutlich andersfarbiger Rückseite den geänderten Füllstand anzeigen. Die Geräte lassen sich auch mit Reed-Ketten zur Weiterverarbeitung der Meßwerte und mit Grenzkontakten ausrüsten.

---

[22] Neuerdings (VDI/VDE 3519, Eichordnung) wird nur von *Schwimmern* gesprochen.

Schwimmer und Tastplatten müssen so gut geführt werden, daß sie nur vertikalen Bewegungen der Flüssigkeit folgen können und daß in den Behältern vorhandene – oft recht beträchtliche – rotierende Strömungen sie nicht stören. Die Vertikalbewegung wirkt meist über straff gespannte Seile auf Trommeln. Der Stand der Seiltrommel wird uhrzeigerartig zur Anzeige gebracht. An dem "kleinen" Zeiger läßt sich der Stand ungefähr, bei zusätzlicher Beachtung des "großen" Zeigers genau ablesen.

Stehen die Behälter unter Über- oder Unterdruck, so muß die Bewegung des Schwimmers oder des Meßsystems noch aus dem Druckraum nach außen geführt werden. Es handelt sich bei diesen Geräten darum, größere Wege nach außen zu übertragen, so daß die bei den Differenzdruckmeßgeräten beschriebenen Torsionsrohr-, Faltenbalg- oder Biegeplattendurchführungen nicht in Frage kommen. Meist wird deshalb die Bewegung über eine magnetische Kupplung übertragen. Dieses soll an Ausführungsformen von Geräten näher beschrieben werden.

● *Ausführungsformen von Füllstandmeßgeräten mit Schwimmern oder Tastplatten*

Es sollen für dieses Prinzip charakteristische Geräte beschrieben werden. Wir wollen dabei zwischen Schwimmer- und Tastplattengeräten deshalb unterscheiden, weil beide Geräteärten recht unterschiedliche Gruppenmerkmale haben.

– *Schwimmergeräte*

Mit einem Schwimmer arbeitet die Behälterstandmeßeinrichtung der Firma Krohne (Bild 118). In den Behälter wird ein vertikales, unten verschlossenes und oben offenes Führungsrohr aus VA-Stahl eingebracht. Eine Flanschverbindung an der Oberseite des Behälters sorgt für druckfesten Abschluß des Behälterinnenraumes. Der Schwimmer ist ein kugelförmiger Hohlkörper aus VA-Stahl. Er hat eine mit Gleitnocken versehene zylindrische Hülse, die auf dem Führungsrohr gleitet und den Schwimmer auf vertikale Bewegungen beschränkt.

Die Bewegung des Schwimmers wird über eine Magnetkupplung aus dem Druckraum herausgeführt: Geeignet im Schwimmer angeordnete Ringmagnete mit radialer Polung erzeugen ein Magnetfeld im Innern des Führungsrohres das ein dort befindliches Folgemagnetsystem zwingt, der durch Änderungen des Füllstandes bedingten Auf- und Abwärtsbewegung des Schwimmers zu folgen. Die Bewegung des Folgemagneten wird über ein Drahtseil auf eine Seiltrommel übertragen. Ein mit dieser verbundenes Anzeigewerk zeigt die Höhe des Füllstandes im Behälter mit cm- und m-Skalen getrennt an. Das Gewicht des Folgemagneten wird über entsprechende Federkräfte oder – im ähnlich wirkenden Gerät nach Bild 119 – Gegengewichte ausgeglichen. Die

Meßgeräte arbeitet ohne Hilfsenergie, sie erhalten die zur Betätigung erforderliche Energie von den Fördereinrichtungen des Füllguts. Die Geräte sind robust und betriebssicher; sie sind für Meßhöhen bis maximal 18 bzw. 20 m verfügbar. Die Druckbeständigkeit der Schwimmer ist serienmäßig PN 25 bzw. PN 40, und die Genauigkeit wird mit ± 2 mm angegeben. Sie können mit Zusatzeinrichtungen für Fernübertragungen und Grenzwertmeldung geliefert werden.

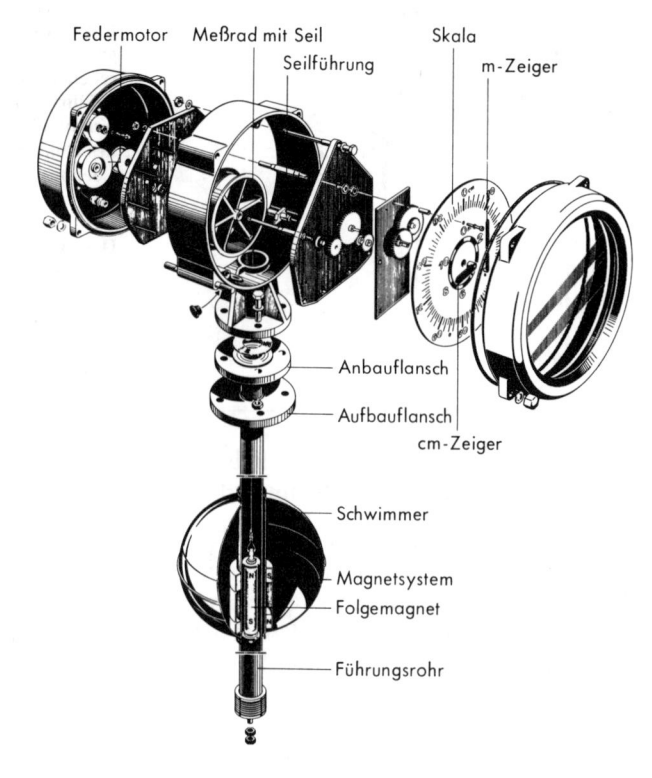

Bild 118. Behälterstand-Meßeinrichtung BM 24 (Krohne).
Die Vertikalbewegung eines an einem Rohr geführten kugelförmigen Schwimmers führt über eine Magnetkupplung und ein Stahlseil zur Verdrehung einer Meßtrommel, die – zur Anzeige gebracht – ein Maß für den Füllstand ist.

Durch noch edlere Werkstoffe wie Titan oder Hastelloy oder durch den Einsatz von Kunststoffen wie Hartgummi, PVC oder PTFE – Kunststoffe teilweise nur als Überzüge – lassen sich die Geräte für fast alle flüssigen Meßstoffe verwenden.

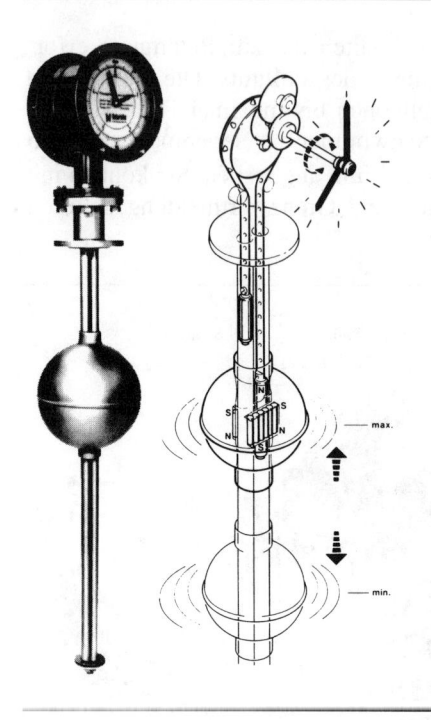

Bild 119. Füllstandmeßgerät mit örtlicher Anzeige und Fernübertragung (Heinrichs).
Ein Schwimmer mit eingebautem Magnetsystem wird an einem unmagnetischen, druckdicht verschlossenen Rohr geführt. Er folgt dem Füllstand und nimmt einen Folgemagnet im Innern des Rohres mit, der an einem flexiblen Lochband hängt. Das Lochband wird über eine Anzeigeeinrichtung mit getrennten m- und cm-Skalen geführt. Das Magnetgewicht wird mit einem Gegengewicht kompensiert, das in der Einrohrausführung konzentrisch den Magneten passieren kann. Bei der Zweirohrausführung haben Magnet und Gegengewicht getrennte Rohre.

Neben diesen, dem Schwimmerhub *mechanisch* folgenden Abgriffsystemen gibt es weitere, die den Schwimmerhub in digital gestufte *Widerstandsänderungen* oder digital meßbare *Laufzeiten* von Torsionsimpulsen umwandeln:

Die Position von sowohl in Behältern als auch in Parallelgefäßen geführten Schwimmern läßt sich mit Digitalabgriffen in Form von *Reedketten* ermitteln (Bild 120). Reedketten sind Kontakt-Widerstands-Kombinationen, die auch auf Chips integriert sein können. Das Magnetfeld des Schwimmers schließt ein oder zwei in seiner Höhe liegenden Kontakte der Reed-Schalter, und eine vom Füllstand abhängige Zahl von Einzelwiderständen beeinflußt den Meßkreis. Die Auflösung geht bis zu Stufen von 6,35 mm, was bei Meßbereichen von 10 m Stufungen im Promillebereich entspricht. Die zwischen 1 und 100 kΩ liegenden Widerstandswerte formt ein Wandler in Strom um. Die Geräte haben z. T. auch Digitalverarbeitungen zur Berechnung von Behälterinhalten. Da sich im eingeschlossenen Meßrohr außer den eingeschmolzenen Reed-Kontakten nichts bewegt, bieten diese Geräte hohen Schutz gegen mechanische Beanspruchung. Mit *einzelnen* Reed-Kontakten arbeiten auch Füllstandwächter.

Physikalisch sehr interessant ist das Gerät nach Bild 121: Es arbeitet bis auf den Schwimmer ohne mechanisch bewegte Teile. Das in der Bildunterschrift skizzierte Verfahren formt die Schwimmerpositioseermittlung in die Laufzeit eines elektrischen Impulses um, die sich mit Zählern außerordentlich hoch auflösen läßt. So wird für die Position eine Unsicherheit von nur 0,01 mm angegeben, womit aber nicht gesagt sein soll, daß sich auch der Füllstand so genau ermitteln läßt: Es beeinträchtigen nämlich auch Reibungskräfte, Änderungen der Dichte der Flüssigkeit und Bewegungen der Flüssigkeitsoberfläche das Meßergebnis.

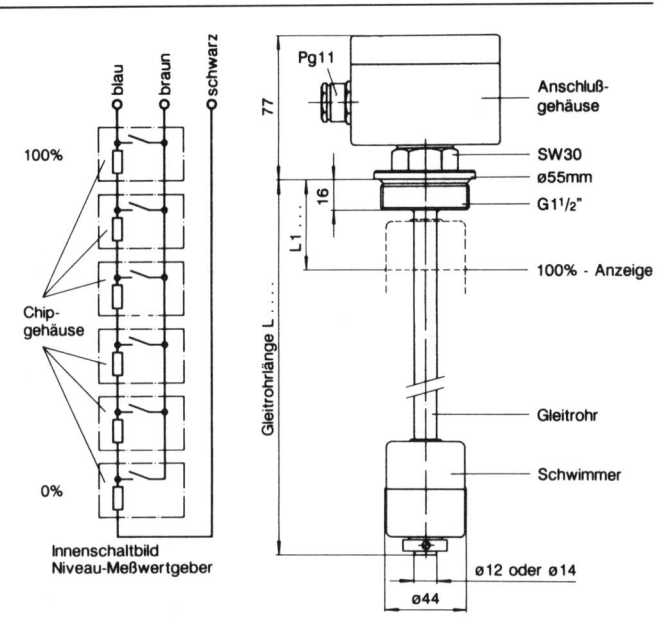

Bild 120. Füllstandmeßumformer mit Schwimmer und Widerstandsmeßkette (Kübler).
Ein Ringmagnet im Schwimmer schaltet mit seinem Magnetfeld durch die Wandung des unmagnetischen Gleitrohres Reedkontakte, die an einer Widerstandsmeßkette eine füllstandproportionale Meßspannung abgreifen. Widerstand und Reedkontakt sind auf einem Chip integriert.

Schwierigkeiten entstehen bei allen derartigen Schwimmergeräten, wenn sich starke Verkrustungen am Führungsrohr absetzen. Geringe Verkrustungen stören weniger, weil die freien Spalte zwischen Führungsrohr und Schwimmer reichlich bemessen sind, außerdem kann – wegen der relativ großen Betätigungskräfte – der Schwimmer eine gewisse Reinigung bei der Auf- und Abwärtsbewegung bewirken. Ein Ausbringen des Schwimmers aus dem Behälter unter Betriebsdruck ist nicht möglich, obwohl dieses manchmal erwünscht sein kann z.B. zur Reinigung oder Reparatur. Die Geräte können nicht für den eichpflichtigen Verkehr zugelassen werden.

Daß Schwimmer und Führungsrohr aus VA-Stahl gefertigt werden, ist nicht nur durch die Korrosionsbeständigkeit dieses Werkstoffes begründet, sondern vor allem auch durch dessen magnetische Eigenschaften: VA-Stähle zeigen

140 II. Füllstandmessung

nicht wie normale Stähle *ferromagnetische* Eigenschaften. Für die Magnetkupplung bedeutet das, daß VA-Stahl das Magnetfeld, also die Wirkungen der Magnete, praktisch nicht beeinflußt. (Wären Schwimmer und Führungsrohr aus unlegiertem Stahl, so würden die Kraftlinien der Magnete von den Wänden des Schwimmers und des Führungsrohres kurzgeschlossen; die Schwimmermagnete könnten keine Kraftwirkungen auf den Folgemagneten ausüben.)

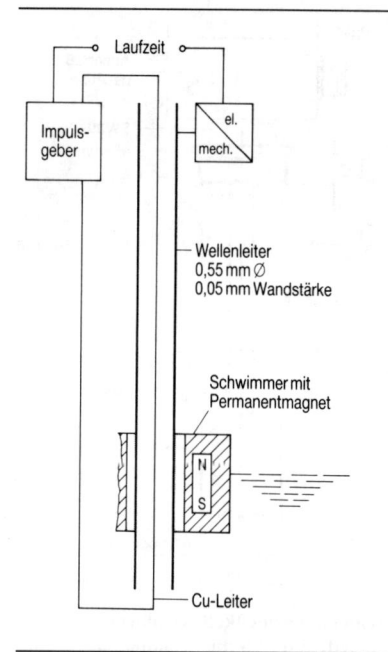

Bild 121. Schwimmerpositionsmessung mit Ultraschall (US) (Meßring).
Ringförmige Magnetfelder von Impulsen auf dem Kupferleiter treffen mit dem transversalen Feld des Permanentmagneten im Schwimmer zusammen. Dabei entsteht nach dem Wiedemann-Effekt ein Torsionsimpuls im Wellenleiter aus magnetostriktivem Werkstoff. Der Torsionsimpuls durchläuft den Wellenleiter mit Ultraschallgeschwindigkeit. An einem Ende des Wellenleiters wird der mechanische US-Impuls in einen elektrischen Impuls umgeformt. Die Laufzeit zwischen gesendetem und empfangenem Impuls ist ein Maß für den Füllstand. Der Wellenleiter ist in ein stabiles Edelstahlrohr eingeschlossen (im Bild nicht angedeutet).

Voraussetzung für das Herausführen von Bewegungen aus Druckräumen mit Hilfe von Magnetfeldern ist also grundsätzlich, daß die Trennwand zwischen Druckraum und Außenatmosphäre das Magnetfeld nicht wesentlich stört. Weiterhin ist bei Magnetkupplungen große Aufmerksamkeit der Auswahl der Magnete bezüglich der Art, der Form, der magnetischen Kraft und der auftretenden Luftspalte zu widmen, um große Kupplungskräfte zu erreichen. Es soll gewährleistet sein, daß ein Abreißen der Kupplung ausgeschlossen werden kann und daß das Folgesystem dem Meßsystem möglichst hysteresefrei folgt.

In Behälterinnenräumen der *Ex-Zone 0* bewegt sich der Schwimmer in Zone 0, und das Führungsrohr grenzt Zone 0 gegen Zone 1 ab. Auch für nur mechanisch wirkende Geräte ist gegen Schlagfunken und gegen elektrostatische Aufladungen vorzubeugen. *Schlagfunken* können entstehen, wenn das untere Ende des Führungsrohres gegen den Behälter oder ein metallischer Schwimmer gegen seine Begrenzungen schlagen. Das läßt sich durch die Fixierung des Führungsrohres bzw. durch Zwischenlegen von Kunststoffscheiben zwischen Schwimmer und Begrenzungen verhindern. Mögliche *elektrostatische Aufladungen* der Schwimmer gegen die Führungsrohre unterbinden elektrisch sicher leitende Verbindungen der Schwimmer mit den Führungsrohren, z.b. durch kraftschlüssige einseitige Verbindungen (was allerdings auch zusätzliche Reibungskräfte zur Folge hat).

– *Tastplattengeräte*

Das Präzisionsfüllstandmeßgerät der Firma Enraf-Nonius arbeitet mit Tastplatte und Hilfsenergie (Bild 122). Die Tastplatte hängt an einem dünnen Edelstahldraht, welcher bei Standabsenkungen von einer Meßtrommel abgewickelt und bei Standerhöhungen auf diese aufgewickelt wird. Das Auf- und Abwickeln geschieht mit Hilfsenergie, die ein elektromotorisches Nachlaufsystem antreibt. Eine Magnetkupplung zwischen Meßtrommel und Nachlaufsystem ermöglicht es, den Nachlaufmotor und dessen Steuerung außerhalb des Druckraumes anzuordnen.

Die Steuerung geht so vor sich: Der Motorblock ist auf der Meßwelle drehbar gelagert und seine Position zur *Welle* über ein Nachlaufgetriebe fixiert. Seine Position im *Raum* ist mit einer *Schwingsaite* federnd gefesselt. Bei einer Füllstandänderung ändern sich die Auftriebskräfte an der Tastplatte, und die Meßwelle versucht, den Motorblock zu verdrehen. Dabei ändert sich die Spannung der Schwingsaite und damit deren Resonanzfrequenz, z.B. verringert sich bei einer Füllstandsenkung der Auftrieb, das Meßseil spannt sich, der Motorblock wird – im Bild – gegen den Uhrzeigersinn verdreht und auch die Schwingsaite stärker gespannt. Damit erhöht sich die Schwingfrequenz der Saite, wovon die Steuerung über einen Oszillator erfährt. Die Steuerung führt den Motor nun so nach, daß sich die ursprüngliche Frequenz der Schwingsaite wieder einstellt und damit auch die mittlere Eintauchtiefe der Tastplatte. Über die Zahl der Umdrehungen und der Drehrichtung der Motorwelle läßt sich so die Füllhöhe recht genau ermitteln.

Wichtig ist, daß die Tastplatte (90 mm Durchmesser) gut geführt wird. Es kommen dafür Führungsrohre mit Ausgleichsbohrungen, geschlitzte Rohre oder – wenn das Gerät nachträglich eingebaut werden muß – Führung in 2 Spanndrähten oder Käfige aus mindestens 20 Spanndrähten in Frage. Bei Käfigen aus weniger Drähten kann sich die Tastplatte in den Drähten verhaken oder aus dem Käfig gedrückt werden, wenn sich bei schnellem Füllen oder Entleeren des Behälters starke Strömungen oder nicht waagerechte Flüssigkeitsoberflächen einstellen.

Die Geräte sind für den eichpflichtigen Verkehr zugelassen. Mit einem Handschalter kann der Motor so gesteuert werden, daß die Tastplatte durch den Absperrhahn bis in den Anschlußstutzen hochgezogen wird. Wird dann der den Behälter abschließende Kugelhahn geschlossen, so kann das Füllstandmeßgerät demontiert und repariert werden, ohne den Behälter entspannen zu müssen.

142　II. Füllstandmessung

Wenn das Gerät so defekt ist, daß die Tastplatte nicht mehr in den Stutzen gezogen werden kann, wird beim Schließen des Kugelhahnes der dünne Edelstahldraht abgeschert. Die Tastplatte fällt in den Behälter, und das Gerät kann nach Reparatur und Ausrüstung mit einer neuen Tastplatte und neuem Edelstahldraht wieder in Betrieb genommen werden. Dieser Aufwand ist minimal gegenüber dem Entspannen und Entleeren beispielsweise eines 5000 m^3-Kugelbehälters für Flüssiggase.

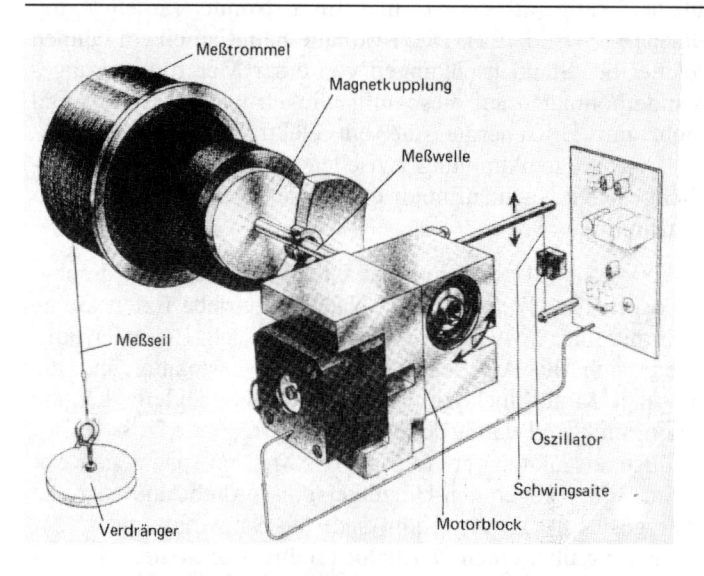

Bild 122. Präzisionstankmesser (Enraf).
Der Motorblock ist mit der Meßwelle über ein Getriebe verbunden und macht sehr kleine Winkelbewegungen der Welle mit. Seine Bewegungen fesselt ein Schwingsaitensensor. Steigt z.B. der Füllstand an, so vermindert sich die Gewichtskraft des Verdrängers und damit auch die Saitenspannung, und deren Frequenz fällt ab. Die Elektronik erfaßt diese Veränderung und steuert den Servomotor so, daß sich die Gleichgewichtsfrequenz wieder einstellt und damit der Verdränger wieder die gleiche Auftriebskraft dem System vermittelt, also gleich tief in die Flüssigkeit eintaucht. Die Trennung zum Produktraum geschieht über eine Magnetkupplung.

Die Genauigkeit der Geräte ist groß. Die Eichgesetze erlauben für die Füllstandmessung nur Eichfehlergrenzen von ± 0,3 ‰ bzw. ± 1 mm für Füllstände bis 3,33 m. Die Geräte übertreffen mit Meßfehlern von ± 1 mm die eichamtlich vorgegebenen Genauigkeiten vor allem im oberen Meßbereich ganz beträchtlich. Die Reproduzierbarkeit ist sogar auf 0,1 mm genau, und der Meßtrommelfehler, das Gewicht des Meßdrahts, die Tankdeformation sowie ein verändertes Verdängergewicht werden erkannt und *elektronisch kompensiert*. Auch mit Diagnosemöglichkeiten ist das Gerät ausgerüstet.

2. Füllstandmeßgeräte 143

Über ein programmierbares Integrationsglied läßt sich bei unruhigen Flüssigkeitsoberflächen das Anlaufen des Servomotors so beeinflussen, daß ein mittlerer Füllstand angezeigt und das Nachlaufsystem nicht zu sehr beansprucht wird.

Die Präzisionsfüllstandmeßgeräte sind mit Einrichtungen zur digitalen Fernübertragung des Füllstandes ausgerüstet, die von den meisten Eichbehörden Europas geprüft und zur Verwendung im eichpflichtigen Verkehr zugelassen sind. Für Einzeltanks bieten sich Gleichstrom-Synchronübertragungen über drei Adern an. Sollen eine größere Zahl von Behältern bilanziert, überwacht und gesichert werden, so kommen moderne Übertragungssysteme mit vieladrigen Kabeln in Betracht, über die Informationen selektiv ausgelesen und in Datenverarbeitungsanlagen eingespeist werden können.

Die Geräte sind für den Einsatz in explosionsgefährdeter Atmosphäre, Zone 0, und als Überfüllsicherung nach TRbF zugelassen (siehe auch 2.3 b).

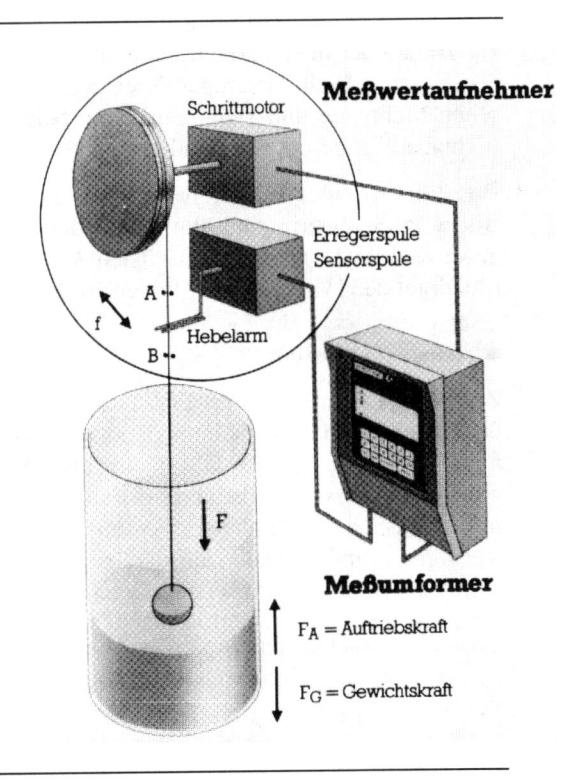

Bild 123. Behälter-Meßsystem BM 60 (Krohne).
Der zwischen den Führungen A und B liegende Abschnitt des Meßdrahtes wird impulsartig in Schwingungen versetzt, deren Frequenz abhängig von der Zugkraft am Meßdraht ist. Die Frequenz greift ein Hebelarm der Sensorspule ab. Eine digitale Verarbeitung kann den Verdränger durch Drehen der Meßtrommel auf beliebige Höhe positionieren und so aus der Zugkraft Füllstand, Trennschicht, Dichte und Füllgutmasse bestimmen.

Von ähnlichem Prinzip ist das Behälter-Meßsystem BM 60 von Krohne (Bild 123).

Die Spannung des Meßdrahts und damit der Auftrieb des Verdrängers werden im Produktraum so gemessen, daß das System eine zwischen zwei Führungen liegenden Abschnitt des Meßdrahts impulsartig in Schwingungen versetzt und die Resonanzfrequenz bestimmt. Das Steuern des Nachlaufsystems geschieht dann ganz ähnlich wie beim vorher beschriebenen Gerät.

Der BM 60 ist für Betriebsmeßaufgaben konzipiert und mit meßbereichsabhängigen Fehlern von 2 bis 5 mm nicht für den eichpflichtigen Verkehr vorgesehen.

Mit beiden Geräten lassen sich durch tieferes Einfahren der Verdränger auch die Dichten von Flüssigkeiten (Messen der Auftriebskräfte bei voll eingetauchtem Verdränger) und die Positionen von Trennschichten ermitteln sowie über Fülltafeln das Volumen und die Masse des Behälterinhalts berechnen.

Bild 124 zeigt den Aufbau eines Präzisionstankmessers auf einem Kugelbehälter. Besonders beachtet sollte das Eichzwischenstück werden, mit dessen Hilfe sich ein repariertes Gerät "einschwimmen" läßt. Bei geschlossenem Kugelhahn wird das Eichzwischenstück etwa halb mit Wasser gefüllt, die Füllhöhe zur Höhe über der Meßplatte am Behälter in Relation gesetzt und die daraus resultierende Füllhöhe am Gerät eingestellt. Da auch die Höhendifferenz zwischen Meßplatte und Handpeilstutzen bekannt ist, kann das Gerät so an die Eichtabelle angeschlossen und entsprechend eingestellt werden.

Den Einsatz eines Präzisionstankmessers an einem Schwimmdachtank zeigt Bild 125. Schwierig sind ähnliche andere Lösungen dieser Füllstandmeßaufgabe, weil – wie bei den im nächsten Abschnitt beschriebenen Aufgaben – der Meßdraht den Witterungseinflüssen ausgesetzt sein kann.

● *Längenmeßgeräte*

Zu den mechanischen Füllstandmessungen gehören auch die Bestimmungen des Inhaltes von Gasbehältern (Bild 126). Dort sind die Höhenlagen sich auf- und abwärtsbewegender Gasometerscheiben bei trockenen oder Gasometerglocken bei nassen Gasbehältern zu messen. Bei diesen Meßaufgaben stehen – im Gegensatz zu fast allen anderen – praktisch beliebig große Meßkräfte zur Verfügung, und es ließe sich daraus folgern, daß diese Meßaufgaben unproblematisch wären. Am Beispiel einer Füllstandmessung eines großen Gasbehälters sollen die trotzdem vorhandenen Probleme aufgezeigt werden. Sie liegen darin, daß die Übertragungseinrichtungen der Witterung ausgesetzt und daß teilweise sehr große Höhenunterschiede (bis über 50 m) zu messen sind. Der hohe Beschaffungswert der Behälter macht eine gute Ausnutzung des Füllvolumens und damit eine *genaue* Anzeige, die Empfindlichkeit gegen Überfüllen und vor allem gegen Leersaugen eine sehr *zuverlässige* Anzeige erforderlich. Bis zu Längen von etwa 30 m können für Füllstandmeßaufgaben an trockenen Gasbehältern Präzisionsstandmesser nach Art des in Bild 122 beschriebenen Geräts eingesetzt werden.

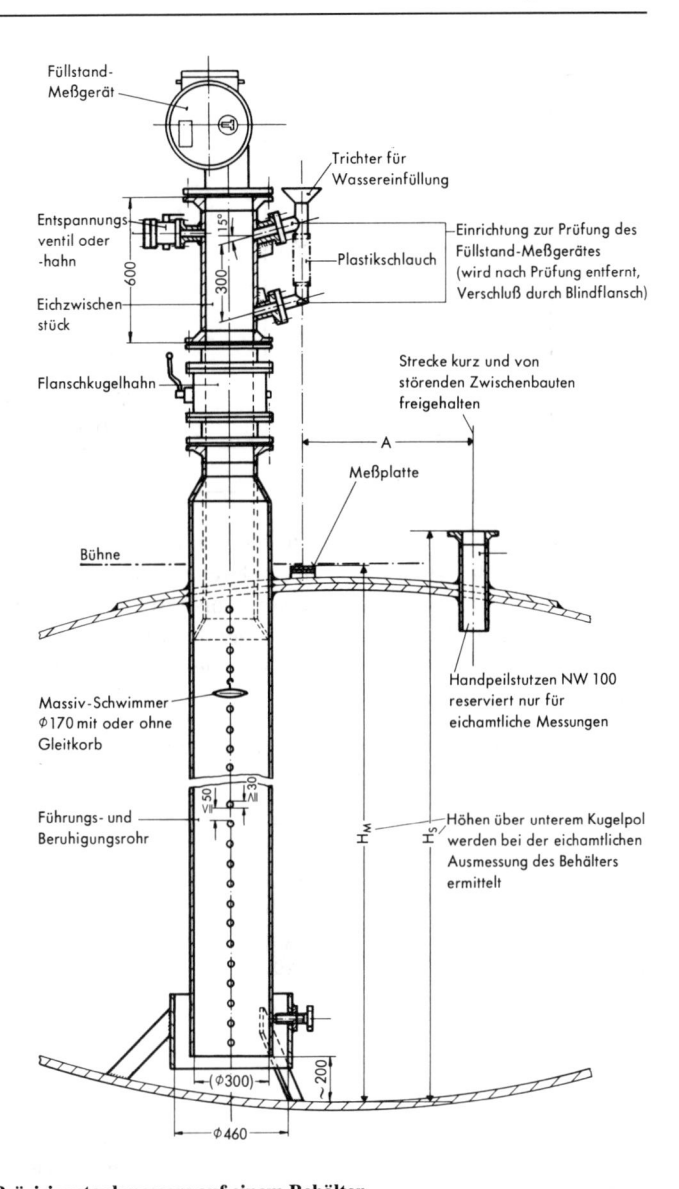

Bild 124. Aufbau eines Präzisionstankmessers auf einem Behälter.
Für Reparatur- und Wartungsarbeiten kann die Tastplatte aus dem Behälter gefahren, ein Kugelhahn geschlossen und das Gerät demontiert werden, ohne den Behälter entspannen zu müssen. Mittels eines Eichzwischenstückes läßt sich das Gerät nach Reparatur wieder auf den richtigen Anfangswert einschwimmen.

146 II. Füllstandmessung

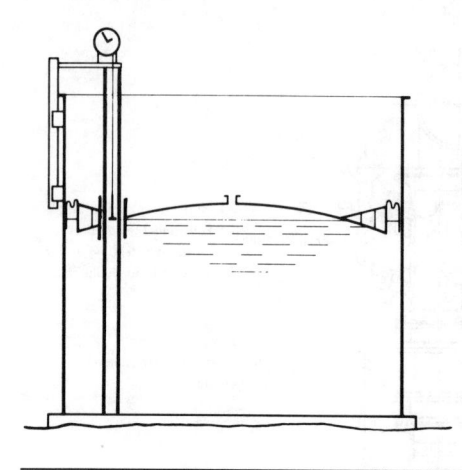

Bild 125. Füllstandmessung eines Schwimmdachtanks.
In einem senkrechten Führungsrohr, das fest im Tank angeordnet ist und das auf der Flüssigkeit schwimmende Tankdach gegen Verdrehung sichert, wird der Füllstand von einer Tastplatte aufgenommen.

Für große nasse Gasbehälter in offener Bauweise reichen einmal die Standardmeßbereiche nicht aus, zum anderen ist der Meßdraht den Witterungseinflüssen Sturm, Regen und Vereisung ausgesetzt (bei Tiefstand in Längen von über 50 m!) und der Einsatz dieser Geräte würde Sondermeßbereiche und sehr aufwendige Maßnahmen zum Schutz des Meßdrahtes vor Witterungseinwirkungen voraussetzen.

Außerordentlich genaue und unbedingt zuverlässige Meßergebnisse bringt eine etwas unkonventionelle Einrichtung:

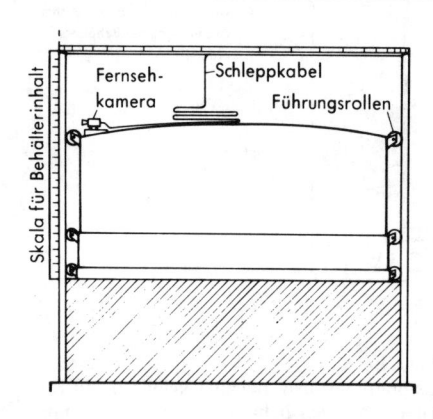

Bild 126. Inhaltsmessung eines "nassen" Gasbehälters.
Auf der Glocke des Gasbehälters ist eine Fernsehkamera montiert, welche die Höhenlage der Glocke relativ zu einer ortsfesten Skala aufnimmt. Auf einem Bildschirm kann sehr zuverlässig der Inhalt des Gasbehälters abgelesen werden.

Wie in Bild 126 dargestellt, bewegt sich mit der Glocke des Gasbehälters eine auf dieser fest montierte Fernsehkamera vor einer am Gerüst befestigten Längenskala. Kamera und Beleuchtungseinrichtung werden über Schleppkabel mit Energie versorgt. In der Leitwarte wird auf einem Bildschirm angezeigt, welche Höhenlage die Gasometerglocke eingenommen hat. Das Bedienungsper-

2. Füllstandmeßgeräte 147

sonal sieht im Fernsehbild einen Teil der in m³ geteilten Längenskala und eine mit der Kamera verbundene Marke, welche die Lage der Kamera und damit der Gasometerglocke anzeigt. Diese Anzeige ist so genau, wie sich überhaupt der Inhalt aus der Lage der Glocke (die ja erheblichen Windeinflüssen ausgesetzt sein kann) bestimmen läßt. Die Anzeige ist unbedingt zuverlässig, sie kann nicht durch Fehler in den Geräten oder Übertragungseinrichtungen verfälscht werden. Wenn Skala und Marke zu sehen sind, zeigen diese auch den richtigen Wert an: Der Vorteil der direkten Messung.

b) Füllstandmessungen durch Messung der Auftriebskräfte

Bei den bisher beschriebenen Verfahren zur Füllstandmessung wurde die Höhenlage der Flüssigkeitsoberfläche bestimmt. Diese Verfahren waren im Grunde Wegmessungen. Ganz anders arbeitet eine für die Überwachung und Regelung der Chemiebetriebe sehr wichtige Geräteart: Die Füllstandmeßgeräte nach dem Auftriebsverfahren. Sie messen die *Kräfte,* die ein zylindrischer Verdränger durch die Flüssigkeit erfährt.

Wie das vor sich geht, und worauf es bei diesem Prinzip ankommt, soll Bild 127, die vereinfachte Darstellung eines Füllstandmeßumformers, zeigen.

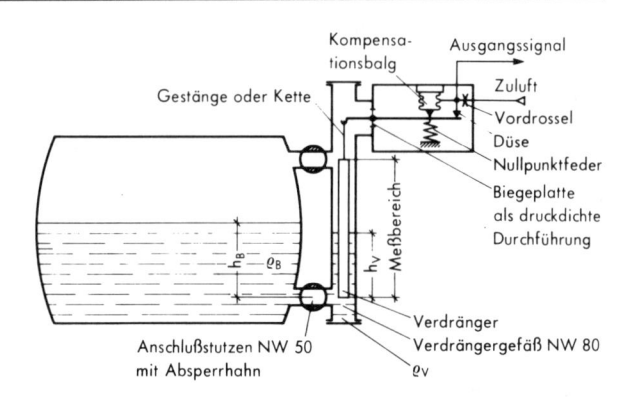

Bild 127. Prinzip eines Füllstandmeßumformers nach dem Auftriebsprinzip.
Die Auftriebskräfte, die ein zylindrischer Verdränger durch die Behälterfüllung erfährt, werden von einer pneumatischen Kraftwaage kompensiert. Für Druckbehälter ist eine druckdichte Durchführung des Meßsignals erforderlich. Unterschiedliche Dichten im Verdrängergefäß und im Behälter führen nicht zur Verfälschung des Meßumformer-Ausgangssignals, wenn das Gerät auf die Behälterdichte kalibriert ist und der Meßbereich am unteren Stutzen beginnt.

Ein zylindrischer Verdrängungskörper, dessen Länge mindestens gleich der Meßspanne sein muß, erfährt in der Flüssigkeit von der Füllhöhe abhängige Auftriebskräfte. Ist der Behälter nur sehr wenig gefüllt, liegt die Flüssigkeitsoberfläche z.B. unterhalb des unteren Anschlußstutzens, so hängt der Verdränger frei und sein ganzes Gewicht belastet die pneumatische Kraftwaage, die Auftriebskräfte sind gleich Null. Ist der Behälter gefüllt, liegt die Flüssigkeitsoberfläche z.B. oberhalb des oberen Anschlußstutzens, so hängt der Verdränger in seiner ganzen Länge in der Flüssigkeit, er erfährt Auftriebskräfte, die proportional seinem Volumen multipliziert mit der Dichte der umgebenden Flüssigkeit sind. Bei Zwischenständen ist der Auftrieb gleich

$$9{,}81 \cdot A \cdot h \cdot r \quad \text{mN (Millinewton)}$$

und die Gewichtskraft, die auf die pneumatische Kraftwaage wirkt, in mN gleich

$$9{,}81 \cdot m - 9{,}81 \cdot A \cdot h \cdot r.$$

Die Formelzeichen haben folgende Bedeutung:

m	Masse des Verdrängers in Gramm,
A	Querschnitt des Verdrängers in cm2,
h	Eintauchtiefe des Verdrängers in die Flüssigkeit in cm
ρ	Dichte der Flüssigkeit im Verdrängerrohr in kg / dm^3,
9,81	Erdbeschleunigung[23] in m / sec^2.

Wie wir aus den Formeln ersehen, ist der *Füllhöhe* die *Auftriebskraft proportional* und dieser das Ausgangssignal des Meßumformers. Die hier gezeigte vereinfachte Darstellung hat noch den Schönheitsfehler, daß dem leeren Behälter das Ausgangssignal 1,0 bar und dem vollen Behälter das Signal 0,2 bar zugeordnet ist. Wie bei der Beschreibung technischer Geräte noch erläutert werden soll, ist bei fast allen Meßumformern die Signalzuordnung umgekehrt und damit sinnfälliger, unserem Empfinden besser entsprechend.

Der Verdrängungskörper muß spezifisch schwerer als die Flüssigkeit sein, um auch bei vollem Behälter nicht aufzuschwimmen, er soll aber auch nicht sehr viel schwerer als das von ihm verdrängte Wasservolumen sein, um einen günstigen Meßeffekt, einen möglichst großen Anteil der Auftriebskräfte an den auf die Kraftwaage wirkenden Kräften zu erzielen. Meist werden die Verdränger aus Edelmetallrohren hergestellt. Sie müssen zuverlässig dicht verschweißt sein. Es werden auch, besonders für große Meßspannen und hohe Drücke, Verdränger aus Kunststoffvollmaterial eingesetzt. Die Verbindung zur Kraftwaage geschieht über Ketten oder Gestänge. Die Einhängung der Gestänge muß auch dauernden Stoßbelastungen durch unruhige Flüssigkeitsoberflächen standhalten.

Um die Meßumformer für Druckbehälter einsetzen zu können, ist es erforderlich, das Meßsignal aus dem Druckraum herauszuführen. Wie bei den Meßum-

---

23 Die Größe Erdbeschleunigung muß in den Formeln erscheinen, denn die Schwerkräfte – und darum handelt es sich hier – hängen von dem herrschenden Schwerefeld ab. Im Schwerefeld des Mondes würde der hier dargestellte Meßumformer – nach Einstellung des Nullpunktes – nur zwischen 0,2 und 0,33 bar, statt zwischen 0,2 und 1,0 bar auf der Erde aussteuern.

formern für Differenzdrücke, wird dieses mittels Torsionsrohr-, Biegeplatten- oder Wellrohrdurchführungen bewerkstelligt. Bevorzugt werden auch elektrische Durchführungen eingesetzt.

Die Abgriffsysteme kompensieren pneumatisch die Auftriebs*kraft*. Häufiger wird allerdings bei Füllstandmeßumformern über federelastische Torsionsrohrdurchführungen aus der Auftriebskraft ein kleiner *Meßweg* erzeugt, der dann in ein elektrisches oder pneumatisches Einheitssignal umgeformt wird.

Aus Bild 127 ist noch eine Eigenart dieser Geräte zu ersehen: Herrschen – durch Temperaturunterschiede bedingt – im Verdrängergefäß und im Behälter verschiedene Dichten, so entsteht kein Meßfehler, wenn der Verdränger – wie im Bild gezeigt – in Höhe des unteren Stutzens abschließt. Für die Flüssigkeit gilt nämlich, wie wir schon unter Druckmessung (Abschnitt 1, 2a) erfuhren,

$$h_B \cdot \rho_B = h_V \cdot \rho_V,$$

wenn die Indizes B für Behälter und V für Verdrängergefäß stehen. Nun ist die Auftriebskraft, die der Verdränger erfährt, ja proportional

$$h_V \cdot \rho_V$$

und damit nach obiger Gleichung auch proportional

$$h_B \cdot \rho_B.$$

Mit anderen Worten: wenn die Dichte der Flüssigkeit im Behälter z.B. 10 % niedriger ist als im Verdrängergefäß, so ist die Standhöhe im Verdrängergefäß zwar 10 % niedriger als im Behälter, der Verdränger erfährt aber auch einen 10 % höheren Auftrieb. Der Meßumformer zeigt den richtigen Behälterstand an, vorausgesetzt, er ist für die Dichte im Behälter kalibriert.

Im Gegensatz zu den Geräten, die den Füllstand als Länge messen, geht bei den Geräten nach dem Auftriebsprinzip die Dichte als Faktor in die Anzeige ein. Ändert sich die Dichte, z.B. weil ein anders zusammengesetztes Produkt eingesetzt wird, um 15 % gegenüber dem Auslegungszustand, so ergibt sich eine um 15 % verfälschte Anzeige des Füllstandes.

Das kann besonders nachteilig sein, wenn das Füllgut eine geringere als die Auslegungsdichte hat. Ist die Betriebsdichte z.B. um 15 % geringer, so kann der Meßumformer nur maximal 85 % Füllung anzeigen, auch wenn der Verdränger voll geflutet ist oder der Behälter gar überläuft. Besteht diese Gefahr, so sollte die im Betrieb niedrigst mögliche Dichte am Gerät eingestellt werden. Bei der Auslegungsdichte läßt sich dann allerdings nicht der volle Meßbereich nutzen. (Ein einfaches Verlängern des Verdrängers in Bild 127 nach oben bringt nicht die erwünschte Sicherheit, denn der Gasraum im Verdrängergefäß oberhalb des oberen Stutzens füllt sich im allgemeinen auch bei Überfüllung des Behälters nicht.)

150 II. Füllstandmessung

Genau genommen ist für die Messung nicht die Füllgutdichte sondern die Dichtedifferenz zwischen Flüssigkeit und dem über der Flüssigkeit befindlichen gas- oder dampfförmigen Produkt maßgebend. Das kann für höhere Drücke eine Rolle spielen. So ist z.B. bei 100 bar die Dichte von gasförmigem Stickstoff gleich 0,11 kg / dm³ oder gleich 11% der Dichte von Wasser. Für eine Wasserstandsmessung mit darüberliegendem gasförmigem Stickstoff muß beim Betriebsdruck von 100 bar für das Kalibrieren im drucklosen Zustand eine Dichte von

$$1,0 - 0,11 = 0,89 \text{ kg / dm}^3$$

zugrunde gelegt werden.

Ganz ähnlich sind die Verhältnisse, wenn *Trennschichten* zu messen sind (Bild 128).

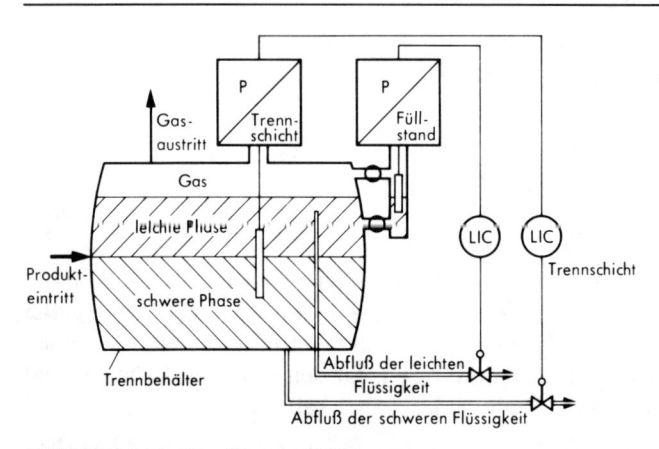

Bild 128. Prinzip einer Trennschichtmessung.
Es ist meist zweckmäßig, Trennschichtmeßgeräte direkt auf dem Behälter anzuordnen. Um Meßfehler zu vermeiden, darf der Verdränger des Trennschichtmeßumformers nicht aus der spezifisch leichteren Flüssigkeit austauchen. Dafür ist oft eine zusätzliche Füllstandregelung erforderlich.

Dort sind die Dichteunterschiede oft nur sehr klein, die Meßbereiche gehen bis minimal 0,1 kg / dm³. Bei diesen Meßaufgaben erschweren Änderungen gegenüber dem Auslegungszustand die Messungen sehr. Zu beachten ist, daß bei Trennschichtmessungen der Verdränger auf jeden Fall von der leichteren Phase überflutet sein muß. Bei derartigen Regelungsaufgaben ist oft – wie Bild 128 zeigt – eine zusätzliche Regelung der Trennflächen zwischen leichterer Phase und dem darüberliegenden Gas erforderlich. Es ist für Trennschichtmessungen zweckmäßig, für den Verdränger nicht ein seitlich am Behälter montiertes Verdrängergefäß vorzusehen, sondern diesen direkt in den Behälter zu hängen. Wenn Strömungen im Behälter nicht sicher ausgeschlossen werden können, so müssen Seitenkräfte auf den Verdränger durch ein geschlitztes Rohr abgehalten werden.

Während für die Füllstandmessung und -regelung auch die anderen Verfahren – vor allem das hydrostatische – zum Einsatz kommen, werden für die oft nicht so leicht zu lösende Aufgabe der Trennschichtmessung und -regelung meist Geräte gewählt, die nach dem Auftriebsverfahren arbeiten. Sie erfüllen ihre Aufgabe auch dann noch, wenn die Trennschicht keine definierte Fläche, sondern eine mehr oder weniger hohe Übergangsschicht zwischen leichterer und schwerer Flüssigkeit ist.

Das Anpassen der Meßumformer nach dem Auftriebsprinzip an die Dichte der Flüssigkeit im Behälter geschieht entweder durch Verändern der Übersetzungsverhältnisse (der Hebellängen) am Meßumformer oder durch genaues Anpassen der Durchmesser der Verdränger. Der letzten Möglichkeit sind aber Grenzen gesetzt, weil nicht beliebig gestufte Rohraußendurchmesser verfügbar sind. Werden die Geräte zur Füllstandmessung *stehender* zylindrischer Behälter eingesetzt, so ist dort das Meßergebnis auch proportional

$$\rho \cdot h \cdot F,$$

wenn F der konstante Querschnitt des Behälters ist. Das Produkt $\rho \cdot h \cdot F$ ist aber gleich der *Masse* der Behälterfüllung: Das Ausgangssignal eines Meßumformers ist dann proportional der Masse und kann als Masse angezeigt, registriert oder weiterverarbeitet werden. Das gilt allerdings nur, wenn der Meßbereich am Behälterboden beginnt.

● *Ausführungsformen von Geräten*

Zur Ergänzung der grundlegenden Gesichtspunkte sollen Ausführungsformen von Meßumformern und Niveaugrenzsignalgebern beschrieben werden.

Der Füllstandmeßumformer nach Bild 129 bietet die Möglichkeiten, den Verdränger entweder in einem Schutzrohr direkt im Behälter oder in einem Parallelgefäß gegen Strömungen im Behälter zu schützen. Die vom Füllstand abhängigen Auftriebs*kräfte* formt eine Meßfeder zunächst in einen dazu proportionalen *Weg* um. Diese Bewegung wird über Magnetfelder durch druckdichte Rohre aus nicht ferromagnetischem Werkstoff nach außen übertragen. Das geschieht entweder durch Beeinflussen des elektromagnetischen Felds einer Induktionsspule mit einem mit dem Verdränger verbundenen Weicheisenkern oder durch das Magnetfeld eines Permanetmagneten. Aus der Änderung des induktiven Widerstands der Spule läßt sich ein elektrisches Signal direkt generieren. Das Magnetfeld des Permanentmagneten setzt ein Ringmagnetsystem in eine Drehung und schließlich in ein dazu proportionales pneumatisches Einheitssignal um.

152 II. Füllstandmessung

Anhand des Bildes 130 soll prinzipiell die Wirkungsweise eines kraftkompensierenden pneumatischen Füllstandmeßumformers erklärt werden: Der Verdränger hängt an einem Waagebalken, dessen Drehpunkt eine Biegeplatte realisiert. Die vom Verdränger auf den Waagebalken wirkende Kraft gleicht – wie im Bild näher erläutert – ein pneumatisches Kompensationssystem so aus, daß der Wert des Einheitssignals ein Maß für die Füllstandhöhe ist.

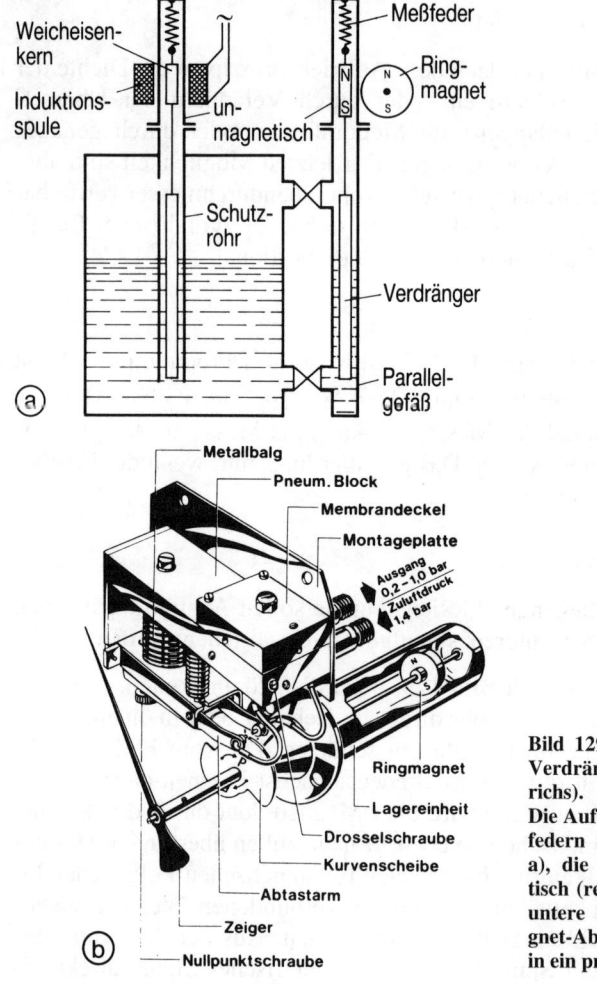

Bild 129. Füllstandmessung nach der Verdrängermethode (Teilbild b Heinrichs).
Die Auftriebskräfte werden über Meßfedern in Wege umgeformt (Teilbild a), die induktiv (links) oder magnetisch (rechts) abgegriffen werden. Das untere Teilbild b zeigt ein Ringmagnet-Abgriffssystem, das den Meßweg in ein pneumatisches Signal umformt.

Die Meßumformer für Flüssigkeitsstand von Foxboro-Eckardt (Bilder 131 und 132) arbeiten in der pneumatischen Ausführung *kraftkompensierend,* in der elektrischen mit einem *Wegeabgriff.* Übertragungsglied zwischen Druckraum und Außenatmosphäre ist ein Torsionsrohr. Der elektrische Meßumformer erzeugt sein Einheitssignal aus einer kleinen Wegänderung, die sich aus der Drehung des Torsionsrohres gegen eine Meßfeder ergibt. Wegaufnehmer ist ein DMS-Aufnehmer.

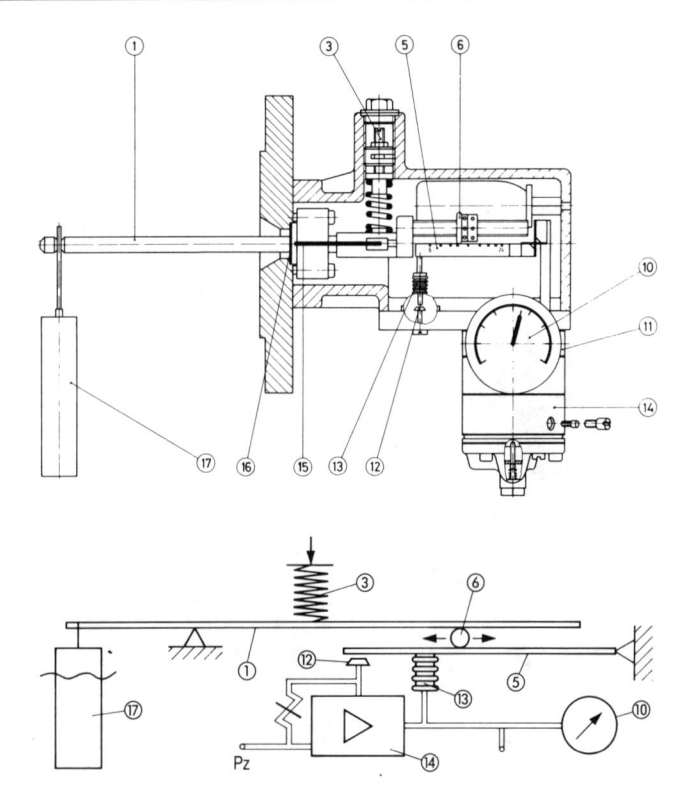

Bild 130. Pneumatischer Meßumformer für Füllstand (Mobrey).
Der von der Füllhöhe abhängige Auftrieb eines zylindrischen Verdrängers (17) wird mit einer pneumatischen Kraftwaage kompensiert: Bei Anstieg des Füllstands schlägt der Hebel (1) ein wenig im Uhrzeigersinn aus. Diese Bewegung überträgt sich über den Läufer (6) auf den Hebel (5), und der Staudruck vor der Düse (12) steigt an. Damit aber auch der Druck im Faltenbalg (13), der die Bewegung zurückführt. Auf diese Weise bildet das System die Füllstandänderung in eine Druckänderung zwischen 0,2 und 1 bar um. Die Nullpunktfeder (3) gleicht das Gewicht des Verdrängers aus. Die bewegliche Dichtung zum Naßraum bildet eine Biegeplatte (16), den statischen Druck des Behälters nehmen zwei Plattenfedern (15) auf. Der Kompensationsdruck muß noch verstärkt (14) und kann angezeigt (10 und 11) werden.

154 II. Füllstandmessung

Die Geräte sind für Betriebsdrücke bis 250 bar[24] und für Temperaturen von – 196 bis + 400 °C einsetzbar. Es ist dabei zu beachten, daß die Geräte nicht gleichzeitig hohen Temperaturen und hohen Drücken ausgesetzt werden dürfen. Die Druckbelastbarkeit der für die Fertigung eingesetzten Stähle hängt von Betriebstemperatur und Werkstoff ab. Ein Gerät, welches bei 50 °C für einen maximalen Betriebsdruck von 250 bar zugelassen ist, darf bei 400 °C nur mit 125 bar belastet werden, wenn Stahl C 22.8, oder nur mit 100 bar, wenn V4A-Stahl als Werkstoff gewählt wurde. V4A-Stahl ist ein zäher Werkstoff und hat bis hinab zu Temperaturen von – 60 °C ausreichende Kerbschlagfestigkeit, während das Einsatzgebiet des (normalen) Stahles C 22.8 bei – 10 °C aufhört. Für Temperaturen zwischen – 60 und – 196 °C ist ein Edelstahl Werkstoff Nr. 1.4541 vorgesehen, eine besonders kaltzähe V2A-Legierung.

Bild 131. Meßumformer für Flüssigkeitsstand (Foxboro-Eckhardt).
Das Bild zeigt die pneumatische Ausführung des mit einer örtlichen Anzeige im Großformat ausgerüsteten Geräts.

Standardmäßige Längen der Verdränger und damit standardmäßige Meßspannen liegen zwischen 350 und 3000 mm. Der Bereich der Dichte oder besser der Dichteunterschiede geht von 0,1 bis 2,0 kg / dm³, allerdings sind dafür verschiedene Verdrängerdurchmesser pro Meßspanne vorgesehen. Für einen

---

24 Ein Hochdruckausführung kann für Betriebsdrücke bis 500 bar geliefert werden.

Verdrängerdurchmesser kann die Dichte im Verhältnis von 1 : 5 am pneumatischen und 1 : 6,4 am elektrischen Gerät verstellt werden.
Meßeigenschaften in % der Meßspanne sind:

Abweichung von der Kennlinie	± 1,0 % beim pneumatischen,
	± 0,5 % beim elektrischen Gerät,
Ansprechschwelle	± 0,1 %,
Umgebungstemperatureinfluß	≤ 0,3 % / 10 K,
Einfluß der Meßstofftemperatur	≤ 0,1 % / 10 K.

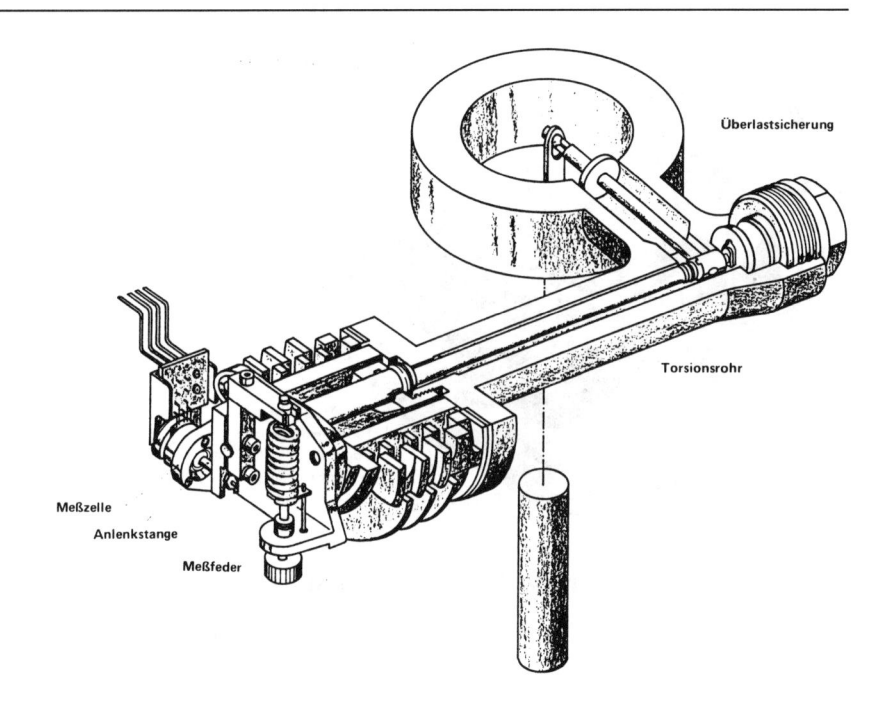

Bild 132. Elektrischer Meßumformer für Füllstand (Foxboro-Eckardt).
Die Meßfeder formt die über eine Torsionsrohrdurchführung wirkenden Auftriebskräfte in einen kleinen Weg um, den ein auf einen Biegebalken aufgesputtertes DMS-System (Bild 47a) in ein Einheitssignal abbildet.

Bei den Meßeigenschaften ist die Abweichung von der Linearität weniger bedeutend als bei Druck- und Differenzdruckmessungen, denn schon jede Dichteänderung geht in das Meßergebnis voll ein. Auch hängt ein optimaler Verfahrensablauf meist nicht von einem genauen Einhalten eines Füllstandes ab. Der Einsatzzweck der nach dem Auftriebsprinzip arbeitenden Geräte ist weniger die genaue Inhaltsbestimmung, als vielmehr die Regelung und Überwachung des laufenden Betriebes. Für die *Regelung* hat die Ansprechschwelle Bedeutung, je geringer sie ist, desto weniger sind Schwierigkeiten bei der Regelung zu erwarten. Der Temperatureinfluß hat bei den Füllstandmeßgeräten deshalb größere Bedeutung, weil diese ortsgebunden und daher schwerer Temperatureinflüssen zu entziehen sind als Druck- und Differenzdruckmeßgeräte.

Der elektronische Niveau- Meßumformer Typ 12 120 der Masoneilan HP+HP GmbH (Bilder 133 und 134) arbeitet mit einem Wegabgriffsystem und elektrischer Hilfsenergie in Zweileitertechnik.

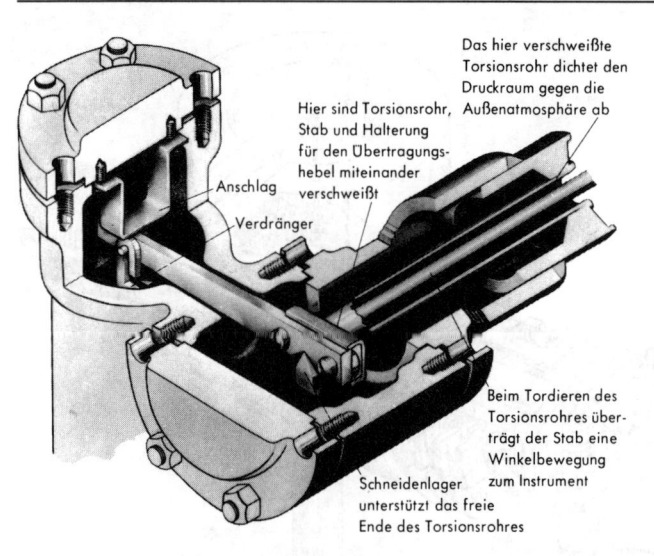

Bild 133. Konstruktion einer Torsionsrohrdurchführung (Masoneilan).

Übertragungsglied zwischen Druckraum und Außenatmosphäre ist auch hier ein allerdings *federelastisches* Torsionsrohr. Die Meßumformer sind für maximale Betriebsdrücke bis 320 bar erhältlich und für Umgebungstemperaturen zwischen – 35 und + 80 °C geeignet. Bei Meßstofftemperaturen zwischen – 210 und – 100 °C sowie zwischen + 150 und + 450 °C müssen Drehrohre mit Verlängerung eingesetzt werden, um das elektronische Abgriffsystem vor zu hohen oder zu niedrigen Temperaturen zu schützen.

Die Werkstoffkombinationen sind vielfältig, beispielsweise Stahl, VA-Stahl oder Hastelloy für die Drehrohrgehäuse und VA-Stahl, Inconel, Monel, U-Monel, Hastelloy B, Hastelloy C oder Phosphorbronze für die Torsionsrohre. Die Auswahl hängt im wesentlichen von der Betriebstemperatur, unter Umständen auch von der Korrosivität der Meßstoffe ab. Wie wir noch sehen werden, ist das Torsionsrohr zugleich Meßfeder. Das Problem dieser Geräte ist, daß die Federeigenschaften der Torsionsrohre in einem je nach Betriebsbedingungen mehr oder weniger großen Bereich von der Temperatur unabhängig sein müssen: Die Geräte werden in der Werkstatt bei etwa 20 °C kalibriert, und es muß gewährleistet sein, daß die Kalibrierung z.b. auch bei − 200 oder auch bei + 450 °C noch richtig ist. Dieser Problematik sind übrigens Füllstandmeßumformer, die die Auftriebskraft kompensieren, nicht ausgesetzt: Das Torsionsrohr ist dort ausschließlich Dichtungselement, seine elastischen Eigenschaften beeinflussen den Wert des Ausgangssignales nicht.

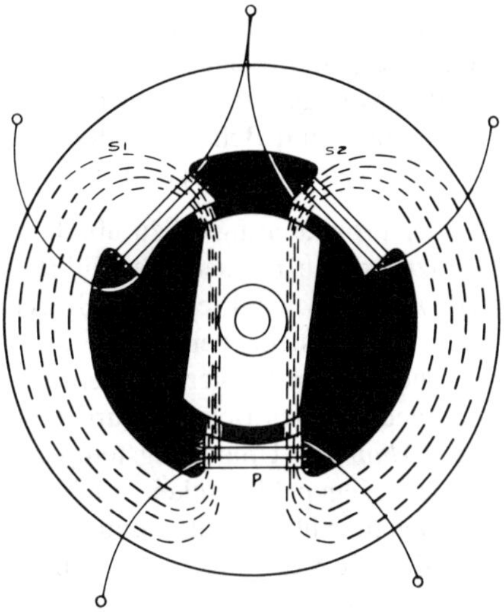

Bild 134. Differentialtrafo für Drehbewegungen.
Der mit dem Stab des Torsionsrohres verbundene Anker aus Weicheisen induziert in den Sekundärspulen S 1 und S 2 vom Magnetfeld der Primärspule P und der Stellung des Ankers abhängige Sekundärspannungen, die in ein winkelabhängiges Einheitssignal umgeformt werden.

Die Standard- Meßbereiche liegen zwischen 350 und 3000 mm, die Anpassung an die Betriebsdichte geschieht grob durch Wahl des geeigneten Verdrängerdurchmessers und fein durch elektrische Bereichseinstellung. Die kleinstmögliche Dichte ist 0,2 kg / dm³. Die Geräte sind explosionsgeschützt in Zündschutzart d (druckfeste Kapselung) oder i (Eigensicherheit) lieferbar. Die Meßeigenschaften in % der Meßspanne sind ähnlich den Eigenschaften der pneumatischen Geräte:

Abweichung von der Kennlinie $\pm$ 0,5 %,
Ansprechschwelle $\pm$ 0,2 %.

Bild 133 zeigt sehr deutlich die Konstruktion der Baueinheit, die mittels eines federelastischen Torsionsrohres aus den sich ändernden Auftriebskräften proportionale Drehbewegungen erzeugt und das Verdrängergehäuse druckdicht abschließt. Der maximale Drehwinkel ist gering, er liegt zwischen 4 und 5 Winkelgrad. Diese Drehbewegung formt ein Differentialtrafo in ein elektrisches Signal um (Bild 134). Differentialtrafos, deren Schaltung und Wirkungsweise in Abschnitt VII. 2.b, Bild 505 erläutert wird, eignen sich für das Aufnehmen von Wegen im mm- und Drehungen im Winkelgradbereich. Damit bieten sie eine Ergänzung zu den in Abschnitt I.3.c erläuterten induktiven, kapazitiven, piezoresistiven und DMS- Abgriffen, die sehr geringe Wege in Bereichen von Bruchteilen eines mm verarbeiten können.

● *Verdrängergefäße*

Wie man aus den Bildern 127, 128 und 131 erkennen kann, ist es üblich und auch zweckmäßig, Füllstandmeßumformer nach dem Auftriebsprinzip auf ein seitlich am Behälter angeordnetes Verdrängergefäß (etwa DN 80 bis DN 100) zu flanschen. Diese Montageart hat den Vorteil, daß das Gerät überprüft und ausgewechselt werden kann, ohne den Behälter entspannen zu müssen (was bei der Montage auf einem oberen Behälterstutzen unvermeidbar ist). Die Verbindung zum Behälter sollte durch Hähne, Schieber oder Ventile mindestens der Nennweite 50 geschehen.

Bei der Projektierung ist zu überlegen, ob die Verdrängergefäße isoliert oder beheizt werden müssen. Bei Füllstandmessungen *siedender Flüssigkeiten ist Isolierung geboten*. Liegen die Siedepunkte *oberhalb der Umgebungstemperaturen*, wie bei siedendem Wasser, würden Dämpfe der siedenden Flüssigkeiten dauernd ins Verdrängergefäß einströmen, dort kondensieren und als Flüssigkeit wieder in den Behälter zurücklaufen. Bei Flüssigkeiten, deren Siedepunkte *unterhalb* der Umgebungstemperaturen liegen, wie inertenfreies Flüssiggas, würde dagegen Flüssigkeit im Verdrängergefäß verdampfen, die Dämpfe in den Behälter überströmen und Flüssigkeit unten ins Verdrängergefäß einlaufen. Sind die Verdrängergefäße aber isoliert, so findet der Dampf-Flüssigkeits-Austausch nur so lange statt, bis sich im Verdrängergefäß die gleiche Temperatur wie im Behälter eingestellt hat. Die Isolierung schützt außerdem die Mitarbeiter vor Verbrennungen bei unwillkürlichen Berührungen.

Bei Füllstandmessungen *nicht siedender Flüssigkeiten* können *Beheizungen* und *Isolierungen* vor allem aus Frostschutzgründen erforderlich sein – eine Isolierung allein genügt in der Regel nicht!

Verschiedene für die technische Überwachung zuständige Dienststellen sehen die Verdrängergefäße als *Druckbehälter* an. Die Gefäße sind dann nach der Druckbehälterverordnung abnahmepflichtig.

c) Füllstandmessungen nach dem hydrostatischen Prinzip

Wir lernten bisher Füllstandmessungen durch Bestimmen der Höhenlage und durch Messen der Auftriebskräfte, also einmal über Weg- und zum anderen über Kraftmessungen, kennen. Die dritte Füllstandmeßmethode, die große Bedeutung für die Betriebsmeßtechnik hat, ist die Füllstandmessung durch Messung des Bodendrucks. Hier wird der Füllstand mittels einer *Druck-* oder *Differenzdruckmessung* bestimmt. Die nach dieser Methode arbeitenden Meßgeräte sind hinreichend genau, sehr preiswert, recht zuverlässig, leicht anpaßbar, leicht zu prüfen und zu warten. Ihre Ausgangssignale sind zur Weiterverarbeitung – wie zum Regeln, Steuern und Bilanzieren – sehr gut geeignet. Vorteilhaft ist auch, daß standardmäßige Druck- und Differenzdruckanzeiger oder -meßumformer eingesetzt werden können. Neben diesen positiven Aspekten sind auch Einschränkungen zu beachten: Die Methode ist für Trennschichtmessung weniger gut geeignet. Für Druckbehälter ist sie nur dort einsetzbar, wo durch Spülgas entsprechenden Druckes oder wo durch Heizung bzw. Kühlung der *Gas-* oder *Dampfdruck* des Behälters auch zum Meßort des Bodendruckes (das ist im allgemeinen am Behälterunterteil) fehlerfrei übertragen werden kann. Denn die Druckdifferenz zwischen Bodendruck und Gasdruck – der hydrostatische Druck – ist das Maß für den Füllstand.

Nun zur Erklärung des hydrostatischen Prinzips: Hydra ist bekannt als Fabelwesen der griechischen Sage, eine Art Wasserschlange, und Hydraulik die Lehre von der Wasserkraft.

Dieser Begriff wird aber auch allgemein auf Flüssigkeitskräfte angewandt. Hydrostatik würden wir in unserem Zusammenhang mit "Lehre von den Kräften im Innern ruhender Flüssigkeiten" übersetzen können.

Wie schon bei den Druckmeßgeräten dargestellt, ist der Druck im Innern einer Flüssigkeit, der Bodendruck, abhängig von dem über der Flüssigkeit herrschenden Gasdruck und der Höhe und der Dichte der Flüssigkeitsschicht über dem jeweiligen Meßort. Der Zusammenhang ist quantitativ aus folgender Formel zu ersehen und im Bild 135 verdeutlicht:

$$p_{Boden} = p_{Gas} + 0{,}0981 \cdot h \cdot \rho \quad \text{mbar.} \tag{1}$$

Das Produkt $0{,}981 \cdot h \cdot \rho$ ist der hydrostatische Druck.

Der Bodendruck p_{Boden} hat die Einheit mbar, wenn der absolute Gasdruck p_{Gas} im Behälter auch in mbar, die Höhe h der Flüssigkeitsschicht in mm und die Dichte ρ in kg / dm³ eingesetzt werden. Mit dieser Gleichung – nach h aufgelöst – läßt sich aus Druckmessungen bei bekannter Dichte der Füllstand berechnen:

$$h = \frac{p_{Boden} - p_{Gas}}{0{,}0981 \cdot \rho} \quad \text{mm} \tag{2}$$

Wie bei den Differenzdruckmessungen können auch für Füllstände – besonders bei geringen Füllhöhen und hohen Behälterdrücken – sehr große Meßfehler entstehen, wenn Behälterdruck und Bodendruck *einzeln* gemessen werden. Das soll ein Beispiel verdeutlichen: In einem Behälter ist bei einem Betriebsdruck von 30 bar ein Füllstand von 500 mm zu messen. Das Produkt sei Flüssiggas mit der Dichte 0,5 kg / dm³. Durch Einsetzen dieser Werte in die Formel (1) ergibt sich, daß der Bodendruck um etwa 25 mbar größer als der

160　II. Füllstandmessung

Druck im Behälter ist. Die maximalen Meßfehler von Druckmeßgeräten Klasse 0,6 des hier erforderlichen Anzeigebereiches von 40 bar betragen schon 240 mbar. Im ungünstigsten Falle addieren sie sich noch und würden – bei einem Meßwert von etwa 25 mbar – dann fast das 20fache des Meßbereiches betragen. Aus diesem – nicht einmal sehr extremen – Beispiel ist zu ersehen, daß für die Füllstandmessung von Druckbehältern nach dem hydrostatischen Prinzip praktisch nur *Differenzdruckmessungen* in Frage kommen[25]. Die Formel (2) wird dann zu

$$h = \frac{\Delta p}{0{,}0981 \cdot \rho} \text{ mm}$$

wenn Δp in mbar gemessen wird. Der Fehler der Differenzdruckmessung kann – wenn geeignete Differenzdruckmeßgeräte zum Einsatz kommen – klein gehalten werden, z.B. auf 0,2 %. Nach den Gesetzen der Fehlerfortpflanzung würde daraus auch ein Fehler in der Füllstandbestimmung von 0,2 % folgen, wenn die Dichte ρ fehlerfrei angegeben wird.

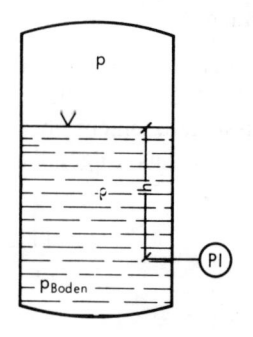

Bild 135. Der Bodendruck in einem Behälter.
Der Bodendruck hängt vom Gasdruck im Behälter und von Höhe und Dichte der Flüssigkeit über der Druckmeßstelle ab.

Mit dieser Erkenntnis ist das Problem der hydrostatischen Füllstandmessung allerdings noch nicht gelöst. Wie schon angedeutet, ist es erforderlich, sowohl Behälterdruck als auch Bodendruck *unverfälscht* an den Differenzdruckmesser zu führen. Dies ist nicht immer ganz einfach und dort liegen die anfangs erwähnten Einschränkungen.

Die verschiedenen Möglichkeiten, Behälterdruck und Bodendruck unverfälscht dem Differenzdruckmesser zuzuführen, sollen nun aufgezeigt werden.

25　Eine Ausnahme ist z.B. die HTG-Tankinhaltbestimmung, die im Abschnitt II. 3 erläutert wird.

2. Füllstandmeßgeräte   161

● *Hydrostatische Füllstandmessung mit Spülgas*

Fast problemlos ist die hydrostatische Füllstandmessung, wenn ein *Spülgas* zur Verfügung steht mit einem Druck, der deutlich höher als der maximale Druck im Behälter ist und wenn das Produkt im Behälter mit dem Spülgas verträglich ist. Als Spülgas wird bevorzugt Stickstoff eingesetzt, aber auch Wasserstoff, Methan oder Ethan kommen in Frage. Luft ist im allgemeinen wegen der bei Gegenwart brennbarer Produkte bestehenden Explosionsgefahr nicht geeignet.

Die Anordnung einer Füllstandmessung mit Spülgas, auch Einperlmessung genannt, zeigt Bild 136.

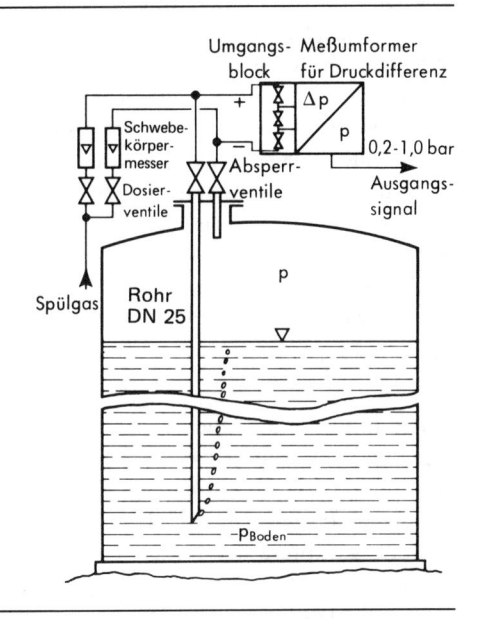

Bild 136. Hydrostatische Füllstandmessung mit Spülgas.
Der Füllstand von Druckbehältern kann mit Differenzdruckmeßgeräten ermittelt werden, wenn Spülgas ausreichend hohen Druckes zur Verfügung steht. Man muß das Spülgas dosieren und durch schräges Abschneiden des Tauchrohres dafür sorgen, daß sich ein gleichmäßiger Strom feiner Gasblasen einstellt.

In einem Blindflansch auf der Behälteroberseite sind senkrecht zwei Rohre etwa DN 25 eingeschweißt. Das eine Rohr endet unmittelbar unter dem Stutzen, das andere geht in den Behälter; sein Ende bestimmt die untere Meßbereichsgrenze. Es ist zweckmäßig, das Rohr nicht so tief zu führen, daß es durch mögliche feste Ablagerungen am Behälterboden verstopft werden kann. Dieses Rohr ist unten schräg abgeschnitten. Oben sind beide Rohre mit Hähnen, Schiebern oder Ventilen absperrbar, um bei Arbeiten an den Meßgeräten den Behälter nicht entspannen zu müssen. Das kurze Rohr ist mit der Minus-, das lange mit der Plusseite eines Differenzdruckmessers – hier mit einem pneumatischen Meßumformer – verbunden. Ein Anflanschblock ermöglicht es, den Nullpunkt des Meßumformers zu prüfen, ohne den Spülvorgang zu unterbrechen. Beide Rohre werden über Dosiereinrichtungen mit Spülgas durchströmt. Sie sind so frei von Flüssigkeit und auch von gasförmigem Produkt. Es ist zweckmäßig, den Spülgasdruck vor der Dosierung konstant zu halten, um von Druckschwankungen im Spülgasnetz unabhängige Dosierströme (Größenordnung 10 l / h) gewährleisten zu können. Ist der geregelte Spülgasdruck doppelt so hoch wie der Bodendruck, so wird das Spülgas in den Dosierventilen überkritisch entspannt. Der Durchfluß hängt dann nicht vom Gegendruck im Behälter und auch nicht von der Füllhöhe ab. Das längere Rohr ist unten angeschrägt, um einen Strom möglichst kleiner Gasblasen zu erhalten. Bei waagerecht abgeschnittenem Rohr würden bei gleichem Spülgasdurchfluß wenige große Gasblasen entweichen. Die Folge wären kleine Druckstöße und damit eine unruhige Messung.

Der Differenzdruckmeßumformer mißt nun die Differenz von Bodendruck und Behälterdruck und aus dem Meßergebnis läßt sich die Füllhöhe berechnen. Wie bei den Messungen nach dem Auftriebsprinzip geht in das *Ergebnis die Dichte als Faktor voll ein*: Erhöht sich z.B. die Dichte um zehn Prozent, so wird ein um ebenfalls zehn Prozent zu hoher Füllstand angezeigt. Werden Füllstände stehender zylindrischer Behälter gemessen, so ist das Meßergebnis auch bei diesen Messungen *proportional der Masse* der Behälterfüllung. Das ist – vor allem für Lagerbehälter – im Grunde vorteilhaft, denn für Abrechnungen und Bilanzen sind die Massen maßgebend und nicht die ohnehin von der Temperatur abhängigen Volumina. Voraussetzung ist auch hier, daß der Meßbereich am Behälterboden beginnt.

Die Meßergebnisse werden durch drei Faktoren verfälscht: Der *Druckabfall des Spülgases* im längeren Rohr erhöht und – die natürlich auch in dessen Gasfüllung vorhandene – *Höhenabhängigkeit* des Druckes mindert das Meßergebnis[26]. Vergrößernd wirkt auf die Meßspanne dagegen, daß der Minusdruck nicht direkt über der Flüssigkeitsoberfläche, sondern oben im Behälter gemessen wird. Die Höhenabhängigkeiten des Druckes im Tauchrohr und in der Gasfüllung des Behälters kompensieren sich zum Teil. Es soll ein Beispiel für deren Größenordnung gegeben werden: Die Höhenabhängigkeit ist, genau wie bei Flüssigkeiten,

$$0{,}981 \cdot h \cdot \rho.$$

In einer Stickstoffdeckung von 10 bar und 10 m Höhe unterscheidet sich der Druck über der Flüssigkeitsoberfläche von dem oben im Behälter immerhin um über 10 mbar.

Für die Betriebspraxis sind diese Effekte jedoch meist zu vernachlässigen. Allerdings sollten – um den Einfluß von Druckabfällen gering zu halten – die Tauchrohre nicht zu kleinen Querschnitt haben, die Dosierdurchflüsse klein und die Zuleitungen kurz gehalten werden. Es ist ferner wichtig, für die Plus-

---

26 Bei Gasen spricht man nicht vom hydrostatischen, sondern vom barometrischen Höheneffekt.

und die Minus*zuleitung* möglichst gleiche Längen und gleiche Querschnitte vorzusehen.

Weitere Dinge sollten noch beachtet werden: Trotz eines stetigen Stromes des Spülgases gelangt – vor allem wenn der Füllstand siedender Meßstoffe zu messen ist – *Füllgut in das Innere der Tauchrohre*. Dieses kann dort, z.B. durch Verdampfen eines im Füllgut enthaltenen Lösungsmittels, fest werden und zu Ablagerungen führen, die allmählich den Querschnitt des Rohres einengen oder gar verschließen. Wenn dies bei der Messung wäßriger Lösungen festgestellt wird, so hilft oft eine Zugabe von Wasserdampf zum Spülgas, die das Austrocknen des in das Tauchrohr eingedrungenen Füllgutes verhindert. Der Wasserdampf ist gesondert zu dosieren – z.B. durch Lochscheiben mit 0,6 mm Bohrung – und unmittelbar am Behälterabsperrventil einzuspülen.

Weiter ist zu bedenken, daß bei dieser Art der Füllstandmessung eine *Verbindung* zwischen dem *Spülgasnetz* und dem *Behälter* hergestellt wird. Meist wird das Spülgas einem Stickstoffnetz entnommen, das auch andere, vor allem sicherheitstechnische Funktionen hat. Bei Netzausfall kann gas- oder dampfförmiges brennbares oder korrosives Produkt aus Druckbehältern rückwärts in das Stickstoffnetz eindringen, was unter allen Umständen zu vermeiden ist. Die dafür vorgesehenen Maßnahmen sind sorgfältig abzusprechen: Ein einfaches Rückschlagventil genügt in vielen Fällen nicht.

Eine *schwache Stelle* sind oft auch die *Dosiereinrichtungen*. Meist werden Schwebekörper-Durchflußmesser aus Glas eingesetzt, die betriebsmäßig mit Inertgas durchströmt werden. Bei Ausfall des Inertgases oder beim Zerstören des Glases würde aber Produkt, das heiß, brennbar, korrosiv, giftig oder ätzend sein kann, zurückströmen und die Umwelt gefährden. In Zweifelsfällen, besonders wenn höhere Behälterdrücke vorliegen, werden zweckmäßig Ganzmetall-Schwebekörpermesser eingesetzt oder der Spülgasdurchfluß durch Lochscheiben dosiert. Wenn erforderlich, läßt sich der Spülgasdurchfluß mit Durchflußreglern, die als Einheit mit dem Schwebekörpermesser lieferbar sind, konstant halten. Neben der im Bild 136 gezeigten Meßanordnung ist auch die nach Bild 137 gebräuchlich: Dort wird die Plusleitung *außen am Behälter* nach unten geführt. Sie sollte auch bei dieser Anordnung mit ausreichendem Gefälle verlegt werden und einen schrägen Abschluß erhalten. Für die Absperrung am Behälterstutzen sind Hähne besser geeignet als Ventile. Ventile dürfen auf keinen Fall mit senkrecht liegender Spindel eingebaut werden.

Es empfiehlt sich, das Differenzdruckmeßgerät *oberhalb* des Behälters anzuordnen: Bei Ausfall des Spülgases kommt kein Produkt an das Meßgerät und die Leitung kann leicht freigespült werden, wenn das Spülgas wieder verfügbar ist.

164 II. Füllstandmessung

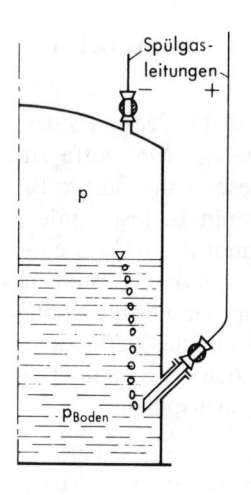

Bild 137. Einperlmessung mit außerhalb des Behälters geführter Plusleitung.
Wird die Plusleitung außerhalb des Behälters nach unten geführt, so ist durch ausreichendes Gefälle, geeignete Absperreinrichtungen und schräge Stutzen dafür zu sorgen, daß sich keine Flüssigkeitspfropfen in der Plusleitung halten können.

● *Hydrostatische Füllstandmessung nach dem Hampsonmeterprinzip*

Noch einfacher als die Füllstandmessung mit Spülgas ist die von Flüssigkeiten, die *bei Umgebungstemperaturen gasförmig* sind. Das ist z.B. bei Ammoniak, aber auch bei flüssigen, tiefkalten Kohlenwasserstoffen in Gastrennanlagen wie Methan, Ethan oder Ethylen, der Fall. Wie im Bild 138 gezeigt, werden die Meßleitungen von waagerechten Stutzen zunächst ein Stück waagerecht oder schwach ansteigend geführt und dann erst mit dem Meßgerät verbunden, dessen Lage ohne Belang ist. Oft liegt es außerhalb des isolierten Trennapparates. In dem waagerechten Stück verdampft eingedrungenes flüssiges Produkt wegen Erwärmung der Meßleitung durch die Umgebungsluft. Die Verdampfung ist mit einer wesentlichen Volumenzunahme verbunden, und das nunmehr gasförmige Produkt dehnt sich in Richtung des Behälters aus, spült gewissermaßen die Leitung und steigt als Gasblase im Produkt auf. Anschließend werden wieder kleine Mengen flüssigen Produktes in die Meßleitung eindringen, wieder erwärmt werden, wieder verdampfen, sich dabei ausdehnen und die Meßleitung spülen. Die *waagerechte Führung* in der Nähe der Entnahmestelle verhindert, daß durch Verschieben der Grenze zwischen Flüssigkeit und Gas (z.B. durch Änderung der Umgebungsbedingungen wie Temperatur oder Feuchte oder durch Änderung der Effektivität der Kälteisolierung) das Meßergebnis verfälscht wird; denn waagerechte Flüssigkeitspfropfen beeinflussen ja Druckmessungen nicht.

Die Hampsonmetermethode ist für manche Meßaufgaben die einzige Lösungsmöglichkeit, z.B., wenn der Füllstand flüssigen Methans in annähernd drucklosem Zustand zu messen ist. Dort hat das Methan Temperaturen, die bei $-140\,°C$ liegen. Wollte man hier mit Spülgas arbeiten, so müßte dieses einen Taupunkt haben, der unter $-140\,°C$ liegt, denn sonst würde im Spülgas enthaltene Feuchtigkeit zunächst sehr schnell kondensieren und sich dann als Eis in der Meßleitung oder im Meßstutzen ablagern und zu Verstopfungen führen. Die Hampsonmetermethode ist dagegen vollkommen problemlos, denn −140 °C kaltes Produkt verdampft außerhalb der Isolierung sehr schnell.

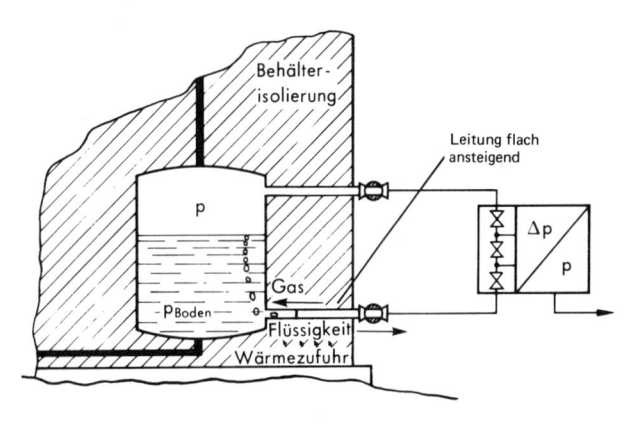

Bild 138. Hydrostatische Füllstandmessung nach dem Hampsonmeterprinzip.
Für Flüssigkeiten mit sehr niedrigem Siedepunkt bietet sich das Hampsonmeterprinzip an: In den Meßleitungen verdampfende Flüssigkeit stellt das selbst erzeugte Spülgas dar.

Auf zwei Schwierigkeiten sei hingewiesen: Bei der Hampsonmetermethode verdampfen ja laufend kleine Produktmengen an einer bestimmten Stelle der Meßleitung. An dieser Stelle können sich *nicht verdampfende Ablagerungen* bilden, die allmählich die Meßleitung verstopfen. Die andere Schwierigkeit liegt in der Inbetriebnahme. Wenn aus der Meßleitung nicht durch Spülung sorgfältig alle *Feuchtigkeit entfernt* wird, so wird diese irgendwann an den kalten Stellen gefrieren und die Meßleitung verstopfen. Es ist dann außerordentlich schwierig, das Eis zu entfernen, ohne die ganze Anlage außer Betrieb zu nehmen. Eventuell kann eine Eingabe von Methanol Erfolg haben. Besser ist es (und vorsichtige Leute tun dies auch), für den Fall, daß ein Stutzen verstopft wird, von vornherein einen zweiten vorzusehen.

● *Hydrostatische Füllstandmessung mit direkter Messung des Bodendruckes*

Bei hydrostatischen Füllstandmessungen kommt es ja darauf an, den hydrostatischen Druck in der Flüssigkeit und den Druck über der Flüssigkeit möglichst unverfälscht zum Differenzdruckmesser zu führen. Wir lernten bisher Verfahren kennen, bei denen diese Aufgabe dadurch gelöst wurde, daß die Meßleitung mit Spülgas von Flüssigkeiten freigehalten wurde. Dabei kam es vor allem darauf an, die Plusleitung flüssigkeitsfrei zu halten.

Es ist nun auch möglich, wie im Bild 139 gezeigt, den Bodendruck dadurch genau zu messen, daß ein Stutzen in Höhe der unteren Meßbereichsgrenze waagerecht nach außen geführt und der Meßumformer in dieser Höhe montiert wird.

Bei Druckbehältern ist das Problem dann allerdings, den *Behälterdruck unverfälscht an den Meßumformer* zu führen. Das erreicht man im allgemeinen durch Spülen der Minusleitung, die jedoch *von unten nach oben gespült* werden muß und eine Möglichkeit haben sollte, einmal eingedrungene Flüssigkeit über Abscheider zu entfernen. Denn es wird im allgemeinen kein Verlaß darauf sein, daß Flüssigkeitspfropfen aus der Meßleitung nach oben weggespült werden können.

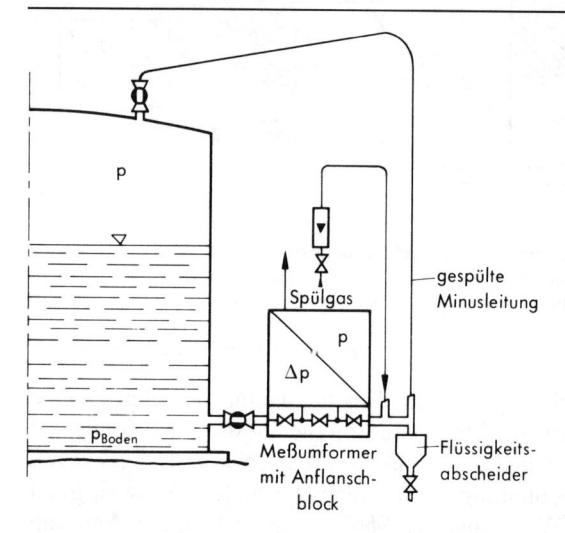

Bild 139. Hydrostatische Füllstandmessung mit direkter Messung des Bodendruckes.
Bei dieser Art der Füllstandmessung muß die Minusleitung flüssigkeitsfrei gehalten werden. Dies kann durch Spülen mit Gas, aber auch durch Beheizen oder Isolieren geschehen. Ein Abscheider ermöglicht es, in die Minusleitung eingedrungene Flüssigkeit zu entfernen.

Eine andere Möglichkeit besteht darin, die Minusleitung und gegebenenfalls auch den Meßumformer zu *beheizen* und zu *isolieren*. Das ist dann vorteilhaft, wenn, wie z.B. in Kugelbehältern, die Füllstände unter Außentemperatur siedender Flüssiggase zu messen sind. Aber auch dort sollten Abscheider vorgesehen werden, denn in den Meßstoffen können hochsiedende Anteile – wie etwa Wasser – enthalten sein, die bei der für das Flüssiggas erforderlichen Heiztemperatur nicht verdampfen.

Die Entnahmestutzen sind mit Absperrventilen oder -hähnen auszurüsten, um die Meßumformer bequem prüfen oder auswechseln zu können. In Sonderfällen ist diese Möglichkeit nicht gegeben, nämlich dann nicht, wenn sich Stutzen oder Absperrarmaturen durch Verkrustungen, Verschmutzungen, sehr zähes oder kristallisierendes Produkt zusetzen würden. Für diese Fälle gibt es Meßumformer für Differenzdruck mit freiliegender Membran, die so an den Behälter angeflanscht werden können, daß die *Membran bündig mit der Behälterwand* abschließt oder sogar in den Behälter hineinragt (Bild 140). Die Einflüsse der störenden Meßstoffeigenschaften kommen bei dieser Konstruktion nicht mehr zum Tragen. Allerdings wird der Nachteil eingehandelt, daß der Meßumformer nicht mehr geprüft werden kann und zum Auswechseln des Meßumformers der Behälter nicht nur entspannt, sondern auch entleert werden muß.

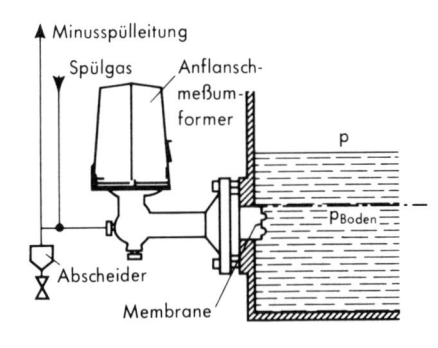

Bild 140. Füllstandmessung mit Anflanschmeßumformer.
Die Meßmembran kann bündig mit der Behälterwand abschließen oder sogar in den Behälter hineinragen, um Einflüsse zähen oder verkrustenden Meßstoffes auf das Meßergebnis zu mindern.

Zu den Methoden der direkten Messung des Bodendrucks gehört auch die Füllstandmessung in offenen Behältern großer Höhe oder – z.B. bei Brunnen – großer Tiefe mit *Seilsonden*, die von oben in die Behälter eingeführt werden (Bild 146).

● *Hydrostatische Füllstandmessung mit Niveaugefäß*

Eine andere Möglichkeit bietet sich für Meßstoffe an, deren Füllstand bei höheren Temperaturen in siedendem Zustand gemessen werden muß, etwa bei Messungen des Wasserstandes in Dampftrommeln. Aus Bild 141 ist zu ersehen, daß bei dieser Anordnung auf eine Seite des Meßumformers (das ist im Bild 141a die Minusseite!) der Bodendruck im Behälter und auf die andere Seite der Behälterdruck und der Druck einer Kondensatsäule in einem Parallelgefäß von der Höhe des Meßbereiches wirken.

Der Meßumformer gibt den kleinsten Signalwert 0,2 bar oder 4 mA ab, wenn der Füllstand im Behälter den oberen Stutzen erreicht hat. Denn dann sind beide Drücke gleich, vorausgesetzt, die Dichte im Parallelgefäß weicht nicht von der des Behälterinhaltes ab. Der Meßumformer gibt den größten Signalwert 1,0 bar oder 20 mA ab, wenn der Behälter leer ist, denn dann wirkt auf die Minusseite nur der Behälterdruck und auf die Plusseite der Behälterdruck vermehrt um den statischen Druck der Kondensatsäule. Der Zusammenhang zwischen Füllstand und Ausgangssignal ist bei dieser Anordnung zwar *nicht sinnfällig*, der Aufwand für die Messung aber gering, weil kein Spülgas erforderlich ist.

Ein *sinnfälliger* Zusammenhang ergibt sich, wie Bild 141b zeigt, wenn Meßumformer mit Zusatzeinrichtungen zur *Nullpunktanhebung* zum Einsatz kommen: Das mit Kondensat gefüllte Parallelgefäß wird mit dem Minusanschluß des Meßumformers verbunden. Bei nicht gefülltem Behälter würde das Ausgangssignal sofort auf Null gehen, es wird aber durch Verstellen der Nullpunktanhebung auf 0,2 bar oder 4 mA angehoben: Dem leeren Behälter entspricht das kleinste Ausgangssignal. Bei Füllung des Behälters erhöht sich das Ausgangssignal proportional dem Füllstand.

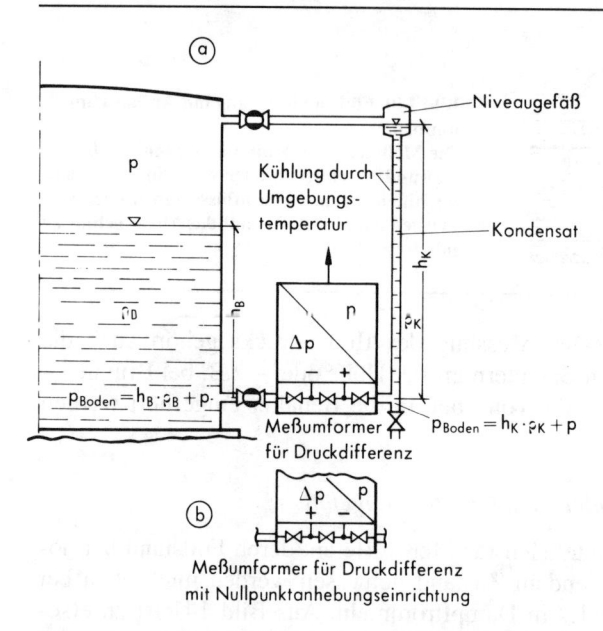

Bild 141. Hydrostatische Füllstandmessung mit Niveaugefäß.
Für Flüssigkeiten, die bei hohen Temperaturen sieden, bietet es sich an, in der außenliegenden Meßleitung Dämpfe der Flüssigkeit kondensieren zu lassen. Ein Niveaugefäß sorgt für definierte Höhe der Kondensatsäule. Bei normalen Differenzdruckmessern muß das außenliegende Parallelgefäß mit dem Plusanschluß verbunden werden (a) und der Meßumformer gibt – nicht sinnfällig – bei vollem Behälter das niedrigste Ausgangssignal ab. Sinnfällig ist dagegen die Zuordnung des Ausgangssignales zum Behälterstand, wenn Meßumformer mit Nullpunktanhebung zum Einsatz kommen (b). Dann muß das außenliegende Parallelgefäß mit dem Minusanschluß verbunden werden.

Große Beachtung ist dem *Niveaugefäß* zu widmen, das das Parallelgefäß oben abschließt. Die Verbindung zum Behälter muß ermöglichen, daß Inerte aus dem Parallelgefäß entweichen und Dampf einströmen kann, der in dem Parallelgefäß kondensiert. Wenn das Parallelgefäß gefüllt ist, muß überschüssiges

Kondensat in den Behälter zurückfließen können. Die Annahme, daß die Dichte der Behälterfüllung und die des Kondensats übereinstimmen, wird im allgemeinen auch nicht gegeben sein. Denn im Behälter siedet das Produkt, ist also durch Dampfblasen aufgelockert, während das Kondensat in dem Parallelgefäß Außentemperaturen annimmt, dabei ohnehin eine höhere Dichte hat und außerdem nicht durch Dampfblasen aufgelockert ist.

Anders als beim Verdrängergefäß (Abschnitt 2 b) findet in dem nur oben mit dem Behälter verbundenen Parallelgefäß nur ein sehr geringer Energieaustausch mit dem Füllgut statt, und die Temperatur in der Kondensatleitung wird sich der Außentemperatur angleichen. Bei Frostgefahr ist eine Beheizung erforderlich, die so dimensioniert sein muß, daß das Kondensat auf keinen Fall ins Sieden gerät.

● *Weitere Methoden hydrostatischer Füllstandmessung*

Schließlich bieten sich Differenzdruckmeßumformer mit *Druckmittlern* zur Füllstandmessung an. Das sind – wie ausführlich unter Druck- und Differenzdruckmessungen (I, 2 d) beschrieben – Einrichtungen, die den Druck mittels richtkraftloser Membranen aufnehmen und über mit einem Druckmittler gefüllte Leitungen zum eigentlichen Meßumformer übertragen (Bild 142).

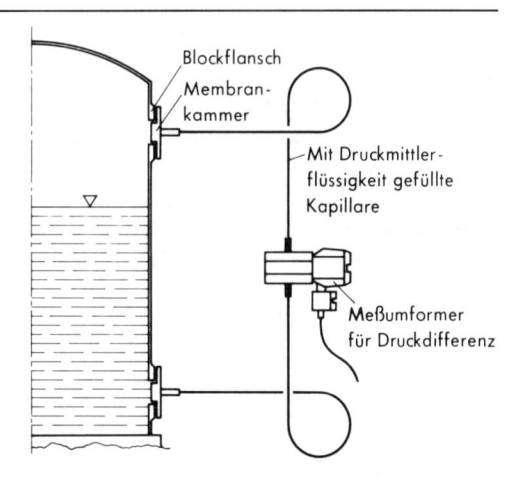

Bild 142. Hydrostatische Füllstandmessung mit volumetrischen Differenzdruckmessern.
Bei diesen Geräten sind die Meßleitungen mit einer neutralen Flüssigkeit, einem Druckmittler, gefüllt und durch richtkraftlose Membranen zum Meßstoff abgeschlossen. So läßt sich der Füllstand auch "unangenehmer" Meßstoffe bestimmen.

Bei dieser Anordnung kann sinnfällig dem leeren Behälter das Meßumformer-Ausgangssignal 0,2 bar und dem gefüllten das Signal 1,0 bar entsprechen. Der Nullpunkt des Meßumformers muß dann bei leerem Behälter auf das minimale

Ausgangssignal eingestellt werden. Dazu ist auch hier eine Nullpunktanhebung erforderlich, denn die Höhenunterschiede der richtkraftlosen Abschlußmembranen beeinflussen sehr stark das Meßumformersignal, weil die Systeme ja mit flüssigem Druckmittler gefüllt sind. Ist mit Krustenbildung zu rechnen, so eignen sich besonders Systeme mit geringem Arbeitsvolumen.

Der Vollständigkeit halber sei noch eine weitere Möglichkeit erwähnt, hydrostatisch den Füllstand zu messen. Sie besteht darin, den hydrostatischen und den Behälterdruck mit in Stutzenhöhe liegenden Druckmeßumformern zu messen, welche die beiden Drücke in *gleich große Luftdrücke* umformen, und deren Ausgangsdrücke auf einen Meßumformer für Differenzdrücke zu geben. Dessen Ausgangssignal entspricht dann dem Füllstand. Für die Druckmeßumformer mit der – wie es im Betriebsjargon heißt – 1:1- Abbildung muß Luft oder Stickstoff mit einem Druck zur Verfügung stehen, der größer als der Bodendruck ist. Außerdem ist zu bedenken, daß mögliche Meßfehler der 1:1-Meßumformer das Meßergebnis zusätzlich verfälschen. Der Gesamtaufwand dieser Anordnung ist hoch.

In diese Rubrik gehört auch die Bestimmung des Füllstands durch getrennt Gas- und Bodendruckmessungen mittels hochgenauer Druckmeßumformer, wie sie im Abschnitt 3 beim HTG-Verfahren beschrieben sind.

● *Hydrostatische Trennschichtmessungen*

Grundsätzlich läßt sich mit allen hydrostatischen Methoden auch die Lage von Trennschichten mehr oder weniger gut messen. Der Plusdruck der Differenzdruckmessung muß unterhalb des tiefsten Standes der Trennschicht, der Minusdruck oberhalb des höchsten Standes der Trennschicht entnommen werden und muß immer von Flüssigkeit beaufschlagt sein. Es ist dabei unerheblich, unter welchem Druck der Behälter steht, da der Druck im Gasraum beide Drücke in der gleichen Weise beeinflußt.

Häufig wird die Einperlmethode (Bild 143) gewählt: Wenn die Trennschicht *unter* dem längeren Perlrohr liegt, stellt sich am Meßumformer ein Differenzdruck ein von

$$0{,}0981 \cdot h \cdot \rho_2 \;,$$

wenn h der Abstand der Entnahmen und ρ_2 die Dichte der leichten Phase ist. Das Ausgangssignal des Meßumformer wird dementsprechend – abhängig vom Verhältnis der Dichten von leichter und schwerer Phase – schon im oberen Bereich liegen, es soll ja aber dann seinen Anfangswert ausgeben, denn die Trennschicht liegt an der unteren Grenze. Der Meßanfang ist also um diesen Betrag zu *unterdrücken*.

Liegt die Trennschicht über der oberen Entnahme, so beträgt die Druckdifferenz am Meßumformer

$$0,0981 \cdot h \cdot \rho_1 \, ,$$

wenn ρ_1 die Dichte der schweren Phase ist. Auf diesen Wert ist der Meßbereich einzustellen, und beim Anfangswert 4 mA bzw. 0,2 bar liegt dann die Trennschicht an (oder unter) der unteren Entnahme und beim Endwert 20 mA bzw. 1,0 bar an (oder über) der oberen Entnahmestelle.

Bild 143. Trennschichtmessung mit Einperlmethode.
Die für den Betrieb einer solchen Meßeinrichtung erforderlichen Absperr- und Umgangsarmaturen sowie die Einrichtungen zum Dosieren des Stickstoffs sind im Bild weggelassen worden, sind aber analog zum Bild 136 unbedingt vorzusehen.

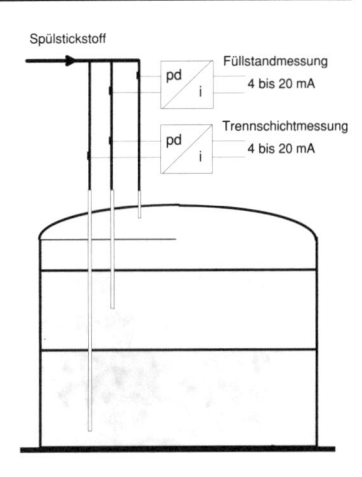

● *Ausführungsformen von Meßgeräten*

Die hydrostatischen Füllstandmessungen sind mit den geschilderten Vorrichtungen auf Differenzdruckmessungen zurückgeführt worden, und es erübrigt sich fast, auf Ausführungsformen von Meßgeräten einzugehen. Denn dies ist bereits bei den Aufgaben Druck- und Differenzdruckmessung geschehen. Es soll aber ein für diese Anwendungen typisches Gerät, ein Anflanschmeßumformer, beschrieben werden.

Der Anflanschmeßumformer der Firma ABB Industrietechnik (Bild 144) ist im wesentlichen ein Differenzdruckmeßumformer nach dem Kraftvergleichsprinzip, ähnlich der in Hauptabschnitt I beschriebenen dp-Zelle des gleichen Herstellers.

Die Pluskammer ist so ausgebildet, daß das Gerät unmittelbar an einen Behälter geflanscht werden kann, ohne den durch die Membran festgelegten Querschnitt einzuengen. Das Gerät ist für Drücke bis 16 oder 40 bar einsetzbar und zulässig für Meßstofftemperaturen zwischen − 40 und + 190 °C, wobei auch hier die hohen Temperaturen den Betriebsdruck einschränken. Die Umgebungstemperaturen können zwischen − 40 und + 120 °C liegen. Die Meßspannen sind einstellbar für Geräte mit Membrandurchmessern von 2 Zoll zwischen 300 und 1700 mbar, für Geräte mit Membrandurchmessern von 3 Zoll zwischen 25 und 500 mbar. Die Meßeigenschaften in % der Meßspanne sind:

Abweichungen von der Kennlinie	± 0,5 und ± 1,0 %,
Ansprechschwelle	± 0,1 und ± 0,2 %,
Temperaturfehler für kleine Meßbereiche	0,6 und 0,4 % / 10 °C,
Temperaturfehler für große Meßbereiche	0,2 % / 10 °C.

Bild 144. Anflanschmeßumformer Deltapi (ABB Industrietechnik).

Die erstgenannten Werte beziehen sich auf Geräte mit 3-Zoll-Membranen, die zweiten auf Geräte mit 2-Zoll-Membranen. Der Einfluß des statischen Druckes liegt in der Größenordnung von 0,5 % bei Änderung im zulässigen Betriebsdruckbereich.

Die Aufmerksamkeit soll noch einmal dem *Temperaturfehler* gelten: Für ungünstige Meßbereiche liegt er bei etwa 0,6 % pro 10 °C und entspricht damit durchaus dem Wert von Differenzdruckmeßumformern. Die Anflanschmeßumformer für Füllstand können aber den Einflüssen der Betriebstemperatur nicht so entzogen werden wie Differenzdruckmeßumformer, und der Fehler kann für hohe Temperaturen einige Prozent sein. Es ist allerdings noch einmal zu betonen, daß die Brauchbarkeit dieser Geräte dadurch kaum eingeschränkt wird, eben weil es bei Messung, Sicherung und Regelung von Füllständen auf absolute Genauigkeit im allgemeinen nicht ankommt.

Als Werkstoffe kommen zum Einsatz: Für den Flansch Kohlenstoffstahl oder V4A-Stahl, für die Membrane V4A-Stahl, Monel oder Hastelloy C, für die Membranfüllung Silikonöl und, für Temperaturen zwischen 20 und 180 °C, DC 704. Zusatzeinrichtungen ermöglichen sowohl Bereichsunterdrückung für

Trennschicht- und Dichtemessungen als auch Nullpunktanhebung für Messungen mit flüssigkeitsgefülltem Parallelgefäß.

Im Bild 145 ist der *innere Aufbau* des Gerätes dargestellt: Der klassische pneumatische Differenzdruckmeßumformer hat eine andersgestaltete Membrankammer mit vornliegender Membrankapsel erhalten. Ein Verbindungsgestänge überträgt die der Differenzdruck proportionale Kraft auf den Waagebalken. Der Aufbau des Kompensationssystems, die Biegeplattendurchführung und die Wirkungsweise entsprechen dem üblichen, im Abschnitt I. 3 c, beschriebenen pneumatischen Meßumformerprinzip, so daß sich eine weitergehende Erläuterung des Bildes 145 wohl erübrigt. Es sei noch auf die Zusatzeinrichtungen zur Nullpunktanhebung und Bereichsunterdrückung hingewiesen, die – auf das Chassis montiert – dem Waagebalken zusätzliche Kraftwirkungen vermitteln.

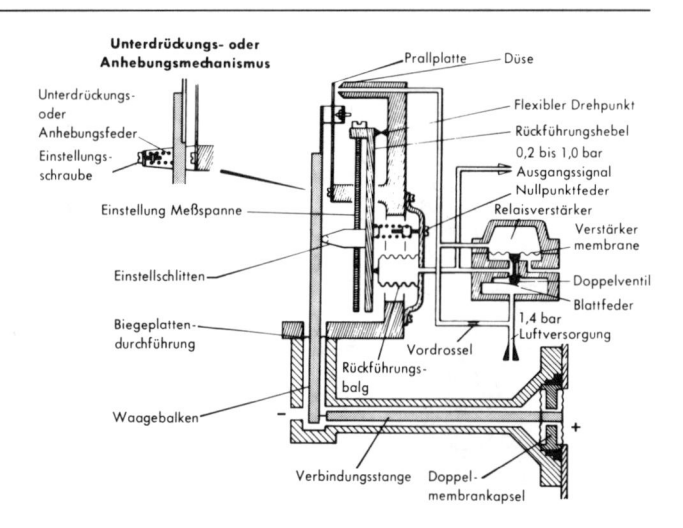

Bild 145. Prinzipbild eines pneumatischen Anflanschmeßumformers (ABB Industrietechnik).
Aus dem klassischen Differenzdruckmeßumformer ist durch außenliegende Membrankapsel, verlängerte Minuskammer und Verbindungsstange ein Anflanschmeßumformer geworden. Biegeplatte, Waagebalken, Kompensationssystem und Verstärker bleiben unverändert. Für Füllstandmessungen wichtige Zusatzbauteile dienen zur Unterdrückung des Nullpunktes und zum Anheben des Meßbereiches.

Mit Druckmittlerfüllung arbeitet ein Anflanschmeßumformer, dessen Funktionsprinzip das uns schon bekannte Bild 67 zeigt. Der zu messende Druck spannt über einen Faltenbalg einen elektrisch in Schwingungen versetzten Draht. Mit der mechanischen Spannung des Drahtes ändert sich dessen Resonanzfrequenz, die damit als Maß für den Druck digital weiterverarbeitet werden kann. Das Gerät hat nur *einen* Meßbereich (0 bis 2,1 bar), die meßstoffbenetzten Teile sind aus Edelstählen und PTFE gefertigt, und die zulässigen Betriebstemperaturen liegen zwischen – 40 und + 120 °C. In den Sensor ist ein Temperaturfühler integriert, mit dem der Temperaturgang des Sensors korrigiert wird. Es ergeben sich damit außerordentlich hohe Meßgenauigkeiten mit Fehlern von nur

0,02 % vom Meßbereichsendwert, das sind etwa 0,5 mbar.

Durch die Temperaturkompensation ist dieser Fehler in einem mittleren Temperaturbereich unabhängig von Meßstoff- und Umgebungstemperatur. Wie dieses Gerät zur Behälterinhaltsbestimmung einsetzbar ist, wird in Abschnitt II.3 erläutert.

① Prozeßmembran aus Hastelloy C
② Meßelement in Dünnschicht-Technologie
③ Meßmembran aus Kupferberyllium

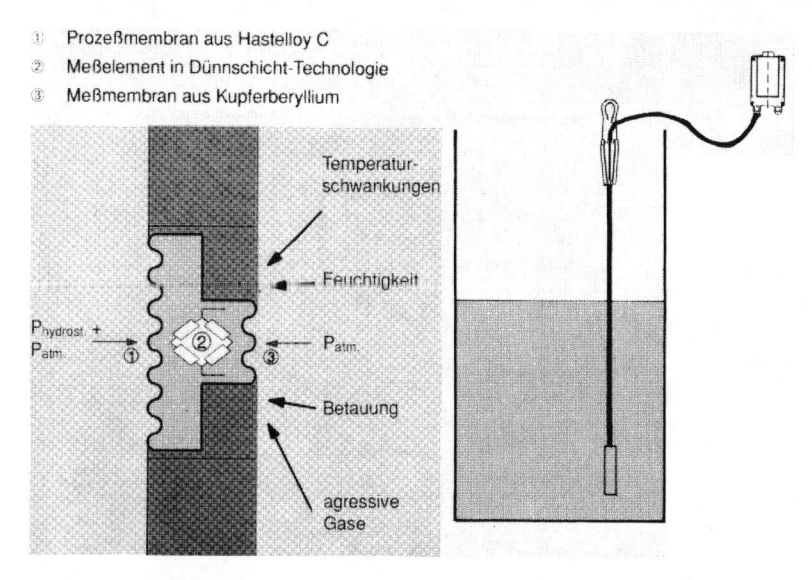

Bild 146. Hydrostatische Füllstandmessung mit Deltapilot (E+ H).
Eine hermetisch geschlossene Meßzelle läßt sich von oben in offene Behälter einführen, als Seilsonde bis 200m tief. Das eigentliche DMS-Meßelement, ein in Dünnschichttechnik hergestelltes Cr-Ni-Federelement, liegt geschützt zwischen zwei Membranen. Ein Temperatursensor kompensiert den Temperatureinfluß auf 0,1 % / 10 K. Die Minusseite wird über einen Schlauch im Sondenseil entlüftet. Für Druckbehälter ist eine zweite Sonde erforderlich.

Die moderne Halbleitertechnik hat es ermöglicht, einen Druckmeßumformer in eine Sonde von etwa 40 mm Durchmesser und 150 mm Länge zu integrieren, die sich mit einem Verlängerungsrohr bis 4 m tief und mit einem Tragkabel bis 200 m tief in die Flüssigkeit absenken läßt. Im Sensor (Bild 146) ist die vom Füllgut benetzte Trennmembran von der federelastischen Meßmembran konsequent getrennt, so daß sich hohe Meßgenauigkeit mit Korrosionsbeständigkeit und guter Langzeitstabilität vereint. Die im Bild gezeigte *DMS-*

Meßzelle ist bis zum Zehnfachen des Meßbereichs (allerdings nicht mehr als bis 25 bar) überlastbar, die im gleichen Gerät für Meßbereiche über 4 bar eingesetzten *piezoresistiven* Meßzellen etwa bis zum Doppelten des Meßbereichs.

Weitere Betriebsdaten sind:

Maximaler Meßfehler	0,25 % der Meßspanne,
Temperatureinfluß	0,1 % / 10 K,
Betriebstemperaturbereich von	-20 bis $+80$ °C,

als Werkstoffe für die vom Füllgut benetzten Sensorteile kommen Chrom-Nickel-Stähle, Hastelloy C, PTFE und Polyethylen zum Einsatz.

Mit einem piezoresistiven Druckaufnehmer arbeitet der Anflanschmeßumformer nach Bild 147. Das Meßsignal des einen relativ hohen Meßeffekt bietenden Piezosensors ist so temperaturabhängig, daß – wie die Schaltung zeigt – der Temperaturgang mit Netzwerken kompensiert werden muß, um genaue Meßergebnisse zu erhalten.

Die glatte und relativ dicke Keramikmembran des kapazitiven Anflanschmeßumformer nach Bild 148 ist unempfindlicher gegen beim Betrieb und bei der Reinigung entstehen könnende Beschädigungen als dünne vorgeformte Metallmembranen. Das bereits im Bild 57 dargestellte Einkammerprinzip mit Keramikmembranen bietet hohe Resistenz gegen korrosives Füllgut, unterliegt keinem Alterungsprozeß, und der Temperatureinfluß läßt sich leicht durch Messung der Summe von C_1 und C_2 kompensieren. Mit einer unabhängigen Temperaturmessung (5) läßt sich eine Selbstüberwachung der Meßzelle aufbauen.

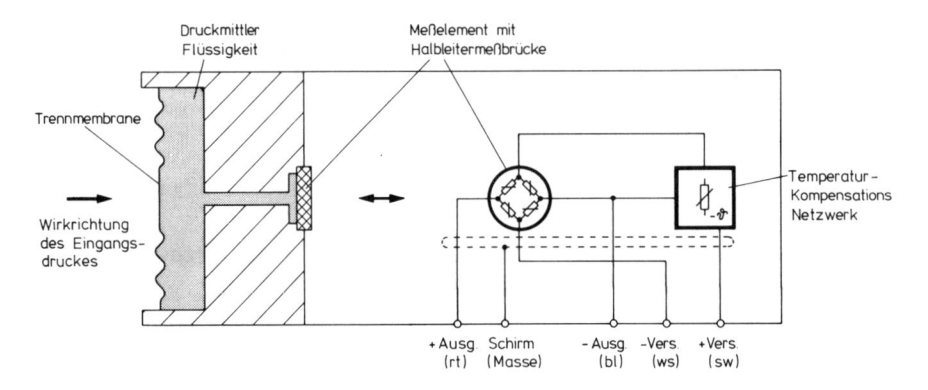

Bild 147. Piezoresistiver Druckaufnehmer (Labom).
Die Druckaufnehmer erfassen Meßbereiche zwischen 200 mbar und 40 bar. In dem Prinzipbild nicht dargestellt ist das der Trennmembranprägung angepaßte Membranbett, an das sich die richtkraftlose Trennmembran bei Überlastungen anlegt.

176 II. Füllstandmessung

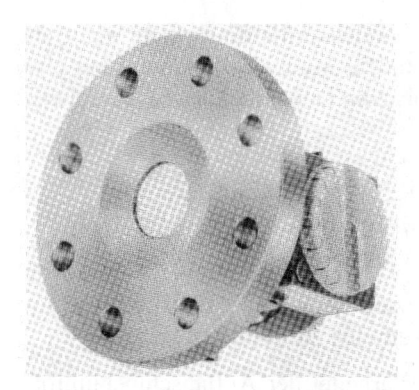

Bild 148. Anflanschmeßumformer mit frontbündiger Keramikmeßzelle (E+H).

Mit einem vorgeschalteten Druckmittler arbeitet das als Differenzdruckmeßumformer in Abschnitt I bereits vorgestellte Gerät (Bild 149):

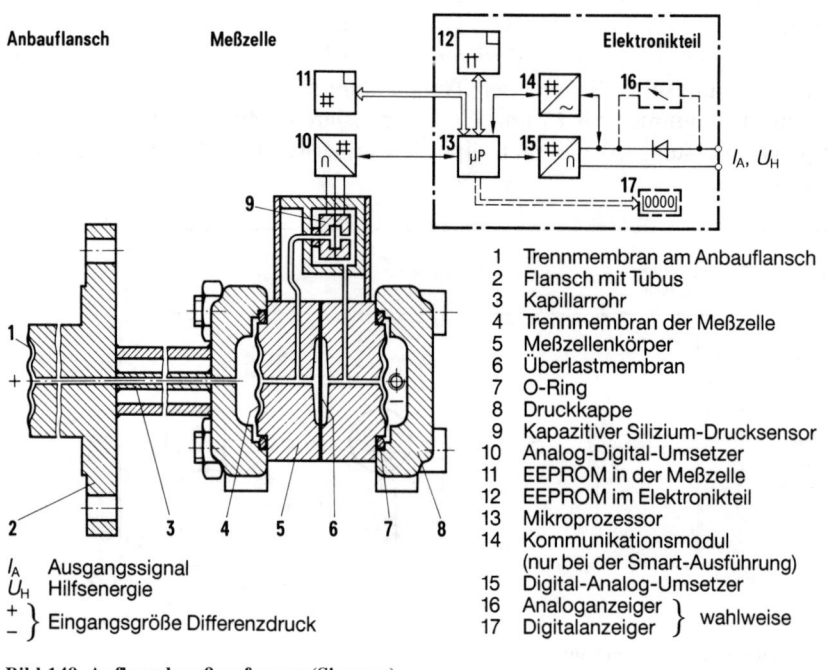

I_A Ausgangssignal
U_H Hilfsenergie
$\left.\begin{array}{c}+\\-\end{array}\right\}$ Eingangsgröße Differenzdruck

1   Trennmembran am Anbauflansch
2   Flansch mit Tubus
3   Kapillarrohr
4   Trennmembran der Meßzelle
5   Meßzellenkörper
6   Überlastmembran
7   O-Ring
8   Druckkappe
9   Kapazitiver Silizium-Drucksensor
10   Analog-Digital-Umsetzer
11   EEPROM in der Meßzelle
12   EEPROM im Elektronikteil
13   Mikroprozessor
14   Kommunikationsmodul
      (nur bei der Smart-Ausführung)
15   Digital-Analog-Umsetzer
16   Analoganzeiger $\Big\}$ wahlweise
17   Digitalanzeiger

Bild 149. Anflanschmeßumformer (Siemens).

2. Füllstandmeßgeräte 177

Der hydrostatische Druck wird über eine Trennmembran (1) hydraulisch auf die Meßzelle und dort über die Trennmembran (4) und die Füllflüssigkeit im Meßzellenkörper (5) auf den kapazitiven Silizium-Drucksensor (9) übertragen. Bei Überschreiten der Meßgrenzen wird die vorgespannte Überlastmembran (6) ausgelenkt, bis sich eine der Trennmembranen (4) an den Meßzellenkörper anlegt. Die Kapazitätswerte des Sensors werden in (10) digitalisiert und dem Mikroprozessor (13) zur Weiterverarbeitung zugeführt. Im EPROM (11) sind die meßzellenspezifischen Daten abgelegt. Durch Einrüsten eines Kommunikationsmoduls läßt sich dem Gleichstrom-Ausgangssignal ein Digitalsignal überlagern, mit dem der Meßumformer parametriert und überwacht werden kann.

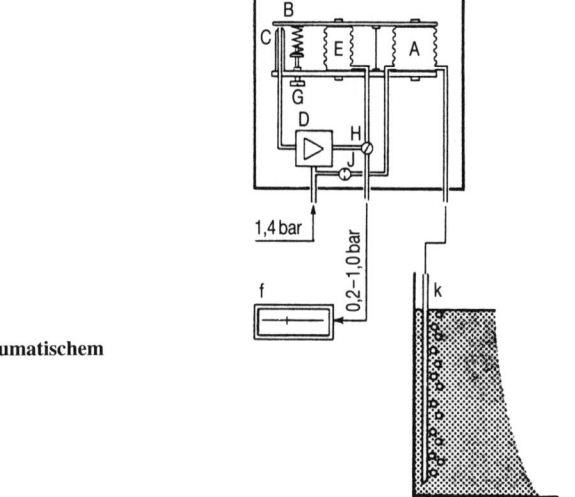

Bild 150. Einperlmessung mit pneumatischem Meßumformer (WRM).
B Hebel mit Prallplatte,
C Düse,
D Verstärker,
E Faltenbalg,
G Nullpunkteinstellung.

Schließlich wollen wir uns noch mit einem Meßumformer für Bodendruckmessungen durch Einperlen befassen (Bild 150): Die Festdrossel (J) dosiert einen Spülgasstrom, der über den Meßbalg (A) durch das Einperlrohr (k) strömt und durch den Füllstand einen Staudruck $h\,g\,\rho$ erfährt. Er wird von der pneumatischen Kraftwaage kompensiert. Mit der einstellbaren Drossel (H) läßt sich zwar der Ausgangsdruck dämpfen, richtiger ist es, durch schrägen Anschnitt des Perlrohres – wie im Bild angedeutet – dafür zu sorgen, daß sich ein feinperliger Spülgasstrom einstellt.

d) Kapazitive Füllstandmessungen

Kapazitive Füllstandmeßeinrichtungen haben ein sehr weites, nicht nur auf die Verfahrenstechnik beschränktes Einsatzgebiet. Einfache und preiswerte Sonden bieten vielfältige Möglichkeiten zur Füllstandüberwachung von Flüssigkeiten und Schüttgütern; für kontinuierliche Füllstandmeßaufgaben in Schüttgütern sind sie oft die am wenigsten aufwendige Lösung. Bei Füllstandmessungen und -überwachungen stark korrosiver Flüssigkeiten zeichnen sie sich dadurch aus, daß sich alle benetzten Teile der Sonden in korrosionsbeständigen Kunststoffen, z.B. in PTFE, fertigen lassen, und auch für Anforderungen an hochgenaue Messungen mit 0,1 mm Auflösung gibt es geeignete, eichamtlich zugelassene Einrichtungen.

d1) Meßprinzip

Die Kapazität eines Kondensators ist der Dielektrizitätskonstanten ε des den Kondensator füllenden Mediums proportional. Nach diesem physikalischen Effekt arbeiten kapazitive Füllstandmeßgeräte: Die Behälterwand und eine isoliert eingebaute Meßsonde bilden den Kondensator (Bild 151). Ohne Füllgut ($\varepsilon = 1$) hat dieser eine bestimmte durch die Geometrie vorgegebene Kapazität. Werden Flüssigkeiten oder Schüttgüter – z.B. mit der Dielektrizitätskonstanten $\varepsilon = 6$ – eingefüllt, so hat der voll gefüllte Behälter die sechsfache, der halb gefüllte die dreifache oder der zu einem Drittel gefüllte die zweifache Kapazität des leeren Behälters.

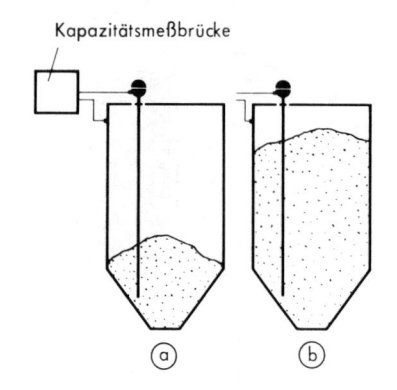

Bild 151. Kapazitive Füllstandmessung.
Durch eine isoliert eingeführte Elektrode wird der Behälter – elektrisch gesehen – zum Kondensator, dessen Kapazität vom Füllungsgrad abhängt: Ein wenig gefüllter Behälter (a) hat eine geringere, ein gut gefüllter Behälter (b) eine höhere Kapazität.

So einfach und einleuchtend dieses Prinzip auf den ersten Blick auch scheinen mag, zu einer relevanten Bewertung der Lösungsmöglichkeiten von Füllstandmeßaufgaben sind doch differenziertere Betrachtungen anzustellen. Die idealisierte Vorstellung beeinträchtigen sowohl die *Leitfähigkeitskomponenten* der Füllgüter als auch die relativ hohen Kapazitätswerte der *Sondendurchführungen*.

2. Füllstandmeßgeräte

● *Einfluß der Leitfähigkeit des Füllgutes*

Die Ersatzschaltbilder von Sonde (Index i) und Füllgut (Index p) zeigt Bild 152. Widerstände und Kapazitäten sind parallel geschaltet, und gemessen werden im allgemeinen nicht nur Kapazitäten, sondern Impedanzen (Scheinwiderstände) der Netzwerke. Manche Hersteller bezeichnen deshalb ihre Sonden nicht mehr als Kapazitäts-, sondern als Impedanz- oder Admittanz(Scheinleitwert)sonden. Das ist zwar physikalisch korrekt, der Anwender sollte nur nicht glauben, damit eine ganz besondere Sonde zu erwerben.

Bild 152a läßt sich anwendungsfallbezogen auf die anderen Teilbilder reduzieren: Ersatzschaltbild b ergibt sich allgemein, weil die Hersteller die Leitfähigkeiten der Sondenisolation gering wählen und der Widerstand so hoch ist, daß er gegenüber der Kapazität bei den gebräuchlichen Meßfrequenzen zwischen 20 kHz und 2 MHz zu vernachlässigen ist.

Problemlos sind Füllstandmessungen von Füllgütern *höherer Leitfähigkeit*. Die Mindestleitfähigkeiten müssen dafür – abhängig von Sondenkonstruktion und Einbauverhältnissen – zwischen 1 mS / cm und 20 µS / cm liegen. In diesem Fall gilt Ersatzschaltbild c: Dielektrizitätskonstante (DK) und Leitfähigkeit des Füllguts – und damit auch Schwankungen dieser Werte – gehen in die Messung nicht mehr ein, es wird nur die Kapazität des eingetauchten Teils der Sonde gemessen: Die Flüssigkeit bildet gewissermaßen die äußere Elektrode des entstehenden Zylinderkondensators und Dielektrikum ist die Sondenisolation. Es sind für diese Verhältnisse *vollisolierte* Sonden vorzusehen.

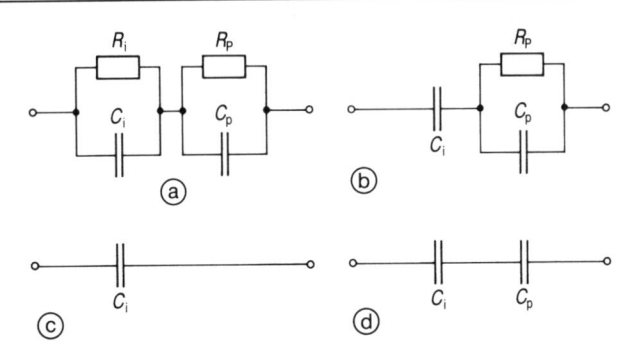

Bild 152. Ersatzschaltbilder für kapazitive Sonden in unterschiedlichen Füllgütern.
Die Kapazitätsmessungen werden auch von Leitwerten beeinflußt. Das vollständige Ersatzschaltbild zeigt (a), die Indizes i und p beziehen sich auf Sonde bzw. Produkt. Da der Leitwert der Sondenisolation 1 / R, praktisch vernachlässigt werden kann, ergibt sich realiter ein Schaltbild nach (b). Im Fall leitfähigen Füllguts wird die Kapazität des Füllguts gewissermaßen kurzgeschlossen, in die Messung geht nur C_i ein (c). Im Fall isolierenden Füllguts sind C_i und Cp in Reihe geschaltet (d).

180 II. Füllstandmessung

Hat dagegen das Füllgut nur sehr *geringe Leitfähigkeit*, so läßt sich der Strom durch R_p vernachlässigen, es gilt Schaltbild d: Die Kapazitäten C_i und C_p sind hintereinandergeschaltet. Dabei ist der Einfluß von C_i gering. Bei teilisolierter Elektrode ist $C_i = 0$. In die Meßergebnisse geht jetzt die DK des Füllguts voll oder nahezu voll ein, und damit leider auch alle Schwankungen der DK und gegebenenfalls auch der Leitfähigkeit, z.B. durch Feuchte.

● *Gestaltung der Sondendurchführungen*

Das sonst für Meßeinrichtungen übliche Einbringen in Behältern über Anschlußstutzen (z.B. DN 25) kann bei kapazitiven Füllstandmessungen problematisch sein: Die Wand des Stutzens und die Kapazitätselektrode bilden natürlich auch einen Kondensator, dessen Kapazität um so größer ist, je geringer der Stutzendurchmesser und je länger der Stutzen sind. Sie liegt in der Größenordnung von 30 pF – nicht unbeträchtlich bei Meßeffekten von nur 20 pF / m in sehr ungünstigen Fällen. Betrachten wir die Verhältnisse im Bild 153 etwas genauer: Die Kapazitäts- und Widerstandswerte C_{dp} bzw. R_{dp} können sich durch Verlegung oder Kondensationen außerdem noch in nicht vorherbestimmbarer Weise verfälschen.

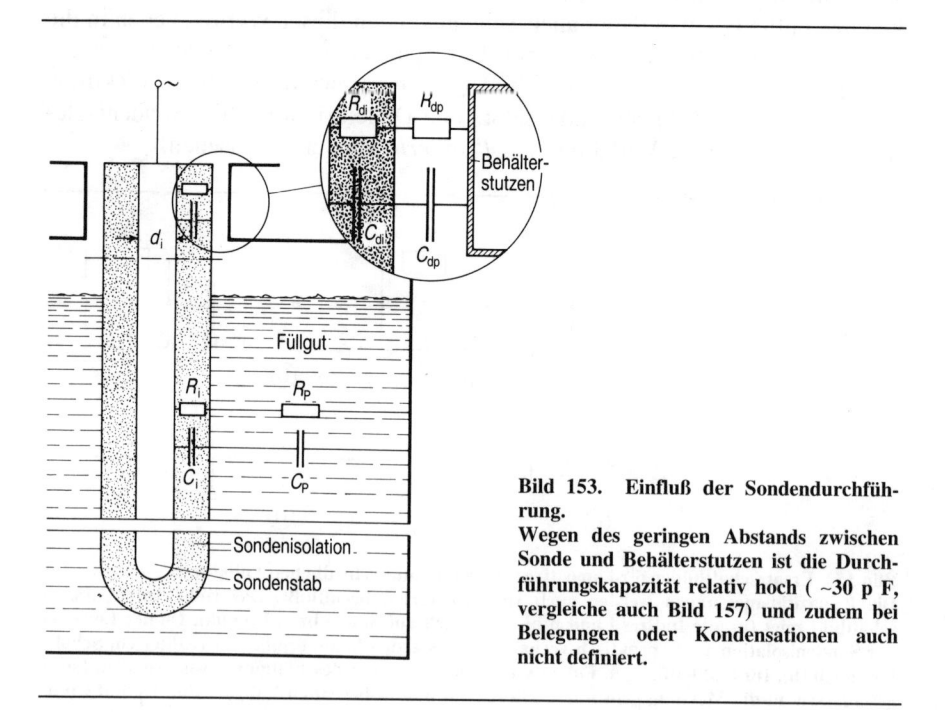

Bild 153. Einfluß der Sondendurchführung.
Wegen des geringen Abstands zwischen Sonde und Behälterstutzen ist die Durchführungskapazität relativ hoch (~30 p F, vergleiche auch Bild 157) und zudem bei Belegungen oder Kondensationen auch nicht definiert.

Abhilfe können günstige Einbauverhältnisse – weite Stutzen oder Montage über Schraubmuffen – oder Sonden mit passiver oder aktiver Ansatzkompensation bringen, wie im nächsten Abschnitt dargelegt wird.

● *Trennschichtmessungen*

Unterscheiden sich die Dielektrizitätskonstanten der zu trennenden Flüssigkeit hinreichend, so lassen sich mit Kapazitätssonden Trennschichten gut messen. Das ist z.B. der Fall bei der häufig gestellten Aufgabe, den Wassersumpf in Behältern für Treibstoffe oder andere Kohlenwasserstoffe zu überwachen. *Geringen Dichteunterschieden* von 0,7 und 1,0 entsprechen *große Unterschiede in den DK* von 2,5 und 31.

d2) Sonden

Dem breiten Anwendungsbereich zugeschnitten ist eine Vielzahl sich in den funktionellen Maßnahmen gegen Störeinflüsse, sich in Gestaltung und Abmessung unterscheidender Sondenausführungen.

● *Funktionelle Maßnahmen*

Die wichtigsten funktionellen Maßnahmen sind solche, welche den störenden Einfluß von Betauungen oder Ansatzbildungen kompensieren oder mindern sollen (Bild 154).

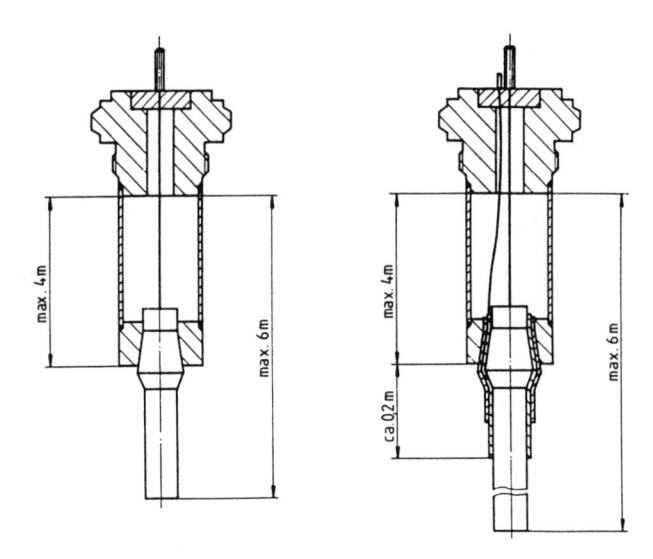

Bild 154. Passive und aktive Ansatzkompensation (E+H).
In den Schnittbildern ist links eine Sonde mit passiver Ansatzkompensation dargestellt: Ein metallisches Rohrstück hat das gleiche Potential wie der Behälterstutzen, und Verschmutzungen oder Betauungen beeinträchtigen die Messung nicht. Die Sonde rechts hat zusätzlich einen gegen beide Elektroden isolierten Schirm, der auf das Potential der Elektrode gebracht wird, und außen anhaftendes Füllgut beeinflußt die Messung nicht. Der besondere Vorteil dieser Anordnung ist, daß sie keinen Beitrag zur Anfangskapazität liefert, weil zwischen Schirm und Elektrode kein Potentialunterschied herrscht.

Bei passiver Ansatzkompensation umgibt ein geerdetes metallisches Rohrstück den oberen Teil der Sonde, und irgendwelche Belegungen dieses Teils ändern die Kapazität der Sonde nicht. Um die Anfangskapazität niedrig zu halten, hat der zur Sonde führende Leiter nur geringen Durchmesser.

Bei aktiver Ansatzkompensation umschließt die Elektrode ein gegen diese und gegen die Erde isoliertes Rohr, das auf ein Potential gesteuert wird, das dem der Elektrode gleich ist. Der so gebildete Zylinderkondensator verhält sich elektrisch neutral, weil an den "Kondensatorplatten" kein Potentialunterschied, keine Spannung anliegt.

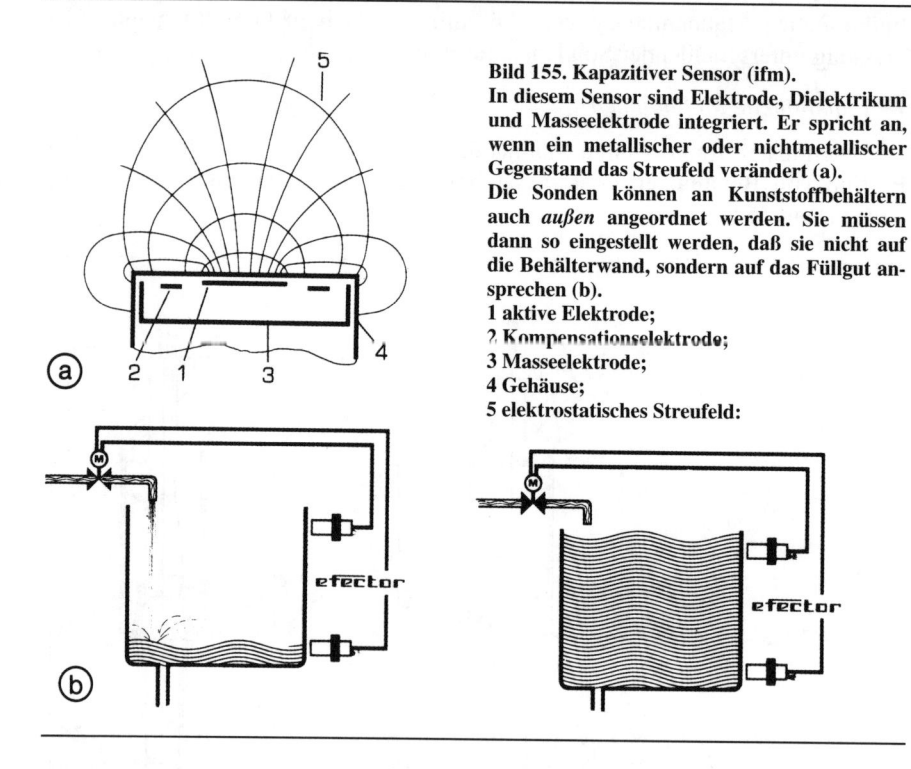

Bild 155. Kapazitiver Sensor (ifm).
In diesem Sensor sind Elektrode, Dielektrikum und Masseelektrode integriert. Er spricht an, wenn ein metallischer oder nichtmetallischer Gegenstand das Streufeld verändert (a).
Die Sonden können an Kunststoffbehältern auch *außen* angeordnet werden. Sie müssen dann so eingestellt werden, daß sie nicht auf die Behälterwand, sondern auf das Füllgut ansprechen (b).
1 aktive Elektrode;
2 Kompensationselektrode;
3 Masseelektrode;
4 Gehäuse;
5 elektrostatisches Streufeld:

Auch die Sonde nach Bild 155 hat besondere Kompensationselektroden, die Einflüsse von Betauungen kompensieren sollen. Passive und aktive Ansatzkompensation verhindern, daß Belegungen im *Durchführungsbereich* zu Beeinträchtigungen der Messungen führen. Mehr oder weniger stören natürlich auch Belegungen der *meßaktiven* Teile der Sonde. Sind diese Belegungen *nichtleitend*, so haben sie im allgemeinen *geringen* Einfluß, solange die Belegdicke gering zu den Behälterdimensionen ist.

Schwieriger ist es, mit leitenden Belegungen fertig zu werden. Einige wenige Hersteller beanspruchen, dieses Problem mit geeigneten Sonden und besonderen elektronischen Maßnahmen im Griff zu haben, ohne allerdings konkret darauf einzugehen. Wahrscheinlich werden neben den Impedanzwerten auch die Phasenverschiebungen gemessen und berücksichtigt.

Bei nichtleitendem Füllgut geht dessen DK voll in die Messung ein. Um Störeinflüsse durch *wechselnde* DK auszuschließen, ist es möglich, mit einer zusätzlichen Referenzelektrode (Bild 156) die DK des Füllguts zu messen und in das Meßergebnis einzubeziehen.

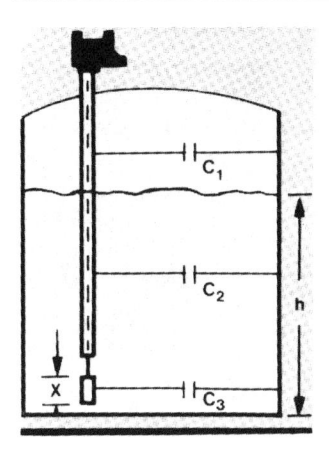

Bild 156. Füllstandmessung von isolierendem Füllgut wechselnder Dielektrizitätskonstante (Bernt).
Mit der unteren Sondenanordnung mit bekannter Leerkapazität (C_3) läßt sich die Dielektrizitätskonstante des Füllguts bestimmen.

Nichtleitende Füllgüter haben oft nur kleine DK – z.B. bei Öl – und bringen damit nur geringe Meßeffekte. In solche Fällen ist es möglich, durch *paddelartige Vergrößerungen* der nicht isolierten Sondenfläche Abhilfe zu schaffen.

● *Sondenausführungen*

Bei den hauptsächlich gebräuchlichen Sonden nach Bild 151 ist die Sonde die eine und der Behälter die andere Elektrode des Kondensators. Sie sind für den Einsatz in *metallischen* Behältern geeignet, Kunststoffbehälter sind innen oder außen mit zusätzlichen, geerdeten Metallflächen auszurüsten. Die Sonden gibt es in den verschiedensten Ausführungen, die nicht nur von oben, sondern auch seitlich oder schräg von unten in die Behälter eingeführt werden können.

Die Meßbedingungen dünnflüssiger Füllgüter geringer DK, z.B. von Flüssiggasen oder Treibstoffen, lassen sich durch Verringerung des "Plattenabstands" verbessern, wenn der Sondenstab eine zusätzliche Masseelektrode erhält, z. B: in Form eines konzentrischen Rohrs (Bild 157) oder eines ebenen Stabes (Bild 158). Aus Bild 157 sind die Kapazitätswerte einer zylindrischen Masseelektrodenanordnung zu ersehen. Es ergibt sich zwar für Wasser keine Verbesserung, für Flüssiggase mit ε-Werten um 2,5 erhöht sich aber die Luftkapazität von 60 auf 150 pF / m, während bei einer gebräuchlichen Elektrode die entsprechenden Werte 12 bzw. 30 pF / m betragen.

Auch in Sonden zur Füllstandüberwachung lassen sich beide Elektroden integrieren, z.B. nach Bild 155. Belegungen auch nichtleitender Art stören dann wegen des geringeren Plattenabstands allerdings in stärkerem Maße.

Kapazitätswerte der Sonde:

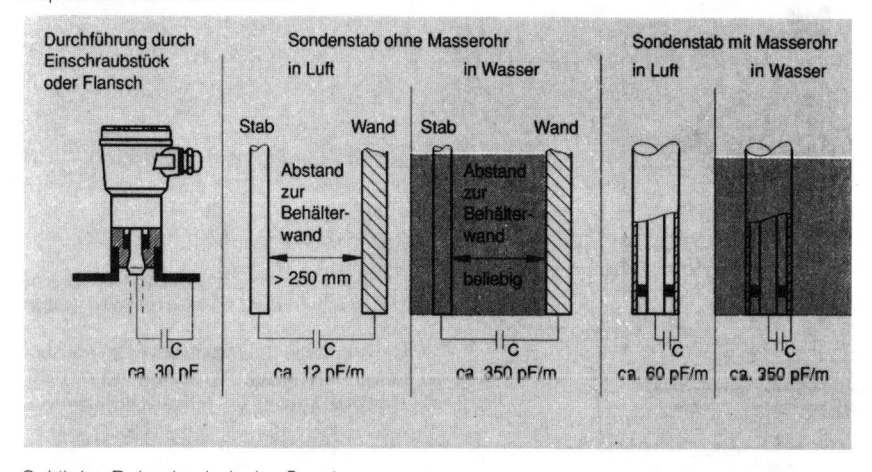

Durchführung durch Einschraubstück oder Flansch	Sondenstab ohne Masserohr				Sondenstab mit Masserohr	
	in Luft		in Wasser		in Luft	in Wasser
	Stab	Wand	Stab	Wand		
	Abstand zur Behälterwand > 250 mm		Abstand zur Behälterwand beliebig			
ca. 30 pF	ca. 12 pF/m		ca. 350 pF/m		ca. 60 pF/m	ca. 350 pF/m

Seitliche Belastbarkeit der Sonde:

11303 Z
ohne Masserohr

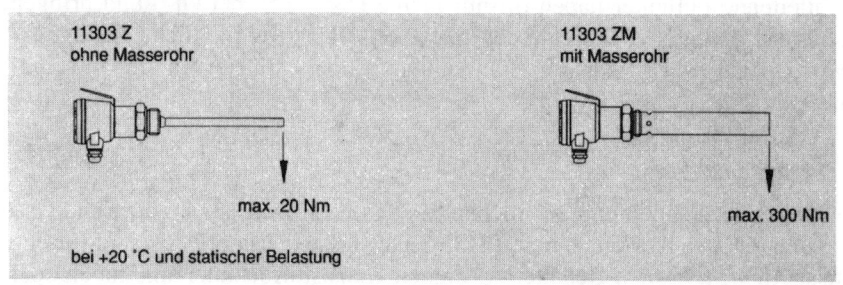

max. 20 Nm
bei +20 °C und statischer Belastung

11303 ZM
mit Masserohr

max. 300 Nm

Bild 157. Kapazitätswerte und Belastbarkeit einer Sonde (E+ H).
Angegeben sind die Kapazitätswerte in Luft und in Wasser. In Wasser liegt – wegen der unvermeidbaren Leitfähigkeit – der Wert bei 350 pF / m, unabhängig davon, ob Sonden mit oder ohne Masserohr eingesetzt werden. (Theoretisch müßte die Kapazität der wassergefüllten Anordnung 83 mal größer als in Luft sein, das gilt aber nur für destilliertes Wasser, das auch praktisch ein Isolator ist.)

● *Betriebsbedingungen*

Wegen der Notwendigkeit, isolierende Werkstoffe integrieren zu müssen, sind besonders die Einsatztemperaturen auf maximal 200° C begrenzt, soweit keine keramischen Werkstoffe zum Einsatz kommen. Betriebsdrücke sind bis etwa 50 bar standardmäßig, und die Geräte sind auch für den Ex-Schutz der Zone 0 und als Überfüllsicherungen zugelassen. Für Flüssiggase werden Sonderausführungen angeboten mit besonderen Werkstoffkombinationen für die Abdichtung des Naßraums.

Der einfache Aufbau der Sonden schränkt die Meßbereiche kaum ein. Bleistiftgroße Sensoren sprechen noch auf Füllstandänderungen im mm-Bereich an, und mit Seilsonden lassen sich noch die Füllstände in bis 20 m hohen Silos messen.

d3) Elektronische Komponenten

Oszillatoren in den Sondenköpfen erzeugen Meßfrequenzen zwischen 20 kHz und 2 MHz aus einem Versorgungsgleichstrom. Die Verbindung zu den in der Warte untergebrachten *Speisegeräten* – meist in 19-Zoll-Technik – geschieht über drei- oder (heute meist üblich) zweiadrige Kabel. Statt der bei anderen Meßumformern üblichen Einheitssignale 4 bis 20 mA werden die den Füllhöhen entsprechenden Impedanzwerte meist über spezielle Signale übertragen. Z.B. über puls-frequenz-modulierte Signale, das sind dem Versorgungsstrom überlagerte Impulsfolgen, welche die Meßwerte repräsentieren.

Die Speisegeräte formen die Impulsfolgen in Signale 4 bis 20 mA oder in Digitalwerte um, die dann über genormte Schnittstellen der Weiterverarbeitung angeboten werden. Die Speisegeräte *überwachen* auch Sonde und Zuleitungen auf Leitungsbruch und -schluß, Isolationsdefekte oder auf den Ausfall des Oszillators.

d4) Hochpräzise Segmentsonde

Eine Reihe einzelner Kondensatoren mit einer gemeinsamen Gegenelektrode charakterisieren die STIC-Füllstandmessung nach Bild 158. Mikroprozessorgesteuert werden die Kapazitäten der einzelnen Kondensatoren gemessen. Aus den digital anstehenden Ergebnissen stellt der Mikroprozessor nicht nur fest, welcher Teilkondensator benetzt ist und welcher nicht, sondern in jeder Schicht auch noch deren DK. Damit auch die DK des Gases oberhalb und der Flüssigkeit unterhalb einer teilbenetzten Elektrode, und daraus und aus dem Kapazitätswert der teilbenetzten Elektrode die Höhe der Benetzung auf 0,1 mm genau. Zur Leckkontrolle lassen sich Füllstandänderungen des (dann abgeschlossenen) Behälters auf 0,01 mm auflösen.

Auf ähnliche Weise kann die Sonde auch Trennschichten zu den sich in Treibstoffbehältern oft absetzenden Wasserlachen erfassen.

186 II. Füllstandmessung

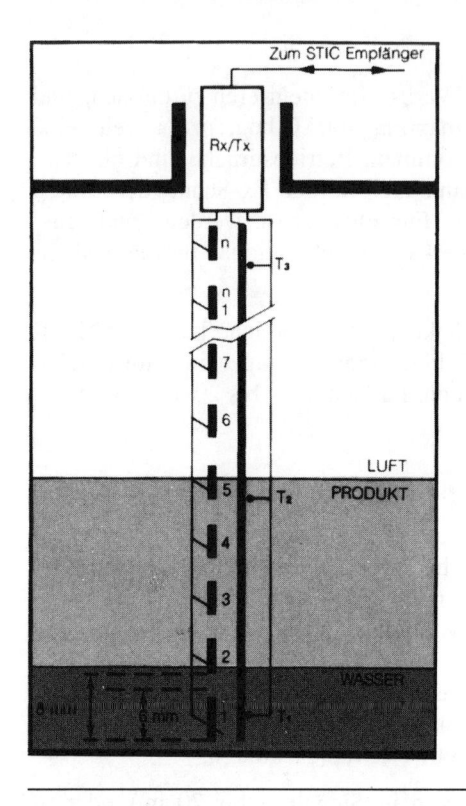

Bild 158. STIC-Sonde (Enraf).
Die Sonde besteht aus n Kondensatoren – jeweils 8 mm hohe Elektroden mit einer gemeinsamen Gegenelektrode – und drei über die Länge verteilten Temperaturfühlern. Der zugehörige mikroprozessorgesteuerte Multiplexer sendet alle Einzelwerte in digitaler Form zum STIC-Empfänger, der daraus den Füllstand in 0,1-mm- und die Trennschicht zum Wasser in 1-mm-Schritten berechnet.

Mit auf der Sonde verteilten, auf 0,1 K genauen Temperaturmessungen und den Behälterdaten kann der Mikroprozessor auch den Behälterinhalt errechnen.

Die Werkstoffauswahl der Sonde ist auf den Einsatz in Treibstofftanks zugeschnitten. Die Meßeinrichtung ist vom österreichischen Bundesamt für Eich- und Vermessungswesen für den eichpflichtigen Verkehr und nach CENELEC in der Schutzart "Eigensicherheit" zugelassen.

d5) Meßeigenschaften

Maßgebend für die Genauigkeit der kapazitiven Füllstandmessungen sind die Meßstoffeigenschaften und das Einhalten der spezifizierten Werte. Unter günstigen Voraussetzungen, z.B. bei leitendem Füllgut, werden sich Meßfehler um 0,5 bis 1 % einstellen. Wesentlich genauer ist nur die Segmentsonde nach Bild 158. Sie ist mit Meßfehlern von 0,1 mm für den eichpflichtigen Verkehr bestimmter Füllgüter zugelassen (einschränkend ist die Verträglichkeit der Sondenwerkstoffe mit den Füllguteigenschaften).

e) Konduktive Füllstandmessungen

Konduktive Füllstandmessungen arbeiten mit den Leitfähigkeiten des Füllguts. Sie sind besonders für Flüssigkeiten geeignet; deren Leitfähigkeit muß über etwa 5 µS / cm liegen.

Bei konduktiven Schalt- und Überwachungseinrichtungen (Bild 159) vermindert ansteigende Flüssigkeit den Widerstand zwischen zwei Elektroden einer einfach aufgebauten Sonde, und aus einem daraus folgenden sprungförmigen Stromanstieg lassen sich die Schaltsignale generieren. Zur Vermeidung von Polarisations- und Elektrolyseeffekten muß die Sonde mit Wechselstrom gespeist werden. Das kann eigensicher geschehen, so daß konduktive Meßeinrichtungen auch mit Zulassungen für Zone 0 verfügbar sind.

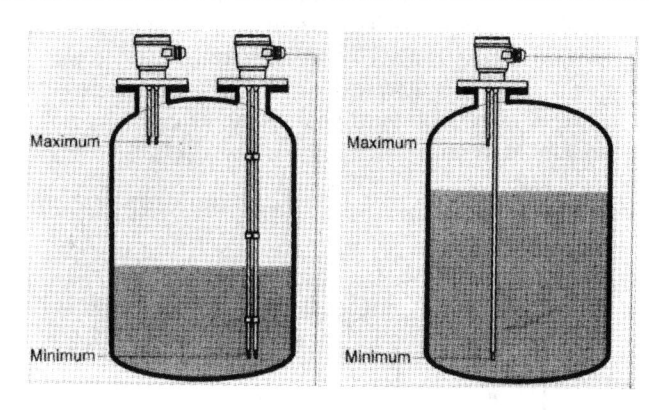

Bild 159. Füllstandüberwachung mit konduktiven Sonden (E+ H).
Die für Grenzverarbeitung und Zweipunktregelung geeigneten Sonden können für metallische Behälter auch einpolig ausgeführt sein (rechtes Teilbild).

Eine einfach aufgebaute, auch physikalisch interessante *kontinuierliche* Füllstandmessung zeigt Bild 160. Die fähigkeit der Flüssigkeit geht in das Meßergebnis nicht ein, wenn sie nur die relativ geringe spezifische Leitfähigkeit von 1 µS / cm übersteigt. Zur *Trennschichtmessung* muß die Leitfähigkeit der schwereren Flüssigkeit deutlich *über* 1 µS / cm liegen, die der leichteren deutlich *unter* diesem Wert.

f) Laufzeitverfahren

Bei Laufzeitverfahren werden von in den Behältern angebrachten Sendern ausgehende Wellen an den Oberflächen der Füllgüter reflektiert, von Empfängern aufgenommen und die Laufzeit der Wellen gemessen. Aus der Laufzeit und der Wellengeschwindigkeit errechnet sich die Füllhöhe.

II. Füllstandmessung

Ähnliche Phänomene sind uns aus dem Alltagsleben mit dem Echo im Gebirge und – nicht immer angenehm – mit der Radarkontrolle bekannt, bei der es allerdings nicht auf den Abstand, sondern auf die zeitliche Änderung des Abstands, die Geschwindigkeit, ankommt.

Auch die Laufzeitverfahren zur Füllstandmessung bedienen sich sowohl der Schall- als auch elektromagnetischer Wellen im sichtbaren und im Mikrowellenbereich. Laufzeitverfahren sind erst durch die Entwicklung der modernen Elektronik konkrete Alternativen zu anderen Füllstandmeßeinrichtungen geworden. Die Elektronik hat die schon länger bekannten Ultraschall(US)-Messungen wesentlich verbessert und – auch sonst weit verbreitete – Lasermeßverfahren überhaupt erst möglich gemacht. Es wird vielleicht nur eine Frage des Preises sein, daß Laufzeitverfahren nicht nur für die Inhaltsmessungen großer Lagerbehälter, sondern auch für innerbetriebliche MSR-Aufgaben zum Einsatz kommen. Trotz zum Teil vorhandener Zulassungen für den Ex-Schutz in Zone 0, als Überfüllsicherungen oder gar für den eichpflichtigen Verkehr sind sie heute zwar im Chemiebetrieb noch nicht so selbstverständlich die Regel, aber doch verfügbar, wenn es einmal gilt, ein spezielles Füllstandsproblem zu lösen.

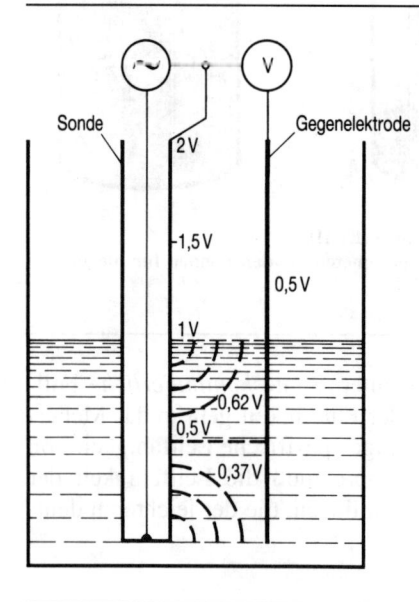

Bild 160. Konduktive Füllstandmessung (Fafnir).
Durch eine metallische Sonde mit einem endlichen Längswiderstand fließt ein Wechselstrom von einigen kHz. Es entsteht ein Spannungsabfall von z.B. 2 V. Das damit verbundene Potentialfeld überträgt sich auch in die Flüssigkeit. Sein Mittelwert läßt sich mit einer Gegenelektrode hoher Leitfähigkeit messen, wenn die Leitfähigkeit der Flüssigkeit etwa zwischen 100 mS / cm und 1 µS / cm liegt. Der Potentialwert ist dann dem Füllstand proportional.

● *Meßprinzip*

Laufzeitmeßeinrichtungen bestimmen die Laufzeit eines vom Gerät abgestrahlten Signals, das – an der Flüssigkeitsoberfläche reflektiert – nach der Laufzeit t_0 wieder am Gerät eintrifft (Bilder 161 und 163). Die Laufzeit ist

2. Füllstandmeßgeräte 189

proportional dem Abstand zwischen Gerät und Flüssigkeitsoberfläche: $t_o = 2 \cdot d/c$, d Abstand, c Schall- bzw. Lichtgeschwindigkeit.

Somit läßt sich aus der Laufzeit t_o, der Geschwindigkeit c und dem Abstand d die Füllhöhe berechnen. Bei im Füllgut angeordneten Sender-Empfänger-Geräten (Bild 163) entspricht d direkt der Füllhöhe mit einem durch die Anordnung des Geräts bedingten Meßanfang. (Der nicht der Behälterboden sein wird.)

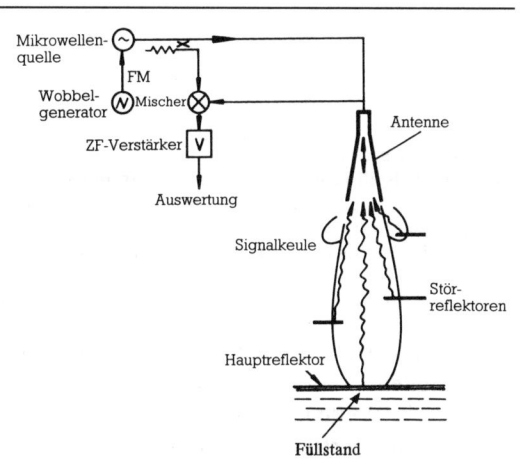

Bild 161. Radar-Füllstandmeßgerät Level-Radar (Krohne).
Ein Mikrowellensignal wird über eine Antenne abgestrahlt und an der Flüssigkeitsoberfläche reflektiert. Das nach der Laufzeit t_o wieder empfangene Signal wird mit einem Teil des Sendesignals gemischt und aus der Frequenz des Mischsignals der Meßwert bestimmt (Bild 165).

Bei oberhalb der Füllgutoberflächen angeordneten Geräten ist der Füllstand die Differenz zwischen der Behälterhöhe und dem Abstand d.

● *Ultraschall(US)-Meßeinrichtungen*

Ein an die anzuregende Oberfläche (Membrane) akustisch eng angekoppelter Piezokristall (Bild 162) ist gleichzeitig Sender und Empfänger. Elektrisch im Frequenzbereich zwischen einigen kHz und 2 MHz[27] angeregt, sendet er einen Schallimpuls aus, der nach der Laufzeit t_o in dem dann als Empfänger geschalteten Kristall eine Piezospannung erzeugt. Der zeitliche Abstand beider Impulse ist die Laufzeit t_o.

Der Kristall hat nach Abschalten des Sendeimpulses eine gewisse Abklingzeit (~ 1 ms), während der das Echo natürlich nicht empfangen werden kann und die somit einen gewissen Mindestabstand zwischen Gerät und Flüssigkeitsoberfäche festlegt.

---

27 Niedrige Arbeitsfrequenzen sind wegen ihrer geringeren Absorption günstiger bei großen Meßbereichen, hohe Frequenzen haben den Vorteil der besseren Richtwirkung, eines schnelleren Ausschwingens und eines geringeren mechanischen Aufwands für den Sensor.

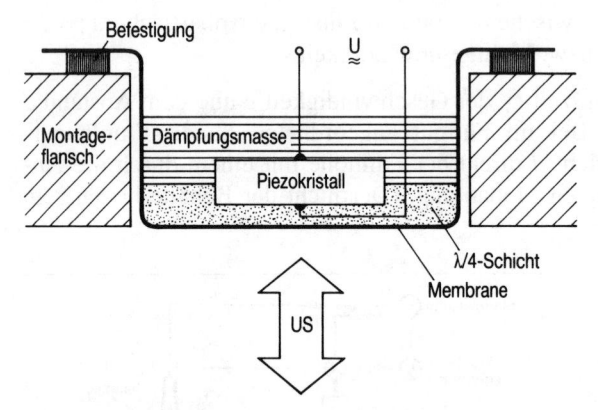

Bild 162. Ultraschallsensor
Der Piezokristall sendet ein seiner Eigenfrequenz entsprechendes Ultraschallsignal, wenn eine Wechselspannung gleicher Frequenz angelegt wird. Beim Auftreffen der reflektierten US-Welle wirkt er als Empfänger und erzeugt einen entsprechenden Spannungsimpuls.
Die λ / 4-Schicht dient der akustischen Anpassung.

Der Reflexionsgrad der (longitudonalen) Schallwellen ist an nahezu allen Gas / Flüssigkeits- und Gas / Feststoffübergängen bei senkrechtem Einfall fast 100 %. Die US-Welle kann sowohl von oben als auch von unten (Bild 163) auf die Flüssigkeitsoberfläche einwirken.

● *Schallgeschwindigkeit*

Die Schallgeschwindigkeit in Gasen hängt vom Isentropenexponenten κ, dem Molekulargewicht M und der Temperatur T ab: $c \sim \sqrt{\kappa \cdot T / M}$. Den Temperatureinfluß von etwa 0,17 % / K können in die Sensoren integrierte Temperaturfühler kompensieren, der Einfluß der Gaszusammensetzung läßt sich einkalibrieren, wenn die Zusammensetzung konstant ist. Ist das nicht der Fall, läßt sich die aktuelle Schallgeschwindigkeit über Referenzechos ermitteln, wenn eine homogene Dichte- und Temperaturverteilung gegeben ist (Bild 164).

In Flüssigkeiten kann die Schallgeschwindigkeit z.B. durch gelöste Gase erheblich verändert werden, und für Echo-Laufzeitmessungen sind dort Referenzstrecken zur Bestimmung der Schallgeschwindigkeit unerläßlich.

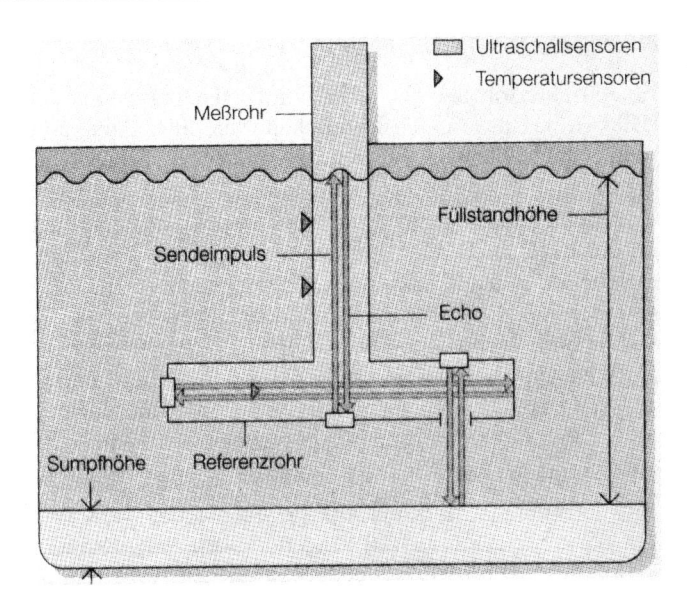

Bild 163. Ultraschallfüllstandmessung (Siemens).
Den Füllstand, die flüssigkeitsspezifische Schallgeschwindigkeit und eine mögliche Trennschicht messen in der Flüssigkeit angeordnete US-Sensoren, die sowohl als Sender als auch als Empfänger arbeiten. Zusätzliche Temperatursensoren sind für die Behälterinhaltsberechnung vorgesehen.

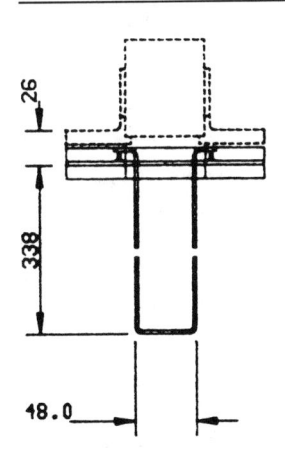

Bild 164. Referenzbügel (Mobrey).
Die Basis des Referenzbügels erzeugt ein Referenzecho, aus dem die Sensorelektronik die von der Gaszusammensetzung und -temperatur abhängige Schallgeschwindigkeit ermittelt.

II. Füllstandmessung

● *Radar-Meßeinrichtungen*

Eine trichterförmige Antenne wirkt gleichzeitig als Sender und Empfänger (Bild 161). Die Trichteröffnung kann mit einer Platte aus PTFE, Glas oder Keramik abgeschlossen werden, die standardmäßig oder nur bei Einsatz in aggressiven Füllgütern das Gerät vom Gasraum des Behälters trennt. Die von den Radargeräten genutzten Frequenzspektren liegen bei 10 bis 25 GHz, also im cm-Bereich. Direkte Laufzeitmessungen wie bei den US-Verfahren kommen bei den für Füllstandmessungen typischen Distanzen kaum in Frage: Wegen der hohen Lichtgeschwindigkeit lägen die Laufzeiten im Nano(10^{-9})-Sekundenbereich. Es werden vielmehr linear frequenzmodulierte Signale abgestrahlt, an der Flüssigkeitsoberfläche reflektiert, und das so nach einer Verzögerungszeit t_0 wieder empfangene Signal mit einem Teil des Sendesignals, dessen Frequenz sich inzwischen geändert hat, gemischt. Es entsteht eine Zwischenfrequenz, die direkt der Laufzeit t_0 proportional und somit ein Maß für den Füllstand ist (Bild 165 a bis d).

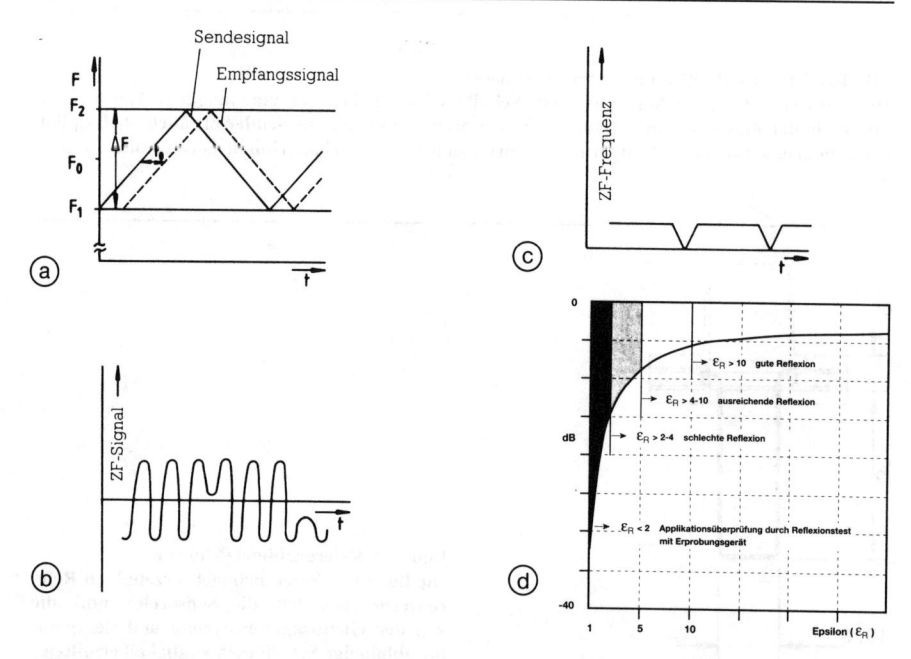

Bild 165. Signalmischung und Reflexionsverhalten von Radar-Füllstandmessungen (Krohne).
Die Teilbilder a bis c zeigen die Zeitverläufe der dreieckförmig frequenzmodulierten Sende- und der um eine Zeit t_0 verzögerten Empfangsfrequenz des Radarsignals (a), des Mischerausgangssignals (b) und der Momentanfrequenz des Mischerausgangssignals (c). Ordinaten von (a) und (c) sind Frequenzen, von (b) die Spannung. Aus Teilbild d ist zu ersehen, wie das Reflexionsvermögen von der relativen Dielektrizitätskonstanten FR abhängt.

Das Funktionsprinzip heißt FMCW-Radar (Frequency Modulated Continuous Wave, frequenzmoduliertes Dauerstrichverfahren). Die Reflexionskoeffizienten der Füllgüter sind abhängig von deren Dielektrizitätskonstanten, bei DK unter 4 sind Vorkehrungen zur Erhöhung des Nutzsignals zu treffen, und bei DK unter 2 werden Messungen sehr erschwert, was vor allem den Einsatz bei Füllstandmessungen von Kohlenwasserstoffen beeinträchtigen kann (Bild 165 d).

Radar-Füllstandmeßgeräte (Bild 166) sind robust, kompakt und für weite Druck- und Temperaturbereiche einsetzbar. Sie arbeiten genau und – mit kontinuierlicher Selbstüberwachung – auch zuverlässig.

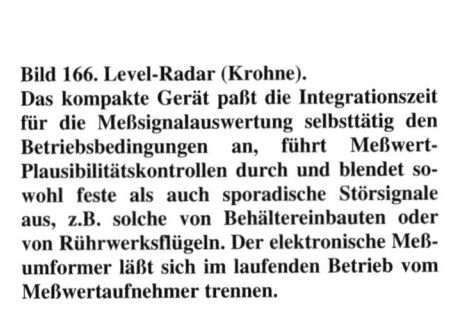

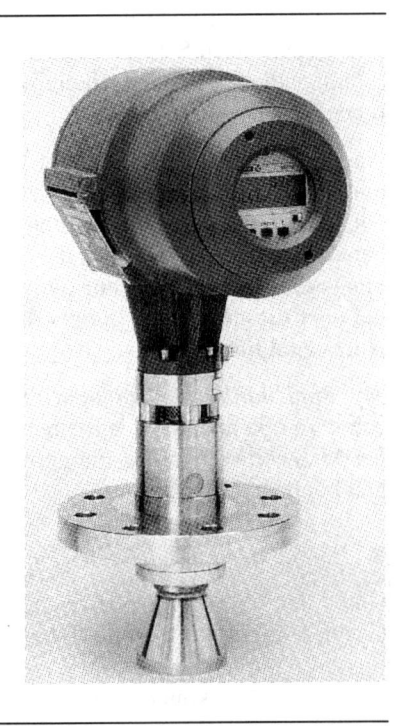

Bild 166. Level-Radar (Krohne).
Das kompakte Gerät paßt die Integrationszeit für die Meßsignalauswertung selbsttätig den Betriebsbedingungen an, führt Meßwert-Plausibilitätskontrollen durch und blendet sowohl feste als auch sporadische Störsignale aus, z.B. solche von Behältereinbauten oder von Rührwerksflügeln. Der elektronische Meßumformer läßt sich im laufenden Betrieb vom Meßwertaufnehmer trennen.

● *Laser-Meßeinrichtungen*

Sender der Laser-Echo-Laufzeitmeßeinrichtungen sind Rot- bzw. Infrarotlaser, Empfänger Fotodioden. Die Geräte arbeiten sowohl nach dem Impuls-Laufzeitmeßverfahren, als auch mit der Phasenkorrelation. Die Sensorsignale werden optisch über Fenster oder Glasfasern in Drucktanks eingekoppelt, so daß die Betriebsbedingungen nicht auf die Sensoren einwirken und auch Ex-Schutz möglich ist.

194 II. Füllstandmessung

● *Störeinflüsse*

Bei den Echo-Laufzeitverfahren kommt es besonders darauf an, das Hauptecho von Störechos deutlich zu unterscheiden. Sowohl US- als auch elektromagnetische Verfahren reagieren um so stärker auf Störechos, je geringer die von den Füllguteigenschaften abhängigen Reflexionsbedingungen sind, und wir wollen unser Augenmerk sowohl auf die Störechoquellen als auch auf die Bedeutung der Füllguteigenschaften lenken.

● *Störechoquellen*

Störquellen sind nicht nur Behältereinbauten, wie Rührer, Heizschlangen oder Steigleitern, auch Schweißnähte, Grate an Stutzen oder Perforationen an Standrohren anderer Füllstandmeßeinrichtungen können genaue Messungen stark störende Nebenechos auslösen.

Auch bei Wahl der günstigsten Einbaubedingungen werden meist noch Störquellen übrigbleiben. Sind sie zeitlich *unveränderbar*, so lassen sie sich bei der elektronischen Verarbeitung ausblenden, z.B. durch Ermitteln eines höhenabhängigen *Echoprofils* des leeren Behälters. Das stellt dann die Erkennungsschwelle dar, und nur diejenigen Signale werden ausgegeben, deren Pegel über dieser Schwelle liegt (Bild 167). Voraussetzung ist natürlich, daß das Nutzsignal für alle Füllstände über der Schwelle liegt.

Mit *Plausibilitätskontrollen* wird versucht, auch sporadisch auftretende Störechos zu erkennen, z.B. mit einem Fenster, das mögliche zeitliche Änderungen der Meßwerte eingrenzt, die gerade bei großen Behältern nur langsam geschehen können.

● *Einfluß der Füllguteigenschaften*

Unter der Flüssigkeitsoberfläche wirkende mögliche Störeigenschaften, wie Gasblasen, Feststoffanteile, Inhomogenitäten oder Auskristallisationen, beeinflussen naturgemäß *von oben einwirkende* Meßsignale nicht, lediglich Änderungen der DK können das Reflexionsvermögen elektromagnetischer Wellen verändern.

Die Flüssigkeitseigenschaften können dagegen Meßfehler bei *von unten wirkenden* US-Füllstandmessungen verursachen. Diese Geräte sind allerdings immun gegen alle Arten von Schäumen, die andere Laufzeitverfahren stark stören können.

Im *Gasraum* werden *US-Wellen* von wechselnden Eigenschaften der Dämpfe und inerten Gase durch Änderung der Schallgeschwindigkeit und durch Absorption beeinflußt, *elektromagnetische* Wellen benötigen dagegen kein Trägermedium und Beeinflussungen im Gasraum sind gering. Die relativ kurzwelligen Laserstrahlen können allerdings an Staub, Nebel, Dampf oder Schmutz so stark gestreut werden, daß eindeutige Messungen nicht möglich sind.

2. Füllstandmeßgeräte 195

Für fast alle Verfahren ist Schaumbildung die Hauptstörursache. Schaum kann unterschiedliche Dichte und Konsistenz haben und die Signale mehr oder weniger stark dämpfen, bei dichten Schäumen kann sogar die Schaumoberfläche gemessen werden.

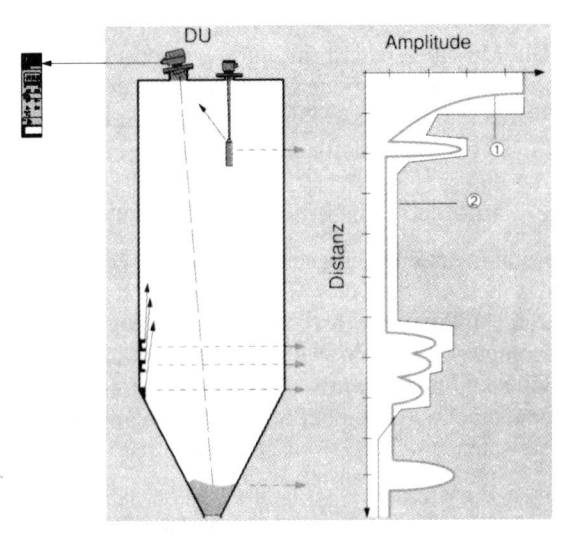

Bild 167. Hüllkurve (Endress + Hauser).
Das Steuerungsgerät speichert sich das Echoprofil des leeren Behälters (1) ab und legt die Echoerkennungsschwelle (2) automatisch über die Störsignale. Signale unterhalb dieser Schwelle ignoriert das Gerät.

Alle Echo-Laufzeitverfahren sind auch für Füllstandmessungen an Schüttgütern geeignet, wenn der Reflexionsgrad des Füllguts ausreicht und die Struktur der Oberfläche eine gewisse Reflexion in Richtung des Sensors gewährleistet. Voraussetzung für Radar-Füllstandmessungen sind – wegen möglicher Funkstörungen – geschlossene metallische Behälter.

● *Betriebsbedingungen und Meßeigenschaften*

Die elektronischen Komponenten der Laufzeitmeßeinrichtungen schränken die maximal möglichen Füllguttemperaturen im allgemeinen auf 80 °C, maximal aber auf 200 °C ein. Für außerhalb montierte Lasergeräte sind die Umgebungstemperaturen maßgebend, die die Elektroniken weitgehend beherrschen. Auch bei den Betriebsdrücken gibt es Einschränkungen: Manche Geräte sind für maximal 3 bar geeignet, andere bis 16 oder 25 bar.

Das Angebot an Werkstoffen im Naßraum wird mit Chromnickelstählen oder noch höher legierten Stählen auch aggressiven Füllgütern gerecht. Andere Ge-

196 II. Füllstandmessung

räte arbeiten mit Membranen oder Abdeckungen aus nichtmetallischen Werkstoffen wie Glas, Keramik, PTFE oder anderen korrosionsbeständigen Kunststoffen.

Laufzeitmessungen sind naturgemäß auf große Meßbereiche zugeschnitten, die bis 70 m gehen können, es sind aber auch Geräte mit Meßbereichen bis hinunter zu 100 mm lieferbar.

Die Messungen sind mit nur geringen Fehlern um 1 % oder gar weniger als 1 mm behaftet. Einzelne Geräte sind für den eichpflichtigen Verkehr zugelassen. Temperatureinflüsse korrigieren die Geräte meist elektronisch und Störechos blenden sie selbsttätig aus.

g) Radiometrische Füllstandmessungen

Radiometrische Füllstandmessungen beruhen auf dem physikalischen Prinzip, das besagt, daß die Schwächung von Gammastrahlen von der Masse des durchstrahlten Stoffes abhängt. Da Gammastrahlen vor allem von radioaktiven Isotopen abgestrahlt werden, spricht man von radiometrischen Messungen. Für Füllstandmessungen werden Gammastrahler außen an einer Seite der Behälter angebracht. Gegenüberliegende Strahlenempfänger messen die Schwächungen der Intensität der Gammastrahlen durch das Füllgut (Bild 168).

Den Einsatz dieser vollständig außerhalb der Behälter angebrachten Meßeinrichtungen schränken weder die Betriebsbedingungen noch die Füllguteigenschaften signifikant ein. Einschränkend ist vielmehr der – zum großen Teil durch Sicherheitsauflagen bedingte – Aufwand bei der Beschaffung und beim Umgang mit den Geräten. Transport, Lagerung, Montage, Wartung und Reparatur bergen große Gefahren in sich und dürfen nur durch besonders autorisiertes Personal durchgeführt werden, außerdem sind besondere Maßnahmen für Brand und Explosionsfälle abzusprechen. So wird der Anwender zu radiometrischen Füllstandmessungen erst dann greifen, wenn alle anderen Möglichkeiten auszuschließen sind. Das kann bei extrem hohen Drücken oder Temperaturen, bei aggressiven, klebrigen, auskristallisierenden oder bei schleifenden Füllgütern oder dann der Fall sein, wenn das Füllgut absolut kontaktlos bleiben muß, z.B. aus septischen Gründen.

● *Meßprinzip*

Für kontinuierliche Messungen und zur Überwachung von Füllständen kommt die Durchstrahlmethode zum Einsatz[28]: Ein paralleles γ-Strahlenbündel der Intensität I_o wird beim Durchgang durch eine Materie der Dicke d und der Dichte ρ nach dem Absorptionsgesetz geschwächt:

---

[29] Neben der Durchstrahl- gibt es die Rückstrahlmethode. Sie hat für Füllstandmessungen geringere Bedeutung.

2. Füllstandmeßgeräte 197

$$I = I_0 \cdot e^{-h \cdot r \cdot d}$$

η ist der Massenschwächungskoeffizient, der für diese Anwendungen näherungsweise als konstant angenommen werden kann.

Aus der Formel ist einmal zu ersehen, daß außer der Dichte andere Füllguteigenschaften das Meßergebnis nicht beeinflussen, zum anderen aber auch, daß die Zusammenhänge nichtlinear sind. Wegen der exponentiellen Abhängigkeit der Absorption vom Produkt $\rho \cdot d$ werden γ-Strahlen bei großem $\rho \cdot d$ praktisch *vollständig absorbiert*. Das ist z.B. bei einer Dichte von 1 kg / l schon bei 60 cm der Fall und günstig für kontinuierliche Füllstandmessungen: Die Meßsignale hängen nur vom Füllstand ab und nicht von der Füllgutdichte.

● *Grenzsignalgeber*

Die γ-Schranke besteht aus einem punktförmigen Strahler, der fest in einem Abschirmbehälter eingebaut ist, und einem Detektor, in den Zählrohr, Vorverstärkung und Hochspannungserzeugung integriert sind. Beide sind meist außen am Behälter in Höhe des zu überwachenden Füllstands angebracht (Bild 168). Bei großen Behältern kann es vorteilhaft sein, den radioaktiven Strahler in einem Schutzrohr innerhalb des Behälters anzuordnen.

Bild 168. Füllstandsicherung mit einer Gammaschranke.
Die von einem zum Schutz der Umgebung abgeschirmten Gammastrahler kommende Strahlung formt ein Zählrohr in ein elektrisches Signal um, dessen Wert stark abfällt, wenn Füllgut in den Bereich der Gammaschranke eintritt.

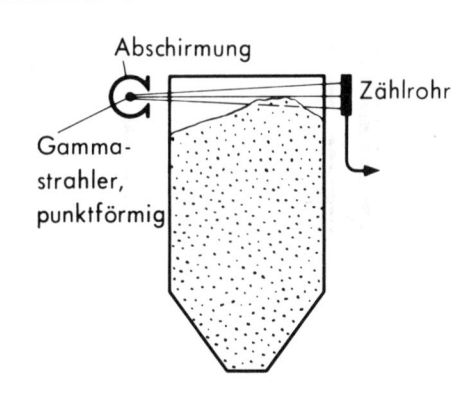

Als Strahlenquellen werden die Isotope Cobalt-60 (60-Co) mit einer Halbwertszeit von 5,3 Jahren oder Caesium-137 (137-Cs) mit einer Halbwertszeit von 30 Jahren verwendet. Beide Substanzen liegen in fester Form vor und werden in VA-Kapseln geliefert. Bei ausreichender Absorption im Meßgut kommen aus Sicherheitsgründen – geringere Halbwertszeit, leichtere Abschirmbarkeit –, bevorzugt Co-60-Strahler zum Einsatz.

Die radioaktiven Strahler werden im allgemeinen fest in einem Abschirmbehälter eingebaut geliefert. Ein engbündelnder Strahlenaustrittskanal läßt die

198 II. Füllstandmessung

Strahlung ungehindert nur in Richtung auf den Detektor austreten. Eine abschließbare Blende verschließt den Abschirmbehälter bei Wartungsarbeiten.

Das Intensitätsverhältnis zwischen "voll" und "leer" beträgt im allgemeinen mindestens 4, so daß eine zuverlässige Grenzwertmeldung auch bei Änderungen der Dichte oder – durch die Halbwertszeit bedingt – der Strahlerintensität gegeben ist. Da die ins Zählrohr einlaufenden Impulse eine zeitlich statistische Streuung haben, müssen diese integriert werden, was zu unvermeidlichen Signalverzögerungen mit Halbwertszeiten bis zu 25 s bei Strahlern geringer Intensität führen kann.

● *Kontinuierliche Messungen*

Für die kontinuierliche radiometrische Füllstandmessung gibt es zwei grundsätzlich unterschiedliche Anordnungen:

Ein der Länge des Behälters genau angepaßter, *stabförmiger Strahler* steht einem *punktförmigen Detektor* gegenüber (Bild 169).

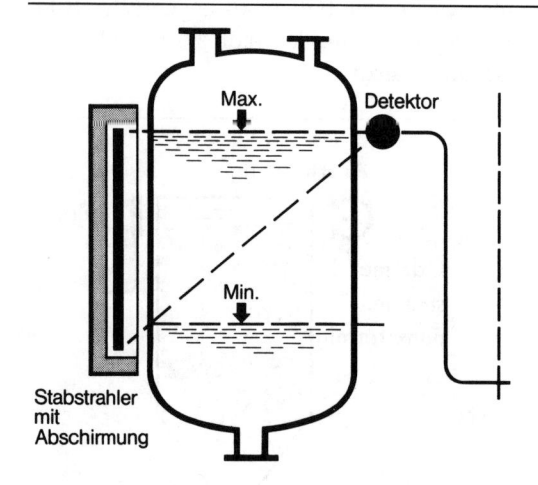

Bild 169. Radiometrische Füllstandmessung (Berthold).
Mit einem stabförmigen Co-60-Strahler und punktförmigem Detektor mißt diese Einrichtung Füllstände kontinuierlich. Nichtlinearitäten der Meßgeometrie werden durch eine unterschiedliche Aktivitätsverteilung längs des Stabs ausgeglichen.

Die am Detektor eintreffenden γ-Strahlen haben zwar eine von der Füllhöhe abhängige Intensität, wegen der Behältergeometrie und wegen des Absorptionsgesetzes besteht aber noch kein linearer Zusammenhang. Der läßt sich durch unterschiedliche Aktivitätsverteilung längs des Stabstrahlers erreichen: Ein Co-60-Draht ist mit unterschiedlicher Steigung auf einen Dorn gewickelt. Die Steigung ist so gewählt, daß aus jedem Raumwinkel gleiche Strahlungs-

2. Füllstandmeßgeräte 199

beiträge kommen. Zusätzlich lassen sich auch unterschiedliche Behälterformen berücksichtigen oder statt füllstandproportionaler auch volumenproportionale Zusammenhänge herstellen, was vor allem für nichtzylindrische Behälter Bedeutung hat.

Der verwendete punktförmige Detektor hat nur geringe Abmessungen und kann leicht gegen ungünstige Umgebungsbedingungen geschützt werden. Außerdem beschränkt sich die Wartung im wesentlichen auf den einfachen Detektor, da sich am Strahler praktisch nichts ändern kann.

Komplementär zur Anordnung nach Bild 169 wirken Sensor und Detektor in der Meßeinrichtung nach Bild 170: Einem *punktförmigen Strahler* (Co-60 oder Cs-137) steht ein *stabförmiger Szintillationsdetektor* mit Photomultiplier gegenüber. Die auch hier nichtlinearen Zusammenhänge korrigiert ein Mikroprozessor, der auch die Präparatalterung kompensiert, das gesamte System kontinuierlich überwacht – der Zähler wird mit einem Referenzblitz beaufschlagt – und neben Analog- auch Grenzsignale ausgibt.

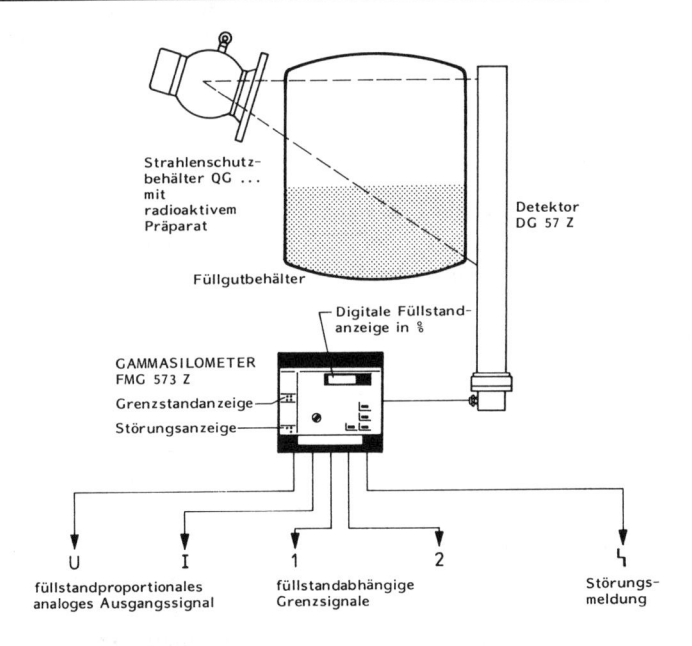

Bild 170. Radiometrische Füllstandmessung (Endress + Hauser).
Mit punktförmigem γ-Strahler (Co-60 oder Cs-137) und linienförmigem Szintillationsdetektor lassen sich Füllstände kontinuierlich messen. Im Bild ist auch die mikroprozessorgesteuerte Weiterverarbeitung der Signale des Szintillationsdetektors angedeutet, die auch das Meßergebnis linearisiert.

200 II. Füllstandmessung

Bei einer weiteren Möglichkeit sind Strahler und Detektor – wie in Bild 171 gezeigt – über die Füllstandhöhe verschiebbar angeordnet. Sie bilden eine γ-Schranke, die ein Nachlaufsystem ansteuert, das Intensitätsveränderungen nachfährt. So wird durch die Höhenlage der γ-Schranke der Füllstand angezeigt.

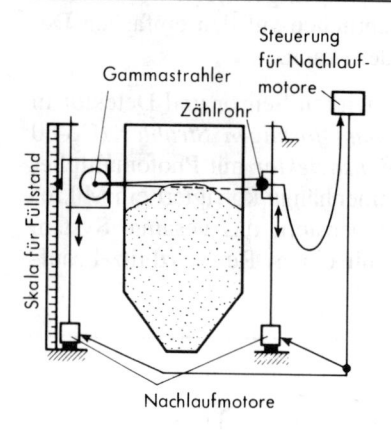

Bild 171. Kontinuierliche Füllstandmessung durch Nachführen einer Gammaschranke.
Eine Gammaschranke (Strahler und Zählrohr) wird durch ein Nachlaufsystem den Füllstandänderungen nachgeführt. Aus der Lage der Gammaschranke kann der Füllstand abgelesen oder in ein elektrisches Ausgangssignal umgeformt werden.

h) Elektromechanische Lotsysteme

Elektromechanische Lotsysteme sind mit Meßbereichen bis 70 m besonders für Füllstandmessungen an großen Silos oder Tanks sowie für grobe Schüttgüter, wie Kalk, Steine oder Koks, geeignet. Auch Flüssigkeitsstände lassen sich mit diesen Geräten recht genau messen.

● *Meßprinzip*

Ein Stellmotor senkt ein durch ein Tastgewicht beschwertes Meßband oder -seil auf die Füllgutoberfläche ab. Beim Auftreffen wird das Band entlastet und dabei ein Schaltsignal ausgelöst, das den Motor umschaltet, der das Band zurückspult. Das Band läuft über ein Zählrad, das pro cm oder dm einen Zählimpuls sowohl beim Absenken als auch beim Anheben abgibt. Die Einrichtung zählt die Impulse auf und verarbeitet sie zu füllstandwertigen Signalen. Der diskontinuierlich ablaufende Meßvorgang kann manuell, durch Zeitschaltwerke periodisch oder auch ferngesteuert angeregt werden. Die Meßfühler sind in Form und Werkstoff den Füllguteigenschaften anzupassen, für Flüssigkeiten kommen Schwimmer (Bild 172) zum Einsatz. Es können sich sehr hohe Genauigkeiten ergeben mit Meßfehlern im Prozent- oder gar Promillebereich.

Die Einsatzgrenzen liegen bei Temperaturen um 200 °C und Überdrücken von 2 bar. Die Meßeinrichtungen sind zum Einsatz in durch brennbare Stäube explosionsgefährdeten Bereichen der Zone 10 und 11 zugelassen, die Werkstoffkombinationen der im Behälter befindlichen Teile lassen sich den Meßstoffeigenschaften anpassen.

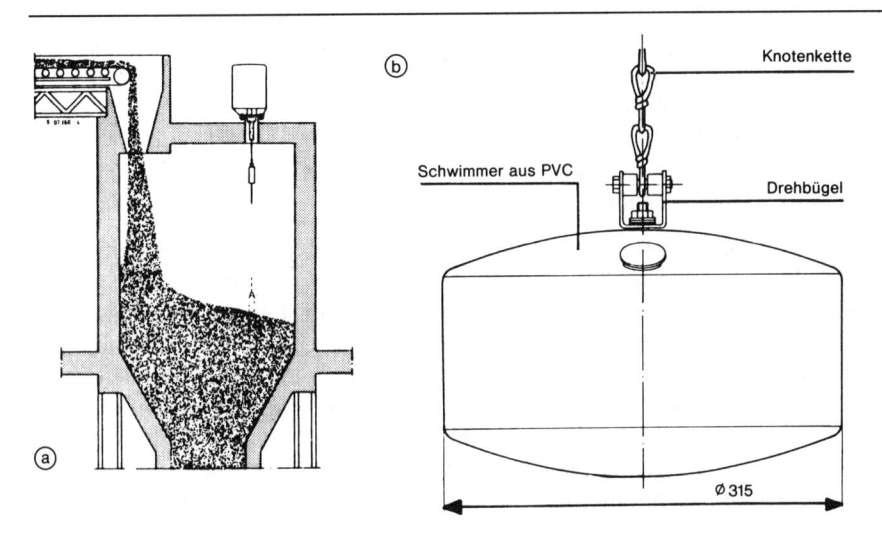

Bild 172. Füllstandmessung durch mechanische Lote (Endress + Hauser).
Mit mechanischen Loten lassen sich nicht nur die Füllstände von Schüttgütern, sondern – bei Einsatz geeigneter Schwimmer (b) – auch die von Flüssigkeiten recht genau messen. Diese Geräte mit Meßbereichen bis 70 m eignen sich besonders für Füllstandmessungen in großen Lagerbehältern.

i) Behälterwägung

Aus dem vom Füllungsgrad abhängigen Behältergewicht läßt sich primär dessen Füllgutmasse bestimmen und über Fülltafeln und Dichte (bzw. dem Schüttgewicht bei Schüttgütern) indirekt auch Volumeninhalt und Füllstand. Das kann bei Füllstandmeßaufgaben schwer zu handhabender Füllgüter eine durchaus erwägenswerte Alternative sein.

Die Behälterwägung wird meist mit Kraftmeßdosen durchgeführt, die das Gewicht – übrigens sehr genau – in ein dem Gewicht proportionales elektrisches Signal umformen. Auf die Behälterwägung wird im Abschnitt VIII unter dem Erstbuchstaben W (Gewichtskraft, Masse) eingegangen. Am Rande sei noch vermerkt, daß das wesentliche Problem der Behälterwägung darin besteht, Kräfte, die nicht Schwerkräfte sind – also z.B. vom Wind oder von Temperaturausdehnungen her kommen – so abzufangen, daß sie nicht auf die Kraftmeßdosen wirken und das Meßergebnis verfälschen können. Ausführlich geht auch auf diese Probleme [16] ein.

j) Grenzsignalgeber für Füllstände

Außerordentlich vielschichtig sind Anforderungen und Betriebsbedingungen für Sicherungs- und Schaltaufgaben an Füllständen, und es steht zu deren Erfüllung eine große Zahl von Grenzsignalgebern zur Verfügung, die sich im Aufwand und den physikalischen Prinzipien unterscheiden. Im Unterschied z.B. zu Überdrucksicherungen, die meist mit den nicht MSR-spezifischen Sicherheitsventilen realisiert werden, lassen sich Überfüllsicherungen im allgemeinen nur mit Mitteln der MSR-Technik lösen, und wir werden hier mit Vorschriften konfrontiert, wie wir sie von anderen Meßgrößen nicht oder doch nicht in dem Maße kennen.

Für die Überfüllsicherung von Behältern mit brennbaren oder wassergefährdenden Flüssigkeiten muß nach VbF (Verordnung für brennbare Flüssigkeiten) bzw. WHG (Wasserhaushaltsgesetz) die Funktionsfähigkeit nachgewiesen werden, aber auch für die nicht diesen Vorschriften unterliegenden innerbetrieblichen Füllstandsicherungen und -schaltungen wird der Betreiber Geräte einsetzen wollen, die die erforderliche Zuverlässigkeit und Sicherheit klassenspezifisch erfüllen. Unser Hauptaugenmerk soll deshalb der Prüfbarkeit und Fehlersicherheit der Geräte gelten – soweit das nicht schon bei der Beschreibung der auch für kontinuierliche Messungen geeigneten Verfahren geschehen ist.

● *Schwimmerschalter*

Die Fragen nach der Möglichkeit, das Gerät im eingebauten Zustand überprüfen zu können, nach kontinuierlicher Selbstüberwachung oder nach Bauteilfehlersicherheit werden die Hersteller von Schwimmerschaltern meist abschlägig beantworten. Die Geräte sind aber einfach aufgebaut, haben meist hermetisch gekapselte Reed-Kontakte und wenig Mechanik mit ausreichenden Spalten und Lagerspielen (Bild 173). Da sie eine lange Entwicklungszeit durchgemacht haben und in großen Stückzahlen verbreitet sind, muß man ihnen wohl eine gebührende Zuverlässigkeit zusprechen, prüfbar sind sie eigentlich nur bei Anordnung in Parallelgefäßen.

Wohl wegen ihrer robusten Ausführung sind die meisten derartiger Geräte als Überfüllsicherungen nach VbF und WHG zugelassen.

Ein typischer Schwimmerschalter ist auch der *Grenzsignalgeber für Füllstand*, dessen Arbeitsweise Bild 174 zeigt: Ein Magnetfeld überträgt die Schwimmerstellung druckfest aus einem Behälter heraus, und nach dem Prinzip sich abstoßender gleichpoliger Magnete werden die den Füllstandsänderungen folgenden Bewegungen des Schwimmerhebels sprungartig auf einen zweiten hebelgelagerten Permanentmagneten im Schaltergehäuse übertragen. Steigt bei der im Bild gezeigten Hebelstellung der Füllstand, so wird beim Erreichen eines durch die Konstruktion vorgegebenen Grenzwertes der Schalterhebel – bedingt durch die Abstoßung der Magnete – sprunghaft nach oben schnellen und der im Gerät angeordnete Schalter betätigt. Diese Schalter können mit Kontakten oder mit Induktivabgriffen ausgerüstet werden oder auch pneumatisch wirken.

Ähnliche Geräte bieten auch verschiedene andere Hersteller an, sie sind für Betriebsdrücke bis 400 bar und Meßstofftemperaturen bis 400 °C einsetzbar.

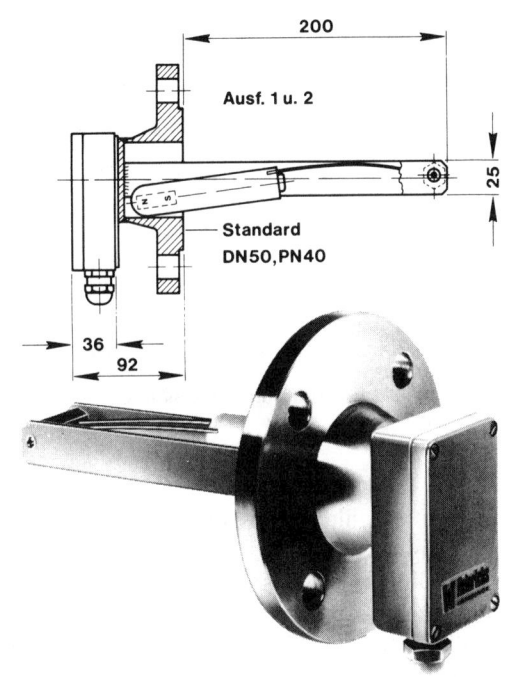

Bild 173. Niveauschalter (Heinrichs).
Ein druckbeständiger Voll-Auftriebskörper ist durch zwei hochelastische Federstäbe hysteresefrei aufgehängt. Ein Magnet im Auftriebskörper betätigt durch die nichtmagnetische Trennwand einen Reedkontakt.

● *Bodendruckmessungen*

Mit Bodendruckmessungen lassen sich sehr einfache und preiswerte Grenzwertschaltungen und -sicherungen aufbauen, z.B. mit Druckschaltern Pumpen zum Entleeren oder Befüllen druckloser Behälter schalten. Durch Anwendung besonderer Kniffe können Bodendruckmessungen auch als Überfüllsicherungen nach VbF und WHG zugelassen werden. Da weitgehend mechanische Komponenten deren Funktion erfüllen, wird es allgemein schwierig sein, Bauteilfehlersicherheit und vollständige selbsttätige Überwachung zu erreichen. Es handelt sich aber auch hier um einfache und bewährte Komponenten,

204   II. Füllstandmessung

die durch Absperrarmaturen zugänglich sind und deren Zusammenwirken transparent gestaltet werden kann, z.B. durch Anzeige des Durchflusses bei Einperlmessungen.

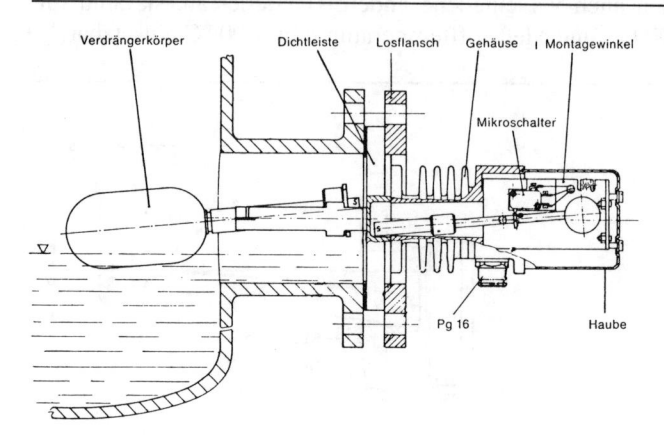

Bild 174. Wirkungsweise eines Grenzsignalgebers für Füllstand mit magnetischer Übertragung (Bestobell Mobrey).
Ein Magnetfeld überträgt die Schwimmerbewegung druckfest auf einen Schalterhebel. Bedingt durch sich gegenüberstehende gleiche Pole (im Bild Südpole) geschieht dieses sprungartig.

Eine bauteilfehlersichere pneumatische Schaltung kennzeichnet die Überfüllsicherung nach Bild 175: Das Einperlrohr (1.1) arbeitet nach dem Prinzip der Gas-Strahlpumpe. Das Treibmedium wird mit konstantem Durchfluß in den Plusanschluß eingespeist und strömt durch eine Treibdüse. Der austretende Strahl erzeugt am Minusanschluß einen Unterdruck. Das Gemisch aus Treib- und Saugstrom strömt weiter durch den Diffusor und das Standrohr in den Behälter. Übersteigt der Füllstand das Rohrende des Standaufnehmers, bricht der Unterdruck zusammen. Das Unterdruckmeßsignal wird im Meßumformer (2) überwacht und in der Steuereinrichtung (5b) sowie in der Meldeeinrichtung (5a) weiterverarbeitet. Der zweite Standaufnehmer (1.2) ist für Drucktanks zur Erfassung des Behälterdruckes zwischen $-0,2$ und $+0,5$ bar erforderlich.

Die Anordnung ist als Überfüllsicherung nach dem WHG und mit geringen Modifikationen auch nach TRbF zugelassen.

● *Kapazitive und konduktive Grenzsignalgeber*

Auch mit kapazitativen und konduktiven Gebern lassen sich sehr einfache Grenzwertschaltungen aufbauen (Bilder 155 und 159). Da weitgehend elektronische Komponenten zum Einsatz kommen, läßt sich deren Funktion selbsttätig überwachen, und die Hersteller machen auch Gebrauch davon. Die Geräte sind deshalb meist als Überfüllsicherung zugelassen. Beim Einsatz mit

2. Füllstandmeßgeräte 205

abweichenden Betriebsbedingungen muß sich der Anwender allerdings noch Gedanken über das Verhalten seines Füllguts machen, besonders über das Langzeitverhalten, das zu Verschmutzungen, Verkrustungen oder Korrosionen führen kann: Ein Gerät, das gegen alle denkbaren Störgrößen immun ist, wird es so leicht nicht geben.

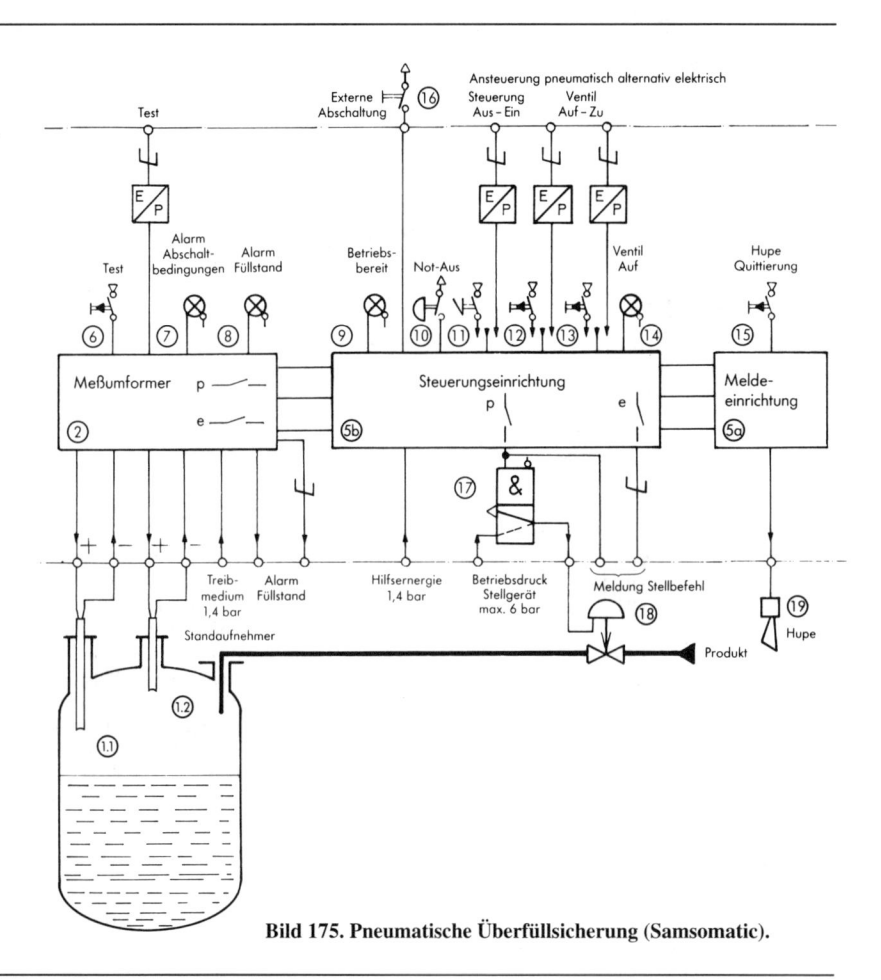

Bild 175. Pneumatische Überfüllsicherung (Samsomatic).

● *Schwingsonden*

Die Füllstandüberwachung durch Hemmen von Bewegungen ist auf verschiedene Weise möglich, z.B. durch Bremsen von Drehbewegungen (Bild 176).

206 II. Füllstandmessung

Bild 176. Füllstandanzeiger MBA 11 Ex (Maihak).
Ein Drehflügel dient als Indikator für den Füllstand: Wenn bei Füllung des Behälters das Produkt den Flügel erreicht, wird dessen Drehbewegung gehemmt und das Gerät meldet Hochstand.

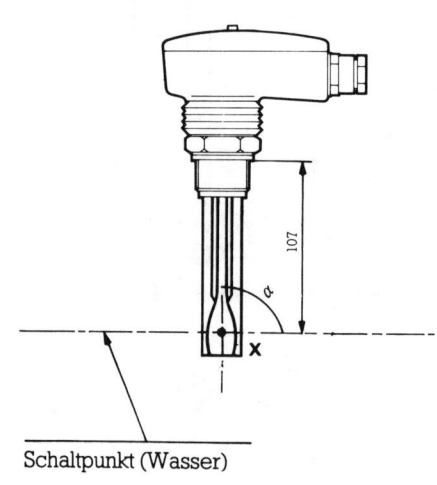

Bild 177. Schwingsonden-Füllstandschalter (Krohne).
Drei über eine Membrane gekoppelte Stäbe schwingen in ihrer Eigenfrequenz. Bei ansteigendem Füllstand erhöht die umschließende Flüssigkeit die effektive Masse der Stäbe und die Resonanzfrequenz fällt ab. Aus dieser Änderung erzeugt der Schaltverstärker ein Binärsignal.

Die meisten Geräte arbeiten mit Schwingsonden, die eine, zwei oder drei Zungen haben (Bild 177).

Ungefähr 100 mm lange, an den Enden verbreiterte Schwinggabeln sind über eine etwa 1 mm dicke Membran gekoppelt. Das System wird piezoelektrisch auf seine *Resonanzfrequenz* ($\sim$ 400 Hz) gebracht, die sich beim Eintauchen in eine Flüssigkeit deutlich *vermindert*, weil Flüssigkeit in der Umgebung der Sondenstäbe mitschwingt und damit deren effektive Masse vergrößert. Ein Frequenzaufnehmer erzeugt aus dem Frequenzabfall ein Grenzsignal. *Schüttgüter* nehmen dagegen nicht allgemein am Schwingungsvorgang teil, und als Schalteffekt wird die *Dämpfung* – die Abnahme der Schwingungsamplitude genutzt.

Die Geräte haben Einsatzgrenzen bei – 40 und + 150 °C, bei 40 bar und bei Zähigkeiten über 10000 mPa · s, sie reagieren unempfindlich gegen Gasblasen, Schaum und turbulente Strömungen, und ihre Funktion läßt sich im laufenden Betrieb durch Anhalten eines Magneten prüfen. Schwingsonden haben ein "fail-safe"-Verhalten beim Einsatz als Überfüllsicherung, sie sind dafür nach VbF und WHG zugelassen.

● *Ultraschall-Grenzsignalgeber*
US-Grenzsignalgeber erzeugen Grenzsignale durch Absorption oder Abstrahlung von US-Wellen (Bild 178).

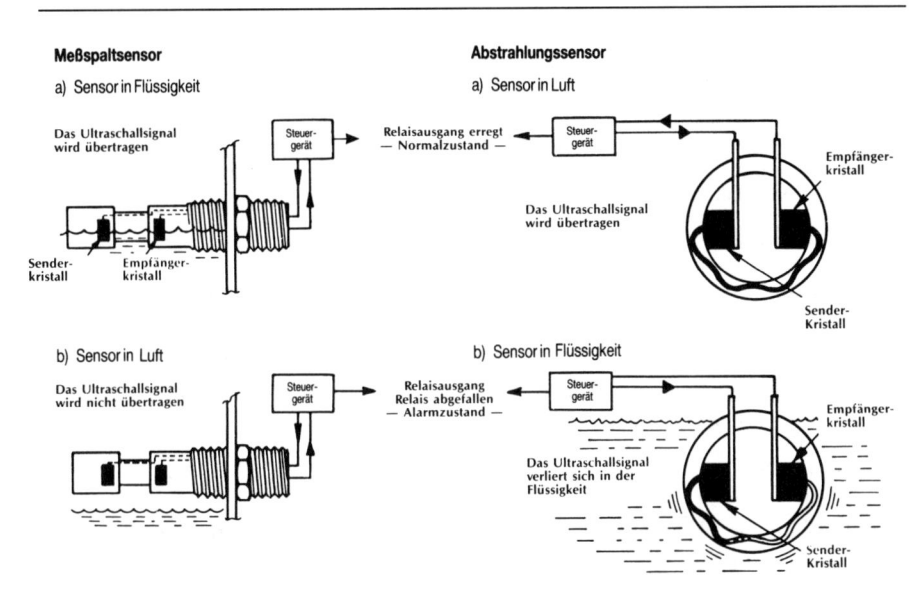

Bild 178. Fail-Safe-Verhalten von US-Sensoren (Mobrey).
Die Funktionsprinzipien von Meßspaltsensor (links) und Abstrahlungssensor (rechts) führen zu unterschiedlichem Fail-Safe-Verhalten, das sie entweder für die Minimal- oder für die Maximalgrenzwert-Überwachung prädestiniert. Im Meßspaltsensor sind Sender und Empfänger durch einen der Flüssigkeit zugänglichen Spalt getrennt. An den Außenwänden des Abstrahlungssensors wird die US-Welle nur dann zum Empfänger reflektiert, wenn diese nicht vom Füllgut benetzt sind.

Im Meßspaltsensor wirken zwei durch einen Meßspalt getrennte Piezokristalle als Sender und Empfänger. Befindet sich Gas im Meßspalt, so wird so wenig Energie übertragen, daß der Empfänger nicht anspricht. Das geschieht erst, wenn der Meßspalt mindestens zur Hälfte mit Flüssigkeit gefüllt ist. Mit dieser Methode lassen sich auch Trennschichten überwachen, wenn die beiden Flüssigkeiten ausreichende unterschiedliche akustische Dämpfung haben.

Auch durch Reflexion des Schallstrahls an der Trennschicht zweier Flüssigkeiten lassen Meßspaltsensoren zur Trennschichtregelung einsetzen (Bild 179).

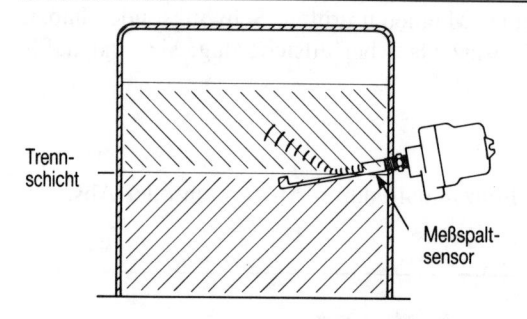

Bild 179. Trennschichtregelung mit Meßspaltsensoren (Magnetrol).
Im Winkel von etwa 10° eintretende US-Wellen werden an der Trennschicht zum größten Teil durch Reflexion abgelenkt und erreichen damit den Empfängerkristall nicht. Aus dem Ausgangssignal ist nur zu erkennen, ob die Trennschicht in Höhe des Meßspalts liegt oder nicht, aber nicht, ob die leichtere oder ob die schwerere Flüssigkeit den Meßspalt erfüllt. Das Verfahren eignet sich damit besonders für Trennschicht*regelungen*.

Im Abstrahlungssensor liegen sich im Innern eines Stahlzylinders zwei Piezokristalle gegenüber. Das US-Signal wird zwischen Sender und Empfänger übertragen, wenn der Zylinder von Gas umgeben ist. Flüssigkeit am Sensor nimmt die US-Wellen auf und strahlt sie ab, so daß der Schwellwert am Empfänger unterschritten wird.

US-Grenzsignalgeber sind bis 150 °C und bis 100 bar einsetzbar, sie haben keine mechanisch bewegten Teile, und ihr "fail-safe"-Verhalten läßt sich durch Wahl des Wirkungsprinzips der Sicherungsaufgabe anpassen. Abstrahlungssensoren sind demgemäß als Überfüllsicherungen zugelassen.

● *Optoelektronische Grenzsignalgeber*

Die unterschiedlichen Brechzahlen (oder Brechungsindizes) von Flüssigkeiten und Gasen nutzen optoelektronische Grenzsignalgeber: Infrarotlicht einer Leuchtdiode wird in einem Glas-, Quarz- oder Saphirstab mit kegeliger Spitze totalreflektiert, so lange der Sensor nicht von Flüssigkeit umschlossen ist. Ist das aber der Fall, dann unterbleibt die Totalreflexion wegen der nur geringen Unterschiede der Brechzahlen von Sensor und Flüssigkeit, das Licht gelangt nicht mehr zum Fototransistor, und die Schaltung gibt ein Fehlsignal aus (Bild 180). Mit rundlich oder elliptisch abgeschlossenen Lichtleitern lassen sich auch Trennschichten überwachen (Bild 181).

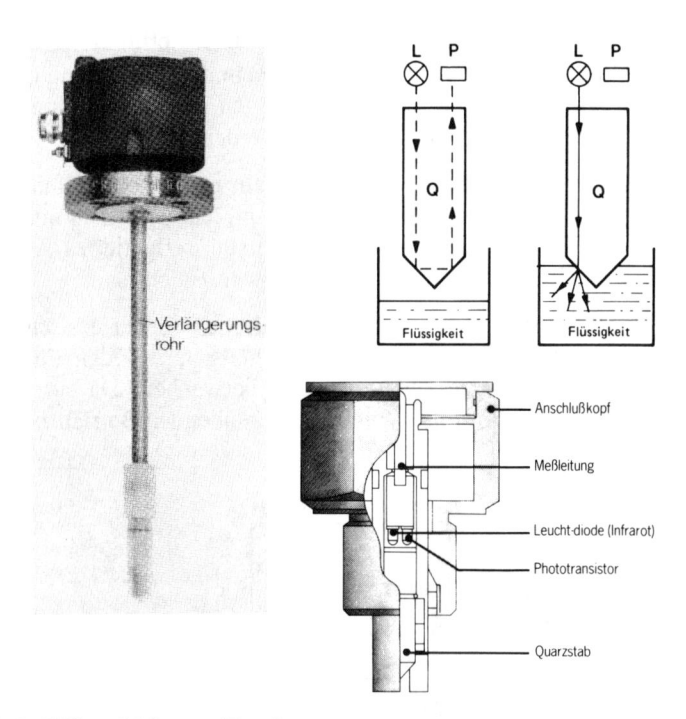

Bild 180. Optoelektronische Füllstandsicherung (Enraf).
Ein von der Leuchtdiode L ausgehender modulierter Infrarotstrahl wird im Quarzstab Q so reflektiert, daß er den Phototransistor P periodisch schaltet. Benetzung durch Flüssigkeiten unterbricht die Totalreflexion, das Wechsellichtsignal am Phototransistor bleibt aus und das Gerät gibt Fehlsignal aus.

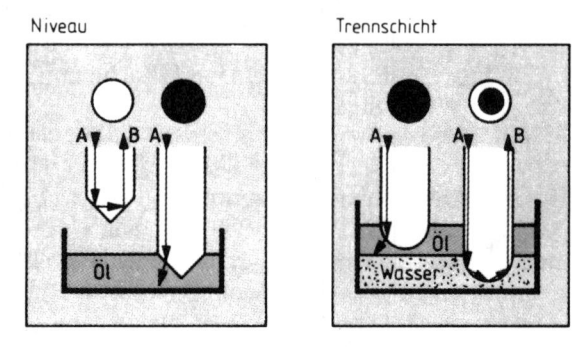

Bild 181. Reflexionsverhalten bei unterschiedlichen Lichtleiterenden (Phönix).
Ein 90°-Kegel bringt beim Eintauchen stets vollen Lichtverlust, unabhängig von der Art der Flüssigkeit (linkes Teilbild). Ein rundlich oder elliptisch abgeschlossener Lichtleiter zeigt Reflexionen, deren Intensität von der Brechzahl der Flüssigkeit abhängt. Damit ist es unter bestimmten Bedingungen möglich, auch Trennschichten optoelektronisch zu überwachen (rechtes Teilbild).

210 II. Füllstandmessung

Die Geräte sind standardmäßig zwischen – 60 und + 270 °C und bis 250 bar, in Sonderausführung zwischen – 200 und + 400 °C und bis 500 bar einsetzbar, sie haben keine mechanisch bewegten Teile und können aus korrosionsbeständigen Werkstoffen hergestellt werden.

Das Reflexionsprinzip eignet sich sehr gut für bauteilfehlersichere Gerätekonzepte: Mit Wechsellicht gespeist, kann das Gutsignal nur ausgegeben werden, wenn der Fototransistor vom Sonderstab reflektiertes Wechsellicht empfängt. Die Geräte sind als Überfüllsicherungen zugelassen.

In die Kategorie der optoelektronischen Geber passen auch Mikrowellenschranken, die – bevorzugt bei Schüttgütern – den Füllstand durch Fenster oder durchlässige Behälterwände überwachen. Da sie außerhalb angebracht werden, unterliegen sie kaum einschränkenden Betriebsbedingungen.

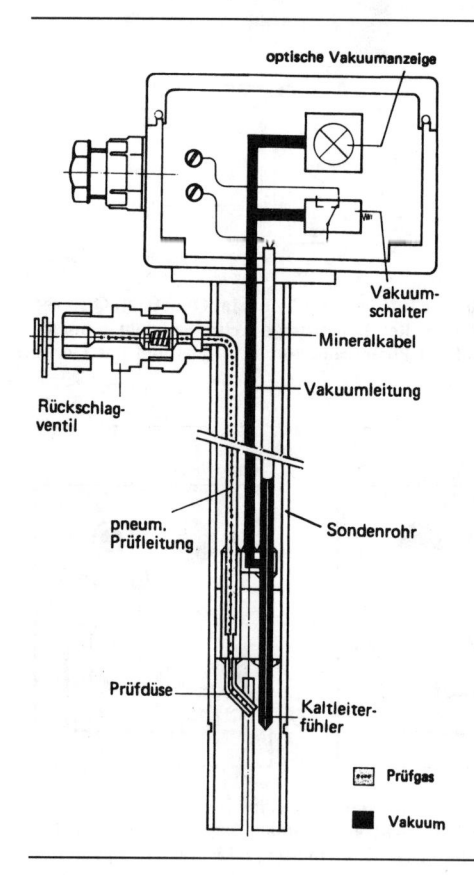

Bild 182. Überfüllsicherung mit Kaltleiterfühler (Fafnir).
Der Kaltleiter wird elektrisch aufgeheizt. Sein Widerstand ändert sich sprunghaft, wenn aufsteigende Flüssigkeit den Fühler benetzt und damit abkühlt. Aus dieser Widerstandsänderung wird ein Grenzsignal erzeugt. In das Gerät sind Funktionselemente zur Geräteüberwachung und -prüfung integriert, z.B. bricht das Vakuum zusammen, wenn Korrosion den Fühler beschädigt. Außerdem läßt sich durch Anblasen mit Luft oder Stickstoff der Fühler abkühlen und damit der Grenzsignalgeber auf Funktionsfähigkeit prüfen.

3. Behälterinhaltsbestimmung 211

● *Kaltleiterüberfüllsicherung*

Die Kaltleiterfühler nach Bild 182 sind für kontinuierliche Selbstüberwachung und leichte Prüfbarkeit konzipiert: Zerstört Korrosion den Fühler, dann bricht ein aus Sicherheitsgründen eingebrachtes Vakuum zusammen, und ein Störsignal wird ausgegeben. Die Funktion des Geräts läßt sich durch Anblasen (und damit Abkühlen) der Sensorspitze mit einem Inertgas leicht durch manuelle oder periodische selbsttätige Anregung überprüfen.

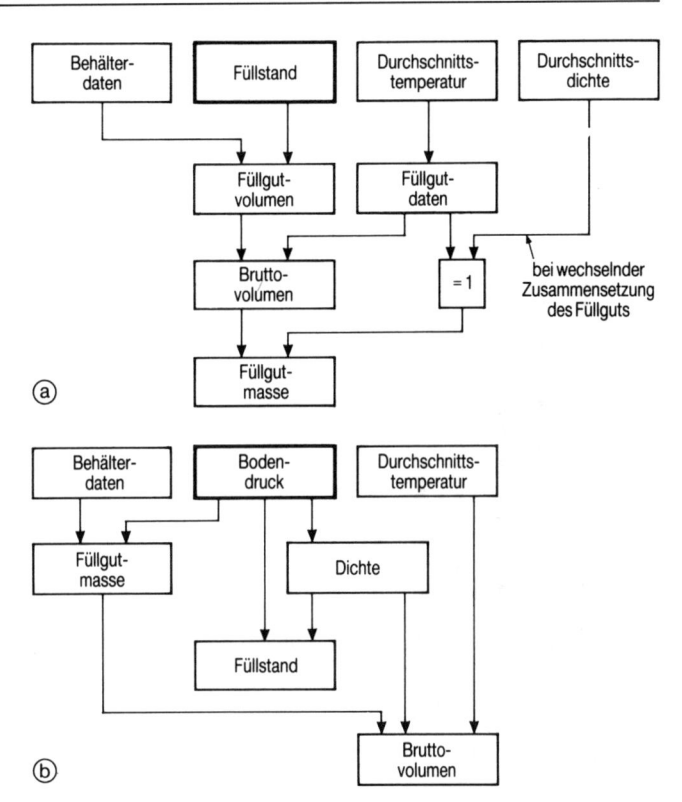

Bild 183. Behälterinhaltsermittlung.
Dargestellt sind die Verknüpfungen zur Ermittlung von Volumen, Bruttovolumen und Masse des Füllguts, ausgehend von einer Füllstandmessung (a) und von Bodendruckmessungen (b).

Die Geräte sind zwischen − 25 und + 80 °C und bis 26 bar einsetzbar, sie sind als Überfüllsicherungen nach VbF und WHG zugelassen.

3. Behälterinhaltsbestimmung

Für die Abrechnung, Bilanzierung, Vorratshaltung und Verlustkontrolle großer Tankläger sind genaue Behälterinhaltsbestimmungen unerläßliche Grundlage. Die Behälterinhalte lassen sich als Nettogewichte aus Behälterwägungen direkt ermitteln oder mittelbar über Messungen des Füllstands oder des Bodendrucks sowie der Füllguttemperaturen. Aus den Meßergebnissen sind dann zu berechnen:

Masse, Volumen und Bruttovolumen. Letzteres ist die Grundlage für die Verteilung und Abrechnung von Mineralölprodukten, die über Volumenzähler geschieht. Es werden deshalb nicht die Masse, sondern das Volumen bei 15 °C, das massenproportionale Bruttovolumen, bilanziert und die Meßergebnisse der Mengenzähler ebenfalls auf 15 °C korrigiert.

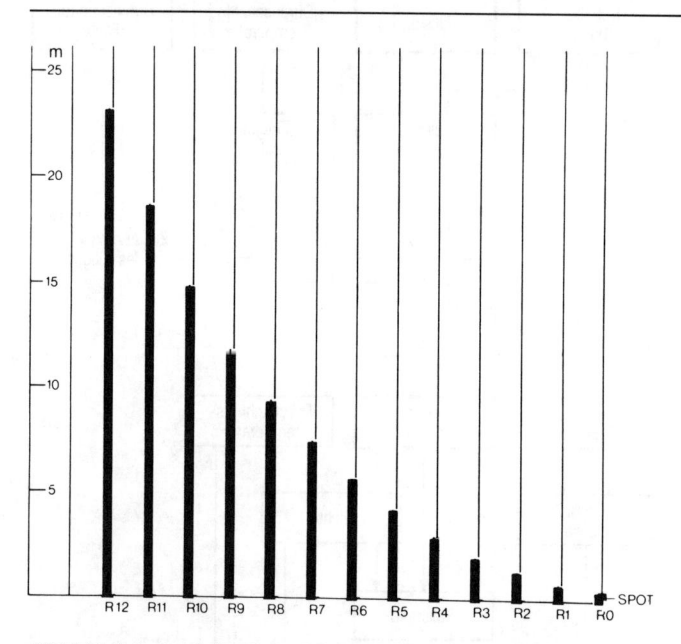

Bild 184. Prinzipschaltung des Mehrfach-Widerstandsthermometers MRT (Enraf).
Ein flexibler Schutzschlauch aus Nylon oder ein Edelstahlwellrohr nehmen – ähnlich wie es Bild 185 zeigt – bis zu 12 unterschiedlich lange Widerstandsthermometer aus Kupferdraht und ein PT-100-Widerstandsthermometer als Punktthermometer auf. Die Füllstandmeßeinrichtung wählt das längste, gerade noch vom Füllgut bedeckte Element an, dessen Widerstandswert so einer über die Füllhöhe gemittelten Temperatur entspricht. Das MRT wird im allgemeinen in ein gegen das Füllgut dichtes Schutzrohr DN 50 eingebracht, das zum besseren Wärmeübergang mit einem Öl gefüllt ist. Das Schutzrohr trennt Zone 0 (Tankraum) von Zone 1 (Schutzrohr innen).

Die Bestimmung dieser Behälterinhaltsgrößen geschieht in der herkömmlichen Weise (Bild 183 a) auf der Grundlage von Messungen des Füllstands und der Füllguttemperaturen sowie – wenn Füllgüter unterschiedlicher Zusammensetzung gelagert werden – durch Labormessungen der Füllgutdichte.

3. Behälterinhaltsbestimmung

In größeren Behältern haben die Füllgüter meist keine einheitlichen Temperaturen, es bilden sich vielmehr Schichtungen unterschiedlicher Temperatur, und den Bilanzierungen müssen Mitteltemperaturen zugrunde gelegt werden.

Das Mehrfach-Widerstandsthermometer nach Bild 184 besteht aus einem Bündel von bis zu 12 unterschiedlich langen Widerstandsthermometern, das in ein senkrechtes Schutzrohr eingebracht wird. Das Füllstandsmeßgerät aktiviert nun füllstandabhängig das längste, gerade noch von der Flüssigkeit bedeckte Widerstandsthermometer, und es wird über eine über die Füllhöhe gemittelte Temperatur gemessen.

Eine neuere Entwicklung des gleichen Herstellers arbeitet mit einer Anordnung aus einem Widerstandsthermometer Pt 100 als Referenzmeßstelle und 15 gleichmäßig über die Gesamtlänge verteilten Kupfer-Konstantan-Thermopaaren zur Feststellung abweichender Temperaturen (Bild 185).

Bei Füllgütern *bekannter Zusammensetzung* sind die Bilanzierungsfehler gering: Einem Temperaturfehler von 1 K entspricht ein Fehler in der Dichtebestimmung von etwa 1 Promille. Die Mehrfach-Temperaturaufnehmer sind für den eichpflichtigen Verkehr zu gelassen und haben im Temperaturbereich zwischen 0 und 70 °C Meßfehler von 0,25 °C. Da sich der Füllstand sehr genau messen läßt (Bild 122), addieren sich zu den Fehlern der Behälterinhaltsberechnung oder -eichung nur Fehler unterhalb von 1 Promille.

Neu ist, daß auch hydrostatische Tankmessungen (HTG, Bilder 186, 187 und 183b) genaue Bilanzierungsergebnisse bringen können und wohl auch Aussicht haben, für den eichpflichtigen Verkehr Zulassungen zu bekommen, z.B. vom niederländischen Ykwezen. Voraussetzung für HTG (Hydrostatic Tank Gauging) sind auch über große Zeiträume (MTBF ~ 30a) sehr genaue Drucksensoren, wie sie erst jetzt vorliegen, z.B. mit Meßunsicherheiten im Zehntel-Promille-Bereich (Bild 67).

HTG erbringt sehr hohe Genauigkeiten vor allem bei der *Masseermittelung* in zylindrischen Behältern ohne voluminöse Einbauten.

Dann sind auch bei Füllgütern unbekannter Dichte zu den Fehlern der Behälterberechnung oder -ausliterung nur zusätzliche Fehler in der Größenordnung des Sensorfehlers zu erwarten. Zur Bestimmung der anderen Bilanzierungsgrößen wird die Dichte über zwei Bodendruckmessungen in unterschiedlicher Höhe bestimmt und hat – bei der Differenzbildung addieren sich die absoluten Fehler – größere Unsicherheiten. So ist es nicht weiter erstaunlich, daß HTG den Füllstand nur auf ein paar Zentimeter genau bestimmt (was aber noch immer im Promillebereich liegt, Bild 187).

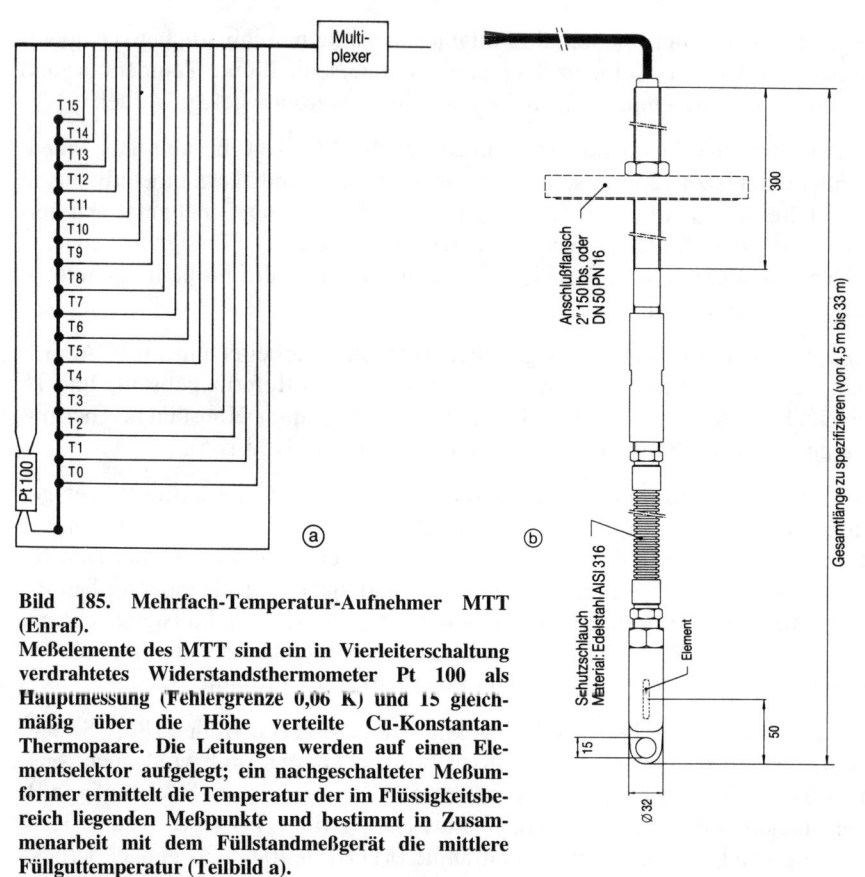

214　II. Füllstandmessung

Bild 185. Mehrfach-Temperatur-Aufnehmer MTT (Enraf).
Meßelemente des MTT sind ein in Vierleiterschaltung verdrahtetes Widerstandsthermometer Pt 100 als Hauptmessung (Fehlergrenze 0,06 K) und 15 gleichmäßig über die Höhe verteilte Cu-Konstantan-Thermopaare. Die Leitungen werden auf einen Elementselektor aufgelegt; ein nachgeschalteter Meßumformer ermittelt die Temperatur der im Flüssigkeitsbereich liegenden Meßpunkte und bestimmt in Zusammenarbeit mit dem Füllstandmeßgerät die mittlere Füllguttemperatur (Teilbild a).
Wird das Mehrfachthermometer in einen Edelstahl-Schutzschlauch eingebracht, so kann es auch in Zone 0 montiert werden (Teilbild b). Bei Verwendung eines Nylon-Schutzschlauches ist für Messungen in Zone 0 ein Schutzrohr DN 50 erforderlich, das dicht gegen den Tankraum sein muß.

Neben den guten Meßeigenschaften ist es sicher auch vorteilhaft, daß robuste Drucksensoren ohne im Füllgut oder in der Füllgutatmosphäre bewegliche, sensible mechanische Teile zum Einsatz kommen und damit HTG auch für wenig "angenehme" Meßstoffe geeignet ist.

Im Gegensatz zur herkömmlichen Tankinhaltsbestimmung gehen bei HTG in die Masseermittelung auch von der Luft abweichende Dichten der Gase und Dämpfe oberhalb der Flüssigkeit ein, was das digitale Tankerfassungssystem aber rechnerisch berücksichtigen kann. Fehler in der Berechnung der *abgeleiteten*, von der Dichte abhängigen Behälterinhaltsgrößen können auch Unterschiede zwischen der wahren mittleren Dichte und der nur in einem Höhenabschnitt gemessenen verursachen. Von gewissem Nachteil kann auch sein, daß zur Dichteermittlung der Behälter mindestens bis zum mittleren Stutzen gefüllt sein muß.

4. Anforderungen an Füllstandmeßgeräte

Richtlinien, Vorschriften, Verordnungen und Gesetze bestimmen auch den Einsatz zumindest eines Teiles der Füllstandmeßgeräte: VDI/VDE-Richtlinien legen die Beschreibungsmerkmale und Prüfbedingungen fest, Unfallverhütungsvorschriften sind anzuwenden, wenn die Geräte großvolumig und für hohen Betriebsdruck ausgelegt sind, besondere Vorschriften müssen bei der Lagerung brennbarer Flüssigkeiten oder bei der Lagerung nichtbrennbarer wassergefährdender Flüssigkeiten berücksichtigt werden. Eichgesetz und Eichordnung sind zu beachten, wenn Füllstandmeßgeräte im geschäftlichen oder amtlichen Verkehr verwendet werden, d.h. wenn z.B. der Füllstand zollpflichtigen Lagergutes zu messen oder die Füllstandmessung Grundlage der Abrechnung von Verkaufsprodukt ist.

Das Gebiet ist relativ unübersichtlich, weil Anzahl und Breite der Variationsmöglichkeiten bei Füllstandmeßgeräten wesentlich umfangreicher sind als bei Druck- und Differenzdruckmeßgeräten. Außerdem sind einheitliche Gesichtspunkte schwerer zu finden.

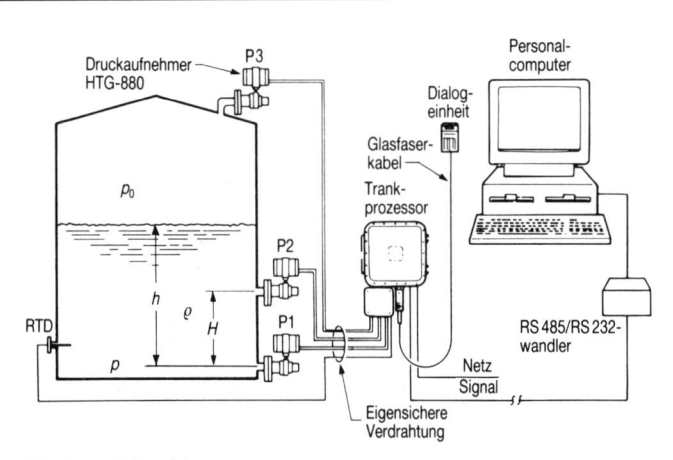

Bild 186. Tankmeßsystem (Foxboro-Eckardt).
Mit drei Resonanzdraht-Druckaufnehmern und einem Widerstandsthermometer lassen sich in der im Bild gezeigten Anordnung Masse, Volumen und Dichte des Tankinhalts sowie der Füllstand sehr genau bestimmen.

a) Normierungen

Für die Normierung von Füllstandmeßgeräten haben die Eichordnung, die VDE / VDI-Richtlinie 2182 (Meßumformer mit Verdrängerkörper) [15] und – soweit die Füllstandmessung auf eine Druck- oder Differenzdruckmessung zurückgeführt wird – auch die für diese Meßgeräte erarbeiteten Empfehlungen und Auflagen Bedeutung.

Füllstandmeßgeräte müssen *geeicht* sein, wenn sie im geschäftlichen oder amtlichen Verkehr verwendet werden, also z.b. zur Bestimmung bezogener oder abgegebener Mengen oder zur Feststellung der Lagermengen zollpflichtiger Güter.

Die *Eichpflicht* ist im Gesetz über das Meß- und Eichwesen (Eichgesetz) geregelt. Die Geräte müssen entweder *allgemein* nach der Eichordnung, oder ihre Bauart muß *besonders* von der Physikalisch-Technischen-Bundesanstalt (PTB) zur Eichung zugelassen sein.

Berechnete Größe	Abrechnungsgenauigkeit	Bilanzierungsgenauigkeit
Masse	±0,02% des Meßbereichsendwertes	±0,04% des Meßbereichsendwertes
Niveau	±23 mm	±38 mm
Volumen	±0,16% des Meßbereichsendwertes	±0,28% des Meßbereichsendwertes
Dichte	±0,3% des Meßwertes	±0,3% des Meßwertes

Bild 187. HTG-Systemgenauigkeit (Foxboro-Eckardt).
Den Daten sind die unten angegebenen Bedingungen zugrunde gelegt. Der Hersteller gibt weiter an, daß die angegebenen Daten für die Befüllung oder Entleerung und für Bilanzierungen gelten, also innerhalb eines Zeitraumes, in dem sich die Umgebungstemperatur nicht merklich ändert. Bei Temperaturänderungen ergeben sich geringe zusätzliche Fehler, die die Temperaturkompensationsschaltung nicht vollständig eliminieren kann. Die Angaben berücksichtigen nicht die Unsicherheiten, mit denen die Tankvermessung oder -auslitierung behaftet ist. Sie dürfen nach der Eichordnung bis 0,5 % betragen.
Bedingungen:
- Standhöhe der Flüssigkeit 13,7 m bei vollem Tank (Meßbereichendwert).
- Relative Dichte (Betriebsdichte) der Flüssigkeit 1,0.
- Abstand zwischen dem Aufnehmer P_1 und P_2 etwa 2,5 m und innerhalb + 0,8 mm.
- Meßwerte bezogen auf den untersten Aufnehmer (P_1).
- Aufnehmertemperatur zwischen – 40 und 80°C.

Im einzelnen gelten die Vorschriften der Eichordnung sowie die Anforderungen der jeweiligen Zulassung. Darüber hinaus müssen natürlich die einschlägigen Gesetze, Verordnungen und sicherheitstechnischen Vorschriften Berücksichtigung finden. Das gilt auch für Füllstandmeßgeräte *ohne Hilfsenergie*, wenn sie in Zone 0 eingesetzt werden.

Die VDI/VDE-Richtlinie 3519, Füllstandmessung von Flüssigkeiten und Feststoffen (Schüttgütern) [16] gibt eine Übersicht über die gängigen Meßverfahren und Berechnungsmethoden.

Blatt 1 befaßt sich mit Sichtmethoden, den Schwimmer-, Verdränger-, Bodendruck- und Wägemethoden sowie mit dem Messen durch Bremsen und Hemmen von Bewegungen.

Blatt 2 hat die Abschnitte: Messen des elektrischen Widerstands, der Kapazität und der Wärmeableitung, radiometrische Verfahren zur Füllstandmessung, Füllstandmessung mittels Reflexion und Absorption von Schall- und Ultraschallwellen sowie Füllstandmessung mittels Reflexion und Absorption von elektromagnetischen Wellen.

- *Begriffe*

Von den bei Druck- und Differenzdruckmeßaufgaben genannten Begriffen finden wir Eich- und Verkehrsfehlergrenze wieder. Bei den auf Längenmessung zurückgeführten Füllstandmeßeinrichtungen ist die Verkehrsfehlergrenze das Doppelte der Eichfehlergrenze. Begriffe wie Genauigkeitsklasse, Normal- oder Nennbedingungen haben keine Bedeutung, dagegen ist Nenndruck ein sehr wichtiger Begriff für Füllstandmeßgeräte.

- *Meßbereiche*

Meßbereiche für Füllstandmeßaufgaben sind weder in Richtlinien noch in Normen festgelegt. In die Differenzdruckmeßbereiche hydrostatisch arbeitender Einrichtungen geht ja die Dichte ein und schon aus diesem Grunde würden einheitliche Füllstandmeßbereiche nicht zu einheitlichen Differenzdruckmeßbereichen führen. Wenn möglich, sollten allerdings genormte Druck- und Differenzdruckmeßbereiche aus Gründen der Ersatzteilhaltung gewählt werden.

- *Genauigkeit*

Füllstandmeßeinrichtungen werden mit sehr *hohen Genauigkeitsanforderungen* konfrontiert, wenn aus den Meßergebnissen die Behälterinhalte zu ermitteln sind, besonders, wenn die Geräte der Eichpflicht unterliegen. Von diesen hohen Anforderungen ist aber nur ein kleiner Teil der Füllstandmeßeinrichtungen betroffen. Für den Großteil gelten andere Gesichtspunkte, bei denen die Meßgenauigkeit oft nur eine *untergeordnete Rolle* spielt und wegen der Eigenarten der PLT-Füllstandmeßaufgaben durchaus auch spielen kann: Für die Regelung und Überwachung sind hohe Ansprechempfindlichkeit, Verfügbarkeit und Zuverlässigkeit auch unter sehr erschwerten Betriebsbedingungen vorrangig. Hinzu kommt, daß in die Meßergebnisse Produkteigenschaften wie Dichte oder Dielektrizitätskonstante eingehen, die meist nicht gemessen werden und im Betrieb oft von den Auslegungswerten abweichen. Gegen einen großzügigen Einsatz von Präzisionsgeräten sprechen auch die damit verbundenen *nicht unbeträchtlichen Anschaffungs- und Betriebskosten*

● *Meß- und Funktionsbeständigkeit*

Die Meß- und Funktionsbeständigkeit hat dagegen für Füllstandmeßumformer deshalb besondere Bedeutung, weil es meist viel schwieriger ist, Füllstandmeßumformer auf Richtigkeit der Anzeige zu überprüfen als Druck- und Differenzdruckmeßgeräte. Wie noch näher dargestellt wird, empfiehlt es sich, von vornherein geeignete Prüfstutzen vorzusehen, die eine Kontrolle der Geräte im Betriebszustand erlauben. Denn ein Ausbau vieler Füllstandgeräte zur Überprüfung in der Werkstatt ist mit großem Aufwand verbunden.

Die Funktionsbeständigkeit ist auch eine maßgebliche Anforderung an Überfüllsicherungen nach VbF / WHG (s.u.). Sie wird – wie schon bei den Gerätebeschreibungen dargelegt – entweder durch robuste, *zuverlässige* Konstruktionen erreicht, die Fehler weitgehend ausschließen, oder durch bewußt *bauteilfehlersichere* Schaltungen, bei denen alle angenommenen Fehler aktiv wirken, bei ihrem Auftreten also die Schutzfunktion auslösen, sie aber keinesfalls blockieren. Beim Übertragen dieser bescheinigten (und auch wirklich vorhandenen) Funktionssicherheit auf andere betriebliche Einsatzfälle sind zwei wichtige Einschränkungen zu beachten:

- VbF und WHG gelten im wesentlichen für nahezu drucklose Lagerbehälter mit sauberen Flüssigkeiten im Temperaturbereich zwischen 0 und 40 °C.
- Die Aussage über die Funktionssicherheit bezieht sich ausschließlich auf die *Sicherung gegen Überfüllung*.

Das soll heißen, was für die milden Betriebsbedingungen der Lagertanks gilt, muß nicht ohne weiteres auch für den rauhen Betrieb gut sein, und noch größere Vorsicht ist geboten, wenn man ein für *Überfüllungen* bauteilfehlersicheres Gerät für die im Betrieb oft geforderte Überwachung des *Tiefstands* einsetzt – die Bauteilfehlersicherheit würde gerade ins Gegenteil umschlagen, da alle Fehler die Schutzfunktion blockieren würden.

b) Sicherheitsforderungen

Füllstandmeßgeräte können die Umwelt gefährden, wenn Fertigung, Montage und Wartung nicht sachgemäß durchgeführt wurden. Zum Teil wurden die Gefährdungsmöglichkeiten schon genannt, es sei noch einmal daran erinnert:

Füllstandmeßgeräte mit Verdränger erfordern, wenn sie seitlich am Behälter montiert werden sollen, Verdrängergefäße von einigen Litern Inhalt. Bei höheren Betriebsdrücken können diese einen beachtlichen Energieinhalt repräsentieren, der beim Bersten des Gefäßes plötzlich freigesetzt wird und die Umwelt

4. Anforderungen an Füllstandmeßgeräte 219

gefährdet. Die Verdrängergefäße müssen deshalb nach den anerkannten Regeln der Technik hergestellt sein und – wenn die mit der Aufsicht betrauten Dienststellen es fordern – nach der Druckbehälterverordnung abgenommen werden.

Radiometrische Meßgeräte können – wie wir schon im Abschnitt 2 g erfuhren – bei nicht sachgemäßer Montage oder Wartung Mitarbeiter gefährden. Es sei hier nicht weiter darauf eingegangen, da der Umgang mit radioaktiven Strahlern ausschließlich dafür autorisiertem Personal gestattet ist.

Für Füllstandmessung von Sauerstoff ist die entsprechende UVV zu beachten. Es kommen für diese Aufgaben praktisch nur Messungen nach dem Hampsonmeterprinzip in Frage, denn flüssiger Sauerstoff kann nicht wärmer als –118 °C sein (–118 °C ist der kritische Punkt, wärmerer Sauerstoff verflüssigt sich also auch unter beliebig hohem Druck nicht!). Die Meßleitungen müssen unbedingt fettfrei und das Differenzdruckmeßgerät ausdrücklich als geeignet für Sauerstoffmessungen bestellt sein.

Für gewisse Füllstandmeßaufgaben sind noch weitere, manchmal sehr einschneidende Auflagen zu beachten. Das ist dann der Fall, wenn im Gasraum des Behälters ständig oder langzeitig gefährliche explosible Atmosphäre vorhanden ist. Es sei von vornherein bemerkt, daß dies in den Betriebsbehältern der Chemiewerke wohl nur ganz selten vorkommt. Ist es aber der Fall, dann sind die Vorschriften für Zone 0 der Verordnung über elektrische Anlagen in explosionsgefährdeten Räumen (ElexV), die Verordnung über brennbare Flüssigkeiten (VbF) mit den technischen Regeln für brennbare Flüssigkeiten (TRbF) anzuwenden.

Ohne nun im einzelnen auf diese Verordnungen einzugehen, sei auf die wichtigsten, die Füllstandmeßgeräte für die Lagerung brennbarer Flüssigkeiten betreffenden Bestimmungen hingewiesen: *Elektrische* Betriebsmittel, das sind hier elektrische Füllstandmeßgeräte mit ihren Leitungen und Verbindungen, müssen für die Zone 0 zugelassen sein. Aber auch *nichtelektrische* Füllstandmeßgeräte müssen als geeignet für die Zone 0 zugelassen werden. Das ist nicht so kurios, wie es klingen mag. Es soll damit erreicht werden, daß nicht zu dünnwandige Durchführungselemente die Flammendurchschlagsicherheit zur Zone 1 in Frage stellen. Außerdem sollen nicht lose oder schlecht befestigte Teile innerhalb des Behälters Funken erzeugen können, die explosibles Gasgemisch zünden würden. Weiterhin sind Füllstandmeßgeräte, die den Behälter gegen *Überfüllung* sichern sollen, für brennbare Flüssigkeiten nach VbF und TRbV sowie für nicht brennbare, wassergefährdende Flüssigkeiten nach WHG[29] bezüglich ihrer Eignung für diese Aufgabe von einem Sachverständigen gutzuheißen.

---

29 WHG ist die Abkürzung für das Wasserhaushaltgesetz

c) Anforderungen durch besondere Betriebsbedingungen

Die Anforderungen an Füllstandmeßgeräte durch besondere Betriebsbedingungen sind zum Teil schwerwiegender als für Druck- und Differenzdruckmeßgeräte. Insbesondere lassen sich Füllstandmeßgeräte – vor allem wenn das Auftriebsprinzip Anwendung findet –, nicht dem Einfluß der *Betriebs*temperatur des Füllgutes entziehen, während bei den Druck und Differenzdruckmeßgeräten die *Umgebungs*temperatur zu berücksichtigen war. Auch mechanische Einflüsse, wie Schwingungen des Behälters oder Unruhe der Flüssigkeitsoberfläche, sind oft schwer zu überwinden. Zusätzlich werden Füllstandmeßgeräte bezüglich ihrer Meßgenauigkeit beeinflußt durch Schwankungen der Gas- und Flüssigkeitsdichte. Dagegen spielen Überlastungen eine geringere Rolle.

● *Temperatureinfluß*

Füllstandmeßgeräte werden bei Raumtemperaturen kalibriert und sind beim Einsatz Temperaturen ausgesetzt, die zwischen den Betriebstemperaturen des Füllgutes und den Außentemperaturen liegen. Nun spielt für Füllstandmeßaufgaben die Größe des Meßfehlers oft nur eine untergeordnete Rolle, man kann den Meßfehler dann vernachlässigen. Für hochgenaue Meßaufgaben müssen Temperaturfehler berücksichtigt werden. Das kann rechnerisch geschehen. Moderne, mit Mikroprozessoren ausgerüstete Geräte korrigieren die Temperatureinflüsse selbsttätig, wie das z.B. aus den Bildern 122, 147 und 148 und den zusätzlichen Erläuterungen zu ersehen ist.

Hohe Betriebstemperaturen erschweren außerdem den Einsatz, weil dabei Korrosionen wesentlich schneller ablaufen und z.B. den Verdränger zerstören oder undicht machen können, wenn nicht voll beständiges Material eingesetzt wurde. Der eigentliche Meßumformer läßt sich dagegen durch Zwischenrohre und Kühlrippen auf niedrigere Temperaturen bringen und damit besser gegen Korrosionen schützen.

● *Druckeinfluß*

Der statische Druck beeinflußt vor allem Füllstandmeßgeräte nach dem hydrostatischen und dem Auftriebsprinzip. Für die hydrostatischen Geräte ist der Einfluß des statischen Druckes auf die Differenzdruckmeßgeräte zu berücksichtigen. Darauf wurde schon ausführlich eingegangen (Abschnitt I, 3 c). Der Einfluß auf Auftriebsmeßgeräte ist wegen ihrer mechanischen Übertragungselemente (Torsionsrohre, Biegeplatte) ähnlich wie der auf Meßgeräte für Differenzdrücke. Auch der Verdränger kann Anlaß zu druckabhängigen Meßfehlern sein. Ist der nämlich nicht stabil genug, so kann sich sein Volumen unter dem Druckeinfluß verringern. Hinzu kommt, daß sich durch Druckänderungen die Dichte im Gasraum ändert und – wie schon dargestellt – bei Messungen nach dem Auftriebsprinzip zusätzliche Fehler verursacht werden.

4. Anforderungen an Füllstandmeßgeräte

Die erstgenannten Fehlerarten lassen sich beim Kalibrieren in der Werkstatt nur schwer feststellen, weil das meist im drucklosen Zustand durch Anhängen von Gewichten bewerkstelligt wird. Der Fehler ist aber bei guten Geräten gering, er liegt etwa bei 0,5 % / 100 bar für den Meßumformer. Der Einfluß auf den Verdränger hängt von den Betriebsbedingungen ab. Am günstigsten sind: Temperaturen um 20 °C, niedrige Betriebsdrücke, hohe Dichten und große Meßbereiche. Hohe Temperaturen, hohe Betriebsdrücke, niedrige Dichten und kleine Meßbereiche können den Einsatz in Frage stellen, weil ein ausreichend stabiler Verdränger zu schwer würde.

Der Einfluß des statischen Druckes auf die *Gasdichte* ist systembedingt und muß – wenn erforderlich – rechnerisch berücksichtigt werden.

● *Dichteeinfluß*

Je nach Meßprinzip ist der Einfluß von Änderungen der Betriebsdichte auf das Meßergebnis minimal bis proportional der Dichteänderung. Für Meßgeräte mit Schwimmern oder Tastplatten können z.b. zehnprozentige Dichteänderungen nur Meßfehler von Bruchteilen eines Millimeters zur Folge haben. Für Meßgeräte nach dem Auftriebs- oder für Meßgeräte nach dem hydrostatischen Prinzip verändert sich die Füllstandanzeige proportional der Dichteänderung. Sie ändert sich z.b. um zehn Prozent, wenn sich die Dichte um zehn Prozent ändert. Es sollte bei der Lösung von Füllstandmeßaufgaben bedacht werden, welche Geräteart der Aufgabenstellung am besten gerecht wird. Wenn es das Hauptziel ist, die Masse im Behälter festzustellen, oder wenn die Dichte betriebsmäßig wenig schwankt, kann mit Auftriebs- oder hydrostatischen Geräten gemessen werden. Liegen aber diese Voraussetzungen nicht vor, so sind andere – meist nicht so handliche – Geräte zu wählen. Wird allerdings nur eine Grenzwertüberwachung gefordert, so sind dichteabhängige Geräte durchaus geeignet; es ist dann nur der Meßbereich einzuschränken. Beträgt dieser bei einem 10 m hohen Behälter z.B. 50 mm, so entspricht einer zehnprozentigen Dichteänderung nur ein Fehler von 5 mm, auf die Behälterhöhe bezogen also ein Fehler von 0,5 ‰, der natürlich keine Rolle spielt.

● *Überlastungseinfluß*

Zu den bei den Differenzdruckmeßgeräten aufgezeigten Gesichtspunkten tritt hier noch ein auf Meßgeräte nach dem Auftriebsprinzip zutreffender möglicher Einfluß: Kraftkompensierende Geräte können überlastet werden, wenn bei vorhandener Hilfsenergie der Verdränger – z.B. für Reinigungsarbeiten – entfernt wird.

Sind mit Auftriebsgeräten Trennschichten zu messen. so können die Geräte beträchtlich überlastet werden, wenn der Verdränger bei leerem Behälter auf das Meßsystem wirkt. Sind z.B. die Dichten der Flüssigkeiten, deren Trennschicht zu messen ist, 0,9 und 1,0 kg / dm³, und hat der Verdränger eine Masse von 6 kg und ein Volumen von 5 dm³, so wird bei gefülltem Behälter das Meßsystem beim Meßanfang durch den Auftrieb der leichten Flüssigkeit mit einer Kraft von nur 6 − 0,9 · 5 = 1,5 [kg] belastet und beim Meßende durch den Auftrieb der schweren Flüssigkeit gar nur mit 1 kg. Bei leerem Behälter wirkt aber die vierfache Kraft, nämlich 6 kg auf das Meßsystem. Wenn solche Belastungen die Meßgenauigkeit oder Funktionsfähigkeit beeinträchtigen, so können Unterstützungen im Behälter, auf die sich der Verdränger bei leerem Behälter aufstützt, Abhilfe schaffen.

● *Einfluß durch Schwankungen oder Meßgröße*

Schnelle, stoßartige Schwankungen des Füllstandes haben je nach Geräteart mehr oder weniger gravierenden Einfluß. Unbedeutend wirken Schwankungen auf Geräte mit nicht beweglichen Meßanordnungen wie radiometrische, kapazitive, auf Leitfähigkeit beruhende oder mit Ultraschall arbeitende Geräte. Dort ist lediglich zu überlegen, ob das Ausgabegerät gedämpft werden muß. Das geschieht aber elektrisch und ist damit eigentlich problemlos.

Wie sich die Gruppe der hydrostatischen Druck- und Differenzdruckmeßgeräte dämpfen läßt, ist sinngemäß aus den unter Abschnitt I. 4 c beschriebenen Maßnahmen abzuleiten. Schwieriger ist es, Anflanschmeßumformer zu dämpfen. Hier bietet sich an, die Doppelmembranzelle mit zäher Flüssigkeit zu füllen, damit das Gerät nicht frühzeitig zerstört wird, wenn betriebsmäßig ein schnell schwankender hydrostatischer Druck auftritt. Hydrostatische Einperlmessungen werden wegen der vorhandenen Gassäule weniger gestört, vor allem wenn der Spüldurchfluß auf einen geringen Wert eingestellt wird.

Recht unangenehm beeinflussen Füllstandschwankungen Geräte mit Schwimmern, Tastplatten und Verdrängern. Hier bieten sich nur wenige Möglichkeiten an. Man kann die Geräte so bauen, daß sie primärseitig den Schwankungen folgen können, und die Dämpfung geschieht ausgangsseitig mit dem Hilfsenergiesystem. Das ist z.B. bei den Füllstandmeßumformern möglich, die mittels federnder Torsionsrohre aus dem Auftrieb einen kleinen Weg erzeugen und diesen pneumatisch oder elektrisch auf das Meßsignal abbilden. Oder die Geräte werden so gedämpft, daß sie schnellen Schwankungen nicht folgen. Bei Geräten mit Tastplatten, die ja die Kräfte auf die Tastplatte auszugleichen versuchen, geschieht das elektrisch so, daß nur ein zeitliches Mittel des Flüssigkeitsstandes für die Stellung der Meßtrommel maßgebend ist: Die Tastplatte hängt vorübergehend frei und wird auch vorübergehend von der Flüssigkeit überflutet, wenn schnelle Schwankungen der Flüssigkeitsoberfläche auftreten. Denn das Kompensationssystem gleicht nur die mittleren Kräfte aus.

Schließlich noch ein Hinweis: Füllstandmeßgeräte, die außenliegende Verdrängerrohre haben, sollten nicht durch Drosseln der Absperrventile am Behälter gedämpft werden, oder wenigstens nur, wenn sichergestellt ist, daß sich die so entstehenden verengten Querschnitte nicht zusetzen.

Neben den Schwankungen der Meßgröße können auch Erschütterungen des Behälters die an ihm montierten Meßgeräte beeinträchtigen. Hier kann man nur die Ursache der Erschütterungen des Behälters beheben, oder Geräte einsetzen. die nicht auf oder am Behälter montiert werden müssen, z.b. hydrostatische oder radiometrische Geräte.

d) Beeinträchtigung der Messungen durch Meßstoffe, die bei Umgebungstemperaturen fest sind

Problematisch sind Füllstandmeßaufgaben bei Meßstoffen, die hohe Stockpunkte haben und bei Temperaturen gemessen werden müssen, die nicht wesentlich über diesen Stockpunkten liegen. Das ist z.B. für teerartige Kohlenwasserstoffe mit Stockpunkten von 350 °C der Fall. Einperlmessungen scheiden aus, weil das Produkt das Rohr zusetzen würde. Anflanschmeßumformer scheiden wegen der hohen Temperaturen und wegen möglicher Krustenbildung an der Behälterwand aus. Allenfalls kämen geeignete Druckmittlersysteme wie für Differenzdruckmessungen in Frage.

Relativ unempfindlich gegen Krustenbildung sind elektrische P- und PD-Meßumformer mit extrem kleinem Arbeitsvolumen, denn wenn die Trennmembran beim Meßvorgang praktisch nicht ausgelenkt werden muß, kann auch die Kruste keine Teilkräfte aufnehmen.

Bild 188. Füllstandmeßanordnung für bei Umgebungstemperaturen feste Meßstoffe. Durch Zwischenrohre mit Kühlrippen wird der Meßumformer vor zu hohen Temperaturen geschützt. Eine Inertgasspülung verhindert, daß Meßstoff in die kühleren Teile der Meßeinrichtung eindringt, kondensiert und fest wird und damit die Funktionsfähigkeit der Geräte in Frage stellt.

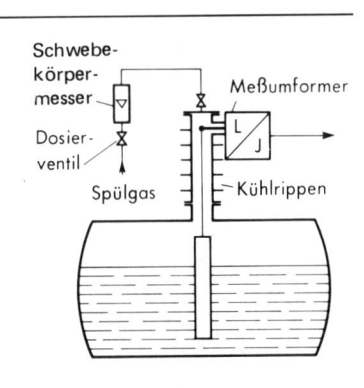

Es besteht aber auch die Möglichkeit, Meßumformer mit Verdränger zu wählen und diesen oben auf dem Behälter zu montieren (Bild 188). Der Verdränger ist mitten in der Flüssigkeit und ein Ansetzen des Meßstoffes nicht zu erwarten, was bei Montage in einem seitlichen Verdrängergefäß wegen der dort etwas niedrigeren Temperaturen nicht sicher auszuschließen ist.

224 II. Füllstandmessung

ANFORDERUNG \ GERÄTE	Peilbänder	Schaugläser	Schwimmer-Meßgeräte	Präzisions-standmesser
Eignung für Weiterverarbeitung als	LI	LIA	LIRCA	LIRA
Mögliche ME in m	0 - 15	0 - 25	0,1 - 25	0,1 - 56
Kennlinienabweichung	1 mm	1 mm	5/1 mm	0,1 mm
Maximaler Betriebsdruck in bar	0	100	40/600	40
Meßstofftemperatur in °C, min/max	-20/50	-40/200	-200/400	-30/80
Verhalten gegen Schwankungen von L	empfindlich	unempfindl.	empfindlich	empfindlich
Mögliche Füllgüter	Flüssigkeiten			
Einfluß von Dichte oder DK	kein Einfluß			
Eignung für Trennschichtmessung	nein	ja	ja	ja
Überprüfung im Betrieb möglich?	gut	gut	bedingt	gut
zugelassen für eichpflichtigen Verkehr A3	ja	ja	nein	ja
- als Überfüllsicherung (VbF/WHG)	nein	nein	ja	ja
Mögliche Werkstoffe	Stahl,CrNi	Stahl,Glas	CrNi,Ha,Ti Ta,PTFE	CrNi,Stahl Al

Bild 189. Entscheidungstabelle.

Der eigentliche Meßumformer muß durch Verlängerungsrohre mit Kühlrippen vor den hohen Temperaturen geschützt werden. Das birgt allerdings die Gefahr in sich, daß Dämpfe der Flüssigkeit an diesen kälteren Teilen kondensieren und fest werden. So könnte sich das Verlängerungsrohr zusetzen. Noch stärker gefährdet ist das Drehrohr mit dem eingebauten Torsionsrohr, denn dort sind enge Spalten zwischen sich bewegenden Teilen. Hier ist es günstig, mit einem kleinen Stickstoffstrom Meßumformergehäuse und Verlängerungsrohr zu spülen und damit darin Inertgaspolster zu erzeugen.

Selbstverständlich bietet sich hier auch die radiometrische Meßmethode an, die aber mit den bekannten anderen Einschränkungen verbunden ist und meist erst dann gewählt wird, wenn alle anderen Möglichkeiten versagen.

4. Anforderungen an Füllstandmeßgeräte

Verdränger-Geräte	Bodendruckmessung	Anflansch-meßumformer	Laufzeitverfahren	Kapazitive Füllstandmessung	Behälterwägung	Radiometrische Füllstandmessung
LIRCA	LIRCA	LIRCA	LIRCA	LIRCA	LIRCA	LIRCA
0,05 - 5	0,01 - 90	0 - 17	0,1 - 75	0,005 - 30	0 - 25	0,01 - 10
0,5 %	0,5 %	1 %	0,5 %/1 mm	1 % /0,1 mm	0,5/0,03	3%
100/500	100	35	3/25	16/1400	PN-Behält.	PN-Behält.
-200/450	-40/350	-25/200	-20/150	-200/400	t-Behält.	t-Behält.
empfindlich	unempfindl.	empfindlich	unempfindl.	unempfindl.	unempfindl.	unempfindl.
Flüssigkeiten					Flüssigkeiten und Schüttgüter	
Dichte			kein Einfluß	DK	Dichte	kein Einfluß
ja	ja	ja	nein	ja	nein	bedingt
bedingt	gut	nicht	nicht	nicht	nicht	gut
nein	nein	nein	nein/ja	nein/ja	ja	nein
bedingt	nein	ja	nein	bedingt	nein	nein
CrNi,Hastelloy,Ti,Inconel,Ta			CrNi,PTFE	CrNi,Ha,Ti,	keine Einschränkung	
Monel,Ni,Keramik,PTFE			Ha,PVC	PTFE,Ker.	außerhalb des Behälters	

e) Entscheidungstabelle

In einer Entscheidungstabelle (Bild 189) ist dargestellt, wie die einzelnen Gerätearten den an sie bei Füllstandmeßaufgaben zu stellenden Anforderungen gerecht werden können.

Um eine tabellarische Übersicht zu ermöglichen, sind gewisse Verallgemeinerungen erforderlich. Für die notwendige kurze Kennzeichnung der Weiterverarbeitung wurden die in ISO oder DIN vorgesehenen – in Bild 1 angegebenen – Folgebuchstaben eingesetzt.

Zur Ergänzung der Tabelle noch einige Erläuterungen über Geräteeigenschaften, die sich nicht zahlenmäßig oder nicht mit "Ja" oder "Nein" ausdrücken lassen. Einen schwer auf vorhersehbaren Einfluß auf die Meßergebnisse haben störende Meßstoffeigenschaften wie *Schaumbildungen, Verkrustungen* oder *Ablagerungen.*

Von derartigen Störeinflüssen unbehelligt bleiben auf jeden Fall die von *außen* wirkenden Behälterwägungen oder radiometrischen Meßverfahren.

Schäume können sehr unterschiedliche Dichte und Konsistenz haben, sie stören besonders bei von *oben* wirkenden Laufzeitmeßeinrichtungen. Die Signale werden gedämpft und gestreut, bei sehr dichten Schäumen sogar deren Oberflächen gemessen. Hydrostatische oder von unten wirkende US- sowie weitgehend auch Schwimmer- und Verdrängermeßeinrichtungen sind gegen Schäume unempfindlich.

Verkrustungen oder andere Ablagerungen können sich an den Behälterwänden oder -einbauten sowohl im Gasraum als auch in der Flüssigkeit bilden, und an Sensorteilen wie Schwimmern, Verdrängern, Trennmembranen oder kapazitiven Sonden verursachen sie vom Grad der Beeinträchtigung abhängige Meßfehler.

Stäube und *Nebel* im Gasraum stören vor allem US-Laufzeitmessungen, in geringerem Maße auch Radar- und Lasersignale.

Wie die Tabelle aussagt, lassen sich *Trennschichten* unter bestimmten Voraussetzungen mit den meisten Verfahren messen. Vor dem Einsatz ist aber zu überlegen, ob es sich um definierte oder diffuse Trennschichten handelt, da sich für letztere nicht alle Verfahren gleich gut eignen.

Weiter Unterscheidungsmerkmale findet der Leser in der *atp-Marktanalyse Füllstandmeßtechnik* [4]. Dort sind detailliertere Angaben gemacht. die auch firmenspezifisch geordnet sind.

5. Anpassen, Montage und Betrieb der Füllstandmeßgeräte

Auch für genaue Ergebnisse von Füllstandmessungen sind nach Auswahl geeigneter Geräte deren sachgerechtes Anpassen, Montieren und Betreiben wichtige Voraussetzungen. Es ist dabei auf den Zusammenhang zwischen Füllstand und Behälterinhalt einzugehen, denn meistens soll die Füllstandmessung Aufschluß über die Produktmenge im Behälter geben. Für die Anbringung, Inbetriebnahme und Bedienung sollen allgemeingültige Gesichtspunkte genannt werden. Auf spezifische Gesichtspunkte war schon bei der Beschreibung der einzelnen Geräte eingegangen worden.

a) Zusammenhang zwischen Füllhöhe und Behälterinhalt

Viele Füllstandmeßgeräte müssen mit einer Skala für den Behälterinhalt ausgerüstet werden. Dazu ist der Zusammenhang zwischen Füllhöhe und Behälterinhalt zu ermitteln. Dies kann durch "Auslitern" – durch Kalibrieren mit

5. Anpassen, Montage und Betrieb der Füllstandmeßgeräte 227

Wasser – oder durch Berechnen aus den geometrischen Abmessungen erfolgen. Manchmal ist eine Kombination beider Methoden erforderlich.

● *Berechnung aus den geometrischen Abmessungen*

Meist wird der Zusammenhang zwischen Füllhöhe und Behälterfüllung aus den geometrischen Abmessungen, aus der Höhe und dem Durchmesser oder dem Umfang des Behälters *berechnet*. Für diesen Zusammenhang sind in der einschlägigen Literatur Formeln und Tabellen vorhanden, die auch die Einflüsse nicht ebener und nicht kugeliger Behälterböden berücksichtigen. Die Einflüsse von Einbauten, wie z.b. Heizschlangen, müssen in die Berechnung eingehen.

Die geometrischen Abmessungen können entweder den *Unterlagen* der Behälterkonstruktion *entnommen* oder müssen am Behälter *gemessen* werden. Für genaue Zusammenhänge ist die Behältervermessung erforderlich. Es werden dazu der Umfang in verschiedenen Höhen und die Höhe des Behälters bestimmt. Bei sorgfältigem Arbeiten kann die Beziehung zwischen Volumen und Höhe so genau ermittelt werden, daß die hohen Forderungen der Eichbehörden erfüllbar sind und ein – mit wesentlich größerem Aufwand verbundenes – Auslitern des Behälters nicht oder nur für den "Sumpf", den untersten Teil des Behälters, erforderlich wird.

● *Auslitern von Behältern*

Wenn ein Berechnen des Zusammenhanges zwischen Füllhöhe und Inhalt nicht oder nicht genau genug möglich ist, muß der Inhalt durch Füllen mit bekannten Wassermengen *kalibriert* oder – wenn dies durch die dafür autorisierten Behörden geschieht – *geeicht* werden. Der Behälter wird dafür entweder diskontinuierlich über ein Eichgefäß oder kontinuierlich über einen Zähler mit Wasser gefüllt. Zwischen den Füllvorgängen wird der Füllstand mit einem Peilband und am besten auch gleich mit dem eingebauten Füllstandmeßgerät bestimmt. Für beide Geräte sind Bezugshöhen festzulegen, am Behälter einzuschlagen und in der Füllungstafel anzugeben. Die Füllschritte sind so klein zu wählen, daß der Inhalt für Zwischenhöhen hinreichend genau interpoliert werden kann, um die Ergebnisse in einer Füllungstafel tabellenartig zu ordnen.

Durch Verschließen der für das Kalibrieren nicht erforderlichen Behälterstutzen mit Blindflanschen oder Steckscheiben muß für unbedingte Dichtheit des Behälters gesorgt werden. Wird mit Zählern kalibriert, so ist für den Zähler vor und nach dem Kalibrieren mit Hilfe eines Eichgefäßes eine Fehlerkurve aufzunehmen und während der Kalibrierung die Durchflußstärke möglichst genau einzuhalten, um die Fehlerkurve sachgerecht anwenden zu können.

b) Anbringung

Über die Anbringung der Füllstandmeßgeräte am Behälter wurden für Gerätearten typische Gesichtspunkt schon genannt. Generell ist zu sagen, daß man das Meßgerät – wenn irgend möglich – zur Prüfung, Wartung und Reparatur durch Absperreinrichtungen vom Behälter trennen können sollte. Diese Absperreinrichtungen sollten nicht zu kleine Nennweiten haben, für Verdrängergefäße mindestens DN 50, für Einperlmessungen mindestens DN 25. Schiebern und Hähnen ist wegen des geraden Durchganges der Vorzug vor Ventilen zu geben.

Frei im Behälter hängende Schwimmer oder Auftriebskörper müssen Führungsrohre erhalten, wenn horizontale Bewegungen (z.B. durch Rühren, schnelles Befüllen oder schnelles Entleeren) nicht sicher ausgeschlossen werden können.

Es ist zu überlegen, ob außenliegende mit Flüssigkeit gefüllte Teile der Meßeinrichtungen isoliert oder beheizt werden müssen. Für Verdrängergefäße bei Füllstandmessungen an Dampftrommeln wird meist eine Isolierung genügen, denn in die Gefäße wird ja dauernd etwas Dampf einströmen, kondensieren und die im Gefäß befindliche Flüssigkeit erwärmen, während die entsprechende Menge kälterer Flüssigkeit durch den unteren Stutzen in den Behälter zurückläuft: Durch die Abkühlung wird ein Kreislauf zwischen Dampf und Kondensat erzeugt. Anders ist das bei hydrostatischen Differenzdruckmessungen mit Parallelgefäßen. Dort kann sich ein entsprechender Kreislauf nicht aufbauen, denn der Meßumformer trennt und läßt kälteres Kondensat nicht in den Behälter zurücklaufen: Das Kondensat im außenliegenden Rohr nimmt die Außentemperatur an und muß gegebenenfalls durch Beheizung vor dem Einfrieren geschützt werden.

c) Prüfmöglichkeiten

Das Überprüfen von Füllstandmessern ist schwierig, vor allen bei Geräten mit Schwimmern oder Auftriebskörpern. Es sollten deshalb von vornherein Prüfmöglichkeiten vorgesehen werden. Bild 190 zeigt, wie mit Prüfstützen am Verdrängergefäß solche Geräte unter Betriebsbedingungen unter Betriebsdruck und Betriebstemperatur geprüft werden können. Präsizionstankmesser lassen sich durch Hochfahren der Tastplatte und Einschwimmen in das Eichzwischenstück, radioaktive Geräte durch Einbringen einer Metallplatte in den Strahlenweg und hydrostatische wie Druck- und Differenzdruckmeßgeräte prüfen. Für andere Gerätearten sind Prüfungen oft schwierig.

Positiv ist für manche Anwendungsfälle, daß die Geräte bei Ausfall Fehlsignale geben und damit einen gefährlichen Zustand vortäuschen, sie haben – wie man sagt ein "fail-safe" Verhalten[30]. Bei Vibrations- oder Drehflügelgeräten

---

30 siehe [1 und 3]

5. Anpassen, Montage und Betrieb der Füllstandmeßgeräte 229

wird ein Hochstand vorgetäuscht, wenn das Gerät ausfällt: Die Sicherung des Hochstandes ist "fail-safe", während die Sicherung des Tiefstandes mit diesen Geräten nicht diese Eigenschaften hat: Wenn sich z.B. der Drehflügel nicht dreht, kann der Behälter betriebsmäßig gefüllt, es kann aber auch das Gerät ausgefallen sein.

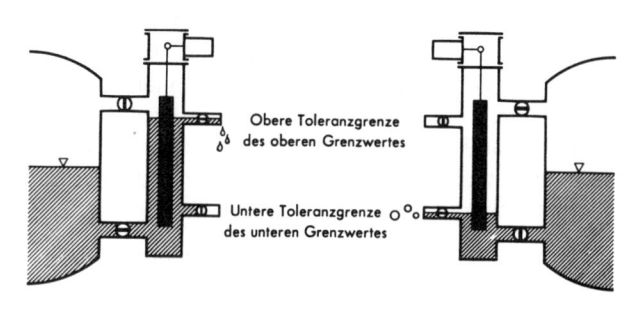

Bild 190. Meßanordnung mit Stutzen zur Prüfung des Füllstandes.
Die eingezeichneten Ventilstellungen entsprechen dem Prüfzustand. Das "Hoch"-Signal eines angeschlossenen Grenzsignalgebers muß sich eingestellt haben, wenn aus dem oberen Prüfstutzen Flüssigkeit, das "Tief-Signal, wenn aus dem unteren Prüfstutzen Gasblasen entweichen.

d) Inbetriebnahme und Wartung

Wegen der Vielschichtigkeit des Aufgabengebietes sind für Inbetriebnahme und Wartung nur wenige allgemeingültige Gesichtspunkte zu nennen. Bei der Inbetriebnahme sollte sich der Meß- und Regelmechaniker auf jeden Fall überzeugen, ob das Füllstandmeßgerät zuverlässig arbeitet, besonders, ob bei leerem Behälter das dem Tiefstand und bei vollem Behälter das dem Hochstand entsprechende Ausgangssignal auch wirklich ausgegeben wird. Das mag – abhängig von Geräteart und Verfahren – mehr oder weniger leicht zu verwirklichen sein. Wenn aber die Überprüfung sehr schwierig ist, muß eben der Planer schon entsprechende Maßnahmen, z.B. solche nach Bild 190, vorsehen. Auch für die Wartung der Geräte ist es wichtig, sich zu überzeugen, daß das Gerät nicht nur den Betriebszustand – also einen mittleren Füllstand – richtig angibt, sondern auch in den Grenzbereichen zuverlässig arbeitet.

III. Temperaturmessung

1. Allgemeines

Die Temperaturmessung ist wohl die am häufigsten vorkommende Meßaufgabe in der chemischen Verfahrenstechnik. In großen Chemiewerken gab es vor 30 Jahren nach einer Faustregel etwa soviel Temperaturmeßstellen wie Mitarbeiter. Durch höheren Automatisierungsgrad der Chemieanlagen, zunehmende Komplexität der Prozesse und eher rückläufige Mitarbeiterzahlen wird sich die Relation heute deutlich zugunsten der Zahl der Temperaturmeßstellen verschoben haben.

Die Temperatur ist die vertrauteste Meßgröße unseres alltäglichen Erfahrensbereiches. Sie begegnet uns auf Schritt und Tritt: Die Körpertemperatur gibt Rückschlüsse auf den gesundheitlichen Zustand des Organismus, die richtige Temperatur unserer Wohnräume trägt bei zur Behaglichkeit, Lufttemperaturen bestimmen unser Klima. Die Temperatur des Wassers bestimmt dessen Zustand, der fest, flüssig oder dampfförmig sein kann. Diese Beispiele ließen sich beliebig vermehren, sie würden zeigen, daß der Mensch besonders im Temperaturbereich von 20 bis etwa 100 °C sehr viele Bezugspunkte findet.

In der Verfahrenstechnik ist in erster Linie die Temperatur im Innern von Behältern, Reaktoren, Destillationskolonnen oder Rohrleitungen zu messen; aber auch die Temperatur im Innern von Metallteilen, wie z.B. in Lagerschalen, und die von Oberflächen ist von Bedeutung. Die Werte der Temperaturen zeigen dem Messenden, ob die Reaktion bei dem gewünschten Arbeitspunkt verläuft, ob eine Destillationskolonne mit erforderlicher Trennwirkung arbeitet, welche Dichte das Produkt im Innern eines Behälters hat oder ob Flüssigkeit in einer Leitung genügend stark aufgeheizt ist, um ein Festwerden zu vermeiden. Messungen von Temperaturen an Oberflächen sollen dem Apparatefahrer meist Aufschluß über die Temperaturbelastung des Werkstoffs geben, hier können sowohl die absolute Höhe als auch die Änderung pro Zeiteinheit Bedeutung haben.

● *Einheiten*

Vom täglichen Umgang her bekannt, ist auch in der Verfahrenstechnik die Einheit „Grad Celsius" mit dem Einheitenzeichen °C die gebräuchlichste. Diese Einheit hat ihren Ursprung in der Festlegung, daß dem Erstarrungspunkt von Wasser der Wert 0, dem Siedepunkt der Wert 100 zugeordnet sein soll. Die zweite, in der Tieftemperaturtechnik und für Temperaturdifferenzen gebräuchliche Einheit ist das „Kelvin" mit dem Einheitenzeichen K. Es unterscheidet sich von dem Grad Celsius dadurch, daß der niedrigsten Temperatur,

1. Allgemeines 231

die physikalisch überhaupt möglich ist (dem absoluten Nullpunkt), der Wert 0 zugeordnet wird. Da die Temperaturdifferenz zwischen Siede- und Erstarrungspunkt von Wasser auch in Kelvin gleich 100 ist und der absolute Nullpunkt bei −273,15 °C liegt, gilt

Temperatur in K = 273,15 + Temperatur in °C.

Nach diesen Festlegungen könnten grundsätzlich alle Zwischenwerte thermodynamisch – mit Hilfe der Gasgesetze – bestimmt werden. Da das mit großem experimentellen Aufwand verbunden ist, sind für den praktischen Gebrauch thermometrische Fixpunkte festgelegt, die die internationale praktische Temperaturskala (IPTS) aus dem Jahre 1968 definieren. Diese im Bild 191 dargestellten Fixpunkte sind Temperaturen, bei denen reine Stoffe gleichzeitig verschiedene Zustände haben. Diese Punkte werden durch die Zustände wie folgt festgelegt:

       Erstarrungspunkt   flüssig/fest,
       Siedepunkt   gasförmig/flüssig,
       Tripelpunkt   gasförmig/flüssig/fest.

Stoff		Temperatur in °C
Sauerstoff	Sd	−182,96
Wasser	Tr	0,01
Wasser	Sd	100
Zink	E	419,58
Antimon	E	630,74
Silber	E	961,93
Gold	E	1064,43

Bild 191. einige Thermometrische Fixpunkte.
Sd Siedepunkt,
E Erstarrungspunkt,
Tr Tripelpunkt

● *Darstellung der Meßgröße Temperatur*

Die Aufgabe, die Meßgröße Temperatur zu verarbeiten, wird nach DIN 19227 mit dem Kennbuchstaben T und den entsprechenden Folgebuchstaben dargestellt. Bild 192 stellt die Aufgabe, „Temperaturmessung mit Anzeige und Registrierung in einer zentralen Warte" dar. Außen am MSR-Stellen-Kreis ist angegeben, daß die Registrierung auf einem 12-Punktdrucker geschieht; außerdem wird festgelegt, wo die Anzeige geschehen soll.

Die Kennzeichnungen außerhalb sind nicht Gegenstand der Norm und für den Anwender frei wählbar. Das ist besonders für die Darstellung von Temperaturmeßaufgaben interessant; denn Temperaturmessungen sind häufig zusätzlich zu kennzeichnen, weil sie oft in zentralen Anlagen erfaßt oder auf Mehrfachpunktschreiber gegeben werden.

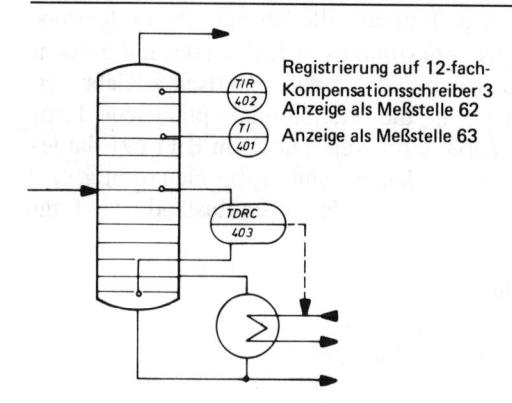

Bild 192. Darstellung verschiedener Temperaturmeßaufgaben.
TI 401 Temperaturanzeige,
TIR 402 Temperaturanzeige und -registrierung,
TDRC 403 Temperaturdifferenzregistrierung und -regelung.

Außerdem ist in Bild 192 die wichtige Meßaufgabe „Temperaturdifferenzmessung" dargestellt. Sie unterscheidet sich – wie die Differenzdruckmessung von der Druckmessung – von der Temperaturmessung durch den Ergänzungsbuchstaben D. Die Folgebuchstaben R und C geben an, daß die Temperaturdifferenz zu schreiben und zu regeln ist. Sie soll auf das Heizmittel einwirken.

2. Temperaturmeßgeräte

Zwei Prinzipien der Temperaturmessung kommen in der Verfahrenstechnik zur Anwendung, die

>Berührungsmessung und die
>Strahlungsmessung.

Die überwiegende Zahl der Meßgeräte arbeitet nach dem Prinzip der *Berührungsmessung*: Der Stoff oder der Körper, dessen Temperatur zu messen ist, wird in möglichst innige Berührung mit einem Meßfühler gebracht, dessen Eigenschaften von der Temperatur abhängig sind. Im wesentlichen sind es temperaturabhängige mechanische und elektrische Eigenschaften, die zur Messung ausgenutzt werden. Von den mechanischen Eigenschaften ist die Ausdehnung von Metallen, Flüssigkeiten und Gasen, von den elektrischen die Änderung des Widerstandes oder der Thermospannung zu nennen.

Geringere Bedeutung für die Betriebspraxis haben Strahlungsmessungen. Durch die Entwicklung der Halbleitertechnik werden aber zunehmend Strahlungspyrometer mit interessanten Meßeigenschaften angeboten.

a) Mechanische Berührungsthermometer

Zu den mechanischen Berührungsthermometern gehören neben den allgemein bekannten Glasthermometern, bei denen sich aus der Höhe eines Flüssigkeitsfadens die Temperatur ablesen läßt, auch mit Flüssigkeit oder Gas gefüllte Systeme, bei denen der Innendruck ein Temperaturmaß ist, sowie Metallstabausdehnungsthermometer.

● *Flüssigkeits-Glasthermometer*

Jedem bekannt sind Flüssigkeits-Glasthermometer: Die thermische Ausdehnung einer Flüssigkeit im Meßfühler wird in einer Glaskapillare als Maß für die Temperatur zur Anzeige gebracht. Es ist zwischen Stab- und Einschlußthermometern zu unterscheiden. Bei Stabthermometern (Bild 193 a) ist die Skala unmittelbar auf der Meßkapillare eingeätzt, bei Einschlußthermometern (Bild 193 b) ist in einem Umhüllungsrohr die Skala unmittelbar hinter der Meßkapillare auf einem besonderen Skalenträger angebracht.

Flüssigkeits-Glasthermometer sind für Temperaturmessungen zwischen −200 und etwa +600 °C geeignet, in den verschiedensten Formen und Größen auf dem Markt und auch in hochgenauen Ausführungen − bis zu 1/100 °C Einteilung − verfügbar. Als thermometrische Flüssigkeiten kommen − allerdings nur für Temperaturen oberhalb von −58°C − bevorzugt solche in Frage, die Glas nicht benetzen: Quecksilber-Thallium zwischen −58 und +30°C und Quecksilber zwischen −38 und 600 °C. Nicht benetzende Flüssigkeiten liefern wesentlich bessere Meßergebnisse als Glas benetzende Flüssigkeiten wie Alkohol, Toluol oder Pentan, die für Temperaturen unterhalb von −58° Anwendung finden.

Für die MSR-Betriebstechnik haben Flüssigkeits-Glasthermometer Bedeutung als Normal zum genauen Kalibrieren einer anderen Temperaturmeßeinrichtung, als Vergleichsmessung, (wenn man sich auf die Fernmessung nicht allein verlassen will) oder für örtliche Messungen.

So einfach auch die Wirkungsweise sein mag, so ist doch für hochgenaue Messungen einiges erwähnenswert und unter Umständen bei der Messung zu berücksichtigen: Es ist sorgfältig darauf zu achten, daß die *gesamte thermometrische Flüssigkeit miteinander vereinigt ist*. In der Flüssigkeit dürfen sich keine Gasblasen befinden und der Faden darf sich nicht getrennt haben. Weiterhin muß darauf hingewiesen werden, daß zwischen „ganz eintauchend" justierten und „teilweise eintauchend" justierten Thermometern zu unterscheiden ist. Bei der Messung von Temperaturen innerhalb von Rohrleitungen oder Apparaten kann man im allgemeinen nicht voraussetzen, daß Meßfühler und Kapillare gleiche Temperatur haben. Es müssen deshalb teilweise eintauchend justierte Thermometer eingesetzt werden.

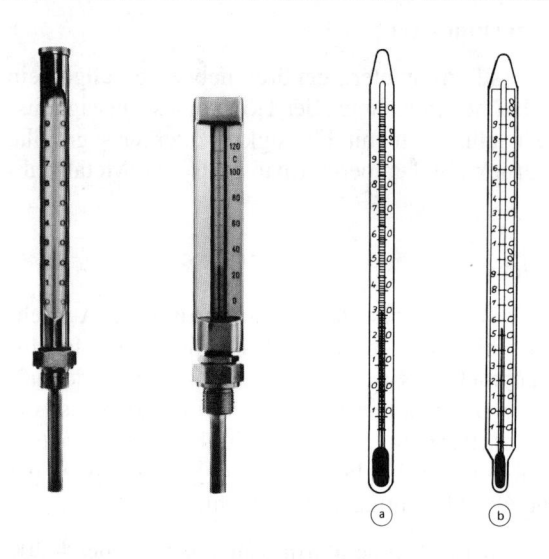

Bild 193. Flüssigkeitsglasthermometer (Wagner KG.).
Beim Stabthermometer (a) ist die Skala auf die Meßkapillare geätzt, beim Einschlußthermometer (b) liegt sie in einem Umhüllungsrohr auf einem besonderen Skalenträger unmittelbar hinter der Meßkapillare.

Die *Fadentemperatur* ist bei der Messung zu berücksichtigen, wenn sie von der vorgesehenen (z.B. 20 °C) abweicht. Bei Nichtberücksichtigung können für genaue Messungen nicht unbedeutende Fehler entstehen; z.b. bei Fadentemperaturen von 0 °C und Fühlertemperaturen von 40 °C Fehler von −0,13 °C, wenn Quecksilberthermometer mit einem bei 0 °C beginnenden Meßbereich eingesetzt werden und für die Fadentemperatur 20 °C vorgesehen war. Ein ganz eintauchend justiertes Thermometer würde in obigem Beispiel sogar eine doppelt so große Fehlanzeige, nämlich −0,26 °C ergeben. Die Eichfehlergrenzen eines solchen Thermometers sind +0,15 °C, so daß im ungünstigen Fall die Messung mit teilweise eintauchend justiertem Thermometer mit einem Fehler von etwa 0,3 °C, die mit ganz eintauchend justiertem Thermometer gar mit einem Fehler von etwa 0,4 °C behaftet ist, eine Tatsache, die sich mancher nicht vor Augen hält, der mit einem geeichten Thermometer mit 0,1 °C Teilung Temperaturen mißt[31].

● *Flüssigkeits-Federthermometer*

Flüssigkeits-Federthermometer arbeiten zwar mit dem gleichen physikalischen Effekt wie die Glasthermometer, also mit der thermischen Ausdehnung von Flüssigkeiten, zur Anzeige wird hier aber die *Druckerhöhung* gebracht, die ein abgeschlossenes Flüssigkeitssystem bei Temperaturerhöhung erfährt. Diese Geräte (Bild 194) bestehen aus einem als Tauchrohr ausgebildeten Temperaturfühler und einem elastischen Meßglied (Manometer mit Rohr- oder Schneckenfeder), die durch ein bis zu 35 m langes Kapillarrohr miteinander verbunden sind.

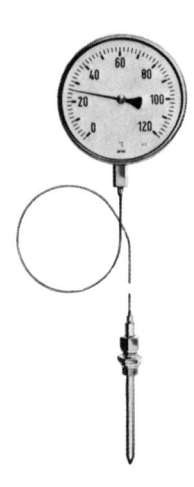

Bild 194. Flüssigkeitsfederthermometer (Haenni).
Der von der Temperatur abhängige Druck in einem flüssigkeitsgefüllten Temperaturfühler wird in einem mit einer Kapillare verbundenen manometrischen Meßwerk als Temperatur angezeigt.

Als Füllflüssigkeit dienen Quecksilber unter einem Druck von 100 bis 150 bar oder organische Flüssigkeiten (z.B. Toluol) unter einem Druck von 5 bis 50 bar. Mit Quecksilber gefüllte Federthermometer haben eine fast gleichförmige Skalenteilung und lassen sich für Meßbereiche zwischen − 35 und + 500 °C herstellen.

Flüssigkeits-Federthermometer sind wie Glasthermometer grundsätzlich mit einem Anzeigefehler behaftet, wenn die Temperatur der herausragenden Teile (z.B. der Kapillare und des elastischen Meßgliedes) von der Kalibrierung zugrunde gelegten Umgebungstemperatur abweicht. Es gibt technische Möglichkeiten, diese Abweichung zu kompensieren. Weiterhin kann ein Fehler entste-

---

31 weitere Einzelheiten siehe z.B. VDE/VDI-Richtlinie 3511, Techn. Temperaturmessungen

hen, wenn zwischen Temperaturfühler und Anzeigeteil Höhenunterschiede bestehen. Der Fehler beträgt etwa 1,0 bis 1,5 % der Meßspanne bei Höhenunterschieden von 20 m; er läßt sich durch Verstellen des Nullpunktes korrigieren.

Für Flüssigkeits-Federthermometer gibt es Güteklassen 1 und 2, die diesen Klassen zugeordneten Geräte haben Fehlergrenzen von 1 bzw. 2 % der Meßspanne.

● *Dampfdruck-Federthermometer*

Dampfdruck-Federthermometer sind ähnlich aufgebaut wie Flüssigkeits-Federthermometer, doch ist das Tauchrohr nur zu einem Teil mit einer leicht siedenden Flüssigkeit, zum anderen Teil mit ihrem Dampf gefüllt. Der über der Flüssigkeit vorhandene Druck ist nach der Dampfspannungskurve ein Maß für die Temperatur. Der Druck wird im elastischen Meßglied erfaßt und zur Anzeige gebracht. Wegen des mit der Temperatur stark ansteigenden Dampfdruckes dürfen diese Thermometer nicht wesentlich über ihren Meßbereich hinaus verwendet werden.

Bei der Auswahl von Dampfdruck-Federthermometer muß berücksichtigt werden, daß sie eine nach dem Ende zu stark auseinandergezogene Skalenteilung haben. Der Meßbereich ist daher so auszuwählen, daß möglichst im oberen Drittel gefahren wird. Die Fehlergrenzen sind ähnlich denen der Flüssigkeits-Federthermometer.

● *Gasdruck-Temperaturmeßumformer*

Größere Bedeutung als Flüssigkeits- oder gar Dampfdruck-Federthermometer haben Temperaturmeßumformer, die den durch die thermische Ausdehnung eines abgeschlossenen Gasvolumens entstehenden Druck als Maß für die Temperatur zur Anzeige oder Weiterverarbeitung bringen.

Der Temperaturmeßumformer Typ 12 A von Foxboro (Bild 195) besteht aus einem zylindrischen Meßfühler (etwa 10 mm Durchmesser und 75 bis 150 mm Länge), einer flexiblen 1 oder 3 m langen Kapillarleitung von etwa 1,5 mm Durchmesser und einem pneumatischen Druckmeßumformer. Das System ist – meßbereichsabhängig – mit den inerten Gasen Helium (-210 bis -130 °C), Stickstoff (-130 bis $+470$ °C) oder Argon ($+470$ bis $+760$ °C) gefüllt; die Drücke liegen zwischen 3 und 50 bar. Es muß sorgfältig auf Dichtheit geprüft werden, denn schon geringe Leckagen führen zu erheblichen, im Laufe der Zeit zunehmenden Meßfehlern. Der Druckmeßumformer arbeitet mit unterdrücktem, durch eine Feder einstellbarem Meßanfang, denn das Gas ist ja auf mindestens 3 bar vorgespannt. Die Meßspanne ist durch Volumen und Füllung des Meßsystems sowie durch die Übersetzungsverhältnisse des pneumatischen Kraftkompensationssystems festgelegt. Der Einfluß der Umgebungstemperatur und des barometrischen Druckes wird durch einen im Meßumformergehäuse untergebrachten Ausgleichsbalg kompensiert. Änderungen des barometrischen

Druckes haben ohnehin wegen des relativ hohen Innendruckes im Meßteil nur geringen Einfluß auf die Meßgenauigkeit.

Diese Geräte zeichnen sich – bedingt durch die geringe Wärmekapazität der Gasfüllung – durch schnelles Ansprechen aus. Vorteilhaft ist auch, daß schon die sehr kleine Meßspanne von 25 °C verfügbar ist. Als Meßleistungen, bezogen auf die Meßspanne, werden angegeben:

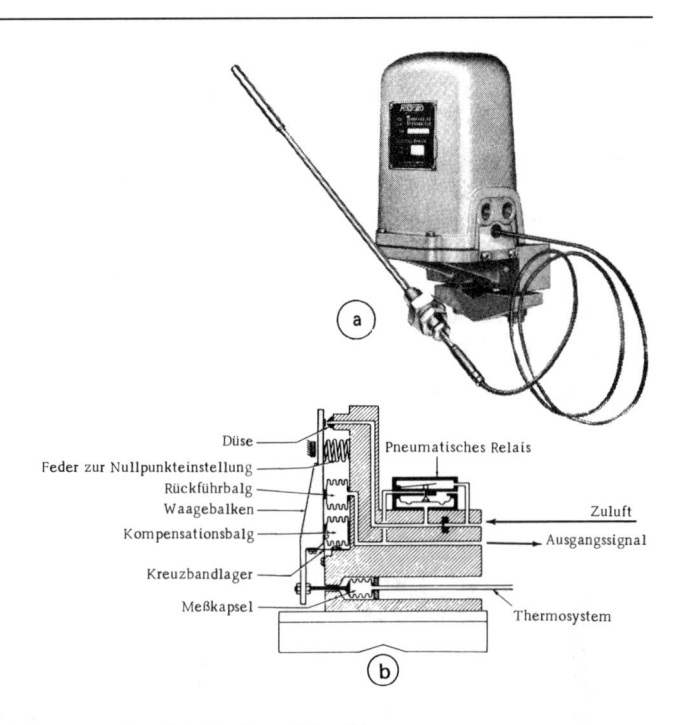

Bild 195. Temperaturmeßumformer Typ 12 A (Foxboro-Eckardt).
Der von der Temperatur abhängige Gasdruck in einem Fühlersystem wird mittels einer Kraftwaage in ein temperaturproportionales pneumatisches Ausgangssignal umgeformt.
a) Ansicht,
b) Prinzip.

Reproduzierbarkeit	±0,2 %,
Meßunsicherheit	±0,5 %
Ansprechempfindlichkeit	0,4 %
Einfluß der Umgebungstemperatur	
bei 75 mm Fühlerlänge	0,3 % pro 10 K,
bei 150 mm Fühlerlänge	0,15 % pro 10 K.

Derartige Geräte eignen sich wegen des schnellen Ansprechens und der kleinen Meßspanne sehr gut für Temperaturregelaufgaben. Für absolute Temperaturmessungen eignen sie sich weniger, weil der Meßanfang – der Nullpunkt – von einer Federeinstellung abhängt und zum Überprüfen ein Vergleich mit einem anderen Temperaturnormal erforderlich ist. Für manche Einsatzfälle kann stören, daß der Meßfühler im Vergleich zu Widerstandsthermometern oder gar Thermoelementen relativ große Abmessungen hat. Vorteilhaft für örtliche Regelungen kann dagegen sein, daß das Gerät im Gegensatz zu elektrischen Temperaturmeßumformern keine Explosionsgefahr verursacht.

● *Metallausdehnungsthermometer*

Die unterschiedliche thermische Ausdehnung von Metallen wird in Stabausdehnungs- und Bimetallthermometern zur Messung und Regelung von Temperaturen benutzt. Die Stabthermometer erzeugen bei geringen Längenänderungen erhebliche Kräfte und sind deshalb als Geber für einfache pneumatische kraftkompensierende Meßumformer oder als schaltende elektrische Temperaturregler geeignet. Die Bimetallthermometer können demgegenüber größere Meßwege erzeugen, allerdings mit geringeren Verstellkräften. Sie eignen sich deshalb für örtliche Temperaturanzeiger. Auch für schaltende elektrische Temperaturregler finden Bimetallanordnungen Verwendung.

Das Prinzip eines pneumatischen Temperaturmeßumformers zeigt Bild 196:

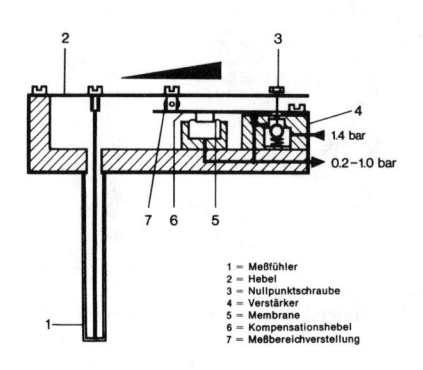

1 = Meßfühler
2 = Hebel
3 = Nullpunktschraube
4 = Verstärker
5 = Membrane
6 = Kompensationshebel
7 = Meßbereichverstellung

Bild 196. Temperaturmeßumformer. Die unterschiedliche thermische Ausdehnung eines Fühlerrohres gegenüber einem Invarstab wirkt federnd auf eine Kraftwaage. Das pneumatische Ausgangssignal des Gerätes ist temperaturproportional.

Konzentrisch sind ein Rohr aus einem Metall mit großer Wärmeausdehnung und ein Stab mit geringer Wärmeausdehnung angeordnet. Bei Temperaturerhöhungen dehnt sich das Rohr stärker aus als der Stab, auf die über eine Feder angelenkte Kraftwaage wirkt dadurch ein Drehmoment, das über Düse, Prallplatte und Kompensationsbalg in einen der Temperatur proportionalen Luftdruck umgeformt wird.

Aus den Bildern 197 und 198 ist zu ersehen, wie zwei aufeinandergewalzte, zu einer Wendel oder Doppelwendel gebogene Bänder aus Metallen verschiedener Wärmeausdehnung auf den Zeiger eines Bimetallthermometers wirken.

2. Temperaturmeßgeräte 239

Die Wendel ist am anderen Ende fest eingespannt. Bei Temperaturerhöhungen dehnt sich das äußere der die Wendel bildenden Metallbänder stärker aus als das innere: Die daraus folgende Verdrehung des freien Endes der Spirale wird über den Zeiger auf einer mit dem Gehäuse verbundenen Skala als Temperatur angezeigt.

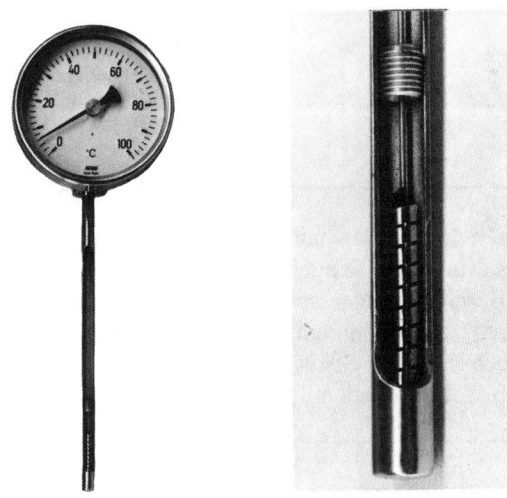

Bild 197. Bimetallthermometer (Haenni).
Zwei aufeinandergewalzte Metallbänder verschiedener Wärmeausdehnung sind der zu messenden Temperatur ausgesetzt. Bei Temperaturänderung dehnen sich die Metalle verschieden aus und die Verstellung des angeschlossenen Zeigers kann als Temperaturänderung abgelesen werden.

Als örtliche Anzeiger sind Bimetallthermometer Glasthermometern insofern überlegen, als sie eine bequemere Ablesung ermöglichen und es damit dem Bedienungspersonal erleichtern, sich schnell einen Überblick über den Zustand eines Anlageteiles, z.B. eines Verdichters zu verschaffen. Die Meßfehler liegen bei 1 bis 3% der Meßspanne.

b) Elektrische Berührungsthermometer

Elektrische Berührungsthermometer, das sind Widerstandsthermometer, Thermoelemente und auch Schwingquarzthermometer, haben heute eine alle anderen Temperaturmeßverfahren überragende Bedeutung. Gegenüber den mechanischen Thermometern können ihre genauen Ausgangssignale beliebig fernübertragen, angezeigt, registriert und weiterverarbeitet werden. Außerdem lassen sich Form, Größe, Wärmekapazität und dynamisches Übergangsverhalten fast beliebig den Meßaufgaben anpassen.

240 III. Temperaturmessung

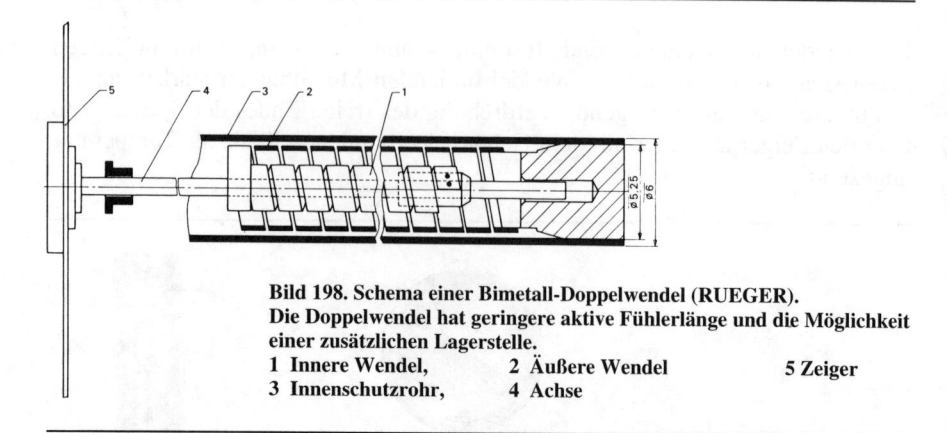

Bild 198. Schema einer Bimetall-Doppelwendel (RUEGER).
Die Doppelwendel hat geringere aktive Fühlerlänge und die Möglichkeit einer zusätzlichen Lagerstelle.
1 Innere Wendel,   2 Äußere Wendel   5 Zeiger
3 Innenschutzrohr,   4 Achse

Die Meßfühler haben im allgemeinen schlanke, zylindrische Formen, so daß sie in Rohre eingebracht werden können, die die Fühler gegen mechanische Beschädigungen schützen. Diese Einsatzrohre finden Aufnahme in Schutzrohren, wenn Temperaturen innerhalb von Apparaten oder Rohrleitungen zu messen sind. Die Schutzrohre sind mit den Apparate- oder Rohrwandungen druckfest verbunden, auf sie wirkt von außen das zu messende Fluid (Bild 199).

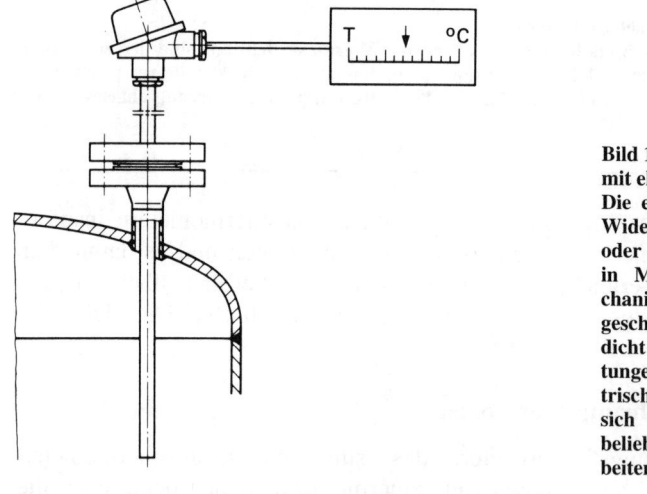

Bild 199. Temperaturmessung mit elektrischen Meßfühlern.
Die elektrischen Meßfühler – Widerstandsthermometer oder Thermoelemente – sind in Meßeinsätzen gegen mechanische Beeinträchtigungen geschützt. Sie werden druckdicht in Behälter und Rohrleitungen eingebracht. Das elektrische Ausgangssignal läßt sich fernübertragen und auf beliebige Weise weiterverarbeiten.

Der Meßfühler wird über Kabel mit elektrischen Meßeinrichtungen verbunden, welche die durch Temperaturänderungen bedingten Änderungen der elektrischen Eigenschaften – Widerstandsänderungen bzw. Änderungen der Thermospannungen oder der Resonanzfrequenzen – messen und den gemesse-

2. Temperaturmeßgeräte

nen Wert als Maß für die Temperatur analog oder digital anzeigen, ausdrukken, registrieren oder als Istwert einer Regeleinrichtung aufgeben.

b 1) Widerstandsthermometer

● *Prinzip*

Für die Messung von Temperaturen, die zwischen -250 und $+1000\,°C$ liegen, eignen sich Widerstandsthermometer. Bei diesen Geräten wird die Temperaturabhängigkeit des elektrischen Widerstands von Metallen und Halbleitern – eine sonst oft störende Eigenschaft – zur Temperaturbestimmung genutzt: Der Widerstand eines der Temperatur ausgesetzten Fühlers wird mit geeigneten elektrischen Instrumenten gemessen und aus der bekannten Temperaturabhängigkeit des Widerstands die Temperatur des Fühlers bestimmt.

Als Widerstandsmaterialien werden bevorzugt Metalle, insbesondere Platin und Nickel eingesetzt, deren Widerstand gut reproduzierbar und annähernd linear mit der Temperatur *ansteigt*. Zunehmend kommen auch Halbleiter zum Einsatz. Halbleiter zeigen mit der Temperatur fast sprunghaft *abfallende* oder *ansteigende* Widerstände, sie sind für kleine Meßbereiche, für Temperaturregelungen und Temperaturausgleichsschaltungen geeignet.

● *Platin als Widerstandsmaterial*

Wir wollen uns hier darauf beschränken, Widerstandsmessungen mit Platin-Widerstandsthermometern zu beschreiben. Platin ist für die Messung von Temperaturen zwischen -250 und 850, in neutraler Atmosphäre sogar bis $1000\,°C$ geeignet. Die Temperaturabhängigkeit des Widerstandes von Platinfühlern ist im Bild 200 graphisch dargestellt. Als Faustregel kann gelten, daß eine Widerstandsänderung von knapp 4 Ohm einer Temperaturerhöhung von $10\,°C$ entspricht. Der genaue mittlere Wert im Bereich zwischen 0 und $100\,°C$ ist $3{,}85\,Ohm/10\,°C$.

Der Zusammenhang zwischen Widerstands- und Temperaturänderung ist nicht linear: Die Kurve weicht vielmehr um 7 % von der linearen ab. Moderne Meßgeräte gleichen jedoch diese Eigenschaft durch elektrische Schaltungen so aus, daß der Ausschlag der Temperaturanzeiger und -schreiber sowie das Ausgangssignal der Meßumformer temperaturlinear sind. Das ist besonders deshalb leicht durchzuführen, weil die Widerstands-Temperatur-Funktion durch eine (mathematisch einfache) Funktion zweiten Grades dargestellt werden kann.

Genau sind die Zusammenhänge in Grundwertreihen (DIN 43 760) dargestellt. Die zulässigen Abweichungen betragen

in Klasse A $\pm(0{,}15 + 0{,}002\,|\,t\,|)\,°C$ und
in Klasse B $\pm(0{,}3 + 0{,}005\,|\,t\,|)\,°C$.

III. Temperaturmessung

Die Klasse A sieht Pt 100-Thermometer für Messungen zwischen −200 und + 650 °C, die Klasse B zwischen −200 und +850 °C vor. t ist die Temperatur in °C.

Aus diesen Formeln ergeben sich zulässige Abweichungen in Klasse A, bzw. Klasse B in Klammern, von jeweils ± °C:

- 0,55 (1,3) bei −200 °C
- 0,15 (0,3) beo 0 °C und
- 1,35 (3,3) bei 600 °C.

Wegen ihrer hohen Reproduzierbarkeit dienen Platin-Widerstandsthermometer als internationale Standards für den Temperaturbereich zwischen −260 und 630 °C.

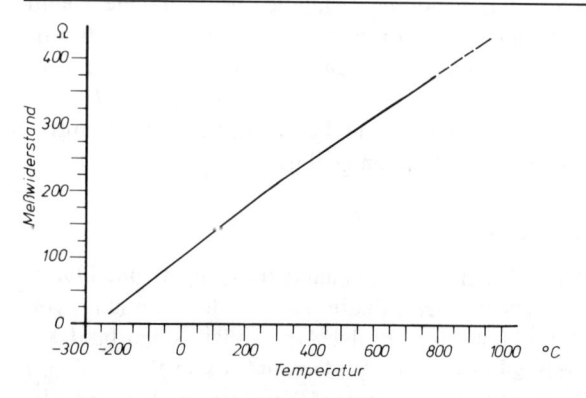

Bild 200. Grundwertreihe eines Platinmeßwiderstandes.
Der Widerstand eines Pt-100-Fühlers hängt nicht ganz linear von der Temperatur ab. Die Abweichung ist maximal 7 %. Die Kurve folgt einer quadratischen Funktion.

● *Aufbau des Fühlers*

Die Widerstands-Temperaturfühler, die Meßwiderstände, bestehen im allgemeinen aus dünnen Platindrähten von etwa 0,05 bis 0,2 mm Durchmesser, die auf stabile zylindrische Träger aus Glas oder Keramik bifilar[32] aufgewickelt sind und einen Widerstand von 100 Ohm bei 0 °C haben. Die Meßwiderstände werden deshalb oft mit Pt 100 gekennzeichnet (Pt ist das chemische Symbol für Platin). Zum Festhalten der Wicklung und zum Schutz gegen Korrosion ist der Widerstandskörper mit einer aufgeschmolzenen Glas- oder Keramik-

---

32 Bifilar muß die Wicklung ausgeführt sein, um die induktive Komponente des Widerstandes gering zu halten.

2. Temperaturmeßgeräte 243

schicht abgedeckt. Die meisten Fühler können mit Doppelwicklung ausgerüstet werden; das erspart einen weiteren Stutzen, wenn eine Temperatur mehrfach verarbeitet, also z.b. registriert und geregelt werden soll, oder für Sicherungsaufgaben getrennt erfaßt werden muß. Wird absolute Unabhängigkeit der beiden Temperaturen verlangt, z.B. wenn eine kritische Verfahrensgröße geregelt werden soll und die Funktionsfähigkeit der Regelung mit einer Sicherungseinrichtung zu überwachen ist, dann sollte der Mehraufwand des zusätzlichen Stutzens erbracht werden; denn ein Teil der schädlichen Einflüsse auf den Fühler wirken so, daß bei Ausfall einer Wicklung des Meßwiderstandes auch die andere gestört wird. Die Abmessungen der Meßwiderstände (Bild 201) liegen etwa zwischen 1 und 6 mm im Durchmesser und 10 bis 100 mm in der Länge. Dabei kann allgemein gesagt werden, daß mit Widerständen um so genauer gemessen werden kann, je größer ihre Oberfläche ist, denn – wie noch ausgeführt werden wird – erwärmt sich der Widerstand bei der Messung. Diese Eigenerwärmung wird, unter sonst gleichen Umständen, bei Fühlern mit großen Oberflächen besser abgeleitet als bei Fühlern mit kleinen Oberflächen.

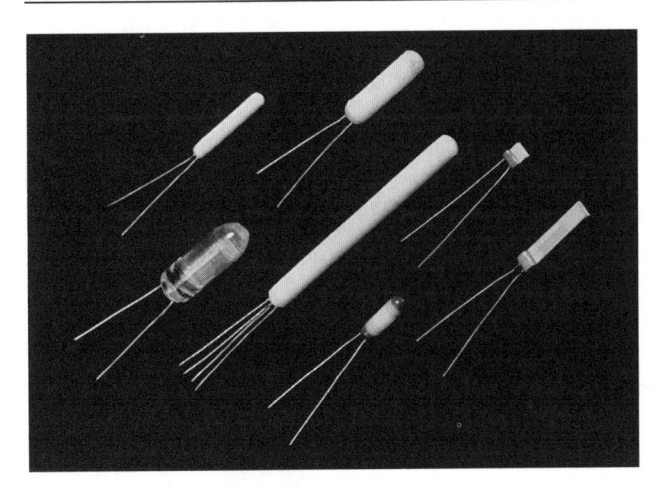

Bild 201. Ausführungsformen von drahtgewickelten und Dünnschicht-Meßwiderständen (SENSYCON).

Neben den gewickelten Widerständen gibt es auch Metallfilmwiderstände mit geringer thermischer Masse und kleinen Abmessungen, die sich auch zum Messen von Oberflächentemperaturen eignen und kurze Ansprechzeiten haben. Diese Widerstände bestehen aus Isolierkörpern (üblicherweise aus flachem Keramiksubstrat), auf denen Metallschichten – meist Platin – in Dickschicht- oder Dünnschichtverfahren aufgebracht sind.

244   III. Temperaturmessung

● *Meßeinsatz*

Der Meßwiderstand findet Aufnahme in einem Meßeinsatz (Bild 202): In einem Rohr aus korrosionsbeständigem Stahl oder aus Nickel (für hohe Temperaturen) mit 6 oder 8 mm Durchmesser ist der Meßwiderstand unten gut passend eingesetzt. Die Verbindungsleitungen nach außen (die Innenleitungen) bestehen aus Kupfer, Silberlegierungen (FK-Silber) oder Nickel-Chrom für hohe Temperaturen und werden durch Formstücke oder Rohre aus keramischem Werkstoff gegeneinander isoliert. Am oberen Ende des Rohres bietet ein Flansch Befestigungsmöglichkeit für den Anschlußsockel mit den Anschlußklemmen, die die Verbindung zwischen der Innenleitung und dem Anschlußkabel zur Fernübertragung darstellen.

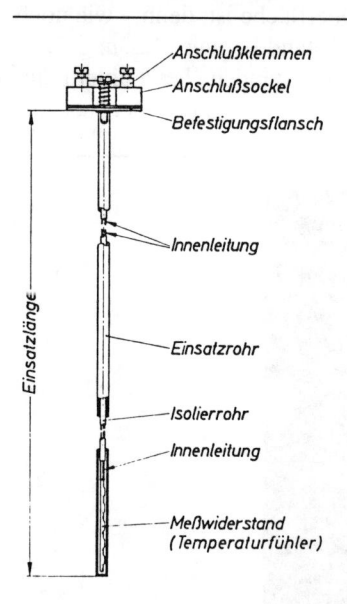

Bild 202. Meßeinsatz mit Anschlußstelle.

Anschlußköpfe nach DIN 43729 (Bild 203) schützen die Anschlußklemmen und nehmen Zugentlastungselemente für die Anschlußleitungen auf. Als Werkstoff hat sich in den letzten Jahren weitgehend Kunststoff durchgesetzt, der nicht nur sehr korrosionsbeständig, sondern auch leicht ist. Letzteres ist bei Schwingungsbelastungen von Vorteil. Ist in Ausnahmefällen Ex-Schutz der Zündschutzart „Druckfeste Kapselung" erforderlich, so müssen dafür zugelassene, schwere Anschlußköpfe aus Gußeisen oder Rotguß (Bild 204) zum Einsatz kommen.

Wie noch dargestellt wird (Abschnitt 3b), wählt man für Widerstands- und Thermoelementmessung in explosionsgefährdeten Bereichen fast aus-

2. Temperaturmeßgeräte 245

schließlich die Zündschutzart „Eigensicherheit". Für diese Schutzart ist der leichte Anschlußkopf aus Kunststoff geeignet.

Sorgfalt ist bei der Messung tieferer Temperaturen darauf zu legen, daß keine Feuchtigkeit der Umgebungsluft im Einsatzrohr kondensieren kann.

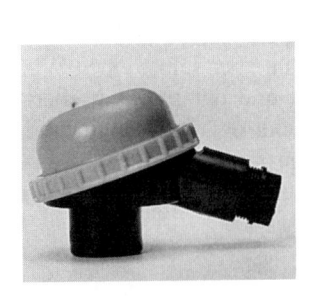

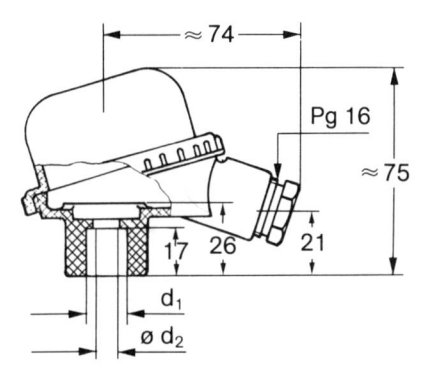

Bild 203. Anschlußkopf (SENSYCON).
Anschlußköpfe schützen die Anschlußstellen und nehmen Zugentlastungselemente für die Verbindungsleitungen auf.

Für den Einsatz in Tieftemperaturanlagen zur Gaszerlegung gibt es besonders vergossene Meßeinheiten, die das Eindringen von Feuchtigkeit verhindern (Bild 205). Bei Tieftemperatur-Einsätzen ist nämlich besondere Sorgfalt auf das Fernhalten von Feuchtigkeit zu legen. Feuchtigkeit führt dort vor allem beim Tauen der Apparate zu Nebenschlüssen im Meßeinsatz, die Fehlmessungen zur Folge haben, die bis zum Ausfall der Messung führen können.

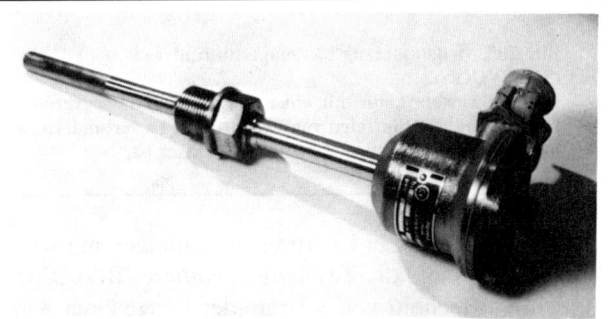

Bild 204. Ex-geschützter Anschlußkopf (Heraeus).
Dieser Anschlußkopf aus Rotguß stellt Ex-Schutz nach der Zündschutzart „Druckfeste Kapselung" her und findet Einsatz, wenn die Zündschutzart „Eigensicherheit" nicht anwendbar ist.

● *Übertragungsleitung*

Bei elektrischen Temperaturmessungen sind Meßort und Ort der Meßwertverarbeitung – Ort der Anzeige, der Registrierung oder der Regelung – meist nicht identisch, sondern bis zu einigen hundert Metern voneinander entfernt. Die Verbindung zwischen Meßfühler und Meßwertverarbeitungseinrichtung wird durch eine zwei-, drei- oder vieradrige Leitung hergestellt. Die Ausdrücke *Zweileiter-, Dreileiter-* oder *Vierleiterschaltung* geben an, wieviel Leiter zur Messung des Widerstandes eines Fühlers bei der entsprechenden Schaltungsart vorgesehen sind. An sich können Widerstände mit zwei Verbindungsleitungen gemessen werden. Die Verbindungsleitung hat aber selbst einen Widerstand, der von der Umgebungstemperatur abhängt und der in das Meßergebnis eingeht. Der Einfluß ist um so geringer, je größer der Querschnitt und je geringer die Länge der Übertragungsleitung und je geringer die Schwankung der Umgebungstemperatur sind.

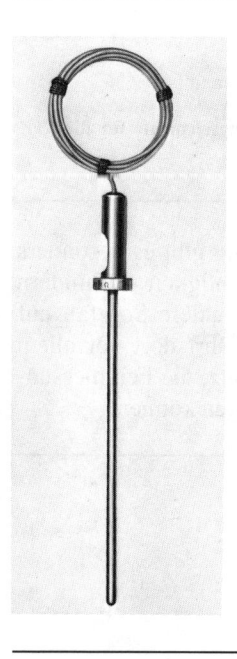

Bild 205. Meßeinsatz für Tieftemperaturanlagen (SENSYCON).
Der Meßeinsatz kann mit einer plastischen Masse vergossen werden, um das Eintreten von Feuchtigkeit zu verhindern, was bei Tieftemperaturanlagen besonders kritisch ist.

Für nicht zu hohe Anforderungen genügt bei Übertragungsleitungen mit weniger als etwa 3 Ohm Schleifenwiderstand die *Zweileiterschaltung* (Bild 206)[33]. 3 Ohm entsprechen bei einem Querschnitt von 1,5 mm der Länge einer Kup-

---

[33] Die Begriffe „Zweileiterschaltung" und „Vierleiterschaltung" werden leider auch in einem ganz anderen Sinne für die Stromkreise zur Versorgung von Meßumformern gebraucht (siehe I. 3 c 2.3, Feldinstallation).

ferschleife von etwa zweimal 130 m. Bei der in unseren Breiten möglichen Änderung der Umgebungstemperatur um + 30 °C ändern sich die 3 Ohm Leitungswiderstand um ungefähr + 0,4 Ohm, was den gleichen Effekt auf das Meßsystem hat wie eine Temperaturänderung von etwas mehr als + 1 °C: Ein Meßfehler, der für genaue Messungen stören kann. Der Schleifenwiderstand wird allgemein mit *temperaturunabhängigen* Abgleichwiderständen auf 10 Ohm erhöht. Wer dementsprechend Übertragungsleitungen mit vollen 10 Ohm Schleifenwiderstand zuläßt, sollte sich im klaren sein, daß aus den angenommenen Änderungen der Außentemperatur immerhin Meßfehler von + 3,4 °C entstehen. Die hier aufgezeigte Eigenart der Zweileiterschaltung ist unabhängig von der Art der Widerstandsmeßgeräts.

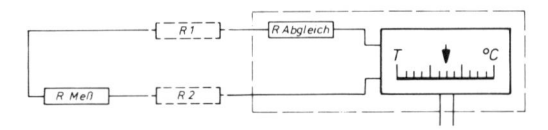

Bild 206. Zweileiterschaltung für Pt-100-Temperaturmessungen.
Bei Zweileiterschaltungen ist zu beachten, daß auf die Übertragungsleitungen wirkende Änderungen der Umgebungstemperatur zu Meßfehlern führen, die besonders bei längeren Leitungen mit geringem Querschnitt störende Werte annehmen können.

Änderungen der Umgebungstemperatur haben praktisch keinen Einfluß auf das Meßergebnis bei der *Dreileiterschal*tung (Bild 207). Zum prinzipiellen Verständnis sei die Widerstandsmessung mit einem selbstabgleichenden Meßgerät – einem kompensierenden Meßgerät – betrachtet. Grundlage des vereinfacht dargestellten Meßgerätes[34] ist eine Brückenschaltung mit zwei Festwiderständen R_5 und R_6 und einem veränderlichen Widerstand R_v, dessen Schleifer von einem Motor verstellt werden kann. Der Strom im Diagonalzweig wird zum richtungsabhängigen Stellen des Motors verstärkt. Der Motor verstellt den Schleifer des veränderlichen Widerstandes so lange, bis kein Diagonalstrom mehr fließt. Nehmen wir an, daß R_5 und R_6 gleich seien. Dann fließt kein Diagonalstrom, wenn auch die Widerstände in den rechten Brückenzweigen einander gleich sind:

$$R_v + R_{a1} + R_1 = R_{\text{Meß}} + R_{a2} + R_2.$$

Erhöht sich z.B. der Widerstand des Meßfühlers, so fließt im oberen Brückenzweig ein stärkerer Strom als im unteren, der einen Strom im Diagonalzweig vom oberen zum unteren Brückenzweig zur Folge hat. Dieser Strom wird so

---

34 Diese Schaltung ist deshalb nicht gebräuchlich, weil Übergangswiderstände im Schleifer des veränderlichen Widerstandes voll in das Meßergebnis eingehen.

verstärkt, daß der Schleifer des veränderlichen Widerstandes so lange nach rechts verschoben wird, bis der Diagonalzweig stromlos ist. Dann entspricht der Widerstandswert von R_v wieder dem des Meßfühlers. Die Stellung des Schleifers kann nun über Zeigerwerk und Skala als Maß für die Temperatur angezeigt werden. Mit den Abgleichwiderständen R_{a1} und R_{a2} werden die Leitungswiderstände auf je 10 Ohm aufgefüllt. Aus der Gleichung ersieht man ferner, daß Änderungen der Leitungswiderstände R_1 und R_2 das Gleichgewicht nicht stören, wenn sie für beide Leitungen gleich sind. Es müssen sich die Leitungen 1 und 2 also weitgehend in Querschnitt, Länge und Übergangswiderständen an den Verbindungsstellen entsprechen. Der Leitungswiderstand R_3 geht in das Meßergebnis nicht wesentlich ein.

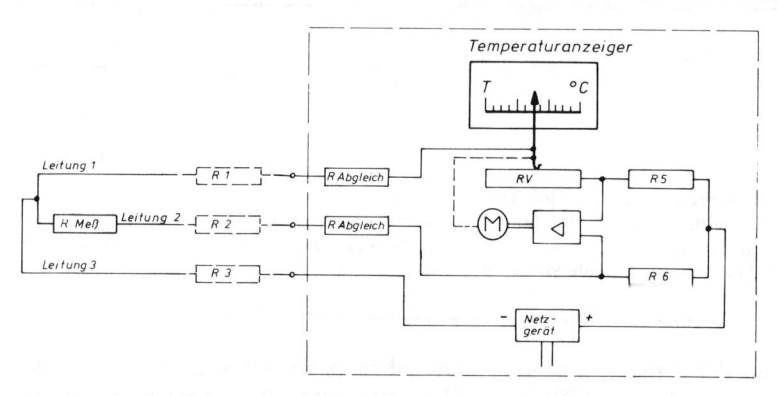

Bild 207. Dreileiterschaltung für Pt-100-Temperaturmessungen.
Dreileiterschaltungen der im Bild gezeigten Art liefern dann ein von Änderungen der Leitungswiderstände unabhängiges Meßergebnis, wenn die Änderungen in den Leitungen 1 und 2 gleich sind. Auch in anderen gebräuchlichen Schaltungen wird dies mehr oder weniger gut verwirklicht.

Die Eigenschaft der Dreileiterschaltung, dann ein vom Leitungswiderstand unabhängiges Meßergebnis zu liefern, wenn die Änderungen des Leitungswiderstandes in den Leitungen 1 und 2 gleich sind, lassen sich mehr oder weniger gut auch mit anderen Meßgeräten, z.B. mit Kreuzspulmeßgeräten oder mit Drehspulmeßgeräten in Brückenschaltungen, erreichen.

Keinen Einfluß auf das Meßergebnis haben Änderungen der Leitungs- und der Übergangswiderstände in *Vierleiterschaltungen* (Bild 208). Ihr Prinzip ist so: Netzgerät 1 erzeugt einen konstanten, also von den Belastungswiderständen unabhängigen Strom von z.B. 3 mA. Es entsteht am Meßwiderstand eine dem Widerstandswert proportionale Spannung, die mit einem selbstabgleichenden Meßgerät gemessen wird. Die Spannung $U_{Meß}$ liegt am Diagonalzweig an. Wenn sie nicht entgegengesetzt gleich der Diagonalspannung U_D ist, bewirkt sie einen Diagonalstrom, der (verstärkt) richtungsgerecht auf den Schleifermotor so lange wirkt, bis kein Diagonalstrom mehr fließt. Der Widerstandswert von R_v entspricht dann der Spannung $U_{Meß}$. Da im Gleichgewichtszustand kein Strom im Diagonalzweig mehr fließt, fließt auch kein Strom durch die Leitungen 1 und 2 und an deren Widerständen R_1 und R_2 können keine Spannungen abfallen, die das Meßergebnis verfälschen. Da auch Änderungen der Widerstände R_3 und R_4 (Leitungen 3 und 4) durch das Netzgerät so kompensiert werden, daß sich der Strom nicht ändert, ist das Meßergebnis unabhängig von den Widerständen R_1 bis R_4.

Bei Sonderformen von Meßeinsätzen kann der Widerstand der Innenleitung (Bild 202) das Meßergebnis verfälschen. Das ist bei langen Meßeinsätzen mit Innenleitungen hohen Widerstandes, wie z.b. bei Mantelwiderstandsthermometern und bei Meßeinsätzen mit Nickel-Chrom-Innenleitungen der Fall. Es muß dann entweder ein mittlerer Widerstand der Innenleitung in den 10-Ohm-Abgleich einbezogen oder die Drei- oder Vierleiterschaltung bis in den Meßeinsatz geführt werden.

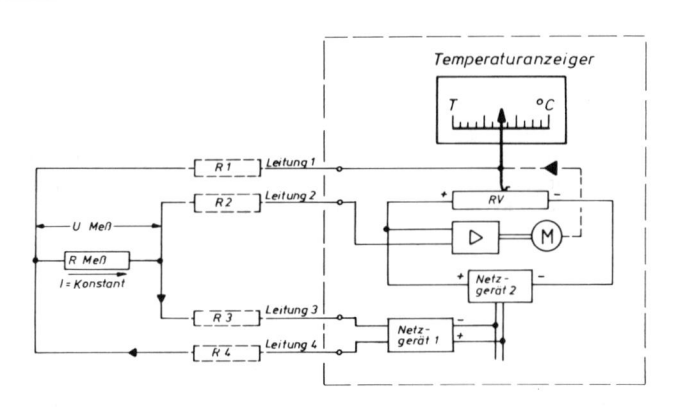

Bild 208. Vierleiterschaltung für Pt-100-Temperaturmessungen.
Änderungen der Leitungswiderstände haben keinen Einfluß auf die Meßergebnisse bei Vierleiterschaltungen: Durch das Thermometer fließt ein konstanter, eingeprägter Strom; der hochohmig abgegriffene Spannungsabfall am Meßwiderstand ist ein Maß für dessen Temperatur.

● *Kreuzspulmeßgeräte*

Ein speziell für Widerstandsmessungen geeignetes Ausschlagmeßwerk für Anzeiger und Registrierer ist das Kreuzspulmeßwerk (Bild 209). Es hat trotz guter technischer Eigenschaften wegen der aufwendigen Fertigung und vor allem der aufwendigen Justierung fast nur noch historische Bedeutung. Das Kreuzspulmeßwerk ähnelt einem Drehspulmeßwerk, es hat jedoch einen Spulenrahmen mit zwei sich flach kreuzenden Meßwicklungen, der im inhomoge-

250 III. Temperaturmessung

nen Feld eines Dauermagneten drehbar gelagert ist. Der Ausschlag des Gerätes ist dem Verhältnis der beiden die Meßwicklungen durchfließenden Ströme proportional. Wie Bild 209 zeigt, liegt im Stromkreis der einen Wicklung ein fester Vergleichswiderstand und im Stromkreis der anderen der Meßwiderstand. Beide Wicklungen werden aus einer gemeinsamen Gleichspannungsquelle gespeist. Das Meßwerk zeigt das Verhältnis der beiden von den Widerständen abhängigen Ströme an, deshalb beeinflussen den Ausschlag des Meßwerkes nur der Wert des Meßwiderstandes und nicht mögliche Schwankungen der Speisespannung. Durch geeignete Wahl von Widerständen lassen sich die Geräte mit nahezu beliebigen Meßbereichen ausrüsten. Kreuzspulmeßgeräte sind zum Anschluß an Zweileiter- und Dreileiterschaltungen geeignet.

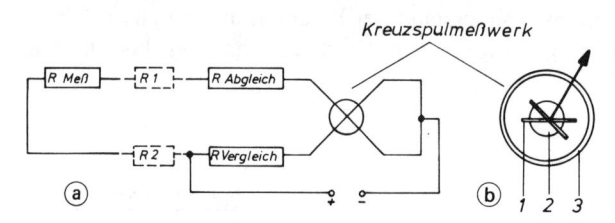

Bild 209. Meßschaltung (a) mit Kreuzspulmeßwerk (b).
Der Ausschlag des Kreuzspulmeßwerks hängt vom *Verhältnis* der durch die beiden Meßwicklungen fließenden Ströme ab. Die Geräte sind so zur Anzeige von Widerstandsänderungen geeignet. Schwankungen der Versorgungsspannung haben nur wenig Einfluß auf das Meßergebnis (1 Kreuzspule, 2 Kernmagnet, 3 magnetischer Rückschluß).

● *Brückenausschlagsverfahren*

Für Anzeiger und Punktschreiber ist das Kreuzspulmeßwerk durch Drehspulmeßwerke in Brückenschaltungen (Bild 210) verdrängt worden. Der Strom, der durch das in der Brückendiagonale liegende Drehspulmeßwerk fließt, dient als Maß für den Widerstand des Meßfühlers. Da auch der Wert der Speisespannung voll in das Meßergebnis eingeht, sind für diese Geräte Konstantspannungsquellen erforderlich.

● *Brückennullverfahren*

Das Brückennullverfahren unterscheidet sich vom Brückenausschlagsverfahren dadurch, daß der Brückenstrom – ähnlich wie in den Bildern 207 und 208 gezeigt – durch Änderung eines verstellbaren Brückenwiderstandes auf Null geregelt wird und dessen Stellung ein Maß für den Widerstandswert des Meßfühlers ist. Schreiber und Anzeiger, die nach den Brückenausschlag- und Brückennullverfahren arbeiten, sind in [2] beschrieben.

● *Erwärmungsfehler*

Zum Messen des Wertes eines elektrischen Widerstandes ist es erforderlich, einen Strom durch den Widerstand zu schicken. Der Strom bewirkt grundsätzlich eine Erwärmung des Widerstandes, wie jedem von der elektrischen Raumheizung her bekannt ist. Die Eigenerwärmung hängt ab vom Quadrat des Meßstromes, den man nur auf Kosten der Meßempfindlichkeit erniedrigen kann, sie hängt ab vom Aufbau des Widerstandsthermometers und von den Wärmeübergangsbedingungen. So erwärmt sich z.b. ein Widerstandsthermometer unter sonst gleichen Bedingungen in strömendem Wasser wesentlich weniger auf als in ruhender Luft. Auch ein günstiger Aufbau des Thermometers trägt dazu bei, die bei der Messung entstehende Wärmeenergie abzuleiten. Gute Ableitung gewährleisten Meßwiderstände nicht zu kleiner Oberfläche (nicht kleiner als etwa 2 cm²) und eine gute thermische Kopplung zwischen Meßwiderstand und Schutzarmatur (möglichst keine Luftspalte).

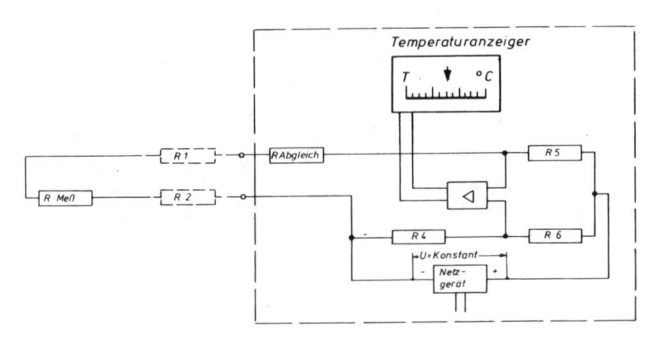

Bild 210. Brückenausschlagverfahren.
Der Strom in der Brückendiagonalen wird verstärkt, auf einen robusten Stromanzeiger gebracht und als Temperatur angezeigt.

Der Thermometerstrom soll bei handelsüblichen Pt-Widerstandsfühlern 10 mA nicht überschreiten. Es ergeben sich dann für die gesamte aus Meßeinsatz und Schutzrohr bestehende Meßanordnung von Bauart und Meßbedingungen abhängige Übertemperaturen zwischen 0,02 und 1,5 °C. Moderne Meßgeräte beaufschlagen die Meßwiderstände mit Strömen von etwa 3 mA: Ein guter Kompromiß zwischen Meßgenauigkeit und Eigenerwärmung, denn wegen des quadratischen Zusammenhanges zwischen Thermometerstrom und Eigenerwärmung beträgt diese bei 3 mA Thermometerstrom nur etwa ein Zehntel der bei 10 mA. Auch bei intermittierendem Fließen des Thermometerstromes, wie es z.B. bei Mehrfachpunktdruckern der Fall ist, wird die Eigenerwärmung stark reduziert.

Es ist zu beachten, daß sich der Erwärmungsfehler für Doppelwiderstandthermometer bei gleicher Belastung jeder Widerstandspirale vervierfacht und der Erwärmungsfehler bei Dreifachwiderstandsthermometern sogar neunmal so groß wie der einer gleich belasteten Einfachspirale ist. Das geht daraus hervor, daß die Erwärmung vom Quadrat des Stromes abhängt.

● *Halbleiterwiderstandsthermometer*

Nur für spezielle Meß- und Regelungsaufgaben haben sich Thermometer aus Halbleitern im Chemiebetrieb durchgesetzt. Halbleiter haben in besonderen Bereichen sehr hohe Widerstandswerte bei sehr hohen spezifischen Widerstandsänderungen mit exponentiellen Verlauf. Z.B. können sich Widerstandsänderungen von 150 Ohm pro °C ergeben. Halbleiterwiderstandsthermometer haben auch sehr kleine Abmessungen.

Es gibt sowohl Halbleiter mit negativem Temperaturkoeffizienten, als Heißleiter oder NTC-Widerstände bezeichnet, als auch solche mit positivem Temperaturkoeffizienten, die Kaltleiter oder PTC-Widerstände genannt werden.

Wegen der hohen Widerstandsänderungen lassen sich mit Halbleiterelementen weniger gut größere Meßbereiche realisieren, als vielmehr spezielle Aufgaben der Messung oder Regelung sehr gut lösen. Vorteilhaft ist, daß sich sehr kleine Meßbereiche mit Auflösungen bis zu 0,05 °C verwirklichen lassen, daß sich wegen der geringen Abmessungen ein sehr schnelles Ansprechen ergibt und daß wegen des hohen Eigenwiderstandes der Widerstand der Übertragungsleitung nicht ins Gewicht fällt.

Wegen der kleinen Abmessungen und des hohen Widerstandes ist aber auch auf Eigenerwärmung besonders zu achten und die Reproduzierbarkeit ist im allgemeinen nicht so hoch wie bei den Metallwiderständen.

b 2) Thermoelemente

● *Prinzip*

Thermoelemente eignen sich für Temperaturmessungen im Bereich von -200 bis nahezu $+2000$ °C. Sie sind damit auch zur Messung sehr hoher Temperaturen geeignet. Bei uns werden sie im wesentlichen nur dann eingesetzt, wenn hohe Temperaturen den Einsatz von Widerstandsthermometern ausschließen. Die chemische Industrie Amerikas setzt aber in viel stärkerem Maße Thermoelemente allgemein zur Temperaturmessung ein. Das ist wohl historisch begründet: *Widerstandsmessungen* erforderten früher in der Herstellung wenig aufwendige, aber sorgfältig zu justierende Kreuzspulinstrumente, brachten dann aber sehr gute Meßergebnisse. Die amerikanische Industrie, der die individuelle Anpassung offensichtlich nicht so angemessen war, ging den Weg, aufwendigere, aber für eine Serienfertigung besser geeignete Kompensationsmeßsysteme für *Thermospannungsmessungen* zu schaffen. Heute haben ent-

2. Temperaturmeßgeräte 253

sprechende Kompensationssysteme für Widerstandsmessungen die Kreuzspulmeßgeräte ersetzt, und auch in Amerika hat sich die Erkenntnis durchgesetzt, daß man in Temperaturbereichen bis 400 °C mit modernen Meßgeräten nach dem Widerstandsmeßverfahren etwa doppelt so genau wie nach der Thermoelementenmethode messen kann.

Bei Thermoelementen wird die *Temperaturabhängigkeit der elektrischen Spannung* zwischen zwei Leitern verschiedenen Materials, deren eine Verbindungsstelle der zu messenden Temperatur und deren andere einer festen Vergleichstemperatur ausgesetzt sind, dazu benutzt, Temperaturen zu messen. Im Bild 211 ist die Anordnung einer Temperaturmessung mit Thermoelementen im Prinzip dargestellt:

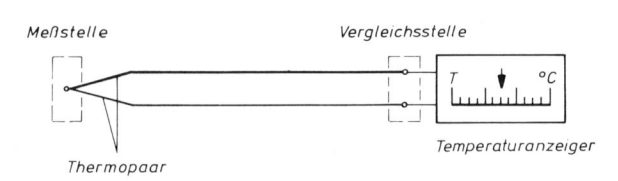

Bild 211. Temperaturmessung mit Thermoelement (Prinzip).
Der Temperaturunterschied zwischen Meßstelle (Verbindungspunkt der Thermoschenkel) und Vergleichsstelle (Verbindung der Thermoschenkel mit den Kupferleitungen des Spannungsmessers) erzeugt eine Thermospannung.

Die Verbindungsstelle der Thermodrähte (z.B. aus Eisen und Konstantan) ist der zu messenden Temperatur ausgesetzt, die freien Enden sind über Kupferleitungen mit einem hochohmigen Spannungsmesser verbunden. Die Höhe der Spannung ist bei dieser Anordnung abhängig von der Temperaturdifferenz zwischen Meßstelle und Vergleichsstelle. Im einfachsten Fall können die Klemmen des Spannungsmessers als Vergleichsstelle dienen. Wenn beide die gleiche Temperatur haben, beeinflußt das Leitermaterial des Spannungsmessers die Thermospannung nicht. Für solche Stromkreise, also für Thermoketten, sind folgende Eigenschaften von Bedeutung:

- In einer Thermokette geschaltete Leiter *beliebigen* Materials beeinflussen die Thermospannung nicht, wenn beide Verbindungsstellen des Leiters *gleiche* Temperatur haben.
- Verbindungsstellen zwischen Leitern thermoelektrisch *gleichen* Materials beeinflussen die Thermospannung auch dann nicht, wenn beide Verbindungsstellen ver*schiedene* Temperaturen haben.
- Die Art der Verbindung (Schweißen, Löten, Klemmen usw.) beeinflußt die Höhe der Thermospannung nicht.

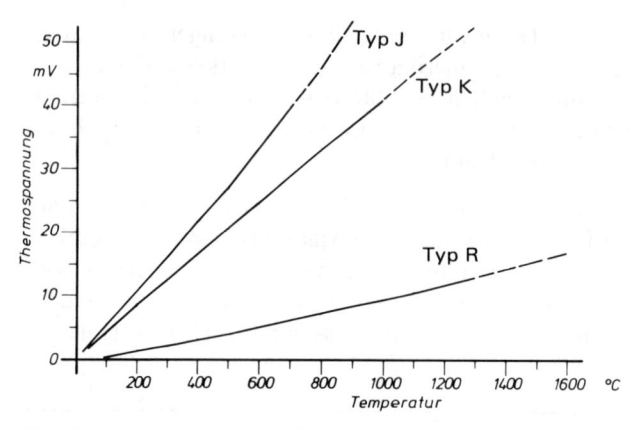

Bild 212. Grundwertreihe von Thermopaaren (Bezugstemperatur 0 °C).
Die gestrichelten Teile der Thermospannungskurven liegen außerhalb der Grenze für Dauerbenutzung in reiner Luft.

● *Thermomaterialien*

Die Thermospannung hängt außer von Temperatur noch vom Material der beiden metallischen Leiter ab. Je weiter die Metalle oder Metallegierungen in der thermoelektrischen Spannungsreihe auseinanderstehen, desto höher ist die Thermospannung. Die Thermospannungskurven oder Grundwertreihen von in der chemischen Verfahrenstechnik häufig eingesetzten Thermomaterialien zeigt Bild 212.

Diese auf 0 °C bezogenen Grundwerte und die zulässigen Toleranzen sind in DIN IEC 584 zahlenmäßig angegeben. Eisen-Konstantan-Elemente (Typ J) haben eine pro °C hohe Thermospannung, können aber nur bis etwa 700°C ohne Einschränkung eingesetzt werden; für Nickelchrom-Nickel-Elemente (Typ K) liegt bei etwas geringerer spezifischer Thermospannung die Grenze bei 1000 °C; Platinrhodium-Platin-Elemente (Typ R) mit geringer spezifischer Thermospannung können bis zu 1300°C ohne Einschränkung eingesetzt werden. Aus dem Bild ist ferner zu ersehen, daß die Thermospannungen je nach Thermoelement-Art mehr oder weniger linear mit der Temperatur ansteigen. Das jeweils zuerst genannte Material ist der Plus-, das zweite der Minusschenkel. Die isolierten Thermodrähte sind nach DIN 43710 mit Farben, der Plus-Thermoschenkel jeweils rot, gekennzeichnet. Die Grenzabweichungen sind in Klassen eingeteilt (Bild 213). Voraussetzung ist, daß beide Thermoschenkel gleichzeitig beim gleichen Hersteller bezogen worden sind. Reichen diese Toleranzen für genaue Messungen nicht aus, so können Thermoelemente individuell kalibriert werden.

PtRh-Pt-Thermoelemente sind *internationale Standards* für Temperaturen zwischen +630 und +1064°C.

Die Grundwerte sind auf Vergleichsstellentemperaturen von 0°C bezogen. In der betrieblichen Praxis lassen sich durch Heizen besser solche Vergleichsstellentemperaturen konstant halten, die über den maximal möglichen Außentemperaturen liegen. Dann sind Grundwertreihen für von 0°C abweichende Vergleichsstellentemperaturen, wie im Bild 214 gezeigt, zu berücksichtigen.

	Klasse 1	Klasse 2	Klasse 3
Grenzabweichungen (±)	1,5°C oder 0,004 |t|	2,5°C oder 0,0075 |t|	2,5°C oder 0,015 |t|
Verwendungsbereich Typ J	−40 bis +750°C	−40 bis +750°C	−
Typ K	−40 bis +1000°C	−40 bis +1200°C	−200 bis +40°C
Grenzabweichungen (±)	1°C oder [1+(t−1100) 0,003]°C	1,5°C oder 0,0025 · t	
Verwendungsbereich Typ R	0 bis 1600°C	0 bis 1600°C	

Bild 213. Grenzabweichungen von Thermoelementen.
Es ist jeweils der größere Wert zu nehmen. Z.B. gilt für Thermoelemente der Klasse l, Typ R (PtRh-Pt) bis 1100°C eine Grenzabweichung von 1°C, bei 1300°C aber eine von 1,6°C. Typ J kennzeichnet Eisen-Konstantan-, Typ K Nickelchrom-Nickel-Thermoelemente.

Thermopaar	Korrekturbetrag in mV bei	
	20°C	50°C
Fe-CuNi	1,05	2,65
NiCr-Ni	0,80	2,02
PtRh-Pt	0,113	0,299

Bild 214. Korrektur der Grundwerte für Vergleichstemperaturen von 20°C und 50°C.

● *Aufbau des Fühlers*

Der dem Meßwiderstand entsprechende Fühler (Bild 215) ist bei Thermoelementen die Verbindungsstelle der beiden Thermoschenkel. Die Thermodrähte sollen nach Möglichkeit verschweißt werden, es sind aber auch bis 150°C Weich- und bis 700°C Hartlötungen möglich. Das Löt- und Schweißmaterial

256 III. Temperaturmessung

beeinflußt die Messung nicht, wenn die Thermodrähte nur in unmittelbarer Nähe der Verbindungsstelle mit dem Material in Berührung kommen.

Für die Auswahl des Durchmessers der Thermodrähte sind Wärmeableitung (möglichst geringer Durchmesser) und Haltbarkeit (möglichst großer Durchmesser) maßgebend. Er sollte möglichst nicht unter 0,5 mm liegen.

● *Meßeinsatz*

Eine Notwendigkeit, den Meßfühler durch Einbau in einen Meßeinsatz vor mechanischen Beschädigungen zu schützen, ergibt sich bei Thermoelementen weniger als bei Widerstandsthermometern. Es lassen sich sogar sehr robuste Thermoelemente konzentrisch aufbauen: Thermoschenkel sind ein Rohr und ein im Innern des Rohres isoliert geführter Draht. Am unteren Ende miteinander verlötet oder verschweißt, bilden sie den Meßfühler. Es gibt aber doch Gründe, die Meßfühler in Einsätze einzubauen. Einmal werden die Materialien durch Einwirkung von Gasen und Dämpfen oxidiert, reduziert, durch schwefelhaltige Abgase angegriffen oder durch Temperatureinwirkungen versprödet, so daß sich die Thermospannungskurven verschieben oder die Elemente zerstört werden. Zum anderen bringt der Einbau in Meßeinsätze die Möglichkeit, die Thermoelemente elektrisch zu isolieren und damit erdpotentialfrei zu halten, was Vorteile bei der elektrischen Weiterverarbeitung in räumlich ausgedehnten Anlagen bringen kann.

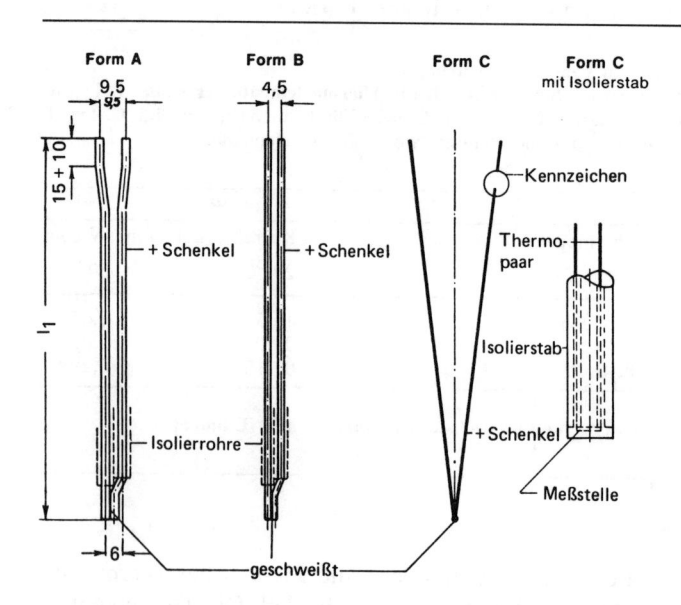

Bild 215. Ausführungsformen von Thermoelementen (SENSYCON).

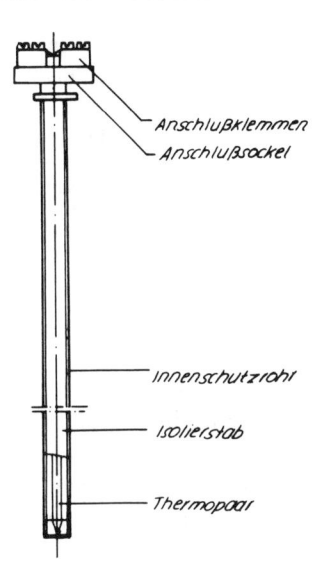

Bild 216. Meßeinsatz für Thermoelemente.

Labels: Anschlußklemmen, Anschlußsockel, Innenschutzrohr, Isolierstab, Thermopaar

Der Meßeinsatz (Bild 216) unterscheidet sich äußerlich nicht wesentlich von dem für Meßwiderstände. Zum Anpressen an den Boden des Schutzrohres sind Federn vorgesehen. Die Thermodrähte im Innern sind meist durch keramische Isolierrohre oder Isolierstäbe gegen Berührung und damit verbundene Nebenschlüsse geschützt. Es muß darauf geachtet werden, daß die Isoliermaterialien nicht hygroskopisch sind. Feuchtigkeitsaufnahme könnte nämlich zu Nebenschlüssen oder elektrolytischen Spannungen führen, die das Meßergebnis verfälschen. Zum Schutz der Anschlußklemmen und zur Zugentlastung der Anschlußleitungen kommen als Anschlußköpfe – wie bei den Widerstandsthermometern – solche aus Kunststoff zum Einsatz.

Bild 217. Mantelthermoelemente (Rössel).
Die Thermodrähte sind in einem metallischen Schutzmantel durch eingepreßtes Magnesiumoxid elektrisch und mechanisch isoliert und gleichzeitig vor der Atmosphäre geschützt. Die Schweißstelle kann isoliert bleiben (a) oder mit dem Mantel verbunden werden (b).

Meßeinsatzähnlich sind Mantelthermoelemente (Bild 217) aufgebaut. Ein Schutzmantel aus rostfreiem Stahl, Inconel oder Hastelloy hat innenliegende, durch eingepreßtes Magnesiumoxid isolierte Thermodrähte. Diese Anordnung läßt sich bis zu Durchmessern von 0,25 mm ziehen. Es entstehen Herstellungslängen bis zu 200 m, aus denen sich eine entsprechende Zahl von Thermoelementen durch Abtrennen und Verschweißen der Theromodrähte und Zuschweißen des Mantels herstellen läßt. Bei sachgerechter Durchführung kann die Schweißstelle der Thermodrähte isoliert vom Mantel bleiben.

Die mit dem Mantel verschweißten Thermoelemente sprechen zwar schneller an als die isolierten, haben aber den Nachteil möglicher mechanischer Spannungen bei unterschiedlicher Ausdehnung von Mantel und Thermodrähten und den, daß die Meßdrähte *zwangsweise geerdet* werden.

Mantelthermoelemente oder noch kleinere Thermoelemente können in Versuchs- und Laboranlagen anstehende Temperaturmeßaufgaben oft besser als Widerstandsthermometer lösen: Dort steht nicht immer genug Platz zur Verfügung, um einen größeren Meßeinsatz unterzubringen oder dieser verfälscht oder verzögert wegen seiner zu großen Wärmekapazität die Temperaturverhältnisse in der Umgebung des Meßortes – das Temperaturfeld – so, daß der Aussagewert der Messung in Frage gestellt ist.

● *Vergleichstemperatur*

Wie schon dargestellt, ist die Thermospannung eines bestimmten Elementes nicht nur von der Temperatur des Fühlers, sondern auch von der der Vergleichsstelle abhängig. Es ist deshalb für genaue Messungen erforderlich, entweder die Vergleichsstelle auf einer bestimmten konstanten Temperatur zu halten oder eine Kompensationsspannung zu erzeugen, die von der Temperatur an der Vergleichsstelle so abhängt, daß sie den Einfluß der Vergleichstemperatur auf den Thermokreis ausgleicht.

Beide Möglichkeiten finden Anwendung. Als konstante Temperaturen kommen 0 °C, 20 °C oder 50 °C in Frage. Die 0 °C eines Eisbades sind für betrieblichen Einsatz ungeeignet. 20 °C wird man als Vergleichstemperatur wählen, wenn die Vergleichsstelle in Räumen liegt, die für dauernden Aufenthalt von Menschen auf Raumtemperatur gehalten werden und wenn Verfälschungen des Meßergebnisses bei gelegentlichen Überschreitungen um nicht mehr als 10 °C für den verfahrenstechnischen Ablauf keine zu große Bedeutung haben.

Für hohe Anforderungen ist eine Aufheizung der Vergleichsstelle in einem Thermostaten (Bild 218) auf 50 °C zweckmäßig: Im Innern eines konstant auf 50 °C aufgeheizten Metallblocks werden für jeden Meßkreis den 50 °C entsprechende Thermospannungen erzeugt, die den zu messenden entgegengesetzt geschaltet sind. An den Klemmen werden so die Zuleitungen – sie sind meist aus Kupfer – mit nur einem Thermomaterial (im Bild NiCr) verbunden. Die Temperatur der Klemmen hat damit keinen Einfluß auf das Meßergebnis, vorausgesetzt allerdings, daß sich die zu einem Meßkreis gehörigen Klemmen in ihrer Temperatur nicht unterscheiden. Der Leser kann sich das z.B. dadurch veranschaulichen, daß er annimmt, daß auch die zu messende Temperatur

50 °C ist. Dann sind zwei gleiche Thermospannungen entgegengeschaltet, an den Klemmen liegt keine Spannung an. Die Klemmen verbinden zwar auch thermoelektrisch verschiedene Materialien (im Bild NiCr und Cu), diese Thermospannungen sind aber gleich und heben sich in ihrer Wirkung auf das Meßergebnis auf.

Grundsätzlich könnten auch einfach die Verbindungsstellen zwischen Thermo- und Zuleitung auf einer konstanten Temperatur von 50 °C gehalten werden, der technische Aufwand wäre aber deshalb größer, weil die doppelte Anzahl von Verbindungsstellen und zudem kräftigere, lösbare und von außen zugängliche Klemmen auf konstanter Temperatur gehalten werden müßten.

Thermostate können etwa 20 Vergleichsstellen aufnehmen. Das Wärmespeichervermögen des Metallblockes gleicht Regelschwankungen des Bimetall- oder Halbleiterreglers der elektrischen Beheizung so gut aus, daß die Temperatur im Metallblock nur um etwa +0,1 bis +0,5 °C schwankt.

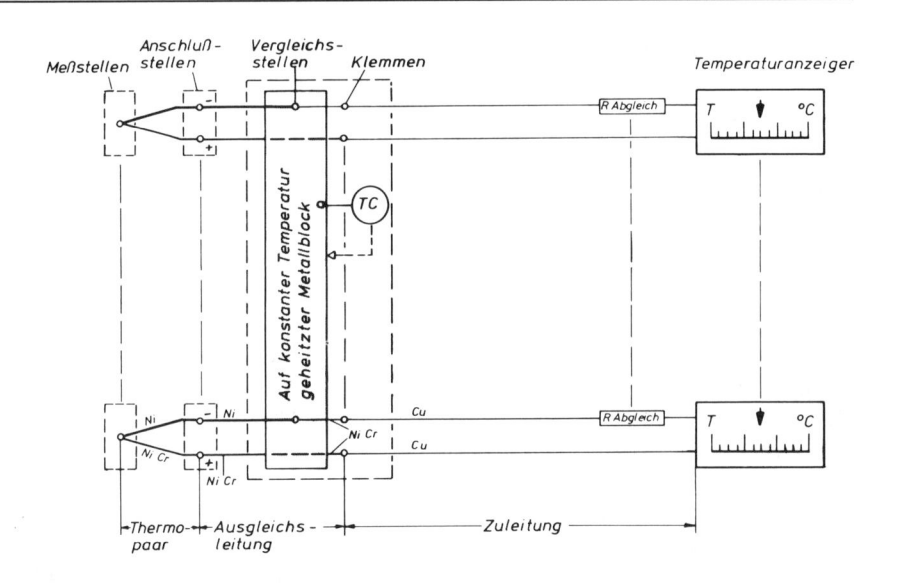

Bild 218. Thermostat.
Mit elektrischer Beheizung werden die Vergleichsstellen mehrerer Thermokreise auf einer konstanten Temperatur von 50 °C gehalten. Die Verbindung zwischen Thermostat und Meßwarte – die Zuleitung – besteht aus Kupferleitungen. Der Plus-Thermoschenkel wird am beheizten Metallblock vorbeigeführt. Zu einer Meßstelle gehörige Klemmen dürfen sich in ihrer Temperatur nicht unterscheiden.

Eine andere Möglichkeit besteht darin, die Vergleichstemperatur schwanken zu lassen und ihren Einfluß durch eine Gegenspannung auszugleichen. Das zeigt Bild 219:

III. Temperaturmessung

Eine temperaturabhängige Brückenschaltung erzeugt eine Spannung, die entgegengesetzt gleich der Spannungsänderung des Thermopaares ist, die aus einer Temperaturänderung an der Vergleichsstelle folgt. Der Thermokreis mit Thermopaar, Zuleitung und Meßgerät liegt im Diagonalzweig der Brücke, die aus drei temperaturunabhängigen Widerständen und dem temperaturabhängigen Widerstand R_{Cu} aufgebaut ist. Über ein Netzgerät gespeist, erzeugt die Brücke gerade die Gegenspannung, die für die Kompensation des Vergleichstemperatureinflusses auf den Thermokreis erforderlich ist. Durch Auswechseln des Widerstandes R_v kann die Kompensationsschaltung den verschiedenen Thermopaaren angepaßt werden. Sie gleicht Einflüsse von Temperaturen aus, die zwischen -10 und $+70\,°C$ liegen.

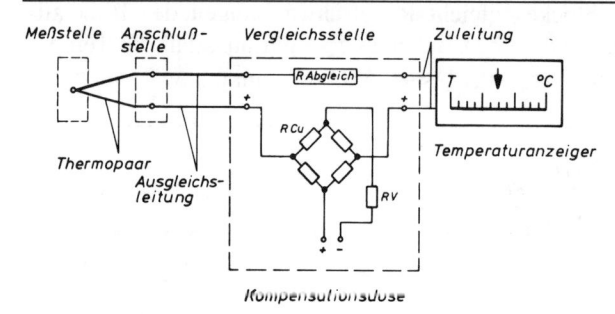

Bild 219. Kompensationsdose

● *Übertragungsleitung*

Ebenso wie die Übertragung der Meßsignale von Widerstandsthermometern ist auch die Übertragung der Thermospannungen (Bild 220) problembehaftet. Bisher waren wir davon ausgegangen, daß die Thermodrähte bis zur Vergleichsstelle oder bis zur Kompensationsschaltung geführt werden und dort der Übergang zu Kupferleitern geschieht. Das ist nur für Thermodrähte aus preiswertem Material (z.B. Eisen und Konstantan) der Fall. Für die Verbindung zwischen Thermoelement und Vergleichsstelle sieht man bei den teureren NiCr-Ni- und PtRh-Pt-Thermoelementen die preiswerteren *Ausgleichsleitungen* vor. Die Leiter der Ausgleichsleitungen bestehen aus Sonderlegierungen geringeren Widerstandes. Sie zeigen in einem Temperaturbereich bis etwa $+200\,°C$ die gleichen thermoelektrischen Eigenschaften wie das zugehörige Thermopaar. Das heißt für eine Ausgleichsleitung für NiCr-Ni-Thermoelemente, daß der eine Leiter in seinem thermoelektrischen Verhalten sich wie der NiCr-Thermodraht, der andere wie der Ni-Thermodraht verhält. Die Ausgleichsleitung ist also die verbilligte Fortsetzung des Thermopaares.

Ausgleichsleitungen werden als massive Drähte oder als Litzenleiter in Form von zwei- oder mehradrigen Kabeln mit wärme- und feuchtigkeitsbeständiger

2. Temperaturmeßgeräte 261

Isolation und mit Schutz gegen mechanische Beschädigung hergestellt. Die Ausgleichsleitungen sind nach DIN 43714 mit Kennfarben versehen, welche die Zugehörigkeit zu den Thermopaaren erkennen lassen. Von der Vergleichsstelle bis zum Meßgerät verlegt man die Übertragungsleitung in Kupfer mit meist 1,5 mm² Querschnitt.

Wird die Thermospannung mit Ausschlag-Meßgeräten gemessen, so beeinflußt der Widerstand des gesamten Meßkreises das Meßergebnis. Nach DIN 43701, Blatt 3, ist der Widerstand des gesamten Thermokreises, bestehend aus Thermopaar, Ausgleichsleitung und Zuleitung, durch einen Abgleichwiderstand auf 20 Ohm aufzufüllen. Das Ausschlagmeßgerät ist so kalibriert, daß es die Thermospannung bei 20 Ohm Außenwiderstand richtig anzeigt.

Wird die Thermospannung mit Kompensationsmeßgeräten gemessen, so hat der Leitungswiderstand keinen Einfluß auf das Meßergebnis; denn im abgeglichenen Zustand fließt kein Strom durch den Meßkreis und an den Widerständen kann sich auch kein Spannungsabfall einstellen.

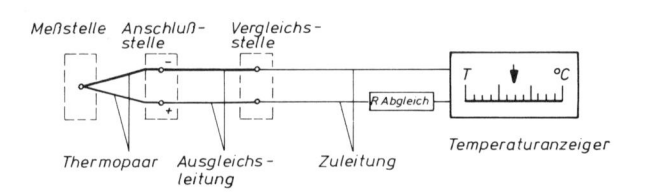

Bild 220. Übertragungsleitungen des Thermokreises.

Die Übertragungsleitungen (Ausgleichsleitungen und Zuleitungen) müssen so verlegt werden, daß die Temperaturanzeige durch das Einwirken elektromagnetischer Felder keine Beeinflussung erfährt. Verdrillte Leitungen bieten Schutz gegen magnetische, metallische Abschirmungen gegen elektrische Felder. Die Leitungen sollen nicht in geringem Abstand und nicht parallel zu Starkstromleitungen verlegt werden. Kreuzungen mit Starkstromleitungen sollen möglichst im rechten Winkel geschehen. Die Maßnahmen zum Schutz gegen Beeinflussung durch elektromagnetische Felder haben besonders für die Messung mit Kompensationsgeräten große Bedeutung.

Durch den Einsatz von Ausgleichsleitungen, die in ihrem thermoelektrischen Verhalten mit den Thermopaaren nicht identisch sind, sondern diesen nur innerhalb vorgegebener enger Toleranzen entsprechen, entstehen zusätzliche Meßfehler. Sie liegen zwischen +1 und etwa +3°C. Diese zusätzlichen Meßfehler sind Grund dafür, daß in der Eichordnung (siehe auch Abschnitt 3a) für Thermoelementmessungen der höchsten Genauigkeitsklasse Ausgleichsleitungen nicht zugelassen sind.

262 III. Temperaturmessung

● *Drehspulmeßgeräte*

Ein für Thermospannungen geeignetes Ausschlagmeßwerk für Anzeiger oder Punktdrucker ist das Drehspulmeßwerk. In Grad Celsius kalibriert, zeigt es ohne Hilfsenergie die Temperatur des Meßfühlers an. Bei der Kalibrierung müssen das Thermomaterial, die Temperatur der Vergleichsstelle (die Meßanfang ist), und ein Leitungswiderstand von 20 Ohm berücksichtigt werden. Der Innenwiderstand des Drehspulmeßgerätes ist etwa das Zehn- bis Hundertfache des Leitungswiderstandes, so daß Änderungen des Leitungswiderstandes keine allzu große Bedeutung haben. Eine durch Änderung der Außentemperatur um +30 °C mögliche zehnprozentige Erhöhung des Leitungswiderstandes würde bei 200 Ohm Innenwiderstand einen Meßfehler von −1 % und bei 2000 Ohm Innenwiderstand einen Meßfehler von − 1 ‰ zur Folge haben. Das sind Fehler, die praktisch innerhalb der Genauigkeitsklasse solcher Geräte liegen.

Wie leicht aus dem Ohmschen Gesetz folgt, liegt die Stromstärke im Meßkreis bei 20 mV Thermospannung je nach Innenwiderstand des Gerätes zwischen 0,01 und 0,1 mA. Das ist sehr wenig gegen den Thermostrom von etwa 3 mA bei Widerstandsthermometern, der bei Kreuzspulinstrumenten durch das Meßwerk fließt. Daraus wird ersichtlich, daß für Thermoelementmessungen Ausschlaggeräte ohne Hilfsenergie nicht sehr robust sein und keine hohe Einstellgeschwindigkeit haben können.

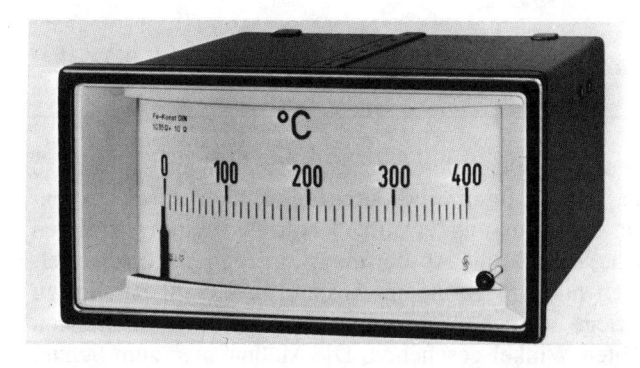

Bild 221. Drehspulmeßgerät für Temperaturmessungen mit Thermoelementen (Siemens).

Bild 221 zeigt einen modernen, für Thermospannungen geeigneten Anzeiger mit Drehspulmeßwerk. Die Meßunsicherheit ist kleiner als 1,5 % der Meßspanne. Das Kernmagnet-Außenmagnet-Meßwerk (Bild 222) hat ein spannbandgelagertes Rähmchen mit 740 Windungen Kupferdraht von 0,04 mm Durchmesser und erzeugt ein Drehmoment von 0, 8 mN cm. Bei einem Innenwiderstand von 1000 Ohm spielen Widerstände der Übertragungsleitungen nur eine untergeordnete Rolle, während die Beruhigungszeit von 11 Sekunden die Anwendung für Meßstellenumschaltungen einschränkt. Das Gerät ist für Einzelanzeigen geeignet. Es bietet eine betriebssichere, preisgünstige und gegen Einwirkungen von Störspannungen relativ freie Temperaturanzeige für Thermospannungen über 20 mV.

● *Kompensationsverfahren*

Hohe Einstellgeschwindigkeit, große Meßkräfte, Meßbereiche mit beliebigem Meßanfang und fast beliebiger Meßspanne, Unabhängigkeit vom Leitungswiderstand und hohe Meßgenauigkeit bieten Meßgeräte nach dem Kompensationsverfahren. Sie haben in großen Verfahrensanlagen die ohne Hilfsenergie arbeitenden Drehspulmeßgeräte praktisch verdrängt. Der Nachteil, daß Hilfsenergie erforderlich ist, spielt beim Einsatz in einer modernen Meßwarte gar keine Rolle, der höhere Anschaffungspreis wird durch Wartungsfreundlichkeit des Aufbaues der Halbleiterschaltung bald amortisiert und auch Explosionsschutz stellt kein Problem mehr dar.

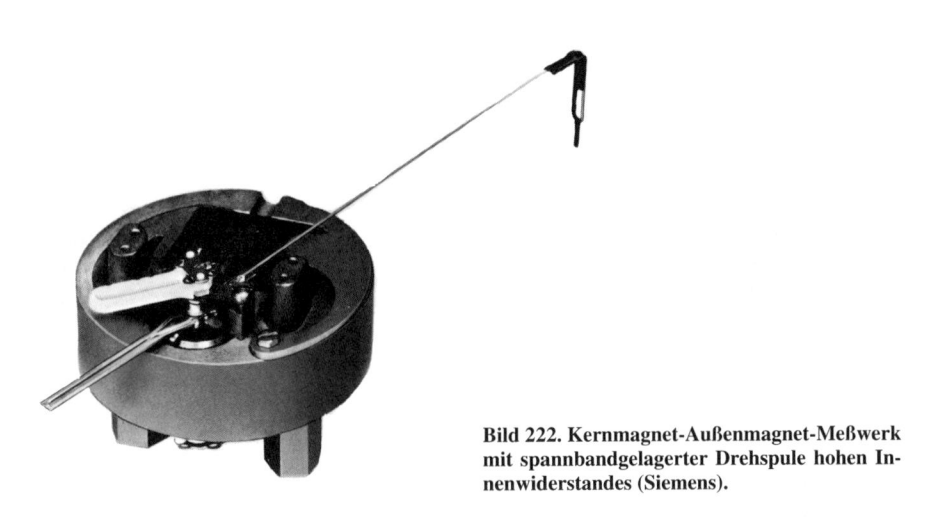

Bild 222. Kernmagnet-Außenmagnet-Meßwerk mit spannbandgelagerter Drehspule hohen Innenwiderstandes (Siemens).

Kompensationsverfahren heißen diese Verfahren, weil die Thermospannung durch eine entgegengeschaltete bekannte Spannung ausgeglichen – kompensiert – wird: Die bekannte Spannung wird durch eine Einrichtung so lange verändert, bis sich am Eingang eines in den Kreis geschalteten Differenzverstärkers ein stromloser Zustand einstellt. Die Gegenspannung kann in einer *Lindeck-Rothe-Schaltung* als Spannungsabfall eines einstellbaren, genau meßbaren Stromes an einem konstanten Widerstand erzeugt werden (Bild 223); oder die Gegenspannung wird in einer *Poggendorf-Schaltung* als Spannungsabfall eines konstanten Stromes an einem definiert veränderlichen Widerstand abgegriffen (Bild 224). Im abgeglichenen Zustand ist also bei der *Lindeck-*

*Rothe-Schal*tung die Stärke des Kompensationsstromes, bei der *Poggendorf*-Schaltung die Stellung des Kompensationswiderstandes ein Maß für die Thermospannung. Da sich Stromstärke und Auflösungsvermögen des Potentiometers praktisch ohne Einschränkung wählen lassen, können robuste Meßsysteme eingesetzt werden und auch der Meßgenauigkeit und der Einstellgeschwindigkeit sind vom Prinzip her kaum Grenzen gesetzt. Da im abgeglichenen Zustand kein Strom im Thermokreis fließt, liefern auch Leitungswiderstände keinen Beitrag zum Meßergebnis. Bei Kompensationsverfahren lassen sich ohne großen Aufwand auch Meßbereiche mit unterdrücktem Meßanfang auswählen.

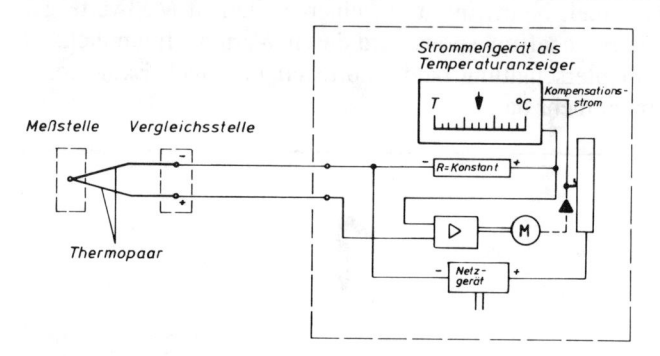

Bild 223. *Lindeck-Rothe*-**Schaltung.**
Die Thermospannung wird durch den Spannungsabfall eines *variablen Stromes* an einem *Festwiderstand* kompensiert. Der Kompensationsstrom ist ein Maß für die Temperatur an der Meßstelle.

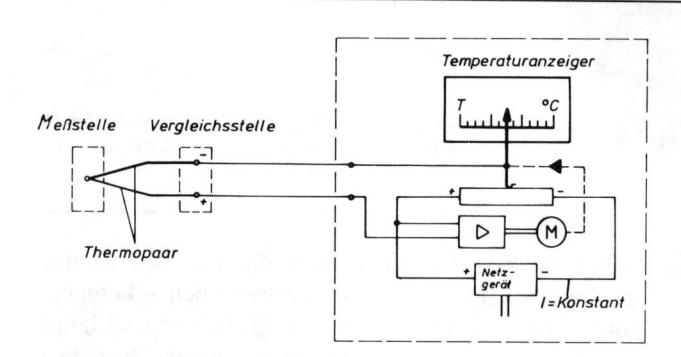

Bild 224. *Poggendorf*-**Schaltung.**
Die Thermospannung wird durch den Spannungsabfall eines *konstanten Stromes* an einem *variablen Widerstand* kompensiert. Die Stellung des Potentiometerabgriffs ist ein Maß für die Temperatur an der Meßstelle.

Die *Lindeck-Rothe-Schaltung* eignet sich für anzeigende oder schreibende Meßgeräte, vor allem aber für Meßumformer; die *Poggendorf-Schaltung* hat sich bei hochgenauen Punktdruckern mit Meßunsicherheiten von nur 0,25 % hervorragend bewährt. Mit Kompensationsverfahren arbeitende Punkt- und Linienschreiber sind in [2] beschrieben.

● *Fehler durch chemische Einflüsse*

Die Meßeigenschaften von Thermoelementen werden durch chemische Einflüsse viel stärker beeinträchtigt als die Meßeigenschaften von Widerstandsthermometern. Der Einfluß ist vom Material und vom Aufbau des Thermoelementes, vom Material des Isolierstoffes, von den einwirkenden Stoffen, von der Temperatur und natürlich von der Einwirkungsdauer abhängig. Beim Einfluß des Aufbaues ist einmal von Bedeutung, wie das Thermoelement durch Einbau in Meßeinsatz und Tauchhülse gegen angreifende Stoffe geschützt ist und zum anderen ist die Drahtstärke wichtig. Thermopaare mit kleineren Drahtquerschnitten haben eine kürzere Nutzungsdauer, denn die Tiefe der Einwirkung ist unabhängig vom Durchmesser: Bei kleinen Durchmessern der Thermodrähte ist im gleichen Zeitraum ein größerer Teil des Querschnittes angegriffen als bei Drähten mit größerem Durchmesser.

Schwefelhaltige Gase sind für alle Thermomaterialien schädlich. Reduzierende Gase müssen von NiCr-Ni und Pt-Rh-Pt-Thermopaaren ferngehalten werden. Für NiCr-Ni-Thermoelemente sind Gase mit geringem Sauerstoffgehalt (unter 1 %) besonders schädlich. Es kann sich dann keine schützende Oxidhaut auf der Drahtoberfläche bilden. Es entsteht eine Chromverbindung – wegen ihres Aussehens „Grünfäule" genannt –, welche die Nutzungszeit, Festigkeit und Thermospannung stark verändert. Auch das PtRh-Pt-Thermopaar muß bei hohen Temperaturen sorgfältig geschützt werden, z.B. gegen Silizium, das aus siliziumhaltigen Keramiken frei werden kann und zu Versprödungen und Materialumwandlungen führt; Phosphor und Metalldämpfe können die Thermospannungen und den Schmelzpunkt ändern.

Auf den Einfluß chemischer Beanspruchungen wurde deshalb ausführlich eingegangen, weil dieses Verhalten der Thermoelemente, nämlich die unbemerkte, unter Umständen sehr schnelle Veränderung der Meßwerte, für Meßaufgaben in der chemischen Verfahrenstechnik untypisch ist und sich MSR-Techniker oder -Mechaniker nach Einbau und sorgfältiger Justierung sonst im allgemeinen darauf verlassen können, daß – bis auf Nullpunktverstellungen – die Meßgeräte richtig anzeigen.

b 3) Meßstellenumschaltungen

Für die Lösung von Temperaturmeßaufgaben bietet es sich aus mehreren Gründen an, eine größere Zahl von Meßstellen durch Wählschalter nacheinander mit einem oder – wenn mehrere Meßbereiche erforderlich sind – mit eini-

266 III. Temperaturmessung

gen wenigen Meßgeräten zu verbinden: Bei Temperaturmessungen kann man sich nämlich meist auf nur einige Meßbereiche beschränken, die Zahl der Temperaturmeßstellen ist im allgemeinen groß, die Temperaturanzeigen müssen dem Apparatefahrer nicht dauernd zur Beobachtung anstehen und der Aufwand für eine zentrale Temperaturerfassung ist relativ gering.

Meßstellenumschaltungen sind sowohl für Widerstandsthermometer als auch für Thermoelemente geeignet. Bei Thermoelementen gleicht man den Einfluß der Vergleichstemperatur – wie bereits dargestellt – durch Thermostate oder Kompensationsschaltungen zunächst aus und verbindet die Vergleichsstellen durch Kupferleitungen mit dem Meßstellenumschalter. Ist für Meßkreise mit Widerstandsthermometern oder Thermoelementen ein Abgleich des Leitungswiderstandes erforderlich, so muß dieser für jeden Meßkreis einzeln durchgeführt werden.

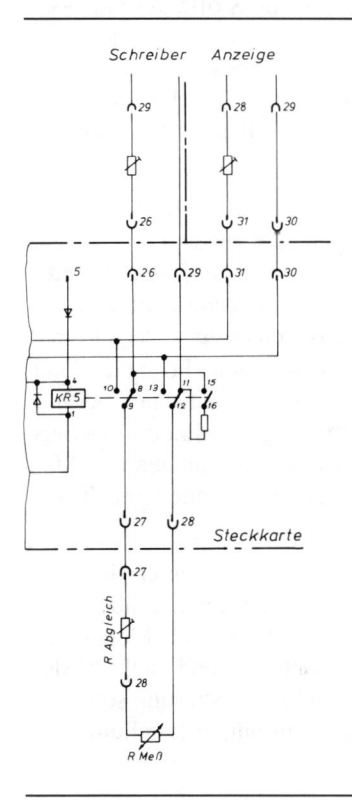

Bild 225. Schaltung eines Relais zur Meßstellenumschaltung.
Über Kontaktsätze kann der Meßwiderstand $R_{Meß}$ wahlweise auf einen zentralen Anzeiger oder auf eine der Meßstelle zugeordnete Schreibspur gelegt werden. Bei Verbindung mit dem zentralen Anzeiger wird der Eingang der Schreibspur mit einem Ersatzwiderstand abgeschlossen, um Prellschläge zu vermeiden. Bei Zweileiterschaltungen müssen alle Meßkreise einzeln abgeglichen werden.

Als Umschalter wurden früher mechanische Schalter eingesetzt. Für jede der 12 oder 24 Meßstellen war ein Kontaktsatz aus mehreren Öffnern und Schließern vorgesehen, der beim Anwählen der Meßstelle betätigt wurde. Zentrale Kontakte, die bei jeder Anwahl schalteten, ermöglichten es, das Anzeigegerät beim Umschalten vor Prellschlägen zu schützen. Durch geeignete Auswahl der Kontaktsätze ließ sich die Schaltung ohne Doppelinstallation so einrichten, daß die Verbindungen *der* Meßwerte, die registriert werden sollten, mit den Punktdruckern nur bei Anwahl der betreffenden Meßstelle aufgetrennt wurden. Heute werden statt der mechanisch betätigten Kontaktsätze meist Relais (Bild 225) eingesetzt, die man über eine Matrixschaltung (Bild 226) beaufschlagt. So läßt sich z.B. eines von einhundert Relais mit je 10 Tastern für die „Einer" und für die „Zehner" auswählen.

Die Zuordnung der Meßstellen zu *verschiedenen Meßbereichen* kann festverdrahtet sein, aber auch durch zusätzliche Schalter an den Anzeigegeräten von Hand oder automatisch durch in den Geräten eingebaute Grenzschalter geschehen. Die Grenzschalter sorgen dafür, daß bei Überschreiten des Meßbereiches das Gerät des höheren bzw. niedrigeren Meßbereiches mit der Meßstelle verbunden wird.

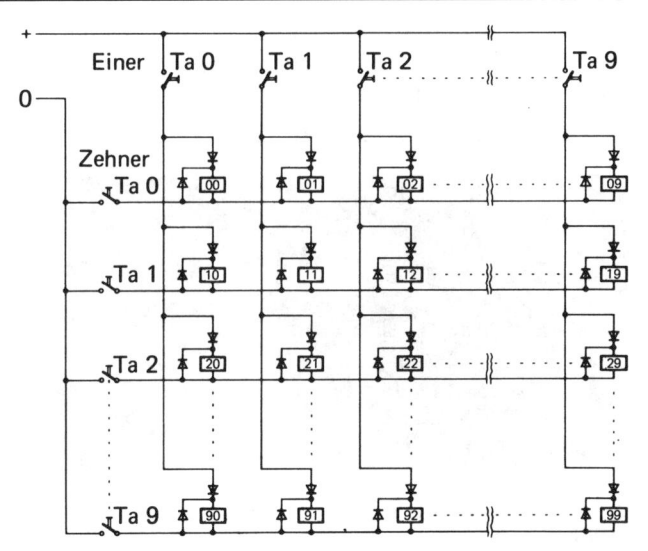

Bild 226. Matrixschaltung zur Anwahl von Meßstellenrelais.
Je zehn Taster für die „Einer" und die „Zehner" ermöglichen es, ein beliebiges von 100 Meßstellenrelais anzuwählen. Um Doppelbeaufschlagung zu vermeiden, müssen die „Einer"-Taster und die „Zehner"-Taster unter sich verriegelt sein. Die parallel liegenden Dioden verhindern, daß Induktionsströme die Kontakte der Schalter beim Öffnen beschädigen. Die mit den Relais in Reihe geschalteten Dioden sind erforderlich, um Hintereinanderschaltungen über die Spulenwicklungen und damit das gleichzeitige Ansprechen mehrerer Relais zu verhindern.

Als zentrale Anzeiger werden immer mehr Digitalanzeiger (Bild 227) eingesetzt, die bei hoher Anzeigegenauigkeit einen viel größeren Meßbereichsumfang haben. Sie ermöglichen schnelle, genaue und von Interpolationsfehlern freie Ablesungen. Durch ihren großen Meßbereichsumfang wird der Einsatz mehrerer Anzeiger überflüssig.

Ohne auf weitere schaltungstechnische Einzelheiten und Spezialitäten einzugehen, seien hier nur die grundlegenden Gesichtspunkte genannt, die zu beachten sind, wenn durch die Meßstellenumschaltungen keine zusätzlichen Fehler entstehen sollen: Die Schaltung ist zwei- oder (bei Drei- und Vierleiterschaltungen) mehrpolig aufzubauen. Bei einpoligem Aufbau würden nämlich räumlich entfernt liegende Meßkreise miteinander verbunden. Das ist für Widerstandsthermometer und erst recht für Thermoelemente deshalb sehr ungünstig, weil man nicht erreichen kann, daß alle Stellen der Meßanlage einwandfrei hochohmig gegen das Erdpotential isoliert sind; eine Verbindung der Meßstellen mit dem häufig durch „vagabundierende" Ströme „verseuchten" Erdpotential der Chemieanlagen führt aber zu Fehlmessungen.

Veränderliche Übergangswiderstände an den Kontaktsätzen oder an den Relaiskontakten müssen – besonders bei Messungen mit Widerstandsthermometern in Zweileiterschaltung und bei Messungen mit Thermoelementen in Ausschlagsverfahren – vermieden werden. An den Kontaktsätzen dürfen keine Thermospannungen entstehen.

Bild 227. Digitalanzeiger für Temperaturen mit eingebautem Meßstellenumschalter für 10 Meßstellen (Envec).

b4) Temperaturmeßumformer

Meßumformer für Temperaturmessungen mit Widerstandsthermometern oder Thermoelementen spielen eine etwas andere Rolle als die Meßumformer für Druck-, Differenzdruck oder Füllstand: Während auf letztere die Meßgrößen eingangsseitig *produktbehaftet* einwirken, und die Meßumformer Kräfte oder kleine Wege in Einheitssignale umformen müssen, trennen Widerstandsthermometer oder Thermoelemente die Meßgröße Temperatur bereits vom Produkt. Die Temperaturmeßumformer finden demgemäß die *elektrischen Größen* Widerstand oder Spannung *bereits als Eingangssignale vor*. Das hat die Kon-

2. Temperaturmeßgeräte 269

sequenz, daß der Anwender bei Temperaturmessungen *Meßumformer nicht unbedingt einsetzen muß.*

● *Lösung bei sternförmiger Verdrahtung*

Der Anwender kann bei konventioneller Sternverdrahtung (Bild 80a) die elektrischen Leitungen bis zu den Prozeßleitsystemen, den Punktdruckern oder Meßstellenumschaltern *direkt* in die Schalträume oder Prozeßleitwarten führen. Setzt er Temperaturmeßumformer ein – auch dafür sprechen Gründe –, so hat er die Möglichkeiten, diese vor *Ort* oder im *Schaltraum* unterzubringen.

Feldmeßumformer arbeiten im allgemeinen mit *Zweileitertechnik:* Sie koppeln – wie auch Feldmeßumformer für Druck oder Füllstand – die zu ihrem Betrieb erforderliche Energie aus dem Einheitssignal aus (Bild 228).

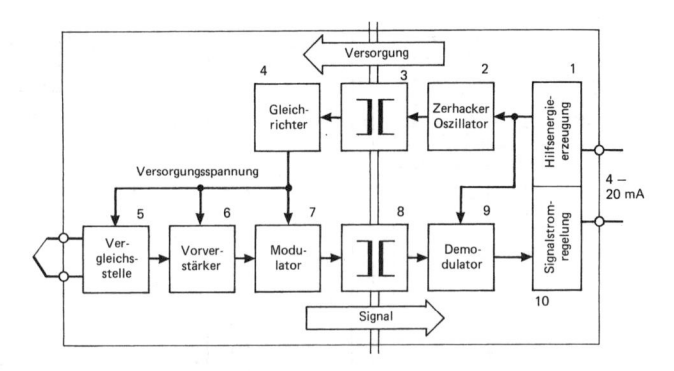

Bild 228. Blockschaltbild eines Thermoelement-Meßumformers (SENSYCON).
Die für den Betrieb des Anschlußkopf-Meßumformers erforderliche Hilfsenergie wird aus dem Einheitssignal ausgekoppelt. Die Funktionsweise soll das Blockschaltbild erklären: Im Block 1 wird die *Hilfsenergie* erzeugt. Der Oszillator 2 zerhackt mit einer Frequenz von 25 kHz die Versorgungsspannung. Sie wird im Block 3 potentialfrei übertragen und in 4 wieder gleichgerichtet. Die *Meßsignale* laufen von 5 nach 10: In 5 geschieht die Vergleichsstellenkorrektur, in 6 eine meßbereichsabhängige Vorverstärkung. Modulator, Übertrager(8) und Demodulator „heben" das Signal wieder über die Potentialschwelle, das in 10 schließlich den in 9 von der 25 kHz-Modulationsschwingung befreiten Signalstrom in das Einheitssignal umwandelt.

Diese systemkonforme Lösung der *Feldmontage* hat den *Vorteil,* daß in den ausgangsseitigen Signalleitungen nur Einheitssignale relativ störsicher über Einheitsschnittstellen fließen und besonderer Aufwand auf der Eingangsseite, wie Drei- oder Vierleiterschaltungen, Ausgleichsleitungen oder Thermostate, nicht erforderlich sind. Sie hat aber auch *Nachteile:* Die Meßumformer sind der vollen Einwirkung der Umgebungstemperaturen und damit Fehlermöglichkeiten ausgesetzt, durch die etwas eingeschränkten Möglichkeiten der Zweileitertechnik sind Selbsttests erschwert, und der Aufwand ist – besonders

270 III. Temperaturmessung

für Geräte mit gegenüber den Wartengeräten vergleichbaren Meßgenauigkeiten – relativ hoch: Bei den in Chemieanlagen üblichen großen Stückzahlen *nur anzeigender* Temperaturmessungen müssen ja bei Feldmontage jeder Meßstelle ein Meßumformer zugeordnet sein, bei Wartenmontage genügt ein einziger, wenn ein Meßstellenumschalter vorgeschaltet ist.

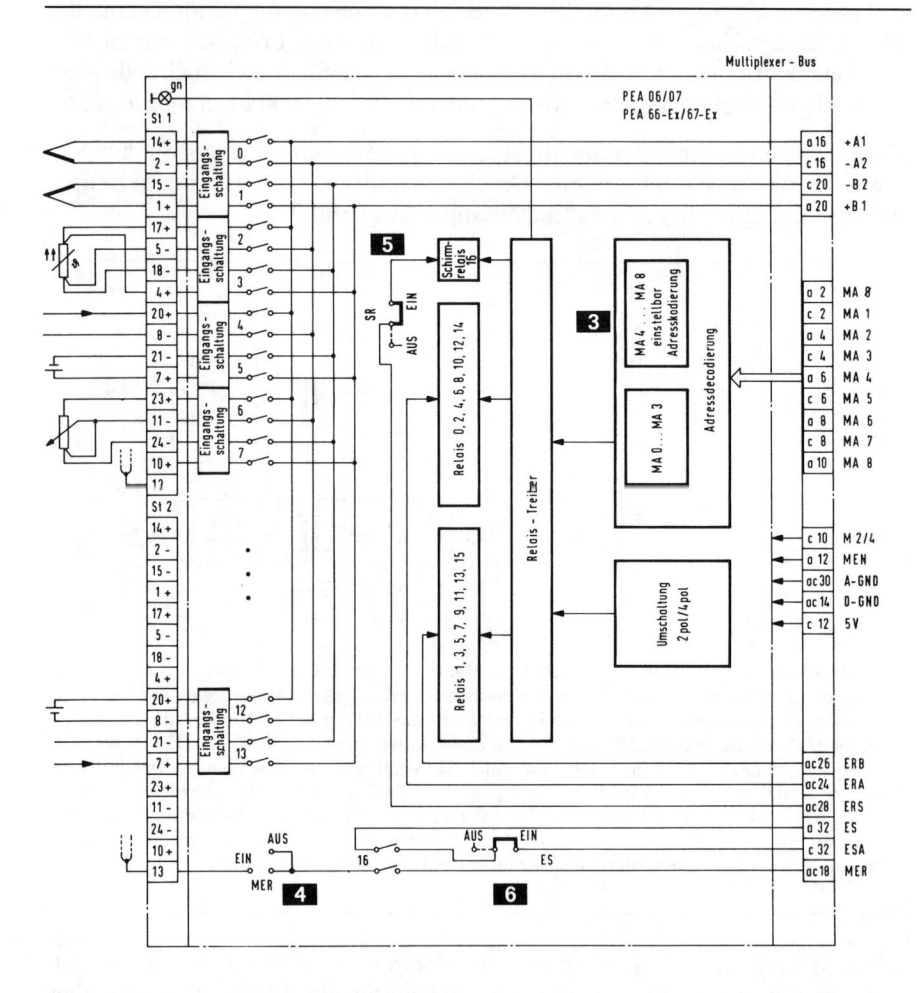

Bild 229. Meßstellenumschalter für ein dezentrales Prozeßleitsystem (Hartmann & Braun).
Das Bild zeigt den Wirkschaltplan mit Anschlußmöglichkeiten für unterschiedliche Sensoren. 3 Schalter für die Adreßeinstellung, 4 Kurzschlußbrücke zur Unterbrechung der Schirmleitung, 5 Steckbrücke zur Ansteuerung des Schirmrelais (die Erregung des Schirmrelais parallel zu jedem Meßstellenrelais läßt sich mit der Steckbrücke aus- oder einschalten), 6 Steckbrücke zur Erdschlußüberwachung.

2. Temperaturmeßgeräte 271

Auch die dezentralen Prozeßleitsysteme bieten Meßstellenumschalter (Prozeßinterface-Komponenten, Bild 229) mit größeren Zahlen von Eingangskanälen für Widerstandsthermometer oder Thermoelemente (Bild 230), so daß auch hier eine Direktverdrahtung wesentliche Einsparungen an Feldmeßumformern erbringt.

Besonders für *Thermoelementmessungen* bieten sich *Feldmeßumformer* an (der wirtschaftliche Aspekt hat im Chemiebetrieb wegen der meist relativ geringen Zahl derartiger Messungen nur eine untergeordnete Bedeutung). Die Meßumformer lassen sich in ein *Feldgehäuse* oder direkt in den *Anschlußkopf* (Bild 231) einbringen. Im Meßumformer geschehen Vergleichsstellenkorrektur und Potentialtrennung, die für Thermoelementkreise besonders wichtig ist: Damit wird ein Verschleppen von Störspannungen in andere Signalkreise durch gewollte Erdverbindungen (bei Verschweißung der Elementdrähte mit dem Schutzrohrboden, Bild 217b) oder ungewollte (durch sich einstellende Erdschlüsse z.B. bei hohen Temperaturen oder beim Eindringen von Feuchtigkeit) sicher verhindert.

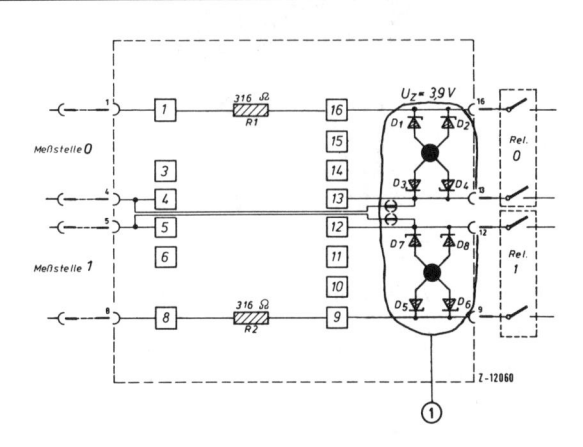

Bild 230. Eingangsschaltung für Meßstellenumschalter nach Bild 229 (Hartmann & Braun). Im Bild sind die Schaltungselemente für den Explosionsschutz bei Thermoelementmessung zu erkennen. Beim Anschluß von Widerstandsthermometern entfallen *R1*, *R2* und das Schaltungsteil (1).

Wartenmeßumformern oder den *Prozeßinterface-Komponenten* der Prozeßleitsysteme mit getrennten Hilfsenergieversorgungen stehen im allgemeinen mehr Freizügigkeit in der Konzipierung zur Verfügung (Bild 232). Die meisten Geräte lassen sich universell für die Einsatzbedingungen konfigurieren, also für Widerstandsthermometer oder Thermoelemente verschiedener Legierungen, für die gewünschten Meßanfänge, Meßbereiche, Signalarten und -bereiche, für das Verhalten bei Elementbruch, und auch die Linearisierung der Grundwertreihen kann vorgegeben werden. Das kann hardwaremäßig durch steckbare Schaltungskarten geschehen oder softwaremäßig – meist über das HART-Protokoll – vom Handterminal, vom Prozeßleitsystem oder vom PC (was heute aber auch bei Feldgeräten möglich ist).

Bild 231. Temperaturmeßumformer im Anschlußkopf (SENSYCON).
Die Geräte formen Thermospannungen und Widerstandswerte vor Ort in temperaturlineare eingeprägte Gleichströme um. Die Linearitätsfehler liegen unter 0,1 % der Meßspanne und die durch die Umgebungstemperatur bedingten unter 0,15 °C Meßsignal pro 10 K Änderung der Umgebungstemperatur bei Widerstandsmessungen. Bei Thermoelementmessungen liegen diese Fehler meßspannenabhängig zwischen 0,3 und 0,04 % der Meßspanne. In die Thermoelementausführung sind Vergleichsstellenkompensation, Potentialtrennung (Bild 228) und Bruchsicherungen integriert.

● *Lösung beim Einsatz von Feldmultiplexern oder Feldbusmultiplexern*

Feldmultiplexer oder *Feldbusse* (Bilder 80 b und c) nehmen den Anwendern die Entscheidung ob Feld- oder Wartenmontage ab: Beide Komponenten multiplexen die Signale der Widerstandsthermometer oder Thermoelemente vor Ort und übertragen die dort generierten Meßwerte über eine Direktverbindung bzw. über einen Feldbus digital zu den Prozeßleitsystemen – Lösungen, die besonders für Temperaturmessungen sehr rationell und dabei auch systemkonform sind. Natürlich kann auch bei diesen Systemen die Kommunikation mit den Meßumformern über digitale Signale geschehen, z.B. nach dem HART-Protokoll.

● *Meßeigenschaften*

Bei den Meßeigenschaften sind besonders die kleinsten Meßspannen von Interesse und – damit verbunden – natürlich auch die Meßgenauigkeiten. (Gegenüber allen anderen Meßgrößen hat der *Meßanfang Null* für Temperaturmessungen keine besondere Bedeutung, siehe auch 3 a.)

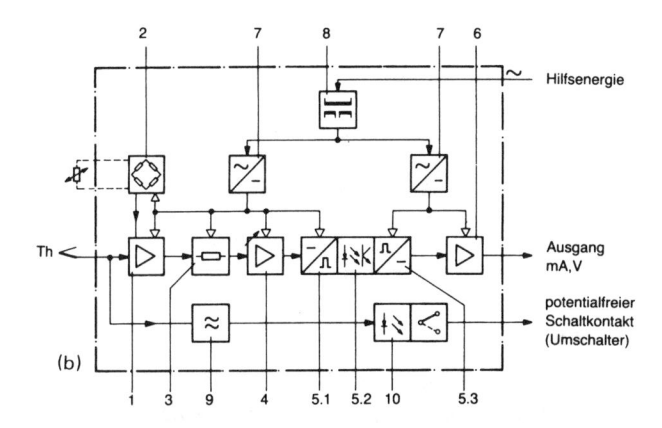

Bild 232. Schaltbild eines Meßumformers für Thermoelemente (Samson).
Der Meßumformer ist in eine Flachbaugruppe der 19-Zoll-Einschubtechnik (siehe auch [3], Bilder 618 bis 622) integriert. Dem Meßverstärker mit Eingangsschaltung werden die Thermospannung und die Kompensationsspannung der Vergleichsstellenkorrektur zugeführt. Der nachgeschaltete austauschbare Meßbereichsstecker bestimmt Meßanfang, Meßspanne und die temperatur- oder spannungsproportionale Kennlinie. Die galvanische Trennung geschieht über Analog-Digital-Umformer und Optokoppler.
Th Thermoelement,
1 Meßverstärker mit Eingangsschaltung,
2 Vergleichsstellenkorrektur mit Kompensationswiderstand,
3 Meßbereichsstecker mit Linearisierungsschaltung,
4 Meßverstärker,
5 Trennstufe,
5.1 A/D-Umsetzer,
5.2 Optokoppler,
5.3 D/A-Umsetzer,
6 Endstufe,
7 Gleichrichtung,
8 Netztransformator,
9 Bruchüberwachung,
10 Leuchtdiode und Relais für potentialfreien Umschaltkontakt.

Die kleinsten Meßbereiche sind von der Art und den Legierungsbestandteilen der Fühlerwerkstoffe abhängig. Sie sind bei

Widerstandsthermometern aus Platin	0 bis 20 °C oder 20 K,
Eisen-Konstantan-Thermoelementen (Typ J)	0 bis 100 °C,
Nickelchrom-Nickel-Thermoelementen (Typ K)	0 bis 150 °C und
Platinrhodium-Platin-Thermoelementen (Typ R)	0 bis 800 °C.

Die Meßeigenschaften entsprechen denen anderer Meßumformer und werden den Anforderungen verfahrenstechnischer Messungen durchaus gerecht. Es ergeben sich maximale Abweichungen von den temperaturlinearen Kennlinien von

0,1 bis 0,3 % der Meßspanne und

Einflüsse der Umgebungstemperaturen von

0,1 bis 0,3 % der Meßspanne pro 10 K.

Manche unterscheiden zwischen dem Einfluß der Umgebungstemperaturen auf Meßspanne und Meßanfang und geben den letzteren als Absolutwert in K (bei Widerstandsthermometern) bzw. µV (bei Thermoelementen) an.

Bei Thermoelementen ergeben sich zusätzliche Abweichungen durch denn Einfluß der Umgebungstemperatur auf die Vergleichsstelle.

b5) Schwingquarzthermometer

Schwingquarzthermometer nutzen die Temperaturabhängigkeit der Resonanzfrequenz schwingender Quarzkristalle zur Temperaturmessung. Die Resonanzfrequenzen liegen in einem Bereich zwischen 1 MHz und 200 MHz, sie steigen mit der Temperatur um etwa 1 MHz pro Kelvin an. Die Auflösung läßt sich damit sehr hoch treiben – im Labor bis auf millionstel Kelvin.

Die Meßfehler sind mit ± 0,01 °C im Meßbereich zwischen –20 und +130 °C sehr gering und im möglichen Bereich von –40 bis +300 °C mit ± 0,25 °C immer noch geringer als die vergleichbarer Widerstandsthermometer. Die hohe Integrationsdichte der Mikroelektronik ermöglicht es zudem, Sensor und Auswerteelektronik in einen Meßeinsatz herkömmlicher Abmessungen – 6 mm Durchmesser, maximale Länge 1 m – einzubringen (Bild 233).

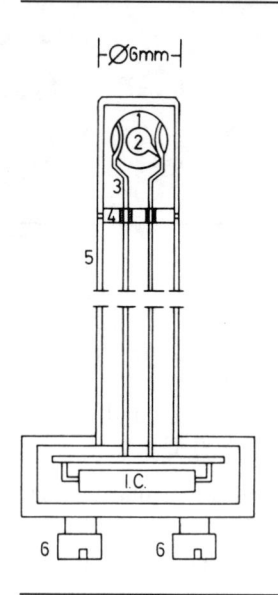

Bild 233. Schnittbild eines Schwingquarzthermometers in einem industriellen Meßeinsatz (nach [17]).
1 Schwingquarz,
2 Elektrode,
3 Quarzhalterung,
4 Glasdurchführung,
5 Edelstahl-Meßeinsatz,
6 Anschlüsse des Sensors, I.C. Sensorelektronik (kundenspezifische integrierte Halbleiterschaltung).

2. Temperaturmeßgeräte 275

Nur erwähnt werden soll, daß die Meßeigenschaften des aus einer dünnen Scheibe bestehenden Sensors auch vom Kristallschnitt abhängen, den zwei bekannte Hersteller unterschiedlich gewählt haben – HT- und LC-Schnitte sind Fachbegriffe dafür.

Vorteilhaft ist, daß die Ausgangssignale bereits digitale Form haben: Die hohe Quarzfrequenz transferiert zunächst ein programmierbarer Teiler (Bild 234) in ein 2-Hz-Signal, aus dem dann ein Pulsformer sehr kurze Stromimpulse von 1 ms Dauer formt. Der *Zeitabstand zweier Pulse* ist damit *proportional der gemessenen Temperatur*. Wegen der Genauigkeitsforderungen muß der Zeitabstand mit ungefähr 0,5 s relativ lang sein, durch Ineinanderschachteln der Sensorabfrage in einem Bus lassen sich aber 8 bis 64 Sensoren innerhalb einer Sekunde abfragen, so daß sich Meßfolgefrequenzen von bis etwa 1 Hz ergeben.

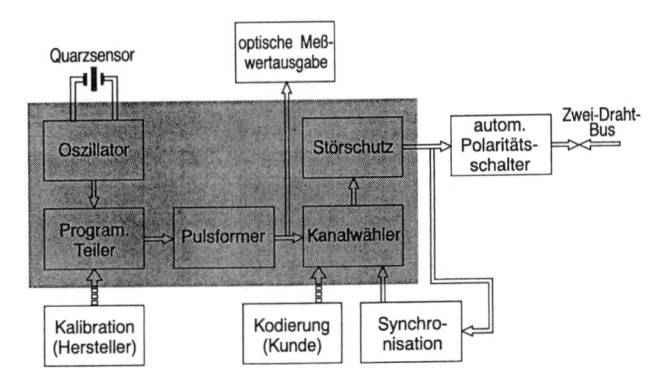

Bild 234. Elektronik eines Quarzsensors (nach [17]).
Der Oszillator regt den Quarzkristall zu Resonanzschwingungen hoher Frequenz an, die in Impulsfolgen von etwa 2 Hz umgesetzt werden. Die Impulse laufen über einen Zwei-Draht-Sensorbus zur Auswerteeinheit. Die Auswerteeinheit mißt die Impulsabstände von bis zu 16 Sensoren pro Bus im Zyklus von einer Sekunde und formt die Impulsabstandswerte in dazu proportionale analoge oder digitale Ausgangssignale um.

c) Strahlungsmessungen

Sehr hohe Temperaturen lassen sich *nicht mit Berührungsthermometern* messen. Es müssen dann Geräte eingesetzt werden, mit denen sich aus der Strahlung des Körpers oder der des Produktes am Meßort die Temperatur ermitteln läßt. Solche Geräte heißen Strahlungspyrometer. Die Strahlungsmessungen unterliegen vielen Einflüssen, die es zu berücksichtigen gilt, wenn genaue Ergebnisse erzielt werden sollen. Die physikalischen Grundlagen der Strahlungsmessungen darzulegen, ginge über den Rahmen dieses Buches hinaus. Deshalb seien nur einige grundsätzliche Gesichtspunkte anschaulich erläutert.

Jeder Körper nimmt durch Strahlung Wärme auf und gibt durch Strahlung Wärme ab. Insgesamt gibt ein wärmerer Körper mehr Strahlungsenergie an die kältere Umgebung ab, als er von ihr empfängt. So strahlen nachts die Häuserwände einer Stadt Wärme ab, die tagsüber aufgenommen wurde. Ein schwarzer Körper nimmt mehr Wärmestrahlung auf und gibt mehr ab als ein grauer oder gar ein weißer. Das wird jedem bekannt sein, der sich in ein der heißen Sonnenstrahlung ausgesetztes dunkel lackiertes Auto gesetzt hat. Aufmerksame Beobachter werden bemerkt haben, daß sich an dunklen Wagen nachts eher Feuchtigkeit niederschlägt als an hellen.

Die Farbe eines heißen Körpers – die von ihm ausgestrahlte Wellenlänge – hängt von der Temperatur ab. Bekannt beim Erhitzen von Stahl: Die Glut des Stahles erscheint erst dunkelrot, dann kirschrot, später hellrot, gelb und schließlich weiß. Wärmestrahlung und Lichtstrahlung sind – bis auf die Wellenlänge – physikalisch gleich, nämlich elektromagnetische Wellen.

Die wichtigsten Meßgeräte, um aus der Strahlung eines Körpers dessen Temperatur zu bestimmen, sind Gesamtstrahlungspyrometer, Teilstrahlungspyrometer und Farbpyrometer.

● *Gesamtstrahlungspyrometer*

Das Gesamtstrahlungspyrometer (Bild 235) mißt – wie schon der Name sagt – die Strahlung des Meßgegenstandes über einen größeren Wellenlängenbereich, also vom langwelligen roten bis zum kurzwelligen violetten Licht.

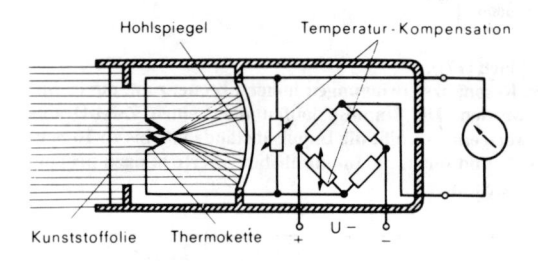

Bild 235. Gesamtstrahlungspyrometer (Siemens).
Die Strahlung des Meßgegenstandes wird – durch einen Hohlspiegel gebündelt – auf ein geschwärztes dünnes Blättchen gebracht. Eine Thermokette mißt die Temperatur des Blättchens, die ein Maß für die Temperatur am Meßort ist.

Die Oberfläche des Meßgegenstandes wird optisch mit einem Hohlspiegel auf ein geschwärztes dünnes Blättchen abgebildet. Ein sehr feines Thermoelement mit geringer Wärmekapazität mißt die Temperatur des Blättchens, die ein Maß für die Temperatur am Meßort ist. Die Geräte werden an Strahlern bekannter

2. Temperaturmeßgeräte 277

Temperatur kalibriert. Eine Visiereinrichtung ermöglicht es, das Pyrometer durch visuelle Beobachtung auf den Meßort zu richten.

Voraussetzung für eine genaue Messung ist, daß der zu messende Körper ein sogenannter „Schwarzer Strahler" ist, daß er also alle Strahlungsenergie aufnimmt und nichts davon reflektiert. Ohne weiter auf die Einzelheiten einzugehen, sei gesagt, daß die Strahlung der Wände geschlossener Öfen oder Feuerräume annähernd die eines schwarzen Strahlers ist. Es muß allerdings darauf geachtet werden, daß sich im Gesichtsfeld keine Flammen befinden.

Diese Geräte sind zur selbsttätigen Weiterverarbeitung geeignet, weil die visuelle Beobachtung nur zum Einrichten erforderlich ist.

● *Teilstrahlungspyrometer*

Beim Teilstrahlungspyrometer wird nur ein engerer Wellenlängenbereich der Strahlung des Meßobjektes zur Temperaturmessung herangezogen. Im Bild 236 ist das Prinzip eines Glühfadenpyrometers dargestellt:

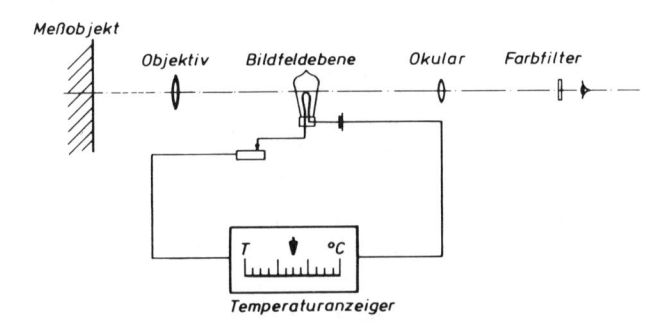

Bild 236. Glühfadenpyrometer (Prinzip).
Visuell wird die Helligkeit des Meßgegenstandes mit der einer in der Bildfeldebene eines Fernrohres angeordneten Glühwendel verglichen. Bei gleicher Helligkeit ist der Wert des Heizstromes ein Maß für die Temperatur des Meßgegenstandes.

In der Bildebene des Meßfernrohres ist ein Glühfaden angeordnet, dessen Helligkeit sich durch Variation der Stromstärke ändern läßt. Ein Farbfilter sondert aus der Strahlung eine bestimmte Wellenlänge aus. Der Meßvorgang geht so vor sich, daß das zu messende Objekt mit dem Fernrohr betrachtet und dessen Leuchtdichte (Helligkeit) mit der des Glühfadens verglichen wird. Durch Variation des Vorwiderstandes wird die Helligkeit des Glühfadens der des Meßobjektes so angeglichen, daß das Bild des Glühfadens in dem der strahlenden Fläche verschwindet. Der Heizstrom des Glühfadens des an einem schwarzen Strahler kalibrierten Gerätes ist dann ein Maß für die Temperatur des Strahlers. Diese Geräte haben sich in der betrieblichen Praxis gut bewährt, eine selbsttätige Weiterverarbeitung ist aber nicht möglich, da für jede Messung ein visueller Abgleich erforderlich ist. Es gibt aber Teilstrahlungspyrometer anderer Bauart, die für die Weiterverarbeitung geeignete Signale erzeugen.

● *Farbpyrometer*

Auch die Farbe eines strahlenden Körpers kann zur Temperaturmessung herangezogen werden. Voraussetzung ist allerdings, daß der Körper alle Wellenlängen gleich gut in Wärme umsetzt, also ein grauer Strahler[35] ist. Es werden dann die Intensitäten der Strahlung zweier verschiedener Wellenlängen, die mit Farbfiltern aus der Gesamtstrahlung ausgesondert wurden, miteinander verglichen. Ist z.B. die Intensität der langwelligen (z.B. roten) Strahlung größer als die der kurzwelligen (z.B. blauen) ist der Körper kälter, ist die kurzwellige stärker, ist der Körper wärmer. Auf diesem Prinzip konzipierte Geräte zeigen ein von dem Emissionsvermögen des Meßobjektes *unabhängiges* Meßergebnis. Das heißt mit einfachen Worten: Es ist für das Meßergebnis unerheblich, ob es sich um einen hellgrauen, mittel- oder dunkelgrauen oder schwarzen Körper handelt. Diese Geräte sind zur selbsttätigen Weiterverarbeitung des Meßwertes geeignet.

3. Anforderungen an Temperaturmeßgeräte

Für Temperaturmeßgeräte existiert eine große Zahl internationaler und nationaler Empfehlungen, Richtlinien, Normen, Vorschriften und Verordnungen. Diese Anforderungen gehen besonders bei Flüssigkeits-Glasthermometern, deren Anwendungsgebiet weit über den Bereich der chemischen Verfahrenstechnik hinausgeht, sehr ins einzelne. Jedoch sind auch viele Anforderungen, wie z.B. Einbauvorschriften, Grundwertreihen, Übergangsverhalten, Forderungen der Eichbehörde und Vorschriften für den Ex-Schutz von so allgemeiner Bedeutung, daß hier darauf eingegangen werden soll.

a) Normierungen

In DIN-Normen, der Eichordnung, in VDI/VDE-Richtlinien und in IEC-Empfehlungen werden für Temperaturmeßgeräte unter anderem Begriffe, Maßeinheiten, Abmessungen, Genauigkeitsklassen, Grundwertreihen, Prüfmethoden und Einbauanordnungen für den allgemeinen Gebrauch festgelegt.

● *Begriffe*

Auch für die Temperaturmeßeinrichtungen haben die für Druck-, Differenzdruck- und Füllstandmeßgeräte wichtigen Begriffe Bedeutung. Nenn- und

---

[35] Die Temperatur eines *farbigen* Körpers läßt sich so nicht bestimmen, denn sonst müßten alle uns blau erscheinenden (die blaue Farbe bevorzugt reflektierenden) Körper wärmer sein als die rot erscheinenden.

3. Anforderungen an Temperaturmeßgeräte 279

Normalbedingungen für die Eichung, Kalibrierung und Prüfungen mit Bedingungen für Gebrauchslage, Umgebungstemperatur, erschütterungsfreie Aufstellung usw. sind allerdings weniger auf die Widerstands- oder Thermoelementfühler als auf Meßumformer, Anzeiger und Schreiber anzuwenden. Die Eichung von Flüssigkeits-Glasthermometern und von Thermoelementen ist in der Eichordnung vorgesehen; für sie gelten Begriffe wie Eich- und Verkehrsfehler. Genauigkeitsklassen gibt es für Thermoelemente. Für Flüssigkeits-Glasthermometer sind die Eichfehlergrenzen auf den Skalenwert bezogen. Ein direkter Zusammenhang zwischen Genauigkeitsklasse oder Skalenwert mit der Eich- oder Verkehrsfehlergrenze – wie das bei Druckmessungen (Bild 83) der Fall ist – existiert nicht.

Die Prüfung von Berührungsthermometern wird in der Betriebspraxis meist durch Vergleich mit Normalgeräten, das sind genau anzeigende Geräte, vorgenommen. Die Prüfung am Fixpunkt ist weniger gebräuchlich. Beim Vergleich mit Normalgeräten kann die Prüfung in jedem in Frage kommenden Temperaturbereich vorgenommen werden. Die erreichbare Genauigkeit hängt von der gleichmäßigen Temperaturverteilung im Prüfbad oder Prüfofen und von der Güte der Normalgeräte ab.

Als Normalgeräte sind Flüssigkeits-Glasthermometer, Widerstandsthermometer oder Thermopaare geeignet, deren Anzeigefehler, Widerstandswerte oder Thermospannungen in Abhängigkeit von der Temperatur genau bekannt sind. Die elektrischen Werte müssen mit Meßbrücken oder Kompensatoren bestimmt werden.

Für Prüfungen im Bereich von -100 bis $+600\,°C$ verwendet man am besten elektrisch beheizte Flüssigkeitsbäder, in denen ein Rührwerk für gleichmäßige Temperaturverteilung sorgt (Bild 237). Als Badflüssigkeiten kommen für tiefe Temperaturen Methanol, zwischen 0 und 99 °C Wasser und für höhere Temperaturen Öle, Salzmischungen und flüssiges Zinn zum Einsatz. Bei noch höheren Temperaturen muß der Vergleich in elektrisch beheizten Metallblock- oder Rohröfen durchgeführt werden.

● *Meßbereiche*

Allgemein genormte Standardmeßbereiche gibt es für Temperaturmeßgeräte nicht. Es hat sich aber eine beschränkte Auswahl von Standardmeßbereichen eingeführt, die so ausgewählt wurden, daß sie den zu erwartenden Schwankungsbereich der Meßgröße überdecken. Es sollte die Spanne nicht zu groß gewählt werden, weil die Meßunsicherheit der Meßumformer, Schreiber oder Anzeiger bezogen auf die Meßspanne gegeben ist und so auch angegeben wird. Die Abweichungen der Fühler von den Grundwertreihen sind allerdings unabhängig von der gewählten Meßspanne. Die kleinsten standardmäßigen Meßspannen liegen für Gasdruck-Meßumformer bei 25 °C, bei Widerstandsthermometern zwischen 25 und 60 °C und für Thermoelemente noch wesentlich höher, nämlich bei 100 °C.

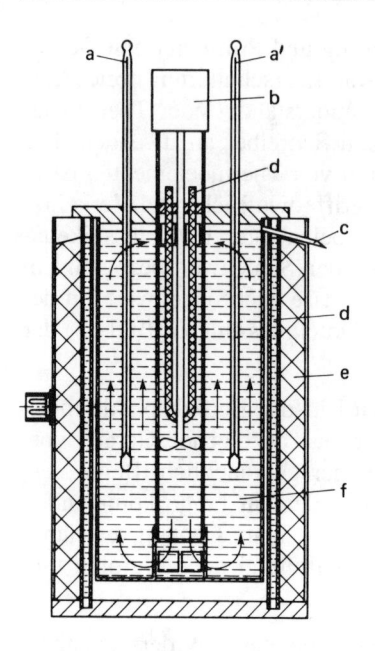

Bild 237. Kalibrierung von Thermometern im Flüssigkeitsbad.

● *Genauigkeitsklassen*

Für Flüssigkeits-Glasthermometer ist die Eichfehlergrenze bei Teilungen unter 0,1 °C das Doppelte bis Dreifache der Skaleneinteilung. Die Fehlergrenze ist also größer als die Ablesegenauigkeit. Bei den gröberen Teilungen etwa das Ein- bis Dreifache der Skaleneinteilung. Die genauesten Messungen erlauben Meßbereiche, die den Eispunkt enthalten.

Für Thermoelemente unterscheidet die Eichordnung die Klassen 1, 2 und 3. Die Klasse 1 hat einen zulässigen Eichfehler von +1 °C im Temperaturbereich von −200 °C bis 400 °C und von 0,25 % für höhere Temperaturen. Die Klasse 2 hat den doppelten und die Klasse 3 den dreifachen Eichfehler. Es sind nicht alle Thermopaare und nicht alle Abmessungen für alle Klassen zugelassen, auch sind die maximal möglichen Verwendungstemperaturen eingeschränkt. So sind für die Klasse 1 nur Cu-Konstantan-Thermoelemente bestimmter Abmessung bis 200 °C, Fe-Konstantan-Elemente bis 300 °C bzw. als Mantelthermoelemente bis 400 °C und PtRh-Pt-Elemente bis 1100 °C zugelassen. Dagegen sind NiCr-Ni-Thermoelemente für Klasse 1 überhaupt nicht vorgesehen. Für Klasse 1 dürfen Ausgleichsleitungen nicht eingesetzt werden.

Auch DIN IEC 584 unterscheidet drei Klassen, die allerdings mit denen der Eichordnung nicht identisch sind (siehe Bild 238). Widerstandsthermometer

3. Anforderungen an Temperaturmeßgeräte 281

enthält die Eichordnung nicht. Hier sind Meßgenauigkeiten in DIN 43760 vorgegeben. Für Platin-Widerstandsthermometer liegen – wie schon angegeben – die Fehler in Klasse A temperaturabhängig zwischen 0,15 °C bei 0 °C und 1,15 °C bei 500 °C. Bei der Erfüllung derartiger Genauigkeitsanforderungen sollte aber auch überlegt werden, wie man den Widerstand entsprechend genau messen kann. Ein schon sehr genauer Meßumformer mit 50 °C Meßspanne und 0,2 % Meßunsicherheit hat damit auch schon eine Unsicherheit von 0,1 °C. Wegen der geringeren Abweichung von der Grundwertreihe und wegen des höheren Meßsignalpegels lassen sich Temperaturen mit Widerstandsthermometern genauer messen als mit Thermoelementen (Bild 238). Daß sie dennoch für den eichpflichtigen Verkehr nicht allgemein zugelassen sind, hat im wesentlichen historisch bedingte Gründe. Es ist aber durchaus möglich, eine *besondere* Zulassung eines Widerstandsthermometers für den eichpflichtigen Verkehr zu erhalten.

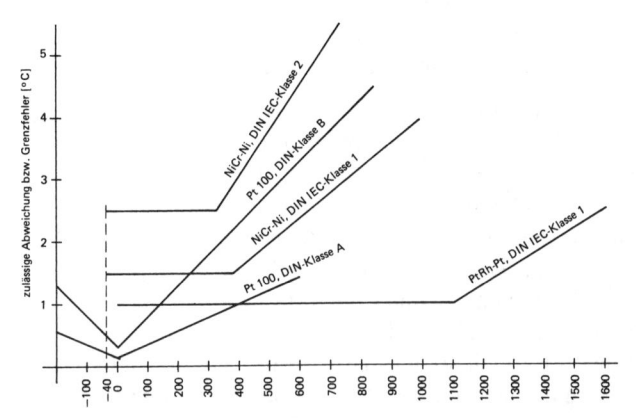

Bild 238. Zulässige Abweichungen von Widerstandsthermometern Pt 100 nach DIN 43760 und Grenzfehler von Thermoelementen NiCr-Ni und PtRh-Pt nach DIN IEC 584.
Aus dem Bild ist zu ersehen, daß besonders im Temperaturbereich bis 400 °C Widerstandstemperaturmessungen höhere Genauigkeiten gewährleisten. Bei Thermoelementen können der Übergang zu Ausgleichsleitungen und die Vergleichsstellenkorrektur zusätzliche Meßfehler verursachen.

● *Meßbeständigkeit*

Die Meßbeständigkeit kann bei Temperaturmeßgeräten auf vielfältige Art beeinträchtigt werden. Mechanische Überlastungen und undichte Meßsysteme führen zu Fehlanzeigen bei den Federthermometern und Gasdruck-Temperaturmeßumformern. Chemische Einflüsse können die Meßgenauigkeit von Thermoelementen und in geringerem Maße auch von Widerstandsthermometern einschränken. Relativ anfällig sind Widerstandsthermometer gegen mechanische Schwingungen. Es ist sehr darauf zu achten, daß erschütterungsfeste Sonderausführungen zum Einsatz kommen, wenn Schwingungen am Meßort vorhanden sind, um ein Brechen der Leitungen zu vermeiden. Auch Flüssigkeits-Glasthermometer unterliegen durch Alterung Einflüssen, die eine genaue Anzeige in Frage stellen können. Die elektrischen Meßumformer arbeiten weitgehend mit Halbleiterbauelementen und werden im geschützten Schaltraum untergebracht, so daß die mechanischen Einflüsse keine so große Rolle wie bei Druck- oder Füllstandgeräten spielen. Hier ist aber darauf zu achten, daß Bauelemente eingesetzt und Schaltungen angewandt werden, die ein Weglaufen – ein Driften – der Ausgangssignalwerte ausschließen.

Die Nacheichfristen sind 5 Jahre für Flüssigkeits-Glasthermometer und 2 Jahre für Thermoelemente.

b) Sicherheitsforderungen

Die Sicherheit der Anlage und der darin beschäftigte Mitarbeiter können Temperaturmeßeinrichtungen vor allem dann gefährden, wenn in explosionsgefährdeten Anlagen die Ex-Vorschriften nicht beachtet werden.

Explosionsgeschützte elektrische Betriebsmittel (Geräte) und Installationen sind solche, die in der Umgebung vorhandene explosible Gas-Luft-Gemische weder durch die Temperatur ihrer Oberflächen noch durch Funken zünden können. Es gibt mehrere Möglichkeiten, mehrere Schutzarten, um diese Forderungen zu erfüllen. Ohne auf die einzelnen, oft nicht sehr übersichtlichen Bedingungen und Zusammenhänge [14] einzugehen, soll das Prinzip einer für Meßgeräte besonders geeigneten Zündschutzart, der Zündschutzart „Eigensicherheit" erläutert werden: Eigensichere Stromkreise und Geräte führen im explosionsgefährdeten Bereich so geringe Energie, daß die Geräte sich elektrisch nicht wesentlich aufheizen und daß sie keine zündfähigen Funken erzeugen können. Dazu ist es nicht nur erforderlich, Strom und Spannung auf kleine Werte zu begrenzen, sondern im eigensicheren Kreis auch keine größeren Speicher elektrischer Energie – keine größeren Kapazitäten und Induktivitäten – anzuordnen.

Thermoelemente, die auf passive Drehspulanzeiger wirken, also auf solche, die ohne Hilfsenergie direkt messen und in die auch sonst keine andere elektrische Spannung geführt wird, bedürfen im allgemeinen keiner besonderen Zulassung für den Einsatz in explosionsgefährdeten Anlagen der Zone 1. Alle anderen elektrischen Temperaturmeßeinrichtungen müssen beim Einsatz in explosionsgefährdeter Atmosphäre als „explosionsgeschützt" zugelassen sein. Dabei genügt es nicht, wenn die Einrichtungen schlechthin explosionsgeschützt sind; sie müssen vielmehr den Explosionsschutz für die entsprechende Zone (0 oder 1) und für die entsprechende Temperaturklasse oder – nach alter Bezeichnung – Zündgruppe (abhängig von der Zündtemperatur des in der Umgebung möglichen Gasgemisches) erfüllen. Elektrische Meßkreise in der

3. Anforderungen an Temperaturmeßgeräte

Zone 0, das heißt an Stellen, wo ständig oder langzeitig gefährliche Atmosphäre vorhanden ist, müssen neben der Zulassung für die Zone 0 mit zusätzlichen Maßnahmen versehen werden, um eine Zündung durch Blitzeinschlag zu verhindern.

Obwohl heute die Gerätehersteller weitgehend in der Lage sind, diese Forderungen zu erfüllen, können bei der Zusammenschaltung der Ausgangskreise verschiedener Geräte doch noch Schwierigkeiten auftreten, so daß es ratsam ist, bei komplizierten Schaltungen einen Fachmann zu Rate zu ziehen oder doch die Bedingungen der Zulassung genau zu studieren.

c) Übergangs- oder Zeitverhalten

Für eine schnelle Messung und gute Regelung ist es wichtig, daß die Anzeige oder das Ausgangssignal den Änderungen der Meßgröße unmittelbar folgen. Bei den bisher beschriebenen Meßaufgaben, den Druck-, Differenzdruck- und Füllstandmessungen, spielt das Zeitverhalten des Meßgerätes im verfahrenstechnischen Bereich keine bedeutende Rolle. Anders kann es bei Temperaturmessungen sein. Jedem ist aus dem alltäglichen Erfahrungsbereich bekannt, daß zum Messen der Körpertemperatur das Fieberthermometer – ein Flüssigkeits-Glasthermometer etwa 10 min mit dem Körper in Berührung gebracht werden muß, während z.B. eine Messung des Luftdruckes im Reifen eines Kraftfahrzeuges unmittelbar geschehen kann.

Dieses Verhalten der Berührungsthermometer liegt daran, daß sie dem zu messenden Produkt so lange Wärme entziehen oder – bei der Messung tiefer Temperaturen – zuführen müssen, bis das Berührungsthermometer die Temperatur des zu messenden Produktes angenommen hat. Dieser Wärmeaustausch erfordert Zeit, die zu einer Verzögerung der Anzeige oder der Änderung des Ausgangssignales führt. Die Zeit hängt ab von

- Art, Aufbau und Armierung des Temperaturfühlers – Thermoelemente können schneller reagieren als Widerstandsthermometer. Wenn Meßeinsätze und Tauchhülsen erforderlich sind, begünstigen gut passende einen schnellen Wärmeausgleich,
- der Art des zu messenden Stoffs – Flüssigkeiten können mit dem Fühler schneller Wärme austauschen als Gase niedrigen Druckes, Wasserstoff schneller als Luft,
- der Strömungsgeschwindigkeit des zu messenden Produkts – schnell strömender Meßstoff überträgt die Wärme besser als ruhender.

Einer sprunghaften Änderung des Wertes der Meßgröße folgt das Thermometer nur allmählich: Das Thermometer antwortet mit einer Übergangsfunktion nach Bild 239. Es entsteht also nicht eine zwar verzögerte, aber doch sprunghafte Änderung, sondern das Thermometer ändert seinen Wert ganz allmählich bei sofortigem Beginn. Der Regelungstechniker bezeichnet die Übergangsfunktion nach Bild 239 als solche erster Ordnung. Charakteristisch dafür ist, daß einer sprunghaften Änderung des Meßwertes sofort eine Änderung der Anzeige mit endlicher Steigung folgt.

Für die Bewertung der Übergangsfunktion werden bestimmte Zeiten angegeben, nämlich die Halbwertszeit, die Zeitkonstante und die 9/10-Wertzeit: Das sind die Zeiten, in der sich die Anzeige des Thermometers um die Hälfte, das 0,632-fache und um das 0,9-fache der Differenz zwischen der neuen und der ursprünglichen Temperatur geändert hat. Da die entsprechenden Zeiten nicht für alle Thermometer im gleichen Verhältnis stehen, müssen im allgemeinen zwei Zeiten zur Charakterisierung des Zeitverhaltens von Thermometern angegeben werden.

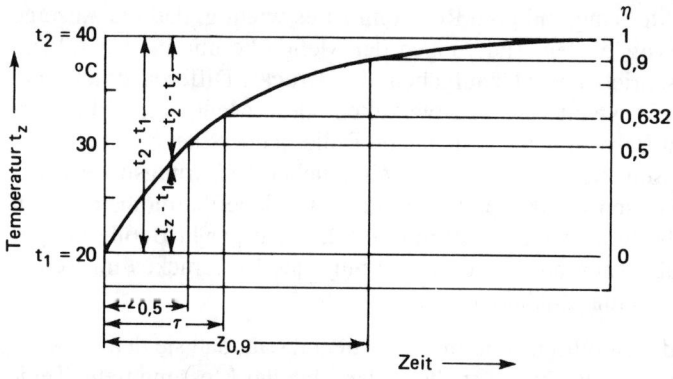

Bild 239. Übergangsfunktion von Thermometern.
Diese Übergangsfunktion beschreibt, wie die Anzeige von Thermometern auf eine sprunghafte Temperaturerhöhung von 20 auf 40 °C reagiert.
τ Zeitkonstante, $z_{0,5}$ Halbwertszeit, $z_{0,9}$ 9/10-Wertzeit.

Aus Bild 240 sind Halb- und 9/10-Wertzeiten verschiedener Thermometer zu ersehen. Es ist daraus zu erkennen, daß die Anzeigeverzögerungen in Wasser geringer als in Luft sind und daß Thermoelemente etwas schneller reagieren als Widerstandsthermometer.

Aus dem Bild ist auch zu ersehen, daß durch den meist unvermeidlichen *Einbau* der Meßeinsätze *in Schutzrohre* die Anzeige wesentlich verzögert wird. Maßgebend dafür ist der durch Luftschichten zwischen Schutzrohr und Einsatz unterbrochene Wärmefluß. Aus diesem Grunde wurden Schutzrohre mit einem angeschweißten schlanken Paßstück entwickelt, das etwa die Länge des eigentlichen Fühlers hat und in das der Meßeinsatz mit der Stirn- und der Zylinderfläche gut eingepaßt ist. Sehr günstige Werte ($z_{0,5} = 2$ s und $z_{0,9} = 7,5$ s in Wasser bei Verwendung eines Meßeinsatzes mit Schutzrohr) zeigt eine Entwicklung der Siemens AG (Bild 241): Neben einem genauen Widerstandsthermometer sind zwei Thermoelemente in Differenzschaltung vorgesehen.

3. Anforderungen an Temperaturmeßgeräte 285

Ein Thermoelement mißt die Temperatur des Meßstoffes, das andere die des Widerstandsthermometers. Bei plötzlichen Temperaturunterschieden entsteht vorübergehend eine Thermospannung, mit der das Ausgangssignal des angeschlossenen Feldmeßumformers korrigiert wird. Bei Temperaturausgleich ist die Thermospannung Null und das Meßsignal entspricht nur dem Wert des genauen Widerstandsthermometers.

Thermometerart		Luft; 1,0 m/s		Wasser; 0,4 m/s	
Durchmesser mm		$t_{0,5}$	$t_{0,9}$	$t_{0,5}$	$t_{0,9}$
Flüssigkeits-Glasthermometer (Hg)	6	40...60	120..180	3...5	6...10
Dampfdruck-Federthermometer in Schutzrohr	22	350...400	1200...1400	80..90	240...300
Thermoelemente, Meßeinsatz	6	40...60	150...180	0,3...0,8	1,0...1,5
-, nach DIN 43 735, Form E	8	45...70	160...200	0,4...1,0	2,0...5,0
-, in Schutzrohr nach DIN 43 763, Form B	9	80...100	280...350	6...8	25...40
-, -, Form C	11	100...120	320...400	7...9	30...50
-, -, Form D	24	320...400	900...1200	10...20	60...120
-, mit keramischem Schutzrohr	11	100...150	320...500	-	-
-, -, nach DIN 43 724	15	180...300	500...800	-	-
Mantelthermoelemente, Meßstelle isoliert	3	20...25	70...90	0,4...0,6	1,0...1,2
-,	1,5	8...12	28...40	0,1...0,2	0,3...0,5
Widerstandsthermometer		Übergangszeiten 10 bis 25 % größer als bei vergleichbar gebauten Thermoelementen			

Bild 240. Übergangszeiten für Berührungsthermometer (nach VDI/VDE-Richtlinie 3522).
Das Bild gibt die zu erwartenden Übergangszeiten häufig verwendeter Berührungsthermometer in Sekunden an. Es ist der VDI/VDE-Richtlinie 3522, Zeitverhalten von Berührungsthermometern entnommen, die sich sehr ausführlich mit dieser Thematik befaßt.
$t_{0,5}$ Halbwertzeit, $t_{0,9}$ 9/10-Wertzeit.

d) Temperaturdifferenzmessung

Häufig wird die Aufgabe gestellt, Temperaturdifferenzen zu messen. Temperaturdifferenzen haben z.B. für Wärmebilanzen, Werkstoffbeanspruchungen oder für Regelungen an Destillationskolonnen große Bedeutung. Es kommt dabei oft darauf an, die Temperaturdifferenz mit hoher Genauigkeit zu messen. Für Anzeige, Registrierung und Meßwertumformung stehen moderne Geräte mit minimalen Meßbereichen von 0 - 25 °C Temperaturdifferenz für Widerstandsthermometer und von 0 - 50 °C für Fe-Konstantan-Thermoelemente zur Verfügung. Bei der Auswahl der Fühler ist jedoch besondere Sorgfalt angebracht:

Genaue, von der Höhe der Temperatur unabhängige Ergebnisse werden bei *Widerstandsmessungen* nur mit Thermometern gradliniger Temperatur-Widerstandskurve erhalten, denn sonst entsprechen gleichen Widerstandsdifferenzen unterschiedliche Temperaturdifferenzen und die Meßgeräte können nur für eine bestimmte Temperatur richtig anzeigen. Platin-Widerstandsthermometer sind – wenn die Höhe der Temperatur stärker schwankt – für genaue Messungen weniger geeignet als Kupferwiderstandsthermometer im Bereich zwischen 0 und 80 °C oder als Nickelthermometer mit parallel geschaltetem Widerstand geeigneter Größe.

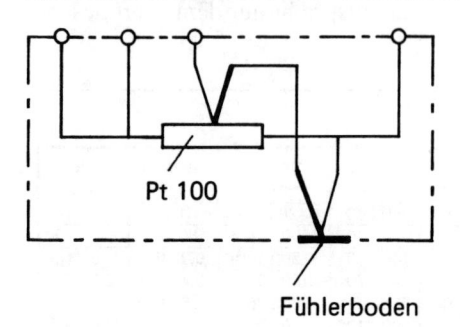

Bild 241. Meßeinsatz mit geringer Anzeigeverzögerung.
Zwei gegeneinander geschaltete Thermoelemente ermitteln die Temperaturdifferenz zwischen Fühlerwand und Widerstandsthermometer und korrigieren vorübergehend das Ausgangssignal, bis sich die Temperaturen angeglichen haben.

Da jeder Meßwiderstand mit Fehlern gegenüber der Grundwertreihe behaftet ist, die sich im ungunstigen Fall addieren können, sollten aus Fühlern der Klasse A solche ausgewählt werden, die bei der zu messenden Temperatur in gleicher Weise von der Grundwertreihe abweichen. Es lassen sich so für Temperaturdifferenzmessungen mit Pt 100-Widerstandsthermometern Meßunsicherheiten von 0,1 °C und geringer erreichen.

Temperaturdifferenzen können auch *thermoelektrisch* gemessen werden (Bild 242): Die Vergleichstelle wird der zweiten Temperatur ausgesetzt und die Thermospannung ist ein Maß für die Temperaturdifferenz. Wenn sich bei Thermopaaren die Thermospannung nicht linear mit der Temperatur ändert, hängt auch hier bei gleicher Temperaturdifferenz die Anzeige von der Höhe der Temperatur ab. NiCr-Ni-Thermoelemente haben über einen weiten Bereich eine hinreichend lineare Abhängigkeit der Thermospannung von der Temperatur; sie sind deshalb für Temperaturdifferenzmessung bei stark schwankender Temperaturhöhe gut geeignet. Andererseits ist der Meßeffekt bei Fe-Konstantan-Elementen größer, so daß sich diese bei annähernd konstanten Temperaturen anbieten.

e) Anforderungen durch besondere Betriebsbedingungen

Besondere Betriebsbedingungen, wie Temperaturfehler, Überlastungen, Erschütterungen, Schwankungen des Wertes der Meßgröße, Korrosion oder die Beeinträchtigung durch bei Umgehungstemperatur feste Produkte, die den Einsatz von Druck-, Differenzdruck- und Füllstandmeßgeräten sehr erschwe-

3. Anforderungen an Temperaturmeßgeräte 287

ren können, haben bei Temperaturmeßaufgaben meist nur geringere Bedeutung. Die Tauchhülsen der Temperaturfühler kommen ohne Rohrleitungsverbindungen unmittelbar mit dem Meßstoff in Berührung, so daß Kondensation, Verdampfung oder Festwerden des Produktes nicht zu berücksichtigen sind. Schwankungen des Wertes der Meßgröße spielen deshalb keine Rolle, weil das Thermometer durch sein Übergangsverhalten Schwankungen ausgleicht.

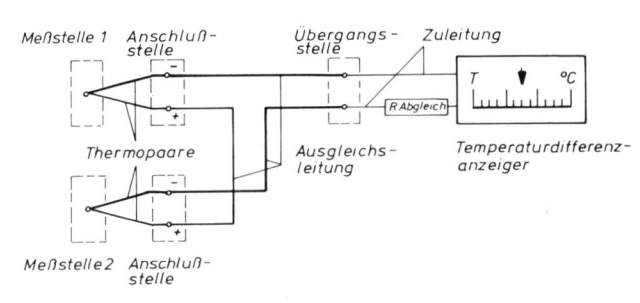

Bild 242. Temperaturdifferenzmessung.
Zwei thermoelektrisch gegeneinander geschaltete Thermoelemente eignen sich für Temperaturdifferenzmessungen. Eine der Meßstellen wird zur Vergleichsstelle, Thermostat oder Kompensationsdose sind nicht erforderlich. Die Übergangsklemmen zur Zuleitung aus Kupfer dürfen jedoch keine unterschiedliche Temperatur haben.

● *Temperatureinfluß*

Schwankungen der Umgebungstemperatur sind eine der wesentlichsten Einflußgrößen auf die Genauigkeit der Meßumformer, Anzeiger oder Schreiber. Gegenüber den entsprechenden Geräten für Druck, Differenzdruck oder Behälterstand ist für die elektrischen Temperaturmeßumformer erleichternd, daß diese Geräte meist in Schalträumen angeordnet werden und damit nicht so starken und schnellen Temperaturschwankungen ausgesetzt sind wie die vor Ort montierten. Es muß auch bei guten Geräten mit Fehlern von bis zu 0,3 % / 10 °C gerechnet werden, so daß zur Erfüllung besonders genauer Meßaufgaben ein Thermostatisieren auch im Schaltraum erforderlich werden kann. Die mechanisch arbeitenden Berührungsthermometer und Temperaturmeßumformer sind den vollen Schwankungen der Umgebungstemperatur ausgesetzt, und es ist erforderlichenfalls dem daraus entstehenden Meßfehler, z.B. durch Fadenkorrektor oder Nullpunktnachstellung, Rechnung zu tragen.

● *Überlastungen*

Überlastungen können vor allem die mechanischen Berührungsthermometer zerstören oder deren Anzeige verfälschen. Besonders ist bei dem häufig eingesetzten Gasdruck-Temperaturmeßumformer darauf zu achten, daß er keiner unzulässig großen Übertemperatur ausgesetzt wird.

288 III. Temperaturmessung

● *Erschütterungen*

Erschütterungen können in allen Temperaturbereichen die Lebensdauer und Stabilität der Thermometer erheblich beeinträchtigen. Besonders zerstörend wirken Schwingungen höherer Frequenzen, wie sie z.B. an Schraubenverdichtern oder in Dampf- und Gasströmen hoher Geschwindigkeit auftreten. Es müssen dann besonders schwingungsfeste Widerstandsthermometer (Bild 243) ausgewählt werden, bei denen alle freien Räume im Meßeinsatz mit dämpfendem Isolierstoff so fest gefüllt sind, daß sich weder Meßwiderstand noch Innenleitungen schnell bewegen und Schwingungsbrüche damit nicht auftreten können[36]. Thermoelemente lassen sich aus stärkeren Thermodrähten aufbauen und sind deshalb nicht so anfällig gegen Erschütterungen. Bei Widerstandsthermometern und Thermoelementen sollte aber der Meßeinsatz keinen Anschlußkopf haben, sondern die Innenleitungen sollten bis zu einer nicht mehr den Schwingungen ausgesetzten Anschlußstelle geführt werden.

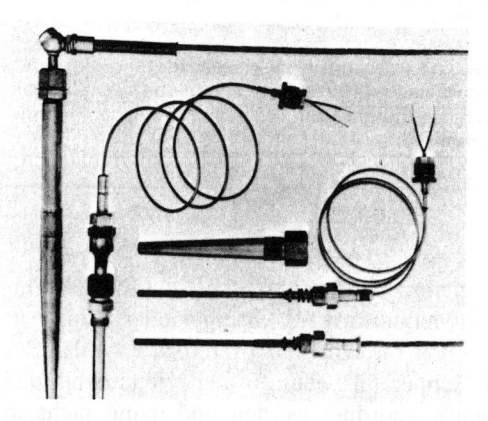

Bild 243. Schwingungsfeste Pt-100-Meßeinsätze (SENSYCON).

● *Korrosion*

Korrosion läßt sich in Rohrleitungen und Metallapparaten bewältigen, weil die Tauchhülsen relativ dickwandig sind und aus beständigem Werkstoff – für besondere Anforderungen auch mit Tantalbeschichtung – hergestellt werden können. Sind bei höheren Temperaturen Meßaufgaben in ausgemauerten Öfen zu lösen, kann Korrosion allerdings sehr erschwerend sein. Es müssen dann

---

36 Mit derartigen Widerstandsthermometern können noch bei Betriebstemperaturen um 700 °C sinusförmige Beschleunigungen bei einer Frequenz von 2,5 kHz in der Größe des 80- bis 100-fachen der Erdbeschleunigung ertragen werden.

3. Anforderungen an Temperaturmeßgeräte

Tauchhülsen aus keramischem Werkstoff, Porzellan oder Quarz eingesetzt werden, die bei den hohen Temperaturen eine oft nicht ausreichende mechanische Festigkeit und Dichtigkeit haben, so daß die Thermoelemente schnell in ihrer Meßgenauigkeit beeinträchtigt oder zerstört werden.

Einen guten Korrosionsschutz und geringe Anzeigeverzögerung bieten emaillierte Temperaturmeßfühler. Hier dient ein auf der Oberfläche emailliertes Stahlrohr als Sondenträger. In das Email isoliert und geschützt eingebettet ist ein Thermoelement (es können auch mehrere sein) oder ein Pt 100 Widerstandsmeßfühler. Die Ableitungen sind ebenfalls einemailliert. Damit ist ein vollständiger Schutz gegen das zu messende Medium gewährleistet (Bild 244).

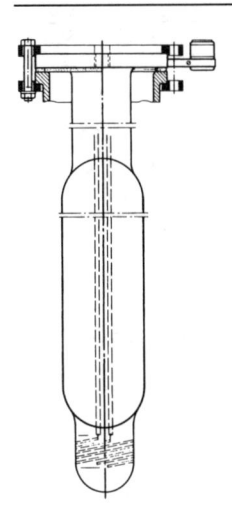

Bild 244. Emaillierte Meßsonde (Pfaudler).
Das Widerstandsthermometer und seine Zuleitungen in Vierleiterschaltung sind in die chemisch sehr beständige Emailschicht eingeschmolzen. Die geringe Schichtdicke hat Halbwertszeiten von nur 2,5 s zur Folge, und die glatte Oberfläche verhindert die Anzeige verzögernde Anbackungen. Die Sonde ist auch für Zone 0 zugelassen.

f) Entscheidungstabelle

Für die Auswahl relevanter Anforderungen sind in einer Entscheidungstabelle für den Einsatz in der chemischen Verfahrenstechnik wichtigen Ausführungsformen von Temperaturmeßeinrichtungen gegenübergestellt (Bild 245). Verglichen wurden in der chemischen Verfahrenstechnik übliche Ausführungsformen von Geräten. Prozentuale Fehlerangaben beziehen sich bei der Angabe „MS" auf die Meßspanne, bei der Angabe „MW" auf den Istwert, den Meßwert. Widerstandsthermometer sind nicht allgemein zur Eichung zugelassen. Für Strahlungspyrometer waren wegen des andersartigen Einsatzes und der vielschichtigen Meßverfahren für einige Anforderungen keine präzisen Angaben möglich.

III. Temperaturmessung

ANFORDERUNG \ GERÄTE	Flüssigkeits-Glasthermometer, nicht benetzend	Flüssigkeits-Glasthermometer, benetzend	Flüssigkeits-Federthermometer	Gasdruck-Temperaturmeßumformer
Eignung zur Weiterverarbeitung als	TI	TI	TIA	TIRCA
gebräuchlicher Temperaturbereich [°C]	-38 bis 630	-200 bis 210	-35 bis 500	-210 bis 550
geringste Meßunsicherheiten,	0,02 °C	1 °C	1 -2 % MS	0,5 % MS
Eichfähigkeit	ja	ja	nein	nein
kürzeste Halbwertzeit in Luft [s] [3]	121	121	340	90
kürzeste Halbwertzeit in Wasser [s] [3]	23	23	72	7
Verhalten gegen starke Erschütterungen	empfindlich			
Eignung für Temperaturdifferenzmessung	nein			
- für Oberflächentemperatur-Messung	bedingt		nein	
Meßbeständigkeit hängt ab von	allgemeiner Alterung und mechanischer Belastung		Überlastung und Dichtheit des Systems	

Bild 245. Entscheidungstabelle.
MS. relativer Fehler, bezogen auf die Meßspanne, MW. relativer Fehler, bezogen auf den Meßwert.
1) für Anordnungen mit Schutzrohren,
2) Genaue Angaben vermitteln Bilder 213 und 238,
3) Strömungsgeschwindigkeiten bei Luft 1 m/s, bei Wasser 0,2 m/s.

4. Anpassen, Montage und Betrieb der Temperaturmeßgeräte

Auch bei der Lösung von Temperaturmeßaufgaben ist es nicht damit getan, die geeigneten Meßgeräte auszuwählen. Es muß vielmehr ganz besondere Sorgfalt darauf verwendet werden, daß die Temperatur des Fühlers auch der des Produktes oder der Oberfläche am Meßort entspricht, daß Temperaturänderungen auch hinreichend schnell angezeigt werden, daß nicht Feuchtigkeitsschlüsse das Meßergebnis verfälschen und daß geeignete Schutzrohre Druckfestigkeit und Korrosionsbeständigkeit gewährleisten.

4. Anpassen, Montage und Betrieb der Temperaturmeßgeräte

Bimetall-Thermometer	Widerstands-Thermometer	Fe-Konst.-Thermoelement	NiCr-Ni-Thermoelement	PtRh-Pt-Thermoelement	Strahlungs-Pyrometer
TI	TIRCA	TIRCA	TIRCA	TIRCA	TI
-50 bis 400	-220 bis 850	-200 bis 700	0 bis 1000	0 bis 1300	-40 bis 3500
1 -3 % MS	0,3 % MW [2]	0,25 % MW [2], > 1 °C	0,5 % MW [2], > 1,5 °C	0,25 % MW [2], > 1 °C	1 - 30 °C
nein	ja	ja	ja	ja	nein
-	140	92	92	92	-
-	30	7	7	7	-
empfindlich	bei besonderen Konstruktionen unempfindlich				unempfindl.
nein		ja			nein
nein	bedingt	ja			
mechanischer Ermüdung	chem. Einflüssen (bedingt)	chemischen Einflüssen u.U. sehr stark			

a) Temperaturmessung in Flüssigkeiten, Gasen und Dämpfen

Bei der Lösung der Temperaturmeßaufgaben der chemischen Verfahrenstechnik wird es zum überwiegenden Teil darum gehen, die Temperaturen von Flüssigkeiten, Gasen und Dämpfen im Innern von Behältern, Apparaten und Rohrleitungen zu messen. Da deren Inneres im allgemeinen durch keine Öffnung mit der Atmosphäre Verbindung haben darf, ist ein druckdichtes Einbringen der Thermometer in Rohrleitungen und Apparate erforderlich. Wie Bild 246 zeigt, geschieht das meist so, daß in die Rohrleitungs- oder Apparatewand ein Stutzen kleiner Nennweite (z.B. DN 25) geschweißt wird, der ein Schutzrohr durch Verschraubung, Flansch- oder Schweißverbindung aufnimmt.

In das Schutzrohr wird dann der Meßeinsatz gebracht. Da Stutzen und Schutzrohr für druckdichten Abschluß des Apparates oder der Rohrleitung sorgen, kann der Meßeinsatz jederzeit ausgewechselt werden, ohne den Apparat entspannen zu müssen. Allerdings erhöhen sich auch die Zeitkonstanten etwa um den Faktor drei bis zehn. In Sonderfällen, wenn z.B. die Temperatur mit Feststoffen beladener Gase zu messen ist, kann – wie im Bild 247 gezeigt – zum leichten Reinigen der Meßeinsatz mittels einer Stopfbuchse und einer geeigneten Absperreinrichtung (Hahn oder Schieber) ohne Schutzrohr direkt in den Apparat gebracht werden. Beim Ausbau wird der Einsatz zunächst nur so weit herausgezogen, daß die Absperreinrichtung betätigt werden kann. Nachdem dann der druckdichte Abschluß hergestellt ist, zieht man den Meßeinsatz zum Reinigen vollends heraus.

● *Temperaturstutzen*

Der eingeschweißte Temperaturstutzen soll nach Möglichkeit aus dem gleichen Werkstoff wie die Rohrleitung sein. Bild 246 zeigt Stutzen zum Anflanschen, Bild 248 solche zum Einschrauben und Einschweißen des Schutzrohres.

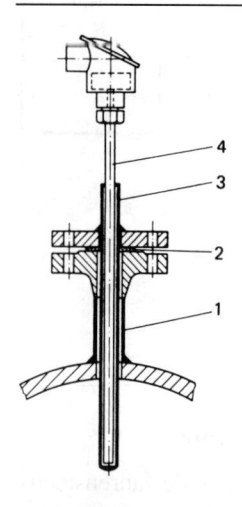

Bild 246. Temperaturmessung im Innern von Behältern und Rohrleitungen.
Ein in die Behälterwand geschweißter Stutzen nimmt über eine Flanschverbindung ein Schutzrohr druckdicht auf. In das Schutzrohr wird der Meßeinsatz gebracht, der so jederzeit ausgewechselt werden kann, ohne den Behälter entspannen zu müssen.

Wegen der leichten Lösbarkeit wird oft der Flanschverbindung der Vorzug gegeben.

Einschraubstutzen haben eine geringere Wärmeableitung, lassen sich aber wegen Rostbildung oder „Fressen" des Werkstoffs meist nachträglich nur schlecht wieder lösen. Der Stutzen sollte, um die Wärmeableitung gering zu halten, so kurz wie möglich sein; er muß aber bei isolierten Leitungen aus der Isolierung so weit herausragen, daß die Verschraubungen noch angezogen und

4. Anpassen, Montage und Betrieb der Temperaturmeßgeräte

gelöst werden können. Für Temperaturmessungen in Rohrleitungen muß der Stutzen in Rohrbögen oder schräg zur Rohrleitungsoberfläche angeschweißt werden, um den Einbau einer ausreichend langen Schutzhülse zu ermöglichen (Bild 249). Die Abgrenzung zwischen Meßtechnik und Apparatetechnik ist zweckmäßig so: Der MSR-Techniker stellt das Schutzrohr bei. Dieses wird vom Apparatetechniker mit dem von ihm beizustellenden Stutzen druckdicht verbunden.

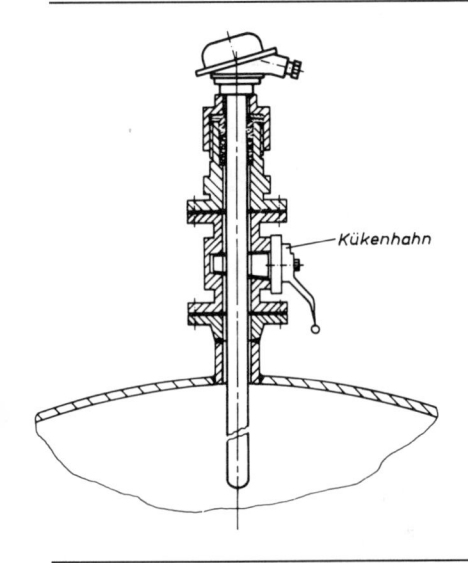

Kükenhahn

Bild 247. Direkt eingebauter Meßeinsatz.
Der Meßeinsatz ist mittels einer Stopfbuchse druckdicht mit dem Behälter verbunden. Zum Reinigen wird er zunächst nur so weit herausgezogen, daß der Hahn geschlossen werden kann.

● *Schutzrohre*

Die Schutzrohre sollen gasdicht und zunderfest sein, das heißt auch bei hohen Temperaturen weder von Luft noch von dem zu messenden Stoff angegriffen werden. Sie dürfen ferner keine für den Temperaturfühler schädliche Gase entwickeln und müssen gegen schroffen Temperaturwechsel und auch bei höheren Temperaturen gegen mechanische Beanspruchung (Druck, Biegung, Schlag, Stoß) unempfindlich sein. Diese Forderungen zu erfüllen ist besonders dann schwierig, wenn bei hohen Temperaturen metallische Schutzrohre nicht in Frage kommen.

Metallene Schutzrohre werden verwendet bei Unter- oder Überdruck von Luft, Wasserdampf, anderen Gasen und Dämpfen sowie von Flüssigkeit bei hohen Strömungsgeschwindigkeiten. Sie sind – besonders wenn es sich um höhere Drücke, höhere Temperaturen und große Strömungsgeschwindigkeiten handelt – bezüglich ihrer zulässigen Belastbarkeit sorgfältig zu berechnen. Die wesentlichen Gesichtspunkte dazu sind in den Erläuterungen zu DIN 43763 zusammengestellt. Allgemein gilt, daß kegelige Einschweißschutzrohre durch

Schwingungen weniger gefährdet sind als zylindrische Einschraubschutzrohre. Keramische Schutzrohre werden für Temperaturen über 1200 °C verwendet. Ihre mechanische Festigkeit und Beständigkeit ist geringer als die von Metallrohren. Aus diesen Gründen ist beim Ein- und Ausbau Vorsicht geboten. Wenn ausreichende Gasdichtigkeit und Temperaturwechselbeständigkeit sich nicht in *einem* Schutzrohr verwirklichen lassen, so muß ein äußeres temperaturwechselbeständiges Schutzrohr ein inneres gasdichtes schützen. Nähere Angaben auch über die Werkstoffe und deren Eigenschaften sind dem Normblatt DIN 43724 zu entnehmen.

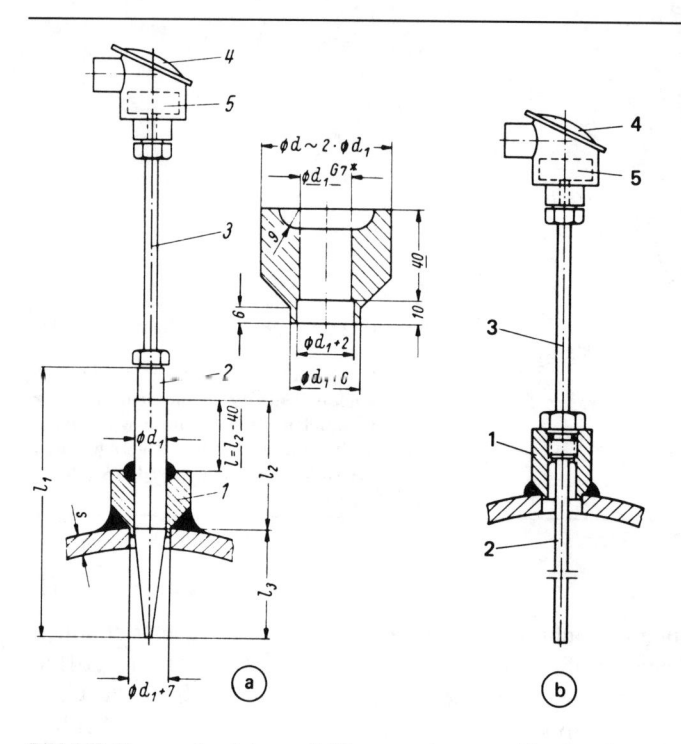

Bild 248. Temperaturstutzen mit Thermometern zum Einschweißen (a) und zum Einschrauben (b).
1 Temperaturstutzen,   2 Schutzrohr,
3 Halsrohr,   4 Anschlußkopf,   5 Meßeinsatz.

● *Einfluß des Wärmeaustausches mit der Umgebung*

Der Wärmeaustausch des Thermometers mit der umgebenden Wand und seiner herausragenden Teile mit der Außenluft beeinflussen durch Wärmeleitung und Strahlung das Meßergebnis. Die Thermometer müssen so angeordnet und ausgewählt werden, daß die dadurch entstehenden Wärmeleitungsfehler mög-

4. Anpassen, Montage und Betrieb der Temperaturmeßgeräte 295

lichst klein bleiben. Die Zusammenhänge sind, da sehr viele Einflüsse mitspielen, unübersichtlich. Es soll nur aufgezeigt werden, welche Maßnahmen die Fehler verringern. Beispiele sollen angeben, in welcher Größenordnung die Meßfehler liegen können.

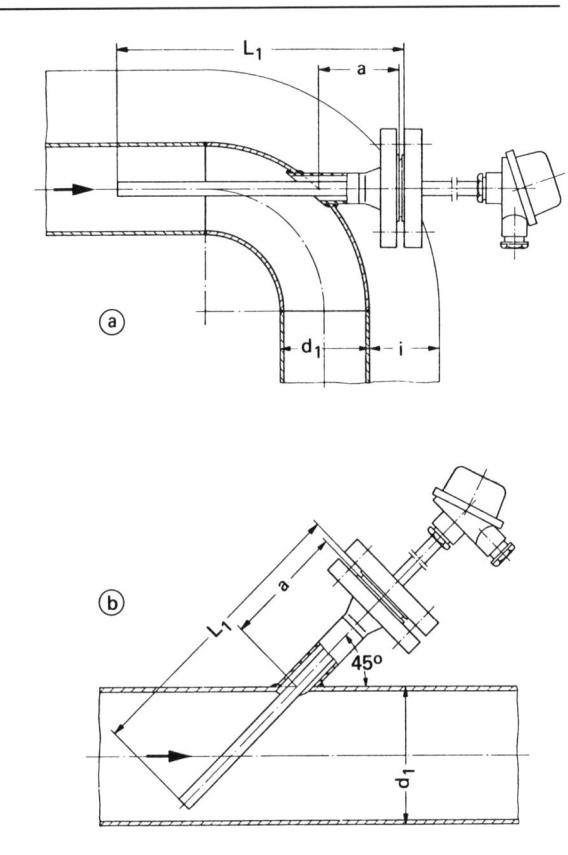

Bild 249. Einbau von Stutzen und Schutzrohren in Rohrleitungen.
Das Schutzrohr ist so einzubauen, daß die Strömung zuerst auf den temperaturempfindlichen Teil trifft.

Wie beim Übergangsverhalten spielen

- Art, Aufbau und Armierung des Temperaturfühlers,
- die Art des zu messenden Stoffes und dessen
- Strömungsgeschwindigkeit

eine wesentliche Rolle. Die Eigenschaften, die das Übergangsverhalten verbessern, mindern im wesentlichen auch die Fehler durch Wärmeableitung.

Außerdem geht der Temperaturunterschied zwischen Produkt am Meßort und der Anschlußstelle wesentlich ein. Da auf die Art des zu messenden Stoffes meist kein Einfluß genommen werden kann[37], können folgende Maßnahmen zur Verminderung der Meßfehler getroffen werden:

- Die Rohrwandtemperatur in der Nähe der Meßstelle muß durch Wärmeisolierung möglichst der Produkttemperatur angeglichen werden.
- Die Einbaulänge soll ausreichend, aber nicht zu lang gewählt werden. Als Faustregel gilt, daß für Widerstandsthermometer der in der Strömung liegende Teil des Schutzrohres mindestens 2 bis 3 mal so lang wie der Fühler oder zehnmal so lang wie der Durchmesser des Fühlers sein soll. Auch Thermoelemente müssen eine entsprechende Länge haben.
- Das Schutzrohr kann senkrecht oder schräg zur Strömungsrichtung oder in einen Krümmer eingebaut werden. Es soll entgegen der Strömungsrichtung stehen, damit der strömende Stoff zuerst auf den temperaturempfindlichen Teil trifft. Eine Rohrleitungserweiterung für den Temperaturstutzen – eine Thermometertasche – ist ungünstig, weil die Erweiterung zur Verminderung der Strömungsgeschwindigkeit und damit zu schlechtem Wärmeübergang führt.
- Der Wandquerschnitt des Schutzrohres soll so klein sein, wie es die mechanische Festigkeit zuläßt, sein Werkstoff soll schlechte Wärmeleitung haben.
- Der Wärmeübergang vom Schutzrohr auf den Temperaturfühler soll möglichst gut sein. Dieser Wärmeübergang kann durch Füllung mit Öl oder Graphit verbessert werden.

Anschaulich sind diese Einflüsse noch einmal im Bild 250 dargestellt.

Wie groß kann nun der Fehler durch Wärmeableitung, die bei Temperaturen bis etwa 500 °C einen wesentlich größeren Einfluß als die Strahlung hat, bei verfahrenstechnischen Messungen werden? Allgemein gilt für den Fehler durch Wärmeaustausch:

Meßfehler = Kennzahl x Temperaturdifferenz zwischen Meßstoff und Rohrwand.

Die Kennzahlen sind vom Aufbau des Thermometers sowie von der Art und Strömungsgeschwindigkeit des zu messenden Produktes abhängig[38]. Für Widerstandsthermometer in Stahlschutzrohren mit 14 mm Durchmesser und 300 mm Länge liegen die Kennzahlen zwischen 0,1 bei ruhender Luft, 0,03 bei mit 10 m/s strömender Luft und 0,02 bei strömendem Wasser; für Thermoelemen-

---

37 Ausnahmen sind Temperaturmessungen im Innern von Apparaten, in denen das Meßgut sowohl dampfförmige als auch flüssige Phasen hat, oder bei denen Inertgase über der Flüssigkeit sind.

38 Nähere Einzelheiten siehe *Lieneweg, F.:* Allgemeine Wärmetechnik 2 (1951) H. 10/12, S. 238-249.

4. Anpassen, Montage und Betrieb der Temperaturmeßgeräte 297

te entsprechender Bauart und 250 mm Länge sind diese Werte 0,2, 0,05 und 0,03. Das heißt also, daß bei ausreichender Einbaulänge die Fehler etwa zwischen 5 % und 2 % der Temperaturdifferenz zwischen Produkt und Rohrwand ausmachen, wenn man es nicht gerade mit Messungen in ruhenden Gasen zu tun hat. Ist das aber der Fall, dann muß – wenn die Messung genau sein soll – die Rohrleitung in der Umgebung der Meßstelle isoliert werden.

Wandungen ausreichend isoliert
nur kleine herausragende Teile
sorgfältig abgedichtet
Werkstoff mit geringer Wärmeleitzahl
zentrischer Einbau mit wenig Spiel
Eintauchlänge nicht zu klein, aber nicht unnötig lang

Strömung

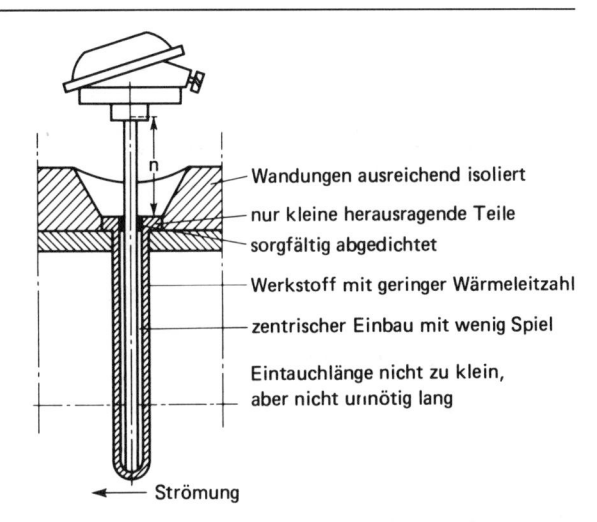

Bild 250. Einflüsse auf die Wärmeableitung.

b) Temperaturmessung in festen Körpern

Sind im Innern fester Körper, z.B. in Lagern von Pumpen oder Verdichtern, Temperaturen zu messen, so wird das Thermometer in ein Bohrloch gebracht. Das Bohrloch sollte – besonders bei kleinen Körpern – einen möglichst geringen Durchmesser und möglichst große Eintauchtiefe haben, die Wärmeleitfähigkeit des Thermometers sollte sich nicht sehr von der des Körpers unterscheiden und das Thermometer wärmeschlüssig in die Bohrung eingesetzt werden. Bei Körpern guter Wärmeleitfähigkeit sollte das Verhältnis Durchmesser zu Tiefe der Bohrung mindestens 1 : 5, bei schlechter Wärmeleitfähigkeit 1 : 10 bis 1 : 15 betragen.

Bei kleinen Körpern lassen sich die Forderungen mit Thermoelementen leichter erfüllen als mit Widerstandsthermometern (Bild 251).

Besondere Sorgfalt ist den Messungen in Stoffen schlechter Wärmeleitung zu widmen, denn dort kann ein ungeeignet angeordneter Temperaturfühler die Temperaturverteilung stören und zu Fehlmessungen Anlaß geben. Dort kann eine Einbettung nach Bild 252 zweckmäßig sein. Das Thermometer ist über eine Strecke vom 50-fachen des Durchmessers des Thermoelementdrahts in eine Fläche gleicher Temperatur eingebettet und die Wärmeableitung stört in der Umgebung der Meßstelle nur wenig.

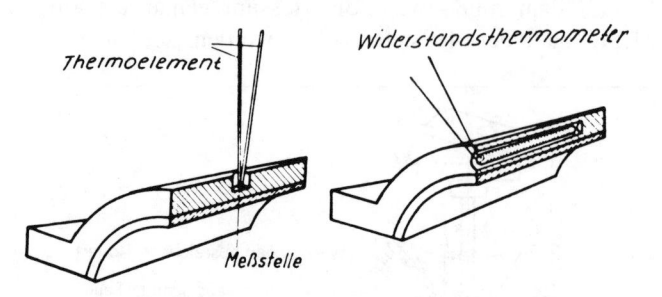

Bild 251. Temperaturmessung in festen Körpern guter Wärmeleitfähigkeit.

c) Temperaturmessung an Oberflächen

Die Messungen von Oberflächentemperaturen mit Berührungsthermometern ist im allgemeinen recht schwierig. Es sind im wesentlichen zwei Forderungen zu erfüllen:

- Der Wärme*übergang* von der Oberfläche des zu messenden Körpers auf das Thermometer muß möglichst *gut* sein, und
- die Wärme*ableitung* durch das Thermometer muß möglichst *gering* sein.

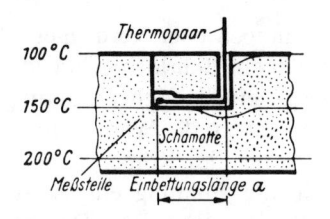

Bild 252. Temperaturmessung in festen Körpern schlechter Wärmeleitfähigkeit.
Das Thermopaar wird von der Meßstelle erst ein Stück in einer Zone gleicher Temperatur geführt, um Einflüsse auf das Meßergebnis durch Wärmeableitung der Thermodrähte möglichst einzuschränken.

Zur Erfüllung der ersten Forderung ist das Thermometer gut wärmeschlüssig anzudrücken oder zu befestigen, Thermoelemente können angeschweißt werden. Für die Messung der Oberflächentemperatur mit Widerstandsthermometern gibt es Ausführungsformen mit flächigem Widerstandskörper (Bild

4. Anpassen, Montage und Betrieb der Temperaturmeßgeräte 299

253). Bei schlecht wärmeleitenden Stoffen und rauhen Oberflächen ist eine Verbesserung des Wärmeüberganges durch Zwischenträger, wie Wärmeleitpasten oder Wärmeleitzement zweckmäßig. Die zweite Forderung erfüllen z.b. dünndrähtige Thermodrähte, die zweckmäßig ein Stück entlang der Oberfläche verlegt werden.

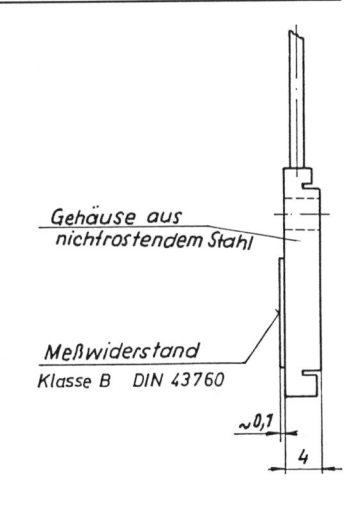

Bild 253. Widerstandsthermometer für Oberflächenmessungen (SENSYCON).
Der Widerstandskörper ist flächig ausgearbeitet, so daß eine größere Wärmekontaktfläche zur Verfügung steht.

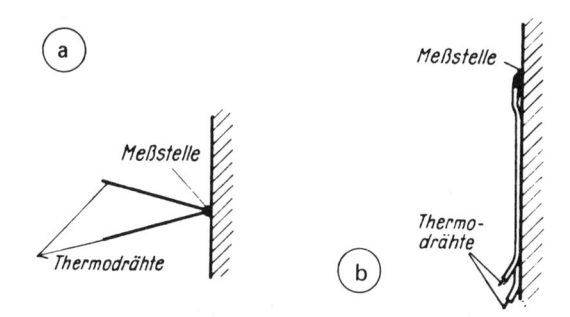

Bild 254. Messung der Oberflächentemperatur von Metallen.
Besonders genaue Meßergebnisse gewährleistet eine gut wärmeschlüssige Führung der Thermodrähte entlang der Oberfläche (rechtes Teilbild).

Befriedigende Ergebnisse erhält man an Körpern guter Wärmeleitfähigkeit mit Thermopaaren, die auf die Oberfläche fest angedrückt, aufgelötet oder in sie eingestemmt sind (Bild 254 a). Die Meßfehler betragen dann je nach Drahtstärke 1 bis 3 % des Temperaturunterschiedes zwischen Oberfläche und Umgebungstemperatur. Noch kleinere Fehler bringt eine Anordnung nach Bild

254 b. Die isolierten Thermodrähte außerhalb der Verbindungsstelle müssen möglichst gut an die Oberfläche gedrückt werden.

Größer sind die Fehler bei Temperaturmessungen der Oberflächen von Körpern schlechter Wärmeleitfähigkeit. Es muß dann die Berührungsfläche zwischen Fühler und Oberfläche durch ein dünnes, gut leitendes Blättchen, z.B. aus Kupfer, vergrößert werden (Bild 255 a). Dadurch wird der durch die Wärmeableitung bedingte Wärmeentzug auf eine größere Fläche verteilt und der dadurch bedingte Meßfehler geringer. Das Blättchen sollte ein der Oberfläche etwa gleiches Emissionsverhalten haben, das heißt es sollte pro cm^2 die gleiche Wärme abstrahlen wie die Oberfläche.

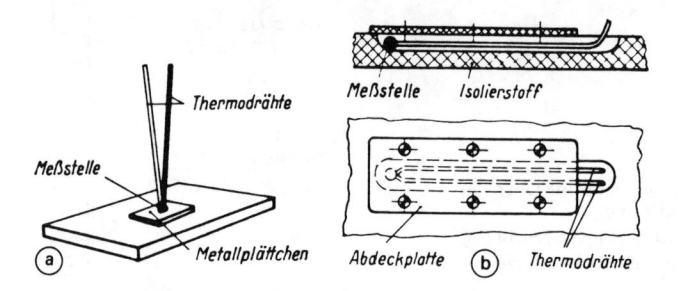

Bild 255. Messung der Oberflächentemperaturen von Körpern schlechter Wärmeleitung.
Ein Metallplättchen sorgt für die Vergrößerung der Berührungsfläche zwischen Thermoelement (a), oder der Fühler wird in eine Nut gelegt, die mit einer dünnen Platte des zu messenden Stoffes abgedeckt ist (b).

Durch einen geeigneten Anstrich oder durch Oxidation läßt sich das erreichen. Auch hier kann man die Meßgenauigkeit verbessern, wenn die Thermodrähte ein Stück entlang der Oberfläche, z.B. in einer engen Nut geführt werden (Bild 255 b).

Für Oberflächenmessungen können moderne Strahlungsmeßgeräte mit einstellbarem Emissionsfaktor dienen. Wenn der Emissionsfaktor genau bekannt ist, werden für diese Geräte Genauigkeiten von 2 % der Meßspanne angegeben. Beim Vergleich sollte beachtet werden, daß diese Angabe sich auf die Meßspanne, die der Oberflächenmessungen mit Thermoelementen sich aber auf die Differenz zwischen Oberflächentemperatur und Umgebungstemperatur bezieht. Die Umgebungstemperatur spielt übrigens für Strahlungsmessungen keine Rolle, denn das Strahlungsmeßgerät entzieht dem zu messenden Körper keine Wärme.

IV. Durchflußmessung

1. Allgemeines

In diesem Kapitel sollen Aufgaben der Durchflußmessung strömender Fluide, das sind strömende Gase, Dämpfe oder Flüssigkeiten, besprochen werden. Den Durchfluß oder Durchsatz eines strömenden Meßstoffes zu messen heißt, die *Stoffmenge* festzustellen, die *pro Zeiteinheit* einen Leitungsquerschnitt durchfließt. Die Menge kann dabei die Dimension einer Masse oder eines Volumens haben, sie kann auch eine Stückzahl sein.

Auch im Alltagsleben begegnen wir der Meßgröße Durchfluß; meist allerdings nicht unter dieser Bezeichnung. Z.B. wird gemeldet, daß die Donau bei Hochwasser eine Stromstärke von 2000 m³ pro Sekunde hat oder der Rhein bei Köln 2,5 t Salze pro Stunde mit sich führt, daß in Spitzenverkehrszeiten 100 Kraftwagen pro Minute eine bestimmte Stelle der Autobahn passiert haben oder daß die Feuerwehr bei einer Brandbekämpfung Gerätschaften mit einer Leistung von 280 l Schaumlöschmittel pro Sekunde eingesetzt hat. Bei diesen Angaben kommt es weniger auf die Stoffmenge selbst als auf die Angabe „pro Zeiteinheit" an. Bei den in der Verfahrenstechnik eingesetzten Geräten für Durchflußmessungen läßt sich allerdings meist durch Integration, durch Aufsummierung, aus dem Durchfluß auch die Menge bestimmen.

In der Verfahrenstechnik hat die Aufgabe, Durchflüsse zu messen, fundamentale Bedeutung: Die Leistung, das richtige Dosieren und Mischen oder das Festhalten eines bestimmten Betriebszustandes sind unmittelbar mit der Durchflußmessung verknüpft. Die Durchflußmessung ist die zentrale Meßaufgabe; ohne Durchflußmessungen ist ein verfahrenstechnischer Prozeß nicht denkbar.

Durchflußmeßaufgaben sind zweifellos die diffizilsten der klassischen Meßaufgaben in der Verfahrenstechnik, sie sind zudem wichtige und häufig gestellte Aufgaben und oft mit großem Aufwand verbunden. Aus diesem Grunde gibt es ein Vielzahl angewandter physikalischer Prinzipien und eine noch größere Anzahl technischer Realisierungen mit meist sehr guten Meßeigenschaften. Leider ist es so, daß diese guten Meßeigenschaften wohl das Verhalten unter *definierten Prüfstandsbedingungen* wiedergeben, ein Übertragen in davon abweichende, aber noch spezifikationsgerechte *Betriebsbedingungen* gerade bei Durchflußmessungen aber nicht selbstverständlich möglich ist – wie das Untersuchungen für magnetisch-induktive Durchflußmesser (MID) gezeigt haben, auf die noch eingegangen wird. Der Anwender wird sich also nach wie vor besonders bei Durchfluß- und Mengenmeßaufgaben mit den *Ge-*

räteeigenarten befassen müssen, um beurteilen zu können, welches Gerät seine Einsatzbedingungen am besten erfüllt.

Auch bei der Durchflußmeßtechnik ist übrigens ein schneller und fast vollständiger Einzug der *digitalen Verarbeitung* der Meßsignale zu beobachten, der wegen der diffizilen Aufgabenstellung besonders effektive Verbesserungen bietet und manche Meßeinrichtungen erst akzeptabel macht.

Beim Entwurf und der Fertigung wettbewerbsfähiger Durchflußmeßgeräte muß der Hersteller sehr viel Know-how und aufwendige Hochtechnologie einzusetzen, wie SMD-Technik oder Einsatz von ASICs bei der Elektronik, als auch modernste Schweißverfahren, computergesteuerte Lötöfen, optimal angepaßte Werkstoffauswahl oder Anwendung der Finite-Elemente-Methode beim Konzipieren und Konstruieren der Geräte auf der mechanischen Seite.

Durchflußmessungen verbrauchen auch nicht unbeträchtliche Energien; bei der Bewertung kann dies – im Gegensatz zu Druck-, Temperatur- oder Füllstandmessungen – ausschlaggebend sein. Durchflußmeßeinrichtungen können schließlich – auch das unterscheidet sie von anderen Meßgeräten – ein beträchtliches räumliches Ausmaß annehmen, wenn große Meßbereiche gefordert werden.

● *Einheiten*

Im allgemeinen wird es die Aufgabe sein, den Durchfluß in Masse pro Zeiteinheit zu messen, also z.B. den Durchfluß in Tonnen pro Stunde mit dem Einheitenzeichen t/h: Die Masse ist gegenüber dem Volumen im Betriebszustand und – bei chemischen Reaktionen – auch gegenüber dem Volumen im Normalzustand unveränderlich und die Masse ist meist auch Grundlage der Verrechnungen. Leider ist es so, daß die in der Verfahrenstechnik üblichen und praktikablen Meßeinrichtungen nur in Ausnahmefällen den Massendurchfluß messen. Ihre Meßwerte sind vielmehr dem Volumen im Betriebszustand oder der Strömungsgeschwindigkeit proportional oder es geht in die Anzeige des Massenstromes die Quadratwurzel der Dichte ein.

Es ist also, um den Massenstrom feststellen zu können, im allgemeinen die Dichte des Meßstoffes unmittelbar am Durchflußort, kurz die Betriebsdichte, zu berücksichtigen. Die Betriebsdichte wird nur in wenigen Fällen direkt mit Meßgeräten gemessen: Bei Verkaufs- und Verrechnungsmessungen, wobei es auf hohe Genauigkeit ankommt, ist meist die Produktqualität und -zusammensetzung sehr genau spezifiziert, so daß bei Flüssigkeiten die Dichte und bei Gasen die Dichte im Normalzustand als konstant angenommen werden. Bei Flüssigkeiten wird dann der Berechnung das Produkt aus Volumen und dieser Dichte zugrunde gelegt. Bei Gasen hängt dagegen die Dichte stark von Betriebsdruck und Betriebstemperatur ab; zusätzlich ist die Betriebsdichte aus Normdichte, Betriebstemperatur und Betriebsdruck über Gleichungen oder

Tabellen zu ermitteln. Bei den Betriebsmessungen ist zwar die Produktzusammensetzung oft nicht genau spezifiziert, andererseits werden aber meist nicht *so hohe Genauigkeitsforderungen* gestellt, daß die Installation eines anschaffungs- und wartungsaufwendigen Dichtemeßgerätes erforderlich wird.

Für die Messung des Volumendurchflusses kommen die Einheiten Kubikmeter pro Stunde mit dem Einheitenzeichen m³/h in Frage.

● *Darstellung der Meßgröße Durchfluß*

Die Aufgabe, die Meßgröße Durchfluß zu verarbeiten, wird nach DIN 19227 mit dem Erstbuchstaben F dargestellt. F ist eine Abkürzung des englischen Wortes „flow" und bedeutet Fluß, Zufluß.

Bild 256 stellt Aufgaben der Durchflußmessung dar: Über eine Blende ist der Durchfluß zu messen, zu schreiben und zu regeln (FRC 501). Im Leitstand sind zusätzlich die Durchflußwerte zu integrieren und anzuzeigen (FQI 502). FZ–A–503 ist die Kurzbezeichnung für die Sicherung eines Mindestdurchflusses: Das Unterschreiten eines bestimmten Durchflußwertes, z.B. vom Kühlwasser eines Verdichters, ist zu melden und außerdem ist der Verdichter abzuschalten. Die einzusetzenden Geräte werden oft *Strömungswächter* genannt. Trotz der Häufigkeit dieser Aufgabe in weiten technischen Bereichen ist sie oft nicht leicht zu lösen, besonders, wenn der Aufwand mäßig bleiben soll. Soweit das Grenzsignal nicht im Einheitsbereich, sondern direkt aus der Meßgröße gebildet wird, sollen geeignete Geräte hier beschrieben werden.

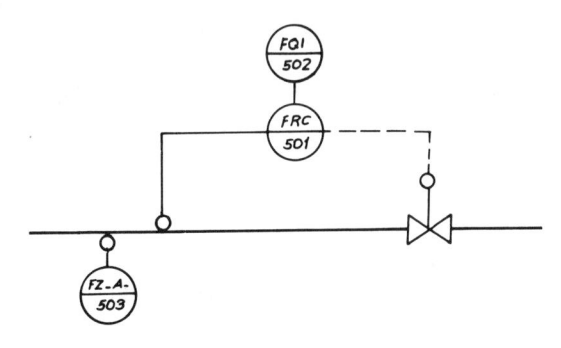

Bild 256. Durchflußmeßaufgaben.
Wichtige Verarbeitungen der Meßgröße Durchfluß sind Regelung (FRC 501), Integration oder Zählung (FQI 502) und Sicherung FZ–A–503. Im Bild ist angedeutet, daß Regelung und Integration mit einem gemeinsamen Meßumformer durchgeführt und daß für die Sicherung eine gesonderte Einrichtung vorgesehen werden soll. Das Einzeichnen von Armaturen (Regelventil) ist nach DIN 19227 zulässig.

● *Durchflußmeßgeräte*

Durchflüsse genau zu messen, kann schwierig, aufwendig und mit beträchtlichem Energieverbrauch verbunden sein. Erschwerend wirken sehr große und vor allem auch sehr kleine Meßbereichsendwerte, hohe oder tiefe Temperaturen, Zustände des zu messenden Fluides, die in der Nähe der Siedepunkte liegen, und Pulsationen; genaue Messungen von Stoffen, die nur bei hohen Temperaturen dünnflüssig sind, lassen sich oft gar nicht durchfuhren. Um den angedeuteten Schwierigkeiten begegnen zu können, werden sehr viele physikalische Prinzipien zur Durchflußmessung herangezogen.

● *Meßprinzipien*

Als Anwendung der hydrodynamischen Grundgleichungen, vor allem der Bernoulli-Gleichung, arbeiten die wichtigsten Durchflußmeßverfahren: Die Wirkdruckverfahren (dazu gehören die Drossel- und die Stauscheibenmessungen) und die Schwebekörpermeßverfahren. Das Induktionsgesetz kann angewandt werden, wenn der Durchfluß elektrisch leitender Flüssigkeiten zu messen ist. Die auf dieser Basis konzipierten magnetisch-induktiven Durchflußmesser haben sich in weiten Bereichen der Verfahrenstechnik bewährt.

Neben diesen in der Verfahrenstechnik schon lange heimischen Meßprinzipien haben in den letzten Jahren dank der raschen Weiterentwicklung der Mikroprozessortechnik auch Geräte mit anderen Prinzipien Einzug gehalten. So werden die Wirbelbildung an Hindernissen mit der Strömungsgeschwindigkeit proportionaler Wirbelfrequenz, vom Massenstrom abhängige Corioliskräfte, von der Strömungsgeschwindigkeit abhängige Laufzeiten von Ultraschallsignalen oder die von der Strömungsgeschwindigkeit abhängige Abkühlung elektrisch beheizter Sonden zur Durchflußmessung genutzt. Auch mit radioaktiven Isotopen und mit Laserstrahlen lassen sich Strömungsgeschwindigkeiten messen.

2. Wirkdruckverfahren

Die nach DIN 19201 offiziellen Bezeichnungen dieser Technik sind – weil oft vom Betriebsjargon abweichend – für den Leser vielleicht zunächst etwas verwirrend. Sie sind aber für eine unmißverständliche Darstellung unerläßlich und einige Begriffe sollen hier vorgestellt werden:

Zu einer Durchflußmessung nach dem Wirkdruckverfahren gehört zunächst ein *Wirkdruckgeber,* der aus dem Durchfluß einen Wirkdruck erzeugt. Wirkdruckgeber ist ein Drosselgerät (z.B. eine Blende oder eine Düse) oder ein Staugerät (z.B. ein Staurohr oder eine Stauscheibe). Der so erzeugte Wirkdruck wird mit einem *Wirkdruckmesser,* z.B. einem U-Rohr oder einem Meßumformer (Transmitter), gemessen.

2. Wirkdruckverfahren

Im folgenden sollen zunächst die Wirkdruckgeber, also Drossel- und Staugeräte, vorgestellt und anschließend auf die Wirkdruckmesser eingegangen werden.

2.1. Durchflußmessung mit Drosselgeräten

Durchflußmessungen werden in der chemischen Verfahrenstechnik bevorzugt (über 50 %) – und bezüglich der Meßgenauigkeit auch *durchaus wettbewerbsfähig* zu den moderneren Meßprinzipien – mit Drosselgeräten (Blenden, Düsen und Venturidüsen – Formelzeichen, Einheiten und Benennungen nach DIN 1952, Bild 257) durchgeführt:

Formelzeichen	Dargestellte Größe	Dimensionen M: Masse L: Länge T: Zeit Θ: Temp.	SI-Einheit [3])
C	Durchflußkoeffizient $C = \alpha/E$	Dimension 1	1
d	Durchmesser der Drosselöffnung unter Betriebsbedingungen	L	m
D	Innerer Rohrdurchmesser stromaufwärts (bzw. Durchmesser des Einlaufzylinders beim Klassischen Venturirohr) unter Betriebsbedingungen	L	m
e	Relative Unsicherheit	Dimension 1	1
E	Vorgeschwindigkeitsfaktor $E = (1 - \beta^4)^{-1/2}$	Dimension 1	1
k	Äquivalente Rohrrauheit	L	m
l	Abstand der Druckentnahme vom Drosselgerät	L	m
L	Relativer Abstand der Druckentnahme vom Drosselgerät $L = l/D$	Dimension 1	1
p	Statischer Druck des Fluids	$ML^{-1}T^{-2}$	Pa
q_m	Massendurchfluß	MT^{-1}	kg/s
q_V	Volumendurchfluß	L^3T^{-1}	m³/s
R	Radius	L	m
R_a	Mittenrauhwert	L	m
Re	Reynoldszahl	Dimension 1	1
Re_D Re_d	Reynoldszahl bezogen auf D bzw. d	Dimension 1	1
t	Temperatur des Fluids	Θ	°C
$\bar{u}$	Mittlere axiale Geschwindigkeit des Fluids in der Rohrleitung	LT^{-1}	m/s
X	Akustisches Verhältnis $X = \Delta p / (p_1 \kappa)$	Dimension 1	1
α	Durchflußzahl	Dimension 1	1
β	Durchmesserverhältnis $\beta = d/D$ [1])	Dimension 1	1
γ	Verhältnis der spezifischen Wärmen [2])	Dimension 1	1
Δp	Wirkdruck	$ML^{-1}T^{-2}$	Pa
$\Delta\bar{\omega}$	Druckverlust	$ML^{-1}T^{-2}$	Pa
ϵ	Expansionszahl	Dimension 1	1
κ	Isentropenexponent	Dimension 1	1
η	Dynamische Viskosität des Fluids [4])	$ML^{-1}T^{-1}$	Pa·s
ν	Kinematische Viskosität des Fluids $\nu = \eta/\rho$	L^2T^{-1}	m²/s
ξ	Relativer Druckverlust	Dimension 1	1
ρ	Dichte des Fluids	ML^{-3}	kg/m³
τ	Druckverhältnis $\tau = p_2/p_1$	Dimension 1	1
φ	Gesamtwinkel des Diffusors	Dimension 1	rad

[1]) Statt des Durchmesserverhältnisses wird vielfach auch das Öffnungsverhältnis $m = \beta^2 = d^2/D^2$ verwendet.
[2]) Verhältnis der spezifischen Wärmen bei konstantem Druck zu der bei konstanter Temperatur. Für ideale Gase sind die Zahlenwerte dieses Verhältnisses und die des Isentropenexponenten gleich. Dieser Wert hängt dann nur mehr von der Gasart ab.
[3]) 1 steht hier für das Verhältnis zweier gleicher SI-Einheiten.
[4]) In dieser Norm wird in Übereinstimmung mit ISO 31/III, ISO 5168 und DIN 1304 für die dynamische Viskosität das Formelzeichen η verwendet.
Index 1 bezieht sich auf den Zustand stromaufwärts, in der Ebene der Plus-Druckentnahme (siehe DIN 19 201)
Index 2 bezieht sich auf den Zustand stromabwärts, in der Ebene der Minus-Druckentnahme (siehe DIN 19 201)

Bild 257. Formelzeichen, Einheiten und Benennungen nach DIN 1952.

Das in der Rohrleitung strömende Fluid erfährt durch eine im allgemeinen konzentrische Einengung eine Drosselung, und der sich an dem Drosselgerät einstellende Druckabfall – der Wirkdruck – ist ein Maß für den Durchfluß. Daß Drosselgeräte einen so weiten Eingang in die Verfahrensmeßtechnik gefunden haben, liegt daran, daß sie leicht herzustellen sind und daß sich der Zusammenhang zwischen den Abmessungen, dem Durchfluß und dem Wirkdruck *berechnen* läßt. Die Berechnung geschieht nach Normen, deren Proportionalitätsfaktoren aus Versuchsmessungen erarbeitet wurden. Vorteilhaft ist dabei, daß die mit Wasser oder Luft gewonnenen Versuchsergebnisse auch für andere Produkte (für Produkte mit anderen Zähigkeiten und anderen Dichten) Gültigkeit haben.

Unter einer Voraussetzung allerdings: Der Voraussetzung der *Ähnlichkeit der Strömung*.

Zunächst müssen dazu die Meßeinrichtungen *geometrisch* ähnlich sein. Das läßt sich erreichen, wenn die Abmessungen der Drosselgeräte und die Lage der Druckentnahmestellen relativ zum Rohrdurchmesser D festgelegt werden. Es verhalten sich dann wesentliche Baumaße zweier Drosselgeräte mit den Durchmessern D_a und D_b wie D_a/D_b. Weiterhin werden die Proportionalitätsfaktoren von der dynamischen Zähigkeit η, der Dichte ρ und der Strömungsgeschwindigkeit u abhängen. Daß das experimentelle Ausmessen aller Abhängigkeiten für alle D unmöglich ist, wird dem Leser ohne weiteres einleuchten.

Ohne weiter auf Einzelheiten einzugehen, sei nur die Lösung des Problems genannt: Die Ähnlichkeitsmechanik erlaubt es, die Größen

D, η, ρ und u

zu einer dimensionslosen Zahl, der Reynoldszahl, zusammenzufassen:

$$\mathrm{Re}_D = \frac{u \cdot D \cdot \rho}{\eta}.$$

Sie hat die Eigenschaft, daß Strömungen in Rohrleitungen mit der *gleichen Reynoldszahl* einander *ähnlich* sind. Damit sind die Versuchsergebnisse nur von *der Reynoldszahl* abhängig und auf Strömungen gleicher *Reynoldszahl zu* übertragen.

Variiert werden muß noch der Durchmesser d des Drosselgerätes, so daß sich eine Abhängigkeit der Proportionalitätsfaktoren von β und Re ergibt ($\beta = d/D$). (Die vorhergehenden Fassungen von DIN 1952 basierten nicht auf dem Durchmesserverhältnis β, sondern auf dem Öffnungsverhältnis m ($m = d^2/D^2$). Da $\beta^2 = m$ ist, ergibt sich ein einfacher Zusammenhang, und wenn im folgenden – besonders in den Bildern – einmal m statt β steht, kann der Leser leicht den Übergang zu β finden).

a) Blendenmessungen nach DIN 1952

Vor allem die meist zur Anwendung kommenden Meßblenden vereinigen, wie keine andere Einrichtung, in sich viele anwendungsfreundliche Eigenschaften. Durchflußmessungen nach dem Wirkdruckverfahren mit Meßblenden sind

- für beliebige einphasige, gasförmige und flüssige Fluide von kleinen bis zu größten Durchflüssen geeignet,

- für Drücke vom Vakuum bis zu einigen hundert Bar und für praktisch alle Temperaturen einsetzbar,
- zu berechnen (ein Kalibrieren ist nur für Nennweiten unter 50 mm erforderlich),
- leicht in fast beliebigen Werkstoffen herzustellen, leicht anzupassen und zu ändern,
- Wirkdruckgeber-Meßstrecken DN 50 bis DN 100 sind zum Einsatz im *eichpflichtigen Verkehr* für Gasmessungen *naßkalibriert* mit einer Verkehrsmeßunsicherheit von 0,8 %, größere *trockenkalibriert* mit einer Verkehrsmeßunsicherheit von 0,9 % zugelassen. Mit zusätzlichen Druck-, Dichte- und Temperaturmessungen sowie mit Armaturen zum Umschalten von Meß- und Produktleitungen und mit Hilfe von eichamtlich zugelassenen *Meßcomputersystemen* lassen sich so eichfähige *Wirkdruckgaszähler* aufbauen.

Im allgemeinen bedürfen sonst Durchflußmessungen nur relativ geringen Aufwandes für die Anschaffung und für eine hinreichend genaue Meßergebnisse garantierende Wartung. Der Platzbedarf kann bei großen Nennweiten erheblich werden, weil genaue Messungen ungestört ein- und auslaufende Strömungen fordern, die am einfachsten durch entsprechend lange, gerade Ein- und Auslaufstrecken zu erreichen sind.

Bild 258 zeigt den prinzipiellen Aufbau einer Durchflußmessung nach dem Wirkdruckverfahren und erläutert für die Beschreibung wichtige Begriffe:

Das Drosselgerät ist zwischen zwei geraden Rohrstücken des Innendurchmessers D angeordnet, die gewährleisten sollen, daß im Ein- und Auslauf vorhandene Armaturen, Krümmer, Rohrleitungserweiterungen oder -verengungen keinen Einfluß auf das Strömungsprofil haben. Plusdruck (der Plusdruck wird im folgenden auch als P_1 bezeichnet) und Minusdruck (im folgenden als P_2 bezeichnet) werden über einen Ventilblock einem Differenzdruckmeßgerät, meist ist es ein Meßumformer, zugeführt. Dessen Ausgangssignal ist ein Maß für den Durchfluß und kann angezeigt, registriert, zur Regelung verwandt oder noch anders verarbeitet werden.

Den Durchflußwert der stationären Strömung beeinflussen einmal die Strömungsgeschwindigkeit und andere physikalische Eigenschaften des Fluids wie vor allem Dichte, Zähigkeit und das Verhältnis von P_2 zu P_1 und zum anderen die geometrische Form des Drosselgerätes und der vor- und nachgeschalteten Armaturen und Rohrleitungsteile. Für Blenden, Düsen und Venturidüsen sind in DIN 1952 die geometrischen Bedingungen festgelegt, die Voraussetzung dafür sind, daß sich der Durchfluß aus Wirkdruck und Dichte nach den dort angegebenen Formeln *berechnen* läßt.

Die Neuausgabe von DIN 1952, Juli 1982, enthält neben den bisher genormten Blenden mit Eck-Druckentnahme auch Blenden mit Flansch- und D- und $D/2$-Druckentnahme (Bild 283). Wir wollen uns zunächst mit Normblenden mit

Eck-Druckentnahme befassen und auf die unterschiedlichen Eigenschaften der anderen Normblenden am Ende des Abschnittes 2.1 b, Durchflußmessungen mit anderen genormten Drosselgeräten, eingehen.

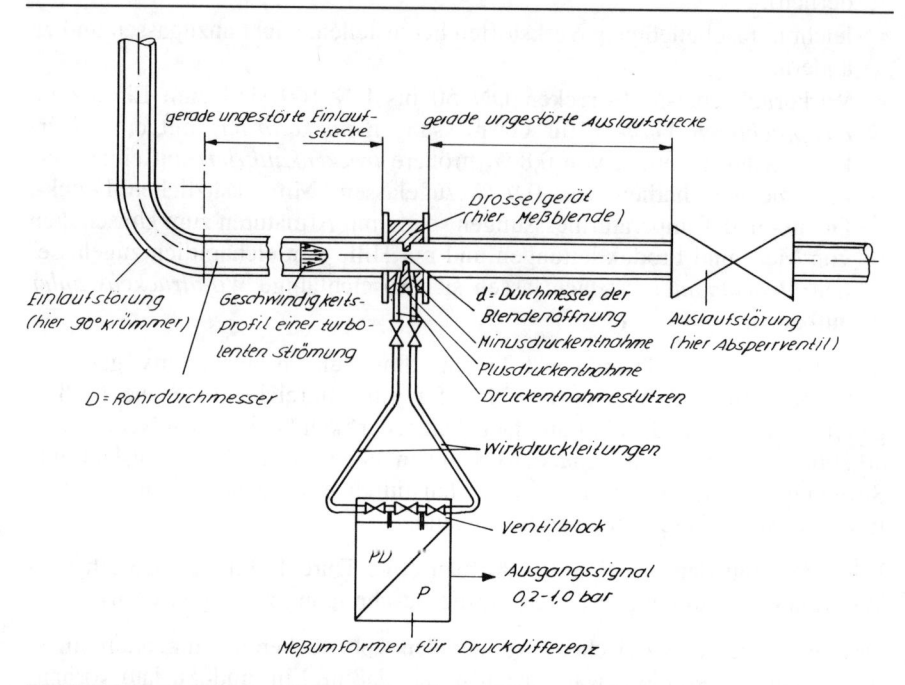

Bild 258. Aufbau einer Durchflußmessung nach dem Wirkdruckverfahren.

I) Einfluß der geometrischen Form der Blende

Bild 259 zeigt zwei Ausführungsformen von Meßblenden mit Eck-Druckentnahme nach DIN 1952, Durchflußmessung mit genormten Düsen, Blenden und Venturidüsen (VDI-Durchflußmeßregeln). Normgerechte Meßblenden lassen sich für Nennweiten zwischen 50 und 1000 mm herstellen. Für kleinere Nennweiten müssen die Meßblenden mit zugehörigen Ein- und Auslaufstrecken kalibriert werden. Im unteren Teil des Bildes ist eine Blende mit Druckentnahme durch Einzelanbohrungen, im oberen Teil mit Druckentnahme über Ringkammern und in der Einzelheit x der Durchmessersprung zwischen Rohrleitung und Fassungsring dargestellt. Ohne ins letzte Detail der Blendenkonstruktion einzugehen, seien einige für die Anwendung – bevorzugt für Montage und Betrieb – wichtige Bedingungen an die Geometrie der Blende genannt.

● *Durchmesser der Einzelanbohrungen*

Die Durchmesser der Einzelanbohrungen bzw. die Schlitzbreite bei Ringkammerblenden dürfen nicht größer als im Bild 260 angegeben sein. Das läuft dem Wunsch entgegen, die Abmessungen möglichst groß zu machen, um Verstopfungen durch Verschmutzungen zu vermeiden.

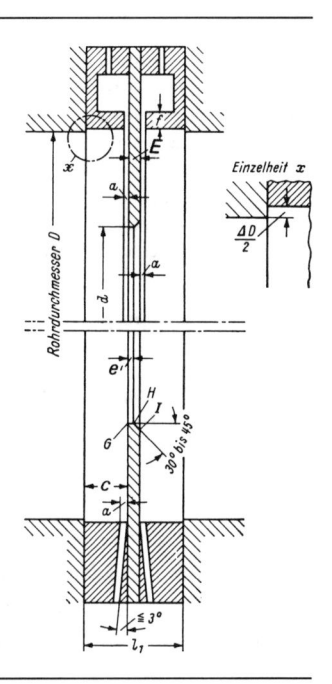

Bild 259. Normblende nach DIN 1952.
Im Bild oben ist eine Blende mit Druckentnahme über Ringkammern, unten eine mit Druckentnahme über Einzelanbohrungen dargestellt.

● *Kantenschärfe*

Die Herstellung und Abnutzung der rechtwinkligen Kanten G an der Einlaufseite der Blendenöffnung beeinflußt die Meßgenauigkeit: Eine geometrisch rechtwinklige, eine scharfe Kante ist physikalische Grundlage der Meßblendenmessung; die Strömung soll an der Kante abreißen, das im Bild 261 gezeigte Strömungsprofil soll sich frei ausbilden. Bei Abrundung der scharfen Kante legt sich die Strömung an und es entsteht eine geringere Kontraktion der Strömung: Die Blende zeigt ein düsenähnliches Verhalten und es wird zu *wenig* angezeigt.

Eine geometrisch scharfe Kante läßt sich aber nicht herstellen, es wird vielmehr bei stark vergrößerter Betrachtung eine Abrundung festzustellen sein. Der Radius dieser Abrundung darf für normgerechte Blenden nicht größer als 0,0004 mal d, also 0,4 Promille von d sein. Wenn auch diese Forderung bei sorgfältiger Herstellung im Neuzustand noch zu erfüllen ist, so wird nach längerer Betriebszeit wahrscheinlich ein großer Teil der Blenden diesen Forderungen nicht mehr gerecht werden, denn Angriffe durch Korrosion oder Erosion – durch chemische oder mechanische Abtragung – oder der Einfluß von Verschmutzungen erhöhen die Kantenunschärfe und führen zu einer Minderanzeige.

Allgemeine Vorschriften für Flüssigkeiten, Gase und Dämpfe, die sich in reiner Phase befinden:
für $\beta \leq 0{,}65$ liegt a zwischen $0{,}005\,D$ und $0{,}03\,D$,
für $\beta > 0{,}65$ liegt a zwischen $0{,}01\ \ D$ und $0{,}02\,D$.

Zusatzvorschrift:
für saubere Fluide $\qquad\qquad\qquad\qquad a = 1$ bis 10 mm
für Dämpfe und für Gase, die Feuchtigkeit
ausscheiden können und für Flüssigkeiten,
die in den Wirkdruckleitungen verdampfen können,
$\quad$ bei Ringkammern: $\qquad\qquad\qquad a = 1$ bis 10 mm
$\quad$ bei Einzelanbohrungen: $\qquad\qquad a = 4$ bis 10 mm

---

Bild 260. Abmessungen der Druckentnahmen nach DIN 1952.
Durch die Forderungen nach geometrischer Ähnlichkeit werden Schlitzbreiten a bzw. Durchmesser a der Einzelanbohrungen stark eingeschränkt ($\beta = d/D$).

Ein Beispiel soll zeigen, welchen *Einfluß* auf die Messung die *Kantenunschärfe* haben kann. Nach Bild 262 ist der Faktor b_K, mit dem der für scharfe Kanten berechnete Durchflußwert zu korrigieren ist, z.B. 1,07, wenn das Verhältnis des Kantenradius r_K zum Öffnungsdurchmesser d gleich $16 \cdot 10^{-3}$ ist: Die einen Meßfehler von – 7 % verursachenden Kantenradien r_K ergeben sich für $d = 200$ und $d = 20$ mm damit wie folgt:

$$r_K/d = 16 \cdot 10^{-3}$$

$$r_K = 0{,}016 \cdot d$$

für d = 200 mm ist $r_K = 3{,}2$ mm und

für d = 20 mm ist $r_K = 0{,}32$ mm.

Aus diesem Beispiel ist zu sehen, daß Abtragungs- und Verschmutzungseffekte vor allem für kleine Öffnungsdurchmesser schnell zu Meßfehlern führen können. Es sei noch erwähnt, daß die Beeinflussung des freien *Öffnungsdurchmessers* durch Verschmutzungen eine geringere Rolle spielt und daß – aus ähnlichen Gründen – Düsenmessungen weniger schmutzempfindlich sind.

2. Wirkdruckverfahren 311

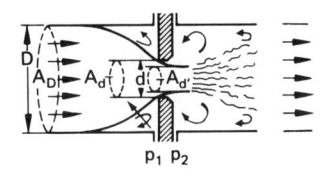

Bild 261. Profil der Strömung durch eine Meßblende.
An der scharfen, rechtwinkeligen Kante auf der Einlaufseite reißt die Strömung ab und bildet sich frei aus: Die Einschnürung $A_{d'}$ ist enger als die Blendenöffnung A_d.

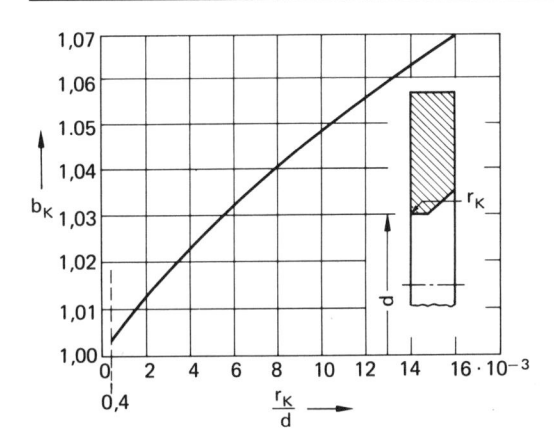

Bild 262. Berichtigungsfaktor für Kantenunschärfe nach VDI 2040.
Der Berichtigungsfaktor b_K ist abhängig vom Verhältnis r_K/d (des Kantenradius r_K zum Öffnungsdurchmesser d). Ist r_K bekannt, so kann dieser Fehler rechnerisch korrigiert werden.

Die Kantenschärfe läßt sich übrigens grob beurteilen, wenn geprüft wird, ob ein an der Kante reflektierter Lichtstrahl mit bloßem Auge sichtbar ist. Ist das gerade eben der Fall, so hat die Kante einen Abrundungsradius von 0,05 mm und ist für Öffnungsdurchmesser, die größer als 125 mm sind, normgerecht.

● *Durchmesser der Fassungsringe*

Die Durchmesser der Fassungsringe dürfen – wie im Bild 259 angedeutet – nicht kleiner als die Rohrleitungsinnendurchmesser sein. Es würden nämlich in das Rohr hineinragende Fassungsringe besonders auf der Plusseite und dann wieder besonders bei großen Öffnungsverhältnissen zu erheblichen Meßfehlern führen. Rückspringende Fassungsringe haben geringeren Einfluß. Wie groß der relative Rücksprung $\Delta D/D$ in Abhängigkeit von der Fassungsbreite B sein darf, ohne zusätzlich größere Fehler als 0,2 % in Kauf nehmen zu müssen, zeigt Bild 263[39].

---

39 In der der Abbildung zugrunde liegenden Ausgabe der Richtlinie VDI 2040 war die neue Norm DIN 1952 noch nicht eingearbeitet, so daß sich die Angaben auf m und nicht auf β beziehen. Da aber $m = \beta^2$, läßt sich der Übergang leicht herstellen. Die letzte Fassung der Richtlinie 2040 gibt den Einfluß der Rohrrauheit als mathematische Gleichung vor.

312 IV. Durchflußmessung

● *Andere geometrische Einflüsse*

Die Meßgenauigkeit wird noch durch andere, in der Geometrie der Blende liegende Eigenschaften bestimmt: Die Stirnfläche und die Rückseite sollen eben sein und senkrecht zur Rohrachse stehen, die Stirnfläche muß sehr glatt sein und auch für die Dicke der Blende und die Ausführung der zylindrischen Blendenöffnung werden in DIN 1952 entsprechende Vorschriften genannt, die aber bei der Herstellung berücksichtigt werden und sich ändernden Betriebseinflüssen weniger ausgesetzt sind.

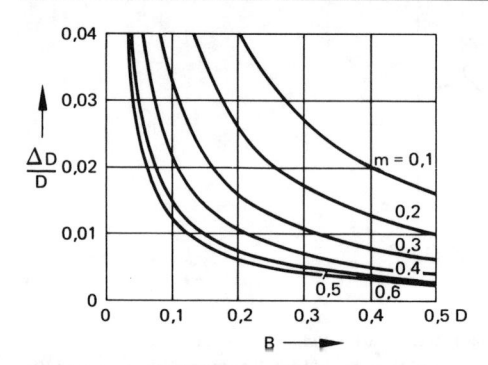

Bild 263. Einfluß rückspringender Fassungsringe nach VDI 2040, Blatt 1.
Mit dem Öffnungsverhältnis m als Parameter sind *die* maximal zulässigen $\Delta D/D$-Werte in Abhängigkeit der Fassungsringbreite B angegeben, deren fehlerhafter Einfluß auf die Durchflußzahl α kleiner oder gleich 0,2 % ist. Die Bedeutung von ΔD, D und B ist aus Bild 259 zu ersehen.

2) Einfluß der Ein- und Auslaufverhältnisse

Wie die Geometrie der Blende, beeinflußt auch die Geometrie der vor und hinter der Blende liegenden Rohrleitungen und Armaturen die Messung. Es ist im wesentlichen dafür zu sorgen, daß das Strömungsprofil nicht durch Rohrrauheiten verformt, nicht durch Armaturen unsymmetrisch oder drallbehaftet und nicht durch vor- oder nachgeschaltete Fördermaschinen mit Verdrängerwirkung (Kolbenmaschinen) instationär wird. Außerdem ist die Meßblende zentrisch in die Rohrleitungen einzubauen.

● *Rohrrauheiten*

Die Rohrleitungen vor und hinter dem Drosselgerät sollen innerhalb der ungestörten Rohrstrecke innen glatt, kreiszylindrisch und nach Augenschein gerade sein. Was in diesem Sinne als glatt zu bezeichnen ist, gibt DIN 1952 abhängig vom Öffnungsverhältnis an. Fabrikneue, nahtlose Rohre aus den im Chemiebetrieb üblichen Werkstoffen können im allgemeinen als glatt angese-

2. Wirkdruckverfahren 313

hen werden. Leider bleibt der fabrikneue Zustand nicht erhalten und es ist mit Erhöhung der Rauheit durch Korrosion und Verschmutzung zu rechnen. Besonders bei kleinen Rohrleitungsdurchmessern und großen Durchmesserverhältnissen beeinflußt die Rohrrauheit k das Meßergebnis. Durch die Rauheit wird nämlich die Verteilung der Geschwindigkeiten über den Rohrquerschnitt verändert: Das Geschwindigkeitsprofil wird spitzer und die Meßeinrichtungen zeigen *weniger* an.

Bild 264 zeigt die Höchstwerte der relativen Rohrrauheiten von glatten Rohren für Blenden und Düsen abhängig vom Durchmesserverhältnis β. „Höchstwerte" heißt, daß darunter liegende Rauheiten keine zusätzlichen Meßfehler verursachen.

β	10^4 k/D für		Normdüsen (ISA 1932-Düsen)
	Blenden mit		
	Eck-Entnahme	Flansch- und D − D/2- Entnahme	
⩽ 0,3	25	25	25
0,32	18,1	18,1	25
0,34	12,9	12,9	25
0,36	10,0	10,0	18,6
0,38	8,3	10,0	13,5
0,4	7,1	10,0	10,6
0,5	4,9	10,0	5,6
0,6	4,2	10,0	4,5
0,7	4,0	10,0	4,0
0,8	3,9	10,0	3,9

Bild 264. Obere Grenzwerte der relativen Rohrrauheit im Einlauf von Blenden und Düsen. Die Anforderungen an die relative Glattheit steigen mit dem Durchmesserverhältnis β, hängen aber auch von der Art des Drosselgeräts ab.

Höhere Rauheiten lassen sich nach VDI 2040, Blatt 1[40] rechnerisch berücksichtigen. Ohne auf das etwas komplizierte Verfahren einzugehen, soll Bild 265 beispielhaft den Einfluß von Rohrrauheit auf den Meßwert dadurch anschaulich machen, daß abhängig von Nennweite DN und Öffnungsverhältnis m gezeigt wird, welche Oberflächenbeschaffenheit einem Meßfehler von einem Prozent entspricht (der Zusammenhang mit der Beschaffenheit des Rohrleitungswerkstoffs ergibt sich aus Bild 266). Aus dem Beispiel ist zu ersehen, daß bei kleinen Nennweiten und großen Öffnungsverhältnissen Verschmut-

---

40 Normen und Richtlinien für die Durchflußmeßtechnik werden im Abschnitt 9 genannt.

zungseffekte sehr schnell zu erheblichen Meßfehlern führen können, während große Nennweiten unempfindlich sind.

● *Konstanz des Rohrdurchmessers*

Auch die Forderung nach Konstanz des Rohrdurchmessers ist in DIN 1952 genau präzisiert; für Abweichungen von der Norm sind in VDI 2040 *Zusatztoleranzen,* aber nicht *Berichtigungsfaktoren* wie bei Kantenunschärfe und Rohrrauheiten angegeben. Der Einfluß der Abweichung von der kreiszylindrischen Form ist nämlich nicht vorherbestimmbar, er kann abhängig von der Lage der Druckentnahmestutzen verschiedenes Vorzeichen haben. In solchen Fällen läßt sich nur sagen, daß eine zusätzliche Meßunsicherheit zu erwarten ist, aber nicht, in welcher Richtung und mit welchem Wert das Meßergebnis verfälscht wird.

DN	m	k in mm	Beschaffenheit der Oberfläche einer Stahlleitung	Durchflußmeßfehler
25	0,3	0,125	leicht angerostet	
25	0,6	0,025	neu, nahtlos gezogen	$\approx -1\%$
100	0,3	0,3	leicht verkrustet	
100	0,6	0,1	leicht angerostet	
250	0,3	1,25	stärker verkrustet	
250	0,6	0,25	verrostet	

Bild 265. Einen Meßfehler von −1 % verursachende Rohrrauheiten *k*

Von den Abweichungen von der kreiszylindrischen Form haben Vor- und Rücksprünge im Durchmesser der störungsfreien Ein- und Auslaufstrecken, Durchmessersprünge durch den Fassungsring und exzentrischer Einbau des Drosselgerätes Bedeutung. Die Vor- und Rücksprünge im Durchmesser der Ein- und Auslaufstrecken haben um so größeren Einfluß, je geringer ihr Abstand zum Drosselgerät und je größer das Öffnungsverhältnis ist; auch sind die Einlaufstörungen kritischer als die Auslaufstörungen. Weitere Einzelheiten gibt VDI 2040, Blatt 1, an. Auf den Einfluß von Durchmessersprüngen im Fassungsring wurde bereits eingegangen. Von Bedeutung ist aber auch, daß die Drosselgeräte *konzentrisch* eingebaut werden. Ein Zentrieren durch die Schraubenbolzen der Anschlußflansche genügt in den meisten Fällen den Anforderungen der Norm nicht: Es sollte von der Konstruktion her dafür gesorgt werden, daß die Blenden konzentrisch zur Rohrachse liegen.

Die nach DIN 1952 zulässige Exzentrizität e_x – das ist der Abstand der Symmetrieachsen von Rohrleitung und Blendenöffnung – ist

$$e_x \leq \frac{0{,}0005 \cdot D}{0{,}1 + 2{,}3\,\beta^4}$$

Bei $D = 100$ mm ergeben sich, abhängig vom Durchmesserverhältnis, folgende maximal zulässigen Exzentrizitäten: für $\beta = 0{,}7$ wird $e_x = 0{,}07$ mm; für $\beta = 0{,}5$ wird $e_x = 0{,}2$ mm. Wird eine Zusatztoleranz von 0,3 % in Kauf genommen, so können diese Exzentrizitäten zehnmal so groß sein. Bei $D = 50$ mm halbieren sich diese Werte. Vorkehrungen zur Vermeidung exzentrischen Einbaues sind besonders dort von großer Bedeutung, wo das Drosselgerät zu Reinigungszwecken turnusmäßig ausgebaut werden muß.

Werkstoff	Wandbeschaffenheit	k in mm
Stahl	neu nahtlos gezogen	< 0,03
	neu nahtlos gewalzt	0,05
	geschweißt	0,1 bis 0,2
	angerostet	0,1 bis 0,2
	verrostet	0,2 bis 0,3
	verkrustet	0,5 bis 2
	stark verkrustet	> 2
	Bitumen, normaler Betriebszustand	0,1 bis 0,2
	Bitumen, neu	0,05
	verzinkt	0,13
Gußeisen	neu	0,25
	verrostet	1,0 bis 1,5
	verkrustet	> 1,5
	mit Bitumen, neu	0,1 bis 0,15
Asbest-Zement	nicht isoliert, normaler Betriebszustand	0,05

Bild 266. Anhaltswerte für die Rohrrauheit k von Rohrinnenwänden nach VDI 2040.

● *Ein- und Auslaufstrecken*

Die Forderung nach symmetrischer, drallfreier Strömung wird erfüllt, wenn für die Ein- und Auslaufstrecken die im Bild 267 angegebenen Mindestwerte in Vielfachen des Rohrdurchmesser D eingehalten werden. Die Mindestlängen sind dort abhängig vom Öffnungsverhältnis und der Art der Störung aufgelistet. Diese Tabelle ist für den Praktiker die wichtigste der Norm DIN 1952: Nicht nur bei der Montage, sondern auch bei späterem Aufbohren der Blende

316 IV. Durchflußmessung

muß die Tabelle zu Rate gezogen und dem Konstrukteur der Chemieanlage, der gehalten ist, sparsam mit dem Platz umzugehen, demonstriert werden, daß für eine genaue Durchflußmessung 10 D Einlauflänge eben nicht immer ausreichen. Zur Erläuterung sei noch gesagt, daß Diffusoren Übergangsstücke sind, die eine Rohrleitung in Strömungsrichtung erweitern. Zwei 90°-Krümmer in verschiedenen Ebenen liegen dann vor, wenn sich ein z.B. aus Draht gebildetes Rohrleitungsmodell nicht eben auf eine Tischfläche legen läßt.

Durchmesserverhältnisse β	Einlaufseite des Drosselgerätes							Auslaufseite
	Einfacher 90°-Krümmer oder T-Stück (Strömung nur von einer Seite)	Zwei oder mehr 90°-Krümmer in der gleichen Ebene	Zwei oder mehr 90°-Krümmer in verschiedenen Ebenen	Reduzierstück (von 2 D auf D über eine Länge von 1,5 D bis 3 D)	Diffusor (von 0,5 D auf D über eine Länge von 1 D bis 2 D)	Ventil, voll geöffnet	Schieber, voll geöffnet	Alle in dieser Tabelle aufgeführten Armaturen
0,20	10 (6)	14 (7)	34 (17)	5	16 (8)	18 (9)	12 (6)	4 (2)
0,25	10 (6)	14 (7)	34 (17)	5	16 (8)	18 (9)	12 (6)	4 (2)
0,30	10 (6)	16 (8)	34 (17)	5	16 (8)	18 (9)	12 (6)	5 (2,5)
0,35	12 (6)	16 (8)	36 (18)	5	16 (8)	18 (9)	12 (6)	5 (2,5)
0,40	14 (7)	18 (9)	36 (18)	5	16 (8)	20 (10)	12 (6)	6 (3)
0,45	14 (7)	18 (9)	38 (19)	5	17 (8)	20 (10)	12 (6)	6 (3)
0,50	14 (7)	20 (10)	40 (20)	6 (5)	18 (9)	22 (11)	12 (6)	6 (3)
0,55	16 (8)	22 (11)	44 (22)	8 (5)	20 (10)	24 (12)	14 (7)	6 (3)
0,60	18 (9)	26 (13)	48 (24)	9 (5)	22 (11)	26 (13)	14 (7)	7 (3,5)
0,65	22 (11)	32 (16)	54 (27)	11 (6)	25 (13)	28 (14)	16 (8)	7 (3,5)
0,70	28 (14)	36 (18)	62 (31)	14 (7)	30 (15)	32 (16)	20 (10)	7 (3,5)
0,75	36 (18)	42 (21)	70 (35)	22 (11)	38 (19)	36 (18)	24 (12)	8 (4)
0,80	46 (23)	50 (25)	80 (40)	30 (15)	54 (27)	44 (22)	30 (15)	8 (4)

Für alle Durchmesserverhältnisse β	Einbaustörungen	Erforderliche gerade Rohrstrecke im Einlauf
	Abrupte symmetrische Durchmesserverringerung mit einem Durchmesserverhältnis ≥ 0,5	30 (15)
	Thermometertasche mit einem Durchmesser ≤ 0,03 D	5 (3)
	Thermometertasche mit einem Durchmesser von 0,03 bis 0,13 D	20 (10)

Bild 267. Mindestwerte für ungestörte Rohrstrecken in Vielfachen vom Rohrdurchmesser D, gültig für Normblenden, Normdüsen und Normventuridüsen.
Die Werte ohne Klammern verursachen keine zusätzliche Meßunsicherheit, die Werte in den Klammern eine Zusatzunsicherheit von 0,5 %, die arithmetisch zur Unsicherheit der Durchflußzahl zu addieren ist.

Wenn irgend möglich, sollten solche Einlaufstörungen vermieden werden. Wie schon die Tabelle zeigt, stören sie das Strömungsprofil stark. Es geschieht dadurch, daß sie einen Drall erzeugen, der die Wirkdruckmessung in schwer definierbarer Weise beeinflußt. Weiter wird auffallen, daß teilweise geöffnete Schieber oder Ventile, wie sie Regelaufgaben erfordern, weder als Ein- noch Auslaufstörungen genannt werden. Das liegt daran, daß teilweise geöffnete

2. Wirkdruckverfahren 317

Stellglieder die Meßergebnisse sehr nachteilig und nicht definiert beeinflussen. Da aber z.B. für Durchflußregelungen solche Stellglieder erforderlich sind, sollten sie in möglichst großem Abstand *hinter* dem Drosselgerät angeordnet werden. Prinzipiell gäbe es die Möglichkeit, diese Schwierigkeit durch Einbau von Strömungsgleichrichtern zwischen Drosselgerät und Ventil zu beheben. Es wird allerdings davon wenig Gebrauch gemacht, denn der Strömungsgleichrichter bringt – besonders bei verschmutzenden Fluiden – auch Probleme mit sich.

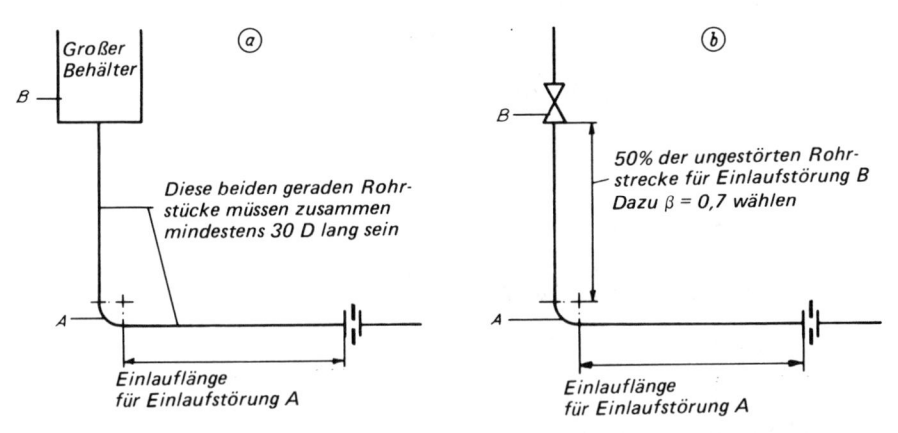

Bild 268. Mindestwerte für ungestörte Rohrstrecken bei zwei Einlaufstörungen nach Bild 267. a) der Einlaufstörung ist ein großer Behälter vorgeschaltet, b) der Einlaufstörung ist eine beliebige andere zweite Störung vorgeschaltet.

Liegen *zwei* Einlaufstörungen vor der Blende, dann ist zwischen der Blende und der nächstgelegenen Störung die nach Bild 267 erforderliche gerade Einlauflänge vorzusehen und für den Abstand zur davorliegenden Störung die *halbe* gerade Rohrstrecke, die sich für diese Störung bei einem Durchmesserverhältnis von $\beta = 0{,}7$ ergeben würde. Ist die entfernter liegende Einlaufstörung aber eine sprunghafte Querschnittsänderung, z.B. ein größer Behälter, so sind zwei Bedingungen zu erfüllen: Zwischen Blende und der nächstgelegenen Störung sind die Einlauflängen nach Bild 267 zu wählen. Zusätzlich muß die Rohrstrecke zwischen dem großen Behälter und der Blende mindestens 30 D lang sein. Bild 268 erläutert den Zusammenhang. Im Auslauf sind mehrere Störungen hintereinander ohne weiteres zulässig. Welchen Einfluß Pulsationen, wie sie z.B. durch Kolbenverdichter hervorgerufen werden, auf das Meßergebnis haben, soll nach Kenntnis der an das Fluid zu stellenden Forderungen erörtert werden.

3) Einfluß der Eigenschaften des Fluids

Nachdem wir die für die Anpassung und den Einbau der Blende wichtigen Eigenschaften kennengelernt und die durch den Betrieb möglichen Einflüsse auf die zeitliche Konstanz der Meßergebnisse abgeschätzt haben, soll – abgeleitet aus den Durchflußgleichungen – auf die für normgerechte Messungen zu stellenden Anforderungen an das Fluid eingegangen werden.

● *Durchflußgleichungen*

Die aus der Energie- und aus der Kontinuitätsgleichung der Hydrodynamik abgeleiteten Durchflußgleichungen lauten:

$$q_m = \alpha \cdot \varepsilon \cdot A_d \cdot \sqrt{2\Delta p \cdot \rho_1}$$

$$= \alpha \cdot \varepsilon \cdot \beta^2 \cdot A_D \cdot \sqrt{2\Delta p \cdot \rho_1} \quad (1)$$

$$q_v = \alpha \cdot \varepsilon \cdot A_d \cdot \sqrt{2\Delta p / \rho_1}$$

$$= \alpha \cdot \varepsilon \cdot \beta^2 \cdot A_D \cdot \sqrt{2\Delta p / \rho_1} \quad (2)$$

Danach ist der Massendurchfluß q_m abhängig von

- einem durch die Geometrie, die Strömungsgeschwindigkeit und die Zähigkeit bestimmten Proportionalitätsfaktor α,
- einem weiteren durch das Druck- und Durchmesserverhältnis und durch den Isentropenexponenten bestimmten Proportionalitätsfaktor ε,
- dem Öffnungsquerschnitt A_d der Blende bei Betriebstemperatur und
- der Quadratwurzel aus dem Produkt von Wirkdruck Δp und Dichte im Betriebszustand vor dem Drosselgerät ρ_1.

Der Volumendurchfluß q_v unterscheidet sich nur dadurch, daß in der Wurzel der Quotient statt des Produktes steht.

Die Durchflußzahl α läßt sich durch den Durchflußkoeffizienten

$$C = \alpha / E$$

ersetzen. E ist der Vorgeschwindigkeitsfaktor:

$$E = \frac{1}{\sqrt{1-\beta^4}}$$

Die Gleichung (1) hat dann z.B. die Form:

$$q_m = \frac{C}{\sqrt{1-\beta^4}} \cdot \varepsilon \cdot \beta^2 A_D \sqrt{2\Delta p \cdot \rho_1}$$

2. Wirkdruckverfahren 319

Für den Durchflußkoeffizienten C und die Expansionszahl ε gibt DIN 1952 Gleichungen zur Berechnung an. Außerdem sind C und α auch aus Tabellen zu entnehmen. Durch das „Ausklammern" von E ist C – im Gegensatz zu α – nur noch wenige Prozent vom Durchmesserverhältnis β abhängig (Bild 269).

α für Normblenden

β \ Re_D	10^4	$3 \cdot 10^4$	10^5	10^7
0,23	0,6005	0,5992	0,5986	0,5982
0,30	0,6054	0,6028	0,6016	0,6008
0,40	0,6176	0,6123	0,6098	0,6082
0,50	0,6390	0,6296	0,6252	0,6223
0,70	0,7315	0,7073	0,6960	0,6886
0,75	0,7731	0,7428	0,7287	0,7194

C für Normdüsen

β \ Re_D	$3 \cdot 10^4$	10^5	10^6	10^7
0,4	–	0,9819	0,9845	0,9847
0,5	0,9542	0,9733	0,9766	0,9768
0,6	0,9411	0,9588	0,9619	0,9621
0,7	0,9280	0,9361	0,9375	0,9376
0,8	0,9162	0,9020	0,8996	0,8994

Bild 269. Durchflußzahlen α für Normblenden mit Eck-Druckentnahme und Durchflußkoeffizienten C für Normdüsen in glatten Rohren (Auszug aus DIN 1952).
Für die meisten Einsatzbedingungen liegt α für *Blenden* zwischen 0,6 und 0,7, während C (und auch α) für *Düsen* etwa den Wert 1 haben.

Die Durchflußgleichungen gelten grundsätzlich für alle Drosselgeräte, also für Düsen, Blenden und Venturirohre, aber auch für die Auslegung von Regelventilen. Unterschiedlich sind allerdings die experimentell ermittelten und in Tabellen aufgelisteten dimensionslosen Proportionalitätsfaktoren α und ε. α liegt bei Blenden zwischen 0,6 und 0,8 und ε zwischen 0,9 und 1,0.

Die anderen Größen müssen in zueinander passenden Einheiten – in kohärenten Einheiten – eingesetzt werden, am korrektesten in den internationalen SI-Einheiten. Das hieße z.B., daß sich der Massendurchfluß in kg/s ergibt, wenn der Wirkdruck in Pascal (Pa) oder in N/m² (N = Newton; 1 Pa = 1 N/m² = 10^{-5} bar), die Dichte in kg/m³ und der Querschnitt in m² eingesetzt werden. Für den technischen Gebrauch werden diese Einheiten – weil unanschaulich - durch *abgeleitete* SI-Einheiten ersetzt. So werden der Wirkdruck meist in mbar, die Dichte in kg/m³ und der Querschnitt in mm² gemessen und der

Durchfluß in kg/h bzw. m³/h angegeben. Es ergeben sich dann mit zusätzlichen Proportionalitätsfaktoren die Durchflußgleichungen:

$$q_m = 0{,}04 \cdot \alpha \cdot \varepsilon \cdot \beta^2 \cdot D^2 \sqrt{\Delta p \cdot \rho_1} \quad \text{kg/h}\text{[41]} \qquad (3)$$

$$q_v = 0{,}04 \cdot \alpha \cdot \varepsilon \cdot \beta^2 \cdot D^2 \sqrt{\Delta p / \rho_1} \quad \text{m}^3/\text{h} \qquad (4)$$

Welche Anforderungen lassen sich nun aus den Durchflußgleichungen ableiten?

● *Volle Füllung der Leitung*

Zunächst sind α und ε experimentell bei voll mit dem Fluid gefüllter Leitung ermittelt worden, und diese Werte gelten auch nur, wenn das strömende Fluid alle Querschnitte des Drosselgerätes und der Rohrleitungen vor und hinter dem Gerät voll erfüllt.

● *Turbulenz der Strömung*

Weiter sind die Durchflußgleichungen aus den Grundgleichungen unter der Annahme ausgebildeter turbulenter Strömung ermittelt worden. Eine Maßzahl für diese Strömung, die ihren Gegensatz in der laminaren Strömung hat, ist die *Reynoldszahl* Re; sie ist dimensionslos und physikalisch als Quotient von Trägheits- und Zähigkeitskräften anzusehen. Sie wird für unsere Anwendungen errechnet als

$$\text{Re} = \frac{354 \cdot 10^{-3} \cdot q_m}{D \cdot \nu \cdot \rho} \qquad (6)$$

q_m in kg/h, D in mm, ν in m²/s, ρ in kg/m³,

ν ist die kinematische Zähigkeit. Sie unterscheidet sich von der dynamischen Zähigkeit η durch den Faktor ρ:

$$\eta = \nu \cdot \rho .$$

Da Re vom Durchfluß abhängt, ist α eigentlich keine Konstante. Meist ist aber – wie aus Bild 269 ersichtlich – α so wenig von Re abhängig, daß dieser Einfluß vernachlässigt werden kann; in der Praxis legt man zur Ermittlung von α zwei Drittel des Maximaldurchflusses zugrunde. Aus Bild 269 ist ferner zu ersehen, daß – abgesehen von Durchmesserverhältnissen unter 0,44 – Re *mindestens* 10 000 sein muß. Für Re größer als 10^8 sind in DIN 1952 keine Werte angegeben, weil keine ausreichend gesicherten Versuchsergebnisse vorliegen; es

---

[41] Der Wert 0,04 ergibt sich aus dem Produkt $\pi/4 \cdot 3600 \cdot \sqrt{2} \cdot 10^{-5}$

ist aber anzunehmen, daß sich α in Bereichen von Re > 10^8 nicht mehr wesentlich ändert. Die Grenze Re = 10000 liegt z.b. bei Durchflußmessungen für Wasser und DN 50 etwa bei 1 m³/h. Nun sind die Durchflußmeßaufgaben nicht bei DN 50 und 1 m³/h Wasser zu Ende. Vielmehr werden häufig kleinere Durchflüsse zu messen sein. Man hilft sich dann so, daß man unter DN 50 Meßblende, Einlaufrohr und Auslaufrohr zu einer Meßstrecke zusammensetzt und diese mit Wasser, Petroleum oder Luft kalibriert.

Wichtig ist wegen der Ähnlichkeitsforderung dabei, daß das Kalibrieren etwa mit *der Reynoldszahl* durchgeführt wird, die sich später auch im Betrieb einstellt. Es muß dazu im wesentlichen die Strömungsgeschwindigkeit angepaßt werden. Da auch die Zähigkeit Einfluß auf die *Reynoldszahl* hat, ist mit der Möglichkeit, die Meßstrecke mit Luft, Wasser oder gegebenenfalls Petroleum zu kalibrieren, ein weiterer Freiheitsgrad vorhanden.

● *Expansion im Drosselgerät*

Die Expansionszahl ε berücksichtigt den Einfluß der Volumenzunahme von Gasen bei der Drosselung. Sie bringt – wie aus Bild 270 zu ersehen ist – nur die Anforderung, daß das Druckverhältnis p_2/p_1 nicht kleiner als 0,75 sein darf.

p_2/p_1	0,98	0,94	0,90	0,80	0,75
$m = \beta^2$	\multicolumn{5}{c}{ε für k = 1,20}
0,3162	0,9912	0,9754	0,9603	0,9233	0,9051
0,5477	0,9898	0,9715	0,9540	0,9112	0,8901
0,6403	0,9891	0,9694	0,9505	0,9046	0,8819
	\multicolumn{5}{c}{ε für k = 1,40}
0,3162	0,9924	0,9787	0,9654	0,9328	0,9166
0,5477	0,9912	0,9753	0,9599	0,9222	0,9034
0,6403	0,9905	0,9734	0,9569	0,9164	0,8961
	\multicolumn{5}{c}{ε für k = 1,66}
0,3162	0,9935	0,9817	0,9703	0,9421	0,9278
0,5477	0,9925	0,9788	0,9656	0,9329	0,9164
0,6403	0,9919	0,9773	0,9630	0,9279	0,9101

Bild 270. Expansionszahlen ε für beliebige Gase und Dämpfe, abhängig vom Öffnungsverhältnis *m*, dem Druckverhältnis p_2/p_1 und dem Isentropenexponten *k* (Auszug aus DIN 1952, Ausgabe 1971).

ε hat nur für Gase Bedeutung und auch nur dann, wenn der Wirkdruck mehr als 2 % des statischen Druckes p_1 beträgt. Da ε vom Wirkdruck abhängt, ist ε eigentlich auch keine Konstante. Auch hier wird p_2/p_1 für zwei Drittel des Maximaldurchflusses zugrunde gelegt. Wegen des quadratischen Zusammenhanges sind zum Druck hinter der Blende bei Maximaldurchfluß 5/9 des maximalen Δp zu addieren und mit dem so gewonnenen p_2 das Verhältnis p_2/p_1 zu bilden.

● *Einphasigkeit des Fluides*

Ganz wesentliche Anforderungen an das Fluid bedingt das Auftreten der Dichte ρ_1 in den Durchflußgleichungen: Die Meßergebnisse sind nicht nur vom Wirkdruck, sondern auch von der Dichte abhängig und, um den Durchfluß genau ermitteln zu können, muß die Dichte genau bekannt sein. Das ist im allgemeinen nur dann der Fall, wenn die Fluide in *reiner* Phase vorliegen und die Drosselung keine Veränderung der Phase verursacht. Sind in den Flüssigkeiten Gase gelöst, so müssen diese in Lösung bleiben. Diese Forderungen sind oft nicht leicht erfüllbar, denn bei physikalischen Verfahrensvorgängen wird oft mit gesättigtem Dampf, mit siedenden Flüssigkeiten und mit unter Druck gesättigt gelösten Gasen gearbeitet und schon kleine Temperatur- oder Druckänderungen verändern die Dichten sehr stark: Es ist z.B. fast hoffnungslos, aus einem Kolonnensumpf ablaufendes flüssiges oder abströmendes dampfförmiges Produkt zu messen, ohne die Möglichkeit zur Unterkühlung der siedenden Flüssigkeit oder zur Überhitzung des Sattdampfes zu haben. Die Ausdrücke Unterkühlung oder Überhitzung besagen, daß der Zustand des Meßstoffes genügenden Abstand von der Dampfdruckkurve (Bild 271) haben muß.

Die Dampfdruckkurve gibt die Abhängigkeit des Siedepunktes einer Flüssigkeit von Druck und Temperatur an. Wie aus Bild 271 zu ersehen ist, kann der Abstand des Zustandes der Flüssigkeit vom siedenden Zustand – die Unterkühlung – sowohl durch Temperaturerniedrigung als auch durch Druckerhöhung erreicht werden. Dämpfe lassen sich analog durch Temperaturerhöhung oder Druckerniedrigung überhitzen.

Auch feste ungelöste Stoffe dürfen Flüssigkeiten und Gase nicht enthalten. Hier kommt neben der Unbestimmtheit der Dichte noch hinzu, daß sich die Feststoffe in der Rohrleitung oder in den Wirkdruckleitungen ablagern und zu Veränderungen des Strömungsprofiles oder zu Verstopfungen der Druckentnahmen oder Meßleitungen führen können.

● *Einfluß von Pulsationen*

Auch der Einfluß von Pulsationen, die z.B. unangenehme Randerscheinungen von Kolbenverdichtern oder Kolbenpumpen sind, läßt sich anhand der Durchflußgleichungen[42] verstehen: Der Durchfluß hängt – abgesehen von den im

---

42 Nur erwähnt sei, daß die Durchflußgleichungen (1;2) nur für stationäre, also zeitlich konstante Verhältnisse gültig sind; bei instationären Bedingungen muß von einer anderen Gleichung ausge-

2. Wirkdruckverfahren

wesentlichen konstanten Faktoren – von der *Quadratwurzel* aus dem Wirkdruck ab. Langsame Pulsationen, denen die Meßgeräte verzögerungsfrei folgen und die korrekt ausgewertet werden können, beeinflussen die Messung nicht. Treten schnelle Pulsationen auf, so dämpfen die Meßeinrichtungen von allein oder sie müssen, um Zerstörungen vorzubeugen, gedämpft werden:

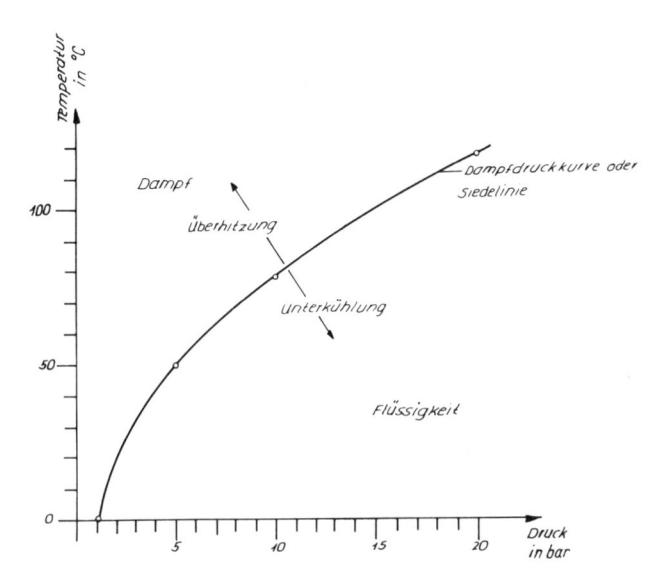

Bild 271. Dampfdruckkurve von Butan.
Für Durchflußmessungen sollte der Meßstoff einen Zustand haben, der hinreichend weit von der Dampfdruckkurve entfernt ist. Überhitzung oder Unterkühlung lassen sich durch Änderung des Betriebsdruckes oder der Betriebstemperatur erreichen.

Bei linearer Dämpfung wird dann der arithmetische Mittelwert des Wirkdruckkes gemessen. Daß der so *ermittelte* Wirkdruck nicht richtig dem *mittleren* Durchfluß entspricht, läßt sich am besten aus Bild 272 verstehen: Bei rechteckförmiger Pulsationsform des Durchflusses mit gleicher Impuls- und Pausendauer müßte sich, da nur die halbe Zeit Produkt geflossen ist, ein Mittelwert von 50 % des maximalen Durchflusses ergeben. Das Drosselgerät erzeugt zunächst eine ähnliche Pulsationsform des Wirkdruckes, die beim Ausplanimetrieren mit einem radizierenden Planimeter den richtigen Wert ergibt. Das ist bei niedrigen Frequenzen, z.B. 1 / 10 min (0,0017 Hz) durchaus möglich.

gangen werden, die hier nicht berücksichtigt werden soll, weil sie bei Pulsationen niedriger Frequenz wie die von Kolbenmaschinen nicht stark abweicht. Sie muß beachtet werden bei Messungen in Verbindung mit Drehkolbengebläsen, die 1000 bis 2000 U / min haben. Dann ist es allerdings sehr schwierig, den Einfluß der Pulsationen abzuschätzen.

324 IV. Durchflußmessung

Bei höheren Frequenzen, z.B. 1 / s (1 Hz), muß gedämpft werden und das Meßgerät zeigt 50 % des Wirkdruckes an. Dem entsprechen aber nicht 50 %, sondern über 71 % des Durchflusses: Der das gedämpfte Gerät Ablesende wird annehmen, es seien 71 % des maximalen Durchflusses geflossen statt 50 % wie es eine richtige Messung ergeben hätte. Aus dem Bild ist auch zu entnehmen, daß eine weitere Erhöhung der Frequenz das Meßergebnis nicht ändert.

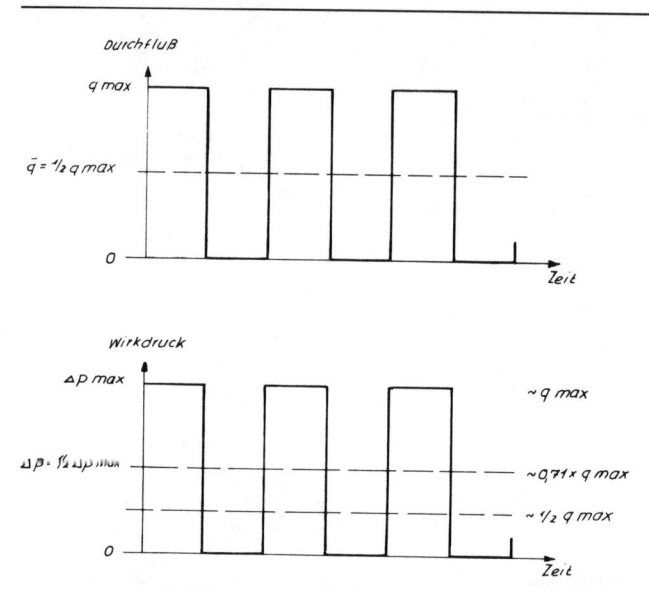

Bild 272. Fehlermöglichkeit bei der Mittelung des Wirkdruckes pulsierender Strömungen.
Die Mittelung des Wirkdrucks einer nach der Abbildung pulsierender Strömung würde zu einer Anzeige von 71 % des maximalen Durchflusses führen; richtig wären aber 50 %.

Zur Verdeutlichung wurde eine extreme Pulsationsform gewählt. In der Praxis wird die Pulsation meist einer Grundlast überlagert sein und es ergeben sich Pulsationsformen wie nach Bild 273. Aus dieser Darstellung läßt sich der Fehler abschätzen. Er ist abhängig von der relativen Stromschwankung a und dem Verhältnis b zwischen Impulsdauer und Impulsabstand. Aus der graphischen Darstellung sieht man, daß die Fehler mit steigendem a zunehmen, während der Einfluß von b unterschiedlich ist. Für extremste Fälle, für $a = 1$ und $b = 0{,}1$ ergibt sich ein Fehler von 251 % (!).

Für andere Frequenzformen und für kleinere a sind Korrekturfaktoren z.B. in VDI 2040, Blatt 1, angegeben Allgemein ist zu sagen, daß auch bei ungünstigem b relative Stromschwankungen a von immerhin 17 %, 22 % und 29 % nur Mehranzeigen von 0,5 %, 1 % und 2 % zur Folge haben. Voraussetzung für die Berücksichtigung dieser Faktoren ist, daß Amplitude und Pulsationsform *am Drosselgerät* bekannt sind und daß die Dämpfung linear erfolgt.

2. Wirkdruckverfahren

Eine Methode, den Einfluß von Pulsationen auf *Gasdurchflußmessungen* abzuschätzen, geht von der eher bekannten Amplitude und Pulsationsform *am Verdichter* aus und berücksichtigt den Einfluß der zwischen Verdichter und Drosselgerät liegenden dämpfenden Behälter und Rohrleitungen (Bild 274) mittels der *Hodgson-Zahl* Ho:

$$Ho = \frac{V_s \cdot n \cdot \overline{\Delta p^*}}{\overline{p_s} \cdot \overline{q_v} \cdot k}, \qquad (7)$$

mit: V_s Speichervolumen zwischen Drosselgerät und Verdichter, n Pulsationsfrequenz, $\overline{\Delta p^*}$ mittlerer gesamter Druckverlust einschließlich Drosselgerät, $\overline{p_s}$ mittlerer Absolutdruck, $\overline{q_v}$ mittlerer Volumendurchfluß und k Isentropenexponent.

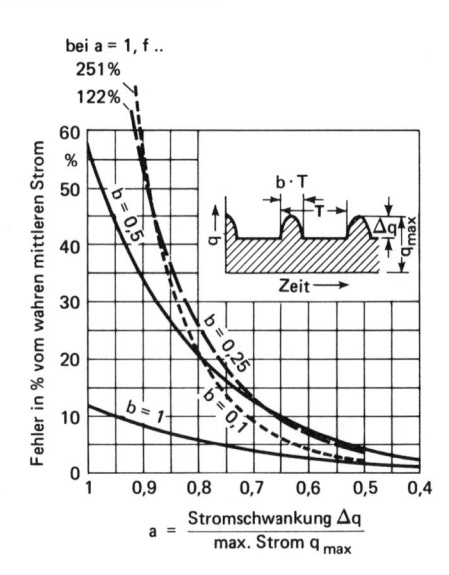

Bild 273. Mittelwertfehler linear gedämpfter Wirkdruckmeßgeräte bei pulsierenden Strömungen.
Abhängig von der relativen Stromschwankung und dem Impuls-Pause-Verhältnis ist der relative Fehler angegeben.

Hier geht die Frequenz n ein, denn es ist leichter, eine höhere Frequenz als eine niedrigere zu dämpfen. Außerdem wirken ein großes Speichervolumen und ein großer Druckabfall – genau wie beim elektrischen Wechselstrom eine große Kapazität und ein hoher Widerstand eines RC-Gliedes – dämpfend, während die Dämpfung mit steigendem Absolutdruck abnimmt. Aus der *Hodgson-Zahl* und der Pulsationsform am Verdichter lassen sich nach Bild 275 die für verschiedene Toleranzen der Mittelwertfehler erforderlichen Hodgson-Zahlen entnehmen: Es müssen das Volumen V_s oder der Druckabfall $\overline{\Delta p^*}$ geeignet gewählt werden, um die geforderten Toleranzen nicht zu überschreiten, denn auf die anderen Größen n, $\overline{p}_s$, $\overline{q}_v$ und k hat man im allgemeinen keinen Einfluß.

Um pulsierende Durchflüsse inkompressibler Flüssigkeiten zu messen, müssen Windkessel, wie im Bild 276 gezeigt, eingeschaltet werden. Beim Einsatz solcher Windkessel entsteht das Problem, sich laufend versichern zu müssen, daß das Gasvolumen im Windkessel noch existent ist und das Gas sich nicht in der Flüssigkeit gelöst hat. Im übrigen kann ähnlich wie für Gase nach Gl. (7) gerechnet und der Zusammenhang nach Bild 275 ermittelt werden, wenn man V_s, $\overline{p}_s$ und k auf das Gasvolumen bezieht.

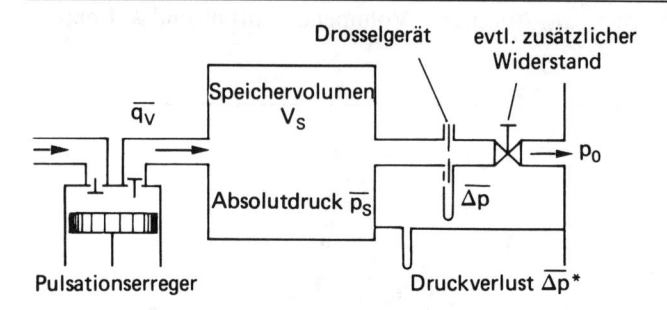

Bild 274. Dämpfung pulsierender Gasströme durch Speicher und Widerstände nach VDI 2040. Den Einfluß von Speichervolumen, Absolutdruck, Druckverlust, Volumendurchfluß, Pulsationsfrequenz und Isentropenexponent auf die Dämpfung pulsierender Gasströme gibt zahlenmäßig die *Hodgsonzahl* an.

Noch ein paar Bemerkungen zur linearen Dämpfung: Wie schon erwähnt, gelten die Abschätzungen des Einflusses von Pulsationen auf den Wirkdruck unter der Voraussetzung einer linearen Dämpfung der Wirkdruckmeßeinrichtung. Dazu gehören neben dem Meßumformer auch die Wirkdruckleitungen. Lineare Dämpfung heißt, daß der Wirkdruckmesser das arithmetische Mittel Δp der Wirkdrücke anzeigt. Diese Forderung ist bei einem großen Teil der gedämpften Wirkdruckmesser sicher nicht voll erfüllt: Im Betrieb wird der Meß- und Regelmechaniker meist die Absperrventile an den Druckentnahmestutzen, die „Staurandventile", so lange drosseln, bis die Pulsation des Meßsignals nicht mehr bemerkbar ist. Oft werden auch Lochblenden mit Bohrungen von etwa 0,5 mm eingesetzt. Der Widerstand von Lochblenden und Ventilen steigt aber bei turbulenter Strömung mit dem Quadrat der Strömungsgeschwindigkeit an und es stellt sich eine quadratische Mittelwertbildung ein, die – wenn beide Ventile nicht gleich stark gedrosselt sind – auch noch unsymmetrisch sein kann. Dadurch können sich die Meßfehler gegenüber der linearen Dämpfung um den Faktor 10 erhöhen.

2. Wirkdruckverfahren 327

Obwohl die Strömung in den Meßleitungen sicher nicht voll turbulent ist, kann mit obigen Maßnahmen lineare Dämpfung nicht sichergestellt werden, dafür ist vielmehr zu empfehlen:

- In beide Wirkdruckleitungen sind gleiche, linear dämpfende Kapillaren – z.B. Kapillardrosseln nach Abschnitt I. 3., Anforderungen an Druckmeßgeräte, Bilder 94, 95, 96 – möglichst nahe an der Meßblende einzubauen. Bei der Dampfmessung sind die Kapillaren im Kondensatteil der Wirkdruckleitung anzuordnen.
- Die Widerstände der Wirkdruckleitungen und der Entnahmebohrungen an der Meßblende sollen gegenüber denen der linearen Dämpfung sehr klein sein. Die Druckentnahmen sollen Einzelanbohrungen mit möglichst großem Durchmesser sein, Ringkammern sind zu vermeiden.

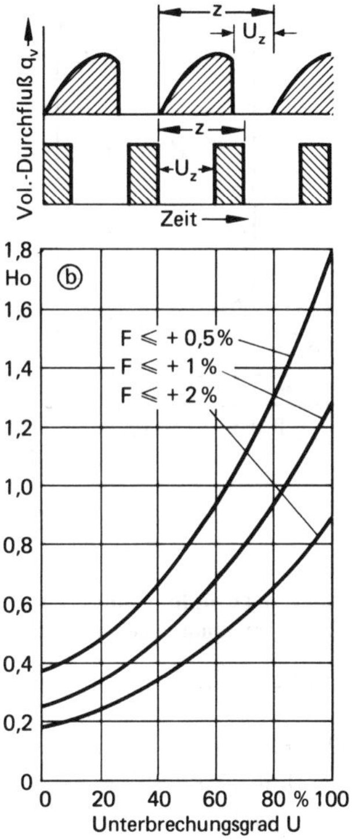

Bild 275. Mindestwerte der *Hodgsonzahlen* zur Begrenzung des Mittelwertfehlers F pulsierender Gasströme nach VDI 2040.
Abhängig vom Unterbrechungsgrad U am Pulsationserreger ist angegeben, wie groß die *Hodgsonzahl* mindestens sein muß, um den Mittelwertfehler auf +0,5 %, +1,0 % und +2 % zu begrenzen

$$(U = \frac{U_Z}{Z} \cdot 100).$$

4) Berechnung der Drosselgeräte

Nachdem nun das Wichtigste über die geometrische Form der Meßblende und Meßstrecke, über die Anforderungen an das Fluid und über den Einfluß von

328 IV. Durchflußmessung

Pulsationen bekannt ist, soll auf die Berechnung der Bohrungsdurchmesser d der Drosselgeräte kurz eingegangen werden.

Wenn der Massendurchfluß q_m, der Rohrleitungsquerschnitt A_D, der Wirkdruck Δp und die Dichte ρ_1 gegeben sind, muß Gl. (3) nach $m \cdot \alpha \cdot \varepsilon$ aufgelöst werden und es ergibt sich

$$m \cdot \alpha \cdot \varepsilon = \frac{q_m}{0{,}04 \cdot D^2 \cdot \sqrt{\Delta p \cdot \rho_1}} \quad (8)$$

Die Schwierigkeit des Ausrechnens von m liegt nun darin, daß α und ε auch von m abhängen, man α und ε also erst in Gl. (8) einsetzen kann, wenn m bekannt ist.

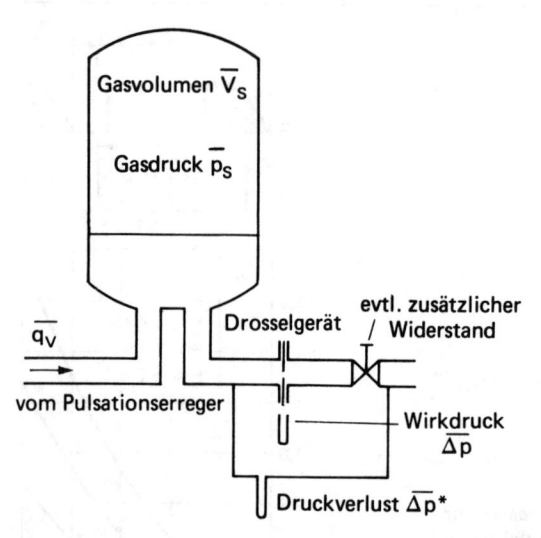

Bild 276. Dämpfung pulsierender Flüssigkeitsströme nach VDI 2040.
Mit einem Windkessel lassen sich pulsierende Flüssigkeitsströme dämpfen.

Diese Schwierigkeit kann durch *iterative Lösung* der Gleichung bewältigt werden: Zunächst werden $\varepsilon = 1$ gesetzt, aus Gl. (8) $m \cdot \alpha \cdot \varepsilon$ und aus Gl. (6) Re ausgerechnet. Mit diesen Werten läßt sich aus Bild 277 α entnehmen. Mit diesem α läßt sich aus Gl. (8) m bestimmen (immer noch unter der Voraussetzung, daß $\varepsilon = 1$ ist). Mit dem so errechneten m wird aus Bild 270 ε entnommen. Beim zweiten Rechnungsgang – beim zweiten Iterationsschritt – wird, statt $\varepsilon = 1$ zu setzen, dieser Wert für ε eingesetzt und $m \cdot \alpha$ erneut aus Gl. (8) errechnet. Aus Bild 277 wird nochmals α entnommen, daraus m bestimmt, ε erneut aus Bild 270 entnommen, usw.

2. Wirkdruckverfahren 329

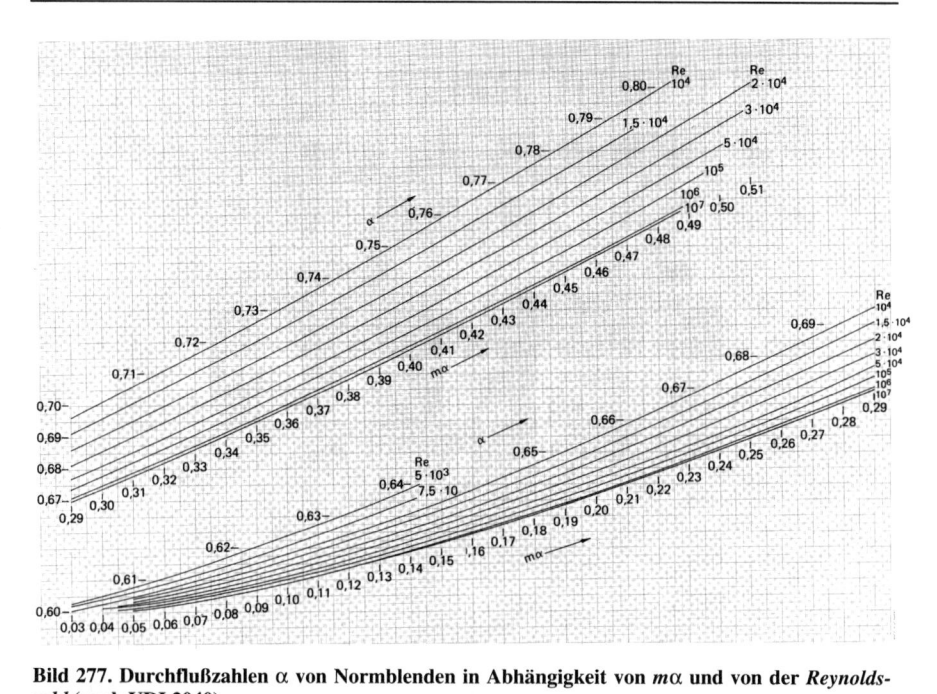

Bild 277. Durchflußzahlen α von Normblenden in Abhängigkeit von $m\alpha$ und von der Reynoldszahl (nach VDI 2040).

Meist ist es nicht erforderlich, mehr als zwei Iterationsschritte durchzuführen, wie es auch das folgende Berechnungsbeispiel zeigt: Es soll der Durchmesser einer Meßblende für Druckluft berechnet werden. Folgende Werte sind für den Auslegungszustand vorgegeben:

Massendurchfluß q_m = 600 kg/h,
Druck vor Blende p_1 = 2 bar,
Temperatur vor Blende T_1 = 100 °C,
Wirkdruck Δp = 490 mbar,
Rohrleitungsdurchmesser D = 50 mm.

Die Veränderung von D und α durch die Betriebstemperatur kann bei Temperaturen bis 100 °C vernachlässigt werden.

Aus Gl. (8) errechnet sich mit

$$\rho_1 = \frac{\rho_n \cdot p_1 \cdot T_n}{T_1 \cdot p_n} = \frac{1{,}2928 \cdot 2 \cdot 273{,}15}{373{,}15 \cdot 1{,}013} = 1{,}868 \; kg/m^3$$

m · α · ε zu

330 IV. Durchflußmessung

$$m \cdot \alpha \cdot \varepsilon = \frac{600}{0{,}04 \cdot 50^2 \cdot \sqrt{490 \cdot 1{,}868}} = 0{,}1983 ,\qquad (9)$$

aus Gl. (6) wird die Reynoldszahl ($\nu = 1{,}129 \cdot 10^{-5}$) zu

$$Re = \frac{354 \cdot 10^{-3} \cdot 600}{50 \cdot 1{,}129 \cdot 10^{-5} \cdot 1{,}868} = 2{,}014 \cdot 10^5 ,$$

und das Druckverhältnis p_2/p_1 ist 0,75.

Tabellarisch sollen die Rechenschritte dargestellt werden:

	ε	$m \cdot \alpha$	α	m	ε
abgeleitet	aus Spalte 5 dieser Tabelle	aus Gl. (9)	aus Bild 277,	aus	aus Bild 270, m^{43} und
Rechenschritte		$m \cdot \alpha = \dfrac{0{,}1983}{\varepsilon}$	m.α und Re	$m = \dfrac{m \cdot \alpha}{\alpha}$	$p_2/p_1 = 0{,}75$
Vorgabe	-	-	-	-	1,000
1. Schritt	1,000	0,1983	o,6375	0,3111	0,9168
2. Schritt	0,9168	0,2163	0,644	0,3359	0,9158
3. Schritt	0,9158	0,2165	0,6445	0,3360	0,9157

Beim dritten Rechenschritt haben sich α, m und ε praktisch nicht verändert, so daß $m = 0{,}336$ und damit $\beta = 0{,}58$ wird und sich der Blendendurchmesser d errechnet zu

$$d = D \cdot \beta = 50 \cdot 0{,}58 = 29 \text{ mm}.$$

Im Beispiel wird gezeigt, daß das Iterationsverfahren schon bei so extremen Druckverhältnissen wie $p_2/p_1 = 0{,}75$ schnell konvergiert, das heißt, daß sich dann die Ergebnisse der Rechenschritte nicht weiter verändern.

5) Unsicherheiten[44]

Bei der bisherigen Rechnung gab die hohe Rechengenauigkeit keinen Aufschluß über deren Unsicherheit. Nun sind einmal die Tabellenwerte aus Versuchsmeßergebnissen berechnet worden und haben deren Meßfehlern entsprechende Unsicherheiten. Zum anderen ist für die Einhaltung der Konstruktionsmaße und Einbauvorschriften ein gewisser Spielraum gegeben. Die Norm DIN 1952 berücksichtigt dieses durch Angabe von Unsicherheiten. Für den

---

[43] Für Luft ist k = 1,40.

[44] Zusammenfassend werden im Abschnitt 9 b Meßgenauigkeit und Fehlergrenzen behandelt.

Durchflußkoeffizienten C und für die *Durchflußzahl* α ergibt sich die *relative Unsicherheit* e_0 für Blenden so:

$\pm 0{,}6\%$ für $\beta \leq 0{,}6$ und $\pm \beta\%$ für größere β.

Die Angaben gelten bis $\beta = 0{,}8$ bei Blenden mit Eck-Druckentnahme und bis $\beta = 0{,}75$ für die anderen Normblenden.

In unserem Beispiel mit $\beta = 0{,}58$ und $Re = 2{,}015 \cdot 10^5$ ist

$e_0 = \pm 0{,}6 \%$.

Für die Expansionszahl ε gelten die Unsicherheiten e_ε:

β	e_ε
0,22 bis 0,75	$\pm 4 \, x \, \%$
0,75 bis 0,8	$\pm 8 \, x$

mit $x = \dfrac{\Delta p}{p_1}$.

In unserem Beispiel ist

$e_\varepsilon = \pm 4 \cdot x = \pm 4 \cdot 0{,}5/2 = \pm 1 \; [\%]$

bedingt durch den zum statischen Druck relativ hohen Wirkdruck – durch hohe Expansion – recht hoch.

Die Beträge dieser Unsicherheiten müssen – da die Vorzeichen so liegen können, daß die Unsicherheiten sich auch gegenseitig teilweise aufheben – geometrisch addiert werden:

$e_{0,\varepsilon} = \pm \sqrt{e_0^2 + e_\varepsilon^2}$.

In unserem Beispiel wird die durch e_0 und e_ε bedingte Gesamtunsicherheit.

$e_{0,\varepsilon} = \pm 1{,}17 \%$

das heißt, daß auch bei genauester Wirkdruck-, Druck- und Temperaturmessung, auch bei voll normgerechten Anfertigungs- und Einbaubedingungen eine Unsicherheit der Durchflußmessung von etwa 1,2 % übrigbleibt. Wie schon gesagt, wurden für die Expansion extreme Verhältnisse ausgewählt, um das Rechenverfahren deutlich zu demonstrieren. Sicher wird aber immer eine Meßunsicherheit

e_0 von etwa $\pm 0{,}5 \%$

übrigbleiben. Wenn diese Unsicherheit weiter gemindert werden soll, so muß man die Meßstrecke kalibrieren.

Erwähnt sei nur noch, daß zur Grundunsicherheit des α-Wertes e_0 noch Zusatzunsicherheiten für Sprünge im Einlauf e_{sp}, für die Exzentrizität e_{ex} und für Fassungsringe e_{fr} angegeben werden. Die Beträge dieser Unsicherheiten und e_0 sind aufzuaddieren; es ergibt sich die Gesamtunsicherheit des α- Wertes e_α zu

$$|e_\alpha| = |e_0| + |e_{sp}| + |e_x| + |e_{fr}|.$$

Werden nun auch noch die Unsicherheiten der Wirkdruckmessung $e_{\Delta p}$ und der Dichtebestimmung e_ρ sowie die Unsicherheiten e_D und e_d in der Bestimmung der Durchmesser D und d berücksichtigt, so ergibt sich das Meßspiel e_q für die Durchflußmessung zu

$$e_q = \pm \sqrt{e_\alpha^2 + e_\varepsilon^2 + \frac{1}{4}e_{\Delta p}^2 + \frac{1}{4}e_\rho^2 + e_D^2\left(2\frac{\beta^4}{\alpha}\right)^2 + e_d^2\left(2+2\frac{\beta^4}{\alpha}\right)^2}$$

Das Meßspiel e_q gilt mit einer statistischen Sicherheit von mindestens 95 %, das heißt, von 100 Messungen werden mindestens 95 weniger als e_q % vom richtigen Wert abweichen. Für unser Beispiel sollen noch folgende Toleranzen angenommen werden:

$e_{sp} = e_{ex} = e_{fr} = 0$,

$e_{\Delta p} = 1$ % (das bezieht sich hier auf den *Meßwert(Momentanwert)* und nicht, wie meist angegeben, auf den *Endwert*),

$e_\rho = 1$ % und

e_D und $e_d = 0{,}2$ %.

Es wird dann:

$$e_q = \pm \sqrt{0{,}6^2 + 1^2 + \frac{1}{4}1^2 + \frac{1}{4}1^2 + 0{,}2^2(2\cdot 0{,}175)^2 + 0{,}2^2(2+2\cdot 0{,}175)^2}$$

$e_q = \pm 1{,}44$ %.

Man sieht daraus, daß e_q sich gegenüber $e_{0,\varepsilon}$ nicht wesentlich vergrößert hat: Bei der geometrischen Addition geht der größte Fehler stark ein. Für Flüssigkeitsmessungen wäre $e_\varepsilon = 0$, und es ergäbe sich für sonst ähnliche Bedingungen

$e_q = \pm 1$ %.

2. Wirkdruckverfahren

b) Durchflußmessungen mit anderen genormten Drosselgeräten

In DIN 1952 sind, wie für Blenden, ähnliche Vorschriften, Tabellen und Berichtigungswerte auch für Düsen (Bild 278) und Venturidüsen (Bild 279) angegeben.

Wann sind nun welche Drosselgeräte vorteilhaft einzusetzen? Normblenden haben den großen Vorteil der einfachen und preiswerten Herstellung und der Möglichkeit, die Blendenöffnung zu vergrößern. Es sind im wesentlichen drei Nachteile der Blende, die in bestimmten Fällen den Einsatz von Normdüsen oder Normventuridüsen vorteilhaft machen:

- Blenden sind schmutzempfindlicher als Düsen,
- Blenden haben bei gleichem Wirkdruck größere bleibende Druckabfälle als Venturidüsen,
- Blenden haben bei gleichem Wirkdruck ein um etwa 20 % größeres Durchmesserverhältnis β als Düsen.

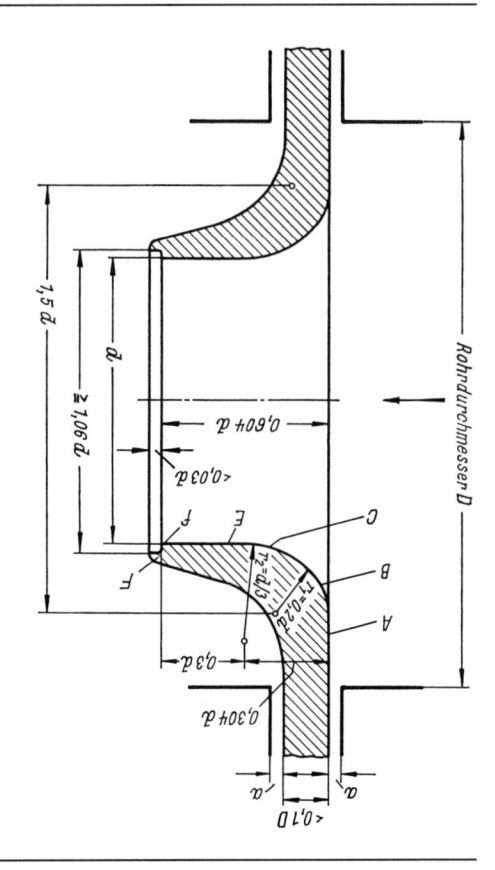

Bild 278. Normdüse nach DIN 1952. Die Umrißlinien der Normdüse sind rotationssymmetrisch. Sie setzen sich zusammen aus der Stirnfläche A, dem Einlaufprofil (Kreisbögen B und C), dem zylindrischen Teil E, der Auslaufkante f, dem Schutzrand F und der Rückseite der Düse.

IV. Durchflußmessung

● *Verschmutzungseinflüsse*

Die scharfe Einlaufkante der Blende wird sich durch Verschmutzung, Abtragung und Korrosion im Laufe der Betriebszeit abrunden und der Blende ein düsenähnliches Einlaufprofil geben: Der α-Wert steigt. Bei gleichem Öffnungsverhältnis und gleichem Durchfluß wird dadurch der Wirkdruck geringer: Durch Verschmutzung zeigt die Blendenmessung *weniger* an.

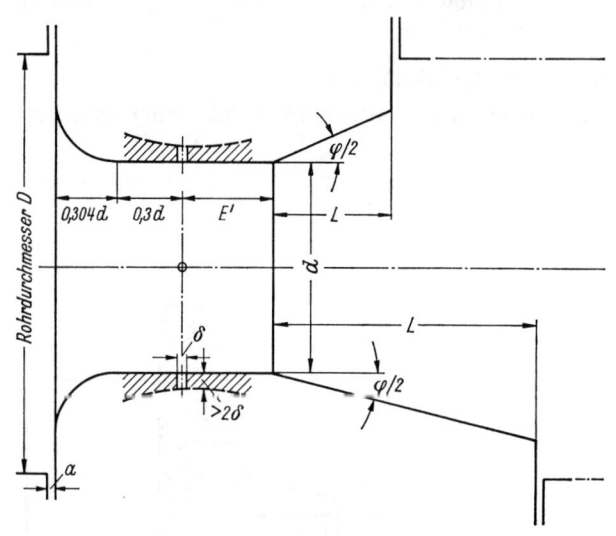

Bild 279. Normventuridüse nach DIN 1952.
Die Einlaufseite entspricht der Normdüse nach Bild 278, der zylindrische Teil E' hat die Länge 0,4 bis 0,45 d, der kegelige Diffusor schließt sich unmittelbar an. Die Länge des Diffusors ist praktisch ohne Einfluß auf die Durchflußzahl α, beeinflußt jedoch den bleibenden Druckverlust.

Auch Düsen verschmutzen. Dort spielt aber die Verschmutzung der Einlaufrundung eine geringe Rolle. Der für die Messung maßgebliche Düsenhals bleibt meist länger sauber. Bei stärkerer Verschmutzung zeigt die Düsenmessung *mehr* an. Außerdem beeinflußt die Rohrrauheit Blendenmessungen mehr als Düsenmessungen.

● *Durchflußzahlen*

Daß Blenden eine kleinere Durchflußzahl als Düsen haben und damit bei gleichem Wirkdruck ein größeres β macht sie empfindlicher gegen Ein- und Auslaufstörungen (siehe Bild 267, das die erforderlichen Ein- und Auslauflängen unabhängig vom Drosselgerät, nur abhängig vom Durchmesserverhältnis β angibt). Bei sehr hohen Strömungsgeschwindigkeiten kann bei vorgegebenem

Wirkdruck das β für Blenden zu groß werden, so daß Düsen eingesetzt werden müssen.

● *Bleibender Druckabfall*

Blenden – aber auch Düsen – haben schließlich einen relativ hohen bleibenden Druckabfall ($\Delta p_{\text{bleibend}}$). Dieser liegt – wie Bild 280 zeigt – zwischen 100 und 40 % des Wirkdruckes; überschlägig ist

$$\Delta p_{\text{bleibend}} = (1 - \beta^2)\, \Delta p.$$

Dabei ist zu beachten, daß im Bild 280 auf der Abzisse das dem Durchfluß proportionale Produkt $m \cdot \alpha$ und nicht m aufgetragen ist. Venturirohre liegen bezüglich des bleibenden Druckabfalles wesentlich günstiger. Der zur Messung erforderliche Wirkdruck wird durch das konische Auslaufprofil wieder weitgehend zurückgewonnen. Es bleibt ein Verlust von 10 % und weniger. Bei großen Durchflüssen kann der Druckverlust kostspielig werden: Der Druckabfall von 0,1 bar kostet bei einem Durchfluß von 1000 m³/h Wasser etwa 1600 DM/Jahr und bei 10000 m³/h Luft 8000 DM/Jahr. Es ist in diesen Fällen zu überlegen, ob aus Energiegründen nicht einem Venturirohr der Vorzug gegeben werden soll.

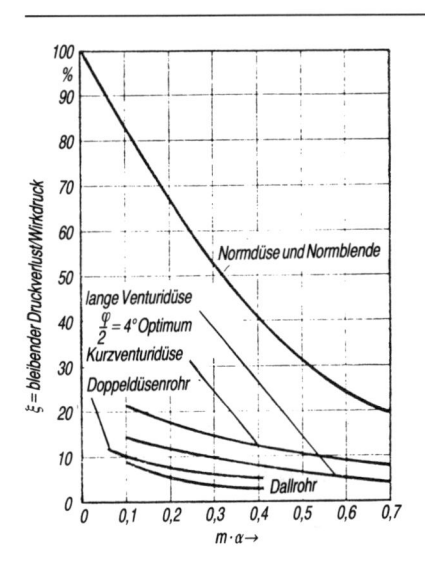

Bild 280. Bleibender Druckverlust von Drosselgeräten.
Der bleibende Druckverlust ist abhängig vom dem Durchfluß proportionalen Produkt $m \cdot \alpha$ angegeben.

Die Profile der im Bild 280 genannten Venturirohre zeigt Bild 281.

Auch der Vergleich der Druckabfälle von Drosselgeräten mit Rohrstrecken gleichen Druckabfalles ist interessant. Nach Bild 282 kann der Druckabfall einer Meßblende dem einer Rohrleitung von 10000 m (10 km!) entsprechen.

IV. Durchflußmessung

● *Andere Normblenden*

In der Neuausgabe von DIN 1952 sind auch Blenden mit anderen Druckentnahmen genormt.

Wie Bild 283 zeigt, gibt es

- Eck-Entnahmen,
- Flansch-Entnahmen und
- D und $D/2$-Entnahmen.

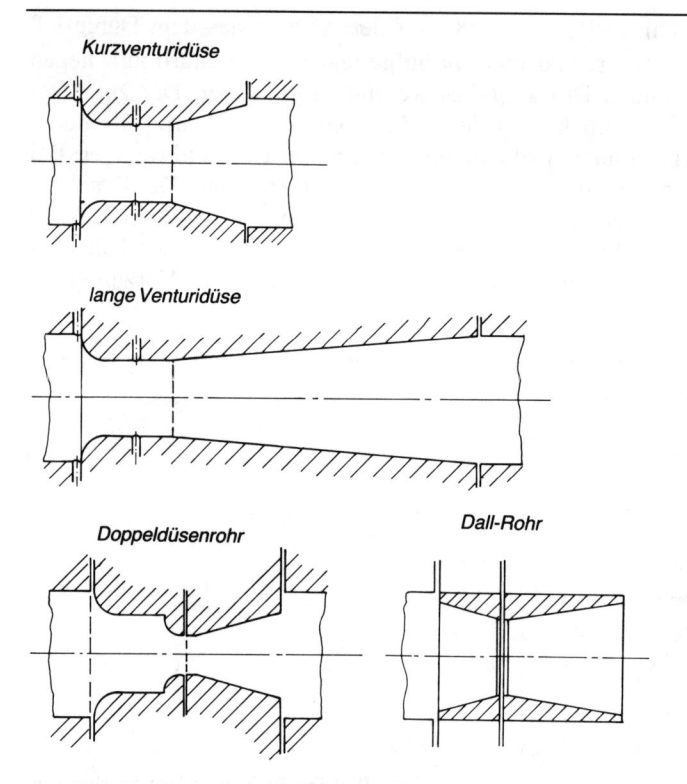

Kurzventuridüse

lange Venturidüse

Doppeldüsenrohr   **Dall-Rohr**

Bild 281. Profile verschiedener Venturirohre.
Das Profil eines Venturirohres kann den bleibenden Druckverlust stark beeinflussen.

Auf die Eck-Entnahme, die durch Einzelanbohrungen oder Ringkammern geschehen kann, wurde bereits eingegangen. Blenden mit Flanschanbohrung entnehmen die Drucke im festen Abstand von 1" + 1/32" vor und hinter den Stirnflächen der Blendenscheibe. Die Druckentnahmestellen der D- und $D/2$-Blenden liegen im Abstand von $1\,D + 0{,}1\,D$ vor der Blende, dahinter im Abstand von 0,48 bis $0{,}52\,D$ für $\beta \leq 0{,}6$ und von $0{,}49\,D$ bis $0{,}51\,D$ für $\beta > 0{,}6$.

An dieser Stelle ist das Druckminimum und damit verbunden die engste Einschnürung des Strahles (siehe Bild 261).

Alle drei Ausführungen haben Vor- und Nachteile: für die Eck-Entnahme spricht, daß sich das ganze Drosselgerät als einziges Bauelement in einem Ring von 25 mm Stärke unterbringen läßt, der nur zwischen die Flansche der Anschlußleitung gesteckt zu werden braucht. Kritisch sind – besonders bei kleinen Nennweiten – die Durchmesser der Anbohrungen; die, um der Ähnlichkeit gerecht zu werden, bis auf 1,5 mm bei DN 50 eingeschränkt werden müssen. Derartig geringe Bohrungen können sich leicht zusetzen, auch können Kapillarkräfte den Meßwert verfälschen. Meist wird die Bohrung für nicht reine Medien auf Kosten einer geringen Erhöhung des Meßfehlers vergrößert.

D- und *D*/2-Entnahmen erfordern das Einbringen sorgfältig entgrateter, mit der Rohrwand innen bündig abschließender Druckentnahmestutzen in die vor- und nachgeschalteten Rohrleitungen. Die Vorschrift für die Durchmesser der Entnahmebohrungen ist recht einfach, sie liegen vorzugsweise zwischen 6 und 12 mm.

Flansch-Entnahmen sind nicht geometrisch ähnlich: Die Lage der Bohrungen ist nicht in Vielfachem von *D*, sondern in festen Abständen angegeben. Aus diesem Grunde ist der α-Wert stark von der Nennweite der Rohrleitung abhängig und für jede Rohrnennweite sind gesonderte Tabellen oder graphische Darstellungen erforderlich. Andererseits sind die Durchmesser von 4 mm für Nennweiten bis einschließlich 100 mm und 6 mm für größere Nennweiten praktikabel. Die Bohrungen sind leicht durchzustoßen, da sie – im Gegensatz zur Eckentnahme – die gleiche Symmetrieachse haben wie die Druckentnahmestutzen. Vorteilhaft ist weiterhin, daß die Fassungsringe und damit auch die durch sie bedingten Fehlermöglichkeiten entfallen.

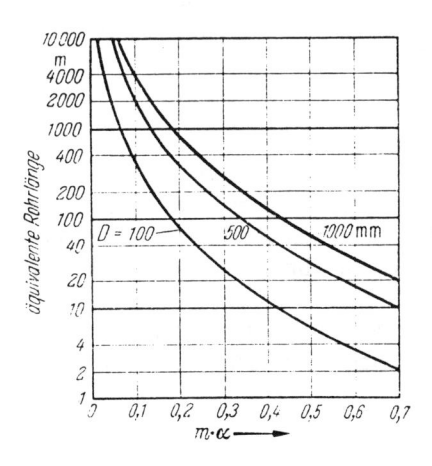

Bild 282. Vergleich der Druckverluste von Normblenden mit Rohrleitungen gleicher Nennweite. Abhängig vom Öffnungsverhältnis des Drosselgeräts können sich Druckverluste ergeben, die Druckverlusten von bis zu 10 km langen Leitungen entsprechen.

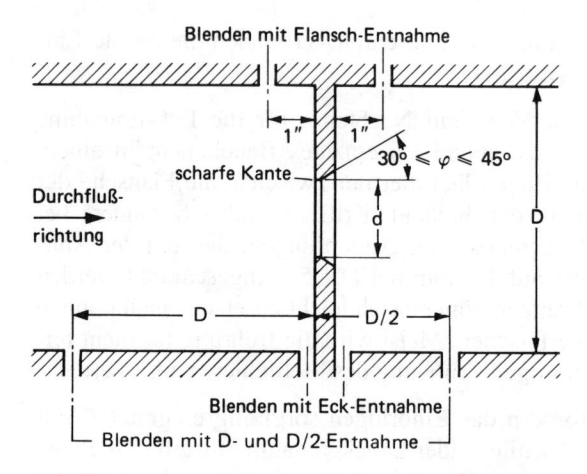

Bild 283. Druckentnahmen verschiedener Normblenden.
Eck-, Flansch- und D- und $D/2$-Entnahmen haben Vor- und Nachteile, die es gegeneinander abzuwägen gilt.

c) Durchflußmessungen mit nicht genormten Drosselgeräten

Im wesentlichen werden es die geschilderten Gesichtspunkte sein, die den Anwender veranlassen, ein anderes genormtes Drosselgerät als eine Blende zu wählen. Es gibt aber Anwendungsfälle, die außerhalb des Bereiches der Normen liegen oder bei denen z.B. durch starke Verschmutzungen die Normbedingungen auf Dauer nicht einzuhalten sind.

● *Drosselgeräte für kleine Reynoldszahlen*

Vor allem bei kleinen Durchflüssen zäher Fluide wird die Beschränkung auf Reynoldszahlen über 10000 der Messung mit genormten Geräten schnell eine Grenze setzen. Es bieten sich für den Einsatz bei kleinen *Reynoldszahlen* Viertelkreisdüsen und doppelt abgeschrägte Blenden an (Bild 284).

Viertelkreisdüsen nach VDI/VDE 2041 sind Düsen mit konstantem Krümmungsradius. Sie gewähren hinreichende Konstanz der α-Werte für *Reynolds*zahlen zwischen 500 und 10^5, die Öffnungsverhältnisse m können zwischen 0,04 und 0,4 und die Rohrleitungsdurchmesser zwischen 40 und 150 mm liegen. Bei kleineren Durchmessern ist die Meßeinrichtung zu kalibrieren. Für *Reynolds*zahlen zwischen 500 und 4000 sind besondere Rohrleitungserweiterungen im Einlauf erforderlich, um auch im laminaren Strömungsbereich eine Geschwindigkeitsverteilung zu erreichen, die der einer turbulenten Rohrströmung entspricht.

2. Wirkdruckverfahren 339

Im übrigen gelten weitgehend die für die Durchflußmessung nach DIN 1952 relevanten Gesichtspunkte. Es ist allerdings mit höheren Unsicherheiten zu rechnen (z.B. $e_\alpha = +1,5\%$).

Für Reynoldszahlen bis zu 50 eignen sich doppelt abgeschrägte Blenden. Der α-Wert ist durch Kalibrierung zu bestimmen.

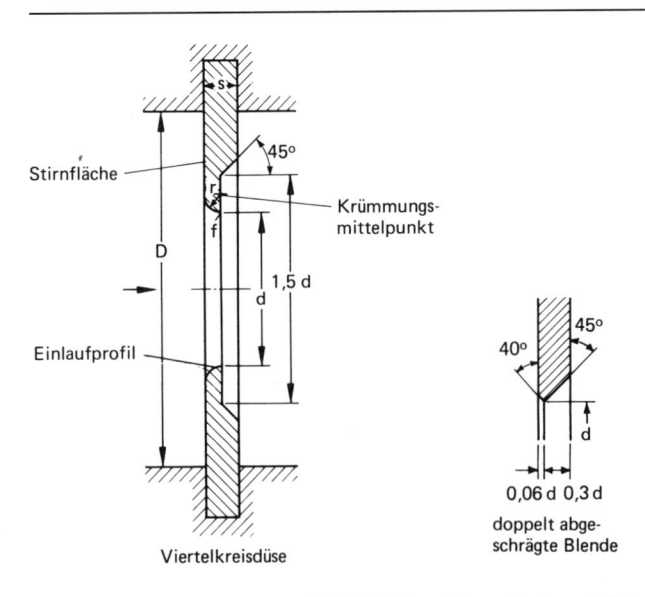

Bild 284. Viertelkreisdüsen nach VDI 2041 und doppelt abgeschrägte Blenden.
Für die Durchflußmessung von Strömungen mit kleinen *Reynoldszahlen* bieten sich Viertelkreisdüsen und doppelt abgeschrägte Blenden an.

Beispiele für Drosseldurchflußmessungen bei kleinen Reynoldszahlen sind die für die Messung kleiner Durchflüsse geeigneten Düsentransmitter (Bild 285): Der Gas- oder Flüssigkeitsstrom durchfließt die Pluskammer eines handelsüblichen Meßumformers für Differenzdruck. Am Ausgang der Kammer ist eine Düsenbrücke aufgeschraubt, die eine Blendenscheibe mit Bohrungen zwischen etwa 0,5 und 6 mm trägt und die – in Strömungsrichtung hinter der Blende – die Verbindung mit der Minuskammer vermittelt. Standardmäßig ergeben sich kleinste Meßbereichsendwerte von 2 l/h Wasser oder 60 l/h Luft; Durchflüsse, die sich auch mit anderen Geräten gerade noch ohne große Probleme meistern lassen. In Sonderausführungen mit Edelsteineinsatz in der Blendenscheibe sind noch kleinere Bohrungen möglich, so daß sich minimale Durchflüsse von 10 cm³/h Wasser oder 300 cm³/h Luft als Meßbereichsendwerte ergeben(!). Das sind erstaunlich geringe Durchflüsse – 10 cm³ Wasser sind etwa 60 Tropfen aus der Wasserleitung, das heißt, daß bei Vollausschlag jede Minute ein Tropfen fällt! Es muß natürlich das Produkt sorgfältig gefiltert und die Meßeinrichtung bei Betriebsreynoldszahl kalibriert werden, denn bei derartig kleinen Durchflüssen ist die Unabhängigkeit des α-Wertes von der *Reynoldszahl* nicht mehr gegeben.

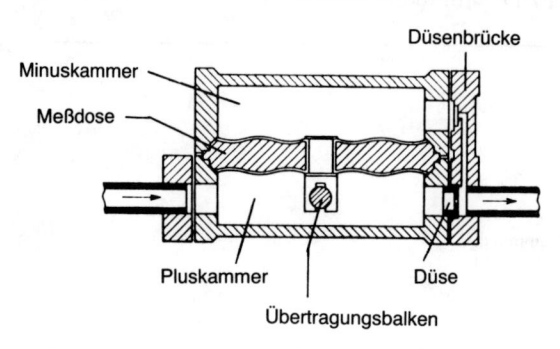

Bild 285. Düsentransmitter (Foxboro-Eckardt)

In anderen Düsenbrücken werden beide Kammern des Meßumformers durchströmt, oder es liegen beide Kammern im Nebenschluß zu einer Meßstrecke.

Die Anordnung der Düse nach Bild 286 ist insofern interessant, als sie die Möglichkeit bietet, mit dem normalen „Dreier"-Block (Bild 105) sowohl den Meßumformer überprüfen, als auch die Düse reinigen und auswechseln zu können.

● *Blendenschieber*

Die Möglichkeit, mit hoher Genauigkeit auch bei stark verschmutzenden Meßstoffen oder bei großem Meßumfang zu messen, bietet der Blendenschieber: Unter Betriebsbedingungen kann über eine schieberartige Einrichtung der Blendeneinsatz gewechselt werden. Dadurch bietet sich einmal die Möglichkeit, die Blende reinigen und auswechseln zu können, ohne die Leitung entspannen zu müssen. Zum anderen können bei wechselnden Durchflüssen die Durchmesser der Einsätze z.B. stets so angepaßt werden, daß die Anzeige zwischen 70 und 100 % des Wirkdruckmesser liegt, in einem Bereich, im dem sich eine hohe Meßgenauigkeit erreichen läßt. Bild 287 zeigt einen Blendenschieber.

Problematisch können die Abdichtungen zwischen Blende und Rohrleitung sein; lästig kann das Auswechseln der Einsätze werden, wenn die Lastschwankungen sich häufig einstellen. Außerdem muß gewährleistet sein, daß auf dem Registrierstreifen zuverlässig vermerkt wird, welcher Einsatzgröße die Registrierspur entspricht. Diese Geräte kommen in Deutschland weniger zum Einsatz, werden oder wurden aber z.B. von westeuropäischen oder US-

2. Wirkdruckverfahren 341

amerikanischen Firmen mit gutem Erfolg zur Abrechnung von Ethylenmengen eingesetzt, die bei überkritischen Drücken zu messen sind. In diesem Zustand sind nämlich auch alle anderen Meßmöglichkeiten mehr oder weniger problembehaftet.

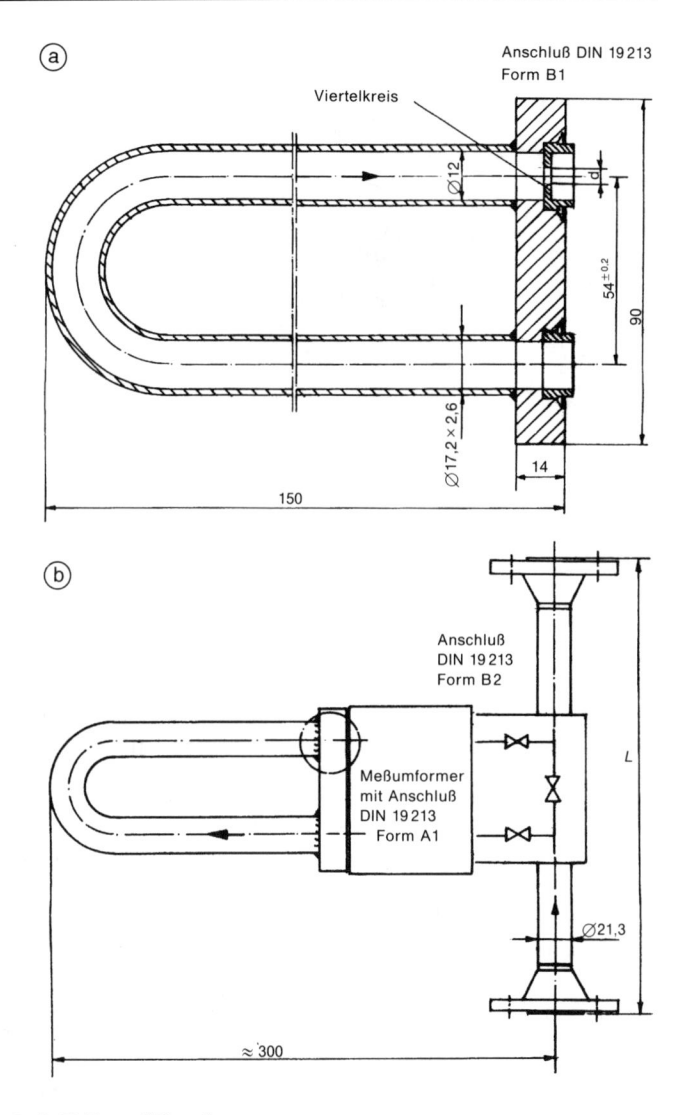

Bild 286. Düsenmeßbrücke in U-Form (Himpe).
Mit dieser U-förmigen Düsenbrücke (Teilbild a) lassen sich durch Zwischenschalten von Dreierblöcken (Teilbild b) sowohl der Meßumformer als auch die Düse im laufenden Betrieb warten oder auswechseln.

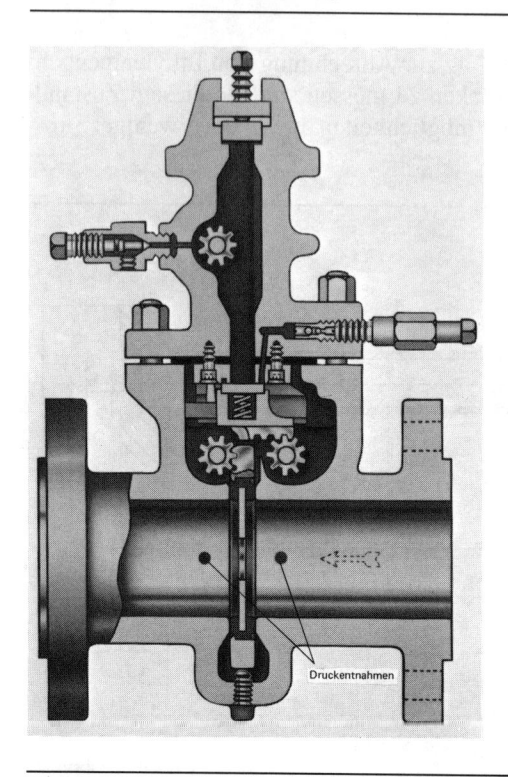

Bild 287. Blendenschieber (Daniel).
Ein Blendenschieber ermöglicht es, die Blende unter Betriebsdruck auszubauen: Die Meßeinrichtung kann leicht gereinigt oder durch Austausch des Blendeneinsatzes sich ändernder Last angepaßt werden.

● *Segmentblenden*

Für mit Flüssigkeitstropfen beladene Gase und für gelegentlich aufschäumende, für ausgasende oder mit Feststoffen beladene Flüssigkeiten lassen sich Durchflußmeßaufgaben oft mit Segmentblenden (Bild 288) erfolgreich lösen.

Sie unterscheiden sich von Normblenden durch die Blendenöffnung. Sie bildet einen Kreisabschnitt, ein Segment mit der Höhe h. Diese Form ermöglicht es, daß je nach Lage des Segmentes Gasblasen, Flüssigkeitstropfen oder Feststoffe die Drosselstelle ungehindert durchströmen können (Bild 289). Bei Normblenden würden sich diese Komponenten an der Drosselstelle anreichern und die Messung verfälschen.

Für Segmentblenden gelten – sinngemäß angewandt – im wesentlichen die gleichen Anforderungen wie für Normblenden. Segmentblenden zeigen Konstanz der Durchflußzahlen über einen großen Bereich der Reynoldszahlen (etwa $Re > 10^4$). Sie hängen dort von der Reynoldszahl nicht ab. Das Öffnungsverhältnis ist hier das Verhältnis der Fläche des freien Segmentes zum Rohrquerschnitt. Der Wirkdruck wird zweckmäßig im Scheitel der Blende entnommen, wegen geringeren Versuchsmaterials ist mit größeren Unsicherheiten zu rechnen.

2. Wirkdruckverfahren 343

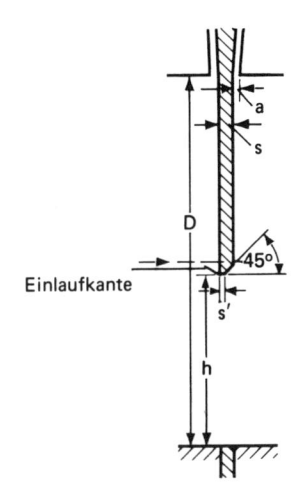

Bild 288. Segmentblende nach VDI 2041.
Statt der konzentrischen Bohrung der Normblende durchfließt das Fluid hier ein Kreissegment mit der Höhe *h*. Die Durchflußzahlen sind in einem weiten Bereich von der *Reynoldszahl* unabhängig.

Das Prinzip der Segmentblende wendet der Segmentblendenschieber für extreme Durchflußmeßbereiche an: Ein Flachplattenschieber mit elektrohydraulischem Antrieb hat eine Schieberplatte, die als Segmentblende ausgearbeitet ist. Je nach Stellung wird ein mehr oder weniger großes Segment freigegeben. Im Scheitel befinden sich Druckentnahmebohrungen für die Wirkdruckmessung (Bild 290). Das Gerät bietet einen sehr großen Meßbereich von 1:50 an, da sich das Öffnungsverhältnis variieren läßt. Bei einer Blende mit festem m beträgt der Meßbereich mit einem Meßumformer nur 1:3 (!).

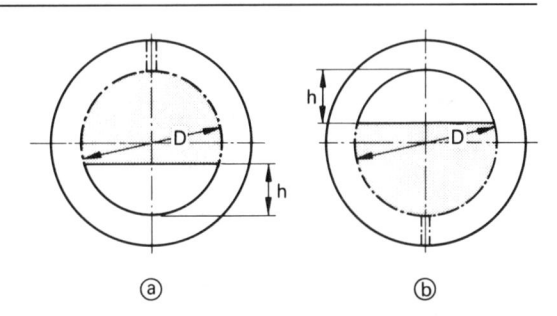

Bild 289. Einbauarten von Segmentblenden nach VDI 2041.
Je nach Einbauart können störende Einflüsse durch Feststoffe in Flüssigkeiten oder tropfbare Flüssigkeit in Gasen (a) oder durch Entgasung und Aufschäumung (b) gemindert werden.

Zur Berechnung des Durchflusses müssen Wirkdruck und Schieberstellung berücksichtigt werden. Die Steuerung des Schiebers geschieht für Meßzwecke so, daß sich immer ein zum Messen günstiger Wirkdruck einstellt. Der Durchfluß wird dann aus der Schieberstellung über einen Weggeber und entsprechende Rechengeräte automatisch ermittelt (Teilbild a). Für Regelzwecke kann – wie im Teilbild b gezeigt – der Durchfluß (abhängig von Schieberstellung und Wirkdruck) vorgegeben und durch Variation der Schieberstellung konstant gehalten werden.

● *Staugefäßmessung*

Eine Sonderform der Durchflußmessung ist die Staugefäßmethode: Der Durchfluß im Staugefäß ist vom Füllstand abhängig, und über eine Füllstandmessung läßt sich der Durchfluß bestimmen (Bild 291). Dieses Verfahren bietet sich z.B. für Rücklaufmessungen in Kolonnen an, wo das kondensierte Produkt auf einem Boden gesammelt und in ein Staugefäß innerhalb der Kolonne geleitet wird. Bei tiefkalten Meßstoffen zeigt eine Hampsonmeterfüllstandmessung (siehe II. 2 c) den Rücklauf an.

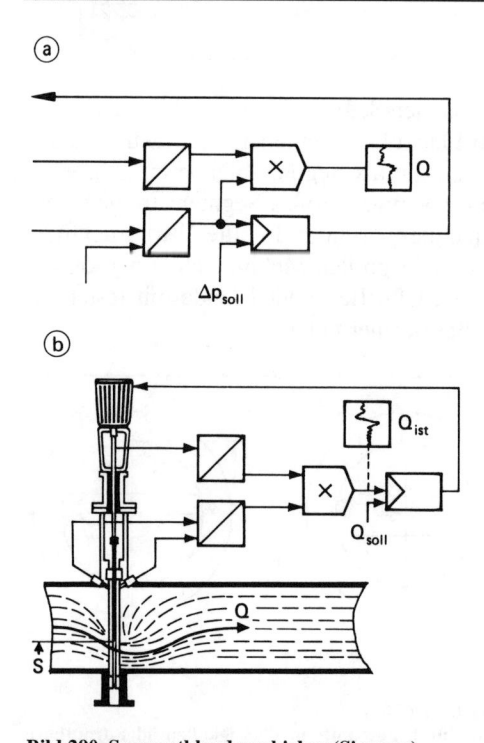

Bild 290. Segmentblendenschieber (Siemens).
Der Segmentblendenschieber hat ein variables Öffnungsverhältnis und ist damit für extreme Durchflußbereiche geeignet. Je nach Schaltung kann er als Meßgerät (a) oder als Durchflußregelgerät (b) eingesetzt werden.

Bei der Staugefäßmessung ist besonders zu beachten, daß die Stirnfläche der Blende bündig mit dem Gefäßboden abschließt und innerhalb des Abstandes von 5 d keine störenden Einbauten vorhanden sind. Durch Siebbleche muß un-

2. Wirkdruckverfahren

ter Umständen verhindert werden, daß sich auf der Flüssigkeitsoberfläche Saugtrichter ausbilden. Besonderer Wert ist auf Kantenschärfe zu legen. Der Volumenstrom ist – unabhängig von der Dichte – $q_v = 0{,}000396 \cdot \alpha \cdot d^2 \cdot \sqrt{h}$, d und h in mm, q_v in m³/h. α hat ähnliche Werte wie für Normblenden. Berechnungsverfahren sind in VDI/VDE 2041 angegeben.

● *Klassische Venturirohre*

Zu erwähnen ist auch das klassische Venturirohr (Bild 292). Klassische Venturirohre sind gegenüber der Normventuridüse leichter aus Blech herzustellen, da sie nur aus kegeligen oder zylindrischen Stücken bestehen. Sie sind weniger empfindlich gegen Ablagerungen aus schmutzigen Fluiden und sie erfordern kürzere ungestörte Einlaufstrecken als andere Normdrosselgeräte nach DIN 1952. Ein dem Venturirohr ähnliche Konstruktion, ein Dall-Rohr zeigt Bild 293. Dall-Rohre zeichnen sich durch sehr geringe bleibende Druckverluste aus.

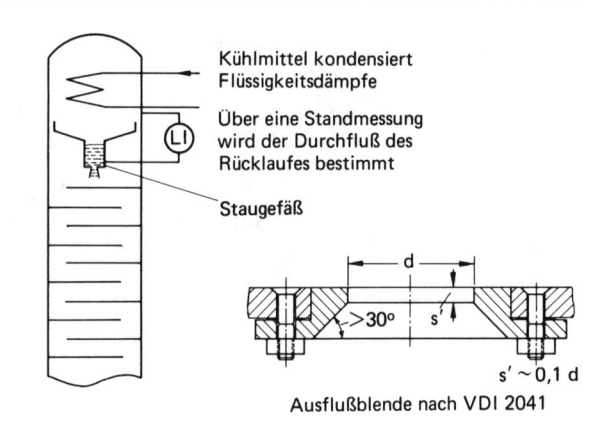

Bild 291. Durchflußmessung mit einem Staugefäß.
Die Füllhöhe in einem Staugefäß zeigt den Volumenstrom dichteunabhängig an.

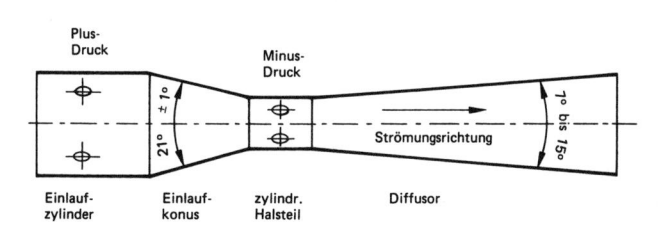

Bild 292. Klassisches Venturirohr.

346   IV. Durchflußmessung

● *V-Konus-Durchflußmesser*

Venturirohr-ähnliche Eigenschafen hat das V-Konus-Durchflußmeßgerät: Der zur Rohrachse konzentrische V-Konus (Bild 294) entspricht im Prinzip einem komplementären Venturirohr. Die Geräte sind standardmäßig lieferbar in den Nennweiten DN 15 bis 1000 und für maximale Betriebsdrücke bis PN 140. Ihre Meßeigenschaften entsprechen denen der Venturirohre: Relativ zur Blende geringe Ein- und Auslaufstrecken, geringer bleibender Druckverlust, unempfindlich gegen Kantenunschärfen und Verschmutzungen. Darüber hinausgehend bietet es auch Vorteile gegenüber dem klassischen Venturirohr: Eignung auch für nicht turbulente Strömungen und damit größere Meßspannen bis 1:30 (bei *Reynolds*zahlen unter 8000 ist der Durchflußkoeffizient allerdings nicht mehr linear, dafür aber auf 0,1 % reproduzierbar), noch unempfindlicher gegen Verschmutzungen, individuelle Kalibrierung und geringere Gestehkosten [18].

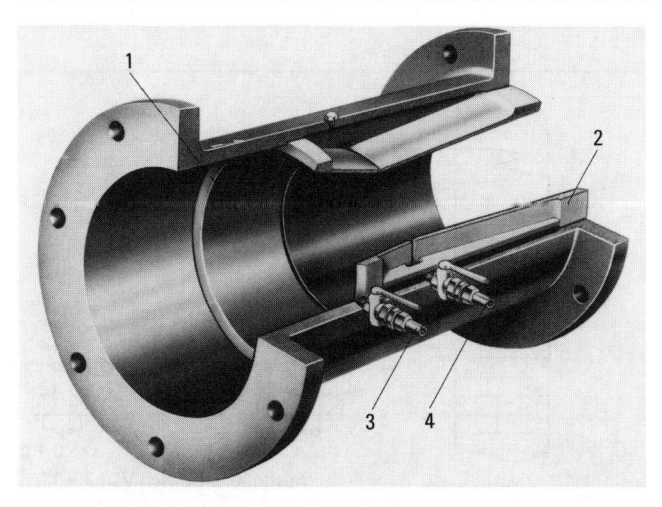

Bild 293. Dall-Rohr (ABB Industrietechnik).
Auf sehr geringe bleibende Druckabfälle ausgelegt sind Dall-Rohre. Der Diffusor sitzt direkt hinter dem Konfusor (ein zylindrisches Verbindungsstück wie beim Venturirohr fehlt). Der Minusdruck wird im Bereich einer stark gekrümmten Strömung entnommen und damit durch zentripetale Druckgefälle zusätzlich verringert. 1 Konfusor, 2 Diffusor, 3 Plusdruck-Entnahme, 4 Minusdruckentnahme.

Für die Dämpfung der Differenzdruckmeßumformer und damit für ihre Einstelldauer interessant ist, daß Wirkdruckgeber unterschiedliches, von der Art des Wirkdruckgebers abhängiges Strömungsrauschen erzeugen: die Meßblende z.B. ein niederfrequentes mit größerer Amplitude, der V-Konus ein höherfrequentes mit kleinerer Amplitude, das leichter zu dämpfen ist (Bild 295).

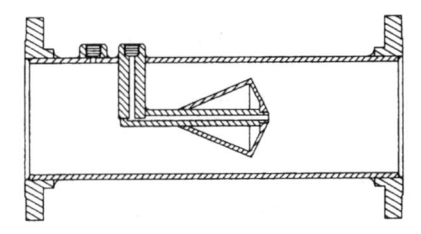

Bild 294. V-Konus Durchflußmesser (Schwing).
Die zum Venturirohr komplementären Einbauten liefert der Hersteller in ein geflanschtes Präzisionsrohr eingebaut (Bild), als Eintauch-Version (Rohraufsatz mit Flansch zum Aufschweißen auf eine vorhandene Rohrleitung) oder als Sandwich-Version (Montage zwischen Flanschen). Jede Ausführung hat Direktanflanschmöglichkeiten für Meßumformer.

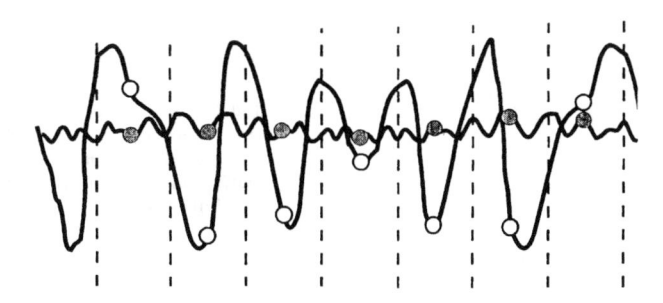

Bild 295. Strömungsrauschen an einer Meßblende und am V-Konus Durchflußmesser (Schwing).
Das Bild zeigt Strömungsrauschen bei konstantem Durchfluß. Die Amplitude des Rauschpegels der Blendenmessung und seine Schwingungsdauer liegen jeweils etwa um den Faktor Fünf größer als die des V-Konus gleichen Öffnungsverhältnisses und gleicher *Reynolds*zahl.

2.2 Durchflußmessungen mit Staugeräten

Geringere Bedeutung als Drosselgeräte haben für die Durchflußmessung Staugeräte, Staurohre und Stauscheiben (Bild 296), obwohl gewisse Durchflußmeßaufgaben nur mit Staugeräten zu lösen sind.

Staugeräte unterscheiden – einfach ausgedrückt – zwischen dem Druck, den die Strömung in Strömungsrichtung und senkrecht zur Strömungsrichtung ausübt; genau wie der Mensch, der gegen den Sturm angehen muß, diese Unterschiede empfindet und daraus Rückschlüsse auf die Stärke des Sturmes zieht. Der in Strömungsrichtung wirkende Druck ist der Gesamtdruck P_G, der senkrecht dazu wirkende der statische Druck p. Aus der Differenz dieser Drücke läßt sich die Strömungsgeschwindigkeit u in der Umgebung des Staugerätes berechnen zu

$$u = 14{,}05 \sqrt{(P_G - p)/\rho} \quad \text{m/s} \tag{10}$$

ρ Betriebsdichte in kg/m³ und
$P_G - p$ Wirkdruck in mbar

Durch Abtasten des Strömungsprofiles kann aus den unterschiedlichen Strömungsgeschwindigkeiten u die mittlere, $\overline{u}$, gefunden und daraus der Durchfluß berechnet werden. Wenn dagegen das Strömungsprofil bekannt ist, läßt sich die mittlere Geschwindigkeit aus der maximalen u_{max} berechnen. Je nach Rohrrauhigkeit ist bei turbulenten Strömungsprofilen

$u = 0{,}91\, u_{max}$ (bei sehr glatten Rohren) bis

$u = 0{,}77\, u_{max}$ (bei sehr rauhen Rohren).

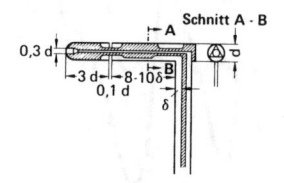

Bild 296. Staugeräte.
Mit Staurohren läßt sich die Geschwindigkeit eines Strömungsfadens messen. Ist das Staugerät an einer repräsentativen Stelle des Querschnittes angebracht, so errechnet sich der Volumendurchfluß aus dem Produkt dieser Messung mit einem festen Faktor.

● *Punktuell arbeitende Staurohre*

Punktuell arbeitende Staurohre messen den Staudruck *nur eines Strömungsfadens*. Sie werden an Stellen eingebracht, an denen die mittlere Geschwindigkeit herrscht. Das ist – unabhängig von der Rohrrauhigkeit – im Abstand von 76,2 % des Rohrradius von der Rohrachse bei turbulenter und im Abstand von 70,7 % bei laminarer Strömung der Fall (Bild 297).

Mit zwei gekreuzten, beidseitig fixierten Sechsecksonden – eine für den Staudruck, die andere für den statischen Druck – arbeitet die Meßeinrichtung nach Bild 298: Die Wirkdruckabnahme geschieht *punktuell* an den Stellen, an denen die Strömungsgeschwindigkeit der mittleren Strömungsgeschwindigkeit entspricht (0,119 D). Durch den symmetrischen Aufbau lassen sich Durchflüsse in beiden Strömungsrichtungen messen. Sehr gute Meßeigenschaften erzielt der Hersteller durch die Verarbeitung des Wirkdrucksignals: Mit einem integrierten Magnetventil läßt sich der Nullpunkt des piezoresistiven Meßumformers computergesteuert im laufenden Betrieb überprüfen und nachjustieren. Die Elektronik kann Meßspannen zwischen 0,315 und 787,5 mbar (1:2500) verarbeiten und damit Durchflüsse im Verhältnis 1:50 messen (1:20 mit einem Meßfehler von 1 % vom *Meß*wert!). Durch gleichzeitige Druck- und Temperaturerfassung läßt sich die Dichte des Meßstoffs berechnen. Außerdem werden

2. Wirkdruckverfahren

die Software überwacht und bei Überlast, Schleichmengen oder Störungen Meldungen abgesetzt.

Die Geräte sind als Wärmezähler eichfähig und zur Abrechnung im geschäftlichen Verkehr zugelassen.

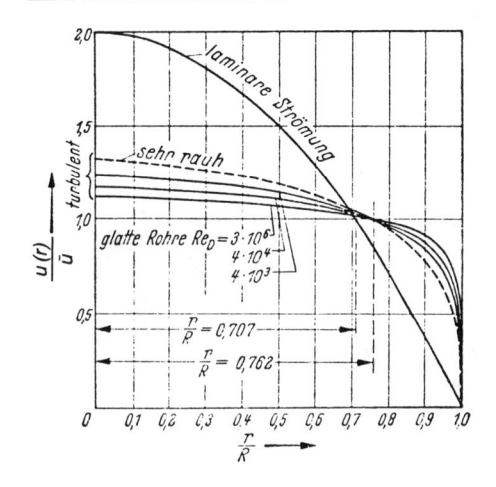

Bild 297. Geschwindigkeitsprofile turbulenter und laminarer Strömungen (nach [8]).

Die mittlere Geschwindigkeit $\bar{u}$ wird im Abstand $r = 0{,}762\,R$ bzw. $r = 0{,}707\,R$ von der Rohrachse erreicht.

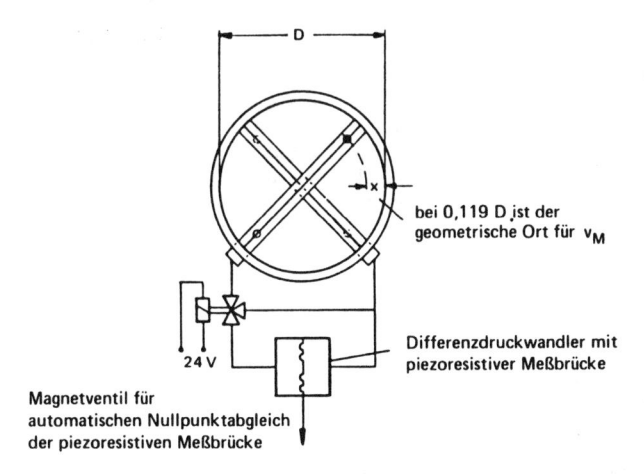

Bild 298. Durchflußmessung mit hoher Meßspanne (IWK Regler und Kompensatoren). Zwei gekreuzte Sechsecksonden nehmen den Wirkdruck auf. Der Nullpunkt des Meßumformers wird – mikroprozessorgesteuert – durch Umschalten des Magnetventils periodisch abgeglichen.

IV. Durchflußmessung

● *Integrierende Staurohre*

Größere Bedeutung für den Einsatz im Chemiebetrieb haben *integrierende* Staurohre, die den Wirkdruck an mehreren, genau definierten Stellen abnehmen – den Plusdruck (Gesamtdruck) entgegen der Strömungsrichtung, den Minusdruck (statischen Druck) entweder seitlich oder in der Strömungsrichtung. Formgebung (Bild 299) und Oberflächenbehandlung mindern die Meßfehler im Durchflußbereich von 1:10 auf maximal 1 % bei Reproduzierbarkeiten von 0,1 %. Zur Bestätigung dieser sehr guten Meßeigenschaften sind z.T. umfangreiche Testergebnisse neutraler Stellen bekannt.

Bild 299. Formen von Staurohren (Mobrey, CT-Platon, Schwing).
Die Form des Querschnittes eines integrierenden Staurohrs beeinflußt sowohl maßgeblich den Bereich, in dem die Durchflußzahl α konstant ist, als auch die Unempfindlichkeit gegen Verschmutzungen. Offensichtlich ist wegen fehlender genau definierter Abrißkante ein kreisförmiger Querschnitt weniger gut als ein diamantförmiger Querschnitt mit integrierenden Druckentnahmen entgegen und in der Strömungsrichtung (Teilbild a, Mobrey). Ähnliche Qualitäten beansprucht ein Gerät mit einem diamantähnlichen Sensorquerschnitt nach Teilbild b (CT-Platon). Beim geschoßähnlichen Querschnitt wird der Minusdruck seitlich abgenommen (Teilbild c, Schwing).

Wichtig für genaue Messungen sind über einen weiten Durchflußbereich gültige *definierte Strömungsverhältnisse*: Die Frontradiusfläche der im Querschnitt geschoßkugel-ähnlichen Sonde (Bild 300) ist aufgerauht und mit Längsnuten versehen. Dieser Oberflächen-Turbulenzgenerator (STG) erzeugt gewollt turbulente Grenzschichten an der Oberfläche, die die Fließ- und Wirbelabrißkräfte verringern und maßgeblich für genaues Einhalten des Durchflußkoeffizienten über einen großen Durchflußbereich sorgen. (Glatte Oberflächen erzeugen laminare Grenzschichten, die ihre Stärke mit dem Durchfluß ändern, und damit nicht vorhersagbaren Einfluß auf den Durchflußkoeffizienten haben.)

Die Sonde mit dem im Teilbild 299 b gezeigten diamantähnlichen Querschnitt hat definierte Abrißkanten, die ein Driften des Durchflußkoeffizienten verhindern.

Die anderen grundsätzlichen Vor- und Nachteile der Sonden finden wir auch hier: niedrige Gesteh- und Betriebskosten bei großen DN, geringer bleibender Druckverlust, Möglichkeit des nachträglichen Einbaus, aber auch Forderung nach relativ großen Ein- und Auslaufstrecken sowie nach Ausbildung eines rotationssymmetrischen Strömungsprofils (es wird nur in einer Ebene gemessen). Außerdem sind die im allgemeinen einseitig fixierten Sonden von ihrer Formgebung und Oberflächenbehandlung abhängigen Wirbelablösungs- und Fließkräften ausgesetzt, die die Sonden dynamisch belasten und zu Resonanzschwingungen führen können.

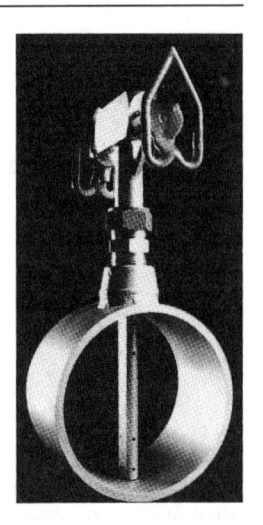

Bild 300. Staurohr Verabar (Schwing).
Die Frontradiusfläche dieses Staurohrs ist zur Verbesserung der strömungstechnischen Eigenschaften aufgerauht. Auf den Anschlußkopf mit Absperrventilen lassen sich Differenzdruckmeßumformer direkt anflanschen.

Ein Hauptnachteil der Staugeräte ist, daß – wie aus Gl. (10) zu ersehen – der Meßeffekt sehr gering ist, er liegt bei den üblichen Gasgeschwindigkeiten im drucklosen Bereich unterhalb eines mbar, für einen Wirkdruck von 0,1 mbar sind schon etwa 4 m/s Strömungsgeschwindigkeit eines drucklosen Gases erforderlich. Damit werden genaue Messungen sehr erschwert.

Vorteilhaft ist, daß die Messung wenig Energie verbraucht, daß die Staugeräte mit geringem Kostenaufwand herzustellen sind und daß sie – mit entsprechenden Vorkehrungen – während des Betriebes leicht aus der Rohrleitung genommen und gereinigt werden können. Damit werden Meßaufgaben mit stark verschmutzenden Produkten lösbar.

Gerade ungestörte Einlaufstrecken hinreichender Länge sind für Staugeräte unerläßlich. Das ist leicht einzusehen, denn mit den Staugeräten wird die Ge-

352 IV. Durchflußmessung

schwindigkeit bei den punktuell arbeitenden nur eines Strömungsfadens und bei den integrierenden nur in einer Stömungsebene gemessen: Die Strömungsgeschwindigkeiten im Strömungsfaden bzw. in der Strömungsebene müssen repräsentativ für die Strömung sein.

Ein nach dem Staurohrprinzip arbeitendes Betriebsmeßgerät, das Annubar, zeigt Bild 301:

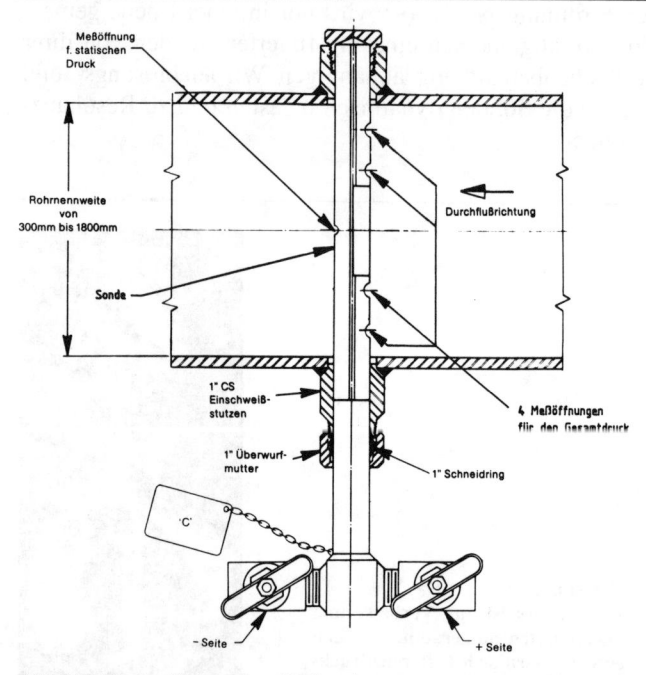

Bild 301. Staugerät Annubar (Mobrey).
Mit dem Staugerät Annubar wird die mittlere Strömungsgeschwindigkeit gemessen. Die Geräte sind für einen weiten Bereich der Betriebsgrößen Durchfluß, Druck und Temperatur einsetzbar.

Mit dem Gerät wird die Strömungsgeschwindigkeit über einen Rohrdurchmesser gemittelt. Vier Meßlöcher des Gegenstromelementes erfassen den Gesamtdruck der ihnen zugeordneten Strömungssegmente. Die Löcher sind so bemessen und angeordnet, daß das arithmetische Mittel der Gesamtdrücke gleich ist *dem* Gesamtdruck, der der mittleren Strömungsgeschwindigkeit entspricht. Dieser wird innerhalb des Rohres als Plusdruck entnommen. Entgegen der Strömungsrichtung steht die Öffnung des Minusdruckes. Über eine Differenzdruckmessung kann die mittlere Strömungsgeschwindigkeit und über die Nennweite daraus der Durchfluß bestimmt werden. Das robuste Gerät hat nur geringe bleibende Druckabfälle von einigen Prozent des Wirkdruckes. Der ist allerdings, ähnlich wie nach Gl. (10), relativ gering. Bei drucklosen Gasen un-

2. Wirkdruckverfahren 353

gefähr 1 mbar bei 10 m/s mittlerer Strömungsgeschwindigkeit. Er ist damit etwa doppelt so hoch wie nach Gl. (10); das liegt im wesentlichen daran, daß der Minusdruck in einer *Unterdruckzone* in Strömungsrichtung entnommen wird und nicht – wie beim klassischen Staurohr – senkrecht dazu.

Das Gerät hat einen angenähert quadratischen Querschnitt: An den der Rohrwand zugekehrten Kanten lösen sich die Wirbel definierter ab als an den entsprechenden Stellen eines Rohres mit kreisförmigem Querschnitt.

Die Meßgenauigkeit entspricht etwa der von Blendenmessungen. Verschmutzungseffekte spielen eine geringere Rolle, zudem können die Geräte relativ leicht unter Betriebsbedingungen ausgebaut und gereinigt werden.

Die Geräte werden aus rostfreiem Stahl, Hastelloy C, Titan oder Monel gefertigt. Sie sind für Nennweiten von 15 bis 12000 mm, für Temperaturen bis 1000 °C und Drücke bis über 100 bar zu erhalten.

Ein anderes Gerät zeigt im Querschnitt Bild 302, bei dem der statische Druck an mehreren, genau definierten Stellen *seitlich* abgenommen wird.

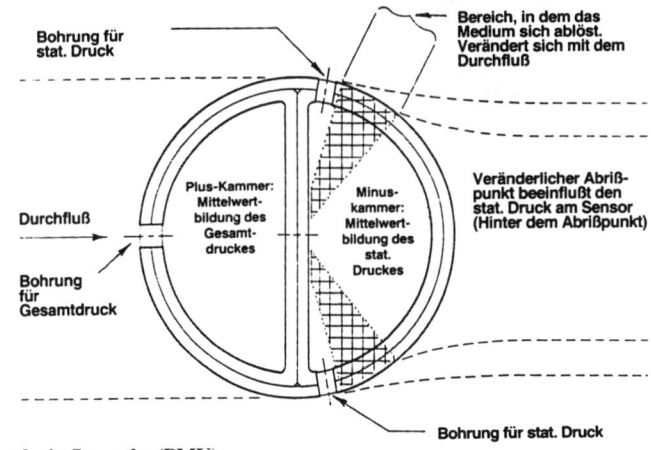

Bild 302. Querschnitt durch ein Staurohr (PMV).
Vier an geeigneter Stelle liegende Bohrungen zur Entnahme des Gesamtdrucks und acht zur Entnahme des statischen Drucks mitteln den Durchfluß über den Rohrleitungsquerschnitt. Wird der statische Druck an geeigneter Stelle – hier vor dem Abrißpunkt – entnommen, so sind die Durchfluß-Koeffizienten in weitem Bereich unabhängig von der *Reynoldszahl*.

Diese Ausführungen haben eine geringe Abhängigkeit des Durchflußkoeffizienten von der *Reynoldszahl*, besonders in den Bereichen von $Re < 250000$. Weitere Gesichtspunkte fortschrittlicher Geräte sind: Große Innenquerschnitte, um Verlegungen zu vermeiden, Ein- und Ausbau ohne Betriebsunterbrechungen oder Direktmontage der Meßumformer (Bild 303).

2.3 Wirkdruckmessung

Zur Beschreibung der Durchflußmeßgeräte nach dem Wirkdruckverfahren gehört neben dem Wirkdruckgeber auch der Wirkdruckmesser. Der Wirkdruck ist eine Druckdifferenz und für die Wirkdruckmessung gelten im wesentlichen die Gesichtspunkte wie für die Differenzdruckmessung, die unter Abschnitt I behandelt wurde. Damit soll aber die Wirkdruckmessung noch nicht abgehandelt sein.

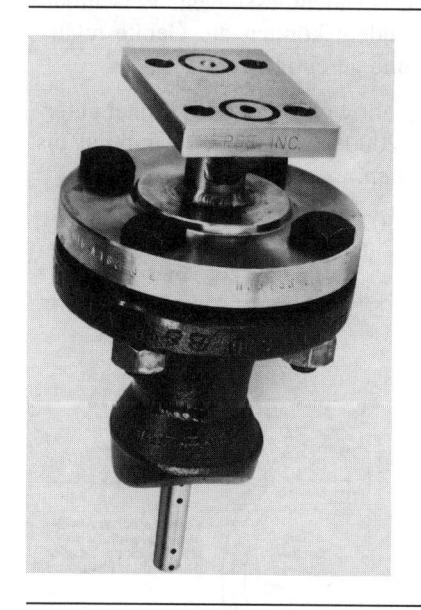

Bild 303. Staurohr mit Flansch für Meßumformer (PMV).
Auf das Staurohr lassen sich Meßumformer für Differenzdruck, gegebenenfalls unter Zwischenschaltung von Ventilblöcken, direkt montieren.

Ein im physikalischen Prinzip liegendes Problem ist der quadratische Zusammenhang zwischen Durchfluß und Wirkdruck:

$$q = \text{Faktor} \sqrt{\Delta p} \ . \tag{11}$$

Dieser Zusammenhang erschwert die Durchflußmessung nach dem Wirkdruckverfahren. Wenn z.B. in Gl. (11) bei Meßbereichsende des Wirkdruckmessers 250 mbar einem Durchfluß von 50 t/h entsprechen (der Faktor ist dann gerade 1), dann entsprechen 40 t/h einem Wirkdruck von 160 mbar, 30 t/h 90 mbar, 20 t/h 40 mbar und 10 t/h nur noch 10 mbar: Einer Minderung des Durchflusses von 50 auf 10 t/h entspricht eine Minderung des Wirkdruckes von 250 mbar auf 10 mbar oder einem Durchflußbereich von 1 zu 5 entspricht ein Wirkdruckbereich von 1 zu 25. Da die Meßfehler der Differenzdruckmesser auf den Meßbereichsendwert bezogen werden, ergibt auch ein sehr guter Meßumformer, der bei 250 mbar 0,1 % Meßunsicherheit hat, immerhin Meßunsicherheiten von 2,5 % bei 10 mbar. Aus diesen Gründen ist mit *ei-*

nem Wirkdruckmesser nur ein Durchflußmeßbereich von etwa 1 zu 3 beherrschen. Die Differenzdruckmessung ist dann bei der unteren Bereichsgrenze schon neunmal ungenauer als bei der oberen.

Eine gewisse Entschädigung bietet der quadratische Zusammenhang dadurch, daß der Fehler der Differenzdruckmessung nur zur Hälfte in die Durchflußbestimmung eingeht: Einer Meßunsicherheit von 0,1 % im Wirkdruck entspricht am Meßbereichsende eine Unbestimmtheit des Durchflusses von 0,05 %; bei ein Drittel Last werden aus 0,9 % Meßunsicherheit 0,45 % Unbestimmtheit in der Durchflußberechnung.

Wenn nun größere Durchflußbereiche gefordert werden, müssen zwei oder drei Meßumformer an die Blende angeschlossen werden. In unserem Beispiel könnte man mit einem weiteren Meßumformer von 40 mbar Endwert noch Durchflüsse bis 7 t/h einigermaßen genau bestimmen. Da bei modernen Meßumformern Überlastungen keine wesentlichen Meßfehler verursachen, erübrigt es sich im allgemeinen, den Meßumformer des niedrigen Wirkdruckbereichs abzusperren, wenn sein Endwert erreicht ist.

Eine andere Möglichkeit ist, das Wurzelziehen, das Radizieren, direkt im Differenzdruckmeßgerät durchzuführen. Da die geschilderten Schwierigkeiten damit behoben wären (denn einem Wirkdruckbereich von z.B. 1:10 entspräche auch ein Durchflußbereich von 1:10), hat es an Versuchen nicht gemangelt, solche Geräte zu entwickeln und herzustellen. Bewährt hat sich vor allem die „klassische" über mechanische Hebel radizierende Ringwaage; auch elektrische Meßumformer mit radizierender Kraftwaage haben ihr Einsatzgebiet gefunden. Die moderne Technik geht aber wieder vom Radizieren ab. Nicht zuletzt wohl deshalb, weil man sich bezüglich der Genauigkeit im unteren Meßbereich selbst etwas vormacht. Vielmehr werden jetzt genaue Wirkdruckmesser entwickelt und das Differenzdrucksignal dann digital oder analog *rechnerisch* im Einheitsbereich von 0,2 bis 1,0 bar oder 4 bis 20 mA radiziert.

3. Durchflußmessung aus der Kraft auf angeströmte Körper

Beim Drosselverfahren wurde der Durchfluß über eine Druckabfallmessung an einem festen Hindernis bestimmt. Die jetzt zu beschreibenden Verfahren nutzen zur Durchflußmessung die Kraftwirkung, die ein beweglicher angeströmter Körper erfährt.

a) Stauscheibenmeßumformer

Im Gegensatz zur eigentlichen Stauscheibe, die über eine senkrecht zur Strömung liegende kleine, das Strömungsprofil nicht wesentlich beeinflussende Sonde eine *Staudruckmessung* ermöglicht, wird beim Stauscheibenmeßumformer die *Kraft kompensiert*, die eine relativ zum Rohrdurchmesser größere Scheibe durch die Strömung erfährt. Bild 304 zeigt das Prinzip eines solchen Gerätes.

356 IV. Durchflußmessung

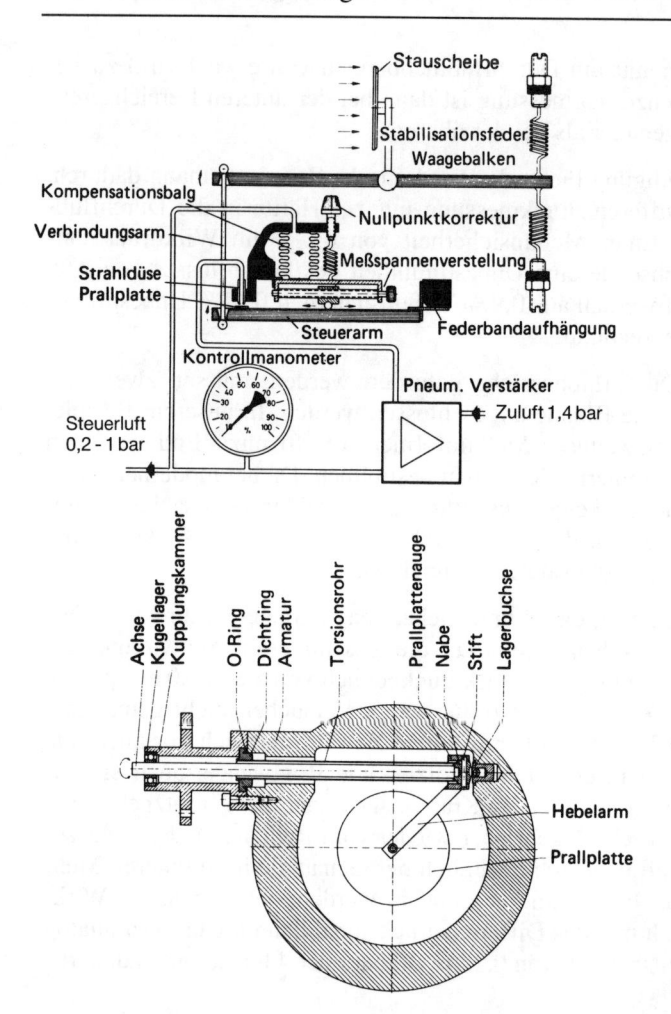

Bild 304. Prinzip eines Meßumformers mit Stauscheibe (Heinrichs).
Die Kraft auf die Stauscheibe wird – aus dem Druckraum über eine Torsionsrohrdurchführung herausgeführt – mit einem pneumatischem Kraftvergleichssystem kompensiert und dabei in einen pneumatischen Druck umgeformt.

Die konzentrisch zur Rohrleitung und senkrecht zur Strömungsrichtung liegende Stauscheibe ist gewissermaßen das Gegenstück zur Blende. Sie erfährt am Ende des Waagebalkens eines pneumatischen Kraftmeßumformers eine vom Quadrat des Durchflusses und von der Dichte abhängige Kraft. Bei Reynoldszahlen $> 10^4$ kann der Zähigkeitseinfluß unberücksichtigt bleiben. Diese Kraft wird über das Kompensationssystem ähnlich wie beim Differenzdruckmeßumformer in einen proportionalen Einheitsdruck umgeformt. Bei diesen Geräten muß, da die Kraft aus dem Produktraum über Biegeplatten oder Torsionsrohre herausgeführt wird, gewährleistet sein, daß Betriebsdruck und Betriebstemperatur das Meßergebnis nicht verfälschen.

Das Einsatzgebiet geht standardmäßig bis zu Nennweiten von 600 mm, bis zu Betriebsdrucken von 40 bar und bis zu Meßstofftemperaturen von 200 °C. Große Nennweiten sind vorteilhaft, weil sich dann günstige Hebellängen ergeben: Die Stauscheibe kann relativ klein ausgelegt werden und der bleibende Druckverlust ist gering. Die Meßeigenschaften ähneln denen der Differenzdruckmeßumformer mit

Abhängigkeit vom statischen Druck $\leq 0{,}3\,\%/10$ bar und
Temperatureinfluß $\leq 0{,}3\,\%/10\,°C$.

Beachtet werden muß, daß das Gerät von der Meßstofftemperatur nicht wie ein Differenzdruckmeßumformer über eine lange Wirkdruckleitung isoliert werden kann.

Die Unsicherheit der Durchflußmessung wird mit

1 % bei Kalibrierung und mit
2,5 % bei Berechnung

angegeben. Die Prozentangaben beziehen sich dabei auf den Endwert. Vorausgesetzt wird, daß $Re > 10^4$ ist. Die gegenüber der Meßblende geringere Genauigkeit ist nicht durch die Physik des kaum unterschiedlichen Prinzips begründet, sondern dadurch, daß viel weniger Versuchsergebnisse als bei Blenden vorliegen.

Die Forderungen an ungestörte Ein- und Auslaufstrecken sind ähnlich wie bei Meßblenden; auch mit ähnlichen bleibenden Druckabfällen muß bei kleineren Nennweiten gerechnet werden. Da für die Geräte keine Meßleitungen erforderlich sind, werden sie mit Erfolg vor allem dort eingesetzt, wo der Meßstoff in den Meßleitungen erstarrt oder verkrustet. Außerdem ist günstig, daß im Fluid mitgeführte Feststoffanteile, Gasblasen und – in Gasen – tropfbare Flüssigkeit die Meßstelle ungehindert passieren können.

b) Schwebekörper-Durchflußmesser

Einfach und auch relativ genau läßt sich der Durchfluß mit Schwebekörper-Durchflußmessern bestimmen. Diese Geräte haben sich neben den Meßblenden als Standardgeräte in der chemischen Verfahrenstechnik bestens bewährt. Bild 305 zeigt das Prinzip des Schwebekörper-Durchflußmessers: Vertikale, sich nach oben konisch erweiternde Rohre (oder durch eine Meßblende eingeschnürte zylindrische Rohre) werden von unten nach oben mit dem Fluid durchströmt. Einen in dem Rohr vertikal beweglichen Schwebekörper versucht die Strömung und sein Auftrieb nach oben, sein Gewicht nach unten zu bewegen. Bei konischem Meßrohr stellt sich eine dem Durchfluß in erster Näherung proportionale Höhenlage ein. Nach Kalibrierung läßt sich so der Durchfluß aus der Lage des Schwebekörpers bestimmen.

Schräge Einkerbungen im oberen Rande versetzen den Schwebekörper in eine um die senkrechte Achse *rotierende* Bewegung. Die Rotation ist, da schon geringe Verunreinigungen den Schwebekörper abbremsen, ein sicheres und im Glasrohr sichtbares Zeichen für das einwandfreie Arbeiten des Durchflußmessers.

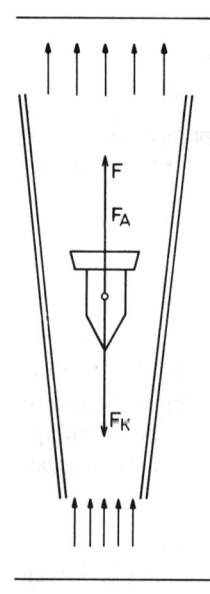

Bild 305. Prinzip eines Schwebekörper-Durchflußmessers.
Die Höhenlage eines in einem konischen Rohr von unten angeströmten Schwebekörpers ist proportional dem Durchfluß.
F_K Schwerkraft,
F_A Auftriebskraft,
F von der Strömung ausgeübte Kraft.

● *Einfluß der geometrischen Form des Schwebekörpers*

Wie bei den Drosselmessungen hat auch bei den *Schwebe*körper-Durchflußmessern die geometrische Form entscheidenden Einfluß auf die Meßgenauigkeit: Es sind zwar nicht – oder doch nicht in dem Maße – Korrekturberechnungen möglich, aber auch hier gewährleisten nur die Einhaltung der bei der Kalibrierung vorhandenen Maße hohe Meßgenauigkeit. Beim Schwebekörper ist die scharfe Meßkante so wichtig wie bei der Blende, und es werden neben Metallen für genaue Messungen auch keramische Werkstoffe als Schwebekörper-Werkstoff eingesetzt, die gut eine grat- und phasenfreie Herstellung der Kanten zulassen. Sie sind außerdem chemisch gut beständig und haben keine zu hohe Dichte.

Auch die Präzision des Innenkonus hat für genaue Meßergebnisse Bedeutung. Ebenso wichtig ist, daß der Schwebekörper sich möglichst reibungsfrei zentrisch auf und ab bewegen kann. Bei Durchflüssen trockener Gase können sich Schwebekörper und Glas elektrostatisch aufladen und der Schwebekörper kann am Meßrohr „kleben". Aus diesem Grunde werden bei guten Meßgeräten und sehr kleinen Meßbereichen die Meßrohre antistatisiert, das heißt innen und außen mit einer dünnen leitfähigen Schicht versehen.

Wie bei den Drosselgeräten zwischen Blende, Düse und Venturirohr zu unterscheiden war, sind für Schwebekörper-Durchflußmesser die Formen der Schwebekörper wichtige Unterscheidungsmerkmale. Bild 306 zeigt verschiedene Ausführungsformen von Schwebekörpern. Für die richtige Geräteauswahl sind von Bedeutung: die Unabhängigkeit von der Zähigkeit des Meßstoffes, der bleibende Druckverlust, die Größe des Ringspaltes, die Möglichkeit präziser Fertigung und die Fähigkeit, sich selbst zu stabilisieren und sich selbst zu zentrieren. Da diese Eigenschaften sich zum Teil gegensinnig verhalten – so ist ein selbststabiler Schwebekörper im allgemeinen stark zähigkeitsabhängig – muß meist ein Kompromiß geschlossen werden.

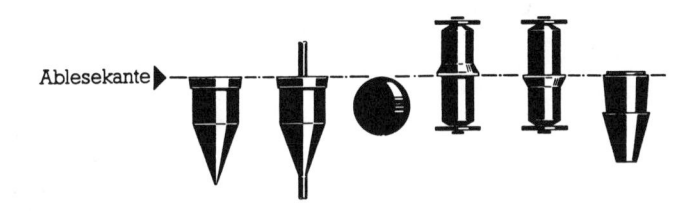

Bild 306. Formen von Schwebekörpern (Krohne Meßtechnik).
Eine Auswahl freischwebender und geführter Schwebekörper unterschiedlicher Formgebung ermöglicht es, die Schwebekörper an die Meßbedingungen anzupassen: Eine optimale Form für alle Fälle gibt es nicht.

● *Zusammenhang zwischen Durchfluß und Anzeige*

Wie schon erwähnt, ist die Höhenlage des Schwebekörpers in erster Näherung dem Durchfluß direkt proportional. Es besteht also nicht wie bei den Wirkdruckmessungen ein den Meßbereich einschränkender quadratischer Zusammenhang. Das ist rechnerisch[45] leicht einzusehen, denn die Durchflußgleichung ähnelt der der Drosselgeräte:

$$q_m = A_{ring} \cdot C \sqrt{(\rho_s - \rho_1) \cdot \rho_1} \ .$$

Sieht man einmal von dem Faktor C ab, der den Einfluß von Reibungskräften berücksichtigt und neben der Wurzel aus dem Verhältnis von Schwebekörper-

---

45 Die folgenden Berechnungen sollen das Grundsätzliche des Schwebekörpermessers dem Leser darstellen, für genaue Betrachtungen ist zu berücksichtigen, daß C – wie auch der α-Wert einer Meßblende – nur in erster Näherung und auch nur bei turbulenter Strömung konstant ist.

IV. Durchflußmessung

volumen zu Schwebekörperfläche weitere konstante Faktoren enthält, so ist festzustellen, daß statt des Querschnittes der Blendenöffnung der Querschnitt des Ringspaltes zwischen Rohr und Schwebekörper und statt des Wirkdruckes die der auf den Schwebekörper wirkenden Kraft (Gewicht minus Auftrieb) proportionale Größe $\rho_s - \rho_1$ steht. Durch die Zähigkeit der Flüssigkeit und die Form des Schwebekörpers bedingte Einwirkungen auf die Anzeige sind ähnlich dem Durchflußbeiwert α im Faktor C enthalten. Abgesehen von den konstanten Faktoren ist er eine Art Durchflußzahl für Schwebekörpermesser.

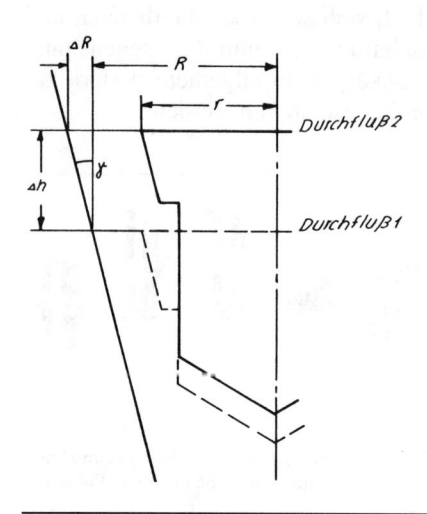

Bild 307. Zusammenhang zwischen Durchfluß und Höhenlage.
Aus der Durchflußgleichung und den geometrischen Abmessungen läßt sich ableiten, daß der Durchfluß angenähert proportional der Höhenlage des Schwebekörpers ist.

Der wesentliche Unterschied ist, daß bei der Drosselmessung die Fläche konstant blieb und mit Durchflußänderung sich der Wirkdruck änderte, während beim Schwebekörper-Durchflußmesser die *Fläche* des Ringspaltes bei Durchflußänderung *variiert* wird (die Werte unter der Wurzel bleiben konstant). Bei einer Änderung des Durchflusses (Δq_m) ändert sich die Fläche des Ringspaltes, wie aus Bild 307 zu ersehen:

$$\Delta q_m = q_{m2} - q_{m1} = (A_{ring2} - A_{ring1}) \cdot C \sqrt{(\rho_1 - \rho_2) \cdot \rho_1} \ .$$

Wenn die Flächen durch die Radien R ausgedrückt werden, wenn ausmultipliziert und gekürzt wird, ergibt sich (da die außerhalb der Klammer stehenden Ausdrücke konstant sind):

$$\Delta q_m \sim \Delta R \, (2R + \Delta R).$$

Wegen der schwachen Konizität (der Winkel γ ist sehr klein) kann in der Klammer ΔR gegenüber R vernachlässigt werden; da R konstant ist, wird der Ausdruck zu

$$\Delta q_m \sim \Delta R.$$

Nun ist ΔR auch proportional ΔH, denn $\Delta R = \Delta H \cdot \text{tg } \gamma$, so daß auch gilt

$$\Delta q_m \sim \Delta H$$

Wie schon erwähnt, ist bei den streng geometrischen Konen kein streng linearer Zusammenhang zwischen Durchfluß und Hub gegeben. Dieser kann für eine bestimmte Dichte und eine bestimmte Zähigkeit, z.B. für die Werte von Wasser, aber durch Formgebung des Konus hergestellt werden. Mit Mikroprozessoren läßt sich auch für beliebige, am Gerät einstellbare Werte ein linearer Zusammenhang erzielen.

● *Umrechnungen bei großen Reynoldszahlen*

Für die Strömung in Schwebekörper-Durchflußmessern gelten auch bezüglich der Zähigkeit ähnliche Gesetzmäßigkeiten wie für die in Drosselgeräten: Für große *Reynoldszahlen* sind die Meßergebnisse von der Zähigkeit des Meßstoffes unabhängig und ein mit Wasser oder Luft kalibriertes Gerät kann nach folgenden Formeln für andere Meßstoffe und andere Schwimmerdichten umgerechnet werden:

Für Flüssigkeiten gilt

$$q_{m1} = q_{v,Wasser} \cdot \sqrt{\frac{(\rho_{s1} - \rho_1) \cdot \rho_1}{\rho_s - 1}},$$

und für Gase

$$q_{m1} = q_{v,Luft} \cdot \frac{1}{0{,}7734} \cdot \sqrt{\frac{\rho_{s1} \cdot \rho_B}{\rho_s}},$$

mit

$$\rho_B = \frac{\rho_N}{1{,}293} \cdot \frac{1{,}013 + p}{1{,}013} \cdot \frac{273}{273 + t}.$$

In den Formeln bedeuten:

$q_{v,Wasser}$	Volumendurchfluß, Tabellenwert Wasser,
q_{m1}	Massendurchfluß, anderer Meßstoff,
$q_{v,Luft}$	Volumendurchfluß, Tabellenwert Luft,
ρ_s	Dichte des Schwebekörpers nach Tabelle,
ρ_{s1}	Dichte des Schwebekörpers, anderer Werkstoff,
ρ_1	Dichte des anderen Meßstoffes,
ρ_N	Dichte des gasförmigen Meßstoffes im Normalzustand,
p	Betriebsdruck in bar,
t	Temperatur des Meßstoffes in °C.

362   IV. Durchflußmessung

● *Zähigkeitseinfluß*

Wie bei den Drosselgeräten deren Form dafür bestimmend war, welche kleinsten *Reynoldszahlen* noch bewältigt werden, das heißt bis zu welcher unteren Grenze die Zähigkeit im wesentlichen unberücksichtigt bleiben konnte, bestimmt auch bei den Schwebekörper-Durchflußmessern die Form des Schwebekörpers den Zähigkeitseinfluß.

Bild 308 zeigt die Zähigkeitsabhängigkeit zweier verschiedener Schwebekörper: Der Reynoldszahl ist die Durchflußzahl gegenübergestellt. Während die Durchflußzahl des selbststabilisierenden Schwebekörpers 1 erst bei R = 2000 von *der Reynoldszahl* unabhängig wird, ist das beim Schwebekörper 2 schon bei R = 20 der Fall (R ist eine der Re*ynoldszahl* proportionale Größe).

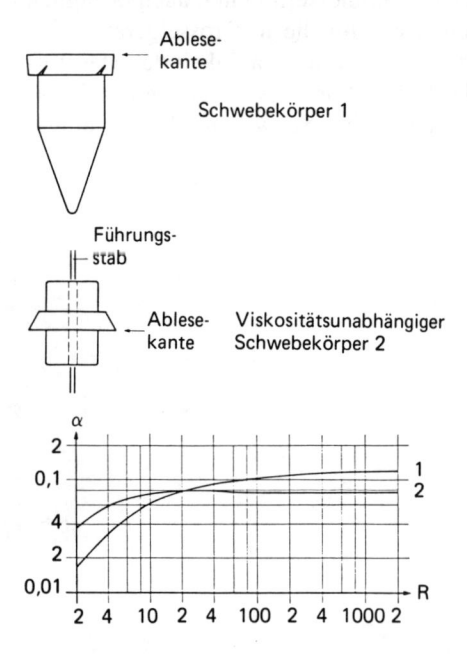

Bild 308. Zähigkeitsabhängigkeit von Schwebekörpern (Rota-Yokogawa).
Die Durchflußzahl α des zähigkeitsunabhängigen geführten Schwebekörpers 2 wird schon beim Werte *R* = 20, die des selbststabilisierenden Schwebekörpers 1 erst beim Werte *R* = 2000 konstant. *R* ist eine der *Reynoldszahl* proportionale Größe.

Zur Orientierung einige Zahlen: Bei geeigneten Geräten beeinflussen Zähigkeitsänderungen von Flüssigkeiten, deren Dichten und Zähigkeiten gleich oder kleiner als die von Wasser sind, das Meßergebnis selbst bei Durchflüssen von 10 l/h nicht. Hat der Meßstoff größere Zähigkeit, müssen Geräte mit so kleinen Meßbereichen unter Betriebsdaten kalibriert werden. Der Zähigkeitsein-

3. Durchflußmessung aus der Kraft auf angeströmte Körper 363

fluß läßt sich auch rechnerisch (siehe VDE / VDI 3513) oder durch Nomogramme berücksichtigen. Bild 309 zeigt, wie einfach die Zusammenhänge von Dichte, Viskosität, Anzeige und Durchfluß für einen bestimmten Meßkonus und einen bestimmten Schwebekörper ermittelt werden können.

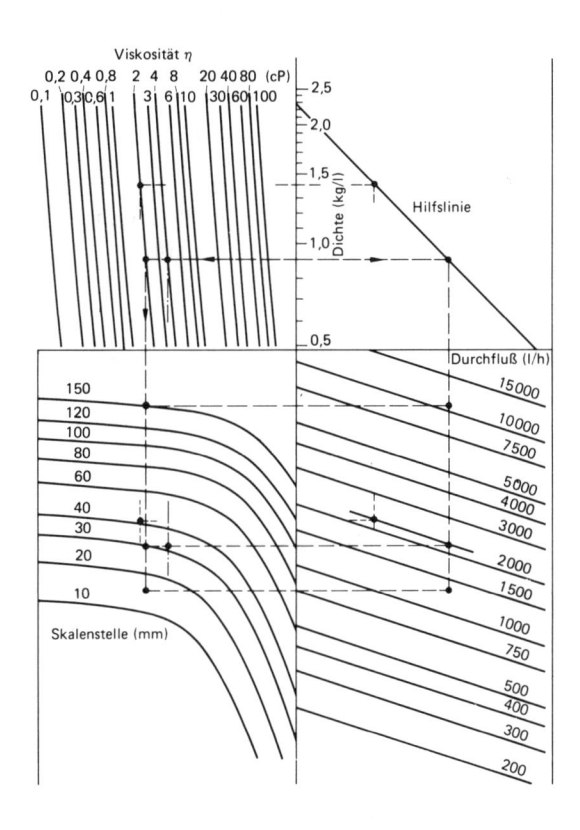

Bild 309. Nomogramm zum Umrechnen auf andere Dichten und Zähigkeiten (Krohne Meßtechnik).
Anhand eines für eine bestimmte Meßrohr-Schwebekörper-Kombination gültigen Nomogramms kann leicht der Einfluß von Dichte- und Zähigkeitsänderungen abgeschätzt werden.

Es ist z.b. für einen Meßstoff der Dichte 0,9 und der Viskosität 2 der Durchfluß bei der Anzeige 150 gefragt. Wenn von der senkrechten Achse vom Dichtewert 0,9 waagerecht nach beiden Seiten bis zur Hilfslinie bzw. zur Viskositätslinie ($\eta = 2$) und von dort jeweils senkrecht nach unten vorgegangen wird, entsprechen sich auf gleicher Höhe liegende Punkte der Durchfluß- und Skalenstellenwerte, z.b. 11 m³/h bei 150 mm, 2,3 m³/h bei 30 mm und 1,4 m³

364 IV. Durchflußmessung

/h bei 15 mm Höhe (gestrichelte Linien). Es ist zu sehen, daß die Anzeige nicht genau proportional H ist; bei kleinen Durchflüssen erhöht der Zähigkeitsfluß die Anzeige.

Aus dem Bild ist ferner zu ersehen, wie höhere Dichte bei gleicher Zähigkeit die Anzeige erhöht (punktierte Linie); das gleiche gilt, wenn die Zähigkeit sich erhöht (strichpunktierte Linie). Schließlich wird aus den Kurven, die mit den Skalenstellen parametriert sind, deutlich, daß bei geringer Zähigkeit die Kurven fast waagerecht verlaufen.

● *Schwebekörpermesser mit „umgekehrter" Geometrie*

Neben der üblichen Kombination: zylindrischer Schwebekörper in konischem Rohr haben sich auch Ganzmetallgeräte mit „umgekehrter" Geometrie durchgesetzt: Ein konischer Schwebekörper bewegt sich in einem zylindrischen Rohr mit einer Ringblende (Bild 310).

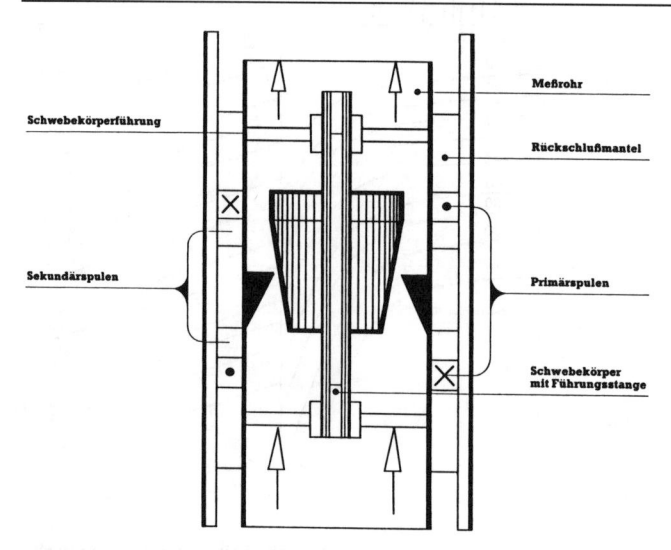

Bild 310. Kurzhuber (Krohne Meßtechnik).
Meßelemente der Kurzhuber sind blendenartige Ringe und konische Schwebekörper. Die Bewegung des Schwebekörpers wird nach einem dem Differentialtrafo ähnlichen Prinzip übertragen: Bei der Bewegung ändern sich die Spannungsanteile, die in die Sekundärspulen induziert werden.

Auf dieses Prinzip gingen verschiedene Hersteller vor einigen Jahren über, weil es sich damals besser eignete für moderne Fertigungsverfahren in Großserien, mit denen man preiswerte Geräte auch ohne Werkstattarbeit und Nachkalibrierung baukastenartig den verschiedenen Meßbereichen, den Einsatzbedingungen und den Forderungen nach Weiterverarbeitung anpassen wollte –

3. Durchflußmessung aus der Kraft auf angeströmte Körper

allerdings etwas auf Kosten der Genauigkeitsklasse. Die Geräte sollten auch eine kürzere Bauform haben, und der Name Kurzhuber entstand.

Heute gibt es noch modernere Verfahren der Herstellung, und auf dem Markt stehen Geräte mit beiden Geometrien sowie Kurz- und Langhuber zur Verfügung. Der Anwender kann sich – abhängig von seinen Anforderungen an Genauigkeit, zulässigem Druckabfall und (bei Gasmessungen) von der Schwingungsempfindlichkeit – das geeignete Gerät aussuchen.

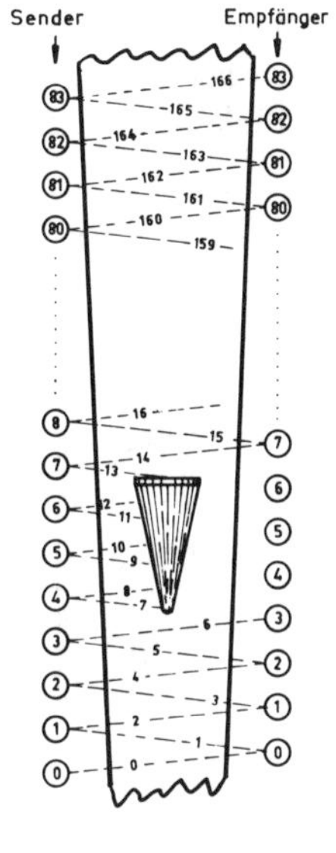

Bild 311. Optischer Abgriff der Bewegung eines Schwebekörpers (Rota-Yokogawa).
Die Vielfachlichtschranke besteht aus zwei diametral am Meßrohr angebrachten prismatischen Leisten. In der einen sind 84 Infrarotsender, in der anderen 84 Empfänger angeordnet. Durch versetzte Anordnung entstehen 167 Lichtschranken, die vom Schwebekörper unterbrochen und zur Hubanzeige gebracht werden.

● *Ausführungsformen*

Wie schon ausgeführt, ist die Höhenlage des Schwebekörpers ein Maß für den Durchfluß und es ist das Problem zu lösen, die Höhenlage festzustellen. Die einfachen Geräte haben Glaskonen und der Schwebekörper ist – solange das Glas hinreichend sauber bleibt – mit dem Auge zu fixieren und seine Stellung mit einer Durchflußskala zu vergleichen. Für Labor- und bestimmte Betriebsmessungen – wie z.B. für Spülgase – werden die Schwebekörpermesser mit Glaskonen in großen Stückzahlen eingesetzt. Auch die Aufgabe, kleinste Durchflüsse mit Meßbereichsendwerten bis 25 cm³ / h – das sind etwa 150 Tropfen in der Stunde bei maximalem Durchfluß – zu messen, läßt sich nur mit Geräten mit Glaskonen lösen. Zur Weiterverarbeitung wird die Schwebekörperstellung optisch abgegriffen (Bild 311).

Schwebekörpermesser mit Glaskonen haben den Nachteil der mangelnden Druckfestigkeit: Die Materialeigenschaften von Glas lassen nicht so definiert eine Eignung für bestimmte Nenndrücke zu, daß sich viele Anwender scheuen,

IV. Durchflußmessung

Glasschwebekörpermesser für brennbare, giftige, ätzende, sehr heiße oder sehr kalte Meßstoffe einzusetzen.

Für solche Anwendungsfälle bieten sich Schwebekörper-Durchflußmesser mit Meßkonen aus austentischen, d.h. nicht magnetischen Metallen (z.B. aus V4A-Stahl) an: In die Schwebekörper oder in die Führungsstangen wird ein Permanentmagnet gebracht und dessen Stellung über ein Folgemagnetsystem bestimmt (Bild 312). Das Folgemagnetsystem kann einen Anzeiger betätigen oder auf einen pneumatischen oder elektrischen Verstärker so einwirken, daß ein durchflußproportionales Einheitssignal erzeugt wird. In diesen pneumatischen oder elektrischen Meßumformern sind meist Korrektureinrichtungen, Kurvenscheiben, Digital- oder Analogrechenschaltungen so vorgesehen, daß Zähigkeits- und andere Einflüsse linearisiert werden.

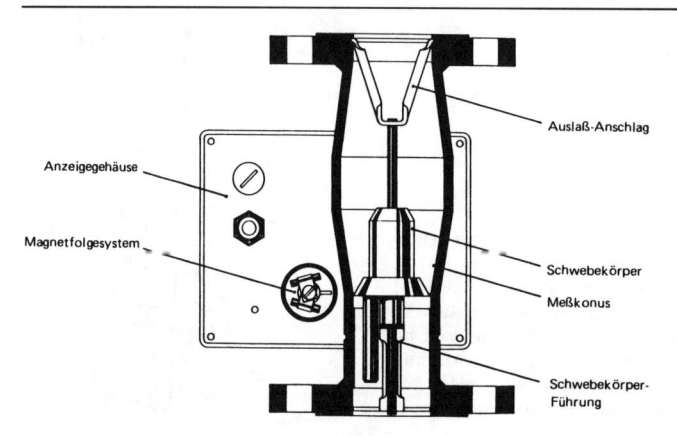

Bild 312. Ganzmetall-Schwebekörper-Durchflußmesser (Fischer & Porter).
Die Bewegung des zähigkeitsunempfindlichen geführten Schwebekörpers im Meßkonus wird magnetisch nach außen übertragen. Eine entsprechende Formgebung des Meßkonus sorgt für eine lineare Anzeige oder – wenn das Gerät als Meßumformer ausgerüstet ist – für ein lineares Ausgangssignal. Ein im Gerät integrierter Mikrorechner bietet Digitalverarbeitung, wie P- und T-Kompensation, Parametereingabe, Kommunikation über HART-Protokoll, Speicherung aller Daten über 10 Jahre ohne Hilfsenergie und automatische Selbstüberwachung mit Fehlerdiagnose.

Neben den nicht ganz rückwirkungsfreien magnetischen Übertragungen gibt es noch praktisch rückwirkungsfreie induktive und magnetoresistive Übertragungen der Stellungen der Schwebekörper (Bilder 310 und 318). Deren schwache Signalenergien müssen elektronisch verstärkt und verarbeitet werden.

3. Durchflußmessung aus der Kraft auf angeströmte Körper

● *Geräteausführungen*

Den klassischen Schwebekörper-Durchflußmesser mit Glasrohr zeigen Bild 313 als Ansicht und Bild 314 als Explosionszeichnung: Ein Gehäuse aus Metall oder Kunststoff verbindet den Glas-Meßkonus über Dichtelemente mit den Geräteköpfen, deren Flansche Verbindungselemente zu den Rohrleitungen sind. Der Schwebekörper kann durch Sicherheitsglasfenster des Gehäuses beobachtet und aus der Stellung seiner Ablesekante zur auf dem Glaskonus eingeätzten oder daneben montierten Skala der Durchfluß abgelesen werden. Es kommen freischwebende oder geführte Schwebekörper zum Einsatz. Die Führung geschieht entweder an drei Flächen (für sehr kleine Durchflüsse), an drei Rippen (Bild 315) oder mittels Führungsstangen. Glas-Meßkonen und Schwebekörper können so ausgetauscht werden, daß für jede Nennweite mehrere Meßbereiche zur Verfügung stehen. Wenn keine Kalibrierung gefordert wird, läßt sich der Einfluß von Zähigkeit und Dichte durch Berechnung ermitteln.

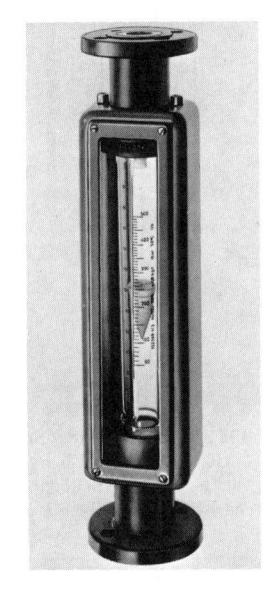

Bild 313. Schwebekörper Durchflußmesser mit Glaskonus (Krohne Meßtechnik).
Der Schwebekörper ist im Glasrohr der visuellen Beobachtung zugänglich. An einer im Glasrohr eingeätzten oder einer daneben montierten Skala kann der Durchfluß abgelesen werden. Zeiger ist die Ablesekante des Schwebekörpers.

Die mit dem Meßstoff in Berührung kommenden Werkstoffe sind neben dem Glas des Meßkonus Keramik, rostfreier Stahl, PTFE und Hartgummi für Schwebekörper, Geräteköpfe und Dichtelemente. Die Geräte werden bis zu Nennweiten von 80 mm geliefert. Dieser Nennweite entsprechen maximale Durchflüsse von etwa 40 m³/h Wasser oder 600 m³/h Luft im Normalzustand. Es entstehen Druckverluste zwischen 1 und 100 mbar. Besonders die größeren Geräte für Flüssigkeitsmessungen haben hohe Druckverluste, während die kleineren im allgemeinen auch geringere Druckverluste haben.

368 IV. Durchflußmessung

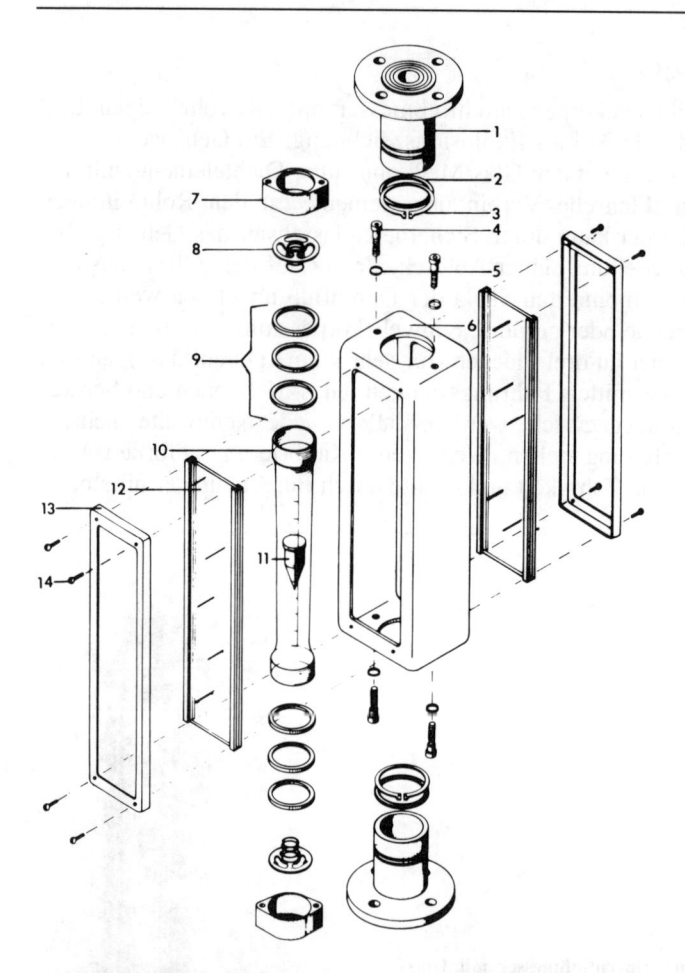

Bild 314. Bauteile eines Schwebekörper-Durchflußmessers (Krohne Meßtechnik).
1 Gerätekopf, 2 O-Ring, 3 Seeger-Ring, 4 Inbusschraube, 5 Usit-Ring, 6 Gehäuse, 7 Stopfbuchse, 8 Schwebekörperfänger, 9 Dichtungen, 10 Glasmeßkonus, 11 Schwebekörper, 12 Sicherheitsglasscheibe, 13 Fensterrahmen, 14 Linsensenkschraube.

Bild 315. Dreiflächen- und Dreirippen-Führung.
Die Schwebekörper können bei kleinen Durchflüssen an drei Flächen, bei größeren an drei Rippen geführt werden.

Die Druckfestigkeit nimmt mit der Nennweite ab. Die Hersteller geben abhängig von der Nennweite folgende maximalen Betriebsdrücke an:

Nennweite in mm	15	25	40	50	80
maximaler Betriebsdruck in bar	20	8 bis 12	6 bis 9	5 bis 7	3 bis 5

Es sei noch einmal darauf hingewiesen, daß hier nicht von Nenndrücken wie bei metallischen Armaturen die Rede sein kann: Glas hat nicht die reproduzierbaren Materialeigenschaften von Metallen. Auf keinen Fall sollte bei explosiblen, brennbaren, ätzenden oder toxischen Meßstoffen zu nahe an die Belastbarkeitsgrenze herangegangen werden, wenn man dort nicht besser gleich ein Ganzmetallgerät einsetzen will. Abhängig von den Werkstoffen sind maximale Betriebstemperaturen bis 200 °C zulässig. Die Meßgenauigkeit hängt davon ab, ob das Gerät mit austauschbaren Standardteilen, mit aufeinander speziell abgestimmtem Meßkonus und Schwebekörper oder gar kalibriert geliefert wird. Für diese drei Ausführungsarten sind Genauigkeitsklassen nach VDI/VDE 3513, Blatt 2, von 1,6 %, 1,0 % und 0,4 % zu erwarten. Der Meßbereichsumfang ist 10 bis 100 %.

● *Ganzmetall-Schwebekörper-Durchflußmesser*

Universell anwendbar sind Schwebekörper-Durchflußmesser in Ganzmetallausführung, deren *Aufnehmer* im allgemeinen mit konischen Meßrohren als Lang- oder als Kurzhuber sowie mit zylindrischen Meßrohren und Ringblende ausgeführt (Bilder 312 und 310) sind. Für instabile Strömungen sind Dämpfungszylinder einrüstbar.

Die *elektrischen Einheitssignale* werden bei einigen Geräten über Drehwinkelmeßumformer induktiv oder über Kodierscheiben optisch aus dem *mechanischen* Ausschlag des Anzeigesystems generiert, andere setzen die Linearbewegung des Magnetfelds des Schwebekörpers bewegungs-, rückwirkungs- und hysteresefrei über *magnetoresistive Sensoren* um. Beide Alternativen haben Vorteile – der eleganten bewegungsfreien Umsetzung steht bei anderen Ausführungen die sichtbare mechanische Anzeige mit der Möglichkeit einer unmittelbaren optischen Funktionskontrolle gegenüber.

Ist das elektrische Signal einmal erzeugt, lassen sich dann mit Mikrocomputern im Bediendialog Druck- und Temperatureinflüsse kompensieren, Korrekturwerte bei nicht linearem Durchfluß eingeben, auf andere Meßstoffdaten umrechnen sowie automatische Selbstüberwachungen, Fehlerdiagnosen und Datenspeicherungen vorgeben. Außerdem können weitgehende Ansprüche der Datenkommunikation erfüllt werden, wie Kommunikation über HART-Protokoll oder RS-Schnittstellen, und auch das Einbinden in den ISP-Feldbus ist schon in Vorbereitung.

Schwebekörper-Durchflußmesser sind auch mit pneumatischen Meßumformerzusätzen lieferbar.

370   IV. Durchflußmessung

Soweit die Linearisierung nicht *elektronisch* geschehen kann, werden auch noch *mechanische* Mittel angewandt, wie Kurvenscheiben oder Formgebung des Meßrohrs.

Die mögliche Werkstoffauswahl läßt den Einsatz für praktisch alle Meßstoffe zu. Erst Temperaturen über 400 °C beschränken den Einsatz. Die möglichen Meßbereichsendwerte gehen von 25 l/h bis 350 m³/h. Da in Sonderausführungen maximale Betriebsdrücke bis 700 bar möglich sind, liegt höchstens bei sehr großen Durchflüssen eine Begrenzung des Einsatzes der Schwebekörper-Durchflußmesser. So gibt es Anwender, die aus guten Gründen für Flüssigkeits-Durchflußmessungen Schwebekörpergeräte mit Transmitterzusatz einer Anordnung von Meßblende und Differenzdruckmeßumformer vorziehen. Für den Schwebekörper-Durchflußmesser sprechen dabei der wesentlich geringere Montageaufwand, Wegfall von Ein- und Auslaufstrecken, lineare Anzeige, Meßbereichsumfang 1 : 10 und die Beheizbarkeit bis zu Temperaturen von etwa 400 °C.

● *Geräteausführungen*

Ansicht und Prinzip eines Ganzmetalldurchflußmesser sind aus den Bildern 316 und 317 zu ersehen: An das Metallmeßrohr aus Chromnickelstahl mit den Anschlußflanschen kann der Standardmeßumformerzusatz montiert werden. Die Vertikalbewegung des mit einem Permanentmagneten ausgerüsteten Schwebekörpers wird über ein sorgfältig austariertes Abgriffsystem auf eine Anzeige und auf die Prallplatte eines pneumatischen Wegeabgriffs übertragen (Bild 317). Das mit 50 mbar arbeitende System folgt der Bewegung der Prallplatte praktisch rückwirkungsfrei und formt so die Bewegung des Schwebekörpers in einen proportionalen Druck um.

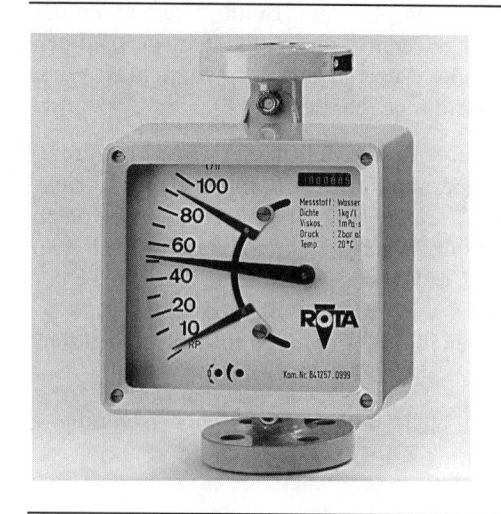

Bild 316. Ganzmetallschwebekörper-Durchflußmesser mit Meßumformer (Rota-Yokogawa).
An den besonders für „unangenehme" Meßstoffe geeigneten Ganzmetalldurchflußmesser können baukastenartig Anzeiger und pneumatische oder elektrische Meßumformer montiert werden.

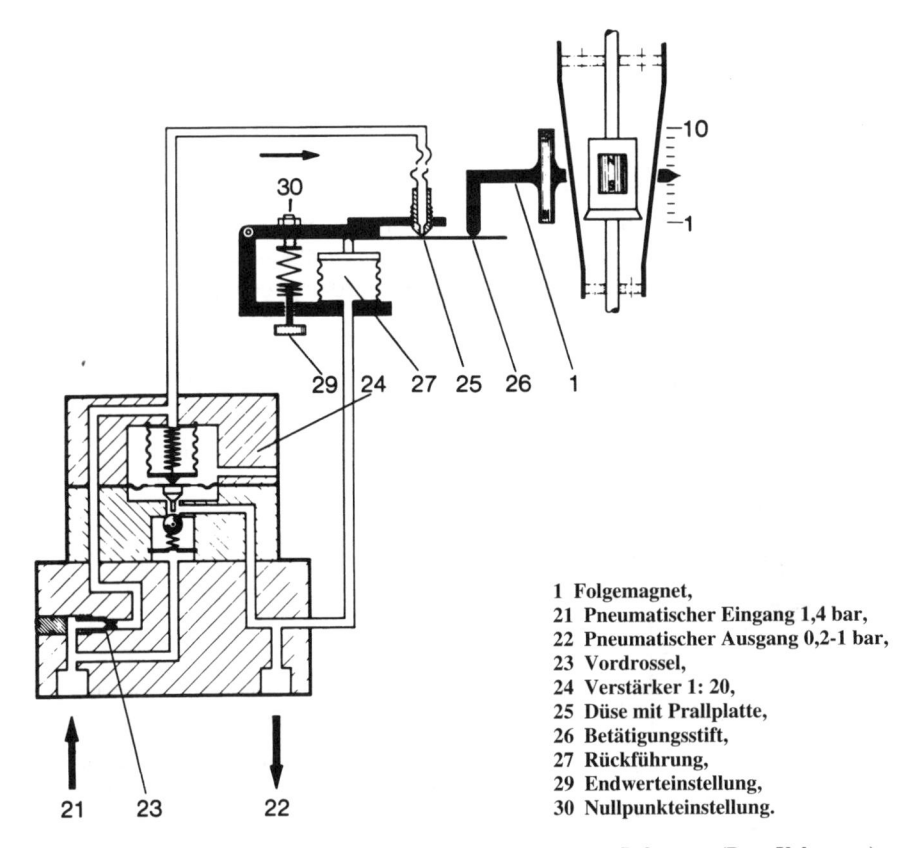

3. Durchflußmessung aus der Kraft auf angeströmte Körper 371

1 Folgemagnet,
21 Pneumatischer Eingang 1,4 bar,
22 Pneumatischer Ausgang 0,2-1 bar,
23 Vordrossel,
24 Verstärker 1: 20,
25 Düse mit Prallplatte,
26 Betätigungsstift,
27 Rückführung,
29 Endwerteinstellung,
30 Nullpunkteinstellung.

Bild 317. Pneumatischer Abgriff für einen Schwebekörper-Durchflußmesser (Rota-Yokogawa).
Ein mit geringem Luftdruck arbeitender Wegeabgriff führt die Bewegung des Rückführbalgs dem Hub des Schwebekörpers nach.

Mit elektrischer Hilfsenergie und im Abgriff bewegungsfrei arbeiten die Kurzhuber nach Bild 310 und das mit ungeführtem Schwebekörper arbeitende Gerät nach Bild 318.

Bei der einen Geräteart bestimmt der Schwebekörper ähnlich wie beim induktiven Abgriff die Koppelung zwischen Primär- und Sekundärspule eines Transformators und beim anderen erkennen magnetisch empfindliche Sensoren die Höhenlage des mit einem Permanentmagneten ausgerüsteten Schwebekörpers. Durch elektronische Interpolation der Sensorsignale läßt sich die Position des Schwebekörpers bis auf 0,5 mm genau erfassen. Beide Geräte linearisieren und korrigieren die Durchflußanzeige mit einem Mikrocomputer. Die Durchflußwerte können vor Ort digital und analog ausgelesen und als analoge Einheitssignale oder als mengenwertige Impulse fernübertragen werden. Die Geräte haben die Genauigkeitsklassen 1 bzw. 1,6.

IV. Durchflußmessung

Ferromagnetische Verunreinigungen können die Meßergebnisse von Schwebekörper-Durchflußmessern mit magnetischer Übertragung der Position durch Ablagern beeinträchtigen. Um das zu vermeiden, lassen sich Magnetfilter in die Rohrleitung einbringen (Bild 319) oder andere Abgriffsysteme, z.b. nach Bild 310 wählen.

Zum Messen und Weiterverarbeiten *kleinster Durchflüsse* ist schließlich ein Schwebekörper-Durchflußmesser mit Glaskonus geeignet, der mit der in Bild 311 dargestellten Lichtschranke arbeitet. Für ihn wird eine Genauigkeitsklasse von 1,6 bei einer Meßspanne ($q_{min}:q_{max}$) von 1:20 angegeben

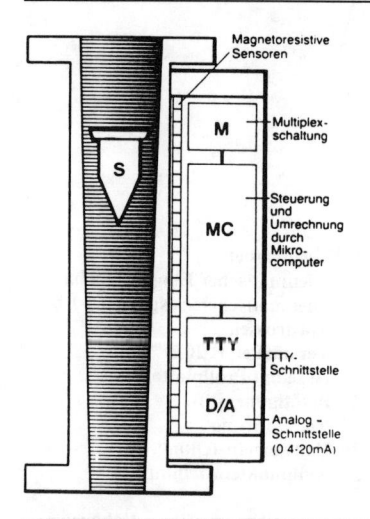

Bild 318. Schwebekörper-Durchflußmeßumformer mit digitaler Verarbeitung des Meßsignals (Turbo-Werk Meßtechnik).
Die Schwebekörperbewegung wird rückwirkungs- und hysteresefrei übertragen und digital weiterverarbeitet.

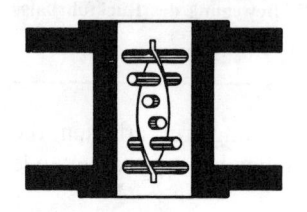

Bild 319. Magnetfilter (Krohne Meßtechnik).
Wendelförmig angeordnete Stabmagnete halten ferromagnetische Verunreinigungen des Fluids zurück und verhindern so Fehlfunktionen von Geräten mit magnetischer Übertragung. Zum Schutz gegen Korrosionen sind die Magnete einzeln mit PTFE umhüllt.

● *Kleinströmungsmesser für Spülzwecke*

In sehr großen Stückzahlen werden im Chemiebereich Kleinströmungsmeßgeräte zum Einstellen von Spülströmen eingesetzt. Vor allem sind für bestimmte Differenzdruck- und Füllstandmeßverfahren, aber auch für Gasanalysegeräte, definierte Spül- und Speiseströme erforderlich. Die dafür eingesetzten Kleinströmungsmeßgeräte (Bild 320) mit angebautem Feineinstellventil vereinigen eine robuste, kompakte und korrosionsbeständige Ausfüh-

3. Durchflußmessung aus der Kraft auf angeströmte Körper 373

rung mit hinreichender Druck- und Temperaturbeständigkeit (20 bar und 100 °C) und hinreichender Meßgenauigkeit (1 bis 5 %).

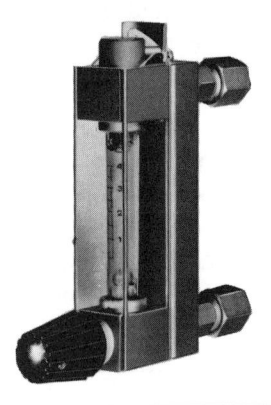

Bild 320. Kleinströmungsmesser (Krohne Meßtechnik).
Zum Spülen von Meßleitungen mit inerten Gasen sind Kleinströmungsmesser in sehr großen Stückzahlen im Chemiebetrieb eingesetzt.

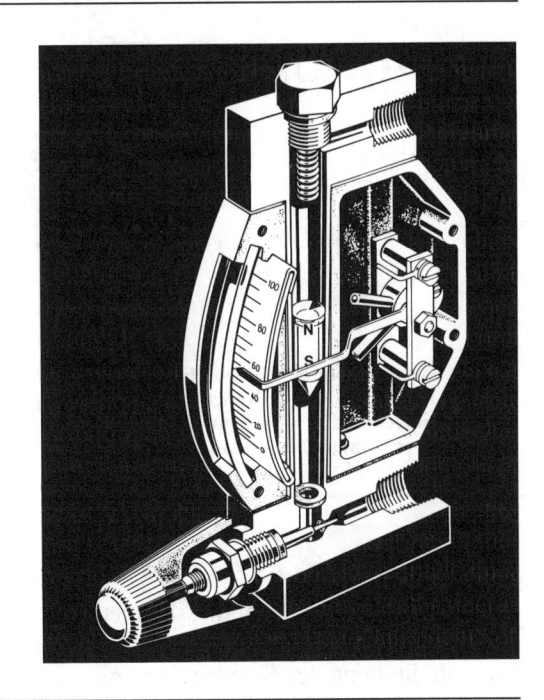

Bild 321. Kleinströmungsmesser in Hochdruckausführung (Krohne Meßtechnik).
Metallmeßrohr und magnetisch gekuppelte Anzeige ermöglichen Dosierungen auch von brennbaren oder toxischen Meßstoffen bis zu Drücken von 160 bar.

Die kleinsten Meßbereichsendwerte liegen bei 8 l/h Luft im Normalzustand oder 2,5 l/h Wasser. Die Glasgeräte kommen vor allem für inerte Spülstoffe wie Luft oder Stickstoff mit Drücken unter 10 bar zum Einsatz. Für nicht

374 IV. Durchflußmessung

inerte Spülstoffe oder für höhere Drücke kommen Kleinströmungsmesser in Ganzmetallausführung (Bild 321) in Frage:

Über eine Magnetkupplung wird die Bewegung des Schwebekörpers nach außen geführt und auf einer Skala zur Anzeige gebracht. Der Vorteil der definierten Druckfestigkeit bis 160 bar und der Temperaturbeständigkeit bis 150 °C wird – neben höheren Anschaffungskosten – durch größere Mindestdurchflußwerte erkauft: Es erfordert eben eine größere Kraft, ein magnetisches Folgesystem als eine leichte Glaskugel zu bewegen. So liegen die niedrigsten Meßbereichsendwerte bei 50 l/h Luft im Normalzustand und 3 l/h Wasser, bei höheren Drücken für Gase schon nicht unerhebliche Mengen. Muß z.B. mit Stickstoff von 16 bar Druck gespült werden, so sind für 50 % Anzeige schon 12,5 l/h im Betriebszustand oder 200 l/h im Normalzustand einzuspülen. Beide Gerätearten sind mit angebauten Durchflußreglern lieferbar, mit denen entweder Vor- oder Nachdruckschwankungen ausgeglichen werden können.

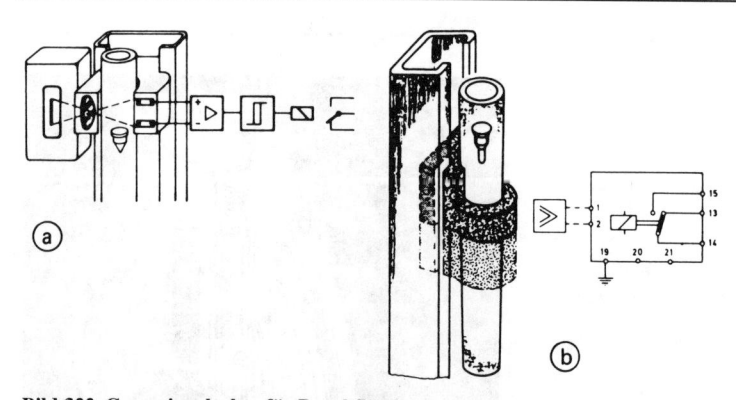

Bild 322. Grenzsignalgeber für Durchflüsse.
Optische (a) oder induktive (b) Schranken sichern gegen zu hohen oder zu geringen Durchfluß. Die Schaltungen sind so aufgebaut, daß die Schranke zwischen dem Eintritt in den Gut- oder in den Fehlbereich unterscheiden kann.

● *Grenzsignalgeber für Durchfluß*

Schwebekörper-Durchflußmesser bieten sich auch zur Lösung der Aufgabe „Durchflußsicherung" an: Mit lichtelektrischen oder induktiven Systemen kann die Stellung des Schwebekörpers erfaßt und daraus ein Gut- oder Fehlsignal erzeugt werden (Bild 322). Aus dem Teilbild (a) ist zu ersehen, wie der Durchgang des Schwebekörpers durch eine Lichtschranke ein Fehlsignal erzeugen kann und Teilbild (b) zeigt das Prinzip eines induktiven Grenzsignalgebers: Ein metallischer Schwebekörper verstimmt beim Durchgang durch einen Ringinitiator dessen Induktivität und im Schaltverstärker wird ein Kontakt betätigt. Neben diesen für Glasgeräte in Frage kommenden Grenzsignalgebern sind auch solche für Ganzmetallgeräte verfügbar. Dort wird über Schwebekörper mit Magneteinlage ein mechanischer Kontakt in Schutzgasatmosphäre (Reed-Kontakt) oder die Fahne eines induktiven Schlitzinitiators betätigt.

Bei allen diesen Abgriffen ist durch Schaltungskniffe dafür gesorgt, daß die Schranke unterscheiden kann, ob der Schwebekörper von oben oder von unten die Schranke durchläuft.

● *Genauigkeitsklassen, Linearisierung und Umrechnen auf andere Betriebsbedingungen*

Für Schwebekörper-Durchflußmesser werden in VDI/VDE 3513, Blatt 2, Genauigkeitsklassen vorgegeben. Danach setzt sich der Gesamtfehler aus Teilfehlern zusammen, die zu 75 % auf den Meßwert und zu 25 % auf den Endwert bezogen sind. Die Richtlinie unterscheidet die Genauigkeitsklassen

0,4 / 0,6 / 1 / 1,6 / 2,5 / 4 / 6 / 10.

Dabei sind die Klassen 0,4 und 0,6 Sondergeräten mit erhöhtem Aufwand für Gerät und Kalibrierung vorbehalten.

Die Teilfehler für ein Gerät der Klasse 1,6 sind z.B.

± 1,2 % vom Meßwert und ± 0,4 % vom Endwert

und für ein Gerät der Klasse 1

± 0,75 % vom Meßwert und ± 0,25 % vom Endwert.

Mit solch einem Gerät lassen sich wesentlich bessere Meßergebnisse erreichen als mit einem Gerät, das eine Fehlergrenze von 1 % des *Meßbereichsendwertes* hat (siehe auch Bild 386). Genaue Meßergebnisse erfordern eine gute Linearisierung der Anzeige- und Übertragungswerte. Das Linearisieren geschieht sowohl *primär* durch Formgebung des Meßkonus oder – bei „umgekehrter" Geometrie – des Schwebekörpers, als auch im Übertragungswege durch mechanische Kurvenscheiben und neuerdings bevorzugt in *Digitaltechnik* durch zu den Geräten mitgelieferte EPROMs: Da sich ein Gerät nicht schlechthin für alle Bedingungen linearisieren läßt, sondern die Linearisierung auch von den physikalischen Daten des Meßstoffs abhängt, haben die digital arbeitenden Einrichtungen den Vorteil, daß sie sich entweder durch Messen der Betriebszustände selbst anpassen oder sich durch Eingabe der Daten vor Ort schnell anpassen lassen (Bild 323).

Auch bei anderen Werten der Betriebsgrößen, bei anderen Temperaturen, anderen Drücken, anderen Zähigkeiten oder Dichten müssen selbstverständlich deren Einflüsse zusätzlich korrigiert werden. Wenn auch diese Überlegungen grundsätzlich für alle Durchflußmeßgeräte gültig sind, haben sie für Schwebekörper-Durchflußmesser deshalb besondere Bedeutung, weil besonders für kleine Durchflüsse und ungeführte Schwebekörper die Zähigkeit des Meßstoffes in die Anzeige eingeht.

Bild 323. Schwebekörper-Durchflußmesser mit elektronischer Positionserfassung und Meßdatenauswertung (Krohne Meßtechnik). Am Anzeige- und Leitfeld dieses Gerätes – sein Innenleben zeigt Bild 310 – werden Meß- und Grenzwerte als Balken und die Meßwerte sowie die physikalische Dimension alphanumerisch angezeigt. Alle Betriebsparameter lassen sich vor Ort einprogrammieren.

Die Zähigkeit ist oft stark von der Temperatur und der Zusammensetzung des Fluides abhängig, und Vielen, die eine Schwebekörper-Durchflußmessung gutgläubig ablesen, ist nicht bekannt, welche Zähigkeit der Meßstoff im Augenblick des Ablesens hat und wie die Zähigkeit das Meßergebnis beeinflußt. Auch dafür hat sich ein interessantes Einsatzgebiet für die modernen Mikrocomputer entwickelt (Bild 324).

● *Druckverluste*

Die Druckverluste von Schwebekörper-Durchflußmessern hängen stark ab von Gerätekonzeption, Durchflußbereich und Dichte des Meßstoffes. Sie liegen zwischen einem und einigen hundert Millibar. Naturgemäß haben Glasgeräte mit selbststabilisiertem Schwebekörper geringere Druckverluste als Ganzmetallgeräte, bei denen schwere Schwebekörper wegen des Einbaus von Magneten erforderlich sind und die meist auch geführt werden, so daß Reibungskräfte zu überwinden sind. Auch die Rückwirkung des magnetisch angekoppelten Folgesystems erhöht den Druckabfall.

Eine Eigenart aller Schwebekörper-Durchflußmesser ist, daß der Druckabfall vom Durchfluß *nicht* oder *nicht stark* abhängt, während bei Drosselgeräten ja sogar eine quadratische Abhängigkeit gegeben ist.

4. Magnetisch-induktive Durchflußmessung

Stark durchgesetzt haben sich in den letzten Jahren für genaue Messungen hochkorrosiver oder mit Feststoffen beladener Meßstoffe und für druckverlustarme Messungen großer Durchflüsse die magnetisch-induktiven Durchflußmesser.

4. Magnetisch-induktive Durchflußmessung 377

Wenn sich auch am schon 150 Jahre bekannten Prinzip der magnetisch-induktiven Durchflußmesser in den etwa 40 Jahren ihres Einsatzes in der Verfahrensmeßtechnik nichts geändert hat, so sind doch die Geräteentwickler nicht untätig gewesen. Sie haben aus einer in den Anfangsjahren eher etwas problematischen Geräteart voll überzeugende Meßsysteme geschaffen, die sich nahtlos in die modernen Automatisierungskonzepte integrieren lassen und deren Grenzen nur noch durch das Meßprinzip bedingt sind.

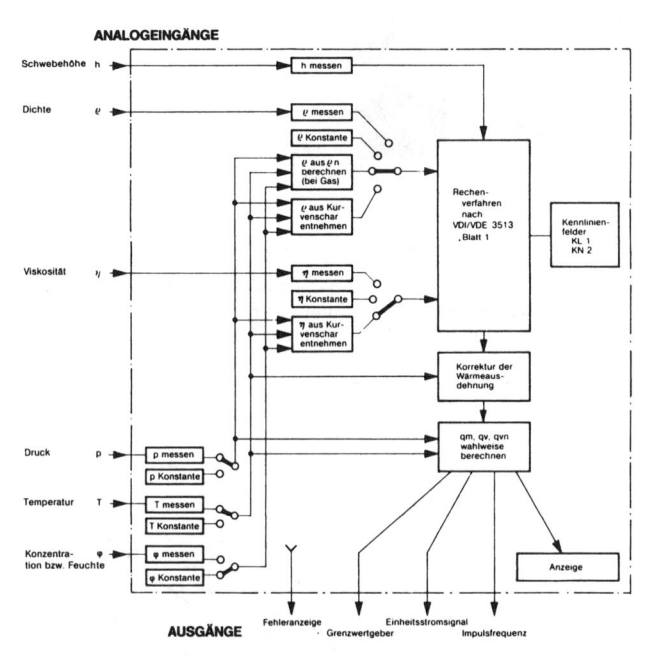

Bild 324. Durchflußrechner ROFY (Rota-Yokogawa).
Die veränderlichen Meßstoffeigenschaften können dem Gerät entweder über ein Tastenfeld oder als ein oder mehrere Analogsignale eingegeben werden. Mit diesen Werten führt der Rechner das Berechnungsverfahren nach VDI/VDE 3513 durch. Die Kennlinien werden über steckbare EPROMs, in denen die Kennlinienfelder gespeichert sind, linearisiert.

Durch Nutzung aktueller Ergebnisse der *Werkstofforschung* lassen sich die MID sehr gut gegen Korrosion schützen, so gibt es z.B. Ausführungen aus hochreinem Al_2O_3, in die wahlweise Platin-Elektroden, Elektroden aus metall-keramischen Werkstoffen oder kapazitive Abgriffe eingebracht sind. Durch Anwenden *moderner Berechnungsverfahren,* wie die Finite-Element-Methode, sind die Geräte kleiner und handlicher geworden (Bild 325). Durch Einsatz moderner *elektrischer* und *elektronischer Mittel* ist es gelungen, Durchflüsse in einer weiten Spanne recht genau, zuverlässig und unempfindlich gegen elektromagnetische Störfelder sowie gegen Pulsationen zu messen.

378 IV. Durchflußmessung

Mit magnetisch-induktiven Durchflußmessern beschäftigt sich auch die VDI / VDE-Richtlinie 2641 „Magnetisch-induktive Durchflußmessung".

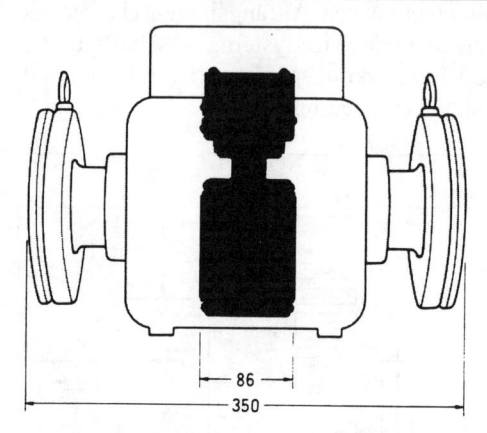

Bild 325. Größenunterschiede zwischen modernen und konventionellen MID (Honeywell).
Durch Einsatz moderner Berechnungsverfahren (Finite-Elemente-Methode, FEM) für das Magnetfeld und für die Rohrstücke sind die MID kleiner und handlicher geworden.

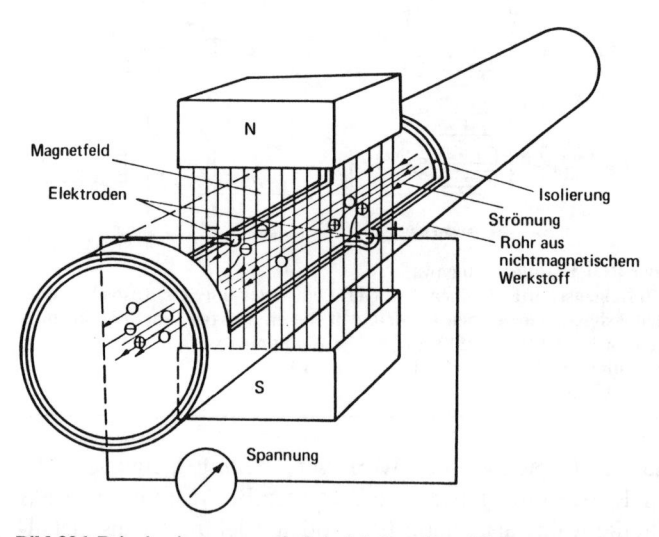

Bild 326. Prinzip eines magnetisch-induktiven Durchflußmessers.
Ladungsträger des strömenden Fluids werden in einem Magnetfeld getrennt. Die dabei an den Elektroden entstehende Spannung ist proportional der Strömungsgeschwindigkeit. Statt des im Bild angedeuteten magnetischen Gleichfeldes arbeiten die meisten Geräte mit geschalteten Gleichfeldern oder mit Wechselfeldern, um Störgleichspannungen unterdrücken zu können.

4. Magnetisch-induktive Durchflußmessung

● *Prinzip des magnetisch-induktiven Durchflußmessers*

Das Meßprinzip nutzt die Trennung bewegter Ladungen in einem Magnetfeld aus (Bild 326).

Durch ein Rohr aus nichtmagnetischem Werkstoff, das eine elektrisch isolierende Auskleidung (z.b. PTFE) hat, strömt das zu messende Fluid. Im Fluid vorhandene Ladungsträger werden durch ein vertikales, senkrecht zur Strömungsrichtung liegendes Magnetfeld gemäß dem Faradayschen Gesetz abgelenkt, die positiven Ladungsträger z.b. nach links, die negativen nach rechts. Durch Ladungstrennung entstehen hochohmige EMK (elektromotorische Kräfte), die an den Elektroden, das sind isoliert in das Rohr eingebrachte Metallstäbe aus hochkorrosionsfestem Werkstoff, elektrische Spannungen in der Größenordnung von mV erzeugen – ein schon sehr lange bekanntes physikalisches Prinzip, das auch Grundlage des elektrischen Dynamos ist. Auch im Dynamo werden im Magnetfeld elektrische Leiter bewegt und erzeugen eine Spannung. Die Gesetzmäßigkeit besagt nun, daß die Höhe der Spannung der *Geschwindigkeit der Ladungsträger* proportional ist. Für den magnetisch-induktiven Durchflußmesser heißt das, daß die Spannung an den Elektroden proportional der mittleren Strömungsgeschwindigkeit und damit proportional dem Durchfluß ist. Den mechanischen Aufbau eines MID-Meßrohrs zeigt auch Bild 340.

● *Eigenschaften des magnetisch-induktiven Durchflußmessers*

Magnetisch-induktive Durchflußmesser zeichnen sich durch folgende Vorteile aus:

- Messung der *Strömungsgeschwindigkeit* mit geringen Meßfehlern um oder unter 0,5 % vom *Meßwert* in einem Durchflußbereich von 10 zu 100, im unteren Durchflußbereich wird der Meßfehler auf den *Endwert* bezogen,
- Lineares elektrisches Ausgangssignal,
- Meßbereiche zwischen 10^{-5} und 10^5 m³/h,
- Unabhängigkeit von der Leitfähigkeit, wenn sie größer als 1 bis 5 µS/cm ist,
- Unabhängigkeit von Dichte, Viskosität und – bei geeigneter Geometrie des Magnetfeldes – auch vom Strömungsprofil, geringe Anforderungen an ungestörten Ein- und Auslauf,
- keine Einschnürungen und keine mechanisch bewegten Komponenten, deshalb einen sehr geringen Druckabfall, gute Reinigungsmöglichkeit und relativ gute Eignung, auch verschmutzte Flüssigkeitsströme zu messen,
- kein störender Einfluß von Pulsationen,
- durch geeignete Innenwandauskleidung und geeignetes Elektrodenmaterial auch für aggressive und korrosive Fluide einsetzbar,

380 IV. Durchflußmessung

Für den Einsatz einschränkende Eigenschaften sind die Forderung der Mindestleitfähigkeit des Meßstoffs von meist 5 µS/cm, die den Einsatz für Messungen von Gasen, Dämpfen und flüssigen Kohlenwasserstoffen – Leitfähigkeiten um 10^{-6} µS/cm – ausschließt. Auch die für die Geräte zulässigen maximalen Meßstofftemperaturen von etwa 150 bis 200 °C schränken die Einsatzmöglichkeiten etwas ein. Gaseinschlüsse in der Flüssigkeit wie Gasblasen oder eine nicht vollständige Füllung des Durchflußmessers verfälschen – obwohl die Strömungsgeschwindigkeit richtig gemessen wird – das Meßergebnis: Der Durchfluß wird ja aus Strömungsgeschwindigkeit multipliziert mit dem Querschnitt ausgerechnet und davon ausgegangen, daß dieser voll mit Flüssigkeit gefüllt ist. Wenn das nicht der Fall ist, wird ein zu großer Durchfluß angezeigt. Zu ähnlichen Fehlmessungen führen Einschlüsse und Ablagerungen von Feststoffen. Feststoffablagerungen können noch auf andere Weise die Messungen sehr stark stören: Isolierende Ablagerungen im Elektrodenbereich unterbrechen gewissermaßen den Stromkreis oder machen ihn sehr hochohmig, gut leitende schließen die Spannung an den Elektroden kurz, wenn sie die ganze Innenfläche belegen. Beide Einflüsse verfälschen das Meßergebnis in schwer vorherzusehender Weise.

● *Erregung der Magnetfelder*

Elektrisch unterscheiden sich die Betriebsgeräte von dem im Bild 326 geschilderten Prinzip dadurch, daß sie *keine magnetischen Gleichfelder* haben. Bei in der Polarität konstanten Magnetfeldern würden elektrochemische *Störgleichspannungen* das Meßergebnis nämlich verfälschen: Elektroden und Flüssigkeit bilden kleine galvanische Elemente, deren Spannungen von vielen Zufälligkeiten abhängen und deshalb nicht sicher entgegengesetzt gleich sind. Diese Restspannung würde der Meßumformer nicht von der Meßspannung unterscheiden können, und sie würde einen entsprechenden Meßfehler verursachen. Um die störende Gleichspannung auszuschalten, arbeiten moderne Geräte mit Magnetfeldern *wechselnder* Polarität.

Die Erregung der Elektromagneten der MID kann mit sinusförmigen Netzwechsel- oder mit geschalteten Gleichspannungen geschehen. Beide Möglichkeiten haben Vor- und Nachteile:

● *Erregung mit Netzwechselspannung*

Am einfachsten ist es, an die Feldspulen die Netzwechselspannung anzulegen. Das hat sich über 30 Jahre bewährt und manche Geräte arbeiten heute noch so. Die sehr geringen Meßspannungen, die noch dazu aus einer hochohmigen Quelle kommen, sind aber sehr empfindlich gegen Einstreuungen von systembedingten transformatorischen *Störwechselspannungen* sowie von solchen, die von in der Nähe der Signalleitungen liegenden Netzkabeln kommen. Da diese Störspannungen ebenfalls Netzfrequenz haben, werden sie mit verstärkt und verfälschen das Meßergebnis. Ähnliche Wirkung können über die Rohrleitung, über die Flüssigkeit oder über die Erdungsleitungen abgeleitete Erdströme haben, die in Chemieanlagen oft nicht zu vermeiden sind. Um es noch einmal zu betonen: Diese Einflüsse spielen eine besondere Rolle, weil die Nutzspannung nur im *Millivoltbereich* liegt, die – um die gewünschte Meßgenauigkeit und Reproduzierbarkeit zu erreichen – auf etwa 1 µV genau bestimmt werden muß, und weil die Störspannungen die gleiche Frequenz haben und damit auch mit verstärkt werden. Sie können bei den mit Netzfrequenz arbeitenden magnetisch-induktiven Durchflußmessern trotz bester Abschirmung und trotz Anwendung aller möglichen Schaltungskniffe in Magnetfeld und Verstärker oft nur sehr schwer beseitigt werden.

● *Magnetfeld mit geschaltetem Gleichfeld*

Die oben geschilderten Schwierigkeiten lassen sich dadurch umgehen, daß die Magnetfelder mit einem Gleichstrom erregt werden, der mit einem gegenüber der Netzfrequenz niedrigeren Takt, z.B. 3 1/8 Hz, ein- und ausgeschaltet wird. Zeitlich ergibt sich der im Bild 327 dargestellte Ablauf: Nach Einschalten des Magnetfeldes und Ablauf einer Einschwingzeit wird die Spannung an den Elektroden bestimmt. In dieser Spannung sind neben dem eigentlichen Meßsignal auch unbekannte Störgleichspannungen und Mittelwerte von Wechselspannungen enthalten:

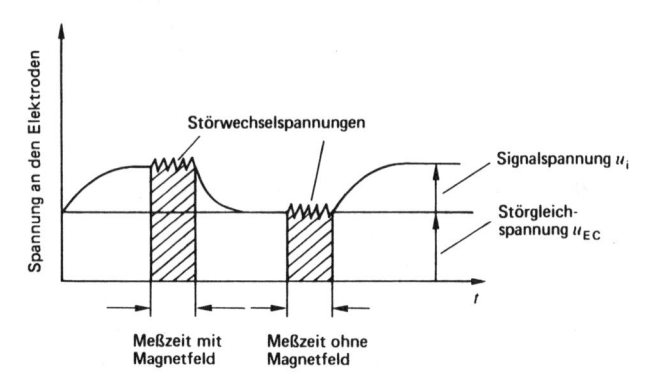

Bild 327. Geschaltete Gleichstromerregung.
Das Bild zeigt den Spannungsverlauf an den Elektroden. Störgleichspannungen werden durch Messung mit und ohne Feld, Störwechselspannungen durch Integration oder Filterung und induktive Einkoppelung dadurch vermieden, daß die Spannung erst gemessen wird, wenn sich das Magnetfeld voll aufgebaut hat.

Mittelwerte, weil die Meßzeit ein ganzzahliges Vielfaches der Periodendauer der Netzfrequenz ist. Nach Abschalten des Magnetfeldes wird wieder die Spannung an den Elektroden bestimmt. Da das Magnetfeld fehlt, ist das Meßsignal Null und es werden nur Störgleichspannungen und Mittelwerte von

IV. Durchflußmessung

Wechselspannungen gemessen. Aus Differenzbildung beider Meßergebnisse bestimmt sich dann das Meßsignal richtig, denn in der kurzen Zeit zwischen den beiden Messungen ändern sich die Störspannungen meist nicht wesentlich.

Statt mit geschaltetem unipolarem Gleichfeld arbeiten viele MID mit geschaltetem Gleichfeld wechselnder Polarität: Sie schalten nach jedem Takt die Feldrichtung um und ermitteln die Signalspannung *aus* der halben Differenz der Meßspannungen beider Feldrichtungen.

Für sehr niedrige Frequenzen von 1 bis 3 Hz werden die Einflüsse von Störgleichspannungen statt durch einfache Differenzbildung auch durch Mittelwertbildung oder durch Kompensation beseitigt, weil Fließgeschwindigkeit, Meßstofftemperatur, chemische Zusammensetzung des Fluids und andere Effekte Störgleichspannungen oft relativ schnell und unkontrollierbar ändern können.

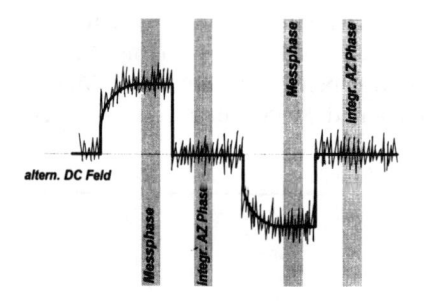

Bild 328. Integrierender Autozero (E + H).
Das Bild zeigt den zeitlichen Spannungsverlauf an den Elektroden eines mit geschalteter Gleichstromerregung arbeitenden Gerätes. Störgleichspannungen werden durch Messung mit und ohne Feld, Störwechselspannungen durch Integration und induktive Einkoppelung auch hier dadurch vermieden, daß die Spannung erst gemessen wird, wenn sich das Magnetfeld voll aufgebaut hat.

● *Bewertung der Arten der Magnetfelderregung*

MID mit *geschalteten Gleichfeldern* (Bild 328) haben stabile Nullpunkte und vermeiden Wirbelströme in Rohrwand und Flüssigkeit, die bei Leitfähigkeitsinhomogenitäten Nullpunktfehler zur Folge haben, sowie transformatorische Störspannungen, die bei sinusförmiger Erregung des Magnetfeldes in den Meßkreis eingekoppelt werden können. Außerdem lassen sich andere in das Meßsignal eingekoppelte 50 Hz-Störspannungen durch Bandpaßfilter unterdrücken oder durch Integration über ganzzahlige Vielfache von 20 ms ausmitteln. *Störende Einflüsse* von sich relativ schnell ändernden und unkontrollierbaren Stör*gleich*spannungen lassen sich elektronisch durch integrierende Mittelwertbildung optimal kompensieren. Schließlich sind bei geringen Frequenzen wegen der geringen induktiven Widerstände (sie sind bei Frequenzen von 1 Hz fünfzigmal niedriger als bei 50 Hz) auch die *Leistungsaufnahmen gering* und liegen zum Teil durch Energierückgewinnungsschaltungen nur zwischen etwa 10 und 100 Watt. So lassen sich einige Geräte sogar mit Batterie betreiben.

4. Magnetisch-induktive Durchflußmessung 383

Schnelle *Wechselfeldgeräte* haben dagegen *Vorteile* bei der Messung, Regelung oder Dosierung *schnell veränderlicher* oder *pulsierender* Durchflüsse sowie bei Meßstoffen mit *hohen Feststoffanteilen* oder *geringer Leitfähigkeit*. In diesen Fluiden können durch die Fließbewegungen Ladungen so verschoben werden, daß sich ein *niederfrequentes Rauschen* einstellt. Das können Wechselfeldgeräte höherer Frequenz besser unterdrücken als die Geräte mit geschaltetem Feld, die dafür große Zeitkonstanten erfordern. *Störeinflüssen* durch systembedingte transformatorische oder aus dem Netz eingekoppelte Störwechselspannungen muß durch phasenselektive Verstärkung, durch Verdrillung oder Abschirmung begegnet werden. Es bleiben aber wohl größere Restfehler auf den Nullpunkt als bei den MID mit geschalteten Gleichfeldern.

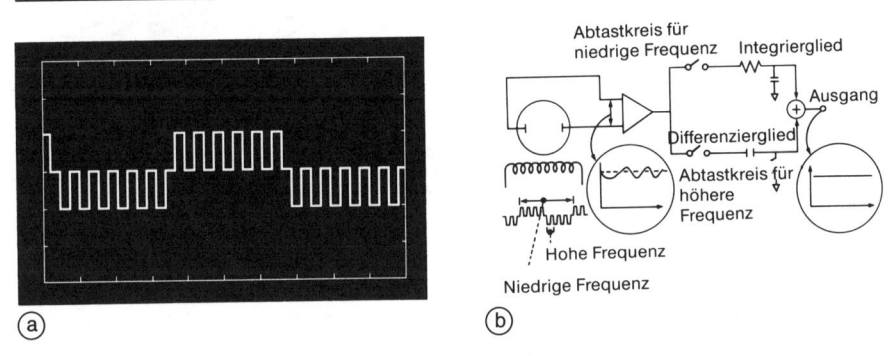

Bild 329. Multifrequenz-Magnetfelderregung (Yokogawa).
Einem niederfrequenten geschalteten Gleichfeld ist ein höherfrequentes überlagert (Teilbild a).
Bei der Verarbeitung der Meßspannungen werden die Frequenzen wieder getrennt (Teilbild b).

Offensichtlich steckt auch bei den MID der Teufel im Detail, und eine eindeutige Entscheidung für die Frequenz der Felderregung ist so einfach nicht zu treffen, zumal neben der Frequenz und der Stärke des Magnetfelds sowie der optimalen Umsetzung des wechselnden Erregerstroms in magnetische Feldstärke auch noch andere Effekte eine Rolle spielen, wie z.B. *Aliasing-Effekt* durch das Zusammentreffen der Abtast- und Rauschfrequenzen. So lassen sich die *Erregerfrequenzen* mancher MID den Meßaufgaben *anpassen* und die Vorteile beider Arten der Magnetfelderregung anwenden. Bei einer Neuentwicklung ist z.B. eine höherfrequente Rechteckwechselspannung einer niederfrequenten überlagert, um ein Signal zu erhalten, das Anteile beider Erregerfrequenzen aufweist. Das Signal wird zur Verarbeitung wieder in ein höher- und ein niederfreqentes aufgeteilt, um die Vorteile beider Arten vereinen und die Nachteile ausgleichen zu können (Bild 329).

Ein andere Geräteentwicklung kombiniert die Vorteile beider Erregerfrequenzen dadurch, daß ein Meßzyklus fünf höherfrequente und eine niederfrequente Schwingungen integriert (Bild 330). Auch ein besonderes Autozeroverfahren verbunden mit hoher Feldstärke (Bild 328) oder eine begleitende niederfrequente Auswertung der Elektrodenspannung eines mit höherer Frequenz und hoher Feldstärke arbeitenden Geräts für problembehaftete Fluide sind marktgängig.

Die *oft einstellbaren* Frequenzen heutiger MID mit geschalteten Gleichfeldern liegen zwischen 3 und 25 Hz; aber auch höheren Frequenzen bieten Vorteile: Ein MID mit Erregerfrequenzen bis zu 240 Hz ermöglicht exakte Durchflußmessungen auch bei stark pulsierenden Strömungen, z.B. hinter Kolbenpumpen oder Membranpumpen.

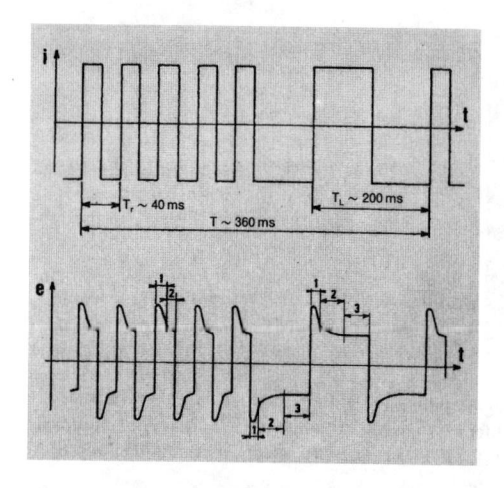

Bild 330. Magnetfelderregung mit periodisch wechselnder Erregerfrequenz (Bailey).
Der Hersteller liefert MID mit auch vor Ort anpaßbarer Erregung – niederfrequent für homogene Flüssigkeiten mit sich langsam änderndem Durchfluß, höherfrequente für heterogene Flüssigkeiten oder für solche mit sich schnell änderndem Durchfluß und schließlich mit einer im Bild dargestellten Kombination von fünf höherfrequenten mit einer niederfrequenten Erregung. i Felderregungsstrom, e Elektrodenspannung. In Zone 1 wird das Signal durch induktive Einkoppelung und in Zone 2 durch den Wechsel des Magnetfelds verfälscht.

Für die an sich problematischen magnetisch-induktiven Durchflußmessungen von Flüssigkeiten mit *Feststoffanteilen* entwickelt ist ein mit geschaltetem Feld von 82,5 Hz erregter MID, dessen Störspannungsabstand bei 20 dB liegt.

Ein als Ersatz für *Dosierpumpen* in Abfüllanlagen konzipierter MID arbeitet mit einem *netzfrequenten* Feld von 50 Hz. Die Meßwechselspannung wird im Verhältnis zur Referenzspannung abgetastet und in ein normiertes Ausgangssignal von 0 bis 50 kHz umgewandelt. Die Impulswertigkeit eines solchen Dosieraufnehmers DN 10 besitzt einen K-Faktor von 65660 Impulsen pro Liter. Konkret ergibt sich: kleinste abgefüllte Menge: 10 ml mit DN 10, kleinste Dosierzeit: 0,3 s, Standardabweichung einer solchen Dosierung: 0,1 ml (= 1 %).

● *Magnetfeldform*

Bezüglich der Form des Magnetfelds – also des Verlaufs der magnetischen Feldlinien im Raum – ist zu unterscheiden zwischen homogenen, modifizierten und wertigkeitsinversen Magnetfeldern.

Homogene Magnetfelder mitteln nur rotationssymmetrische Strömungsprofile exakt aus. Um die Längen ungestörter Ein- und Auslaufstrecken zu reduzieren, was besonders bei großen Nennweiten (bis DN 3000 !) Bedeutung hat, sind modifizierte und wertigkeitsinverse Feldformen entwickelt worden.

Beim *modifizierten* Magnetfeld steigt die Feldstärke des Magnetfelds von der Rohrachse zur Rohrwand hin an, sowohl in Strömungsrichtung als auch in Richtung des elektrischen Feldes ist die magnetische Feldstärke konstant.

Wertigkeitsinvers sind Magnetfelder, bei denen die mittlere Strömungsgeschwindigkeit unabhängig vom Strömungsprofil richtig ermittelt wird.

Zum Erzeugen eines vom Strömungsprofil möglichst unbeeinflußbaren Meßergebnisses (und zur Leerlauferkennung) werden MID auch mit *mehreren* Elektrodenpaaren ausgerüstet (Bild 331).

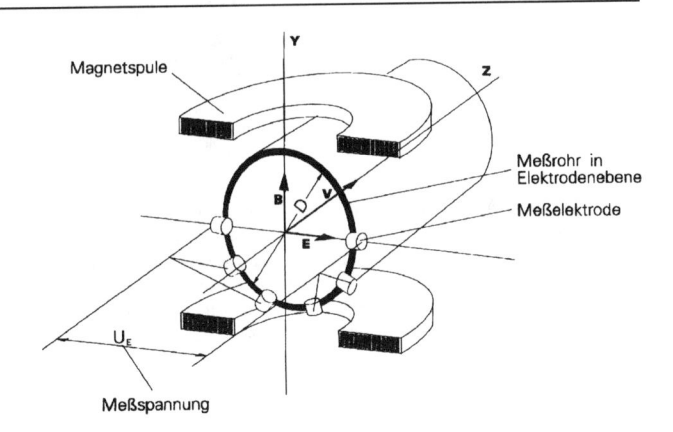

Bild 331. MID mit mehreren Elektrodenpaaren (Fischer & Porter).
Mit mehreren Elektrodenpaaren (im Bild drei) ausgerüstete MID ermöglichen Durchflußmessungen auch bei teilgefüllten Meßrohren. Im zugehörigen Meßumformer sind für die Elektrodenpaare Kennlinien zur Korrektur des Volumendurchflusses bei teilgefülltem Rohr hinterlegt. Durch Umschalten der Magnetfeldstruktur wird der Korrekturfaktor ermittelt und ein durchflußproportionales Ausgangssignal erzeugt.

Die Magnetfeldformen scheinen sich jedoch nicht voll realisieren zu lassen, und die Regelwerke und die PTB fordern für genaue Messungen doch noch Ein- und Auslaufstrecken von 10 D bzw. 5 D sowie Strömungsgleichrichter, wenn mit Drallströmungen zu rechnen ist. Diese Einflüsse mindert ein MID

386   IV. Durchflußmessung

mit einem *strömungsoptimierenden* Meßrohr, das durch Formgebung und Werkstoffauswahl die Meßgenauigkeit erhöht (Bild 332).

● *Meßumformer*

Die zu den MID-Aufnehmern gehörigen, allgemein mit Mikroprozessortechnik arbeitenden *Meßumformer* (Bild 333) steuern und überwachen die Magnetfelderregung, verstärken die sehr geringen Meßspannungen und verarbeiten sie weiter.

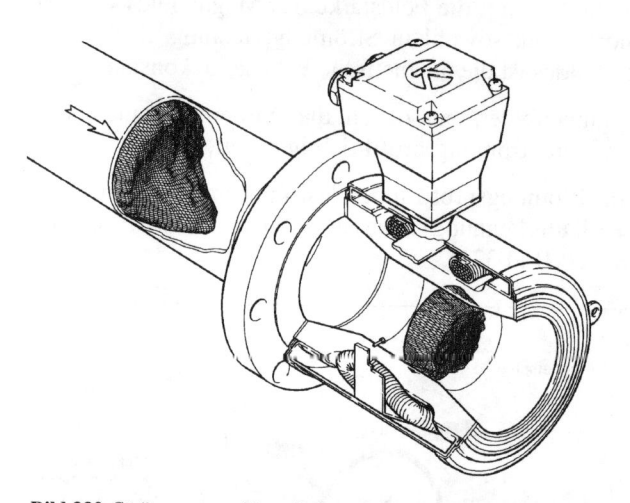

Bild 332. Strömungsprofil-optimierende Form eines MID-Meßrohrs (Krohne Meßtechnik).
Das Meßrohr ist in Form eines Venturi-Rohres leicht eingeschnürt. Gestörte Strömungsprofile werden damit so geglättet, daß sie fast keinen Einfluß mehr auf das Meßergebnis haben. Das Bild zeigt LDV(Laser-Doppler-Velozimeter)-Vermessungen von Strömungsprofilen 5 D hinter einem teilgeschlossenem Schieber sowie im eingezogenen Meßrohr-Querschnitt. Die zusätzlichen Druckabfälle entsprechen äquivalenten Rohrlängen – nennweitenabhängig – zwischen 0,2 und 1,4 m.

Einmal digital erfaßt, können alle heute gefragten digitalen und analogen Ausgangs-, Kommunikations- und Meldesignale realisiert werden. Das sind z.B. mengenwertige Impulse, Frequenz- und 20 mA-Signale, Zählerstände für aufsummierte Durchflüsse, Schnittstellen für HART-Protokolle sowie FIP-, ISP-, Profi- und firmenspezifische Busse. Weiterhin schalten die Meßumformer analoge Meßbereiche um, legen die Wertigkeit von Zählimpulsen fest, erkennen die Strömungsrichtung, unterdrücken die Weiterverarbeitung von Schleichmengen, generieren Grenzsignale, führen Plausibilitätskontrollen durch und repräsentieren schließlich komfortable örtliche Bedienerschnittstellen.

4. Magnetisch-induktive Durchflußmessung 387

Die Meßumformer sorgen auch für Potentialtrennung und störungsfreie Übertragung der Meßsignale vom Aufnehmer, die im mV-Bereich liegen und empfindlich gegenüber elektromagnetischen und elektrostatischen Einstreuungen benachbarter elektrischer Betriebsmittel sind.

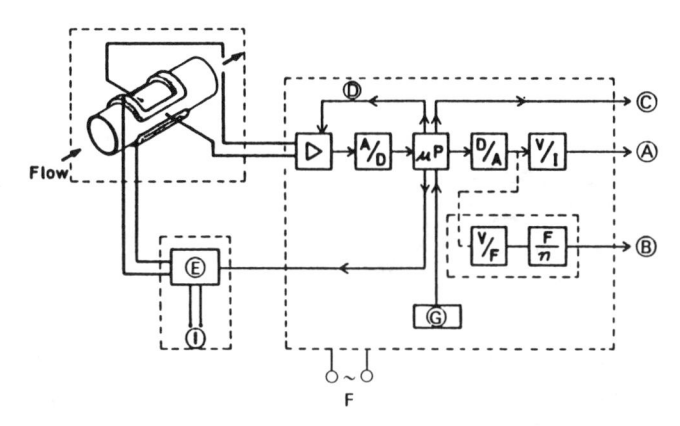

Bild 333. Innenschaltung eines Meßumformers für MID (Danfoss).
Das Bild zeigt die Funktionselemente eines mikrocomputergestützten Meßumformers.
A Analogausgang, B Frequenz/Impulsausgang, C Logische Ausgänge zur Überwachung, D Verstärkerkontrolle, E Spulenstromversorgung, F Stromversorgung, G Bereichswahl/Einstellung.

Zur Minderung der Störeinflüsse auf die *Verbindungsleitungen* zwischen Aufnehmern und Meßumformern werden z.b. besonders abgeschirmte Kabel eingesetzt (Bild 334), deren Schirme nicht geerdet, sondern vom Meßumformer auf das Potential der Signalleitungen gebracht werden.

Das Verfahren heißt Bootstrap. Andere Systeme kompensieren die Meßspannung durch Auf-Null-Zählen mit konstanter Frequenz. Zum Meßumformer wird dann eine der Meßspannung proportionale Zahl von Impulsen übertragen. Diese Art der Übertragung ist weniger störanfällig und kann bei größeren Entfernungen zwischen Aufnehmer und Meßumformer sogar über Lichtwellenleiter laufen.

● *Werkstoffe der Meßrohrauskleidung*

An Werkstoffen für die Meßrohrauskleidung sind neben Kunststoffen, wie Neoprene, Hartgummi oder PTFE, auch hochreine (mindestens 99,5 %) Al_2O_3-Keramiken auf dem Markt. Die Keramik ist speziell für den Einsatz im MID entwickelt und zeichnet sich durch hohe chemische Beständigkeit, Verschleißfestigkeit und geringe Ausdehnung des Meßrohres bei Druck- und Temperaturbeaufschlagung aus. Es wird damit eine hohe Meßgenauigkeit und Stabilität

IV. Durchflußmessung

erreicht, denn Ausdehnungen verändern den Rohrleitungsquerschnitt – bei 100 K etwa um 0,2 % – und unterschiedliche Ausdehnungen von Trägerrohr und Auskleidung verursachen mechanische Spannungen, die zu Komplikationen führen können.

Die Al_2O_3-Keramik ist meist zugleich Trägerrohr und Auskleidung, ein sonst erforderliches Trägerrohr aus unmagnetischem Stahl entfällt dann.

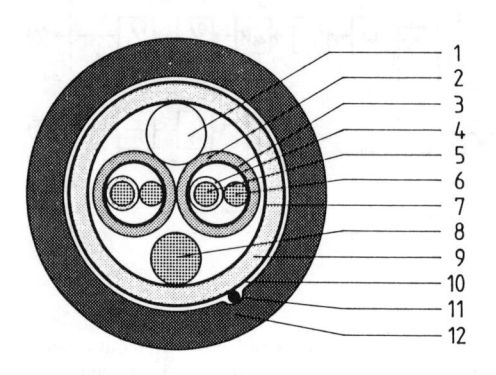

Bild 334. Signalleitung mit Bootstrap Steuerung (Krohne Meßtechnik). Bei dieser Leitung steuert der Meßumformer die Einzeladerschirme (3) immer exakt auf die gleiche Spannung, wie sie auf den Signaladern (5) liegt. Damit wird die Wirkung der Leitungskapazität zwischen Signalader und Schirm neutralisiert. 1 Füllelement, 2 Elementmantel, 3 Spezialfolie erster Schirm, 4 Aderisolation, 5 Leiter, 6 Kontaktlitze erster Schirm, 7 Spezialfolie zweiter Schirm, 8 Kontaktlitze zweiter Schirm, 9 Innenmantel, 10 Mumetallfolie dritter Schirm, 11 Kontaktlitze dritter Schirm, 12 Außenmantel.

● *Elektroden*

Als Elektrodenwerkstoff kommen durchweg rostfreie Stähle, Edelmetalle und Metalle, wie Tantal oder Titan, zum Einsatz. Sehr interessant scheint der Werkstoff CERMET aus einer Mischung von Platin und Al_2O_3 zu sein, der im Unterschied zu den metallischen – etwa gleiche mechanische Eigenschaften wie das als Meßrohrwerkstoff sehr gut geeignete Al_2O_3 hat. Insbesondere sind die Ausdehnungskoeffizienten etwa gleich, was zu sehr geringen Leckraten führt.

Folgende Schwierigkeiten können an den Elektroden entstehen: Einmal sind es Abdichtungsprobleme zwischen der Kunststoffauskleidung und den Elektroden, die besonders bei sehr kleinen Nennweiten und nicht elastischem Auskleidungswerkstoff wie PTFE auftreten können. Zum Glück scheint diese Schwierigkeit, die (meist sehr aggressives) Produkt austreten und in die Geräte laufen ließ, behoben zu sein. Zum anderen können – wie schon ausgeführt – Belegungen der Elektroden die Messungen beeinträchtigen. Um dem abzuhelfen, lassen sich folgende Maßnahmen ergreifen: für Selbstreinigung geeignete Formgebung (z.B. Kugelkopfelektroden), Ausbaumöglichkeit unter Betriebsbedingungen (Bild 335), Reinigung durch Anlegen von Ultraschall- oder

4. Magnetisch-induktive Durchflußmessung 389

Spannungsimpulsen oder Einsatz sehr hochohmiger Verstärker mit 100 G Ω Eingangswiderstand.

Andere Geräteentwicklungen arbeiten mit kapazitivem Signalabgriff: Die Elektroden kommen mit dem Meßstoff nicht mehr in Berührung. Diese Ausführung hat neben Nachteilen auch den Vorteil, daß sie noch bei sehr niedrigen Leitfähigkeiten von 0,05 µS/cm arbeitet.

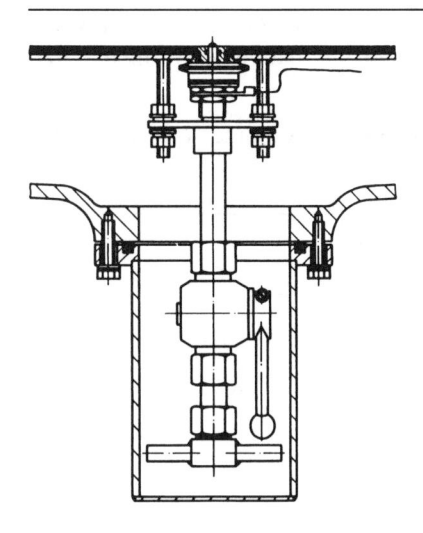

Bild 335. Möglichkeit zur Reinigung der Elektroden (Krohne Meßtechnik).
Eine Schleuse ermöglicht es, die Elektroden zu Reinigungszwecken auszubauen, ohne das Leitungssystem entspannen zu müssen.

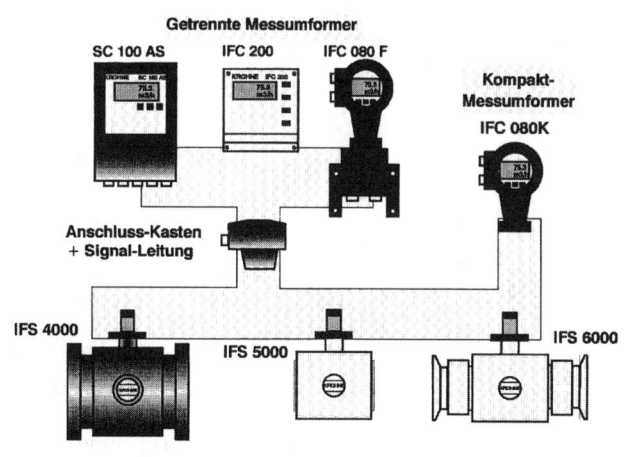

Bild 336. Modularer Aufbau von MID-Baureihen (Krohne Meßtechnik).
Meßwertaufnehmer in Flansch- und Zwischenflanschausführung sowie mit speziellen reinigungsfähigen Anschlüssen sind kompatibel zu drei getrennten Meßumformertypen (Wand-, 19-Zoll- und Feldmontage) sowie zu einem Kompakt-Meßumformer, die sich leicht umrüsten lassen.

IV. Durchflußmessung

● *Geräteausführungen*

Zunächst unterscheiden sich die Geräte äußerlich durch die Bauformen der *Aufnehmer* – Kurz- oder Langbauform, Sandwich- oder Flanschausführung – sowie durch die Anordnung der *Meßumformer* – Kompaktausführung bei direkt montiertem Meßumformer, Feld- oder Wartenplazierung bei getrennt angeordneten Meßmeßumformern (Bild 336). Weniger gut sichtbar unterscheiden sie sich durch die Geometrie und Dynamik der *Magnetfelder* sowie durch die Anordnung und Zahl der *Elektrodenpaare*. Für die MID gibt es nationale Regeln (VDI/VDE 2641, DVWG W 420) und internationale Normen (DIN ISO 6817, Entwurf 1991).

Ausführungsformen von magnetisch-induktiven Durchflußmessern zeigen die Bilder 337 und 338.

Bild 337. MID in Sandwichbauweise (Krohne Meßtechnik).
Bei dem Gerät DN 50 in Zwischenflansch-(Sandwich-)version mit sehr korrosionsbeständigem Meßrohr aus hochreiner Aluminiumoxid-Keramik und Platin-Elektroden müssen die Magnetspulen innerhalb des Lochkreisdurchmessers Platz finden.

Die Geräte werden auch in kurzer Bauform ohne Flanschen, es heißt auch: in Sandwichbauweise, gefertigt (Bild 337). Die *Meßumformer* können entweder auf dem MID direkt angeordnet als auch für getrennte Montage vorgesehen sein. Bei direkter Montage ist der Meßumformer stärker den Betriebseinflüssen, vor allem der Meßstofftemperatur ausgesetzt. Die maximal zulässigen Meßstofftemperaturen sind für diese Geräte (Bild 338) eingeschränkt, wäh-

4. Magnetisch-induktive Durchflußmessung

rend bei getrennter Montage Meßstofftemperaturen bis etwa 200 °C zulässig sind.

Die meisten MID können sowohl ein analoges Gleichstromsignal von 4 bis 20 mA als auch mengenwertige Impulse oder Frequenzen ausgeben.

Die Meßbereichsendwerte gehen von 5 l/h bis zu 200000 m³/h, die maximalen Betriebsdrücke bis 250. in Sonderausführung gar bis 700 bar, zum Schutz der Auskleidung ist für manche Geräte ein Mindestabsolutdruck von bis zu 0,8 bar erforderlich.

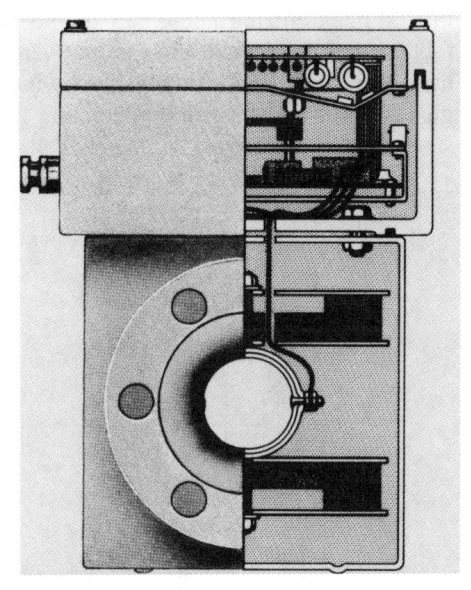

Bild 338. MID in Kompaktausführung (Krohne Meßtechnik).
Die Meßumformer können sowohl getrennt montiert – wie für die Geräte nach Bild 337 – als auch direkt auf dem MID angeordnet werden. Im Bild sind unten der Meßwertaufnehmer mit den Feldspulen, den Elektroden und der Auskleidung zu sehen, oben der Meßumformer, der die geringen Meßspannungen aufbereitet.

Die Garantiefehlergrenzen sind bei diesen Geräten sehr gering. Sie liegen meist zwischen 0,2 % und 1 % vom Istwert, für kleinere Durchflüsse kommt oft noch ein auf den Endwert bezogener Fehler hinzu. Für ein gutes Gerät werden beispielsweise folgende Fehlergrenzen angegeben:

$\pm$ 0,2 % von q_{ist} für q zwischen 5 und 100 % von q_{max} und
$\pm$ 0,01 % von q_{max} für q unter 5 %.

Um genaue Meßergebnisse zu erzielen, sind gerade Einlauflängen von etwa 5 D vorzusehen. Abhängig von den Geräteausführungen sind die Meßspannen

IV. Durchflußmessung

am Meßumformer zwischen 1 : 10 und 1: 40 einstellbar. Ferner sind die meisten Geräte für Durchflußmessungen in beiden Richtungen geeignet, in explosionsgeschützter Ausführung lieferbar und oft für eichpflichtige Messungen als Durchflußintegratoren für Kaltwasser, Abwasser oder Flüssigkeiten außer Wasser, wie Bierwürze oder Milch, zugelassen.

● *MID-Sonden*

Das Prinzip des MID ist auch für die Geschwindigkeitsmessungen einzelner Strömungspfade geeignet (Bild 339). In einer Sonde sind Magnetfeld und Elektroden integriert. Die Sonde ist – auch nachträglich – so in einen Rohrleitungsstutzen einzubringen, daß sie die mittlere Strömungsgeschwindigkeit erfaßt, wobei – wie bei allen induktiven Durchflußmessern – der Zusammenhang zwischen der Strömungsgeschwindigkeit und dem Faraday'schen Nutzsignal absolut linear ist. Es sind – wie für alle derartigen Sonden – allerdings sehr große Einlaufstrecken (bis etwa 40 D) vorzusehen.

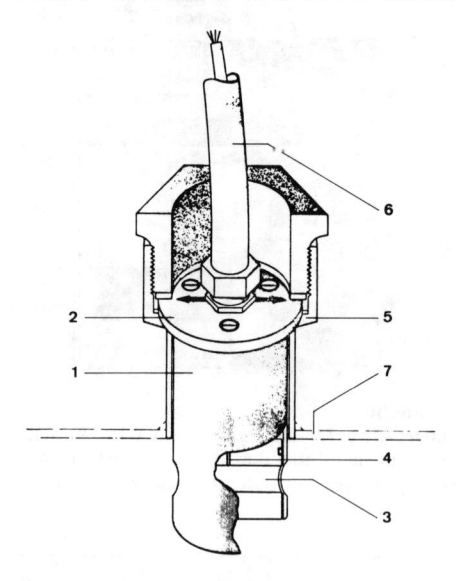

Bild 339. MID-Sonde (TURBO).
In der leicht in die Rohrleitung einzubringenden Sonde sind Magnetfeld, Meßkanal und Elektroden integriert.

● *Sensoren-MID*

Sensoren- MID (Bild 340, [19]) arbeiten mit zwei magnetisch-induktiven, mit geschaltetem Gleichstrom erregten Sensoren (Bild 341).

4. Magnetisch-induktive Durchflußmessung 393

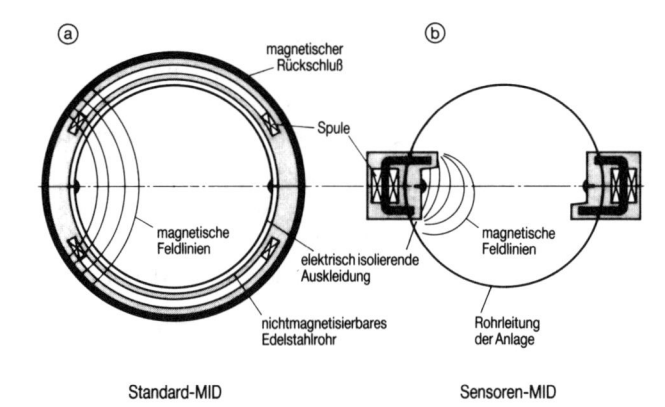

Bild 340. Meßprinzipien von herkömmlichen MID und Sensoren-MID (Heinrichs).
Das Meßrohr herkömmlicher MID (a) muß aus *nichtmagnetisierbaren* Werkstoffen (Edelstählen, Keramik) hergestellt und im gesamten Rohrumfang und in der gesamten Länge *elektrisch isolierend* ausgekleidet sein. Der Sensoren-MID (b) vereinigt alle Funktionselemente in einer Baueinheit; Auskleidung und nicht magnetisierbare Werkstoffe sind nur an den Stellen vorgesehen, wo das *meßtechnisch* erforderlich ist.

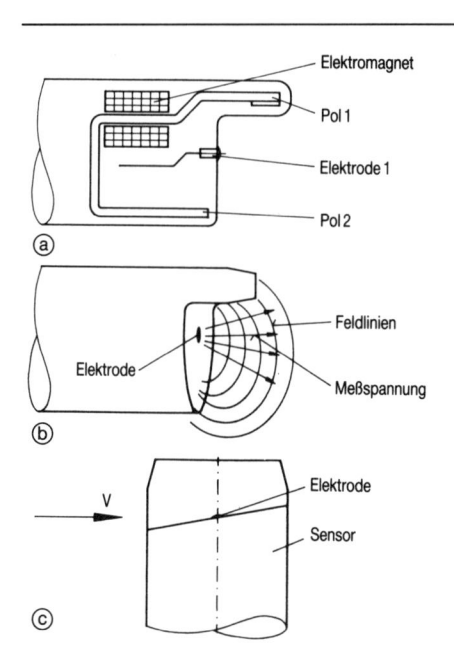

Bild 341. Sensorprinzip des Sensoren-MID (Heinrichs).
Ein Isolierkörper nimmt Elektromagnet und Elektrode auf (a). Die Gestaltung der Polschuhe ermöglicht den Aufbau starker, für die Messung günstiger Magnetfelder (b). Die Abschrägung der Sondenfläche verhindert Turbulenzen an den Meßflächen (c).

Sie haben Magnetfelder, die Zonen mittlerer Strömungsgeschwindigkeit erfassen und die so ausgelegt und so gepolt sind, daß die Meßspannung senkrecht zur Sensorfront in Rohrmitte induziert und die Ladungsträger des Fluids von beiden Feldern in gleicher Richtung abgelenkt werden. Sie sind durch diese

394 IV. Durchflußmessung

Anordnung weniger anspruchsvoll an ungestörte Einlaufbedingungen als Einzelsonden-MID. Wegen ihres Konzeptes müssen nichtmagnetisierbare Werkstoffe nur dort präsent sein, wo das auch meßtechnisch wirklich erforderlich ist, was vorteilhaft gegenüber den herkömmlichen MID ist.

Da die Sensoren einzeln kalibriert werden, lassen sie sich auch *nachträglich* über Stutzen in Rohrleitungen DN 50 bis 2000 einbringen. Es ergibt sich so ein – besonders für große DN – preiswertes Gerät mit Meßfehlern zwischen denen herkömmlicher MID und denen der MID-Einzelsonden (Bild 342).

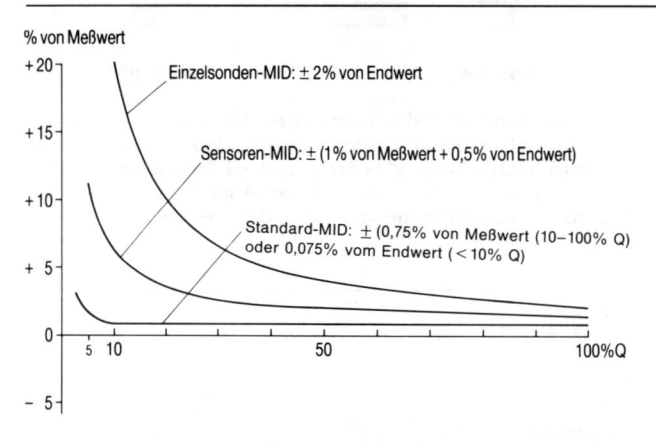

Bild 342. Meßfehler von MID (Heinrichs).
Die Fehlergrenzen des Sensoren-MID liegen zwischen denen herkömmlicher MID (Standardausführung) und denen der Einzelsonden-MID.

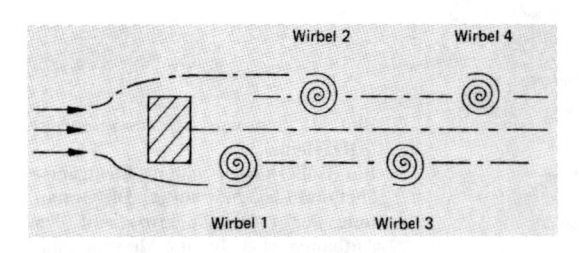

Bild 343. Karmansche Wirbelstraße.
An beiden Seiten eines Wirbelkörpers lösen sich abwechselnd Wirbel ab. Ihre Frequenz ist proportional dem Durchfluß. Beim Ablösen entstehen am Wirbelkörper, an der nachfolgenden Rohrwand sowie an nachfolgenden Hindernissen geringe Druckschwankungen, die von Sensoren aufgenommen und nach Verstärkung und Aufbereitung als analoge, digitale oder binäre Durchflußsignale ausgegeben werden.

5. Wirbel- und Drallzähler

Für turbulente Strömungen (Gase und niedrigviskose Flüssigkeiten) hat sich in den letzten 15 Jahren ein Meßverfahren durchgesetzt, das das seit schon über 100 Jahren bekannte Phänomen der *Kármánschen Wirbelstraße* (Bild 343) nutzt: Es zählt die sich hinter einem Hindernis (Wirbelkörper) in der Strömung ablösenden Wirbel. Die Anzahl der Wirbel ist nach Strouhal dem durchgeflossenen Volumen proportional. Die mit diesem Prinzip arbeitenden Geräte heißen *Wirbelzähler* und im englischen Sprachbereich *Vortexmeter*[46]. Mit ähnlichen Meßeffekten arbeiten auch die weniger verbreiteten *Dralldurchflußmesser* und *Schwingflügelzähler*.

a) Wirbelzähler

Besonders gut *ergänzen* die in großen Stückzahlen eingesetzten Wirbelzähler die *magnetisch-induktiven-Durchflußmesser*, deren Einsatzgebiet sich ja auf *leitende* Flüssigkeiten beschränkt. Auch als *Alternative* zu *Wirkdruckmessungen* sind sie interessant, besonders, wenn große Meßspannen oder Beheizungen erforderlich sind. Einige Geräte sind in Zwischenflanschausführung mit einer Baulänge von 65 mm lieferbar und können so ohne Rohrleitungsänderungen nach DIN 19205 genormte Ringkammerblenden ersetzen (Bild 344).

● *Meßeigenschaften*

Wirbel- und Dralldurchflußmesser sind zur Messung mittlerer bis größerer Volumendurchflüsse von Flüssigkeiten, Gasen und Dämpfen geeignet. Sie haben Meßspannen von mindestens 1:10. Die Meßergebnisse sind gut reproduzierbar und können ohne große Umformungen als Impulsfolge ausgegeben und gezählt oder nachträglich in Einheitssignale umgeformt werden (Bild 345).

Die Geräte sind für Drücke bis 300 bar und für Temperaturen zwischen -200 und $+400\,°C$ geeignet und bieten ein breites Werkstoffangebot. Sie haben gute bis sehr gute Meßeigenschaften mit Fehlergrenzen von etwa 1 % vom Istwert, wenn die *Reynoldszahlen* größer als $2 \cdot 10^4$ sind (Re = $2 \cdot 10^4$ stellt sich etwa bei einem Durchfluß von 2 m³/h Wasser durch ein Rohr DN 50 ein).

Im linearen Teil des Meßbereichs von Wirbelzählern ist die *Strouhalzahl* konstant. Er liegt – abhängig auch von der Form des Wirbelkörpers – oberhalb von *Reynolds*zahlen von 10000 bei kleineren und 20000 bei größeren Nennweiten. Sie haben dann gut reproduzierbare Meßspannen von mindestens 1:10.

---

[46] Wirbelzähler haben eine so weite Verbreitung gefunden, daß die VDI/VDE-Richtlinie 2643, Wirbelzähler zur Volumen- und Durchflußmessung, erarbeitet wurde, die diesbezügliche Begriffe festlegt, die Wirkungsweise von Wirbelzählern beschreibt und Hinweise zu deren Anwendung gibt.

396 IV. Durchflußmessung

Die Durchflußwerte lassen sich *errechnen* nach der Formel

$$f = \frac{St \cdot v}{d}$$

mit der Wirbelfrequenz f, der Strömungsgeschwindigkeit v, der Breite d des Wirbelkörpers quer zur Strömungsrichtung sowie der Strouhalzahl St, die für den *verwendeten Wirbelkörper annähernd konstant* ist.

Bild 344. Wirbeldurchflußmesser (Rota-Yokogawa).
Das Gerät mit einer Baulänge von 65 mm kann ohne Rohrleitungsumbauten an Stelle einer Ringkammerblende montiert werden.

Die *Berechnungen* führen zu größeren Meßunsicherheiten als sie durch die Reproduzierbarkeit bedingt sind, und für sehr genaue Meßaufgaben empfiehlt sich ein *Kalibrieren* der Geräte.

Einschränkungen sind einmal Störeinflüsse ähnlich wie die auf Blendenmessungen. *Kantenschärfe* des Wirbelkörpers und Ausbildung eines *ungestörten Strömungsprofils* sind unabdingbare Voraussetzungen für genaue Messungen: Durch die Schärfe der Abrißkante ist die Stelle des Wirbelabrisses klar definiert (Bild 346), und die ungestörte Strömung stellt sicher, daß die von den Sensoren aufgenommenen kleinen Druckänderungen auch wirklich von den vom Wirbelkörper abgelösten Wirbeln stammen.

5. Wirbel- und Drallzähler 397

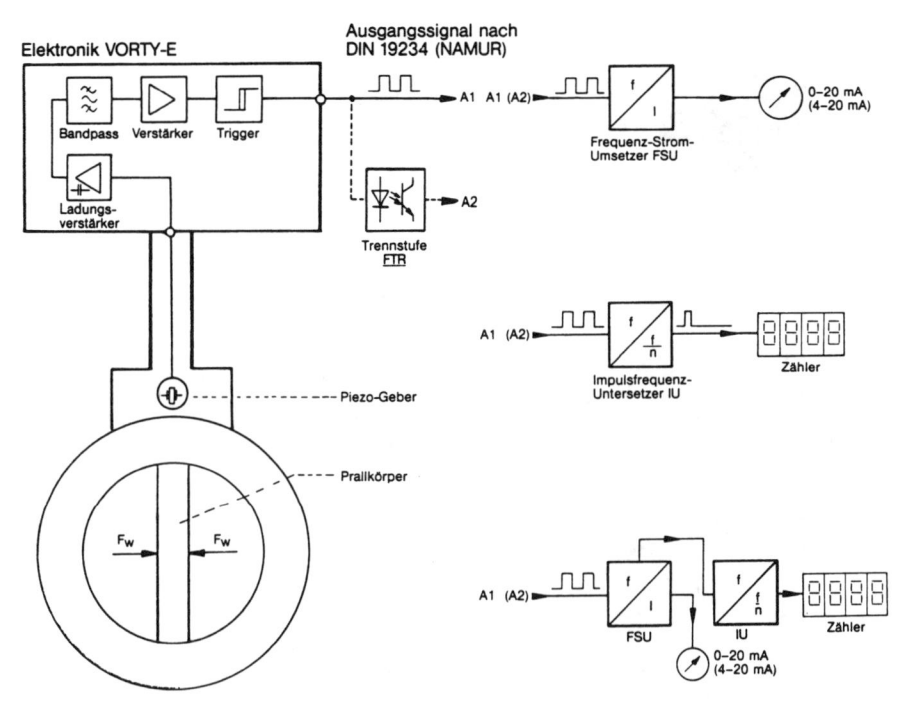

Bild 345. Signalfluß bei einem Wirbeldurchflußmesser (Rota-Yokogawa).
Die sich am Wirbelkörper ablösenden Wirbel versetzen diesen in Schwingungen, deren Frequenz außerhalb der Rohrleitung liegende Piezosensoren aufnehmen. Im Elektronikteil werden diese Frequenzsignale aufbereitet und schließlich als Einheitsstromsignale oder mengenwertige Impulse ausgegeben.

Für Wirbelzähler sind gerade Einlaufstrecken zwischen 10 und 30 D sowie Auslaufstrecken von 5 D vorzusehen. Manche Hersteller empfehlen den Einsatz von Strömungsgleichrichtern, um die Längen der Ein- und Auslaufstrecken zu reduzieren.

Nach oben werden die Meßbereiche für Flüssigkeiten durch bei hohen Strömungsgeschwindigkeiten – etwa über 10 m/s – einsetzende *Kavitation* und *Verdampfung* mit störenden Verwirbelungen begrenzt. Bei Gasen ist die Untergrenze durch die *Dichte* bestimmt: Ist sie zu gering, dann reicht die Energie der Wirbel nicht, ein Sensorsignal zu erzeugen (Bild 347).

Weitere Einschränkungen sind eine Wirbelfrequenz von mindestens einigen Hertz, die bei großen Nennweiten unterschritten werden kann und damit die Gerätegrößen nach oben auf etwa DN 200, maximal DN 300 für Flüssigkeitsmessungen begrenzt. Mechanische Vibrationen der Rohrleitungen und Druckstöße können Wirbelzähler empfindlich stören, lassen sich aber, z.B. mit zusätzlichen Piezosensoren, herausfiltern (Bild 348).

398   IV. Durchflußmessung

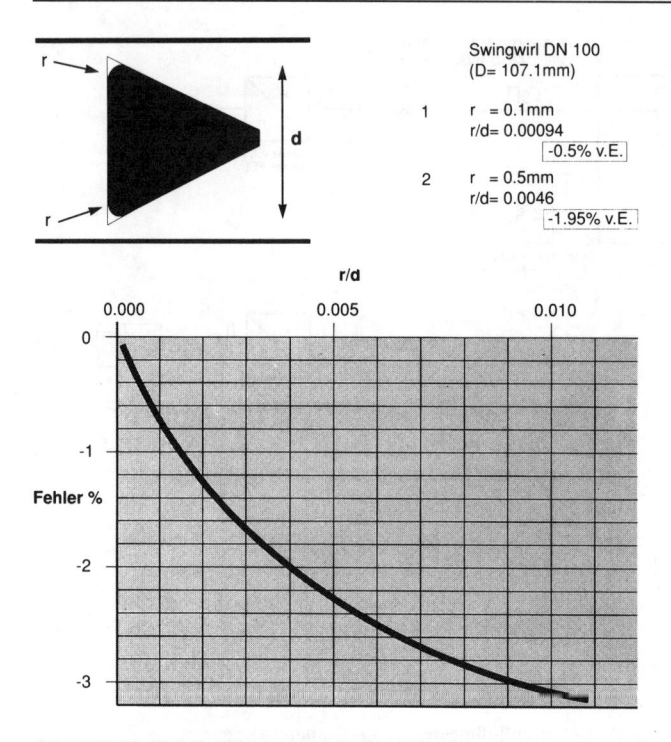

Swingwirl DN 100
(D= 107.1mm)

1   r   = 0.1mm
    r/d = 0.00094
    -0.5% v.E.

2   r   = 0.5mm
    r/d = 0.0046
    -1.95% v.E.

Bild 346. Einfluß der Kantenschärfe (E + H).
Die Meßfehler von Wirbelzählern hängen stark von der relativen Schärfe der Wirbelabrißkante r/d des Wirbelkörpers ab. Im unteren Teilbild ist beispielhaft angegeben, welche Fehler Kantenunschärfen bei einem Gerät DN 100 zur Folge haben können.

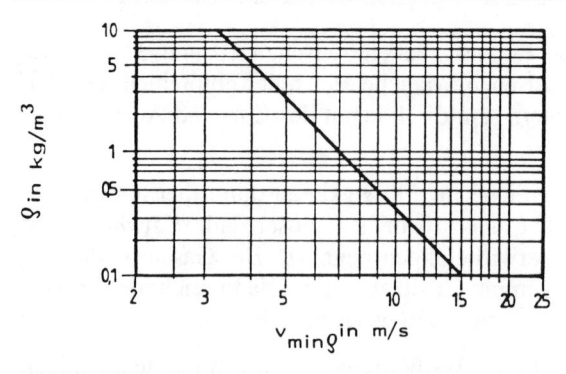

Bild 347. Mindestgeschwindigkeit von Gasen (FLOWTEC).
Abhängig von ihrer Dichte ρ müssen Gase eine Mindestgeschwindigkeit $v_{\rho min}$ haben, um genügend Energie an die Sensoren übertragen zu können.

5. Wirbel- und Drallzähler 399

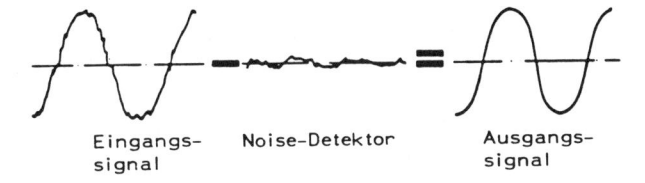

Eingangs-signal　　Noise-Detektor　　Ausgangs-signal

Bild 348. Entstören von Vibrationseinflüssen (FLOWTEC).
Getrennte Piezosensoren nehmen die mechanischen Erschütterungen der Rohrleitung auf. Mit ihrer Hilfe lassen sich die Ausgangssignale glätten.

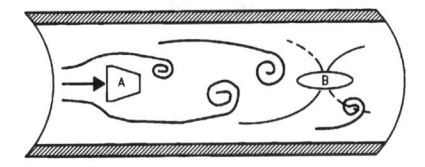

Bild 349. Wirbelaufnahme mit vom Wirbelkörper A getrenntem Abtaster B (Danfoss).

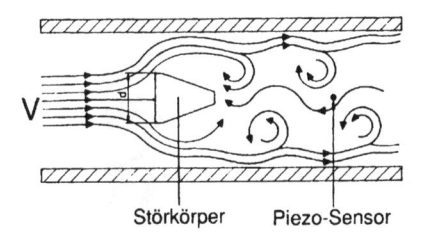

Störkörper　　Piezo-Sensor

Bild 350. Wirbelaufnahme in der Rohrleitungswand (Fischer & Porter).
Die mit der Wirbelablösung einhergehenden lokalen Druckänderungen werden durch einen in die Rohrwand hinter dem Wirbelkörper integrierten Piezosensor detektiert und in elektrische Impulse umgesetzt.

● *Sensoren*

Die Sensoren müssen die sehr schwachen Druckänderungen sicher aufnehmen. Die Sensoren sind oder waren vielmehr die eigentliche Achillesferse der Wirbeldurchflußmesser. Schon die Vielzahl der für diese Geräteart im Laufe der Zeit eingesetzten Sensorarten, wie Thermistoren, Membrankondensatoren, mechanische Sensoren, Dehnmeßstreifen, Piezo- oder Ultraschallsensoren, zeigt, daß noch experimentiert wurde.

Heute haben die Geräte bevorzugt nur noch *Piezosensoren*. Die Piezokristalle sind – geschützt durch Membranen – entweder im Wirbelkörper, in einem gesonderten Strömungskörper (Abtaster, Bild 349) oder in der Rohrwand angeordnet (Bild 350). Auch eine Schwingungsabnahme am Wirbelkörper außerhalb des Naßraumes ist möglich (Bild 345). Außer den Piezosensoren finden wir auch Zylinderkondensatoren (Bild 351) sowie für eichfähige Mengenmessungen für Gase Thermistoren, die redundant in Kanälen außerhalb der Meßstrecke angeordnet sind und sich zur Reinigung ohne Betriebsunterbrechung auswechseln lassen.

Bild 351 demonstriert, mit welchen Maßnahmen den auf die Wirbelzähler einwirkenden störenden Rohrleitungsschwingungen und symmetrisch auf den Sensor wirkenden Strömungspulsationen begegnet werden kann. Mit CAD-Unterstützung wurde ein *stimmgabelähnlicher* Sensor entwickelt, der nur – wie eine Stimmgabel – auf Kräfte reagiert die auf *einen* Schenkel wirken. Das sind die sich alternierend ablösenden Wirbel. Der Sensor ignoriert auf beide Schenkel gleichzeitig wirkende Vibrationen bis 1g im Bereich bis 500 Hz.

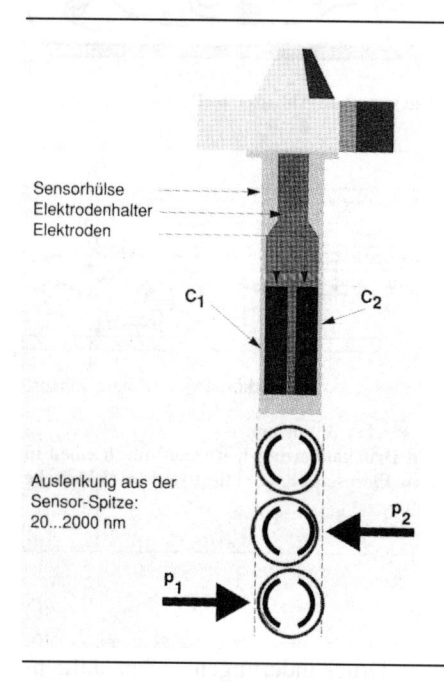

Bild 351. Kapazitive Wirbelsensoren (E + H).
Zwei flexible segmentförmige Elektroden bilden mit der im Staukörper beweglichen Sensorhülse zwei gleiche Kapazitäten. Die alternierenden Druckimpulse der Wirbelablösung bewegen über laterale Bohrungen im Staukörper die Sensorhülse maximal um 2 µm hin und her und bewirken eine gegensinnige Änderung beider Teilkapazitäten, die dann elektronisch weiterverarbeitet wird.
In den Wirbelkörper lassen sich (von oben und unten) auch redundante Sensorhülsen einbringen.

● *Form des Wirbelkörpers*

Die Form des Wirbelkörpers bestimmt den Bereich, in dem die Strouhalzahl konstant ist. Eine optimale Form ist nicht bekannt. Wir finden bevorzugt deltaförmige Wirbelkörper (Bild 350), manchmal sind Wirbelkörper und Wirbelaufnehmer auch getrennt hintereinander angeordnet (Bild 349). Bei der Doppelanordnung entstehen kräftigere Signale, allerdings erhöht sich auch der Druckverlust. Wegen des Einflusses der Form der Ablösekante auf den Meßfehler sei noch einmal auf Bild 346 verwiesen.

● *Signalerfassung*

Die Sensorsignale enthalten im allgemeinen überlagerte Störsignale, die nicht durch die Wirbelbildung verursacht wurden, und die Sensorsignale müssen deshalb im Meßumformer gefiltert, verstärkt, hinsichtlich ihrer Periodizität bewertet und in Rechteckimpulse umgesetzt werden.

Bild 352. Dralldurchflußmesser (Fischer & Porter).
In der vom Eintrittsleitkörper in Rotation versetzten Strömung entstehen Sekundärwirbel. Ihre durchflußproportionale Frequenz nehmen Thermistor- oder Piezofühler auf. Die Geräte sind relativ unempfindlich gegen Einlaufstörungen und haben eine hohe Meßspanne.

b) Dralldurchflußmesser

Eine Sonderstellung nimmt der *Dralldurchflußmesser* (Bild 352) ein. Ein Eintrittskörper versetzt die axiale Strömung in Rotation. Diese Rotation erzeugt eine sekundäre Rotation, die proportional dem Durchfluß ist. Für diese Geräte werden sehr günstige Meßeigenschaften angegeben. Besonders ist der Einfluß von Einlaufstörungen sehr gering und auch die *Reynoldszahlen* können um eine Größenordnung niedriger als bei Wirbelzählern sein. Auf die Nennweite bezogen haben sie einen etwas geringeren Meßbereichsendwert.

c) Schwingflügelzähler

In die Kategorie der Wirbelzähler wollen wir hier den Schwingflügelzähler (Bild 353) einordnen: In ein Blendensegment, das für einen Druckabfall in der Strömung sorgt, ist ein oszillierender Sensor integriert. Zwei vorstehende Meßkanten des Sensors sorgen für Turbulenz im Nebenstrom schon bei sehr niedrigen *Reynolds*zahlen. Die Oszillationsfrequenz ist dem Durchfluß direkt proportional, sie wird induktiv abgegriffen und elektronisch weiterverarbeitet. Die Ein- und Auslaufbedingungen entsprechen denen der Wirbelzähler.

6. Massendurchflußmesser

Die eigentliche Aufgabe der Durchflußmessung ist es, den *Massenfluß* zu messen. Die Masse ist nicht nur Grundlage von Abrechnungen oder Kalkulationen, sondern auch für die spezifikationsgerechte Reaktion der meisten chemischen Prozesse ist die Masse oder das Verhältnis von Massen ausschlaggebend (und nicht Volumendurchflüsse, Volumendurchflüsse multipliziert mit der Wurzel aus der Dichte oder Strömungsgeschwindigkeiten).

In größerem Maße sind im Einsatz die *Coriolismassendurchflußmesser* im wesentlichen für Flüssigkeiten und *thermische Massendurchflußmesser* bevorzugt für gasförmige Fluide.

Bild 353. Schwingflügelmesser (Badger).
In einem rechteckigen Kanal einer segmentblendenförmigen Einschnürung ist ein Schwingkörperelement gelagert. Der durch den Druckabfall erzwungene Nebenstrom erregt dessen trapezförmigen Meßflügel zu oszillierenden Schwingungen. Zwei vorstehende Meßkanten sorgen dabei für turbulente Strömung. Die Oszllationsfrequenzen werden elektronisch abgegriffen.

a) Coriolismassendurchflußmesser

Coriolismassendurchflußmesser (CMD) messen *direkt Massestrom und Dichte* von Flüssigkeiten und Druckgasen weitgehend unabhängig von Druck, Temperatur und den Stoffeigenschaften. Sie haben in den letzten Jahren erheblich an Terrain gewonnen.

● *Wirkungsweise*

Der CMD nutzt dazu den *Coriolis-Effekt*: Rohrschleifen oder anders geformte Rohrstücke werden elektromagnetisch zu Resonanzschwingungen mit Frequenzen zwischen 80 und 1100 Hertz senkrecht zur Strömungsrichtung angeregt. Das durch die Rohre strömende Fluid wird dabei periodisch beschleunigt und die daraus resultierenden *Corioliskräfte* verformen die Rohrstücke mit gleicher Periode. Die Verformungen werden von induktiven oder optischen Wegabgriffen erfaßt. Sie sind *proportional* dem *Massendurchfluß* und damit ein Maß für diesen.

Die *Resonanzfrequenz* der Sensoren wird durch die Fluiddichte maßgeblich bestimmt, und durch Messen der Resonanzfrequenz ermitteln die CMD allgemein auch die *Dichte*.

Um die Schwingungsenergie nicht auf die anschließenden Rohrleitungen zu übertragen und um Rohrleitungsschwingungen nicht ins Sensorsystem einzukoppeln, sind bei größeren Geräten im allgemeinen *zwei gegeneinander schwingende* Sensorteile zu finden, die ihre Schwingungsenergie gegenseitig kompensieren. Sie können entweder nach Strömungsteilung *parallel* oder in Doppelschleifen *nacheinander* durchströmt werden.

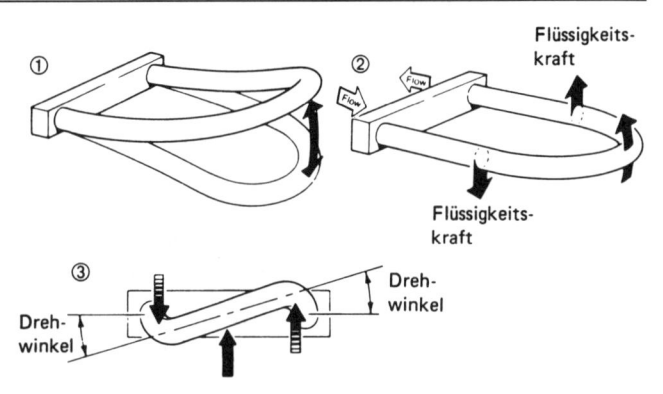

Bild 354. Massendurchflußmesser (Fisher-Rosemount).
Das U-förmig gebogene Meßrohr wird in Schwingungen mit Eigenfrequenz (etwa 80 Hz) versetzt (Teilbild 1). Durch die Strömung entstehen der Strömungsgeschwindigkeit proportionale Querkräfte (Teilbild 2), die das Meßrohr verspannen (Teilbild 3). Der Drehwinkel ist ein Maß für den Massendurchfluß.

Das zur Erklärung der Wirkungsweise oft zitierte Bild 354 ist insofern mißverständlich, als es implizieren könnte, daß der Drehwinkel (Teilbild 3), der ein Maß für die Corioliskraft und damit auch für den Massedurchfluß $\dot{m}$ ist, auch wirklich gemessen wird. Gemessen wird vielmehr statt des Drehwinkels die dazu proportionale *Phasenverschiebung der Sensorsignale* am Ein- und Auslaufschenkel: Schwingt die Rohrschleife bei fehlendem Massenstrom (Teilbild 1), so sind die Signale beider Wegaufnehmer phasengleich. Unter Einfluß des Massenstroms wird die Auf- und Abwärtsbewegung im *Einlaufschenkel gehemmt*, im *Auslaufschenkel dagegen verstärkt* (Teilbild 2): Zwischen den sinusförmigen Signalen der Sensoren im Ein- und Auslauf stellt sich eine Phasenverschiebung Δt ein – wie auch aus Bild 355 deutlich zu ersehen:

$$\dot{m} = K \cdot \Delta t.$$

Der Kalibrierfaktor K hängt von Sensorgeometrie und -werkstoff ab. Die Phasenverschiebung liegt bei 5° und Δt damit bei Bruchteilen einer Millisekunde.

● *Meßeigenschaften*

Coriolis-Durchflußmesser zeichnen sich durch eine Reihe sehr guter Meßeigenschaften aus:

- Gleichzeitige Messung von *Massedurchfluß* und *Dichte*,
- Meßunsicherheit des Durchflusses um 0,15 % des *Meßwerts* über eine Spanne von 1:10 bis 1:100, dazu kommt allerdings oft noch eine durch Nullpunktinstabilität bedingte Meßunsicherheit von etwa 10^{-4}, die auf den *Meßbereichsendwert* zu beziehen ist (und damit im unteren Meßbereich eine Rolle spielen kann),
- Meßunsicherheit der Dichte um 1‰,
- Unabhängigkeit von der Form des Strömungsprofils,
- Eignung zur Messung auch von den Fluiden, für die andere Verfahren nicht geeignet sind, besonders bei niedrigeren Durchflüssen,
- Einsatz unter Meßstofftemperaturen zwischen – 240 und + 425 °C und
- Zulassung für den eichpflichtigen Verkehr mit Flüssigkeiten ohne Einschränkung der Art der Flüssigkeit möglich.

Die durchs physikalische Prinzip begründeten günstigen Meßeigenschaften haben praktisch alle namhaften Hersteller von Durchflußmessern für Flüssigkeiten veranlaßt, CMD in ihr Geräteprogramm aufzunehmen. Die Geräteentwicklungen und wohl auch die herrschende Patentlage führten zu einer großen Variationsbreite an Sensorarten und -daten. Sie unterscheiden sich besonders durch die Sensorform – U-Rohr, Omega-Rohr oder B-Rohr, sowohl ein- als auch zweischleifig, schraubenförmiges Einzelrohr, gerades Doppel- oder Einzelrohr sowie Einzelrohr mit schwingenden Einbauten. Sie unterscheiden sich auch durch Meßbereich, Entleerbarkeit, Oszillationsfrequenz und Druckverlust.

Ohne die positiven Eigenschaften der CMD schmälern zu wollen, wollen wir die mit ihrem Einsatz im Chemiebetrieb verbundenen Probleme aufzeigen:

Der *Meßeffekt* ist u.a. *abhängig* von der Strömungsgeschwindigkeit, der Länge der Ein- und Auslaufschenkel, den elastischen Eigenschaften der Werkstoffe der schwingenden Rohrteile sowie vom Auflösungsvermögen und der Meßbeständigkeit der elektromagnetischen oder optischen Abgriffsysteme. Um zu praktikablen, genaue Meßergebnisse liefernden Amplituden zu kommen, müs-

6. Massendurchflußmesser 405

sen die Sensorrohre relativ lang, nicht zu steif und die Strömungsgeschwindigkeiten relativ hoch sein (bei Geräten vorheriger Generationen gingen die Strömungsgeschwindigkeiten bis zu 30 m/s!, heute liegen sie bei 10 m/s). Damit sind die relativ großen Abmessungen und die relativ hohen Druckabfälle der CMD begründet. Große Abmessungen und Gewichte stören besonders bei großen Durchflüssen (sie sind z.b. bei DN 150: 1000 x 300 x 2000 mm³ und 636 kg bzw. 4500 mm lang und 1100 kg schwer). Den Meßeffekt mindern durch Steifigkeit auch große Wandstärken der Sensorrohre, und Hochdruckausführungen haben eingeschränkte Meßeigenschaften.

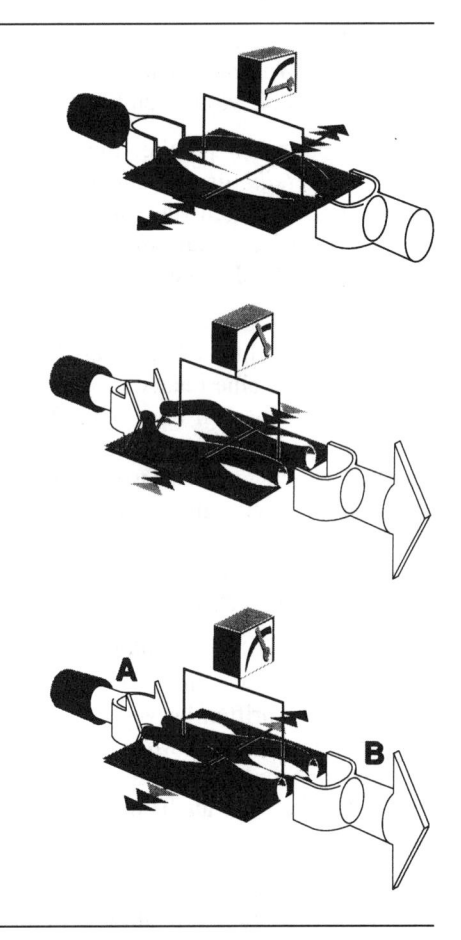

Bild 355. Wirkungsweise eines Rohr-CMD (E+H).
Zwei parallel durchströmte Rohre werden gegensinnig in Eigenschwingungen versetzt. Bei fehlendem Durchfluß (oben) schwingen beide Rohre gleichphasig. Dagegen verstimmen Corioliskräfte die Phasen proportional zum Massedurchfluß: Die Schwingungsbewegungen im Einlaufteil der Meßrohre werden verzögert, die im Auslaufteil verstärkt: Das mittlere Bild zeigt die Verspannungen beim *Aufeinanderlaufen* der beiden Rohre, das untere Teilbild die beim *Auseinanderlaufen*. Zur Verdeutlichung sind die Verspannungen stark verstärkt dargestellt. Realiter haben diese CMD nur Amplituden von weniger als 0,1 Millimeter.

Um den vollen Meßbereich nutzen zu können, sind bei manchen CMD Druckabfälle bis über 4 bar erforderlich, die im allgemeinen vom Verfahren her nicht beigestellt werden können. Bei den hohen Meßspannen von bis 1:100 lassen sich aber die Druckverluste leicht dadurch reduzieren, daß größere CMD gewählt und nicht die vollen Meßspannen in Anspruch genommen werden, was vom Verfahren auch in den allermeisten Fällen gar nicht gefordert wird. Da bei turbulenter Strömung eine quadratische Abhängigkeit besteht, reduziert sich der Druckverlust – zumindest der größeren CMD – auf ein Viertel, wenn der Meßbereichsendwert halbiert wird. Handelt es sich dabei um größere Durchflüsse, so erhöhen sich dann allerdings auch Abmessungen und Gewichte nicht unbeträchtlich.

Auch *hochviskose* Meßstoffe mindern die Meßeigenschaften: Einmal dämpfen sie die Sensorschwingungen und zum andern lassen sie hohe Strömungsgeschwindigkeiten nur eingeschränkt zu.

Hohe Strömungsgeschwindigkeiten können zu *Güteminderungen* und *Zerstörungen der Molekularstrukturen* des Fluids durch Scherkräfte führen, besonders bei nicht Newtonschen Fluiden und bei der Nahrungsmittelförderung.

Die Aufteilung in parallel durchströmte gegensinnig schwingende Systeme kann zu *Verteilungsproblemen* führen, besonders bei Verschmutzungen oder Auskristallisierungen (der Strömungsteiler kann Ansatzpunkt für Ablagerungen sein), und die Aufteilung erschwert die *Reinigung* der Sensoren bei Lebensmittelanwendungen..

Bei in der Flüssigkeit *fein verteilten Gasblasen* kann der Meßstoff als quasi homogen betrachtet werden und Meßfehler sind *nicht* zu erwarten. Unbestritten ist dagegen eine relativ *starke Empfindlichkeit* gegen *große Gasblasen* mit einem Volumenanteil über etwa 2 %, besonders für kleine Durchflüsse. (Die erzwungenen Schwingungen in den Meßrohren können störende Sekundärströmungen der Blasen in der Flüssigkeit verursachen.) Nach vorgelegten Fehlerkurven einer vergleichenden Untersuchung durch eine neutrale Stelle muß der Anwender bei 2 Vol-% Gasanteil mit Fehlern zwischen 0,5 und 10 % rechnen. Es ist also auf jeden Fall Vorsicht angebracht, wenn die zu messende Flüssigkeit Gasanteile mit sich führt.

CMD sind auch empfindlich gegen *Rohrschwingungen* und *Verspannungen beim Einbau* – was auch aus der Schilderung der Gegenmaßnahmen in den Gerätedruckschriften hervorgeht. Bei manchen Geräten sind z.B. Faltenbälge zur Entkoppelung der Meßrohrschwingungen erforderlich. Die Empfindlichkeit gegen Rohrschwingungen gilt vor allem für mit niedriger Frequenz arbeitende Geräte, da auch die Rohrleitungssysteme mit niedriger Frequenz schwingen.

Weiterhin können mono- oder polyfrequente *Strömungspulsationen* zu ganz erheblichen Meßfehlern führen, wenn durch die Pulsationen Resonanzeffekte in den Sensoren angeregt werden – wie das z.B. bei Förderung mit Zahnradpumpen der Fall sein kann [20].

Einflüsse der *Fluidtemperatur* auf Geometrie und Elastizitätsmodul korrigieren die CMD über integrierte Temperaturmessungen rechnerisch.

Auch die *Schallgeschwindigkeit* der zu messenden Flüssigkeiten kann Einfluß auf die Meßergebnisse haben, zumindest bei der Dichtemessung. Eine Rolle spielt es allerdings nur dann, wenn der CMD mit einer Flüssigkeit kalibriert wurde, die eine ganz andere Schallgeschwindigkeit aufweist als das zu messende Fluid. Das kann bei Wasserkalibrierung eines für Kohlenwasserstoffe eingesetzten CMD der Fall sein.

Eine gewisse Rolle bei der Einsatzbewertung scheint auch die Fähigkeit der *Selbstentleerung* der Sensoren zu spielen, die bei geraden Rohren uneingeschränkt, bei den omegaförmigen aber nur bei waagerechtem Einbau gegeben ist.

● *Anforderungen an die Sensorwerkstoffe*

Eine ganz besondere Bedeutung für Qualität, Betriebssicherheit und Lebensdauer hat die *Auswahl geeigneter Sensorwerkstoffe* und einer darauf abgestimmten Konstruktion und Verbindungstechnik. (Es ist ja so, daß die Rohrleitungstechniker sonst Rohrleitungsschwingungen tunlichst vermeiden, wenn immer das möglich ist.) Günstige Eigenschaften sind: hoher E-Modul, hohe Streckgrenze und geringes Fließverhalten.

Große Bedeutung hat die Werkstoffwahl auch für *Korrosionserscheinungen*, die sich durch die *Schwingungsbelastungen* in Form von *Spannungsriß-* und *Schwingungsrißkorrosion* noch verstärken, was besonders für mögliche Schweißverbindungen gilt. Bei diesen nicht flächenhaften Korrosionsarten helfen übrigens auch höhere Wandstärken wenig, da 90 % der Lebensdauer dem Ausbilden der unerwünschten Spannungsrisse und nur 10 % der Zeit zwischen Rißbildung und Meßrohrbruch zuzuordnen sind. Die hohen Strömungsgeschwindigkeiten und die Beschleunigung in den Rohrbögen können aber auch zu Angriffen auf das Rohrleitungsmaterial durch *Kavitations-, Erosions-* oder *Abrasionserscheinungen* führen.

So ist bei der Werkstoffwahl und der Auslegung das Know-how des Herstellers gefragt, und es ist nicht verwunderlich, wenn für den CMD-Sensor andere als die für die Rohrleitungen gewählten Werkstoffe eingesetzt werden müssen.

Da bei Rissen im Sensor nicht nur die Funktion des Geräts unterbrochen, sondern auch die *Sicherheit der Anlage* in Frage gestellt sein kann, haben die Hersteller im allgemeinen *Sicherheitspakete* in ihrem Programm. Das können sein: druckfeste Auslegungen mit z.B. vierfacher Sicherheit oder die Angabe einer MTBF von 200 Jahren (meist eingeschränkt auf nichtkorrosive Bedingungen), druckfeste Schutzrohre oder Einbau in behälterähnliche Gehäuse mit Klöpperböden.

● *Eigenarten der unterschiedlichen Geräteausführungen*

In Kenntnis der Vorteile und Probleme der CMD wollen wir noch auf einige spezielle Geräteausführungen eingehen. Neben der ursprünglichen U-Form sind Sensoren in *Delta- (oder Triangel-)Form* entwickelt worden (Bild 356).

408 IV. Durchflußmessung

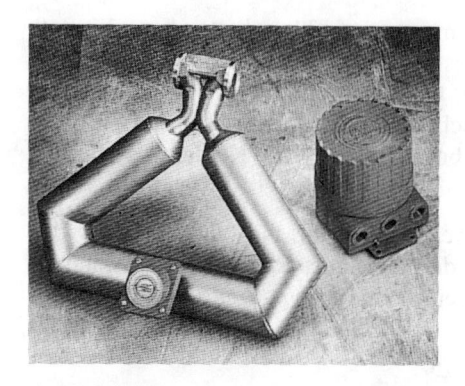

Bild 356. CMD in Deltaform (Fisher-Rosemount).
Das im Bild gezeigte Gerät ist standardmäßig mit einem druckfesten Gehäuse ausgerüstet. Es läßt – wie andere Δ- oder Ω-förmige CMD – größere Amplituden bis etwa 0,5 mm zu und kann auch schwierige Meßaufgaben lösen, wie z.B. das Messen hochviskoser Fluide unter geringen Betriebsdrücken.

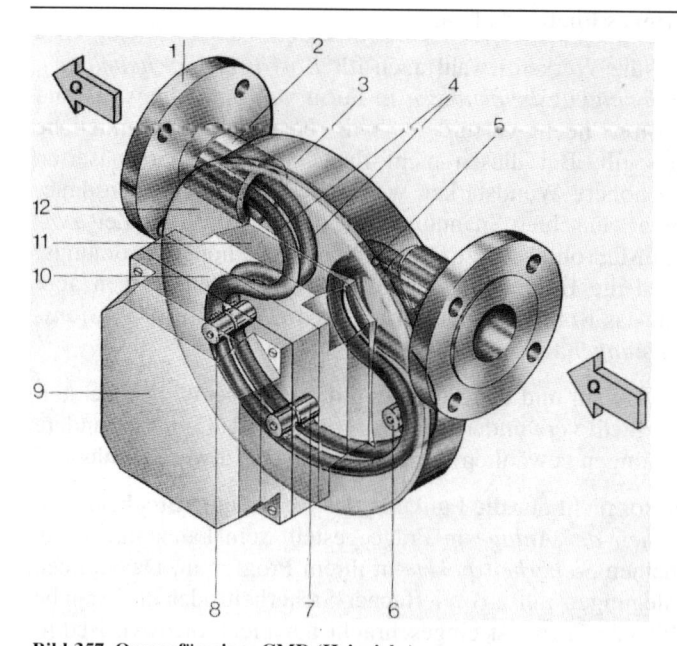

Bild 357. Omegaförmiger CMD (Heinrichs).
Das Bild zeigt, wie die zwei Ω-förmigen Sensoren in ein druckfestes Gehäuse (Klöpperböden) eingebracht sind. 1 Anschlußflansch, 2 Strömungsteiler, 3 Aufnehmergehäuse, 4 Meßschleifen, 5 Temperatursensor, 6 und 8 Schwingungssensoren, 7 Schwingungserreger, 9 bis 11 Meßumformer, 12 Aufnehmergehäusedeckel.

6. Massendurchflußmesser 409

Diese Form ermöglicht mit hohen Amplituden von etwa 0,5 mm günstige Meßeffekte besonders auch bei niedrigen Fließgeschwindigkeiten und hat damit auch eine hohe Meßspanne sowie eine um den Faktor fünf bessere Nullpunktstabilität als die U-förmigen.

Ein CMD in *Omegaform* hat ähnliche Eigenschaften wie die Deltaform (Bild 357). Wegen des hohen Meßeffekts ließ der CMD sogar Messungen von Wasserstoffgas bei nur 4 bar Betriebsdruck zu (Dichte etwa 0,5 kg/m³!). Vorteilhaft ist auch, daß die Schweißnähte zwischen Schleifen und Aufnehmer ausschließlich auf Torsion (und nicht auf Biegung) beansprucht werden, daß sich praktisch alle Werkstoffe mit Federeigenschaften einsetzen lassen und daß die CMD relativ geringe Ansprüche an streßfreien Einbau stellen.

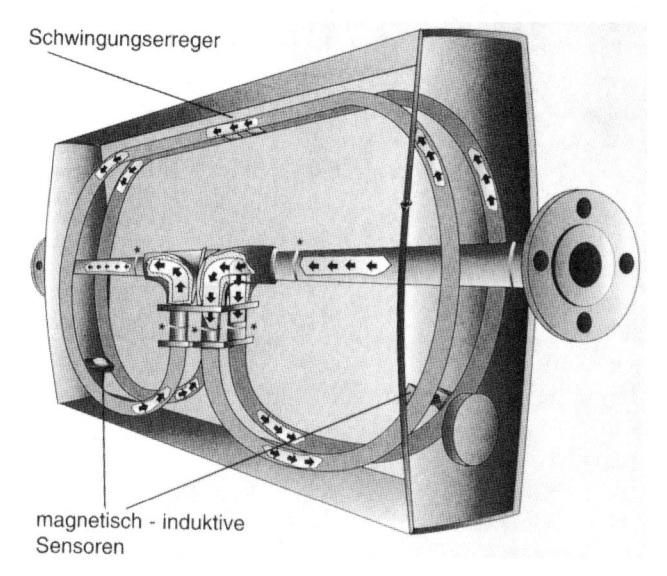

Bild 358. CMD mit B-förmigen Sensorrohren (ABB Industrietechnik).
Die Sensorrohre in einer Art Brezelform werden bei größeren Geräte *parallel* durchströmt, der kleinste CMD hat nur eine Einfachschleife.

Die B-förmige Formgebung des Parallelsystems nach Bild 358 soll zu hoher Nullpunktstabilität führen, durch relativ große Innendurchmesser und glatte Rohrwandungen geringe Druckabfälle ermöglichen und besonders starkwandige Meßrohre mit hoher Verschleißfestigkeit haben. Die im Bild mit * markierten Verbindungsstellen sind mit einem besonderen Verfahren (Automatic Orbital Weld) verschweißt, das auch für Reinigungszwecke gut geeignete glatte Innenflächen bietet.

Mit zwei *hintereinandergeschalteten*, CAD-optimierten *B-förmigen Schleifen* arbeitet das Gerät nach Bild 359: Das Meßrohr ist innen besonders glatt (Rauhtiefe 2 µm) und hat demgemäß relativ geringe Druckverluste. Als weitere Vorteile gibt der Hersteller an: Keine Zusatzfehler durch Nullpunktinstabilität und Dichteänderung sowie tolerierbarer Anteil von Gaseinschlüssen bis 5 Vol-%. Das Schutzgehäuse ist komplett verschweißt, hat eine definierte Sollbruchstelle und einen Berstdruck von 7 bar. Es ist mit Helium gefüllt.

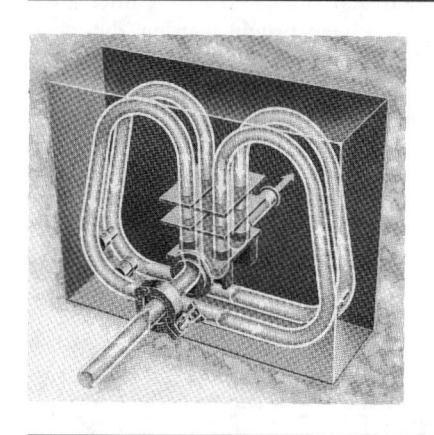

Bild 359. CMD mit hintereinandergeschalteten B-förmigen Sensoren (Foxboro-Eckardt).
Die beiden B-förmigen Rohrschleifen werden *hintereinander* durchströmt.

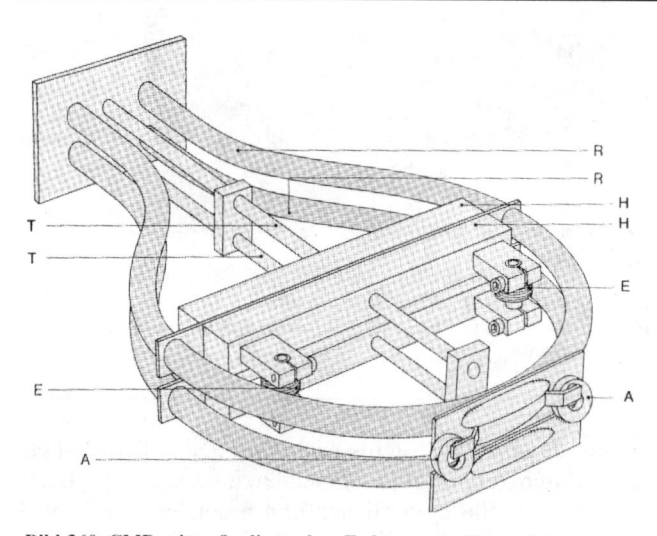

Bild 360. CMD mit außenliegendem Federsystem (Bopp & Reuther).
Zwei Rohrschleifen R bilden zusammen mit zwei Querarmen H und zwei Torsionsstäben T ein schwingungsfähiges System. Über Erregerspulen E werden die Querarme und damit auch die Rohrschleifen zu Resonanzschwingungen um die Torsionsarme angeregt. Die Schwingungsdetektoren A liegen bei diesem Gerät gegenüber den Rohranschlüssen und symmetrisch zu den Torsiosstäben.

Die *Federeigenschaften* der Meßrohre *nicht* in Anspruch nimmt ein ebenfalls omegaförmiger CMD, bei dem *außenliegende Torsionsstäbe* das Schwingungssystem repräsentieren (Bild 360). Das Gerät ist aufgrund seines Konzeptes unempfindlich gegen Spannungsrißkorrosion und soll auch unempfindlich auf Gaseinschlüsse reagieren.

Durch hohes Fertigungs Know-how, durch genaueste Detektion der Corioliseffekte und zum Teil auch durch Wahl besonderer Werkstoffe, wie Titan oder Zirkon, sind auch den *Geradrohr-CMD* sehr gute Meßeigenschaften zuzuordnen. Aufgrund der Rohrgeometrie arbeiten derartige Geräte mit hohen Frequenzen bis etwa 1000 Hz und geringeren Amplituden. Es ist zu unterscheiden zwischen Einrohr- und Zweirohrausführungen (Bilder 361 und 362). Die Geradrohr-CMD haben geringere Druckverluste, und die Einrohrausführung läßt sich zudem noch sehr gut reinigen.

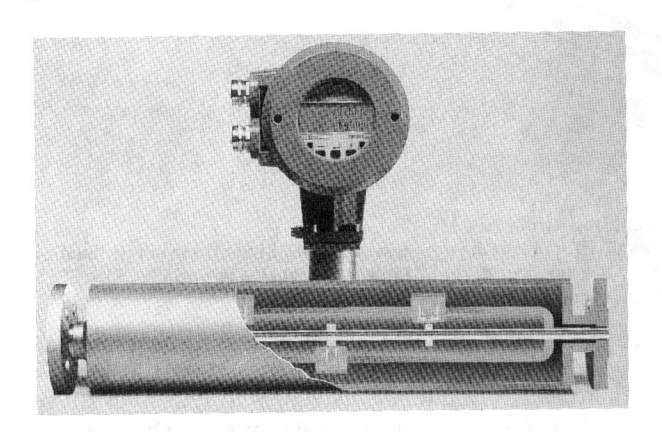

Bild 361. Einrohr-CMD (Krohne).
Im glatten, molchbaren Meßrohr des kompakten Geräts (Meßaufnehmer und Meßumformer in einer Einheit) entsteht nur ein relativ geringer Druckverlust.

Sehr interessante Einsatzmöglichkeiten könnten CMD nach Bild 363 eröffnen: Statt eines schwingenden Meßrohres haben diese Geräte *schwingende Einbauten* in einem von Schwingungen nicht belasteten Rohr, und manche Einschränkungen, wie große Abmessungen, Sicherheitsaspekte oder sehr hohe Druckabfälle macht schon das Konzept gegenstandslos.

b) Thermische Massendurchflußmesser

Der Massendurchfluß von Gasen läßt sich mit thermischen Massendurchflußmessern bestimmen: Auf konstante Temperatur aufgeheizten Körpern wird in einem Gasstrom durch konvektive Abkühlung Energie entzogen. Diese hängt

412 IV. Durchflußmessung

von der Zahl der auf die Oberfläche des Körpers auftreffenden Teilchen ab und damit für einen gegebenen Strömungsquerschnitt sowohl von der *Strömungsgeschwindigkeit* als auch von der *Gasdichte*.

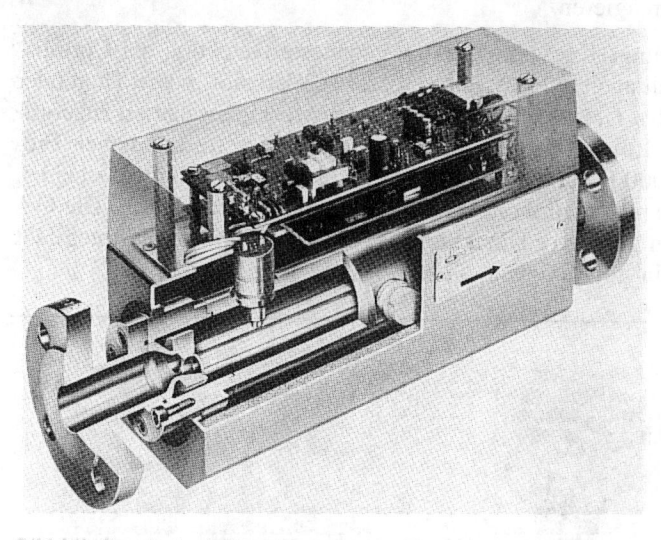

Bild 362. Geradrohr-CMD mit Doppelrohr (E + H)
Im aufgeschnittenen Teil des CMD sind von links zu erkennen: Das Einlaufrohr mit Strömungsteiler, die beiden Meßrohre, der im druckfesten Mantelrphr gehalterte optische Abgriff, in Rohrmitte Elemente zur Schwingungserzeugung und oben der Verstärker.

Bild 364 zeigt gerätetechnische Realisierungen nach diesem Prinzip arbeitender *Heißfilmanemometer*. Bild 365 erklärt das Wirkungsprinzip: Das Gas umströmt zwei temperaturempfindliche Widerstände R_S und R_T mit einem Widerstandsverhältnis von 1:20, die Teil einer Brückenschaltung sind. Der niederohmige R_S wird durch den Brückenstrom aufgeheizt, der hochohmige nicht, er nimmt die Temperatur des Gases an. Ein elektronischer Regelverstärker stellt nun den Brückenstrom so ein, daß sich eine konstante Temperaturdifferenz zwischen dem beheizten Widerstand R_S und dem Gas einstellt. Die abgegebene Leistung wird somit zum Maß für den Massenstrom. Zwischen dem Brückenstrom i_S und dem Massenstrom $\dot{m}$ stellt sich folgender Zusammenhang ein (Kingsche Formel), aus dem auch die Abhängigkeit von den Stoffdaten zu erkennen ist:

$$i_S = \sqrt{A + B \cdot \dot{m}^{ex}}, \text{ mit ex} \approx 0{,}5.$$

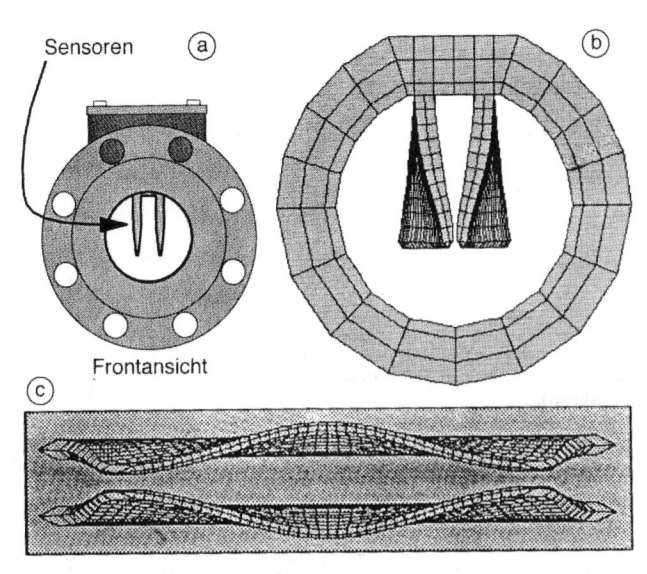

Bild 363. CMD mit innenliegenden Schwingelementen. (Schwing).
Ein Blech mit U-Profil im Innern des Meßrohres (a) wird in Resonanzschwingungen versetzt und durch Corioliskräfte verformt. Aus dem Grad der Verformung läßt sich der Massendurchfluß bestimmen. In den Teilbildern b und c sind Computersimulationen der Schwingungen des U-Blechs dargestellt. Da das Schwingblech keinerlei statische Kräfte aufnehmen muß, sind seiner Gestaltung wesentlich geringere Einschränkungen gesetzt als der der anderen CMD, und das Gerät hat besonders bei großen Durchflüssen wesentlich geringeren Raumbedarf.

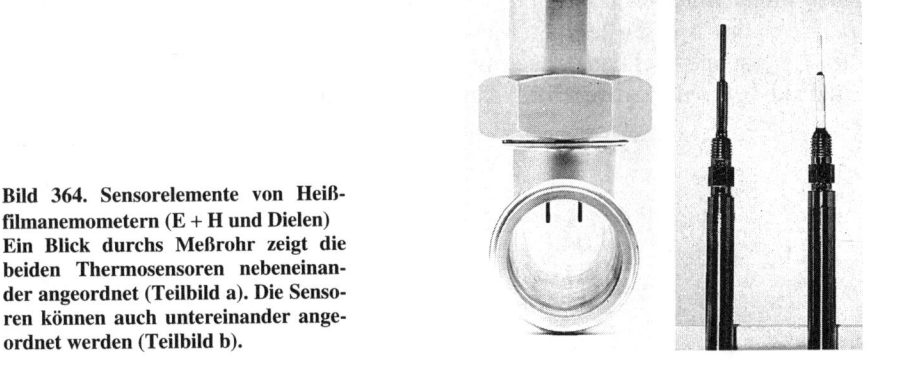

Bild 364. Sensorelemente von Heißfilmanemometern (E + H und Dielen)
Ein Blick durchs Meßrohr zeigt die beiden Thermosensoren nebeneinander angeordnet (Teilbild a). Die Sensoren können auch untereinander angeordnet werden (Teilbild b).

Der Faktor B ist im wesentlichen durch die thermischen Stoffdaten des Meßstoffs wie der Wärmeleitfähigkeit bestimmt, A hängt von sonstigen Wärmeverlusten ab wie freie Konvektion, Strahlung und Wärmeableitung an die Halterung.

Bild 365. Wirkungsprinzip eines thermischen Massendurchflußmessers (Sensycon).
Das Prinzip des nach dem Konstant-Temperatur-Verfahren arbeitenden Geräts ist im Text erklärt. R_S Dünnschichtwiderstand, beheizt; R_T Dünnschichtwiderstand, Temperatur des Gases; $\dot{m}$ Massenstrom; I_S Heizstrom.

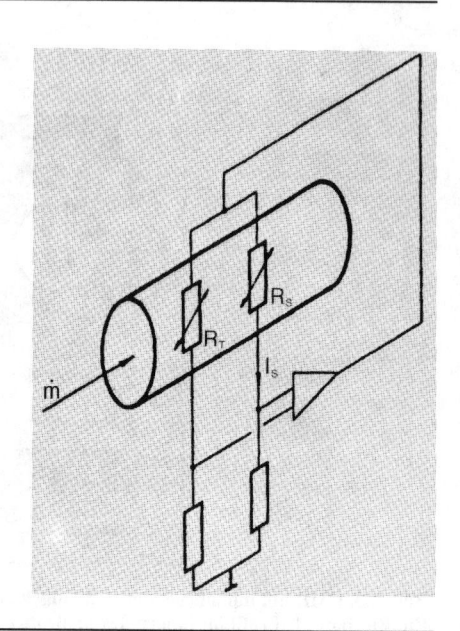

Die Geräte erfordern ungestörte Ein- und Auslaufstrecken von 15 bzw. 5 D, ihre Meßergebnisse zeichnen sich nicht nur dadurch aus, daß sie den Massendurchfluß wiedergeben, sondern auch durch eine große Meßspanne von 1:100. Sie haben Meßfehler um 2 % vom *Meßwert* im Bereich von 2,5 bis 100 % von q_{max} und um 4 % im Bereich von 1 bis 2,5 %. Der Kennlinienverlauf der Heißfilmanemometer (Bild 366) begünstigt durch *Spreizen des unteren Meßbereichs* das Messen kleiner Massendurchflüsse – im Gegensatz zu Wirkdruckmessungen bei denen bei einem Durchfluß von 1 % von q_{max} das Meßsignal auf 10^{-4} reduziert wird und damit nicht mehr zu beobachten ist.

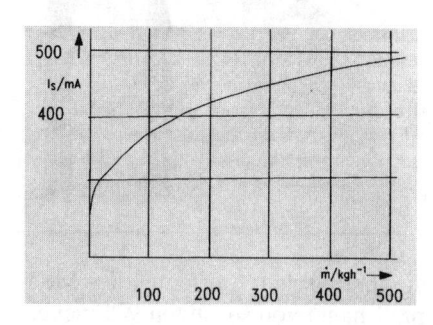

Bild 366. Kennlinienverlauf eines Heißfilmanemometers (Sensycon).
Die Kennlinie zeigt, daß sich im unteren Meßbereich relativ starke Signaländerungen einstellen.

6. Massendurchflußmesser 415

Die thermischen Massedurchflußmesser werden *mit Luft kalibriert*. Zur Umrechnung auf andere Gase wird eine halbempirische Umrechnungsprozedur auf Basis obiger Kingscher Formel angewendet. Es müssen allerdings zusätzliche Meßunsicherheiten von etwa 2 % vom Meßwert in Kauf genommen werden.

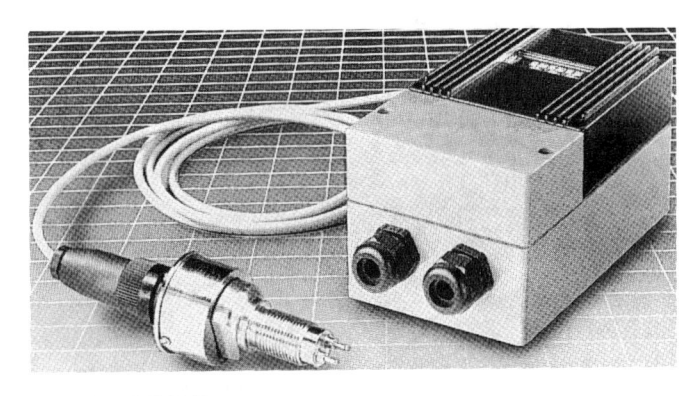

Bild 367. Kalorimetrischer Meßkopf (E-T-A).
Mit dem Meßkopf lassen sich sowohl Gas- als auch Flüssigkeitsströme in einem weiten Bereich regeln oder auf Grenzwertüberschreitung überwachen.

Die Geräte sind wegen ihres Kennlinienverlaufs z.b. interessant zur Messung in Fackelleitungen, wo es auf das Aufspüren von Leckverlusten ankommt – zumal sie jetzt auch in eigensicherer Ausführung zugelassen sind. Die Ex-Schutzdaten sind: Schutzart EEx ia, Explosionsgruppe II C, Temperaturklasse T5, der Sensor kann in Zone 0, der Meßumformer in Zone 1 montiert werden.

Mit ähnlichen Sensoren arbeiten *Strömungswächter*, die sowohl für Gas- als auch für Flüssigkeitsströme einsetzbar sind (Bild 367).

Bei anderen *kalorischen* Durchflußmessern wird das *Gas aufgeheizt* und die Temperaturdifferenz zwischen einem stromaufwärts und einem stromabwärts liegenden – jeweils unbeheizten – Thermosensor gemessen (Bild 368). Für größere Durchflüsse wird zur Messung ein *Teilstrom* abgezweigt.

Mit ähnlichen Anordnungen lassen sich auch geringste *Flüssigkeitsströme* von nur 2 g/h messen. Bei dem Gerät nach Bild 369 handelt es sich *nicht* um eine Modifikation des *Gas*durchflußmesers, die Wärmeübertragung geschieht vielmehr nicht entlang, sondern senkrecht zur Rohrachse: Heizungs- und Eingangsblock (T_4 bzw. T_3) sind über eine Wärmebrücke thermisch miteinander verbunden. Eine Regelelektronik sorgt für ein konstantes Temperaturgefälle von 1 K zwischen T_3 und T_4. Die durch ein U-Rohr strömende Flüssigkeit erfährt in Zone 1 eine Erwärmung, in Zone 2 eine Abkühlung. Nach einem Gesetz von Fourier ist die Temperaturdifferenz $T_1 - T_2$ direkt proportional dem Energiefluß und damit bei konstanter spezifischer Wärme auch dem Massefluß.

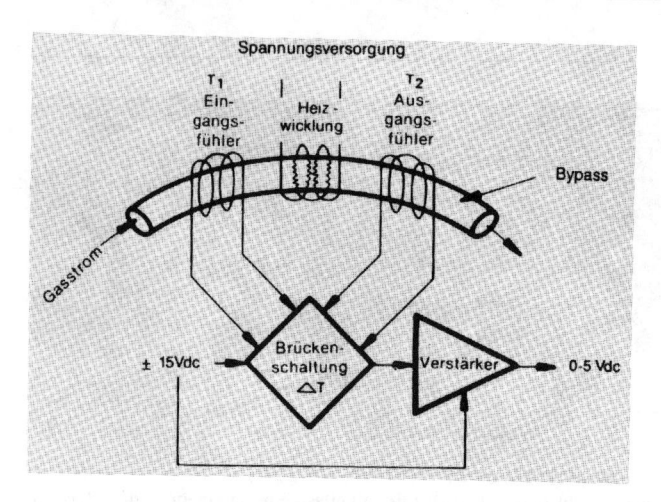

Bild 368. Thermischer Durchflußmesser (Fisher-Rosemount).
Bei diesem Gerät wird der Gasstrom aufgeheizt, und die sich beim Durchfluß einstellende Temperaturdifferenz zwischen T_1 und T_2 ist ein Maß für den Massenstrom. Der Sensor ist bei Durchflußmessern größerer Nennweite (von DN 40 bis DN 200) in einem Bypassstrom angeordnet.

7. Ultraschall (US) -Durchflußmessungen

Obwohl schon fast über 20 Jahre auf dem Markt, haben sich Ultraschall-Durchflußmesser in Chemieanlagen zunächst noch nicht mit großen Stückzahlen durchsetzen können. Das mag daran liegen, daß die wirtschaftlichen Vorteile von USD so richtig erst bei – in der Chemie nicht ganz so häufigen – Durchflußmessungen *großer Flüssigkeitsströme* zum Tragen kommen. Da ein früheres Manko des fehlenden Ex-Schutzes inzwischen erkannt und zum Teil behoben ist, könnten USD für *Gasmessungen* in den Chemiebetrieben interessant werden. Den technischen Stand (März 1991) der Ultraschall-Durchflußmessung von Flüssigkeiten in voll durchströmten Rohrleitungen gibt die VDI/VDE-Richtlinie 2642 wieder.

USD messen gut reproduzierbar mittlere bis sehr große Volumendurchflüsse, besonders von Flüssigkeiten, in Bereichen von meist 1:10. Der nicht unbeträchtliche technische Aufwand ist *nicht* sehr stark nennweitenabhängig. Die US-Meßköpfe nehmen gemeinsame oder getrennte piezokeramische Sender-Empfänger-Einheiten auf. Sie können entweder mit Kontakt zur Flüssigkeit über Fenster oder Koppelstäbe *in die Rohrleitungen eingesetzt* (Bilder 370 und 371) oder *von außen auf ihr befestigt* werden (Clamp-on-Ausführung, Bild 372).

7. Ultraschall-Durchflußmessungen

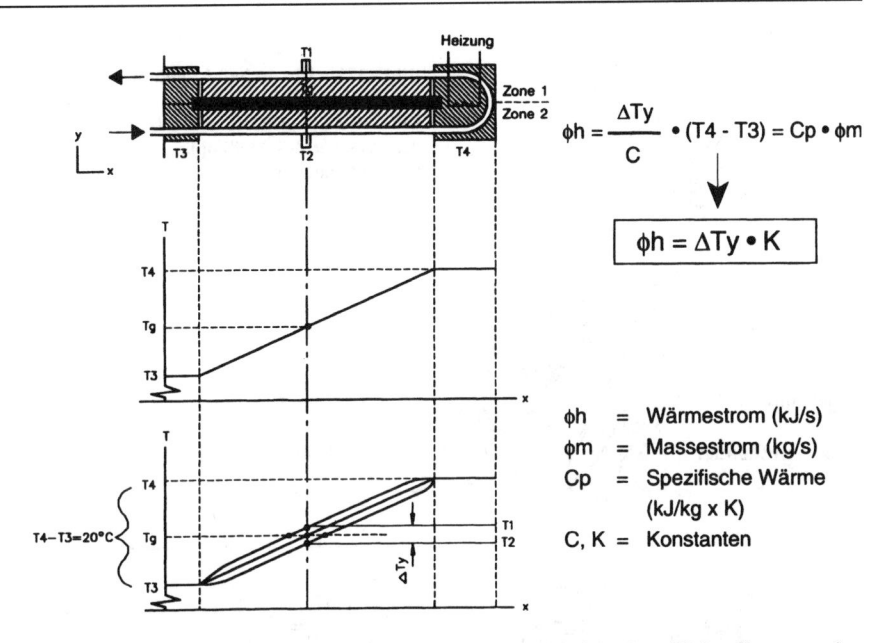

$$\phi h = \frac{\Delta T_y}{C} \cdot (T4 - T3) = C_p \cdot \phi m$$

$$\phi h = \Delta T_y \cdot K$$

ϕh = Wärmestrom (kJ/s)
ϕm = Massestrom (kg/s)
C_p = Spezifische Wärme (kJ/kg × K)
C, K = Konstanten

Bild 369. Thermischer Durchflußmesser für sehr kleine Flüssigkeitsströme (Fisher-Rosemount).
Die durch ein U-Schleife strömende Flüssigkeit wird im unteren U-Schenkel zunächst aufgeheizt und dann im oberen wieder abgekühlt. Bei bekannter und konstanter spezifischer Wärme C_p ist der Massestrom proportional $\Delta T_y = T_2 - T_1$.

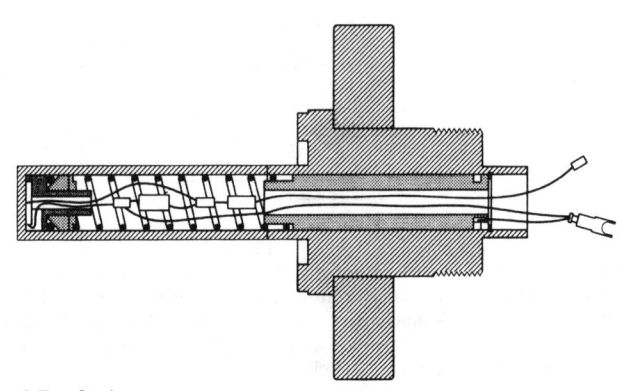

Bild 370. Ultraschall-Meßkopf (Danfoss).
In den druckfest montierten Anschlußstutzen, dessen Boden als Fenster dient, läßt sich der Meßeinsatz auch bei laufendem Betrieb einbringen. Der als Sender und Empfänger wirkende Piezo-Kristall wird mit Federkraft an den Boden gepreßt.

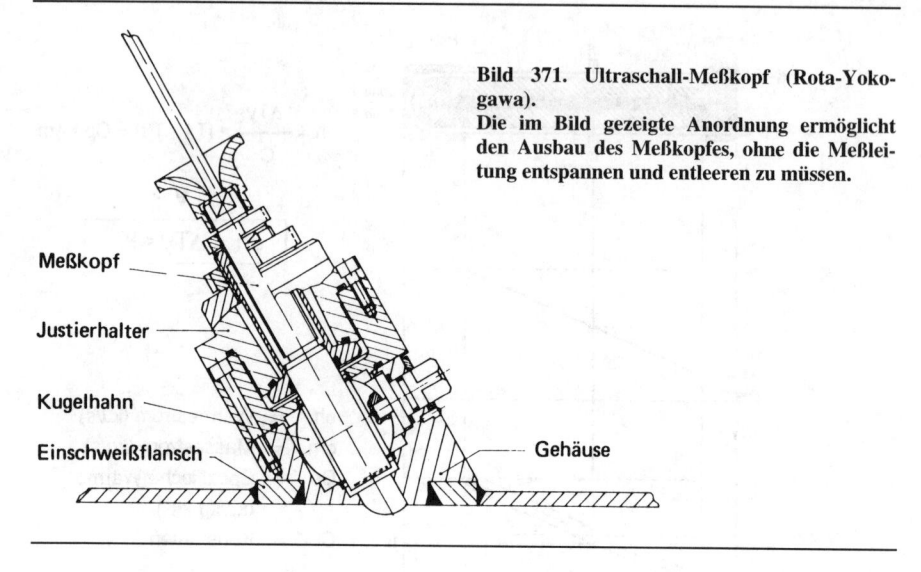

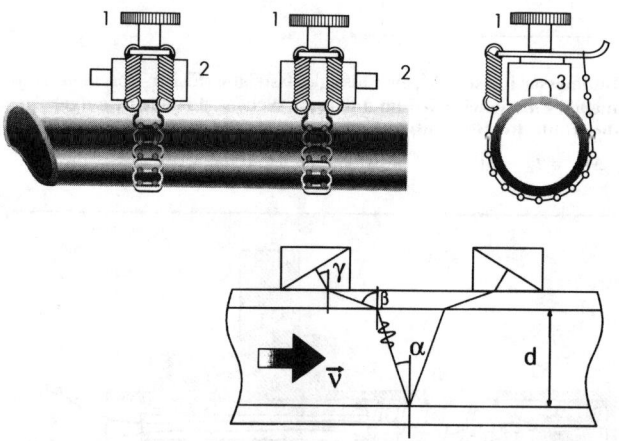

Bild 371. Ultraschall-Meßkopf (Rota-Yokogawa).
Die im Bild gezeigte Anordnung ermöglicht den Ausbau des Meßkopfes, ohne die Meßleitung entspannen und entleeren zu müssen.

Meßkopf
Justierhalter
Kugelhahn
Einschweißflansch
Gehäuse

Bild 372. Aufspannbare US-Meßköpfe (Flexim).
Die mit Ketten und Federn auf die Rohrleitung aufspannbaren US-Wandler (oberes Teilbild) sind mit keilförmigen Schallvorlaufkörpern ausgerüstet, um die US-Impulse schräg in die Rohrleitung senden zu können. Bei der Berechnung der Signallaufzeiten müssen auch die unterschiedlichen Brechungswinkel und die Schallgeschwindigkeiten im Rohrleitungswerkstoff berücksichtigt werden (unteres Teilbild).

Beides kann auch nachträglich geschehen, so daß USD besonders zur Messung großer Ströme in Leitungen großer Nennweite geeignet sind. Für ungünstige Einbaubedingungen und für kleine Nennweiten sind Anordnungen möglich, bei denen das US-Signal an der Rohrinnenwand einfach bzw. mehrfach reflektiert wird (Bild 373).

7. Ultraschall-Durchflußmessungen

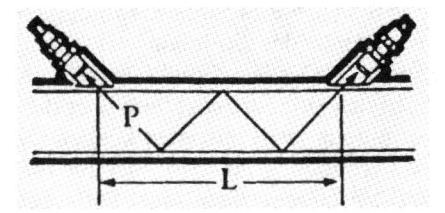

Bild 373. Erhöhung des Meßwegs durch Mehrfach-Reflexionen (Panametrics).

Die Einsatzgrenzen der USD liegen bei Betriebstemperaturen von 260 °C, in Sonderausführungen bis 500 °C, maximale Betriebsdrücke sind entweder 200 bar oder der Nenndruck der Rohrleitung.

Für die Berechnung der Meßergebnisse sowie die Berücksichtigung der *Reynoldszahlen* werden bei den komfortableren Geräten Mikrocomputer eingesetzt (Bild 374).

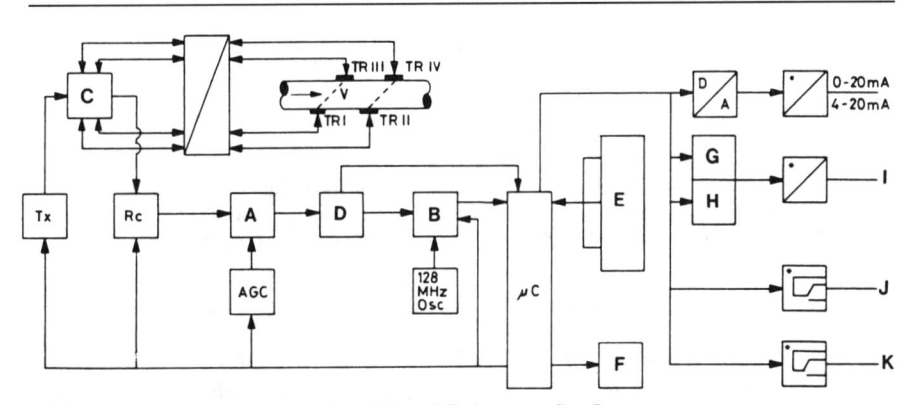

Bild 374. Meßumformer für Ultraschall-Durchflußmesser (Danfoss).
In den anspruchsvolleren Geräten sind Mikrocomputer und eine Anzahl weiterer elektronischer Komponenten zur Aufnahme und Verarbeitung der Eingangssignale sowie zum Errechnen der Ausgangssignale eingesetzt. A Verstärker, B Zähler, C Multiplexer, D Detektor (beurteilt Plausibilität des Signals), E Eingabe der Kalibrierdaten, F Anzeige, G binär/Frequenzwandler, H binär/Impulswandler, I Frequenz/Impulsausgang, J Alarmausgang, K Ausgang zum Signalisieren der Strömungsrichtung, T_x Sendeimpulsverstärker, R_c Schallimpulsempfänger, AGC Automatische Verstärkungsregelung.

● *Meßverfahren*

Neben den meist angewandten *Laufzeitverfahren* gibt es noch das *Doppler-Verfahren* (Bild 380) und Verfahren, welche die Richtungsänderung eines Schallstrahles im bewegten Medium nutzen.

Laufzeitverfahren nutzen das Phänomen, daß sich die Schallgeschwindigkeit in einem strömenden Fluid um die Komponente des Strömungsvektors in Richtung der Schallwellen erhöht oder erniedrigt. Der Durchfluß läßt sich aus der Laufzeitdifferenz zweier *in* und *entgegen* der Strömungsrichtung über dieselbe Entfernung gesendeter US-Signale ermitteln. Die Laufzeiten können direkt gemessen (direktes Laufzeitdifferenz-Verfahren, Bild 375) oder im Impulsfolgefrequenz-Verfahren (Sing-Around-Verfahren) über eine Differenz von Frequenzen ermittelt werden (Bild 376).

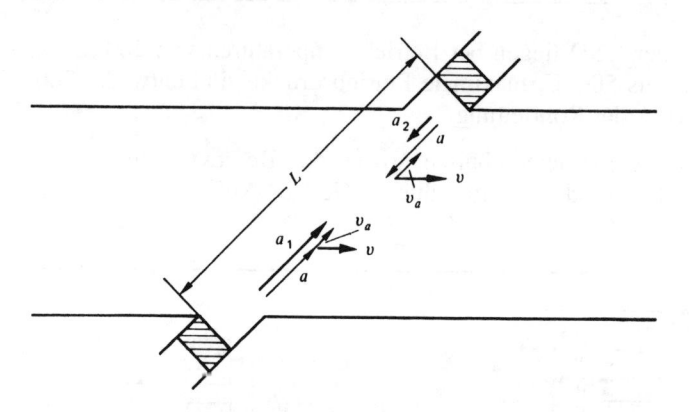

Bild 375. Schallgeschwindigkeit in strömendem Fluid.
In strömenden Fluiden erhöht oder erniedrigt sich die Schallgeschwindigkeit um die Komponente des Strömungsvektors in Richtung des Schallstrahles. *a* Schallgeschwindigkeit in ruhendem Meßstoff; v_a Komponente des Strömungsvektors in Schallrichtung; a_1, a_2 resultierende Schallgeschwindigkeiten.

Das Laufzeitdifferenz-Verfahren zeigt Bild 377. Bei Geräten mit *einem* Meßpfad arbeiten zwei sich gegenüberliegende Meßköpfe abwechselnd als Sender und Empfänger, und der Meßpfad wird alternierend in beiden Richtungen durchschallt.

Die Geräte messen entweder die Einzellaufzeiten t_1 und t_2 und ermitteln die mittlere Strömungsgeschwindigkeit in der Meßebene $\bar{v}$ unter Berücksichtigung der Länge L des US-Pfads und seines Neigungswinkels φ zur Strömungsrichtung:

$$\bar{v} = \frac{L(t_1 - t_2)}{2\cos\varphi \cdot t_1 \cdot t_2}$$

Für eine Auflösung der Strömungsgeschwindigkeit auf 1 cm/s muß die Laufzeit des Schallsignals auf etwa eine Nanosekunde genau bestimmt werden. Welche Anforderungen dabei die Elektronik zu erfüllen hat, läßt sich ermes-

7. Ultraschall-Durchflußmessungen

sen, wenn man bedenkt, daß die Periodendauer der US-Welle im Mikrosekundenbereich um *drei Größenordnungen* länger dauert.

Es ist auch möglich, die *Differenz* der Laufzeiten Δt zu messen und die Schallgeschwindigkeit c, die in die Messung eingeht, aus der Summe der Laufzeiten zu bestimmen. Die Strömungsgeschwindigkeit v errechnet sich dann nach der Formel

Bild 376. Sing-around-Verfahren (Rota-Yokogawa).
In jedem der gekreuzten Ultraschallpfade läuft eine US-Knallfolge: Wenn der Empfänger ein US-Signal empfangen hat, löst er sofort wieder ein neues aus. Da die eine Knallfolge mit und die andere entgegen der Strömung läuft, sind die Laufzeiten und damit auch die Knallfrequenzen unterschiedlich. Die Differenz der Frequenzen ist proportional der Strömungsgeschwindigkeit. Neben der hier gezeigten Anordnung können beide Strahlen auch antiparallel laufen.

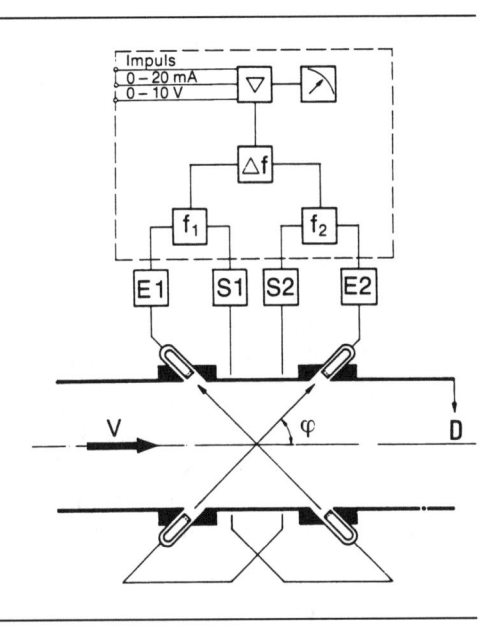

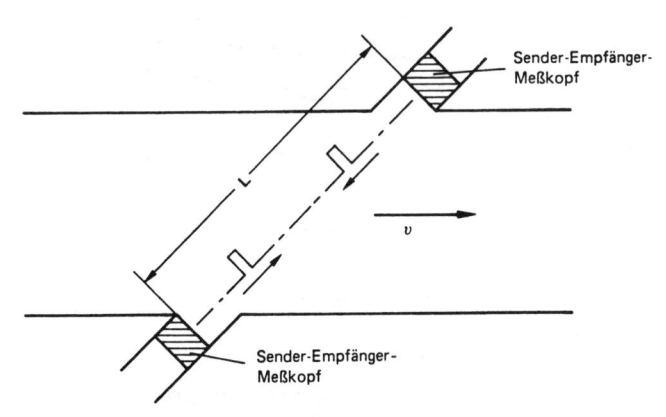

Bild 377. Ultraschall-Laufzeitdifferenz-Verfahren.
Beide Sende-Empfänger-Meßköpfe senden gleichzeitig je einen Schallimpuls aus und messen Laufzeit und Laufzeitdifferenz. Daraus läßt sich die Strömungsgeschwindigkeit v errechnen.

$$\bar{v} = \frac{c^2 \cdot \Delta t}{2 \cdot L \cdot \cos\varphi}$$

Das *Sing-around- Verfahren* zeigt Bild 376: In der durch die Lage der Geber und Empfänger bestimmten Meßebene läuft eine US-Knallfolge *mit* der, eine andere *gegen* die Strömung. Die Sender und Empfänger sind so gesteuert, daß ein Empfänger beim Wahrnehmen eines Knalles sofort einen neuen Knall am gegenüberliegenden Sender auslöst. Die so entstehenden Knallfolgen haben wegen der unterschiedlichen Laufzeiten in der oder gegen die Strömungsrichtung unterschiedliche Frequenzen. Die Differenz dieser beiden Frequenzen Δf ist nach der Formel

$$\bar{v} = \frac{L}{2 \cdot \cos\varphi} \Delta f$$

direkt proportional der mittleren Strömungsgeschwindigkeit $\bar{v}$ in der Meßebene (L ist die Länge der Schallstrecke, die durch rechnerische oder Naßkalibrierung ermittelt wird, φ ist der Neigungswinkel zur Strömungsrichtung). Die Schallgeschwindigkeit geht in das Meßergebnis nicht ein!

Um aus der *mittleren Geschwindigkeit* in der *Meßebene* auf die *mittlere Strömungsgeschwindigkeit* umrechnen zu können, muß die *Geschwindigkeitskonstante* k bekannt sein. k ist von der *Reynolds*zahl abhängig und läßt sich bei drallfreier rotationssymmetrischer Strömung berechnen. Im Übergangsgebiet zwischen laminarer und turbulenter Strömung ist k nicht definiert (Bild 378).

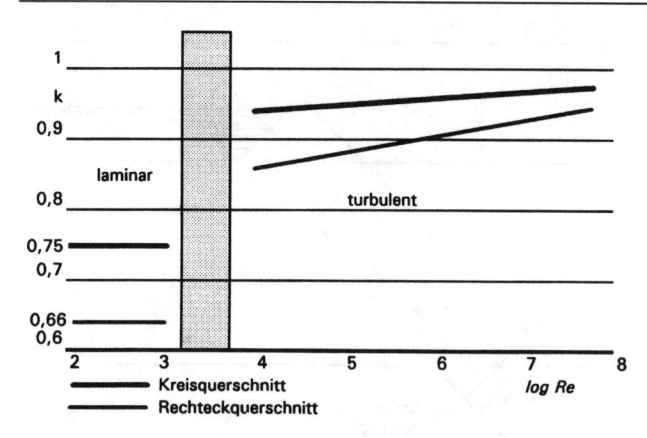

Bild 378. Geschwindigkeitskonstante k (VDE/VDI 2642).
Die Geschwindigkeitskonstante k stellt den Umrechnungsfaktor zwischen mittlerer Geschwindigkeit in der Meßebene und der mittleren Strömungsgeschwindigkeit über dem Rohrquerschnitt dar. Wie das Bild zeigt, ist k nicht nur für laminare und turbulente Strömungen unterschiedlich, sondern hängt auch von der Form des Querschnitts ab.

7. Ultraschall-Durchflußmessungen

Die Voraussetzungen für die *Berechnung* der Geschwindigkeitskonstanten sind nur selten ausreichend erfüllt, und nach Möglichkeit sollen die USD *kalibriert* werden.

Bei Geräten mit *zwei oder mehr* Meßpfaden können die Pfade diametral *gekreuzt* angeordnet sein oder in zwei verschiedenen *parallelen* Ebenen, z.B. im Abstand von jeweils 0,25 D von der Rohrmitte (Bild 379). Letzteres hat Vorteile bei ungünstigen Strömungsverhältnissen, z.b. lassen sich damit sowohl typisch laminare als auch typisch turbulente rotationssymmetrische Strömungsprofile richtig mitteln, die *Reynolds*zahlen haben dann also praktisch keinen Einfluß. Die USD mit diametral gekreuzten Meßpfaden sind dagegen unempfindlicher gegen Queranströmungen.

Bild 379. Ultraschall-Zweistrahlverfahren (Krohne Meßtechnik).
Die US-Strahlen sind so plaziert, daß sowohl laminare als auch turbulente Strömungsprofile richtig gemittelt werden, und damit hängen die Messungen nicht stark von der *Reynoldszahl* ab und werden auch weniger durch Einlaufstörungen beeinflußt als bei einstrahligen Geräten.

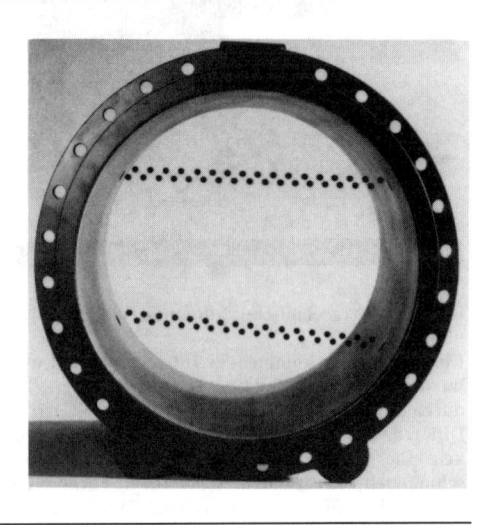

Geräte, die nach dem *Doppler-Verfahren* arbeiten, erfordern einen Mindestgehalt an *Verunreinigungen*, die vom Sender kommende US-Strahlen zum Empfänger des Sensors *reflektieren* (Bild 380). Die Differenz zwischen Sende- und Empfangsfrequenz ist proportional der Strömungsgeschwindigkeit längs des Schallstrahles. Diese USD erreichen zwar nicht die Genauigkeit der nach dem Laufzeitverfahren messenden, werden dafür aber auch mit den unangenehmsten Meßstoffen, wie Schlämmen, Schäumen, Pasten oder zweiphasigen Flüssigkeiten fertig.

● *Meßeigenschaften*

USD messen *Strömungsgeschwindigkeiten*, und Dichte, Temperatur, Druck sowie primär auch die Zähigkeit haben keinen Einfluß auf das Meßergebnis. Fluide mit höherer Zähigkeit (etwa über 10 mPa·s) oder hohem Feststoffanteil

424 IV. Durchflußmessung

dämpfen allerdings die US-Wellen und Gasblasen (etwa über 1 Volumenprozent) *streuen* sie, und es kann zu Unterbrechungen der Signale kommen.

Einpfadige USD sind gegen Störungen des *rotationssymmetrischen* Strömungsprofils empfindlicher als Wirkdruckmesser, sie entsprechen etwa den über eine Ebene mittelnden Sondenmessungen. *Zweipfadige* mit *parallelen* Ebenen arbeitende USD sind gegen Einlaufstörungen wesentlich weniger empfindlich; mit *Drallströmungen* werden sie allerdings weniger gut fertig als die zweistrahligen mit *gekreuzten* Pfaden.

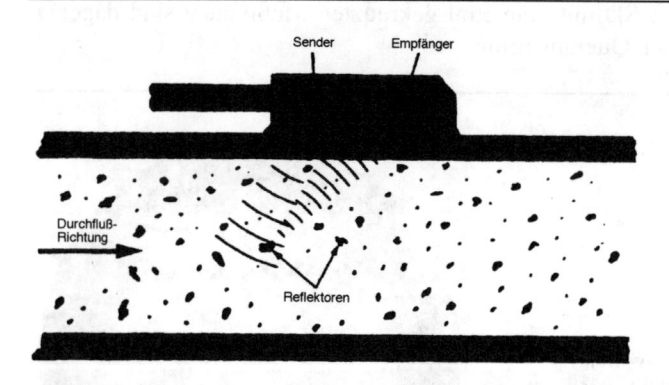

Bild 380. Ultraschall-Durchflußmesser nach dem Doppler-Verfahren (Schwing Verfahrenstechnik).
Ein vom Sender kommender Ultraschallstrahl wird von im Meßstoff mitgeführten Inhomogenitäten (Feststoffen oder Gasblasen) reflektiert. Die Frequenz der reflektierten US-Wellen wird durch die Geschwindigkeit der Inhomogenitäten bei einer Anordnung wie im Bild erhöht. Diese Differenz zwischen Sende- und Empfangsfrequenz ist proportional der Strömungsgeschwindigkeit. Die nach diesem Prinzip arbeitenden Geräte sind besonders zur Messung von verschmutzten Flüssigkeiten, Schlämmen, Farben, Pasten, Dispersionen, Schäumen oder auch von zweiphasigen Flüssigkeiten geeignet, für die US-Laufzeitverfahren nicht in Frage kommen.

Da naturgemäß höhere Strömungsgeschwindigkeiten auch höhere Meßeffekte zur Folge haben, bieten manche USD mit Meßbereichsendwerten von 35 m/s scheinbar sehr hohe Meßspannen. Scheinbar, weil diese hohen Strömungsgeschwindigkeiten im Chemiebetrieb mit üblichen Strömungsgeschwindigkeiten zwischen 1 und 3, höchstens 10 m/s ziemlich unrealistisch sind. Ein Qualitätsmerkmal für derartige USD ist nicht ein hoher Meßbereichsendwert, sondern die mindeste Strömungsgeschwindigkeit oder der Mindestdurchfluß, bei dem die Spezifikation der Fehlergrenzen noch eingehalten wird. Ein Gerät mit z.B. einem Endwert von 32 m/s und einer Meßspanne von 1 zu 10 fängt im Chemiebetrieb erst bei einer Strömungsgeschwindigkeit genau zu messen an, die kaum noch realistisch ist.

Diese Aussagen sollen nicht verallgemeinert werden, und die Fehlergrenzen können bei guten Geräten auf ± 0,5 bis 2 % vom *Istwert* – für einen USD DN 50 z.b. zwischen 4 und 85 m³/h, das sind maximal 3 m/s – eingeschränkt werden. Meist sind sie aber auch noch vom Endwert abhängig, so daß mit Fehlergrenzen von mindestens ± 0,5 % von q_{max} zuzüglich ± 0,5 % von q_{ist} zu rechnen ist. Bei vom Endwert abhängigen Fehlern sollte sich der Anwender schon überlegen, ob er diesen auch realisieren kann.

Über die Schallgeschwindigkeit lassen sich auch unterschiedliche Meßstoffe – z.b. Wasser, Rohöl und Glyzerin – *identifizieren*.

In Geräten, bei denen die Meßköpfe in schräg zur Rohrachse liegenden Stutzen montiert werden – was bei größeren Nennweiten der Fall ist – bilden sich *Taschen,* in denen sich von der Strömung mitgeführte Verunreinigungen absetzen und die Messungen stören können. Es ist nicht möglich, diese Taschen z.b. mit Kunststoff zu füllen, ohne daß die Meßergebnisse verschlechtert werden.

● *Sonderausführungen*

Neben den im allgemeinen für Flüssigkeiten geeigneten US-Durchflußmessern gibt es auch Geräte für *Gasmessungen.* Der USD für Gasmessungen nach Bild 381 ist speziell für die Messung in *Fackelgassystemen* mit bekanntlich schwierigen Meßbedingungen konzipiert.

Dort können ganz unterschiedliche Gase nur sporadisch beim Abfackeln mit sehr großen Durchflüssen zu messen oder bei Leckagen der Sicherheitsventile sehr kleine Schleichmengen aufzuspüren sein. Die Durchflüsse können dann auch noch pulsieren oder gar bidirektional strömen, zudem schwanken Gasart, Gaszusammensetzung, Druck und Temperatur. Der USD mißt nun nicht nur die Strömungsgeschwindigkeit in einem sehr weitem Bereich zwischen 0,03 bis 85 m/s, sondern über die Schallgeschwindigkeit auch das Molekulargewicht auf 2 bis 5 % genau sowie Druck und Temperatur. Analog ausgegeben werden: Strömungsgeschwindigkeit, Massendurchfluß, Volumendurchfluß, Molekulargewicht sowie die Schallgeschwindigkeit. Auf einem Bedienfeld können zusätzlich Temperatur und Druck abgelesen sowie mit dem Meßumformer kommuniziert werden.

Ultraschall-Durchflußmesser eignen sich durch absolut berührungslose aufspannbare Sensoren, durch ihre weitgehende Unabhängigkeit vom Rohrdurchmesser, vom Betriebsdruck und – in Grenzen – auch von der Betriebstemperatur, durch ihre Unabhängigkeit von den Fluideigenschaften sowie durch die Netzunabhängigkeit tragbarer Meßumformer wohl wie keine anderen Durchflußmeßeinrichtungen dazu, auf *Anforderung an beliebigen Stellen* zu messen. Verschiedene Hersteller bieten demgemäß für diese Meßaufgaben geeignete Meßkoffer an (Bild 382).

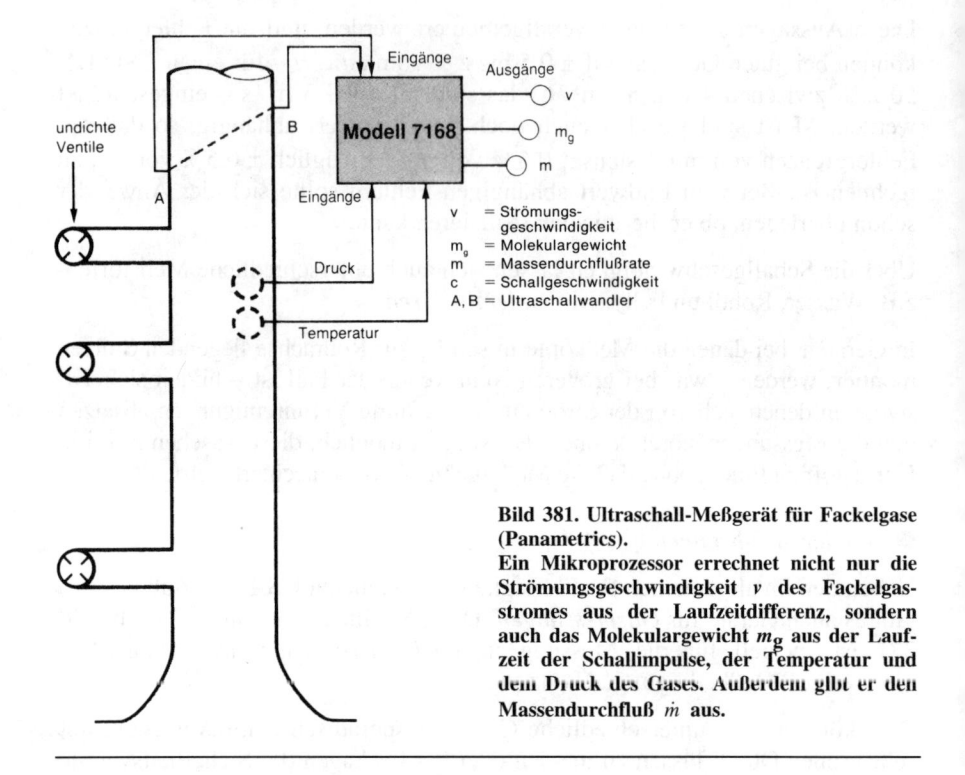

Bild 381. Ultraschall-Meßgerät für Fackelgase (Panametrics).
Ein Mikroprozessor errechnet nicht nur die Strömungsgeschwindigkeit v des Fackelgasstromes aus der Laufzeitdifferenz, sondern auch das Molekulargewicht m_g aus der Laufzeit der Schallimpulse, der Temperatur und dem Druck des Gases. Außerdem gibt er den **Massendurchfluß $\dot{m}$ aus.**

8. Andere Durchflußmeßverfahren

Außer den bisher dargestellten mehr oder weniger allgemein einzusetzenden Verfahren gibt es noch eine Vielzahl anderer Möglichkeiten, Durchflüsse zu messen, die wenigstens angedeutet werden sollen.

Für sehr kleine Durchflüsse bieten sich *Meßgefäße* an, die zyklisch gefüllt und entleert werden. Aus den Standänderungen oder aus der Zahl der Umschaltungen lassen sich – wenn die Abmessungen geeignet gewählt wurden – auch sehr kleine Volumenströme genau ermitteln. Sehr kleine Durchflüsse werden gar nicht so selten mit *Dosierpumpen* gefördert und gemessen: Aus der auf die Zeit bezogenen Zahl und aus dem Volumen der Förderhübe ergibt sich der Volumendurchfluß. Da kleine Durchflüsse bei hohen Drücken so am besten gefördert werden, bietet sich die damit verbundene Messung auch deshalb an, weil wegen der sehr stark pulsierenden Strömung andere Messungen nicht in Frage kommen.

Kleine Durchflüsse bedingen laminare Strömungen, und bei laminaren Strömungen kann eine *Differenzdruck-Messung* an Kapillaren zur Bestimmung des Durchflusses benutzt werden. Der Druckabfall ist dem Durchfluß direkt proportional, es besteht also kein quadratischer Zusammenhang wie bei turbulenter Strömung. Nachteilig ist, daß die Zähigkeit in das Meßergebnis eingeht, vorteilhaft, daß die Rohrrauheit im Gegensatz zur turbulenten Strömung nicht eingeht.

Bild 382. Transportabler USD-Meßkoffer (Krohne).
Ein Meßkoffer enthält alle zum Aufbau einer USD-Meßstrecke erforderlichen Komponenten. Unterhalb des Meßkoffers sind auf die Rohrleitungen aufspannbare Schienen mit einer Längenskala zu erkennen sowie Verbindungskabel, die US-Sensoren und schließlich Spannbänder zum Befestigen der Schienen auf der Rohrleitung.

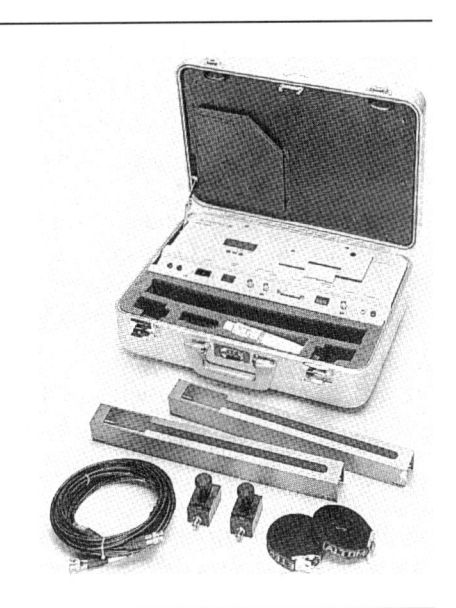

Für große Durchflüsse bietet es sich – wenn Energie und Aufwand auf Kosten der Meßgenauigkeit gespart werden sollen – an, die *Druckdifferenz* zwischen innerem und äußerem Radius eines *Rohrleitungskrümmers* zu messen: Die Zentrifugalkraft der in eine Kreisbewegung gezwungenen Flüssigkeit erzeugt einen Druckunterschied, der allerdings relativ gering ist und genaue Messungen sehr erschwert. Die Meßfehler liegen bei 4 %.

In großem Maße wird eine Durchflußmessung *abgeleitet* von Geräten *zur Mengenmessung:* Aus der Beziehung q_v = Volumen / Zeiteinheit gibt die Geschwindigkeit eines Volumenzählers den Durchfluß an. Diese Geräte werden bei der Beschreibung der Aufgabe „Mengenmessung" vorgestellt und es soll deshalb hier nicht weiter darauf eingegangen werden.

Für die punktförmige Durchflußmessung sind außer den Staugeräten noch eine Vielzahl anderer Sonden im Einsatz. So kann der Durchfluß punktförmig mit Flügelrädern, Hitzdrahtanemometern, Thermosonden sowie akustischen und optischen Geschwindigkeitsmessern – z.B. mit den sehr genau messenden Laser-Anemometern – bestimmt werden. Weiterhin zu nennen sind Einrichtungen, die optische, akustische, thermische und radiometrische Effekte zur Durchflußmessung heranziehen. Diese Verfahren, die in Spuren-, Aufheiz- und Abkühlverfahren gruppiert werden können, haben für den Alltag des

Chemiebetriebes in Deutschland keine oder noch keine sehr große Bedeutung. Schließlich kann noch über Bandwaagen der Durchfluß von Schüttgütern bestimmt werden. Über diese Geräte wird bei der Aufgabe „Gewichtskraft-, Massemessung" Hauptabschnitt VIII, Wägung, berichtet.

9. Anforderungen an Durchflußmeßeinrichtungen

Viele Anforderungen an Durchflußmeßgeräte sind in internationalen und nationalen Empfehlungen, Normen, Vorschriften und Verordnungen festgelegt. Besondere Bedeutung haben derartige Normen für die *Durchflußmessungen nach dem Drosselverfahren*: Da der Durchfluß – im Gegensatz zu Druck, Differenzdruck, Füllstand und Temperatur *nicht direkt gemessen,* sondern aus Wirkdruck und der Geometrie der Rohrleitung und Drosselstelle *berechnet* wird, wären ohne genau definierte Vorschriften die den Rechnungen zugrunde gelegten Versuchsergebnisse nicht auf die Anwendungsfälle übertragbar.

Sicherheitsforderungen bewegen sich im Rahmen der Forderungen, die auch an andere Meßgeräte gestellt werden; besondere Betriebsverhältnisse können jedoch die Messungen erheblich beeinträchtigen.

a) Normierungen

In ISO Empfehlungen, der Eichordnung, in DIN-Normen und -Richtlinien werden für Durchflußmeßeinrichtungen Begriffe, Gerätemerkmale, Berechnungsverfahren, Meßunsicherheiten, Konstruktionseinzelheiten und vieles andere mehr festgelegt.

● *Begriffe*

Für Durchflußmessungen nach dem Wirkdruckverfahren wichtige Begriffe sind in DIN 19201 festgelegt. Abschnitte und beispielhaft in Klammern angegebene Begriffe dieser Norm sind

- Größen und Werte,
- Stoff, Fluid (Fluid, Meßstoff, Sperrstoff, Zwischenstoff, Schutzstoff und Füllstoff),
- Zustandsgrößen und Wirkdrücke (Berechnungs- und Betriebszustand, Nennbedingungen),
- Wirkdruckgeber und Zubehör,
- Wirkdruckleitungen und Zubehör,
- Wirkdruckmeßgeräte, Wirkdruckmeßwerke und Zusatzvorrichtungen (Wirkdruckmeßumformer, Radiziervorrichtung, Integrier- und Korrekturvorrichtung, Mengenimpulsgeber und Grenzsignalgeber) und
- Gerätemerkmale (Teilung, Skalen und Skalenbereiche, Fehler usw.).

9. Anforderungen an Durchflußmeßeinrichtungen

● *Berechnungsvorschriften und Regelwerke*

Die Berechnungsvorschriften für normgerechte Einrichtungen und für Abweichungen von der Norm nehmen breiten Raum ein. Die Vorschriften für normgerechte Drosselgeräte sind in der für die Verfahrensmeßtechnik wohl wichtigsten Norm

- DIN 1952 Durchflußmessung mit Blenden, Düsen und Venturirohren in voll durchströmten Rohren mit Kreisquerschnitt, Ausgabe 1982,

festgelegt.

Ergänzungen sind als Richtlinien der VDI / VDE-Gesellschaft für Meß- und Automatisierungstechnik veröffentlicht worden. DIN 1952 wird also ergänzt durch

- VDI 2040, Berechnungsgrundlagen für die Durchflußmessung mit Blenden, Düsen und Venturirohren, mit
  Blatt 1   Abweichungen und Ergänzungen zu DIN 1952,
  Blatt 2   Gleichungen und Gebrauchsformeln,
  Blatt 3   Berechnungsbeispiele,
  Blatt 4   Stoffwerte, (Neuausgabe in Vorbereitung),
  Blatt 5   Meßunsicherheiten.

- VDI / VDE 2041, Drosselgeräte für Sonderfälle,
  Entwurf August 1975,

- VDI / VDE 3512, Meßanordnungen
  Blatt 1   Durchflußmessungen mit Drosselgeräten.

Die meisten Titel besagen schon, was in der Richtlinie behandelt wird. Es sei aber erwähnt, daß in VDI / VDE 2041 Segmentblenden, Viertelkreisdüsen sowie Düsen und Blenden am Anfang und Ende einer Rohrleitung und die Durchflußmessung von Gasen mit Düsen bei überkritischer Entspannung behandelt werden.

Auch für Schwebekörper-Durchflußmesser gibt es Berechnungsverfahren. In

- VDE / VDI 3513, Schwebekörper-Durchflußmesser, Berechnungsverfahren,

wird dargelegt, wie aus den Daten des Meßstoffes und dem Durchmesser, der Masse und der Dichte des Schwebekörpers die *Ruppelzahl* ermittelt wird. Mit Hilfe der *Ruppezahl* werden dann die α-Werte für verschiedene Öffnungsverhältnisse aus einem für jeden Schwebekörper-Durchflußmesser individuell vom Hersteller mitzuliefernden Kennlinienblatt entnommen. Mit den α-Werten kann schließlich der Durchfluß berechnet werden. Gegenüber der im Abschnitt 3 b dargestellten Skalenberechnung aus dem Nomogramm ist das sehr umständlich. Es ist aber zu bedenken, daß es ohne das Berechnungsverfahren keine Nomogramme gäbe, denn die fußen auf dem Berechnungsverfahren.

In Ergänzung dazu sind

- VDI/VDE 3513,
  Blatt 2   Schwebekörper-Durchflußmesser, Genauigkeitsklassen und
  Blatt 3   Schwebekörper-Durchflußmesser, Auswahl- und
             Einbauempfehlungen

erschienen.

Neben den Regelwerken zur Berechnung von Wirkdruck- und Schwebekörper-Verfahren sollen weitere wichtige Normen und Richtlinien genannt werden.

Allgemeiner Art sind:

- DIN ISO 5168,   Durchflußmessung von Fluiden –
                  Berechnung der Meßunsicherheiten,
- DIN EN 24006,   Durchflußmessung von Fluiden in geschlossenen
                  Rohrleitungen – Begriffe und Formelzeichen,
- DIN ISO 7066,   Meßunsicherheit bei der Kalibrierung und
  Teil 1,   Anwendung von Durchflußmeßeinrichtungen;
                  lineare Kennlinien.

Für magnetisch-induktive Durchflußmesser gibt es verschiedene Regelwerke:

- VDI / VDE 2641,   Magnetisch-induktive Durchflußmessung,
- DVGW W 420,   Magnetisch-induktive Durchflußmessung,
                    MID-Geräte,
- DIN ISO 6817,   Durchflußmessung von leitfähigen Flüssigkeiten in
                    geschlossenen Leitungen; Verfahren mit
                    magnetisch-induktiven Durchflußmeßgeräten,
- DIN ISO 9104,   Verfahren zur Beurteilung des Betriebsverhaltens
                    von magnetisch-induktiven Durchflußmeßgeräten
                    für Flüssigkeiten.

Auch für die schon moderneren Wirbelzähler und USD gibt es Festlegungen:

- VDI / VDE 2643,   Wirbelzähler zur Volumen- und Durchflußmessung

sowie

- VDI / VDE 2642,   Ultraschall-Durchflußmessung von Flüssigkeiten in
                    voll durchströmten Rohrleitungen.

9. Anforderungen an Durchflußmeßeinrichtungen

● *Eichordnung*

An sich besteht wohl kein Bedürfnis, eine *Durchflußmessung*, also die Messung einer Stoffmenge pro Zeiteinheit, zu eichen. Die Aufgabe der eichfähigen Mengenermittelung strömender Meßstoffe ist vielmehr die Domäne der *Volumenzähler*, die im nächsten Abschnitt bei der Aufgabe „Mengenmessung" besprochen werden. Mittels Integriervorrichtungen läßt sich aber aus einer Durchflußmessung die Menge eines Stoffes bestimmen.

Für *Flüssigkeitsmengenmessungen* sind von den hier beschriebenen Durchflußmessern Wirkdruckzähler, Wirbelzähler, magnetisch-induktive Durchflußmesser und CMD mit geeigneten Durchflußintegratoren für bestimmte Anwendungsfälle zugelassen. Diese Geräte werden durch interne Testsignale auf Funktionssicherheit geprüft.

Für eichpflichtige *Gasmengenmessungen* sind Blenden mit gestaffelter und redundanter Meßwertverarbeitung sowie redundant ausgerüstete Wirbelzähler einsetzbar.

● *Meßbereiche*

Normartig abgestufte Meßbereiche für Durchflußmessungen gibt es wohl noch nicht. Sie wären auch aus mehreren Gründen unzweckmäßig: Zunächst bedeutet Normieren ja, daß man sich auf eine begrenzte Zahl von Möglichkeiten beschränkt. Das geht auch gut z.b. für Meßbereiche von Druck oder Differenzdruckmessern. Für Durchflußmeßeinrichtungen, die ohnehin oft nur einen Meßbereichsumfang von 30 bis 100 % haben, wären weitere Einschränkungen in vielen Fällen nicht akzeptabel. Zum anderen werden sich häufig die Betriebsdaten gegenüber dem Auslegungszustand ändern. Es muß dann unter Umständen eine neue Skala für den Anzeiger erstellt werden, ohne daß die Blendenbohrung oder der Meßbereich des Wirkdruckmessers geändert zu werden braucht. Wenn auch die erste Skala hätte normiert sein können, die zweite wäre es bestimmt nicht mehr.

Für Blendenmessungen werden zwei Möglichkeiten praktiziert, den Meßbereich festzulegen: Der Durchmesser der Blendenbohrung wird errechnet und es wird der nächstgelegene ganzzahlige Millimeterwert gewählt. Vor dem Einbau der Blende ist dann noch genau der Rohrinnendurchmesser zu vermessen und aus dem wahren β-Wert der Durchfluß bei Vollausschlag des Wirkdruckmessers zu berechnen. Der ist nicht ganzzahlig. Es wird dann – wenn keine Digitalverarbeitung gegeben ist – eine Skala für Anzeigegeräte oder den Schreiber berechnet, bei der ganzzahlige Werte nicht bei 20, 30, 40 oder 100 %, sondern z.B. bei 19,4, 29,1, 38,8 oder 97 % sind. Andere nehmen nicht ganzzahlige Millimeterwerte für den Blendendurchmesser in Kauf, kommen aber auch dann nicht zu ganzzahligen Tonnen-pro-Stunde-Werten, wenn der Rohrinnendurchmesser nicht vorher genau bekannt ist.

Im allgemeinen werden aber die Wirkdruckmesser – also z.B. die Differenzdruckmeßumformer – für ganzzahlige Differenzdruckwerte kalibriert. Bevorzugt ist die Normenreihe: 6, 10, 16, 25, 40, 60, 100, 250 und 600 mbar. Meist legt sich ein Anwender fest auf einen kleinen Wirkdruckmeßbereich – im wesentlichen für Niederdruckgase – von 16 mbar und auf einen größeren für Druckgase und Flüssigkeiten von etwa 250 mbar. Solche Festlegungen sind wegen der Ersatzteilhaltung vorteilhaft.

Für Schwebekörpermesser sind wohl für drucklose Luft- und für Wasserdurchflüsse normierte Meßbereiche möglich, bei abweichenden Betriebsdaten und anderen Medien ist aber die Festlegung dann hinfällig.

b) Meßeigenschaften

Durchflüsse bestimmen wie kaum eine andere verfahrenstechnische Meßgröße den spezifikationsgerechten Prozeßablauf, und von den Meßeigenschaften der Durchflußmessung wird vor allem eine angemessene *Genauigkeit* gefordert sein. Das gilt nicht nur für den Neuzustand, sondern soll für die gesamte Nutzungszeit erreichbar sein. Nun wird der Anwender nicht um jeden Preis hohe Meßgenauigkeit fordern, sondern er sollte differenzieren. Besonders ist zu überlegen, in welchem Bereich der Durchfluß überhaupt variiert. Wenn – wie das häufig der Fall ist – die Anlage „Strich fährt", lassen sich in einem eingeschränkten Bereich meist wirtschaftlichere Lösungen finden, als in einer großen Meßspanne von z.B. 1 zu 10.

Gerade manche moderne Geräte generieren ihre frappierenden Meßeigenschaften aus im Betrieb oft nicht zu realisierenden oder nicht zu finanzierenden *Druckabfällen*, so daß ein akzeptabler Druckverlust durchaus die Meßeigenschaften charakterisieren kann.

Die Nennweite eines Durchflußmeßgeräts wird nicht immer der Nennweite der anschließenden Rohrleitung entsprechen und muß es auch nicht. Bei mehreren Gerätefamilien ist mit dem Druckabfall für eine bestimmte Nennweite auch der *maximal mögliche Meßbereichsendwert* verknüpft. Ist der Druckabfall für die betrieblichen Gegebenheiten zu hoch, so muß ein Gerät größerer Nennweite gewählt werden, reicht dagegen z. B. beim MID oder USD die Strömungsgeschwindigkeit des Fluids in der vom Betrieb gewählten Nennweite für eine genaue Messung nicht aus, so ist ein Meßgerät kleinerer Nennweite einzusetzen.

● *Genauigkeit*

Die höchsten Genauigkeiten können durch *Kalibrieren* der Durchflußmeßeinrichtungen erreicht werden. Das Kalibrieren kann – im Neuzustand oder nach einer Reparatur – mit dem Meßstoff selbst geschehen oder mit einem Fluid, das mit dem Meßstoff bezüglich der die Durchflußmessung beeinflussenden Daten übereinstimmt. Bei entsprechend genauen Normalen – also

9. Anforderungen an Durchflußmeßeinrichtungen

entsprechend genauen Eichbehältern oder Zählern (Bilder 383 und 384) – kann man mit nicht unbeträchtlichem Aufwand die Meßunsicherheiten an der Obergrenze des Meßbereiches bis auf wenige Promille mindern. Da das Eichen und Kalibrieren besonders für Mengenmesser relevant ist, werden weitere Eicheinrichtungen, wie Meßanlagen oder Rohrprüfschleifen im Abschnitt Mengenmessung erläutert.

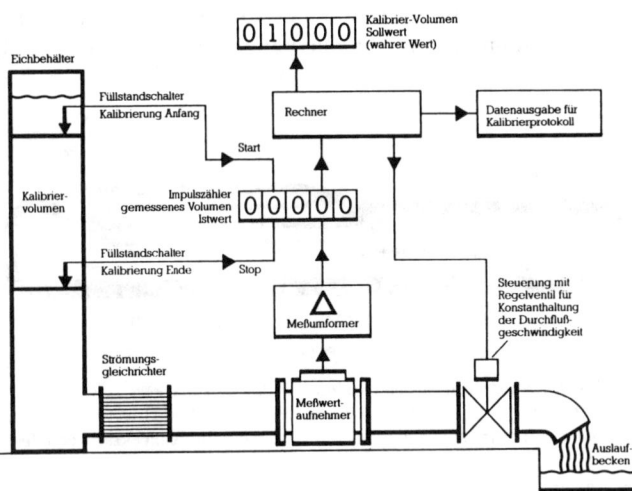

Bild 383. Kalibrieren mit Eichbehältern (Krohne)
Durchflußmesser bis DN 3000 bzw. 1900 m³/h werden mit aus einem geeichten Behälter auslaufendem Wasser kalibriert. Über Füllstandschalter lassen sich selbsttätig die Abnahme des Behälterinhalts mit der Zahl der Meßimpulse verknüpfen und Kalibrierprotokolle ausdrucken. Die niederländische Eichbehörde hat dieser Anlage eine Meßunsicherheit von nur ± 0,013 % vom Meßwert bescheinigt.

Auch mit *Drosselgeräten* lassen sich eichfähige Meßanlagen aufbauen: Durchflußnormale für eine rechnergesteuerte, schlüsselfertig lieferbare Kalibrieranlage für Luftdurchflüsse sind *überkritisch betriebene Venturidüsen* verschiedener Größen: Ein im Saugbetrieb arbeitendes Wälzkolbengebläse saugt Luft durch die Anlage (Bild 385). Atmosphärische Luft strömt zunächst in die Prüflinge, gelangt dann in einen Sammelbehälter und durch 10 Venturidüsenstrecken zu einem weiteren Sammmelbehälter auf der Saugseite des Vakuumgebläses.

Jede Düsenstrecke stellt jeweils *einen*, präzis definierten Massendurchfluß dar. Die Strecken können einzeln oder als Kombination geschaltet werden, so daß sich bis zu 80 fixe, eng abgestufte Kalibrierpunkte realisieren lassen. Verschiedene PLT-Einrichtungen messen Drücke, Temperaturen sowie die Luftfeuchte, stellen die Durchflüsse ein und regeln die Drücke so, daß an den Venturidüsen sich stets überkritisches Druckgefälle einstellt, bei dem sowohl

434 IV. Durchflußmessung

der Massen- als auch der Volumenstrom vom Saugdruck der Pumpe *unabhängig* sind.

Die Durchflüsse lassen sich so mit hoher Präzision und Reproduzierbarkeit sowie besonders mit sehr guter Langzeitstabilität durch Druck-, Temperatur- und Feuchtemessungen sowie aus den Kalibrierdaten der Venturidüsen ermitteln. Die Düsen sind mit äußerster Präzision gefertigt, und die Strecken durch die PTB kalibriert und zertifiziert. Der Hersteller ist mit dieser Anlage dem Deutschen Kalibrierdienst angeschlossen und befugt, entsprechende Zertifikate für Gasdurchflußmeßgeräte beliebiger Bauart auszustellen.

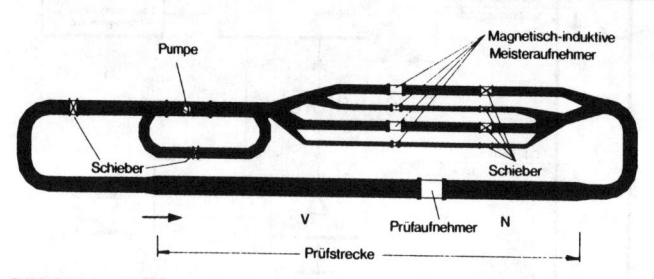

Bild 384. Kalibrieren mit Normalen (Fischer & Porter).
Der Durchfluß durch den Prüfling wird mit den Durchflüssen durch die Kalibriernormale (Meisteraufnehmer) verglichen. Dabei werden die Korrekturwerte festgestellt.

Von auf solchen Prüfständen ermittelten Werten auf die Genauigkeit von Durchflußmessungen zu schließen, ist besonders dann schwierig, wenn sich die Aussage auch auf den Einsatz im realen Betrieb beziehen soll mit nicht optimal angepaßten Meßbereichen, mit problembehafteten Meßstoffen, mit Druck-, Temperatur- und Erschütterungseinflüssen, mit Nichteinhalten der Einbaubedingungen und mit Verschmutzungen, die z.B. bei Blendenmessungen die Kantenschärfe mindern und die Rohrrauheiten erhöhen.

Es ist natürlich auch unter *realen* Bedingungen durchaus möglich, Mengen und Durchflüsse sehr genau zu bestimmen. Es sei an Abrechnungsmessungen sehr großer Mengen grenzüberschreitender Erdgasströme, an die Bilanzen von Rohrleitungsnetzen, die z.B. mit – genauen Messungen schwer zugänglichem – überkritischen Ethylen betrieben werden oder an auf hohe Dosiergenauigkeit angewiesene Rezepturen von Chargenprozessen erinnert. Allerdings konnten in diesen Fällen die Meßgeräte meist nicht „von der Stange gekauft" werden, sondern es war dafür intensive Zusammenarbeit zwischen Hersteller und Anwender erforderlich oder es waren dafür sogar – z.B. für das Ethylen – spezielle, auf das zu messende Fluid abgestimmte Kalibrierverfahren und Geräteanpassungen zu entwickeln.

9. Anforderungen an Durchflußmeßeinrichtungen 435

Es ist auf jeden Fall also Vorsicht geboten, die Geräte nach den Druckschriftenangaben mit ihren weitreichenden Einsatzgebieten und genauen Meßeigenschaften auszuwählen und die von den Herstellern angegebenen, unter idealen *Prüfstandsbedingungen* ermittelten Werte unkritisch auf Messungen im *realen Betrieb* zu übertragen, und es bleibt – zumindest an manchen PLT-Stellen – noch immer schwierig, Durchflüsse genau zu messen[47].

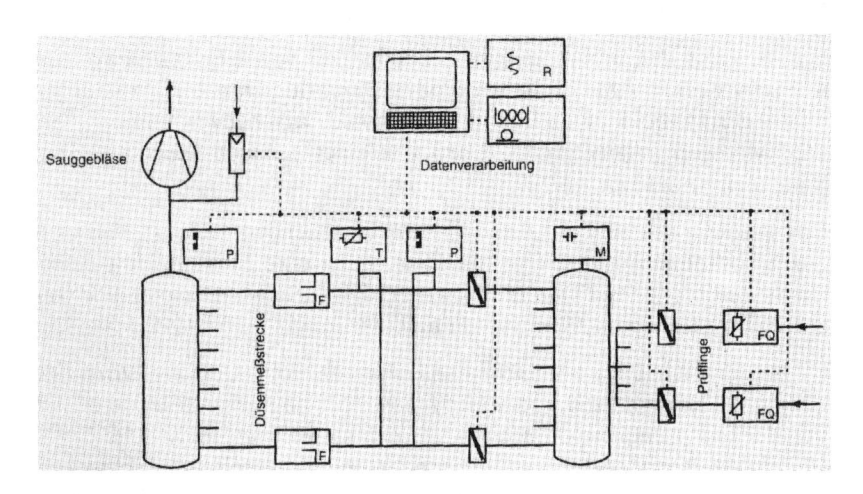

Bild 385. Kalibrieranlage (Sensycon).
Mit überkritisch betriebenen Venturidüsen als Normale arbeitet diese Kalibrieranlage für Gasdurchflußmessungen.

Aber auch Geräte mit etwas *größeren Fehlergrenzen* haben ihre Berechtigung, schließlich gilt nicht die Leistung, sondern das *Preis-Leistungs-Verhältnis*. Für manche Meßstellen sind hochgenaue, eine weiten Durchflußbereich überdeckende Meßeinrichtungen mit allen möglichen Zusatzinformationen gar nicht gefragt, sondern es kann z.b. durchaus nur auf die Reproduzierbarkeit ankommen oder darauf, für Sicherungsaufgaben einen Durchfluß auf Verlassen eines Gutbereichs zu überwachen. Dabei können meist Fehler von einigen wenigen Prozent toleriert werden (oft weiß der Auftraggeber selbst nicht genau, welche Grenzwerte er vorgeben soll!).

---

47 Schon vor fast 40 Jahren warnten Betriebserfahrene den Verfasser vor der Messung eines Durchflusses mit zwei im gleichen Strom liegenden Geräten. Eine Lösung des Problems genauer Durchflußmessungen durch Unterlassung vergleichender Messungen ist zwar als „Vogel-Strauß-Politik" von seriösen Meßtechnikern abzulehnen, demonstriert aber die prinzipiellen Schwierigkeiten genauer Durchflußmessungen.

436 IV. Durchflußmessung

● *Angaben über die Kennlinienabweichungen*

Die Abweichungen von den Kennlinien von Durchfluß- und Mengenmeßeinrichtungen haben vom Meßprinzip abhängige Charakteristika. Ein Teil der Abweichungen beruht auf Instabilitäten des Meßanfangs (Nullpunkts), ein anderer Teil auf Einflüssen auf den Meßwert. Da sich von Null keine Prozentangaben bilden lassen, wird der vom Meßanfang abhängige Fehler in % des Meßbereichsendwertes quantifiziert[48]. Betrachten wir ein Meßgerät mit einem Meßbereichsendwert von 100 m³/h:

Der sich auf den *Meßanfang* beziehende Teil von z.B. 0,2 % vom Meßbereichsendwert (= 200 l/h) ist bei großen Durchflüssen mit 0,2 % vom Meßwert relativ gering, bei kleinen irgendwann einmal, z.B. bei 1 % von q_{max} mit 20 % vom Meßwert, relativ groß, so daß von einer genauen Messung dann keine Rede mehr sein kann.

Das Problem des sich auf den *Meßwert* beziehenden Teils ist, daß er nur für einen bestimmten Bereich gelten kann, denn eine Messung mit einer Unsicherheit von 1 % vom Durchfluß besagt, daß für unser Beispiel 1 % von q_{max} auf 10 l/h genau gemessen werden müßten.

Es ist demgemäß zu unterscheiden zwischen vom *Meßbereichsendwert* abhängigen Fehlergrenzen und vom *Meßwert* abhängigen, für letztere ist zusätzlich der Durchflußbereich wichtig, für den sie gelten. Für manche Gerätearten *sind beide Angaben relevant*: Die Klassengenauigkeit von Schwebekörper-Durchflußmessern wird z.B. als Kombination von *endwert*abhängigen (0,25) und *meßwert*abhängigen (0,75) Fehlern definiert. Auch für MID geben die Hersteller einen endwert- und einen meßwertabhängigen Fehler entweder alternativ an, z.B. zwischen 10 und 100 % von q_{max} gilt der meßwertabhängige Fehler, unter 10 % vom Meßwert gilt der Nullpunktfehler. Oder sie kumulieren beide Angaben, und bei sehr kleinem Nullpunktfehler dominiert dann dieser die Fehlerkurve im unteren Bereich (Bild 342). Auch für die meisten CMD gelten kumulierende Angaben.

Beim genauen Studium der Herstellerdruckschriften wird der Leser feststellen, daß bei manchen Durchfluß- und Mengenmessern der *Analogausgang* mit einem (gegenüber dem Impulsausgang) *zusätzlichen* vom Endwert abhängigen Fehler (Nullpunktfehler) behaftet ist.

Im Bild 386 sind die Meßunsicherheiten für verschiedene Durchflußmeßeinrichtungen lastabhängig angegeben.. Angenommen wurde, daß Druck, Temperatur, Dichte und Zähigkeit dem Auslegungszustand entsprechen und daß die Auswahl und Kalibrierung mit großem Aufwand und großer Sorgfalt geschah.

---

48 Typische Vertreter der Geräte mit reinen Nullpunktfehlern sind die Differenzdruckmeßumformer an Wirkdruckgebern, typische Vertreter der meßwertabhängigen Abweichungen Verdränger- oder Strömungszähler.

9. Anforderungen an Durchflußmeßeinrichtungen

Für den Großteil der Betriebsgeräte werden sich größere Fehlergrenzen ergeben, da diese meist nicht genau im Auslegungszustand arbeiten und Kantenunschärfe, Rohrrauhigkeit und andere Einflüsse das Meßergebnis zusätzlich beeinflussen.

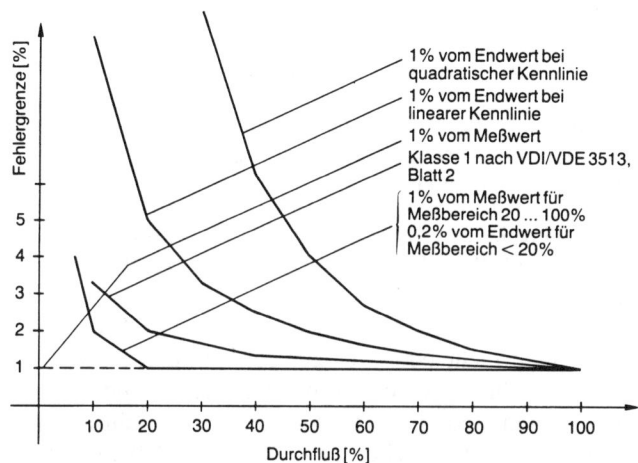

Bild 386. Fehlergrenzen.
Abhängig von der Bezugsgröße der Fehlergrenzen ergeben sich sehr unterschiedliche mögliche Meßfehler, besonders bei Messungen kleinerer Durchflüsse. Die Darstellung zeigt, daß die Angabe einer Fehlergrenze von 1 % bei Durchflußmessungen allein noch nicht viel aussagt.

Wie schon ausgeführt, sind die Angaben so gewählt, daß 95 von 100 Meßergebnissen innerhalb des Fehlergrenzbandes liegen. Das heißt aber auch, daß ein großer Teil der Meßergebnisse genauer ist. So wäre es nicht richtig, anzunehmen, daß eine Messung, die eine Fehlergrenze von 5 % hat, auch unbedingt um 5 % falsch ist: Sie kann sogar absolut genau sein, denn die Meßfehlergrenze gibt nur den wahrscheinlichen maximalen Fehler wieder: Die Meßergebnisse *müssen* nicht so ungenau sein, sie *können* aber in ungünstigen Fällen diese Werte annehmen.

Die hier angegebenen Fehlergrenzen beziehen sich außerdem auf eine *Einzelmessung*. Wenn die Meßergebnisse über längere Zeiträume aufsummiert werden, ist es wahrscheinlich, daß sich ein Teil der Meßfehler im Laufe der Zeit gegenseitig aufhebt. Ähnliches gilt, wenn nicht nach dem Fehler einer Einzelmessung, sondern nach dem Fehler einer Summe von Einzelmessungen – z.B. nach dem Fehler einer Netzbilanz – gefragt wird. Aus der Statistik ergibt sich für eine Summe q von parallelgeschalteten einzelnen Durchflußmessungen q_i eine Meßunsicherheit e von

438 IV. Durchflußmessung

$$e = \sqrt{(\frac{q_1}{q} \cdot e_1)^2 + (\frac{q_2}{q} \cdot e_2)^2 + \ldots + (\frac{q_n}{q} \cdot e_n)^2}$$

Dabei sind e_1, e_2, e_n die Meßunsicherheiten der einzelnen Durchflußmessungen q_i. Für zehn gleiche Durchflüsse mit gleicher Meßunsicherheit von je 3,5 % ergibt sich z.B. die Gesamtmeßunsicherheit e zu

$$e = \sqrt{(1/10 \cdot 3,5)^2 \cdot 10} = 0,35 \cdot \sqrt{10} \approx 1,1\%.$$

Aus den angeführten Gründen gehen Abrechnungen über größere Zeiträume und mehrere Anschließer meist besser auf, als es aus der Genauigkeit einer Einzelmessung zu erwarten wäre.

In Genauigkeitsbetrachtungen von Durchflußmessungen ist einzubeziehen, daß deren Meßergebnisse – im Gegensatz zu Druck-, Differenzdruck-, Temperatur- und zum Teil auch zu Füllstandmessungen – von der Dichte und zum Teil auch von der Zähigkeit abhängen. Die Dichteabhängigkeit ist den Betriebsleuten mehr oder weniger geläufig und es sind manche Meßeinrichtungen mit Dichtekorrektur ausgerüstet. Viel schwieriger ist es aber, die Zähigkeit festzustellen und noch schwieriger, deren Einfluß zu berücksichtigen. Erschwerend kommt weiter hinzu, daß die Meßeinrichtungen wegen des hohen räumlichen und finanziellen Aufwandes nicht wie Druck- und Temperaturmeßeinrichtungen im laufenden Betrieb mit einem hochgenauen Eichnormal kontrolliert werden können. Allenfalls lassen sich – neben dem Nullpunkt – die für die Ermittlung der Dichte erforderlichen Meßwerte und – wenn nicht zu hohe statische Drücke vorliegen – auch der Wert des Wirkdruckes mit vertretbarem Aufwand überprüfen.

● *Gerätegruppenspezifische Fehlerbetrachtungen*

Für die Meßfehler der einzelnen Gerätegruppen gilt folgendes:

In die Fehlerberechnung von *Normdrosselgeräten* geht auf jeden Fall die *Grundtoleranz* e_α des α-Wertes ein, die bei Blenden in günstigen Fällen etwa 0,5 bis 1,0 % beträgt. Ist $e_\alpha = 1,0\%$ und haben *Meßumformer* und *Anzeigegerät* oder *Schreiber* Meßunsicherheiten vom Endwert e_M und e_s von 0,5 % bzw. 1,0 %, so ergibt sich die Gesamtmeßunsicherheit bei Vollast zu

$$\sqrt{e_\alpha^2 + 1/4 \, (e_M^2 + e_s^2)} = \sqrt{1,0 + 1/4 \, (0,25 + 1,0)},$$

also zu

~ 1,15 % (~ 0,5 %),

wenn sonst keine anderen Fehler vorhanden sind. Beim halben Durchfluß sind – wegen der quadratischen Abhängigkeit – das Ausgangssignal des Wirk-

9. Anforderungen an Durchflußmeßeinrichtungen 439

druckmessers nur 25 % der Meßspanne und die Fehler ihrer Istwerte viermal so groß, also 2 bzw. 4 %. Die Meßunsicherheit des Durchflusses ist dann also

$$\sqrt{1,0 + 1/4\,(4+16)},$$

also

~ 2,45 % (~ 0,8 %).

Bei einem Drittel des Maximaldurchflusses wird die Meßunsicherheit zu

~ 5,1 % (~ 1,36 %).

(In Klammern sind die Werte für e_α = 0,5 %, e_M und e_S gleich 0,2 % angegeben, die sich bei Einsatz eines *Prozeßleitsystems* einstellen könnten.)
In dieser Größenordnung werden die maximalen Fehler von *Flüssigkeitsdurchflußmessungen* mit Drosselgeräten liegen. Sie liegen – besonders im unteren Meßbereich – auch unter den angenommenen günstigen Voraussetzungen sicher höher als mancher optimistische Leser es erwartet haben würde. Wichtige Konsequenz sollte sein, die Meßbereiche so genau wie möglich vorher festzulegen: Ein „Sicherheitsfaktor" von 2 erhöht die Meßunsicherheit fast um das Vierfache! Sind stark variierende Durchflüsse genau zu messen, muß der Meßbereich mit zwei oder drei Meßumformern mit angeglichenen Spannen überdeckt werden. Durch die Überlastbarkeit der modernen Geräte wird von dieser Abhilfe bietenden Möglichkeit immer mehr Gebrauch gemacht.

Für *Gasdurchflußmessungen* werden die Meßunsicherheiten im Vollastbereich größer sein, weil noch Fehler in der Dichteermittlung und die Grundtoleranz der Expansionszahl hinzukommen. Im Minderlastbereich gehen die Toleranz der Expansionszahl zurück und die Meßunsicherheit der Dichteermittlung gegen die große Meßunsicherheit der Wirkdruckmessung nicht stark in das Rechenergebnis ein.

Bei *Schwebekörper-Durchflußmessern* werden für die Betriebsgeräte Genauigkeitsklassen zwischen 1 und 2,5 angegeben, die Fehlergrenzen sind allerdings zu dreiviertel auf den Ist- oder Momentanwert bezogen. Bei großen Schwankungen der Durchflußwerte kann also eine Schwebekörpermessung mit der Blendenmessung bezüglich der Genauigkeit durchaus konkurrieren.

Für *magnetisch-induktive Durchflußmesser* werden bei sehr guten Geräten Meßunsicherheiten von nur 0,3 bis 0,5 % vom Istwert angegeben und das auch noch für einen Meßbereichsumfang von 10 bis 100 %, so daß von diesen Geräten eigentlich hohe Meßgenauigkeiten auch bei stark schwankenden Durchflüssen zu erwarten wären.

Die herstellerneutrale *International Instrument Users Association WIB* hat MID DN 10 und DN 40 mit Fehlergrenzen von 0,5 % vom Meßwert von acht Herstellern im Zeitraum von über zwei Jahren untersucht. Es ergaben sich –

sehr ernüchternd für manchen Anwender und ganz besonders auch für den Verfasser – *signifikante Abhängigkeiten* der Meßunsicherheiten von Leitfähigkeit, von Viskosität sowie von der Fluid- und der Umgebungstemperatur, obwohl davon weder in den Druckschriften der Hersteller noch in den diesbezüglichen Normen die Rede ist. Die im Untersuchungsergebnis getroffenen Schlußfolgerungen sind u.a., daß die Meßunsicherheit eines mit Wasser kalibrierten MID unter bezüglich der Leitfähigkeit, der Viskosität und der Temperaturen abweichenden Betriebsbedingungen auch bei optimaler Auslegung noch $\pm 3\,\%$ vom Meßwert betragen wird. Eine geringere Meßunsicherheit von $\pm 1\,\%$ ist bei einer besonderen, auf die jeweilige Anwendung abgestimmten Kalibrierung möglich[49].

Die Meßeigenschaften der CMD und USD haben wir schon bei den Gerätebeschreibungen kennengelernt, so daß hier nicht noch einmal darauf eingegangen werden muß.

● *Meßbeständigkeit*

Hier ist besonders auf die Eigenschaften der Differenzdruckmeßgeräte (Abschnitt I.3) hinzuweisen. Welchen Einfluß Verschmutzungen, Abrieb und Korrosion auf Drosselmeßeinrichtungen durch Minderung der Kantenschärfe und Erhöhung der Rohrrauhigkeit und auf magnetisch-induktive Durchflußmesser haben, wurde bei der Beschreibung der Geräte bereits dargelegt. Auch bei Schwebekörper-Durchflußmessern ändert sich durch Verschmutzungen am Meßkonus oder Schwebekörper das Meßergebnis in analoger Weise.

● *Durchflußendwerte q_{max}*

Um Geräte gleichen oder unterschiedlichen Meßprinzips miteinander vergleichen zu können, wollen wir uns die Durchflußendwerte q_{max} von Flüssigkeitsmeßgeräten mit der Anschlußnennweite DN 50 ansehen und – im Vorgriff auf den nächsten Hauptabschnitt – auch die mit den Durchflußmeßeinrichtungen konkurrierenden Mengenmeßeinrichtungen in die Betrachtung einbeziehen.

Rohrleitungen für die Förderung von *Flüssigkeiten* werden meist so bemessen, daß sich Strömungsgeschwindigkeiten viskositätsabhängig zwischen 1 und 3 m/s einstellen. Durch eine Leitung DN 50 fließen bei 1 m/s 28 m³/h, bei 2 m/s 56 m³/h und bei 3 m/s 84 m³/h. In dieser Größenordnung sollten auch maximal die Durchflußendwerte der Durchfluß- und Mengenmeßeinrichtungen liegen. Es ergeben sich aber vom Meßprinzip und dem Gerätekonzept her doch recht unterschiedliche Endwerte:

---

[49] Nach diesen Angaben scheint der MID mit negativen Eigenschaften behaftet zu sein. Es ist aber höchst wahrscheinlich so, daß entsprechend gründliche Untersuchungen anderer Gerätefamilien ähnliche Ergebnisse erbringen würden.

9. Anforderungen an Durchflußmeßeinrichtungen

- Verdrängerzähler: 5..16,8..32 m³/h
- Strömungszähler: 9..47..74 m³/h
- Schwebekörper-Durchflußmesser: 12,5..23..29 m³/h
- MID: 40..68..100 m³/h
- CMD: 14..60..96 m³/h
- USD: 42..75..86 m³/h

Es sind jeweils der kleinste, der mittlere und der größte Meßbereichsendwert angegeben. Bei den *Verdrängerzählern* ergeben sich große Unterschiede (Faktor über 6), weil dazu auch Zahradzähler mit recht kleinen Durchflußwerten gehören. Zu den *Strömungszählern* gehören sowohl in der maximalen Drehzahl beschränkte Flügelradzähler mit kleinerer Leistung als auch Wirbelzähler, denen hohe Strömungsgeschwindigkeiten nur zu gute kommen. Die hohen Meßbereichsendwerte sind auch für die *MID* keine besondere Auszeichnung, dort ist es – wie auch bei den USD – vielmehr der *kleinste* Durchfluß, bei dem die auf den Meßwert bezogenen Fehlergrenzen noch gültig sind. Bei einer Spanne von 1:10 sind das bei einem Meßbereichsendwert von 40 m³/h geringe 4 m³/h, bei einem Endwert von 100 m³/h beginnen die genaueren Messungen erst bei 10 m³/h. Wegen ihrer sehr unterschiedlichen Konzepte haben *CMD* auch sehr unterschiedliches q_{max} im Verhältnis von fast 1:7, was natürlich bei Vergleichen von Preis, Abmessungen und Gewicht zu beachten ist. Die Nennweite sagt über die Größe dieser Geräte nicht viel aus!

● *Temperaturabhängigkeit der Meßeigenschaften*

Sehr unterschiedlich vom Prinzip und sehr unterschiedlich in der Größenordnung sind die Einwirkungen der Meßstoff- und der Umgebungstemperaturen auf die Meßergebnisse der Durchflußmeßeinrichtungen. Um verstehen zu können, wie anspruchsvolle Einrichtungen die Temperatureinflüsse kompensieren, wollen wir uns kurz mit den Arten der Einwirkungen befassen:

In die *Reynolds*zahlen und damit auch in die von ihnen abhängigen Meßergebnisse wie die von *Wirkdruckgeräten, Schwebekörper-* oder anderen *Strömungsmessern* gehen die Meßstofftemperaturen über die von ihnen abhängigen Dichten und kinematischen Zähigkeiten ein. Hier sind Temperaturkompensationen nur nach Messen der Einflußgrößen möglich, was bei der Dichte weniger problematisch als bei der Zähigkeit ist.

Bei Drosselmeßgeräten vergrößert eine Erhöhung der Betriebstemperatur unter anderem den Rohrinnendurchmesser und den Durchmesser der Blendenbohrung. Diese Veränderungen verursachen gewisse Meßfehler, die jedoch bekannt sind und sich rechnerisch berücksichtigen lassen. Die Wirkdruckmesser sind nur dem Einfluß der Umgebungstemperatur ausgesetzt, und bei den Differenzdruckmessungen (Abschnitt I.3 c) wurde ausführlich darauf eingegangen.

Systematisch sind auch Temperatureinflüsse auf Geometrie und Elastizitätsmodule von *CMD*, und ganz allgemein sind in die Einrichtungen Kompensationsnetzwerke integriert.

Temperatureinflüsse auf *MID* in nicht systematischer Weise mußten in den oben erwähnten Versuchsreihen festgestellt werden.

Bei allen Geräten sind zusätzliche Fehler möglich durch die Abhängigkeit der Auswerteelektroniken von der *Umgebungstemperatur*.

● *Abhängigkeit von anderen Betriebsgrößen*

Von anderen Betriebsgrößen haben besonders der Druck und Zähigkeit Einfluß auf die Lage und Form der Kennlinien, und bei manchen Geräten werden diese Größen gemessen oder berechnet und zur Korrektur der Meßergebnisse herangezogen – z.B. der Druck bei manchen CMD oder Druck und Zähigkeit bei den im nächsten Hauptabschnitt noch zu erwähnenden von den Reynoldszahlen abhängigen Korrekturen von *Turbinenradgaszählern*.

b) Sicherheitsforderungen

Bei den *Drosselgeräten* sind besondere Sicherheitsforderungen über die Anforderungen an die Wirkdruckmeßgeräte hinaus nicht zu nennen. Die Wirkdruckgeber sind Teile der Rohrleitungen und müssen wie diese nach dem Nenndruck und nach der Forderung an die Werkstoffauswahl ausgelegt werden.

Für *Schwebekörpermesser* gilt gleiches, soweit es sich um Ganzmetallgeräte handelt. Wird der Einsatz von Geräten mit Glaskonus erwogen, so sollte sorgfältig überlegt werden, ob ein Bruch des Glases durch mechanische Einflüsse, wie Verspannungen der Rohrleitungen oder wie Beschädigungen von außen, vollkommen auszuschließen ist oder ob sicher davon ausgegangen werden kann, daß bei einem Bruch Mitarbeiter nicht gefährdet werden: Eine Festigkeitsgewähr wie für Stahlleitungen und Armaturen gibt es für *Glasgeräte* nicht.

Besondere Überlegungen der *Berstsicherheit* sind auch bei den *CMD* anzustellen, weil deren Sensoren systembedingt mechanischen Schwingungen ausgesetzt sind, die besonders im Zusammenhang mit Korrosionen Rohrbrüche zur Folge haben können.

Die mit elektrischer Hilfsenergie arbeitenden Geräte müssen schließlich den Bedingungen des *Explosionsschutzes* genügen: Relativ einfach ist das bei in Zweileitertechnik konzipierten Geräten, z.B. bei Differenzdruckmeßumformern, Schwebekörpermessern, Wirbelzählern und vereinzelt auch bei CMD. Dort läßt sich meist die die elektrische Energie auf ein ungefährliches Minimum begrenzende Zündschutzart „Eigensicherheit" anwenden, und die einzige Ex-Schutz-Maßnahme ist, die Geräte mit einem eigensicheren Speisegerät zu versorgen. Diese Energie (etwa 40 Milliwatt) reicht leistungsfähigen, mit Mikrocomputern arbeitenden Geräten oder den Elektromagneten der MID meist nicht, so daß dann andere Schutzarten mit umständlicheren Maßnahmen angewandt werden müssen – z.b. die Zündschutzart „Erhöhte Sicherheit", die unter anderem voraussetzt, daß in den Geräten betriebsmäßig keine Funken gezogen werden und daß die Leitungen sowie deren Verbindungen hinreichend stabil und sicher gegen äußere Beschädigung geschützt sind.

c) Anforderungen durch besondere Betriebsverhältnisse

Durch besondere Betriebsverhältnisse, wie etwa sehr hohe oder sehr tiefe Temperaturen, hohe oder extrem niedrige statische Drücke, Pulsationen oder Überlastungen, werden Durchflußmessungen erheblich erschwert. Ein Teil der hier beschriebenen Meßeinrichtungen kann – ähnlich wie Füllstandmeßgeräte – dem Einfluß der Betriebstemperatur nicht entzogen werden. Hier sind die Stauscheiben-, die Schwebekörper- und die induktiven Durchflußmesser zu nennen. Auch Pulsationen sind oft schwer zu dämpfen oder verursachen durch Dämpfung Meßfehler. Überlastungen spielen heutzutage eine nicht so bedeutende Rolle; früher gehörten die Meldung, daß eine Ringwaage „durchgeschlagen" sei und das anschließende Entfernen des Quecksilbers aus den Zuleitungskapillaren zum bitteren Brot des Betriebsalltages.

● *Einfluß der Temperatur auf den Einsatz von Durchflußmessern*

Drosselmeßgeräte werden relativ wenig durch die Betriebstemperaturen beeinträchtigt: Wenn geeignete Werkstoffe für Rohrleitung und Wirkdruckgeber gewählt werden, gibt es praktisch keine Beschränkung durch zu hohe oder zu tiefe Temperaturen, und die Differenzdruckmeßumformer sind praktisch nur dem Einfluß der Umgebungstemperaturen ausgesetzt..

Das Einsatzgebiet einiger *Schwebekörper-Durchflußmesser* wird dagegen durch hohe und sehr tiefe Temperaturen begrenzt. Dort liegt die Schwierigkeit darin, das Abgriffsystem den Meßstofftemperaturen zu entziehen. Bei sehr tiefen Temperaturen ist es schwierig zu verhindern, daß sich Feuchtigkeit aus der Umgebungsluft im Gerät niederschlägt und gefriert und damit die Bewegung mechanischer Folgesysteme behindert. Bei sehr hohen Temperaturen lassen die magnetischen Eigenschaften der Permanentmagnete so nach, daß die Stellung des Schwebekörpers nicht sicher übertragen werden kann. Die Einsatzmöglichkeit liegt zwischen -40 und $400\,°C$. Es sind aber auch Geräte erhältlich, die noch bei Temperaturen von $-200\,°C$ arbeiten.

Das Temperaturproblem der *magnetisch-induktiven Durchflußmesser* liegt bei der Temperaturbeständigkeit der Werkstoffe für die Auskleidung des Meßrohres und für die Isolierung der elektrischen Leitungen der Magneten. Hier ist die obere Grenze von $200\,°C$ zu beachten. Untere Grenzen werden von den

Herstellern, da nichtmetallische Isolierstoffe und Dichtungen eingesetzt werden müssen, mit −10 bis − 60 °C angegeben.

Von den moderneren Meßverfahren sind *Wirbelzähler* zwischen − 200 und + 400 °C, *CMD* zwischen − 200 und +200 °C, in Einzelfällen auch bis +350 °C, und *USD* zwischen − 200 und +260 °C einsetzbar. Das gilt allerdings nicht generell, so daß bezüglich der anderen Einsatzbedingungen − besonders der Meßbereiche beim CMD − Einschränkungen zu beachten sind.

● *Einfluß des statischen Druckes*

Prinzipiell ist jede Art der Durchflußmeßeinrichtungen auch für hohe und niedrige statische Drucke geeignet.

Bei magnetisch-induktiven Durchflußmessern ist allerdings ein Betrieb im Vakuum, der für Flüssigkeiten aber keine große Bedeutung hat, nur beschränkt möglich: Die Innenauskleidungen werden bei zu hohem Unterdruck von der Rohrwand gelöst. Je nach Werkstoff, Temperatur und Nennweite sind oft Absolutdrücke von mindestens 300 bis 800 mbar erforderlich.

Meßfehler, durch den Einfluß des statischen Druckes, ergeben sich vor allem dort, wo Bewegungen oder Kraftwirkungen mechanisch nach außen geführt werden müssen, wie das heute noch bei Wirkdruckmessern (Abschnitt I, 3 b) und bei Stauscheiben-Meßumformern der Fall ist. Beim Stauscheiben-Meßumformer beträgt der Einfluß etwa 0,3 % / 10 bar, bei den Differenzdruckmeßumformern hatten wir 0,1 % / 10 bar angenommen, wobei bemerkt werden muß, daß bei laufendem Betrieb der Nullpunkt des Differenzdruckmeßumformers leicht nachgestellt werden kann, der des Stauscheibengeräts nicht. Das geht nur dann, wenn die Rohrleitung bei Betriebsdruck nicht durchströmt wird.

● *Pulsationen*

Auf den Einfluß von Pulsationen wurde schon hingewiesen: Messungen nach dem *Wirkdruckverfahren* lassen sich dämpfen, allerdings werden wegen des quadratischen Zusammenhanges zwischen Durchfluß und Wirkdruck Fehler in der angegebenen Größe die Folge sein. Geräte nach dem *Stauscheiben-* oder Geräte nach dem *Schwebekörperprinzip* lassen sich kaum dämpfen und können durch Pulsationen zerstört werden. Sehr günstig arbeiten hier *USD* und die *MID* mit Wechselfelderregung, deren Ausgangssignale auch schnellen Durchflußänderungen folgen und, da sie linear sind, bei für die Auswertung erforderlichen Dämpfungen den richtigen Mittelwert ausgeben. Nachteilig sind Pulsationen für Wirbelzähler, da sie zusätzliche Wirbel erzeugen können, die dann das Meßergebnis verfälschen.

Aber auch ein Drosselmessung bei *konstantem Durchfluß* ist mit Pulsationen in Art von Strömungsrauschen behaftet. Für die Dämpfung der Differenz-

9. Anforderungen an Durchflußmeßeinrichtungen   445

druckmeßumformer und damit für ihre Einstelldauer interessant ist, daß Wirkdruckgeber unterschiedliches, von der Art des Wirkdruckgebers abhängiges Strömungsrauschen erzeugen: die Meßblende z.B. ein niederfrequentes mit größerer Amplitude, der V-Konus ein höherfrequentes mit kleinerer Amplitude, das leichter zu dämpfen ist (Bild 295).

● *Dichteeinfluß*

Änderungen der Betriebsdichte beeinflussen *Massen*durchflußmessungen mit MID, Wirbelzählern und USD voll, also 10 % Dichteänderung verfälscht das Meßergebnis um 10 % der Masse. Bei den anderen Geräten steht die Dichte unter der Wurzel und Änderungen der Betriebsdichte gehen nur etwa zur Hälfte ein: 10 % Dichteänderung verfälscht das Meßergebnis dann nur um etwa 5 % der Massenangabe. Soll der Volumenstrom gemessen werden, so zeigen MID, Wirbelzähler und USD richtig an, bei den anderen Geräten gehen Dichteänderungen wiederum zur Hälfte ein.

● *Korrosion durch aggressive Meßstoffe*

Korrosion, der chemische Angriff auf Metalle, ist zunächst einmal relativ zu betrachten: Es gibt korrosive Meßstoffe, die nur Abtragungen von Bruchteilen von Millimetern im Jahr verursachen. Bei solchen Meßstoffen genügt es meist, die für die Messung und Druckfestigkeit wichtigen Metallteile aus hochkorrosionsbeständigen Werkstoffen, wie z.B. aus Tantal, Hastelloy oder wenigstens VA-Stahl zu fertigen, während ein geringer Verschleiß der dickwandigen Rohre in Kauf genommen wird. Für die Messung und Druckfestigkeit wichtige Teile sind: der Blendeneinsatz, die Trennmembran der Meßumformer und gegebenenfalls die Einrichtungen zur druckdichten Durchführung der Meßkraft oder des Meßweges (z.B. Biegeplatten).

Weiter ist zu bedenken, daß die Wirkung der Korrosion *temperaturabhängig* ist: Im allgemeinen ist der Angriff auf die Meßleitungen geringer, weil dort der Meßstoff die Außentemperatur annimmt, als der Angriff heißen Fluides auf die Meßstoffleitungen. Die bekannte Faustregel besagt ja, daß eine Temperaturerhöhung um 10 °C die Wirkung der Korrosion verdoppelt. Es kann aber auch Abkühlung die Korrosion erheblich verstärken. Nämlich dann, wenn der Meßstoff dampfförmig ist. Dann besteht die Gefahr, daß in den kalten Meßleitungen *Kondensation* auftritt und sich wäßrige Säuren bilden, wie z.B. wäßrige Salzsäure, die sehr starke Korrosionswirkung zeigt, während bei hohen Temperaturen in gasförmigem Zustand keine Korrosion zu befürchten ist.

Mechanische *Spannungen* und mechanische *Schwingungen* können die Korrosionen sehr stark beschleunigen, was für den PLT-Mitarbeiter wohl nur beim Einsatz von CMD relevant ist.

Sind Durchflüsse hochkorrosiver Fluide, wie z.B. wäßrige Salzsäure, zu messen, so bieten sich vor allem Schwebekörper- und magnetisch-induktive

IV. Durchflußmessung

Durchflußmesser an, die sich voll aus keramischen Werkstoffen oder PTFE fertigen oder mit PTFE auskleiden lassen. Es bleibt bei den MID, lediglich die Elektroden aus gegen den Angriff beständigem Metall zu fertigen. Da es kleine Werkstoffmengen sind, können dort auch sehr teure Werkstoffe, wie z.B. Tantal, eingesetzt werden. Da PTFE gegen praktisch alle vorkommenden Meßstoffe beständig ist, läßt sich die Aufgabe, den Durchfluß hochkorrosiver Fluide zu messen, mit PTFE gut lösen, wenn nicht zu hohe Temperaturen (nicht über 150 °C) vorliegen. Bei höheren Temperaturen bleiben Schwebekörpermesser in keramischer oder in Ganzmetallausführung aus unter Umständen sehr teurem Werkstoff, z.B. Tantal übrig. Auch USD mit gar keinem direkten Kontakt zum Meßstoff eignen sich vorzüglich zum Messen hochkorrosiver Fluide. (Grundsätzlich lassen sich auch Blenden ganz aus Kunststoff herstellen. Dann entsteht aber das Problem, auch geeignete Druckentnahmeleitungen, Absperrventile und Meßumformer beizustellen.)

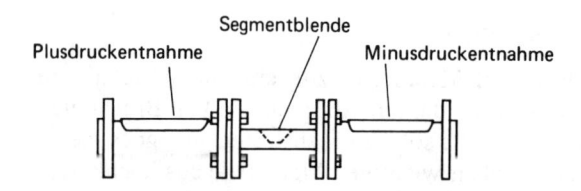

Bild 387. Durchflußmessung von Flüssigkeiten mit hohem Erstarrungspunkt (Taylor).
Mit Druckmittlersystemen lassen sich Durchflüsse von bis zu 650 ° C heißen Schmelzen messen. Da die geometrische Ähnlichkeit mit herkömmlichen Segmentblenden-Anordnungen nur bedingt gegeben ist, müssen die Durchflußzahlen durch Kalibrierung ermittelt oder größere Toleranzen in Kauf genommen werden.

d) Beeinträchtigung der Messung durch Fluide, die bei Umgebungstemperaturen fest sind

Durchflüsse von Fluiden zu messen, die bei Umgebungstemperaturen fest sind, kann eine schwierige bis fast unlösbare Aufgabe sein. Liegen die Erstarrungstemperaturen unter etwa 120 °C und die Betriebstemperaturen unter 150 °C, dann lassen sich alle Durchfluß-Meßprinzipien einsetzen. Druckentnahmeleitungen und Wirkdruckmesser müssen allerdings beheizt werden. Voraussetzung ist, daß der Wirkdruckmesser für die entsprechende Temperatur geeignet ist: Die Temperatur des Meßstoffes darf bei Meßumformern mit elektrischem Ausgangssignal höchstens ungefähr 120 °C, bei solchen mit pneumatischem Ausgang in Sonderausführung höchstens 200 °C betragen. Liegen die Erstarrungspunkte über etwa 120 °C und die Betriebstemperaturen über 200 °C, scheiden die induktiven Durchflußmesser aus, und auch die Beheizung von Wirkdruckmessern und Druckentnahmeleitung beginnt problematisch zu wer-

9. Anforderungen an Durchflußmeßeinrichtungen

den. Übrig bleiben zunächst die Schwebekörper-Durchflußmesser. Da diese Geräte keine Toträume haben, sind sie auch für solche Einsatzfälle sehr gut geeignet. Ihre Grenze liegt bei Temperaturen von etwa 400 °C und – was kritischer sein kann – bei maximalen Durchflüssen von etwa 150 bis 350 m³/h. Für größere Durchflüsse bietet es sich an, Wirkdruckmesser und Druckentnahmeleitungen zu spülen, wenn ein geeigneter Spülstoff gefunden werden kann. Außerdem bieten sich auch hier die moderneren Meßverfahren an, wie Wirbelzähler bis 427, USD bis 260 und – für eingeschränkte Meßbereiche – CMD bis 350 °C.

Wenn letztere Meßeinrichtungen nicht einsetzbar sind, bleiben Drosselverfahren mit Wirkdruckmessungen durch Druckmittlersysteme (Bild 387, siehe auch Abschnitt 1.2 d). Da die Trennmembranen ebene Flächen von gewisser Ausdehnung haben müssen und damit die geometrische Ähnlichkeit zu genormten Wirkdruckgebern verfälschen, versagen für kleinere Nennweiten die Rechenverfahren und die gesamte Meßeinrichtung muß kalibriert werden. Für größere Nennweiten ist eine Berechnung der Anordnung wie für Segmentblenden möglich. Nach Herstellerangaben sind Zusatztoleranzen von nur etwa 1 % erforderlich.

Günstig scheinen auch Druckmittlersysteme zu sein, die zum Rohr konzentrische, die Rohrinnenfläche angenähert fortsetzende Trennmembranen haben (Bilder 388 und 27): Da die Einflüsse der Druckentnahmen nach D und $D/2$- oder Flansch-Entnahmen rechnerisch bekannt sind, ist es – mit gewissen zusätzlichen Meßunsicherheiten – sicher möglich, die Blendenbohrung nach Normblättern zu berechnen.

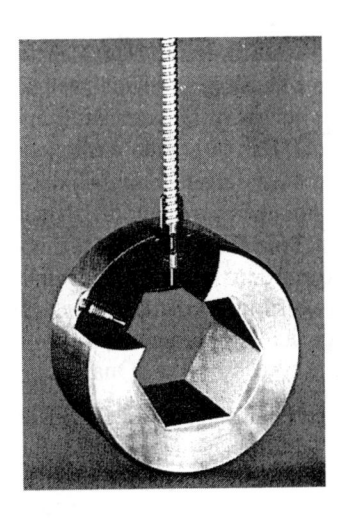

Bild 388. Druckmittlersystem mit zylindrischen Trennmembranen (Wiegand). Die Rohrwände angenähert fortsetzende, zylindrische Trennmembranen verfälschen das Strömungsprofil nur wenig.

IV. Durchflußmessung

ANFORDERUNG	GERÄTE			
	Meßblenden und Meßdüsen	Venturidüsen		Staugeräte
Durchflußbereich (Flüssigkeiten) /h	fast beliebig			>25 m³
maximaler Betriebsdruck [bar]	640			400
minimale/maximale Meßstofftemperatur [°C]	praktisch unbeschränkt			
Mögliche Fluide F Flüssigkeiten, G Gase	Flüssigkeiten und Gase			
Kennlinienabweichung * bei q(max)	1,2/0,5			
- bei 0,5 q(max)	2,5/0,8			
Dichteeinfluß auf Massendurchfluß prop.	Wurzel Dichte			
Einfluß von Verschmutzungen, + stark, - mäßig	+ bis -	-		-
bleibender Druckverlust relativ zur Blendenm.	1	0,1		0,1
Zähigkeitseinfluß für Re <	10000			
gerade Ein-/Auslaufstrecken in D	15/5	5/2		20/5
Einfluß von Pulsationen	falsche Mittelung abschätzbar, wenn Schwingungsform bekannt			
Zulassung zum eichpflichtigen Verkehr möglich	für Gase			-
besondere Anforderungen	keine			

Bild 389. Entscheidungstabelle.
Alle Meßverfahren sind nach FQIRCA weiterverarbeitbar. Die Bedeutung der Buchstaben ist aus Bild 1 zu ersehen.
* in % des Meßwerts; Standard-/Spitzengerät

Beim Vergleich der Bilder 388 und 27 wird sich der Leser fragen, ob die das Rohrprofil weniger gut fortsetzende Formen überhaupt eine Einsatzberechtigung haben. Bei der Bewertung ist aber zu berücksichtigen, daß die Gestaltung der Trennflächen durchaus Einfluß auf die meßtechnischen Qualitäten der Druckmittler hat: Sechs ebene Flächen sind anders zu optimieren als eine zylindrische Fläche mit eingearbeiteten Sicken.

9. Anforderungen an Durchflußmeßeinrichtungen

Schwebekörper-Durchflußmesser	Wirbelzähler	Magnetisch-induktive Durchflußmesser	Coriolis-Massendurchflußmesser	Ultraschall-Durchflußmesser
1 l bis 350 m³	0,6 bis 1900 m³	1 l bis 300000 m³	1 kg bis 750 t	beliebig > 1 m³
700	100	100	250	PN-Leitung
-200/400	-200/400	-60/200	-200/200	-200/200
F und G		Flüssigkeiten	bevorzugt F	F und G
2,5/1	1/0,5	0,5/0,2	0,5/0,1	3/0,5
3,1/1,25	1/0,5	0,5/0,2	0,5/0,1	3/0,5
Wurzel D	Dichte	Dichte	kein Einfl.	Dichte
+	+	-	-	+
1	0,5	0,1	2	0,1
10000	10000	gering	kein	gering
keine	20/5	5/2	keine	20/5
stark	stark	> 3 Hz	stark	gering
-	für Gase	für Wasser	für bel. Fl.	-
keine		Leitf.>5µS/cm		keine

Mit volumetrischen Systemen sind Meßstofftemperaturen bis etwa 700 °C zu beherrschen, allerdings müssen ab etwa 350 °C flüssige Alkalimetall-Legierungen als Druckmittler eingesetzt werden. Diese Legierungen werden bei niedrigen Umgebungstemperaturen fest und können heftig mit Luftfeuchtigkeit reagieren, wenn das Druckmittlersystem beschädigt werden sollte. Druckmittlersysteme haben systematische Temperaturfehler, die bei der Kalibrierung berücksichtigt werden müssen.

e) Entscheidungstabelle

In einer Entscheidungstabelle (Bild 389) ist dargestellt, wie die verschiedenen Durchflußmeßeinrichtungen den an sie gestellten Anforderungen gerecht werden können. Um eine tabellarische Übersicht zu ermöglichen, waren gewisse Verallgemeinerungen erforderlich. Da die Ausgangssignale praktisch aller Einrichtungen beliebig weiterverarbeitet werden können, wurde auf die Weiterverarbeitung hier nicht eingegangen. Die Eigenschaften der für die Drosselmessungen erforderlichen *Wirkdruckmesser* wurden bereits im Abschnitt Druckmessungen genannt. Auswahlkriterien für Durchflußmeßeinrichtungen gibt auch [6] an.

10. Anpassen, Montage und Betrieb der Durchflußmeßeinrichtungen

Nach sachgerechter, die Anforderungen erfüllender Auswahl der Durchflußmeßeinrichtungen kommt es darauf an, die Geräte richtig anzupassen, zu montieren und zu betreiben. Von Bedeutung ist hier auch das richtige Einpassen in das Rohrleitungssystem: Fehler oder zu große Zugeständnisse können später nur schwer korrigiert werden.

a) Einpassen in das Rohrleitungssystem

Heftige Diskussionen sind oft mit den Rohrleitungsplanern zu führen, um ein Einpassen in das Rohrleitungssystem zu erreichen, das genaue Meßergebnisse garantiert. Die PLT-Mitarbeiter seien gewarnt, unnötig zu große Zugeständnisse zu machen. Oft werden sie mit einer Herabsetzung der Bedeutung der Meßstelle dazu direkt genötigt. Auch eine Meßstelle, die „nur dazu da ist, daß man sieht, daß etwas fließt" oder bei der „Meßunsicherheiten von ± 15 % gar keine Rolle spielen" kann plötzlich Bedeutung bekommen, wenn z.B. die Fahrweise geändert wird, eine Zwischenbilanz zu ziehen ist oder eine Störung gefunden werden muß. Dann sind diejenigen, die die Zugeständnisse erzwungen haben entweder nicht zur Stelle oder sie erinnern sich nicht mehr an das, was sie bei der Planung gesagt haben.

● *Einpassen von Drosselgeräten*

Beim Einpassen von Drosselgeräten sind zunächst die nach DIN 1952 erforderlichen geraden Ein- und Auslaufstrecken vorzusehen. Raumkrümmer als Einlaufstörungen sollten und nicht ganz geöffnete Ventile oder Schieber müssen vermieden werden. Es ist dafür zu sorgen, daß die Wirkdruckmesser an einer geeigneten Stelle angebracht werden können, also – wie noch ausgeführt wird – z.B. für Flüssigkeiten unter der Meßblende. Die Meßstrecke kann für trockene Gase – aber auch nur für diese – beliebig im Raume liegen. Sonst ist im allgemeinen einer waagerechten Leitungsführung der Vorzug zu geben. Dabei ist Vorsorge zu treffen, daß sich in Flüssigkeiten mitgeführte Gasblasen

10. Anpassen, Montage und Betrieb der Durchflußmeßeinrichtungen

oder Feststoffe nicht vor der Blende festsetzen und das Meßergebnis verfälschen und daß in Gasen mitgeführte Feuchtigkeit nicht kondensiert und das Rohr unter der Blendenöffnung ausfüllt (Bild 390).
In Fällen starker Feuchtigkeitsbeladung von Gasen oder Feststoff- bzw. Gasbeladung von Flüssigkeiten ist es oft günstig, Segmentblenden einzusetzen (Bild 391). Unbedingt vermieden werden muß, Drosselmeßeinrichtungen in senkrechten Leitungen anzuordnen, die *von oben nach unten* durchströmt werden: Mitgeführte Gasblasen werden durch die Strömung nach unten, durch Auftriebskräfte nach oben gedrückt, so daß sie sich leicht unter der Blende sammeln und dann als große Gasblase das Strömungsprofil stören und die Messung stark verfälschen können. Besser ist es dann schon, die Meßblende in eine steigende Leitung einzupassen, dann werden die Gasblasen sowohl durch Auftrieb als auch durch die Strömung nach oben geführt (Bild 392).

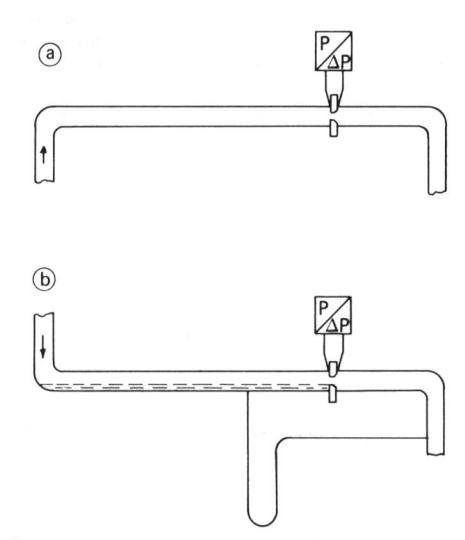

Bild 390. Durchflußmeßanordnung für feuchte Gase.
Kondensiert aus feuchten Gasen betriebsmäßig Wasser aus, so ist durch Leitungsführung (a) dafür zu sorgen, daß sich vor oder nach der Blende kein Wasser aufstauen kann. Notfalls muß die Flüssigkeit über Kondensatabscheider oder Siphons (b) an der Blende vorbeigeführt werden.

Ein gewisser Fehler kann bei einer senkrechten Leitungsführung dadurch entstehen, daß die Flüssigkeitsdichten bei Betriebstemperatur (in der Rohrleitung) und bei Umgebungstemperatur (in der Wirkdruckleitung) unterschiedlich sind. Da der Fehler proportional dem Höhenunterschied der Entnahmestutzen ist, spielt er besonders bei *D*- und *D/2*-Entnahmen oder Venturimessungen eine Rolle.

452 IV. Durchflußmessung

Leider schwer durchzusetzen ist eine Anordnung von Blenden in schräg steigende Leitungen. Wie in den Bildern 391 und 392 gezeigt, ist dann – besonders bei Segmentblenden – einwandfrei gewährleistet, daß kondensierte Feuchtigkeit in Gasen und Gasblasen in Flüssigkeiten die Messungen nicht stören.

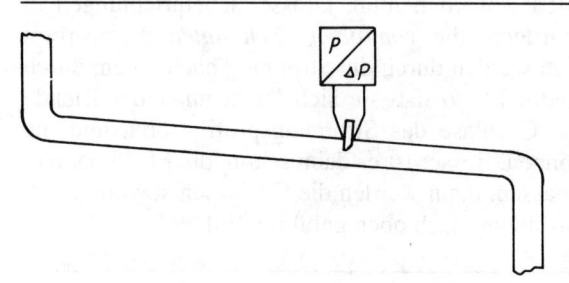

Bild 391. Durchflußmessung feuchter Gase mit Segmentblenden.
Problemlos passiert mitgerissene Feuchtigkeit die Meßblende. Eine schwache Neigung der waagerechten Rohrleitung ist günstig, wenn auch nicht immer leicht durchzusetzen.

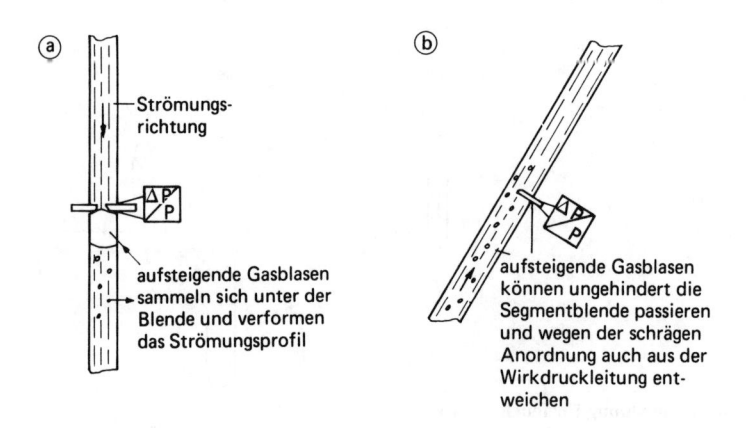

ⓐ Strömungsrichtung

aufsteigende Gasblasen sammeln sich unter der Blende und verformen das Strömungsprofil

ⓑ aufsteigende Gasblasen können ungehindert die Segmentblende passieren und wegen der schrägen Anordnung auch aus der Wirkdruckleitung entweichen

Bild 392. Durchflußmessung ausgasender Flüssigkeiten in senkrechten Leitungen.

● *Einpassen von Schwebekörper-Durchflußmessern*

Schwebekörper-Durchflußmesser müssen genau senkrecht angeordnet und von unten nach oben durchströmt werden. Eine besondere Einlaufstrecke ist nicht erforderlich. Bei Schwebekörper-Durchflußmessern mit Glaskonen ist unbedingt darauf zu achten, daß die Geräte durch die Rohrleitungen nicht verspannt werden: Bevor die obere Flanschverbindung geschlossen wird, sollte sich ein Blatt Papier gerade zwischen Schwebekörpermesser und Gegenflansch durchschieben lassen. Wenn hohe Betriebstemperaturen vorliegen, muß durch geeignete Dehner dafür gesorgt werden, daß durch Wärmeausdehnungen der Rohrleitungen die Durchflußmesser keine Verspannung erfahren. Schwebekörpermesser, bei denen die Führungsstangen aus dem Gerät nach oben oder unten herausragen, müssen durch Paßstücke vor Beschädigung geschützt werden: Beim Ausbauen denkt ein Schlosser sicher nicht daran, daß aus dem Gerät oben oder unten eine Führungsstange herausragt, die sehr leicht verbogen werden kann! Inzwischen haben die Gerätehersteller dieser „Kinderkrankheit" bereits geeignete Konstruktionen entgegengesetzt, so daß diese Vorsichtsmaßnahmen nur noch älteren Geräten gelten.

● *Einpassen von magnetisch-induktiven Durchflußmessern*

Relativ unproblematisch ist das Anordnen induktiver Durchflußmesser in der Verfahrensanlage. Grundsätzlich ist die Einbaulage beliebig und größere Ein- oder Auslaufstrecken sind nicht erforderlich. Es sollte aber vermieden werden, daß sich im Durchflußmesser Feststoffe oder Gasblasen ansammeln können.

Wichtig ist auch, die Innenauskleidung, besonders aber deren um die Dichtleisten der Flanschen gezogene Enden gegen Beschädigung bei der Montage zu schützen. Um das zu erreichen, ist es zweckmäßig, die für die Funktion der Durchflußmesser erforderlichen Erdungsringe fest montiert mitliefern zu lassen. Die Geräte schließen dann ein- und ausgangsseitig mit Metallringen ab und können in die Rohrleitung wie eine normale Armatur eingebaut werden.

Magnetisch-induktive Durchflußmesser müssen oft in Schächten – z.B. für Abwassermessungen – untergebracht werden. Dort ist der Explosionsschutz besonders kritisch, denn Schächte werden nicht wie ebene Anlagenteile dauernd durchlüftet und es ist relativ leicht möglich, daß sich spezifisch schwerere, brennbare Gase dort sammeln und mit der Luft explosible Gemische bilden können: Eine Einstufung in Zone 0 könnte erforderlich sein, und der magnetisch-induktive Durchflußmesser müßte die Zulassung für Zone 0 haben.

b) Montage von Durchflußmeßeinrichtungen

Vor allem für die Montage von Durchflußmessungen nach dem Wirkdruckverfahren sind wichtige Gesichtspunkte zu nennen. Schwebekörper- und induktive Durchflußmesser nach Einbau in die Rohrleitungen pneumatisch oder elektrisch anzuschließen, ist dagegen problemlos und verfahrenstechnische Gesichtspunkte haben keinen Einfluß.

Für Einrichtungen nach dem Wirkdruckverfahren sind die Abmessungen, Gewindeanschlüsse, Flansche usw. für Meßstrecken, Fassungsringe, Steckblenden, Drosselgeräteventile, Abgleichgefäße, Absperrventile, Wirkdruckleitungen in DIN 19205 bis DIN 19212 festgelegt.

454 IV. Durchflußmessung

Zu bedenken ist die Lage der Stutzen und Absperrventile und die Führung der Wirkdruckleitungen. Mit diesem Aufgabengebiet befaßt sich VDE/VDI 3512, Blatt 1, Meßanordnungen von Durchflußmessungen mit Drosselgeräten. Mögliche Meßanordnungen zeigt Bild 393. Aus dieser Richtlinie sind alle möglichen Meßanordnungen zu ersehen. Übrigens auch solche mit Trenn- und Schutzgefäßen. Der Verfasser hat mit deren Umgang wenig Erfahrungen, sie sind aber sicher nicht ganz unproblematisch.

Zustand des Meßstoffes	Abschn. 4.2 flüssig			Abschn. 4.3 gasförmig (Gase und Dämpfe)		
Zustand der Füllung in den Wirkdruckleitungen	4.2.1. flüssig	4.2.2. z.T. ausgasend	4.2.3. vollständig verdampft	4.3.2. gasförmig	4.3.3. z.T. kondens.	4.3.4. vollständig verflüssigt
Beispiele	Kondenswasser	sied. Wasser, gasbel. Meth.	„Flüssiggase"	trockene Luft	feuchte Luft	Wasserdampf
a) Wirkdruckmeßgerät oberhalb des Drosselgerätes						
s. Bild Nr.	2	4	6	15	17	19 und 20
b) Wirkdruckmeßgerät unterhalb des Drosselgerätes						
s. Bild Nr.	3	5	7	16	18	21

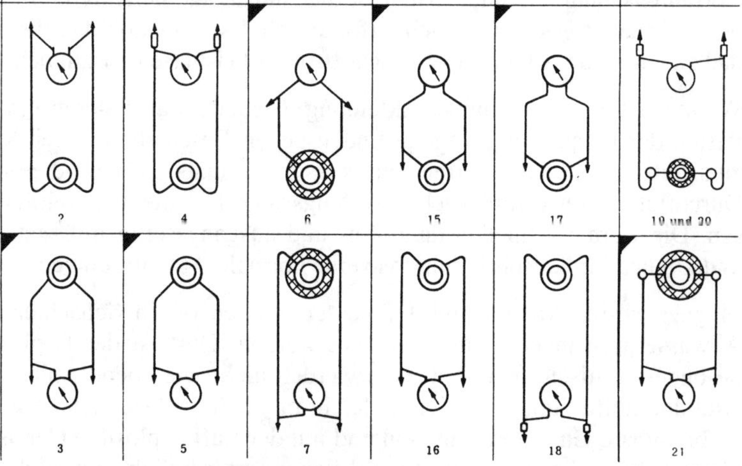

Bild 393. Mögliche Meßanordnungen von Durchflußmessungen mit Drosselgeräten nach VDE/VDI 3512, Blatt 1.
Die bewährte Möglichkeit, Entnahmestutzen, Wirkdruckleitungen und Meßumformer in einer waagerechten Ebene anzuordnen und die viele Probleme lösende Möglichkeit, Meßumformer und Anflanschblock direkt an die Blende zu montieren, sind nicht angegeben.

Den Wirkdruckmessern, meist werden es Meßumformer für Differenzdrücke sein, wird allgemein ein an das Gerät anflanschbarer Block mit Absperrungen für die Wirkdruckleitungen und einem Umgang für die Nullpunkteinstellung (Bilder 104 und 105) vorgeschaltet sein. Im folgenden sollen die Durchflußmessungen der unterschiedlichen Fluide behandelt werden.

10. Anpassen, Montage und Betrieb der Durchflußmeßeinrichtungen 455

● *Gasmessungen*

Problematisch sind Durchflußmessungen *feuchter Gase*, die bei höheren als den Umgebungstemperaturen feuchtigkeitsgesättigt sind: Die feuchten Gase dringen in die Meßleitungen ein, kühlen sich ab, Feuchtigkeit kondensiert, bildet Flüssigkeitspfropfen, die schließlich die Wirkdruckmessung um den Wert $\rho \cdot h$ verfälschen. Deshalb sollen die Stutzen und Wirkdruckleitungen für Durchflußmessungen von Gasen nach oben oder schräg nach oben geführt werden; in den Leitungen kondensierende Feuchtigkeit kann dann nach unten ablaufen. Die Anordnung schräg nach oben erleichtert es, andere Rohrleitungen über oder neben der Meßstrecke anzuordnen.

Die Spindeln der Absperrventile müssen waagerecht liegen und die Wirkdruckleitungen stetiges Gefälle haben (Bild 394). Siphonwirkungen können sonst – wie Bild 395 zeigt – die Messungen verfälschen oder das Zurücklaufen von Flüssigkeitstropfen erschweren (Bild 396). Wie schon bei Druck- und Differenzdruckmessungen ausgeführt, kann man sich allerdings nur bei sehr großen Querschnitten von Wirkdruckleitungen und Ventilen oder Hähnen darauf verlassen, daß in den Meßleitungen vorhandene Flüssigkeit zurückläuft. Es ist besser, die Meßleitungen und Stutzen so zu beheizen, daß die Kondensationstemperatur – der Taupunkt – in den Meßleitungen überschritten wird: Eine Kondensation tritt nicht auf und doch vorhandene Feuchtigkeit verdunstet allmählich.

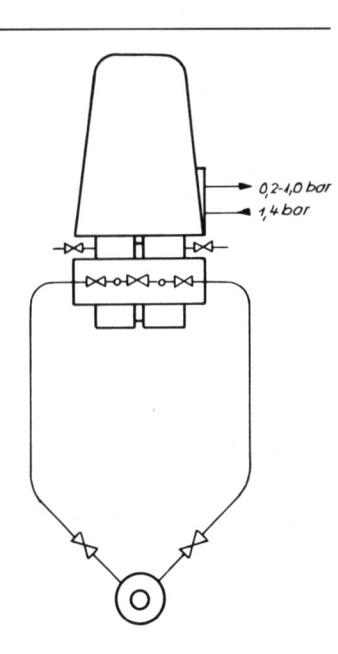

Bild 394. Meßanordnung für gasförmige Meßstoffe.
Der Wirkdruckmesser soll über der Meßblende angeordnet und die Wirkdruckleitungen sollen mit möglichst starkem Gefälle verlegt werden.

456 IV. Durchflußmessung

Auch durch *Spülen* der Meßleitungen mit Inertgas könnte man der Probleme Herr werden. Es ist aber weniger üblich als bei Differenzdruckmessungen, nicht zuletzt deshalb, weil bei Durchflußmessungen die Wirkdruckleitungen meist kurz gehalten werden können und der relativ hohe Aufwand für das Spülen sich umgehen läßt.

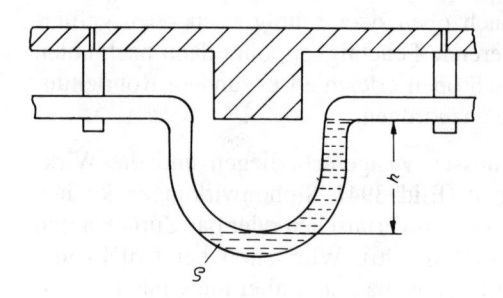

Bild 395. Siphonartige Meßleitungsführung.
In siphonartigen Meßleitungsführungen können Flüssigkeitspfropfen in den nicht waagerechten Meßleitungsteilen das Meßergebnis um $h \cdot \rho$ verfälschen

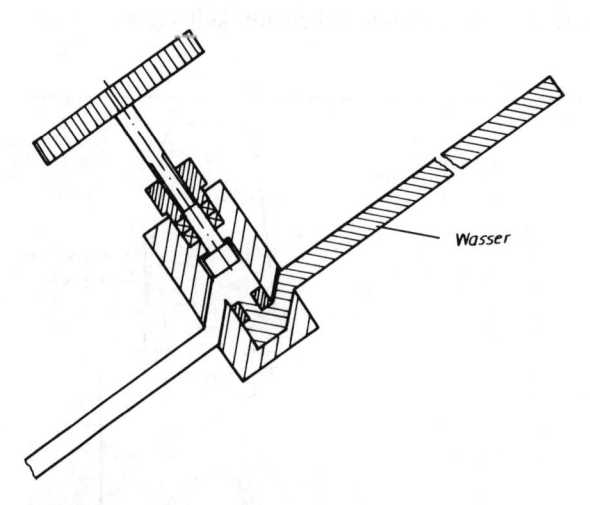

Bild 396. Verhindern des Zurücklaufens von Flüssigkeit aus oben geschlossenen Meßleitungen durch Siphons.
Durch den Siphon bleibt die Leitung mit Flüssigkeit gefüllt; Gas kann nicht an der Flüssigkeit vorbei und diese in der Meßleitung ersetzen.

Schließlich sei noch daran erinnert das, wenn Gase im Unterdruckbereich zu messen sind, Leckagen unerwartet hohe Meßfehler verursachen können. Im Abschnitt Druckmessung wurde dargestellt, daß schon ein kleines Loch von

10. Anpassen, Montage und Betrieb der Durchflußmeßeinrichtungen 457

0,1 mm Durchmesser große Meßfehler verursachen kann. Bei Durchflußmessungen kann das besonders kritisch sein, denn im Vakuum wird oft nur ein sehr kleiner Wirkdruckmeßbereich zulässig sein – z.b. von 1 mbar oder 10 mm WS –, um durch die Messung das mühsam erreichte Vakuum nicht unnötig zu schmälern.

In Ausnahmefallen kann es nicht möglich sein, den Wirkdruckmesser oberhalb der Meßblende anzuordnen. Es bietet sich dann an, wie im Bild 397 gezeigt, die Wirkdruckleitungen von der Blende zunächst nach oben und dann über Abscheider zu dem Wirkdruckmesser so zu fuhren, daß anfallendes Kondensat entweder in die Rohrleitung zurücklaufen oder sich im Abscheider sammeln kann.

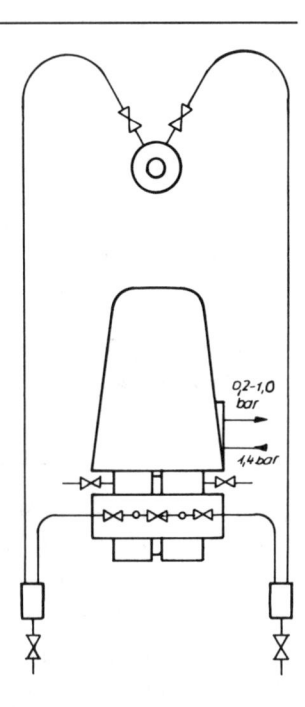

Bild 397. Meßanordnung für gasförmige Meßstoffe. Muß in Ausnahmefällen der Wirkdruckmesser unterhalb der Meßblende angeordnet werden, so ist durch Abscheider die Möglichkeit zu schaffen, Flüssigkeiten aus den Wirkdruckleitungen ausblasen zu können.

● *Dampfmessungen*

Hier sind solche Dämpfe einzuordnen, die bei den Umgebungstemperaturen in den Wirkdruckleitungen flüssigen Zustand haben, wie Wasserdampf. Wie im Bild 398 zu sehen ist, werden die Druckentnahmestutzen waagerecht angeordnet; mit einem Abgleichgefäß (siehe auch Bild 113) wird der Wirkdruckmesser vor dem heißen Dampf geschützt. Auf gleicher Höhe angebracht, stellt sich in beiden Gefäßen ein definierter Übergang zwischen dampfförmiger und flüssiger Phase ein. Die Abgleichgefäße waren bei Wirkdruckmessern mit

458 IV. Durchflußmessung

großem Verdrängungsvolumen, wie z.B. bei Ringwaagen, unerläßlich. Mit dem Einsatz von Meßumformern, die kleine Verdrängungsvolumen von nur etwa 1 mm³ haben, glaubte man, auch ohne Abgleichgefäße auskommen zu können, es wird aber – zumindest vielerorts – weiterhin oder wieder von Abgleichgefäßen Gebrauch gemacht.

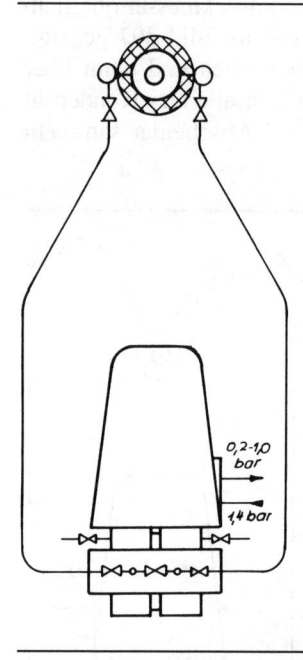

Bild 398. Meßanordnung für dampfförmige Meßstoffe.
Abgleichgefäße sorgen dafür, daß die Kondensatsäulen in den Wirkdruckleitungen das Meßergebnis nicht verfälschen. Starkes Gefälle läßt Luft- oder Gasblasen nach oben entweichen.

In den mit Kondensat gefüllten Wirkdruckleitungen nimmt der Meßstoff (z.B. Wasser) die Umgebungstemperatur an und bei Freianlagen sind die Wirkdruckleitungen und der Wirkdruckmesser selbstverständlich mit einer Heizung vor Frost zu schützen.

Auch für Dampfmessungen sind die Wirkdruckleitungen mit Gefälle zu verlegen, damit in den Meßleitungen vorhandene Gas- oder Luftblasen über die Entnahmestutzen in die Dampfleitung aufsteigen können. Wirkdruckmesser für Dampf können in Ausnahmefällen oberhalb der Meßblende angeordnet werden. Diese im Bild 399 gezeigten Möglichkeiten sind aber sicher problematisch.

10. Anpassen, Montage und Betrieb der Durchflußmeßeinrichtungen 459

Bild 399. Meßanordnung für dampfförmige Meßstoffe oberhalb des Wirkdruckgebers.
Nur in Ausnahmefällen soll das Wirkdruckmeßgerät oberhalb der Blende angeordnet werden. Ableichgefäße sind dann unerläßlich.

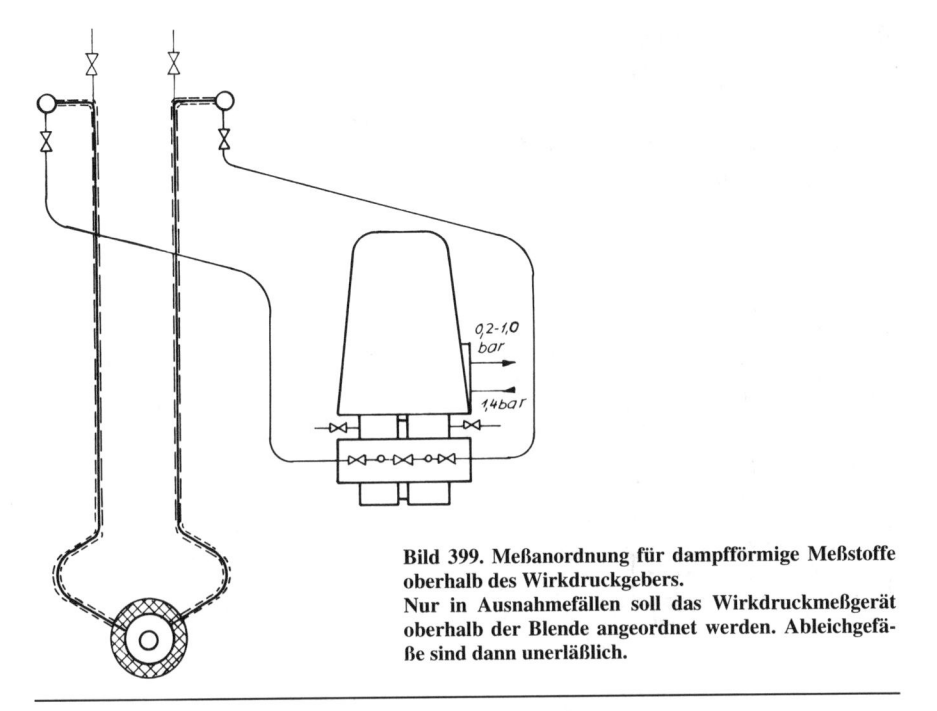

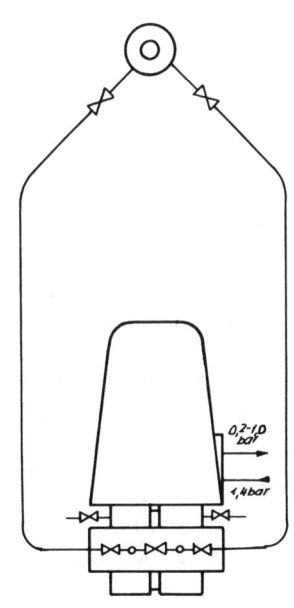

Bild 400. Meßanordnung für Flüssigkeiten.
Problemlos sind Durchflußmessungen von Flüssigkeiten, wenn das Wirkdruckmeßgerät unterhalb der Blende angeordnet und durch Gefälle dafür gesorgt wird, daß Gasblasen aus den Meßleitungen entweichen können.

460 IV. Durchflußmessung

● *Flüssigkeitsmessungen*

Für Flüssigkeiten, die bei Umgebungstemperaturen eine einheitliche Zusammensetzung haben, sich also z.B. nicht in zwei Flüssigkeiten verschiedener Dichte trennen und die auch nicht in den Meßleitungen verdampfen, ist es zweckmäßig, eine Anordnung nach Bild 400 vorzusehen.

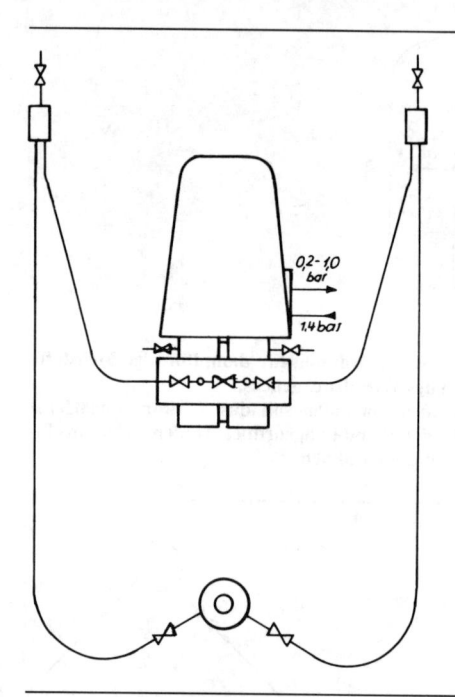

Bild 401. Meßanordnung für Flüssigkeiten oberhalb des Wirkdruckgebers. In Ausnahmefällen kann der Wirkdruckmesser oberhalb der Blende angeordnet werden. Dann sind Gasabscheider vorzusehen.

Die Druckentnahmestutzen werden schräg nach unten geführt und die Wirkdruckleitungen mit starkem Gefälle verlegt, so daß Gasblasen aufsteigen und in die Meßstoffleitung entweichen können. Eine Wirkdruckentnahme senkrecht nach unten ist von Nachteil, weil sich die Stutzen dann leichter durch mit der Flüssigkeit mitgeführte Feststoffe zusetzen können. Wirkdruckleitungen von Meßstoffen, die bei Umgebungstemperatur fest werden, müssen entsprechend beheizt werden.

In Ausnahmefällen kann der Wirkdruckmesser auch über der Blende angeordnet werden. Es müssen dann – wie Bild 401 zeigt – die Leitungen über Gasabscheider geführt und durch ausreichendes Gefälle muß dafür gesorgt werden, daß sich in den Wirkdruckleitungen keine Gasblasen festsetzen können.

10. Anpassen, Montage und Betrieb der Durchflußmeßeinrichtungen 461

● *Messung verflüssigter Gase*

Für die Messung verflüssigter Gase, deren Betriebstemperatur deutlich unter der Umgebungstemperatur liegt, bietet es sich ähnlich wie beim Hampsonmeterprinzip (Bild 138) an, die Druckentnahmestutzen fast waagerecht (mit ganz schwach steigendem Gefälle) so anzuordnen, daß die Flüssigkeit (z.B. Ammoniak) wegen der Aufheizung durch die Umgebungstemperatur möglichst schon in den Entnahmestutzen verdampft. Die Wirkdruckleitungen werden dann zunächst weiter fast waagerecht und weiter wie für Gasmessungen nach oben geführt (Bild 402).

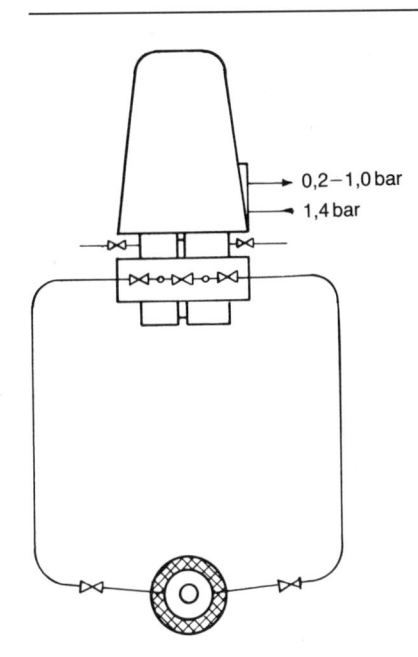

Bild 402. Meßanordnung für verflüssigte Gase. Durch den Einfluß der Umgebungstemperatur oder durch Heizung verdampft der Meßstoff in den Wirkdruckleitungen. Die Übergangszone zwischen Flüssigkeit soll nur schwaches Gefälle haben, damit Verschiebungen der Verdampfungszone das Meßergebnis nicht beeinflussen.

Für tiefkalte Gase, wie z.B. flüssige Luft oder flüssiger Sauerstoff, deren Siedetemperaturen weit unter der Umgebungstemperatur liegen, können die Wirkdruckleitungen nach dem flach ansteigenden Stück beliebig weitergeführt werden. So bestechend das Meßprinzip ist, man wird oft feststellen müssen, daß das fortwährende Verdampfen der in die Druckentnahmeleitungen dringenden Flüssigkeitströpfchen zu stoßartigen Veränderungen des Wirkdruckes führt. Abhilfe schaffen hier Dämpfungseinrichtungen in den Wirkdruckleitungen. Nachteilig ist auch, daß Dampfblasen, die über die Plusdruckentnahmeleitung in das Fluid eintreten, die Blende oder Düse passieren müssen und Meßfehler verursachen, da sie die Dichte verändern.

462 IV. Durchflußmessung

Auch die Durchflüsse verflüssigter Gase, deren Temperaturen in der Nähe der Umgebungstemperatur liegt, wie z.b. Propan oder Butan, können durch Beheizen der Meßleitungen nach obiger Methode gemessen werden.

● *Messungen von Fluiden, die in den Wirkdruckleitungen keine definierte Dichte haben*

Kalt geförderte Flüssigkeiten, deren Siedepunkt in der Nähe der Umgebungstemperatur liegt, heiß geförderte Gase, die in den Meßleitungen kondensieren oder heiß geförderte Flüssigkeiten, deren Bestandteile verschiedener Dichte sich bei Abkühlung in den Meßleitungen entmischen, können in beiden Wirkdruckleitungen unterschiedliche Dichten haben. Bei Höhenunterschieden zwischen Wirkdruckgeber und Wirkdruckmesser würde sich ein Meßfehler von $h \cdot (\rho_1 - \rho_2)$ ergeben, wenn h der Höhenunterschied und ρ_1 und ρ_2 die unterschiedlichen Dichten sind. Um diese Meßfehler auszuschließen, müssen Druckentnahme- und Wirkdruckleitungen sowie die Membran des Meßumformers in einer waagerechten Ebene liegen (Bild 403).

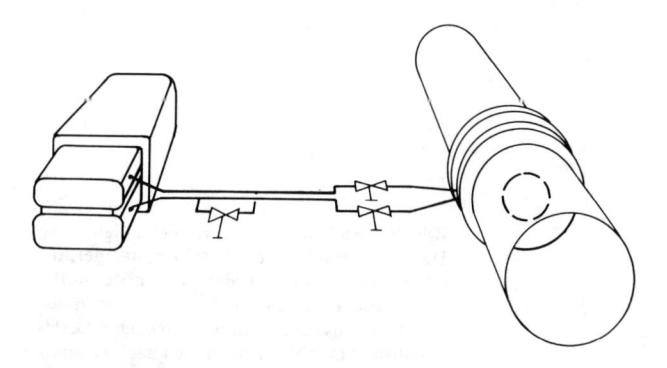

Bild 403. Meßanordnung für Fluide nicht definierter Dichte.
Werden Druckentnahmestutzen, Wirkdruckleitungen und Meßmembran konsequent in einer waagerechten Ebene angeordnet, können Dichteunterschiede im Meßsystem das Meßergebnis nicht verfälschen.

Dichteunterschiede können sich in den Meßleitungen zwar nach wie vor einstellen, sie beeinflussen das Meßergebnis aber nicht. Diese Anordnung hat sich ganz allgemein gut bewährt; etwas nachteilig für eine enge Packung der Rohrleitungen ist, daß man mit den Meßleitungen nicht nach oben oder unten ausweichen kann. Außerdem haben die meisten Meßumformer eine in Normallage senkrecht stehende Membran, und sie müssen abweichend von der Normallage montiert werden, will man Meßfehler, die durch unterschiedliche Dichten in den Meßkammern auftreten, nicht in Kauf nehmen. Sehr günstig für diese Montageanordnung sind Meßumformer nach Bild 60, deren Trenn-

10. Anpassen, Montage und Betrieb der Durchflußmeßeinrichtungen 463

membranen in einer Ebene liegen. Diese Anordnung kann auch für andere Flüssigkeiten oder Gase gewählt werden; nicht zulässig ist sie für heiße Dämpfe, denn da soll die Kondensatsäule den Wirkdruckmesser vor zu hohen Temperaturen schützen, und bei waagerechter Leitung kann von der Existenz einer Kondensatsäule nicht sicher ausgegangen werden.

Besonders für die Lösung dieser problematischen Meßaufgaben eignet sich auch die Direktmontage von Anflanschblock und Meßumformer am Wirkdruckgeber (Bild 404, [21]), die übrigens auch für die anderen Aufgaben vorteilhaft ist.

Bild 404. Direktmontage von Meßumformern an Meßblenden (Himpe).
An diese eichfähige DIN-Meßstrecke mit Flansch-Druckentnahme lassen sich Meßumformer direkt anflanschen. Die Anschlußmaße für Meßumformer und Absperrorgan sind in DIN 19213 festgelegt.

c) Inbetriebnahme und Wartung

● *Vorbereitungen*

Vor der Inbetriebnahme sollte sichergestellt sein, daß die Meßeinrichtungen nicht durch das unerläßliche Spülen des Rohrleitungssystems unzulässig verschmutzt wurden; notfalls sind die Einrichtungen auszubauen und zu reinigen. Weiterhin sollten Flanschverbindungen und Verschraubungen dicht sein, dazu ist das System abzudrücken (beim Abdrücken mit Gasen zeigt ein Antinetzmittel undichte Stellen).

Von ganz großer Bedeutung ist auch in vielen Fällen, daß die Meßleitungen von Feuchtigkeit, Fettresten oder festen Verunreinigungen befreit werden. Haben die Fluide Temperaturen unter 0 °C oder ist z.B. trockene Salzsäure zu messen, so sind Druckentnahme- und Wirkdruckleitungen und auch der Wirkdruckmesser sorgfältig zu trocknen. Sonst kann kaltes Produkt das Wasser in Eis verwandeln, das dann die Leitungen verstopft. Oder es kann gasförmige Salzsäure mit Feuchtigkeitsresten wäßrige Salzsäure bilden, die fast jedes Metall angreift.

464 IV. Durchflußmessung

Wirkdruckleitungen für Dampfmessungen werden zweckmäßigerweise vor Inbetriebnahme mit Kondensat gefüllt, um sich eine vorsichtige und langwierige Inbetriebnahmeprozedur zu ersparen.

Sind diese Maßnahmen durchgeführt, so werden die Absperrventile geschlossen und das Umgangsventil geöffnet. Die Hilfsenergie sollte zugeschaltet bleiben.

● *Inbetriebnahme und Wartung*

Bei der Inbetriebnahme der Anlage sind auch die Durchflußmessungen in Betrieb zu nehmen. Soweit kein Einwirken der MSR-Mannschaft erforderlich ist, wie für Schwebekörper oder magnetisch-induktive Durchflußmesser, zeigen die Geräte an. Für eine richtige Anzeige ist allerdings Voraussetzung, daß die Betriebsgrößen, vor allem Druck, Temperatur und Dichte, den Auslegungszustand erreicht haben (was allerdings beim Anfahren meist nicht sofort der Fall ist). Die Wirkdruckmessungen sollten deshalb nacheinander in gegenseitiger Absprache mit dem Betriebspersonal zugeschaltet werden, damit z.B. nicht eine noch nicht entlüftete Flüssigkeitsmessung falsche Werte anzeigt und Fehleingriffe veranlaßt.

Die Inbetriebnahme der Wirkdruckmessung geht so vor sich: Bei *geöffnetem Umgang und geöffneten Entlüftungsventilen* des Meßumformers wird der Plusanschluß vorsichtig geöffnet. Es werden bei Flüssigkeitsmessungen Gasblasen, bei Gasmessungen gegebenenfalls Flüssigkeitsreste entweichen. Tritt eindeutig der Meßstoff aus den Leitungen, so ist der Plusanschluß zu schließen und anschließend die Minusleitung zu spülen. Wenn das beendet ist, werden die Entlüftungsventile geschlossen und der Meßumformer stellt sich unter statischen Druck. Der Nullpunkt ist unter Zuhilfenahme eines Präzisionsgerätes unter Druck nachzustellen. Mit Schließen des Umgangsventils und Öffnen des Plusanschlusses ist die Messung in Betrieb genommen. Nach einiger Zeit wird der PLT-Mitarbeiter den Entlüftungsvorgang noch einmal wiederholen, weil ein einmaliges Entlüften oft nicht ausreicht. Wichtig ist auch, daß er sich nach der Inbetriebnahme von der Plausibilität des Meßergebnisses überzeugt: Bei Konzeption, Herstellung und Montage sind so viele Fehlermöglichkeiten gegeben, daß es sicher nicht überflüssig ist, sich über andere Zusammenhänge, z.B. Teilbilanzen, Sicherheit zu verschaffen, daß keine groben Fehler gemacht wurden.

Im laufenden Betrieb sind dann die Nullpunkte der Geräte zu überprüfen. Es wird dazu der Minusanschluß geschlossen und der Umgang geöffnet. Gelegentlich sollten die Geräte auch entlüftet bzw. entwässert werden. Für das Entlüften von Wirkdruckmeßeinrichtungen ätzender oder giftiger Meßstoffe sind geeignete apparative oder organisatorische Maßnahmen (Aufangeinrichtungen, Schutzbrille, Handschuhe) zu treffen.

10. Anpassen, Montage und Betrieb der Durchflußmeßeinrichtungen

● *Umrechnung auf andere Betriebszustände*

Häufig wird der Meß- und Regeltechniker vor die Aufgabe gestellt werden, das Meßergebnis auf andere als die der Auslegung zugrunde gelegten Betriebszustände umzurechnen. Hier wird es im wesentlichen darum gehen, Änderungen der Dichte des Meßstoffes sowie für Gase, Druck- und Temperaturänderungen zu berücksichtigen. Die ohnehin mit viel Fehlermöglichkeiten behaftete Durchflußmessung fordert geradezu, diese Korrekturen durchzuführen, wenn einigermaßen genau gemessen werden soll. Außerdem ist es mit den heute überall vorhandenen Taschenrechnern, die auch das Komma richtig setzen, viel problemloser, diese Rechnungen durchzuführen als das mit Rechenschiebern früher geschehen mußte.

Für Blenden, Düsen, Venturidüsen und für Stauscheibenmeßumformer gilt für ideale Gase

$$q_{m1} = q_{mA} \cdot \sqrt{\frac{p_1}{p_A} \cdot \frac{T_A}{T_1} \cdot \frac{\rho_{N1}}{\rho_{NA}}},$$

für reale Gase[50]

$$q_{m1} = q_{mA} \cdot \sqrt{\frac{p_1}{p_A} \cdot \frac{T_A}{T_1} \cdot \frac{\rho_{N1}}{\rho_{NA}} \cdot \frac{Z_A}{Z_1}},$$

für Flüssigkeiten

$$q_{m1} = q_{mA} \cdot \sqrt{\frac{\rho_1}{\rho_A}},$$

Dabei bedeuten q_m Massendurchfluß, p Absolutdruck, T Kelvintemperatur, ρ_N Dichte im Normalzustand, ρ Betriebsdichte, Z Realgasfaktor. Die Indizes 1 beziehen sich auf den neuen, die Indizes A auf den Auslegungszustand. p, T und ρ sind jeweils vor dem Drosselgerät zu messen.

● *Umrechnen auf andere Wirkdruckbereiche*

Eine weitere wichtige Aufgabe ist das Umrechnen auf einen anderen Wirkdruck. Vergrößert oder verkleinert sich der Durchflußbereich einer Drosselmessung gegenüber dem Auslegungszustand, so wird man zunächst versuchen, durch Einbau eines Wirkdruckmessers mit anderem Meßbereich Abhilfe zu schaffen. Am einfachsten ist es, eine Vergrößerung auf die *doppelten*

---

[50] Reale Gase sind kompressibel und die Gleichung für ideale Gase muß um die Realgasfaktoren Z erweitert werden. Ausführlich wird darauf bei den Mengenmessungen unter V, 2.c eingegangen.

466   IV. Durchflußmessung

Durchfluß-Skalenwerte durch Vergrößerung des Meßbereiches des Differenzdruckmeßumformers auf das *Vierfache* zu erreichen. Bei Verkleinerung auf die *halben* Durchflußwerte muß analog der Meßumformer auf ein *Viertel* seines ursprünglichen Differenzdruckbereichs gebracht werden. An die Durchflußskalen wird dann „mal 2" bzw. „mal 0,5" geschrieben.

Sind andere Faktoren (F_q) erforderlich, so müssen diese zunächst aus folgender Gleichung errechnet werden:

$$F_q = \frac{\text{neuer Durchfluß}}{\text{alter Durchfluß}}.$$

Für die Wirkdruckeinstellung ergibt sich daraus:

neuer Wirkdruck = $F_q^2 \cdot$ alter Wirkdruck.

Wenn man F_q gleich 2 oder gleich 1/2 setzt, ergibt sich – wie oben geschildert – das Vierfache bzw. ein Viertel des ursprünglichen Wirkdruckwerts.

V. Mengenmessung

1. Allgemeines

Die Aufgabe, Mengen strömender Fluide zu messen, ist eng verwandt mit der vorher beschriebenen Aufgabe, Durchflüsse zu messen: Einmal ist der Durchfluß die auf die Zeiteinheit bezogene Menge, zum anderen ist die Menge der aufsummierte Durchfluß.

Im Alltagsleben begegnen wir der Meßgröße „Menge" strömender Stoffe täglich. Die dazu erforderlichen Meßgeräte, wie Wasserzähler, Gasuhren und Elektrizitätszähler im Haushalt oder wie Benzinuhren an den Zapfsäulen, sind jedem ein Begriff. Aufgrund der Zählerstände werden die verbrauchten Mengen berechnet.

Auch in der Verfahrenstechnik sollen entsprechend Zähler Mengen von in die Produktionsanlage eingeführten, von weitergegebenen, von verbrauchten oder von erzeugten Energien oder Produkten messen. Die Meßergebnisse sind Grundlage wirtschaftlicher *Abrechnungen* und technischer Kalkulationen. Außerdem ermöglichen Zähler das Ansetzen von genau definierten Flüssigkeitsgemischen, von *Chargen* oder *Batchen*, die in diskontinuierlichen Prozessen weiterverarbeitet werden. Diese Verfahren heißen auch *Chargen-* oder *Batch-Prozesse*. Da Umsatz, Ausbeute und Produktqualität oft sehr stark von der richtigen Zusammensetzung des Einsatzgemisches abhängen, kommt es bei diesen Prozessen auf eine genaue *Dosierung* der einzelnen Komponenten an. Zähler erleichtern weiterhin das *Abfüllen* von Straßentankern, Kesselwagen und Tankschiffen: Mit Voreinstellung ausgerüstet, unterbrechen sie automatisch die Förderung, wenn der voreingestellte Wert erreicht und damit der Behälter gefüllt ist. Aus wirtschaftlichen Gründen müssen oft hohe Genauigkeitsforderungen an die Mengenmessungen gestellt werden: Bei großen Mengen können Meßfehler von einem Prozent kaum toleriert werden. Die daraus folgenden Forderungen und Wünsche sind nicht immer leicht und selten ohne entsprechenden Aufwand zu erfüllen. Bei den heutigen Anlagengrößen und Produktionsmengen kann es erforderlich werden und angebracht sein, Beträge um 100000 DM und mehr für eine genaue Mengenmeßeinrichtung zu investieren. Wenn gar Prüfschleifen zum Eichen der Zähler im Betriebszustand eingesetzt werden müssen, kann diese Summe auf das Mehrfache steigen.

● *Einheiten*

Meistens wird die Aufgabe gestellt sein, die Menge in *Masseneinheiten* zu bestimmen, also z.B. in Tonnen. Aber auch die Menge anderer Größen kann eine Rolle spielen: In der Gaswirtschaft wird der Heizwert aus dem Produkt

„Kubikmeter im Normalzustand mal spezifischer Heizwert" ermittelt und auch für Heiz- oder Kühlzwecke die Wärmemenge nach Joule[51] oder Kilowattstunden abgerechnet.

Leider messen die in der Verfahrenstechnik eingesetzten Einrichtungen primär meist das Volumen, einzelne das Produkt aus Volumen und der Wurzel aus der Dichte und ganz wenige direkt die Masse. Es wird also, wie bei den Durchflußmessungen, die Aufgabe sein, die Dichte entsprechend zu berücksichtigen, um zur Mengenmessung in Tonnen zu kommen. Häufiger als bei Durchflußmessungen werden bei Mengenmessungen Einrichtungen vorgesehen, die die Dichte selbsttätig in das Ergebnis einrechnen. Bekannt sind Mengenumwerter für Gaszähler oder Betriebsdichtemesser für Gas- und Flüssigkeitsmessungen.

● *Darstellung der Meßgröße Menge*

Nach DIN 19227 wird die Aufgabe, die Meßgröße Menge zu verarbeiten, durch den Erstbuchstaben F und den Ergänzungsbuchstaben Q als FQ dargestellt. Q ist die Abkürzung von Quantity oder Quantität und bedeutet hier: Integral oder Summe. FQ ist also der aufsummierte Durchfluß. Der Ergänzungsbuchstabe Q kann prinzipiell auch mit anderen Erstbuchstaben kombiniert werden. Diese Kombinationen haben aber praktisch keine Bedeutung. Im Bild 405 sind Aufgaben der Mengenmessung dargestellt:

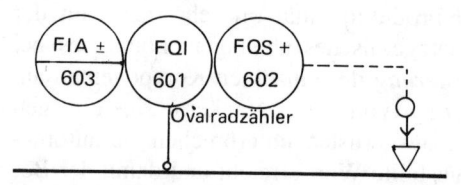

Bild 405. Aufgaben der Mengenmessung.
FQI 601 örtlich angezeigte Menge, FQS+602 Unterbrechung der Förderung bei Erreichen eines örtlich voreingestellten Wertes, FIA±603 Durchflußanzeige mit Hoch- und Tiefsignal. Zusatzinformationen außerhalb der Kreise (hier: Ovalradzähler) sind zulässig.

Mit einem Ovalradzähler ist die Menge zu messen und örtlich anzuzeigen (FQI 601). Außerdem soll die Förderung unterbrochen werden, wenn ein voreingestellter Wert erreicht ist (FQS+602). Schließlich ist im Zähler ein Durch-

---

51 1 Joule mit dem Einheitenzeichen J entspricht 1 Wattsekunde, 1 MJ demnach 0,28 kWh. Joule ist übrigens wie dschul auszusprechen.

flußsignal zu erzeugen, das dem Apparatefahrer im Leitstand anzeigt, mit welchem Durchflußwert gefördert wird, und eine Unter- oder Überschreitung voreingestellter Werte meldet (FIA ± 603). Diese Meldungen sind für Zähler wichtig: Bei zu kleiner Belastung ergeben sich unverhältnismäßig große Meßfehler, bei zu hoher Belastung kann der Zähler schnell zerstört werden.

2. Mengenmeßgeräte

Im folgenden sollen Geräte vorgestellt werden, die *primär* die Menge erfassen. Im Chemiebetrieb wird darüber hinaus sehr häufig auch die Menge durch Weiterverarbeitung der Meßgröße Durchfluß ermittelt, z.b. durch Planimetrieren der Schreibstreifen für Durchfluß, durch Zähler im elektrischen oder pneumatischen Einheitssignalkreis oder durch Aufsummieren mit einem Prozeßrechner. Diese Aufgaben werden bei der Weiterverarbeitung der Meßgrößen behandelt [2] und [3].

Für die primäre Messung der Menge strömender Gase oder Flüssigkeiten kommen bevorzugt Volumenzähler zum Einsatz. Volumenzähler sind Geräte, die diskrete Teilvolumina, also kleine Raumteile bestimmter Größe, erfassen und diese Volumina zur Menge aufsummieren. Die Anforderungen an diese Zähler sind sehr vielschichtig. Die zu messenden Mengen beginnen bei einigen Litern und enden bei Millionen von Kubikmetern, die Dichten schwanken zwischen 0,1 kg/m³ und mehr als 1000 kg/m³, und auch die Druck- und Temperaturbereiche haben große Variationsbreiten. Bedingt durch diese Anforderungen haben sich verschiedene Zählertypen im Chemiebetrieb eingeführt, sie lassen sich gruppieren in

- *unmittelbare* Volumenzähler, z.B. Drehkolbengaszähler oder Ovalradzähler, Ringkolbenzähler

und

- *mittelbare* Volumenzähler, z.B. Turbinenradzähler oder Wirbelzähler.

Grundsätzlich, das heißt im Meßprinzip, unterscheiden sich die Zähler für Gase und Flüssigkeiten wenig, wohl aber in den Ausführungsformen: Flüssigkeiten haben bis zu eintausendmal größere Dichten als Gase und haben bis zu einhunderttausendmal größere Zähigkeiten.

Höhere *Zähigkeiten* sind günstig für *unmittelbare* Volumenzähler; der Zähler wird gut geschmiert und die Spaltverluste sind gering. Für mittelbare Volumenzähler sind turbulente Strömungen Voraussetzung, und höhere Zähigkeiten können – ähnlich wie bei Drossel- oder Schwebekörpermessungen – die Meßergebnisse verfälschen.

Die *Dichte* hat vor allem auf *mittelbare* Volumenzähler Einfluß, proportional der Dichte steigt sowohl die Fähigkeit, den Zähler anzutreiben, als auch die Belastung der Turbinenräder und Lager: Die Zähler können und müssen um so robuster ausgeführt werden, je höher die Dichte des Meßstoffes ist. Das gilt

470 V. Mengenmessung

besonders für Gase, die einen Variationsbereich der Betriebsdichte von über 1 : 100 haben, während sich Flüssigkeitsdichten nur um etwa den Faktor drei bis vier unterscheiden.

a) Volumenzähler für Gase

Für Mengenmessungen von Gasen in verfahrenstechnischen Anlagen haben sich besonders Drehkolbengaszähler und Turbinenradzähler (auch als Schraubenradgaszähler bezeichnet) durchgesetzt, zugelassen für den eichpflichtigen Verkehr für Gasmessungen sind jetzt auch die schon in IV. beschriebene Wirbelzähler. Für die Abrechnung sehr großer Gasmengen in Gasfernleitungen kommen Wirkdruckgaszähler zum Einsatz, für kleine Mengen Balgengaszähler und, für genaue Messungen mittlerer Mengen druckloser Gase, Trommelgaszähler.

1) Drehkolbengaszähler

Drehkolbengaszähler (Bilder 406 bis 413) sind in der Verfahrenstechnik eingesetzte direkte Mengenmesser für Gase. Sie gehören zur Gruppe der Verdrängerzähler (im Englischen Positive-Displacement-Meter) und haben sich in einem viele Jahrzehnte langen Einsatz als robuste, genau messende Geräte bewährt.

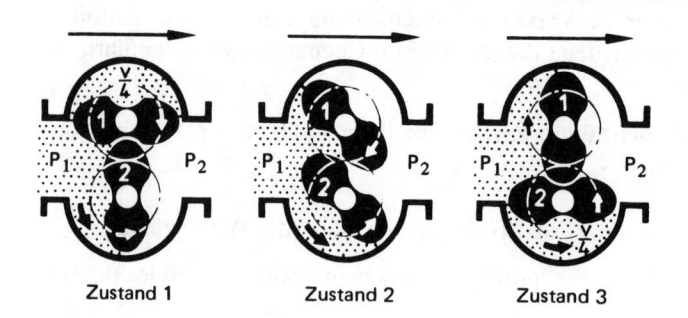

Zustand 1   Zustand 2   Zustand 3

Bild 406. Wirkungsweise eines Drehkolbengaszählers.
Im Zustand 1 treibt der obere Drehkolben über das Getriebe den unteren an, im Zustand 2 wirkt auf beide ein etwa gleich großes Drehmoment, während im Zustand 3 im wesentlichen der untere Drehkolben antreibt. Bei jeder vollen Umdrehung werden 4 Teilvolumina (V/4) durch den Zähler gefördert.

● *Prinzip*

Drehkolbengaszähler sind unmittelbare Volumenzähler: Zwei nierenförmige Drehkolben laufen phasenversetzt. Sie werden, wie aus dem Prinzipbild 406 ersichtlich, vom Produktstrom angetrieben. Durch den Druckunterschied $p_1 - p_2 = \Delta p$ zwischen Zu- und Abströmseite wird im Zustand 1 ein Drehmoment auf den oberen Kolben ausgeübt: Auf die rechte Seite wirkt von oben ein um Δp höherer Druck als auf die linke Seite, und der Kolben wird sich im Uhrzeigersinn drehen wollen. Er kann das auch, weil die auf den unteren Kolben wirkenden Drehmomente sich aufheben. Im Zustand 2 wirkt auf beide Drehkolben ein Moment, das den oberen im Uhrzeigersinn, den unteren entgegengesetzt dreht. Im Zustand 3 schließlich wird analog zum Zustand 1 der untere Drehkolben angetrieben, während auf den oberen keine Drehkräfte wirken. Die Drehkolben fördern bei jeder Umdrehung vier abgeschlossene Teilvolumina ($V/4$) durch den Zähler. Die Drehkolben berühren weder das Gehäuse noch berühren sie sich gegenseitig. Sie sind so aufeinander angepaßt, daß für Geräte in den gängigen Größen zwischen Kolbenkopf und Zylinder nur Spalte von knapp 0,1 mm Weite und Spalte von 0,8 mm Weite sowohl zwischen den beiden Kolben als auch zwischen Kolben und Seitenplatten entstehen. Für den berührungslosen Gleichlauf der Drehkolben mit 200 bis 3 000 Umdrehungen pro Minute bei Maximallast sorgen Zahnräder, die in einem Räderkasten zwar außerhalb der Meßkammer, aber im Druckraum angeordnet sind (Bild 407). Die Zahnräder (Präzisions-Steuerräder) oder Ölförderscheiben tauchen unten in ein Ölbad und fördern ausreichend Öl für die Schmierung der Lager und Zahnräder.

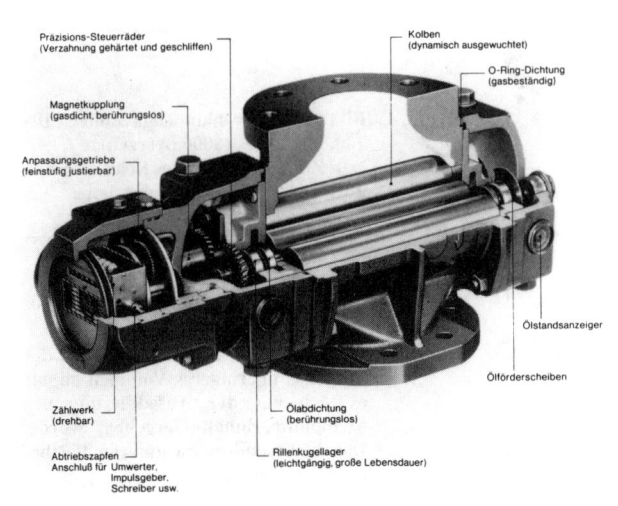

Bild 407. Drehkolbengaszähler (Aerzen).
Aus dem Schnittbild ist der mechanische Aufbau eines Drehkolbengaszählers zu ersehen.

Die Drehzahl der Drehkolben wird über Magnetkupplungen nach außen übertragen. Sie kann auf Rollenzählwerken als Menge in m³ zur Anzeige gebracht, über Schlitzinitiatoren in mengenproportionale Impulse umgewandelt oder über Frequenz-Strom-Umformer zu einem durchflußproportionalen eingeprägten Gleichstrom differenziert werden. Für das Durchflußsignal nutzt man besser die hohe Drehzahl der Drehkolbenwelle (200 bis 3 000 Umdrehungen pro Minute) als die geringe der Zählwerkwelle, um ein glattes, nicht zu sehr gedämpftes Signal zu erhalten. Für die Erzeugung mengenproportionaler Impulse ist dagegen der Abgriff an der Zählwerkwelle geeignet, denn deren Umdrehungen sind der Mengeneinheit ganzzahlig proportional. Die Wellen werden zwischen der Meßkammer und den außenseitigen Getriebe- und Lagerkästen nur lose durch kolbenring- oder labyrinthartige Elemente abgedichtet. Die Dichtungen sollen unnötigen Gasaustausch, der Schmieröl mitnehmen könnte, verhindern. Für die Masseermittlung sind die Dichte oder der Druck und die Temperatur maßgebend, die sich unmittelbar vor dem Zähler eingestellt haben: Der Druck ist deshalb im Eingangsflansch des Zählers zu entnehmen und die Temperatur unmittelbar davor zu messen. Für genaue Meßaufgaben sind die Leitung vor dem Zähler und der Zähler zu isolieren. Die Anordnung von Betriebsdichtemessern ist im Abschnitt 2c dargestellt.

Bild 408. Drehkolbengaszähler DN 700, PN 2,5, G 16000 (Aerzen).
Der Zähler ist für eine Belastung von maximal 25 000 m³/h einsetzbar.

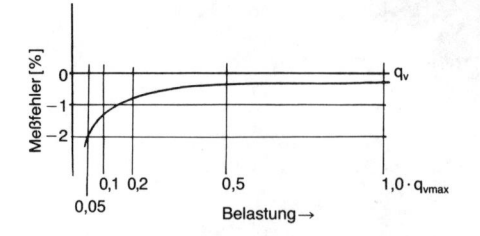

Bild 409. Fehlerkurve eines Drehkolbengaszählers.
Durch die Spaltverluste zeigt der Zähler ein geringeres Volumen an, als es sich aus der Aufaddierung der Meßkammerinhalte ergeben würde. Das ist besonders im unteren Lastbereich zu bemerken.

Drehkolbengaszähler eignen sich für die Mengenmessung in beiden Durchflußrichtungen, also für Lieferung und Bezug. Die Zähler werden dazu mit zwei getrennten Zählwerken ausgerüstet. Über eine Art Freilauf wird dann *das* Zählwerk vom Antrieb durch die Drehkolben entkuppelt, das für die betriebene Durchflußrichtung nicht maßgebend ist. Zählwerke, die starr gekuppelt sind, laufen bei Änderung der Strömungsrichtung rückwärts. Bei Betrieb in

2. Mengenmeßgeräte 473

beiden Durchflußrichtungen muß gewährleistet werden, daß für die Masseermittlung die Dichte (bzw. Druck und Temperatur) jeweils in Strömungsrichtung vor dem Zähler gemessen werden.

● *Ausführungsformen*

Drehkolbengaszähler (Bild 408) werden für Größen[52] G von 65 bis 40000 bzw. für Nennbelastungen von 100 bis 65000 m³/h, für Drücke bis 100 bar und in gängigen Gußstählen hergestellt. Die zulässigen Betriebstemperaturen liegen zwischen − 10 und + 60 °C, wegen der meßtechnisch bedingten engen Fassungen können bei höheren Temperaturen größere Temperaturunterschiede auftreten, die zum Anlaufen oder gar Blockieren der Drehkolben führen. Kleinere Geräte lassen sich direkt in die Rohrleitungen einflanschen, für größere sind Fundamente erforderlich. Gewicht und Raumbedarf großer Zähler sind erheblich. Ein Zähler mit 10000 m³/h Nennbelastung hat z.B. ein Gewicht von 3,6 t. Seine Abmessungen sind 2,20 m x 1,10 m x 1,30 m.

● *Meßeigenschaften*

Die Fehlerkurve (Bild 409) zeigt das typische Meßverhalten eines Drehkolbengaszählers. Die Fehler, die im wesentlichen durch Spaltverluste entstehen, sind bei geringen Drehzahlen relativ zum geförderten Volumen größer als bei hohen Drehzahlen. Das leuchtet sofort ein, wenn man in Gedanken so wenig Gas durchströmen läßt, daß der Zähler sich nicht mehr bewegt. Dann geht eine zwar kleine, aber doch endliche Menge durch den Zähler und der Fehler ist, auf das geförderte Volumen bezogen (im Gedankenexperiment ist das Volumen Null!), unendlich groß.

Prinzipiell zeigt der Drehkolbengaszähler wegen dieser Spaltverluste weniger an, als es der Zahl der geometrisch berechneten Fördervolumina entsprechen würde. Um zu einer richtigen Anzeige zu kommen, wird die *Fehlerkurve* durch Anpassen der Untersetzung zwischen den Drehzahlen von Drehkolben und Zählwerk „angehoben". Die so entstehende *Eichkurve* (Bild 410) muß innerhalb der Eichfehlergrenzen liegen.

Die Eichfehlergrenzen sind nach der EG-Norm ± 2 % im Bereich zwischen minimalem Durchfluß und 20 % des maximalen Durchflusses und ± 1 % zwischen 20 und 100 % des maximalen Durchflusses. Der Fehler bezieht sich auf den *Sollwert(Meßwert)* und nicht auf den Bereichs*endwert*. Die Fehler dürfen nicht sämtlich die Hälfte der Fehlergrenzen überschreiten, wenn sie alle das gleiche Vorzeichen haben. Die Eichung geschieht mit Luft im drucklosen Zustand. Gute Drehkolbengaszähler nehmen die angegebenen Toleranzen von ± 2 bzw. ± 1 % nicht in Anspruch: Besonders größere Zähler (Nennbelastungen

---

[52] Der Zusammenhang zwischen der Größenbezeichnung und dem maximalem Durchfluß wird in Abschnitt 3 behandelt.

V. Mengenmessung

über 1 000 m³/h) haben relativ flache Fehlerkurven, die sich auch nach jahrelangem Betrieb noch auf ± 1 Promille reproduzieren lassen. Unbefriedigend ist, daß die Kalibrierung praktisch nur mit Luft im drucklosen Zustand üblich ist und sehr wenig Daten für die Änderung des Meßverhaltens bei höheren Drücken – die Zähler werden bis zu Betriebsdrücken von 25 bar (in Sonderfällen bis zu 100 bar) eingesetzt – und für die Abhängigkeit des Meßverhaltens von der Gasart vorliegen. Aufgrund von sehr vielen jahrelang durchgeführten Bilanzen sind große Abhängigkeiten von Betriebsdruck und Gasart zwar nicht zu erwarten, immerhin können beim Messen großer Gasströme auch Fehlern von einigen Promillen in einem Jahr schon Gegenwerte von Millionenbeträgen entsprechen.

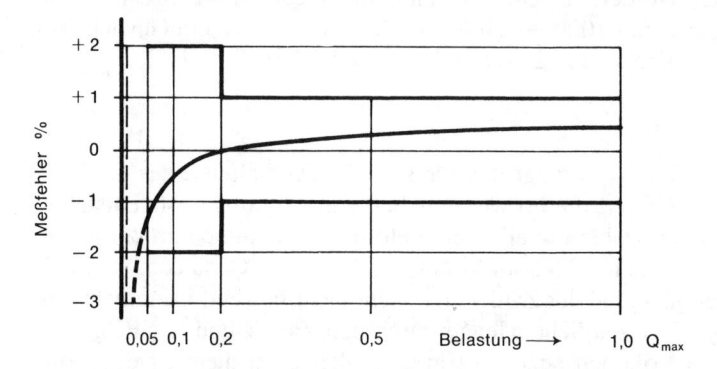

Bild 410. Eichkurve eines Drehkolbengaszählers.
Die Untersetzung zwischen Drehkolben- und Zählwerkwelle wird so gewählt, daß die Anzeigefehler innerhalb der Eichfehlergrenze liegen: Die Fehlerkurve wird „angehoben".

Drehkolbenzähler haben wegen ihres relativ großen Antriebsmoments *kein Nachlaufverhalten*: Sie kommen nach Unterbrechen des Förderstroms unmittelbar zum Stillstand. Das ist im Gegensatz zum leichtgängigen *Turbinenradzähler*, dessen Rad zum Auslaufen eine längere Zeit braucht in der das Zählwerk weiter läuft, was besonders bei intermittierender Förderung (zumindest für einen Vertragspartner) nachteilig sein kann.

Die Nacheichfrist beträgt 16 Jahre für Zähler bis G 1000. Größere Drehkolbengaszähler brauchen nicht nachgeeicht zu werden.

● *Betriebseigenschaften*

Im großen und ganzen ist der Drehkolbengaszähler ein sehr genau arbeitendes Gerät, das seine Meßeigenschaften bei sachgemäßer Behandlung kaum ändert.

Drehkolbengaszähler sind bezüglich Überprüfung und Wartung anspruchslos, dagegen können Reparaturen ganz erheblichen Zeit- und Kostenaufwand erfordern. Zu überprüfen ist eigentlich nur der Druckabfall am Zähler. Er ist ein Maß für die Leichtgängigkeit des Zählers. Der Druckabfall liegt, abhängig von Zählergröße und Gasdichte, bei Vollast etwa zwischen einigen und 50 millibar. Bei Minderlast nimmt der Druckabfall stark ab. Zweckmäßig werden im Neuzustand des Zählers der Druckabfall abhängig von der Belastung unter Betriebsbedingungen gemessen und die Ergebnisse festgehalten. Im laufenden Betrieb wird dann gelegentlich überprüft, ob sich der Druckabfall – besonders im untersten Lastbereich – gegenüber der Ursprungskurve geändert hat. Wenn nicht, hat man ein sicheres Zeichen dafür, daß der Zähler noch leichtgängig ist und eigentlich auch richtig anzeigen müßte.

Weiterhin kann man allenfalls die Zählergeräusche abhören: Ein größerer Schraubenzieher wird mit seinem Blatt auf das Zählergehäuse gedrückt und das Ohr an den Griff gebracht. Obwohl der Verfasser wiederholt Fachleute beobachten konnte, die diese Möglichkeit mit wichtiger Miene zelebrierten und er es auch selbst probiert hat, kann er über den Wert dieser Diagnose wenig aussagen.

Die Wartung beschränkt sich auf das Nachfüllen von Öl, die Reparatur beim Betreiber auf das Reinigen, gegebenenfalls auch auf das Auswechseln von Lagern. Größere Reparaturen müssen, besonders wenn ein Nacheichen oder Nachkalibrieren erforderlich ist, beim Hersteller durchgeführt werden.

Drehkolbenzähler sind relativ unempfindlich gegen auch durch Filter hindurchgehende flüssige oder pastöse Verschmutzungen, eine Schweißperle kann allerdings den Zähler blockieren. Es ist eine typische Eigenschaft unmittelbarer Volumenzähler, bei Störungen zu blockieren und damit die Förderung des Fluides zu unterbrechen. Diese Eigenschaft ist einmal vorteilhaft, denn man weiß, daß das Gerät, solange es läuft, richtig oder einigermaßen richtig anzeigt, größere Mengen also den Zähler nicht ungemessen passieren können. Die Eigenschaft kann auch sehr nachteilige Konsequenzen haben, denn oft ist mit einem Blockieren des Zählers auch eine Schnellabschaltung der nachfolgenden Produktionsanlage verbunden, die möglicherweise unangenehme Folgen hat.

Schwierigkeiten kann es bereiten, Mengen von Gasen zu messen, die mit dem *Schmieröl nicht verträglich* sind: Besonders bei Kohlenwasserstoffen und gleichzeitig höheren Drücken – etwa über 25 bar – können sich Mineralöle als zur Schmierung ungeeignet erweisen. Sind starke gegenseitige Löslichkeiten vorhanden, so werden mineralische Schmiermittel verdünnt und vom Fluid mitgenommen, so daß die Zahnräder trocken laufen. Hier ist Abhilfe – wenn überhaupt möglich – in der Wahl eines anderen Schmiermittels zu suchen.

Bei schnellaufenden Zählern, die unter höheren Drücken arbeiten, können sich bei bestimmten Drehzahlen *resonanzartige Schwingungen* einstellen. Das ist besonders dann der Fall, wenn in den Leitungen vor und nach dem Zähler Krümmer oder Abzweigungen sind, die das Ausbilden stehender Wellen begünstigen. Ist das zu befürchten, so wird der Zähler zweckmäßigerweise waagerecht durchströmt und die Rohrleitungen geradlinig geführt (Bild 411). Eine senkrechte Durchströmung nach unten (Bild 412) ist günstig, wenn die Strömung feste oder flüssige Verunreinigungen mit sich führt. Diese können dann durch den Zähler fallen, während sie bei einer Anordnung nach Bild 411 besonders bei kleiner Last im Zählergehäuse bleiben

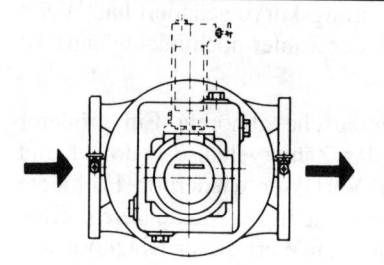

Bild 411. **Waagerechte Durchströmung** von Drehkolbengaszählern.
Waagerechte Durchströmung mindert die Gefahr, daß sich bei höheren Drücken stehende Wellen ausbilden, die zu resonanzartigen Schwingungen und damit verbundenen Meßfehlern und Beschädigungen des Zählers führen können.

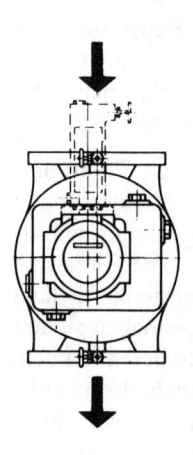

Bild 412. **Senkrechte Durchströmung** von Drehkolbengaszählern.
Senkrechte Durchströmung erleichtert das Austragen staubartiger oder flüssiger Verunreinigungen.

● *Verdrängerzähler mit Servoantrieb*

Wesentliche Vorteile bezüglich geringer Fehlergrenzen, großen Meßbereichumfanges und längerer Lebensdauer unmittelbarer Volumenzähler können servogetriebene Geräte bringen: Wie Bild 413 zeigt, mißt ein empfindlicher Fühler, dessen Nullpunkt selbsttätig periodisch abgeglichen wird, den Differenzdruck über den Zähler. Eine Regeleinheit steuert nun einen mit dem Zähler gekoppelten Servomotor so, daß die Druckdifferenz am Verdrängerzähler zu Null wird.

Diese servogetriebenen Verdrängerzähler haben praktisch keine Spaltverluste, so daß die Fehlerkurve gestreckt und besonders ihr Abfall im unteren Meßbereich verhindert wird. Außerdem verringert sich die Belastung der Lager durch Wegfall des Differenzdruckes, was besonders im oberen Drehzahlbereich der Fall ist und die Lebensdauer erhöhen dürfte.

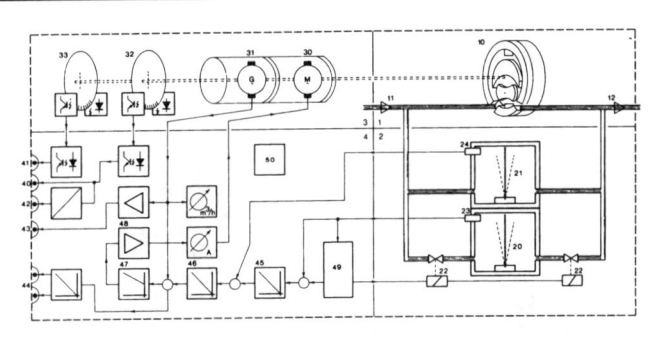

Bild 413. Verdrängerzähler mit Servoantrieb (PLU).
Die Drehzahl des Servoantriebes wird so geregelt, daß der Differenzdruck am Zähler verschwindet. Damit entfallen weitgehend die durch den Druckabfall bedingten Meßfehler und Lagerbelastungen.

1 Verdrängerzähler,	2 Differenzdruckfühler,	3 Servoantrieb,
10 Gaszähler,	20 Blattfühler, empfindlich,	30 Servomotor,
11 Einlaß,	21 Blattfühler,	31 Analogtacho,
12 Auslaß,	22 Magnetventile,	32 Digitaltacho,
	23 Wegabtastung,	33 Digitaltacho,
	24 Wegabtastung,	redundant,
4 Regeleinheit,	43 Analogausgang,	47 Drehzahlregler,
40 Digitalausgang I,	44 Automatische Fehlermeldung,	48 Verstärker,
41 Digitalausgang II,	45 Trimming,	49 Nullpunktabgleich,
42 Digitalausgang normiert	46 Δ p-Regler,	50 Stromversorgung.

Für einen derartigen Zähler werden folgende, sehr günstigen Fehlergrenzen[53] bei sehr hohem Meßbereichsumfang angegeben und durch Prüfergebnisse belegt:

$\pm 0,25\,\%$ vom Meßwert für q zwischen 0,02 und 1 q_{max}
$\pm 0,5\,\%$ vom Meßwert für q zwischen 0,01 und 0,02 q_{max}.

Für die Weiterverarbeitung haben die Zähler Digitalausgänge, Analogausgänge und Ausgänge zur Fehlermeldung.

---

53 Es handelt sich dabei um statistische Fehler. Ein Anwenden der Eichkurve ist nicht möglich.

2) Turbinenradgaszähler

Neben – besser: vor – den Drehkolbengaszählern sind die Turbinenradgaszähler (Bilder 414 bis 418) die wichtigsten Mengenmeßgeräte für strömende Gase. Lange Zeit etwas im Schatten der Drehkolbengaszähler stehend, ist der Turbinenradzähler im Zeichen der Gasfernleitungen, stark zunehmender Anlagengrößen und steigender Betriebsdrücke sehr interessant, weil er für die Messung recht großer Gasströme bei Drücken bis 100 bar gute Meßeigenschaften und noch erträgliche Abmessungen und akzeptable Herstellkosten hat.

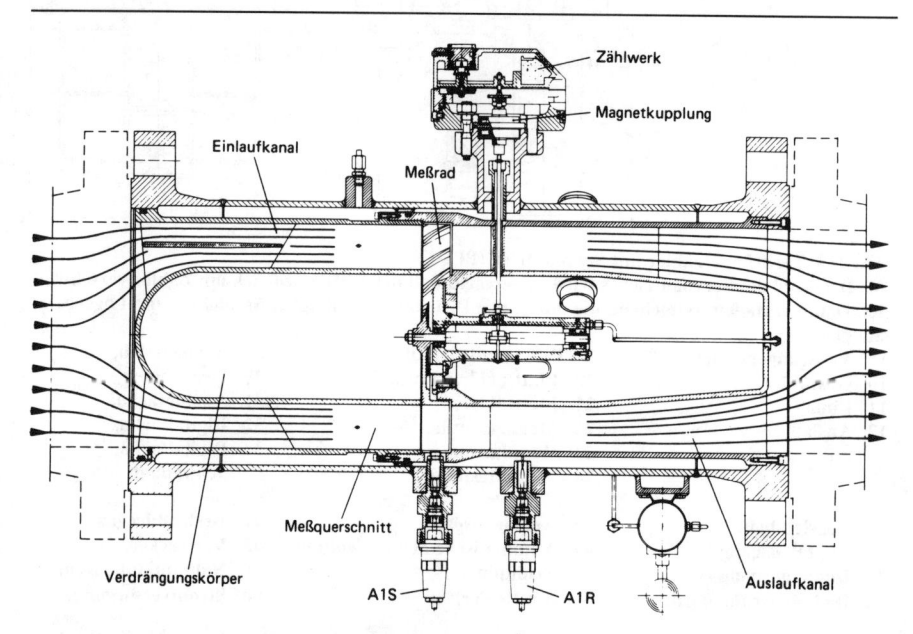

Bild 414. Prinzipbild eines Turbinenradgaszählers (Elster).
Das in einem Ringspalt beschleunigte Gas treibt ein Turbinenrad an. Dessen mengenproportionale Umdrehungszahlen werden über eine magnetische Kupplung aus dem Druckraum geführt und in einem mechanischen Zählwerk aufsummiert. Die Geräte sind auch mit diversitären Induktivabgriffen lieferbar, die durch die Schaufeln (A1S) bzw. durch Gebermarken auf der Stirnseite des Meßrads (A1R) angeregt werden.

● *Prinzip*

Der Turbinenrad- oder Schraubenradgaszähler gehört zur Gruppe der *mittelbaren* Volumenzähler: Das Volumen wird nicht unmittelbar in abgeschlossenen Portionen durch den Zähler gefördert, sondern aus der Messung der Strömungsgeschwindigkeit durch ein propellerartiges Laufrad mittelbar bestimmt. Da ein linearer Zusammenhang zwischen Strömungsgeschwindigkeit und Drehgeschwindigkeit besteht, ergibt sich auch ein linearer Zusammenhang zwischen gefördertem Volumen und Drehzahl. Bild 414 zeigt den prinzipiellen Aufbau eines Turbinenradzählers. Ein zylindrischer Verdrängungskörper engt den Querschnitt der Rohrleitung auf einen Ringspalt ein, um dem Fluid eine höhere Strömungsgeschwindigkeit zu geben. Die aus dem Ringspalt austretende Strömung trifft auf ein Turbinenrad (Bild 415), das sich proportional der Strömungsgeschwindigkeit dreht und dessen Drehzahl über ein mechanisches Getriebe und Magnetkupplung oder über einen Hochfrequenzabgriff [54] aus dem Druckraum herausgeführt wird. Das Turbinenrad läuft in Kugellagern, die eine gelegentlich betätigte Druckschmierung mit Öl versorgt. Andere Konstruktionen bedienen sich selbstschmierender Kugellager, bei denen Metall-PTFE-Oberflächen die Reibung stark mindern. Ein weiterer zylindrischer Verdränger setzt schließlich den Ringspalt hinter der Räderkammer fort und gewinnt einen Teil der Strömungsenergie als Druck zurück.

Bild 415. Turbinenrad (Elster).
Turbinenräder werden aus Kunststoff oder Leichtmetall gefräst: Je geringer die Gasdichte, desto leichter kann der Werkstoff sein.

Genau wie beim Drehkolbengaszähler kann die Drehzahl auf einem Rollenzählwerk abgelesen oder über Impulsfolgen fernübertragen und durch Differenzierung der Impulsfolge ein dem Durchfluß proportionales Einheitssignal erzeugt werden. Für die Masseermittlung ist die Dichte unmittelbar vor dem Turbinenrad maßgebend. Die Druck- oder Dichteentnahme geschieht dort; die Temperatur wird hinter dem Zähler, gegebenenfalls auch indirekt, gemessen. Für Mengenmessungen in beiden Durchflußrichtungen sind Turbinenradgaszähler nicht geeignet.

Die moderne Elektronik ermöglicht über diversitär angeordnete Induktivabgriffe (Bild 416) nicht nur die für Eichzwecke vorgeschriebene Überwachung der mengenwertigen Impulse auf Fehlerfreiheit, sondern auch die Überwachung von Laufrad und Lager, z.B. auf Schaufelbruch und Axialverschiebung. Neben dem Zuverlässigkeitsprinzip der *Diversität* wird hier auch vom Zuverlässigkeitsprinzip der *Antivalenz* Gebrauch gemacht: Die Abgriffe sind um ei-

---

54 Auf der zur Weiterverarbeitung erforderlichen Geräte wird bei Turbinenradzählern für Flüssigkeiten hingewiesen.

nen Phasenwinkel von 180° verschoben, so daß einem Impuls im ersten System gerade *kein* Impuls im redundanten System entspricht und umgekehrt. Wird auf beide Leitungen ein Störsignal übertragen, so kann es die Auswerteelektronik als nicht antivalentes erkennen und ausfiltern.

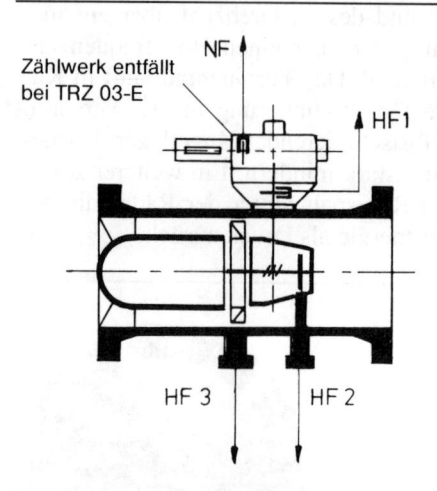

Bild 416. Diversitäre Abgriffe an Turbinenradgaszählern (RMG-Meßtechnik).
Durch diversitäre Induktivabgriffe – hier an den Schaufeln des Meßrades und an einem Referenzrad – lassen sich nicht nur Fehler bei der Übertragung der mengenproportionalen Impulse erkennen, sondern auch Schäden am Meßrad und in der Lagerung. Impuls und Referenzimpuls sind antivalent, so daß auch Störsignale identifiziert werden können. HF steht für die höherfrequenten Impulsfolgen des Meßrads und der Antriebswelle für das Zählwerk, NF für die niederfrequenten Impulse des Zählwerks.

Um Turbinenradgaszähler durch die mechanischen Abtriebe nicht unnötig zu belasten, können die Zähler auch *ohne mechanisches Anzeigesystem* geliefert werden. Es ist dann allerdings eine entsprechende zweikanalige Auswerteelektronik erforderlich. Diese Ausführungsformen können auch für den eichpflichtigen Verkehr zugelassen werden.

● *Ausführungsformen*

Turbinenradgaszähler (Bild 417) werden für Größen G von 16 bis 16000 bzw. für Nennbelastungen von 25 m³/h bis 25000 m³/h, für Drücke bis 100 bar und in gängigen Werkstoffkombinationen hergestellt. Maximale Betriebstemperatur ist 70 °C. Die Laufräder werden aus massiven hochwertigen Aluminiumrohlingen gedreht und gefräst. Für drucklose Gase kommen auch Kunststofflaufräder zum Einsatz. Große Zähler sind kleiner und leichter als entsprechende Drehkolbenzähler. So hat ein Turbinenradzähler PN 10 mit l0000 m³/h Nennbelastung ein Gewicht von 0,85 t und die Abmessungen 1,50 m x 0,94 m x 0,71 m, wozu allerdings noch eine störungsfreie Einlauflänge von 3 D für

Betriebsdrücke bis 2 bar und eine von 4,5 D für höhere Betriebsdrücke kommt.

● *Meßeigenschaften*

Um die Meßeigenschaften der Turbinenradzähler verstehen zu können, muß man wissen, daß, genau wie bei Drosselgeräten und Schwebekörpermessern, die Anzeige nur dann von der Zähigkeit des Meßstoffes nicht abhängt, wenn die Strömung turbulent ist, oder wenn – quantitativ ausgedrückt – die *Reynoldszahl* groß genug ist. Auch hier liegt bei Re ~ 10^4 die Grenze, die allerdings bei Gasen wegen ihrer geringen Zähigkeit im allgemeinen nicht unterschritten wird. Auch sonst ist dieser Zähler ähnlichen Störeigenschaften wie Meßblende oder Schwebekörper ausgesetzt. So können an ungünstigen Stellen der Laufräder entstehende Verschmutzungen oder – wegen der hohen Beschleunigung im Ringspalt in geringerem Maße – auch Einlaufstörungen, besonders Drall in der Strömung, zu Meßfehlern führen.

Bild 417. Turbinenradgaszähler (Elster). Der Turbinenradgaszähler beansprucht kaum über die Rohrabmessungen hinausgehenden Platz.

Eine typische Eichkurve zeigt Bild 418. Bei sehr geringer Strömung überwiegen die Reibungskräfte und der Zähler zeigt zu wenig an. Bei etwa 10 % überhöht sich die Kurve etwas und nimmt dann einen flachen Verlauf. Vorteilhaft ist, daß bei höheren Drücken und damit höheren Dichten auch höhere Antriebskräfte verfügbar sind und die Reibungskräfte schon bei kleineren Strömungsgeschwindigkeiten überwunden werden:

Der mit abnehmender Belastung vorhandene Abfall der *Fehlerkurve* verflacht sich, und es steht ein größerer Meßbereich zur Verfügung (Bild 419). Die Eichfehlergrenzen entsprechen denen der Drehkolbenzähler. Durch konstruktive Maßnahmen konnten bei verschiedenen Geräten die Fehlergrenzen auf den halben Wert der Eichfehlergrenzen eingeschränkt werden, wie das in DIN 33800 festgelegt ist (Bild 469).

482 V. Mengenmessung

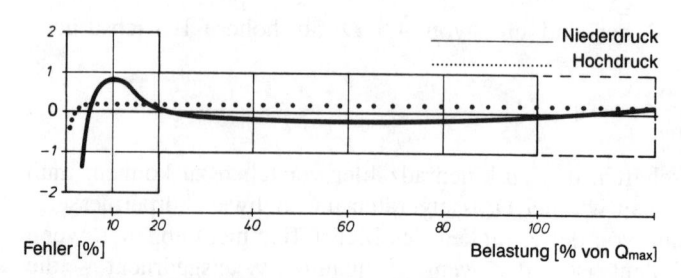

Bild 418. Fehlerkurve eines Turbinenradgaszählers.
Typisch ist eine Überhöhung bei 10 % der Maximalbelastung bei Niederdruck. Bei höheren Betriebsdrücken verflacht sich die Fehlerkurve. Die Reproduzierbarkeit der Kurve ist besser als 0,2 %.

Druck in bar	Meßbereich	Druck in bar	Meßbereich
1	1 : 28	16	1 : 82
2	1 : 36	20	1 : 90
3	1 : 40	25	1 : 102
4	1 : 45	30	1 : 110
5	1 : 49	40	1 : 128
6	1 : 53	50	1 : 143
7	1 : 56	60	1 : 156
8	1 : 60	70	1 : 168
9	1 : 63	80	1 : 180
10	1 : 66		

Bild 419. Abhängigkeit der Belastungsbereiche vom Druck und damit von der Gasdichte.
Mit steigender Gasdichte erweitert sich der Belastungsbereich: Höhere Dichten bedingen größere Antriebskräfte, welche die Reibungskräfte schon bei geringeren Strömungsgeschwindigkeiten überwinden.

Neben der Lufteichung im drucklosen Zustand sind mit gewissen Einschränkungen auch Eichungen mit Hochdruckgas zugelassen (Bild 471), wobei sich allerdings die Frage nach einem geeigneten Prüfstand stellt.

So bleibt es für Turbinenradzähler zunächst noch etwas unbefriedigend, daß wenig Daten für sein Verhalten bei von der Lufteichung abweichenden Drükken und Gasarten vorliegen. In den USA und in Europa durchgeführte Versuchsmessungen haben bei Erdgas bis 50 bar keine sehr große Abhängigkeit von Gasart und Betriebsdruck erkennen lassen, besonders dann nicht, wenn die *Reynoldszahl* konstant gehalten und geeignete Zählerkonstruktionen eingesetzt wurden. Beispielsweise konnte durch konstruktive Umgestaltung der Strömungskanäle die Axialbelastung des Turbinenrades praktisch eliminiert werden, durch auf die Einflußparameter abgestimmte sehr enge Fertigungstoleranzen ließ sich die Abhängigkeit der Meßergebnisse vom Betriebsdruck stark reduzieren, oder es konnte durch eine den Einsatzbedingungen angepaßte

Werkstoffauswahl die den q_{min}-Bereich bestimmende Leichtgängigkeit des Laufrades verbessert werden [22].

Auch für Turbinenradgaszähler beträgt die Nacheichfrist minimal 16 Jahre.

● *Betriebseigenschaften*

In den Betriebseigenschaften unterscheidet sich der Turbinenradzähler vom Drehkolbenzähler dadurch, daß Verschmutzungen zu *nicht zu bemerkenden Meßfehlern* führen können. Allerdings kann durch Filterung – die auch bei Drehkolbenzählern erforderlich ist – Abhilfe geschaffen werden. Außerdem sind viele heute zu messende große Gasmengen im industriellen Verkehr – man denke nur an das Erdgas – relativ sauber und trocken, was bei dem Kokereigas früherer Zeiten durchaus nicht der Fall war. Verschmutzungen, die den freien Querschnitt des Ringspaltes einengen, verursachen eine *Mehranzeige*. Verschmutzungen, die die Oberflächen des Ringspaltes oder des Turbinenrades aufrauhen, führen zu einer *Minderanzeige*. Im ersten Fall ergibt sich durch die Einengung eine höhere Strömungsgeschwindigkeit. Im zweiten Fall bremsen die rauhen Oberflächen die Strömung ab.

Anders als beim Drehkolbengaszähler führen Störungen oder Defekte nicht zur Unterbrechung des Gasstromes, und bei Unterbrechungen des Gasstroms läuft der Zähler eine gewisse Zeit nach. Es kann zwar Gas ungemessen und unbemerkt den Zähler passieren, es führt aber auch eine Störung nicht zu einer Zwangsabschaltung der nachfolgenden Produktionsanlage, ein Vorteil, der durchaus die Entscheidung zugunsten des Turbinenradzählers beeinflussen kann.

Auch beim Turbinenradzähler wird man auf Geräusche achten und für regelmäßige Schmierung der Wälzlager sorgen. Der Vergleich des Druckabfalles im laufenden Betrieb mit dem im Neuzustand hat beim Turbinenradzähler eine geringere Aussagekraft als beim Drehkolbenzähler. Reparaturen könnten zwar beim Anwender durchgeführt werden, allerdings ist das Nacheichen praktisch nur beim Hersteller oder einer staatlich anerkannten Prüfstelle möglich, so daß größere Reparaturen dort durchgeführt werden müssen.

Das Problem, ein geeignetes Schmiermittel zu finden, besteht grundsätzlich auch beim Turbinenradzähler. Da die Lagerung und die mit dem Meßstoff in Berührung kommenden Austauschflächen aber kleiner und wohl besser abzukapseln sind, ist das Problem der gegenseitigen Löslichkeit von Gas und Schmiermittel beim Turbinenradgaszähler leichter zu beherrschen. Außerdem kann man unter bestimmten Voraussetzungen auf Konstruktionen übergehen, die ohne Schmiermittel arbeiten.

Etwas anders ist auch die Abhängigkeit des Druckabfalles von der Betriebsdichte. Im drucklosen Zustand etwa zweimal so groß wie beim Drehkolbengaszähler, steigt der Druckabfall beim Turbinenradzähler proportional der Betriebsdichte und damit auch proportional dem Betriebsdruck an (was dem

484 V. Mengenmessung

Verhalten eines Drosselgerätes entspricht), während beim Drehkolbengaszähler nur der dynamische Anteil des Druckabfalles mit der Dichte ansteigt. Der ist etwa zwei Drittel des Gesamtdruckabfalles, so daß für höhere Dichten der Turbinenradzähler einen etwa dreimal größeren Druckabfall als der Drehkolbengaszähler hat. Aufgrund dieses Sachverhaltes könnten sich bei sehr dichten Gasen, z.B. bei Ethylen, sehr störende Druckabfälle von einigen Bar einstellen. Andererseits heben aber große Betriebsdichten die Fehlerkurve bei geringer Last an. Damit ist es möglich, daß hochdichte Gase gut mit zu groß dimensionierten Zählern gemessen werden können. Der Druckabfall und die Belastung der Lager halten sich dann in Grenzen, ohne daß die Meßgenauigkeit eingeschränkt wird. Schwierig ist dann allerdings die Kalibrierung, die ja nach EG-Vorschrift eigentlich drucklos geschehen muß, es aber auch bei innerstaatlicher Druckeichung nicht erlaubt, die Fehlergrenzen im unteren Durchflußbereich unter 1 % einzuschränken (siehe auch 3 a). Hier kann bei gleichzeitiger Inspruchnahme der Ausnahmeverordnung nur eine Kalibrierung im Betriebszustand – so aufwendig sie auch sein mag – Abhilfe mit hervorragenden Meßergebnissen schaffen.

Das Ausbilden stehender Wellen und starker Schwingungen, wie es beim Drehkolbenzähler möglich ist, ist beim Turbinenradzähler nicht zu befürchten. Um Einflüsse von Ein- und Auslaufstörungen auszuschalten, sind ungestörte Einlaufstrecken von etwa 3 D vorteilhaft.

3) Wirbelgaszähler

Zulassungen zum eichpflichtigen Verkehr liegen jetzt auch für die schon in IV. ausführlich beschriebenen Wirbelzähler vor. Sie mußten dafür modifiziert werden: Doppelt vorhandene Sensoren greifen die Wirbel redundant ab (Bild 420).

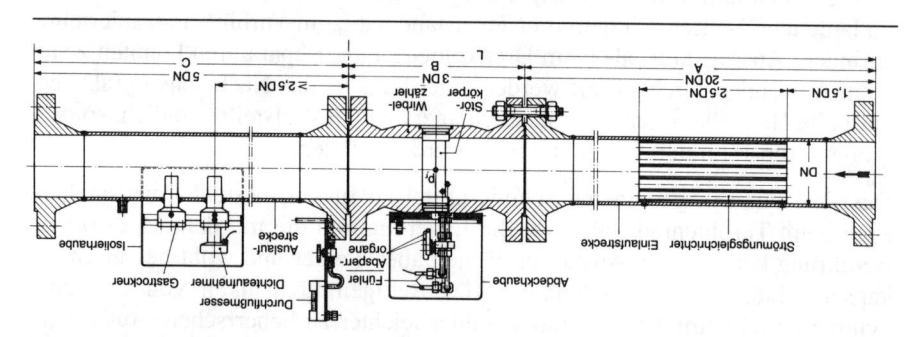

Bild 420. Wirbelgaszähler (RMG-Meßtechnik).
Das Gerät wird komplett mit Ein- und Auslaufstrecken geliefert, um den Einfluß von Ein- und Auslaufstörungen weitestgehend einzuschränken. Die am Störkörper entstehenden Wirbel erzeugen pulsierende Gasströme in redundanten, absperrbaren Leitungen, in denen die Fühler (Thermistoren) eingebracht sind. Beginn und Ende dieser Leitungen sind im Bild am Störkörper durch ausgezogene Kreise kenntlich gemacht.

2. Mengenmeßgeräte 485

Als Sensoren kommen hier nicht Piezokristalle sondern die geringere Energien erfordernden Thermistoren zum Einsatz, die in Kanälen außerhalb der Meßstrecke angeordnet sind und zu Reinigungszwecken ohne Betriebsunterbrechung ausgewechselt werden können. Wegen der Empfindlichkeit auf Ein- und Auslaufstörungen sind die eichfähigen Geräte mit Ein- und Auslaufstrekken von bis 20 D bzw. 5 D ausgerüstet, die Einlaufstrecken außerdem noch mit Strömungsgleichrichtern.

Die Meßergebnisse (Bild 421) sind innerhalb sehr geringer Fehlergrenzen unabhängig vom Betriebsdruck.

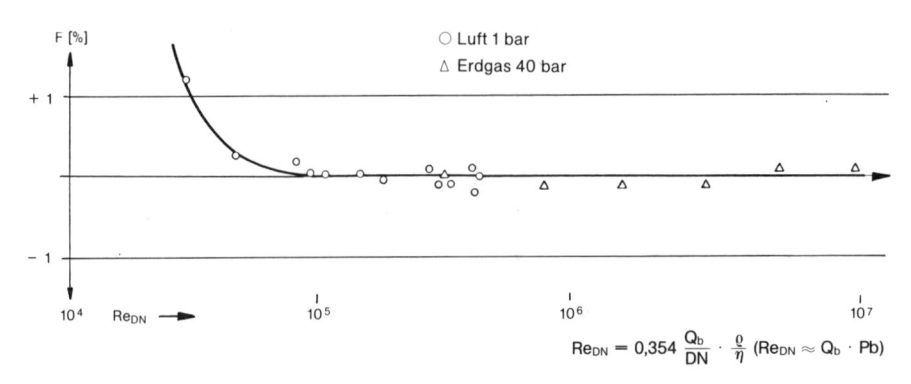

Bild 421. Kennlinie eines Wirbelgaszählers DN 150/G 650 (RMG-Meßtechnik).
Auf der Abszisse ist in dieser Darstellung nicht der Durchfluß, sondern die *Reynoldszahl* aufgetragen, die proportional der Dichte ist.

$$Re_{DN} = 0{,}354 \frac{Q_b}{DN} \cdot \frac{\varrho}{\eta} \quad (Re_{DN} \approx Q_b \cdot Pb)$$

4) Wirkdruckgaszähler

Für die Abrechnung sehr großer Gasmengen konzipiert sind Meßanlagen, die den Durchfluß mit Blendenmessungen nach DIN 1952 ermitteln, mit betriebs- oder normdichterelevanten Werten korrigieren und als Volumen im Betriebszustand, als Volumen im Normzustand, als Masse oder als Wärmemenge integriert ausgeben.

Die für eichfähige Meßanlagen mit Wirkdruckgebern, aber auch mit anderen eichfähigen Durchfluß- und Mengenmeßeinrichtungen erforderlichen modular aufgebauten Meßcomputersysteme zeichnen sich aus z.B. durch:

- Datensicherheit – eichamtliche Größen und Konstanten sowie alle Zählwerke sind in einem separaten Speicherbereich mehrfach abgelegt, werden mit Plausibilitätsprüfungen überwacht und bleiben auch bei Netzausfällen mindestens 5 Jahre erhalten.
- Ex-Schutz – eigensichere Peripheriemodule sorgen für unverfälschte Datenübertragung aus dem Feld.

- Selbstüberwachung – zyklische Hardware-Tests von Prozessortakt, Daten- und Programmspeicher, Softwareüberwachung durch watch-dog.
- Zuverlässigkeit – geringe Anzahl hochintegrierter Bauelemente in SMD-Technik, EMV-Schutz.

Eine im Bild 422 [23] gezeigte eichfähige Wirkdruck-Meßanlage repräsentiert z.B. bis zu sechs Meßumformer: drei mit gestaffelten Meßbereichen und drei mit dazu redundanten. Ein Meßumformer ist jeweils einem Durchflußbereich von 1 : 3 zugeordnet. Durch die Staffelung erreicht man mit zwei Meßumformern einen Durchflußbereich von 1 : 10 und mit drei einen von 1 : 30, für eichamtliche Messungen allerdings nur von 1 : 18.

Da weiterhin mit einem Überwachungs- und Steuerungsrechner mehrere Meßstrecken in die Anlage einbezogen werden können, lassen sich mit der Anlage sehr große Meßbereiche überdecken.

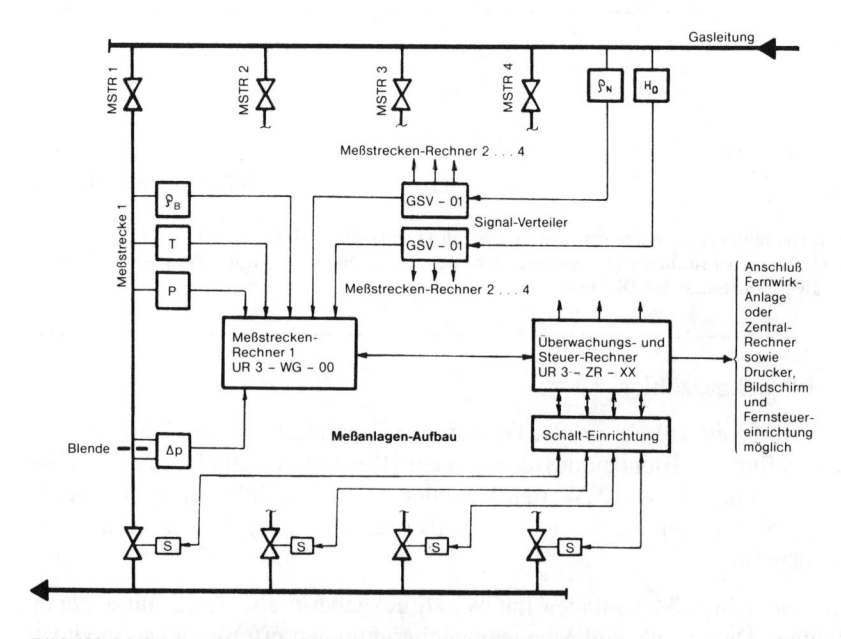

Bild 422. Meßanlage für Wirkdruckgaszähler (Bopp & Reuther).
Meßstreckenrechner verarbeiten die redundant und diversitär aufgenommenen Meßsignale zu Massenwerten. Eine über den möglichen Meßbereich von 1 : 30 – oder 1 : 18 für eichpflichtige Messungen – einer Strecke hinausgehende Erweiterung des Durchflußbereichs ermöglicht die Anordnung paralleler Meßstrecken, die von einem Überwachungs- und Steuerungsrechner automatisch so zu- und abgeschaltet werden, daß sich die beste zu erzielende Meßgenauigkeit ergibt.

2. Mengenmeßgeräte 487

Die typischen Fehlergrenzen sind ± 0,5 %, die Eichfehlergrenzen für diese – die Masse ermittelnde – Geräteart ± 1,5 %. Um diese hohen Genauigkeiten erreichen zu können, sind verschiedene, über die Behandlung konventioneller Wirkdruckmeßeinrichtungen weit hinausgehende Maßnahmen zu treffen. Es werden

- die Durchflußzahlen (α-Werte) durch Kalibrierung mit Wasser ermittelt,
- die Abhängigkeit der Durchfluß- und Expansionszahlen vom Durchfluß in einem Rechenprogramm berücksichtigt,
- die Meßumformer in klimatisierten Räumen oder Schränken untergebracht,
- die Dichte diversitär ermittelt: einmal durch Messen der Betriebsdichte und zum anderen durch Berechnen aus Normdichte, Druck und Temperatur unter Berücksichtigung der Kompressibilitätszahlen,
- Blendenschieber eingesetzt, wenn die Blende im laufenden Betrieb zu reinigen oder zu überprüfen ist (außerdem läßt sich ein Einsatz mit einer kleineren oder größeren Bohrung einbringen),
- schließlich in größerem Umfang automatische Routinen zum Überprüfen der Funktionsfähigkeit und Meßgenauigkeit durchgeführt.

Die Einsatzgrenzen der Wirkdruckgaszähler bestimmen die weiten Grenzen von Durchfluß, Druck und Temperatur der Blendenmessungen, so daß für diese Gaszähler eigentlich nur der finanzielle und auch der räumliche Aufwand einschränkend ist.

5) Trockene Gaszähler

Besonders für die Mengenmessung kleinere Gasströme, etwa unter 100 m³/h, bieten sich sowohl für drucklose Gase als auch für Druckgase trockene oder Balgengaszähler an (Bild 423). Sie entsprechen unseren Haushaltsgasuhren und arbeiten nach einem schon 150 Jahre bekannten Prinzip [24][55]: Wie aus Bild 424 zu ersehen, strömt das zu messende Gas taktgesteuert in zwei Kammern mit je zwei unterschiedlichen Anschlüssen. In den Kammern befinden sich mit einem Metalldeckel verstärkte Trennmembranen aus Kunststoffen oder Ziegenleder, die sich an die Kammerwände voll anlegen können. Die Membranen steuern über Stopfbuchsdurchführungen die Ein- und Auslaßschieber derart, daß zeitlich versetzt das zu messende Gas z.B. zunächst in die linke Kammerseite strömt.

Wenn diese Kammer voll gefüllt ist, wird die Strömung in die rechte Seite geführt, während sich die linke entspannt. Die Zahl der Membranhübe wird auf ein Rollenzählwerk übertragen. Sie ist ein Maß für das durchströmte Volumen. Die Gaszähler arbeiten mit zwei Kammern, um einen kontinuierlichen

---

55 Der Aufsatz zeigt auf, daß die technische Entwicklung auch am Balgengaszähler nicht vorübergegangen ist und engere Fehlergrenzen und größere Langzeitstabilität erreicht wurden.

488   V. Mengenmessung

Gasstrom zu gewährleisten. Bei Einkammergeräten könnten beim Umschalten der Schieber kurzzeitig der Gasstrom unterbrochen werden, oder Totpunkte den Anlauf verhindern. Da man für die Membranen jetzt mit Kunststoffen einen Ersatz für das Leder einer in Kleinasien gezogenen Ziegenart gefunden hat, ist die Verträglichkeit des Meßstoffes mit Ziegenleder und deren Gerbstoffen nicht mehr Voraussetzung für den Einsatz.

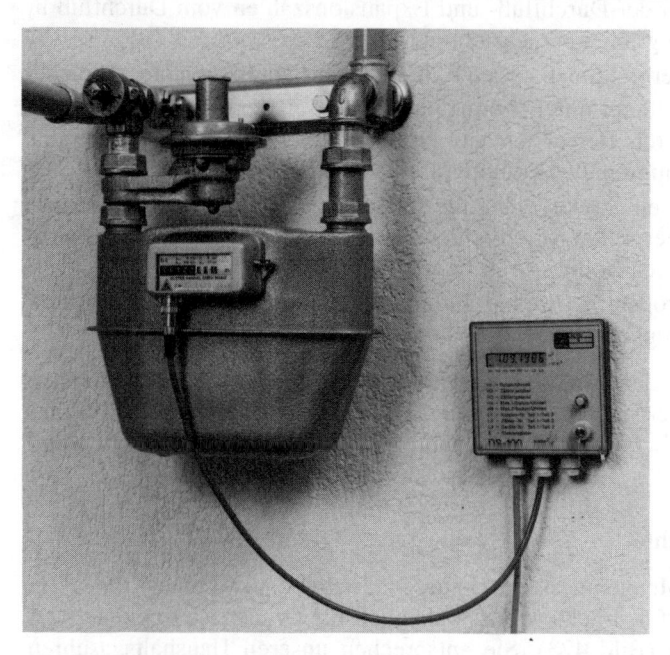

Bild 423. Balgengaszähler (Elster).
Die allen bekannte Gasuhr ist ein genaues Meßgerät für kleinere Gasströme bis höchstens 400 m^3/h. Sie hat einen extrem hohen Meßbereichsumfang von 1:160 und läßt sich auch mit Fernwirkeinrichtungen ausrüsten.

Trockene Gaszahler werden für maximale Leistungen von 2,5 bis 400 m^3/h und für Betriebsdrücke bis maximal 64 bar (bis G 16) und 25 bar (bis G 160) gefertigt. Für höhere Betriebsdrücke – je nach Bauart liegt die Obergrenze der Druckbelastbarkeit der eigentlichen Geräte schon zwischen 50 und 1000 mbar – wird der Gaszähler einschließlich seiner Steuerungselemente in ein Druckgehäuse gebracht (Bild 425).

Trockne Gasuhren zeichnen sich durch gute Genauigkeit in einem sehr weitem Meßbereich aus. Sie sind der Bauart nach für den eichpflichtigen Verkehr im EG-Raum zugelassen. Bei einem Meßbereichsumfang von 1:160 (!) gelten nach der Eichordnung folgende Fehlergrenzen:

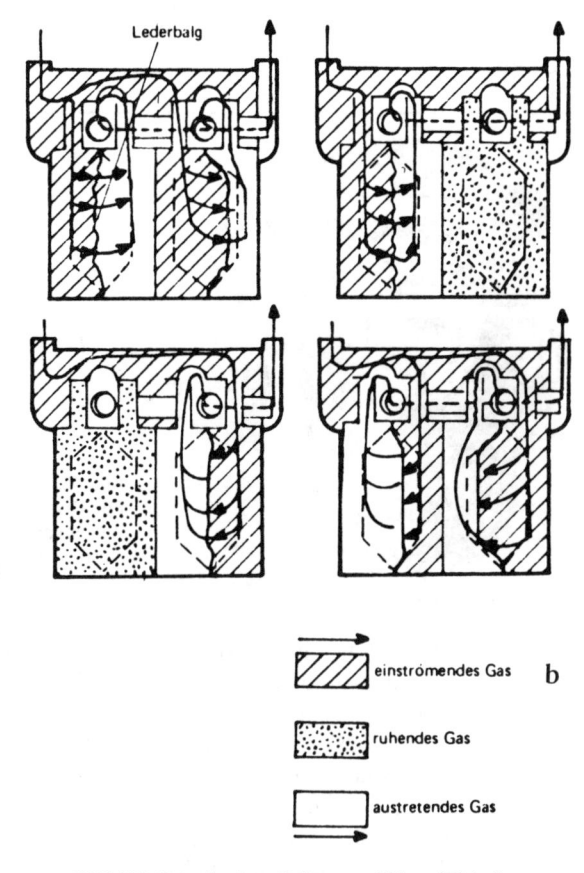

Bild 424. Prinzip eines Balgengaszählers (Elster).
Zwei Kammern werden wechselseitig mit dem zu messenden Gas gefüllt. Die Taktsteuerung geschieht über Schieber, die von Trennmembranen angetrieben werden. Die Skizze (a) zeigt das Prinzip, Bild (b) gibt einen Eindruck vom mechanischen Aufbau.

Durchfluß q	Eichfehlergrenzen
$q_{min} \leq q < 2q_{min}$	± 3 %
$2q_{min} \leq q \leq q_{max}$	± 2 %

Für einen Bereich von 1:80 müssen die Fehler also innerhalb ± 2 % liegen, außerdem dürfen sie nicht sämtlich 1 % überschreiten, wenn sie alle das gleiche Vorzeichen haben. Eine typische Fehlerkurve zeigt Bild 426. Sie zeigt mit zunehmender Belastung eine fallende Tendenz.

Die Druckverluste sind dichteabhängig. Sie dürfen bei der Lufteichung von der Zählergröße abhängige Maximalwerte von 2, 3 oder 4 mbar nicht überschreiten.

Bild 425. Hochdruckbalgengaszähler (Elster).
Für Druckgas (bis maximal 64 bar) wird der Balgengaszähler einschließlich aller Steuerungselemente in ein Druckgehäuse eingebaut.

Fehlermöglichkeiten ergaben sich zwar früher grundsätzlich durch Schrumpfungen des Leders und immer noch durch Verschmutzungen der Ein- und Auslaßschiebersteuerungen, der Einsatz als Haushaltsgaszähler deutet aber darauf hin, daß trockene Gaszähler sehr robuste, anspruchslose und zuverlässige Meßgeräte sind. Wie schon ausgeführt, ergeben sich Einschränkungen vor allem bei größeren Durchflüssen: Wegen ihrer geringen Arbeitsgeschwindigkeit (20 bis 40 Hübe / min) würden sie dann erhebliche Abmessungen annehmen. Für G 160 hat ein Hochdruckbalgengaszähler Abmessungen von 1,10 m x 1,10 m x 1,60 m gegenüber einem Turbinenradzähler von 0,24 m x 0,30 m x 0,30 m oder einem nicht viel größeren Drehkolbengaszähler. Dabei hat der Turbinenradgaszähler noch die höhere Leistung G 250.

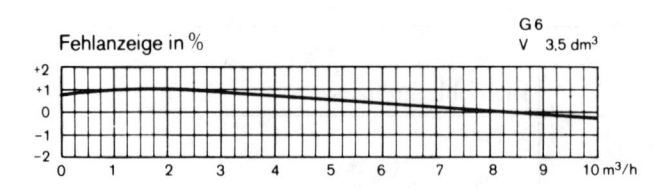

Bild 426. Fehlerkurve eines Balgengaszählers.
Typisch ist eine mit der Belastung fallende Tendenz. Bei kleinen Durchflüssen ist nur ein geringer Abfall zu bemerken.

6) Trommelgaszähler

Zwar sehr genau, nicht aber so robust und anspruchslos in der Wartung arbeiten Trommelgaszähler. Diese Gattung heißt offiziell Verdrängungsgaszähler mit Sperrflüssigkeit, im Sprachgebrauch aber nasse Gaszähler. Wie schon der Name andeutet, arbeiten diese Geräte mit Abdichtungen der Meßkammern durch Sperrflüssigkeit. Bild 427 zeigt das Prinzip eines Trommelgaszählers:

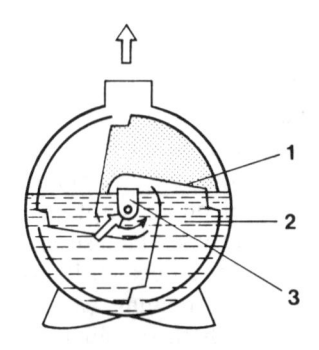

Bild 427. Prinzip eines Trommelgaszählers.
Das Gas durchströmt nacheinander die vier Kammern des trommelartigen Meßsystems. Die Zwischenwände sind so gestaltet, daß sich die Trommel dabei dreht. Eine Wasserfüllung sorgt für dichten Abschluß der Kammervolumen.
1 Schräggestellte Zwischenwand, 2 als Trennwand wirkende Sperrflüssigkeit, 3 Eintrittsöffnung für das Meßgut. (Die Pfeile deuten Gaseintritt und Gasaustritt an).

Die Meßkammer mit vier Zwischenwänden (1) ist trommelartig ausgebildet und um eine waagerechte Achse drehbar. Eine Flüssigkeit (2) sperrt die vier einzelnen Meßkammern während der Meßperiode ab. Das durch die zentrale Öffnung (3) eintretende Gas gelangt in eine der Meßkammern, übt durch seinen Überdruck ein Drehmoment auf die Trommel aus und dreht diese entgegengesetzt zum Uhrzeigersinn. Die Meßkammer füllt sich so lange, bis das innere Ende der nächsten Meßkammerwand in die Sperrflüssigkeit eintaucht. In dieser Stelle taucht gleichzeitig das äußere Ende der ersten Meßkammerwand aus und deren Gasvolumen wird durch die Flüssigkeit verdrängt und strömt ab.

Trommelgaszähler werden für Leistungen von 0,2 bis etwa 500 m³/h hergestellt. Sie kommen vor allem für Mengenmessungen druckloser Gase in Frage. Es sind grundsätzlich auch Ausführungen für höhere Drücke bei kleinen Leistungen möglich. Zählerwerkstoffe sind meist Kunststoffe oder Chromnickelstähle, so daß von dieser Seite keine Einschränkungen zu erwarten sind. Schwieriger ist schon, die Verträglichkeit mit der Sperrflüssigkeit zu gewährleisten. Hier müssen hohe Ansprüche gestellt werden, da schon geringe Änderungen des Füllstandes die Meßgenauigkeit stark beeinträchtigen.

Trommelgaszähler zeichnen sich durch hohe Genauigkeit von etwa ± 0,5 bis ± 1 % in einem weiten Bereich von 1:20 aus. Sie sind für den eichpflichtigen Verkehr innerstaatlich zugelassen und gehören zu den am genauesten messenden Gaszählern. Von der PTB werden Trommelgaszähler als Eichnormale benutzt, soweit deren Meßbereich genügend groß ist. Die Eichkurven haben fallende Tendenz. Fehlermöglichkeiten ergeben sich vor allem dann, wenn der Wasserstand nicht genau eingehalten oder der Zähler nicht genau waagerecht justiert ist.

Wie jedes mit Sperrflüssigkeit arbeitende Meßgerät, sind auch Trommelgaszähler relativ anspruchsvoll in der Wartung, so daß sie bevorzugt im Labor oder im Prüfstand eingesetzt werden. Da die Trommel mit geringer Drehzahl läuft, haben die Geräte noch größere Abmessungen als Balgengaszähler.

7) Teilstrommesser

Für Mengenmessung von *Gasen* eignet sich der Teilstrommesser. Die physikalisch interessante Wirkungsweise des heute wohl nur noch selten eingesetzten Geräts zeigt Bild 428. Der *Hauptstrom* wird mit einer Normblende oder einem Venturirohr gemessen, an deren Plusseite ein Teilstrom abgezweigt und über eine *Teilstromblende* geführt wird. Eine Regeleinrichtung sorgt nun durch Stellen des Teilstromes dafür, daß die Minusdrücke von Hauptstrom- und Teilstromblende gleich sind. Damit sind die Wirkdrücke an beiden Blenden gleich. Die Teilstrommeßeinrichtung wird mit der Meßstoffleitung wärmeleitend verbunden und gegen die Umgebungstemperatur isoliert, so daß Teil- und Hauptstrom auch gleiche Temperatur haben. Da zudem die p_1 gleich sind, strömt durch beide Drosselgeräte Gas gleicher Dichte.

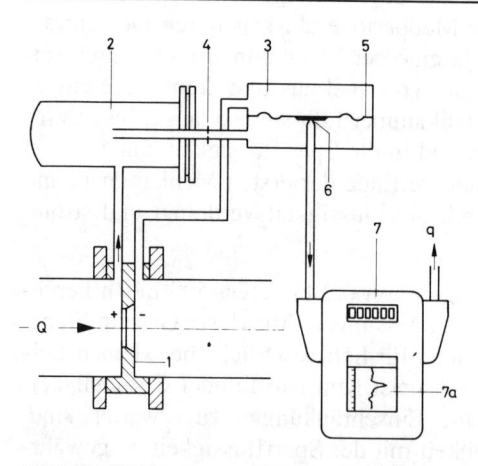

Bild 428. Teilstrommesser (Krohne, 1965).
Von der zu messenden Gasmenge Q wird ein Teilstrom q abgezweigt. Eine Steuereinrichtung sorgt für Proportionalität zwischen Haupt- und Teilstrom, so daß die Menge des mit einer Gasuhr gemessenen Teilstromes ein Maß für die Gasmenge ist. Haupt- und Teilstromblende sind gut *wärmeleitend* zu verbinden. Die gesamte Anordnung ist mit Wärme*isolierung* gegen Einflüsse der Außentemperatur zu schützen.
1 Meßblende, 2 Filter, 3 Strömungsteiler, 4 Teilstrommeßblende, 5 Membran, 6 Ventil, 7 Gaszähler, 7a Schreibvorrichtung.

Der Teilstrom wird unter quasi Normalbedingungen mit einem Gaszähler gemessen und auf Normalbedingungen ($p = 1{,}013$ bar, $t = 0\,°C$) korrigiert. Die Hauptstrommenge wird daraus durch Multiplikation mit dem das Verhältnis der beiden Teilströme repräsentierenden Faktor K in *Kubikmetern im Normalzustand* ermittelt. Diese Methode ist sehr vorteilhaft, wenn Gase unbekannter Kompressibilität zu messen sind, denn die unbekannte Kompressibilität wirkt auf beide Blenden in gleicher Weise und kürzt sich heraus. Bei der Mengenmessung des Teilstromes im *drucklosen Zustand* spielt sie dann im allgemeinen keine Rolle mehr. Soll aus dem Meßergebnis (m³ im Normalzustand) die Masse berechnet werden, so ist nur mit der Dichte im Normalzustand zu multiplizieren: Die Betriebsdichte muß nicht bekannt sein.

Sichergestellt muß bei der Teilstrommessung sein, daß die α- und ε-Werte von Haupt- und Teilstromblende keine oder wenigstens die gleiche Abhängigkeit vom Durchfluß haben. Wenn das durch die Teilstromblende strömende Gas – etwa 1 m³/h im Normalzustand – nicht in die Anlage zurückgeführt werden kann, muß man es in die Atmosphäre abströmen lassen. Das kann – zusätzlich zur ökologischen Belastung der Luftreinheit – auch ökonomisch nachteilig sein: Bei teuren Gasen wie Ethylen entspricht das immerhin Beträgen bis zu 10.000 DM im Jahr!

b) Volumenzähler für Flüssigkeiten

Für die Mengenmessung von Flüssigkeiten haben sich unmittelbare Volumenzähler wie Ovalradzähler, Ringkolbenzähler und Treibschieberzähler seit Jahren bewährt. Mittelbare Volumenzähler (z.B. Turbinenradzähler) eignen sich besonders für Flüssigkeiten niedriger Viskosität, z.B. sehr gut für Flüssiggase.

1) Ovalradzähler

Weit verbreitet in der chemischen Verfahrenstechnik ist der Ovalradzähler: Ein genau arbeitendes, robustes und wenig Wartung erforderndes Meßgerät, bevorzugt für Meßstoffe mit Zähigkeiten, die größer als die von Lösungsmitteln sind (größer als 0,6 mPa · s). Er gehört zur Gruppe der unmittelbaren Volumenzähler.

● *Prinzip*

Das Prinzip des Ovalradzählers ist aus Bild 429 zu ersehen.

Die Ovalräder, zwei Zahnräder mit etwa elliptischem Querschnitt, werden – ähnlich wie beim Drehkolbenzähler – vom Produktstrom angetrieben. Ihre Drehzahlen liegen zwischen 1250 und 400 Umdrehungen pro Minute bei Maximallast. Kleine Zähler laufen mit hoher, große Zähler mit niedriger Drehzahl. Die Ovalräder fördern bei jeder Umdrehung vier zwischen dem Ovalrad und der Meßkammer abgegrenzte Teilvolumina durch den Zähler. Zwischen den Ovalrädern hindurch kann kein Meßstoff den Zähler passieren. Dafür sorgt die Verzahnung der Räder. Sie gewährleistet auch den synchronen Lauf der Räder (ein Getriebe wie beim Drehkolbengaszähler ist nicht erforderlich). Die Ovalräder übertragen über die Verzahnung Kräfte, und die Verzahnung und die Lager der Ovalräder müssen, um einen vorzeitigen Verschleiß zu vermeiden, hinreichend geschmiert werden. Schmierung übernimmt beim Ovalradzähler der Meßstoff, der allerdings sehr unterschiedliche Schmiereigenschaften haben kann. Zähler für Meßstoffe mit höherer Viskosität kann man schneller laufen lassen als Zähler für Meßstoffe mit niedriger Viskosität: Hohe Viskosität oder hohe Zähigkeit bedeutet nämlich zugleich auch gute Schmiereigenschaft. Um Beispiele zu geben, hat Wasser – abweichend von unseren Alltagsvorstellungen – mit der Viskosität 1 mPa · s für Ovalradzähler noch durchaus mittlere Schmiereigenschaft, während Flüssiggase mit einem Zehntel dieser Viskosität sehr schlecht schmieren und für Ovalradzähler nur noch bedingt geeignet sind: Die Zähler würden sehr schnell verschleißen, wenn die maximale Belastung nicht stark reduziert wird. Außerdem sind – wie bei den Meßeigenschaften beschrieben wird – die Spaltverluste sehr hoch, denn der dünnflüssige Meßstoff kann ziemlich ungehindert die Spalte passieren. Damit wird die Meßgenauigkeit beeinträchtigt. Auch bei sehr hohen Zähigkeiten ist der maximale Durchfluß zu reduzieren: Der Meßstoff kann sonst nur mit hoher Druckdifferenz durch das Meßgerät gedrückt werden, und es würde sich eine nicht zulässige Belastung der Lager und Wellen ergeben.

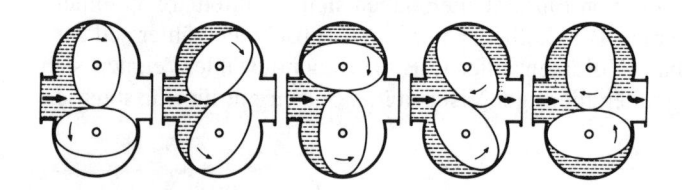

Bild 429. Wirkungsweise eines Ovalradzählers.
Wie beim Drehkolbengaszähler werden vom Produktstrom die Räder wechselseitig angetrieben. Für Synchronlauf sorgt hier statt eines Getriebes eine Verzahnung der Ovalräder.

Über Magnetkupplungen wird die Drehzahl der Ovalräder wie beim Drehkolbenzähler auf mechanische Zählwerke übertragen oder über induktive oder Wiegand-Abgriffe in Fernwirk- und Datenerfassungseinrichtungen gegeben.

● *Ausführungsformen*

Ovalradzähler (Bild 430) werden für maximale Belastungen von 15 l/h bis 1200 m³/h, für Betriebsdrücke bis 100 bar und Betriebstemperaturen von −200 bis etwa +300 °C hergestellt. Für zu beheizende Meßstoffe werden sie mit Heizmantel ausgerüstet.

2. Mengenmeßgeräte   495

Als Werkstoffe kommen legierte Stähle, Leichtmetalle, Buntmetallegierungen, Gußeisen und Stahlguß zum Einsatz. Der Lagerwerkstoff Graphitkohle ist so gewählt, daß er universell einsetzbar ist. Für einige Säuren und Flüssiggase wird eine spezielle Graphitkohle geliefert.

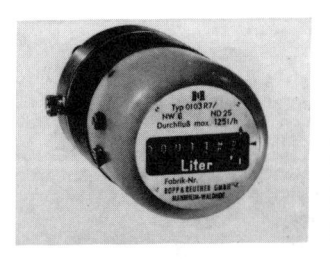

Bild 430. Ausführungsformen Ovalradzähler (Bopp & Reuther).
Ovalradzähler werden für maximale Belastungen von 0,12 m³/h (a) bis 1200 m³/h (b) gebaut.

Auch Meßstoffe höchster Viskosität (bis über 100 000 mPa · s) wie Teer, Mayonnaise, Harz und Spinnfaserstoffe lassen sich mit Ovalradzählern messen. Dort kommen dann Ovalräder mit einer Sonderverzahnung und Kugellagerung (Bild 431) zum Einsatz.

Bild 431. Ovalrad (Bopp & Reuther).
Für Meßstoffe höchster Viskosität kommen Ovalräder mit Sonderverzahnung und Kugellagerung zum Einsatz.

Bild 432 zeigt Ovalradzähler der Baureihe OaP. Bemerkenswert ist: Gehäuse und Meßkammer sind getrennte Bauteile, die Meßkammer ist druckentlastet und spannungsfrei im Zählergehäuse angeordnet.

Die Achsen für die Ovalräder sind im Meßkammerboden eingesetzt und bei größeren Nennweiten zusätzlich im Meßkammerdeckel geführt. Die Übertra-

496 V. Mengenmessung

gung der Drehzahl vom Naß- (oder Druckraum) zum Trockenraum (oder zur Außenatmosphäre) geschieht mit Magnetkupplungen. Für große Nennweiten kommen Doppelkammerzähler zum Einsatz, bei denen zwei parallel arbeitende Ovalradpaare die Menge ermitteln.

Bild 432. Ovalradzähler der Baureihe OaP (Bopp & Reuther).
Das Bild zeigt von links: Zählergehäuse, Meßkammer mit verzahntem Ovalradpaar, Meßkammerdeckel, Gehäusedeckel mit Zählerkopf. Die Übertragung der Drehbewegung aus dem Druckraum geschieht über eine Magnetkupplung.

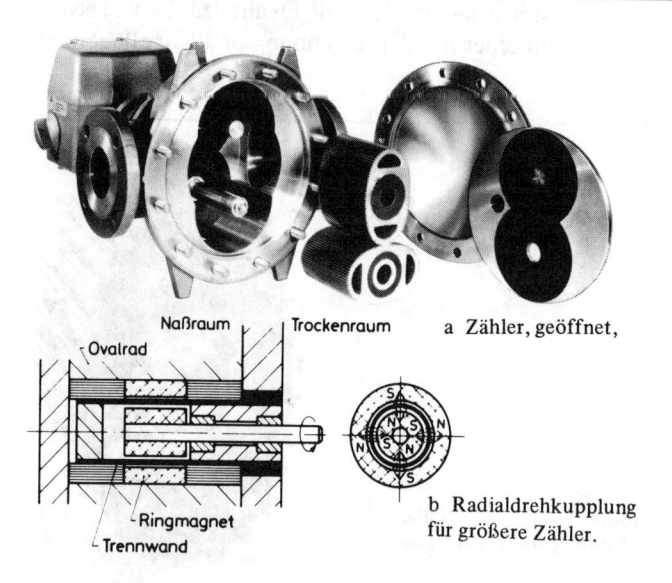

a Zähler, geöffnet,

b Radialdrehkupplung für größere Zähler.

Bild 433. Ovalradzähler der Baureihe OI (Bopp & Reuther).
Das Gehäuse ist als Meßkammer ausgebildet. Die Drehbewegung wird magnetisch durch eine aufgebohrte Achse auf das Zählwerk übertragen.

Aus Bild 433 ist der Aufbau eines Ovalradzählers der Baureihe OI zu ersehen. Bei diesem Typ bildet das Gehäuse zugleich die Meßkammer. Der in die Rohrleitung eingebaute Zähler kann leicht geöffnet und gereinigt werden. Die

Übertragung der Drehzahl vom Naß- zum Trockenraum besorgt eine Magnetkupplung in der Achse des Zählers. Die Leistungs- und Betriebsbereiche sind gegenüber den Zählern der Baureihe OaP eingeschränkt: Der maximale Betriebsdruck geht – abhängig von der Nennweite – bis 40 bar, die maximale Nennweite ist 100 mm und die maximale Betriebstemperatur liegt bei 180 °C.

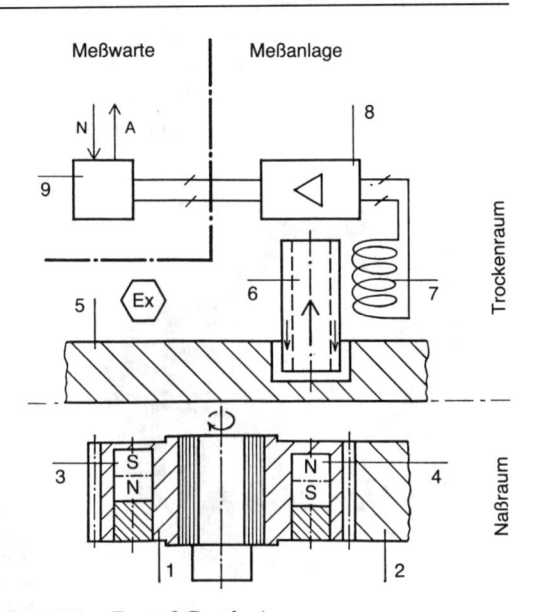

Bild 434. Wiganddraht-Abgriff für Ovalradzähler (Bopp & Reuther).
In der Meßraumabdeckplatte (5), die den Naß- vom Trockenraum trennt, sind konzentrisch in volumenproportionalen (also nicht äquidistanten) Abständen 20 Wiegandrähte angeordnet, und in eines der beiden Ovalräder (1 und 2) sind ein Setz- und ein Rücksetzmagnet (4 bzw. 3) eingebracht. Beim Vorbeigang des Setzmagneten an einem Wiganddraht (6) wird die magnetische Feldrichtung des weichen, leicht ummagnetisierbaren Drahtkerns – wie im Bild angedeutet – entgegen der des harten, nicht ummagnetisierbaren Drahtmantels ausgerichtet. Dabei entsteht in der jedem Draht zugeordneten Sensorspule (7) wegen der geringen Umklappgeschwindigkeit ein nur sehr schwacher Spannungsimpuls. Ein sehr viel stärkerer von etwa 0,2 V entsteht dagegen, wenn beim Vorbeigang des Rücksetzmagneten das Magnetfeld des Drahtkernes außerordentlich schnell wieder in seine Ausgangslage zurück klappt. Die Spannungsimpulse werden im Verstärker (8) weiter verarbeitet und über zwei getrennte Schaltstufen in antivalente Signale überführt. Das Speisegerät (9) übernimmt die Netzversorgung und kann Impulse mit Sensorfrequenz, mengenwertige Impulse sowie 20-mA-Signale ausgeben.
Das Bild zeigt zwar deutlich das Prinzip, gibt aber die Verhältnisse verfälscht wieder: Real sind die Wiegandrähte 15 mm lang und haben Durchmesser von 0,25 mm. Die Sensorpsulen sind *um* die Wiegandrähte gewickelt und haben 2000 Windungen.

Ähnliche Zähler (Baureihe OM) eignen sich zur Messung flüssiger Nahrungs- und Genußmittel. Die Verzahnungen der Ovalräder sind so ausgebildet, daß sich keiner der Reinigung schwer zugänglichen Fugen bilden. Die Zähler sind mit Knebelschrauben verschlossen, so daß eine schnelle Reinigung ohne Werkzeugbenutzung möglich ist.

Eine neuere Ausführung hat kein mechanisches Zählwerk mehr. Die Umdrehung der Ovalräder wird mit einem Wieganddraht-Abgriff (Bild 434) unmittelbar abgegriffen und als NAMUR-Signal (siehe VI, 2c) übertragen. Die bei den Umdrehungen entstehenden Impulse werden in einem Verstärker so multipliziert und untersetzt, daß am Verstärkerausgang Impulse mit dekadischer Wertigkeit zur Verfügung stehen. Durch Wegfall des mechanischen Getriebes und Zählwerkes läuft der Zähler leichter und es ergibt sich eine Erweiterung der Meßbereiche zu kleinsten Durchflüssen hin bei höherer Genauigkeit.

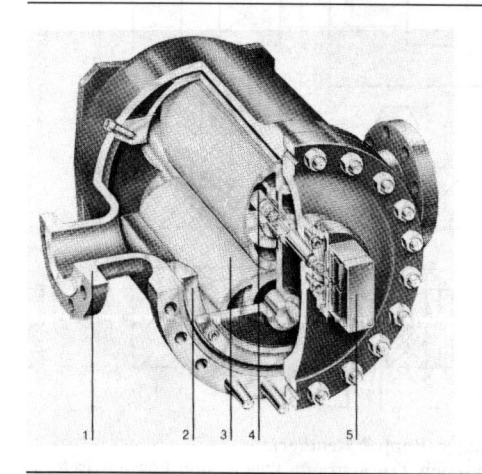

Bild 435. Verladezähler (Bopp & Reuther).
Das Bild zeigt aufgeschnitten die in einem Gehäuse (1) druckentlastet liegende Meßkammer (2), die beiden Ovalräder (3), das in die Hohlachse eines Ovalrades integrierte Abgriffsystem (4) und den Vorverstärker (5).

Ein auf dieser Basis arbeitender Ovalradzähler für die Tank- und Kesselwagenbefüllung (Bild 435) hat Linearitätsfehler von nur 0,1 % des Meßwerts im Bereich von 10 bis 100 % des Meßbereichs, und im Bereich von 3 bis 10 % wird die eichamtliche Vorprüf-Fehlergrenze von ± 0,3 % eingehalten. Die für eichpflichtige Messungen erforderlichen redundanten Wieganddraht-Abgriffe bieten auch die Möglichkeit der Rücklauferkennung und -überwachung.

Mit dem Wieganddraht-Abgriff lassen sich Ovalradzähler im laufenden Betrieb mit *Kompaktprüfschleifen* eichen, die Volumen von einigen bis zu einigen hundert Litern haben und mit denen die Prüfung in sehr kurzer Zeit geschehen kann. Wegen der geringen Volumen der Kompaktprüfschleifen ist es erforderlich, mengenwertige Impulse möglichst hoher Frequenz zu haben (mit Wertigkeiten von z.B. nur 1 Impuls/ml). Diese Impulse dürfen keine periodischen Fehler haben oder doch nur solche von höchstens 0,03 % des Volumens der Prüfschleife. Bei Ovalradzählern entspricht im differentiellen Bereich nicht jeder Winkeländerung ein gleiches Teilvolumen. Um diese Periodizität auszugleichen, sind die Wieganddrähte ungleichmäßig so über den Umfang verteilt, daß die Periodizität kompensiert wird. (Andere Zähler, wie Treibschieberzähler, haben auch in differentiellen Bereichen einen linearen Zusammenhang zwischen Umdrehung und durchgeflossenem Volumen).

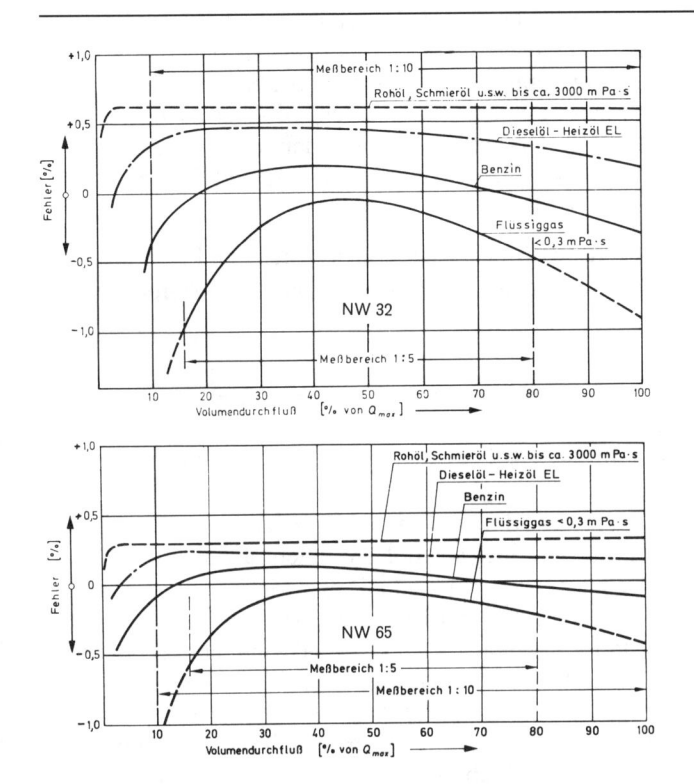

Bild 436. Unregulierte Fehlerkurven von Ovalradzählern DN 32 und DN 65 bei Meßstoffen mit unterschiedlicher Zähigkeit.
Mit ahnehmender Zähigkeit fallen die Fehlerkurven besonders bei kleinen und großen Durchflüssen ab. Dieses Verhalten ist um so ausgeprägter, je kleiner der Zähler ist. Der Meßbereich 1 : 5 ist für Flüssiggas als Dauerlastbereich nicht geeignet. Die Zähler sollen nur bis 33,3 % belastet werden, um schnellem Verschleiß vorzubeugen.

● *Meßeigenschaften*

Die Fehlerkurven (Bild 436) zeigen das typische Meßverhalten eines Ovalradzählers. Es ist von seiner Nennweite und von der Zähigkeit des Meßstoffes abhängig. Je kleiner die Nennweite und je niedriger die Zähigkeit, desto stärker fallen die Kurven im unteren und oberen Teil des Meßbereiches ab. Die Meßfehler sind Spaltverluste, die sowohl mit zunehmender Reibung (die bei kleinen Zählern relativ groß ist) als auch mit abnehmender Zähigkeit ansteigen. Meßverhalten und mechanische Beanspruchung bestimmen die geeignete

Auswahl des Meßbereiches: Die untere Meßbereichsgrenze ist gegeben, wenn der zulässige Meßfehler unterschritten wird. Er wird meist mit ± 0,5 % vom Momentanwert festgelegt, bei Flüssiggasen ist die Fehlergrenze ± 1 %. Die untere Meßbereichsgrenze ist damit von der Zähigkeit abhängig. Die obere Grenze bestimmt zwar auch die Zähigkeit, aber in verschiedener Weise. Ist das Fluid zu dünnflüssig, dann würde wegen mangelnder Schmiereigenschaft der Zähler bei zu hoher Belastung schnell verschleißen. Aber auch zu zäher Meßstoff ist nicht günstig: Die Druckdifferenz und damit die Belastung der Wellen und Lager steigt so stark an, daß der Zähler beschädigt würde und die Drehzahl muß eingeschränkt werden.

Abhängig von der Zähigkeit des Meßstoffes ergeben sich für Fehlergrenzen von +0,5 % vom Momentanwert folgende durchschnittlichen Meßbereiche:

Zähigkeit in mPa · s	0,3	0,3 bis 1,5	1,5 bis 150
minimaler zu maximaler[56] Durchfluß im Dauerbetrieb	1:2	1:6	1:9

Bei größerer Zähigkeit steigt der Meßbereichumfang zwar noch geringfügig auf 1 : 10 an, gleichzeitig müssen aber sowohl die untere als auch die obere Meßbereichsgrenze abgesenkt werden. So liegt z.B. der Meßbereich bei einem Zähler der Nennweite 50 zwischen 1,8 und 16,2 m³/h, wenn der Meßstoff eine Zähigkeit zwischen 1,5 und 150 mPa · s hat. Dagegen nur bei etwa *einem Zehntel* davon, nämlich zwischen 0,18 und 1,8 m³/h bei Zähigkeiten über 1000 mPa · s: Die niedrigen Spaltverluste ermöglichen es zwar, die untere Grenze weit herunterzuverlegen, aber die hohe mechanische Belastung, die das zähe Produkt mit sich bringt, erlaubt andererseits nicht, den Zähler höher als 1,8 m³/h zu belasten.

Aus Bild 437 sind die Druckverluste zu ersehen. Diese sind von der Belastung und der Zähigkeit abhängig. Sie liegen in der Größenordnung von 0,6 bar bei Vollast und gutschmierenden Meßstoffen um 70 mPa · s, für die die Zähler besonders gute Eignung bezüglich Meßbereichsumfang und Lebensdauer haben. Für Flüssigkeiten, deren Viskositäten der von Wasser ähneln, mindern sich die Druckverluste auf etwa die Hälfte.

Ovalradzähler sind zur Mengenmessung von Flüssigkeiten eichamtlich zugelassen. Die Anforderungen an eichfähige Meßeinrichtungen für Flüssigkeiten sind allerdings umfassender und einschränkender als für Gase. Das gilt sowohl für die Aufbereitung des Fluides als auch für die Fehlergrenzen. Im Abschnitt

---

56 Der maximale Durchfluß kann kurzzeitig überschritten werden.

4 werden der Eichordnung entsprechende Stationen für Flüssigkeitsmengenmessungen beschrieben.

● *Betriebseigenschaften*

Ovalradzähler sind robuste, an die Wartung wenig Ansprüche stellende und genau messende Volumenzähler, vorausgesetzt, daß das Produkt frei von Feststoffen ist oder durch Filterung frei davon gehalten werden kann, daß der Lastbereich des Zählers und die Lagerwerkstoffe dem Meßstoff angepaßt sind und daß die Zähler nicht überlastet werden. Für Zähigkeiten unter 0,3 mPa · s (= 0,3 cP), also für verflüssigte Gase, Ammoniak oder Acetaldehyd, ist er nur bedingt geeignet: Relativ grob abgestufte Meßbereiche, die dazu nur einen Umfang von 1:2 haben, fordern geradezu zur Unter- oder Überlastung der Geräte und damit zu Fehlmessungen und frühem Verschleiß heraus. Für diese Meßstoffe haben sich Turbinenzähler sehr gut bewährt.

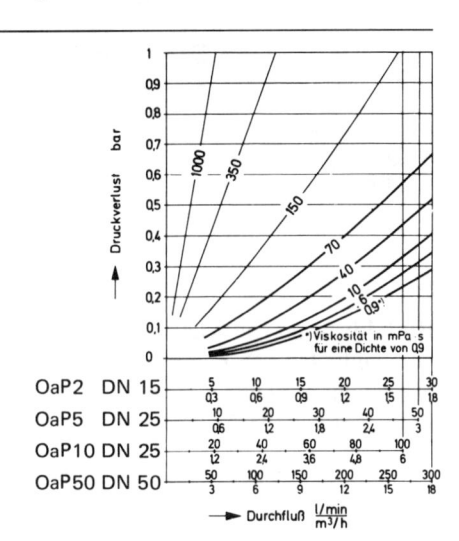

Bild 437. Druckverlust bei Ovalradzählern.
Meßstoffe hoher Zähigkeit schränken den Meßbereich wegen zu hoher Lagerbelastung ein.

Ein defekter Ovalradzähler wird im allgemeinen blockieren und den Produktstrom absperren. Diese Eigenschaft ist für Befüllvorgänge deshalb vorteilhaft, weil der Vorgang dadurch unterbrochen wird und der Behälter nicht unbemerkt voll- oder leerlaufen kann. Nachteilig ist diese Eigenschaft, wenn ein kontinuierlich laufender Betrieb zu versorgen ist und das Blockieren eines Zählers eine meist unangenehme Betriebsunterbrechung zur Folge hat.

2) Ringkolbenzähler

Eine weite Verbreitung im Chemiebetrieb haben die Ringkolbenzähler (Bild 438) gefunden. Sie sind für kleinere und mittlere Durchflüsse geeignet und zeichnen sich durch eine breite Werkstoffauswahl, gute Reinigungsmöglichkeit und eine geringe Zahl einfach auszuwechselnder Verschleißteile aus. Ringkolbenzähler unterliegen grundsätzlich einer durch Zähigkeit und Reibung bedingten ähnlichen Problematik wie Ovalradzähler.

Bild 438. Ringkolbenzähler, geöffnet (Regler & Verfahrens GmbH).
Ringkolbenzähler eignen sich zum Messen kleinerer und mittlerer Durchflüsse. Ihr Aufbau ermöglicht schnelles Reinigen.

● *Prinzip*

Bild 439 zeigt die Meßkammer und Bild 440 das – an sich nicht ganz leicht verständliche – Prinzip: Im zylindrischen Ringkammergehäuse werden die nebeneinanderliegende Eintrittsöffnung und Austrittsöffnung durch einen Steg getrennt.

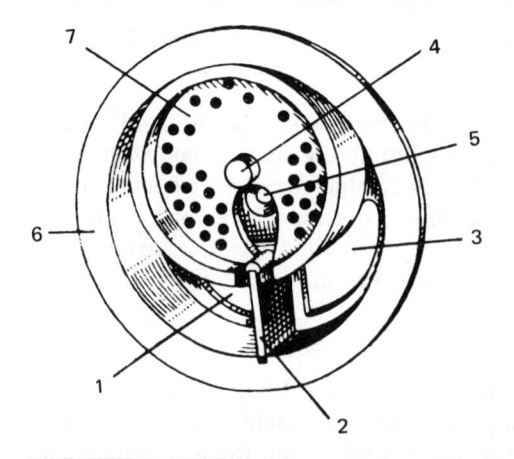

Bild 439. Meßkammer eines Ringkolbenzählers.
1 Eintritt der Flüssigkeit,
2 Trennwand,
3 Austritt der Flüssigkeit,
4 Ringkolbenzapfen,
5 Kammerzapfen,
6 Kammerwand,
7 Ringkolben.

Der Ringkolben besteht aus einem geschlitzten Hohlzylinder mit einem Mittelsteg und einem Zapfen. Der Zapfen des Ringkolbens bewegt sich auf einer Kreisbahn. Mit der in den Schlitz greifenden Trennwand des Gehäuses wird so dem Ringkolben nur eine oszillierende Hin- und Herbewegung möglich gemacht. Diese bewirkt die Flüssigkeit. Zunächst füllt sie das Kammervolumen auf der Ringkolbeninnenseite, der Ringkolben wird nach links gedrückt und gibt dabei die Austrittsöffnung für das Entleeren des äußeren Kammervolumens frei. In der nächsten Phase verdrängt die in das äußere Kammervolumen strömende Flüssigkeit den Ringkolben nach rechts, und das innere Meßkammervolumen kann abströmen. Bei jedem vollen Umlauf des Mittelzapfens wird die Summe aus äußerem und innerem Kammervolumen durch den Zähler gefördert.

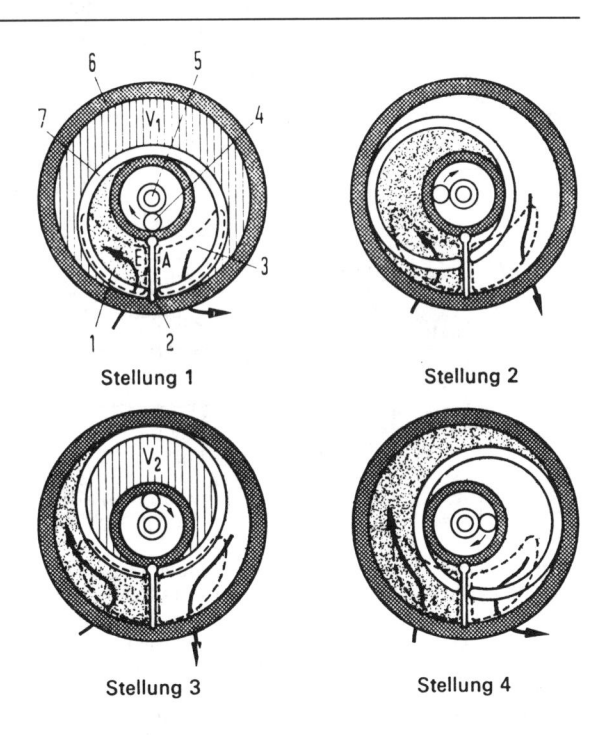

Bild 440. Wirkungsweise eines Ringkolbenzählers.
Der Produktstrom treibt den Ringkolben hin und her. Bei jedem vollen Umlauf des Ringkolbenzapfens wird die Summe aus äußerem und innerem Kammervolumen ($V_1 + V_2$) durch den Zähler gefördert.
1 Eintritt der Flüssigkeit,
2 Trennwand,
3 Austritt der Flüssigkeit,
4 Ringkolbenzapfen,
5 Kammerzapfen,
6 Kammerwand,
7 Ringkolben.

504 V. Mengenmessung

● *Ausführungsformen*

Ringkolbenzähler werden für maximale Belastungen zwischen 0,5 und 120 m³ / h, für Betriebsdrücke bis 100 bar und für Temperaturen zwischen − 30 und + 300 °C gebaut und für zu beheizende Meßstoffe mit einer im Gehäuse angeordneten Rohrschlange oder Heizkammer ausgerüstet.

Als Werkstoffe kommen für Gehäuse und Meßkammer legierte Stähle, Leichtmetall, Bronze sowie Stahl- und Grauguß zum Einsatz. Der Ringkolben wird – wenn Selbstschmiereigenschaften gefordert sind – aus Kohle, Hartgummi oder Kunststoffen gefertigt (Kunststoffkolben können die maximale Betriebstemperatur allerdings schon auf 50 °C begrenzen). Für gut schmierende Meßstoffe können als Kolbenwerkstoffe auch VA-Stähle, Leichtmetall oder Grauguß gewählt werden. Für besonders aggressive Meßstoffe sind Zähler lieferbar, deren Innenteile entweder aus Tantal oder Kunststoff gefertigt oder mit Kunststoff eingekleidet sind.

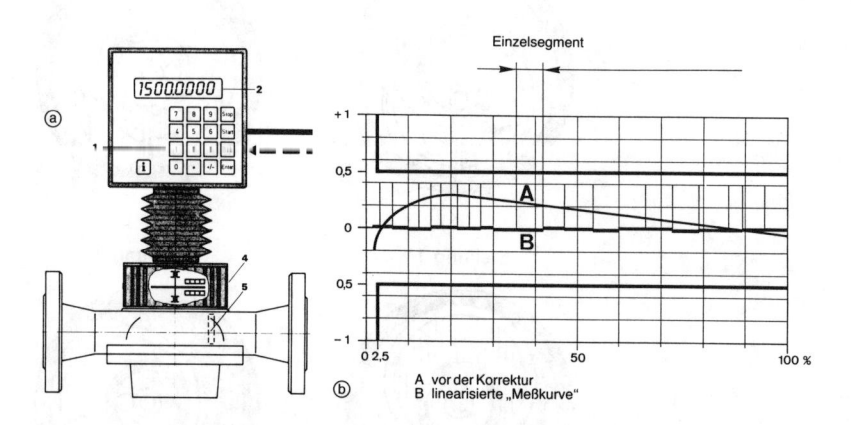

Bild 441. Ringkolbenzähler mit Flow Computer (Aquametro).
Der Ringkolbenzähler hat kein mechanisches Zählwerk mehr, um die Abtriebskräfte zu minimieren (Teilbild a). Die über eine Magnetkupplung herausgeführte Umdrehung des Ringkolbenzapfens tasten vielmehr vier Lichtschranken von einer Schlitzscheibe mit 16 Segmenten feinfühlig und richtungsabhängig ab (4). Im integrierten oder getrennt montierten Flow-Computer sind werksseitig programmiert die Linearisierung der Fehlerkurve des Ringkolbenzählers (Teilbild b) und eine Kompensation des mit dem Fühler (5) gemessenen Temperaturganges. Über ein Tastenfeld (1) lassen sich programmieren: Anwenderfunktion, Werte und Anzeigen wie Abfülloperationen, Analog-, Impuls- und Grenzsignalausgänge, sowie Rückmeldesignale von Steuerungen. Ein achtstelliges LCD (2) zeigt die für die Messung und Programmierung erforderlichen Informationen an.

Die Bewegung des Kolbens wird, wie bei Ovalradzählern, über eine Magnetkupplung vom Produktraum nach außen übertragen und macht eine beliebige Weiterverarbeitung möglich. Ein Ausgleichsgetriebe ist bei Ringkolbenzählern nicht erforderlich: Der Zusammenhang zwischen erfaßtem Flüssigkeitsvolumen und Drehwinkel kann durch exzentrische Anordnung des Kolbenzapfens linearisiert werden.

Höhere Meßgenauigkeiten und erweiterte Durchflußbereiche lassen sich durch Einsatz moderner *Elektronik* erreichen (Bild 441): Ein Mikrocomputer kann – neben einer weiten Palette von Möglichkeiten der Datenverarbeitung – die Fehlerkurve des Zählers anheben und so linearisieren, daß der typische Abfall am Meßbereichsanfang und -ende kompensiert wird, und es ergeben sich sehr günstige Meßeigenschaften. Die Linearisierung von Fehlerkurven ist bei Volumenzählern besonders deshalb wirksam, weil diese für die meisten Zähler systematischer Natur sind und sich bis auf 0,1 % reproduzieren lassen. Sie sind allerdings von den Eigenschaften der Meßstoffe abhängig, die jedoch an den Stellen, wo es auf hohe Genauigkeit ankommt – nämlich bei den Abrechnungsmessungen – meist nicht sehr stark variieren.

● *Meßeigenschaften*

Die Meßeigenschaften, Fehlerkurven (Bild 442) und Druckverluste ähneln denen der Ovalradzähler. Ringkolbenzähler sind der Bauart nach für den eichpflichtigen Verkehr zugelassen.

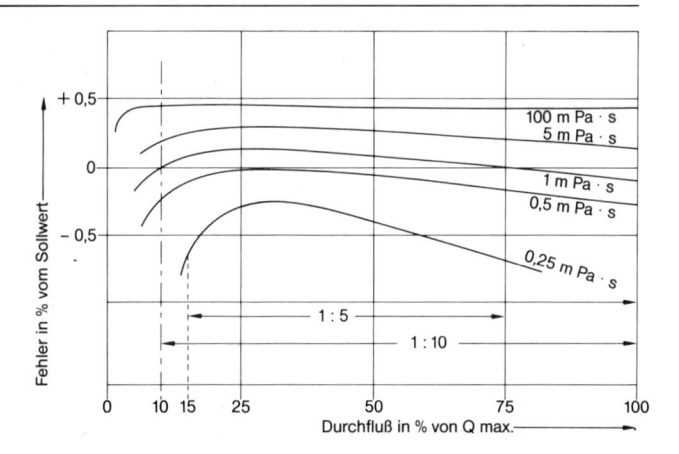

Bild 442. Unregulierte Fehlerkurven von Ringkolbenzählern DN 32 und DN 50 (Siemens).
Ähnlich wie beim Ovalradzähler beeinflußt vor allem die Zähigkeit des Meßstoffes die Meßeigenschaften des unmittelbaren Volumenzählers.

● *Betriebseigenschaften*

Bezüglich der Betriebseigenschaften ist beim Ringkolbenzähler vorteilhaft, daß sich der Ringkolben leicht herausnehmen und die Meßkammer reinigen läßt. Es gibt Schnellreinigungsausführungen, die über Knebelschrauben ein schnelles

Öffnen ohne Werkzeug möglich machen. Die einfache Form des Meßwerkes bietet einen weiteren Vorteil: Der bei unmittelbaren Volumenzählern unvermeidliche Verschleiß sich gegeneinander bewegender Teile ist auf wenige einfache Bauelemente – Ringkolben, Trennwand und Gehäusedichtung – konzentriert, die ohne Spezialwerkzeug schnell ausgewechselt werden können.

Problematisch ist die richtige Auswahl des Kolbenwerkstoffes. Besonders beim Messen niedrigviskoser Fluide, die selbstschmierendes Kolbenmaterial bedingen, kann durch unsachgemäßes Betreiben, vor allem durch stoßartige Belastung, der Kolben zu Bruch gehen. Ein zerstörter Kolben blockiert meist nicht, sondern läßt Produkt ungemessen durch den Zähler strömen. Andererseits ist auch ein Blockieren möglich, wenn Feststoffe den Ablauf des Kolbens hemmen.

3) Andere unmittelbare Volumenzähler

Neben Ovalradzählern und Ringkolbenzählern gibt es eine Vielzahl von unmittelbaren Volumenzählern für Flüssigkeiten. Die wichtigsten sollen kurz vorgestellt und ihre Eigenschaften mit denen des Ovalradzählers verglichen werden.

● *Drehklappenzähler*

Ein interessantes Gerät ist der Drehklappenzähler. Sein Gehäuse hat drei zylindrische Bohrungen, in denen sich ein Sperr-Rotor und zwei Flügelrotoren drehen. Sie berühren sich nicht. Den Gleichlauf bewirkt, ähnlich wie beim Drehkolbengaszähler, ein Getriebe. Das Geräteprinzip ist ohne weitere Erläuterung aus Bild 443 ersichtlich, wenn man weiß, daß den Antrieb ausschließlich die Flügelrotoren besorgen, der Sperr-Rotor dagegen über das Getriebe mitgenommen wird und nur Sperrfunktionen hat. Nach Herstellerangaben sollen sich die Geräte für Meßstoffe mit Zähigkeiten von 0,3 bis 200000 mPa · s und für Temperaturen zwischen -50 und $+300$ °C eignen. Die Geräte haben relativ geringe Druckverluste. Sie sind für den eichpflichtigen Verkehr von Flüssiggasen und Flüssigkeiten zugelassen. Die Bewegung des Drehkolbens wird über Magnetkupplungen oder Stopfbuchsen auf ein Rollenzählwerk oder auf Fernwirkeinrichtungen geführt. Für Flüssiggase werden für DN 50 ein Meßbereich von 4,8 bis 24 m³/h und ein Druckverlust von 100 mbar genannt.

Bild 443. Wirkungsprinzip eines Drehklappenzählers (Liquid Controls).
Das Produkt treibt über die Flügelrotoren den Zähler an. Ein Getriebe führt den Sperr-Rotor so nach, daß abgesperrte Teilvolumina den Zähler passieren.

Sehr günstige Werte für einen unmittelbaren Volumenzähler, wenn der Meßstoff niedrige Zähigkeitswerte hat.

● *Treibschieberzähler*

Besonders für größere Durchflüsse geeignet ist der Treibschieberzähler, der bevorzugt in der Mineralölindustrie eingesetzt wird. In einem zylindrischen Gehäuse (Bild 444) kann sich ein exzentrisch angeordneter zylindrischer Rotor drehen. Der Rotor hat vier radial bewegliche Schieber aus Hartgummi, Kunststoff oder rostfreiem Stahl, die mit Distanzstangen zu zwei Paaren verbunden sind. Diese Schieber werden vom Produktstrom angetrieben und im Gehäuse so geführt, daß beim Entlanglaufen an der Gehäusewand nur ein sehr schmaler Spalt bleibt. Auf diese Weise bilden sich Meßkammern in Form segmentförmiger Teile eines Hohlzylinders. Durch die exzentrische Anordnung kann kein Produkt zurückgefördert werden. Bei anderen Konstruktionen werden die Schieber über eine Kurvenscheibe so geführt, daß sie die Gehäusewand nicht berühren. Es bleibt zwar ein sehr schmaler Spalt offen, aber es wird auch dem Verschleiß von Schieber und Meßkammer vorgebeugt.

Stellung 1   Stellung 2

Stellung 3

A Meßstoffaustritt
E Meßstoffeintritt

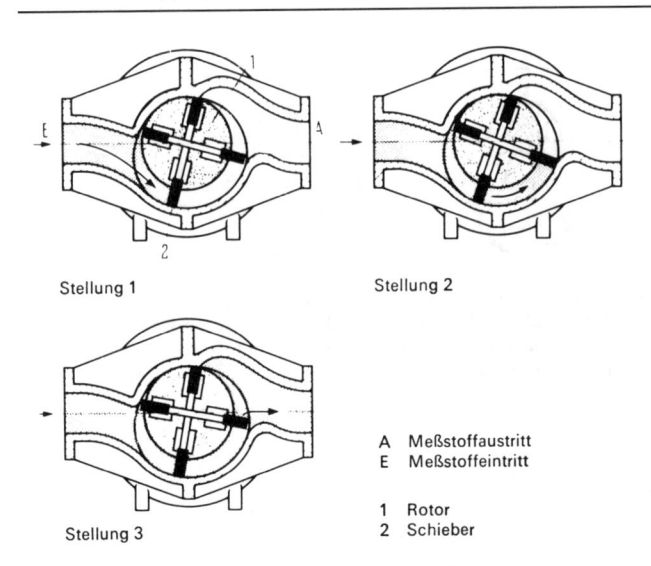

1 Rotor
2 Schieber

Bild 444. Treibschieberzähler.
Schieber, die in einem Rotor radial beweglich sind, werden durch Gehäusekonturen oder durch Kurvenscheiben so gesteuert, daß sich Meßkammern in Form von Segmenten eines Hohlzylinders bilden.

Die Zähigkeit des Meßstoffes beeinflußt sowohl die Spaltverluste als auch die Belastung der mechanischen Lager- und Führungselemente durch den Druckverlust und schließlich durch die Schmiereigenschaften den Verschleiß. Damit ist der Einfluß der Zähigkeit ähnlich wie bei den anderen unmittelbaren Volumenzählern.

Die Geräte eignen sich für maximale Durchflüsse von 3 bis 600 m³/h, für Zähigkeiten von 0,2 bis 1000 mPa · s, für maximale Temperaturen von 300 °C und für Betriebsdrücke bis 100 bar. Der Meßbereichumfang ist für Flüssiggas 1:2, für Meßstoffe höherer Zähigkeit 1:15. Der Druckverlust liegt zwischen 0,1 und 3 bar.

● *Bi-Rotor-Zähler*

Sehr große Flüssigkeitsströme bis 2000 m³/h lassen sich mit dem Bi-Rotor-Zähler (Bild 445) messen. Ähnlich wie beim Drehkolbengaszähler und im Gegensatz zum Ovalradzähler sorgt für den Gleichlauf der sich nicht berührenden Rotoren ein außenliegendes Getriebe. Die Geräte lassen sich mit allen Möglichkeiten der Fernübertragung und Überwachung ausrüsten und sind mit den großen Belastungsbereichen, maximalen Betriebsdrücken bis 100 bar, für Temperaturen zwischen −30 und +100 °C und mit den Werkstoffen Grauguß, Stahlguß oder Aluminium [6] wohl eher für den Einsatz beim Transport oder der Abfüllung von Erdölen oder deren Folgeprodukten konzipiert als für den im Chemiebetrieb.

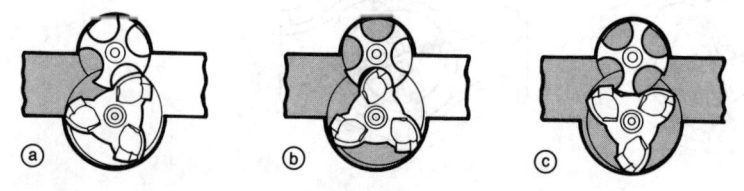

Bild 445. Wirkungsweise eines Bi-Rotor-Zählers (Fisher-Rosemount).
Der Zähler ähnelt im Prinzip dem Ovalradzähler, allerdings haben die Rotoren unterschiedlich gestaltete Querschnitte, und der Gleichlauf der Rotoren wird durch ein Getriebe so geführt, daß sich diese nicht berühren. a Flüssigkeitseintritt, b Flüssigkeitstransport, c Flüssigkeitsaustritt.

● *Schraubspindelzähler*

Schraubspindelzähler (Bild 446) ähneln Schraubenradverdichtern: In einer Meßkammer werden zwei ineinandergreifende Schraubenspindeln vom Fluid in Drehung versetzt. Meßkammer und Spindeln sind so gestaltetet, daß kleine Teilvolumina zwischen Schraube und Meßkammerwand in axialer Richtung transportiert werden und die Drehzahl der Schraubenspindel in einem großen Bereich (1:100) proportional zum Volumenstrom ist.

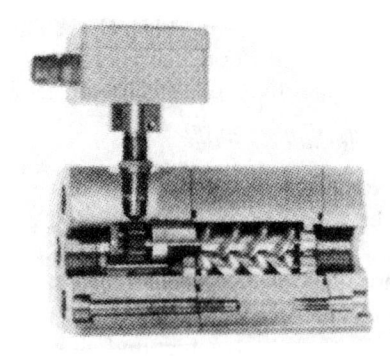

Bild 446. Schraubspindelzähler.

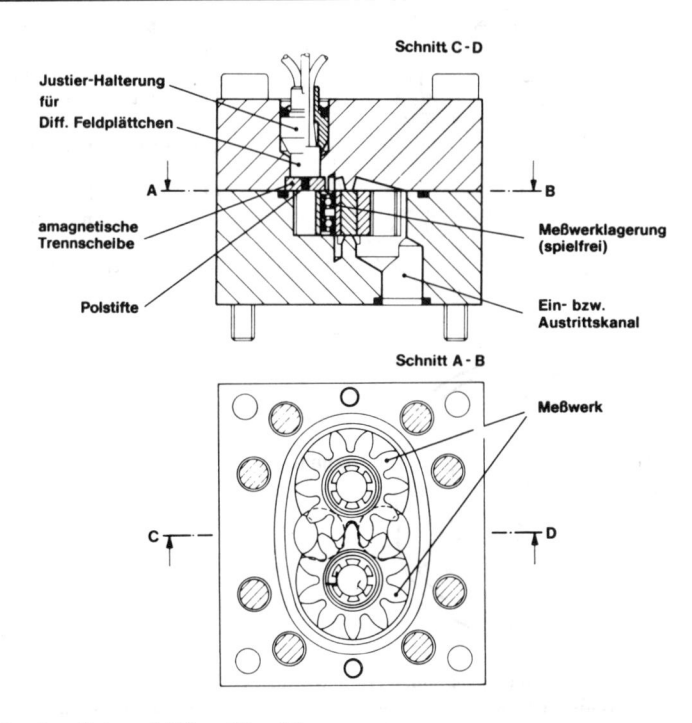

Bild 447. Wirkungsweise eines Zahnradzählers (Kracht).
Meßvolumen sind die Räume zwischen zwei benachbarten Zahnflanken. Die zu messende Flüssigkeit kann nur durch die äußeren Zahnzwischenräume transportiert werden. Die Drehzahlen werden über eine Feldplatte aus dem Naßraum nach außen übertragen. Zahnradzähler haben große Durchflußbereiche bis 1:100, aber auch hohe Druckabfälle.

510 V. Mengenmessung

● *Zahnradzähler*

Für kleinste Durchflußbereiche von einige cm³/h bis etwa 20 m³/h eignen sich Zahnradzähler (Bild 447). Diese Zähler haben mit Betriebsdrücken bis 640 bar und mit hohen Druckabfällen (bis 16 bar bei Vollast) ihr Haupteinsatzgebiet in der Hydraulik und können im Chemiebetrieb in Sonderfällen interessant sein.

● *Vierkolbenzähler*

Ebenfalls kleine Durchflüsse zwischen 10 und 200 l/h lassen sich mit dem Vierkolbenzähler (Bild 448) messen. Im Gegensatz zum Zahnradzähler hat dieser Zähler einen relativ geringeren Druckabfall von 1 bar. Ausgelegt für „normale" Betriebsbedingungen (maximal 25 bar Betriebsdruck, Temperaturen zwischen −15 und +80 °C) und mit korrosionsbeständigen Werkstoffen liegt sein Einsatzgebiet im Labor und im Pharmabereich.

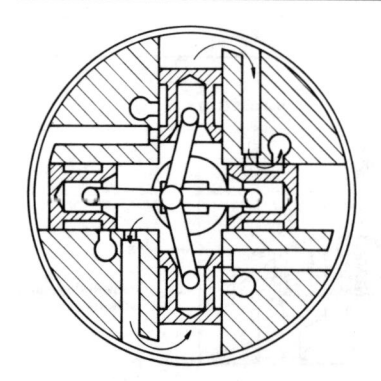

Bild 448. Wirkungsweise eines Kolbenzählers (VAF).
Der Differenzdruck der zu messenden Flüssigkeit treibt den Zähler an, und ein Teilvolumen nach dem anderen fließt durch den Zähler. Im gezeigten Zustand preßt die von innen zuströmende Flüssigkeit den oberen Kolben nach oben, während das obere Teilvolumen abfließt. In der nächsten Phase treibt dann der rechte Kolben das System an. Die Drehzahlen des sich im Uhrzeigersinn drehenden Systems werden auf ein Zählwerk übertragen.

— Auslaufschlitz
— Trommel

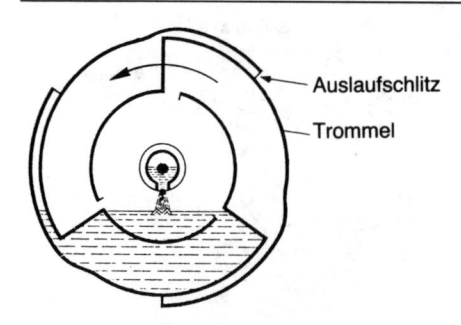

Bild 449. Wirkungsweise eines Trommelzählers (Siemens).
Die drehbar gelagerte Trommel ist in drei Meßkammern unterteilt. Durch Auffüllen der jeweils unteren Kammer und Überlaufen des Meßstoffes in die nächste verlagert sich der Schwerpunkt. Es entsteht ein Drehmoment, das die Trommel um eine Drittelumdrehung weiterbewegt. Dabei entleert sich die ursprünglich untere Kammer über den Auslaufschlitz und die nächste wird gefüllt. Trommelzähler zeichnen sich durch eine hohe Meßgenauigkeit bis zu kleinsten Durchflüssen aus. Wegen des freien Auslaufs sind sie nur im atmosphärischen Bereich einsetzbar.

● *Trommelzähler*

Für die Messung druckloser Flüssigkeiten wasserartiger Konsistenz bis maximal 4 m³/h eignen sich Trommelzähler (Bild 449). Wie die Trommelgaszähler haben die Geräte einen hohen Meßbereichsumfang und hohe Meßgenauigkeit, wegen ihres freien Auslaufs aber in den Chemiebetrieben allenfalls für Eich- und Kalibrieraufgaben Bedeutung.

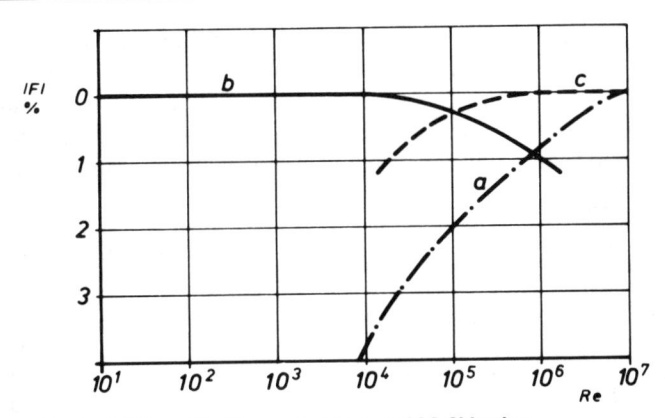

Bild 450. Einsatzbereiche von Ovalradzählern, Turbinenradzählern und Meßblenden.
Mit abnehmender Zähigkeit verschlechtert sich das Meßverhalten unmittelbarer Zähler, während sich das Meßverhalten mittelbarer Zähler und das von Meßblenden verbessert.
a Drosselmessung, b Verdrängerzähler, c Turbinenradzähler.

● *Verdrängerzähler mit Servoantrieb*

Auch für volumetrische Flüssigkeitszähler werden servoangetriebene Versionen angeboten, die ähnliche Vorteile aufzeigen wie die servogetriebenen Gaszähler (siehe Abschnitt V, 2a1, Bild 413). Diese Servoantriebe sind besonders für Zähler mit hohem Druckverlust, z.B. für Zahnradzähler, interessant.

4) Turbinenradzähler

In den letzten Jahrzehnten hat sich der Turbinenradzähler für niedrigviskose Meßstoffe wie Flüssiggase ein Anwendungsgebiet erobert, von dem er nicht mehr wegzudenken ist. Wie schon ausgeführt, schränken niedrige Zähigkeiten wegen der durch sie bedingten Spaltverluste und schlechten Schmiereigenschaften den Einsatz *unmittelbarer* Volumenzähler stark ein. Der Turbinenradzähler ist dagegen ein *mittelbarer* Volumenzähler, ein Strömungsmeßgerät, das für genaue und reproduzierbare Messungen eine turbulente Strömung voraussetzt. Die Maßzahl dafür, die *Reynoldszahl*, ist *aber* gerade umgekehrt proportional der Zähigkeit (siehe auch Abschnitt IV.2.1.a3, Gl.(6)). Je geringer die Zähigkeit, desto sicherer ist also die Turbulenz der Strömung erreicht und damit Gewähr für genaue Messungen gegeben.

Als Faustregel für die Grenze der bevorzugten Anwendungsbereiche für Ovalradzähler und Turbinenradzähler soll man *sich die Reynoldszahl von 10^5 merken*: Für größere Re*ynoldszahlen* eignen sich bevorzugt Turbinenrad-, für kleinere bevorzugt Ovalradzähler. Turbinenradzähler haben damit einen ähnlichen Anwendungsbereich wie Meßblenden, wenn sich auch beim Turbinenradzähler zusätzliche Möglichkeiten der Zähigkeitskompensation anbieten. Z.B. ergibt sich Re = 10^5 bei einem Turbinenradzähler DN 50 und einem Meßstoff mit der Dichte 1 kg / l und der Zähigkeit von 4 mPa · s (= 4 cP) bei Nennlast. Fluide dieser Zähigkeit bringen andererseits auch noch gute Meßeigenschaften und geringen Verschleiß bei einem Ovalradzähler DN 50. Bild 450 zeigt die Eignungsbereiche noch einmal graphisch.

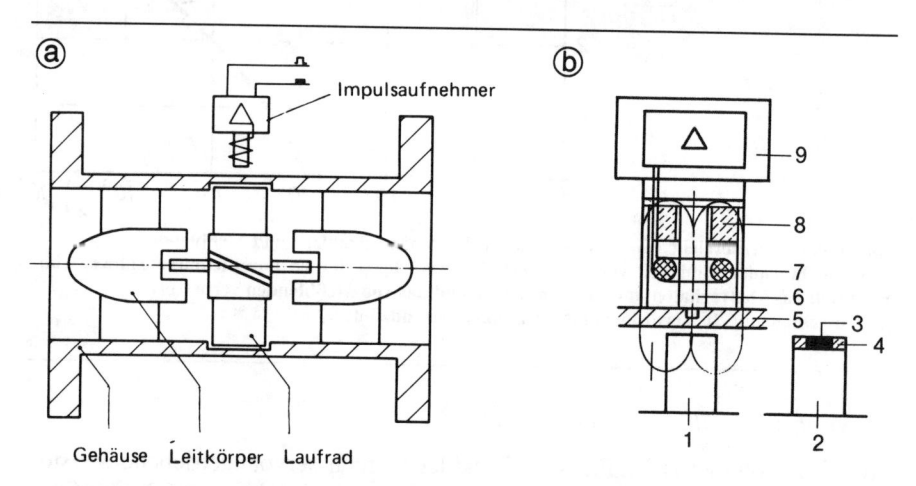

Bild 451. Prinzipbild eines Turbinenradzählers für Flüssigkeiten.
Teilbild a zeigt das Prinzip des Zählers. Für die Funktion wichtige Werkstoffe für die Lagerungen des Laufrades sind: Saphir/Wolframkarbid für kleinere, Wolframkarbid/Wolframkarbid für große Zähler. Die Drehbewegung wird über ein induktives Abgriffsystem (Teilbild b) rückwirkungsfrei aus dem Druckraum nach außen übertragen.
1 Laufrad kleinerer Zähler, 2 Laufrad größerer Zähler, 3 ferromagnetische Stifte, 4 Deckband, 5 Rohrwand, 6 Magnetkern, 7 Spule, 8 Permanentmagnet, 9 Vorverstärker.

● *Prinzip*

Das Meßprinzip ähnelt stark dem des Turbinenradzählers für Gase. Der wesentliche Unterschied liegt in der etwa 1000 mal höheren Dichte der Flüssigkeiten: Um die Antriebskräfte für das Turbinenrad zu erzeugen, müssen die Flüssigkeiten nicht so stark beschleunigt werden wie Gase. Der Ringspalt kann breiter sein. Außerdem haben moderne Turbinenradzähler für Flüssigkeiten ausschließlich induktive Abgriffsysteme. Bild 451 zeigt den Schnitt durch

2. Mengenmeßgeräte 513

einen Turbinenradzähler: Ein Turbinenrad geringer Masse ist in einem Rohrkörper konzentrisch gelagert und wird von der Flüssigkeit axial angeströmt. Es rotiert mit hohen Winkelgeschwindigkeiten von 300 bis 8000 Umdrehungen pro Minute bei Maximallast. Kleinen Zählern sind dabei die hohen, großen die geringen Winkelgeschwindigkeiten zuzuordnen. Deckbänder am Umfang der Turbinenräder mit axial eingesetzten Abtaststiften aus ferritischem Werkstoff erhöhen bei den langsamer laufenden großen Turbinenradzählern (ab DN 100) die Ausgangsfrequenz bis auf 400 bis 600 Hz.

Die Flügel des Turbinenrades haben genügend magnetische Leitfähigkeit, so daß sie bei jedem Vorbeigehen über das Abgriffsystem einen elektrischen Impuls erzeugen, der die Wertigkeit eines kleinen Volumens hat und entsprechend weiterverarbeitet werden kann. Das Magnetfeld muß durch die Rohrwand wirken; diese muß deshalb aus magnetisch nicht leitfähigem Werkstoff bestehen. Meist wird rostfreier Stahl gewählt. Unterschiedlich zum Gaszähler ist auch die Gestaltung und Schmierung der Lager: Hartmetall (Wolframkarbid) oder Saphire sind die Werkstoffe für Gleitlager geringer Reibung. Eine besondere Schmierfähigkeit der Flüssigkeit ist nicht erforderlich (beim Gaszähler verwendet man bevorzugt geschmierte Kugellager!).

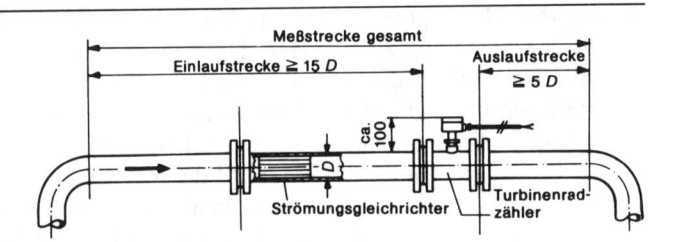

Bild 452. Einbauschema für Turbinenradzähler.
Die Meßgenauigkeit eines Turbinenradzählers wird durch Einlaufstörungen gemindert, ähnlich der von Drosselmessungen. Den besonders störenden Drall beseitigt ein Strömungsgleichrichter.

Durch die breiteren Ringspalte und durch die damit verbundene geringere Strömungsgeschwindigkeit vor dem Turbinenrad reagiert der Flüssigkeitszähler viel stärker auf Einlaufstörungen als ein Gaszähler: Für Turbinenradzähler sind störungsfreie Ein- und Auslaufstrecken von insgesamt etwa 20 D vorzusehen. Erhebliche Meßfehler hat in der Strömung vorhandener Drall zur Folge. Aus diesem Grunde sollten für hohe Ansprüche an die Meßgenauigkeit Gleichrichter dem Turbinenradzähler vorgeschaltet werden. Leider gibt jeder Gleichrichter der Strömung selbst wieder einen mehr oder weniger großen Drall, der aber eingeeicht werden kann. Es ist deshalb jeder Zähler mit *seinem* Gleichrichter zu eichen, zu montieren und zu betreiben. Bild 452 veranschaulicht die Einbaubedingungen.

514 V. Mengenmessung

Die Turbinenradzähler für Flüssigkeiten haben keine mechanische Anzeige und die Geräte für die elektronische Impulsaufnahme und die Verarbeitung der Impulse sind Bestandteil der Zähler. Es sind grundsätzlich die im folgenden beschriebenen Aufgaben zu erledigen (Bild 453):

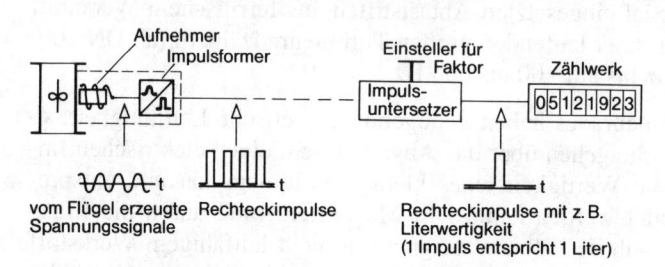

Bild 453. Verarbeitung der Signale des Turbinenradzählers.
Der vom Flügel oder vom Abststift des Deckbandes des Turbinenrades erzeugte Impuls wird verstärkt und geformt, in einem Impulsuntersetzer in Mengenwertigkeit untersetzt und in einem Zählwerk aufsummiert.

Mittels der Abtastspule ist aus dem Vorbeilauf eines Turbinenradflügels eine elektrische Spannung zu erzeugen. Die entstehenden leistungsschwachen und sinusförmigen Wechselspannungen sind auf etwa 8 V vorzuverstärken und in Rechteckimpulse mit einer Länge von etwa 5 ms umzuformen. Dieses geschieht meist direkt am Gerät. Nur bei hohen und bei sehr tiefen Temperaturen – über 80 °C und unter –30 °C – wird der Vorverstärker von der Abtastspule getrennt montiert und mit ihr durch ein abgeschirmtes Kabel verbunden. Weiterhin sind die Impulse zu übertragen und in einem elektronischen Zählwerk zur Menge aufzusummieren oder als Durchfluß in ein eingeprägtes Gleichstromsignal umzuformen. Die Impulse haben, da ein mechanisches Getriebe fehlt, zunächst keine dekadische Mengenwertigkeit. Es ist also hier nicht grundsätzlich so, daß einem Impuls ein ganzzahliger Bruchteil eines Liters entspricht. Man sieht deshalb elektronische Rechenwerke vor, welche die Impulse mit einstellbaren Faktoren, die z.B. zwischen 0,00001 und 0,99999 liegen, multiplizieren oder Rechenwerke, welche die Impulse durch ganze Zahlen, die zwischen 1 und 9999 liegen können, dividieren. Beim Kalibrieren der Zähler werden die Faktoren oder Divisoren dann so eingestellt, daß sich am Zählwerk Liter oder Kubikmeter ablesen lassen.

Die elektrischen Einrichtungen arbeiten, soweit sie im explosionsgefährdeten Bereich eingesetzt werden müssen, meist mit der Zündschutzart „Eigensicherheit".

2. Mengenmeßgeräte 515

● *Ausführungsformen*

Weit sind die Betriebsbereiche für Turbinenradzähler: Für Durchflüsse von 50 Liter bis 10000 Kubikmeter pro Stunde, für Betriebsdrücke bis 1000 bar und für Temperaturen zwischen -220 und $+350$ °C einsetzbar, können fast alle Wünsche erfüllt werden (Bild 454). Auch bezüglich der Werkstoffe gibt es sehr wenig Einschränkungen. Rostfreie Stähle, Monel oder Tantal und auch PTFE kommen zum Einsatz. Voraussetzung ist nur, daß die Probleme der Lagerung und der magnetischen Übertragung gelöst werden können. Turbinenradzähler können auch mit Heizmänteln für Dampf- oder Wärmeträgerbeheizung geliefert werden. Es gibt auch Ausführungen, die zur Messung in beiden Durchflußrichtungen geeignet sind.

Bild 454. Ausführungsformen von Turbinenradzählern (Bopp & Reuther).
Der Einsatzbereich von Turbinenradzählern hat bezüglich der Durchflüsse fast keine Einschränkungen. Das Bild zeigt oben kleinere Zähler (bis DN 65); unten größere Zähler (bis DN 600), bei denen Abtaststifte des Turbinenrads die Impulsfrequenz erhöhen.

● *Meßeigenschaften*

Auf den ersten Blick erscheinen die Fehlerkurven von Turbinenzählern (Bild 455) sich von denen der Ovalradzähler nicht grundsätzlich zu unterscheiden. Bei näherem Hinsehen wird man aber bemerken, daß im unteren Lastbereich die Zähigkeit[57] in verschiedener Weise wirkt: Für zähe Meßstoffe, bei denen der Zähler im laminaren Strömungsbereich arbeitet, fällt die Fehlerkurve bei Absenkung der Belastung um so stärker ab, je höher die Zähigkeit ist. Das heißt also auch, daß mit abnehmender Zähigkeit die Fehlerkurve angehoben und damit der Meßbereich nach unten hin erweitert wird. Ist aber eine turbulente Strömung einmal erreicht, beginnt die Dichte des Fluides Einfluß auf die Fehlerkurve zu nehmen: Bei geringerer Dichte ist der Impuls der Strömung geringer, Reibungskräfte fallen stärker ins Gewicht und die Fehlerkurve wird abgesenkt. Das entspricht dem Verhalten der Turbinenradzähler für Gase, denn dort führte eine Dichteerhöhung zu einer Erweiterung des Meßbereiches nach unten. Unter anderem aufgrund des Dichteeinflusses liegen die Fehlerkurven von Flüssiggasen niedriger als die von Wasser.

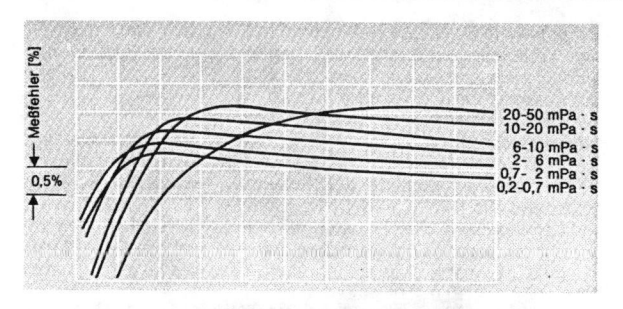

Bild 455. Verlauf der Fehlerkurven kleinerer Turbinenradzähler DN 15 bis 65 (Bopp & Reuther).

Auch äußerlich nicht sichtbare konstruktive Details haben Einfluß auf die Abhängigkeit der Meßergebnisse von der Zähigkeit. Bei modernen Geräten konnte durch extrem verschleißfeste Lager mit sehr geringer Reibung sowie durch genaue Bemessung der Spalte zwischen Turbinenrad, Deckband (bei größeren Zählern) und Gehäuse eine *Zähigkeitskompensation* geschaffen werden, welche die Voraussetzung für Präzisionsmessungen auch im eichpflichtigen Verkehr schafft.

Abhängig von Viskosität und Nennweite ergeben sich so Meßbereichsumfänge von 1:10, innerhalb derer der Turbinenzähler keine größeren Fehler als ± 0,5 % vom Momentanwert hat, bei großen Zählern kann der Meßbereichsumfang sogar bis 1:20 gehen. Dabei sollte der Zähler nicht dauernd mit Vollast betrieben werden: Besonders bei schlecht schmierenden Meßstoffen ist es besser, den Zähler eine Nennweite größer zu wählen und damit einem schnellen Verschleiß vorzubeugen.

---

57 Für die Turbinenradzähler ist Grundlage der Angaben oft nicht die dynamische Zähigkeit η, sondern die kinematische Zähigkeit ν. Sie unterscheiden sich um die Dichte: es gilt $\eta = \nu \cdot \rho$.

2. Mengenmeßgeräte 517

Der Druckverlust (Bild 456) von Turbinenzählern ist zunächst wie der von Ovalradzählern von der Zähigkeit des Fluides und der Belastung abhängig. Hinzu kommt, daß der Druckverlust mit größer werdender Nennweite abnimmt. Für den Zähler ist ein Druckverlust von etwa 0,4 bar und für Zähler und Meßstrecke gar von 0,8 bis 1,0 bar zu erwarten. Das sind für Flüssigkeiten relativ hohe Druckverluste, und es ist hier besonderes Augenmerk auf ausreichende Unterkühlung zu legen (siehe Abschnitt IV. 2.1 a3). Zählerhersteller empfehlen, für Betriebsdrücke zu sorgen, die mindestens 1,5 bis 2 bar höher als der Dampfdruck sind.

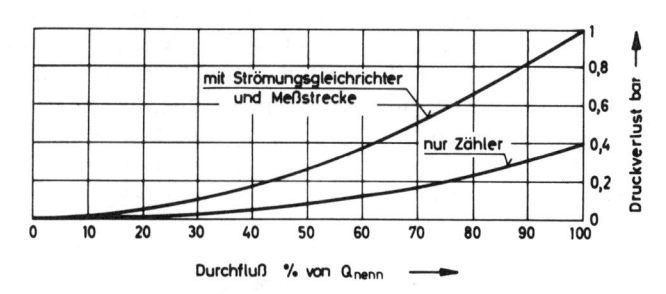

Bild 456. Druckverluste von Turbinenradzählern.
Die Druckverluste von Turbinenradzählern – besonders von solchen kleiner Nennweite – sind relativ hoch. Hinzu kommen die Druckverluste der Strömungsgleichrichter und der Ein- und Auslaufstrecken. Die Zähigkeit hat nur geringen Einfluß auf den Druckverlust.

Turbinenradzähler sind für Messungen im eichpflichtigen Verkehr zugelassen. Die Abgriffsysteme der Zähler müssen dann zweikanalig ausgeführt sein und gegen Kurzschluß, Leitungsbruch und Spannungsausfall überwacht werden, um Fehler in der Elektronik erkennen zu können. Weiterhin sind Strömungsgleichrichter vorzusehen. Die Zähigkeit des Meßstoffes kann – abhängig von der Nennweite – bis 100 mPa · s betragen.

● *Betriebseigenschaften*

Turbinenradzähler sind genau messende hochtourige Geräte mit enggepaßten Lagerungen aus harten (und damit auch spröden) Werkstoffen. Stoßartige Belastungen beim Transport oder bei der Inbetriebnahme vertragen sie nicht! Mit der Flüssigkeit geführte kleine feste Verunreinigungen, die sich im Gerät nicht ablagern, stören die Messung weniger als faserige Verunreinigungen, die sich um die Welle des Turbinenrades wickeln und damit den Meßvorgang beeinträchtigen können. Defekte Turbinenradzähler sperren bei einem Defekt den Produktstrom nicht ab, das kann, wie schon ausgeführt, Vor- und Nachteile haben.

518 V. Mengenmessung

Meßfehler werden im allgemeinen nur über Plausibilitätsbetrachtungen bemerkt und durch Nacheichung quantifiziert werden können, wenn man nicht – was sich bei hohen Ansprüchen an die Meßgenauigkeit anbietet – zwei Geräte hintereinanderschaltet. Dann sind auch für den zweiten Zähler die Einlaufbedingungen einzuhalten und insbesondere ein Strömungsgleichrichter zwischenzuschalten.

5) Woltmanzähler

Für die Messung größerer Mengen kalten oder heißen Wassers werden häufig Woltmanzähler (Bild 457) eingesetzt. Woltmanzähler sind Turbinenzähler, die robust und durch Einsatz von Kunststoffen korrosionsbeständig sind. Sie haben ein örtliches Zählwerk, das über Magnetkupplung vom Turbinenrad angetrieben wird, können aber auch mit Fernübertragungseinrichtungen ausgerüstet werden. Die Nennweiten der Woltmanzähler liegen zwischen 50 und 500 mm, die entsprechenden Nennbelastungen zwischen 30 und 4000 m³/h. Der maximale Betriebsdruck ist PN 40, die maximale Betriebstemperatur 200 °C. Die Meßgenauigkeit ist geringer als die der vorher beschriebenen Turbinenzähler.

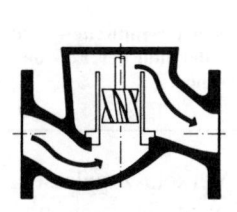

Bild 457. Woltmanzähler mit vertikaler Achse (Bopp & Reuther).
Die preiswerten, robusten Zähler eignen sich besonders zur Mengenmessung von Wasser.

Für Woltmanzähler werden verschiedene Konstruktionsprinzipien, z.B. waagerechte oder senkrechte Anordnung, angewandt.

c) Ermitteln und Berücksichtigen der Betriebsdichte

Voraussetzung für die Ermittlung der *Masse* eines strömenden Fluids ist in den meisten Fällen die Kenntnis der *Betriebsdichte*. Ausnahmen sind die Massendurchflußmesser, deren Anzeige unabhängig von der Dichte ist und der Teilstrommesser, in dessen Ergebnis die Dichte im Normalzustand eingeht. Bei Volumenzählern geht die Betriebsdichte voll, bei Wirkdruckintegratoren nur unter der Wurzel ein.

● *Physikalische Grundlagen*

Es gibt sehr viele Möglichkeiten, das Meßergebnis eines Volumenzählers mit der Dichte zu korrigieren. Grundsätzlich ist zunächst zu unterscheiden, ob das Fluid eine konstante, bekannte Zusammensetzung hat und nur der Betriebszustand, also Druck und Temperatur, sich ändert, oder ob sich zusätzlich auch die Produktzusammensetzung ändert. Bei Abrechnungsmessungen ist meistens die Produktzusammensetzung konstant, denn der Abnehmer möchte ja ein Gas oder eine Flüssigkeit in reinem Zustand oder in bestimmter Zusammensetzung beziehen. Es gibt aber auch Fälle, in denen zwangsläufig anfallende Gase oder Flüssigkeiten zur Weiterverarbeitung verkauft werden, die wegen des Zwangsanfalles gar nicht konstant zusammengesetzt sein können.

Bei konstanter Produktzusammensetzung ist bei Gasen der Einfluß von Druck und Temperatur auf die Dichte, bei Flüssigkeiten im allgemeinen nur der Einfluß der Temperatur zu berücksichtigen (bei Flüssigkeiten ändert sich die Dichte kaum, wenn der Druck erhöht oder erniedrigt wird).

● *Abhängigkeit der Dichte von Gasen vom Betriebszustand*

Aus dem Alltagsleben ist bekannt, daß die Dichte von Gasen, hier speziell von Luft, mit zunehmender Temperatur abnimmt: Erwärmte Luft steigt auf, mit Heißluftballons lassen sich sogar Luftfahrten durchführen. Daß sich die Dichte mit zunehmenden Druck erhöht, ist auch leicht einzusehen: Wenn man z.B. sechs Liter atmosphärischer Luft in einen Raum von drei Litern preßt – etwa die Verhältnisse beim Aufpumpen eines Fahrradreifens – so ist einzusehen, daß die Dichte im Fahrradreifen doppelt so groß ist wie in der Atmosphäre, denn die Dichte ist ja das Verhältnis Masse/Volumen.

Die Abhängigkeit der Betriebsdichte „idealer" Gase von Druck und Temperatur gibt folgende Gleichung wieder:

$$\rho_1 = \rho_n \frac{p_1 \cdot 273{,}15}{1{,}01325 \cdot T_1} \tag{12}$$

In der Gleichung bedeuten:

ρ_1 Betriebsdichte in kg/m³,
ρ_n Dichte im Normzustand (0 °C, 1,01325 bar) in kg/m³,
T_1 Betriebstemperatur in K (Kelvingrad),
p_1 Betriebsdruck in bar (Absolutdruck!).

Als Beispiel soll die Dichte von Luft bei 5,0 bar Überdruck, bei 20,0 °C und einem Barometerstand von 1 020 mbar (= 1,02 bar = 765 mm Hg) berechnet werden. Es sind bei

ρ_n von Luft = 1,2928 kg/m³,
T_1 = 273,15 +20,0 = 293,15 K,
p_1 = 1,02 +5,0 = 6,02 bar,

dann

$$\rho_1 = 1{,}2928 \cdot \frac{6{,}02 \cdot 273{,}15}{1{,}01325 \cdot 293{,}15} = 7{,}1569 \text{ kg/m}^3,$$

ρ_1 = 7,16 kg/m³.

Ändert sich die Temperatur von 20 auf 30 °C, so wird ρ_1 um 3,3 % niedriger.

Zu den Gleichungen ist zu sagen, daß sich 5 bar mit Betriebsgeräten nicht so genau messen lassen, daß eine Angabe

p_1 = 6,02 bar

physikalisch überhaupt große Bedeutung hat. Das betrifft meist auch die Betriebstemperatur: Auf 0,1 °C genau zu messen, bedarf schon großen Aufwandes. Aus diesen Gründen ist die Angabe des Ergebnisses mit einer Stelle hinter dem Komma voll ausreichend; die letzte Stelle wird aufgerundet. Aufrunden heißt hier, daß die Ziffer in der zweiten Stelle um eins erhöht wird, wenn in der dritten Stelle eine 5, 6, 7, 8 oder 9 stehen

Was bedeutet die Einschränkung „ideales Gas" ? Ein ideales Gas gibt es gar nicht, denn seine Moleküle müßten punktförmig sein, das heißt, sie dürften kein Eigenvolumen haben und zwischen den Molekülen dürften keine Anziehungskräfte wirken. Daß der Begriff „ideales Gas" trotzdem Bedeutung hat, liegt darin, daß einmal die Formeln für ideale Gase einfach sind und zum anderen sich Gase in bestimmten Zustandsbereichen wie ein ideales Gas verhalten. Luft und andere Gase verhalten sich bei niedrigen Drücken und hohen Temperaturen wie ein ideales Gas, bei hohen Drücken und tiefen Temperaturen nicht wie ein ideales, sondern wie ein „reales" Gas. Verstehen läßt sich das so, daß bei niedrigen Drücken und hohen Temperaturen – gleichbedeutend bei niedrigen Betriebsdichten – relativ wenig Moleküle einen Raum ausfüllen: Die Summe des Eigenvolumens der Moleküle ist klein zum ausgefüllten Raum und der Abstand der Moleküle ist relativ groß, so daß die Anziehungskräfte weniger wirksam werden. Bei Erhöhung des Druckes und Erniedrigung der Temperatur ändert sich das: Das aufsummierte Eigenvolumen wird größer, der Abstand der Moleküle geringer und damit der Unterschied zum idealen Gas bedeutender.

Der Einfluß des Realgasverhaltens auf die Dichte wird formelmäßig durch Erweiterung der Gl. (12) um den dimensionslosen *Realgasfaktor Z* oder um die dimensionslose *Kompressibilitätszahl K* berücksichtigt:

$$\rho_1 = \rho_n \frac{p_1 \cdot 273{,}15}{1{,}01325 \cdot T_1} \cdot \frac{Z_n}{Z_1} = \rho_n \frac{p_1 \cdot 273{,}15}{1{,}01325 \cdot T_1} \cdot \frac{1}{K} \quad . \tag{13}$$

Z_n ist der Realgasfaktor im Normzustand, Z_1 und K_1 sind Realgasfaktor und Kompressibilitätszahl im Betriebszustand. Für ein *ideales* Gas ist $Z_1 = 1$, während $K_1 = 1$ für das Gas im *Normzustand* ist und für den idealen Gaszustand etwas größer als 1 werden kann. Die Unterschiede sind besonders für Flüssiggase von Bedeutung, die sich in der Nähe des Normzustandes bereits verflüssigen.

Für viele andere Gase ist der *Unterschied der Zahlenwerte von K_1 und Z_1 unbedeutend*. Daß zwei Korrekturfaktoren vorhanden sind, hat auch historische Bedeutung. Die Anhänger der Realgasfaktoren weisen darauf hin, daß die Aussage, das ideale Gas habe den Realgasfaktor 1, physikalisch befriedigender sei und daß sich theoretische Ableitungen besser mit dem Realgasfaktor durchführen ließen. In der Gaswirtschaft wird mit Normzuständen gerechnet, dort ist die Grundlage nicht das ideale Gas, sondern das Gas im Normzustand und man benutzt – auch nach der Eichordnung – die Kompressibilitätszahl K.

In unserem Beispiel (5 bar Überdruck, Temperatur 20 °C) ist – wie aus Bild 458 zu ersehen – der Realgasfaktor = 1, die Dichte muß also nicht korrigiert werden. Anders sieht es aus, wenn ein Druck von 50 bar und eine Temperatur von -100 °C anliegen. Für diesen Zustand ist für Luft $Z = 0{,}8$ und ρ_1 wird um 25 % höher als bei Berechnung nach der Formel für ideale Gase. Bei anderen Zuständen kann der Realgasfaktor auch größer als 1 sein, z.B. bei Luft unter einem Druck von etwa 450 bar und wieder der Temperatur von -100 °C ($Z = 1{,}33$). Dann wird ρ_1 um 25 % niedriger als bei Berechnung nach der Formel für ideale Gase.

● *Abhängigkeit der Dichte von Flüssigkeiten vom Betriebszustand*

Bei Flüssigkeiten wird meist nur der Temperatureinfluß berücksichtigt. Wenn die Dichte nicht aus Tabellen entnommen wird, kann man folgende Gleichung benutzen.

$$\rho_{t2} = \rho_{t1}\left(1 - \beta\left(t_1 - t_2\right)\right) \tag{14}$$

ρ_{t1} ist die bekannte Flüssigkeitsdichte bei der Temperatur t_1; für Mineralöle ist t_1 die Bezugstemperatur, sie ist 12 °C für die Bemessung der Steuer; ρ_{t2} ist die zu berechnende Flüssigkeitsdichte bei der Temperatur t_2; β ist die Wärmeausdehnungszahl oder der Ausdehnungskoeffizient, er kann in kleinen Temperaturintervallen als konstant angenommen werden.

Für Wasser ist β bei 10 °C gleich $0{,}082 \cdot 10^{-3}$ (= 0,000082), bei 20 ° gleich $0{,}207 \cdot 10^{-3}$ und bei 40 °C gleich $0{,}385 \cdot 10^{-3}$ (jeweils pro °C). Bei Erhöhung der Temperatur von 20 auf 30 °C vermindert sich die Dichte von 0,9982 auf

522   V. Mengenmessung

0,9957, das sind nur 0,25 % auf 10 °C, gegenüber 3,3 % bei Luft in unserem Beispiel für die Gasdichte: Der Temperatureinfluß bei Umgebungsbedingungen ist auf die *Dichte von Luft* mehr als *zehnmal größer* als auf die *Dichte von Wasser* im Bereich der Umgebungstemperaturen. Bei höheren Temperaturen und für andere Flüssigkeiten ist er höher (siehe: Selbsttätige Korrektur von Flüssigkeitsmessungen, Bild 465).

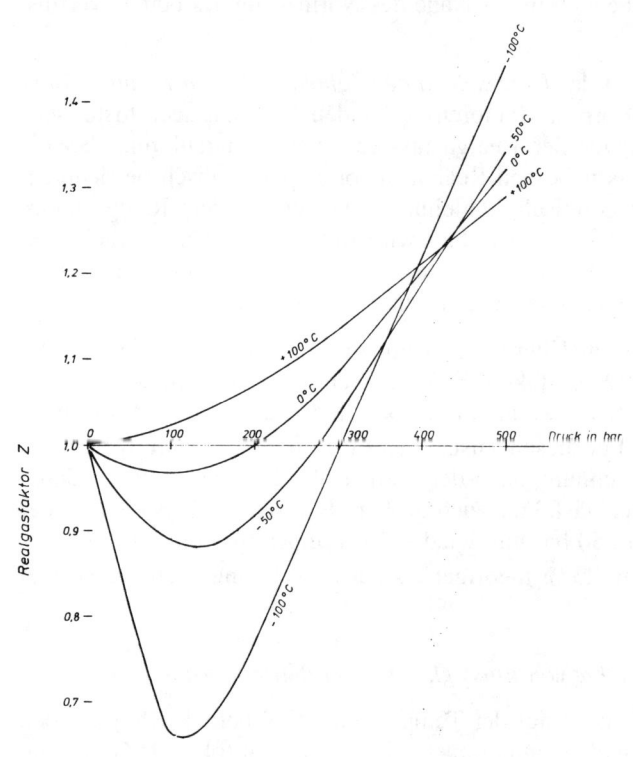

Bild 458. Realgasfaktor von Luft.
Je nach Betriebszustand kann der Realgasfaktor kleiner, gleich oder größer als Eins sein.

● *Manuelle Korrektur der Volumenmessungen*

Um aus den Meßergebnissen von Volumenzählern die Masse zu ermitteln, werden, wenn die Ergebnisse nicht von vornherein digital verarbeitet werden, die Betriebszustände – Druck und Temperatur bei Gasen und die Temperatur bei Flüssigkeiten – gemessen und registriert. Zur Auswertung sind die Registrierstreifen zu planimetrieren und mit den so gewonnenen Tagesmittelwerten und den Zählerständen die Masse zu berechnen. Die Berechnung geschieht von Hand oder über eine kommerzielle EDV-Anlage. Erforderliche Korrekturwerte wie die Realgasfaktoren müssen Tabellen entnommen oder über Interpolationsformeln bestimmt werden. Weiter geht in die Masseberechnung von Gasen der Barometerstand ein, wenn mit Überdruckmeßgeräten gemessen wird. Man liest entweder den Barometerstand täglich zu einer bestimmten Zeit ab, man mittelt täglich über einige Werte oder legt den Berechnungen nur den auf den Meßort bezogenen Jahresmittelwert des Luftdruckes zugrunde.

Die aufgezeigten Maßnahmen liefern genaue, leicht zu überprüfende Ergebnisse, solange nicht mehr als eine der Betriebsgrößen Volumendurchfluß, Druck und Temperatur stark schwankt. Treten starke Schwankungen auf, so kann man zwar auf dem Registrierstreifen Teilabschnitte bilden, in denen höchstens eine Größe geschwankt hat und die Masse für diese Teilabschnitte berechnen, besser ist es aber, entweder Druck und Temperatur zu regeln oder Geräte einzusetzen, die das Ergebnis des Volumenzählers selbsttätig korrigieren.

● *Korrektur mit Prozeßleitsystemen oder Prozeßrechnern*

Das geschilderte Verfahren läßt sich automatisieren, wenn ein Prozeßleitsystem oder ein Prozeßrechner Zählerstand, Druck und Temperatur laufend abfragt, aus den Meßergebnissen die Masse berechnet und diese aufsummiert. Damit ergeben sich sehr genaue, von Schwankungen der Betriebsgrößen und auch von menschlichem Einfluß unabhängige Meßergebnisse. Meßergebnisse, deren Genauigkeit sich noch dadurch verbessern läßt, daß die Kennlinien der Volumenzähler, gegebenenfalls auch ihre Abhängigkeit von der Meßstofftemperatur und der Zähigkeit, Berücksichtigung finden. Ändert sich die Gaszusammensetzung, so muß mit Gasdichtewaagen die Normdichte gemessen und im Rechner berücksichtigt werden.

Außerdem bieten digitale Prozeßleit- oder Meßcomputersysteme die Möglichkeiten

- beliebige analoge, binäre oder digitale Ausgangssignale zu generieren,
- Abfüll- und Dosiervorgänge zu automatisieren,
- Fehlimpulse durch Vibrationen zu diskriminieren und weitere Überwachungen durchzuführen.

● *Korrektur mit Betriebsdichtemessern*

Eine sehr elegante Lösung ist, die Betriebsdichte direkt zu messen, das Ergebnis mit dem Volumendurchfluß zu multiplizieren und den so gewonnenen Massendurchfluß aufzusummieren. Auch bei dieser Kombination finden Digitalrechner Anwendung, bei einigen ist es möglich, die Fehlerkurve des Zählers zu berücksichtigen.

Als Betriebsdichtemesser für Dichten etwa ab 2 kg / m³ haben sich in letzter Zeit Stimmgabel-, Schwingzylinder- oder Zungenfrequenzmesser eingeführt (Bild 459). Vereinfacht ist ihr Prinzip so: Ein schwingungsfähiges Gebilde – eine Stimmgabel, ein glockenartig schwingender Zylinder oder eine Zunge – wird von einem elektromagnetischen System in Schwingungen versetzt. Es schwingt mit einer von den mechanischen Eigenschaften, wie Abmessungen, Form und Werkstoff, abhängigen Eigenfrequenz von einigen Kilohertz. In der Umgebung befindliche Moleküle des Fluids nehmen an der Schwingung teil und verändern damit gewissermaßen die mechanischen Eigenschaften des Schwingsystems und, daraus folgend, dessen Eigenfrequenz. Die Änderung der Eigenfrequenz ist von der Betriebsdichte des Fluids abhängig, und das Gerät erzeugt ein der Betriebsdichte proportionales Ausgangssignal.

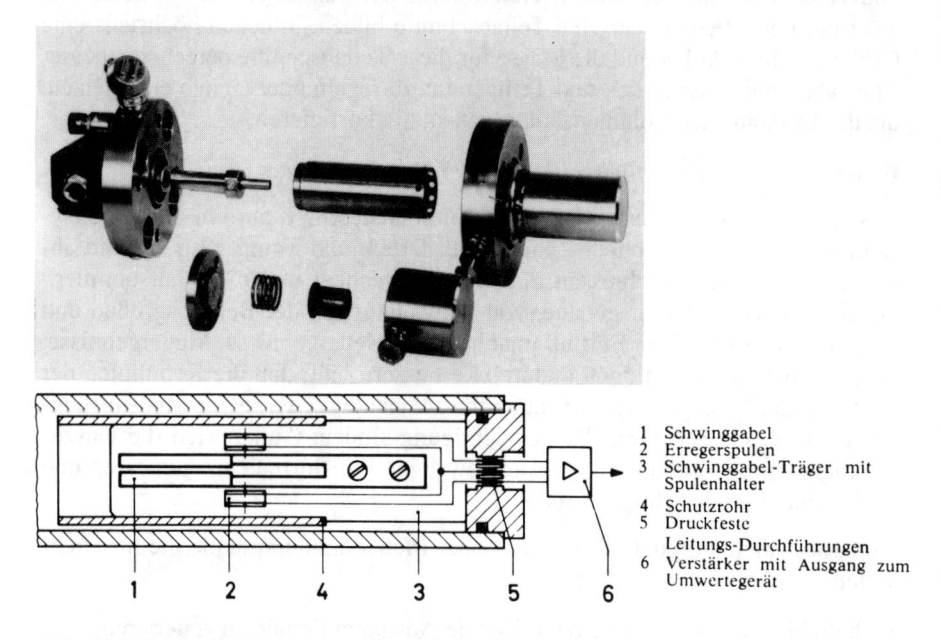

Bild 459. Schwinggabeldichtemesser, (Bopp & Reuther).
Gasmoleküle in der Umgebung der Schwinggabel verstimmen deren Frequenz. Die Änderung ist dichteabhängig. Das Ausgangssignal der Geräte ist nach Verarbeitung durch ein Rechenglied mit hoher Genauigkeit proportional der Betriebsdichte.
1 Schwinggabel,
2 Erregerspulen,
3 Schwinggabel-Träger mit Spulenbehälter,
5 druckfeste Leitungsdurchführungen,
4 Schutzrohr,
6 Verstärker mit Ausgang zum Umwertegerät.

Die Geräte reagieren mit empfindlichen Meßfehlern gegen feste und – bei Gasmessungen – flüssige Verunreinigungen, die sich auf dem schwingenden Element festgesetzt haben. Wegen der Erregung des Schwingers durch ein magnetisches Feld stören besonders ferromagnetische Teilchen. Es ist also der Probestrom sorgfältig mechanisch und magnetisch zu filtern. Weiterhin müssen Druck und Temperatur im Dichtemeßgerät und im Volumenzähler genau übereinstimmen. Wie sich das erreichen läßt, zeigt Bild 460: In die Meßstoffleitung wird am Meßort ein Rohrstück geringerer Nennweite senkrecht zur Rohrachse eingeschweißt. In dieses Rohrstück wird der Dichtemesser gut wärmeleitend montiert und das Rohr nach außen wärmeisoliert. Für Gase mit veränderlicher Zusammensetzung wird der Probenstrom vor dem Rohrstück entnommen und zwischen Rohrstück und Zähler in den Meßstoffstrom zurückgeführt. Das Rohrstück sorgt nicht nur für Temperaturgleichheit zwischen Meßstoff und Dichtemesser, sondern auch für einen Druckabfall, der den Probenstrom durch den Dichtemesser fördert. Der Durchfluß muß so groß sein, daß Änderungen in der Zusammensetzung des Meßstoffes hinreichend schnell aufgenommen werden.

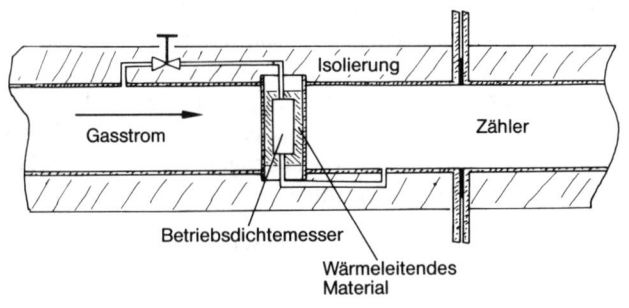

Bild 460. Einbaumöglichkeit eines Betriebsdichtemessers.
Ein senkrecht zur Rohrleitungsachse eingeschweißtes Rohrstück nimmt den Betriebsdichtemesser auf. Wärmeleitende Verbindung zur Wand des Rohrstückes und Isolierung nach außen sorgen für Temperaturgleichheit zwischen Meßgeräten und Meßgut. Der Druckabfall des Gasstromes treibt den Probenstrom durch den Betriebsdichtemesser.

Gase, deren Zusammensetzung sich nicht ändert, erfordern keine oder nur sehr geringe Probenströme. Hier kommt es vor allem darauf an, Temperatur- und Druckunterschiede zwischen Dichtemeßgerät und Zähler zu vermeiden. Der Probenstrom kann dazu am Geräteeingang stark gedrosselt werden.

Für die Geräte werden folgende Meßbereiche, Betriebsdrücke, Betriebstemperaturen und Genauigkeiten angegeben:

Meßbereichsendwerte
    für Gase   von 2 bis 400 kg/m³
    für Flüssigkeiten   von 10 bis 1500 kg/m³
Betriebsdruck maximal 320 bar,
Betriebstemperatur von -10 bis $+85\,°C$,
Meßunsicherheit abhängig vom Meßbereich, im günstigsten Fall
    0,1%, sonst 0,3 bis 0,5% vom Meßwert.

Die hohen Genauigkeiten lassen sich im wesentlichen dann einhalten, wenn die Geräte mit dem zu messenden Fluid kalibriert wurden: Das Meßergebnis wird zwar vor allem von der Betriebsdichte bestimmt, es können aber auch andere Eigenschaften des Fluids, wie z.B. die Zähigkeit oder die Schallgeschwindigkeit, eingehen.

Zur Bewertung ist weiterhin zu bedenken, daß die Betriebsdichtemesser verbunden mit den Volumenzählern Mengenangaben in Form von Zählerständen liefern, die sich bei der Analyse vermuteter oder vorhandener Fehler nicht weiter auflösen und dann das Gefühl einer gewissen Hilflosigkeit entstehen lassen können. An den Schreibstreifen der Druck- und Temperaturmessungen lassen sich dagegen leichter Plausibilitätsüberlegungen anstellen: Man sieht, ob z.B. die Messung in den letzten 24 Stunden ausgesetzt hat oder ob vollkommen unmögliche Drücke und Temperaturen angezeigt wurden. Ist bei sehr wichtigen Messungen der Einsatz eines Betriebsdichtemessers vorteilhaft, so kann man den geschilderten Schwierigkeiten dadurch begegnen, daß zwei Geräte installiert und deren Ausgangswerte laufend verglichen werden, was auch in zunehmendem Maße praktiziert wird. Hier und in vielen anderen ähnlich gelagerten Fällen ist davon auszugehen, daß in beiden Geräten nicht gleichzeitig der gleiche Fehler auftritt.

Verschiedene Betriebsdichtemesser sind für den eichpflichtigen Verkehr zugelassen.

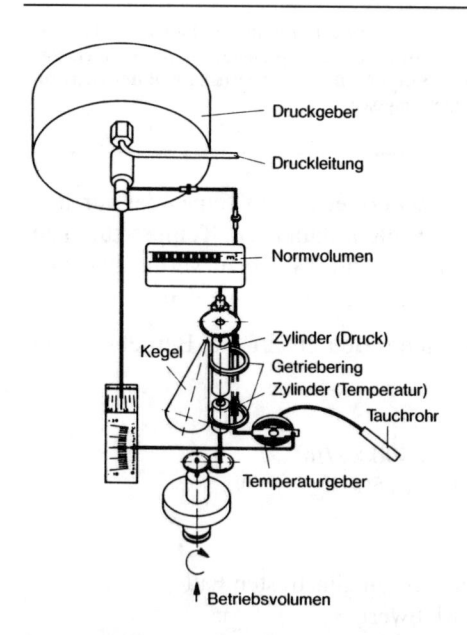

Bild 461. Zustandsmengenumwerter (Elster).
Mechanisch korrigiert das Gerät über Druck- und Temperaturmeßeinrichtungen das Meßergebnis eines Volumenzählers auf Kubikmeter im Normalzustand. Die Verbindung zwischen Zählerwelle und Zählwerk wird dazu über zwei Getriebeinge und einen Kegel übersetzt. Druck- und Temperaturgeber verschieben die Getriebeinge und beeinflussen so das Übersetzungsverhältnis.

● *Zustandsmengenumwerter*

Mechanisch und (in Neuanlagen fast nur noch) elektronisch wird das Meßergebnis eines Volumengaszählers im Zustandsmengenumwerter so korrigiert, daß an einem Zählwerk das Volumen im Normalzustand abgelesen werden kann. Im mechanischen Mengenumwerter (Bild 461) verstellen die Ausgangssignale von Druck- und Temperaturfühlern die Übersetzung eines Getriebes so, daß die Drehgeschwindigkeit der Zählwerkwelle proportional dem Volumendurchfluß im Normalzustand und damit die Zahl der Umdrehungen proportional dem Volumen im Normalzustand oder proportional der durch das System geströmten Masse ist.

Für Gase konstanter Zusammensetzung läßt sich der Einfluß der Kompressibilität wie folgt berücksichtigen: In einer Vergleichskammer wird eine bestimmte Menge des zu messenden Gases eingesperrt. Diese Vergleichskammer wird dem gleichen Druck und der gleichen Temperatur wie das Fluid ausgesetzt und kann so den Kompressibilitätseinfluß kompensieren. Die Funktion des Gerätes zeigt Bild 462.

Bild 462. Prinzip des Mengenumwerters.
Das Vergleichsgas im richtkraftlosen Faltenbalgsystem nimmt Druck und Temperatur des Meßgases an: Die Länge des Faltenbalgs ist ein Maß für das spezifische Volumen des eingeschlossenen Gases. Die Längenänderungen – steigender Druck kürzt, steigende Temperatur längt das System – werden über ein Hebelsystem und mittels einer Faltenbalgabdichtung reibungsfrei aus dem Druckraum herausgeführt und greifen auf das Umwertergetriebe ein.

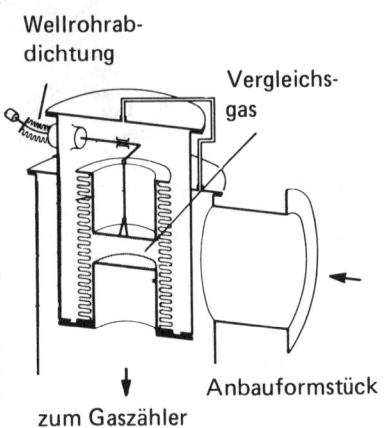

Wie schon erwähnt, werden die mechanischen Mengenumwerter mehr und mehr durch elektronisch arbeitende Geräte verdrängt. Die Geräte (Bilder 463 und 464), die mit Mikroprozessoren, Daten-, Adreß- und Steuerbussen sowie mit RAMs und EPROMs ausgerüstet sind, übernehmen auch über die reine Mengenumwertung hinausgehende Aufgaben wie Ausgaben von Signalen 4 bis 20 mA für Durchfluß, Druck und Temperatur. Außerdem überwachen sie selbsttätig ihre eigenen Funktionen oder die Plausibilität der Eingangsmessungen.

Bei Gasen wechselnder Zusammensetzung ist die Normdichte zusätzlich zu messen, um die Masse angeben zu können.

Der Kompressibilitätseinfluß kann nur annähernd berücksichtigt werden, wenn sich mit der Gaszusammensetzung auch die Realgasfaktoren ändern.

Die Einsatzbereiche für Mengenumwerter grenzen sich etwa wie folgt ab:

- zulässiger Betriebsdruck bis 100 bar,
- zulässige Betriebstemperaturen serienmäßig zwischen −10 und +50 °C (das ist deshalb keine große Einschränkung, weil die Betriebstemperaturen der zugehörigen Zähler meist auch in dem Bereich liegen),
- Temperaturspanne 30 °C.

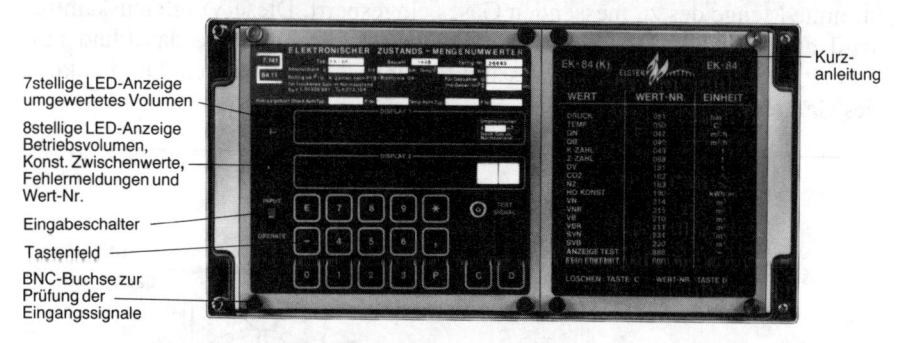

Bild 463. Elektronischer Zustandsmengenumwerter für Tafeleinbau (Elster).
Das Gerät läßt sich über ein Tastenfeld konfigurieren und parametrieren. Die eigentlichen Programme sind in einem EPROM hinterlegt.

Zustandsmengenumwerter sind für den eichpflichtigen Verkehr zugelassen. Als Eichfehlergrenze gilt

$\pm 1\%$, die Fehler dürfen nicht sämtlich die Hälfte der Fehlergrenzen überschreiten, wenn sie alle das gleiche Vorzeichen haben.

Ohne diese Einschränkung könnte sich ein Geschäftspartner dadurch Vorteile schaffen, daß er bei einem Gerät mit sehr flacher Eichkurve diese an die Fehlergrenzen schieben läßt und dann immer ein Prozent weniger zu zahlen hat oder ein Prozent mehr bezahlt bekommt, als es dem wahrscheinlichen Meßwert entsprechen würde.

Für den Zustandsmengenumwerter, der bevorzugt in der Gaswirtschaft in großer Zahl eingesetzt wird, gelten ähnliche Einschränkungen bezüglich der Möglichkeit, das Meßergebnis zu analysieren, wie beim Betriebsdichtemesser – vielleicht ein Grund dafür, daß Mengenumwerter in der chemischen Verfahrenstechnik weniger Eingang gefunden haben.

2. Mengenmeßgeräte 529

Bild 464. Elektronischer Zustandsmengenumwerter für örtliche Montage (RMG-Meßtechnik). Das Gerät läßt sich mit einem tragbaren Terminal konfigurieren und parametrieren.

● *Selbsttätige Korrektur von Flüssigkeitsmessungen*

Die Dichte von Flüssigkeiten hängt – wie schon ausgeführt – von den Betriebsgrößen Druck und Temperatur weniger stark ab, als die Dichte von Gasen. Der Einfluß des Druckes ist meist ganz zu vernachlässigen. Die Korrektur des Temperatureinflusses geschieht nach der einfachen Formel (14):

$$\rho_t = \rho_0 (1 - \beta (t - t_0))$$

Dabei sind ρ_t die Betriebsdichte, t die Betriebstemperatur und ρ_0 und t_0 die Auslegungswerte. Der Ausdehnungskoeffizient β liegt für die meisten Flüssigkeiten zwischen 0,0005 und 0,0015 pro Grad Temperaturänderung. Immerhin ändert sich die Dichte und damit auch das Meßergebnis schon um 1 ‰, wenn die Betriebstemperatur nur um ein Grad von der Auslegungstemperatur abweicht.

Hat die Flüssigkeit wechselnde Zusammensetzung, so ist die Korrektur über eine *Betriebsdichtemessung* erforderlich. Die Geräte sind im Prinzip gleich aufgebaut wie die für die Gasdichtebestimmung.

Neben der für alle mit Fernübertragung ausgerüsteten Flüssigkeitszähler möglichen *elektronischen* Korrektur (Bild 465), wird auch oft *eine mechanische* Korrektureinrichtung angeboten, bei der lediglich die Bezugstemperatur und der dem Ausdehnungskoeffizienten entsprechende Temperaturkorrekturbereich eingestellt werden müssen (Bild 466).

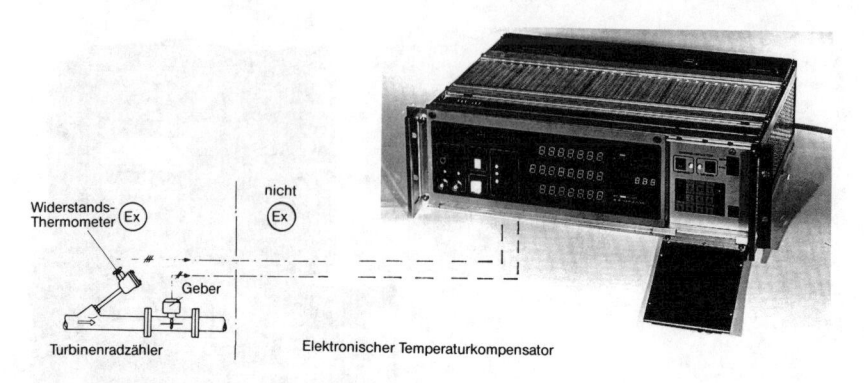

Bild 465. Temperaturkompensator (Bopp & Reuther).
Der Temperaturkompensator verknüpft die Durchflußsignale des Turbinenradzählers mit der über Widerstandsthermometer gemessenen Temperatur so, daß das Volumen temperaturkompensiert abgelesen und ausgedruckt werden kann. Das Gerät ist für den eichpflichtigen Verkehr zugelassen.

3. Anforderungen an Mengenmeßgeräte

Hauptanforderung an Mengenmeßgeräte ist die Forderungen nach *genauen* Meßergebnissen. Das gilt natürlich für jedes Meßgerät. Viele Forderungen aber, die zusätzlich an andere Meßgerate zu stellen waren, treten etwas in den Hintergrund.

Es ist weniger bedeutend, daß die Ergebnisse in weiten Bereichen von Druck und Temperatur unabhängig und weniger bedeutend, daß die Geräte gegen Korrosion, Verschmutzungen, Erschütterungen und Entmischung des Meßstoffes unempfindlich sind. Das liegt einmal daran, daß Mengenmeßgeräte bevorzugt bei Ein- oder Ausgangsmessungen zum Einsatz kommen, also an Stellen, an denen der Betriebsablauf meist noch oder wieder erträgliche Konditionen hat. Zum anderen ist der Betrieb bereit, konstante Bedingungen wie z.B. Druck- und Temperaturregelungen einzurichten, um eine hohe Genauigkeit der Mengenmessungen zu erreichen.

Alle die hier beschriebenen Geräte sind für eichpflichtige Messungen zugelassen oder haben Aussicht, für den eichpflichtigen Verkehr zugelassen zu werden. Die Eichgesetze und -vorschriften und die Eichordnungen werden seit einiger Zeit im Bereich der Europäischen Gemeinschaft angeglichen – „harmonisiert" heißt es offiziell. In der Eichordnung sind zwar innerstaatliche und EG-Anforderungen noch getrennt aufgeführt, sie unterscheiden sich aber nur geringfügig. Meßeinrichtungen für den geschäftlichen Verkehr (für die Eichpflicht besteht), dürfen entweder nach innerstaatlichen oder EG-Anforderungen ausgelegt werden.

Meßeinrichtungen zur unmittelbaren oder mittelbaren Bestimmung des Volumens müssen geeicht sein, wenn sie im *geschäftlichen Verkehr* eingesetzt oder so bereitgehalten werden, daß sie ohne besondere Vorbereitung in Betrieb genommen werden können. Eichpflicht besteht für diese Geräte auch im *amtlichen Verkehr*, wenn sie z.B. für Messungen nach dem Zoll- oder Steuerrecht verwendet werden.

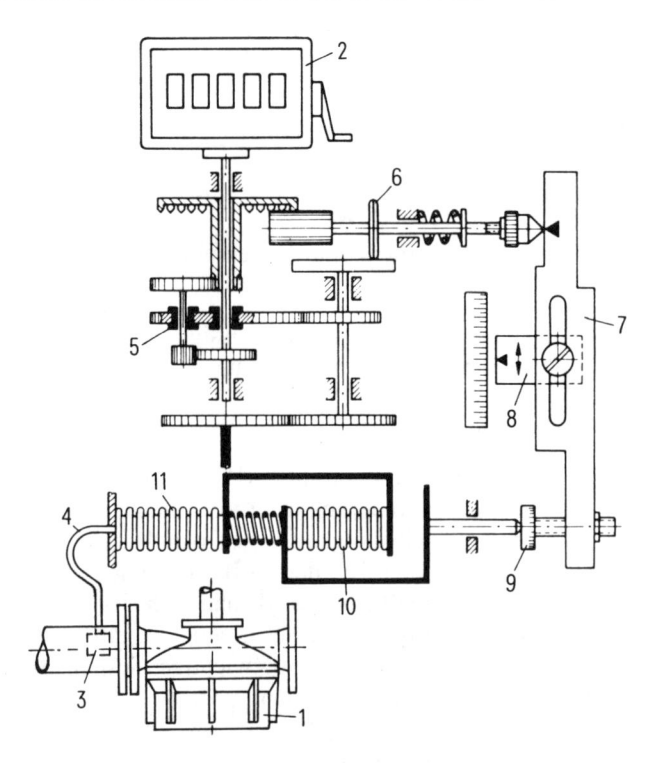

Bild 466. Aufbau eines mechanisch wirkenden Mengenumwerters (Siemens).
Das mit Außentemperaturkompensation (10) ausgerüstete Flüssigkeitsausdehnungsthermometer (3) verschiebt über einen Waagebalken (7) ein Reibrad (6) und ändert damit das Übersetzungsverhältnis eines Differentialgetriebes. Die Hauptstellarbeit wird von dem robusten Thermometer aufgebracht, während das Reibradgetriebe das Drehmoment des ohnehin erforderlichen Differentialgetriebes nur um etwa 10 % erhöht. Zur Einstellung des Ausdehnungskoeffizienten β läßt sich der Drehpunkt des Waagebalkens verschieben. (Wer dem Übertragungsweg der Zahnräder folgen will, sollte daran denken, daß es sich bei dem Getriebe um ein sehr großes Übersetzungsverhältnisse bietendes Differentialgetriebe handelt.)
1 Volumenzähler (Meßwerk), 2 Anzeigewerk, 3 Meßfühler (Flüssigkeitsausdehnungsthermometer), 4 Kapillarrohr, 5 Umlaufgetriebe, 6 Reibradgetriebe, 7 Waagebalken, 8 verschiebbares Lager zum Einstellen des Temperaturkorrekturbereichs, 9 Schraube zum Einstellen der Bezugstemperatur, 10 Kompensationsbalg, 11 Arbeitsbalg.

Ausnahmen von der Eichpflicht bestehen u.a. im geschäftlichen Verkehr über Versorgungsleitungen zwischen gleichbleibenden Partnern für die Mengenmessung von Flüssigkeiten außer Wasser mit maximalem Durchfluß von mindestens 600 m³/h, sowie die Mengenmessung von anderen Gasen als Brenngasen, wenn Lieferer und Empfänger die Liefermengen unabhängig voneinander messen oder die Meßgeräte gemeinsam durch fachkundiges Personal überwachen.

Der Gesetzgeber geht dabei offenbar davon aus, daß potente geschäftliche Partner in der Lage sind, selbst für genaue Meßergebnisse zu sorgen. Gegen Fehlmessungen ist vor allem der kleinere Verbraucher durch gesetzliche Bestimmungen zu schützen.

Die Eichordnung unterscheidet zwischen

- Meßgeräten zur Ermittlung des Volumens oder der Masse von strömenden Flüssigkeiten (außer Wasser),
- Meßgeräten für die Volumenmessung von strömendem Wasser und
- Meßgeräten für Gas.

Im folgenden sollen – wenn von Flüssigkeitsmeßgeräten die Rede ist – Flüssigkeiten außer Wasser gemeint sein.

a) Normierungen

Die zur Zeit gültige Eichordnung (EO) vom 15. Januar 1975 mit (heute) sechs Verordnungen zur Änderung der Eichordnung legen Begriffe, Gerätemerkmale, Meßbereiche, Genauigkeitsklassen und vieles andere bis in Detail fest. Wenn auch ein großer Teil der im Betrieb eingesetzten Mengenmeßgeräte der Eichpflicht nicht unterliegt, wird man sich doch an diesen Vorschriften und Festlegungen im Eigeninteresse orientieren, um Voraussetzungen für genaue Meßergebnisse zu schaffen. Auf wichtige Gesichtspunkte dieser Normierungen soll hier eingegangen werden.

● *Begriffe für Mengenmessungen von Gasen*

Für die Gaszähler gibt es *gerätetechnische* Begriffe und *meßtechnische* Begriffe. Gerätetechnisch wird zwischen volumetrischen Gaszählern und nichtvolumetrischen Gaszählern unterschieden und die Geräte werden durch Begriffe genau abgegrenzt. Z.B. sind die Drehkolbengaszähler Verdrängungsgaszähler mit sich drehenden Meßkammerwänden. Bei den meßtechnischen Begriffen sind für uns vor allem Belastungsbereich, Betriebsdruck und Bezugsdruck von Bedeutung:

Der Belastungsbereich wird durch den maximalen Durchfluß q_{max} und den minimalen Durchfluß q_{min} begrenzt, der Betriebsdruck ist der Über- oder Unterdruck des Gases am Zählereingang gegenüber dem atmosphärischen Druck, er hat keine Bedeutung für die Masseermittlung. Dafür ist der Bezugsdruck maßgebend. Das ist der Druck, auf den das Gasvolumen bezogen wird. Der

Bezugsdruck muß in absoluten Einheiten gemessen oder auf absolute Einheiten umgerechnet werden.

Die Druckentnahmestelle ist von der Bauart des Zählers abhängig. Für Drehkolbengaszähler ist maßgebend für die Mengenermittelung der im Eingangsstutzen und für Turbinenradgaszähler der unmittelbar vor dem Turbinenrad gemessene Druck.

Auch für Zusatzgeräte legt die Eichordnung Begriffe fest. Wichtig sind Belastungsmeßgeräte, die die mittlere Belastung periodisch für Zeitintervalle oder den Momentanwert der Belastung anzeigen, registrieren oder ausdrucken, sowie Mengenumwerter. Bei den Mengenumwertern ist zwischen Zustands-Mengenumwertern und Dichte-Mengenumwertern zu unterscheiden, je nachdem, ob die *Umwertung* über die Zustandszahl oder über die Messung der Betriebsdichte geschieht. Wohlgemerkt: Es ist nicht entscheidend, ob das korrigierte Ergebnis als Volumen im Normzustand des trockenen Gases oder als Masse *angezeigt* wird. Um beim Zustandsmengenumwerter die Masse oder beim Dichte-Mengenumwerter das Volumen angeben zu können, ist die Dichte des trockenen Gases im Normzustand entweder vorzugeben oder zu messen.

Die Zustandszahl[58] ist der Faktor, mit dem das mit dem Zähler gemessene Volumen multipliziert werden muß, um das Volumen im Normzustand des trockenen Gases zu erhalten.

Die Formel ist bis auf die Berücksichtigung der Feuchte der Gl. (13) ähnlich aufgebaut.

$$\text{Zustandszahl} = \frac{(p_1 - \varphi \cdot p_s) \cdot 273{,}15}{1{,}01325 \cdot T_1 \cdot K} \qquad (15)$$

p_s Sättigungsdruck des Wasserdampfes bei der Temperatur T_1 in bar (bei 20 °C ist z.B. $p_s = 0{,}02$ bar),
φ die relative Feuchte, sie ist 0 bei ganz trockenem Gas und 1 bei voll mit Feuchtigkeit gesättigtem Gas.

Als Norm für Gasmengenmessungen sei genannt:

- DIN ISO 9951, Messung des Gasvolumens mit Turbinengaszählern.

● *Begriffe für Mengenmessungen von Flüssigkeiten*

Auch für die Meßeinrichtungen für strömende Flüssigkeiten sind gerätetechnische und meßtechnische Begriffe eingehend festgelegt. Anders als bei Gaszäh-

---

[58] In der Eichordnung ist die Zustandszahl mit Z bezeichnet. Es ist zu beachten, daß die Zustandszahl etwas ganz anderes ist als der Realgasfaktor, der auch mit Z bezeichnet wird.

lern sind bei Flüssigkeiten neben den eigentlichen Zählern auch die *Meßanlagen* von ausschlaggebender Bedeutung. Eine Meßanlage ist die Gesamtheit aller Einrichtungen, die für eine einwandfreie Messung mit Flüssigkeitszählern notwendig sind, sie erleichtern oder sie auf irgendeine andere Weise beeinflussen können. Der Flüssigkeitszähler selbst einschließlich der etwa an ihm angebauten Zusatzeinrichtungen ist Bestandteil der Meßanlage. Wichtige andere Teile der Meßanlagen, die im Abschnitt 4 beschrieben werden, sind Gasabscheider, Gasanzeiger, Filter, Einrichtungen zur Mengenbegrenzung und Einrichtungen für die eichtechnische Prüfung.

Auch bei Flüssigkeiten wird zwischen volumetrischen und Strömungszählern unterschieden. Während die EO zwölf Arten von volumetrischen Zählern angibt, z.B. Ringkolbenzähler und Ovalradzähler, wird von den Strömungszählern nur der Turbinenzähler genannt. Neben diesen gerätetechnischen Begriffen, die die Zählerbauarten begrifflich abgrenzen, sind meßtechnische Begriffe für uns von Bedeutung: Es wird unterschieden zwischen Meßgut und Prüfgut. Meßgut sind die in der Bauartzulassung festgelegten Flüssigkeiten, die mit dem Zähler gemessen werden dürfen. Die Flüssigkeiten können durch ihren Namen wie Milch, den Namen einer Stoffgruppe, wie „Dünnflüssige Mineralöle" oder durch ihre dynamische Viskosität gekennzeichnet sein. Prüfgut sind die für die Eichung oder die Vorprüfung zur Eichung vorgeschriebenen Flüssigkeiten. Das Prüfgut kann von anderer Art als das Meßgut sein. Z.B. können Zähler für verflüssigte Gase beim Hersteller nicht mit dem Meßgut vorgeprüft werden, die Vorprüfstelle nimmt statt dessen Benzin, Petroleum oder Gasöl als Prüfgut.

Der Volumendurchflußbereich der Flüssigkeitszähler entspricht dem Belastungsbereich der Gaszähler, er ist der bei der Bauartzulassung festgelegte Bereich zwischen dem kleinsten und größten Volumendurchfluß, außerhalb dessen keine Messungen vorgenommen werden dürfen.

Auch für den Temperaturbereich gelten solche Einschränkungen. Wenn nicht anders festgelegt, wird er von $-10\,°C$ nach unten und von $+50\,°C$ nach oben abgegrenzt.

Wichtige Begriffe sind noch Skalenwert, Umlaufwert und Anzeigebereich. Der *Skalenwert* ist das Volumen, das der Anzeigeänderung um einen Skalenteil eines Zeigerzählwerkes oder der Anzeigeänderung zwischen zwei aufeinanderfolgenden Ziffern eines Rollenzählwerkes entspricht. Der *Umlaufwert* ist das Volumen, das dem vollen Umlauf eines Zeigers oder der Anzeigeänderung eines Rollenzählwerkes bis zur Wiederkehr einer bestimmten Ziffer innerhalb derselben Dezimalstelle (innerhalb derselben Rolle) entspricht. Der *Anzeigebereich* ist der Umlaufwert des Zählgliedes mit dem größten Umlaufwert (beim Kilometerzähler des Autos ist der kleinste Umlaufwert meistens 1 km, der Anzeigebereich 100000 km). Für Flüssigkeitszähler wichtige Zusatzeinrichtungen sind: Nullstell-Einrichtungen an Zählwerken und Summierzählwerke, Druckwerke für den Ausdruck von Mengen und Preisen und – für die chemische Verfahrenstechnik besonders interessant – Mengeneinstellwerke, die nach Abgabe eines voreingestellten Volumens den Abgabevorgang selbsttätig beenden.

● *Meßbereiche*

Normierte Meßbereiche gibt es für *Gaszähler*. Für Flüssigkeiten kann vor allem die Zähigkeit den Durchflußbereich stark beeinflussen oder einschränken, so daß eine Normierung des Durchflußbereichs die Einsatzmöglichkeit manchen Gerätes nur weiter einschränken würde.

Die den Meßbereichsendwerten proportionalen *Größenbezeichnungen* für Gaszähler staffeln sich nach einer (Potenz-) Reihe wie z.B. auch die Skalenendwerte von Manometern, nämlich 1,6 - 2,5 - 4 - 6 - 10 - 16 - 25 - 40 - 65 - 100 - 160 -250 - 400 - 650 - 1000 m³/h und entsprechend weiter. Für Drehkolbengaszähler und Turbinenradgaszähler sieht die Eichordnung eine Belastungstabelle nach Bild 467 vor.

G	Q_{max}	Belastungsbereich		
		klein	mittel	groß
m³/h		Q_{min} m³/h		
16	25	5	2,5	1,3
25	40	8	4	2
40	65	13	6	3
65	100	20	10	5
100	160	32	16	8
160	250	50	25	13
250	400	80	40	20
400	650	130	65	32
650	1000	200	100	50
1000	1600	320	160	80
und den dezimalen Vielfachen der letzten fünf Zeilen				

Bild 467. Belastungsbereiche für Gaszähler.
Die Eichordnung legt für Gaszähler die in der Tabelle angegebenen, auf die Größenbezeichnung G bezogenen Belastungsbereiche fest.

Dabei ist *G* die Größenbezeichnung des Gaszählers, q_{max} der maximale und q_{min} der minimale Durchfluß. Die frühere Bezeichnung „Nennbelastung NB" entspricht der Angabe q_{max}. Man geht jetzt mehr dazu über, die Zähler nach der EG-einheitlichen Größenbezeichnung *G* zu klassifizieren. *G* ist etwa 65 % des NB-Wertes.

Die Belastungsbereiche sind wählbar, sie haben Verhältnisse zwischen q_{min} und q_{max} von 1:5, 1:10 und 1:20. Zunächst sollte man meinen, daß ein großer Belastungsbereich nur vorteilhaft sein kann. Dem ist aber nicht immer so: Bei Einschränkung auf einen kleinen Belastungsbereich kann die Fehlerkurve viel näher an die Null-Prozent-Linie herangelegt werden, als bei einem großen Belastungsbereich. Bild 468 zeigt diese Zusammenhänge.

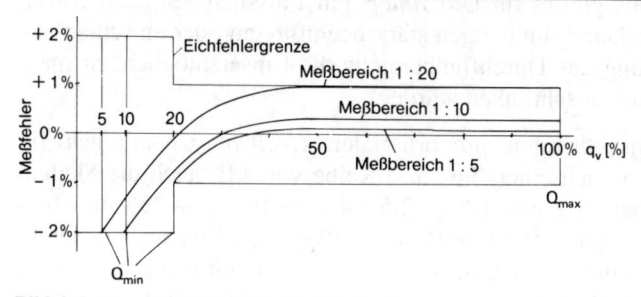

Bild 468. Korrekturmöglichkeit bei Fehlerkurven.
Bei kleineren Belastungsbereichen läßt sich die Fehlerkurve meist besser der Nullinie angleichen.

Für *Flüssigkeitszähler* werden größter und kleinster Volumendurchfluß bei der Zulassungsprüfung festgelegt: Der größte Volumendurchfluß bestimmt sich im wesentlichen dadurch, daß der Zähler bei diesem Durchfluß hinreichend lange arbeiten kann, ohne daß sich seine meßtechnischen Eigenschaften ändern. Der kleinste Durchfluß wird durch die Meß- und auch durch die Anzeigegenauigkeit des Zählers bei diesem kleinsten Durchfluß bestimmt. Festgelegt ist auch das Verhältnis zwischen größtem und kleinstem Durchfluß: Es muß mindestens 10:1 für Zähler im allgemeinen und mindestens 5:1 bei Zählern für verflüssigte Gase sein.

● *Genauigkeit*

Genauigkeitsklassen wie für Manometer und Thermometer gibt es für die hier beschriebenen Mengenmeßgeräte nicht. Die Gerätehersteller haben im allgemeinen alles zu tun, um die von der PTB festgelegten Meßgenauigkeiten zu erfüllen. Die Meßgenauigkeiten werden durch das Fluid, durch den Belastungsbereich, durch die gemessene Menge und unter Umständen auch von der Zählerbauart bestimmt. Diese Abhängigkeiten sollen noch einmal zusammenhängend dargestellt werden. Sie sind im wesentlichen so:

Für Gase gelten die Eichfehlergrenzen

$\pm 1\%$ im Durchflußbereich von $0{,}2 \cdot q_{max}$ bis q_{max} und
$\pm 2\%$ im Durchflußbereich von q_{min} bis $0{,}2 \cdot q_{max}$,

3. Anforderungen an Mengenmeßgeräte 537

vorausgesetzt, daß Drehkolbengaszähler oder Turbinenradgaszähler zum Einsatz kommen. Bei Balgengaszählern gelten

$\pm 3\,\%$ für $q_{min} \leq q < 2 \cdot q_{min}$ und
$\pm 2\,\%$ für $2 \cdot q_{min} \leq q \leq q_{max}$.

Dabei ist zu bemerken, daß die Belastungsbereiche für Balgengaszähler sehr groß sind, nämlich 1:160!

Für Turbinenradgaszähler lassen sich nach *DIN 33800, Gaszähler, Turbinenradgaszähler*, die Fehlergrenzen auf die halben Werte der Eichfehlergrenzen einschränken (Bild 469), um Forderungen der Anwender nach höheren Genauigkeiten bei der Messung großer Mengen wertvoller Produkte entgegenzukommen.

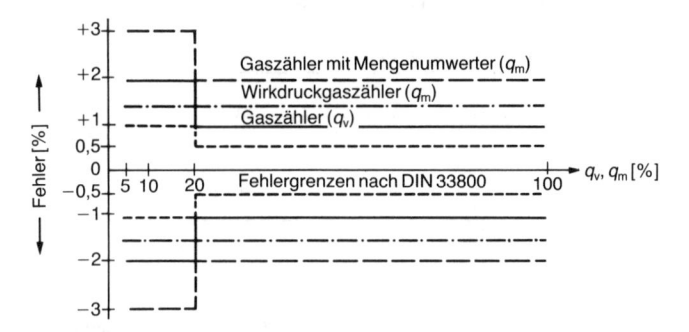

Bild 469. Eichfehlergrenzen von Mengenmeßeinrichtungen für Gase und Fehlergrenzen für Turbinenradgaszähler nach DIN 33800.
Die Fehlergrenzen sind abhängig vom Volumenstrom q_v oder vom Massenstrom q_m angegeben.
Die Fehlerkurven beginnen bei q_{min}.

Für Flüssigkeiten beziehen sich die Eichfehlergrenzen auf die Eichung des eingebauten Gerätes[59] unter Betriebsbedingungen. Außerdem sind engere Fehlergrenzen gesetzt. Die Eichfehlergrenzen sind

$\pm 0{,}5\,\%$.

Ausnahmen werden gemacht für verflüssigte Gase, für Flüssigkeiten, deren Betriebstemperatur unter $-10\,°C$ oder über $+50\,°C$ liegt und für sehr kleine Zähler, deren maximaler Durchfluß 1 l/h oder kleiner ist. Dann sind die Eichfehlergrenzen

$\pm 1\,\%$.

---

[59] Der Aufbau der Meßanlagen wird im Abschnitt 4 beschrieben.

538 V. Mengenmessung

Die Fehlergrenzen zeigt Bild 470 graphisch. Die Verkehrsfehlergrenzen betragen jeweils das Doppelte der Eichfehlergrenzen.

Die Zusammenhänge wurden vereinfacht dargestellt. Für Flüssigkeiten sind noch die Fehlergrenzen für die eichamtliche Vorprüfung beim Hersteller zu beachten. Sie sind noch enger gesetzt und hängen außerdem davon ab, ob die Prüfung mit der für den Zähler vorgesehenen Flüssigkeit oder mit einer anderen durchgeführt wird. Das hat besonders für verflüssigte Gase Bedeutung. Diese Zähler können nicht mit Propan oder Butan vorgeprüft werden. Man nimmt dafür z.B. Petroleum und verschiebt die Fehlerkurve so, daß für das Flüssiggas genaue Messungen zu erwarten sind.

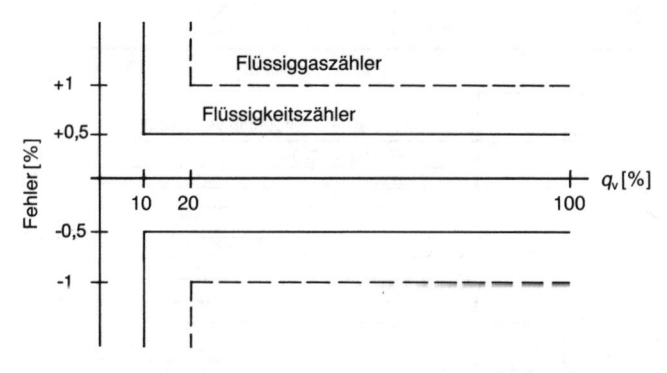

Bild 470. Eichfehlergrenzen von Mengenmeßgeräten für Flüssigkeiten (außer Wasser).
Die erweiterten Fehlergrenzen für Flüssiggase ($\eta < 0{,}3$ mPa s) gelten auch für andere Flüssigkeiten, wenn sie Temperaturen unter $-10\,°C$ oder über $+50\,°C$ haben oder der zu messende Durchfluß kleiner ist als 1 l/h.

Die Eich- und Verkehrsfehlergrenzen sind Mindestforderungen an die Meßgenauigkeit, wenn die Geräte im eichpflichtigen Verkehr eingesetzt werden sollen. Diese Forderungen können bei Beachtung der Eichordnung im allgemeinen auch eingehalten werden. Nun fordern hohe Produktpreise und große zu messende Mengen zunehmend höhere Genauigkeiten. Es gibt viele Meßstellen, bei denen einem Meßfehler von nur 1 % schon Produktmengen im Werte von einigen Millionen DM im Jahr entsprechen. Man kann diesen Schwierigkeiten so begegnen, daß man Vergleichsmessungen installiert, die Meßanlagen häufig überprüft und Geräte auswählt, deren Meßgenauigkeit in noch engeren Grenzen liegt. Die Eichkurve anzuwenden – was naheliegend wäre – ist zumindest für Flüssigkeitsmessungen nicht ohne weiteres statthaft. Kann bei Gasmessungen die Ausnahmeverordnung angezogen werden, so ist es wohl nur eine Frage des Vertrages zwischen den geschäftlichen Partnern ob die Eichkurven Anwendung finden können oder nicht.

● *Meßbeständigkeit*

Genauso wichtig wie die *Meßgenauigkeit bei der Ersteichung* ist, daß die Zähler auch im *weiteren Betriebsablauf genaue Meßergebnisse* bringen. Wie für die Durchflußmesser ist es auch für die Mengenmeßeinrichtungen sehr schwierig oder doch mit größerem Aufwand verbunden, die Genauigkeit der Anzeige nachzuprüfen. Vor allem bedarf die Prüfung großer Gaszähler eines Prüfstandes, der im allgemeinen nur bei den Herstellerfirmen vorhanden ist. Eichfähige Flüssigkeitsmeßanlagen müssen zwar so aufgebaut sein, daß die Geräte unter Betriebsbedingungen mit fest eingebauten oder mobilen Eichgefäßen nachgeeicht werden können, die Nacheichung ist aber dann eine Haupt- und Staatsaktion, die im allgemeinen nicht ohne Beeinträchtigung des Betriebsablaufes vonstatten geht.

Um die Konstanz der Anzeige zu gewährleisten, sind zunächst die Geräte so einzubauen, daß Einflüsse auf die Meßgenauigkeit von den Zählern ferngehalten werden. Vor allem ist für Filterung zu sorgen und Korrosion zu vermeiden. Weiterhin muß der PLT-Mechaniker auf das Meßverhalten hinweisende Größen – wie Druckdifferenz oder Geräusche – beobachten. Schließlich legt die Eichgültigkeitsverordnung Gültigkeitsdauern für die Eichung fest. Sie betragen

    1 Jahr bei Zählern für verflüssigte Gase,
    2 Jahre bei Zählern für andere Flüssigkeiten (außer Wasser) und
    8 Jahre oder länger bei Zählern für Gase.

Nach dieser Zeit sind die Flüssigkeitszähler in der Meßanlage und die Gaszähler beim Hersteller nachzueichen oder in einer staatlich anerkannten Prüfstelle nachzubeglaubigen.

● *Hochdruckeichung von Turbinenradgaszählern*

Wie schon dargelegt, durften nach den EG-Richtlinien Gaszähler ursprünglich nur im drucklosen Zustand geeicht werden. Die so gewonnenen Ergebnisse galten dann per Verordnung auch für den Betrieb mit Druckgasen bis 100 bar, ohne Aussagen über die Druckabhängigkeit der Meßergebnisse zu machen. Da es sich oft um die Messung sehr erheblichen Mengen teurer Gase handelte, ergab sich ein höchst unbefriedigender Zustand, der sich nur durch Inanspruchnahme von Ausnahmeregelungen überspielen ließ.

Eine gewisse Abhilfe schafft die Technische PTB-Richtlinie G 7 (Bild 471), nach der Turbinenradgaszähler auf drei verschiedene Arten geprüft werden können:

- Eichung im Niederdruck nur mit atmosphärischer Luft,
- Eichung mit atmosphärischer Luft, zusätzlich Eichung auf einem Hochdruckprüfstand, sowie
- Eichung ausschließlich auf einem Hochdruckprüfstand.

Wie aus Bild 471 zu ersehen ist, erniedrigt sich der *minimale* Durchfluß q_{min} bei Eichung ausschließlich mit Hochdruckgas proportional der Wurzel aus $1,2 / \rho_{min}$. Dabei ist ρ_{min} die geringste zu erwartende Betriebsdichte. Ist z.B. bei einer Normdichte von 1 kg / m³ der Betriebsdruck mindestens 50 bar, so erweitert sich ein ursprünglicher Meßbereich von 1 : 20 auf einen von 1 : 130! Leider erweitert sich mit dem Meßbereich nicht – wie das aus dem Verlauf der Fehlerkurven zu erwarten wäre – auch der Bereich der engeren Fehlergrenzen von ± 1 % . Dieser liegt auch für Hochdruckbetrieb nur zwischen $0,2 \cdot q_{max}$ und q_{max}.

Eichung nur mit atmosphärischer Luft	Eichung mit atmosphärischer Luft; zusätzliche Prüfung mit Hochdruckgas	Eichung ausschließlich mit Hochdruckgas
EG - Eichung oder innerstaatliche Eichung		Nur innerstaatliche Eichung
Niederdruckeichung nach Eichordnung Anlage 7 Meßgeräte für Gas mit Luft bei atmosphärischem Druck im Bereich Q_{min} bis Q_{max}.	Niederdruckeichung nach Eichordnung und Prüfung mit Hochdruckgas im Bereich Q_{min} bis Q_{max} Fehlergrenzen $\pm 2\% / \pm 1\%$	Nur Hochdruckeichung, keine Niederdruckeichung. $Q_{min,HD} < Q_{min}$ kann festgelegt werden Kleinstwert: $Q_{min,HD} = Q_{min} \sqrt{\dfrac{1,2}{\varrho\,min}}$
Einsatz im eichpflichtigen Verrechnungsverkehr im Druckbereich bis 100 bar	Wird bei der Hochdruckprüfung die Justierung geändert, so ist die Niederdruckeichung zu wiederholen Eichschein für Niederdruck und Hochdruckprüfung wird ausgestellt.	Für Dichteverhältnis $\dfrac{\varrho max}{\varrho min} \leq 2$ ist bei der Dichte zwischen ϱ min und $1,1\,\varrho$ min zu prüfen. Für $\dfrac{\varrho max}{\varrho min} > 2$ muß zusätzlich bei ϱ max und mindestens bei Q_{min} und Q_{max} geprüft werden.

Bild 471. Kurzfassung der gemäß PTB-Richtlinie G7 nebeneinander möglichen Beglaubigungs- und Eichverfahren für Turbinenradgaszähler (Bild Elster).

Auch *DIN 33800, Gaszähler, Turbinenradgaszähler*, Ausgabe Juli 1986, berücksichtigt diese Gesichtspunkte nicht, sondern normt zwar, daß für Turbinenradgaszähler im Neuzustand die Hälfte der Eichfehlergrenzen (± 0,5 und ± 1 % statt ± 1 % bzw. ± 2 %) als Fehlergrenzen zu gelten hat. Der Bezug auf die Durchflußbereiche bleibt leider unabhängig vom Druck!

Es ist aus dem Bild 471 ferner zu ersehen, daß die reine Hochdruckeichung nur innerstaatliche Gültigkeit hat. Interessant ist auch, daß auch mit atmosphärischer Luft geeichte Zähler im eichpflichtigen Verkehr bis zu 100 bar zugelassen sind. Für die so geeichten Zähler werden übrigens die Fehlerwerte

3. Anforderungen an Mengenmeßgeräte 541

entsprechend dem Eichgesetz nicht bekanntgegeben, während bei den Eichungen mit Hochdruckgas die Fehlerwerte bekanntgegeben werden.

Die Kalibrierung eines Druckgaszählers beim Anwender wird allerdings noch die Ausnahme sein: Ein Hochdruckprüfstand (Bild 472) erfordert schon einen beträchtlichen Aufwand – vor noch nicht zu langer Zeit gab es in Deutschland gar keinen Hochdruckprüfstand! Besonders schwierig ist es, größere Durchflüsse ausreichend genau zu bestimmen. Für kleinere kann man – nach der Entspannung in den drucklosen Zustand – Gasbehälter oder die sehr genauen Trommelgaszähler einsetzen, während man bei größeren Durchflüssen wohl auf die Summenbildung mit genau kalibrierten Zählern oder auf Drosselmessungen – z. B. mit überkritisch betriebenen Düsen – angewiesen ist.

Bild 472. Prüfstand für Hochdruckgaszähler (Elster).
Auf dem Prüfstand können Gaszähler mit Erdgas bis zu Durchflüssen von 6500 m³/h und bis zu Drücken von 50 bar geprüft werden.

So werden Meßunsicherheiten von einigen Promille bleiben, und es hat – so wünschenswert es bei den dabei zu Debatte stehenden Beträgen auch sein mag – wohl vorerst nicht viel Sinn, sich höhere Genauigkeiten von Gaszählern im Hochdruckbetrieb vorzumachen.

● *Aufschriften*

Gas- und Flüssigkeitszähler müssen folgende Aufschriften tragen (Bild 473): Zeichen der Zulassung, Herstellerzeichen, Typenbezeichnung, Fabriknummer und Herstellerjahr, Meßkammervolumen (bei volumetrischen Zählern), größter und kleinster Durchfluß, maximaler Betriebsdruck. Gaszähler tragen außerdem die Größenbezeichnung. An Flüssigkeitszählern müssen noch die Art des Meßgutes angegeben werden und die Viskositätsgrenzen, wenn die Meßgutbezeichnung die Viskosität nicht hinreichend charakterisiert. Der Temperaturbereich ist nur dann am Zähler zu ersehen, wenn das Meßgut Temperaturen hat, die unter $-10\,°C$ oder über $+50\,°C$ liegen können.

Bild 473. Aufschriften an einem Drehkolbengaszähler.

b) Sicherheitsforderungen

Volumenzähler werden direkt in die Rohrleitungen eingebaut. Es ist deshalb sorgfältig darauf zu achten, daß die Geräte für die vorgesehenen Betriebszustände geeignet sind. Vor allem gilt das für den höchsten zulässigen Betriebsdruck. Dabei ist auch daran zu denken, daß dieser für jeden Werkstoff in verschiedener Weise von den Betriebstemperaturen abhängen kann. Dichtungswerkstoffe und Dichtungsarten auch der zählerinternen Dichtungen müssen für die Betriebszustände geeignet sein. Können betriebsmäßig oder bei Störungen tiefe Temperaturen entstehen, so ist ein hinreichend zäher Werkstoff zu wählen. Weiterhin müssen die vom Meßstoff berührten Teile den korrosiven Angriffen widerstehen und sie dürfen mit dem Meßstoff nicht explosible Verbin-

dungen eingehen können, wie Kupfer mit Acetylen oder wie die gebräuchlichen Schmiermittel und Dichtungswerkstoffe mit Sauerstoff.
Für Zusatzeinrichtungen, die mit elektrischer Hilfsenergie arbeiten, sind gegebenenfalls die Ex-Schutz-Bestimmungen einzuhalten. Bedeutung für die Sicherheit einer vor- oder nachgeschalteten Anlage kann auch das Verhalten des Volumenzählers bei Störungen haben. Wie schon dargestellt, können unmittelbare Volumenzähler bei Fehlern blockieren, mittelbare nicht. Für die Befüllung von Behältern, Kesselwagen oder Straßentankern kann es vorteilhafter sein, der Zähler blockiert bei Fehlern; sonst bleibt nur das Zählwerk stehen und das Produkt läuft weiter, die Voreinstellung wird unwirksam und der angeschlossene Behälter überfüllt. Bei anderen Aufgabenstellungen kann das Blockieren auch nachteilige Folgen haben. Eine plötzliche Unterbrechung der Versorgung einer Verfahrensanlage mit Gas oder Flüssigkeit kann eine Notabstellung mit größeren wirtschaftlichen Schäden zur Folge haben und eine Wiederinbetriebnahme erfordern, die oft auch nicht ohne Sicherheitsrisiko ist.

c) Anforderungen durch besondere Betriebszustände

Überlastungen, Durchflußschwankungen und – bei Gasen – Druckschwankungen sind Betriebszustände, die häufig die Meßergebnisse beeinträchtigen oder die Geräte zerstören können. Seltener sind hohe oder tiefe Temperaturen, Korrosionen und fest werdendes Produkt die Ursache.

● *Temperatureinfluß*

Flüssigkeitszähler sind – bei entsprechender Konstruktion – für einen weiten Temperaturbereich geeignet. Bei eichfähigen Meßaufgaben müssen sie unter Betriebstemperatur geeicht werden, so daß man dort vom Temperatureinfluß eigentlich nicht mehr sprechen müßte. Oft ist es aber so, daß die Temperatur betriebsmäßig schwankt und damit vor allem der Viskositätseinfluß das Meßergebnis beeinflussen kann.

Gaszähler werden bei Raumtemperaturen geeicht und im Grunde nur für einen relativ engen Temperaturbereich konzipiert. Besonders unmittelbare Volumenzähler arbeiten mit engen Spalten, die sich unter Temperatureinfluß verengen und den Zähler blockieren können. Über den Einfluß der Temperatur auf das Meßergebnis ist wenig bekannt.

● *Über- und Unterlast*

Über- und Unterlast sind die häufigsten Anlässe zu Schädigungen des Zählers und zu Fehlmessungen. Das ist unmittelbar einzusehen: Die obere Belastungsgrenze ist im wesentlichen der Durchfluß, bei dem der Zähler noch dauernd betrieben werden kann, ohne durch Beschädigung seine Meßeigenschaften zu verlieren. Stärkere Überlastungen von etwa 50 % und mehr zerstören auf Dauer jeden Zähler. Meßanlagen für Flüssigkeiten, die der Eichpflicht unterliegen und durch die das Meßgut mit mehr als 120 % von q_{max} gefördert werden kann, müssen deshalb mit Einrichtungen zur Durchflußbegrenzung ausgerüstet werden. Für nicht eichpflichtige Anlagen wird das aber oft nicht *so* konsequent durchgeführt, daß die Betriebsleute die Begrenzung nicht umgehen können.

Besonders ist es für *Flüssigkeitszähler* gefährlich, wenn die Leitung mit Stickstoff oder einem anderen Gas abgedrückt oder gespült wird und bei der Entspannung dann wesentlich höhere Durchflüsse durch den Zähler strömen und auch noch die schmierende Wirkung der Flüssigkeit entfallt. *Gaszähler* für höhere Betriebsdrücke sind gefährdet, wenn das Leitungssystem schnell entspannt oder gefüllt wird. Über hohe Druckdifferenzen können sich dann solch hohe Durchflüsse einstellen, daß der Zähler schon in ganz kurzer Zeit zerstört ist.

Die untere Belastungsgrenze liegt dort, wo die Fehlerkurve die Eichfehlergrenze verläßt. Im allgemeinen liegt dort eine Minderanzeige vor. Bei Unterlast zeigen Flüssigkeits- und Gaszähler zu wenig an.

Nun könnte man meinen, in Kenntnis dieser Tatsachen genau messen zu können. Es ist aber im betrieblichen Alltag oft nur schwer durchzusetzen, Über- oder Unterlast zu vermeiden. Besonders wenn die Bereichsumfänge klein, wie z.B. für Dauerbetrieb bei Ovalradzählern für Flüssiggas nur 1 : 2, und dann noch nicht optimal angepaßt sind. Hier hilft der Einsatz einer anderen Zählerart mit größerem Bereichsumfang im allgemeinen mehr als Bitten, Drohungen oder organisatorische Maßnahmen.

● *Pulsationen des Durchflusses*

Pulsationen beeinflussen das Meßergebnis von Zählern meistens weniger als das von Drosselmessungen, weil ein linearer Zusammenhang zwischen Volumen und Drehzahl gegeben ist und deshalb Mittelungsfehler nicht auftreten. Unmittelbare Volumenzähler, wie Drehkolbenzähler und Ovalradzähler sind relativ träge und ihr Ausgangssignal entspricht dem mittleren Volumen. Mittelbare Flüssigkeitszähler wie Turbinenradzähler geben zunächst Pulsationen in der ausgehenden Impulsfolge wieder. Bei deren Aufsummieren wird dann die Menge richtig ermittelt. Die Frequenzen der Durchflußpulsationen, denen die Geräte noch folgen, liegen beim Turbinenradzähler bei 50 Hz.

Zu Mehranzeigen führen Pulsationen, wenn Gase – vor allem solche mit geringer Betriebsdichte – mit Turbinenradgaszählern gemessen werden. Die Drehzahl des Turbinenrades stellt sich nämlich nach den höchsten während des Pulsationsvorgangs vorkommenden Strömungsgeschwindigkeiten ein, nach den Strömungsspitzen, weil die Bremswirkung der Gase niedriger Dichte gering ist. Das kann jeder an einem nicht eingebauten Gerät leicht nachprüfen: Mit einem schwachen Anblasen wird das Turbinenrad in schnelle Rotation gebracht. Es dauert dann sehr lange, bis das Turbinenrad wieder zur Ruhe kommt.

● *Korrosion durch aggressive Flüssigkeiten oder Gase*

Korrosion hat meist nur sekundäre Bedeutung für Volumenzähler. Das liegt daran, daß im allgemeinen die Mengen bei erträglichen Betriebszuständen zu messen und die Produkte rein sind. Volumenzähler für Gase werden zum Teil auch aus rostfreien Stählen, Volumenzähler für Flüssigkeiten allgemein auch aus rostfreien Stählen und anderen Werkstoffe hergestellt.

d) Beeinträchtigung der Messungen durch Meßstoffe, die bei Umgebungstemperaturen fest sind

Ovalrad-, Ringkolben- und Turbinenradzähler können über Heizmäntel oder innenliegende Heizschlangen für Dampf oder andere Wärmeträger (Bild 474) bis auf Temperaturen von 350 °C aufgeheizt und damit die Menge von Flüssigkeiten gemessen werden, die bei Umgebungstemperaturen fest sind. Probleme kann hier die In- und noch mehr die Außerbetriebnahme bringen, denn zum Ausbau und zum Transport in die Werkstatt muß der Zähler kalt sein. Etwa noch vorhandener Meßstoff würde fest werden und den Zähler zerstören können. Hier hilft nur sorgfältiges Spülen der Geräte mit einem für den Meßstoff geeigneten Lösungsmittel.

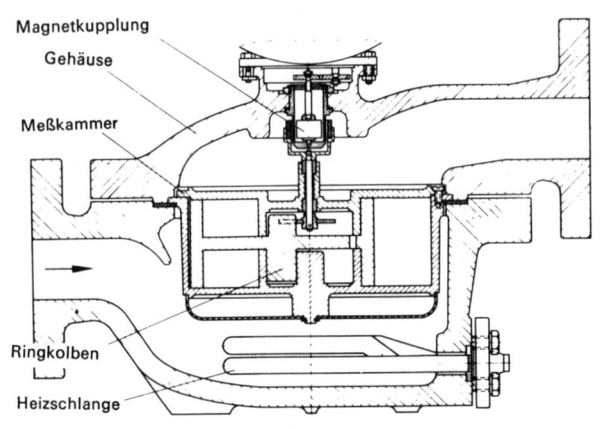

Bild 474. Ringkolbenzähler mit Heizschlange.
Für Meßstoffe mit niedrigem Stockpunkt oder für sehr zähe Meßstoffe müssen Flüssigkeitszähler beheizt werden. Das kann wie im Bild über innenliegende Heizschlangen, über Heizmäntel oder Begleitheizungen geschehen.

e) Entscheidungstabelle

In einer Entscheidungstabelle (Bild 475) sind den verschiedenen Ausführungsformen von Volumenzählern Anforderungen gegenübergestellt, die für die Auswahl wichtig sind. Dabei ist zu bemerken, daß oft nicht alle Eigenschaften

GERÄTE / ANFORDERUNG	Gaszähler		
	Drehkolbengaszähler	Turbinenradgaszähler	Wirbelgaszähler
Meßbereichsendwerte m³/h, min/max	65/6500	25/25000	65/40000
maximaler Betriebsdruck [bar]	25	100	100
minimale/maximale Meßstofftemperatur [°C]	-10/40	-10/60	-50/120
Meßbereichsumfang bei dünnflüssigen Fluiden	1 : 50	1 : 20	1 : 20
- bei zähen Fluiden	-	-	-
Kennlinienabweichung *	1	1	1
Meßgröße	Volumen	Volumen	Volumen
gerade Ein-/Auslaufstrecken in D, Strömungsglr.?	keine	5/0	20/5,ja
Einfluß von Verschmutzungen, + stark, - mäßig	-,Blockierung	+	+
bleibender Druckverlust bei q(max) in bar	0,1	0,12	2
Einfluß des Betriebszustandes	Druckeinfluß nicht allgemein bekannt		
Zulassung zum eichpflichtigen Verkehr	uneingeschränkt für Gase		

Bild 475. Entscheidungstabelle.
* in % des Meßwerts; Standard-/Spitzengerät
2 bei Einsatz von Meßumformern mit gestaffelten Meßbereichen

(z.B. hoher Betriebsdruck, hohe Temperatur, hoher Durchfluß) gleichzeitig in Anspruch genommen werden können. Auch die Angaben über die Meßunsicherheiten sind nur als grobe Mittelwerte bei günstigen Bedingungen aufzufassen. Sonderausführungen für extreme Betriebszustände sind nicht berücksichtigt. Auswahlkriterien für Mengenmeßeinrichtungen gibt auch [6] an.

4. Anpassen, Montage und Betrieb von Mengenmeßgeräten

Mit der Auswahl des geeigneten Zählers und seiner Zusatzeinrichtungen sind die Mengenmeßaufgaben erst zum Teil gelöst. Offen bleibt noch, für den Zähler die geeignete Meßstation zu entwerfen, für sachgerechte Montage zu sorgen und die Geräte so zu warten, daß die geforderte Meßgenauigkeit gewährleistet bleibt.

4. Anpassen, Montage und Betrieb von Mengenmeßgeräten

		Flüssigkeitszähler			
Wirkdruckgaszähler	Ovalradzähler	Ringkolbenzähler	Schraubspindelzähler	Turbinenradzähler	Coriolis-Massen-Durchflußmesser
> 50 t	0,1/1200	1,2/60	0,05/7500	0,03/13000	0,001/750 t
100	40	64	160	400	250
unbeschränkt	-60/170	-30/300	-20/200	-200/250	-200/400
1 : 20 [2]	1 : 10	1 : 5	1 : 10	1 : 10	1 : 20
-	1 : 10	1 : 20	1 : 10	1 : 10	1 : 20
1,5	0,5/0,25	0,3	0,4/0,2	0,5/0,3	0,5/0,1
Masse	Volumen	Volumen	Volumen	Volumen	Masse
20/5	keine	keine	keine	10/5, ja	keine
+	bei festen Verunreinig. Blockierung möglich			+	-
0,3	0,3	0,2	0,3	1	2
rechnerisch	Einflüsse aus Kalibrierungen abzuleiten				kein
uneingeschr.	uneingeschränkt für Wasser und andere Flüssigkeiten				möglich

Die sehr hohe Meßgenauigkeit heutiger Durchfluß- und Mengenmeßeinrichtungen und ihre oft noch höhere Reproduzierbarkeit läßt sich im allgemeinen nur dann nutzen, wenn die Geräte kalibriert wurden, was natürlich – besonders bei Geräten mit hohen Durchflußwerten – mit ganz *erheblichem Aufwand* verbunden ist, der in der Größenordnung der Gerätekosten liegen kann:

Der Durchfluß muß nicht nur *beigestellt*, sondern sich auch noch mit einem Faktor drei bis fünf *genauer* als die Reproduzierbarkeitswerte bestimmen lassen. Unter Zuhilfenahme selbsttätiger Steuer- und Regeleinrichtungen lassen sich aber die Kalibrierungen rationalisieren und damit der personelle und zeitliche Aufwand mindern.

In der Regel werden die Durchfluß- und Mengenmeßeinrichtungen beim *Hersteller* oder in seinem Auftrag in einem der Allgemeinheit zugänglichen *Prüfstand kalibriert*, und viele Anwender müssen die Werte akzeptieren und bei Ablauf der Nacheichfristen, bei Änderungen der Einsatzstelle oder der Betriebsverhältnisse die Geräte beim Hersteller nachkalibrieren lassen, was natürlich mit Umständen verbunden ist und seine Zeit dauert. Für nicht zu große Geräte kann die Nachkalibrierung auch im eigenen Hause durch ein *Eich- oder Kalibrierfahrzeug* geschehen. Um flexibel zu sein, verfügen auch größere Anwender meist über eigene Prüfstände.

Grundsätzlich ist zwischen folgenden Kalibrierverfahren für Durchfluß- und Mengenmeßeinrichtungen zu unterscheiden:

- Volumetrisches Verfahren: Der durch den Prüfling geflossene Meßstoff wird in einem kalibrierten Meßgefäß gesammelt und das Prüfvolumen abgelesen oder aus der Füllstandänderung eines vorgeschalteten kalibrierten Behälters ermittelt (Bild 383 aus Abschnitt IV.).
- Gravimetrisches Verfahren: Die durch den Prüfling geflossene Prüfmenge wird durch Wägung ermittelt.
- Rohrprüfstrecke / Rohrprüfschleife: Die Volumenmessung geschieht durch Verdrängen eines definierten Prüfvolumens in einem zylindrischen Rohr mittels eines Kolben- oder Kugelmolchs. Das Prüfvolumen grenzen Schalter am Beginn und Ende der Meßstrecke ab (Bild 485).
- *Master-Meter-Methode:* Der Prüfling wird in Reihe mit einem Vergleichszähler (Master-Meter), dessen Kennlinie nach einem der anderen Verfahren ermittelt wurde, in die Prüfstrecke eingebaut und geprüft. Die Kennlinie des Master-Meters kann zur Korrektur herangezogen werden.

a) Meßanlagen für Gase

Wie eine Meßanlage für Gase aufgebaut ist, zeigt Bild 476: Der Gasstrom wird zunächst über einen Flüssigkeitsabscheider geführt, dann gefiltert, wenn erforderlich anschließend aufgeheizt, dann auf konstanten Druck entspannt, und schließlich werden vor dem Drehkolben- oder im Turbinenradgaszähler Druck und Temperatur gemessen. Sollen Vergleichsmessungen vorgesehen werden, so sind sie so anzuordnen, daß man nicht beide Zähler gleichzeitig umgehen kann (Bild 478).

● *Flüssigkeitsabscheider*

Ein Flüssigkeitsabscheider ist bei feuchten oder kondensathaltigen Gasen unbedingt erforderlich und bei Gasen, die in Störungsfällen Flüssigkeit mit sich führen, sehr zweckmäßig. Die Größe muß dem Flüssigkeitsanfall und der Häufigkeit der Überprüfung angepaßt werden, wenn man nicht einen automatischen Flüssigkeitsabzug mit Füllstandregelung oder Kondensatabscheider bevorzugt. Bei Montage im Freien muß der Flüssigkeitsabscheider beheizt werden.

● *Filter*

Welches Gas auch immer zu messen ist, ein Filter gehört unbedingt zur Meßanlage. Bewährt haben sich keramische Filter und Papierfilter mit Porengrößen von einigen μm. Die Filter sollen nicht nur Verunreinigungen des Gases selbst, sondern auch Rostteilchen oder Schweißperlen aus der Leitung zurückhalten. Erfahrungsgemäß verschmutzen im Laufe der Zeit auch Filter von Gasen mit sehr hoher Reinheit, z.B. von 99,9 %-igem Ethylen. Der Verschmutzungsgrad wird über Druck- oder Differenzdruckmessungen festgestellt. Einen Umgang um das Filter vorzusehen, ist ein grober Fehler: Soll beim Reinigen des Filters durch den Umgang gefahren werden, so werden beim Öffnen des Umganges zunächst all die Verunreinigungen in den Zähler gebracht, die sich in dem toten Rohrleitungsstück vor dem Umgangsventil angesammelt haben. Wenn das Filter während des Betriebes gereinigt werden muß, dann sind zwei Filter parallel anzuordnen. In besonderen Fällen – z.B. wenn der Zähler nur zeitweise in Betrieb ist – kann es angebracht sein, den Zähler auch gegen Verunreinigungen von der Ausgangsseite her zu schützen. Dann ist hinter dem Zähler ein Filter gegen die Strömungsrichtung einzubauen.

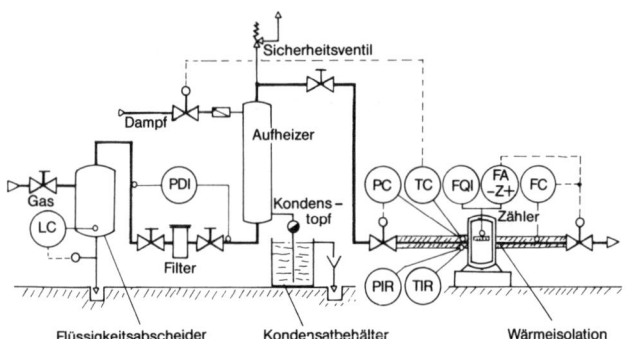

Bild 476. Meßanlage für Gase.
Je nach Beschaffenheit und Betriebszustand des zu messenden Gases sind für eine genaue Messung Abscheider, Aufheizer sowie Temperatur- und Druckmessung und -regelung erforderlich. Ein Filter sollte auf jeden Fall vorgesehen werden.

● *Aufheizung*

Gase – mit Ausnahme von Wasserstoff – kühlen sich beim Entspannen ab. Bei starkem Entspannen, z.B. von einem Ferngasnetz von 60 bar auf ein Werksnetz von 5 bar, können sich so tiefe Temperaturen einstellen, daß im Gas vorhandene Feuchtigkeit gefriert oder daß die Leitung äußerlich vereist. Das läßt sich vermeiden, wenn das Gas vor der Entspannung in einem Aufheizer oder Wärmetauscher aufgeheizt wird.

Falsch wäre es, erst zu entspannen und dann aufzuheizen: Das Gas würde im Entspannungsventil und – was noch schlimmer sein kann – im Aufheizer tiefe Temperaturen annehmen. Eisbildung im Ventil könnte zu Verstopfungen, Eisbildung auf der Kondensatseite des Wärmetauschers zu dessen Zerstörung führen. Wie noch ausgeführt wird, liegen nämlich bei den meisten Aufheizern die Betriebszustände so, daß auf der Heizmittelseite die Austauschflächen zum Teil mit Dampf, zum Teil mit Kondensat beaufschlagt werden.

Um Reparaturen durchführen zu können, müssen Teile der Station absperrbar sein. So kann auch der Wärmetauscher abgesperrt werden und sich durch Erhöhung der Gastemperatur auf Dampftemperatur ein höherer Druck aufbauen als betriebsmäßig vorgesehen ist. Wenn der Wärmetauscher diesem Druck nicht standhält, muß das absperrbare Leitungsstück mit einem Sicherheitsventil gegen Zerstörung geschützt werden.

Sorgfältig sollte man auch Konsequenzen bedenken, die sich bei Undichtheiten des Wärmetauschers ergeben können: Ein Einströmen von Dampf in den Gasstrom kann sicher unangenehme, ein Eindringen von Gas in das Dampfnetz sogar unübersehbare Folgen haben. Meist wird der Gasdruck betriebsmäßig höher als der Dampfdruck sein. Der Wärmetauscher wird dann auch dampfseitig für den maximalen Betriebsdruck des Gases ausgelegt. Bei Druckanstieg wird das Dampfnetz durch eine Rückschlagklappe und das Kondensatnetz mit einem Kondensatabscheider geschützt. In besonders kritischen Fällen oder wenn Kondensation des Gases zu befürchten ist (z.B. bei Ethylen von 100 bar), wird der Wärmetauscher auf unzulässigen Druckanstieg im Dampfraum überwacht. Das Fehlsignal trennt über Schnellschlußarmaturen den Wärmetauscher eingangsseitig vom Dampf- und ausgangsseitig vom Kondensatnetz: Eine Undichtigkeit im Wärmetauscher gefährdet die Versorgungsnetze nicht.

Da die Temperatur zur Dichtebestimmung vor dem Zähler konstant sein soll, wird die Meßgröße für die Temperaturregelung auch vor dem Zähler aufgenommen. Problematisch ist hier der Stellort. Meist wird mit Wasserdampf geheizt und die erforderlichen Gastemperaturen liegen deutlich unter 100 °C. Bei niedriger Belastung ist der Temperaturunterschied zwischen Dampf und aufzuheizendem Gas gering, und es würden sich Dampfdrücke einstellen, die unter dem atmosphärischen Druck liegen, wenn mit der vollen Wärmetauschfläche geheizt wird. Da es dann schwierig ist, das Kondensat abzuführen, wird mit höherem Dampfdruck gefahren und die Heizleistung der Belastung dadurch angepaßt, daß man einen Teil der Heizfläche durch Anstauen von Kondensat unwirksam macht. Das Regelventil kann im Kondensatausgang oder im Dampfeingang vorgesehen werden. Vorteilhaft ist es, dampfseitig zu regeln, weil – was hier nicht weiter ausgeführt werden soll – sich die Regelstrecke

4. Anpassen, Montage und Betrieb von Mengenmeßgeräten 551

dann symmetrisch verhält. Die Anordnung setzt allerdings voraus, daß bei Lastabsenkungen Kondensat aus einem Leitungsnetz oder einer Vorlage zurückgesaugt werden kann. Bild 477 verdeutlicht die Zusammenhänge.

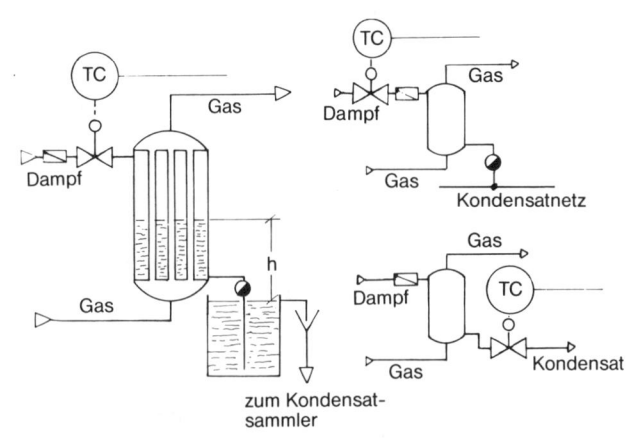

Bild 477. Regelmöglichkeiten eines Aufheizers.
Soll-Gastemperaturen unter 100 °C erfordern meist Regelungen über die Wärmetauschfläche durch Anstauen des Kondensats. Die Möglichkeiten sind aus dem Bild zu ersehen. Eine reine Dampfdruckregelung würde wegen der niedrigen Temperaturen zu Unterdrücken im Dampfraum führen.

● *Druckregelung*

Die Druckregelung – weil die Regelgröße in Strömungsrichtung *hinter* dem Regelventil aufgenommen wird, spricht man auch von einer Druckreduzierung – soll so eingestellt sein, daß sie Laständerungen möglichst schnell folgen und im Normalbetrieb schwingungsfrei regeln kann.

● *Druck- und Temperaturmessungen*

Am Zähler sind Druck und Temperatur genau zu bestimmen Es ist zu empfehlen, Vergleichsmessungen fest zu installieren oder doch wenigstens dafür geeignete Stutzen vorzusehen. Da die Temperatur schlecht unmittelbar im Zähler gemessen werden kann, werden Rohrleitung und Volumenzähler wärmeisoliert. Zweckmäßig ist es, die Isolation schon ein Stück (5 bis 10 D) vor dem Temperaturmeßstutzen beginnen zu lassen.

Die Differenzdruckmessung ist eine der sehr wenigen Möglichkeiten, sich von außen ein Bild über den Zustand des Volumenzählers machen zu können: Aus Veränderungen der Belastungskurve, einer Kurve, die im Neuzustand aufgenommen wurde und den Druckabfall am Zähler lastabhängig angibt, kann auf

Verschmutzungen, defekte Lager und andere Unregelmäßigkeiten geschlossen werden.

● *Zähler, Vergleichszähler und Umgänge*

Der Gaszähler ist den Vorschriften entsprechend zu montieren. Bei Drehkolbengaszählern muß entschieden werden, ob das Gas senkrecht oder waagerecht durch den Zähler strömen soll. Wie schon ausgeführt, ist der senkrechte Durchgang günstiger für die Abscheidung von Verunreinigungen, der waagerechte mindert die Gefahr, daß stehende Wellen auftreten. Da die Montage im allgemeinen von MSR-fremdem Personal durchgeführt wird, soll sich der Meß- und Regelmechaniker davon überzeugen, daß die Rohrleitungen so gut angepaßt sind, daß die Flanschverbindungen angezogen werden können, ohne den Zähler zu verspannen. Das ist vor allem für Drehkolbengaszähler, die ja enge Spalten haben, sehr wichtig.

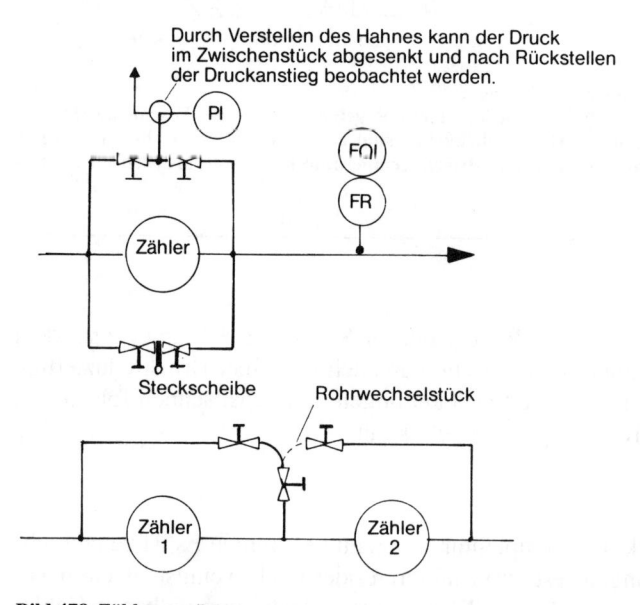

Bild 478. Zählerumgänge.
Durch Doppelabsperrung mit Zwischenentspannung oder mit Steckscheibe oder durch Rohrwechselstücke wird verhindert, daß Gas unerkannt am Zähler vorbeiströmen kann.

Bei hohen Anforderungen an die Meßgenauigkeit sollte ein zweiter Volumenzähler installiert oder doch Platz für seinen Einbau vorgesehen werden. Genügender Abstand und gegebenenfalls Gleichrichter müssen dafür sorgen, daß sich die Zähler nicht gegenseitig stören (bei Drehkolbenzählern können Reso-

4. Anpassen, Montage und Betrieb von Mengenmeßgeräten

nanzeffekte auftreten und bei Turbinenradzählern der Drall des ersten das Meßergebnis des nachgeschalteten verfälschen).

Besonders bei Stationen mit Drehkolbengaszählern, die bei Störungen blockieren können, ist es oft erforderlich, mit Umgängen einen Weiterbetrieb der Station auch dann zu ermöglichen, wenn der Zähler ausfällt. Die Menge muß dann mit dem zweiten Volumenzähler gemessen oder auf andere Weise kalkuliert werden. Wichtig ist hier, daß man sicher sein oder sich versichern kann, daß durch die geschlossenen Umgänge kein Gas strömt. Bei zwei Zählern können geeignete Leitungsführung und entsprechende Armaturen verhindern, daß beide Zähler gleichzeitig umgangen werden. Möglichkeiten von solchen Anordnungen zeigt Bild 478.

● *Durchflußregelung*

Die im Bild 476 gezeigte Durchflußregelung ist unter Umständen symbolisch zu verstehen: In vielen Fällen wird der Durchfluß durch mehrere Verbraucher bestimmt, für die sie stellvertretend steht. Für die Aufgabe, die Menge eines erzeugten oder bezogenen Gases genau zu bestimmen ist es erschwerend, wenn die Verbraucher oder Erzeuger so schlagartig den Durchfluß verändern, daß die Druck- und Temperaturregelungen der Meßanlage nicht voll ausgleichen können.

Mit FA–Z+ sind im Bild 476 Einrichtungen angedeutet, die bei Unterlast darauf hinweisen, daß Gas ungemessen die Meßanlage durchströmt, und die bei Überlast den Zähler vor Zerstörung durch Betätigung eines Schnellschlußventils schützen.

b) Meßanlagen für Flüssigkeiten

Obwohl Flüssigkeiten ein anderes physikalisches Verhalten als Gase haben, sind doch die Anforderungen an Mengenmessungen von Flüssigkeiten sehr ähnlich denen, die wir für Gasmengenmessungen erarbeitet haben. Im Aufbau der Meßanlage (Bilder 479 und 480) kommt das so zum Ausdruck: Grundsätzlich ist auch hier ein definierter Zustand des Fluides zu gewährleisten, das heißt, daß die Flüssigkeiten frei von Gasblasen und Verunreinigungen sein müssen und auf keinen Fall im Meßgerät Dampfanteile haben dürfen. Auch Volumenzähler für Flüssigkeiten werden bei Überlast zerstört oder sie verschleißen vorzeitig und verursachen bei Unterlast verhältnismäßig große Meßfehler. Zusätzlich kann bei Meßanlagen für Flüssigkeiten aus ihrer Eigenschaft der Inkompressibilität und dem Umstand, daß die zu messenden Volumenströme etwa nur ein Hundertstel bis ein Zehntel von Gasströmen sind, Nutzen gezogen werden: Flüssigkeiten ändern ihr Volumen bei Druckänderungen nur wenig, sie sind inkompressibel. Das, verbunden mit den kleineren Volumenströmen, macht es möglich, Volumenzähler für Flüssigkeiten in der Meßanlage unter Betriebsbedingungen eichen oder kalibrieren zu können. Die

Flüssigkeit wird durch den Zähler und dann über ein Eichgefäß oder durch eine Rohrprüfschleife geführt. Durch Beobachtung der Flüssigkeitsoberfläche oder der Trennschicht zwischen Flüssiggas und Wasser oder mittels selbsttätig wirkender Initiatoren von Rohrprüfschleifen wird dann festgestellt, welche Änderung des Zählerstands dem Inhalt des Eichbehälters entspricht.

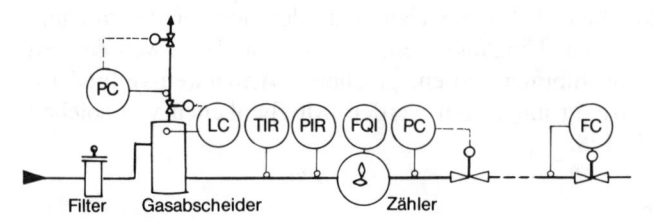

Bild 479. Aufbau einer Meßanlage für Flüssigkeiten (Flüssiggase).
Filter, Gasabscheider, Druck- und Temperaturmessung sowie Regelungen sorgen dafür, daß die Flüssigkeit im Zähler einen definierten Zustand hat, aus dem sich die Masse berechnen läßt. Die Reihenfolge Filter, Gasabscheider ist für Flüssiggase vorgeschrieben. Sonst wird die Reihenfolge Gasabscheider, Filter bevorzugt.

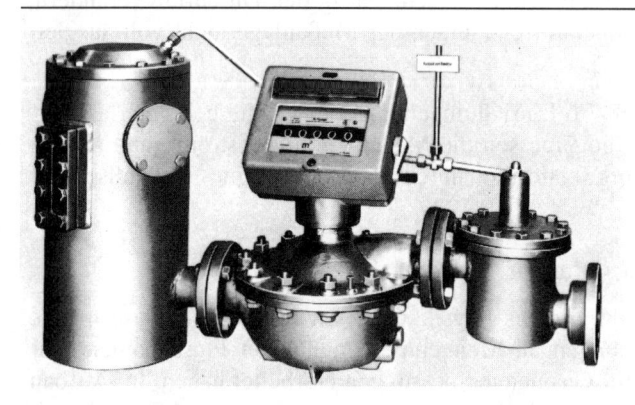

Bild 480. Meßanlage für Flüssiggas (Siemens).
Die Anlage besteht aus Gasabscheider, Ringkolbenzähler mit Anzeige- und Druckwerk und Druckhalteventil.

● *Gasabscheider*

Eichfähige Meßanlagen müssen nach der Eichordnung in den meisten Fällen mit Gasabscheidern ausgerüstet sein. Sie haben die Aufgabe, in der Flüssigkeit mitgeführte Gasbeimengungen von der Flüssigkeit zu trennen und ins Freie oder in einen Gasbehälter abzuführen. Gasabscheider sind nicht erforderlich, wenn das Meßgut dem Zähler mit natürlichem Gefälle oder durch Gasdruck zugeführt wird und dort Gasfreiheit gewährleistet ist. Sie sind außerdem nicht erforderlich bei sehr zähflüssigen Meßstoffen – hier liegt die Grenze bei einer

4. Anpassen, Montage und Betrieb von Mengenmeßgeräten 555

dynamischen Zähigkeit von 20 mPa · s –, weil dort der Gasabscheider wirkungslos ist. Dort muß auf andere Weise dafür gesorgt werden, daß keine Gasblasen in die Flüssigkeit gelangen können.

Meßanlagen, die nicht der Eichpflicht unterliegen, werden meist nur dann mit Gasabscheidern ausgerüstet, wenn wirklich mit dem Anfall von Gasblasen gerechnet werden kann. So verzichten die Betriebe bei Messungen für verflüssigte Gase häufig auf Gasabscheider.

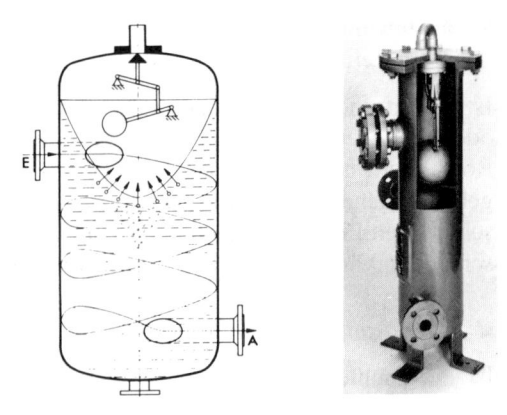

Bild 481. Zentrifugal-Gasabscheider – Ausführung und Prinzip (Bopp & Reuther).
Der Gasabscheider läßt so lange Gas am oberen Stutzen entweichen, bis die Flüssigkeit auf den Schwimmer einwirkt und den Ventilkegel auf den Sitz preßt.

Die Mindestgröße des wirksamen Volumens der Gasabscheider ist auf 0,8 l je 10 l/min des Maximaldurchflusses festgelegt. Gasabscheider (Bild 481) arbeiten meist so, daß die Flüssigkeit tangential einströmt und dadurch in Rotation versetzt wird. Zentrifugalkräfte drängen die schwerere Flüssigkeit nach außen und die leichteren Gasblasen nach innen. Die sammeln sich dort und steigen auf. Eine Füllstandregelung sorgt schließlich dafür, daß die Gasblasen aus dem Abscheider abgeführt werden.

Die im Bild 479 gezeigte Druckregelung ist nur für Flüssiggase dann erforderlich, wenn die abgeschiedenen Gasblasen nicht in den Vorratstank zurückentspannt werden. Bei Flüssiggasen, z.B. Propan, darf es natürlich nicht die Aufgabe des Gasabscheiders sein, Propangasblasen abzuscheiden. Das Verdampfen des Produktes muß vielmehr durch geeignet hohen Druck in der Meßanlage verhindert werden. Dem Gasabscheider bleibt die Aufgabe, inerte Gase z.B. Stickstoff vor der Messung auszuschleusen. Der Sollwert der Druckregelung ist deshalb etwas höher eingestellt als der bei den Umgebungstemperaturen höchste mögliche Dampfdruck, aber niedriger als der Druck in der Flüssigkeit.

Die Funktionsfähigkeit des Gasabscheiders muß überprüfbar sein. An geeigneter Stelle ist dazu eine Belüftungsarmatur vorzusehen, mit der Inertgas in die Anlage gegeben und dann geprüft wird, ob der Gasabscheider das Inertgas abführt.

Filter sind zum Schutz der Volumenzähler unerläßlich, sie sollen gut zugänglich und leicht zu reinigen sein. Für Umgänge am Filter gelten für Flüssigkeiten zwar ähnliche Gesichtspunkte wie für Gase, aber wenn eine Betriebsunterbrechung für die Filterreinigung nicht vertretbar ist, werden bei Flüssigkeiten eher Filter einschließlich Zähler parallel angeordnet als bei Gasen. Auch hier sei darauf hingewiesen, daß unter Umständen der Zähler auch ausgangsseitig vor Verunreinigung zu schützen ist.

Ist zu entscheiden, ob zuerst das Gas abgeschieden und dann gefiltert wird oder umgekehrt, so ist bei der ersten Reihenfolge gewährleistet, daß auch Rost- oder Schmutzteile aus dem Gasabscheider gefiltert werden. Die weniger gebräuchliche zweite Anordnung wäre vorteilhaft, wenn sich bei stark verschmutzten Filtern durch stärkere Druckabfälle nach dem Filtern noch Gasblasen bilden könnten[60], die zu Meßfehlern führen.

● *Druck- und Temperaturmessung*

Ist die Dichte der Flüssigkeit stärker von Druck und Temperatur abhängig oder ist die Gefahr von Verdampfungen gegeben, so sind in unmittelbarer Nähe des Zählers geeignete Stutzen mit Druck- und Temperaturmessungen anzuordnen.

● *Zähler*

Die Zähler müssen im allgemeinen so eingebaut werden, daß die Zählerachse waagerecht liegt. Diese Anordnung beansprucht die Lager wenig auf Axialschub. Turbinenradzähler sind mit den zugehörigen Strömungsgleichrichtern zu montieren.

● *Druckregelung*

Die Druckregelung – weil die Regelgröße in Strömungsrichtung *vor* dem Regelventil aufgenommen wird, spricht man hier von einer Überströmregelung – ist für leicht verdampfende Flüssigkeiten wie Leichtbenzine oder Flüssiggase unbedingte Voraussetzung dafür, daß das Produkt im Zähler nicht verdampft. Der Sollwert ist auf einen Druck einzustellen, der dem Dampfdruck bei einer

---

60 Um sich die Vorgänge der Entgasung von Flüssigkeiten zu verdeutlichen, hilft es oft, an das Öffnen einer Seltersflasche zu denken. Beim Öffnen entspannt sich der Flascheninhalt, und Gasblasen entweichen aus der Flüssigkeit. Die Gasblasen sind CO_2-Gas und haben chemisch mit der Flüssigkeit Wasser nichts zu tun.

Temperatur entspricht, die mindestens 15 °C höher ist als die höchste zu erwartende Betriebstemperatur. Es ergibt sich dann etwa ein Sollwert, der 1 bar über dem höchsten Dampfdruck liegt.

● *Durchflußregelung*

Eine dahinter liegende Durchflußregelung bestimmt den Durchfluß der Meßanlage. Da sie bei ausreichender Bemessung der Pumpen und des Zählers die eigentliche Drosselstelle ist, hat die Druckregelung mehr die Funktion einer Begrenzungsregelung: Normalerweise wird das Druckregelventil geöffnet sein und letztlich das Durchflußregelventil dafür sorgen, daß ausreichend Druck am Zähler ist. Wird aber mehr entnommen als die Pumpe leisten kann, sinkt der Druck hinter dem Zähler und die Druckregelung greift ein. Sie beschränkt dann den Durchfluß. Die Durchflußregelung kann prinzipiell auch vor dem Zähler angeordnet sein, es empfiehlt sich aber, für niedrigsiedende Flüssigkeiten vor den Zählern nicht unnötig den Druck zu reduzieren.

● *Durchflußbegrenzer*

Durchflußbegrenzer werden zweckmäßigerweise zwischen Zähler und Druckentnahmestutzen der Überströmregelung angeordnet. Man kann dann sicher sein, daß im Durchflußbegrenzer definierte Strömungszustände herrschen.

● *Umgehungsleitungen*

Umgehungsleitungen, die aus betrieblichen Gründen erforderlich sind, müssen durch Steckscheiben oder durch Doppelabsperrungen mit dazwischen liegendem Kontrollhahn verschlossen werden. Bei eichfähigen Meßanlagen muß der Verschluß durch Stempelung gesichert sein.

● *Eichtechnische Einrichtungen*

In der Eichordnung wird festgelegt, welche besonderen Einrichtungen zur Durchführung der eichtechnischen Prüfung vorhanden sein müssen. Der Forderung, die Volumenzähler für Flüssigkeiten im eingebauten Zustand unter Betriebsbedingungen eichen zu können, kann man auf verschiedene Weise genügen. Zunächst ist zwischen ortsfesten und fahrbaren Eicheinrichtungen zu unterscheiden. Weiter zwischen solchen, die die Eichung manuell und visuell durch Beobachtung von Füllständen oder Trennschichten und Betätigen von Stellgliedern und solchen, die sie halbautomatisch durchführen.

– *Eichung mit ortsfesten Behältern*

Ortsfest eingebaute Einrichtungen haben sich für große Mengen und größere Meßanlagen mit mehreren Zählern gut bewährt. Das oder die Meßgefäße stehen in unmittelbarer Nähe der Zähler und sind über Eichleitungen mit der

Meßanlage verbunden. Flüssigkeiten, die bei hohen Temperaturen sieden (wie z.B. Öle oder wäßrige Lösungen) werden in offene geeichte Behälter gefüllt und die Differenz der Zählerstände mit dem Volumen des Eichbehälters verglichen. Flüssigkeiten, die bei niedrigen Temperaturen sieden (wie z.B. Propan oder Butan) würden sofort verdampfen, wenn sie in einen offenen Behälter gefüllt würden. Es wird vielmehr bei Flüssiggasen der Eichbehälter mit Wasser gefüllt, das die Flüssigkeit beim Eichen verdrängt. Der Eichvorgang beginnt, wenn die Trennschicht Wasser/Flüssiggas eine Eichmarke am oberen Stutzen des Behälters passiert, und endet, wenn die Trennschicht eine Eichmarke am unteren Stutzen des Behälters passiert hat. Den prinzipiellen Aufbau einer Eichanlage für Flüssiggas zeigt Bild 482.

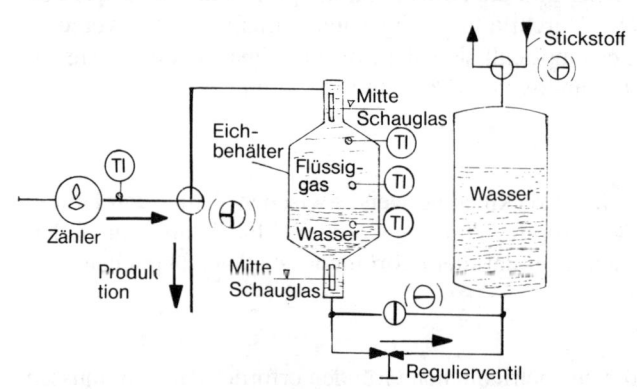

Bild 482. Eichanlage für Flüssiggas.
Im Bild ist das Prinzip des Eichvorgangs dargestellt: Das durch den Zähler fließende Prüfgut verdrängt eine Wasserfüllung des Eichbehälters. Wenn die Trennschicht Flüssiggas/Wasser von der Marke des oberen Schauglases zur Marke des unteren gelangt ist, ist das Eichvolumen durch den Zähler geströmt. Die Durchflußstärke wird mit dem Regulierventil eingestellt. Temperaturmessungen ermöglichen eine Dichtekorrektur. In Klammern sind die Stellungen der Stellhähne beim Zurückdrücken des Flüssiggases dargestellt.

Für Meßanlagen geringeren Ausmaßes und für Betreiber, die seltener mit der Eichung von Volumenzählern zu tun haben, hat sich als rationell erwiesen, mit der Eichung Firmen zu beauftragen, die mit fahrbaren, von den Eichbehörden zugelassenen Einrichtungen ausgerüstet sind und über sachverständiges Personal verfügen (Bild 483).

– *Eichung mit Rohrprüfschleifen*

Für Flüssigkeiten – auch mit hohen und niedrigen Temperaturen und auch mit hohen und niedrigen Viskositäten – einsetzbar sind *Rohrprüfschleifen*. Sie ermöglichen außerdem eine Eichung, ohne den Betrieb unterbrechen zu müssen oder zumindest, ohne ihn wesentlich einzuschränken. Dem Nachteil des hohen finanziellen und räumlichen Aufwandes stehen die Vorteile einer bequemen

4. Anpassen, Montage und Betrieb von Mengenmeßgeräten 559

Handhabung gegenüber. Es ist möglich, die Fehlerkurve automatisch zu ermitteln. Rohrprüfschleifen haben sich in letzter Zeit stark durchgesetzt.

Als Normalgerät wird ein innen gut zylindrisches, gegen Korrosion geschütztes Rohrstück benutzt, dessen Rauminhalt genau ermittelt wurde. Die Flüssigkeit verschiebt beim Eichvorgang einen Kugelmolch – einen mit Wasser gefüllten Gummiball – so, daß er zwar im Rohr beweglich bleibt, sich aber an die Rohrwände flüssigkeitsdicht anlegt. Schalter am Anfang und Ende der Meßstrecke werden vom Molch betätigt, sie erzeugen elektrische Signale bei Beginn und Ende des Eichvorganges. Die Impulszahl des Zählers während des Eichvorganges wird nach Umrechnung auf das Flüssigkeitsvolumen FQ mit dem Meßstreckenvolumen V verglichen und aus der Formel

$$\frac{FQ - V}{V} \cdot 100$$

der Fehler des Zählers in Prozent ermittelt.

Bild 483. Prüffahrzeug (WPD).
Für die erforderlichen Eichungen und Nacheichungen von Flüssigkeitszählern können auch Leistungen sachkundiger Serviceunternehmen in Anspruch genommen werden.

Die Rohrprüfstrecke muß bei Verwendung mechanischer Schalter mindestens 30 m lang sein. Diese Festlegung berücksichtigt einen Fehler in der Ermittlung der Stellung des Kugelmolches von etwa 1 mm. Außerdem ist erforderlich, daß der Zähler während des Eichvorganges eine genügende Zahl von Impulsen, nämlich mindestens 10000 Impulse, abgibt. Bezüglich der Beschaltung wird zwischen *Einweg-* und *Zweiweg*-Rohrprüfschleifen unterschieden (Bilder 484 und 485). Bei Einwegprüfschleifen wird die Meßstrecke immer in der gleichen Richtung durchströmt und der Molch muß mit Hilfe eines Wechselkolbens in die Startposition zurückgebracht werden. Bei der Zweiwegprüfschleife wird die Meßstrecke in alternativ wechselnder Richtung durchströmt und der Flüssigkeitsstrom umgeschaltet.

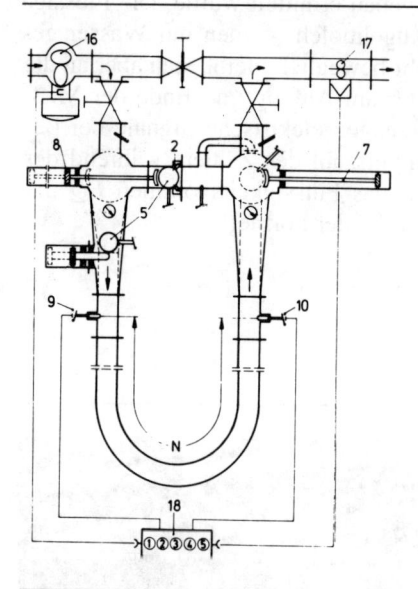

Bild 484. Einweg-Rohrprüfschleife (Bopp & Reuther).
Mit einer Einwegschleife lassen sich Zähler (16 und 17) eichen, ohne den Flüssigkeitsstrom zu unterbrechen. Der Durchgang eines der beiden Kugelmolche (5) durch Start und Stoppschalter (9 bzw. 10) der Prüfschleife grenzt genau das Eichvolumen (N) ab, das elektronisch (18) mit der Impulszahl der Zähler verglichen wird. Nach einem Durchgang muß der Kugelmolch mit den Gestängen 7 und 8 in eine Schleuse (2) gebracht werden, um diese abzudichten. Gleichzeitig wird der andere Molch aus der Schleuse gedrückt und in Startposition gebracht.

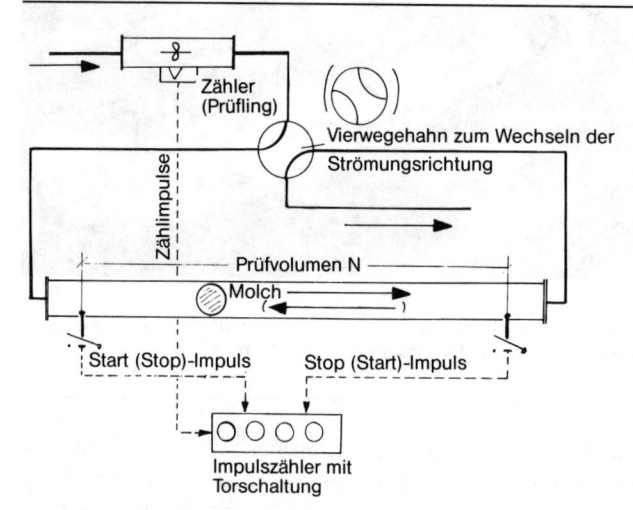

Bild 485. Zweiweg-Rohrprüfschleife.
In der Zweiwegprüfschleife läuft der Molch in beiden Richtungen. Die Zweiwegeprüfschleife läßt sich innen bearbeiten und auch mit einem zylindrischen Molch betreiben.

4. Anpassen, Montage und Betrieb von Mengenmeßgeräten 561

Weder in das Prinzip der Einweg-, noch in das der Zweiweg-Rohrprüfschleife einordnen lassen sich die *Kompaktprüfschleifen* – im englischen Sprachraum Compact Prover genannt (Bild 486).

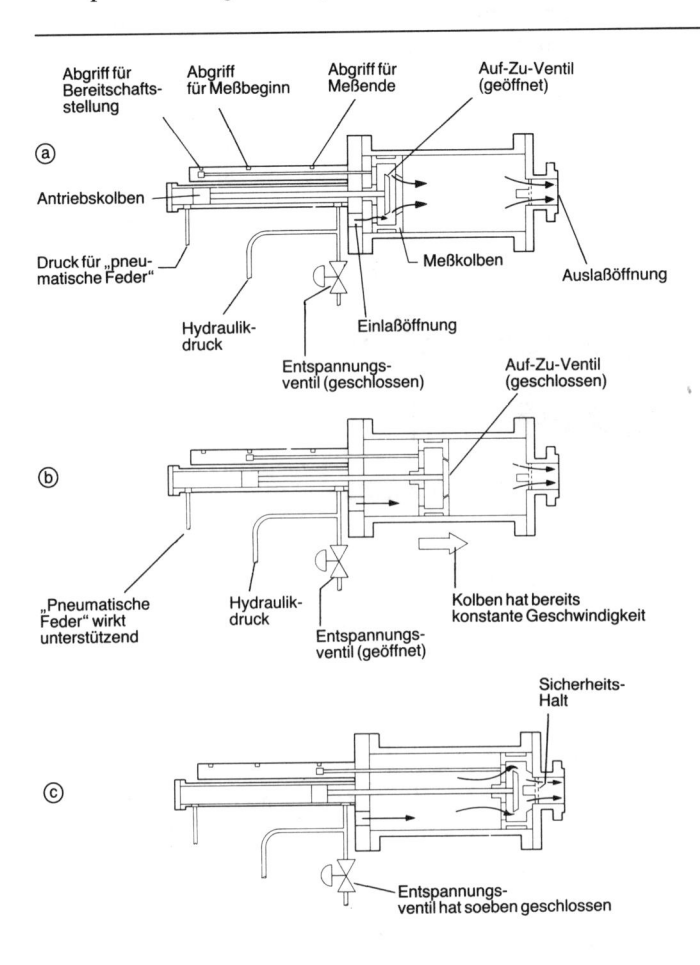

Bild 486. Kompaktprüfschleife (Fisher-Rosemount).
In Bereitschaftsstellung (Teilbild a) strömt das Meßgut ungehindert durch ein offenes Ventil im Meßkolben. Zum Starten wird der hydraulische Druck des Ventilstellantriebs entspannt, eine pneumatische Feder des Stellantriebs drückt den Ventilkegel auf den Sitz, und das Meßgut drückt (mit geringer Unterstützung durch den Stellantrieb) den Meßkolben nach rechts (Teilbild b). Ist mit Erreichen der Endstellung der Eichvorgang beendet (Teilbild c), so öffnet der hydraulische Druck und im Versagensfall ein Anschlag an der rechten Stirnfläche des Zylinders das Ventil. Das Meßgut kann wieder ungehindert durch das Gerät strömen. Der hydraulische Druck bringt den Meßkolben wieder in Startposition. Die Bewegung des Meßkolbens setzt eine jeweils oben links zu sehende Stange mit optischen Abgriffen in die zur Eichung nötigen Signale um.

562 V. Mengenmessung

Sie stehen – wenn sie fest zugeordnet sind – in ständiger Bereitschaft und lassen sich auf Knopfdruck durch Entspannen eines hydraulischen Druckes starten, ohne daß Ventile geöffnet oder geschlossen werden müssen, und der Zähler kann geeicht werden, ohne den Produktstrom unterbrechen zu müssen. Mit einem zugehörigen mikroprozessorgesteuerten Auswertegerät lassen sich die gewonnenen Meßdaten auswerten und die Ergebnisse – auf die gewünschten Werte reduziert – anzeigen oder ausdrucken. Interessant ist, daß auch für die Prüfung von Gaszählern Kompaktprüfschleifen auf dem Markt sind, die sich für kleinere Durchflüsse bis 200 m³/h und Drücke bis 100 bar eignen.

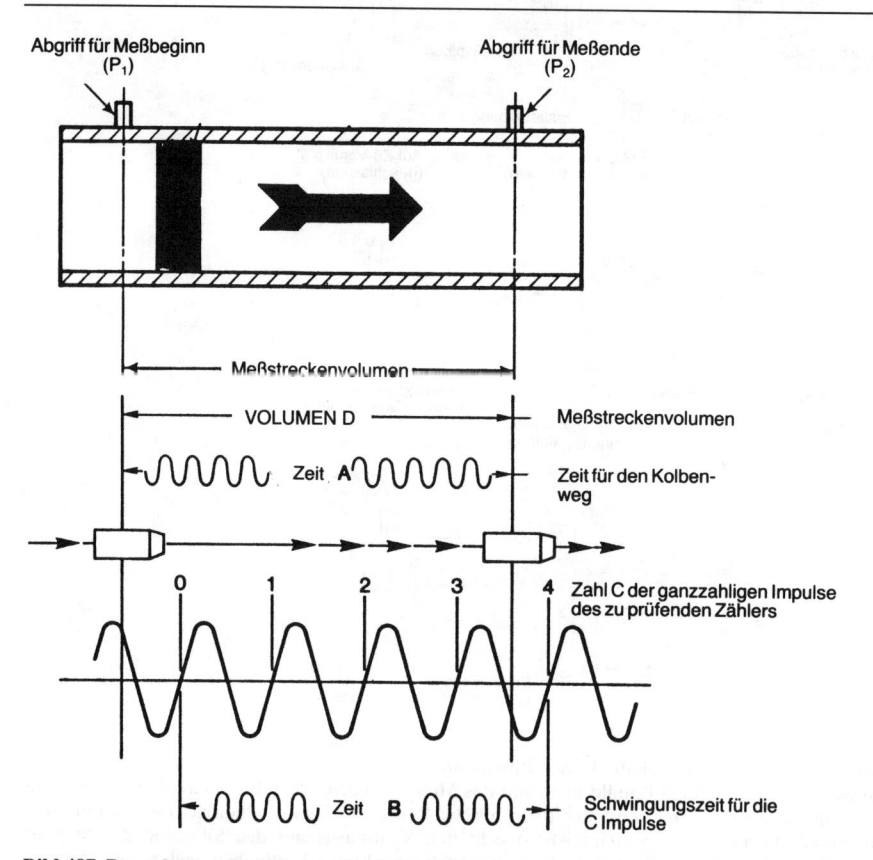

Bild 487. Doppelstoppuhr-Methode (Bild Fisher-Rosemount).
Mit der Doppelstoppuhr-Methode lassen sich dem Eichvolumen auch Werte des Zählers zuordnen, die keine ganzzahligen Vielfachen der Grundschwingung eines Impulses sind. Weitere Erklärungen im Text.

Mit Rohrprüfschleifen lassen sich hohe Genauigkeiten erreichen. Bei Einhaltung der vorgeschriebenen Betriebsbedingungen liegt der Wiederholfehler bei 0,02 % und der Fehler der Meßanlage kann kleiner als 0,1 % gehalten werden. Erfolgversprechend sind Rohrprüfschleifen auch für hochverdichtete Gase im überkritischen Zustand eingesetzt, z.B. für Ethylen mit Drücken zwischen 70 und 100 bar. Dort ist wegen der sehr niedrigen Viskosität die Gefahr, daß Meßstoff am Molch vorbeiströmt, sehr groß. Die Prüfschleife ist deshalb innen gehont und als Molch ein Zylinder mit üblichen Dichtelementen vorgesehen.

Bei den sehr kleinen Meßstreckenvolumen der Prüfschleifen kommt es darauf an, daß Meßstreckenvolumen sehr genau zu erfassen und darauf, daß nicht nur ganze mengenwertige Impulse des Zählers dem Meßstreckenvolumen zugeordnet werden können, sondern auch Bruchteile davon. Außerdem muß, wie schon angedeutet (Bild 434), der Zähler eine möglichst große Zahl Impulse abgeben, von denen jeder die gleiche Wertigkeit hat, also keine pulsierende.

Das genaue Erfassen des Meßstreckenvolumens ist durch schnell (innerhalb von $5 \cdot 10^{-6}$ s) ansprechende Lichtschranken mit hoher Genauigkeit in der Detektion der Lage des Kolbens gewährleistet. Der Unbestimmtheit der Position entspricht eine Unbestimmtheit des Volumens von nur ± 0,0005 %.

Die Auswertung der Meßergebnisse geschieht nach der *Doppelstoppuhr-Methode* (Bild 487), deren genaue Zeitbasis eine 100-kHz-Schwingung ist mit einer Abweichung von nicht mehr als ± 1 Hz. Gemessen wird nun einmal die Zeit A zwischen den Impulsen P_1 und P_2, die beim Durchgang des Kolbens von den Lichtschranken ausgelöst werden und zum anderen die Zeit B zwischen den den Impulsen P_1 und P_2 unmittelbar folgenden Nulldurchgängen des sinusähnlichen Zählersignals in ansteigender Richtung. Es wird weiter die Zahl der Zählerimpulse während der Zeit B gezählt.

Wie das Verfahren funktioniert, ist aus Bild 487 zu ersehen: In der Meßzeit sind nicht genau vier Zählerimpulse, sondern etwas mehr empfangen worden, denn die Strecke B ist etwas kürzer als die Strecke A. Mißt man mit einem Lineal nach und setzt man die beiden Strecken ins Verhältnis, so ergibt sich ein Wert von etwa 1,06 und multipliziert mit vier ergeben sich dann 4,24 Impulse pro Meßstreckenvolumen.

Genauso geht die rechnerische Auswertung. Der K-Faktor eines Prüflings, das ist die Zahl der Impulse des Zählers, die einem dm³ des Meßstreckenvolumens entsprechen, ist gleich

$$K = \frac{C \cdot A}{B \cdot D} \quad .$$

A und B sind die schon definierten Meßzeiten, D das Meßstreckenvolumen und C die Zahl der ganzzahligen Impulse des zu prüfenden Zählers.

564 V. Mengenmessung

Da die Zeiten recht genau gemessen werden können, ergeben sich auch für die relativ kurzen Prüfzeiten die erforderlichen geringen Abweichungen von höchstens ± 0,1 % vom Mittelwert dreier Einzelmessungen.

● *Gravimetrisch-volumetrische Kalibrieranlage für Flüssigkeiten*

Die Kalibriereinrichtung nach Bild 488 arbeitet sowohl mit *gravimetrischem* als auch mit *volumetrischem* Verfahren, in die zur Kontrolle Referenzdurchflußmesser integriert sind. Die Kalibrierung in dieser schlüsselfertig lieferbaren Anlage geschieht weitgehend automatisch.

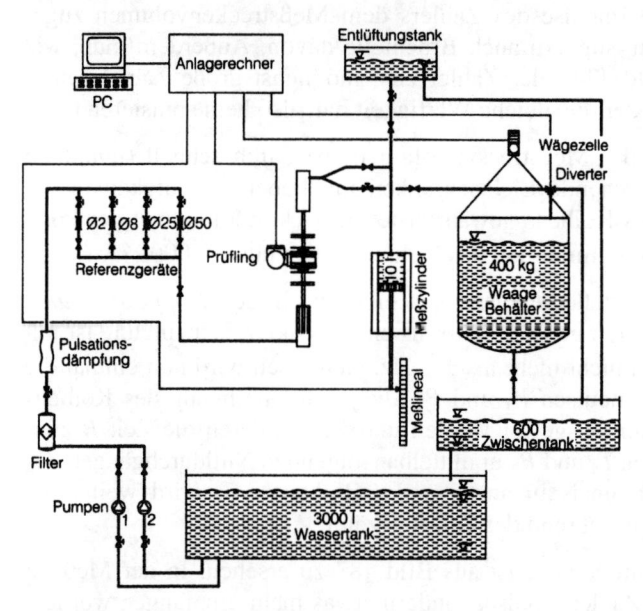

Bild 488. Kalibrieranlage (E+H).
Normale dieser Kalibrierungen sind sowohl Behälterwaagen als auch Eichkolben (Meßzylinder).

Wasser aus einem Sammelbecken strömt, gefördert von einer Kreiselpumpe, über Filter, Pulsationsdämpfer und eine Gruppe parallel geschalteter Referenzgeräte (Master-Meter) zur Prüfstrecke. Ein den Kalibrierablauf steuernder PC wählt das dem eingestellten Durchfluß am besten angepaßte Referenzgerät selbsttätig aus. Der durch den Prüfling fließende Wasserstrom wird einreguliert und fließt beim *gravimetrischen* Verfahren über den Diverter (ein speziell entwickeltes Dreiwegeventil) zunächst in das Sammelbecken zurück. Wenn stationäre Bedingungen vorliegen, wird der Diverter umgeschaltet und der Wasserstrom für eine vorgegebene Zeit einer *Waage* zugeführt, die die Wassermenge sehr genau messen kann. Der Anlagenrechner vergleicht die Meßergebnisse von Wägung und Referenzgerät – ggf. unter Berücksichtigung der Dichte – und kann Unstimmigkeiten sofort erkennen.

Beim *volumetrischen* Meßverfahren gelangt das Wasser vom Prüfling zunächst über den Entlüftungstank zum Sammelbecken. Der Anlagenrechner leitet den Wasserstrom dann für eine vorgegebene Zeit durch Umschaltung der Ventile zum *Meßzylinder*, der das durchgeflossene Volumen linear anzeigt und zum Rechner überträgt. Auch hier wird das Meßergebnis durch das mitlaufende Referenzgerät abgesichert – wiederum ist ggf. die Dichte zu berücksichtigen.

Bei beiden Verfahren kann der Prüfling aufgrund der festgestellten Abweichungen selbsttätig justiert werden. Die Prüflinge und die erforderlichen Paßstücke lassen sich mittels einer speziellen pneumatischen Einrichtung mit Prisma-Zentrierung schnell und genau einrüsten. (Das wird übrigens in vielen Prüfständen ähnlich praktiziert und ist für rationelles Prüfen natürlich sehr wichtig – Flanschverbindungen mit Dichtungen und Dichtigkeitskontrollen würden unnötig sehr viel Zeit in Anspruch nehmen).

c) Transport, Lagerung und Montage von Volumenzählern

Eine wichtige Voraussetzung für genaue Messungen ist, daß Volumenzähler auch beim Transport, der Lagerung und der Montage sachgerecht behandelt werden.

Soweit der *Transport* von den Lieferfirmen durchgeführt oder veranlaßt wird, sollte davon ausgegangen werden, daß diese die Geräte so verpackt und verschickt haben, daß sie unbeschädigt am Einsatzort ankommen. Anderes gilt schon für den Transport zwischen Werkstatt und Betrieb. Eine Fahrt auf dem Gepäckträger eines Fahrrades mag ein Turbinenradzähler vielleicht dann gerade überstehen, wenn er nicht noch unterwegs auf das Straßenpflaster fällt. Was also andere Geräte auch vertragen mögen, die mit sehr harten Lagern ausgerüsteten Turbinenradzähler müssen sehr vorsichtig transportiert werden. Auch andere Volumenzähler sind mit Sorgfalt zu behandeln. Bei schwereren Geräten muß man Transportbetriebe oder -firmen in Anspruch nehmen, deren Mitarbeiter nicht von selbst wissen können, daß Meßgeräte anders behandelt werden müssen als Baumaterial. Hier sind Informations- und – wenn man Optimist ist – Erziehungsprobleme zu lösen.

Schädigend ist oft die unsachgemäße *Lagerung*. Die Geräte werden von einer Dienststelle bestellt, in einem Magazin oder – wenn sie sehr viel Raum beanspruchen – im Freien davor gelagert und liegen da vielleicht Monate, bis die Montage geschieht. Nachher wird festgestellt, daß die Zähler von innen verrostet sind (wahrscheinlich auch von außen, was aber mehr oder weniger ein Schönheitsfehler ist). Wenn die Geräte im Freien stehen, genügt es auch nicht, die Flanschanschlüsse mit Kunststoffdeckeln zu verschließen. Am besten ist es, der Zähler wird in einem warmen Raum gelagert, in dem der Taupunkt nicht erreicht wird, also kein Wasser kondensieren kann. Die andere Möglichkeit ist, den Zähler mit Blindflanschen zu verschließen und an ein Netz anzuschließen, das trockene Luft oder trockenen Stickstoff führt. Feuchter Stickstoff ist nicht geeignet, in dem ist immer noch soviel Restsauerstoff vorhanden, daß sich mit dem Wasser Rostbildung einstellt.

Über die *Montage* der unterschiedlichen Geräte soll nur soviel gesagt werden, daß diese oft durch MSR-fremde Dienststellen durchgeführt wird und es Sache des Meß- und Regelmechanikers ist, dafür zu sorgen, daß die in der Montageanleitung angeführten Vorschriften und Hinweise beachtet werden.

d) Inbetriebnahme und Wartung

Wenn die Volumenzähler Transport, Lagerung und Montage heil überstanden haben, ist noch eine ganz wesentliche Aufgabe zu lösen: Die sachgerechte *Inbetriebnahme*. Beim Anfahren darf es nicht passieren, daß die Produktleitung in Betrieb genommen wird und dann der Zähler unbemerkt zu laufen beginnt. Es sind vielmehr zunächst die zur Meßanlage gehörigen Regelstrecken in Betrieb zu nehmen und die Regler einzustellen. Dabei wird zweckmäßigerweise der Zähler umgangen. Laufen die Regelungen störungsfrei, so kann der Zähler angefahren werden. Dazu ist – vor allem bei größeren Gaszählern – unbedingt ein Fachmann hinzuzuziehen. Er soll – wenn nichts besonderes vorgeschrieben ist – prüfen, ob das Gerät richtig montiert, ob Öl aufgefüllt und ob das Gerät leichtgängig ist. Dann müssen die Absperrorgane ganz vorsichtig mit Hand geöffnet und der Lauf auf verdächtige Geräusche abgehört werden. Differenzdruck und Belastungsanzeiger sind eine längere Zeit zu beobachten, bis man sicher ist, daß die Geräte in vorgesehener Weise arbeiten. Dann soll der Meß- und Regelmechaniker auch die Weiterverarbeitung überprüfen; es müssen vor allem die Durchflußbegrenzer richtig wirken. Im Neuzustand soll schließlich eine Belastungskurve aufgenommen werden, um später auf Verschmutzungen oder andere Unregelmäßigkeiten Schlüsse ziehen zu können.

Die *Wartung* beschränkt sich im wesentlichen auf das Nachfüllen von Öl, auf Beobachtung des Differenzdruckes und auf das Überprüfen auf verdächtige Geräusche und Schwingungen. Über Bilanzen können die Meßergebnisse des Volumenzählers überprüft werden und bei unbefriedigenden Ergebnissen gibt es nicht viel anderes, als die Zähler auszubauen und auf einem Prüfstand festzustellen, wo der Fehler liegt.

VI. Drehzahlmessung

1. Allgemeines

Der Meßgröße Drehzahl begegnen wir in unserer technisierten Umgebung recht häufig. Die Hausfrau weiß, daß die Zahl der Umdrehungen der Waschmaschine pro Minute ein Gradmesser für die Wasserentfernung im Schleudergang ist; ein sportlicher Autofahrer rüstet seinen Wagen mit einem Drehzahlmesser für den Motor aus und auch andere Autofahrer lesen an ihrem Tachometer die Drehzahl der Antriebsachse als Geschwindigkeit ab.

An dem Beispiel des Autos soll auch der Unterschied zwischen Drehzahl und Anzahl der Umdrehungen erläutert werden: Der Tachometer zeigt die Geschwindigkeit an, sein Ausschlag ist proportional der Drehzahl – der Zahl der Umdrehungen pro *Minute*. Der Kilometerzähler summiert dagegen die Zahl der Umdrehungen auf, ein Kilometerstand von 50000 sagt nichts darüber aus, in welcher Zeit er erreicht wurde und nichts darüber, ob der Fahrer schnell oder langsam gefahren ist. Die Festlegung des Begriffes Drehzahl als Zahl der Umdrehungen pro Minute ist nicht sehr glücklich. Richtiger und unmißverständlicher sind die dasselbe aussagenden Begriffe

- Drehfrequenz = Zahl der Umdrehungen pro Zeitspanne,
- Drehgeschwindigkeit = Winkel pro Zeitspanne.

Der Unterschied zwischen Tachometeranzeige und Kilometerstand ist übrigens ähnlich dem zwischen Durchfluß- und Mengenanzeige.

In der Verfahrenstechnik hat eine reine Drehgeschwindigkeits- oder Drehzahlmessung – abgesehen davon, daß sie Bestandteil mancher Durchfluß- und Mengenmesser ist – nicht die fundamentale Bedeutung der in den Kapiteln I bis V beschriebenen Meßaufgaben. Meist wird es darum gehen, die Drehgeschwindigkeit von Apparaturen, Maschinen und Antrieben zu messen und sie auf Lauf zu überwachen, zu steuern oder zu regeln.

- *Einheiten*

Das internationale Einheitensystem ist auf die Sekunde als Zeitspanne aufgebaut. Aus dem Grunde ist die SI-Einheit der Drehfrequenz oder Drehzahl

$1/s$ oder $1\,\text{rev/s}$ (1 rev ist 1 Umdrehung, lateinisch revolutio)

und die der Drehgeschwindigkeit

$1/s$ oder $1\,\text{rad/s}$ (1 rad ist die SI-Einheit des Winkels und entspricht etwa $57{,}3°$, siehe auch Kapitel VII).

VI. Drehzahlmessung

In der *Praxis* wird aber als Zeitspanne die *Minute* gewählt und die Drehzahl als Umdrehungen pro Minute angegeben.

● *Darstellung der Meßgröße Drehzahl*

Die Meßgröße Drehzahl wird gemeinsam mit den ähnlichen Meßgrößen Geschwindigkeit und Frequenz nach DIN 19227 mit dem Kennbuchstaben S dargestellt[61]. Geschwindigkeit ist eine lineare Bewegung pro Zeit. Sie wird im allgemeinen wie auch beim Auto – über Drehzahlen gemessen. Drehzahl ist eine Kreisbewegung, und Frequenz ist eine Hin- und Herbewegung pro Zeit.

Bild 489 zeigt die Aufgabe Anzeige und Überwachung der Drehzahl der Rührerwelle eines Reaktors mit Einleitung einer Notfunktion bei Stillstand SIZ–A–701.

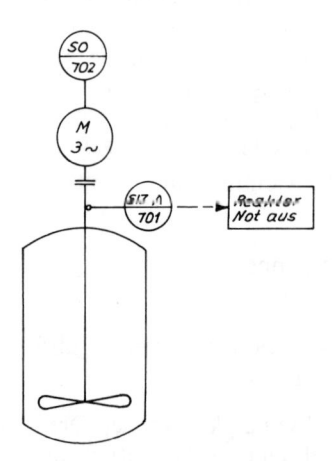

Bild 489. Darstellung der MSR-Aufgabe „Drehzahlmessung".
SIZ-A-701 Drehzahlanzeige und -meldung mit Einleiten einer Notfunktion bei Stillstand. SO 702 Anzeige des Motorlaufs mittels Sichtzeichen.

Eine häufig vorkommende Aufgabe: Es soll verhindert werden, daß der Rührer unbemerkt ausfällt. Bei vielen Reaktionen würde sonst nämlich das Produkt unkontrolliert weiter reagieren, nicht ausreichend gekühlt werden oder sich zu festen Endprodukten verbinden. Zusätzlich wird mit einem Sichtzeichen der Antriebsmotor auf Lauf überwacht (SO 702). Das geschieht üblicherweise über einen Kontakt des Motorschützes: bei elektrischen Störungen ein sicheres Indiz über den Zustand des Motors. Um aber gegen mechanische Störungen, wie z.B. den Bruch der Welle oder der Kupplung, geschützt zu sein, wird bei wichtigen Aufgaben direkt die Drehzahl der Rührerwelle gemessen.

---

61 S ist die Abkürzung von speed, dem englischen Wort für Geschwindigkeit.

2. Drehzahlmesser

Die Drehzahlmessung ist nicht nur für die chemische Verfahrenstechnik, sondern für die gesamte Technik von Bedeutung. Es gibt daher viele angewandte Prinzipien und eine Unzahl von Geräteausführungen. Es sollen hier die für uns wichtigsten Prinzipien erwähnt werden.

a) Mechanische Drehzahlmesser

Unter mechanischen Drehzahlmessern wollen wir die verstehen, in denen Meß- und Anzeigewerk eine Einheit bilden. Sie arbeiten ohne Hilfsenergie und kommen für örtliche Anzeige – gegebenenfalls auch mit Grenzwertmeldung – in Frage, etwa wie Manometer für Druckmessungen. Die Übertragung der Drehzahl von der Maschine zum Meßgerät geschieht über Kupplungen, über Getriebe oder über biegsame Wellen. Es ist darauf zu achten, daß Schwingungen der Maschine nicht auf das Meßgerät übertragen werden. Dazu bieten sich elastische Elemente wie Gummimuffen, Federkupplungen oder in Zugmittelgetrieben Keilriemen an.

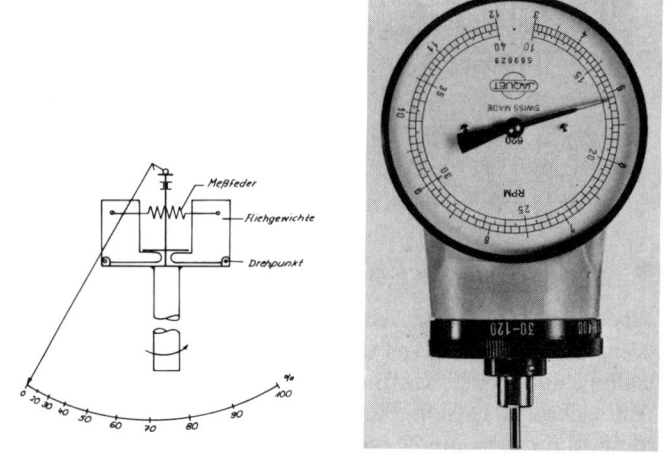

Bild 490. Fliehkraft-Drehzahlmesser (Prinzip und Ausführungsform).
Die Fliehkraft des rotierenden Meßsystems kippt die Fliehgewichte so lange nach außen, bis sich Gleichgewicht zu den Kräften der Meßfeder einstellt. Die Abhängigkeit zwischen Drehzahl und Ausschlag ist nicht linear und von der Drehrichtung unabhängig.

● *Fliehkraftdrehzahlmesser*

Der Fliehkraftdrehzahlmesser (Bild 490) nutzt den allgemein bekannten Zusammenhang zwischen Drehzahl und Fliehkraft zur Messung. An der Meßwerkwelle sind zwei symmetrische Schwungmassen so angelenkt, daß sie durch die Fliehkraft nach außen getrieben werden können. Dieser Bewegung wirken Federn entgegen, und es stellt sich ein Gleichgewicht zwischen Feder- und Fliehkraft ein. Der Abstand der Massen von der Meßwerkwelle ist ein Maß für die Drehzahl. Da die Fliehkraft proportional dem Quadrat der Drehzahl ist, zeigen die Geräte bei kleinen Drehzahlen nur wenig an. Aus dem quadratischen Zusammenhang und aus der Abhängigkeit gerätespezifischer mechanischer Hebellängen von der Drehzahl ergeben sich nichtlineare Skalen, die meist im mittleren Bereich gespreizt sind. Die Geräte werden für Meßbereichsendwerte von 120 bis 50000 Umdrehungen pro Minute geliefert. Erstaunlich ist ihre hohe Meßgenauigkeit mit Fehlergrenzen zwischen 0,3 und 1 %. Die Drehrichtung läßt sich aus der Anzeige nicht ersehen.

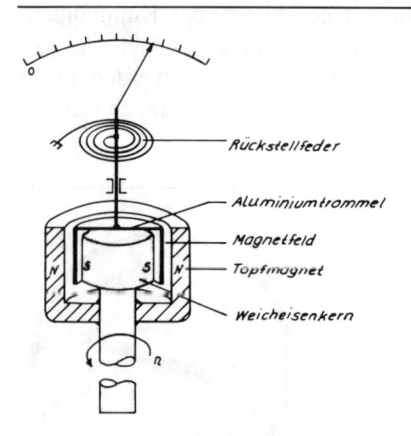

Bild 491. Prinzip des Wirbelstrom-Drehzahlmessers.
Topfmagnet und Weicheisenkern erzeugen ein Magnetfeld. Bei der Rotation entstehen in der Aluminiumtrommel Wirbelströme. Das Gleichgewicht zwischen deren Kraftwirkung und der der Rückstellfeder ist ein Maß für die Drehzahl.

● *Wirbelstromdrehzahlmesser*

Linear, weit und drehsinnrichtig ist der Meßbereich des Wirbelstromdrehzahlmessers. Dieses einfache und robuste Gerät wird in der Verfahrenstechnik und in der Kraftfahrzeugtechnik sehr häufig eingesetzt, z.B. auch als Autotachometer. Sein Prinzip ist aus dem Alltag nicht so bekannt: Mit der Meßwelle rotiert ein Magnetfeld, welches von einem Dauermagneten und einem Weicheisenkörper gebildet wird (Bild 491). Im Luftspalt kann sich eine Trommel oder Scheibe aus Aluminium drehen. Eine Rückstellfeder versucht, die Aluminiumscheibe in der Ausgangsstellung festzuhalten. Unter dem Einfluß des rotierenden Magnetfeldes werden in der Alu-Trommel Wirbelströme erzeugt. Die daraus resultierenden Kräfte sind so gerichtet, daß sie versuchen, die Trommel an der Rotation teilnehmen zu lassen. Die Rückstellfeder erlaubt aber nur eine Verdrehung. Sie ist proportional der Drehzahl. Bei hohen Drehzahlen etwa über 5000 Umdrehungen pro Minute wird die Anzeige durch Luftreibung im Spalt verfälscht. Es müssen dann Getriebe zwischengeschaltet werden. Die Meßbereichsendwerte beginnen schon bei 25 pro Minute, die

Meßunsicherheit liegt bei 1 %. Das Prinzip des Wirbelstromdrehzahlmessers findet auch in pneumatischen Drehzahlmeßumformern Anwendung.

b) Elektrische analoge Drehzahlmesser

Unter elektrischen analogen Drehzahlmessern sollen die Geräte verstanden werden, die – ähnlich wie ein Fahrraddynamo oder wie die Lichtmaschine eines Autos – aus der Drehbewegung elektrische Energie erzeugen. Bei geeigneter Konstruktion ist die erzeugte Spannung der Drehzahl proportional. Die Geräte sind einfach aufgebaut, preisgünstig und hinreichend genau. Es gibt auch Ex-geschützte Ausführungen. Nach ihrem Ausgangssignal wird zwischen Gleich- und Wechselspannungs-Drehzahlgebern unterschieden.

● *Gleichspannungs-Drehzahlgeber*

Als Drehzahlgeber kommen Gleichspannungsgeneratoren mit Permanentmagneten (Bild 492) zum Einsatz.

Bild 492. Gleichspannungs-Drehzahlgeber (Hübner-Berlin).
Zu den guten Meßeigenschaften gesellen sich bei diesem für rauhe Einsatzbedingungen konzipierten Tachometerdynamo Dichtheit bis IP 68 und geringe Anforderungen an die Wartung.

Die Geräte sind so konzipiert, daß die Ausgangsspannung eine möglichst geringe Welligkeit hat. Es gibt bis zu 8-polige Magnete sowie Kollektoren mit bis zu 150 Lamellen. Die Restwelligkeit der Ausgangsspannung stört die nachgeschalteten Anzeiger und Drehzahlregler. Sie liegt zwischen einigen und 0,5 %. Mit Spezialausführungen sind ohne Getriebe auch noch Drehzahlen von 1 pro Minute meßbar. Die Obergrenze liegt erst bei 10000 pro Minute. Die Abweichung von der Linearität ist kleiner als 0,5 %. Die Anzeige ist drehrichtungsabhängig. Am Meßgerät kann also zwischen Vorwärts- und Rückwärtslauf unterschieden werden. Von Vorteil ist weiter die Erdfreiheit des Meßsignals und der Wegfall einer Spannungsversorgung.

Der Verschleiß von Schleifbürsten und Kollektor kann zu unbemerkten Meßfehlern führen. Gleichspannungs-Drehzahlgeber arbeiten deshalb nicht ganz wartungsfrei.

● *Wechselspannungs-Drehzahlgeber*

Einfach und wartungsfrei arbeiten Wechselspannungs-Drehzahlgeber (Bild 493). Im Prinzip sind sie wie ein Fahrraddynamo aufgebaut: Ein rotierender, mehrpoliger Permanentmagnet erzeugt in einer feststehenden Wicklung eine Wechselspannung. Auch hier möchte man zu einer zitterfreien Anzeige kommen. Die Frequenz des gleichgerichteten Signals muß so groß sein, daß das mechanisch träge Anzeigesystem nicht folgen kann und einen Mittelwert anzeigt. Das wird durch eine möglichst hohe Polzahl des umlaufenden Magneten erreicht. Die kann 4, 8 oder in Sonderfällen sogar 36 sein.

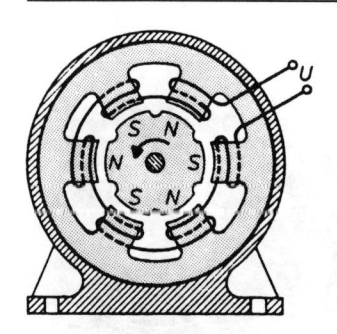

Bild 493. Wechselspannungs-Drehzahlgeber.
Ein rotierendes Magnetfeld erzeugt in einer feststehenden Wicklung einen Wechselstrom, dessen Spannung der Drehzahl proportional ist.

Die Meßbereichsendwerte liegen zwischen 25 und 12000 pro Minute. Der Meßbereichsumfang geht bis 1:100. Mit Meßunsicherheiten zwischen 1,5 und 2,5 % vom Skalenendwert ist zu rechnen. Im Gegensatz zum Gleichspannungs-Drehzahlmesser ist die Anzeige des Wechselspannungs-Drehzahlmessers unabhängig von der Drehrichtung, wenn nicht besondere Schalter oder Schaltungen vorgesehen werden.

c) Elektrische Impulsdrehzahlmesser

Während bei den analogen Drehzahlmessern Wert auf ein möglichst gut geglättetes Signal gelegt wurde, ist es bei den Impulsverfahren wichtig, pro Umdrehung einen oder mehrere, möglichst gut ausgebildete Rechteckimpulse zu erzeugen. Solche Impulse lassen sich gut fernübertragen und weiterverarbeiten. Die Drehzahl ergibt sich dann aus einer Impulsfrequenzmessung oder aus dem Aufzählen der Impulse in einem kurzen Zeitabschnitt. Die Verfahren unterscheiden sich im wesentlichen durch die Art der Impulserzeugung. Gemeinsame Merkmale sind:

- Berührungsloses und weitgehend rückwirkungsfreies Abtasten, das auch Messungen an kleinen Meßobjekten erlaubt;
- verschleißfreie Messung auch bei höchsten Drehzahlen;
- Möglichkeit, hohe Impulszahlen pro Umdrehung zu erreichen und damit auch sehr niedrige Drehzahlen zu messen;
- geschlossene Bauweise, einfacher Aufbau und geringer Energiebedarf macht Einsatz auch in rauhen Betrieben und ex-geschützte Ausführungen möglich;
- wegen der digitalen Verarbeitung haben Anbautoleranzen, Temperaturschwankungen, Veränderungen der Bauelemente und der Hilfsspannungen keinen Einfluß auf die Meßgenauigkeit;
- ein Leitungsabgleich ist nicht erforderlich.

Diese vorteilhaften Eigenschaften haben die Impulsverfahren in den letzten Jahren stark in den Vordergrund gerückt, vor allem deshalb, weil der etwas höhere apparative Aufwand durch Einsatz moderner Elektronikbausteine weitgehend kompensiert wird.

Die Impulsgeber sind grundsätzlich in aktive und passive Geber zu unterteilen. Aktive Geber erzeugen den Spannungsimpuls ähnlich wie ein Generator über das elektromagnetische Prinzip. Passive Geber sind – vereinfacht dargestellt – verschiedene Arten von Schaltern, die bei der Umdrehung einen Strom periodisch unterbrechen oder – wenn nicht unterbrechen – absenken.

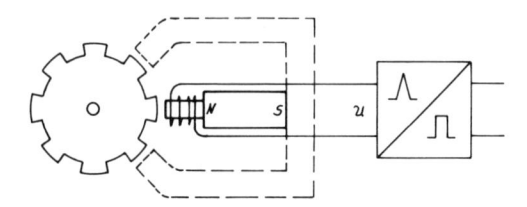

Bild 494. Elektromagnetischer Impulsgeber.
Beim Vorbeilaufen „magnetischer Unwuchten" ändert sich das magnetische Feld in der Spule. Eine Spannungsspitze wird erzeugt. Eine Impulsformerstufe überführt sie in einen Rechteckimpuls. Zum Verdeutlichen des Prinzips sind Weicheisenschenkel für den Rückfluß der Kraftlinien angedeutet. Die Impulsgeber kommen im allgemeinen ohne diese Schenkel aus: Die Verstärkung ist so empfindlich, daß der Rückfluß im freien Raum ausreicht.

● *Elektromagnetische Impulsgeber*

Das Prinzip des elektromagnetischen Impulsgebers zeigt Bild 494. Es handelt sich – ähnlich wie beim Wechselspannungs-Drehzahlgeber – um eine Spannungserzeugung mittels eines sich ändernden Magnetfeldes. Die Änderung verursachen „magnetische Unwuchten" des Meßobjektes: Ferromagnetische

VI. Drehzahlmessung

Polräder, Getriebezahnräder oder Propellerflügel verändern beim Vorbeilauf an einer Spule das von einem Permanentmagneten erzeugte Feld. Dadurch wird in der Spule eine Spannungsspitze induziert. Diese Spitze wird in einer nachgeschalteten Impulsformerstufe in einen Rechteckimpuls überführt und auf den Weg zur Weiterverarbeitung geschickt.

Wie wir schon beim Wechselspannungsgeber erfuhren, ist auch hier die Höhe der Spannung proportional der Drehzahl. Bei niedrigen Drehzahlen ist der Meßeffekt gering. Die Geräte sind deshalb besonders zur Messung mittlerer bis hoher Drehzahlen geeignet. Da sie vor der Impulsformerstufe keine Hilfsenergie benötigen, werden sie der Gruppe der aktiven Geber zugerechnet.

● *Magnetfeld-Drehzahlgeber*

Magnetfeld-Drehzahlgeber sind passive Impulserzeuger (Bild 495). „Schalter" sind magnetempfindliche Halbleiterbauelemente, meist Feldplatten, die beim Vorbeigehen von magnetischen Unwuchten ihren Schaltzustand ändern. Sie entziehen dem Meßobjekt keine Energie, benötigen aber eine Gleichstromquelle. Die Höhe des Impulses ist unabhängig von der Drehzahl, so daß auch kleine Drehzahlen meßbar sind. Auch für große Drehzahlen gibt es keine Einschränkungen.

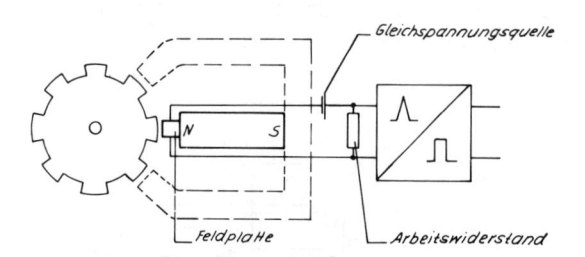

Bild 495. Magnetfeld-Drehzahlgeber.
„Magnetische Unwuchten" ändern das Magnetfeld in einer Feldplatte und damit ihren Widerstand. Durch die Widerstandsänderung wird am Arbeitswiderstand ein Spannungssignal erzeugt. Zum Verdeutlichen des Prinzips sind Weicheisenschenkel für den Rückfluß der Kraftlinien angedeutet. Die Impulsgeber kommen im allgemeinen ohne diese Schenkel aus: Die Verstärkung ist so empfindlich, daß der Rückfluß im freien Raum ausreicht.

● *Hochfrequenz-Drehzahlgeber nach DIN 19234*[62]

Auch Hochfrequenz-Drehzahlgeber sind passive Geber (Bild 496). „Schalter" sind Transistor-Oszillatoren, deren Schwingungen beim Vorbeigehen eines Metallteiles gedämpft werden. Dann reißt die Schwingung ab, und der Geber

---

[62] Die Geräte werden auch NAMUR-Abgriffe genannt, weil die NAMUR die Normung eingeleitet hat.

wird hochohmig, das heißt, daß sich der „Schalter" öffnet. Die Schwingfrequenz des nicht gedämpften, aus Schwingkreis und Rückkopplungsspule bestehenden Oszillators liegt bei einigen MHz. Dem Meßobjekt wird keine Energie entzogen; zur Speisung ist eine Gleichstromquelle erforderlich. Die Höhe des Impulses ist von der Drehzahl unabhängig, so daß auch mit diesen Geräten kleinste Drehzahlen meßbar sind. Nach großen Drehzahlen liegt die Grenze bei 150000 pro Minute.

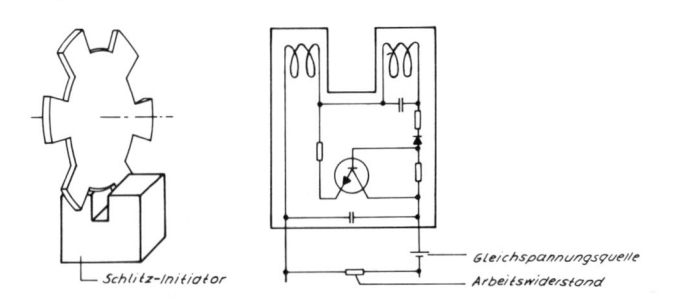

Bild 496. Hochfrequenz-Drehzahlgeber nach DIN 19234.
Ein Transistor-Oszillator wird beim Vorbeilaufen eines Metallsteges gedämpft, sein Widerstand dadurch sehr hoch und der Strom im nachgeschalteten Stromkreis stark verringert. Eine Spannungsabsenkung am Arbeitswiderstand ist die Folge.

● *Andere passive Drehzahlgeber*

Geringere Bedeutung haben photoelektrische und elektromechanische Drehzahlgeber.

„Schalter" photoelektrischer Geber sind Halbleiterbauelemente, deren Widerstand beleuchtungsabhängig ist. Die Beleuchtung wird vom Meßelement, z.B. durch eine Schlitzscheibe, verändert, moduliert sagt man auch dazu. Sie sind besonders zur Messung mittlerer bis hoher Drehzahlen geeignet.

Elektromechanische Impulsgeber arbeiten mit z.B. über eine Nockenwelle entweder mit mechanisch oder mit durch einen Magneten (Reed-Kontakt) betätigten Kontakten. Sie sind besonders für niedrige Drehzahlen geeignet.

● *Impulsverarbeitung*

Die in den Impuls-Drehzahlgebern erzeugten Impulse werden in der Impulsformerstufe durch einen *Schmitt-Trigger* verstärkt und in Rechteckimpulse hoher Flankensteilheit umgewandelt.

Da die Impulsbreite noch unterschiedlich sein kann, muß für die Weiterverarbeitung zu *analogen* Signalen (Bild 497) in weiteren Stufen über Differenzierer und Gleichrichter in einem monostabilen Multivibrator eine Impulsfolge

576   VI. Drehzahlmessung

mit konstanter Fläche erzeugt werden. Durch Mittelwertbildung erhält man eine der Drehzahl proportionale Gleichspannung.

Das kann auch in einem Drehzahlmeßumformer geschehen, der dann einen der Drehzahl proportionalen eingeprägten Gleichstrom ausgibt.

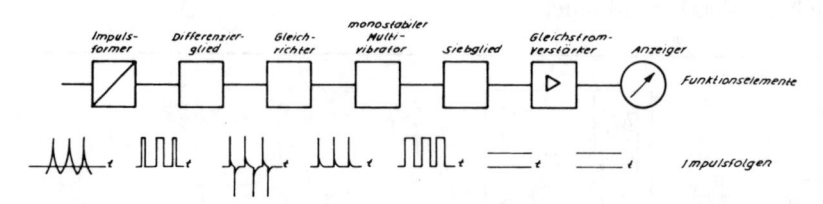

Bild 497. Analoge Drehzahlmessung.
Das Signal des Drehzahlgebers muß geformt, differenziert und gleichgerichtet werden, ehe es in eine flächengleiche Impuls-Pause-Folge umgewandelt, geglättet und auf einem Analoganzeiger als Drehzahl abgelesen werden kann.

Zur *digitalen* Weiterverarbeitung (Bild 498) werden die Ausgangssignale des *Schmitt*-Triggers entweder mittels einer Torschaltung in einer vorgegebenen Meßzeit gezählt, oder es wird die Zeit zwischen zwei Impulsen ermittelt. Die erste Methode ist besonders für hohe, die zweite für niedrige Drehzahlen geeignet.

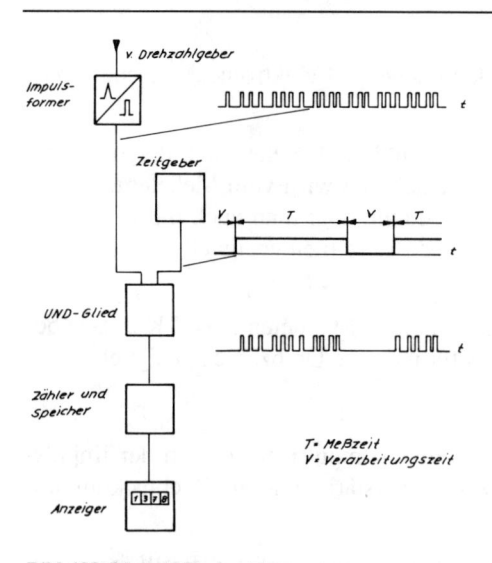

Bild 498. Digitale Drehzahlmessung.
Das Prinzipbild zeigt, wie die Impulsfolge in der Meßzeit T aufgezählt, weiterverarbeitet und auf einen Anzeiger gebracht wird.

VII. Stellungsmessung

1. Allgemeines

In der Verfahrenstechnik wird häufig die Aufgabe gestellt, anzuzeigen, ob ein Stellgerät eine bestimmte Lage eingenommen hat oder nicht. Meist sind die Endstellungen „offen" oder „geschlossen" zu signalisieren. Häufig ist auch die Stellung zu *regeln*; der Stellungsregler vergleicht die Iststellung mit dem Stellsignal und versucht, Abweichungen zu korrigieren. Seltener ist schon, eine Stellung genau zu messen und weiterzuverarbeiten, es sei denn die einer Meßeinrichtung für eine andere Meßgröße. Beispiele dafür sind: die Stellung einer Gasometerglocke, die des Daches eines Schwimmdachtanks zur Füllstandmessung oder die des Balgsystems einer Bartonzelle zur Differenzdruckmessung.

An Bedeutung gewinnen auch Stellungsmessungen an großen Maschinen, besonders an Turbinen und Turboverdichtern. Dort ist die Position der Welle in axialer Richtung – der Wellenschub – auf Abweichung von der Normallage zu überwachen; außerdem wird mehr und mehr von der Sicherung gegen unzulässige relative Wellenschwingungen Gebrauch gemacht. Das Messen der *relativen* Wellenschwingung ersetzt dabei das früher übliche der *absoluten* Lagerschwingung.

● *Einheiten*

Bei Stellungs-, Lage- oder Abstandsmessungen wird es im allgemeinen darum gehen, eine *Länge* oder einen *Winkel* zu messen.

Die gesetzlichen Einheiten für Längenmessungen sind das Meter mit seinen Unterteilungen Zentimeter und Millimeter und den Einheitenzeichen m, cm und mm.

Die gesetzliche Einheit des Winkels ist der Radiant mit dem Einheitenzeichen rad. Die meisten Leser werden Winkelangaben in Grad gewohnt sein und nach dem Sinn des Radianten fragen. Der Radiant läßt sich durch die Basiseinheit Meter ausdrücken: er ist gleich dem ebenen Winkel, der aus einem Kreis mit dem Radius 1 m einen Bogen von 1 m Länge ausschneidet (Bild 499). Neben dem Radianten sind auch die Einheiten Grad, Minute und Sekunde mit den Einheitenzeichen 1°, 1' und 1" zulässig. Der Zusammenhang zwischen diesen Einheiten ist

$$1 \text{ rad} = 57{,}3°; \quad 1° = 0{,}01745 \text{ rad} = 60' = 3600".$$

● *Darstellung der Meßgröße Stellung*

Die Aufgabe, die Meßgrößen Abstand, Länge, Stellung zu verarbeiten, wird nach DIN 19227 mit dem Erstbuchstaben G[63] und den entsprechenden Folgebuchstaben dargestellt.

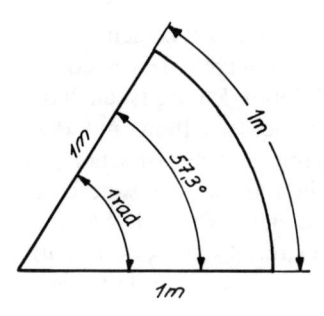

Bild 499. Einheit des ebenen Winkels.
1 Radiant (rad) ist gleich dem Winkel, der aus einem Kreis mit dem Halbmesser 1 m einen Bogen von 1 m Länge ausschneidet.

Bild 500 zeigt die Messung der Stellung eines Stellgeräts mit stetiger Anzeige und zusätzlichem Sichtzeichen für Auf- und Zu-Stellung (GOI 801) und der Überwachung eines Stellgeräts mit Grenzwertmeldung beim Erreichen einer Endstellung (GA ± 802). Als Beispiel werden mit GIZ + 803 die Sicherung eines Verdichters gegen unzulässigen Wellenschub und mit GRZ ± 804 und 805 die Sicherungen gegen zu hohe relative Wellenschwingung dargestellt. In UZ 806 werden die Abschaltsignale in 1-von-3-Bewertung verknüpft. 1-von-3-Bewertung heißt, daß ein Abschaltsignal genügt, um den Verdichter abzuschalten.

2. Stellungsmeßgeräte

Für die Aufgabe, mit einer Ja/Nein-Aussage anzugeben, ob ein Gerät eine bestimmte Stellung eingenommen hat, werden im allgemeinen Schalter eingesetzt. Für die Aufgabe, eine Stellung stetig weiterzuverarbeiten, kommen auch in anderen Meßgeräten vorhandene Weg- oder Drehwinkelgeber, für große Abstände auch Tankmesser nach Bild 122 in Frage. Außerdem ist es möglich, über eine Feder den Weg in eine Kraft umzuformen und diese, z.B. über eine pneumatische Kraftwaage, zu messen. Schließlich lassen sich die meisten pneumatischen Stellungsregler als Wegmesser schalten.

---

63 G ist die Abkürzung des englischen Wortes gauge; es hat eine für uns vielschichtige Bedeutung und steht hier für Maßstab.

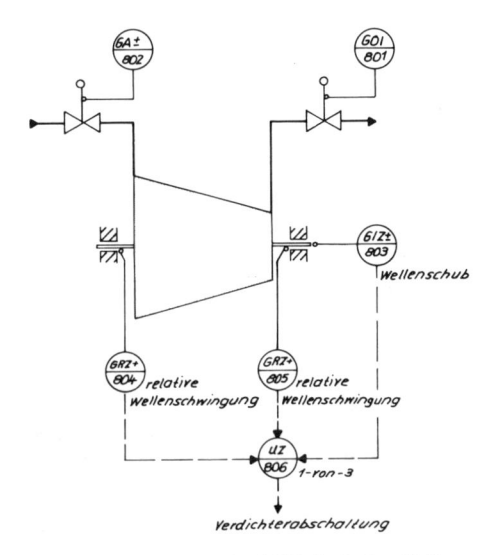

Bild 500. Darstellung der MSR Aufgabe „Stellungsmessung".

GIO 801,	stetige Stellungsmessung mit zusätzlichen Sichtzeichen für AUF- und ZU-Stellung,
GA±802,	Überwachung der Stellung eines Stellgeräts mit Grenzwertmeldung beim Erreichen einer Endstellung,
GIZ±803	Anzeige des Wellenschubs und Sicherung gegen unzulässige Positionen der Welle,
GRZ±804 und 805	Registrierung der Wellenschwingung und Sicherung gegen zu hohe Wellenschwingung,
UZ 806	Verknüpfen der Verdichtersteuerung in 1-von-2-Bewertung.

Zur Messung des Wellenschubes werden mechanische, hydraulische oder passive elektrische Geber eingesetzt, für die Wellenschwingung bevorzugt Hochfrequenz-Transistor-Oszillator-Geräte nach DIN 19234, die von der Welle abstandsabhängig gedämpft werden. Bild 501 zeigt die Lage der Meßwertaufnehmer in Relation zur Verdichterwelle.

Schalter können vom Stellgerät mechanisch über Hebel oder Stößel, über Magnetfelder oder über elektrische Felder betätigt werden. Ein Schutzgehäuse nimmt die Kontakte mechanischer Schalter (Bild 502) auf, um die Kontakte gegen Verschmutzung und um gegebenenfalls die Umwelt gegen Explosionen zu schützen, wenn es sich um die Zündschutzart „Druckfeste Kapselung" handelt. Die mechanische Durchführung durch die Gehäusewand wird mit Kappen oder Faltenbälgen aus Gummi oder Kunststoff abgedichtet, um Verunreinigungen, der Feuchtigkeit und korrosiven Stoffen den Zugang zum Schalterinneren zu verwehren. Meist wird der Schaltzustand mittels elektrischer Hilfsenergie, manchmal aber auch mittels pneumatischer Hilfsenergie weiterverarbeitet.

580   VII. Stellungsmessung

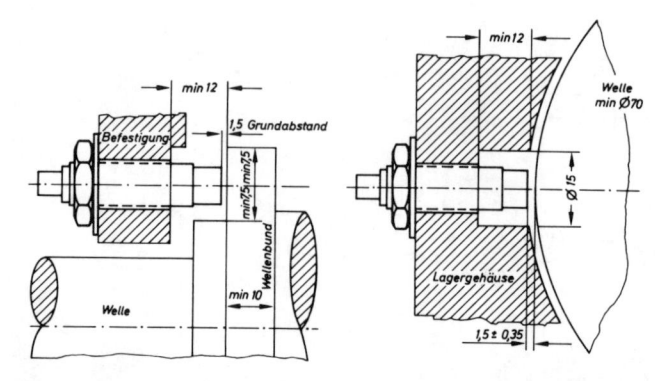

Bild 501. Stellungsmessung an einem Turboverdichter (Reutlinger).
Das Bild zeigt die Lage der Meßwertaufnehmer für die Messung der Wellenposition oder des Wellenschubes (links) und für die Messung der Wellenschwingung (rechts). Die hier gezeigten Aufnehmer sind Hochfrequenz-Transistor-Oszillator-Geräte.

Bild 502. Mechanischer Endschalter (Stahl).
Ein Schutzgehäuse schützt die Kontakte gegen Verschmutzung und Beschädigung. Die Kontakte sind druckfest gekapselt, so daß eine Explosion im Innern des Gehäuses nicht nach außen wirken kann.

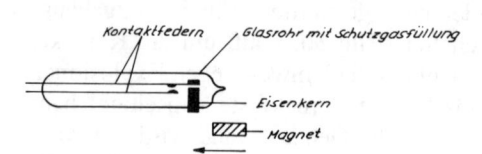

Bild 503. *Reed*-Kontakt.
Der Eisenkern und die Platte auf der oberen Kontaktfeder aus magnetisch gut leitendem Material ziehen sich an und schließen die Kontakte, wenn ein äußerer Magnet sich nähert. Die Kontakte sind – in einem Glasrohr eingeschmolzen – vor äußeren Einwirkungen geschützt.

2. Stellungsmeßgeräte 581

Berührungslos und in Schutzgasatmosphäre oder im Vakuum arbeiten Schalter mit *Reedkontakten* (Bild 503). Die Schaltkontakte, die Betätigungselemente aus magnetisch leitfähigem Material und die Durchführung der Zuleitungen sind in ein mit einem Schutzgas gefülltes oder evakuiertes Glasrohr eingeschmolzen. Unter dem Einfluß eines äußeren Magnetfeldes nehmen die Kontaktpaddel entgegengesetzte Polarität an und schließen. Das Magnetfeld kommt von einem Permanentmagneten, der an der beweglichen Spindel des Stellgliedes befestigt ist.

Auch die bei der Drehzahlmessung vorgestellten passiven Geber lassen sich zur Stellungsmessung heranziehen. Besondere Bedeutung hat hier das Hochfrequenz-Transistor-Oszillator-Gerät nach DIN 19234. Meist nennt man diese Geräte *Induktive Endschalter*. Eigensichere, voll vergossene Ausführungsformen dieses Gerätes (Bild 504) werden heute überwiegend zur Stellungsmessung eingesetzt. Die Beeinflussung des Schaltzustandes geschieht durch ein am beweglichen Teil des Meßobjektes befestigtes Blech. Das Metall dämpft – wie auch bei den Drehzahlmessungen dargestellt – einen Halbleiterschwingkreis so, daß die Schwingungen abreißen, also unterbrochen werden, und der Schalter hochohmig wird.

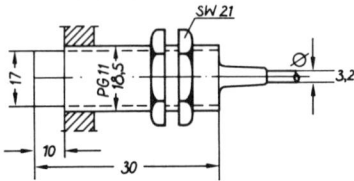

Bild 504. Induktiver Endschalter (Turck).
Diese vollvergossenen, eigensicheren Geräte haben sich sehr gut bewährt. Bei Annähern einer Metallfahne wird die Schwingung eines Transistor-Oszillator-Systems unterbrochen. Dabei ändert sich der Schaltzustand des im Ex-freien Raum untergebrachten Speisegerätes.

b) Stellungsmesser

Recht genau läßt sich die Stellung messen, wenn die Meßspanne im Millimeterbereich liegt. Bei größeren Meßspannen sind Übersetzungen erforderlich, die zusätzliche Fehler verursachen können. Für kleine Meßspannen bieten sich elektrische oder pneumatische Wegmeßumformer an. Ein elektrischer Wegmeßumformer ist z.B. der „Diff-Trafo" (Differential-Transformator). Wie aus Bild 505 zu ersehen, beeinflußt die Stellung des Kerns des induktiven Systems die Spannungen in den beiden Sekundärspulen so, daß nach Gleichrichtung, Gegeneinanderschaltung und Verstärkung ein der Stellung des Kernes proportionaler eingeprägter Gleichstrom abgegeben wird.

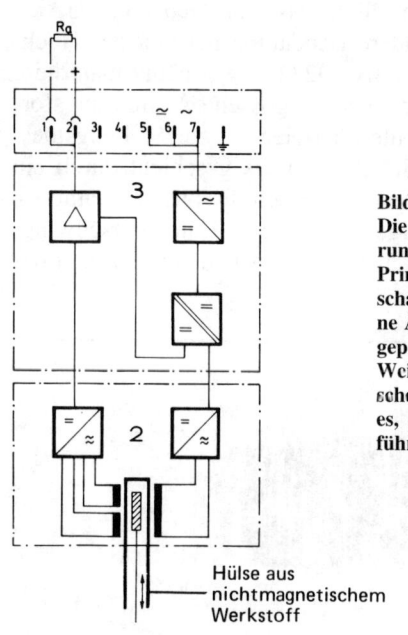

Bild 505. Differentialtrafo (2).
Die Bewegung eines Weicheisenkerns führt zu Änderungen des magnetischen Widerstandes zwischen einer Primärspule und zwei Sekundärspulen. Das nachgeschaltete Gleichrichter-Verstärker-System (3) führt eine Änderung der Bewegung in eine Änderung des eingeprägten Ausgangsstromes über. Die Wirkung des Weicheisenkerns durch eine Hülse aus nichtmagnetischem Werkstoff (z.B. VA Stahl) hindurch ermöglicht es, die Bewegung aus einem Produktraum herauszuführen.

Man kann sich die Wirkung des Diff-Trafos so vorstellen, daß in der Mittelstellung des Kernes in beiden Sekundärspulen gleich große entgegengesetzte Spannungen induziert werden. Bei Bewegung des Kernes nach oben wird wegen des geringen magnetischen Widerstandes die Spannung in der oberen Spule ansteigen, bei Bewegung nach unten dagegen die Spannung in der unteren Spule größer werden. Die Differenz beider Spannungen wird dann verstärkt und in einen eingeprägten Gleichstrom umgeformt.

Die zur *Messung* von Wellenschwingung und Wellenposition jetzt meist eingesetzten Hochfrequenz-Transistor-Oszillator-Geräte sind ähnlich wie die Schalter nach Bild 504 aufgebaut. Die Dämpfung durch die Welle geschieht hier allerdings in sehr kleinen Abstandsbereichen; dort ist noch ein proportionaler Zusammenhang zwischen Abstand und elektrischem Signal gegeben (bei den Schaltern war nur die Ja/Nein-Aussage „gedämpft oder nicht gedämpft" von Bedeutung).

Das Prinzip eines pneumatischen Wegmeßumformers zeigt Bild 506. Dem Weg einer Steuernadel folgt ein pneumatisches Faltenbalgsystem so, daß einer bestimmten Stellung ein bestimmter pneumatischer Druck entspricht: Bewegt sich die Steuernadel nach oben, so staut sich die durch die Festdrossel strömende Luft innerhalb der Faltenbälge an und das Faltenbalgsystem folgt der Bewegung. In jedem Augenblick entsprechen sich dabei die Kräfte der Bereichsfeder und des Druckes im Faltenbalgsystem. Bewegt sich die Steuernadel nach unten, so strömt Luft aus, und das Faltenbalgsystem wird von der Bereichsfeder nach unten gedrückt. Die zusätzlich vorhandenen Steuer- und Verstärkerelemente sorgen dafür, daß der Luftverbrauch klein gehalten wird und daß eine lineare Kennlinie gewährleistet ist.

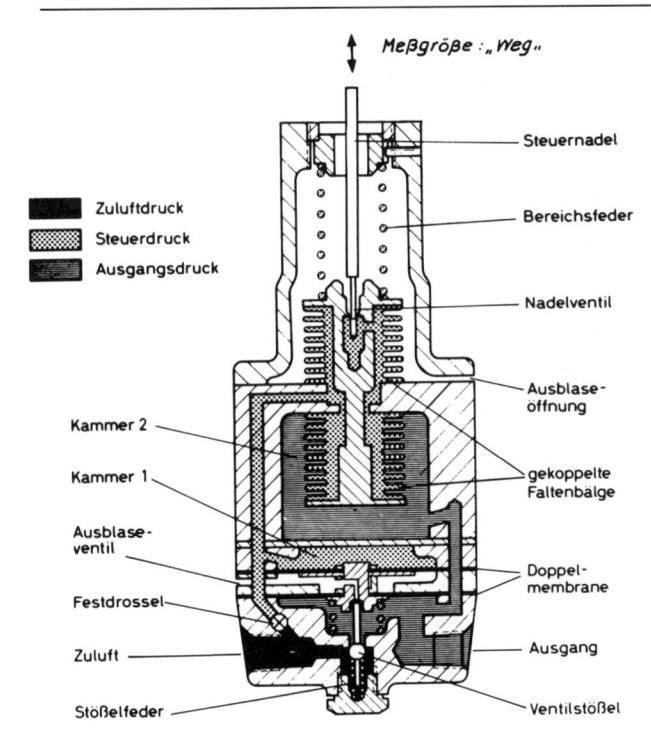

Bild 506. Pneumatischer Wegtransmitter (Elliot).
Ein pneumatisches System folgt der Bewegung der Steuernadel. Jeder Stellung entspricht ein bestimmter pneumatischer Druck.

Für die Messung großer Abstände bis etwa 20 m bieten sich Geräte ähnlich den im zweiten Kapitel beschriebenen Präzisionstankmessern (Bild 122) an, mit denen sich ja eichfähige Längenmessungen (Meßunsicherheit 0,3 ‰ oder 1 mm) durchführen ließen. Sehr genaue Längenmessungen – besonders über etwas größere Entfernungen – bieten auch die dort beschriebenen Ultraschall-, Radar- und Lasermeßgeräte.

Schließlich sei noch auf die Möglichkeit hingewiesen, einen pneumatischen Stellungsregler als Wegmeßumformer zu schalten. Es lassen sich damit zwar keine hohen Meßgenauigkeiten und keine lineare Zuordnung des Weges zum pneumatischen Einheitssignal erreichen, man kann aber immerhin mit „Bordmitteln" schnell eine robuste und zuverlässige Einrichtung schaffen, wenn ein Wegmeßumformer einmal nicht zur Hand ist. Wie Bild 507 zeigt, wird der Ausgang des Stellungsreglers auf den Eingang zurückgeführt. Da der Verstärker erst dann einen konstanten Druck aussteuert, wenn sich Ist- und Sollwert entsprechen, ist der Eingangsdruck des Stellungsreglers ein Maß für die Stellung des Stellgeräts.

Wichtig ist, daß die Wirkungsweise des Stellungsreglers richtig gewählt wurde. Das kann man aus langen Überlegungen ableiten oder – schneller – ausprobieren.

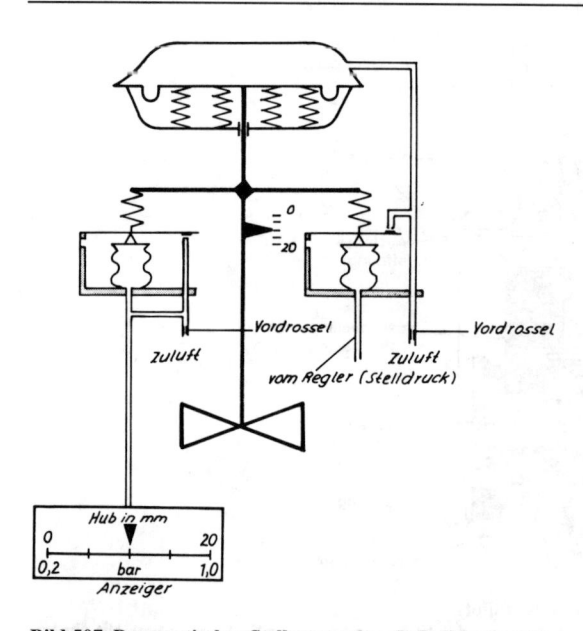

Bild 507. Pneumatischer Stellungsregler als Stellungsmesser.
Wird der Stellungsregler wie links im Bild geschaltet, so kann aus dem Ausgangsdruck die Stellung eines Stellgeräts abgelesen werden. Hohe Ansprüche an Linearität kann man im allgemeinen nicht stellen. Zur Verdeutlichung ist rechts die seiner eigentlichen Aufgabe gemäße Schaltung als Stellungsregler dargestellt. In den Geräten vorhandene Verstärker sind nicht eingezeichnet.

3. Anforderungen an Stellungsmessungen

Auf besondere Anforderungen hinzuweisen, erübrigt sich fast. Die Stellungsmesser sind dem Produkt nicht ausgesetzt oder höchstens nach Verdünnung durch die Außenatmosphäre. Trotzdem sollte man daran denken, daß in einem weiteren Bereich von $-20\,°C$ bis manchmal $+70\,°C$ schwankende Temperaturen, daß unter Umständen starke Erschütterungen und auch korrosive Stoffe auf die Geräte einwirken können. Manche induktiven Abgriffsysteme reagieren auch nicht ganz unempfindlich auf Felder von in der Nähe betätigten Funksprechgeräten, so daß das Schaltsignal verfälscht werden kann.

VIII. Wägung

1. Allgemeines

Schon in frühgeschichtlicher Zeit stellte sich der Menschheit die Aufgabe, Massen durch Wägungen zu vergleichen – die technischen Möglichkeiten haben sich indes gewandelt. Die Wägetechnik ging wohl aus von der vergleichenden Wägung mit den Händen, und auch die ersten *Balkenwaagen* um 7000 v. Chr. bildeten die menschliche Gestalt mit Schultern, Armen und Händen nach (ähnlich Bild 511). Die ersten Gewichtsnormalen waren bestimmte Zahlen von Getreidekörnern, während die Ägypter Gewichtssteine benutzten – zur Unterscheidung in Form von Köpfen oder Leibern von Tieren. Die Römer erfanden mit der *römischen Schnellwaage* (ähnlich Bild 513) ein Gerät, bei dem das Hantieren mit Gewichtsstücken entfallen konnte. Die Robervalsche Tafelwaage um 1700 (Bild 512) ist die Vorläuferin unserer heutigen B*rückenwaagen,* und aus dem Jahre 1763 stammt die erste *Neigungswaage* (Bild 514), die direkt nach dem Auflegen der Last das Gewicht ohne weitere Handgriffe anzeigt. Diese klassischen mechanischen Waagen vergleichen eine unbekannte *Masse* mit einer bekannten. Sie arbeiten mit außerordentlichen Genauigkeiten. Die moderne Wägetechnik mißt dagegen meist die *Kraft,* die eine Masse im Schwerefeld der Erde erfährt und bildet im Prinzip die ursprünglich nur wenig genauen *Federwaagen* (Bild 516) nach.

● *Begriffe*

Unter dem Begriff Wägen – in der Umgangssprache auch Wiegen – wird die Bestimmung der *Masse* eines Körpers unter Ausnutzung der Schwerkraft verstanden. Das Ergebnis der Wägung, die festgestellte Masse, wird im Handel und damit auch in der Wägetechnik *Gewicht* genannt und in Masseeinheiten (g, kg oder t) angegeben, obwohl physikalisch Gewicht eigentlich eine *Kraft* ist, die eine Masse im Schwerefeld der Erde gemäß der Gleichung

$$G = m \cdot g$$

erfährt. Die Erdbeschleunigung g ist 9,81 m / s². Da sie nur geringfügig von der geographischen Breite und der Meereshöhe abhängt, ist es für den Chemiebetrieb praktisch unerheblich, ob wir bei einer Wägung die Masse oder das Gewicht feststellen. Aus diesem Grunde ist es üblich (und nach der Ausführungsverordnung zum Gesetz über Einheiten im Meßwesen auch zulässig), als Einheiten des Gewichts die Einheiten der Masse zu gebrauchen, obwohl für Kräfte die SI-Einheit N (Newton) anzuwenden ist. (Genaugenommen erfährt ein Körper von 1 kg Masse im Schwerefeld der Erde eine Gewichtskraft von 9,81 N.)

Die Aufgaben der Wägung lassen sich begrifflich unterteilen in:
- Feststellen der unbekannten Masse eines Gutes – Wägen,
- Einstellen einer bestimmten Masse – Abwägen,
- Einstufen in eine Klasse – Klassierwägen und
- Messung eines kontinuierlich fließenden Massestroms.

Die Masse ist eine der sechs gesetzlichen Basisgrößen mit der Basiseinheit

Kilogramm (kg)

und den weiteren Einheiten

Gramm (g, 1/1000 kg) und Tonne (t, 1000 kg).

Die Vorsätze für dezimale Vielfache und Teile der Einheiten sind jedoch nicht auf das Kilogramm, sondern auf das Gramm oder die Tonne anzuwenden.

Die Verkörperung der Masseneinheit war ursprünglich die Masse eines Liter Wassers von 0 °C. Jetzt wird sie durch einen Platin-Iridium-Zylinder definiert.

● *Darstellung der Meßgröße Masse oder Gewicht*

Auch DIN 19227 unterscheidet nicht zwischen Masse und Gewicht. So wird nach dieser Norm die Aufgabe, die Meßgröße Masse oder Gewicht zu verarbeiten, durch den Erstbuchstaben W[64] und die entsprechenden Folgebuchstaben dargestellt. Bild 508 zeigt die Aufgaben Wägung mit örtlicher Anzeige und digitaler (D am Kreis) Registrierung (WIR 901). Die Beschickung des Behälters geschieht mit einer Bandwaage. Diese Waage mißt die Masse pro Zeit und muß deshalb mit dem Erstbuchstaben F symbolisiert werden (Fl 902). Die Integration dieses Durchflusses führt wieder zu Masse (FQR 903).

● *Bedeutung der Wägetechnik für die Automatisierung von Chemieanlagen*

Mit der ersten Zulassung einer *elektromechanischen* Waage mit DMS für den eichpflichtigen Verkehr setzte ab 1967 eine stürmische Entwicklung von leistungsfähigen, genau arbeitenden und flexibel anpaßbaren, aber auch aufwendigen Wägeanlagen ein, mit denen sich bisher manuell getätigte Betriebsabläufe automatisieren ließen, oder die andere, weniger genaue Meßverfahren verdrängen konnten, z.B. bei der Füllstandmessung.

Deren auf das System zugeschnittene Auswerte-, Abrechnungs- und Bedienkomponenten arbeiten wegen der oft komplexen Aufgabenstellung und der Forderungen der Eichbehörden meist *autark,* sie können aber allgemein über Standardschnittstellen mit den digital arbeitenden Prozeßleitsystemen *kommunizieren.*

---

64 W ist eine Abkürzung des englischen Wortes weight, das die Bedeutung Gewicht hat.

Da auch andere Waagen ihren Platz behaupten konnten, ist das Gebiet der Wägeaufgaben im Chemiebetrieb außerordentlich vielschichtig: Von der einfachen Sackwaage geht es bis zu hochgenauen Analysenwaagen, von einer preiswerten Dezimalwaage bis zu aufwendigen Straßenfahrzeug- und Gleisverwiegungsanlagen (Bilder 538 und 539) oder bis zu Dosierbandwaagen für mehrere Komponenten.

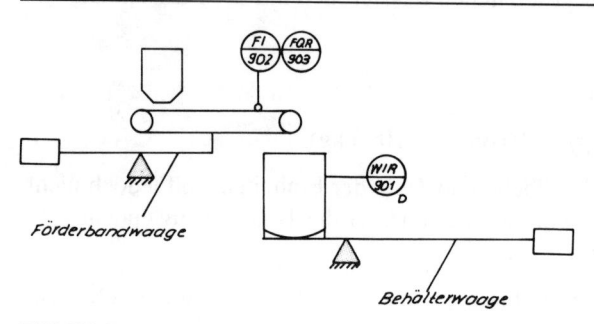

Bild 508. Darstellung der MSR-Aufgabe „Wägung".
WIR 901 Behälterwägung mit örtlicher Anzeige und digitaler Registrierung (D am Kreis). Die Aufgabe Durchflußmessung mittels Förderbandwaage wird mit dem Erstbuchstaben F dargestellt (FI 902), auch wenn durch Integration die Masse ermittelt wird (FQR 903).

Um eine Übersicht zu gewinnen, sollen zunächst die für Wägungen möglichen *Prinzipien* erläutert werden. Abschnitt 3. geht dann auf die aufgabenbezogenen Entwicklungen verschiedener *Waagenfamilien* wie Behälter-, Plattform-, Fahrzeug- oder Förderbandwaagen ein, und Abschnitt 4. befaßt sich schließlich *mit Anforderungen* an Waagen, wobei es bevorzugt um die Gewährleistung genauer Meßergebnisse geht.

2. Prinzipien der Wägung

Grundsätzlich ist zwischen mechanischen, elektromechanischen und elektromagnetischen Waagen zu unterscheiden. Bei den mechanischen geschehen Wägung und Anzeige mechanisch, bei den elektromechanischen Waagen wird mechanisch gewogen, das Signal für die Anzeige oder Weiterverarbeitung aber elektrisch erzeugt, und bei den elektromagnetischen kompensiert schließlich ein Strom die Gewichtskraft.

a) Hebelwaagen

Funktionselemente mechanischer Waagen zum Massenvergleich sind in einem festen, biege- und schwingungssteifen Gestell bewegliche Hebel und Hebelkombinationen, und die Hebelgesetze sind ihre physikalische Grundlage.

Für Hebelwirkungen sind nicht allein Kräfte maßgebend, sondern vielmehr *Drehmomente*. Ein Drehmoment ist das Produkt aus wirkender Kraft – bei der Waage der Schwerkraft $m \cdot g$ – und der Hebellänge l, also dem Abstand zwischen Drehpunkt und Angriffspunkt der Kraft. Weicht die Lage des Waagebalkens von der Waagerechten ab, so geht in die Berechnung des Drehmomentes nicht mehr die Hebellänge l, sondern der zur Kraftrichtung senkrechte Abstand vom Drehpunkt ein. Für das Gleichgewicht einer Waage mit Hebeln beliebiger Gestalt muß die Summe der rechtsdrehenden Drehmomente gleich sein der Summe der linksdrehenden (Bild 509).

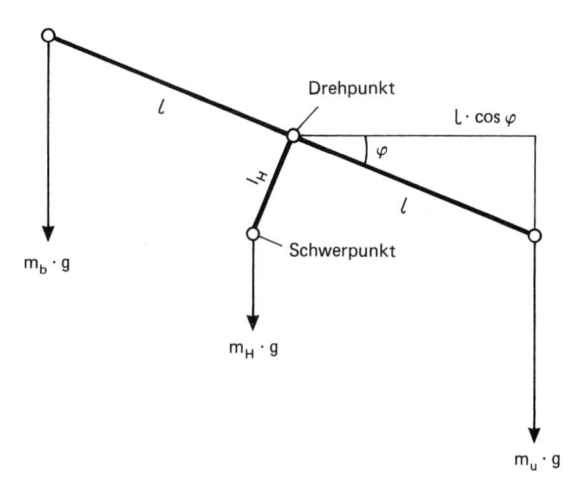

Bild 509. Gleichgewichtsbedingungen gleicharmiger Hebelwaagen.
Bei Auslenkung des Hebels aus der Waagerechten hängen die auf ihn wirkenden Drehmomente vom Winkel φ ab:

$$\text{Drehmoment} = m \cdot g \cdot l \cdot \cos \varphi .$$

Für die Gleichgewichtslage müssen die Summen der rechtsdrehenden und die der linksdrehenden Momente gleich sein. Bezieht sich der Index b auf die bekannte Masse, u auf die unbekannte Masse und H auf die Masse des Hebels sowie auf den Abstand l_H zwischen Dreh- und Schwerpunkt, so ist bei Gleichgewicht:

$$m_b \cdot l \cdot \cos \varphi + m_H \cdot l_H \cdot \sin \varphi = m_u \cdot l \cos \varphi .$$

Für die Differenz der Massen ergibt sich nach Auflösen dieser Gleichung:

$$m_u - m_b = m_H \cdot l_H \cdot \tan \varphi / l .$$

Für kleine Winkel ist der Tangens näherungsweise gleich dem Winkel, und demnach:

$$\varphi = l \cdot (m_u - m_b)/(m_H \cdot l_H) .$$

Der Ausschlag ist also um so größer, je länger der Hebel ist, je geringer der Abstand l_H des Schwerpunkts vom Drehpunkt und je geringer die Hebelmasse sind.

Für die Funktion einer Hebelwaage hat außerdem der *Abstand des Waagebalkenschwerpunkts vom Drehpunkt* große Bedeutung (Bild 510): Fallen Drehpunkt und Schwerpunkt zusammen – ist der Abstand also null –, so hat der Waagebalken *indifferente* Lagen: Er hält eine zufällig eingenommene Lage bei. Liegt der Schwerpunkt über dem Drehpunkt, ergibt sich eine *instabile* Lage: Der Waagebalken kippt bei der geringsten Gewichtsdifferenz in eine der Endlagen. Für eine *stabile* Lage der Waage muß vielmehr der Schwerpunkt um einen angemessenen Betrag unter dem Drehpunkt liegen. Liegt er zu tief, wird die Waage zu unempfindlich, während ein zu geringer Abstand das Hantieren mit der Waage erschwert. Der Abstand Schwerpunkt - Drehpunkt ist ein Maß für die *Empfindlichkeit* der Waage, das ist das Verhältnis von Drehwinkeländerung zu Laständerung; er ist umgekehrt proportional zur Empfindlichkeit.

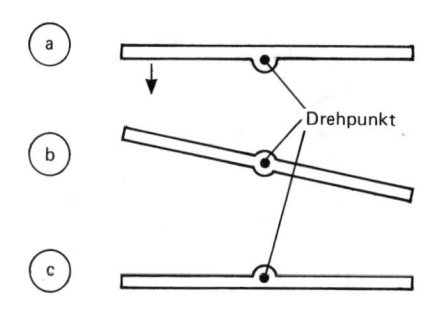

Bild 510. Gleichgewichtslagen von Hebeln.
Die Gleichgewichtslage von Hebeln ist abhängig von der Lage des Schwerpunkts zum Drehpunkt. Liegt der Schwerpunkt über dem Drehpunkt (a), ergibt sich eine *labile* Lage: Beim kleinsten Unterschied der Drehmomente beider Hebelarme kippt der Hebel um. Fallen Schwerpunkt und Drehpunkt zusammen (b), entsteht eine *indifferente* Lage: Der Hebel behält jede einmal eingenommene Stellung bei. Liegt der Schwerpunkt unter dem Drehpunkt (c), hat der Hebel eine *stabile* Lage: Bei kleineren Unterschieden der Drehmomente weicht der Hebel aus und stellt sich in eine neue stabile Lage.

● *Gleicharmige Balkenwaage*

Wie schon dargestellt, ist die gleicharmige Balkenwaage (Bild 511) die älteste Form einer Handelswaage: Ein starrer Waagebalken trägt eine Zunge zum Ablesen der Gleichgewichtsstellung. Er ist um seine Mittelachse drehbar gelagert, Gewichts- und Lastschale werden von je einer Tragschneide gehalten, die gleich weit von der Stützschneide entfernt sind. Diese Waage ist eine mit nur *einer* Einspielungslage, d.h., das Meßergebnis ist nur richtig, wenn sich der Zeiger in Nullstellung befindet; es läßt sich nicht durch Berücksichtigung der abweichenden Skalenteile *korrigieren*.

Wegen des einfachen Aufbaus lassen sich Balkenwaagen zu Präzisionswaagen hochrüsten: Die Waage wird durch einen Glaskasten vor Zugluft geschützt. Zum Beschicken läßt sich der Waagebalken so weit absenken, daß sich die Waagschalen auf dem Kastenboden aufsetzen. Beim Anheben wird die Waage zu *schwingen* beginnen, und für Präzisionsmessungen wird die Gleichgewichtslage durch Beobachtung einiger Umkehrpunkte ermittelt, um eine Beeinträchtigung des Meßergebnisses durch Haftreibungen zu verhindern.

2. Prinzipien der Wägung 591

Es ist aber auch Praxis, die Waagenschwingungen durch Luft-, Öl- oder Wirbelstromdämpfungen so zu *dämpfen,* daß die Waage *aperiodisch* in die Ruhelage einschwingt. Die Empfindlichkeit läßt sich bei manchen Waagen durch ein vertikal verschiebbares Laufgewicht einstellen.

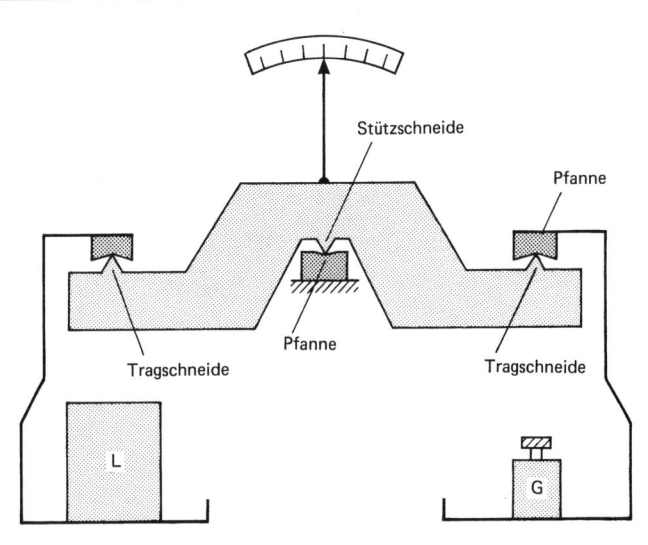

Bild 511. Gleicharmige Balkenwaage.
Stütz- und Tragschneiden müssen in einer Ebene liegen, damit die Empfindlichkeit der Waage unabhängig von der Belastung bleibt. Die Empfindlichkeit hängt dann nur noch vom Abstand des Schwerpunkts des *Waagebalkens* vom Drehpunkt ab. Er muß so gewählt werden, daß die Waage möglichst empfindlich ist (geringer Abstand), aber noch handhabbar bleibt (nicht zu geringer Abstand). Lastaufnahmeeinrichtungen dieser Waage sind die Lastschalen mit ihren Gehängen.

● *Brückenwaagen*

Balkenwaagen sind zwar einfach aufgebaut und haben sehr gute Meßeigenschaften, sie bauen aber hoch aus, und die pendelnd aufgehängten Lastschalen sind auch nicht gerade gut geeignet, größere und sperrige Lasten aufzubringen. Bei den *Brückenwaagen* liegen dagegen die Unterstützungspunkte und die Hebelgestänge *unterhalb* der Lastaufnahmeeinrichtungen, und auch geräumige Lasten lassen sich von mehreren Seiten auf die Brücken schieben, rollen oder fahren.

Das Prinzip einer Brücken- oder – bei Gleicharmigkeit – auch Tafelwaage ist aus dem Bild einer *Robervalschen* Tafelwaage am leichtesten zu verstehen: Ein parallel zum Wiegebalken geführter Lenker erzwingt eine vertikale Bewegung der Schalen, und es ist damit weitgehend unerheblich, auf welcher Stelle der Brücke die Last aufliegt (Bild 512).

VIII. Wägung

Größere Bedeutung haben im Chemiebetrieb *ungleicharmige* Brückenwaagen, für die die Dezimalwaage ein einfaches Beispiel ist. Für größere Lasten, z.B. für Gleis- und Fahrzeugwaagen sind sehr kompliziert angeordnete Hebelkombinationen erforderlich, um derartig große und sperrige Lasten mit der erforderlichen Genauigkeit bestimmen zu können – oder sie waren es, bis die Einführung der elektromechanischen Wägezellen die Entwicklung zu einfacheren Mechaniken revolutioniert hat.

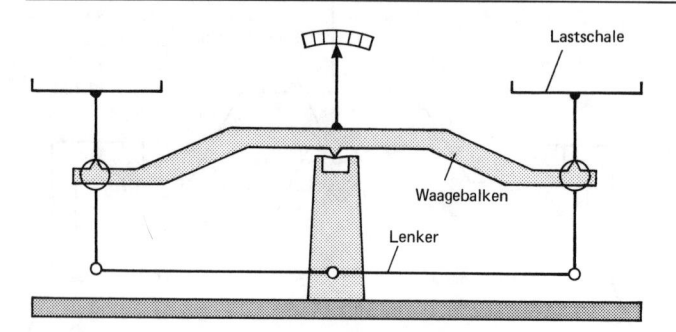

Bild 512. Tafelwaage nach Roberval.
Ein Lenker nimmt durch Kippmomente der Lastschalen bedingte horizontale Kräfte auf und erzwingt so eine ausschließlich vertikale Bewegung der Lastschalen. Lastaufnahmeeinrichtungen dieser Waagenart sind die Lastschalen.

● *Laufgewichtswaagen*

Aus der römischen Schnellwaage haben sich die Laufgewichtswaagen entwickelt, deren Wiegebalken auch Auswägeeinrichtungen anderer Waagen sein können (Bild 513). Laufgewichtswaagen haben nur *eine* Einspielungslage, das Gleichgewicht der zweiarmigen Waage wird jedoch nicht durch Auflegen verschiedener Gewichte eingestellt, sondern durch *Verschieben von Laufgewichten* auf dem Wiegebalken. Meist hat jede Dezimalstelle ein zugeordnetes Laufgewicht.

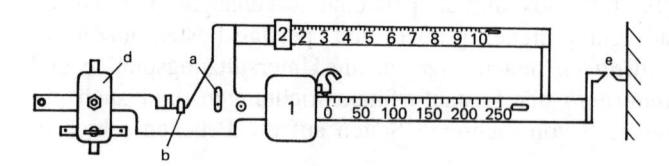

Bild 513. Wiegebalken mit Laufgewichtseinrichtung.
Die Laufgewichte werden so verschoben, daß der Wiegebalken seine Gleichgewichtslage einnimmt. Das Hauptlaufgewicht (1) rastet mit einem Einfallzahn in die Kerben des Wiegebalkens ein, mit dem Nebenlaufgewicht (2) werden Feineinstellungen durchgeführt.
a Stützschneide, b Lastschneide, d Nullstelleinrichtung, e Einspiellage (gekennzeichnet durch Marke und Zunge).

2. Prinzipien der Wägung 593

● *Neigungswaagen*

Die größte Bedeutung aus der Vielfalt der mechanischen Waagen haben heute die Neigungswaagen und die Neigungsgewicht-Auswägeeinrichtungen. Sie *sind selbsteinspielend:* Jeder Last ist eine bestimmte Gleichgewichtslage zugeordnet.

Neigungswaagen nutzen die Eigenart der Hebelgesetze, daß für das Drehmoment nicht die Hebellänge, sondern nur sein zur *Kraftrichtung senkrechter Abstand* vom Drehpunkt eingeht. Das ist am Prinzip der Pendelbriefwaage zu erkennen (Bild 514):

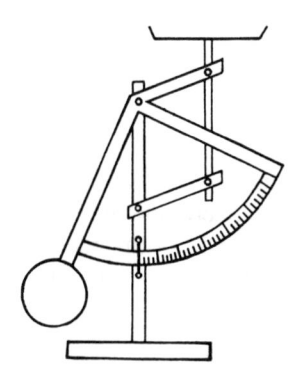

Bild 514. Neigungswaage.
Die Briefwaage ist ein Beispiel für die weit verbreiteten Hebelwaagen.

In der Ruhestellung hat das Gewicht nur einen geringen Abstand von der senkrechten Ebene, in der die Stützschneide liegt, in der Endstellung nimmt dagegen der Kraftarm eine waagerechte Stellung ein und wirkt mit voller Länge. Wird mit dem Hebelgestänge eine Skala verbunden, so läßt sich mit der Neigungswaage direkt das Gewicht ablesen.

Nachteilig an dieser Form der Neigungswaage ist, daß – wie auch aus Bild 509 ersichtlich – der Ausschlag dem Sinus des Ausschlagwinkels α proportional ist und die Skala damit *nicht linear* geteilt sein kann. Zur *Linearisierung* greift bei Handelswaagen die Last über ein Stahlband an, das sich an einer entsprechend gestalteten *Kurvenscheibe* auf- und abwickelt.

Weitere Vorteile bringen Systeme mit Stütz- und Lastkurvenscheiben. Z.B. arbeitet der Doppelpendelmechanismus nach Bild 515 mit zwei Doppelkurvenscheiben, deren Meßhub über Zahnstangen in Kreiszeigermeßköpfen in mehrere Umläufe umgesetzt werden kann.

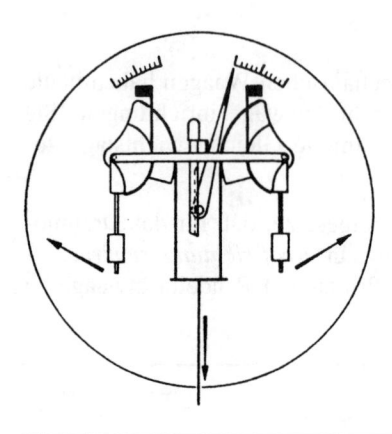

Bild 515. Doppelpendelmechanismus, System Toledo.
Der Doppelpendelmechanismus linearisiert die Anzeige von Neigungswaagen und reduziert den Einfluß von Schrägstellungen. Zahnstange und Ritzel übertragen die Vertikalbewegung der Traverse auf den Zeiger.

b) Federwaagen

Funktionselemente von Federwaagen und Federmeßköpfen sind *Federkörper,* deren Form sich unter dem Einfluß von Gewichtskräften ändert, und die Formänderung ist ein Maß für das zu bestimmende Gewicht. Die Formänderung kann z.B. mechanisch als *Weg angezeigt* (Bild 516) oder mittels Dehnungsmeßstreifen (DMS) in ein *elektrisches Signal umgesetzt werden.*

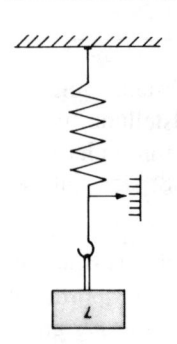

Bild 516. Federwaage.
Unter der Gewichtskraft verändert sich die Länge einer Feder.

Um zu Meßergebnissen zu kommen, die mit denen mechanischer Waagen vergleichbar sind, müssen die Federn *höchsten Ansprüchen* gerecht werden. Für mechanische Federwaagen, die als Handelswaagen erst Anfang der sechziger Jahre für den eichpflichtigen Verkehr zugelassen wurden, müssen die Federn aus hochwertigen Nickel-Eisen-Legierungen bestehen, die nur im *linearen* (Hookeschen-) Bereich belastet werden dürfen und deren Kennzahlen möglichst *temperaturunabhängig* sein müssen. Das Material muß weitgehend *hysteresefrei* arbeiten und darf keine Ermüdungserscheinungen zeigen.

Moderne Federmeßköpfe arbeiten mit Kombinationen aus Federn und Hebeln. Wie Bild 517 zeigt, gehört schon viel Know how dazu, solch einen eichfähigen, universell einsetzbaren Meßkopf zu entwickeln.

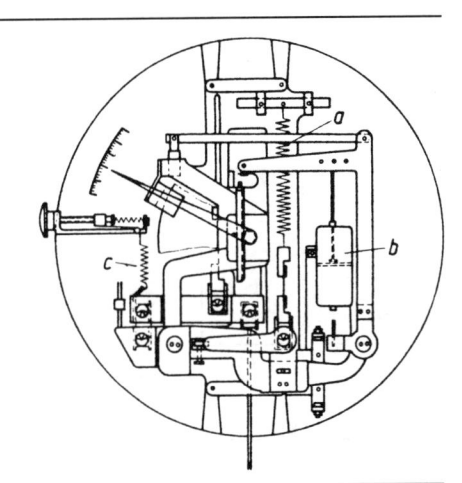

Bild 517. Feder-Auswägeeinrichtung (Berkel). Der Federmeßkopf ist seit 1970 für die Verwendung in eichpflichtigen Waagen zugelassen. a Meßfeder, b Öldämpfer, c Nullstelleinrichtung.

c) Elektromechanische Waagen

Elektromechanische Waagen formen das aufgenommene Gewicht mechanisch um in Änderungen der Form von Federkörpern, der Frequenzen schwingender Saiten, der Präzession von Kreiseln oder der magnetischen Eigenschaften ferromagnetischer Werkstoffe. Diese Änderungen modifizieren dann elektrische Signale.

Besondere Bedeutung für einen universellen Einsatz bei der Lösung der unterschiedlichsten Wägeaufgaben haben elektromechanische Kraftaufnehmer, die *Wägezellen*, die sich ohne große Einschränkungen in Wägeanlagen integrieren lassen.

Die verschiedenen Wägezellen (Bild 518) sollen im folgenden erläutert werden.

- *DMS-Wägezellen*

In Chemieanlagen haben DMS-Wägezellen die größte Bedeutung. Bei ihnen werden die *Formänderungen* von Federkörpern zunächst in *Widerstandsänderungen* aufgebrachter *Dehnungsmeßstreifen* und diese wiederum in elektrische Signale umgeformt.

Diese Wägezellen sind für einen großen Bereich zwischen 1 kg und 1000 t einsetzbar, sie haben praktisch *keine beweglichen Teile*, können *hermetisch dicht* geliefert und auf *hohe Wägegenauigkeit* gerüstet werden. Mit sehr guten

Zellen lassen sich noch Laständerungen von 0,01 ‰ des Nennlastbereichs messen, bei einem Gesamtgewicht von einer Tonne (etwa dem eines PKW) ist das etwa die eines Stückchens Schokolade.

Bedingt durch die große Einsatzbreite gibt es sehr unterschiedliche Ausführungsformen von DMS-Wägezellen. Das gilt sowohl für die mechanischen als auch für die elektrischen Komponenten.

Wirk-prinzip	Schwing-saite (kraftver-gleichend)	gyrodyna-misch (Kreisel-prinzip)	Kraftkom-pensierend	magneto-elastisch	akustisch oberflächen-wellen Res.	wegmess. -induktiv -kapazitiv -ohm'sch	DMS (Metall)
Ausführungsform (symbolisch)	a) 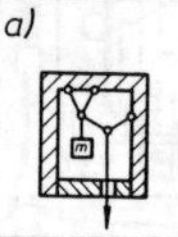	b) 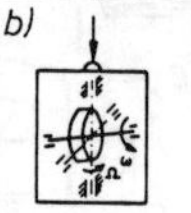	c) 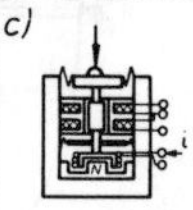	d) 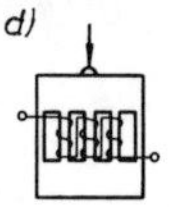	e) 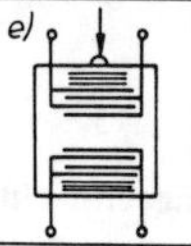	f) 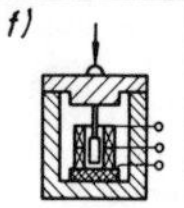	g) 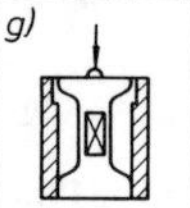
physikalischer Zusammenhg.	$f \sim \sqrt{\frac{\Delta F}{m}}$	$\Omega \sim \frac{E}{\omega}$	$i \sim F$	$\mu \sim F$	$f \sim f_0(1-\varepsilon)$	$s \sim \frac{F}{h}$	$\frac{\Delta R}{R} \sim \varepsilon \sim F$
Nennlastbereich (~)	<1kg	<10kg	<1kg	0,1->1000 t	<10kg	1g->100t	1kg->1000t
Meßweg (mm)	<0,2	<0,1	0	<0,5	<0,2	<1	<0,5
Linearitätsfehler	<0,02%	<0,02%	<0,01%	>1% elektr. komp ca. 0,1% mögl.	>0,1%	>0,5%	<0,02-1%
für Wägez. geeignet	ja	ja	ja	bedingt	z.Zt. nein	nein	ja
Bemerkung	frequenzanalog für Industriewaagen nur mit Hebelübersetzung geeignet nicht hermetisch dicht		nur für kleine Nennlasten kein Einsatz in Industriewaagen	stark unlinear für geringe Genauigkeitsanforderungen sehr robust	wie a.u.b bisher noch kein industrieller Einsatz	nur für geringste Genauigkeitsanforderungen stark temp. abhäng.	weitverbreitetest Wandlerprinzip für Industriewaagen

Bild 518. Meßprinzipien für Wägezellen (Bild Schenk).
Das Bild zeigt wichtige Daten von Wägezellen unterschiedlicher Wirkungsprinzipien. Die größte Bedeutung im Chemiebetrieb haben Dehnungsmeßstreifen Wägezellen (DMS-WZ). Auch auf die anderen Prinzipien wird bis auf die akustischen WZ im Text eingegangen – auf das im Bild kraftkompensierende Prinzip unter den elektromagnetischen Waagen.

– *Meßkörper*

Die federelastischen Meßkörper haben hohe Federkonstanten, d.h., die durch die Deformation entstehenden Meßwege sind sehr gering, sie liegen allgemein unter 0,5 mm.

An die Meßkörper werden hohe Anforderungen gestellt, wie großes, lastproportionales Dehnverhalten in Meßrichtung, Unempfindlichkeit gegenüber Kraftwirkungen quer zur Meßrichtung und fertigungstechnisch günstige Gestaltung. Abhängig vom Nennlastbereich und dem Know how des Herstellers werden die Meßkörper für Zug-, Druck-, Biege- und Scherbeanspruchungen ausgelegt (Bild 519).

2. Prinzipien der Wägung 597

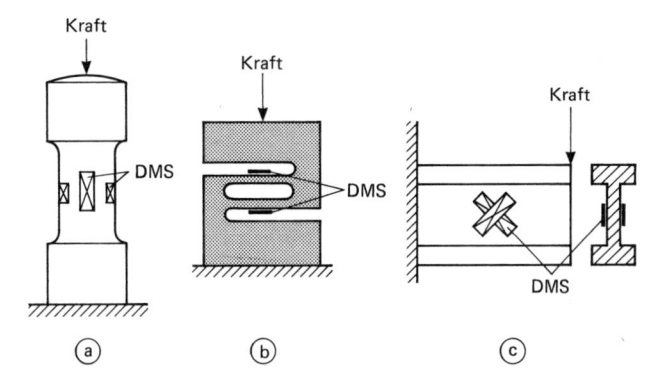

Bild 519. Federelastische Meßkörper für DMS-Wägezellen.
Die Meßfedern können auf Druck oder Zug (a), auf Biegung (b) oder auf Scherung (c) beansprucht werden. Vier Dehnungsmeßstreifen (DMS) müssen so aufgebracht sein, daß je zwei eine Widerstandserhöhung durch Streckung und je zwei eine Widerstandserniedrigung durch Stauchung erfahren.

Etwas ausführlicher wollen wir uns mit der *Ringtorsions (RT-) Wägezelle* befassen, deren Querschnitt Bild 520 zeigt. Der eigentliche Verformungsteil ist eine Ringplatte mit sechseckigem Querschnitt. Bei Belastung wirkt eine Biegebeanspruchung auf den Ring, die ihn nach innen zu drücken versucht. Das führt auf der Plattenoberseite zu tangentialen Druck-, auf der Unterseite zu tangentialen Zugspannungen. Radiale Spannungen sind bei dieser Ausführungsform praktisch zu vernachlässigen.

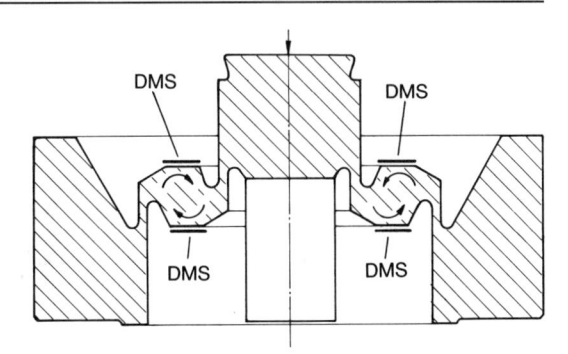

Bild 520. Ringtorsions-Wägezelle (Bild Schenk).
Das Schnittbild zeigt als besondere Form einer metallischen Meßfeder einen Ring mit ringförmigen DMS (Bild 521c), der beim Einwirken der Meßkraft auf Torsion beansprucht wird, dabei werden die oberen DMS gestaucht, die unteren gedehnt. Die Widerstandsänderungen sind streng proportional der Belastung.

598 VIII. Wägung

Der Meßring ist so ausgebildet, daß auf Ober- und Unterseite je zwei kreisringförmige DMS Platz haben. Sie werden auf die Oberflächen plan aufgeklebt und zu einer vollständigen Wheatstoneschen Brücke zusammengeschaltet. Darauf wird im folgenden noch eingegangen.

– *Dehnungsmeßstreifen*
Bei der Dehnung eines metallischen Leiters *vergrößert* sich dessen *Länge* und *verringert* sich der *Querschnitt*. Beide Änderungen erhöhen den elektrischen Widerstand des Leiters. Diesen Effekt nutzen Dehnungsmeßstreifen[65] – kurz DMS genannt: Auf eine isolierende Trägerplatte fest aufgebracht sind mäanderförmige Schleifen aus dünnem Draht oder entsprechend geätzte Metallfolien, aber auch Halbleiter (Bild 521). Die Trägerplatte muß mit dem zu messenden Objekt – hier der Meßfeder – fest verbunden, meist aufgeklebt werden.

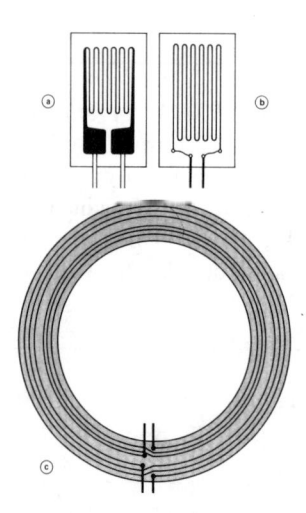

Bild 521. Meßgitterformen für Dehnungsmeßstreifen.
(a) DMS aus geätzter Metallfolie, (b) DMS als ebene Wicklung von Konstantandraht, (c) DMS-Metalldraht-Meßring für Ringtorsionszellen. Wegen der zur Verfügung stehenden großen Fläche läßt sich der Widerstand des Meßrings auf (zweimal) 4000 Ohm auslegen, während dieser für die herkömmlichen DMS im allgemeinen bei 350 Ohm liegt.

Um die relativ geringen Widerstandsänderungen (etwa 0,2 bis 0,3 %) genau messen zu können, werden vier DMS so in *eine Wheatstonesche Brücke* geschaltet, daß sich je zwei, die eine Widerstandserhöhung und je zwei, die eine Widerstandsverringerung erfahren, in der Brücke gegenüberliegen (Bild 522).

---

65 Vergleiche auch I. 3c 1.1 DMS-Sensoren

2. Prinzipien der Wägung

Unter der Voraussetzung, daß alle Widerstände R und alle Widerstandsänderungen ΔR unter sich gleich sind, ergibt sich

$$\frac{\Delta U_a}{U_c} = \frac{\Delta R}{R} = k \cdot \varepsilon \quad ,$$

mit der Ausgangsspannung U_a, der Eingangsspannung U_e und der relativen Längenänderung ε. Der k-Faktor ist abhängig vom Leiterwerkstoff: Für gängige Werkstoffe ist k etwa 2, die relative Widerstandsänderung ist damit etwa doppelt so groß wie die relative Längenänderung.

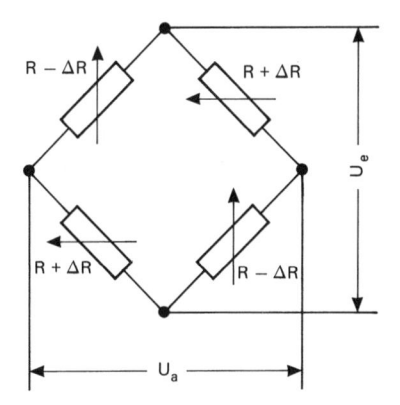

Bild 522. Brückenschaltung für Dehnungsmeßstreifen.
Die Widerstände R werden in einer Wheatstoneschen Brücke so verschaltet, daß sich zwei, die durch eine Gewichtsbelastung der Wägezelle ein Widerstandserhöhung $+ \Delta R$ erfahren, zwei solchen gegenüberstehen, deren Widerstandswerte sich dabei um den gleichen Betrag $- \Delta R$ erniedrigen. Wenn die sich entsprechenden Widerstandswerte unter sich gleich sind, ist die Änderung der Ausgangsspannung U_a der Gewichtsbelastung proportional. U_e ist die Eingangsspannung der Brücke.

Die Brückenschaltung hat den Vorteil, daß *Störeffekte* – besonders Temperatureinflüsse – sich weitgehend *gegenseitig aufheben,* da sie auf alle vier Widerstände in gleicher Weise einwirken. Trotzdem ist für das Aufbringen der DMS auf die Meßfeder und für die Verfahren zur Kompensation von Störgrößen wie von Kriecheffekten und des noch bleibenden Temperatureinflusses ein sehr hohes Know how erforderlich, wenn mit DMS-Wägezellen Messungen höchster Präzision durchgeführt werden sollen. Die auf dem Meßring der Ringtorsions-Wägezelle aufgeklebten kreisförmigen DMS nach Bild 521c integrieren die Meßeffekte über den gesamten Umfang. Der Nennwiderstand ist mit 4000 Ohm relativ hoch ausgelegt (üblich sind sonst 350 Ohm). Wegen des Betriebs der DMS mit Gleichstrom müssen *Thermospannungseffekte* durch entsprechende Beschaltung unterdrückt werden. (Daneben sind auch Brückenspeisungen mit Wechselstrom oder getaktetem Gleichstrom üblich.)

Bei einer Speisespannung von 60 bis 100 V ergibt sich bei Nennlast ein Ausgangssignal von etwa 200 mV (gegenüber etwa 20 mV bei 350 Ohm DMS-Wägezellen unter der Voraussetzung gleicher Verlustleistung).

Spannungen von 200 mV (0,2 V) lassen sich mit Digitalvoltmetern mit einer Auflösung von 400 nV (0,4 · 10^{-6} V) sicher messen. Daraus ergibt sich eine Auflösung von 2 · 10^{-6} oder 0,002 ‰. Es ließen sich somit Auflösungen von 500 000 Teilen technisch durchaus realisieren, die praktisch nutzbare Auflösungsgrenze beim Einsatz von RT-Wägezellen für die industrielle Wägetechnik liegt aber wohl bei 100000 Teilen oder 0,01 ‰. Soll eine derart hohe Auflösung auch wirklich genutzt werden, müssen einmal *alle Störeinflüsse beseitigt* oder berücksichtigt werden, wobei besonders Kriechfehler die Meßsignale zeitabhängig verfälschen können.

Zum andern ist es in den wenigsten Fällen möglich, mit einer Wägezelle allein zu messen, es sind vielmehr *Kraft-* und *Lasteinleitungskomponenten* erforderlich, deren Aufbau und Qualität Einfluß auf das Meßergebnis haben. Die Quantität dieses Einflusses muß auf das Auflösungsvermögen der Wägezelle abgestimmt sein.

Weitere Einzelheiten zur DMS-Technik findet der Leser auch im Abschnitt I.3.c) unter 1.1, DMS-Sensoren, dort wird die Dehnung dünner Membranen zur Druck- und Differenzdruckmeßtechnik eingesetzt.

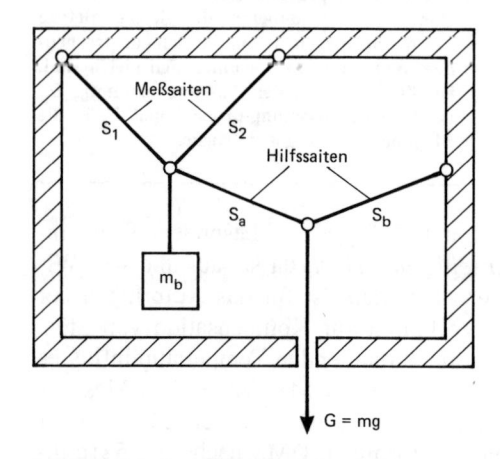

Bild 523. Schwingsaiten-Wägezelle.
Die Meßsaiten S_1 und S_2 werden elektrisch zu Schwingungen F_1 bzw. F_2 um 10 kHz erregt. Durch Einwirken der Kraft G erhöht sich F_1, F_2 erniedrigt sich. Aus der Differenz $F_1 - F_2$ läßt sich die Masse m errechnen, m_b ist eine bekannte Masse.

● *Schwingsaiten-Wägezellen*

Nur kleine Nennlastbereiche haben Schwingsaiten-Wägezellen (Bild 523). Im industriellen Bereich werden sie mit Hebelübersetzungen in sogenannten *Hybridwaagen* eingesetzt: Wie bei einer mechanischen Waage wird die Kraft am

Ende des Übersetzungshebels kompensiert, allerdings nicht mit einem Schaltgewicht oder Federzeigerkopf, sondern hier mit der Wägezelle.

Sie sind mit Auflösungen bis 5 000 d eichfähig, haben geringe Linearitätsfehler von 0,02 % und lassen sich mit integriertem Mikroprozessor auch hermetisch dicht ausrüsten.

Schwingsaiten-Wägezellen nutzen die Abhängigkeit der *Grundfrequenz* einer einseitig eingespannten *schwingenden Saite* von der auf sie wirkenden Zugkraft. Die Frequenz ist proportional der Wurzel aus der Zugkraft, und zur Massenbestimmung vergleicht man die Frequenz einer mit einer *bekannten Masse* belasteten Saite mit der einer gleichen Saite, die mit der *unbekannten Masse* belastet ist. Das Verhältnis der Quadrate der Saitenfrequenzen multipliziert mit der bekannten Masse ist der Wert der gesuchten Masse. Die Saiten werden elektrisch zum Schwingen angeregt und die Frequenzen induktiv abgegriffen. Die Frequenzen liegen um 10 kHz.

Das Prinzip der Saitenwaage nach *Wirth* und *Gallo* zeigt Bild 523: Die bekannte Kraft $m_b \cdot g$ erhöht die Spannung (und damit auch die Frequenz) in den Meßsaiten S_1 und S_2 gleich stark, die unbekannte Kraft $m \cdot g$ jedoch nur die Spannung in S_1; in S_2 wird sie vermindert. Die Saiten S_a und S_b sind Hilfssaiten, ihre Bewegungen beeinflussen das Meßergebnis nicht. Mit den zugeordneten Frequenzen F_1 und F_2 ergibt sich für die unbekannte Masse m:

$$m = C_1 \frac{F_1 - F_2}{F_2} + C_2 .$$

C_1 und C_2 sind Konstanten, in denen auch das Gewicht der bekannten Masse enthalten ist.

● *Kreisel-Wägezellen*

Sehr genaue Messungen sind mit Kreisel-Wägezellen möglich. Sie sind mit Auflösungen bis 0,01 ‰ eichfähig, arbeiten praktisch hysteresefrei und haben nur sehr geringe Linearitätsfehler. Der Nennlastbereich von maximal etwa 10 kg erfordert allerdings für viele industrielle Einsätze die Integration in Hybridwaagen. Hermetisch dichte Ausführungen sind nicht möglich.

Kreisel-Wägeeinrichtungen vergleichen die Meßkraft mit der *Gegenkraft eines Kreiselsystems*. Das aus den Alltagserfahrungen nicht so leicht verständliche Prinzip zeigt Bild 524: Ein mit hoher Winkelgeschwindigkeit ω rotierender Kreisel ist kardanisch aufgehängt, d.h. im Schwerpunkt so fixiert, daß seine Rotationsachse X eine beliebige Lage im Raum einnehmen kann, also auch eine waagerechte, die für die Gewichtsbestimmung einzuhalten ist.

Die Gewichtskraft W (im Bilde F) wirkt im Abstand a vom Schwerpunkt auf den Kreisel ein. Es ist nun nicht so, daß wie zu erwarten – die Kreiselachse X dieser Bewegung folgen und sich nach unten neigen würde. Das System beginnt vielmehr in der waagerechten Ebene *um die Achse Z* mit einer geringen Winkelgeschwindigkeit (bei Vollast zwei Umdrehungen in der Sekunde) Ω zu *rotieren*. Diese Rotation heißt *Präzession*[66].

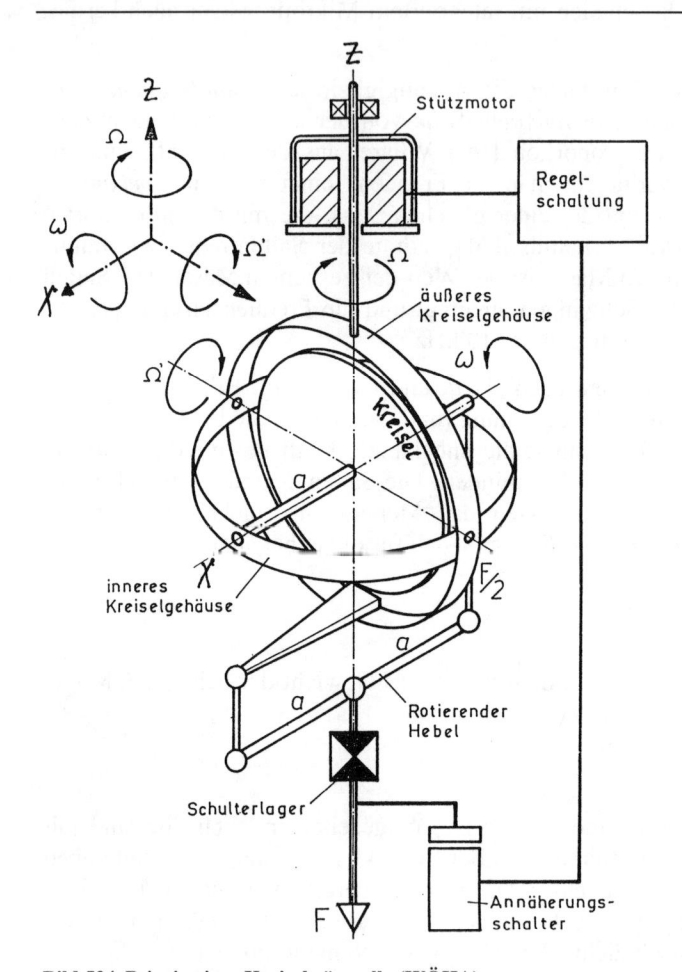

Bild 524. Prinzip einer Kreiselwägezelle (WÖHA).
Wirkt auf die Achse X eines mit der Drehfrequenz ω rotierenden Kreisels eine Kraft (im Bilde $F/2$), so beginnt das System um seine vertikale Achse Z mit der Drehfrequenz Ω zu rotieren. Ω ist genau proportional der auf das System wirkenden Kraft, und durch Messen der Zeit einer Umdrehung (oder eines Teils davon) mit Schwingquarzen läßt sich das Gewicht sehr genau ermitteln. Der Stützmotor gleicht durch Reibung entstehende Störkräfte aus, er wird von einem Näherungsinitiator so gesteuert, daß die X-Achse immer genau horizontal ist.

---

[66] Physikalisch läßt sich die Präzession als Addition der Drehimpulse des Kreisels und des angreifenden Moments $W \cdot a$ erklären.

Für die Wägetechnik günstig ist, daß die *Präzession* Ω *proportional* dem Drehmoment $W \cdot a$ und bei festem a damit auch proportional *dem zu* bestimmenden *Gewicht* ist:

$$W = C\frac{\Omega}{\omega}$$

Das Gewicht läßt sich also als Quotient der Winkelgeschwindigkeiten oder Drehzahlen von Präzession und Rotation bestimmen, was meßtechnisch mit Hilfe von Schwingquarzen sehr genau möglich ist.

Wirken auf die Präzession *Reibungskräfte* ein, so führt das System weitere Bewegungen aus, die die Kreiselachse aus der waagerechten Lage drehen und das Meßergebnis verfälschen würden. Um das auszuschließen, wirkt ein Stützmotor korrigierend auf das System ein. Für die Kreisel-Wägezelle ist also eine relativ diffizile Mechanik mit schnell rotierenden Komponenten erforderlich, die hohes Know how beim Hersteller voraussetzt, wenn auch für einen langen Zeitraum präzise Meßergebnisse zu gewährleisten sein sollen.

● *Magnetoelastische Wägezellen*

Magnetoelastische Wägezellen haben große Nennlastbereiche zwischen 100 kg und 1000 t, mit 500 bis 800 mV hohe Ausgangssignalbereiche, geringe Meßwege, eine Überlastungssicherheit bis zum fünffachen der Nennlast und sind sehr robust. An sich ideale Voraussetzungen für den Einsatz im rauhen Chemiebetrieb, wenn nicht ein Gesamtfehler von 0,5 bis 1 % damit verbunden wäre. Dieser ist durch den stark nichtlinearen Zusammenhang zwischen der eingeleiteten Kraft und dem elektrischen Ausgangssignal bedingt. Durch schaltungstechnische Maßnahmen lassen sich Linearitätsfehler und Reproduzierbarkeit auf je etwa 0,1 % reduzieren, auch besteht die Möglichkeit, durch mechanische Kopplung zweier Aufnehmer – einer wird durch Druck, der andere durch Zug belastet – Nichtlinearitäten zu kompensieren. Magnetoelastische Wägezellen sind für den *eichpflichtigen Verkehr* bisher *nicht zugelassen*.

Magnetoelastische Wägezellen nutzen den *Zusammenhang* zwischen *mechanischen* und *magnetischen* Eigenschaften mancher ferromagnetischer Werkstoffe, wie er auch bei der Magnetostriktion, einer Längen- und Querschnittsänderung beim Anlegen eines Magnetfeldes zum Ausdruck kommt. Die Magnetoelastischen Aufnehmer (Bild 518d) arbeiten mit dem Umkehreffekt: Bei Belastung des Meßkörpers erniedrigt sich die Permeabilität in Druckrichtung, und senkrecht dazu erhöht sie sich. Dieser Effekt läßt sich durch über den Meßkörper gekoppelte Spulen – eine Art Transformator mit dem Meßkörper als Eisenkern – in elektrische Signale umformen. Es ist auch möglich, mit nur einer Spule zu arbeiten. Bei der ändert sich dann unter Belastung der induktive Widerstand, der ja von der Permeabilität abhängt.

● *Andere Wägezellen*

In Bild 518 sind noch wichtige Daten anderer Wägezellen aufgelistet. Auf diese Zellen soll hier nicht weiter eingegangen werden: Grundsätzliche Erläuterungen zu *Wegeabgriffen* findet der Leser in Abschnitt I, Druckmessung, und das *kraftkompensierende* Prinzip ist ein Gegenstand des nächsten Abschnittes.

d) Elektromagnetische Waagen

Elektromagnetische Waagen – oft auch als elektronische Waagen bezeichnet – kompensieren die Gewichtskraft durch die *Gegenkraft* eines *Elektromagneten*, einer in einem Topfmagneten beweglichen stromdurchflossenen Tauchspule (Bild 525). Da die Gegenkraft dem durch die Spule fließenden Strom proportional ist, wird die Gewichtsbestimmung in eine Strommessung überführt.

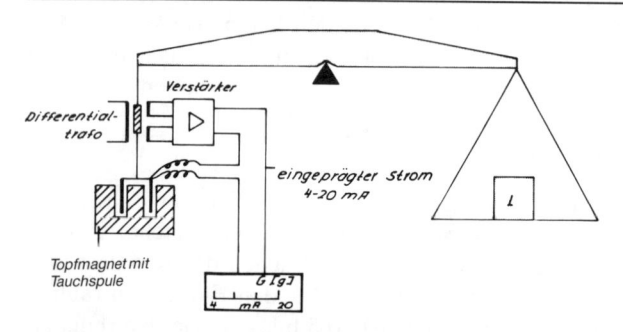

Bild 525. Elektromagnetische Waage.
Die Lage des Waagebalkens wird mit einem Diff-Trafo (Bild 505) abgegriffen und der Strom durch die mit ihrer Magnetkraft das Gewicht repräsentierende Tauchspule so gesteuert, daß sich die Gleichgewichtslage einstellt. Gewichtsmaß ist die Stromstärke.

Die Maximallasten sind auf etwa 1 kg begrenzt, da mit Magneten keine großen Kräfte zu erzeugen sind – nicht zuletzt wegen der mit dem Quadrat des Kompensationsstromes ansteigenden, im Magneten umgesetzten Wärmemenge. Wegen des praktisch zu vernachlässigenden Meßweges haben diese Wägezellen sehr geringe Linearitätsfehler, und auch andere Fehlereinflüsse werden von den Herstellern beherrscht, so daß sich nur geringe Gesamtfehler zwischen 1 und 0,01 % ergeben. Bei sehr genauen Systemen kompensiert ein getakteter Gleichstrom die Meßkraft, und das Puls-Pause-Verhältnis ist das Maß für das zu bestimmende Gewicht: Die *Strommessung* wird durch eine viel genauere *Zeitmessung* ersetzt.

Neben dem in Bild 525 gezeigten induktiven Abgriff sind auch kapazitiv oder optisch arbeitende Abgriffe gebräuchlich.

Elektromagnetische Waagen können auch als Wägezellen ausgebildet werden. Sie sind für den eichpflichtigen Verkehr zugelassen.

e) Mechanische Komponenten und Elemente

Die Wägetechnik hat die an sie gestellten sehr hohen Anforderungen an die Meßgenauigkeit bis weit in die sechziger Jahre hinein ausschließlich mit *mechanischen* Mitteln erfüllen müssen und auch erfüllt, und auch moderne elektromechanische Wägezellen kommen meist um zusätzliche mechanische Mittel nicht herum. Demgemäß finden wir auf dem Gebiet der Wägetechnik eine große Vielfalt von Komponenten zur Lastaufnahme und Krafteinleitung mit einer großen Zahl ausgeklügelter Konstruktionselemente.

● *Konstruktionselemente*

Wichtige, für Waagen typische mechanische Konstruktionselemente sind Schneiden, Pfannen, Hebel, Lenker, Koppeln und Gehänge.

Schneiden und *Pfannen* sind Lager zur Aufnahme vertikaler Kräfte (Bild 511). Die Funktionsflächen haben V-Formen mit Winkeln zwischen 60 und 90° bei den Schneiden und 120 bis 150° bei den Pfannen. Sie werden aus harten oder härtbaren Werkstoffen wie Achat (bei geringen Lasten) bzw. Stählen oder Edelstählen hergestellt. Mindesthärten gibt die Eichordnung vor, die Pfannen sollen eine etwas höhere Härte als die Schneiden haben.

Prinzipiell zu unterscheiden ist zwischen ein- und zweiarmigen *Hebeln* (Bild 526). Der Abstand der Schneiden, die unverrückbar an de Hebeln befestigt sein müssen, bestimmt das *Übertragungsverhältnis*. Es ist aus Stabilitätsgründen nicht größer als 15.

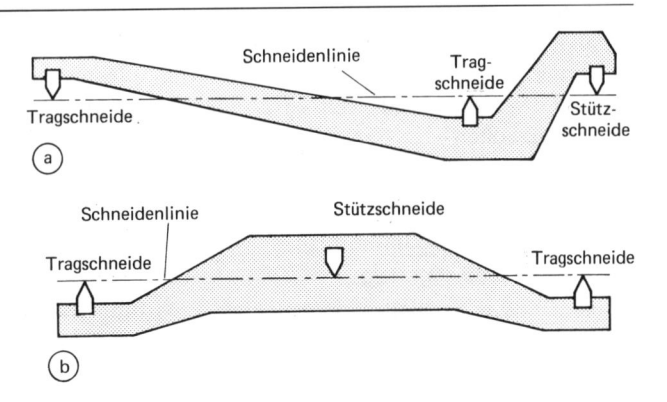

Bild 526. Ein- und zweiarmige Hebel.
Die Gestaltung der Hebel muß so geschehen. daß die Hebel einmal möglichst lang und nicht zu schwer sind, sich zum andern aber auch unter der Last nicht durchbiegen – die Schneidenlinie muß erhalten bleiben. Teilbild a zeigt einen einarmigen einfachen Hebel, Teilbild b einen zweiarmigen gleicharmigen einfachen Hebel. Daneben gibt es noch ungleicharmige und zusammengesetzte (Dreiecks- und Drehungs-)Hebel.

Lenker nehmen horizontale Kräfte auf. *Koppeln* sind Verbindungselemente zwischen Hebeln, sie tragen meist zwei spielende Pfannen. *Gehänge* verbinden Waagenbrücken mit dem Lasthebel.

● *Lastaufnahmeeinrichtungen*

Lastaufnahmeeinrichtungen sind Lastschalen mit und ohne Gehänge, Waagenbrücken und andere Hebelwerke zur Aufnahme der Last, aber auch Funktionselemente von Förderband- und Behälterwaagen gehören zu den Lastaufnehmern. Beispielhaft sind einige aus der großen Fülle der Lastaufnahmeeinrichtungen aus den Bildern der entsprechenden Waagen zu erkennen.

● *Krafteinleitung*

Je höher die Forderungen an die Meßgenauigkeiten, um so größere Sorgfalt ist darauf zu verwenden, die zu messenden Kräfte auch *nebenwirkungsfrei* auf das Meßelement zu führen. Bei Behälterwägungen können z.B. Windkräfte, Spannungen durch angeschlossene Rohrleitungen oder Wärmedehnungen die Messung verfälschen.

Besonders große Bedeutung hat eine richtige Krafteinleitung auch bei Wägezellen, die – unabhängig von Form und Art der Meßfeder – für eine bestimmte Kraftwirkungslinie konzipiert sind. Weicht die Richtung der zu messenden Gewichtskraft von der Meßachse der Wägezelle ab, so werden die Meßfedern in nicht definierter Weise verformt und die Ausgangssignale verfälscht.

Allgemein ist die Kraft also in der vorgesehenen Meßachse, d.h. zentrisch, axial und momentenfrei, einzuleiten. Dazu bieten die Wägezellenhersteller verschiedene *Einbauhilfsmittel* an, die die Wirkung von *Querkräften verhindern,* die senkrecht zur Meßachse steife und kaum nachgebende Lasteinleitungen verursachen.

Bild 527 zeigt Beispiele konstruktiver Maßnahmen zur *Schubentkopplung*. Am einfachsten und wirkungsvollsten sind Pendellager (Teilbild a) oder pendelgelagerte Wägezellen (Teilbild b). Besonders günstig sind selbstzentrierende *Pendellager:* Die Radien sind so gewählt, daß sich die Pendeldruckstücke (Bild 528) wie Stehaufmännchen nach Belastung wieder aufrichten, wenn eine Konstruktion durch drei oder mehr Wägezellen so abgestützt wird. Bei anderen Maßnahmen, z.B. auch bei kugelförmigen Pendeldruckstücken (Bild 528b), müssen die Behälter, Stahlbaukonstruktionen oder Wägeplattformen gegen horizontale Verschiebungen gefesselt werden. Das geschieht über *Lenker,* die aber auch nicht ganz störkraftfrei auf das System wirken. Bei Verschiebungen entstehen durch außermittigem Abgriff oder Schiefstellungen Meßfehler, wenn Pendellager die Schubkräfte aufnehmen müssen.

Aufwendiger und durch Reibungskräfte auch nicht ganz fehlerfrei sind *Vielkugellager* – die Wägezelle ruht auf einem Kugelteppich – oder *Rollensuppor-*

te – die Kugeln sind durch eine oder zwei sich kreuzende Rollenebenen ersetzt (Teilbilder c und d).

Preisgünstiger, aber auch weniger genau sind *Druckplatten* mit Gleitschichten oder mit Gummipolster (Teilbilder e und f).

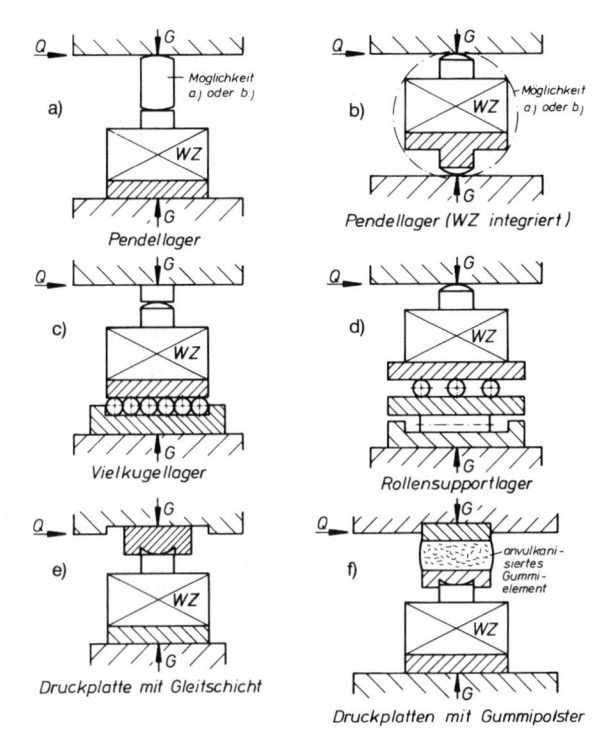

Bild 527. Mittel zur Schubentkoppelung (Bild Schenk).
Das Bild zeigt verschiedene Möglichkeiten zur Entkoppelung von Querkräften. Auf die preiswerte und wirkungsvolle Pendellagerung geht Bild 528 gesondert ein. Vielkugel- und Rollenlager sind aufwendige Möglichkeiten, die allerdings größere Auslenkungen bis maximal 25 mm zulassen. Druckplatten mit Gleitschicht oder Gummipolster bieten einfachere Schubentkoppelung bei geringeren Genauigkeitsansprüchen.
Für nicht selbstzentrierende Einrichtungen müssen die Lastaufnehmer durch Lenker gefesselt werden.

f) Aufbereiten der Meßsignale

Das Aufbereiten der Meßsignale zu eichfähigen Meßergebnissen soll am Beispiel der Dehnungsmeßstreifen-Wägezelle (DMS-WZ) erläutert werden.

DMS-WZ formen die auf sie wirkenden Gewichtskräfte in dazu proportionale Widerstandsänderungen um. Die Widerstände liegen in einer Wheatstoneschen Brücke, und bei Anlegen von Speisespannungen (bis 100 V) fallen

Brückendiagonalspannungen zwischen etwa 50 bis 200 mV an. Um Fehler durch Spannungsabfälle auf den Speiseleitungen zu verhindern, sind *Sechsleiterschaltungen* üblich (Bild 529). Die Brückenspannung wird dabei als Referenzspannung auf den Verstärker zurückgeführt. Die Brückenspannungen sind zu verstärken. Die Verstärker sind *reine Vorwärtsglieder,* und an sie sind *hohe Ansprüche* bezüglich Linearität und Reproduzierbarkeit zu stellen, um den erforderlichen Meßgenauigkeiten gerecht zu werden.

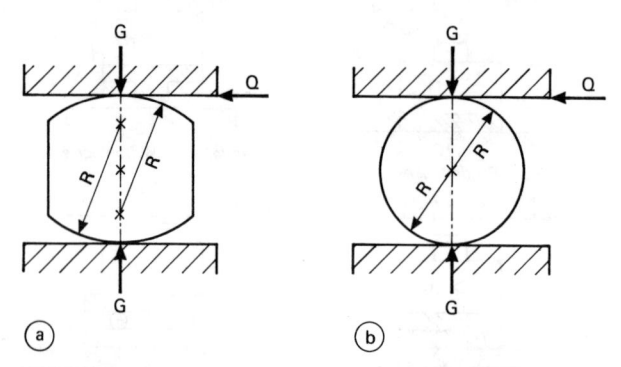

Bild 528. Pendellager.
Die im linken Teilbild dargestellte Ausführung ist selbstzentrierend: Weicht ein auf solchen Pendeldruckstücken abgestützter Behälter unter der Einwirkung von Querkräften Q seitlich aus, so heben die Druckstücke den Behälter etwas an. Beim Verschwinden der Querkräfte nimmt der Behälter wieder seine ursprüngliche, stabile Lage ein. Es ist leicht einzusehen, daß das bei kugeligen Druckstücken nicht der Fall sein kann: Der Behälter hat dann eine indifferente Lage, und durch Querkräfte verursachte Verschiebungen müssen Lenker wieder rückgängig machen.

In einfachen Fällen mit zulässigen Fehlern bis 1 ‰ läßt sich die Verstärkerausgangsspannung mit genauen Analoggeräten als Meßwert direkt anzeigen.

Wesentlich höhere Genauigkeiten bringt die *digitale Verarbeitung.* Auch dazu ist zunächst eine analoge Vorverstärkung auf z.B. 10 V erforderlich, die wegen der hohen Auflösung der digitalen Komponenten extrem genau sein muß. Das Analogsignal läßt sich zur Anzeige und Grenzwertverarbeitung nutzen. Im weiteren Verarbeitungsweg wird es digitalisiert, z.B. im *Dual-Slope-Verfahren* (Bild 530) oder in einer *Stufenverschlüsselung* ([2], Bilder 316 und 317). Der so erzeugte Digitalwert wird in einen Bus eingekoppelt und steht einer beliebigen Datenverarbeitung zur Verfügung.

Meist gehören zu einer Waage mehrere Wägezellen, deren Ausgangswerte zu addieren sind. Soll das *analog* geschehen, so müssen zunächst die Wägezellen in ihren meßtechnischen Daten möglichst gut übereinstimmen. Die Wägezellen lassen sich entweder parallel oder seriell zusammenschalten. Bei der *Parallelschaltung* repräsentiert ein *Mittelwert* der Einzelmessungen das Meßergebnis. Die Meßspannungen der Einzelmessungen *addieren* sich dagegen bei der *Serienschaltung*.

Für die *Addition* der Meßwerte in *digitaler* Form bietet es sich an, vor die Digitalisierung einen *Multiplexer* zu schalten und die so nacheinander gewonnenen Meßergebnisse digital zu addieren (Bild 531). Besitzt dagegen *jede* Wägezelle einen *eigenen* Analog-Digital-Wandler, so können die Werte im *gleichen* Verarbeitungsschritt addiert werden – die Digitalisierung geschieht oft im Takt, und es dauert eine gewisse Zeit, bis das Ergebnis vorliegt. Diese Art der Verarbeitung ist auch bei Wägezellen erforderlich, in die Verstärkung und Digitalisierung integriert sind.

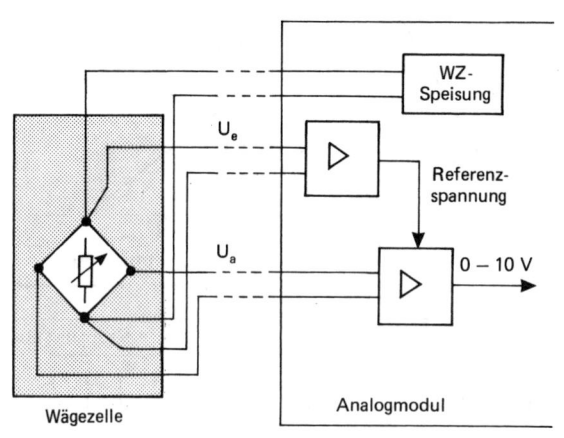

Bild 529. Sechsleiterschaltung.
Die den Meßwert repräsentierende Brückenausgangsspannung U_a hängt auch von der Brückeneingangsspannung U_e ab (Bild 522). Um Verfälschungen durch Spannungsabfälle auf den Speiseleitungen auszuschließen wird U_e direkt an der Brücke abgegriffen, hochohmig verstärkt und als Referenzspannung auf den Verstärker für U_a geschaltet.

Kurze Taktzeiten haben besonders für *kontinuierliche* Wäge- und Dosiersysteme große Bedeutung, z.B. für Differentialwaagen (Bild 542). Im Echtzeitbetrieb werden dort in festen Zeitabständen Δt – die Taktzeiten können bis weit unter einer Sekunde liegen – die Gewichte von Behältern, Förderbändern oder Förderschnecken bestimmt und aus der Gewichtszu- oder -abnahme ΔW der Massendurchfluß als Verhältnis $\Delta W / \Delta t$ errechnet.

Dosieraufgaben erfordern zusätzlich, daß die Waage durch Steuerung des Behälterein- oder -auslaufs oder der Förderbandgeschwindigkeit einen vorgegebenen Massenstrom *regelt*.

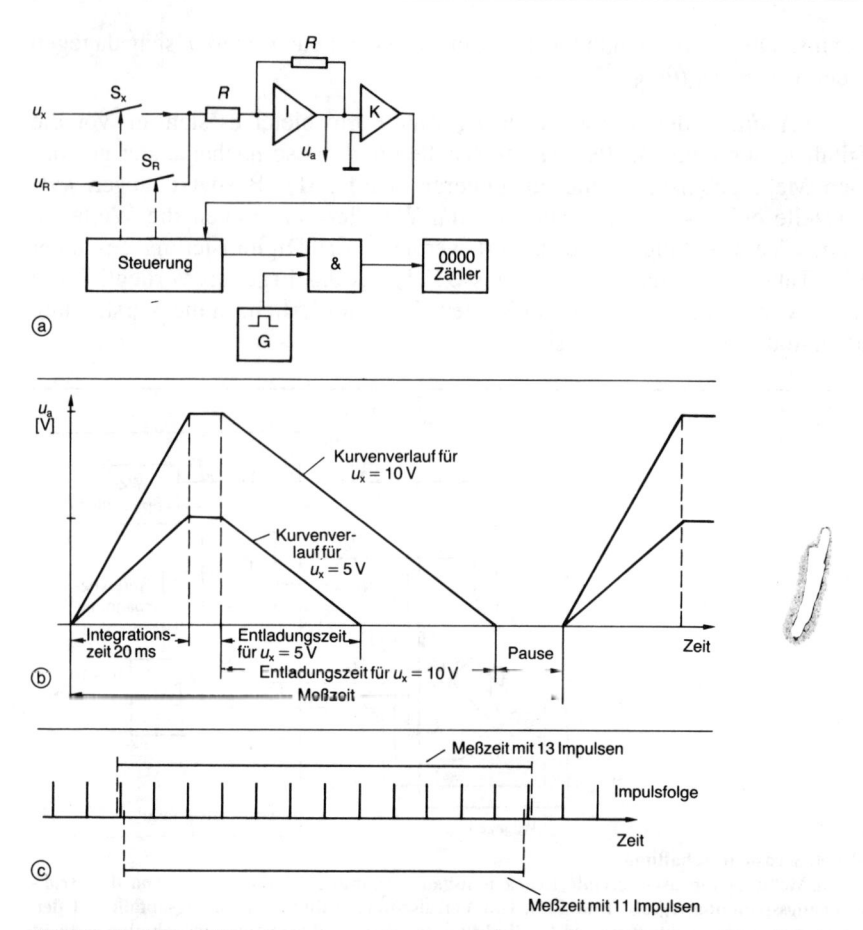

Bild 530. Dual-Slope-Umsetzer.
Teilbild a stellt die Schaltung eines Dual-Slope-Umsetzers sehr vereinfacht dar: Die Steuerung schließt während der *Integrationszeit* von 20 ms den Schalter S_x, und die Meßspannung U_x wird vom Integrierer I aufintegriert. Je größer die Meßspannung, um so größer ist auch die Spannung U_a am Ende dieser Zeit. Danach öffnet die Steuerung den Schalter S_x. Nach einer kurzen Pause schließt sie den Schalter S_R und gibt gleichzeitig ein „1"-Signal auf das UND-Glied: Die negative Referenzspannung U_R entlädt den Integrierer so lange, bis am Operationsverstärker K die Polarität von U_a wechselt. Auf dessen dadurch hervorgerufenen Signalwechsel löscht die Steuerung das „1"-Signal zum UND-Glied und öffnet S_R. Der Entladungsvorgang geschieht mit konstanter Geschwindigkeit, er dauert um so länger, je höher die Spannung U_a war. Die Impulse des Taktgenerators G gelangen – gesteuert durch das UND-Glied – nur während der *Entladungszeit* auf einen *Zähler*. Sie zählen diesen während dieser Zeit hoch, so daß der Zählerendstand der Meßspannung proportional ist.
Die Integrationszeit von 20 ms entspricht gerade einer vollen Schwingung unserer Netzspannung von 50 Hz, und damit mitteln sich viele vom Netz kommende Störungen heraus.
Im Teilbild b ist der Spannungsverlauf von U_a während eines Umsetzungstaktes für zwei verschiedene Meßspannungen U_x dargestellt. Teilbild c zeigt, daß das Ergebnis der Umsetzung immer mit einer Unsicherheit von ± 1 digit behaftet ist.

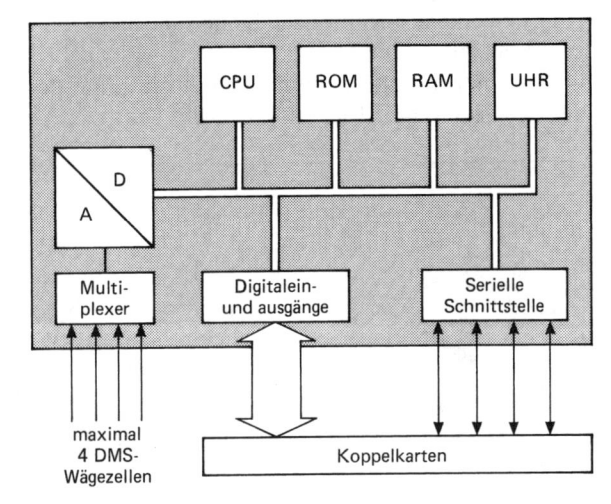

Bild 531. Funktionseinheit zur digitalen Gewichtsbildung.
Über einen Multiplexer können die Meßwerte von bis zu vier DMS-Wägezellen digitalisiert und vorverarbeitet werden – z.b. addiert für eine Behälterwaage. Weitere Funktionseinheiten sind: Mikroprozessor (CPU), Nur-Lese-Speicher (ROM), Schreib-Lese-Speicher (RAM), Echtzeituhr und A/D-Umformer.

g) Tariereinrichtungen

Tara ist das Gewicht einer *Verpackung,* und Tarier- oder auch Taraeinrichtungen sind Einrichtungen zum Ausgleichen oder Wägen einer Taralast.

Mit *Taraausgleichseinrichtungen* läßt sich die Waagenanzeige manuell oder selbsttätig auf Null zurückführen *ohne* Anzeige der Taralast. *Tarawägeeinrichtungen* haben dagegen Skalen, die das *Gewicht* der Taralast *angeben.* Diese Skalen müssen bei eichfähigen Waagen die gleiche Teilung wie die Hauptskala haben.

Die Eichordnung unterscheidet zwischen *additiven* und *subtraktiven* Einrichtungen, je nachdem, ob zum Wägen oder Ausgleichen der Wägebereich *nicht eingeschränkt* wird – er steht voll für die Nettolast zur Verfügung – oder ob die Taralast den Wägebereich um einen ihr entsprechenden Betrag *reduziert.* Taraeinrichtungen dürfen die Genauigkeiten der Waagen nicht einschränken.

Mechanisch läßt sich das Taragewicht *additiv mit Hebeln* ausgleichen, die mit den Waagebalken fest verbunden sind und auf denen sich zum Taraausgleich Laufgewichte verschieben lassen. Haben die Hebel Skalen, so werden daraus Tarawägeeinrichtungen. Derartige Hebel lassen sich statt der Laufgewichte auch mit vorspannbaren *Federn* zum Taraausgleich belasten.

Während diese Maßnahmen den Wägebereich nicht einschränkten, also additiv wirkten, arbeiten *Nachstellskalen* (Bild 532) *subtraktiv.* Eine konzentrisch zur Hauptskala angeordnete Drehskala läßt sich nach Auflegen der Taralast auf Null stellen. Die Drehskala hat die gleiche Teilung wie die Hauptskala und die Waage zeigt gleichzeitig an: Bruttolast (auf der Hauptskala), Nettolast (auf der Drehskala) und Taralast (als Differenz zwischen Haupt- und Drehskala).

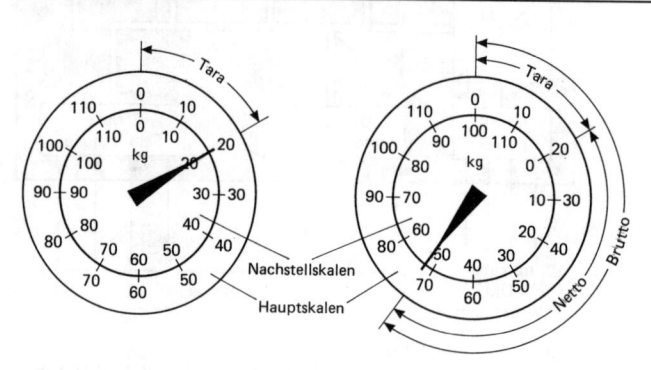

Bild 532. Tarierung mittels Nachstellskalen.
Subtraktiv wird das Taragewicht durch Verdrehen der Nachstellskala ausgeglichen. Das Bild zeigt links Skalen und Zeiger nach Auflegen der Taralast – z.B. eines Leergebindes – *vor Korrektur* des Taragewichts (hier: 20 kg). Rechts ist die innere Skala nachgestellt und anschließend das Gebinde gefüllt. Das Bruttogewicht ist 72 kg und das Nettogewicht 52 kg, es kann auf der inneren Skala direkt abgelesen werden, und die Information über das Taragewicht bleibt erhalten. Wir haben es mit einer Tara*wäge*einrichtung zu tun.

Tariereinrichtungen *elektromechanischer* oder *elektromagnetischer* Waagen arbeiten *subtraktiv*: Analogen Ausgangsspannungen werden den Taragewichten entsprechende Spannungen entgegengeschaltet und von digitalen Meßergebnissen werden die vorher bestimmten, im Rechner gespeicherten Taragewichte abgezogen. Mehrfachtarierungen, wie sie z.B. für Füllwaagen erforderlich sind, lassen sich mit den elektrischen Tariereinrichtungen sehr komfortabel lösen.

h) Kommunikationsschnittstelle

Auch wenn Wäge- und Dosiersysteme meist in den automatisch ablaufenden Prozeß so eingebunden sind, daß die für den Prozeßablauf maßgeblichen Kommunikationen von den Anzeige- und Bedienkomponenten des Prozeßleitsystems aus geschehen können, sind für das Führen der Waagen diesen *zugeordnete Terminals* erforderlich. Von diesen geschehen z.B.: Wartung, Reinigung, Inbetriebnahme, Justierung, Nullstellung oder Genauigkeitskontrolle.

Wägeterminals übernehmen neben der reinen Anzeige der Wägeergebnisse und der Beistellung der Bedienelemente für die Waage im allgemeinen auch Steuerungs- und Weiterverarbeitungsaufgaben, wie sie im nächsten Abschnitt beschrieben werden. Marktgängig sind deshalb Terminals unterschiedlichster

Ausführung und unterschiedlichsten Leistungsumfangs, beginnend beim Kompaktgerät bis hin zu bildschirmgestützten Stationen.

Beispielhaft soll Bild 533 die für eine Waage mindestens erforderlichen Informationen und Eingriffsmöglichkeiten zeigen: Alphanumerisch *anzuzeigen* sind alternativ die Brutto-, Tara und Nettogewichte mit Vor- und Einheitenzeichen und mit Statussymbolen, die aufzeigen, ob aus der Anzeige Nullbereich, Stillstand, Tara, Netto, Brutto oder Taraeingabe zu ersehen ist. *Wägefunktionstasten* sind erforderlich für: Nullstellen, Tarieren, Taraspeicher löschen, Brutto anzeigen, Tara anzeigen und Test. Die Gewichtsanzeige dient auch der *Fehlersignalisierung* mittels Codezahlen für die on-line ablaufenden Prüfroutinen der Funktionselemente.

Bild 533. DISOMAT K (Schenk).
Der DISOMAT K ist eine kompakte Auswerteeinrichtung für elektromechanische Waagen. Neben den Komponenten der Mensch-Maschine-Kommunikation bietet er standardmäßig: Parametereinstellung per Software, Justageschnellverfahren, variable Druckformatierung und Fernbedienung durch EDV. Er hat eine serielle Schnittstelle für Drucker oder zur Verbindung mit der EDV-Anlage und ist anwendungsspezifisch ausbaubar, z.B. mit einer Parallelschnittstelle, für die Zulassung als Handelswaage oder für den Einsatz in explosionsgefährdeten Bereichen.

Bei aufwendigeren Terminals geschieht die Bedienerführung zur Inbetriebnahme, Justierung und Parametereingabe über Displays oder Bildschirme im Dialogverkehr.

i) Waagensteuerung und Wägedatenverarbeitung

Waagen sind auch in den Chemiebetrieben und -unternehmen die wichtigsten Einrichtungen zum Feststellen der Mengen im *geschäftlichen* Verkehr. Sie dienen u.a. der Warenein- und -ausgangskontrolle sowie zur Disposition von Versand- und Betriebslägern[67]. Wegen der hohen Meßgenauigkeiten werden

---

67 Besteht mit den Geschäftspartner ein Rohrleitungsverbund, so haben neben den Waagen auch eichfähige Mengenmeßanlagen für Gase und Flüssigkeiten entsprechende Bedeutung.

Waagen zunehmend auch *betriebsintern* für Füllstandmessungen sowie für Dosier- und Mischaufgaben eingesetzt.

Zur Erfüllung der vielfältigen Aufgaben sind für die so eingesetzten Waagen oft sehr leistungsfähige Steuerungen und interne Datenverarbeitungen sowie Datenverbund mit den EDV-Systemen der Unternehmen und den Prozeßleitsystemen der Betriebe erforderlich.

Es sind digitale Daten auszutauschen mit anderen Waagen, mit Kartenlesern, Strichkodierern, Datenspeichern, mit den verschiedenen Arten von Druckern, mit speicherprogrammierbaren Steuerungen sowie mit den Bussen anderer EDV-Systeme.

Auch analoge und binäre Signale verarbeiten die Waagensteuerungen. Eingangsseitig sind z.B. Temperaturen und Schaltsignale einzulesen, und auszugeben sind Stellsignale zu angeschlossenen Stellgeräten oder Binärsignale zur Grenzwertverarbeitung.

3. Waagen

Auch bei gründlichen Kenntnissen der Wägeprinzipien werden Anwender wohl nur in seltenen Fällen *Wägekomponenten, z.B. DMS-Wägezellen, zu einer Waage integrieren,* während das bei anderen verfahrenstechnischen Anlageteilen oder Apparaten durchaus üblich ist. Es sind vielmehr ganz spezielle Sachkenntnisse und besonders sehr viel Erfahrungswissen für die Erstellung einer ordnungsgemäß funktionierenden Waage Voraussetzung. Es sollen deshalb die vielschichtigen Möglichkeiten, Wägeaufgaben zu erfüllen, nur in Grundzügen erläutert werden. Wir wollen uns dabei auf elektromechanische Waagen in Form von DMS-Wägezellen beschränken und unterscheiden zwischen: Behälterwaagen, Plattformwaagen, Fahrzeugwaagen, Kranwaagen, Förderbandwaagen und Differentialwaagen.

a) Behälterwaagen

Eine Behälterwaage scheint eine im Prinzip sehr einfache Lösung zu sein: Zwischen die Behälterpratzen und die zugehörigen Fundamente, Tragrahmen oder andere Stützelemente werden DMS-Wägezellen montiert und aus deren Ausgangssignalen die Behältergewichte ermittelt. Um eine möglichst gleichmäßige Belastung der Wägezellen zu erreichen, sollte der Behälter nur an drei Punkten gelagert sein (Bild 534).

Ungünstig für die Behälterwägung sind einmal die durch die Behälter selbst bedingten, oft *hohen Taralasten,* die die Wägebereiche der *subtraktiv* arbeitenden Wägezellen und damit auch die Meßgenauigkeiten einschränken[68].

---

68 *Additiv* lassen sich Taralasten von Behältern mechanisch mit Hebeln ausgleichen.

3. Waagen

Zum anderen dürfen die Wägezellen *nur vertikale Kräfte* aufnehmen, und geeignete Lenker müssen alle horizontalen Kraftkomponenten abfangen, die z.B. durch Wärmedehnungen oder Windkräfte entstehen können.

Schließlich ist es wichtig, vertikale und horizontale Krafteinwirkungen der verbindenden *Rohrleitungen zu* verhindern. Das kann durch flexible Verbindung mittels Metallbälgen oder -schläuchen geschehen. Ist das nicht möglich, müssen die Rohrleitungen waagerecht ohne Bögen (Bourdoneffekt) zum Behälter geführt und so angeschellt werden, daß bei Längenänderungen keine Momente auf den Behälter wirken.

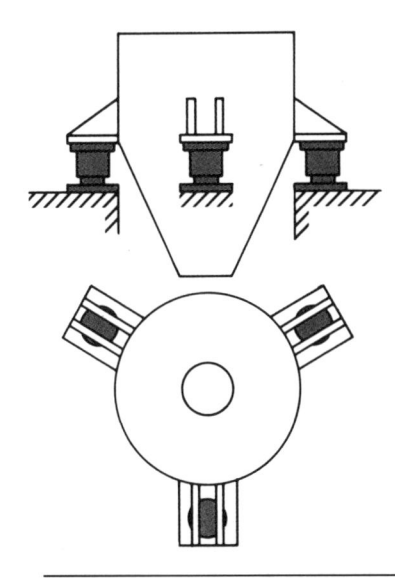

Bild 534. Behälterwaage (Bild Toledo).
Eine Dreipunktlagerung gewährleistet eine gleichmäßige Verteilung der Last auf die Wägezellen.

In Form von *Füllwaagen* (Bild 535) und *Entnahmewaagen* (Bild 536) lassen sich mit Behälterwaagen diskontinuierliche Dosieraufgaben erfüllen[69] und kontinuierliche Meß- und Dosieraufgaben mit *Differentialwaagen* (Bild 542).

b) Plattformwaagen

Zum Wägen von Rohstoffen, Halbzeugen und Fertigprodukten im Wareneingang, im Produktionsprozeß, im Lager oder Versand werden Plattformwaagen mit sehr unterschiedlichen Abmessungen und Wägebereichen (bis 10 t) eingesetzt. Sie lassen sich auf dem Boden aufstellen, in Fundamente einbringen (Bild 537) oder als mobile Einheiten ausführen. In robuster Ausführung können sie den Anforderungen rauher Betriebe widerstehen.

---

[69] Mit Dosierungen befaßt sich auch [3], Abschnitt 5.3 h.

DMS-Wägezellen nehmen die Plattformen elektromechanischer Waagen auf, und es ergeben sich durch Wegfall unterschaliger Hebel und Gestänge nur sehr geringe Bauhöhen.

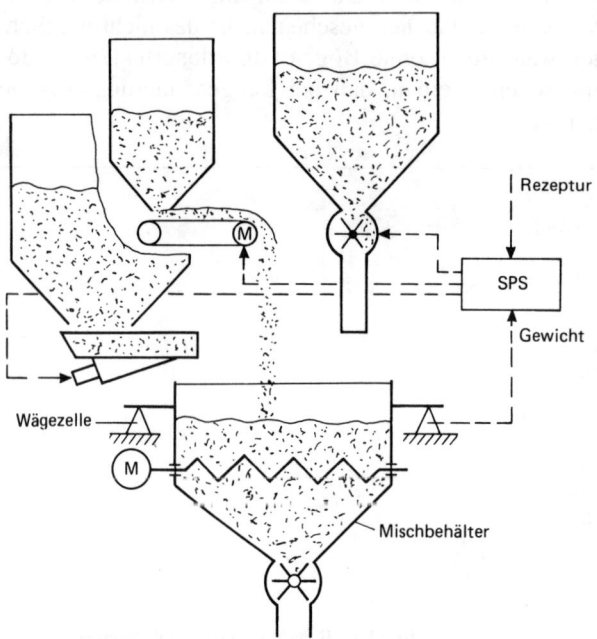

Bild 535. Füllwaage.
Aus mehreren Behältern werden *nacheinander* verschiedene Füllgüter eingebracht. Aus der Gewichtszunahme des Mischbehälters werden die Menge bestimmt und bei Erreichen der zu dosierenden Menge das Austragssystem der entsprechenden Komponente abgestellt. Die Austragssysteme (hier: Vibrations-, Förderband- und Zellenraddosierer) lassen sich den Fließeigenschaften des Füllgutes anpassen. Ein Anpassen an unterschiedlich große Teilmengen ist bei der Füllwaage nicht möglich.

c) Fahrzeugwaagen

Nahezu alle auf Straße oder Schiene transportierte Güter müssen gewogen werden, wenn sie beim Ein- oder Ausgang die Werksgrenzen überschreiten. Die ermittelten Gewichte bilden in vielen Fällen die wichtigsten und genauesten Berechnungsgrundlagen beim Güterumschlag. Darüber hinaus erfüllen die Waagen *Sicherheitsaufgaben*: Sie verhindern, daß überladene Fahrzeuge – besonders überfüllte Straßentanker und Kesselwagen – auf öffentliche Straßen oder ins Schienennetz der Bundesbahn gelangen.

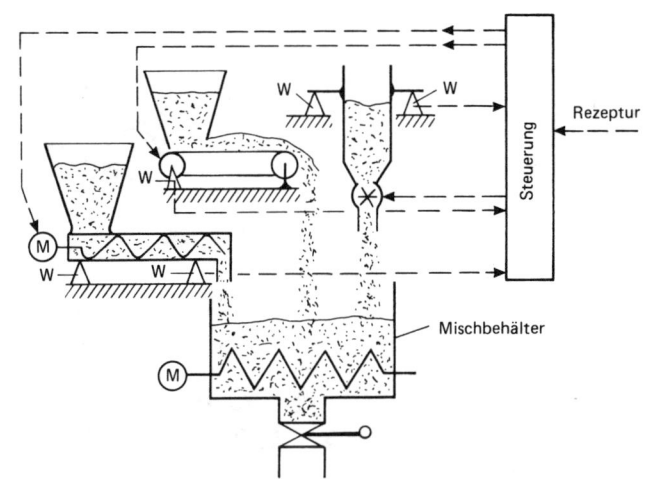

Bild 536. Entnahmewaage.
Aus Wägebehältern lassen sich verschiedene Komponenten in einen Mischbehälter *gleichzeitig* dosieren. Das Dosieren der Komponenten geschieht durch Differenzwägung. Die Größe des Wägebehälters und das Austragssystem lassen sich den Dosiermengen und den Fließeigenschaften des Füllgutes anpassen (W Wägezelle).

Die Produktionsbetriebe beladen oder füllen die Fahrzeuge vor Ort meist nicht unter Kontrolle einer Fahrzeugwaage, sondern nach anderen Kriterien wie Befüllungsgrad, Füllstand oder der Differenz von Mengenzählerständen. Die Wägung und die Überprüfung auf Überladung oder Überfüllung geschieht dann an einigen zentralen Stellen, z.b. in der Spedition, in einem Tanklager oder im Güterbahnhof.

Vor Ermittlung der Bruttogewichte müssen in die meist mikroprozessorgestützten Datenverarbeitungssysteme fahrzeugspezifische Daten eingegeben werden wie amtliches Kennzeichen bzw. Waggonnummer, zulässiges Gesamtgewicht, maximaler und minimaler Befüllungsgrad bei Tankfahrzeugen, Produkteigenschaften, Lieferschein, Empfänger und natürlich auch die Taragewichte.

Die Zulassung der DMS-Wägezellen hat besonders die Konstruktionsmöglichkeiten von Fahrzeugwaagen revolutioniert: Statt großer, unhandlicher und schwer gegen Korrosion zu schützender Hebelwerke werden die Lastaufnahmeeinrichtungen jetzt auf DMS-Wägezellen gelagert. Die Anforderungen an *Straßenfahrzeug-* bzw. *Gleisfahrzeugwaagen* unterscheiden sich besonders durch die *unterschiedliche Auffahrt* beider Fahrzeugarten, der Straßenfahrzeuge mit eigenem Antrieb und der in einem Zugverbund laufenden Eisenbahnwaggons, die zum Wägen mit Hilfseinrichtungen verholt, von Lokomotiven gezogen oder geschoben werden oder über Ablaufberge abrollen. Für Gleisfahrzeuge sind auch Wägungen *während der Fahrt* möglich.

Bild 537. Plattformwaage (Bild Schenk).
Die Plattformwaage schließt bündig mit dem Boden ab. Kommunikation und Steuerung geschehen hier mit dem digitalen Terminal DISOMAT.

Straßenfahrzeugwaagen lassen sich wie Plattformwaagen grubenlos aufstellen, in Fundamente einbringen (Bild 538) oder in Gruben einbauen. Die Lagerung der Wägezellen muß Stoßbelastungen beim Auffahren und vorübergehenden Einfluß horizontaler Kräfte, z.B. durch das Abbremsen der Fahrzeuge, aufnehmen und die Brücke danach wieder in die Ausgangslage zurückstellen. Typisch für Straßenfahrzeugwaagen sind Abmessungen von 3m x 18m und Wägebereiche bis 60 t.

Gleiswaagen lassen sich sowohl in Form auf einer Wägebrücke montierter Gleisstücke als auch in Form von Wägegleisen oder Wägeschienen (Bild 539) realisieren.

3. Waagen 619

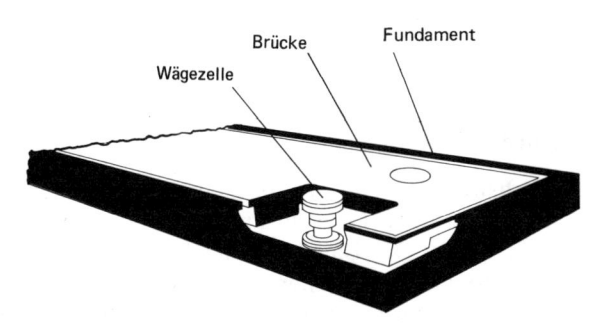

Bild 538. Wägezelleneinbau in einer Straßenfahrzeugwaage (Bild Schenck).
Die elastische Wägezellen-Lagerung der Einbauwaage für Straßenfahrzeuge verringert die Stoßbelastung von Wägezellen und Brücke bei der Auffahrt von Straßenfahrzeugen. Hier ist die Brücke die Lastaufnahmeeinrichtung.

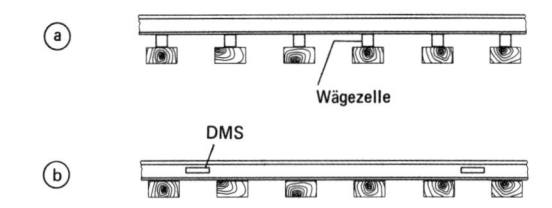

Bild 539. Wägegleis und Wägeschiene (Bild Schenck).
Bei Wägegleisen (a) ermitteln DMS-Wägezellen zwischen Schwellen und Schienen die Gewichte einzelner Waggons (auch bei Überfahrt mit geringer Geschwindigkeit). Die Längen der Wägegleise lassen sich leicht auf die der Waggons abstimmen.
Die Wägeschienen (b) haben in das Schienenprofil integrierte DMS. Die Gewichte von Eisenbahnwaggons werden unabhängig von ihrer Achszahl und Länge während der Überfahrt im Zugverband exakt ermittelt. Die zulässigen Geschwindigkeiten liegen bei dieser Ausführung bei 5 bis 12 km/h.
Lastaufnahmeeinrichtungen beider Ausführungen sind Schienen.

Brücke und *Wägegleise* haben Eisenbahnwaggons entsprechende Längen, und mit ihnen läßt sich das Gewicht jeweils *eines Waggons* bestimmen. Sie müssen Stöße aufnehmen, die durch Überfahren der Trennstellen entstehen. *Wägeschienen* messen die *Achsgewichte* während der Überfahrt bei geringeren Geschwindigkeiten, z.B. bis 12 km/h, und mit Hilfe von Fotozellen lassen sich daraus die Waggongewichte unabhängig von Länge und Achszahl errechnen.

d) Kranwaagen

Zum Umschlag von Stück- und Massengütern in Hafenumschlags- und Lagerbetrieben sowie für den Stoffluß in Hütten und Stahlwerken sind Kräne unentbehrliche Hilfsmittel. Bei diesen Transportvorgängen läßt sich das Gewicht der Kranlasten mit Kranwaagen direkt bestimmen. Auch dabei haben sich

DMS-Wägezellen wegen ihrer kompakten Abmessungen als besonders geeignet erwiesen. Für Chemiebetriebe haben Kranwaagen eher untergeordnete Bedeutung.

e) Förderbandwaagen

Förderbandwaagen *messen Massenströme* von Schüttgütern *kontinuierlich* aus dem Produkt der Gewichtskraft des beladenen Bandes und der Bandgeschwindigkeit. Die Bandbeladung läßt sich aus der Kraftwirkung auf unter dem Band laufende Rollen ermitteln, für kleinere Förderbandwaagen auch durch Wägen des gesamten Bandes einschließlich der zum Bandumlauf erforderlichen Betriebsmittel (Bild 540). Bei der zweiten Alternative ergibt sich allerdings ein hohes Taragewicht, und die kinetische Energie auftreffenden Fördergutes kann das Meßergebnis verfälschen.

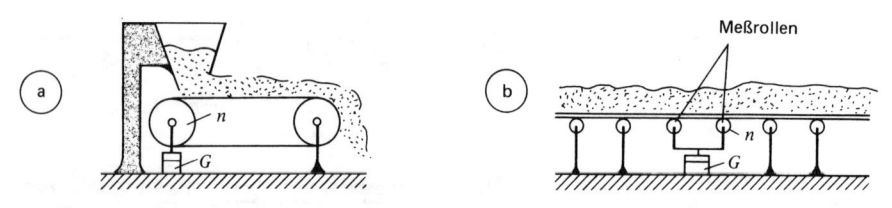

Bild 540. Meßsysteme von Förderbandwaagen.
In kleinen Förderbandwaagen kann das Gewicht des gesamten Förderbandes gemessen werden (im Teilbild a ist eine Welle über ein Drehlager fest unterstützt, die andere über eine Wägezelle), oder es kann über Meßrollen nur das Gewicht eines Bandabschnittes gemessen werden. Der Förderstrom ergibt sich aus dem Produkt von Gewicht G und der der Bandgeschwindigkeit proportionalen Drehzahl n.

Bei der *Verladung* von Schüttgütern ist weniger der Massenstrom wesentlich, sondern vielmehr die in ein Schiff oder in einen Waggon geförderte *Gesamtmasse*. Dafür sind die Massenströme aufzusummieren, wofür die Waagenhersteller geeignete Geräte liefern.

Kontinuierlich regeln lassen sich Massenströme mit *Dosierbandwaagen,* das sind Förderbandwaagen, bei denen entweder bei konstanter Bandgeschwindigkeit die Füllhöhen variiert werden oder abhängig von der Gewichtskraft, die Bandgeschwindigkeiten (Bild 541).

f) Differentialwaagen

Massenströme von Schüttgütern und Flüssigkeiten lassen sich auch mit Differentialwaagen messen. Das sind Behälterwaagen, deren Auswerteeinrichtungen nicht oder nicht nur das Gewicht, sondern die durch die ausfließenden Produktströme verursachten *Gewichtsabnahmen* bestimmen. Diese Differenzierung des Behältergewichts ist mit taktsynchronen Digitalsystemen sehr einfach und genau zu realisieren – bei jedem Takt wird die Differenz des neuen Gewichtswertes mit dem vorhergehenden berechnet –, was mit Analogrechnern nur sehr ungenau möglich ist.

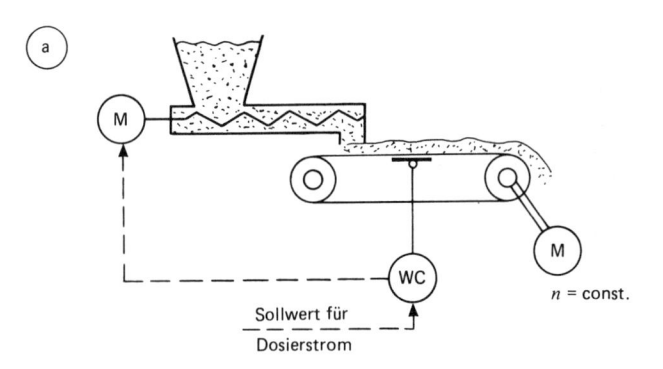

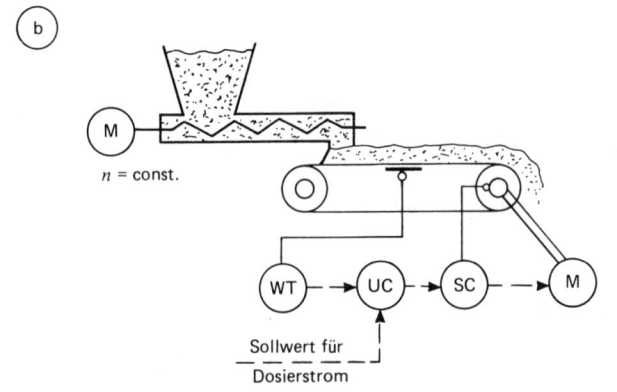

Bild 541. Gewichts- und geschwindigkeitsgeregelte Dosierbandwaagen.
In der gewichtsgeregelten Dosierbandwaage (a) wird das Gewicht des belegten Bandes gemessen und die Drehzahl der Aufgabeschnecke so variiert, daß sich der vorgegebene Dosierstrom einstellt. Abhängig von den Fließeigenschaften des Füllgutes können sich ungünstige regeldynamische Parameter ergeben.
Bei der geschwindigkeitsgeregelten Waage (b) wird verzögerungsarm die Bandgeschwindigkeit geregelt. Deren Sollwert bestimmen die Bandbelegung und der Dosiersollwert.

Meist wird zusätzlich durch auf das Schüttgut zugeschnittene Austragseinrichtungen wie Schnecken-, Zellenrad- oder Vibrationsdosierer der Entnahmestrom auf vorgegebene Werte geregelt und die Waage als *Differentialdosierwaage* genutzt (Bild 542).

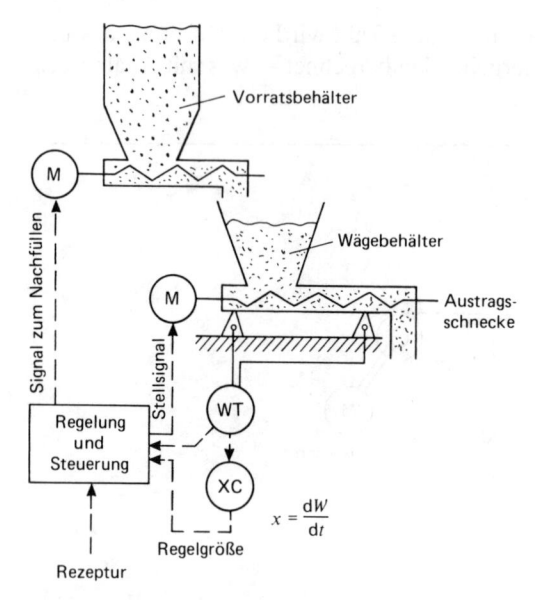

Bild 542. Differentialwaage.
Durch Regelung der Drehzahl der Austragsschnecke des Wägebehälters wird die zeitliche Gewichtsabnahme des Füllgutes geregelt. Ist der Wägebehälter leer, schaltet die Steuerung die Austragsschnecke des Vorratsbehälters ein und füllt den Wägebehälter nach. Während der Füllzeit läuft die Austragsschnecke des Wägebehälters mit der zuletzt richtigen Drehzahl weiter; die *gravimetrische* Dosierung wird während dieser Zeit durch eine *volumetrische* ersetzt.

4. Anforderungen an Waagen

Die Chemieunternehmen setzen Waagen sowohl im geschäftlichen Verkehr als auch für innerbetriebliche Zwecke ein. Im geschäftlichen Verkehr ist das Gewicht Grundlage einer Verrechnung zwischen Verkäufer und Käufer, und das Gesetz über das Meß- und Eichwesen legt in § 1 fest, daß Meßgeräte, die dafür verwendet oder bereitgehalten werden, *geeicht sein müssen*. Für diese Waagen regeln die Eichordnung vom 15. 01.1975 und die Zweite Verordnung zur Änderung der Eichordnung vom 9.08.1978 die Anforderungen sehr detailliert. Hersteller und Anwender übernehmen diese Festlegungen oft – zumindest sinngemäß – für baugleiche Waagen für innerbetriebliche Zwecke. Es gibt aber auch andere, von der Eichordnung unabhängige Regelwerke für Waagen, z.B. die VDI/VDE-Richtlinie 2637, Wägezellen, Kenngrößen. Wichtige Anforderungen aus diesen Regelwerken sollen im folgenden erläutert werden. Dabei kann die Eichordnung (EO) mit gesetzlicher Grundlage auch Einzelheiten vorschreiben, während die VDI/VDE-Richtlinie sich im wesentlichen auf das Festlegen von Begriffen beschränken muß.

4. Anforderungen an Waagen 623

Eine wichtige Sicherheitsforderung an Waagen im Chemiebetrieb ist der *Explosionsschutz*: Es sind nicht nur die Wägezellen, sondern oft auch Wägeterminals im explosionsgefährdeten Bereich unterzubringen.

● *Begriffe*

Nach der EO ist der *Wägebereich* der Teil des Anzeigebereiches, für den die Fehlergrenzen einer Waage eingehalten werden müssen. In diesem Bereich darf die Waage im eichpflichtigen Verkehr benutzt werden. Die *Höchstlast* ist die obere Grenze, die *Mindestlast* die untere Grenze des Wägebereichs. Letztere ist dadurch bestimmt, daß bei einem Unterschreiten die Wägeergebnisse mit einem zu hohen relativen Fehler behaftet sein können.

Die *Empfindlichkeit* einer Waage ist der Quotient aus Ausschlagsänderung zur Belastungsänderung: Hohe Empfindlichkeit hat eine Waage, bei der einer bestimmten Belastungsänderung ein großer Zeigerausschlag folgt. Die *Beweglichkeit* wird nur qualitativ festgelegt: Sie ist die Fähigkeit der Waage, auf geringe Belastungsänderungen zu reagieren.

VDI/VDE 2637 ersetzt für Wägezellen: Wägebereich durch Meßbereich, Höchstlast durch Nennlast und Mindestlast durch Vorlast. Außerdem gibt es dort folgende Grenzen bzw. zugehörige Bereiche: Gebrauchslast, *Gebrauchsbereich* (die Zusammenhänge zwischen Last und Ausgangssignal sind noch definiert und reversibel, die Fehlergrenzen können jedoch überschritten werden); Grenzlast, *maximaler Gebrauchsbereich* (Bereich, in dem noch keine irreversiblen (hier: andauernden) mechanischen oder elektrischen Veränderungen auftreten).

Es werden weiter definiert: Kennlinien, Kennwerte, Toleranzen und lastbedingte Fehler sowie Widerstände, Speisegrößen, verschiedene, für die Messungen maßgebliche Temperaturen und Umgebungseinflüsse.

Die EO unterscheidet weiter zwischen nichtselbsttätigen und selbsttätigen Waagen. *Nichtselbsttätige* Waagen sind solche, bei denen das Betriebspersonal in den Wägevorgang eingebunden ist, z.B. zum Beschicken oder zur Ablesung. Dazu gehören auch die *selbsteinspielenden* und *nichtselbsteinspielenden* Waagen, bei denen die Einspiellage manuell zu ermitteln ist.

Selbsttätige Waagen führen den Wägevorgang ohne Eingreifen des Betriebspersonals durch und leiten dabei einen für das Gerät charakteristischen automatischen Ablauf ein, z.B. in Absackwaagen oder in Dosierbandwaagen.

● *Genauigkeitsklassen, Teilungs- und Eichwerte nichtselbsttätiger Waagen*

Wegen der hohen Forderungen an die Meßgenauigkeiten von Waagen sind die Vorschriften sehr differenziert formuliert. Zunächst gibt es vier Genauigkeitsklassen. Sie unterscheiden sich nicht durch Zahlenwerte, sondern durch die Namen:

Feinwaagen /Präzisionswaagen /Handelswaagen /Grobwaagen. Zahlenwerte kann man *etwa* so zuordnen, daß Feinwaagen auf sechs, Präzisionswaagen auf fünf, Handelswaagen auf vier und Grobwaagen auf drei Stellen genau sein müssen, wenn die Gewichte digital angezeigt werden.

Die EO arbeitet mit Teilungswerten d, Eichfehlergrenzen und Eichwerten e: Der *Teilungswert* ist der Wert des kleinsten Skalenteils einer Analoganzeige oder eines Ziffernschrittes bei Digitalanzeigen. Der *Eichwert* ist der Teilungswert, der für die Eichung maßgebend ist. Er ist bei den Waagen mit Anzeigeeinrichtung mit dem Teilungswert der Skala identisch.

Genauigkeitsklasse	Eichfehlergrenzen			
	$\pm 0,5\,e$		$\pm 1\,e$	$\pm 1,5\,e$
	für steigende Belastungen m	für fallende Belastungen m	für Belastungen m	für Belastungen m
Feinwaagen	Min $\leq$ m $\leq$ 50 000 e	50 000 e > m $\geq$ 0	50 000 e < m $\leq$ 200 000 e	200 000 e < m $\leq$ *)
Präzisionswaagen	Min $\leq$ m $\leq$ 5 000 e	5 000 e > m $\geq$ 0	5 000 e < m $\leq$ 20 000 e	20 000 e < m $\leq$ 100 000 e
Handelswaagen	Min $\leq$ m $\leq$ 500 e	500 e > m $\geq$ 0	500 e < m $\leq$ 2 000 e	2 000 e < m $\leq$ 10 000 e
Grobwaagen	Min $\leq$ m $\leq$ 50 e	50 e > m $\geq$ 0	50 e < m $\leq$ 200 e	200 e < m $\leq$ 1 000 e

Bild 543. **Eichfehlergrenzen nichtselbsttätiger Waagen nach EO 9.**
Die Eichwerte e bestimmen die Fehlergrenzen. Die dimensionsbehafteten Eichwerte – sie können mit mg-, g- oder kg-Werten quantifiziert werden – sind für anzeigende Waagen mit Teilungswerten – den Werten des kleinsten Skalenteils – identisch. Aus der Spalte ganz rechts sind die maximalen Anzahlen der Skalenteile zu ersehen, die (vereinfacht) die Waagen nach der EO klassifizieren, z.B. sind Waagen mit 1000 e und weniger Grobwaagen bei Handelswaagen ist diese obere Grenze 10 000 e.
*) für Feinwaagen ist keine obere Begrenzung vorgegeben.

Die *Eichfehlergrenzen* nichtselbsttätiger Waagen zeigt Bild 543. Sie sind z.B. bei Handelswaagen im Wägebereich unter 500 d gleich dem halben Eichwert, zwischen 500 und 2000 d gleich dem Eichwert und darüber gleich dem eineinhalbfachen des Eichwertes. Bei einer Handelswaage mit der für sie maximalen Auflösung von 10 000 d und einem Wägebereich von z.B. 10 000 kg ist der Teilungswert 1 kg, und Gewichte bis 500 kg müssen auf 0,5 kg, zwischen 500 und 2 000 kg auf 1 kg und darüber auf 1,5 kg genau gemessen werden. Bei sonst gleichen Verhältnissen, aber Auflösungen von 5 000 d ist der Teilungswert 2 kg. Es müssen dann Gewichte bis 1000 kg auf 1 kg, zwischen 1000 und 4 000 kg auf 2 kg und Gewichte darüber auf 3 kg genau gemessen werden – Gewichte zwischen 500 und 1000 kg haben für beide Waagen unseres Beispiels die gleichen Fehlergrenzen. Es ist daraus zu ersehen, daß auf die Meßbereichsendwerte bezogene Promillegrenzen die Festlegungen der EO nicht ersetzen können.

Wer die Fehlergrenzen trotzdem als Promillewerte berechnet, wird erkennen, welch hochgenaue Meßergebnisse mit Waagen zu erreichen sind. Z. B. hat die

4. Anforderungen an Waagen 625

Handelswaage unseres Beispiels bei maximaler Auflösung von 10000 d Fehlergrenzen zwischen 0,05 ‰ vom Endwert im unteren und 0,15 ‰ im oberen Wägebereich. Die vergleichbaren Fehler von Präzisionswaagen sind nur ein Zehntel und die von Feinwaagen gar nur ein Hundertstel davon: Für die anderen Verfahrensmeßgrößen unvorstellbare Genauigkeiten.

Die *Eichfehlergrenzen* gelten für die *Erst-* und *Nacheichung*, bei der Verwendung und Befundprüfung die *Verkehrsfehlergrenzen*. Sie betragen in der Regel das Doppelte der Eichfehlergrenzen (Bild 544).

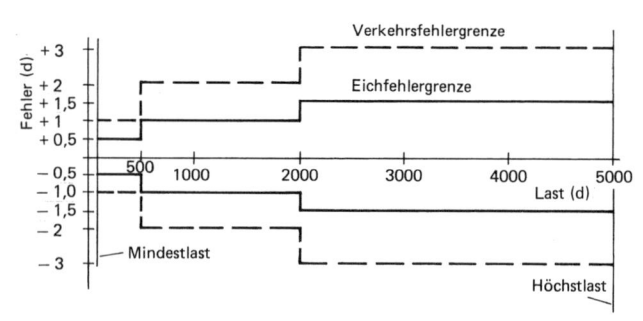

Bild 544. Eich- und Verkehrsfehlergrenzen von Handelswaagen.
Maßstab für Last und Fehler sind in der Eichordnung die Teilungswerte d. Das sind bei analog anzeigenden Waagen Skalenteile und bei digital arbeitenden Ziffernschritte. Handelswaagen können maximal 10000 d haben.

● *Genauigkeiten selbsttätiger Waagen*

Bei selbsttätigen Waagen unterscheidet die Eichordnung unter anderem zwischen SWA (selbsttätige Waagen zum Abwägen. z.B. Abfüll- und Absackwaagen). SWW (selbsttätige Waagen zum diskontinuierlichen Wägen von Massegütern, z.B. Waagen mit Einrichtungen zum Wägen eines rieselfähigen Massengutes durch Addition von Einzelwägungen) und FBW (selbsttätige Waagen zum kontinuierlichen Wägen von Massegütern, z.B. Förderbandwaagen). Hier wird unterschieden zwischen den Fehlergrenzen für die Waage selbst und für den Vorgang, das Abwägen, das ja bei den SWA und SWW Steuerungsvorgänge einschließt.

Die Wägeeinrichtung der SWA und SWW haben den Handelswaagen entsprechende Eichfehlergrenzen. Für die Einzelwägung mit SWA sind Eichfehlergrenzen zwischen ± 4 % bei kleinen Füllgewichten und ± 0,2 % bei großen Füllgewichten vorgegeben. Für die Massengutwägung mit SWW sind die Eichfehlergrenzen ± 0,125 % bei Genauigkeitsklasse III B und ± 0,25 % bei III C. Es ist zu beachten, daß sich diese Eichfehlergrenzen auf die gewogene

Menge beziehen. Der Eichwert war dagegen ein fester, auf die Höchstlast und die Auflösung der Waage bezogener Wert.

Bei Förderbandwaagen wird zwischen mittlerer und einfacher Genauigkeit unterschieden. Für die Klassen gelten verschiedene Bauanforderungen.

● *Nacheichfristen*

Für die meisten Handelswaagen, Präzisionswaagen und Feinwaagen beträgt die Gültigkeitsdauer der Eichung zwei Jahre nach Ablauf des Kalenderjahres der Eichung. Die Waagen müssen in dem Jahr nachgeeicht werden, in dem die Gültigkeit erlischt. Für Waagen mit einer Höchstlast über 3 t ist die Gültigkeitsdauer drei Jahre. Darunter fallen auch alle Gleis- und Straßenfahrzeugwaagen.

IX. Messung anderer Größen

Mit den wichtigsten Meßaufgaben befaßten sich die Kapitel I bis VIII. Es wurden nicht alle im Bild 1 aufgelisteten Erstbuchstaben behandelt. Ausgenommen wurden folgende Erstbuchstaben:

- D, M, Q, R, V, die für Dichte, Feuchte, allgemeine Qualitätsgrößen, Strahlungsgrößen und Viskosität stehen,
- E, der elektrische Größen,
- U, der zusammengesetzte und
- X, der sonstige Größen darstellt, sowie
- H, der einen Handeingriff und
- K, der einen Zeiteingriff symbolisiert.

Die Behandlung der Qualitätsmeßgrößen würde den Rahmen dieser Folgen sprengen. Die Betriebsanalysengeräte, die diese Größen messen, sind meist Spezialgeräte, die in dauernder Weiterentwicklung begriffen sind und deren Wartung Spezialisten obliegt. Der Interessentenkreis für diese Einrichtungen ist in der chemischen Verfahrenstechnik meist ein anderer als der für die hier beschriebenen Meßprobleme.

Die elektrischen Größen wurden nicht behandelt, weil zur Zeit der Formulierung von DIN 19227 für die Messung und Verarbeitung elektrischer Größen im allgemeinen andere als MSR-Dienststellen zuständig waren, und DIN 19227 auf die Darstellung der elektrotechnischen Aufgaben nicht zugeschnitten ist. Sind elektrische Größen weiterzuverarbeiten, so ist es für die Darstellung der MSR-Aufgaben zweckmäßig, an Schnittstellen zur Elektrotechnik bereits ein der elektrischen Größe proportionales *Einheitssignal* zu übernehmen, das dann auf übliche Weise angezeigt, registriert, alarmiert oder zur Regelung herangezogen werden kann.

Der Buchstabe U symbolisiert keine Meßgröße. Er wird eingesetzt, wenn statt einer Meßgröße eine Summe, eine Differenz, ein Verhältnis, ein Produkt oder – ganz allgemein eine Funktion von zwei oder mehr Meßgrößen zu verarbeiten ist.

Sind sonstige Größen zu messen, so kann der Bearbeiter den Buchstaben X in Anspruch nehmen. Dabei kann X innerhalb eines Schemas durchaus verschiedene Bedeutung haben. Kommt eine Meßgröße innerhalb eines Schemas häufiger vor, so sollten diese mit den frei verfügbaren Buchstaben N, O oder Y identifiziert werden. Z.B. könnten N für Wärmemenge, O für Wärmeleistung und Y für Torsion gesetzt werden.

Der Handeingriff H und der Eingriff von einem Zeitwerk K sind keine Meßgrößen. Um die prinzipielle Darstellung der MSR-Aufgabe durch die Buchstabenfolge *Erstbuchstabe*, gegebenenfalls *Ergänzungsbuchstabe* und *Folgebuchstaben* immer aufrechterhalten zu können, war es erforderlich, die Erstbuchstaben H und K festzulegen. K hat insbesondere bei Steuerungsaufgaben Bedeutung. Dort greifen Zeitwerke in den Verfahrensablauf ein, deren Aufgabe im RI-Fließbild darzustellen ist.

Literaturhinweise

[1] *Strohrmann, G.:* Anlagensicherung mit Mitteln der MSR-Technik. München; Wien: R. Oldenbourg Verlag, 1983.

[2] *Strohrmann, G.:* Automatisierungstechnik, Bd.1: Grundlagen, analoge und digitale Prozeßleitsysteme. München; Wien: R. Oldenbourg Verlag 1988.

[3] *Strohrmann, G.:* Automatisierungstechnik, Bd. II.: Stellgeräte, Strecken, Projektabwicklung. München, Wien: R. Oldenbourg Verlag 1989.

[4] *Strohrmann, G.:* atp-Marktanalyse: Füllstandmeßtechnik. Automatisierungstechnische Praxis atp 34 (1992), H 6, S.299-313, H.7, S.384-394 und H. 8, S.423-435.

[5] *Strohrmann, G.:* atp-Marktanalyse: Druckmeßtechnik. Automatisierungstechnische Praxis atp 35 (1993), H 6, S. 337-348, H.7, S.358-401 und H. 8, S. 467-475.

[6] *Strohrmann, G.:* atp-Marktanalyse Durchfluß- und Mengenmeßtechnik. Automatisierungstechnische Praxis atp 36 (1994), H. 7, S. , H. 8, S. , H. 9, S..

[7] *Julien, H.:* Handbuch der Druckmeßtechnik mit federelastischen Meßgliedern. Herausgegeben von der Firma Alexander Wiegand GmbH & Co, Klingenberg/Main.

[8] *Hengstenberg, I.; Sturm, B. und Winkler, O.:* Messen, Steuern und Regeln in der chemischen Technik Band I, Betriebsmeßtechnik 1, Springer Verlag Berlin, Heidelberg, New York,1980.

[9] DIN 16 006, Teil 1, Überdruckmeßgeräte für besondere Sicherheit, 100 mm Gehäusedurchmesser, Sicherheitstechnische Anforderungen und Prüfung.

[10] *Früh, K.F.:* Smart for Smarts? Automatisierungstechnische Praxis 29 (1987), H. 1, S. 5

[11] VDI/VDE 2184, Meßumformer für Druck, Beschreibung und Untersuchung, Januar 1976.

[12] VDI/VDE 2183, Meßumformer für Differenzdruck, Beschreibung und Untersuchung, September 1973.

[13] DIN IEC 770: Methoden der Beurteilung des Betriebsverhaltens von Meßumformern zum Steuern und Regeln in Systemen der industriellen Prozeßtechnik, 1986.

[14] *Schnepf, O.:* Der Explosionsschutz von elektrischen Betriebsmitteln und Anlagen in der Bundesrepublik Deutschland unter Berücksichtigung der harmonisierten Europäischen Normen. Regelungstechnische Praxis rtp 26 (1984), H. 12, S. 529-534.

630 Literaturhinweise

[15] VDI/VDE 2182, Meßumformer für Flüssigkeitsstand mit Verdrängerkörper, Beschreibung und Untersuchung, Juli 1978.

[16] VDI/VDE 3519, Füllstandmessung von Flüssigkeiten und Feststoffen (Schüttgütern).

[17] *Schaudel, D.; Brendecke, H. und Ziegler, H.*: Schwingquarz-Thermometer für die Labor- und Prozeßmeßtechnik. Automatisierungstechnische Praxis 30 (1988), Heft 5, S.219-224.

[18] *Mettlen, D.*: V-CONE, ein neues Wirkdruckverfahren zur Durchflußmessung. Automatisierungstechnische Praxis 30 (1988), Heft 6, S.299-305.

[19] *Rolff, J., und Strohrmann, G.*: Sensoren-MID. Automatisierungstechnische Praxis 35 (1993), Heft 7, S.421-423.

[20] *Vetter, G. und Notzon, S.*: Messung kleiner pulsierender Flüssigkeitsströme mit Coriolisdurchflußmessern. Automatisierungstechnische Praxis 36 (1994) Heft 4, S. 31-44.

[21] *Schnepf, O.*: Durchfluß-Meßsystem mit direkt angeflanschtem Wirkdruck-Meßumformer. Automatisierungstechnische Praxis atp 28 (1986), H. 11, S. 523-530.

[22] *Schmittner, D.*: Verhalten von Turbinenradgaszählern im Hochdruckbereich. gwf Gas/Erdgas 125 (1984), H. 8, S. 311-317.

[23] *Kochen, G.*: Genauigkeitsgrenzen der Durchflußmessung mit Drosselgeräten. Technisches Messen tm 46 (1979), H. 5, S. 189 ff.

[24] *Bertke, H.*: Neue Tendenzen in der Haushaltsgasmessung. gwf-Gas/Erdgas 128 (1987), H. 5, S. 219-225.

Sachregister

A

Abgleichgefäße • 125
Absackwaage • 623
Abscheider • 118
Analogverarbeitung • 76
Anflanschmeßumformer • 171 ff.
Anforderungen an Füllstandmeßgeräte • 215 ff.
Anzeigeverzögerung von Thermometern • 283 f.
Aufgabenstellung, Darstellung • 4 ff.
Auftriebskraft • 147

B

Balgengaszähler • 487
Balkenwaage • 590
Bartonzelle • 105; 106
Behälterinhalt, Auslitern • 226
Behälterinhalt, Berechnen aus den geometrischen Abmessungen • 227
Behälterwaage • 615
Betriebsdichtemesser • 523 ff.
Bimetallthermometer • 238 f.
Bi-Rotor-Zähler • 508
Blendenmessung • 306
Blendenmessungen, Mindestwerte für Ein- und Auslaufstrecken • 315
– Berechnung • 327 ff.
– bleibender Druckabfall • 335
– Blendenschieber • 340
– D- und D/2-Entnahme • 336
– Durchflußgleichungen • 318 ff.
– Durchflußkoeffizient • 318 ff.
– Durchflußzahl • 318 ff.; 328 ff.
– Durchmesser der Einzelanbohrungen • 309
– Durchmesser der Fassungsringe • 311
– Eckanbohrung • 336
– Einfluß von Pulsationen • 322; 444
– Einlaufstörungen • 316 f.
– Expansionszahl • 318 ff.; 328 ff.
– Exzentrizität • 315
– Flansch-Entnahme • 336
– Hodgsonzahl • 325
– Kantenschärfe • 309 f.
– Konstanz des Rohrdurchmessers • 314
– Rohrrauheiten • 312
– Segmentblenden • 342
– Turbulenz der Strömung • 320
– Unsicherheiten • 330 ff.
– Verschmutzungseinflüsse • 334
– Vorgeschwindigkeitsfaktor • 318
– Zusatztoleranzen • 315
Blendenschieber • 340
Bodendruck • 158 ff.; 165 f.
Bourdonfeder • 24
Brückenwaagen • 591
– ungleicharmige • 592

C

Celsius, Grad • 230

D

D und D/2-Entnahme • 336
Dallrohr • 345
Dampfdruckkurve • 322
Darstellung der MSR-Aufgabe Mengenmessung • 468
Darstellung der MSR-Aufgabe Differenzdruckmessung • 14
Darstellung der MSR-Aufgabe Drehzahlmessung • 568
Darstellung der MSR-Aufgabe Druckmessung • 13
Darstellung der MSR-Aufgabe Durchflußmessung • 303
Darstellung der MSR-Aufgabe Füllstandmessung • 130
Darstellung der MSR-Aufgabe Wägung • 587
Dehnungsmeßstreifen • 49; 598 f.
Dichte von Flüssigkeiten, Abhängigkeit vom Betriebszustand • 521
Dichte von Gasen, Abhängigkeit vom Betriebszustand • 519 ff.
Differentialtrafo • 582
Differentialwaagen • 615; 620
Differenzdruckmeßgeräte mit Sperrflüssigkeit • 41 ff.
Differenzdruckmeßgeräte, Anbringung • 116
– Anflanschblöcke • 116
– Begriffe • 88
– Berstsicherheit • 103
– Drift • 93

- Druckmittler • 108
- Druckschwankungen • 106 f.
- Durchführungen • 46 f.
- Einfluß des statischen Druckes • 99
- Entscheidungstabelle • 112
- Genauigkeit • 88
- Höhenlage mit Sperrflüsigkeit • 43
- Kennlinienabweichung • 89 f.
- Meßbereiche • 88
- Meßbeständigkeit • 93
- Meßleitungen • 119 ff.
- Meßumformer • 30
- Meßumformer, Feldinstallation • 83 ff.
- Meßumformer, Signalverarbeitung • 75 ff.
- Nenn- und Normalbedingungen • 88
- Schutz gegen Korrosion • 108
- Sicherheitsforderungen • 95 f.
- statischer Druck • 88
- Temperatureinfluß • 97
- Überlastsicherungen • 101 f.
- Überlastungen • 100 f.

Differenzdruckmessung an Kapillaren • 426
- an Rohrleitungskrümmern • 426; 427

Digitalanzeiger • 267
Digitalverarbeitung • 77 f.
DMS-Sensoren • 49
DMS-Wägezellen • 595 ff.
Doppelstoppuhr Methode • 563
Dosierbandwaagen • 620; 623
Dosierpumpen • 426
Dralldurchflußmesser • 401
Drehfrequenz • 567
Drehgeschwindigkeit • 567
Drehklappenzähler • 506
Drehkolbengaszähler,
  Ausführungsformen • 473
- Betriebseigenschaften • 474 f.
- Druckabfall • 475
- Eichkurve • 473
- Fehlerkurve • 473
- Größenbezeichnung • 535
- Meßeigenschaften • 473
- Nennbelastung • 535
- Prinzip • 470 f.
- Schmieröl • 475
Drehspulmeßgeräte • 262 f.
Drehzahlmessung, Begriffe • 567
- Darstellung der Meßgröße • 568
- Einheiten • 567

- elektromagnetischer Impulsgeber • 572
- Fliehkraftdrehzahlmesser • 569
- Gleichspannungs-Drehzahlgeber • 571
- Hochfrequenz-Drehzahlgeber • 573
- Impulsverarbeitung • 576
- Magnetfeld-Drehzahlgeber • 574
- Wechselspannungs-Drehzahlgeber • 572
- Wirbelstromdrehzahlmesser • 570

Drosselgeräte • 305 ff.
- Einpassen • 450
- mögliche Meßanordnungen • 454 ff.
- Umrechnen auf andere Betriebszustände • 465
- Umrechnen auf andere Wirkdruckbereiche • 465

Druckabfall, bleibender • 335
Druckentnahmestutzen • 112 f.
Druckmeßgeräte, Aufschriften • 94
- Begriffe • 87 f.
- Druckmittler • 31 ff.
- Druckschwankungen • 103 ff.
- Eichfehlergrenze • 87
- Entscheidungstabelle • 112
- Genauigkeitsklassen • 89
- Klassenbezeichnung • 89
- Meßbereiche • 88
- Meßbeständigkeit • 92
- mit Sperrflüssigkeit • 17 ff.
- Nennbedingungen • 87
- Normalbedingungen • 87
- Schutz gegen Korrosion • 107 f.
- Spülung der Meßleitung • 108
- Temperatureinfluß • 97 ff.
- Überlastungen • 100
- Verkehrsfehlergrenze • 87

Druckmeßumformer • 30 f.
Druckmessungen, Begriffe • 9
- Darstellung der Meßgröße • 13
- Einheiten • 12 f.

Druckmittler • 31 ff.; 109
Druckmittlersysteme für Durchflußmessungen • 447
Drucknormale • 16; 38
Druckwaage • 16
Durchflußendwerte • 440
Durchflußmeßeinrichtungen, Begriffe • 428
- Berechnungsvorschriften • 429
- Dichteeinfluß • 445
- Druckmittlersysteme • 447
- Durchflußzahl • 318 ff.; 328 ff.

– Düsen • 333 ff.
– Düsentransmitter • 339
– eichfähiger Wirkdruckgaszähler • 485
– Eichordnung • 431
– Einfluß des statischen Drucks • 444
– Entscheidungstabelle • 450
– Genauigkeit • 432 ff.
– Kennlinienabweichung • 436
– Korrosion durch aggressive Meßstoffe • 445
– Meßbereiche • 431
– Meßbeständigkeit • 440
– Meßunsicherheiten • 436
– Pulsationen • 444
– Sicherheitsforderungen • 442
– Temperatureinfluß • 441
Durchflußmessung, Begriffe • 301
– Blendenschieber • 340
– Coriolis-Massedurchflußmesser • 402 ff.
– Darstellung der Meßgröße • 303
– Differenzdruckmessung an Kapillaren • 426
– Differenzdruckmessung an Rohrleitungskrümmern • 427
– Dosierpumpen • 426
– Durchflußmeßgeräte • 304
– Einheiten • 302
– Einpassen • 450 ff.
– Grenzsignalgeber • 374
– Inbetriebnahme und Wartung • 463 ff.
– Kalibrieren mit Eichbehältern • 433
– Kalibrieren mit Normalen • 433
– Magnetisch induktive Durchflußmesser • 376 ff.
– Massedurchflußmesser • 402 ff.
– Meßblenden • 306 ff.; 336
– Meßprinzipien • 304
– mögliche Meßanordnungen • 454 ff.
– Normdüsen • 333 ff.
– Schwebekörper Durchflußmesser • 357 ff.
– Staugefäßmesser • 344
– Staugeräte • 347 ff.
– thermische Massedurchflußmesser • 411 ff.
– Ultraschall-Durchflußmesser • 416 ff.
– Verschmutzungseinflüsse • 334
– Viertelkreisdüse • 338
– Wirbelzähler • 395 ff.

– Wirkdruckgeber • 304 ff.
– Wirkdruckmessung • 354 f.
– Stauscheibenmeßumformer • 355 f.

E

Eckanbohrung • 336
Eichanlagen für Flüssiggase • 553 ff.
Eigensicherheit • 282
Einlaufstörungen • 316 f.
Einperlmessung • 161 ff.
Elektromagnetische Verträglichkeit • 111
Elektromagnetische Waagen • 604
Elektromechanische Lotsysteme • 200
Elektromechanische Waagen • 595 ff.
Emaillierte Meßsonde • 289
Entnahmewaagen • 615
Expansionszahl • 328 ff.; 331 ff.

F

Fadentemperaturen • 234
Fahrzeugwaagen • 616
Farbpyrometer • 278
Federelastische Differenzdruckmeßgeräte • 44
Federelastische Druckmeßgeräte • 22 ff.
Federmeßköpfe • 594
Federwaagen • 594
Feldbus • 84
Feldbusse • 272
Feldinstallation • 83 ff.
Feldmultiplexer • 85; 272
Flansch-Entnahme • 336
Förderbandwaagen • 620
Füllstandmeßgeräte, an Gasometern • 144
– Anbringung an Behältern • 144
– Anforderungen • 215 ff.
– Auftriebsprinzip • 147 ff.
– Behälterinhaltsbestimmung • 211 ff.
– Behälterwägung • 201
– Dichteeinfluß • 221
– Druckeinfluß • 220
– Einfluß von Schwankungen • 222
– Entscheidungstabelle • 225
– Funktionsbeständigkeit • 218
– für eichpflichtigen Verkehr • 141 f.
– für Trennschichten • 150
– Genauigkeit • 142; 217
– Grenzsignalgeber • 202 ff.
– Hampsonmeterprinzip • 164 f.
– Hydrostatisches Prinzip • 158 ff.
– kapazitiv • 177 ff.

- Längenmessung • 144 ff.
- Laufzeitverfahren • 187 ff.
- Leitfähigkeitsmessung • 187
- Meßbereiche • 217
- Meßbeständigkeit • 218
- Meßprinzipien • 131 f.
- Meßunsicherheit • 142; 217
- mit Schwimmern oder Tastplatten • 134 ff.
- nach VbF • 202
- nach WHG • 202
- Normierungen • 216 f.
- Peilbänder, Peilstäbe • 132 f.
- radiometrisch • 196 ff.
- Schaugläser • 133
- Sicherheitsforderungen • 218 f.
- Temperatureinfluß • 220
- Überlastungseinfluß • 221
- Ultraschallverfahren • 189 f.
- Verdrängergefäße • 158
- Wärmeleitung • 211

Füllstandmessung mit Niveaugefäß • 167 f.
- elektromechanische Lotsysteme • 200
- kraftkompensierend • 152
- Laserverfahren • 193
- Radarverfahren • 192 f.
- Reedketten • 138

Füllstandmessungen, Begriffe • 129; 217
- Darstellung der Meßgröße • 130
- Einheiten • 129
- konduktiv • 187

Füllwaagen • 615

G

Gammaschranke • 197
Ganzmetall-Schwebekörper-Durchflußmesser • 369
Gesamtstrahlungspyrometer • 276
Gewicht • 586
Gleiswaagen • 618
Grenzsignalgeber für Druck • 34 ff.
Grenzsignalgeber für Füllstände • 202 ff.

H

Halbleiterwiderstandsthermometer • 252
Halbwertzeit, Thermometer • 284
Hampsonmeter • 164 f.
HART-Protokoll • 80 ff.; 272
Hebelwaagen • 588
Hochdruckbalgengaszähler • 488
Hochpräzise Segmentsonde • 185

Hodgsonzahl • 325
Höhenlage, Einfluß auf Meßergebnis • 126
Hydrostatische Füllstandmessung mit Spülgas • 160 ff.
Hydrostatische Trennschichtmessungen • 170
Hydrostatisches Prinzip • 158 ff.

I

Ideales Gas • 519 ff.
Induktive Endschalter • 581

K

Kalibriereinrichtungen für Druckmeßgeräte • 16; 37
- für Durchflußmeßgeräte • 432
- für Mengenmeßgeräte • 564

Kapazitive Füllstandmeßgeräte, Einfluß der Leitfähigkeit • 179
Kapazitive Füllstandmessung, Sonden • 181
Kapillardrossel • 105
Kapselfeder • 29
Kegeldichtungen • 115
Kelvin • 230
Kennlinienverlauf, Anfangspunkteinstellung • 89
- Grenzpunkteinstellung • 89
- Kleinstwerteinstellung • 89

Klassische Venturirohre • 345
Klemmring Rohrverschraubung • 117
Kompaktprüfschleife • 561 ff.
Kompressibilitätszahl • 520
Konduktive Füllstandmessungen • 187
Kranwaagen • 619
Kreisel-Wägezellen • 601
Kreuzspulmeßgeräte • 249

L

Laser-Meßeinrichtungen für Füllstände • 193
Laufgewichtswaagen • 592
Lindeck- Rothe-Schaltung • 263
Linsendichtungen • 115

M

Magnetisch-induktive Durchflußmesser, Eigenschaften • 379 f.
- Einpassen • 453
- Elektroden • 388
- Geräteausführungen • 390 f.

Sachregister

- Magnetfeld mit geschaltetem Gleichfeld • 381
- Magnetfeld mit Netzwechselspannung • 380
- Meßumformer • 386 f.
- Prinzip • 377 ff.; 379
- Signalleitungen • 387
- Sondenmessungen • 392 f.
- Werkstoffe der Meßrohrauskleidung • 387

Magnetkupplung • 136
Magnetoelastische Wägezellen • 603
Manometer, Anschluß • 115
- einschenklig • 19
- mit Glyzerinfüllung • 27

Mantelthermoelement • 257
Masse • 586
Massendurchflußmesser • 402 ff.
Membrandurchführung • 47
Mengenmeßgeräte, Aufheizer • 550
- Aufschriften • 541
- Begriffe • 469
- Druckeinfluß • 540
- Eichfehlergrenzen • 536 ff.
- Entscheidungstabelle • 545
- Filter • 549; 556
- Flüssigkeitsabscheider • 548
- Gasabscheider • 554 f.
- Genauigkeit • 536 f.
- Inbetriebnahme • 566
- Korrosionseinfluß • 545
- Lagerung • 565
- Meßbereiche • 535
- Meßbeständigkeit • 539
- Montage • 566
- Nacheichfristen • 539
- Pulsationen des Durchflusses • 544
- Sicherheitsforderungen • 542
- Temperatureinfluß • 543
- Transport • 565
- Über- und Unterlast • 543
- Umgänge • 553; 557
- Verkehrsfehlergrenzen • 538
- Wartung • 566

Mengenmessung, Balgengaszähler • 487 ff.
- Begriffe • 467
- Darstellung der Meßgröße • 468
- Dichtekorrektur • 522 f.
- Drehkolbengaszähler • 470 ff.
- Druck- und Temperaturmessung • 551; 556
- Druckregelung • 551; 556
- Durchflußregelung • 553; 557
- Eichanlage für Flüssiggase • 553 ff.
- eichtechnische Einrichtungen • 557
- Einheiten • 467
- Einsatzbereiche von Ovalrad- und Turbinenradzählern • 512
- Mengenmeßgeräte • 469 ff.
- Meßanlagen für Flüssigkeiten • 553 ff.
- Meßanlagen für Gase • 548 ff.
- Ovalradzähler • 493 ff.
- Ringkolbenzähler • 501 ff.
- Rohrprüfschleifen • 558 ff.
- Teilstrommesser • 492
- Treibschieberzähler • 507
- Trommelgaszähler • 491
- Turbinenradgaszähler • 478 ff.
- Turbinenradzähler • 511 ff.
- Woltmanzähler • 518
- Zustandsmengenumwerter • 527 f.

Mengenumwerter für Gase • 527 f.
- für Flüssigkeiten • 529

Meßanlagen für Flüssigkeiten • 553 ff.
- für Gase • 548 ff.

Meßbeständigkeit • 92
Meßblenden • 306
Meßfehler bei undichter Meßleitung • 118
Meßgefäße • 426
Meßleitungen • 117 ff.
- Beheizung • 119; 120
- Kondensation in • 122 ff.
- Spülen von • 120

Meßumformer für Differenzdruck • 45 ff.
- für Druck • 30
- für kleine Drücke • 20
- für Temperatur • 268 ff.
- Kraftkompensation • 74

Metallfilmwiderstände • 243
Mindestleitfähigkeit • 380

N

Nachlaufmotor • 141
Neigungswaagen • 593 ff.
Normdüsen • 333 ff.
Normventuridüse • 333 ff.

O

Oberflächentemperaturmessung • 298 f.
Ovalradzähler • 493 ff.
- Ausführungsformen • 494 ff.
- Betriebseigenschaften • 501
- Druckverlust • 500

- Fehlerkurve • 499 f.
- Meßeigenschaften • 499 f.
- Prinzip • 493

P

Peilbänder • 132
Peilstäbe • 132
Platinwiderstände • 241 f.
- Grundwertreihen • 241
Plattenfeder • 28
Plattenfeder-Differenzdruckmanometer • 44
Plattenfedermanometer • 28 f.
Plattformwaagen • 615
Poggendorf-Schaltung • 263

Q

Quecksilberthermometer • 233
- Eichfehlergrenzen • 234

R

Radar-Meßeinrichtungen für Füllstände • 192 f.
Radiometrische Füllstandmessungen • 196 ff.
Radizierung • 355
Realgasfaktor Z • 520
Realgasfaktor Z • 465
Reedketten • 138
Reed-Kontakt • 581
Reynoldszahl • 306; 320
Ringkolbenzähler • 501 ff.
- Ausführungsformen • 504 f.
- Betriebseigenschaften • 505
- Fehlerkurve • 505
- Meßeigenschaften • 505
- Prinzip • 502
Ringtorsions-Wägezelle • 597
Ringwaage • 44
Robervalsche Tafelwaage • 591
Rohrfeder • 24
Rohrfedermanometer • 24 ff.
Rohrprüfschleifen • 558 ff.
Rohrverschraubung • 117

S

Schneckenfeder • 25
Schrägrohrmanometer • 20
Schraubenfedern • 25
Schraubspindelzähler • 508
Schutzrohre für Temperaturmessungen • 284

Schwarzer Strahler • 277
Schwebekörper-Durchflußmesser,
Genauigkeitsklassen • 375
- Grenzsignalgeber für Durchfluß • 374
- Meßunsicherheit • 375
- Ausführungsformen • 365 f.
- Druckverluste • 376
- Durchflußrechner • 376
- Einfluß der geometrischen Form • 358
- Einpassen • 452
- für kleinste Meßbereiche • 365
- Ganzmetallgeräte • 366 ff.
- Kleinströmungsmesser • 163
- Kurzhuber • 365 ff.
- Magnetfilter • 372
- mit digitaler Verarbeitung des Meßsignals • 369
- mit Glaskonus • 365 ff.
- mit umgekehrter Geometrie • 364
- Prinzip • 357 f.
- Umrechnung auf andere Dichten und Zähigkeiten • 363
- Umrechnung bei großen Reynoldszahlen • 361
- Zähigkeitsabhängigkeit • 359
- Zähigkeitseinfluß • 362
- Zusammenhang zwischen Durchfluß und Anzeige • 359 f.
Schwimmer • 134
Schwingflügelzähler • 401
Schwinggabeldichtemesser • 523
Schwingquarzthermometer • 274
Schwingsaiten-Wägezelle • 600
Segmentblenden • 342
Segmentblendenschieber • 343
Sensoren • 48 ff.
- mit metallischen DMS • 50 ff.
- mit metallischen DMS, Dünnfilm-DMS • 51
- mit metallischen DMS, Folien-DMS • 51 f.
- Dickfilm-DMS • 58
- DMS-Sensoren • 49 ff.
- Induktive Sensoren • 67 f.
- Kapazitive Sensoren • 61 ff.
- Optische Sensoren • 72
- piezoresistive Sensoren • 53 ff.
- piezoresistive Sensoren, Piezo-Dünnfilm-DMS • 54
- piezoresistive Sensoren, Piezo-Einkristall-DMS • 55
- Resonanzdraht-Sensor • 69

Sachregister

– Schwingquarz-Sensoren • 71
– Schwingsensoren aus monokristallinem Silizium • 70
Servoantriebe für Volumenzähler • 476; 511
Sicherheitsmanometer • 27 f.; 95 f.
Signalverarbeitung • 75 ff.
Smart-Technik • 80 f.
Sperrflüssigkeit • 20 f.
Stabausdehnungsthermometer • 238
Staurohre, integrierend • 350 ff.
– punktuell arbeitend • 348
Stellungsmessung an einem Verdichter • 579
– Begriffe • 577
– Darstellung der Meßgröße • 578
– Differentialtrafo • 582
– Einheiten • 577
– pneumatischer Wegtransmitter • 583
– Schalter • 579
Strahlungsmessungen • 275
Straßenfahrzeugwaagen • 617

T

Taraeinrichtungen • 611
Tariereinrichtungen • 611
Tastplatten • 135
Tauchsichelgerät • 21; 43
Teilstrahlungspyrometer • 277
Teilstrommesser • 492
Temperaturdifferenzmessung • 232; 285 f.
Temperaturkompensator • 529
Temperaturmeßgeräte, Temperatureinfluß • 287
– Anbringung • 290 ff.
– Anschlußköpfe • 244 f.
– Ausgleichsleitungen • 260
– Begriffe • 278
– Brückenausschlagverfahren • 250
– Brückennullverfahren • 250
– Dampfdruck-Federthermometer • 236
– Einfluß des Wärmetausches mit Umgebung • 294 f.
– Entscheidungstabelle • 289
– Erschütterungen • 288
– Explosionsschutz • 282
– Flüssigkeitsfederthermometer • 235 f.
– Flüssigkeitsglasthermometer • 233
– Gasdruck-Temperaturmeßumformer • 236 f.
– Genauigkeitsklassen • 280

– Kompensationsverfahren • 263 f.
– Korrosion • 288
– Kreuzspulmeßgeräte • 249
– Meßbereiche • 279
– Meßbeständigkeit • 281
– Meßeinsätze • 244; 257 f.
– Meßprinzipien • 232
– Meßumformer • 268
– Meßumformer für Widerstandsmessungen • 268 ff.
– Meßumformer im Anschlußkopf • 271
– Meßunsicherheit • 280
– Metallausdehnungsthermometer • 238 f.
– Prüfungen • 279
– Schutzrohre • 293 ff.
– Übergangsverhalten • 283 f.
– Überlastungen • 287
– Übertragungsleitung • 246 ff.; 260 f.
Temperaturmeßumformer • 268 ff.
Temperaturmessung an Oberflächen • 298 f.
– Meßstellenumschaltungen • 265
– Schwingungsfeste Meßeinsätze • 288
Temperaturmessungen in festen Körpern • 297
– Begriffe • 230
– Darstellung der Meßgröße • 231
– Einheiten • 230
Temperaturstutzen • 292 f.
Thermoelemente • 252 ff.
– Fehler durch chemische Einflüsse • 265
– Grundwertreihen • 254 ff.
– Kompensationsdose • 259
– Korrektur der Grundwerte • 255
– Meßeinsätze • 256 f.
– Thermostat • 258 f.
– Vergleichstemperatur • 258 f.
– Werkstoffe • 254 f.
Thermokette • 253
Thermometrische Fixpunkte • 231
Torsionsrohrdurchführung • 46; 136
Treibschieberzähler • 507
Trennschichtmessung • 150
Trennschichtmessungen, hydrostatisch • 170
– kapazitiv • 181
Trommelzähler für Flüssigkeiten • 511
– für Gase • 491
Turbinenradgaszähler • 478 ff.

- Ausführungsformen • 480
- Belastungsbereiche • 481
- Betriebseigenschaften • 483
- Eichkurve • 481
- Größenbezeichnung G • 535
- Hochdruckeichung • 539
- Meßeigenschaften • 481
- Nennbelastung • 535
- Prinzip • 478 f.

Turbinenradzähler • 511 ff.
- Ausführungsformen • 515
- Betriebseigenschaften • 517
- Druckabfall • 517
- Ein und Auslaufstrecke • 513
- Fehlerkurve • 515
- Impulsverarbeitung • 514
- Meßbereichsgrenzen • 516
- Meßeigenschaften • 515 f.
- Prinzip • 512 ff.
- Einsatzbereiche • 512

Ü

Übergangsfunktion von Thermometern • 283
Überlastsicherung • 101 ff

U

Ultraschall-Durchflußmesser • 416 ff.
- Dopplerverfahren • 423
- Laufzeitdifferenz-Verfahren • 420 f.
- Laufzeitverfahren • 420 f.
- Sing-around-Verfahren • 422

U-Rohrmanometer • 18 ff.; 41

V

Verdränger • 147 f.
Vierkolbenzähler • 510
Vierleiterschaltung • 248
Viertelkreisdüse • 338
V-Konus-Durchflußmesser • 346 f.

W

Waagen
- elektro-magnetische Waagen • 604
- nichtselbsttätige • 623
- selbsttätige • 623

Waagensteuerung • 613
Wägedatenverarbeitung • 613
Wägeterminals • 612
Wägezellen • 595
Wägung, Aufbereiten der Meßsignale • 607 ff.
- Begriffe • 586; 622
- Behälterwaage • 615
- Darstellung der Meßgröße • 587
- DMS-Wägezellen • 595 ff.
- Eichfehlergrenzen • 624
- Einheiten • 587
- elektromagnetische Waagen • 595
- Förderbandwaagen • 620
- Genauigkeit • 623 ff.
- Kraftmeßdose • 596 f.
- Kreiselwägezellen • 601 f.
- Lastaufnahmeeinrichtungen • 606
- magnetoelastische Wägezellen • 603
- mechanische Komponenten • 605 ff.
- Schwingsaiten-Wägezellen • 600

Wärmeleitungsfehler • 297; 298
Wassersackrohre • 124
Wellenschub • 579
Wellenschwingung • 579
Wellrohrfeder • 29
Widerstandsthermometer • 241 ff.
- Meßeinsätze • 244

Wieganddraht Abgriff • 498
Wirbelgaszähler • 484
Wirbelzähler • 395 ff.
Wirkdruck • 12
Wirkdruckgaszähler • 485 ff.
Wirkdruckverfahren
- Mindestwerte für Ein- und Auslaufstrecken • 315

Woltmanzähler • 518

Z

Zahnradzähler • 510
Zeitkonstante, Thermometer • 284
Zündschutzart "Druckfeste Kapselung" • 579
Zündschutzart "Eigensicherheit" • 282
Zustandsmengenumwerter • 527 f.
Zweileiterschaltung • 246

Für alle Fälle...

... bietet Ihnen Fisher-Rosemount das komplette Spektrum der Meß- und Prozeßleittechnik.
Wenn es darum geht, Druck, Temperatur oder Durchfluß sicher zu kontrollieren, sind Sie bei uns an der richtigen Adresse.
Durch unsere vielfältigen Produktbereiche und jahrzehntelange Erfahrung sind wir in der Lage, die jeweils optimale Lösung zu realisieren.
Die Vorteile liegen auf der Hand:
Ein Ansprechpartner, der über Ihre speziellen Anforderungen voll im Bilde ist.
Spitzentechnologie, mit der wir immer wieder Maßstäbe setzen.
Und nicht zuletzt eine optimale Kompatibilität der einzelnen Komponenten untereinander.

Mit Meßtechnik von Fisher-Rosemount sind Sie für alle Fälle gerüstet.

Fisher-Rosemount GmbH & Co.
Geschäftsbereich Meßtechnik
Argelsrieder Feld 7
D-82234 Weßling
Telefon 0 81 53/27-0
Telefax 0 81 53/2 71 72

ROSEMOUNT MEASUREMENT

FISHER-ROSEMOUNT
Managing The Process Better.

KSR-Füllstandsmessung einfach und sicher

Außerhalb der Flüssigkeit in trockener Umgebung messen
KSR-Bypass-Niveaustandanzeiger
mit magnetischer Messwertübertragung, in Ex-geschützter Ausführung nach EN 50 020 PTB Nr. Ex-83/2066 – Zündschutzart EEx ib IIc T6 die Niveauhöhe.
Alle Messeinrichtungen sind SEV und PTB zugelassen und nach kundenspezifischen Anforderungsprofilen modifizierbar.
Werkstoffe: Edelstahl (1.4571/316 Ti)/Titan/Hastelloy/ECTFE-beschichtet oder PTFE-ausgekleidet/PP/PVC/PVDF/Borosilikatglas.
KSR-Niveau-Messwertgeber sind unabhängig von Flüssigkeiten mit veränderlichem Dielektrikum, Dichte, Druck, Temperatur und Schaum. Nur ein bewegliches Bauteil – ein Schwimmer – gleitet zuverlässig mit der Flüssigkeit auf einem Gleitrohr auf und ab.
Zulassungen: SEV, PTB-Ex-Zone 0, GL, BV, DNV.
Werkstoffe: Edelstahl (1.4571), Titan, Messing, PP, PVC, PVDF oder PTFE.

Bitte fordern Sie unsere Übersichtskataloge an!

Schwimmer-Magnetschalter
Niveau-Meßwertgeber
Niveaurelais
Füllstandswächter
Bypass-Niveaustandanzeiger
Steuergeräte und R/I-Wandler
Lauf- und Stillstandswächter
Safety-Wasser-Wächter
Safety-Leck-Wächter
Magnetschalter

KSR KÜBLER
Steuer- und Regeltechnik

KSR-KÜBLER Steuer- und Regeltechnik GmbH & Co. KG, D-69439 Zwingenberg/N.
Tel. 0 62 63 / 87-0, Tx 0466 109 kue d, Fax 0 62 63 / 84 03

HEINRICH KÜBLER AG	KUBLER FRANCE S.A.	KSR KUEBLER (LONDON)	KÜBLER SVENSKA AB	KÜBLER SUOMI OY
CH-6340 Baar	F-68700 Cernay	Control Engineering Limited GB-Hounslow Middlesex · TW3 2AD	S-13121 Nacka	SF-01510 Vantaa

Durchfluss-Mess- und Regeltechnik
Von der einfachen Durchflussmessung bis hin zum komplexen System – Wir haben die Lösung

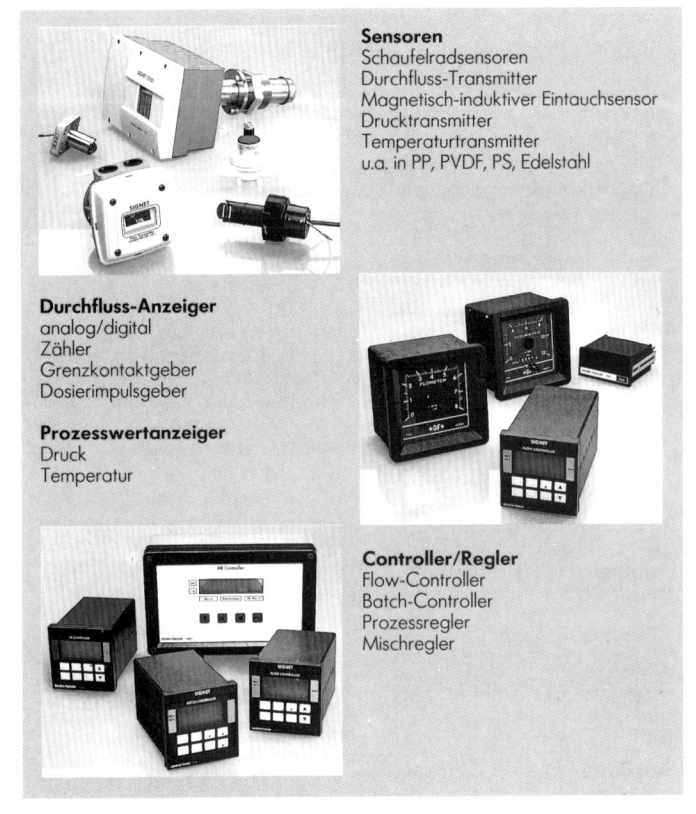

Sensoren
Schaufelradsensoren
Durchfluss-Transmitter
Magnetisch-induktiver Eintauchsensor
Drucktransmitter
Temperaturtransmitter
u.a. in PP, PVDF, PS, Edelstahl

Durchfluss-Anzeiger
analog/digital
Zähler
Grenzkontaktgeber
Dosierimpulsgeber

Prozesswertanzeiger
Druck
Temperatur

Controller/Regler
Flow-Controller
Batch-Controller
Prozessregler
Mischregler

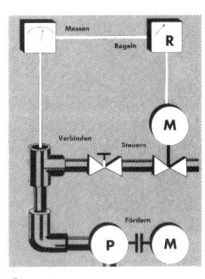

Systeme

Viele Medien und 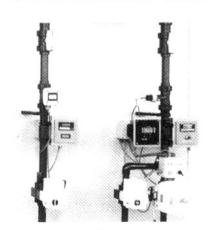 Anwendungen

In Verbindung mit unseren Armaturen, Pumpen und Fittings bieten wir Ihnen das System aus einer Hand.

Speziell auch für aggressive und hochreine Medien.

GEORG FISCHER +GF+

Georg Fischer GmbH
Postfach 11 54
D-73093 Albershausen
Telefon 0 71 61/30 20
Fax 0 71 61/30 22 59

Nur erstklassige Technik schafft erstklassige Ergebnisse

Ihr erfahrener Partner in der Meßtechnik

Wer heute in der Meßtechnik Spitzenklasse sein will, muß hochentwickelte Technik vorzeigen. Denn der Fortschritt verlangt die konsequente Erfüllung bestimmter Erwartungen und damit intelligente Methoden, Geräte und Systeme.
Nichts wird dem Zufall überlassen.

- **Schwebekörper-Durchflußmesser**
- **Wirbelfrequenz-Durchflußmesser**
- **Durchfluß-Kontrollgeräte**
- **Magnetisch-induktive Durchflußmesser**
- **Ultraschall-Durchflußmesser**
- **Masse-Durchflußmesser**
- **Füllstand-Meßgeräte**
- **Radiometrische Meßsysteme**
- **Kommunikations-Technik**

Guter Ruf verpflichtet

Auf die Idee Meßgeräte herzustellen, sind wir vor über 70 Jahren gekommen. Durch die Art, wie wir sie bauen und durch die Technik, die wir um sie herum entwickeln, sind wir zwischenzeitlich zu einem der bedeutendsten Hersteller in Europa geworden. Vielleicht sogar weltweit.
Ganz klar, daß wir uns ständig Gedanken machen, ob und wie sicher wir neue Technologien einsetzen können.
Es ist aber auch klar, daß wir in vielen Fällen nur durch unsere Kunden auf die richtige Fährte kommen. Denn nur dort, im Anwenderkreis, werden Forderungen und Pflichten bestimmt. Sie geben entscheidende Impulse.
So bleiben unsere Geräte was sie sind – erstklassig in der Technik durch erstklassige Ideen.
Wenn Sie mehr über unsere Meßgeräte erfahren möchten, schreiben Sie uns.

KROHNE

Krohne Meßtechnik GmbH & Co. KG

Postfach 10 08 62
47008 Duisburg

Ludwig-Krohne-Straße 5
47058 Duisburg

Telefon (02 03) 301-0
Telex 17 203 301
Telefax (02 03) 30 13 89

SUCHEN SIE EINE NEUE PERSPEKTIVE?

Überzeugen Sie sich selbst von **Smart Radar** – unserem derzeit intelligentesten Meßgerät zur Bestimmung Ihres Tankinhaltes.

Das erste vollkommen digitale Radarmeßverfahren beherrscht auf der Basis der digitalen Planartechnologie (DPT) Meßaufgaben, die bisher nur mit erheblichem Aufwand lösbar schienen.

Smart Radar verschafft Ihnen „Durchblick" mit einer Genauigkeit von <u>1 mm</u>, vielfachen Montagevarianten und als Option Trennschicht-, Dichte-, Temperaturmessung ....

Wenn Sie sich über wirklich alle Merkmale des neuen ENRAF Meßgerätes informieren wollen, rufen oder faxen Sie uns an.

ENRAF-NONIUS bietet 35jähriges Ingenieur-Know-How auf dem Gebiet der Füllstandmessung -

Überzeugen Sie sich!

ENRAF-NONIUS GmbH
Postfach 10 10 23
D 42648 Solingen

Tel.: (0212) 58750
Fax: (0212) 587549

ENRAF B.V.
P.O.Box 812
NL 2600 AV Delft

Tel.: +31(0)15-698600
Fax: +31(0)15-619574

ENRAF NONIUS

Niveau? klappt!

MAGNETKLAPPEN-ANZEIGER
MAGNA VOX

Vom Vakuum bis über 325 bar.
Von −200 °C bis +450 °C.
Ab Flüssigkeitsdichte 300 kg/m³.
Zulassung für Zone 0
Zertifikat Qualitätssicherungssystem nach ISO 9001.

VAIHINGER NIVEAU TECHNIK

Postfach 12 10
D - 63084 Rodgau
Tel. 0 61 06/69 93-0
Fax 0 61 06/33 16

GEGRÜNDET 1884

WIR ACHTEN AUF IHR NIVEAU

SENSYCON
Hartmann & Braun

Gasmassen-Durchflußmessung auch bei explosiven und aggressiven Medien.

Sensyflow VT/VT 2: Für die Chemie und die Verfahrenstechnik

Das Meßprinzip des Heißfilm-Anemometers ermöglicht u. a.
- die direkte Massendurchfluß-Messung
- einen großen Meßbereich (typisch 1:40)

und bietet zusätzliche Vorteile wie
- kleinste Meßabweichungen ($\leq 2\%$ vom Meßwert)
- geringe Druckverluste (≤ 10 hPa).

Sensyflow VT/VT 2 erfüllt hiermit die vielfältigen meßtechnischen Anforderungen insbesondere in den Anwendungsbereichen

- Abluftmessung
- Brennersteuerung
- Dosieranlagen
- Druckluftstationen.

Kalibrierstelle im Deutschen Kalibrierdienst

Sensyflow VT und VT 2:
Der Gasmassenmesser. Eigensicher und robust. Von SENSYCON.

mannesmann *technologie*

SENSYCON GmbH, Abt. S1
Borsigstraße 2, 63755 Alzenau
Tel. (0 60 23) 9 43-4 50, Fax (0 60 23) 9 43-3 00

Wir sind Spezialisten für

Elektrisches Messen mechanischer Größen

Prüfstandstechnik

PC-Meßtechnik

Prozeßüberwachung

Seit mehr als 40 Jahren werden in unterschiedlichsten Anwendungsgebieten Meßprobleme mit Geräten aus unserem Haus gelöst. Unsere Produkte finden Anwendung in den Bereichen Prozeßüberwachung, Prüfstandstechnik, Festigkeitsuntersuchung und in der Wägetechnik.

HBM

HOTTINGER BALDWIN MESSTECHNIK GMBH
Postfach 10 01 51 · D-64201 Darmstadt · Tel. (06151) 803-0

Durchflußmessung
mit höchster Präzision

DKD Prüfstelle

In rostfreiem Stahl
1.4571/1.4460
Wolframkarbidlagerung
Ex Schutz EEx ia IIC T6

Zahnrad-Durchflußmeßgeber Serie ZHM 01-07

mit digitalem Ausgang für Medien schwankender Viskosität bei großem Dynamikbereich.

- Betriebsdruck bis 600 bar
- 0,01 bis 1000 l/min in 7 Gebergrößen
- 5 bis 10000 mm^2/s
- 25 bis 41000 Impulse/Liter
- Linearität: ± 0,25 bis ± 0,5 % v. Mw.
- Betriebstemperatur bis 160 °C

Mehrkanal-Monitor-System Serie MCM 1005

Modular aufgebautes Auswertegerät für 4 Kanäle mit 5" Monitor und Folientastatur im 19" Gehäuse.

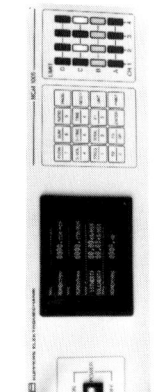

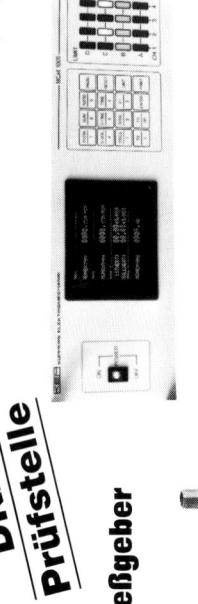

Schraubenradzähler SRZ

- 0,1 bis 1000 l/min in 4 Baugrößen
- ± 0,25 % Lin. v. Mw.
- Viskosität bis 10^6 mPas bei geringem ΔP
- bis 640 bar
- bis +240 °C

Turbinen-Durchflußmeßgeber Serie HM 3-400

mit hochauflösendem digitalem Ausgang.

- Betriebsdruck bis 3 kbar
- 0,03 bis 60000 l/min
- Über 60 verschiedene Geber serienmäßig
- Nennweiten 3 bis 400 mm
- Betriebstemperatur von −273 bis +450 °C

QS-System zertifiziert nach **DIN ISO 9001**

KÜPPERS ELEKTROMECHANIK GMBH

Liebigstraße 2
85757 Karlsfeld

Telefon 0 81 31/9 50 66
Telex 05 26 606, Fax 92 604

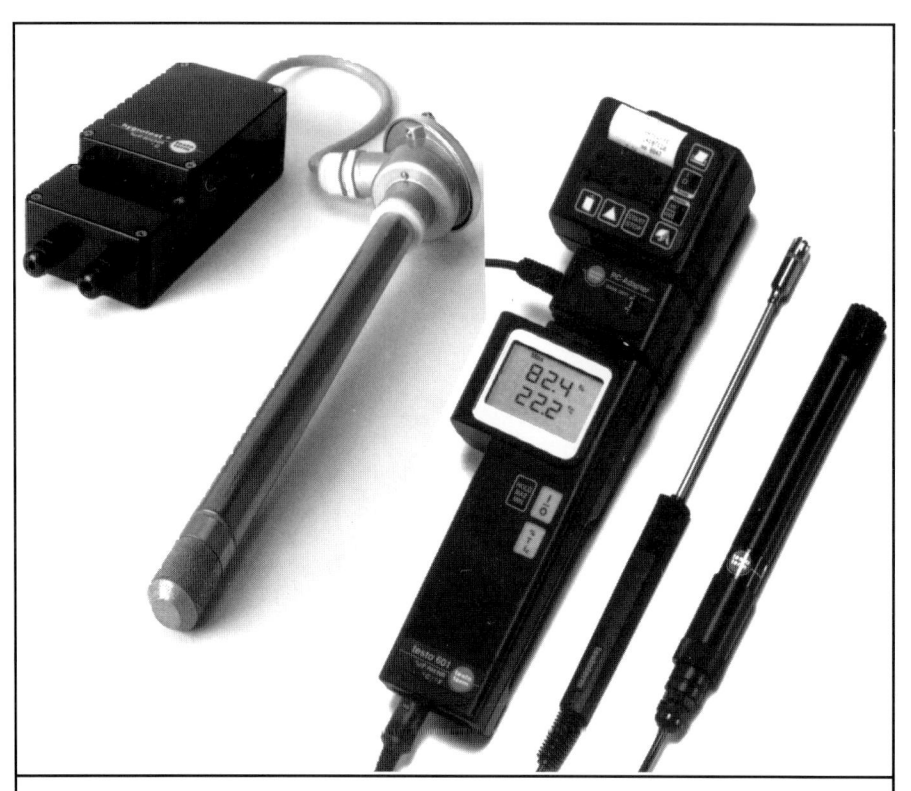

Temperatur und Feuchte im Griff
stationär und mobil

Der Meßumformer hygrotest 602 überwacht zuverlässig Temperatur und Feuchte.
Das gewünschte Ausgangssignal kann vor Ort ohne Neuabgleich gewählt werden.

Feuchte-/Temperatur-Handgerät testo 601 wird an Meßumformer **hygrotest 602** angeschlossen. Meßdaten werden angezeigt, gespeichert, gedruckt oder im PC verarbeitet.

Fordern Sie bitte kostenlos Unterlagen an über Meßumformer, Meßdatenspeicher- u. Meßgeräte.

Testo GmbH & Co.
Postfach 11 40 • 79849 Lenzkirch
Telefon (0 76 53) 681-0 • Fax (0 76 53) 681-100

• Position • Weg **MESSEN + ÜBERWACHEN** Last • Kraft •

Beschleunigung • Vibration • Druck

Drehmoment • Drehzahl • Leistung

Als kompetenter Partner bieten wir Ihnen:

- Meßwertaufnehmer
- Elektronische Geräte zur Meßwertaufbereitung
- komplette Meß- und Überwachungssysteme

vibro-meter

BR Deutschland
VIBRO-METER GmbH
Hamburger Allee 55
60486 Frankfurt
Tel.: (069) 97 99 05-0
Fax: (069) 97 99 05-26

Schweiz
VIBRO-METER AG
Route de Moncor 4
CH-1701 Fribourg
Tel.: (037) 87 11 11
Fax: (037) 24 48 04

Die ganze Freiheit

mit dem frei programmierbaren Universal-Meßumformer in schmalstem Gehäuse. EMV nach NAMUR-Anforderung, Fehlergrenze 0,2%, Snap-Lock-Screw-Befestigungstechnik. Auch als wirklich universeller Trennverstärker einsetzbar.

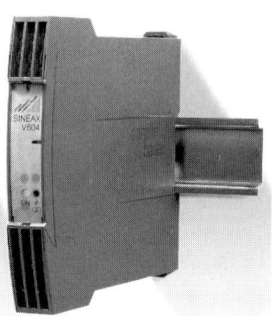

SINEAX V 604

EQNet
ISO 9000/EN29000

Intelligente Geräte zu Ihrem Nutzen

Camille Bauer AG

Bahnhofweg 17
CH-5610 Wohlen
Telefon 057 21 21 11
Telefax 057 22 74 32

GOSSEN METRAWATT CAMILLE BAUER

Schichtdicken messen mit dem
QuaNix® 1500
4 in 1 zum Preis von 1

Neu vom Hersteller des Original Postektor

- Kombinationsgerät für Fe/NFe
- 0 - 5mm
- Ohne Stecker und Kabel
- Optional mit Speicher und Schnittstelle
- Duplex Display
- Zwei integrierte Sonden
- Kein Kalibrieren

Nur aufsetzen und ablesen

AUTOMATION KÖLN
DR.NIX GmbH
Robert-Perthel-Straße 2
50739 Köln
Telefon 02 21 - 17 16 83
Telefax 02 21 - 17 12 21

Automation USA · Box 563 · 211570 Westminster MD
Tel. 001 - 41 08 57 38 19 · Fax 001 - 41 08 57 38 18

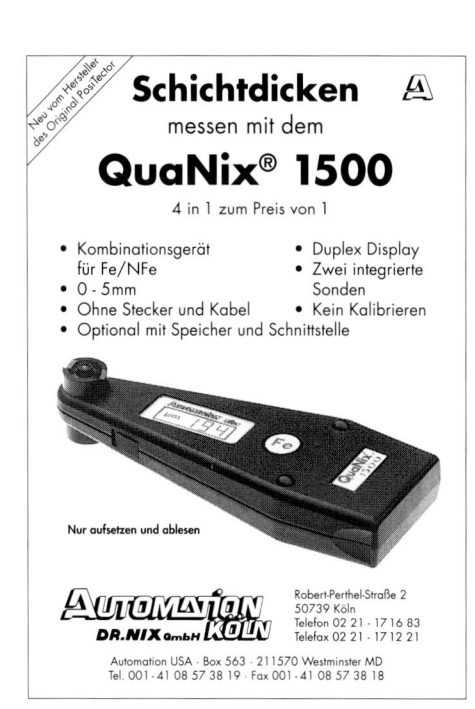

Meßumformer für elektrische Größen

zum Beispiel:

Für Strom, Spannung, Leistung, mit Schnappbefestigung auf Profilschiene nach DIN 46277.

kombinierte Stromwandler-Meßumformer zum Aufschieben auf Primärleiter bis 1200 A.

Ritz Meßwandler
Postfach 202 251 · 20 243 Hamburg

Bauform A:

Bauformen D....F:

RITZ

Infrarot Messtechnik
Dr. Specht GmbH

Temperaturbildsysteme
Linescanner
Vertragshändler der JENOPTIK

Postfach/PO Box 15 47 · D-65223 Taunusstein
Telefon: (0) 61 28-39 66 · Telefax: (0) 61 28-39 26

Meßgeräte für Heizung - Klima - Lüftung

Niederdruck-Meßgeräte ab 50 Pa

kontinuierliche Rauchgasanalyse

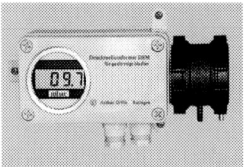

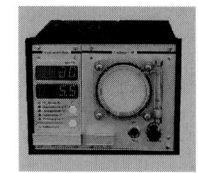

Messung von:
· CO-Gehalt
· CO_2-Gehalt
· Rauchgastemperatur
· Lufttemperatur
· Abgasverlust
· Wirkungsgrad

gegründet **1901**

Arthur Grillo GmbH

Postfach 1221 · 40832 Ratingen
Telefon 0 21 02 / 47 10 22 · Telefax 0 21 02 / 47 58 82

Meßgeräte

Handmeßgeräte
- Druck
- Temperatur
- relative Feuchte
- Strömung
- Volumenstrom
- Druckdifferenz

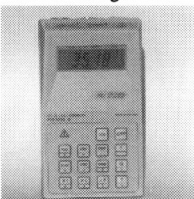

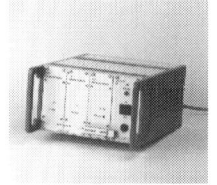

Einbaumeßgeräte
- RS 232
- Centronics
- Protokolliermöglichkeit
- Speisung der Sensoren vom Gerät
- kaskadierbare Schnittstelle
- alle Meßbereiche frei skalierbar

19"-Einschübe

Präzisions-Kalibratoren

Kalibrator 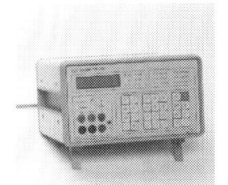
- Simulation aller Thermoelemente
- Vergleichsstellen-Kompensation
- Pt 100-Simulation
- ab 1 MicroVolt

[RCI]

RÖSLER + CIE.
INSTRUMENTS GMBH
Heinrich-Krumm-Straße 8
63073 OFFENBACH
Telefon (0 69) 89 50 55 + 89 50 63
Telefax (0 69) 89 11 30

Mit der Erfahrung von 30 Jahren.

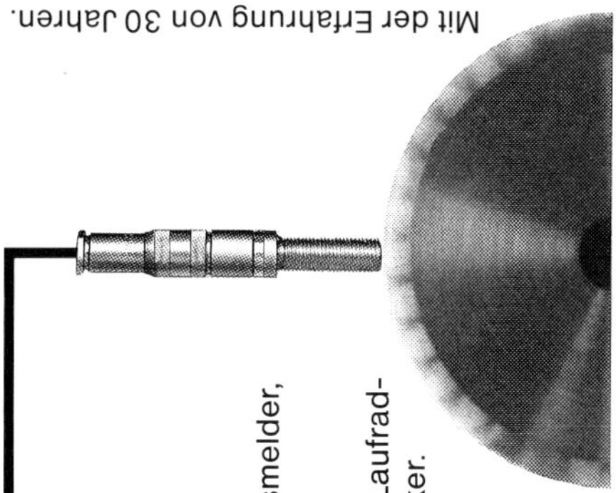

**Drehzahl und Geschwindigkeit messen und überwachen.
Unser Baustein-System bietet die vollständige Lösung.**

Meßumformer, schnell ansprechende Grenzmelder, Richtungsmelder, in verschiedenen Bauformen. Digitale Einbau- und Aufbau-Meßgeräte. Alle vor Ort genau auf die Anwendung einstellbar. Dazu passend: berührungsfreie Meßfühler, Anbaugeber und Laufradgeber. Ex-Trennstufen, Geberräder, Leitungen und Vorverstärker.

BR BRAUN GMBH
INDUSTRIE-ELEKTRONIK

Postfach 11 06, 71301 Waiblingen, WN-Hegnach, Esslinger Straße 26
Tel. 0 71 51/5 10 41, FS 7 245 851, Fax 0 71 51/5 71 42

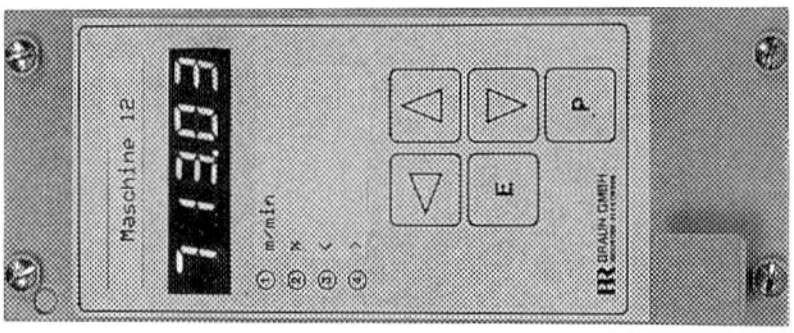

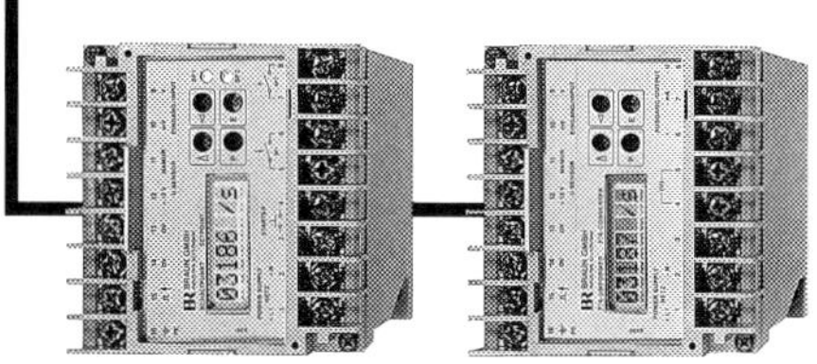

tm

Technisches Messen

Erscheint monatlich, jeweils am 12.

1995   63. Jahrgang   Gründungsjahr 1931

Organ der AMA-Arbeitsgemeinschaft Meßwertaufnehmer e.V. und der NAMUR-Normenarbeitsgemeinschaft für Meß- und Regeltechnik in der Chemischen Industrie.
Mit Mitteilungen der VDI/VDE-Gesellschaft Meß- und Automatisierungstechnik.

„Technisches Messen – tm" fördert publizistisch vor allem die Fertigungsmeßtechnik und die Prozeßmeßtechnik.

**Informieren Sie sich
durch kostenlose Probehefte!
Bitte anfordern bei**

R. Oldenbourg Verlag GmbH
Zeitschriftenvertrieb, Postfach 80 13 60,
81613 München

DELTA

Regeltechnische Bauteile
Sensoren für die Meß- und Regeltechnik

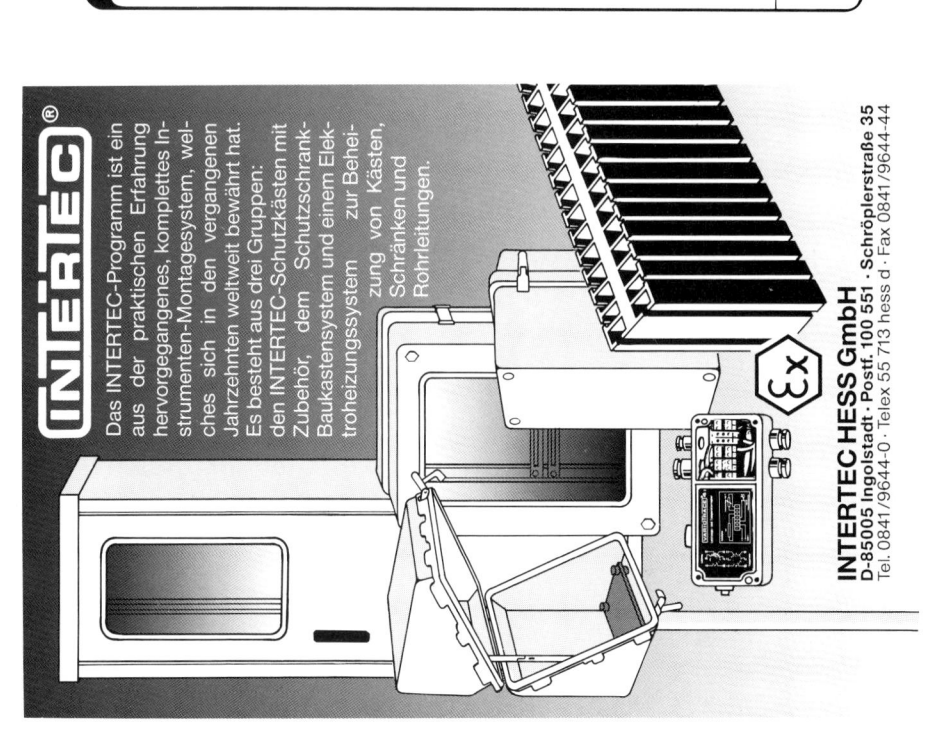

wichtige "Drucksache"

EAGLE DRUCKWANDLER

- besonders preisgünstig
- ab 100 St < DM 100,-
- Ausgang: 1~5V oder 4~20mA
- kompakt in Edelstahl
- piezoresistiv
- std. Bereiche: 10 bar bis 500 bar

Delta Regeltechnik GmbH • Türkenstraße 11
D-80333 München • Tel. (0 89) 28 20 43 • Fax (0 89) 28 50 41

INTERTEC®

Das INTERTEC-Programm ist ein aus der praktischen Erfahrung hervorgegangenes, komplettes Instrumenten-Montagesystem, welches sich in den vergangenen Jahrzehnten weltweit bewährt hat. Es besteht aus drei Gruppen: den INTERTEC-Schutzkästen mit Zubehör, dem Schutzschrank-Baukastensystem und einem Elektroheizungssystem zur Beheizung von Kästen, Schränken und Rohrleitungen.

INTERTEC HESS GmbH
D-85005 Ingolstadt · Postf. 100 551 · Schröplerstraße 35
Tel. 0841/9644-0 · Telex 55 713 hess d · Fax 0841/9644-44

Paul Profos/Heinz Domeisen

Lexikon und Wörterbuch der industriellen Meßtechnik

3., völlig überarbeitete und stark erweiterte Auflage 1993.
251 Seiten, 2000 Begriffe, 97 Abbildungen, 5 Tabellen,
ISBN 3-486-22136-1

Die Meßtechnik zählt heute zu den technischen Fachgebieten, die ein Höchstmaß an Innovation und Wachstum aufweisen. Ihre schnelle Ausbreitung und ihr Eindringen in die verschiedensten Anwendungsbereiche bringen es mit sich, daß nicht nur Techniker aller Sparten, sondern auch Laien als Benutzer technischer Einrichtungen zunehmend mit meßtechnischen Fachausdrücken konfrontiert werden. Dem dadurch bedingten Informationsbedürfnis entspricht dieses Lexikon. Die dritte Auflage ist eingehend überarbeitet und stark erweitert.

Oldenbourg